미적분으로 이해하는 물리학 학습 가이드 II

문제풀이로 배우는

전기자기학

Self Study

Essential Calculus-based Physics Study Guide Workbook II :
Electricity and Magnetism

Chris McMullen 지음

유태훈 옮김

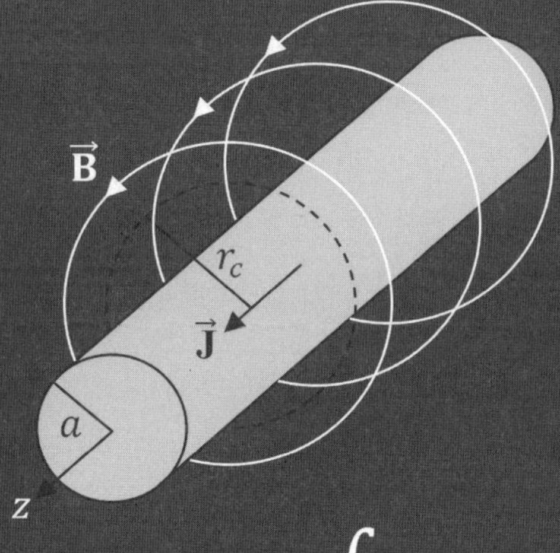

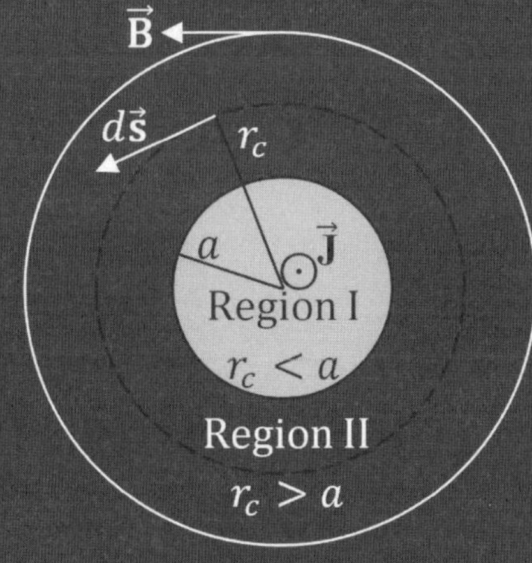

$$\oint_C \vec{B} \cdot d\vec{s} = \mu_0 I_{enc}$$

도서출판 학산미디어

Essential Calculus – based Physics Study Guide Workbook
Vol. 2 Electricity and Magnetism

by Chris McMullen

머리말

이 책의 목적은 전기와 자기 분야에서 널리 사용되는 필수적인 문제 풀이 방법을 배우고 이를 실제로 적용해 보고 익히는 것이다. 이 책은 모든 유형의 문제를 빠짐없이 전부 다루어 학생들의 기를 죽게 만들기보다는 대부분의 학생들이 이 분야에서 주로 사용하는 중요한 방법과 기법을 다루는 데 초점을 맞추고 있다.

이 책은 강의용 교재보다는 보조 자료나 보충 교재로 사용하기에 적합하다. 각 장에는 필수 정보가 간략하게 설명되어 있고 문제풀이 방법이 이용하기 쉽게 정리되어 있으며 문제풀이를 수행하는 절차를 단계별로 보여주는 예제가 실려 있다. 이 책을 이렇게 구성한 것은 전기와 자기를 가르치려는 의도가 아니라 수업이나 강의 교재에서 이미 전기와 자기를 배운 학생들이 시간을 절약해서 효율적으로 복습을 할 수 있게 하기 위함이다. 예제를 더 많이 풀고 싶고 더 많은 내용을 더 자세히 알고 싶으면 강의 교재를 읽고 강의 노트를 살펴보기 바란다.

이 책에 수록된 모든 연습문제는 책의 본문에 실려 있는 예제에서 단계별로 문제를 풀 때 사용한 방법들과 동일한 방식을 적용하여 풀 수 있다. 본문의 예제를 공부한 다음에는 예제를 풀 때 사용한 단계를 차례대로 주의 깊게 밟아가며 연습문제를 풀어보기 바란다. 많은 연습문제들은 몇 개의 소문제로 나뉘어 있어서 학생들이 문제를 푸는 과정을 살 따라가도록 안내하고 있다. 연습문제의 답은 문제와 함께 같은 쪽에 실려 있다. 책의 맨 뒤에 수록되어 있는 힌트, 중간 해답, 설명 절에는 힌트, 중간 단계들 대한 해답, 풀이 과정을 단계별로 안내하는 설명 글, 그리고 문제를 풀 때 학생들이 흔히 맞닥뜨리는 사항들에 대한 설명이 실려 있어 추가로 도움을 받을 수 있다.

이 책의 모든 문제는 전자계산기를 사용하지 않고도 풀 수 있다. 계산기를 사용해도 되지만 계산기 없이도 기본적인 수학 계산을 할 수 있다는 것은 아주 중요한 능력이다.

저자 소개

크리스 맥멀런(Chris McMullen)

크리스 맥멀런(Chris McMullen)은 루이지애나의 노스웨스턴 주립대학교(Northwestern State University of Louisiana)에서 물리학을 가르치고 있으며 학술 서적을 저술하는 활동도 함께 하고 있습니다. 맥멀런 박사는 강의실이나 책에서 만나는 학생들에게 자신이 가진 지식을 나누어주는 것은 물론이고 학생들에게 배움의 동기를 부여하고 참여를 유도하는 일에도 큰 관심을 기울이고 있습니다. 그는 2002년 오클라호마 주립대학교(Oklahoma State University)에서 고에너지 물리학(high-energy physics)[입자 물리학((particle physics)] 분야에서 박사학위를 받았습니다. 캘리포니아 출신인 맥멀런 박사는 노스리지(Northridge)의 캘리포니아 주립 대학교(California State University)에서 전자스핀 공진(electron spin resonance) 분야에서 석사학위를 받았습니다. 맥멀런 박사는 물리 선생님으로 활동하는 동안에 많은 학생이 기본적인 수학 실력이 부족하여 어려움을 겪는 것을 목격했습니다. 모든 연령대의 학생이 자신의 수준에 맞춰 기본 수학 기술을 습득할 수 있도록 돕기 위해 맥멀런 박사는 산수, 분수, 대수, 삼각함수를 쉽게 배우는 데 활용할 수 있는 워크북 형식의 수학책을 「수학 실력 향상 시리즈(Your Math Fluency Series)」라는 이름으로 여러 권 출판했습니다. 맥멀런 박사는 물리학 교과서 이외에도 천문학과 화학의 기본 개념을 소개하는 책을 포함하여 다양한 과학 서적을 출판했습니다. 맥멀런 박사는 가르치는 일에 열정을 쏟고 있습니다. 그가 가르치는 동안에 교실에서 일어난 변화를 경험하고 그가 수업 시간에 이끄는 대화형 토론에 참여한 많은 학생과 이를 지켜본 사람들은 깊은 인상을 받았습니다. 맥멀런 박사는 학생들에게 물리학에 대한 관심과 재미를 불러일으키기 위해 칠판에 원숭이를 그려가며 물리학 예제와 문제를 푸는 강의법을 사용하는 것으로 유명합니다. 그가 바라는 것은 학생들이 원숭이에게 바나나를 던지고 웃으며 스트레스를 풀면서 행복하게 물리학 공부를 하는 모습입니다.

옮긴이 소개

유태훈(thyoo@dongyang.ac.kr)

연세대학교에서 학사, 석사, 박사학위를 받았다. 삼성전자 정보통신 연구소의 연구원을 거쳐 현재 동양미래대학교 정보통신공학과 교수로 재직하고 있다. 2003~2004년 미국 시라큐스 대학(Syracuse University)에서 객원연구원(visiting scholar)으로 활동했다. 주요 연구 분야는 전자기 해석, 초고주파 시스템 해석과 설계, 안테나 해석과 설계, EMI/EMC 등이다. 지금까지 「EMC를 고려한 PCB 설계기술(M. I. Montrose)」(진한엠엔비, 2006), 「공학도를 위한 매트랩(H. Moore)」(생능출판사, 2014)」, 「전자기학(C.R. Paul)」(생능출판사, 2010), 「EMC 공학(H. W. Ott)」(학산미디어, 2014 학술원 우수학술도서 선정), 「전자기학(Arlon T. Adams, Jay Kyoon Lee)」(한빛아카데미, 2013), 「최신 안테나 공학(Y. Huang, K. Boyle)」(한빛아카데미, 2014), 「EMC 제품설계(Tim Williams)」(학산미디어, 2022)를 비롯하여 다수의 전자기학, 안테나 공학, EMC 공학, 회로이론, 매트랩 원서를 우리말로 옮겼다.

옮긴이 머리말

전자기학은 전기현상과 자기현상을 다루는 학문입니다. 세상에 존재하는 모든 물체는 예외 없이 저마다 '질량(mass)'이라고 하는 기본 물리량과 '전하(electric charge)'라고 하는 기본 물리량을 함께 가지고 있습니다. '질량'으로 인해 물체들끼리 '중력'이라는 힘을 주고받는 것과 마찬가지 방식으로 '전하'라는 양으로 인해 물체들은 '전기력'과 '자기력'이라는 힘을 주고받으며 상호작용을 합니다. 실제로 우리는 이러한 전자기적 상호작용으로 인해 일어나는 다양한 전자기 현상 – 예를 들어, 나침반이 항상 북쪽을 가리키고, 특히 건조하고 추운 계절에 방 문이나 자동차 문을 여닫는 순간 손끝에 스파크가 튀면서 찌릿한 통증이 유발되고, 전기자동차의 심장인 모터가 회전하고, 공간을 통해 스마트폰에 데이터가 무선으로 오가는 것 – 을 일상생활 속에서 경험하고 있습니다.

이처럼 우리가 감각으로 느끼는 현상과 일상적으로 이용하는 제품과 기술의 밑바탕을 이루는 근본 원리를 이해하려면 전자기학을 배워야 합니다. 그런데 전자기학에서 사용하는 핵심 개념인 '전기장'과 '자기장'은 눈에 보이지 않습니다. 그렇기 때문에 수학 – 특히, 미분과 적분 – 의 도움이 반드시 필요합니다. 수학을 사용하지 않고 글이나 그림만으로도 전자기학을 배울 수는 있습니다. 하지만 이름난 물리학자 켈빈(Kelvin)이 지적한대로 "어떤 연구 대상을 수학적으로(수치로) 나타내지 못하면 그에 대한 지식은 부족하고 불완전한 것"이 될 수밖에 없습니다.

이 책은 원저자가 머리말에서 밝혔듯이 강의용 교재보다는 보조 교재나 보충 교재로 사용하기에 더 적합합니다. 물론 강의의 성격에 따라서는 강의용 교재로도 충분히 쓸 수 있습니다. 이 책의 특징은 '문제풀이'를 통해 전자기학을 배운다는 데 있습니다. 또한 일반적인 전자기학 책과는 달리 많은 주제들 중에서 중요하고 기본이 되는 것들을 선정하여 집중적으로 다루고 있습니다. 선정된 주제들을 다루는 방법에 있어서도 관련 내용을 상세히 설명하기 보다는 정의를 중심으로 기본 법칙과 방정식을 간단히 언급하고 문제풀이를 집중적으로 수행하고 있습니다.

이 책은 공학을 공부할 때 꼭 갖추어야 할 자질인, 체계적으로 문제를 푸는 방법을 몸에 익힐 수 있도록 문제를 푸는 순서를 단계별로 상세하게 안내하고 있습니다. 각 단계에서는 아주 기초적이며 사소한 수학공식부터 계산 방법에 이르기까지 친절하게 설명을 하고 있습니다. 이 정도로 친절하고 자세한 설명은 다른 책에서는 찾아보기 어렵습니다.

특히 미분과 적분이라는 단어를 보면 겁을 내는 학생이라면 이 책으로 전자기학 공부에 도전해보기 바랍니다. 미분과 적분이 어렵기는 하기만 이 책에서는 기초 미적분 방법은 물론 기초 연산 방법과 삼각함수 사용법도 함께 설명하고 있어서 이들을 복습하는 기회를 가질 수 있습니다. 이 책에서 채택하고 있는 '체계적 문제풀이를 통한 개념 학습 방법'은 특히 수학적 기초가 부족해서 공학을 공부하는 데 자신감을 잃은 학생들에게 큰 도움이 될 것입니다.

2022년 8월

유태훈

이 책에 대하여

사전 지식

이 책은 「물리학 시리즈」의 제2권으로 전기와 자기에 대해 다루고 있다. 이 책을 공부하기에 앞서 다음과 같은 사항들을 미리 갖추는 것이 바람직하다.

- **기초 물리학 개념**: 등가속도, 벡터 덧셈, 뉴턴의 제2법칙 응용, 에너지의 보존, 훅의 법칙, 회전 등
- **기초 미적분 방법**: 다항식과 삼각함수를 미분하는 방법과 적분하는 방법, 복습을 위해 이 책의 6장에서 필수적인 기초 미적분을 다루고 있다.
- **기초 연산 방법**: 동류항 계산 방법, 미지수 구하는 방법, 이차방정식 푸는 방법, 치환법 적용 방법, 복습을 위해 제1권의 1장에서 필수적인 기초 연산 방법을 다루고 있다.
- **삼각함수 사용법**: 복습을 위해 제1권의 9장에서 필수적인 삼각함수 사용법을 다루고 있다.

용도

- 이 책은 물리학(전자기학) 강의를 듣거나, 물리학(전자기학) 교재를 읽으면서 공부하거나, 물리학(전자기학)의 기초를 복습하는 학생을 위한 학습 보조 및 보충 자료로서 적합하다.
- 이 책의 목표는 학생들이 가장 필수적인 자료를 빨리 찾을 수 있도록 돕는 것이다.

기본 콘셉트

- 각 장에서 문제를 푸는 방법을 이해하는 데 필요한 개념, 정의, 법칙, 방정식들을 다룬다.
- 이 책은 물리학의 모든 개념들을 하나도 빠짐없이 상세히 다루고 있지 않다. 그 대신, 문제를 푸는 데 사용되는 대부분의 물리학 개념들을 다루고 있다.

전략

- 모든 장에는 '문제풀이 방법'이 차근차근 설명되어 있어서 각 장의 맨 뒤에 나오는 문제들을 체계적으로 풀 수 있게 하고 있다.
- 이 책은 일반적인 물리 교과서에서 흔히 볼 수 있는 유형의 기본 문제들을 다루고 있다.

도움말

- 모든 장에는 각 장을 대표하는 여러 개의 예제가 실려 있고 예제마다 단계별로 나뉘어 풀이와 설명이 이루어지고 있다. 이러한 예제들을 공부하면서 학생들은 각 장의 맨 뒤에 수록된 비슷한 연습문제들을 푸는 방법을 익히게 된다.
- 각 장의 연습문제에 수록된 모든 문제에는 답이 함께 표시되어 있다. 이 책의 맨 뒤에는 힌트, 중간 해답, 풀이 과정을 단계별로 안내하는 설명글, 그리고 문제를 풀 때 학생들이 흔히 맞닥뜨리는 사항들에 대한 설명이 실려 있다. 이 부분은 여러분이 문제를 푸는 것을 옆에서 도와주는 선생님과 같은 역할을 해준다.

차례

01
쿨롱 법칙

관련 용어

- **전하**(electric charge) 입자가 가지는 고유한 특성 중의 하나로, 전하를 가진 입자가 전기장이 있는 곳에 놓이게 되면 전기장에 의해 힘을 받게 된다. (전기적으로 중성인 입자는 전하를 가지지 않는다. 따라서 중성 입자는 전기장이 있는 곳에 놓이게 되어도 힘을 받지 않는다.)
- **전기력**(electric force) 전하를 가진 입자가 전하를 가진 다른 입자를 밀거나 끌어당기는 힘. 서로 다른 극성의 전하를 가진 두 입자(한 입자는 +전하, 다른 입자는 −전하)는 서로 끌어당기는 반면, 같은 극성의 전하를 가진 두 입자(두 입자 모두 +전하, 또는 모두 −전하)는 서로 밀어낸다.
- **쿨롱 상수**(coulomb's constant) 쿨롱 법칙을 나타내는 수식에 들어있는 비례상수(다음에 나옴)

쿨롱 법칙

쿨롱 법칙에 따라, 전하를 가진 두 물체는 **전기력**이라는 힘으로 상대 입자를 끌어당기거나 밀어낸다. 이 전기력은 각 입자가 가진 전하의 양(전하량)에 정비례하고 두 입자 사이의 거리 제곱에 반비례한다.

$$F_e = k\frac{|q_1||q_2|}{R^2}$$

이 식을 보면 각각의 전하량에 절댓값을 취하므로 힘의 크기는 항상 +값이 된다. 기호 F_e에 있는 아래첨자 e에 주목하기 바란다. 이 "F, 아래첨자 e" 기호는 "F 곱하기 e"가 아님을 명심해야 한다. F에 아래첨자 e를 붙인 것은 전기력(F_e)을 다른 종류의 힘 – 예를 들어 중력(F_g) – 과 구별해주기 위함이다. 쿨롱 법칙 수식에 들어있는 비례상수 k를 쿨롱 상수라고 하며 그 값은 다음과 같다.

$$k = 8.99 \times 10^9 \ \frac{\text{N·m}^2}{\text{C}^2} \approx 9.0 \times 10^9 \ \frac{\text{N·m}^2}{\text{C}^2}$$

이 책에서는 쿨롱상수의 값으로 반올림한 값인 $9.0 \times 10^9 \ \frac{\text{N}\cdot\text{m}^2}{\text{C}^2}$을 사용한다. 따라서 계산기 없이도 문제를 풀 수 있다. (이 경우, 반올림 오차는 900분의 1이다.)

기호와 SI 단위

기호	이름	SI 단위
F_e	전기력	N
q	전하	C
R	거리	m
k	쿨롱 상수	$\frac{\text{N}\cdot\text{m}^2}{\text{C}^2}$ 또는 $\frac{\text{kg}\cdot\text{m}^3}{\text{C}^2\cdot\text{s}^2}$

단위 관련 유의사항

쿨롱상수(k)의 SI 단위는 쿨롱 법칙 수식을 다음과 같이 k에 대해 정리하면 구할 수 있다.

$$k = \frac{F_e R^2}{q_1 q_2}$$

이 식에서 전기력(F_e)의 SI 단위는 뉴턴(Newton, N), 전하의 SI 단위는 쿨롱(Coulomb, C), 거리(R)의 SI 단위는 미터(meter, m)이므로 $k = \frac{F_e R^2}{q_1 q_2}$에 각각에 해당하는 SI 단위를 대입하면 k의 SI 단위는 $\frac{\text{N}\cdot\text{m}^2}{\text{C}^2}$으로 구할 수 있다. 뉴턴(N)을 다른 형식으로 표현하면

$$1 \text{ N} = 1 \ \frac{\text{kg·m}}{\text{s}^2}$$

이 된다. 이를 $\frac{\text{N}\cdot\text{m}^2}{\text{C}^2}$에 대입하면 k의 단위를 $\frac{\text{kg}\cdot\text{m}^3}{\text{C}^2\cdot\text{s}^2}$로 나타낼 수도 있다.

필수 개념

우리 주변의 물질은 여러 종류의 원자로 구성되어 있다. 원자의 구조를 살펴보면 양성자(proton)와 중성자(neutron)로 이루어진 핵(nucleus)의 주위를 전자(electron)가 둘러싸고 있다. 양성자와 중성자와 전자가 가진 전하의 극성은 다음과 같다.

- **양성자**는 +**극성의 전하**(**양전하**)를 가지고 있다.
- **전자**는 −**극성의 전하**(**음전하**)를 가지고 있다.
- **중성자**는 전기적으로 중성이다(전하를 가지고 있지 않다).

두 전하의 상대적 극성에 따라 두 전하들은 서로 끌어당기기도 하고 밀어내기도 한다.

- 극성이 **반대인** 두 전하는 서로서로 **끌어당긴다**. 예를 들어, 양성자는 전자를 끌어당긴다.
- 극성이 **같은** 두 전하는 서로서로 **밀어낸다**. 예를 들어, 두 개의 전자는 서로서로 밀어낸다. 또 두 개의 양성자도 서로를 밀어낸다.

어떤 물체가 가진 전하(알짜전하)[1]는 그 물체에 들어있는 총 양성자의 개수와 총 전자의 개수에 따라서 정해진다.

- 물체에 들어있는 총 양성자의 개수가 총 전자의 개수보다 많으면(이는 원래 중성이었던 물체가 그 개수 차이만큼 물체 외부로 전자를 잃어버렸음을 뜻한다) 그 물체는 +극성의 양전하를 가지게 된다.
- 물체에 들어있는 총 전자의 개수가 총 양성자의 개수보다 많으면(이는 원래 중성이었던 물체가 그 개수 차이만큼 물체 외부로부터 전자를 얻었음을 뜻한다) 그 물체는 −극성의 음전하를 가지게 된다.
- 물체에 들어있는 총 양성자의 개수가 총 전자의 개수와 같으면 그 물체는 전기적으로 중성이다. 즉 물체가 가지는 알짜전하는 없다(0이다).

(원자는 자신의 맨 바깥쪽 껍질에 있는 전자(이를 '원자가 전자'라고 함)를 곧잘 외부로 잃어버리거나 외부에서 전자를 얻어 맨 바깥쪽 껍질을 채우고는 한다. 원자가 전자가 아닌 양성자를 잃거나 얻기란 어려운데, 양성자는 원자의 핵 내부에 단단히 속박되어있기 때문이다. 물체를 동물 털로 문지르면 그 물체는 +전하 또는 −전하를 알짜전하로 가지게 된다.) 물질 중에는 전기를 잘 통하는 좋은 도체(양도체)가 있고, 전기를 통하지 못하게 하는 부도체(절연체)가 있다.

- 전하는 **도체** 내부를 통해서는 쉽게 이동한다. 대부분의 금속들은 좋은 도체이다.
- 전하는 **절연체** 내부를 통해서는 이동하지 못한다. 유리와 나무는 좋은 절연체이다.

---

1 물체에 여러 개의 양전자와 전자가 함께 들어있을 때, 이들이 가진 양전하와 음전하가 서로 상쇄되고 난 뒤에 남은 전하

전하를 가진 두 개의 물체를 접촉하면(또는 두 물체를 도체로 연결하면), 한 물체에서 다른 물체로 전하가 옮아간다. 이번 장에 있는 두 번째 예제를 살펴보기 바란다.

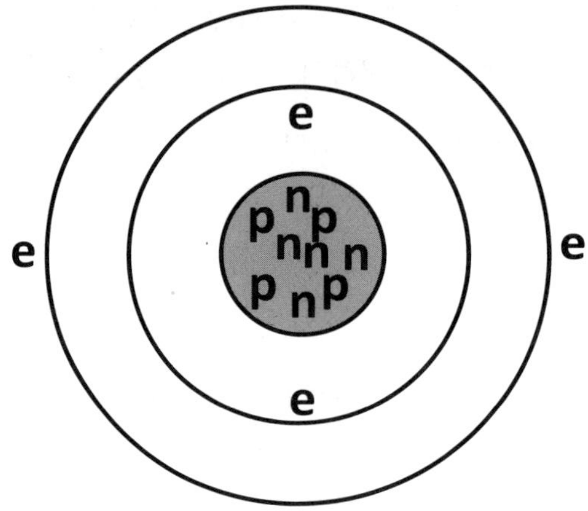

미터법 접두어

전하의 양이 1 쿨롱(C)이 되려면 엄청나게 많은 수의 양전자 또는 전자가 있어야 된다. 이처럼 쿨롱(C) 단위는 매우 큰 값이므로 전하를 대상으로 학습과 연구를 할 때는 흔히 다음과 같은 미터법 접두어를 사용한다.

접두어	이름	10의 거듭제곱
m	milli(밀리)	10^{-3}
μ	micro(마이크로)	10^{-6}
n	nano(나노)	10^{-9}
p	pico(피코)	10^{-12}

주의: μ 기호는 그리스 문자 뮤(mu)의 소문자이다. 미터법 접두어로 μ를 사용할 때는 마이크로라고 읽는다. 예를 들어 32 μC은 32 마이크로쿨롱이라고 읽는다.

거듭제곱 연산규칙

다음의 거듭제곱 연산규칙을 잘 알아두면 도움이 된다.

$$x^a x^b = x^{a+b} \quad , \quad \frac{x^a}{x^b} = x^{a-b} \quad , \quad x^{-a} = \frac{1}{x^a} \quad , \quad \frac{1}{x^{-a}} = x^a$$
$$x^0 = 1 \quad , \quad (x^a)^b = x^{ab} \quad , \quad (ax)^b = a^b x^b$$

쿨롱 법칙 적용 방법

쿨롱 법칙과 관련한 문제를 풀 때, 문제의 유형에 따라 쿨롱 법칙을 적용하는 방법이 달라진다.

- 이 장에서 우리는 매우 간단한 문제 – 전하를 가진 두 개의 물체가 서로를 끌어당기거나 밀어내는 구조 – 에 중점을 둔다. 이러한 간단한 문제들은 다음의 방정식에 아는(주어진) 값들을 대입하여 모르는 값(미지수)을 구한다.

$$F_e = k\frac{|q_1||q_2|}{R^2}$$

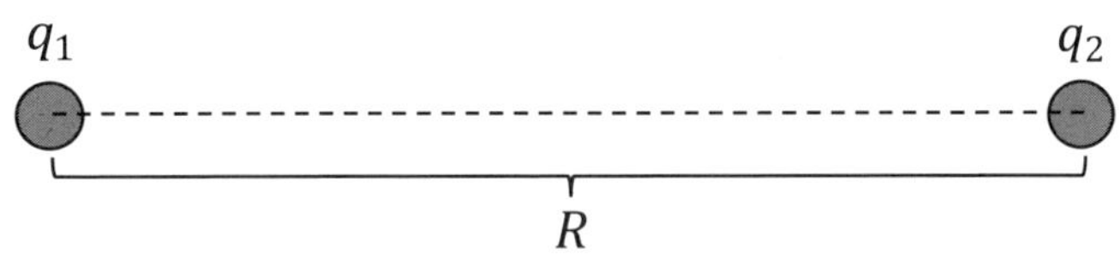

  문제에서 단위와 용어를 주의 깊게 살펴서 주어진 값이 어떤 양(기호)의 값인지 알아낸다.

  - 쿨롱(C) 단위로 주어진 값은 전하 q이다.
  - 미터(m) 단위로 주어진 값은 거리 R과 관련이 있을 가능성이 있다.
  - 뉴턴(N) 단위로 주어진 값은 힘(예를 들어, 전기력 F_e)이다.
  - 쿨롱상수 값은 반드시 알고 있어야 한다. $k = 8.99 \times 10^9 \frac{\text{N} \cdot \text{m}^2}{\text{C}^2} \approx 9.0 \times 10^9 \frac{\text{N} \cdot \text{m}^2}{\text{C}^2}$

  전하를 가진 두 개의 물체를 서로 직접 접촉하거나 도체로 서로 연결하면 초과된 전하(두 전하의 차이)가 순식간에 다시 분배되어 접촉(또는 연결)되어 하나가 된 두 물체는 정적평형 상태에 이른다. 그러면 두 물체가 각각 가지는 전하량은 같아지는데, 이때 두 물체가 각각 가지는 새로운 전하량 q는 $q = \frac{q_1 + q_2}{2}$이다.[2] 다시 두 물체를 거리 R만큼 떼어놓으면 쿨롱 법칙은 $F_e = k\frac{q^2}{R^2}$으로 간단해진다.

- 문제에서 세 개 이상의 전하가 주어지면 3장에서 설명하는 벡터 덧셈 방법을 적용한다.
- 전기력 이외에 다른 힘(예를 들어, 줄의 장력)을 포함하는 문제인 경우, 5장에서 설명하는 뉴턴의 제2법칙을 적용한다.
- 전기장 E(전기장은 전기력 F_e, 또는 전하 q와는 다른 것이므로 혼동하지 말 것)를 포함하는 문제인 경우, 문제의 성격에 따라 2장, 3장, 또는 5장을 살펴본다.

2 (옮긴이) 단 이것이 성립하려면 두 물체의 크기와 모양이 같아야 한다.

역제곱 법칙

쿨롱 법칙과 뉴턴의 중력 법칙은 둘 다 역제곱 법칙에 속한다. 아래 수식에서 보듯이 두 법칙에는 $\frac{1}{R^2}$항이 들어가 있는 것이 특징이다(뉴턴의 중력법칙은 제1권에서 다루고 있다.)

$$F_e = k\frac{|q_1||q_2|}{R^2} \quad , \quad F_g = G\frac{m_1 m_2}{R^2}$$

쿨롱 법칙의 수식 구조는 뉴턴의 중력 법칙과 아주 비슷하다. 두 법칙에는 모두 비례상수가 들어있고 이어서 힘을 발생시키는 원천(source)들의 곱($|q_1||q_2|$ 또는 m_1m_2)과 $\frac{1}{R^2}$이 들어있다.

기본 전하량

양성자가 가진 전하의 양은 1.6×10^{-19} C이다(유효숫자 세 개 사용). 이 전하량을 기본 전하(량)라고 하며 기호 e로 나타낸다. 전자가 가진 전하량은 양성자와 똑같고 부호만 −로 반대다. 따라서 양성자의 전하량은 $+e$, 전자의 전하량은 $-e$이다. 거시 물체[3]가 전하를 가지게 되면 총 전하의 양은 e의 배수가 될 것이다. 모든 물체는 양성자, 중성자, 전자들로 이루어져있기 때문이다. 문제를 푸는 데 양성자나 전자의 전하량을 사용해야 하는 경우에는 다음 e값을 사용한다.

기본 전하(량)
$e = 1.60\times10^{-19}$ C

예제 짧은 원숭이 털 한 가닥이 가진 알짜 전하량은 4.0 μC이고, 작은 유리조각이 가진 알짜 전하량은 −5.0 μC이다. 원숭이 털과 유리조각 사이의 거리는 3 m이다. 원숭이 털과 유리조각 사이의 전기력을 구하라.

풀이 먼저, 알고 있는 양의 목록을 만들어보자.

- 털 한 가닥의 전하량 $q_1 = 4.0\ \mu\text{C}$
- 작은 유리조각의 전하량 $q_2 = -5.0\ \mu\text{C}$
- 두 전하 사이의 간격 $R = 3.0$ m
- 쿨롱상수 $k = 9.0\times10^9\ \frac{\text{N}\cdot\text{m}^2}{\text{C}^2}$

3 (옮긴이) 거시(적)(macroscopic~)이란 물체나 현상의 크기나 범위가 현미경 같은 도구 없이 사람이 맨눈 등의 감각기관을 사용하여 직접적으로 인식할 수 있는 정도임을 가리키는 용어이다. 이와 대조가 되는 작은 크기나 범위를 가리키는 용어는 미시(적)(microscopic~)이다.

전하의 단위를 마이크로쿨롱(μC)에서 쿨롱(C)으로 변환한다. 마이크로(μ)는 미터법 접두어로 "백만분의 일"을 나타낸다. 따라서 $\mu = 10^{-6}$이다.

$$q_1 = 4.0\ \mu\text{C} = 4.0 \times 10^{-6}\ \text{C}$$
$$q_2 = -5.0\ \mu\text{C} = -5.0 \times 10^{-6}\ \text{C}$$

이 두 값을 쿨롱 법칙 수식에 대입한다. 풀이 과정에서 숫자와 함께 단위까지 쓰게 되면 너무 복잡해져서 헷갈릴 수 있으므로 계산이 끝날 때까지 표기하지 않는 편이 좋다. -5의 절댓값은 $+5$임을 잘 알아두어야 한다.

$$F_e = k\frac{|q_1||q_2|}{R^2} = (9 \times 10^9)\frac{|4 \times 10^{-6}||-5 \times 10^{-6}|}{(3)^2} = (9 \times 10^9)\frac{(4 \times 10^{-6})(5 \times 10^{-6})}{(3)^2}$$

계산기를 사용하지 않는 경우에는 거듭제곱끼리 따로 계산하는 편이 좋다.

$$F_e = \frac{(9)(4)(5)}{(3)^2} \times 10^9 10^{-6} 10^{-6} = 20 \times 10^{-3} = 0.020\ \text{N}$$

위의 계산과정에서 연산규칙 $x^m x^n = x^{m+n}$에 따라 $10^9 10^{-6} 10^{-6} = 10^{9-12} = 10^{-3}$이 되었다. 최종 답은 $F_e = 0.020$ N이다. 이 값은 20×10^{-3} N, 2.0×10^{-2} N, 또는 20 mN(mN은 밀리뉴턴으로, 여기서 접두어 m은 10^{-3}을 나타낸다)으로 쓸 수도 있다.

예제 바나나 모양을 한 금속 귀걸이가 가진 알짜 전하량은 -3.0 μC이고, 원숭이 모양을 한 금속 귀걸이가 가진 알짜 전하량은 7.0 μC이다. 두 귀걸이를 서로 가까이 가져와 수 초 동안 서로 접촉시킨 다음, 다시 6.0 m 거리만큼 떨어뜨렸다. 두 귀걸이 사이의 전기력을 구하라.

풀이 이 문제를 푸는 "요령"은 두 물체가 접촉하면 한 물체에서 다른 물체로 전하가 옮겨간다는 사실을 알아차리는 데 있다. 초과 전하량(두 전하량의 차이)은 두 귀걸이 사이에 균등하게 나뉜다. 초과 전하량(알짜 전하량)은 $q_{\text{알짜}} = -3.0\ \mu\text{C} + 7.0\ \mu\text{C} = 4.0\ \mu\text{C}$이다. 두 귀걸이가 접촉한 다음에는 이 초과 전하량의 절반씩 각 귀걸이로 전달된다.

$$q = \frac{q_{\text{알짜}}}{2} = \frac{-3.0\ \mu\text{C} + 7.0\ \mu\text{C}}{2} = \frac{4.0\ \mu\text{C}}{2} = 2.0\ \mu\text{C}$$

전하의 단위를 마이크로쿨롱(μC)에서 쿨롱(C)으로 변환한다. 마이크로(μ)는 미터법 접두어로 "백만분의 일"을 나타내므로 $\mu = 10^{-6}$이다.

$$q = 2.0\ \mu\text{C} = 2.0 \times 10^{-6}\ \text{C}$$

쿨롱법칙 수식에서 두 전하를 같게 놓고 다시 6.0 m만큼 떨어졌을 때 전기력을 계산하면

$$F_e = k\frac{q^2}{R^2} = (9\times10^9)\frac{(2\times10^{-6})^2}{(6)^2} = (9\times10^9)\frac{(2)^2(10^{-6})^2}{(6)^2} = (9\times10^9)\frac{(2)^2(10^{-12})}{(6)^2}$$

이 된다. 위의 계산과정에서 연산규칙 $(xy)^2 = x^2y^2$에 따라 $(2\times10^{-6})^2 = (2)^2(10^{-6})^2$이 된다. 또한 연산규칙 $(x^m)^n = x^{mn}$에 따라 $(10^{-6})^2 = 10^{-12}$이 된다. 계산기를 사용하지 않는 경우, 다음과 같이 거듭제곱끼리는 따로 계산하는 편이 좋다.

$$F_e = \frac{(9)(2)^2}{(6)^2}\times10^9 10^{-12} = 1.0\times10^{-3}\text{ N}$$

최종 답은 $F_e = 0.0010$ N이다. 이 값은 1.0×10^{-3} N, 또는 1.0 mN(mN은 밀리뉴턴으로 여기서 접두어 m은 10^{-3}을 나타낸다)으로 쓸 수도 있다.

연습문제

1. 원숭이 앞모습이 그려진 동전이 가진 알짜 전하량은 −8.0 μC이고, 원숭이 뒷모습이 그려진 동전이 가진 알짜 전하량은 −3.0 μC이다. 두 동전은 2.0 m 거리만큼 떨어져 있다. 두 동전 사이의 전기력을 구하라. 또 이 힘이 인력(끌어당기는 힘)인지 척력(밀어내는 힘)인지 말하라.

   답: 0.054 N(척력)

2. 짧은 유리막대와 짧은 원숭이 털 한 가닥이 처음에는 모두 전기적으로 중성이었다. 원숭이가 한 가닥의 털로 유리막대를 문지르는 동안 총 800 nC의 전하량이 털과 유리막대 사이를 이동하였다. 원숭이는 털을 유리막대에서 20 cm 거리만큼 떨어뜨려 놓았다. 털과 막대 사이의 전기력을 구하라. 또 이 힘이 인력(끌어당기는 힘)인지 척력(밀어내는 힘)인지 말하라.

   답: 0.144 N(인력)

3. 바나나 모양을 한 금속 귀걸이의 알짜 전하량은 −2.0 μC이고, 사과 모양을 한 금속 귀걸이의 알짜 전하량은 8.0 μC이다. 두 귀걸이는 3.0 m 거리만큼 떨어져있다.

   (A) 두 귀걸이 사이의 전기력을 구하라. 또 이 힘이 인력(끌어당기는 힘)인지 척력(밀어내는 힘)인지 말하라.

   (B) 두 귀걸이를 서로 가까이 가져와 수 초 동안 서로 접촉시킨 다음, 다시 3.0 m 거리만큼 떨어뜨렸다. 두 귀걸이 사이의 전기력을 구하라. 또 이 힘이 인력(끌어당기는 힘)인지 척력(밀어내는 힘)인지 말하라.

답: (A) 0.016 N(인력), (B) 0.0090 N(척력)

도움이 필요한가요? 책의 맨 뒤에 있는 “힌트”를 참고하세요.

02
전기장

관련 용어

- **전하**(electric charge) 입자가 가지는 고유한 특성 중의 하나로, 전하를 가진 입자가 전기장이 있는 곳에 놓이게 되면 전기장에 의해 힘을 받게 된다. (전기적으로 중성인 입자는 전하를 가지지 않는다. 따라서 중성 입자는 전기장이 있는 곳에 놓이게 되어도 힘을 받지 않는다.)
- **전기력**(electric force) 전하를 가진 입자가 전하를 가진 다른 입자를 밀거나 끌어당기는 힘. 서로 다른 극성의 전하를 가진 두 입자(한 입자는 + 전하, 다른 입자는 − 전하)는 서로 끌어당기는 반면, 같은 극성의 전하를 가진 두 입자(두 입자 모두 +전하, 또는 모두 −전하)는 서로 밀어낸다.
- **전기장**(electric field) 단위 전하당 힘

전기장 방정식

다음 식에서 보듯이 전기력($\vec{\mathbf{F}}_e$)는 전하(q)와 전기장($\vec{\mathbf{E}}$)의 곱과 같다. 전기력과 전기장 사이의 관계를 알려주는 이 방정식은 어떤 경우에도 예외 없이 성립한다.

$$\vec{\mathbf{F}}_e = q\vec{\mathbf{E}}$$

한 점(point)으로 취급할 수 있는 전하(이를 점전하라고 함) 하나가 만들어내는 전기장을 구하려면 다음 방정식을 사용하면 된다. 여기서 R은 점전하에서 떨어진 거리이다. 수식에는 전하의 절댓값이 들어 있으므로 전기장 벡터($\vec{\mathbf{E}}$)의 크기(E)는 항상 +값이다.

$$E = \frac{k|q|}{R^2}$$

여러 개의 점전하로 이루어진 구조가 만들어내는 전기장을 구해야 하는 경우에는 3장에서 설명하는 방법을 참고한다. 연속적인 전하분포(전하가 퍼져 있는 판이나 공의 표면)가 만들어내는 전기장은 7장과 8장에서 설명하는 방법을 참고한다.

기호와 SI 단위

기호	이름	SI 단위
E	전기장	N/C 또는 V/m
F_e	전기력	N
q	전하	C
R	거리	m
k	쿨롱 상수	$\frac{\text{N}\cdot\text{m}^2}{\text{C}^2}$ 또는 $\frac{\text{kg}\cdot\text{m}^3}{\text{C}^2\cdot\text{s}^2}$

단위 관련 유의사항

전기장($\vec{\mathbf{E}}$)의 SI 단위는 방정식 $\vec{\mathbf{F}}_e = q\vec{\mathbf{E}}$을 다음과 같이 $\vec{\mathbf{E}}$에 대해 정리하여 구할 수 있다.

$$\vec{\mathbf{E}} = \frac{\vec{\mathbf{F}}_e}{q}$$

전기력(F_e)의 SI 단위는 뉴턴(Newton, N), 전하 (q)의 SI 단위는 쿨롱(Coulomb, C)이므로 이것을 위 식에 대입하면 E의 SI 단위는 $\frac{\text{N}}{\text{C}}$이 된다. 뉴턴(N)을 다른 형식으로 표현하면

$$1\ \text{N} = 1\ \frac{\text{kg}\cdot\text{m}}{\text{s}^2}$$

이 되고 이를 $\frac{\text{N}}{\text{C}}$에 대입하면 k의 단위를 $\frac{\text{kg}\cdot\text{m}}{\text{C}\cdot\text{s}^2}$로 나타낼 수도 있다. 10장에서는 서로 마주보고 놓인 두 개의 평행판 사이에 존재하는 전기장은 크기가 $E = \frac{\Delta V}{d}$가 됨을 배우게 된다. 이 식에서 전위차(ΔV)의 단위는 볼트(Volt, V)이고 두 판 사이의 거리(d)의 단위는 미터(m)이다. 따라서 전기장을 나타내는 또 다른 단위는 $\frac{\text{V}}{\text{m}}$가 된다. 힘을 다루는 경우에는 전기장의 단위로 $\frac{\text{N}}{\text{C}}$를 사용하는 것이, 전위(전압)를 다루는 경우에는 전기장의 단위로 $\frac{\text{V}}{\text{m}}$를 사용하는 것이 편리하다.

필수 개념

전하를 가진 입자라면 어느 것이나 자신이 놓여있는 공간에 전기장을 만들어낸다. 수식 $E = \frac{k|q|}{R^2}$은 공간에서 전하를 가진 입자에 가까운 곳일수록 전기장이 강하며 입자로부터 멀리 떨어진 곳일수록 약하다는 사실을 나타내고 있다(즉 전하를 가진 입자와의 거리 R이 증가하면 전기장은 $\frac{1}{R^2}$의 비율로 감소한다).

전하를 가진 입자들이 두 개, 또는 더 많이 있는 경우, 전하 하나하나는 저마다 자기 자신의 전기장을 만들어낸다. 이들 입자가 만들어내는 총(알짜) 전기장은 벡터 덧셈으로 구한다(이에 대해서는 3장에서 배운다).

전하가 놓여있는 공간 속의 모든 점에는 어느 한 점도 빠짐이 없이 전기장이 존재한다(즉 공간 전체는 전기장으로 빈틈없이 가득 채워져 있다). 이때 공간 속에서 위치가 다른 두 점의 전기장 값은 서로 다른 것이 일반적이다. (이러한 전기 "장"의 성질은 중력 "장"이 지구 표면에 가까울수록 강하고 지구에서 점점 멀어져 달까지 거리의 절반쯤 되는 곳에 위치한 점에서는 상당히 약해지는 특성과 동일하다.)

공간 속의 주어진 한 점에서 어떤 전하(또는 전하들)가 만들어 낸 전기장의 값을 알면, 전하를 가진 다른 입자가 바로 그 점에 놓이게 될 때, 그 입자에 가해지는 힘을, 방정식 $\vec{\mathbf{F}}_e = q\vec{\mathbf{E}}$을 사용하여 알아낼 수 있다. 이러한 목적으로 사용하는 입자를 **시험전하**(test charge)라고 한다.

전기장의 방향을 알아내려면 시험전하의 도움이 필요하다. 어떤 특정한 점에서 전기장의 방향을 구하는 방법은 다음과 같다. 먼저 +부호의 시험전하가 바로 그 점에 놓여 있다고 가정한다. 이때 그 + 시험전하에 가해지는 전기력의 방향이 바로 그 점에서 전기장의 방향이 된다.

전기장 방정식 적용 방법

문제의 유형에 따라 전기장 방정식을 적용하는 방법이 달라진다.

- 한 개의 점전하가 만드는 전기장을 구하는 문제는 다음 방정식을 사용한다.

$$E = \frac{k|q|}{R^2}$$

  여기서 R은 문제에서 전기장을 구해야 하는 점과 점전하 사이의 거리이다. 문제에서 점전하의 좌표가 (x_1, y_1), 점의 좌표가 (x_2, y_2)로 주어지는 경우, 거리 R은 다음 식을 사용하여 구한다.

$$R = \sqrt{(x_2 - x_1)^2 + (y_2 - y_1)^2}$$

- 전기장의 크기(E)와 전기력의 크기(F_e) 사이의 관계를 구해야 할 경우에는 다음 방정식을 사용한다. 여기서 벡터의 크기(E와 F_e)는 반드시 +값이어야 하므로 절댓값을 사용하였다.

$$F_e = |q|E$$

- 문제에서 세 개 이상의 전하가 주어지면 3장에서 설명하는 벡터 덧셈 방법을 적용한다.
- 전기력 이외에 다른 힘(예를 들어 줄의 장력)을 포함하는 문제인 경우, 5장에서 설명하는 뉴턴의 제2법칙을 적용한다.
- 연속적인 전하분포(판이나 원통의 표면 전체에 걸쳐 퍼져 있는 전하)가 만들어내는 전기장을 구하는 유형의 문제는 7장과 8장을 참고한다.

중요한 차이점

전기장 문제를 푸는 데 능숙하게 되기 위한 첫 번째 단계는 '용어'를 배우고 익히는 것이다. 전하(q), 전기장(E), 전기력(F_e)을 제대로 구별할 수 있어야 한다. 문제를 주의 깊게 읽어야 한다. 그리고 이 세 가지 양에 사용되는 기호를 머릿속에 넣어 두어야 한다. 단위를 잘 살펴보면 세 가지 양을 구별하는 데 도움이 된다.

- **전하**(q)의 SI 단위는 쿨롱(C)이다.
- **전기장**(E)의 SI 단위는 $\frac{\mathrm{N}}{\mathrm{C}}$ 또는 $\frac{\mathrm{V}}{\mathrm{m}}$이다.
- **전기력**(F_e)의 SI 단위는 뉴턴(N)이다.

두 번째 단계로, 문제의 유형에 따라 어떤 방정식을 사용하는 것이 좋은지 배워야 한다.

- 공간 속의 특정한 점에서, 점전하가 만드는 전기장의 크기를 구하고 싶으면 $E = \frac{k|q|}{R^2}$ 식을 사용한다.
- 외부(에 있는 다른 전하)에서 발생한 전기장이 점전하에 가하는 힘을 구하고 싶으면 $F_e = |q|E$ 식을 사용한다.

전하(점전하 포함)가 자기 자신에게 스스로 힘을 가할 수는 없다는 당연한 사실을 잘 알고 있어야 한다. 전하는 주위 공간에 전기장을 만들고 이를 통해 자기 자신이 아닌 다른 전하에 힘을 가한다.

쿨롱 법칙과 전기장

아래 그림을 보면 두 개의 점전하가 놓여있다. 왼쪽 전하 q_1은 자신이 놓인 공간 속의 모든 위치에 전기장을 만드는데, 여기에는 오른쪽 전하 q_2가 놓인 위치도 당연히 포함된다. q_2가 놓인 위치에서 q_1이 만든 전기장의 크기를 구하려면 $E_1 = \frac{k|q_1|}{R^2}$ 식을 사용한다. 이 전기장 E_1에 의해 전하 q_2에 가해지는 전기력은 $F_e = |q_2|E_1$ 식을 사용하여 구할 수 있다. 이 두 개의 수식을 하나로 결합해보면

$$F_e = |q_2|E_1 = |q_2|\left(\frac{k|q_1|}{R^2}\right) = k\frac{|q_1||q_2|}{R^2}$$

이 되므로 쿨롱 법칙이 나온다.

마찬가지 방식으로, q_1이 놓인 위치에서 q_2가 만드는 전기장의 크기를 구하는 데는 $E_2 = \frac{k|q_2|}{R^2}$ 식을 사용한다. 이 전기장 E_2에 의해 전하 q_1에 가해지는 전기력은 $F_e = |q_1|E_2$ 식을 사용하여 구할 수 있다. 이 두 수식을 하나로 결합해보면 앞에서 얻은 결과와 똑같은 $F_e = k\frac{|q_1||q_2|}{R^2}$을 얻을 수 있다. q_1에 가해지는 전기력과 q_2에 가해지는 전기력이 똑같이 나온다는 결과는 결코 놀랄 일은 아니다. 뉴턴의 제3법칙에 따라 q_1이 q_2에 가하는 힘과 q_2가 q_1에 가하는 힘은 크기는 서로 같고 방향은 서로 반대가 되어야 하기 때문이다.

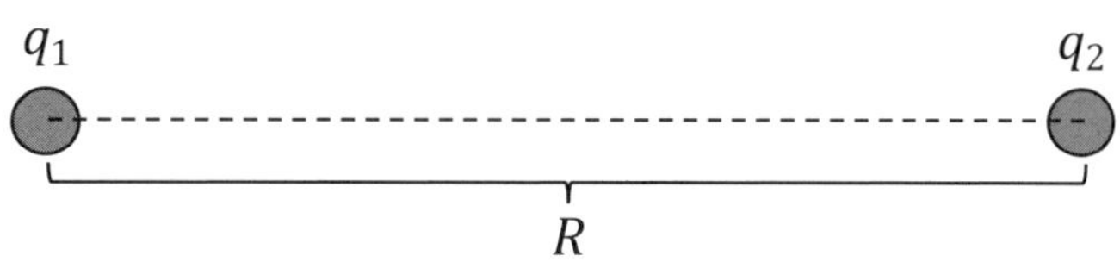

예제 원숭이 모양을 한 귀걸이가 가진 전하량은 $-400\ \mu C$이다. 이 귀걸이는 외부(에 놓인 어떤 전하)로부터 만들어진 5,000 N/C의 전기장 속에 놓여있다. 이 귀걸이에 가해지는 전기력의 크기를 구하라.

풀이 값을 알고 있는 양과 구해야 하는 양의 목록을 만들어 보자.

- 귀걸이의 전하량: $q = -400\ \mu C = -400 \times 10^{-6}\ C = -4.0 \times 10^{-4}\ C$. 여기서 마이크로(μ)는 미터법 접두어로 10^{-6}을 나타낸다. 따라서 $100 \times 10^{-6} = 10^{-4}$이 된 것이다.
- 전기장의 크기: $E = 5{,}000$ N/C
- 값을 구해야 하는 양: 전기력의 크기 F_e

q와 E 값이 주어졌으므로 다음 방정식을 사용한다.

$$F_e = |q|E = |-4.0 \times 10^{-4}| \times 5000 = (4.0 \times 10^{-4}) \times 5000 = 20{,}000 \times 10^{-4} = 2.0\ \text{N}$$

위 식에서 전하에 절댓값을 취한 것은 벡터의 크기는 항상 +값이 되어야 하기 때문이다.

따라서 귀걸이에 가해지는 전기력의 크기는 $F_e = 2.0$ N이다.

이 예제에서 $F_e = |q|E$ 식을 사용한 까닭은, 외부 전기장(E)이 존재하는 곳에 놓인 전하(q)에 가해지는 힘(F_e)를 구해야 하기 때문이다. 전기장 E의 값이 미리 주어져서 전하가 만드는 전기장을 구할 필요가 없기 때문에 $E = \frac{k|q|}{R^2}$ 식은 사용하지 않았다. 이 예제에서는 외부 전기장을 어떤 전하(들)가 만들었는지에 대한 설명이 없다. 혹시 외부 전기장을 만든 전하(들)에 대한 설명이 주어지더라도 이를 예제를 푸는 데 사용할 필요가 전혀 없다. 따라서 외부 전기장을 만들어낸 전하에 대한 정보가 주어지든 아니든 문제를 푸는 데는 아무런 상관이 없다.

예제 짧은 원숭이 털 한 가닥이 가진 알짜 전하량이 50 μC이다. (A) 털 한 가닥으로부터 거리 3 m 만큼 떨어진 위치에서 전기장의 크기를 구하라. (B) 알짜 전하량이 20 μC인 짧은 여우 털 한 가닥이 원숭이 털로부터 3 m 떨어진 곳에 놓여 있다. 한 가닥의 여우 털에 가해지는 힘을 구하라.

풀이

(A) 값을 알고 있는 양과 구해야 하는 양의 목록을 만들어 보자.

- 원숭이 털 한 가닥의 전하량: $q = 50\ \mu\text{C} = 50 \times 10^{-6}\ \text{C} = 5.0 \times 10^{-5}\ \text{C}$. 여기서 마이크로(μ)는 미터법 접두어로 10^{-6}을 나타낸다. 따라서 $10 \times 10^{-6} = 10^{-5}$이 된 것이다.
- 쿨롱상수: $k = 9.0 \times 10^9\ \frac{\text{N}\cdot\text{m}^2}{\text{C}^2}$
- 값을 구해야 하는 양: 원숭이 털로부터 거리 $R = 3.0$ m만큼 떨어진 위치에서의 전기장

q와 R 값이 주어졌으므로 다음 방정식을 사용한다.

$$E = \frac{k|q|}{R^2} = \frac{(9 \times 10^9)|5 \times 10^{-5}|}{(3)^2} = \frac{(9)(5)}{(3)^2} \times 10^9 10^{-5} = 5.0 \times 10^4\ \text{N/C}$$

위의 계산과정에서 연산규칙 $x^m x^{-n} = x^{m-n}$에 따라 $10^9 10^{-5} = 10^{9-5} = 10^4$가 되었다. 최종 답은 $E = 5.0 \times 10^4$ N/C이다. 이 값은 50,000 N/C으로 쓸 수도 있다.

(B) 값을 알고 있는 양과 구해야 하는 양의 목록을 만들어 보자.

- 여우 털 한 가닥의 전하량: $q_2 = 20\ \mu\text{C} = 20 \times 10^{-6}\ \text{C} = 2.0 \times 10^{-5}\ \text{C}$
- 위의 (A)에서 구한 전기장: $E = 5.0 \times 10^4$ N/C
- 값을 구해야 하는 양: 원숭이 털로부터 거리 $R = 3.0$ m만큼 떨어진 곳에 있는 여우 털 한 가닥에 가해지는 전기력

전하량(q_2)과 전기장(E) 값이 주어졌으므로 다음 방정식을 사용한다.

$$F_e = |q_2|E = |20 \times 10^{-6}| \times 5.0 \times 10^4 = 100 \times 10^{-2} = 1.0 \text{ N}$$

따라서 여우 털 한 가닥에 가해지는 전기력의 크기는 $F_e = 1.0$ N이다.

예제 아래 그림에서 점(●) 표시는 고릴라 모양을 한 귀걸이로 알짜 전하량은 600 μC이다. 이 귀걸이는 xy 좌표계의 원점에 놓여 있다. 아래 그림에서 별(★)로 표시된 점의 (x, y) 좌표가 (3.0 m, 4.0 m)이다. ★ 표시된 점에서 전기장의 크기를 구하라.

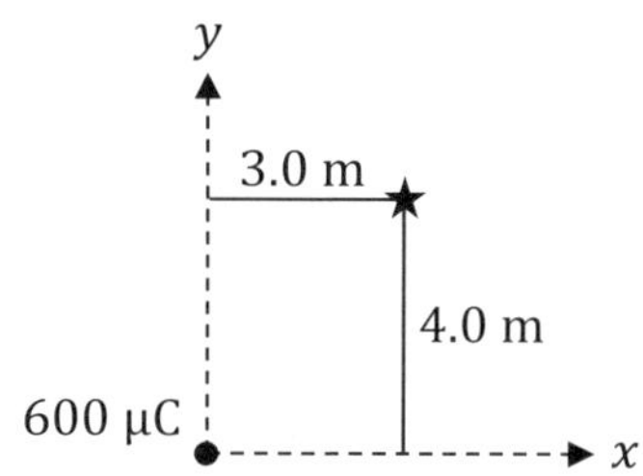

풀이 첫 번째 단계로, 전하(●)와 ★점 사이의 거리를 구해야 한다. 이를 위해 다음 수식을 사용한다.

$$R = \sqrt{(x_2 - x_1)^2 + (y_2 - y_1)^2} = \sqrt{(3-0)^2 + (4-0)^2} = \sqrt{9+16} = \sqrt{25} = 5.0 \text{ m}$$

두 번째 단계로, 전하(●)가 ★점에 만들어내는 전기장을 구해야 한다. 여기서는 귀걸이를 점전하 q로 취급하기로 한다. 그러면 $q = 600\ \mu\text{C} = 600 \times 10^{-6}\ \text{C} = 6.0 \times 10^{-4}\ \text{C}$이다. 이제 다음 방정식을 사용하면

$$E = \frac{k|q|}{R^2} = \frac{(9 \times 10^9)|6.0 \times 10^{-4}|}{(5)^2} = 2.16 \times 10^5 \text{ N/C}$$

이 된다. 위의 계산과정에서 연산규칙 $x^m x^n = x^{m+n}$에 따라 $10^9 10^{-4} = 10^{9-4} = 10^5$가 되었다. 최종 답은 $E = 2.16 \times 10^5$ N/C이다. 이 값은 216,000 N/C으로 쓸 수도 있다.

연습문제

4. 작은 털 뭉치가 가진 알짜 전하량은 −300 μC이다. 이 털 뭉치는 외부에서 만들어진 80,000 N/C의 전기장 속에 놓여있다. 털 뭉치에 가해지는 전기력의 크기를 구하라.
답: 24 N

5. 고릴라 모양을 한 귀걸이가 가진 알짜 전하량이 800 μC이다. 귀걸이로부터 거리 2 m 만큼 떨어진 위치에서 전기장의 크기를 구하라

   답: 1.8×10^6 N/C

6. 원숭이 모양을 한 귀걸이가 외부에서 만들어진 30,000 N/C의 전기장 속에 놓여있다. 이 귀걸이에 12 N의 전기력이 가해지고 있다. 전기력이 가해지는 방향이 전기장의 방향과 반대일 때 귀걸이가 가진 알짜 전하량을 구하라.

   답: −400 μC

7. 짧은 원숭이 털 한 가닥이 가진 알짜 전하량이 80 μC이다. 이 한 가닥 털이 만드는 전기장의 크기가 20,000 N/C이 되는 위치는 털에서 얼마만큼 떨어져 있는지 구하라.

   답: 6.0 m

8. 아래 그림에서 점(●) 표시는 배(과일) 모양을 한 귀걸이로 알짜 전하량은 30 μC이다. 이 귀걸이는 *xy* 좌표계에서 (*x*, *y*) 좌표가 (3.0 m, 6.0 m)인 점에 놓여 있다. 귀걸이는 점전하로 취급할 수 있다고 가정한다.

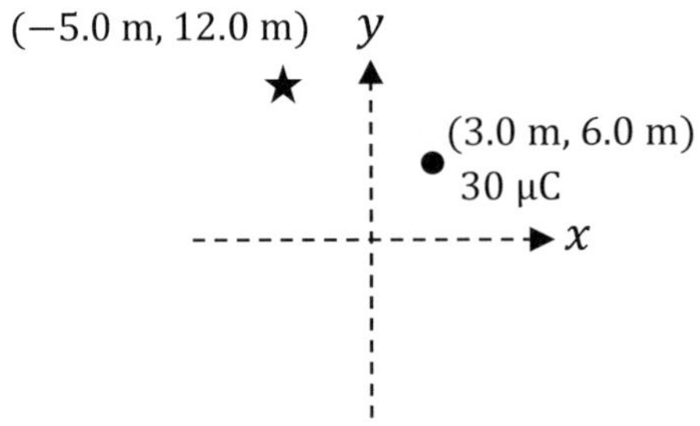

   (A) 별(★) 표시는 (*x*, *y*) 좌표가 (−5.0 m, 12.0 m)인 점이다. ★점에서 전기장의 크기를 구하라.

   (B) ★점에 알짜 전하량이 500 μC인 침팬지 털 한 가닥이 놓여 있다. 침팬지 털에 가해지는 전기력의 크기를 구하라.

   답: (A) 2,700 N/C, (B) 1.35 N

   도움이 필요한가요? 책의 맨 뒤에 있는 "힌트"를 참고하세요.

03
전기장의 중첩

필수 개념

전하를 가진 입자들이 두 개 또는 이보다 더 많이 있고 이들 전하 하나하나가 저마다 자신의 전기장을 만들어내고 있는 경우, 총(알짜) 전기장은 중첩정리를 사용하여 구할 수 있다. 이 말은 전기장 벡터들끼리는 벡터 덧셈 규칙을 사용하여 하나로 합성할 수 있음을 뜻한다. 마찬가지로, 전하가 세 개 또는 이보다 더 많이 있는 경우, 이 전하들 중에서 어느 한 전하에 가해지는 알짜 전기력은 벡터 덧셈을 사용하여 구할 수 있다.

중첩 방정식

문제의 유형을 구분해보자. 먼저, 지정된 한 점에서 여러 전하들이 저마다 만들어내는 전기장의 크기가 얼마인지 구하는 문제가 있다. 또 하나는, 여러 전하들 중에서 특정한 위치에 있는 어느 한 전하가, 나머지 다른 모든 전하들에 의해 받게 되는 전기력의 크기를 구하는 문제이다. 이들 문제에 사용하는 방정식들을 다음과 같다.

$$E_1 = \frac{k|q_1|}{R_1^2} \quad , \quad E_2 = \frac{k|q_2|}{R_2^2} \quad , \quad E_3 = \frac{k|q_3|}{R_3^2} \quad \cdots$$

$$F_1 = \frac{k|q_1||q|}{R_1^2} \quad , \quad F_2 = \frac{k|q_2||q|}{R_2^2} \quad , \quad F_3 = \frac{k|q_3||q|}{R_3^2} \quad \cdots$$

여기서 각각의 길이 R_i는 다음의 거리계산 공식을 사용하면 된다.

$$R_i = \sqrt{(x_2 - x_1)^2 + (y_2 - y_1)^2}$$

삼각함수를 이용하면 각 전기장의 방향과 각 전기력의 방향을 구할 수 있다.

$$\theta_i = \tan^{-1}\left(\frac{\Delta y}{\Delta x}\right)$$

전기장 벡터끼리 또는 전기력 벡터끼리 더할 때는 벡터 덧셈 규칙을 사용한다. 문제에서 구하려는 양이 전기장이면 여러 개의 E를 사용하고 구하려는 양이 전기력이면 여러 개의 F를 사용한다. 다음과 같이 삼각함수를 사용하여 주어진 벡터들의 x성분과 y성분을 구한다.

$$E_{1x} = E_1 \cos\theta_1 \quad , \quad E_{1y} = E_1 \sin\theta_1 \quad , \quad E_{2x} = E_2 \cos\theta_2 \quad , \quad E_{2y} = E_2 \sin\theta_2 \quad \cdots$$
$$F_{1x} = F_1 \cos\theta_1 \quad , \quad F_{1y} = F_1 \sin\theta_1 \quad , \quad F_{2x} = F_2 \cos\theta_2 \quad , \quad F_{2y} = F_2 \sin\theta_2 \quad \cdots$$

아래 식과 같이 x 성분들끼리 모두 더하면 총(알짜) 전기장의 x 성분을 구할 수 있고, y 성분들끼리 모두 더하면 총 전기장의 y 성분을 구할 수 있다. 마찬가지 방식으로 총 전기력의 x 성분과 y 성분도 각각 구할 수 있다. (이때 x는 x끼리 더하고 y는 y끼리 더해야지 x와 y를 섞어서 더하면 안 된다.)

$$E_x = E_{1x} + E_{2x} + \cdots + E_{Nx} \quad , \quad E_y = E_{1y} + E_{2y} + \cdots + E_{Ny}$$
$$F_x = F_{1x} + F_{2x} + \cdots + F_{Nx} \quad , \quad F_y = F_{1y} + F_{2y} + \cdots + F_{Ny}$$

피타고라스 정리를 사용하면 아래와 같이 알짜 전기장, 또는 알짜 전기력의 크기를 구할 수 있다. 알짜 전기장(또는 자기장) 벡터의 방향은 역 탄젠트(아크 탄젠트) 함수를 사용하여 구할 수 있다.

$$E = \sqrt{E_x^2 + E_y^2} \quad , \quad \theta_E = \tan^{-1}\left(\frac{E_y}{E_x}\right)$$
$$F_e = \sqrt{F_x^2 + F_y^2} \quad , \quad \theta_F = \tan^{-1}\left(\frac{F_y}{F_x}\right)$$

기호와 SI 단위

기호	이름	SI 단위
E	전기장	N/C 또는 V/m
F_e	전기력	N
θ	$\vec{\mathbf{E}}$ 또는 $\vec{\mathbf{F}}_e$의 방향	° 또는 deg
q	전하	C
R	전하에서 떨어진 거리	m
d	두 전하 사이의 거리	m

k	쿨롱 상수	$\frac{\text{N}\cdot\text{m}^2}{\text{C}^2}$ 또는 $\frac{\text{kg}\cdot\text{m}^3}{\text{C}^2\cdot\text{s}^2}$

중요한 차이점

중첩 문제에는 다음과 같이 서로 비슷한 두 가지 유형이 있다.

- 한 유형의 문제에서는 두 개 또는 이보다 많은 개수의 점전하를 주고, 공간에 있는 어떤 특정한 점에서 **전기장**을 구한다.
- 또 다른 유형의 문제에서는 세 개 또는 이보다 많은 개수의 점전하를 주고, 이들 중에서 어느 한 전하가 나머지 다른 모든 전하에 의해 받는 알짜 **전기력**을 구한다.

전기장을 구할 때는 E를 사용하고 전기력을 구할 때는 F를 사용한다. 꼭 기억하고 있어야 할 중요한 사항은 다음과 같다. 점전하 한 개가 만들어내는 전기장 E를 구하는 방정식인 $E=\frac{k|q|}{R^2}$에는 전하가 한 개만 들어있다. 반면에, 한 점전하가 다른 점전하에 가하는 전기력 F_e를 구하는 방정식 $F_e=k\frac{|q_1||q|}{R^2}$에는 전하가 두 개 들어있다. 전기장 방정식 $E=\frac{k|q|}{R^2}$와 전기력 방정식 $F_e=k\frac{|q_1||q|}{R^2}$에서는 모두 전하의 절댓값을 취하고 있는데, 벡터의 크기는 언제나 +값이 되어야 하기 때문이다. 그 대신에 전하의 부호는 벡터의 방향을 구하는 데 들어간다(다음에 곧 설명하는 중첩원리 적용 방법의 1번 단계를 살펴보라).

전기장을 구해야 하는 경우에는 한 번에 전하를 한 개씩 골라, 그 전하가 만드는 전기장을 방정식 $E=\frac{k|q|}{R^2}$으로 계산한다. 이 과정을 모든 전하에 대해 되풀이하면 된다. 전기력을 구해야 하는 경우에는 한 번에 한 쌍(두 개)의 전하를 골라, 그 한 쌍의 전하 사이에 서로 가해지는 전기력을 방정식 $F_e=k\frac{|q_1||q|}{R^2}$으로 구한다. 이 과정을 모든 전하에 대해 되풀이한다.

특정한 한 전하에 가해지는 알짜 전기력 $\vec{\mathbf{F}}_{net}$을 구해야 하는 경우에는, 먼저 그 특정 전하가 위치한 점에서의 알짜 전기장 $\vec{\mathbf{E}}_{net}$을 구한 다음, 방정식 $\vec{\mathbf{F}}_{net}=q\vec{\mathbf{E}}_{net}$을 사용하면 된다. 이 경우에 알짜 전기력의 크기는 $F_{net}=|q|E_{net}$이다. 또 알짜 전기력의 방향은 $q>0$일 때는 $\theta_F=\theta_E$ (전기력의 방향 = 전기장의 방향), $q<0$일 때는 $\theta_F=\theta_E+180°$이다.

중첩정리 적용 방법

다음과 같은 두 가지 유형의 문제는 비슷한 방법을 적용하여 풀 수 있다.

- 유형1: 두 개 또는 이보다 많은 점전하를 주고, 공간에 있는 어떤 특정 점에서 알짜 **전기장**을 구한다.

- 유형2: 세 개 또는 이보다 많은 점전하를 주고, 이들 중에서 어느 한 전하에 가해지는 알짜 **전기력**을 구한다.

알짜 전기장을 구할 때는 E를 사용하고 알짜 전기력을 구할 때는 F를 사용한다. 문제를 풀 때는 다음과 같은 단계를 차례로 밟는다.

1. 각 전하가 어떤 특정한 점에 만들어 내는 전기장을 그 점에서 그림(화살표)으로 그린다. 또는 특정 전하에 가해지는 전기력을 그림(화살표)으로 그린다. 화살표를 그리는 방법은 다음과 같다.
   - 전기장을 그릴 때는, 머릿속으로 그 특정 점에 +"시험"전하를 가져다 놓는다. 주어진 각 전하에 의해 이 "시험"전하가 어떻게 힘을 받을지 생각하면서 그 특정 점에 화살표를 그린다. 화살표에 각각 $\vec{\mathbf{E}}_1$, $\vec{\mathbf{E}}_2$, …라고 이름을 붙인다.
   - 전기력을 그릴 때는, 특정 전하를 제외한 나머지 모든 전하들 각각으로부터 이 특정 전하가 밀쳐지는 힘을 받는지, 끌어당겨지는 힘을 받는지 생각하면서 이 특정 전하 위에 화살표를 그린다. 전하의 부호가 특정 전하의 부호와 다르면 특정 전하는 끌어당겨지는 힘을 받고, 같으면 밀쳐지는 힘을 받는다. 화살표에 각각 $\vec{\mathbf{F}}_1$, $\vec{\mathbf{F}}_2$, …라고 이름을 붙인다.
2. 각 전하와 특정 점 사이의 거리(전기장을 구할 때), 또는 각 전하와 특정 전하 사이의 거리(전기력을 구할 때)인 R_i는 다음의 거리계산 공식을 사용하여 구한다.

$$R_i = \sqrt{\Delta x^2 + \Delta y^2}$$

3. 삼각함수를 사용하면 각 전기장의 방향과 각 전기력의 방향을 구할 수 있다. 이때 방향은 $+x$축을 기준으로 반시계방향으로 잰 각도이다. 먼저 수직방향의 길이(높이) Δy와 수평방향의 길이(밑변) Δx를 구한다. 그러고 나서 다음 공식을 사용하여 $+x$축을 기준으로 반시계방향으로 잰 각도를 계산한다.

$$\theta_{ref} = \tan^{-1}\left(\frac{\Delta y}{\Delta x}\right)$$

4. 다음 공식을 사용하여 특정한 점에서 각각의 점전하가 만들어내는 전기장의 크기를 각각 구한다. 또는 특정 전하를 제외한 나머지 모든 전하들 각각이 이 특정 전하에 가하는 힘의 크기를 각각 구한다.

$$E_1 = \frac{k|q_1|}{R_1^2} \quad , \quad E_2 = \frac{k|q_2|}{R_2^2} \quad , \quad E_3 = \frac{k|q_3|}{R_3^2} \quad \cdots$$

$$F_1 = \frac{k|q_1||q|}{R_1^2} \quad , \quad F_2 = \frac{k|q_2||q|}{R_2^2} \quad , \quad F_3 = \frac{k|q_3||q|}{R_3^2} \quad \cdots$$

5. 다음 식을 사용하여 4번 단계에서 구한 벡터들의 x성분과 y성분을 구한다.

$$E_{1x} = E_1 \cos\theta_1 \quad , \quad E_{1y} = E_1 \sin\theta_1 \quad , \quad E_{2x} = E_2 \cos\theta_2 \quad , \quad E_{2y} = E_2 \sin\theta_2 \quad \cdots$$
$$F_{1x} = F_1 \cos\theta_1 \quad , \quad F_{1y} = F_1 \sin\theta_1 \quad , \quad F_{2x} = F_2 \cos\theta_2 \quad , \quad F_{2y} = F_2 \sin\theta_2 \quad \cdots$$

6. 다음과 같이 x 성분들끼리 모두 더하면 총(알짜) 전기장의 x성분을 구할 수 있고, y 성분들끼리 모두 더하면 총 전기장의 y 성분을 구할 수 있다. 마찬가지 방식으로 총 전기력의 x 성분과 y 성분을 각각 구할 수 있다.

$$E_x = E_{1x} + E_{2x} + \cdots + E_{Nx} \quad , \quad E_y = E_{1y} + E_{2y} + \cdots + E_{Ny}$$
$$F_x = F_{1x} + F_{2x} + \cdots + F_{Nx} \quad , \quad F_y = F_{1y} + F_{2y} + \cdots + F_{Ny}$$

7. 다음과 같이 피타고라스 정리를 사용하여 알짜 전기장, 또는 알짜 전기력의 크기를 구한다. 알짜 전기장(또는 전기력) 벡터의 방향은 역 탄젠트(아크 탄젠트) 함수를 사용하여 구할 수 있다.

$$E = \sqrt{E_x^2 + E_y^2} \quad , \quad \theta_E = \tan^{-1}\left(\frac{E_y}{E_x}\right) \text{ 또는 } F = \sqrt{F_x^2 + F_y^2} \quad , \quad \theta_F = \tan^{-1}\left(\frac{F_y}{F_x}\right)$$

예제 원숭이 털 한 가닥이 가진 전하량이 4.0 μC이다. 이 원숭이 털은 (x, y) 좌표가 $(\sqrt{3}$ m, 1.0 m)인 점에 놓여 있다. 고릴라 털 한 가닥이 가진 전하량은 −16.0 μC이며 $(-\sqrt{3}$ m, 1.0 m)인 점에 놓여 있다. $(\sqrt{3}$ m, −1.0 m)인 점에서 알짜 전기장의 크기를 구하라.

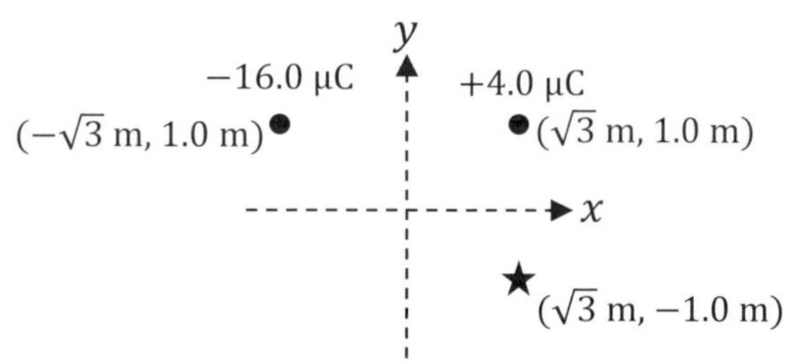

풀이 먼저, 두 전하가 각각 만들어내는 전기장을 그려보자. 이를 위해, 위 그림에서 ★로 표시한 $(\sqrt{3}$ m, −1.0 m)인 점에 부호가 +인 "시험"전하가 놓여있다고 가정한다. 원숭이 털은 전하1($q_1 = 4.0$ μC), 고릴라 털은 전하2($q_2 = -16.0$ μC)라고 이름을 붙인다. 그러면

- $(\sqrt{3}$ m, −1.0 m) 점에 놓인 + "시험"전하는 $q_1 = 4.0$ μC에 의해 반대방향으로 밀려난다. 따라서 전기장 벡터 $\vec{\mathbf{E}}_1$은 $q_1 = 4.0$ μC을 기준으로 정반대쪽(그림에서 똑바로 아래쪽을 향하는 방향)을 가리키는 화살표를 그려 나타낼 수 있다.
- $(\sqrt{3}$ m, −1.0 m) 점에 놓인 + "시험"전하는 $q_2 = -16.0$ μC에 의해 q_2쪽 방향으로 끌어당겨진다. 따라서 전기장 벡터 $\vec{\mathbf{E}}_2$는 $q_2 = -16.0$ μC쪽을 가리키는 화살표를 그려 나타낼 수 있다.

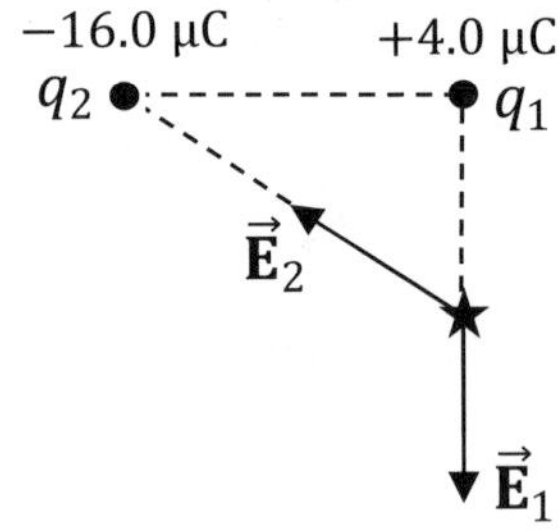

위의 그림에서 ●로 표시한 두 개의 전하와 ★로 표시한 점 사이의 거리를 전하 하나마다 하나씩 구한다. ★점은 바로 우리가 알짜 전하를 구하려는 위치이다. 이를 위해 거리계산 공식을 사용하여 다음과 같이 구한다.

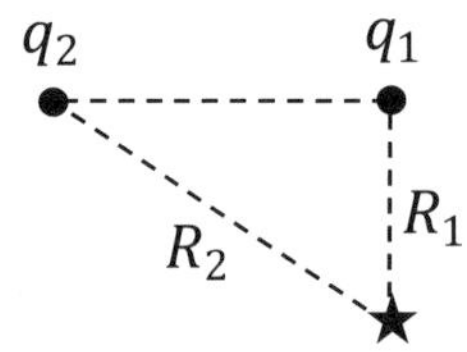

$$R_1 = \sqrt{\Delta x_1^2 + \Delta y_1^2} = \sqrt{\left(\sqrt{3} - \sqrt{3}\right)^2 + (-1-1)^2} = \sqrt{0^2 + (-2)^2} = \sqrt{4} = 2.0 \text{ m}$$

$$R_2 = \sqrt{\Delta x_2^2 + \Delta y_2^2} = \sqrt{\left[\sqrt{3} - \left(-\sqrt{3}\right)\right]^2 + (-1-1)^2} = \sqrt{\left(2\sqrt{3}\right)^2 + (-2)^2} = \sqrt{16} = 4.0 \text{ m}$$

계산과정에서 $\sqrt{12} = \sqrt{(4)(3)} = \sqrt{4}\sqrt{3} = 2\sqrt{3}$이 되었다. 위의 그림에서 q_1은 ★점 위로 2 m 떨어진 거리($R_1 = 2$ m는 이를 말하는 것임)에 놓여 있다. q_2와 ★점 사이의 거리 R_2는 직각삼각형의 빗변이다. 직각삼각형의 밑변(수평)의 길이가 $2\sqrt{3}$ m이고 높이(수직)가 2.0 m이므로 빗변의 길이는 피타고라스 정리를 사용하여 다음과 같이 구할 수 있다. $\sqrt{\left(2\sqrt{3}\right)^2 + 2^2} = \sqrt{12+4} = \sqrt{16} = 4.0 \text{ m}$. 따라서 $R_2 = 4.0$ m이다.

다음으로, $\vec{\mathbf{E}}_1$과 $\vec{\mathbf{E}}_2$의 방향을 구해보자. $\vec{\mathbf{E}}_1$은 수직방향으로 아래쪽을 가리키므로 방향은 $\theta_1 = 270°$이다. (각도 0°는 $+x$축 방향을 가리키고 90°는 $+y$축 방향을 가리킨다. 또한 180°는 $-x$축 방향을 가리키고 270°는 $-y$축 방향을 가리킨다.) $\vec{\mathbf{E}}_2$의 방향 θ_2는 사분면 중에서 2사분면에 놓여 왼쪽 위 방향을 가리킨다. 정확한 각도를 알아내기 위해 직각삼각형에서 기준각도를 구한다. 기준각도는 $+x$축 또는 $-x$축에 대해 가장 작은 각도를 말한다.

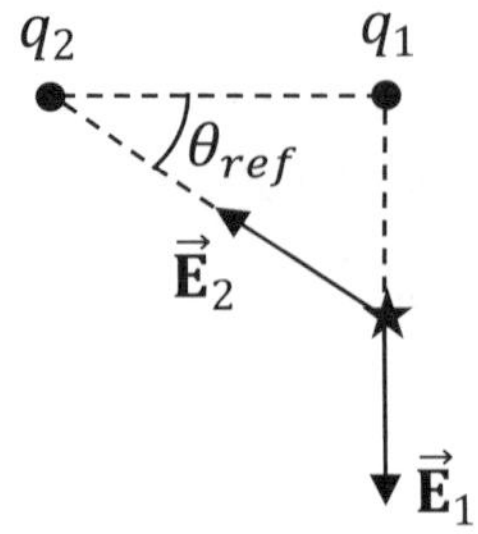

기준각도를 구하기 위해 높이(Δy)와 밑변(Δx), 그리고 삼각함수를 사용하면

$$\theta_{ref} = \tan^{-1}\left|\frac{\Delta y}{\Delta x}\right| = \tan^{-1}\left(\frac{2}{2\sqrt{3}}\right) = \tan^{-1}\left(\frac{1}{\sqrt{3}}\right) = \tan^{-1}\left(\frac{\sqrt{3}}{3}\right) = 30°$$

가 된다. 위의 계산과정에서 $\frac{1}{\sqrt{3}} = \frac{1}{\sqrt{3}}\frac{\sqrt{3}}{\sqrt{3}} = \frac{\sqrt{3}}{3}$이 되었는데, 여기서 $\sqrt{3}\sqrt{3} = 3$이다. 이제 아래 그림에 나타낸 문제의 구조를 잘 살펴보면서 기준각도를 θ_2로 바꿔보자. 2사분면에 있는 θ_2는 $+x$축에서 반시계방향으로 잰 각도이다. 이 각도 θ_2는 180°에서 기준각도 θ_{ref}를 뺀 값과 같다. (이 시리즈 책의 제1권의 삼각함수 기초를 참조하라.)

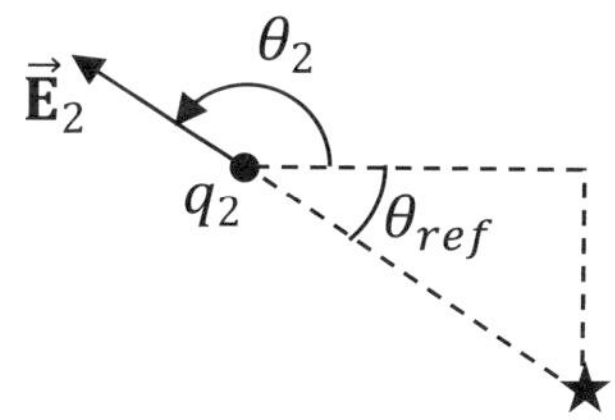

$$\theta_2 = 180° - \theta_{ref} = 180° - 30° = 150°$$

두 개의 점전하는 각각 ★점에 전기장을 만들어낸다. 이렇게 만들어진 두 개의 전기장을 합성하면 ★점에서의 알짜 전기장을 구할 수 있다. 먼저, 두 전하량을 μC에서 C 단위로 변환하면 $q_1 = 4.0 \times 10^{-6}$ C, $q_2 = -16 \times 10^{-6}$ C이 된다. 앞에서 거리는 $R_1 = 2.0$ m이고 $R_2 = 4.0$ m로 구했다. 전하량과 거리를 알아냈으므로 전기장 방정식을 사용하여 다음과 같이 각각의 전기장을 계산할 수 있다.

$$E_1 = \frac{k|q_1|}{R_1^2} = \frac{(9 \times 10^9)|4 \times 10^{-6}|}{(2)^2} = \frac{(9)(4)}{(2)^2} \times 10^9 10^{-6} = 9.0 \times 10^3 \text{ N/C}$$

$$E_2 = \frac{k|q_2|}{R_2^2} = \frac{(9 \times 10^9)|-16 \times 10^{-6}|}{(4)^2} = \frac{(9)(16)}{(4)^2} \times 10^9 10^{-6} = 9.0 \times 10^3 \text{ N/C}$$

위의 계산과정에서 연산규칙 $x^m x^{-n} = x^{m-n}$에 따라 $10^9 10^{-6} = 10^{9-6} = 10^3$이 되었다. 또한 $q_2 = -16 \times 10^{-6}$ C에 절댓값을 취했으므로(전기장 벡터의 크기는 −값이 될 수 없으므로) 부호는 사라졌다. 지금까지 알아낸 양의 값들을 정리하면 다음과 같다.

- $q_1 = 4.0 \times 10^{-6}$ C, $R_1 = 2.0$ m, $\theta_1 = 270°$, $E_1 = 9.0 \times 10^3$ N/C
- $q_2 = -16.0 \times 10^{-6}$ C, $R_2 = 4.0$ m, $\theta_2 = 150°$, $E_2 = 9.0 \times 10^3$ N/C

이제 두 전기장 벡터를 더할 준비를 모두 마쳤다. 두 전기장 벡터의 크기($E_1 = 9.0 \times 10^3$ N/C, $E_2 = 9.0 \times 10^3$ N/C)와 방향($\theta_1 = 270°$, $\theta_2 = 150°$)을 사용하여 이 두 벡터를 더하면 알짜 벡터를 구할 수 있다. 벡터 덧셈의 첫 번째 단계는 주어진 각각의 벡터를 구성하는 두 개의 직교성분(x성분과 y성분)을 구하는 것이다. 삼각함수를 이용하면

$$E_{1x} = E_1 \cos\theta_1 = (9 \times 10^3)\cos(270°) = (9 \times 10^3)(0) = 0$$
$$E_{1y} = E_1 \sin\theta_1 = (9 \times 10^3)\sin(270°) = (9 \times 10^3)(-1) = -9.0 \times 10^3 \text{ N/C}$$
$$E_{2x} = E_2 \cos\theta_2 = (9 \times 10^3)\cos(150°) = (9 \times 10^3)\left(-\frac{\sqrt{3}}{2}\right) = -\frac{9\sqrt{3}}{2} \times 10^3 \text{ N/C}$$
$$E_{2y} = E_2 \sin\theta_2 = (9 \times 10^3)\sin(150°) = (9 \times 10^3)\left(\frac{1}{2}\right) = \frac{9}{2} \times 10^3 \text{ N/C}$$

로 계산된다. 벡터 덧셈의 두 번째 단계는 같은 성분끼리 서로 더하는 것이다.

$$E_x = E_{1x} + E_{2x} = 0 + \left(-\frac{9\sqrt{3}}{2} \times 10^3\right) = -\frac{9\sqrt{3}}{2} \times 10^3 \text{ N/C}$$
$$E_y = E_{1y} + E_{2y} = -9 \times 10^3 + \frac{9}{2} \times 10^3 = -\frac{9}{2} \times 10^3 \text{ N/C}$$

벡터 덧셈의 마지막 단계는 피타고라스 정리와 역 탄젠트 함수를 사용하여 알짜 벡터의 크기와 방향을 구하는 것이다.

$$E = \sqrt{E_x^2 + E_y^2} = \sqrt{\left(-\frac{9\sqrt{3}}{2} \times 10^3\right)^2 + \left(-\frac{9}{2} \times 10^3\right)^2} = \left(\frac{9}{2} \times 10^3\right)\sqrt{\left(-\sqrt{3}\right)^2 + (-1)^2}$$

위의 계산과정에서 수식을 좀 더 간단히 나타내기 위해 공통인수인 $\left(\frac{9}{2} \times 10^3\right)$를 제곱근 밖으로 빼내었다. $(-1)^2 = +1$의 계산 결과에서 알 수 있듯이 −부호는 제곱하면 사라지므로(+부호로 바뀌므로)

$$E = \left(\frac{9}{2} \times 10^3\right)\sqrt{3+1} = \left(\frac{9}{2} \times 10^3\right)\sqrt{4} = \left(\frac{9}{2} \times 10^3\right)(2) = 9.0 \times 10^3 \text{ N/C}$$
$$\theta_E = \tan^{-1}\left(\frac{E_y}{E_x}\right) = \tan^{-1}\left(\frac{-\frac{9}{2} \times 10^3}{-\frac{9\sqrt{3}}{2} \times 10^3}\right) = \tan^{-1}\left(\frac{1}{\sqrt{3}}\right) = \tan^{-1}\left(\frac{\sqrt{3}}{3}\right)$$

가 된다. 위의 계산 과정에서 역 탄젠트 함수의 인수 중에서 분자와 분모에 있는 $\left(\frac{9}{2} \times 10^3\right)$은 서로 약분되어 사라졌다. 또한 $\frac{1}{\sqrt{3}} = \frac{1}{\sqrt{3}}\frac{\sqrt{3}}{\sqrt{3}} = \frac{\sqrt{3}}{3}$이 되었는데, 여기서 $\sqrt{3}\sqrt{3} = 3$이다. $\tan 30° = \frac{\sqrt{3}}{3}$이므로 기준각도는 $\theta_{ref} = 30°$이다. 하지만 이 각도는 1사분면에 위치하므로 답이 될 수 없다. 앞에서 구한 결과를 보면 $E_x < 0$이고 $E_y < 0$이므로 각도는 3사분면에 위치해야 한다. 우리가 구하려는 각도 θ_E는 3사분면에 놓여야 하므로 다음과 같이 기준각도 θ_{ref}에 180°를 더해야 한다.

$$\theta_E = 180° + \theta_{ref} = 180° + 30° = 210°$$

최종 결과를 정리해보자. ★로 표시한 특정한 점에서 측정한 알짜 전기장의 크기는 $E = 9.0 \times 10^3$ N/C이고 알짜 전기장의 방향은 $\theta_E = 210°$이다.

예제 원숭이가 아래 그림처럼 직각삼각형의 세 꼭짓점에 각각 하나씩 전하를 가져다 놓았다. q_3에 가해지는 알짜 전기력의 크기와 방향을 구하라.

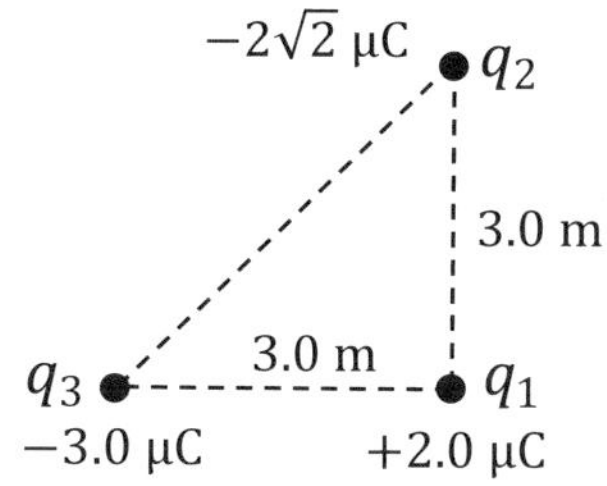

풀이 먼저, 전하 q_3에 가해지는 두 전기력을 그려보자.

- 전하 q_3는 전하 q_1을 향해 끌어당겨진다. 이는 두 전하의 부호가 반대이기 때문이다. 따라서 전기력 벡터 $\vec{\mathbf{F}}_1$은 q_1쪽을 가리키는 화살표를 q_3 위에 그려서 나타낼 수 있다.
- 전하 q_3는 전하 q_2에 의해 반대방향으로 밀려난다. 이는 두 전하의 부호가 둘 다 −로 같기 때문이다. 따라서 전기력 벡터 $\vec{\mathbf{F}}_2$는 q_2를 기준으로 정반대쪽(왼쪽 아래를 향하는 방향)을 가리키는 화살표를 q_3 위에 그려서 나타낼 수 있다.

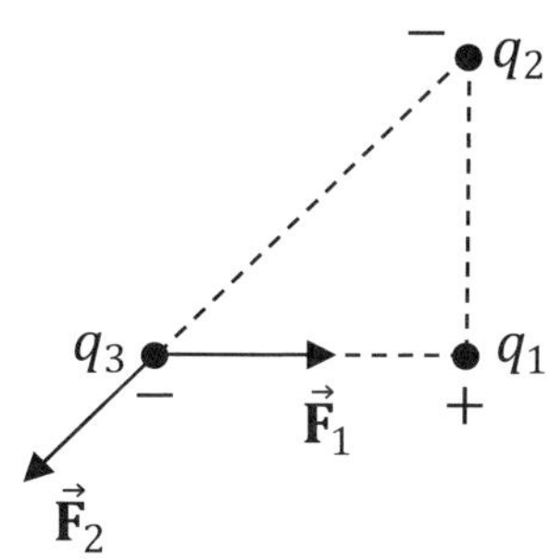

위의 그림에서 각 전하 사이의 거리를 구한다. $R_1 = 3.0$ m(삼각형의 밑변)이다. R_2를 구하기 위해 다음과 같이 거리계산 공식을 사용한다.

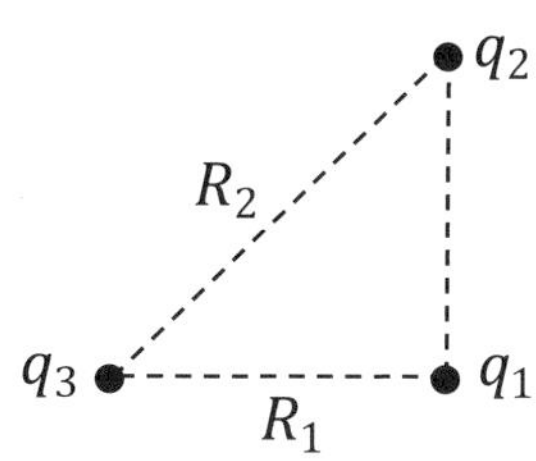

$$R_2 = \sqrt{\Delta x_2^2 + \Delta y_2^2} = \sqrt{3^2 + 3^2} = \sqrt{9+9} = \sqrt{18} = \sqrt{(9)(2)} = \sqrt{9}\sqrt{2} = 3\sqrt{2}\ \text{m}$$

다음으로, $\vec{\mathbf{F}}_1$과 $\vec{\mathbf{F}}_2$의 방향을 구해보자. $\vec{\mathbf{F}}_1$은 오른쪽 수평방향을 가리키므로 방향은 $\theta_1 = 0°$이다. (각도 0°는 $+x$축 방향을 가리킨다.) $\vec{\mathbf{F}}_2$의 방향 θ_2는 사분면 중에서 3사분면에서 왼쪽 아래 방향을 가리킨다. 정확한 각도를 알아내기 위해 직각삼각형에서 기준각도를 구한다. 기준각도는 $+x$축 또는 $-x$축에 대해 가장 작은 각도를 말한다. 기준각도를 구하기 위해 높이(Δy)와 밑변(Δx), 그리고 삼각함수를 사용하면

$$\theta_{ref} = \tan^{-1}\left|\frac{\Delta y}{\Delta x}\right| = \tan^{-1}\left(\frac{3}{3}\right) = \tan^{-1}(1) = 45°$$

가 된다. 이제 아래 그림에 나타낸 문제의 구조를 잘 살펴보면서 기준각도를 θ_2로 바꿔보자. 3사분면에 있는 θ_2는 $+x$축에서 반시계방향으로 잰 각도이다. 이 각도 θ_2는 기준각 θ_{ref}에 180°를 더한 값과 같다.

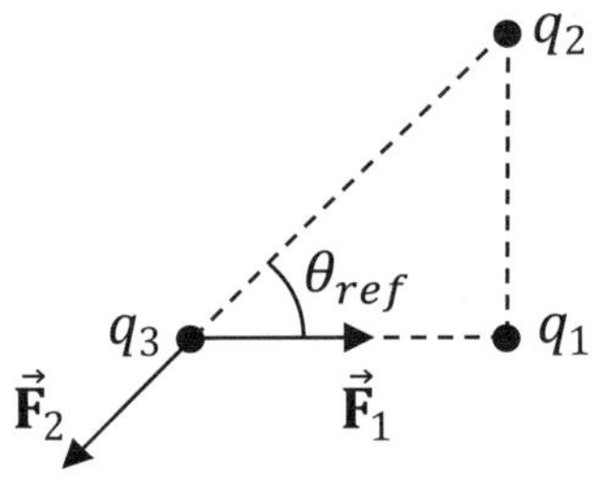

$$\theta_2 = 180° + \theta_{ref} = 180° + 45° = 225°$$

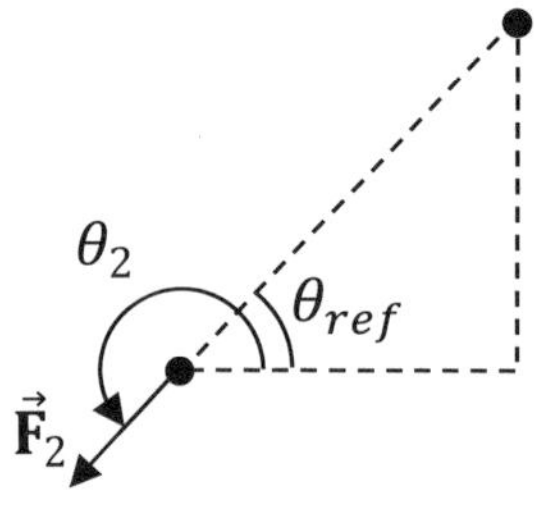

다음으로 q_1과 q_2에 의해 q_3에 각각 가해지는 전기력의 크기와 방향을 구해보자. 세 전하량을 μC에서 C 단위로 변환하면 $q_1 = 2.0 \times 10^{-6}$ C, $q_2 = -2\sqrt{2} \times 10^{-6}$ C, $q_3 = -3.0 \times 10^{-6}$ C이 된다. 앞에서 거리는 $R_1 = 3.0$ m이고 $R_2 = 3\sqrt{2}$ m로 구했다. 전하량과 거리를 알아냈으므로 전기력을 구하려면 다음 방정식을 사용해야 한다. 여기서 우리는 q_3에 가해지는 알짜 전기력을 구하는 것이므로 아래의 두 식에 모두에 q_3가 들어간다.

$$F_1 = \frac{k|q_1||q_3|}{R_1^2} = \frac{(9 \times 10^9)|2 \times 10^{-6}||-3 \times 10^{-6}|}{(3)^2} = 6.0 \times 10^{-3}\ \mathrm{N}$$

$$F_2 = \frac{k|q_2||q_3|}{R_2^2} = \frac{(9 \times 10^9)|-2\sqrt{2} \times 10^{-6}||-3 \times 10^{-6}|}{\left(3\sqrt{2}\right)^2} = 3\sqrt{2} \times 10^{-3}\ \mathrm{N}$$

계산과정에서 연산규칙 $x^m x^n = x^{m+n}$에 따라 $10^9 10^{-6} 10^{-6} = 10^{9-6-6} = 10^{-3}$이 되었다. 또한 $(3\sqrt{2})^2 = (3)^2(\sqrt{2})^2 = (9)(2) = 18$이다. 전하에 절댓값을 취하므로(전기력 벡터의 크기는 −값이 될 수 없으므로) −부호는 사라졌다. 지금까지 알아낸 양의 값들을 정리하면 다음과 같다.

- $q_1 = 2.0 \times 10^{-6}$ C, $R_1 = 3.0$ m, $\theta_1 = 0°$, $F_1 = 6.0 \times 10^{-3}$ N
- $q_2 = -2\sqrt{2} \times 10^{-6}$ C, $R_2 = 3\sqrt{2}$ m, $\theta_2 = 225°$, $F_2 = 3\sqrt{2} \times 10^{-3}$ N
- $q_3 = -3.0 \times 10^{-6}$ C

이제 두 전기력 벡터를 더할 준비를 모두 마쳤다. 두 전기력 벡터의 크기($F_1 = 6.0 \times 10^{-3}$ N, $F_2 = 3\sqrt{2} \times 10^{-3}$ N)와 방향($\theta_1 = 0°$, $\theta_2 = 225°$)을 사용하여 이 두 벡터를 더하면 알짜 벡터의 크기(F)와 방향(θ_F)을 구할 수 있다. 벡터 덧셈의 첫 번째 단계는 주어진 각각의 벡터를 구성하는 두 개의 직교성분(x성분과 y성분)을 구하는 것이다. 삼각함수를 이용하면

$$F_{1x} = F_1 \cos\theta_1 = (6 \times 10^{-3})\cos(0°) = (6 \times 10^{-3})(1) = 6.0 \times 10^{-3} \text{ N}$$
$$F_{1y} = F_1 \sin\theta_1 = (6 \times 10^{-3})\sin(0°) = (6 \times 10^{-3})(0) = 0$$
$$F_{2x} = F_2 \cos\theta_2 = \left(3\sqrt{2} \times 10^{-3}\right)\cos(225°) = \left(3\sqrt{2} \times 10^{-3}\right)\left(-\frac{\sqrt{2}}{2}\right) = -3.0 \times 10^{-3} \text{ N}$$
$$F_{2y} = F_2 \sin\theta_2 = \left(3\sqrt{2} \times 10^{-3}\right)\sin(225°) = \left(3\sqrt{2} \times 10^{-3}\right)\left(-\frac{\sqrt{2}}{2}\right) = -3.0 \times 10^{-3} \text{ N}$$

로 계산된다. 위의 계산과정에서 $(3\sqrt{2})\left(-\frac{\sqrt{2}}{2}\right) = -\frac{(3)(\sqrt{2})(\sqrt{2})}{2} = -\frac{(3)(2)}{2} = -\frac{6}{2} = -3$이 되었는데, 여기서 $\sqrt{2}\sqrt{2} = 2$이다. 벡터 덧셈의 두 번째 단계는 같은 성분끼리 서로 더하는 것이다.

$$F_x = F_{1x} + F_{2x} = 6 \times 10^{-3} + (-3 \times 10^{-3}) = 3.0 \times 10^{-3} \text{ N}$$
$$F_y = F_{1y} + F_{2y} = 0 + (-3 \times 10^{-3}) = -3.0 \times 10^{-3} \text{ N}$$

벡터 덧셈의 마지막 단계는 피타고라스 정리와 역 탄젠트 함수를 사용하여 알짜 벡터의 크기와 방향을 구하는 것이다.

$$F = \sqrt{F_x^2 + F_y^2} = \sqrt{(3 \times 10^{-3})^2 + (-3 \times 10^{-3})^2} = (3 \times 10^{-3})\sqrt{(1)^2 + (-1)^2}$$

계산과정에서 수식을 좀 더 간단히 나타내기 위해 공통인수 (3×10^{-3})를 제곱근 밖으로 빼내었다. $(-1)^2 = +1$의 계산 결과에서 알 수 있듯이 −부호는 제곱하면 사라지므로(+부호로 바뀌므로)

$$F = (3 \times 10^{-3})\sqrt{1+1} = (3 \times 10^{-3})\sqrt{2} = 3\sqrt{2} \times 10^{-3} \text{ N}$$
$$\theta_F = \tan^{-1}\left(\frac{F_y}{F_x}\right) = \tan^{-1}\left(\frac{-3 \times 10^{-3}}{3 \times 10^{-3}}\right) = \tan^{-1}(-1)$$

가 된다. $\tan45° = 1$이므로 기준각도는 $\theta_F = 45°$이다. 하지만 이 각도는 1사분면에 위치하므로 답이 될 수 없다. 앞에서 구한 결과를 보면 $F_x > 0$이고 $F_y < 0$이므로 각도는 4사분면에 위치해야 한다. 우리가 구하려는 각도 θ_F는 4사분면에 놓여야 하므로 다음과 같이 기준각도 θ_{ref}를 360°에서 빼주어야 한다.

$$\theta_F = 360° - \theta_{ref} = 360° - 45° = 315°$$

최종 결과를 정리해보자. q_3에 가해지는 알짜 전기력의 크기는 $F = 3\sqrt{2} \times 10^{-3}$ N이고 알짜 전기력의 방향은 $\theta_F = 315°$이다.

연습문제

9. 원숭이 모양 귀걸이가 가진 알짜 전하량은 6.0 μC이다. 이 귀걸이는 xy 좌표계에서 (x, y) 좌표가 (0, 2.0 m)인 점에 놓여 있다. 바나나 모양 귀걸이가 가진 알짜 전하량은 −6.0 μC이다. 이 귀걸이는 (0, −2.0 m)인 점에 놓여 있다. (2.0 m, 0)인 점에서 알짜 전기장의 크기를 구하는 것이 이번 문제의 목표이다. 여기서 두 귀걸이는 점전하로 취급할 수 있다고 가정한다.

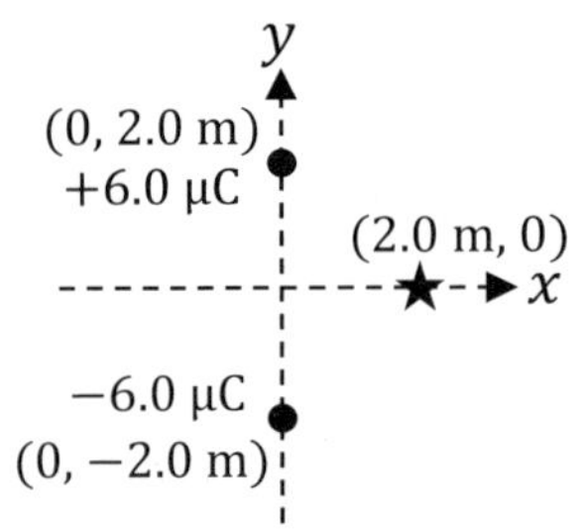

(A) 두 전하(●)가 (2.0 m, 0)인 점(★)에 만들어내는 각각의 전기장을 그려라. 그리고 나서 각각의 전기장에 $\vec{\mathbf{E}}_1$, $\vec{\mathbf{E}}_2$와 θ_1, θ_2를 표시하라. 여기서 θ_1, θ_2는 $+x$축을 기준으로 반시계 방향으로 측정한 각도이다.

(B) 거리계산 공식을 사용하여 R_1과 R_2를 구하라.

(C) 삼각함수를 사용하여 두 전기장 벡터의 기준각도를 각각 구하라.

(D) 위의 (C)와 (A)에서 구한 결과를 사용하여 $+x$축을 기준으로 반시계 방향으로 측정한 각도 θ_1과 θ_2 값을 구하라. 이때 계산한 각도가 위치하는 사분면이 위의 (A)에서 그린 그림과 일치하는지 확인하라.

(E) 두 전기장 벡터의 크기 E_1과 E_2를 구하라.

(F) 두 전기장 벡터에 대해 각각의 두 직교성분 E_{1x}, E_{1y}, E_{2x}, E_{2y}를 구하라.

(G) 두 전기장 벡터를 합성한 알짜 전기장 벡터의 두 직교성분 E_x, E_y를 구하라.

(H) (2.0 m, 0)인 점(★)에서 알짜 전기장 벡터의 크기 E를 구하라.

(I) (2.0 m, 0)인 점(★)에서 알짜 전기장 벡터의 방향 θ_E를 구하라.

답: (H) $6750\sqrt{2}$ N/C, (I) 270°

10. 원숭이가 아래 그림처럼 정삼각형의 세 꼭짓점에 각각 하나씩 전하(●)를 가져다 놓았다. 이 문제의 목표는 q_3에 가해지는 알짜 전기력의 크기와 방향을 구하는 것이다.

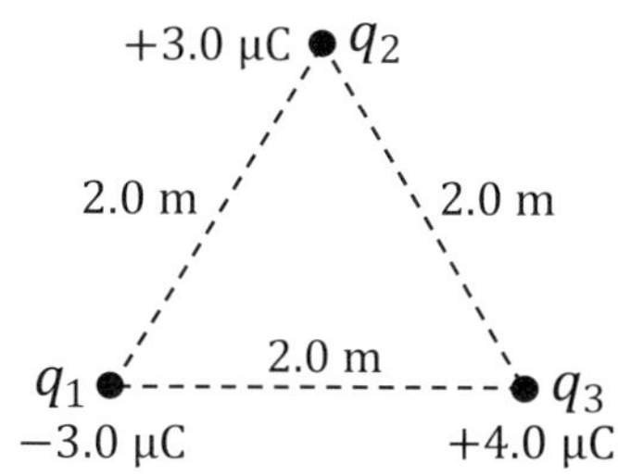

(A) 두 전하 q_1, q_2에 의해 전하 q_3에 가해지는 두 전기력을 q_3 위에 각각 그려라. 그러고 나서 이렇게 그린 두 전기력에 $\vec{\mathbf{F}}_1$, $\vec{\mathbf{F}}_2$와 θ_1, θ_2를 각각 표시하라. 여기서 θ_1, θ_2는 $+x$축을 기준으로 반시계 방향으로 측정한 각도이다. $+x$축은 오른쪽을, $+y$축은 위쪽을 가리키는 것으로 한다.

(B) R_1과 R_2를 구하라.

(C) 두 전기력 벡터의 기준각도를 각각 구하라.

(D) 위의 (C)와 (A)에서 구한 결과를 사용하여 $+x$축을 기준으로 반시계 방향으로 측정한 각도 θ_1과 θ_2 값을 구하라. 이때 계산한 각도가 위치하는 사분면이 위의 (A)에서 그린 그림과 일치하는지 확인하라.

(E) 두 전기력 벡터의 크기 F_1과 F_2를 구하라.

(F) 두 전기력 벡터에 대해 각각의 두 직교성분 F_{1x}, F_{1y}, F_{2x}, F_{2y}를 구하라.

(G) 두 전기력 벡터를 합성한 알짜 전기력 벡터의 두 직교성분 F_x, F_y를 구하라.

(H) q_3에 가해지는 알짜 전기력 벡터의 크기 F를 구하라.

(I) q_3에 가해지는 알짜 전기력 벡터의 방향 θ_F를 구하라.

답: (H) 27 mN, (I) 240°

도움이 필요한가요? 책의 맨 뒤에 있는 "힌트"를 참고하세요.

알짜 전기장이 0이 되는 점을 구하는 방법

두 개의 점전하가 주어지고 알짜 전기장이 0이 되는 점을 구해야 하는 문제를 풀 때는 다음과 같은 단계를 차례로 밟으면 된다. 다음에 나오는 예제에서는 이 방법을 자세히 설명한다.

1. 세 개의 영역을 정의한다(다음에 나오는 예제에 방법이 설명되어 있다).
    - 한 개의 영역은 두 점전하 사이에 위치한 있는 영역이다.
    - 나머지 두 개의 영역은 두 점전하 바깥에 위치한 영역이다.
2. 위의 1번 단계에서 정의한 세 영역에 "시험"점("시험"전하가 놓일 위치)을 한 영역에 하나씩 표시한다. 그 다음, 영역마다 두 점전하가 "시험"점에 저마다 만들어내는 전기장을 그린다(이렇게 되면 총 세 쌍(여섯 개)의 전기장이 그려진다). 여기서 전기장을 그리는 방법을 설명하면, 먼저 각 "시험"점에 +부호의 "시험"전하가 놓여있다고 머릿속으로 그려본다. 그 다음에 각 점전하가 +부호의 "시험"전하를 밀어내는지 끌어당기는지 생각한다.
3. 세 영역 중 어떤 영역에서, "시험"점에 존재하는 두 전기장의 방향이 서로 반대이고 크기가 같은지 찾아낸다.
    - 두 전하의 부호가 같으면 두 전하 사이에 위치한 영역이 답이다.
    - 두 전하의 부호가 반대이면 두 전하의 바깥에 있는 두 영역이 후보가 된다. 두 바깥 영역 중에서 두 전하 중 절댓값($|q|$)이 더 작은 전하 쪽에 위치해 있는 바깥 영역이 답이다.
4. 위의 3번 단계에서 찾아낸 영역의 "시험"점에 존재하는 두 전기장의 크기를 서로 같게 놓는다.

    $$E_1 = E_2$$
    $$\frac{k|q_1|}{R_1^2} = \frac{k|q_2|}{R_2^2}$$

    이 방정식의 양변을 k로 나누고 등호 양변을 ×자 형태로 곱한다(×자 곱셈).
5. 위의 4번 단계에서 구한 방정식은 미지수가 R_1, R_2로 두 개다. 1번 단계~3번 단계에서 그린 그림으로부터 방정식을 하나 더 구해보자. 3번 단계에서 알아낸 영역에서 "시험"점과 두 점전하 사이의 거리를 각각 R_1과 R_2로 놓는다. 두 점전하 사이의 거리를 d로 놓는다.
    - 두 전하의 부호가 같은 경우, 방정식은 다음과 같다.

      $$R_1 + R_2 = d$$

    - 두 전하의 부호가 반대인 경우, 다음의 두 방정식이 후보다. 이 중에서 어느 전하의 $|q|$ 값이 더 큰가에 따라 정답이 결정된다.

      $$R_1 = R_2 + d$$
      $$R_2 = R_1 + d$$

6. 위의 5번 단계에서 얻은 방정식을 R_1 또는 R_2에 대해 정리한 식으로 만든 다음, 그 결과 식을 4번 단계에서 얻은 방정식에 대입한다.
7. 방정식의 양변에 제곱근을 취한다. 방정식을 풀어 R_1과 R_2를 구한다. 이렇게 구한 R_1, R_2 값을 사용하여 알짜 전기장이 0이 되는 위치를 구한다.

예제 원숭이가 아래 그림처럼 두 개의 공을 5.0 m 거리만큼 떨어뜨려 놓았다. 왼쪽 공이 가진 전하량은 −4.0 μC이고, 오른쪽 공이 가진 전하량은 −9.0 μC이다. 알짜 전기장이 0인 위치를 구하라.

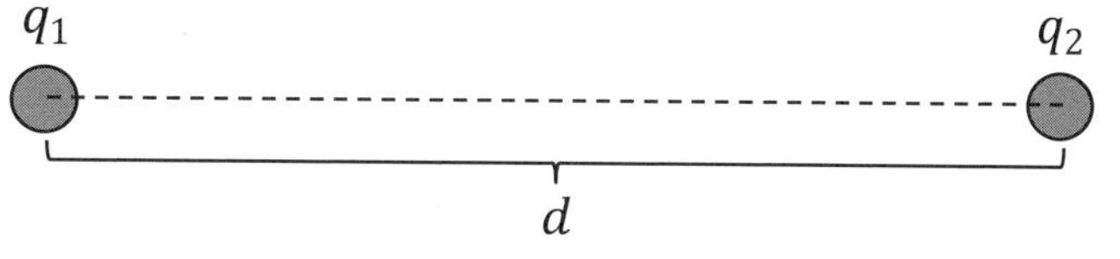

풀이

1. 두 전하가 배치된 전체 영역을, 왼쪽에서 오른쪽으로 가면서 세 개의 영역 − I 영역: q_1의 왼쪽, II 영역: q_1과 q_2 사이, III 영역: q_2의 오른쪽 − 으로 나눈다.
2. 아래 그림과 같이 위의 1번 단계에서 정한 세 영역의 적당한 위치에 "시험"점인 ★을 영역마다 하나씩 표시한다. 이어서 ★점에 "시험"전하가 놓여있다고 머릿속으로 그려본다. q_1과 q_2가 모두 −부호이므로 ★점에 놓인 +부호의 "시험"전하는 q_1과 q_2쪽으로 모두 끌어당겨지는 힘을 받음을 알 수 있다. 이를 고려하여 아래 그림과 같이 ★점 하나에 두 개씩 전기장을 그린다.

   ○ I 영역: q_1의 왼쪽. $\vec{\mathbf{E}}_1$과 $\vec{\mathbf{E}}_2$는 모두 오른쪽 방향을 가리킨다. 이 영역에서는 이 둘이 상쇄되는 일은 일어날 수 없다.

   ○ II 영역: q_1과 q_2 사이. $\vec{\mathbf{E}}_1$은 왼쪽 방향을, $\vec{\mathbf{E}}_2$는 오른쪽 방향을 가리킨다. 이 영역에서는 이 둘이 상쇄될 수 있다.

   ○ III 영역: q_2의 오른쪽. $\vec{\mathbf{E}}_1$과 $\vec{\mathbf{E}}_2$는 모두 왼쪽 방향을 가리킨다. 이 영역에서는 이 둘이 상쇄되는 일은 일어날 수 없다.

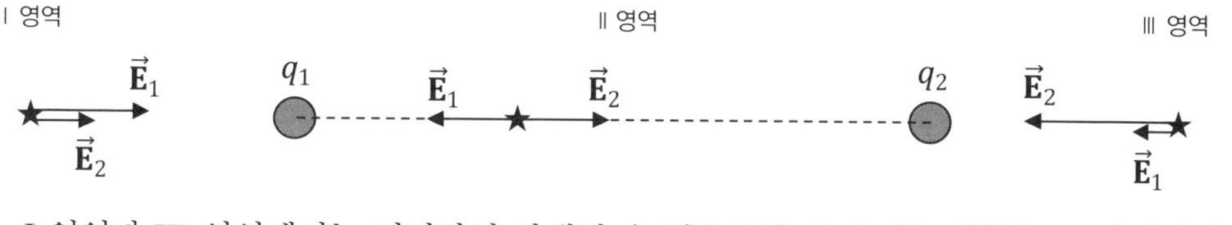

3. I 영역과 III 영역에서는 전기장이 상쇄될 수 없으므로 답이 되는 위치는 II 영역에 속해있다.

4. II 영역에서 알짜 전기장이 0이 되는 위치를 정확하게 알아내기 위해 "시험"점에 존재하는 두 전기장의 크기를 다음과 같이 같게 놓는다.

$$E_1 = E_2$$
$$\frac{k|q_1|}{R_1^2} = \frac{k|q_2|}{R_2^2}$$

이 방정식의 양변을 k로 나누고 등호 양변을 ×자 형태로 곱한다(×자 곱셈)

$$\frac{|q_1|}{R_1^2} = \frac{|q_2|}{R_2^2}, \quad |q_1|R_2^2 = |q_2|R_1^2$$

5. 앞의 4번 단계에서 구한 방정식에 q_1, q_2 값을 대입한다.

$$|-4.0 \times 10^{-6}|R_2^2 = |-9.0 \times 10^{-6}|R_1^2$$

방정식의 양변을 10^{-6}으로 나누어 식에서 10^{-6}을 없앤다. 절댓값을 취하므로 −부호도 사라진다.

$$4R_2^2 = 9R_1^2$$

미지수가 R_1, R_2 두 개이므로 방정식이 하나 더 필요하다. 두 번째 방정식을 구하기 위해 다음 그림을 살펴보자.

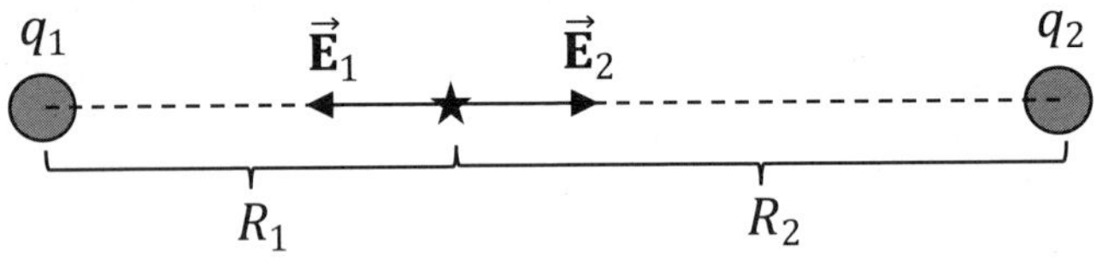

그림에서

$$R_1 + R_2 = d$$

이다. 여기서 d는 두 전하 사이의 거리이다.

6. 위의 5번 단계에서 구한 식을 R_2에 대해 정리하면

$$R_2 = d - R_1$$

이 되고, 이 식을 5번 단계에서 얻은 방정식 $4R_2^2 = 9R_1^2$에 대입하면

$$4(d - R_1)^2 = 9R_1^2$$

이 된다.

7. 위의 6번 단계에서 얻은 방정식의 양변에 제곱근을 취한다(이렇게 하면 R_1에 대한 2차 방정식이 생기는 것을 막을 수 있다).

$$\sqrt{4(d-R_1)^2}=\sqrt{9R_1^2}$$

이 식에 연산규칙 $\sqrt{xy}=\sqrt{x}\sqrt{y}$을 적용하면

$$\sqrt{4}\sqrt{(d-R_1)^2}=\sqrt{9}\sqrt{R_1^2}$$

$$2\sqrt{(d-R_1)^2}=3\sqrt{R_1^2}$$

이 되고, 여기에 연산규칙 $\sqrt{x^2}=x$을 적용하면 다음 식을 얻을 수 있다.

$$2(d-R_1)=3R_1$$

이 식을 전개하면

$$2d-2R_1=3R_1$$

이 된다. 위 식의 양변에 $2R_1$을 더하면

$$(2d-2R_1)+2R_1=3R_1+2R_1$$
$$2d=5R_1$$

이 된다. 위 식의 양변을 5로 나누면

$$\frac{2d}{5}=\frac{5R_1}{5},\quad \frac{2d}{5}=R_1$$

이 된다. 이제 두 전하 사이의 거리 $d=5.0\ \mathrm{m}$를 대입하면

$$R_1=\frac{2d}{5}=\frac{(2)(5)}{5}=\frac{10}{5}=2.0\ \mathrm{m}$$

가 된다. 따라서 왼쪽 전하 q_1에서 오른편으로 거리 $R_1=2.0\ \mathrm{m}$만큼 떨어진 II 영역에 속하는 위치에서 알짜 전기장은 0이다.($R_1+R_2=d=5.0\ \mathrm{m}$이므로, 이 위치는 오른쪽 전하 q_2에서 왼편으로 거리 $R_2=3.0\ \mathrm{m}$만큼 떨어진 위치이기도 하다.)

연습문제

11. 원숭이가 다음 쪽 그림처럼 두 개의 공을 9.0 m 거리만큼 떨어뜨려 놓았다. 왼쪽 공이 가진 전하량은 25 μC이고, 오른쪽 공이 가진 전하량은 16 μC이다. 알짜 전기장이 0인 위치를 구하라.

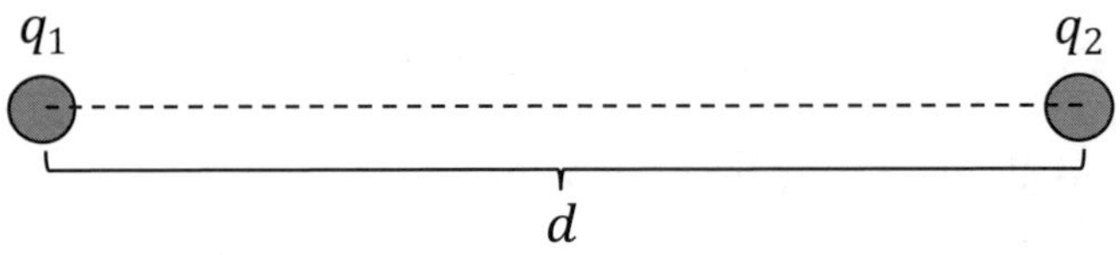

답: 왼쪽 공에서 오른편으로 거리 5.0 m만큼 떨어진 위치. 이 위치는 두 전하 사이의 영역에 속해있다.

12. 원숭이가 아래 그림처럼 두 개의 공을 4.0 m 거리만큼 떨어뜨려 놓았다. 왼쪽 공이 가진 전하량은 2.0 μC이고, 오른쪽 공이 가진 전하량은 −8.0 μC이다. 알짜 전기장이 0인 위치를 구하라.

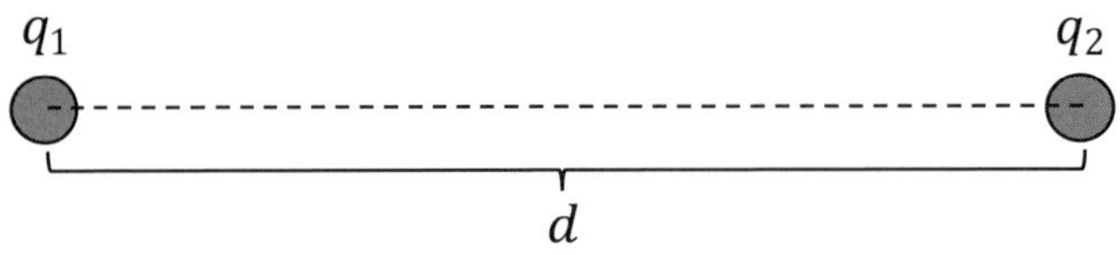

답: 왼쪽 공에서 왼편으로 거리 4.0 m만큼 떨어진 위치(오른쪽 공에서 왼편으로 8.0 m만큼 떨어진 위치. 이 위치는 왼쪽 전하의 왼편에 있는 영역에 속해있다).

도움이 필요한가요? 책의 맨 뒤에 있는 "힌트"를 참고하세요.

04
전기장 분포 시각화하기

관련 용어

- **전기력선**(line of electric force) + 부호의 "시험"전하를 공간 속의 한 점에 가져다 놓을 때 그 "시험"전하에 가해지는 전기력의 방향을 나타내는 선 또는 이러한 선들로 이루어진 일종의 지도(map)이다. 이 지도를 보면 "시험"전하가 놓인 위치에 따라서 "시험"전하에 가해지는 전기력의 방향이 어떻게 달라지는지 알 수 있다.
- **전기장선**(electric field line) 전기장의 방향을 나타내는 선. 이 선은 + 부호의 "시험" 전하 q를 공간 속의 어느 특정한 점에 가져다 놓을 때, 그 "시험"전하가 전기력에 의해 어느 경로로 움직이는지 알려준다. 또는 이러한 선들로 이루어진 일종의 지도이다. $\vec{\mathbf{F}}_e = q\vec{\mathbf{E}}$이므로, 전기장전은 전기력선과 동일하며 전기장(선) 지도는 전기력(선) 지도와 동일하다. 따라서 전기장선과 전기력선은 서로를 대신할 수 있다.
- **등전위면**(equipotential surface) **전위**(electric potential)의 값이 같은 점들로 이루어진 면(surface). 공간 속의 한 점에 놓여있는 전하를 다른 점으로 움직이게 하는 데 일(work, 에너지)을 수행해야(소모해야) 한다면, 이 두 점은 서로 다른 전기적 위치(전위)에 놓여있는 것이다. 따라서 전위 값의 변화는 소모한 에너지(수행한 일)의 양에 비례한다. 등전위면 전체는 전위 값이 모두 같으므로 전하가 등전위면을 따라 움직이는 경우에는 아무런 일도 수행되지 않는다(따라서 에너지가 전혀 소모되지 않는다). 전위에 대해서는 9장에서 더욱 자세히 다룬다.

필수 개념

전하를 가진 물체들로 이루어진 어떤 구조가 있을 때, 이 구조의 전기장 지도는 전기장선(또는 전기력선)과 등전위면을 알려준다.

- 전기력선은 지도상에 있는 임의의 점에서 +"시험"전하가 전기력에 의해 어느 방향으로 움직이는지 알려준다. 전기력선상의 한 점에 위치한 "시험"전하는 그 점에서 전기력선에 접하는 직선(접선)을 따라 움직인다.
- 등전위면은 전위 값이 일정한(상수인) 표면을 말한다.

전기력선과 등전위면은 실제로는 공간의 모든 점에 존재한다(따라서 선의 개수가 무한히 많다). 하지만 편의상 전기장과 등전위면이 공간에 어떻게 분포하는지 눈으로 쉽게 알아볼 수 있도록 대표적인 몇 개의 선만을 골라 그리게 된다. 이러한 선들로 이루어진 전기장(전기력) 지도를 그릴 때는 다음 개념을 꼭 기억해야 한다.

- 전기장선(또는 전기력선)은 + 전하에서 나와서(시작해서) − 전하로 들어간다(끝난다). 다르게 표현하면 전위가 감소하는 방향을 따라 진행한다(즉 높은 전위에서 낮은 전위 쪽을 향해 진행한다).
- 전기장선(또는 전기력선)은 등전위면에 **수직**이다.
- 두 개의 전기장선(또는 전기력선)은 절대로 **교차할 수 없다**. 만일 두 개의 전기장선이 교차한다면, "시험"전하는 교차하는 점에서 한 번에 두 방향으로 움직여야 하는데, 이것은 불가능하다.
- 전기장선(또는 전기장선)은 전하를 가진 도체 표면에 **수직**이다.

전기장 지도를 해석할 때는 다음 개념을 꼭 기억해야 한다.

- 전기장선 사이의 간격이 좁은(장선의 밀도가 높은) 곳은 전기장의 세기가 강하고(크기가 크고) 전기장선 사이의 간격이 넓은(장선의 밀도가 낮은) 곳은 전기장의 세기가 약하다(크기가 작다).
- 전기장선은 전하를 가진 물체에 가까울수록 더욱 빽빽하다(장선의 밀도가 높다).
- 등전위면에서는 면 전체에 걸쳐 전위의 값은 변하지 않는다(일정하다).

전기장 지도 작성 함수

대학에서 물리학이나 전자기학을 처음 배우면 전기장 지도를 개념적으로 분석하고 이와 관련이 있는 방정식은 그저 참고만 하는 경우가 보통이다.

예를 들어, 점전하 한 개가 만들어내는 전기장을 나타내는 다음 방정식을 살펴보자.

$$E = \frac{k|q|}{R^2}$$

이 방정식으로부터 알 수 있는 사실은 다음과 같다. 전하를 가진 물체에 가까울수록(거리 R값이 작을수록) 전기장이 더욱 강하다. 반면에 전하를 가진 물체에서 멀어질수록(거리

R값이 커질수록) 전기장은 점점 더 약해진다. 또한 $|q|$ 값이 큰 전하일수록 더욱 강한 전기장을 만들어낸다. 거리 R의 영향은 전하량 $|q|$의 영향보다 더 큰데, R은 제곱이기 때문이다.

전하를 가진 물체가 두 개 또는 그보다 개수가 많은 경우, 공간 속의 특정한 점에서 알짜 전기장은 3장에서 설명한 중첩정리(벡터 덧셈)로 계산할 수 있다. 이러한 계산을 전기장 지도에서는 벡터 "머리-꼬리 접합" 방법으로 개념적으로 수행할 수 있다. 이 방법에서는 한 벡터의 화살표 "머리"를 다른 벡터의 화살표 "꼬리"에 붙인 다음, 두 벡터에서 서로 붙지 않고 남은 꼬리와 머리를 화살표로 잇는다. 이런 방법으로 만들어진 화살표가 두 벡터를 덧셈(중첩)한 결과이다. 아래 그림에서는 이 방법으로 $\vec{\mathbf{E}}_1$과 $\vec{\mathbf{E}}_2$를 중첩하여 알짜 전기장 $\vec{\mathbf{E}}_{net}$을 구하는 과정이 나타나 있다.

$$\vec{\mathbf{E}}_{net} = \vec{\mathbf{E}}_1 + \vec{\mathbf{E}}_2$$

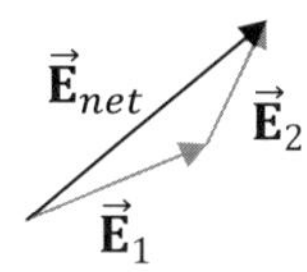

방정식 $\vec{\mathbf{F}}_e = q\vec{\mathbf{E}}$는 전기장 지도를 해석하는 데 도움을 준다. 이 식은 지도상의 특정한 점에 +부호의 "시험"전하 q를 가져다 놓을 때, 이 "시험"전하는 전기력에 의해 그 점에서 전기력선(또는 전기장선)에 접하는 직선을 따라 움직인다는 사실을 알려준다.

다음 방정식은 전기장 지도를 개념이 아닌 계산을 통해 해석하는 경우에 사용하는 수식이다. 이 식을 사용하면 전기장 지도에 있는 특정한 점에서 전기장을 근사적으로 구할 수 있다.

$$E \approx \left|\frac{\Delta V}{\Delta R}\right|$$

이 방정식을 사용하는 방법은 다음과 같다. 먼저, 두 개의 등전위면을 잇는 직선을 그린다. 단, 이 직선은 전기장을 구하려는 점을 지나면서 가능한 한도까지 두 개의 등전위면에 모두 수직이 되도록 그어주어야 한다. 그런 다음, 이 직선의 길이 ΔR을 잰다. ΔV 값은 두 등전위면이 각각 가지는 전위 값의 차이를 계산해서 구한다.

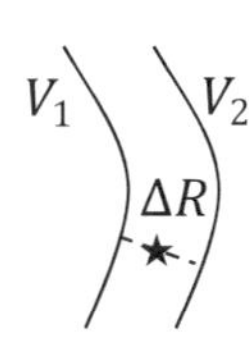

기호와 SI 단위

기호	이름	SI 단위
E	전기장	N/C 또는 V/m
q	전하	C
k	쿨롱상수	$\frac{N \cdot m^2}{C^2}$ 또는 $\frac{kg \cdot m^3}{C^2 \cdot s^2}$
R	전하로부터의 거리	m
F_e	전기력의 크기	N
V	전위	V
ΔV	전위 차	V
ΔR	두 점 사이의 거리	m

알짜 전기장을 개념적으로 그리는 방법

전기장 지도를 그리고 해석하기 위해서는 벡터를 그려가면서 중첩원리를 적용하는 능력을 미리 갖추고 있어야 한다. 문제에서 두 개 또는 그보다 많은 개수의 점전하가 주어지고, 이들 전하가 공간상의 특정한 점에 만들어내는 전기장 벡터를 그릴 것을 요구하는 경우에는 다음의 단계를 차례로 밟으면 된다.

1. 문제에서 가리키는 점에 +"시험"전하를 가져다 놓는다고 머릿속으로 생각한다.
2. 문제에서 주어진 모든 전하에 대해, 각각의 전하가 "시험"전하가 놓인 위치에 만들어내는 전기장 벡터를 모두 그린다.
    - 문제에서 주어진 전하가 + 전하인 경우: +"시험"전하는 이 + 전하에 의해 밀어내는 힘을 받는다. 따라서 "시험"전하가 놓인 위치에, + 전하를 기준으로 정반대 쪽을 가리키는 화살표를 그린다.
    - 문제에서 주어진 전하가 − 전하인 경우: +"시험"전하는 이 − 전하를 향해 끌어당겨지는 힘을 받는다. 따라서 "시험"전하가 놓인 위치에, − 전하 쪽을 가리키는 화살표를 그린다.
3. 화살표를 그릴 때, 화살표의 길이는 전기장 벡터의 크기에 비례해야 한다. 따라서 전기장 벡터의 크기가 클수록 화살표를 길게 그리고 크기가 작을수록 화살표를 짧게 그린다. "시험"전하가 전하를 가진 물체에 가까울수록 전기장의 크기는 커진다. 또한, 전하를 가진 한 물체가 전하를 가진 다른 물체보다 더 많은 전하를 가지고 있으면 전기장의 크기는 더 커야 한다.

4. 중첩원리를 적용하여 알짜 전기장 벡터를 그린다. 위의 2번 단계에서 그린 두 개의 화살표에 "머리-꼬리 접합" 방법을 사용하여 중첩(덧셈)을 한 결과를 화살표로 구한다. 이 방법은 다음에 나오는 예제에 그림으로 자세히 설명되어 있다(특히 맨 마지막 예제를 집중해서 살펴보기 바란다).

예제 + 전하를 가진 공이 아래와 같이 한 개만 놓여 있을 때, A점, B점, C점에서 전기장을 화살표로 각각 그려라.

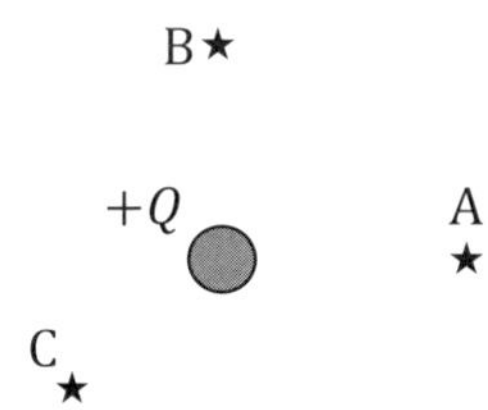

풀이 +"시험"전하를 A점, B점, C점에 각각 가져다 놓으면 이 전하에는 + 공에 의해 밀어내는 힘이 가해진다. 따라서 A, B, C 각 점에서, + 전하를 기준으로 정반대 방향을 가리키는 화살표를 하나씩 그리면 이것이 그 점에 존재하는 전기장이다.

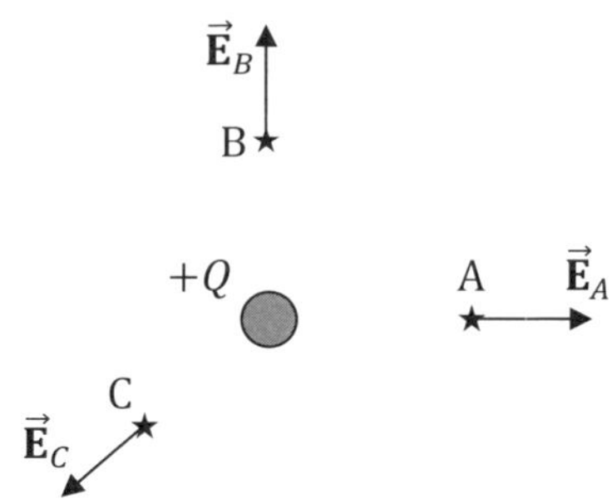

예제 전하를 가진 공이 아래와 같이 한 개만 놓여 있을 때, D점, E점, F점에서 전기장을 화살표로 각각 그려라.

풀이 "시험"전하를 D점, E점, F점에 각각 가져다 놓으면 이 전하에는 공을 향해 끌어당겨지는 힘이 가해진다. 따라서 D, E, F 각 점에서, − 전하를 가리키는 화살표를 하나씩 그리면 이것이 그 점에 존재하는 전기장이 된다. 그런데, 전기장은 $\frac{1}{R^2}$의 비율로 거리 R

에 비례하여 세기가 약해진다. 따라서 + 전하와의 거리가 가장 가까운 D점에서 화살표가 가장 길어야 하고, 거리가 가장 먼 E점에서 화살표가 가장 짧아야 한다.

예제 전하를 가진 공 두 개가 아래와 같이 놓여 있다. 두 개의 공은 전하의 크기는 서로 같고 부호는 반대이다(이와 같은 형태로 전하가 배치되어 있는 구조를 **전기 다이폴**(electric dipole)이라고 한다). G점에서의 전기장을 화살표로 그려라.

풀이 +"시험"전하를 G점에 가져다 놓으면 이 전하에는 + 공에 의한 밀어내는 힘과, − 공에 의한 끌어당겨지는 힘이 동시에 가해진다. 먼저, G점에서 이러한 두 개의 힘을 나타내는 화살표 두 개를 한 번에 하나씩 차례로 그린다. 그 다음, 이렇게 두 개의 화살표로 표시된 두 개의 전기장을 중첩하여(더하여) 한 개의 화살표로 나타내면 이것이 그 점에 존재하는 알짜 전기장이다.

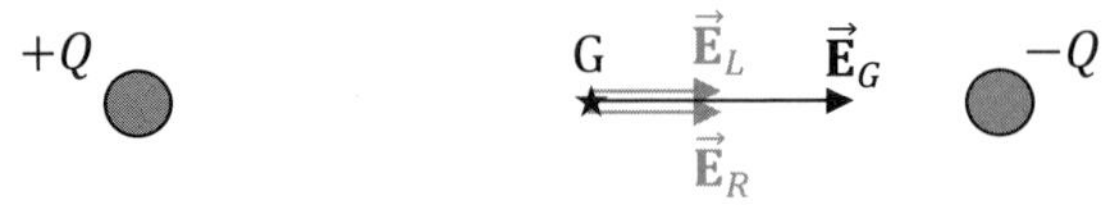

두 개의 전기장(화살표)은 모두 오른쪽을 가리키고 있다. 따라서 두 전기장은 상쇄되지 **않는다**. 이 예제를 다음 예제와 비교해보자.

예제 전하를 가진 공 두 개가 아래와 같이 놓여 있다. 두 개의 공은 전하의 크기가 서로 같고 부호도 서로 같다. H점에서의 전기장을 화살표로 그려라.

풀이 +"시험"전하를 H점에 가져다 놓으면 이 전하에는 두 개의 + 공으로부터 각각 밀쳐지는 힘을 동시에 받는다. 먼저, H점에서 + 공 하나마다 화살표 한 개씩, 모두 두 개의 화살표를 차례로 그린다. 그 다음, 이렇게 두 개의 화살표로 표시된 두 개의 전기장을 중첩하여(더하여) 한 개의 화살표로 나타내면 이것이 그 점에 존재하는 알짜 전기장이다.

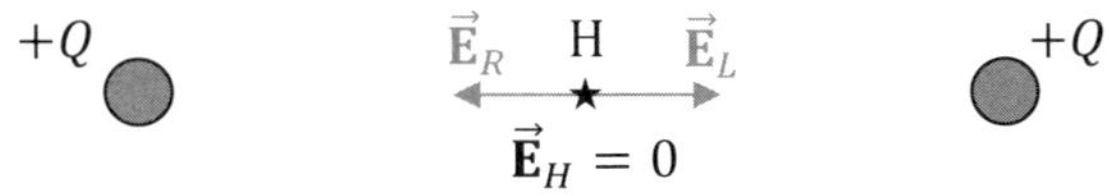

두 개의 화살표(전기장)는 길이가 서로 같고, 방향은 서로 정반대쪽을 가리키므로 상쇄되어 없어진다. 따라서 H점에서 알짜 전기장은 0이다: $\vec{\mathbf{E}}_H = 0$. 이 예제를 바로 전 예제와 비교해보면 전기장을 이해하는 데 도움이 된다.

예제 전하를 가진 공 두 개가 아래와 같이 놓여 있다. 두 개의 공은 전하의 크기는 서로 같고 부호는 반대이다. I점과 J점에서의 전기장을 화살표로 그려라.

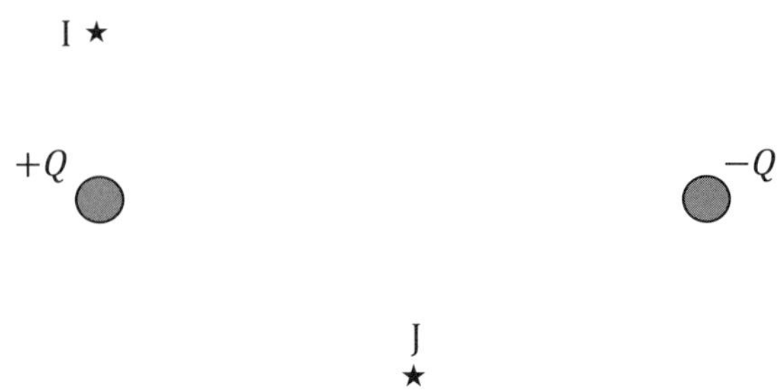

풀이 +"시험"전하를 I점과 J점에 가져다 놓으면 이 전하에는 + 공에 의한 밀어내는 힘과, − 공에 의한 끌어당겨지는 힘이 동시에 가해진다. 먼저, I점에서 공 하나마다 화살표 한 개씩, 모두 두 개의 화살표를 차례로 그린다. J점에서도 같은 방식으로 두 개의 화살표를 그린다. 그 다음, 각 점에서 두 개의 화살표로 표시된 두 개의 전기장을 중첩하여(더하여) 한 개의 화살표로 나타내면 이것이 그 점에 존재하는 알짜 전기장이다. 두 화살표를 더하는 방법은 다음과 같다. 두 화살표 중 하나를 움직여(여기서는 $\vec{\mathbf{E}}_R$을 움직임) 이 화살표의 "꼬리"를 다른 화살표(여기서는 $\vec{\mathbf{E}}_L$)의 "머리"에 붙인다("머리-꼬리 접합"). 그러고 나서 나머지 붙지 않은 화살표의 꼬리와 머리를 화살표로 잇는다. 이 과정이 아래 그림에 설명되어 있다. 특히 J점에서 두 벡터(화살표)의 수직성분이 상쇄되어 사라지는 것을 주의 깊게 살펴보기 바란다.

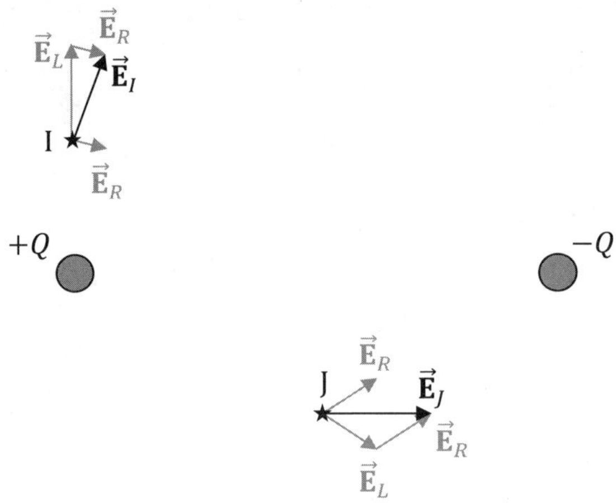

연습문제

13. + 전하를 가진 공이 아래와 같이 한 개만 놓여 있을 때, A점, B점, C점에서 전기장을 각각 화살표로 그려라.

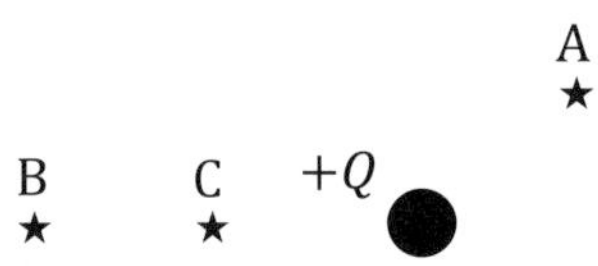

14. − 전하를 가진 공이 아래와 같이 한 개만 놓여 있을 때, D점, E점, F점에서 전기장을 각각 화살표로 그려라.

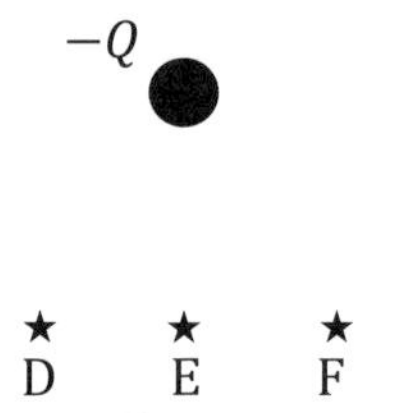

15. 전하를 가진 공 두 개가 아래와 같이 놓여 있다. 두 개의 공은 전하의 크기는 서로 같고 부호는 반대이다. G점, H점, I점, J점, K점, M점에서의 전기장을 화살표로 그려라. (여기서는 알파벳 L을 사용하지 않았다. 이는 책 뒤에 있는 해답에서 왼쪽 전하가 만들어내는 전기장을 나타내는 기호로 $\vec{E}_L$을 사용했기 때문에 혼동을 주지 않기 위함이다.)

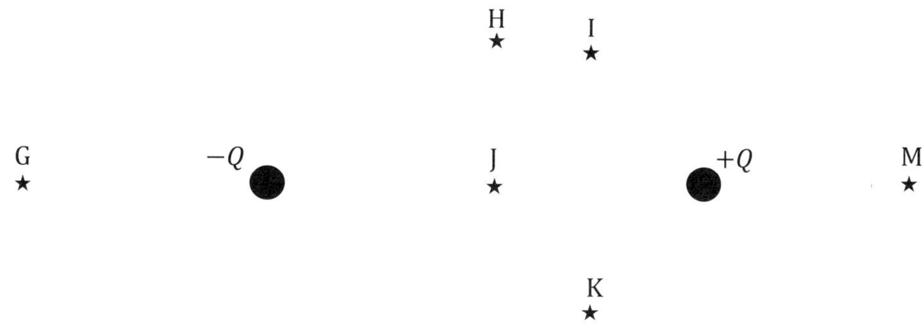

16. − 전하를 가진 공 두 개가 아래와 같이 놓여 있다. 두 개의 공은 전하의 크기가 서로 같다. N점, O점, P점, S점, T점, U점에서의 전기장을 화살표로 그려라. (여기서는 알파벳 R을 사용하지 않았다. 이는 책 뒤에 있는 해답에서 오른쪽 전하가 만들어내는 전기장을 나타내는 기호로 $\vec{\mathbf{E}}_R$을 사용했기 때문에 혼동을 주지 않기 위함이다.)

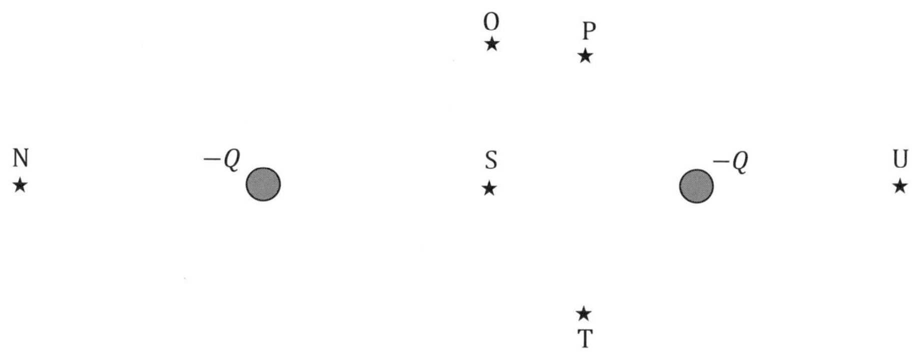

17. 전하를 가진 공 세 개가 아래와 같이 정삼각형 모양으로 놓여 있다. 왼쪽 아래에 있는 전하의 부호는 이고 나머지 두 전하의 부호는 +이다. V점에서 전기장을 화살표로 그려라.

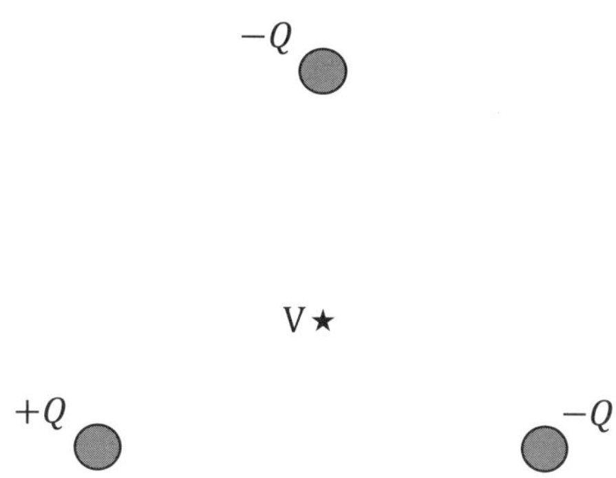

도움이 필요한가요? 책의 맨 뒤에 4장 문제의 해답이 있습니다.

전기장 지도를 그리는 방법

전하를 가진 물체들로 이루어진 시스템의 전기장 지도를 그릴 때는 다음의 방법을 따른다.

1. 전기력선(또는 전기장선)이 공간 속을 진행하다가 도중에 전하를 가진 물체를 만날 때는 전기력선은 반드시 그 물체의 표면과 **수직**을 이루어야 한다.
2. 전기력선은 + 전하에서 나와서(시작해서) − 전하로 들어간다(끝난다). 전기력선에는 화살표를 붙여서 전기력(또는 전기장)의 방향을 알 수 있게 한다.
3. 점전하 근처에서는 전기력선이 방사하는(자전거의 바큇살처럼 중심에서 온 사방으로 곧게 뻗어나가는) 형태이다. 공간에 전하가 여러 개 있는 경우, 한 점전하에서 방사 형태로 곧게 뻗어 나온 전기력선이 다른 전하들이 큰 영향력을 발휘하는 영역에 가까워지면 전기력선은 굽은 곡선이 되어 원래의 곧게 방사하는 형태와는 달라진다.
4. 점전하가 여러 개 있는 경우를 생각해보자. 여기서, 모든 전하의 $|q|$ 값이 같으면, 각각의 전하(+ 전하)로부터 같은 개수의 전기력선이 밖으로 뻗어 나오거나 같은 개수의 전기력선이 전하(− 전하)로 들어간다. 전하들의 $|q|$ 값이 큰 전하에서 나오거나 전하로 들어가는 전기력선의 개수는 $|q|$ 값이 작은 전하보다 더 많다. 전하(량)은 그 전하에서 나오거나 그 전하로 들어가는 전기력선의 개수에 비례한다.
5. + 전하에서 − 전하로 가는 여러 개의 선들을 중간에 꺾이거나 끊어지지 않게 주의하며 매끈하게 그린다. 선들 중에서 일부는 책(노트)의 지면을 벗어날 수 있다. 또한 이 선들을 가리켜 전기력"선"이라는 용어로 부르지만 이들은 일반적으로 "곡선"이며 "곧은 선(직선)"인 경우도 있지만 드문 편이다.
6. 전기력선 위의 모든 점은 앞에서 많은 예제와 문제를 풀 때 사용한 **중첩원리**(superposition principle)를 반드시 만족해야 한다. 전기력선상의 임의의 점에서 그은 **접선**(tangent line)의 방향은 **알짜 전기장**의 방향과 같아야 한다. 여러분이 가지고 있는 전기력선 지도의 다양한 영역에서 여러 개의 점을 고른 다음 각 점에서 중첩원리를 적용해본다. 이를 통해 전기력선을 그리는 방법을 익히도록 한다.
7. 두 개의 전기력선을 절대로 **교차할 수 없다**. 여러분이 전기장 지도를 완성했다는 생각이 들면 지도상에서 전기력선이 교차하는 곳은 없는지 지도 전체를 잘 살펴봐야 한다.
8. 등전위면을 표시하려면 전기력선들을 수직으로 통과하는 매끈한 선(중간에 꺾이거나 끊어지지 않은 선)을 그으면 된다. 등전위면과 전기력선이 교차하는 점에서는 이 둘은 반드시 서로 수직을 이루고 있어야 한다. (여러 개의 전기력선이 하나의 등전위면을 가로지를 때 전기력선 하나하나는 등전위면과 수직으로 교차하며 등전위면을 통과한다. 한 개의 등전위면을 여러 개의 전기력선들이 통과할 때도 전기력선끼리는 절대로 교차하지 않는다는 7번 요건에서 벗어나는 일은 없다.) 등전위면은 실제로는 표면이지만 종이에 그리게 되면 곡선으로 나타난다. 등전위면은 실제로는 3차원 공간상에 존재하는 표면

이지만 종이는 3차원 공간의 단면인 2차원 공간이기 때문이다.

9. 전위 값이 서로 다른(V 단위를 갖는 전압의 값이 서로 다른) 두 개의 등전위면은 절대로 교차할 수 없다.

예제 + 전하를 가진 공이 아래와 같이 한 개만 놓여 있을 때, 전기장 지도를 그려라.

$+Q$

풀이 위 그림에서 +"시험"전하를 전하 $+Q$ 주위의 어느 위치에 가져다 놓든지 "시험"전하는 전하 $+Q$에 의해 밀려나가게 된다. 따라서 전기력선은 전하 $+Q$로부터 바깥쪽으로 곧게 사방으로 뻗어나가는(방사하는) 직선 모양이다(이런 모양이 되려면 전하 $+Q$는 홀로 떨어져 있어서 주위에 다른 전하가 하나라도 있어서는 안 된다.) 등전위면은 전기력선과는 수직을 이루어야 한다. 따라서 이 경우에 등전위면은 전하 $+Q$를 중심으로 하는 공의 표면이 된다. 그러므로 모든 등전위면은 반지름의 길이만 다르고 중심이 같은 위치($+Q$가 놓인 점)인 공들의 집합(동심구)이다. 이처럼 등전위면은 실제로는 3차원 공간을 차지하고 있는 공의 표면이지만 2차원 공간인 종이에 나타내면 원(circle)의 둘레가 된다.

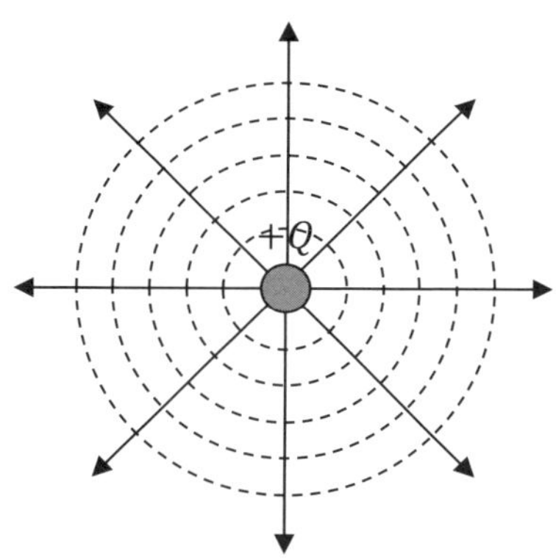

예제 − 전하를 가진 공이 아래와 같이 한 개만 놓여 있을 때, 전기장 지도를 그려라.

$-Q$

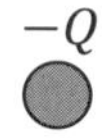

풀이 이 경우의 전기장 지도는 딱 한 가지만 빼면 바로 전 [예제]의 전기장 지도와 똑같다. 그 차이는 방향이다. 전하의 부호가 +일 때는 전기력선이 바깥쪽을 향해 뻗어나가지만 전하의 부호가 −인 이 경우에는 전기력선이 바깥쪽에서 안쪽을 향해 모여든다. 이렇게 되는 것은 +"시험"전하가 $-Q$로 끌어당겨지기 때문이다.

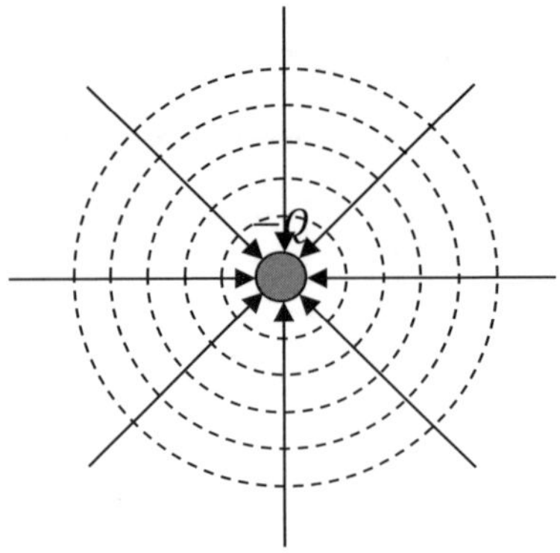

예제 두 개의 점전하가 전하의 크기는 Q로 서로 같고 부호는 서로 반대일 때(즉 전기 다이폴(electric dipole) 구조를 이루고 있을 때) 전기장 지도를 그려라.

풀이

다음 차례대로 전기장 지도를 그려보자.

- 먼저, 앞에서 예제들을 풀 때 적용했던 중첩정리를 사용하여 여러 위치에서 알짜 전기장을 그려보자. 앞의 예제들을 다시 살펴보면 몇몇 예제들은 전기 다이폴 구조를 하고 있음을 확인할 수 있을 것이다.
  - 알짜 전기장은 그림의 한가운데 위치에서는 오른쪽 방향을 가리킨다. (+"시험"전하를 이 위치에 가져다 놓으면 이 "시험"전하에는 $+Q$에 의해서는 밀어내는 힘이, $-Q$에 의해서는 끌어당기는 힘이 가해진다.)
  - 알짜 전기장은 한가운데에서 그림을 좌우로 이등분하는 수직선 위에서는 어느 위치에 있는 점에서나 정확하게 오른쪽 방향을 가리킨다. 이는 $+Q$가 만들어내는 전기장의 수직성분과 $-Q$가 만들어내는 전기장의 수직성분이 서로 상쇄되어 사라지기 때문이다.
  - 알짜 전기장은 그림의 수평선을 따라서 $+Q$의 왼쪽에 위치한 영역에서는 왼편을 가리키고, $-Q$의 오른쪽에 위치한 영역에서도 왼편을 가리키고, $+Q$와 $-Q$ 사이에 위치한 영역에서는 오른편을 가리킨다.

○ 알짜 전기장의 모습은 전하 $+Q$의 근처, 또는 전하 $-Q$의 근처에서는 자전거 바큇살처럼 방사하는 형태와 비슷하다. 이는 어떤 한 전하에 가까운 위치일수록 그 위치에서는 다른 전하보다 그 전하에 의한 영향이 더욱 강하기 때문이다.

- 지금까지 설명한 내용을 바탕으로$+Q$ 에서 나와(시작해) $-Q$로 들어가는(끝나는) 직선과 곡선을 몇 개 그려본다.(그릴 수 있는 영역을 벗어나는 선들은 제외한다.) 이 선들은 전하 $+Q$와 $-Q$ 근처에서는 완벽한 방사 형태를 하고 있다가 이들 전하에서 멀어질수록 구부러진 곡선형태가 된다.
- 다양한 영역에서 여러 개의 점을 고른 다음, 각 점에서 전기장선이 제대로 그려졌는지 검사해본다. 이때 어느 점이든 그 점에서의 접선은 중첩원리로 구한 알짜 전기장의 방향과 일치해야 한다.
- 등전위면을 나타내는 매끈한 곡선을 그린다. 등전위면이 전기력선과 교차하는 점에서는, 등전위면과 전기력선이 서로 수직을 이루어야 한다.

아래의 전기장 지도에서는 전기력선(전기장선)은 실선(—)에 끝이나 중간에 화살표를 붙여 방향을 가리키도록 하였다. 등전위면은 점선(·····)으로 표시하였다.

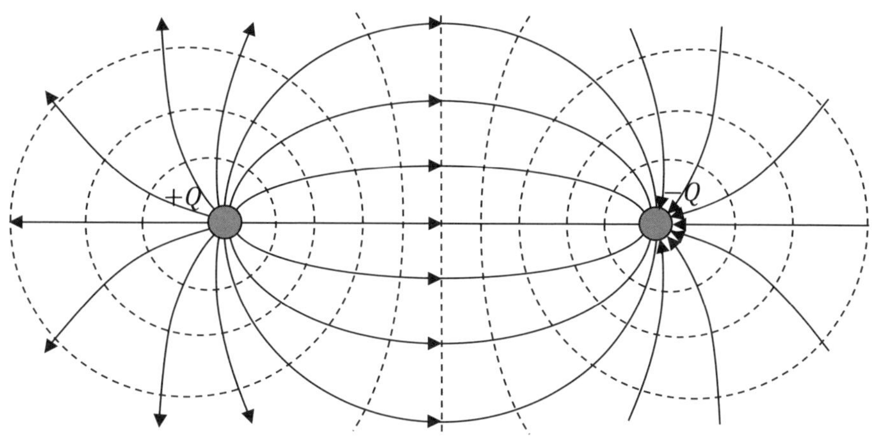

연습문제

18. 아래와 같이 배치된 두 + 전하의 전기장 지도를 그려라.

(A) 먼저, 전기력선만을 그려라.

(B) 이제 등전위면을 추가로 그려라.

도움이 필요한가요? 책의 맨 뒤에 4장 문제의 해답이 있습니다.

전기장 지도를 해석하는 방법

여러 가지 개념들을 사용하여 전기장 지도로부터 다양한 특성들을 알아낼 수 있다.

- 전기장 지도에서 점전하이 놓인 위치를 알아내야 하는 경우에는, 전기장선이 발산하기(사방으로 퍼져 뻗어나가기) 시작하는 곳이나 최종적으로 수렴하는(한데 모이는) 곳을 찾는다. 전기장선은 + 점전하로부터는 발산하고 − 전하를 향해서는 수렴한다. 따라서 전기장선의 발산 또는 수렴이 이루어지는 곳이 점전하가 놓인 위치다.
- 특정한 점에 놓인 "시험"전하가 밀쳐지는 힘을 받아 움직이는 방향을 알아내야 하는 경우에는 그 점에서 전기력선에 접하는 직선이 뻗어나가는 방향을 구한다. 전기력선의 접선은 +"시험"전하가 어느 방향으로 밀려나가는지 알려준다. + 대신 − "시험" 전하가 사용되는 경우에는 이 − "시험"전하가 움직이는 방향은 + "시험"전하와 정반대이다.
- 특정한 점에서 전위의 값을 알아내야 하는 경우에는 등전위면에 적혀있는 전위의 값을 확인하면(읽으면) 된다. 특정한 점의 위치가 두 개의 등전위면 사이에 있는 경우, 이 두 개의 등전위면에 각각 적혀있는 두 전위 값 사이에서 그 점의 전위 값을 적절히 추정한다.
- 두 점(이를 A점과 B점이라고 하자) 사이의 전위 차이를 알아내야 하는 경우에는 두 점에서의 전위 값을 각각 읽은 다음, 이 두 값을 빼주면 된다: $\Delta V = V_B - V_A$
- 특정한 점에서의 전기장의 크기를 추정해야 하는 경우에는 다음 방정식

$$E \approx \left|\frac{\Delta V}{\Delta R}\right|$$

을 사용한다. 이를 위해 먼저 두 등전위면을 잇는 직선을 그린다. 이때 이 직선은 그 특정한 점을 반드시 거쳐야 한다. 또한 이 직선은 두 등전위면에 가능한 한도까지 수직이 되게 그려야 한다(다음 쪽 그림 참조). 이제 이 직선의 길이를 재면 되는데, 이것이 바로 ΔR이다. ΔV의 값은 두 개의 등전위면이 각각 가진 값을 서로 빼주면 된다.

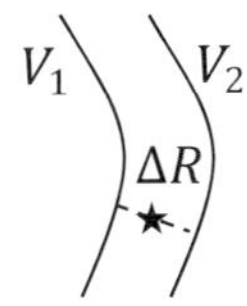

- 여러 위치에서의 전기장의 크기를 서로 비교해야 하는 경우에는 각각의 위치에서 전기장선의 밀도를 살펴보면 된다. 전기장선이 더욱 밀집된 곳일수록 전기장은 더욱 강하다(크기가 크다). 반대로 전기장이 덜 밀집된 곳일수록 전기장은 더욱 약하다(크기가 작다).
- 등전위면들이 여러 개 주어진 상황에서 전기력선을 그려야 하는 경우(또는 그 반대로 전기력선들이 주어지고 등전위면을 그려야 하는 경우)에는 등전위면들을 모두 수직으로 통과하는 매끈한 곡선을 그린다. 이때 전기력선의 방향을 알 수 있도록 곡선의 끝이나 중간에 전위 값이 높은(큰) 등전위면에서 전위 값이 낮은(작은) 등전위면 쪽으로 가는 화살표를 붙인다.

예제 아래 그려진 전기장 지도를 보고 다음 물음에 답하라.

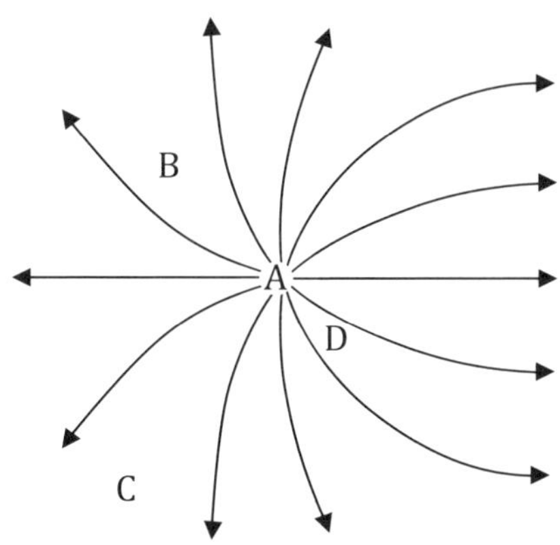

(A) 점전하가 놓여 있는 점의 알파벳을 말하라. 또 + 전하를 가지고 있는지, 아니면 − 전하를 가지고 있는지 말하라.

풀이 A점에 전기력선들이 사방으로 뻗어나가기 시작하고 있으므로 점전하는 A점에 있다.

(B) B, C, D점에서의 전기장의 크기를 순서대로 써라.

풀이 전기력선이 가장 밀집해있는(밀도가 높은) 점은 B, C, D점 중 D점이므로 전기장의 크기는 D점에서 가장 강하다. 밀도가 가장 낮은 점은 C점이므로 이 점에서 전기장의 크기는 가장 약하다. 따라서 $E_D > E_B > E_C$이다.

예제 아래 그려진 등전위면 지도를 보고 다음 물음에 답하라.

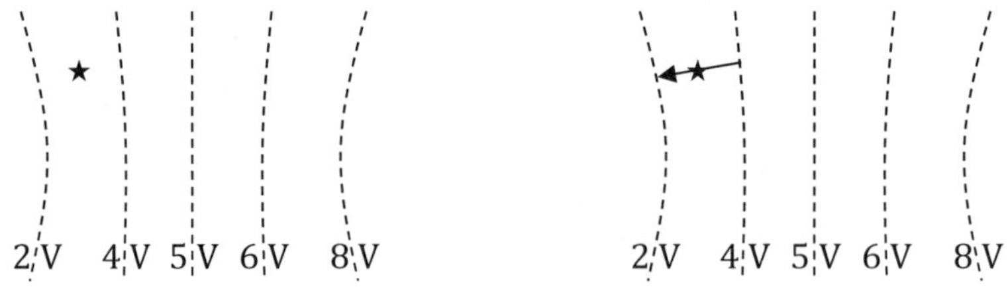

(A) 별(★) 표시가 된 점에서 전기장의 크기를 추정하라.

풀이 먼저, 위 지도에 그려진 선들은 전기력선이 **아니라** 등전위면이라는 사실에 주의한다. ★점을 지나는 직선을 긋는다(이 직선이 바로 전기력선이다). 이때 직선 끝에는 전압(전위)이 큰 등전위면에서 전압이 작은 등전위면으로 가는 화살표를 붙인다. 또한 직선을 그을 때는, 직선이 두 등전위면과 만나는(교차하는) 각 점에서 가능한 한 서로 수직을 이루도록 해주어야 한다. 두 등전위면 사이의 전위차를 구하기 위해 V 단위로 표시된 두 전압의 차이를 계산하면 $\Delta V = 4 - 2 = 2$ V이 된다. 다음으로, 실제로 자를 사용하여 직선의 길이를 재면 $\Delta R = 1.0$ cm가 될 것이다. 단위를 m로 변환하면 $\Delta R = 0.010$ m가 된다. 이제 다음과 같이 공식을 사용하여 전기장의 크기를 계산한다.

$$E \approx \left|\frac{\Delta V}{\Delta R}\right| = \frac{2}{0.01} = 200\frac{\text{V}}{\text{m}}$$

여기서, $\frac{\text{V}}{\text{m}}$ 단위는 $\frac{\text{N}}{\text{C}}$와 같음을 잘 알고 있어야 한다.

(B) +"시험"전하를 ★ 표시가 된 점에 놓으면 이 "시험"전하는 어느 방향으로 밀려나는가?

풀이 +"시험"전하는 위의 (A)에서 그린 ★점을 지나는 직선, 즉 전기력선을 따라 화살표 방향으로 밀려나간다.

연습문제

19. 아래 그려진 등전위면 지도를 보고 다음 물음에 답하라. 여기에 그려진 선들은 전기력선이 **아니라** 등전위면이라는 사실에 주의한다.

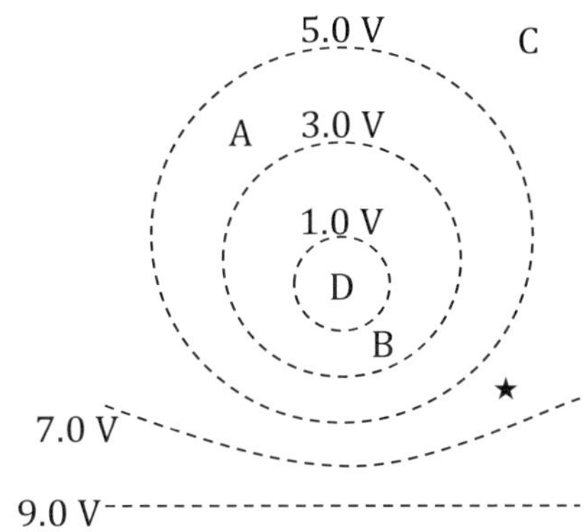

(A) 위 그림에 전기력선들을 몇 개 그려 넣어라.

(B) 점전하가 위치해 있는 점의 알파벳을 말하라. 또 + 전하를 가지고 있는지, 아니면 − 전하를 가지고 있는지 말하라.

(C) A, B, C점에서의 전기장의 크기를 순서대로 써라.

(D) 별(★) 표시가 된 점에서 전기장의 세기를 추정하라.

(E) − "시험"전하를 ★ 표시가 된 점에 놓으면 이 "시험"전하는 어느 방향으로 밀려나는가?

도움이 필요한가요? 책의 맨 뒤에 4장 문제의 해답이 있습니다.

05
정전 평형

관련 용어

- **정전 평형**(electrostatic equilibrium) 전하를 가진 물체들로 이루어진 시스템이 정적 평형상태에 있을 때(시스템에 아무런 움직임이 없음을 뜻함)
- **전하**(electric charge) 입자가 가지는 고유한 특성. 전하를 가진 입자가 전기장이 있는 곳에 놓이게 되면 전기장에 의해 힘을 받게 된다.
- **전기력**(electric force) 전하를 가진 입자가 전하를 가진 다른 입자를 밀거나 끌어당기는 힘. 서로 다른 극성의 전하를 가진 두 입자(한 입자는 + 전하, 다른 입자는 − 전하)는 서로 끌어당기는 반면, 같은 극성의 전하를 가진 두 입자(두 입자 모두 +전하, 또는 모두 −전하)는 서로 밀어낸다.
- **전기장**(electric field) 단위 전하당 힘

필수 개념

전하를 가진 물체들이 이루고 있는 집합이 정전 평형 상태에 있을 때, 가속도 성분들을 0으로 놓고 뉴턴의 제2법칙을 적용할 수 있다(정적 평형 상태에 있는 물체는 가속도를 가지지 않기 때문이다).

정전 평형 방정식

많은 정전 평형 문제들은 뉴턴의 제2법칙을 적용해서 풀 수 있다. 뉴턴의 제2법칙은 이 시리즈 책의 제1권에서 다루고 있다. 뉴턴의 제2법칙을 적용하는 방법은 다음과 같다. 먼저 각 물체에 대해 자유물체도(free−body diagram, FBD)를 그린다. 그 다음, 각 물체에

작용하는 힘들의 x, y 방향 성분들을 구한 다음에 아래와 같이 같은 방향 성분들끼리 더한다. 정전 평형상태에서는 $a_x=0$, $a_y=0$으로 놓는다.

$$\sum F_x = ma_x \quad , \quad \sum F_y = ma_y$$

전하(량) q를 가진 물체가 외부(에 놓인 다른 전하)로부터 만들어진 전기장($\vec{\mathbf{E}}$) 속에 놓여 있을 때, 이 물체에 가해지는 전기력($\vec{\mathbf{F}}_e$)는 다음 식과 같다. 여기서 $\vec{\mathbf{F}}_e$의 방향은 $q>0$일 때는 $\vec{\mathbf{E}}$와 같은 방향이고 $q<0$일 때는 $\vec{\mathbf{E}}$와 정반대 방향이다.

$$F_e = |q|E$$

문제에 전하를 가진 물체의 수가 두 개 또는 그보다 많은 경우에는 쿨롱 법칙을 적용한다.

$$F_e = \frac{k|q_1||q_2|}{R^2}$$

질량 m을 가진 물체가 외부(에 놓인 다른 질량)로부터 만들어진 중력장($\vec{\mathbf{g}}$) 속에 놓여 있을 때, 이 물체에 가해지는 중력(weight)의 크기(W)는 다음 식과 같이 질량 m과 중력가속도(중력장의 크기) g의 곱과 같다. 중력의 방향은 중력장의 방향과 같다.

$$W = mg$$

질량을 가진 물체가 어떤 표면상에서 표면과 접촉한 상태로 정지해 있을 때, 정지 마찰력 f_s)은 정지 마찰계수(μ_s)와 수직항력(N)의 곱보다 작거나 같다.

$$f_s \le \mu_s N$$

기호와 SI 단위

기호	이름	SI 단위
E	전기장의 크기	N/C 또는 V/m
F_e	전기력의 크기	N
q	전하	C
R	두 전하 사이의 거리	m
k	쿨롱상수	$\frac{N\cdot m^2}{C^2}$ 또는 $\frac{kg\cdot m^3}{C^2\cdot s^2}$
m	질량	kg
mg	중력	N
N	수직항력	N

f	마찰력	N
μ	마찰계수	단위 없음
T	장력	N
a_x	가속도의 x-성분	m/s^2
a_y	가속도의 y-성분	m/s^2

중요한 차이점

전하(q), 전기장(E), 전기력(F_e)의 차이를 정확히 구별하는 것이 매우 중요하다. 문제를 주의 깊게 읽어야 한다. 그리고 이 세 가지 양에 사용되는 기호를 머릿속에 넣어 두어야 한다. 단위를 잘 살펴보면 세 가지 양을 구별하는 데 도움이 된다.

- **전하**(q)의 SI 단위는 쿨롱(C)이다.
- **전기장**(E)의 SI 단위는 $\frac{\text{N}}{\text{C}}$ 또는 $\frac{\text{V}}{\text{m}}$이다.
- **전기력**(F_e)의 SI 단위는 뉴턴(N)이다.

전기력을 구하는 데 어떤 방정식을 사용하는 것이 적합한지 판단하는 능력을 갖추는 것 또한 매우 중요하다.

- 외부(에 놓인 다른 전하)에서 발생한 전기장에 의해 전하를 가진 물체에 가해지는 힘을 구해야 하는 경우에는 $F_e = |q|E$ 식을 사용한다.
- 문제에서 두 개 또는 그보다 많은 개수의 전하가 있을 때는 $F_e = k\frac{|q_1||q_2|}{R^2}$ 식을 사용한다.

정전 평형 상태를 해석하는 방법

정전 평형 상태에 있는 시스템(물체들의 집합)에 뉴턴의 제2법칙을 적용할 때는 다음과 같은 전략을 따르면 된다.

1. 시스템을 구성하고 있는 각각의 물체에 대해 자유물체도(FBD)를 그린다. 그 다음, 각 물체에 작용하는 모든 힘에 이름을 붙인다. 이때 고려해야 하는 힘은 다음과 같다.
   - 질량 m을 가진 모든 물체에는 **중력**(무게) mg가 가해진다. 각 물체에 **아래 방향**으로 중력 mg를 나타내는 화살표를 그린다. 물체가 여러 개 있는 경우에는 m_1g, m_2g, ...와 같이 각 물체의 질량에 아래 첨자를 붙여 각 물체의 중력을 구별한다.
   - 문제에서 외부 전기장을 언급하고 있는지 확인한다. 만일 그렇다고 하면, 그 전기장 $\vec{\mathbf{E}}$ 속에 전하 q를 가진 물체가 놓여 있을 때, 그 물체에는 크기가 $|q|E$로 주어지

는 **전기력** $\vec{\mathbf{F}}_e$가 가해진다. 물체에 전기력 $\vec{\mathbf{F}}_e$를 나타내는 화살표를 그린다. 여기서 $\vec{\mathbf{F}}_e$의 방향은 $q>0$일 때는 $\vec{\mathbf{E}}$와 같은 방향이고 $q<0$일 때는 $\vec{\mathbf{E}}$와 정반대 방향이다.

- 문제에 전하를 가진 물체의 개수가 두 개 또는 그보다 많이 있는지 확인한다. 만일 그렇다고 하면, 짝을 이루는 전하 q_1과 q_2에는 저마다 쿨롱법칙에 따라 $F_e = k\frac{|q_1||q_2|}{R^2}$로 주어지는 **전기력**이 가해진다. 다시 말해 두 전하에 가해지는 전기력은 서로 같다. 전하 q_1과 q_2를 가진 두 물체에 전기력 $\vec{\mathbf{F}}_e$를 나타내는 화살표를 각각 그린다.
- 물체가 어떤 표면에 접촉해있는 상태로 놓여 있는지 확인한다. 만일 그렇다고 하면 그 **표면에 수직방향으로 수직항력**(N)을 나타내는 화살표를 그린다. 표면에 여러 개의 물체가 놓여있는 경우에는 N_1, N_2, …와 같이 이름을 붙여 구별한다.

- 물체가 어떤 표면에 접촉해있는 상태로 놓여 있는지 확인한다. 만일 그렇다고 하면 그 물체에는 마찰력(f)이 가해진다. 물체에 마찰력을 나타내는 화살표를 그린다. 마찰력의 방향은 그 물체가 움직일 때의 **속도벡터 방향과 정반대 방향**이다. 마찰력이 여러 개 있는 경우에는 f_1, f_2, …와 같이 이름을 붙여 구별한다.
- 물체에 줄, 로프, 실, 또는 끈이 달려있는지 확인한다. 만일 그렇다고 하면 그 물체에는 줄을 따라 장력(T)이 가해진다. 물체에 장력을 나타내는 화살표를 그린다. 줄 양쪽 끝에 한 개씩 모두 두 개의 물체가 연결되어 있는 경우, 뉴턴의 제3법칙에 따라 두 물체에는 각각 장력이 가해진다. 이때 두 물체에 각각 가해지는 힘(장력)은 **크기는 같고 방향은 정반대**이다. 한 물체를 연결하는 줄이 두 개인 경우에는 줄 하나에 한 개씩, 모두 두 개의 장력(T_1과 T_2)이 가해진다.
- 문제에서 원숭이가 당기는 힘(P)과 같이, 또 다른 종류의 힘이 가해지고 있거나 언급되고 있는지 확인한다. 만일 그렇다고 하면 물체에 그 힘을 나타내는 화살표를 그려 넣고 이름을 적는다.

2. 각각의 자유물체도에 x축과 y축을 표시한다.
3. 각각의 물체에 대해 뉴턴의 제2법칙을 적용한다. 이때 뉴턴의 제2법칙을 나타내는 수식은 아래와 같이 힘의 x, y 방향 성분별로 나누어 쓴다. 아래 식의 우변에서 알 수 있듯이 정전 평형 상태에서 가속도의 각 방향 성분은 0이다.

$$\sum F_{1x} = 0 \quad , \quad \sum F_{1y} = 0 \quad , \quad \sum F_{2x} = 0 \quad , \quad \sum F_{2y} = 0$$

4. 위의 수식에서 좌변에 있는 덧셈 식을 계산하기 위해 모든 물체에 대해, 물체 하나마다 그 물체에 작용하는 힘의 x 성분과 y 성분들을 각각 구한다. 이때 한 번에 힘 하나씩을 골라 차례로 구하면 된다. 힘이 어느 한 좌표축 위에 놓여 있는지 아닌지에 따라 다음과 같은 방법으로 좌변 덧셈을 계산한다.

- 힘이 $+x$축이나 $-x$축, 또는 $+y$축이나 $-y$축을 따라(또는 이들 축과 평행하게) 놓여 있는 경우, 그 힘이 놓여 있는 축 성분의 덧셈(x축에 놓여 있으면 x 성분 덧셈, y축에 놓여 있으면 y 성분 덧셈, 단 $-x$축, $-y$축에 놓여 있으면 $-$ 부호가 되어 덧셈 대신 뺄셈) 식에 그대로 집어넣어 더한다.
- 힘이 좌표축에 놓여 있지 않고 두 좌표축 사이의 어느 한 사분면에 놓여 있는 경우(다시 말해 힘 벡터가 좌표축과 나란하지 않고 좌표축을 기준으로 어떤 각도를 이루고 있는 경우), 삼각함수를 사용하여 힘을 x 성분과 y 성분으로 분해한 다음, x 성분 덧셈과 y 성분 덧셈에 집어넣어 더한다. 힘을 두 성분으로 분해할 때 한 성분은 코사인을 취해 구하고 나머지 한 성분은 사인을 취해 구한다. 이때 힘 벡터와 함께 사이 각도를 이루고 있는(인접한) 좌표축의 성분을 구하는 것이 코사인임을 잘 알아두기 바란다.

5. 수식의 좌변 덧셈을 하게 될 각 항의 부호를 잘 살펴본다. 힘이 $+x$축 방향을 가리키는 성분을 가지고 있으면 덧셈에서 힘의 부호는 $+$이 되어야 하며, 힘이 $-x$축 방향을 가리키는 성분을 가지고 있으면 덧셈에서 이 힘의 부호는 $-$이 되어야 한다. y축에 대해서도 마찬가지 규칙이 적용된다.
6. 문제에서 요구하는 미지수를 계산한다.

예제 원숭이가 전하를 가진 바나나 모양의 귀걸이 두 개를 아래 그림과 같이 실에 따로 따로 매달았다. 두 귀걸이는 그림과 같은 형태를 이룬 채 정적 평형 상태에 도달했다. 이 상태에서 두 귀걸이는 서로 같은 높이에서 3.0 m 거리만큼 떨어져있다. 두 귀걸이의 질량은 $\frac{\sqrt{3}}{25}$ kg으로 서로 같다. 두 귀걸이의 전하량은 서로 같고 부호는 반대이다.

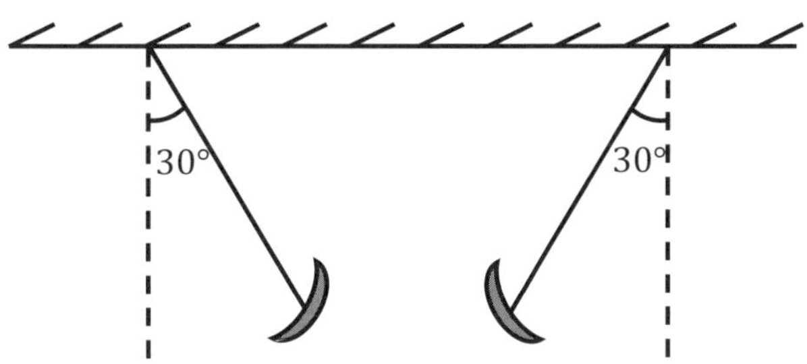

(A) 각 실의 장력을 구하라.

풀이 각 귀걸이에 대해 자유물체도를 그린 다음, 각 화살표에 기호를 써 넣는다.

- 각 귀걸이에는 중력 mg가 가해지고 있다. 중력은 각 귀걸이를 정확하게 아래쪽 수직 방향으로 당긴다.

- 각 귀걸이에는 실에 의한 장력 T가 가해진다. 장력은 각 귀걸이를 실을 따라 비스듬히 위쪽 방향으로 당긴다.
- 쿨롱법칙에 따라 두 귀걸이는 서로 상대편 귀걸이에 전기력 F_e를 가하고 있다. 두 귀걸이가 가진 전하의 부호가 다르므로 전기력은 서로 상대편 귀걸이를 끌어당긴다.

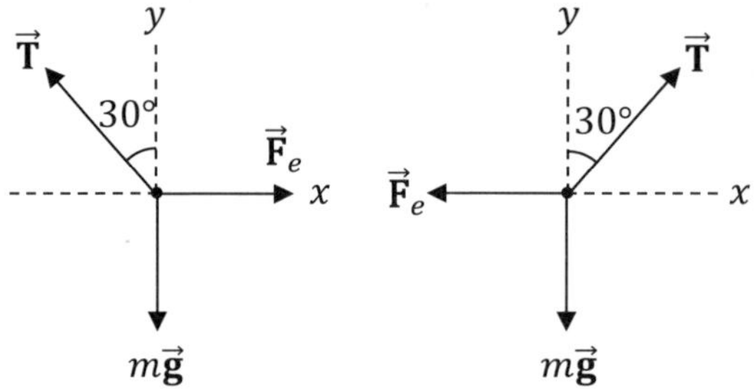

뉴턴의 제2법칙을 적용한다. 정전 평형상태에서는 $a_x = 0$, $a_y = 0$이다.

- 장력의 방향이 x축이나 y축을 따라가는 방향이 아니므로 T는 x 성분과 y 성분을 모두 가진다. 자유물체도를 보면 T와 y축 사이의 각도가 30°이므로, T에 이 각도의 코사인을 취하면 y 성분(T와 각도를 이루고 있는 축이 y축이므로)이 된다(사인을 취하면 x축 성분, 정확하게는 $-x$축 성분이 된다).
- 전기력의 방향은 수평방향이므로 F_e는 x 성분만을 가진다(사인 또는 코사인 함수를 취할 필요가 없다).
- 중력은 수직방향이므로 mg는 y 성분만을 가진다(역시 사인 또는 코사인 함수를 취할 필요가 없다).

뉴턴의 제2법칙 수식에 이렇게 구한 값들을 대입하여 정리하면 다음과 같다.

$$\sum F_{1x} = ma_x \quad , \quad \sum F_{1y} = ma_y \quad , \quad \sum F_{2x} = ma_x \quad , \quad \sum F_{2y} = ma_y$$
$$F_e - T\sin 30° = 0 \quad , \quad T\cos 30° - mg = 0 \quad , \quad T\sin 30° - F_e = 0 \quad , \quad T\cos 30° - mg = 0$$

장력을 구하기 위해 위의 방정식 중에서 y 성분에 대한 방정식을 이용한다.

$$T\cos 30° - mg = 0$$

이 방정식의 양변에 중력 mg을 각각 더하면

$$T\cos 30° = mg$$

이 된다. 양변을 cos30°로 나누면

$$T = \frac{mg}{\cos 30°}$$

이 된다. 이 책에서는 중력가속도로 $g=9.81\ \text{m/s}^2$을 반올림한 $g\approx 10\ \text{m/s}^2$을 사용하기로 한다. 이렇게 하면 계산기를 사용하지 않을 때 근삿값으로 답을 구하는 데 편리하다. (물론 계산기를 사용하는 것은 여러분 자유이다. 하지만 계산기 없이도 답을 추정할 수 있는 능력을 갖추는 것이 매우 중요하면서도 꼭 필요하기 때문에 9.81을 반올림하여 10으로 하는 것이다.)

$$T=\frac{\left(\frac{\sqrt{3}}{25}\right)(9.81)}{\cos 30°}\approx\frac{\left(\frac{\sqrt{3}}{25}\right)(10)}{\frac{\sqrt{3}}{2}}$$

분모를 없애기 위해 분모의 역수를 분자와 분모에 각각 곱한다. 분모 $\frac{\sqrt{3}}{2}$의 역수는 $\frac{2}{\sqrt{3}}$이다.

$$T\approx\left(\frac{\sqrt{3}}{25}\right)(10)\frac{2}{\sqrt{3}}=\frac{20\sqrt{3}}{25\sqrt{3}}=\frac{20}{25}=\frac{4}{5}\ \text{N}$$

위의 계산과정에서 $\frac{20}{25}$의 분자와 분모를 각각 5로 나누어 $\frac{20\div 5}{25\div 5}=\frac{4}{5}$로 간단해졌다. 답은 $T\approx\frac{4}{5}$ N이다.

(B) 각 귀걸이가 가진 전하(량)를 구하라.

풀이

먼저, 전기력을 구하기 위해 위의 (A)에서 얻은 x 성분 방정식을 이용한다.

$$F_e-T\sin 30°=0$$

이 방정식의 양변에 장력 $T\sin 30°$을 각각 더하면

$$F_e=T\sin 30°$$

이 된다. 이 방정식의 T에 위 (A)에서 구한 답을 대입하면

$$F_e\approx\frac{4}{5}\sin 30°=\frac{4}{5}\left(\frac{1}{2}\right)=\frac{2}{5}\ \text{N}$$

이 된다. 이제 1장에서 배운 쿨롱 법칙을 적용한다.

$$F_e=k\frac{|q_1||q_2|}{R^2}$$

두 전하는 크기는 같고 부호만 반대이므로, $q_1=q$, $q_2=-q$이거나 $q_1=-q$, $q_2=q$이 될 것이다. 전기력의 크기를 구할 때는 전하의 절댓값을 사용하기 때문에(벡터의 크기는 항상 + 값이므로) 어느 쪽이든 상관이 없다. $qq=q^2$이므로

$$F_e = k\frac{q^2}{R^2}$$

이다. 이 방정식의 양변에 R^2을 각각 곱하면

$$F_e R^2 = kq^2$$

이 되고 다시 양변을 쿨롱상수 k로 나누면

$$\frac{F_e R^2}{k} = q^2$$

이 된다. 이제 양변에 제곱근을 취한다. $\sqrt{R^2} = R$이고 $k = 9.0 \times 10^9\ \frac{\mathrm{N \cdot m^2}}{\mathrm{C^2}}$이므로

$$q = \sqrt{\frac{F_e R^2}{k}} = R\sqrt{\frac{F_e}{k}}$$

$$q \approx 3\sqrt{\frac{\frac{2}{5}}{9 \times 10^9}}$$

이 된다. $\frac{2}{5} = 0.4$이고 $4 \times 10^{-1} = 0.4$이므로 $\frac{2}{5} = 4 \times 10^{-1}$이다. 따라서

$$q \approx 3\sqrt{\frac{4 \times 10^{-1}}{9 \times 10^9}}$$

로 쓸 수 있다.

연산규칙 $\frac{x^{-m}}{x^n} = x^{-m-n}$을 적용하면

$$q \approx 3\sqrt{\frac{4 \times 10^{-1-9}}{9}} = 3\sqrt{\frac{4 \times 10^{-10}}{9}}$$

이 된다. 연산규칙$\sqrt{\frac{xy}{z}} = \frac{\sqrt{x}\sqrt{y}}{\sqrt{z}}$를 적용하면

$$q \approx 3\frac{\sqrt{4}\sqrt{10^{-10}}}{\sqrt{9}} = \frac{(3)(2)(10^{-5})}{3} = 2.0 \times 10^{-5}\ \mathrm{C}$$

이 된다. 위의 계산과정에서 $(10^{-5})^2 = 10^{-10}$이므로 $\sqrt{10^{-10}} = 10^{-5}$이 되었다. 답은 $q \approx 2.0 \times 10^{-5}$ C이다. 이를 미터법 접두어인 마이크로($\mu = 10^{-6}$)을 사용하여 다시 쓰면 $q \approx 20\ \mu$C이 된다. 따라서 두 전하 중에서 한 전하는 $+20\ \mu$C이고, 나머지 한 전하는 $-20\ \mu$C이다. (정보가 더 주어지지 않았으므로 전하 q_1과 q_2 중에서 어느 것이 + 값을 갖고 어느 것이 − 값을 갖는지는 알아낼 방법은 없다.)

예제 바나나 모양을 한 귀걸이 한 개가 정전 평형상태에서 아래 그림과 같이 천장에 연결된 실에 매달려 있다. 귀걸이의 질량은 80 g이다. 귀걸이를 매단 실은 수직선을 기준으로 60°의 각도를 이루고 있다. 귀걸이의 전하량은 +200 μC이다. 귀걸이가 매달려 있는 공간 전체에는 오른쪽 수평방향으로 균일한 전기장이 존재한다. 이 전기장의 크기를 구하라.

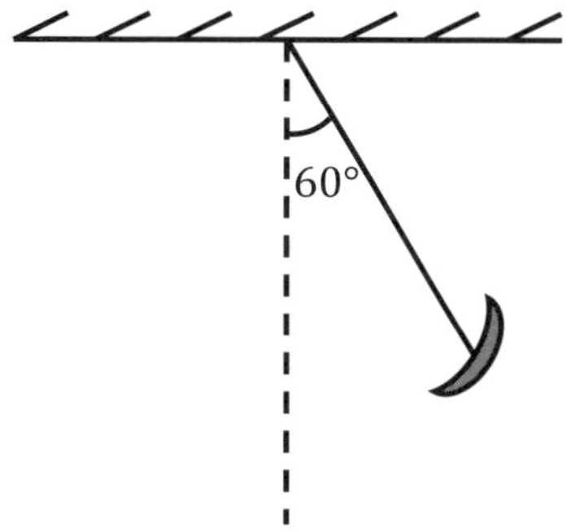

풀이 귀걸이에 대해 자유물체도를 그린 다음, 각 화살표에 기호를 써 넣는다.

- 각 귀걸이에는 중력 mg가 가해지고 있다. 중력은 귀걸이를 정확하게 아래쪽 수직방향으로 당긴다.
- 귀걸이에는 실에 의한 장력 T가 가해진다. 장력은 각 귀걸이를 실을 따라 비스듬히 위쪽 방향으로 당긴다.
- 오른쪽 수평방향의 전기장 $\vec{\mathbf{E}}$에 의해 귀걸이에는 전기력 $\vec{\mathbf{F}}_e = q\vec{\mathbf{E}}$이 가해진다. 전하 q의 부호가 +이므로 전기력 $\vec{\mathbf{F}}_e$의 방향은 전기장 $\vec{\mathbf{E}}$의 방향과 같이 오른쪽 수평방향이다.

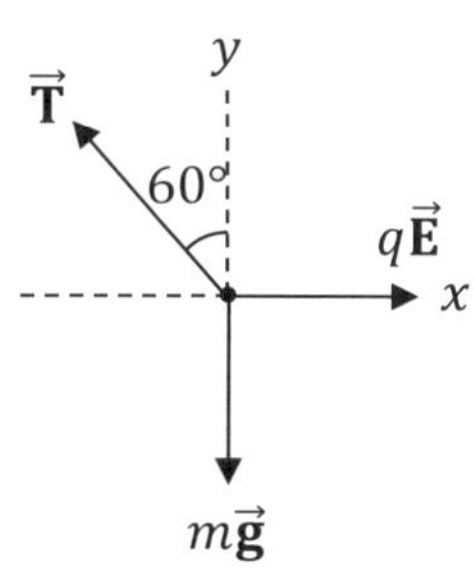

뉴턴의 제2법칙을 적용한다. 정전 평형상태에서는 $a_x = 0$, $a_y = 0$이다.

- 장력의 방향은 x축이나 y축을 따라가는 방향이 아니므로 T는 x 성분과 y 성분을 모두 가진다. 자유물체도를 보면 T와 y축 사이의 각도가 60°이므로, T에 이 각도의 코사인을 취하면 y 성분이 된다.
- 전기력의 방향은 수평방향이므로 F_e는 x 성분만을 가진다(사인 또는 코사인 함수를 취할 필요가 없다). 외부 전기장 E에 의해 전하 q에 가해지는 전기력의 크기는 $F_e = |q|E$이다.

- 중력은 수직방향이므로 mg는 y 성분만을 가진다(역시 사인 또는 코사인 함수를 취할 필요가 없다).

뉴턴의 제2법칙 수식에 이렇게 구한 값들을 대입하여 정리하면 다음과 같다.

$$\sum F_x = ma_x \quad , \quad \sum F_y = ma_y$$
$$|q|E - T\sin 60° = 0 \quad , \quad T\cos 60° - mg = 0$$

전기장을 구하기 위해 위의 방정식 중에서 다음의 x 성분에 대한 방정식을 이용한다.

$$|q|E - T\sin 60° = 0$$
$$|q|E = T\sin 60°$$

이 방정식의 양변을 전하의 절댓값 $|q|$로 각각 나누면

$$E = \frac{T\sin 60°}{|q|}$$

가 된다.

장력 T 값을 알고 있다면 위 식에 이 값을 대입하여 곧바로 전기장 E를 구할 수 있다. 그러나 문제에서는 장력이 얼마인지 주어지지 않았다. (장력 값은 중력 값과는 같지 **않다**). 다행히도 뉴턴의 제2법칙으로 구한 y 성분 방정식을 이용하면 장력을 알아낼 수 있다.

$$T\cos 60° - mg = 0$$
$$T\cos 60° = mg$$
$$T = \frac{mg}{\cos 60°}$$

질량의 단위를 g에서 kg으로 변환하면 $m = 80\text{ g} = 0.08\text{ kg} = \frac{2}{25}\text{ kg}$이 된다. ($0.08 = \frac{2}{25}$이다. 계산기로 확인해보라.)

$$T = \frac{\left(\frac{2}{25}\right)(9.81)}{\cos 60°} \approx \frac{\left(\frac{2}{25}\right)(10)}{\frac{1}{2}}$$

이번에도 9.81을 10으로 반올림하였다. 분모를 없애기 위해 분모의 역수를 분자와 분모에 각각 곱한다. 분모 $\frac{1}{2}$의 역수는 2다.

$$T \approx \frac{\left(\frac{2}{25}\right)(10)}{\frac{1}{2}} = \frac{\left(\frac{2}{25}\right)(10)(2)}{\frac{1}{2}(2)} = \left(\frac{2}{25}\right)(10)(2) = \frac{40}{25} = \frac{8}{5}\text{ N}$$

이 장력 값을 앞에서 얻은 전기장의 식에 대입하여 전기장을 구해보자. 전하의 단위를 μC에서 C으로 변환하면 $q = 200\ \mu\text{C} = 2.00 \times 10^{-4}\text{ C}$이다.

$$E = \frac{T\sin 60°}{|q|} \approx \frac{\left(\frac{8}{5}\right)\sin 60°}{2\times 10^{-4}} = \frac{\left(\frac{8}{5}\right)\left(\frac{\sqrt{3}}{2}\right)}{2\times 10^{-4}} = \frac{2\sqrt{3}}{5}\times 10^{4}$$

위의 계산과정에서 $\left(\frac{8}{5}\right)\left(\frac{\sqrt{3}}{2}\right) = \frac{8\sqrt{3}}{(5)(2)} = \frac{8\sqrt{3}}{10} = \frac{4\sqrt{3}}{5}$가 되었다. 이 값을 2로 나누어 $\frac{2\sqrt{3}}{5}$를 얻었다. 그러고 나서 분자와 분모를 각각 10^{-4}으로 나눈 다음, 그 결과에 연산규칙 $\frac{1}{x^{-n}} = x^n$을 적용하였다. 전기장은

$$E \approx \frac{2\sqrt{3}}{5}\times 10^{4} = \frac{2\sqrt{3}}{5}\times 10\times 10^{3} = 2\sqrt{3}\times 2\times 10^{3} = 4\sqrt{3}\times 10^{3} = 4000\sqrt{3}\ \frac{\text{N}}{\text{C}}$$

로 다시 쓸 수 있다. 위의 계산과정에서 $10^4 = 10\times 10^3$, $\frac{10}{5} = 2$, $10^3 = 1000$의 관계를 차례로 사용하였다. 최종 답으로 전기장의 크기는 $E \approx 4000\sqrt{3}\ \frac{\text{N}}{\text{C}}$이다.

연습문제

20. 원숭이가 불쌍하게도 자신의 돈을 탈탈 털어서 마술 바나나 두 개를 샀다. 바나나 한 개의 무게는 $9\sqrt{3}$ kg이다. 원숭이는 이렇게 산 마술 바나나 두 개를, 두 개의 줄에 각각 하나씩 매달았다. 그랬더니 마술 바나나는 "마술을 부려" 아래 그림처럼 서로 벌어졌다.(이게 마술일까? 실제로는 두 바나나가 같은 부호의 전하를 가지고 있기 때문일 것이다.) 다음 물음에 답하라.

(A) 모든 물체(전부 두 개임)에 대해 자유물체도를 각각 그려라.

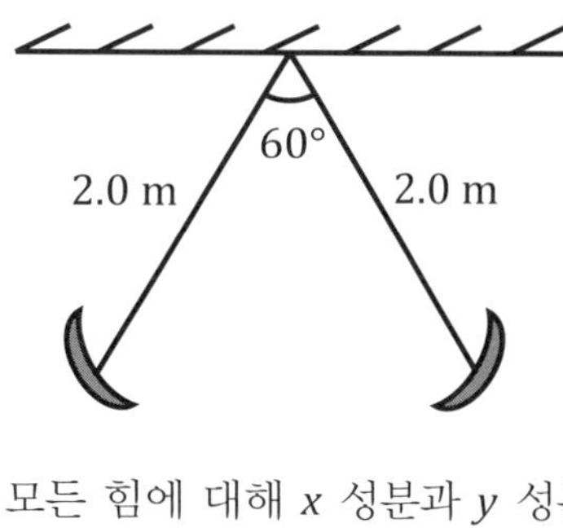

(B) 각 물체에 작용하는 모든 힘에 대해 x 성분과 y 성분의 덧셈을 나타내는 수식을 적어라. 모두 네 개의 수식이 나올 것이다. 또한 이 네 개의 수식의 바로 아랫줄에, 힘을 나타내는 실제 항들의 덧셈이 좌변에 들어가 있는 형태의 수식으로 다시 적어라.

(C) 각 줄에 작용하는 장력을 구하라.

(D) 각 바나나의 전하를 구하라.

답: (C) 180 N, (D) 200 μC

21. 바나나 모양을 한 귀걸이 한 개가 정전 평형상태에서 아래 그림과 같이 바닥에 연결된 실에 매달려 있다. 귀걸이의 질량은 60 g이다. 귀걸이를 매단 실은 수직선을 기준으로 60°의 각도를 이루고 있다. 귀걸이의 전하량은 +300 μC이다. 귀걸이가 매달려 있는 공간 전체에는 수평선을 기준으로 각도 60°인 방향으로 균일한 전기장이 존재한다. 다음 물음에 답하라.

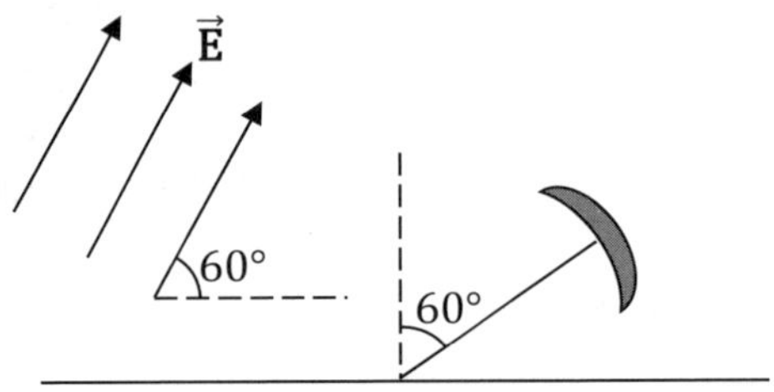

(A) 귀걸이에 대해 자유물체도를 그려라. 그런 다음, 여기에 귀걸이에 작용하는 각 힘을 적어 넣고 x 좌표와 y 좌표를 그려 넣어라.

(B) 귀걸이에 작용하는 모든 힘에 대해 x 성분과 y 성분을 나타내는 식을 적어라. 모두 네 개의 식이 나올 것이다. 또한 이 네 개의 수식의 바로 아랫줄에, 힘을 나타내는 실제 항들의 덧셈이 좌변에 들어가 있는 형태의 수식으로 다시 적어라.

(C) 전기장의 크기를 구하라.

(D) 실의 장력을 구하라.

답: (C) $2000\sqrt{3}$ N/C, (D) $\frac{3}{5}$ N

도움이 필요한가요? 책의 맨 뒤에 있는 "힌트"를 참고하세요.

06

전자기학 학습을 위한 필수 미적분

극 좌표계, 구 좌표계, 원통 좌표계에서 적분을 하는 방법을 제대로 알고 있지 못하다면 이번 6장에서 새롭게 배울 수 있다. 이번 장의 앞부분에서 다루는 내용은 쉬운 편이지만 점점 뒤로 가면서 조금씩 어려워질 것이다. 이번 장에서 다루는 내용은 다음과 같다.

- 적분 기초 복습(67~73쪽)
- 삼각함수 치환 적분(74~77쪽)
- 이중 적분과 삼중 적분(78~83쪽)
- 2차원 극 좌표계(84~92쪽)
- 원통 좌표계(84~92쪽)
- 구 좌표계(84~92쪽)

다항식 미적분 방법 훑어보기

다항식을 구성하는 항인 ax^b을 미분하면 다음 식과 같이 지수 b가 아래로 그대로 내려와 곱해지고 지수는 1만큼(b에서 $b-1$로) 감소한다.

$$\frac{d}{dx}(ax^b) = bax^{b-1}$$

이번에는 다항식을 구성하는 항인 ax^b을 적분하면 다음 식과 같이 지수는 1만큼(b에서 $b+1$로) 증가하고 이어서 이렇게 증가한 지수 $(b+1)$이 아래로 내려와 전체를 나눈다. 단 $b \neq -1$이어야 한다. ($b = -1$인 경우에 대해서는 17장에서 다룬다.)

$$\int ax^b\, dx = \frac{ax^{b+1}}{b+1} \qquad (b \neq -1)$$

위의 부정적분 방정식의 오른쪽 변에는 적분상수가 더해져야(+C) 정확한 식이 된다. 그렇지만 물리학에서는 부정적분보다는 정적분을 사용하는 것이 일반적이다. 정적분에서는 적분상수가 상쇄되어 사라진다. 아래와 같이 정적분에서는 적분하여 얻은 식에 적분의 상한 값과 하한 값을 각각 대입하여 계산한 다음, 이 두 계산결과를 빼준다.

$$\int_{x=x_i}^{x_f} ax^b\,dx = \left[\frac{ax^{b+1}}{b+1}\right]_{x=x_i}^{x_f} = \frac{ax_f^{b+1}}{b+1} - \frac{ax_i^{b+1}}{b+1}$$

여러 개의 항으로 이루어진 다항식을 미분이나 적분할 때는 다음과 같이 항마다 따로따로 미분이나 적분을 하면 된다.

$$\frac{d}{dx}(y_1 + y_2 + \cdots + y_N) = \frac{dy_1}{dx} + \frac{dy_2}{dx} + \cdots + \frac{dy_N}{dx}$$

$$\int(y_1 + y_2 + \cdots + y_N)\,dx = \int y_1\,dx + \int y_2\,dx + \cdots + \int y_N\,dx$$

어떤 변수의 제곱근을 만나게 될 경우, 제곱근을 지수로 표시해 쓰면 미분이나 적분을 계산하는 데 편리하다. 예를 들어, $\sqrt{x} = x^{1/2}$이고 $\sqrt{cx} = (cx)^{1/2} = c^{1/2}x^{1/2}$와 같이 쓰면 된다. 변수가 분모에 들어있는 경우에는 연산규칙 $\frac{1}{x^n} = x^{-n}$을 적용하면 편리하다.

예제 함수 $y = 8x^3$에 대해 다음 문제에 답하다. |

(A) $x = 2$일 때, $\frac{dy}{dx}$를 계산하라.

풀이 먼저, 함수 $y = 8x^3$를 미분하자($x = 2$는 나중에 대입한다). 그러면 다음과 같이 지수 3이 아래로 내려와 계수 8과 곱해지고, 지수는 3에서 1만큼 감소하여 2가 된다.

$$\frac{dy}{dx} = \frac{d}{dx}(8x^3) = (3)(8)x^{3-1} = 24x^2$$

따라서 $8x^3$을 x에 대해 미분하면 $24x^2$이 된다. 이제 x에 2를 대입하자.

$$\left.\frac{dy}{dx}\right|_{x=2} = 24(2)^2 = 24(4) = 96$$

이 문제의 답은 96이다.

(B) 정적분 $\int_{x=1}^{2} y\,dx$를 계산하라.

풀이 $y = 8x^3$을 적분해보자. 그러면 다음과 같이 지수는 3에서 1만큼 증가하여 4가 된다. 또한 바뀐 지수 4가 아래로 내려와 전체를 나눈다.

$$\int_{x=1}^{2} y\,dx = \int_{x=1}^{2} 8x^3\,dx = \left[\frac{8x^{3+1}}{3+1}\right]_{x=1}^{2} = \left[\frac{8x^4}{4}\right]_{x=1}^{2} = [2x^4]_{x=1}^{2}$$

$8x^3$을 적분하면 $2x^4$이 된다. 정적분 계산을 완료하려면 이 결과에 적분의 상한과 하한을 대입해야 한다. 아래 수식에서 $[2x^4]_{x=1}^{2}$라는 표기법은 먼저 $x=2$일 때 $2x^4$을 계산하고, 이어서 $x=1$일 때 $2x^4$을 계산한 다음에 두 계산결과를 빼주라는 의미이다. 즉 $2(2)^4-2(1)^4$이다.

$$\int_{x=1}^{2} y\,dx = \int_{x=1}^{2} 8x^3\,dx = [2x^4]_{x=1}^{2} = 2(2)^4 - 2(1)^4 = 2(16) - 2(1) = 32 - 2 = 30$$

따라서 정적분 계산 결과는 30이다.

예제 다음 정적분을 계산하라.

$$\int_{x=4}^{8} \frac{dx}{x^2}$$

풀이 x가 분모에 있으므로 연산규칙 $\frac{1}{x^n}=x^{-n}$을 사용하면 $\frac{1}{x^2}=x^{-2}$로 쓸 수 있다. x^{-2}는 앞서 살펴본 다항식의 항 ax^b에서 $a=1$, $b=-2$인 경우이다. ax^b의 적분은 $\frac{ax^{b+1}}{b+1}$이므로

$$\int_{x=4}^{8} \frac{dx}{x^2} = \int_{x=4}^{8} x^{-2}\,dx = \left[\frac{x^{-2+1}}{-2+1}\right]_{x=4}^{8} = \left[\frac{x^{-1}}{-1}\right]_{x=4}^{8} = [-x^{-1}]_{x=4}^{8} = \left[-\frac{1}{x}\right]_{x=4}^{8}$$

이 된다. 위의 계산과정에서 $-2+1=1$이고 $\frac{1}{-1}=-1$이 되었다. $\left[-\frac{1}{x}\right]_{x=4}^{8}$라는 표기법은 먼저 $x=8$일 때 $-\frac{1}{x}$을 계산하고, 이어서 $x=4$일 때 $-\frac{1}{x}$을 계산한 다음에 두 계산결과를 빼주라는 의미이다. 즉 $-\frac{1}{8}-\left(-\frac{1}{4}\right)$이다. 따라서 정적분은 다음과 같이 계산된다.

$$\int_{x=4}^{8} \frac{dx}{x^2} = \left[-\frac{1}{x}\right]_{x=4}^{8} = -\frac{1}{8} - \left[-\frac{1}{4}\right] = -\frac{1}{8} + \frac{1}{4} = -\frac{1}{8} + \frac{2}{8} = \frac{-1+2}{8} = \frac{1}{8}$$

위의 계산과정에서 $-$부호가 두 개 겹치면 $+$부호가 된다. 이 정적분의 답은 $\frac{1}{8}$이다.

예제 다음 정적분을 계산하라.

$$\int_{x=4}^{9} \frac{dx}{\sqrt{x}}$$

풀이 이 문제를 푸는 열쇠는 다음 두 연산규칙에 있다. $\sqrt{x}=x^{1/2}$, $x^{-1}=\frac{1}{x}$. 이 두 개의 규칙을 결합하면 $\frac{1}{\sqrt{x}}=x^{-1/2}$이 된다. $x^{-1/2}$은 앞서 살펴본 다항식의 항 ax^b에서 $a=1$, $b=-\frac{1}{2}$인 경우이다. ($x^{-1/2}$의 맨 앞에는 계수가 없지만 이는 계수가 1인 것과 마찬가지이다.) ax^b의 적분은 $\frac{ax^{b+1}}{b+1}$이므로

$$\int_{x=4}^{9} \frac{dx}{\sqrt{x}} = \int_{x=4}^{9} x^{-1/2}\,dx = \left[\frac{x^{-1/2+1}}{-\frac{1}{2}+1}\right]_{x=4}^{9} = \left[\frac{x^{1/2}}{\frac{1}{2}}\right]_{x=4}^{9} = \left[2x^{1/2}\right]_{x=4}^{9} = \left[2\sqrt{x}\right]_{x=4}^{9}$$

이 된다. 위의 계산과정에서 $-\frac{1}{2}+1=-\frac{1}{2}+\frac{2}{2}=\frac{-1+2}{2}=\frac{1}{2}$이 되었다(이 과정에서는 공통분모를 구하는 방법을 사용하였다). 또 $\frac{1}{1/2}=2$가 되었다(이것을 계산하는 과정에서는 분모의 역수 2를 분자와 분모에 각각 곱하는 방법을 사용하였다). $[2\sqrt{x}]_{x=4}^{9}$라는 표기법은 먼저 $x=9$일 때 $2\sqrt{x}$을 계산하고, 이어서 $x=4$일 때 $2\sqrt{x}$을 계산한 다음에 두 계산결과를 빼주라는 의미이다. 즉 $2\sqrt{9}-2\sqrt{4}$이다. 따라서 정적분을 계산하면

$$\int_{x=4}^{9} \frac{dx}{\sqrt{x}} = \left[2\sqrt{x}\right]_{x=4}^{9} = 2\sqrt{9} - 2\sqrt{4} = 2(3) - 2(2) = 6 - 4 = 2$$

이 된다. 따라서 정적분 계산 결과는 2이다.

예제 다음 정적분을 계산하라.

$$\int_{x=0}^{3} (6x^2 - 4)\,dx$$

풀이 먼저, 각 항의 적분을 차례로 구한다.

- 첫째 항은 $6x^2$이다. $6x^2$은 앞서 살펴본 다항식의 항 ax^b에서 $a=6$, $b=2$인 경우이다. ax^b의 적분은 $\frac{ax^{b+1}}{b+1}$이므로 적분 결과는 다음과 같다.

$$\int 6x^2\,dx = \frac{6x^{2+1}}{2+1} = \frac{6x^3}{3} = 2x^3$$

- 둘째 항은 -4이다. -4는 앞서 살펴본 다항식의 항 ax^b에서 $a=4$, $b=0$인 경우이다(연산규칙에서 $x^0=1$임을 기억하라). ax^b의 적분은 $\frac{ax^{b+1}}{b+1}$이므로 적분 결과는 다음과 같다.

$$\int -4\,dx = \frac{-4x^{0+1}}{0+1} = -\frac{4x^1}{1} = -4x$$

이 두 적분 결과를 더한 다음, 적분의 상한인 $x=3$과 하한인 $x=0$을 대입하면

$$\int_{x=0}^{3} (6x^2-4)\,dx = [2x^3-4x]_{x=0}^{3} = [2(3)^3-4(3)] - [2(0)^3-4(0)] = 54-12 = 42$$

로 계산된다.

연습문제

22. 다음 정적분을 계산하라.

$$\int_{x=2}^{3} 6x^2\,dx =$$

답: 38

23. 다음 정적분을 계산하라.

$$\int_{x=1}^{2} \frac{8\,dx}{x^3} =$$

답: 3

24. 다음 정적분을 계산하라.

$$\int_{x=9}^{16} 3\sqrt{x}\,dx =$$

답: 74

25. 다음 정적분을 계산하라.

$$\int_{x=1}^{3} (8x^3 - 6x)\,dx =$$

답: 136

도움이 필요한가요? 책의 맨 뒤에 있는 "힌트"를 참고하세요.

삼각함수 미적분 방법 훑어보기

기본 삼각함수의 미분은 다음과 같다.

$$\frac{d}{d\theta}\sin\theta = \cos\theta \quad , \quad \frac{d}{d\theta}\cos\theta = -\sin\theta \quad , \quad \frac{d}{d\theta}\tan\theta = \sec^2\theta$$

$$\frac{d}{d\theta}\sec\theta = \sec\theta\tan\theta \quad , \quad \frac{d}{d\theta}\csc\theta = -\csc\theta\cot\theta \quad , \quad \frac{d}{d\theta}\cot\theta = -\csc^2\theta$$

여기서, sec θ(secant, 시컨트), csc θ(cosecant, 코시컨트), cot θ(cotangent, 코탄젠트)는 다음과 같이 정의된다.

$$\sec\theta = \frac{1}{\cos\theta} \quad , \quad \csc\theta = \frac{1}{\sin\theta} \quad , \quad \cot\theta = \frac{1}{\tan\theta}$$

여기서 보듯이 co로 시작하는 삼각함수는 co로 시작하는 삼각함수와 짝을 이루지 않는다. 다시 말해 co-sine은 secant와, co-secant는 sine과 짝을 이룬다.

기본 삼각함수의 적분은 다음과 같다.

$$\int \sin\theta\,d\theta = -\cos\theta \quad , \quad \int \cos\theta\,d\theta = \sin\theta \quad , \quad \int \tan\theta\,d\theta = \ln|\sec\theta|$$

$$\int \sec\theta\,d\theta = \ln|\sec\theta + \tan\theta| \quad , \quad \int \csc\theta\,d\theta = -\ln|\csc\theta + \cot\theta| \quad , \quad \int \cot\theta\,d\theta = \ln|\sin\theta|$$

예제 $\theta = 30°$일 때, $\frac{d}{d\theta}\tan\theta$를 계산하라.

풀이 $\theta = 30°$를 대입하기 전에 먼저 $\frac{d}{d\theta}\tan\theta$를 구해보면

$$\frac{d}{d\theta}\tan\theta = \sec^2\theta$$

이 된다. 이 식에 $\theta = 30°$를 대입하면

$$\sec^2 30° = \frac{1}{\cos^2 30°} = \frac{1}{\left(\frac{\sqrt{3}}{2}\right)^2} = \frac{1}{\left(\frac{3}{4}\right)} = \frac{4}{3}$$

이 된다. 위의 계산과정에서 $(\sqrt{3})^2 = \sqrt{3}\sqrt{3} = 3$이 되었다. 맨 마지막 단계의 계산에서는 분모를 없애기 위해 $\frac{3}{4}$의 역수인 분자와 분모를 각각 $\left(\frac{4}{3}\right)$을 곱하였다.

예제 정적분 $\int_{\theta=0°}^{90°} \sin\theta\, d\theta$를 계산하라.

먼저 $\sin\theta$의 적분을 구해보면

$$\int \sin\theta\, d\theta = -\cos\theta$$

이므로 정적분을 계산하면

$$\int_{\theta=0°}^{90°} \sin\theta\, d\theta = [-\cos\theta]_{\theta=0°}^{90°} = -\cos 90° - (-\cos 0°) = -0 - (-1) = 1$$

이 된다. 계산 과정에서 −부호 두 개가 연속되어 +부호가 되었다. 따라서 이 정적분 계산결과는 1이다.

연습문제

26. 다음 정적분을 계산하라.

$$\int_{\theta=30°}^{90°} \cos\theta\, d\theta =$$

답: $\frac{1}{2}$

27. 다음 정적분을 계산하라.

$$\int_{\theta=45°}^{135°} \sin\theta\, d\theta =$$

답: $\sqrt{2}$

도움이 필요한가요? 책의 맨 뒤에 있는 "힌트"를 참고하세요.

치환적분 방법 훑어보기

치환을 하여 적분을 할 때는 다음과 같은 단계를 차례로 따른다.

1. $x = x(u)$ 형태의 치환을 시도해본다. $x = x(u)$라는 표시는 원래의 변수 x는 이제 새로운 변수인 u의 함수가 되었음을 뜻하는 것이다. 이 치환을 이용하여 원래의 적분 $\int_{x=x_0}^{x} f(x)dx$을 새로운 적분 $\int_{u=u_0}^{u} g(u)du$로 변환한 다음, 이미 알려진 적분법을 사용하여 이 새로운 적분계산을 수행한다. 널리 사용되는 두 가지 치환방법은 다음과 같다.
   - 다항식 치환법: (예) $\int (6x+4)^3 dx$에서 $u = 6x + 4$로 치환한다.
   - 삼각함수 치환법: 이 치환법은 이차 함수에 제곱근을 취한 형태의 수식에 널리 사용된다. 이 치환법의 핵심은 삼각함수 항등식 $\sin^2 u + \cos^2 u = 1$ 또는 $\tan^2 u + 1 = \sec^2 u$의 관계를 이용하여 두 개의 항을 한 개의 항으로 간단하게 하는 데 있다.
     - (예) $\int \sqrt{a^2 - x^2}\, dx$에서 $x = a\sin u$로 치환한다. $1 - \sin^2 u = \cos^2 u$이기 때문이다.
     - (예) $\int \sqrt{x^2 + a^2}\, dx$에서 $x = a\tan u$로 치환한다. $\tan^2 u + 1 = \sec^2 u$이기 때문이다.
     - (예) $\int \sqrt{x^2 - a^2}\, dx$에서 $x = a\sec u$로 치환한다. $\sec^2 u - 1 = \tan^2 u$이기 때문이다.
2. 함수 $x = x(u)$를 미분하여 du를 dx에 대해 정리한다. 그러고 나서 한 변은 u에 대해 미분한 다음 du를 곱한다. 이어서 다른 변은 x에 대해 미분한 다음 dx를 곱한다.[4]
   - (예) $u = 3x^2$에서 $\frac{d}{du}(u) = 1$이 되고 $\frac{d}{dx}(3x^2) = 6x$이 된다. 따라서 $du = 6xdx$이다.
   - (예) $x = a\sin u$에서 $\frac{d}{dx}(x) = 1$이 되고 $\frac{d}{du}(a\sin u) = a\cos u$가 된다. 따라서 $dx = a\cos u\, du$이다.(이 경우는 이 단계에서 이미 dx에 대해 정리가 되었으므로 위의 예와는 달리 dx에 대해 정리해줄 필요가 없다.)
3. 위의 2번 단계에서 얻은 방정식을 dx에 대해 푼다.
4. 원래 변수 x에 대한 적분의 상한과 하한을, 새로운 변수 u에 대한 적분의 상한과 하한으로 변환한다. 이때 위의 1번 단계에서 치환한 방정식을 이용한다.
5. 원래 적분에서 다음 세 가지를 치환한다.
   - 먼저, x를 u의 함수로 바꾼다.

---

4 (옮긴이) $\frac{d}{du}()\cdot du = \frac{d}{dx}()\cdot dx$의 관계가 성립하기 때문이다. $u = 3x^2$의 미분과정을 살펴보자. $u = 3x^2$ 전체를 미분하면 $d(u = 3x^2)$이 되고 이를 항별 미분으로 나타내면 $d(u) = d(3x^2)$이 된다. $d() = d()$ 형태의 식은 $\frac{d}{du}()\cdot du = \frac{d}{dx}()\cdot dx$와 같으므로(좌변에서 분모의 du와 분자의 du가 약분되고 우변에서 분모의 dx와 분자의 dx가 약분되어 사라지면 원래의 수식과 같아짐) $\frac{d}{du}(u)\cdot du = \frac{d}{dx}(3x^2)\cdot dx$으로 쓸 수 있다. 이 미분 식을 풀면 $1\cdot du = 6xdx$, $du = 6xdx$.

- 그 다음, dx를 위의 3번 단계에서 얻은 방정식으로 바꾼다.
- 마지막으로 x에 대한 적분의 상한과 하한을 위의 4번 단계에서 얻은 u에 대한 적분의 상한과 하한으로 바꾼다.

6. 여러분은 u에 관한 항들만으로 이루어진 새로운 적분계산을 수행할 수 있어야 한다.

7. 변수 u에 대해 새로운 적분을 수행한다. 삼각함수 치환을 사용한 경우, 다음의 삼각함수 항등식이 도움이 된다.

$$\sin^2 u + \cos^2 u = 1 \quad , \quad \tan^2 u + 1 = \sec^2 u \quad , \quad 1 + \cot^2 u = \csc^2 u$$
$$\cos^2 u = \frac{1+\cos 2u}{2} \quad , \quad \sin^2 u = \frac{1-\cos 2u}{2}$$

예제 다음 정적분을 계산하라.

$$\int_{x=1}^{2} (2x-1)^4 \, dx$$

풀이 $u = 2x - 1$의 치환을 사용한다. 이제 $u = 2x - 1$을 미분하자.

- 좌변: $\frac{d}{du}(u) = 1$. 양변에 du를 곱하면 $d(u) = 1du$가 된다.
- 우변: $\frac{d}{dx}(2x-1) = 2$. 양변에 dx를 곱하면 $d(2x-1) = 2dx$가 되고 결국 $1du = 2dx$가 된다.

따라서 $u = 2x - 1$의 미분은 $du = 2dx$가 된다. 이를 dx에 대해 풀면 $dx = \frac{1}{2}du$가 된다.

$$u = 2x - 1 \quad , \quad dx = \frac{du}{2}$$

이제 적분의 상한과 하한을 바꾼다. x에 대한 적분의 하한 1과 상한 2를 $u = 2x - 1$에 대입하면

$$u(x=1) = 2(1) - 1 = 2 - 1 = 1$$
$$u(x=2) = 2(2) - 1 = 4 - 1 = 3$$

이 된다. 따라서 u에 대한 새로운 적분은

$$\int_{x=1}^{2} (2x-1)^4 \, dx = \int_{u=1}^{3} u^4 \frac{du}{2} = \frac{1}{2}\int_{u=1}^{3} u^4 \, du$$

이 된다. 이제 u에 대해 적분을 수행하면

$$\frac{1}{2}\int_{u=1}^{3} u^4\,du = \frac{1}{2}\left[\frac{u^{4+1}}{4+1}\right]_{u=1}^{3} = \frac{1}{2}\left[\frac{u^5}{5}\right]_{u=1}^{3}$$

$$= \frac{1}{2}\frac{(3)^5}{5} - \frac{1}{2}\frac{(1)^5}{5} = \frac{243}{10} - \frac{1}{10} = \frac{242}{10} = \frac{121}{5}$$

가 된다. 따라서 원래 적분과 새로운 적분은 모두 $\frac{121}{5}$와 같다.

$$\int_{x=1}^{2} (2x-1)^4\,dx = \frac{121}{5}$$

$$\frac{1}{2}\int_{u=1}^{3} u^4\,du = \frac{121}{5}$$

따라서 이 예제의 답은 $\frac{121}{5}$이다.

예제 다음 정적분을 계산하라.

$$\int_{x=0}^{2} \frac{dx}{\sqrt{x^2+4}}$$

풀이 x^2+4는 x^2+2^2으로 쓸 수 있다. 이는 x^2+a^2에서 $a=2$인 경우에 해당한다. 치환 적분 풀이 방법에 따라 $x=2\tan u$로 치환하자. 이 방정식을 미분하면

- 좌변: $\frac{d}{du}(x)=1$. 양변에 dx를 곱하면 $d(x)=1dx$가 된다.
- 우변: $\frac{d}{du}(2\tan u)=2\sec^2 u$. 양변에 du를 곱하면 $d(2\tan u)=2\sec^2 u\,du$가 되고 결국 $1dx = 2\sec^2 u\,du$가 된다.

따라서 $x=2\tan u$의 미분은 $dx=2\sec^2 u\,du$가 된다. 원래 적분에 대해 다음 두 개의 치환을 수행한다.

$$x = 2\tan u \quad , \quad dx = 2\sec^2 u\ du$$

이제 적분의 상한과 하한을 바꾼다. $x=2\tan u$을 u에 대해 풀면 $u=\tan^{-1}\left(\frac{x}{2}\right)$가 되므로,

$$u(x=0) = \tan^{-1}\left(\frac{0}{2}\right) = 0°$$

$$u(x=2) = \tan^{-1}\left(\frac{2}{2}\right) = \tan^{-1}(1) = 45°$$

이 된다. 따라서 u에 대한 새로운 적분은

$$\int_{x=0}^{2} \frac{dx}{\sqrt{x^2+4}} = \int_{u=0°}^{45°} \frac{2\sec^2 u\ du}{\sqrt{(2\tan u)^2+4}} = \int_{u=0°}^{45°} \frac{2\sec^2 u\ du}{\sqrt{4\tan^2 u+4}}$$

이 된다. 피적분 함수의 분모에서 4를 제곱근 밖으로 뽑아내면

$$\sqrt{4\tan^2 u+4} = \sqrt{4(\tan^2 u+1)} = 2\sqrt{\tan^2 u+1}$$

이 되므로

$$\int_{x=0}^{2} \frac{dx}{\sqrt{x^2+4}} = \int_{u=0°}^{45°} \frac{2\sec^2 u\ du}{2\sqrt{\tan^2 u+1}}$$

이 된다. 삼각함수 항등식 $\tan^2 u+1=\sec^2 u$을 이용하면 $\sqrt{\tan^2 u+1}$을 $\sqrt{\sec^2 u}$로 바꿀 수 있다. 따라서

$$\int_{x=0}^{2} \frac{dx}{\sqrt{x^2+4}} = \int_{u=0°}^{45°} \frac{\sec^2 u\ du}{\sqrt{\sec^2 u}} = \int_{u=0°}^{45°} \frac{\sec^2 u\ du}{\sec u} = \int_{u=0°}^{45°} \sec u\, du$$

이 된다. 적분공식 $\int \sec\theta\, d\theta = \ln|\sec\theta + \tan\theta|$을 참고하면

$$\int_{u=0°}^{45°} \sec u\, du = [\ln|\sec u + \tan u|]_{u=0°}^{45°} = \ln|\sec 45° + \tan 45°| - \ln|\sec 0° + \tan 0°|$$

$$\int_{u=0°}^{45°} \sec u\, du = \ln|\sqrt{2}+1| - \ln|1+0| = \ln|\sqrt{2}+1| - \ln|1| = \ln|\sqrt{2}+1| - 0 = \ln|\sqrt{2}+1|$$

이 된다. 위의 계산과정에서 $\ln(1)=0$이 되었다. 따라서 이 정적분의 답은 $\ln|\sqrt{2}+1|$이다.

연습문제

28. 다음 정적분을 계산하라.

$$\int_{x=0}^{8} \left(\frac{x}{4}+1\right)^3 dx =$$

답: 80

29. 다음 정적분을 계산하라.

$$\int_{x=1}^{5} 3\sqrt{2x-1}\,dx =$$

답: 26

30. 다음 정적분을 계산하라.

$$\int_{x=0}^{3} 4\sqrt{9-x^2}\,dx =$$

답: 9π

31. 다음 정적분을 계산하라.

$$\int_{x=0}^{4} \frac{dx}{\sqrt{16+x^2}} =$$

답: $\ln|\sqrt{2}+1|$

도움이 필요한가요? 책의 맨 뒤에 있는 "힌트"를 참고하세요.

다중적분 방법을 푸는 방법

이중 적분이나 삼중 적분과 같은 다중 적분을 수행할 때는 다음과 같은 단계를 밟는다.

1. 다중 적분에서 미분요소의 표기 순서(예를 들어 $dxdy$ 또는 $dydx$)는 필요에 따라 바꿀 수 있다. 예를 들어 적분을 $\iint f(x, y)dxdy$로 쓰든지 $\iint f(x, y)dydx$로 쓰든지 적분한 결과는 똑같이 나온다. 중요한 것은(상한, 하한이 변수로 주어진 경우), 실제로 어느 미분요소에 대한 적분을 먼저 수행하는가이다. 적분에 표기된 미분요소의 순서대로 적분을 수행해야 하는 것은 아니다. 적분 순서는 적분의 상한과 하한을 살펴보고 정하면 된다(아래의 2번 단계).
2. 다중 적분 중에서 어느 변수의 상한과 하한 값이 변수로 되어있는지 찾아서 그 변수에 대한 적분을 먼저 수행해야 한다. 다음에 나오는 예들을 살펴보면서 어느 변수(미분요소)에 대한 적분을 먼저 수행할지 결정하는 방법을 익히도록 한다.
   - 아래 예에서는 y의 상한이 변수 x의 함수이다. y의 상한에 변수가 들어있으므로 먼저 y에 대해 적분을 수행한 다음에 x에 대해 적분을 수행한다.

$$\int_{x=0}^{1}\int_{y=0}^{x^2} f(x,y)\,dxdy = \int_{x=0}^{1}\left(\int_{y=0}^{x^2} f(x,y)\,dy\right)dx$$

- 아래 예에서는 x의 상한이 변수 y의 함수이다. x의 상한에 변수가 들어있으므로 먼저 x에 대해 적분을 수행한 다음에 y에 대해 적분을 수행한다.

$$\int_{x=0}^{4y}\int_{y=-8}^{8} f(x,y)\,dxdy = \int_{y=-8}^{8}\left(\int_{x=0}^{4y} f(x,y)\,dx\right)dy$$

- 아래 예에서는 x와 y의 모든 상한과 하한이 상수이다. 이러한 경우에는 어떤 순서로 적분을 해도 상관이 없다.

$$\int_{x=0}^{2}\int_{y=-1}^{1} f(x,y)\,dxdy = \int_{x=0}^{2}\left(\int_{y=-1}^{1} f(x,y)\,dy\right)dx = \int_{y=-1}^{1}\left(\int_{x=0}^{2} f(x,y)\,dx\right)dy$$

주의: 위의 적분 방정식에서, 우변의 첫 번째 적분 식과 두 번째 적분 식을 살펴보면 어느 변수(미분요소)에 대한 적분을 먼저 수행하는지가 괄호로 구분되어 있다. 이 경우, 첫 번째 적분 식은 변수 y에 대한 적분을 먼저 수행하고 이어서 x에 대한 적분을 수행함을 나타낸다. 두 번째 적분 식은 x에 대한 적분을 먼저 수행하고 이어서 y에 대한 적분을 수행함을 나타낸다.

3. 어느 한 변수에 대해 적분을 수행할 때는 나머지 독립변수(들)는 상수로 취급하면 된다. 예를 들어,
   - x에 대해 적분을 수행할 때는, y와 z는 상수로 취급한다.
   - y에 대해 적분을 수행할 때는, x와 z는 상수로 취급한다.
   - z에 대해 적분을 수행할 때는, x와 y는 상수로 취급한다.
4. 첫 번째 적분을 수행하면서 상한과 하한에 대해 계산을 완전히 끝마치고 나서 두 번째 적분을 수행한다.
5. 삼중적분을 하는 방법은 이중적분과 동일하다. 단 이중적분은 한 번에 적분 하나씩 모두 두 번을 수행하고, 삼중적분은 한 번에 적분 하나씩 모두 세 번을 수행한다.

다음 예제를 풀면서 이중적분과 삼중적분을 수행하는 방법을 설명하기로 한다.

예제 다음 이중적분을 수행하라.

$$\int_{x=0}^{2}\int_{y=0}^{x^2} x^3 y\,dxdy$$

풀이 y의 상한이 x의 함수이므로 y에 대한 적분을 먼저 수행해야 한다.

$$\int_{x=0}^{2}\int_{y=0}^{x^2} x^3 y\,dxdy = \int_{x=0}^{2}\left(\int_{y=0}^{x^2} x^3 y\,dy\right)dx$$

y에 대해 적분을 할 때는 x는 상수처럼 취급하면 된다. 따라서 다음과 같이 x^3은 y에 대한 적분기호 밖으로 빼낼 수 있다(x^3을 x에 대한 적분기호 밖으로 빼내지 않도록 주의한다). 다시 말해 $\int cf(y)dy=c\int f(y)dy$와 같은 방법을 적용한다.

$$\int_{x=0}^{2}\left(\int_{y=0}^{x^2} x^3 y\,dy\right)dx = \int_{x=0}^{2} x^3\left(\int_{y=0}^{x^2} y\,dy\right)dx$$

먼저 괄호 안에 있는 y에 대한 정적분을 수행한다.

$$\int_{x=0}^{2} x^3\left(\int_{y=0}^{x^2} y\,dy\right)dx = \int_{x=0}^{2} x^3\left(\left[\frac{y^2}{2}\right]_{y=0}^{y=x^2}\right)dx$$

$$= \int_{x=0}^{2} x^3\left(\frac{(x^2)^4}{2}-\frac{(0)^4}{2}\right)dx = \int_{x=0}^{2} x^3\left(\frac{x^4}{2}\right)dx = \int_{x=0}^{2}\frac{x^7}{2}dx$$

이제 남은 x에 대한 적분을 수행한다.

$$\int_{x=0}^{2}\frac{x^7}{2}dx = \frac{1}{2}\left[\frac{x^{7+1}}{7+1}\right]_{x=0}^{x=2} = \frac{1}{2}\left[\frac{x^8}{8}\right]_{x=0}^{x=2} = \frac{2^8}{16}-\frac{0^8}{16} = \frac{256}{16}-0 = 16$$

예제 다음 이중적분을 수행하라.

$$\int_{x=0}^{4}\int_{y=1}^{2} xy\,dxdy$$

풀이 모든 상한과 하한이 상수이므로, 이 예제에서는 적분을 수행하는 순서는 중요하지 않다.

$$\int_{x=0}^{4}\int_{y=1}^{2} xy\,dxdy = \int_{x=0}^{4}\left(\int_{y=1}^{2} xy\,dy\right)dx$$

y에 대해 적분을 할 때, x는 상수로 취급한다. 따라서 다음과 같이 x는 y에 대한 적분 바깥으로 빼낼 수 있다.

$$\int_{x=0}^{4} x\left(\int_{y=1}^{2} y\,dy\right)dx = \int_{x=0}^{4} x\left(\left[\frac{y^2}{2}\right]_{y=1}^{y=2}\right)dx = \int_{x=0}^{4} x\left(\frac{2^2}{2}-\frac{1^2}{2}\right)dx$$

$$\int_{x=0}^{4} x\left(2-\frac{1}{2}\right)dx = \int_{x=0}^{4} \frac{3x}{2}dx = \frac{3}{2}\int_{x=0}^{4} x\,dx = \frac{3}{2}\left[\frac{x^2}{2}\right]_{x=0}^{x=4} = \frac{3}{2}\frac{(4)^2}{2}-\frac{3}{2}\frac{(0)^2}{2} = 12$$

예제 다음 이중적분을 수행하라.

$$\int_{x=y^2}^{9y^2}\int_{y=0}^{5} 3y\sqrt{x}\,dxdy$$

풀이 x의 상한이 y의 함수이므로 x에 대한 적분을 먼저 수행해야 한다.

$$\int_{x=y^2}^{9y^2}\int_{y=0}^{5} 3y\sqrt{x}\,dxdy = \int_{y=0}^{5}\left(\int_{x=y^2}^{9y^2} 3y\sqrt{x}\,dx\right)dy$$

x에 대해 적분을 할 때는 y는 상수처럼 취급하면 된다. 따라서 다음과 같이 $3y$는 x에 대한 적분 밖으로 빼낼 수 있다.

$$\int_{y=0}^{5}\left(\int_{x=y^2}^{9y^2} 3y\sqrt{x}\,dx\right)dy = \int_{y=0}^{5} 3y\left(\int_{x=y^2}^{9y^2} \sqrt{x}\,dx\right)dy$$

먼저 $\frac{1}{\sqrt{x}}=x^{1/2}$로 쓴다. $x^{1/2}$를 ax^b와 비교하면 $a=1$, $b=\frac{1}{2}$인 경우이다. ax^b의 적분은 $\frac{ax^{b+1}}{b+1}$이므로 $x^{1/2}$의 적분은

$$\frac{(1)x^{1/2+1}}{\frac{1}{2}+1} = \frac{x^{3/2}}{\frac{3}{2}} = \frac{x^{3/2}\left(\frac{2}{3}\right)}{\frac{3}{2}\left(\frac{2}{3}\right)} = \frac{2x^{3/2}}{3}$$

이 된다. 위의 계산과정에서 맨 마지막에 분모를 없애기 위해 분모 $\frac{3}{2}$의 역수인 $\frac{2}{3}$을 분자와 분모에 각각 곱했다. 따라서 $\int\sqrt{x}\,dx=\frac{2x^{3/2}}{3}$이므로 원래의 적분 식은 다음과 같다.

$$\int_{y=0}^{5} 3y\left(\int_{x=y^2}^{9y^2} \sqrt{x}\,dx\right) dy = \int_{y=0}^{5} 3y\left(\left[\frac{2x^{3/2}}{3}\right]_{x=y^2}^{x=9y^2}\right) dy$$

이제 $\frac{2x^{3/2}}{3}$에 하한 $x=y^2$과 상한 $x=9y^2$을 대입하여 계산하면

$$\int_{y=0}^{5} 3y\left(\left[\frac{2x^{3/2}}{3}\right]_{x=y^2}^{x=9y^2}\right) dy = \int_{y=0}^{5} 3y\left(\frac{2(9y^2)^{3/2}}{3} - \frac{2(y^2)^{3/2}}{3}\right) dy$$

이 된다. 여기서,

$$(y^2)^{3/2} = (y^2)^{\frac{3}{2}} = y^3, \quad 9^{\frac{3}{2}} = \left(9^{\frac{1}{2}}\right)^3 = \left[(3^2)^{\frac{1}{2}}\right]^3 = 3^3 = 27$$

이므로

$$\int_{y=0}^{5} 3y\left(\frac{2(9y^2)^{3/2}}{3} - \frac{2(y^2)^{3/2}}{3}\right) dy = \int_{y=0}^{5} 3y\left(\frac{2(27y^3)}{3} - \frac{2y^3}{3}\right) dy$$

$$= \int_{y=0}^{5} 3y\left(\frac{54y^3}{3} - \frac{2y^3}{3}\right) dy = \int_{y=0}^{5} 3y\left(\frac{54y^3 - 2y^3}{3}\right) dy = \int_{y=0}^{5} 3y\left(\frac{52y^3}{3}\right) dy = \int_{y=0}^{5} 52y^4\,dy$$

이 된다. 이제 하나 남은 y에 대한 적분을 수행하면

$$\int_{y=0}^{5} 52y^4\,dy = 52\left[\frac{y^{4+1}}{4+1}\right]_{y=0}^{y=5} = 52\left[\frac{y^5}{5}\right]_{y=0}^{y=5} = \frac{52(5)^5}{5} - \frac{52(0)^5}{5} = 32{,}500$$

이 된다.

예제 다음 삼중적분을 수행하라.

$$\int_{x=1}^{2}\int_{y=0}^{x^2}\int_{z=0}^{y} 8xy\,dx\,dy\,dz$$

풀이 y와 z의 상한이 모두 변수를 포함하고 있으므로 y와 z에 대한 적분을 먼저 수행해야 한다. 여기서는 y와 z에 대한 적분 중에서 z에 대한 적분을 먼저 수행해야 하는데, 그 까닭은 무엇일까? z에 대한 적분의 상한이 y이므로 z에 대한 적분을 수행한 다음에야 y에 대한 적분을 할 수 있기 때문이다. 따라서 맨 먼저, z에 대한 적분을 수행해보자.

$$\int_{x=1}^{2}\int_{y=0}^{x^2}\left(\int_{z=0}^{y} 8xy\,dz\right)dy\,dx$$

z에 대해 적분을 할 때는 x와 y는 상수처럼 취급하면 된다. 따라서 $8xy$는 z에 대한 적분기호 밖으로 빼낼 수 있다. 그러면 z에 대한 적분은 간단히 $\int dz = z$로 구할 수 있다. z에 대한 적분 계산을 수행하면

$$\int_{x=1}^{2}\int_{y=0}^{x^2} 8xy\left(\int_{z=0}^{y} dz\right)dy\,dx = \int_{x=1}^{2}\int_{y=0}^{x^2} 8xy\left([z]_{z=0}^{z=y}\right)dy\,dx = \int_{x=1}^{2}\int_{y=0}^{x^2} 8xy(y-0)\,dy\,dx$$

$$= \int_{x=1}^{2}\int_{y=0}^{x^2} 8xy(y)\,dy\,dx = \int_{x=1}^{2}\int_{y=0}^{x^2} 8xy^2\,dy\,dx$$

가 되어 앞서 풀어본 예제와 같은 형태의 이중적분이 된다. y의 상한이 x를 포함하고 있으므로 y에 대한 적분을 먼저 수행한다.

$$\int_{x=1}^{2}\int_{y=0}^{x^2} 8xy^2\,dy\,dx = \int_{x=1}^{2}\left(\int_{y=0}^{x^2} 8xy^2\,dy\right)dx$$

y에 대해 적분을 할 때는 x는 상수처럼 취급하면 된다. 따라서 $8x$는 y에 대한 적분기호 밖으로 빼낼 수 있다. y에 대해 적분을 수행하면

$$\int_{x=1}^{2} 8x\left(\int_{y=0}^{x^2} y^2\,dy\right)dx = \int_{x=1}^{2} 8x\left(\left[\frac{y^{2+1}}{2+1}\right]_{y=0}^{x^2}\right)dx = \int_{x=1}^{2} 8x\left(\left[\frac{y^3}{3}\right]_{y=0}^{x^2}\right)dx$$

$$\int_{x=1}^{2} 8x\left(\left[\frac{y^3}{3}\right]_{y=0}^{x^2}\right)dx = \int_{x=1}^{2} 8x\left(\frac{(x^2)^3}{3}-\frac{(0)^3}{3}\right)dx = \int_{x=1}^{2} 8x\left(\frac{x^6}{3}\right)dx = \int_{x=1}^{2}\frac{8x^7}{3}\,dx$$

이 된다. 위의 계산과정에서 마지막 단계에서는 연산규칙 $(x^m)^n = x^{mn}$와 $x^m x^n = x^{m+n}$를 사용했다. 이제 마지막 하나 남은 x에 대한 적분을 수행하면

$$\int_{x=1}^{2}\frac{8x^7}{3}\,dx = \left[\frac{8x^{7+1}}{(3)(7+1)}\right]_{x=1}^{2} = \left[\frac{8x^8}{24}\right]_{x=1}^{2} = \left[\frac{x^8}{3}\right]_{x=1}^{2} = \frac{2^8}{3}-\frac{1^8}{3} = \frac{256}{3}-\frac{1}{3} = \frac{255}{3} = 85$$

이 된다.

연습문제

32. 다음 이중적분을 계산하라.

$$\int_{x=0}^{3}\int_{y=0}^{x} 10xy^2\,dxdy =$$

답: 162

33. 다음 이중적분을 계산하라.

$$\int_{x=0}^{y}\int_{y=0}^{3} 10xy^2\,dxdy =$$

답: 243

34. 다음 이중적분을 계산하라.

$$\int_{x=0}^{2}\int_{y=0}^{3} x^3y^2\,dxdy =$$

답: 36

35. 다음 삼중적분을 계산하라.

$$\int_{x=0}^{4}\int_{y=0}^{x}\int_{z=0}^{y} 6z\,dx\,dy\,dz =$$

답: 64

도움이 필요한가요? 책의 맨 뒤에 있는 "힌트"를 참고하세요.

좌표계

물리학 문제에서는 문제에서 제시하는 기하학적 구조에 잘 맞는 좌표계를 선택하면 좀 더 쉽게 문제를 풀 수 있다. 7장과 8장(그리고 그 뒤에 나오는 부분)에서는 이와 관련한 예제를 몇 개 풀어본다.

- **직각 좌표계**(cartesian coordinate) 모서리(가장자리)는 직선이고 면은 평평한 구조(삼각형이나 육면체 등)를 다루는 문제는 직각좌표계[데카르트(Cartesian) 좌표계라고도 함]를 사용하면 좀 더 쉽게 풀 수 있는 것이 보통이다.

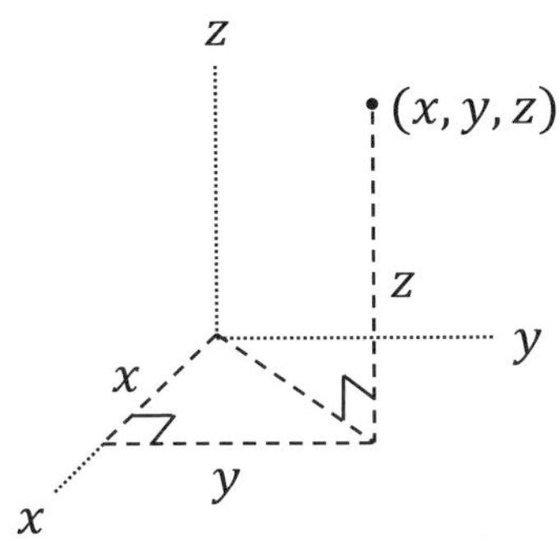

  - x는 x축을 따라가며 측정한 거리다. 위의 그림에서 x는 책의 지면 밖으로 나오는 방향을 따라가며 측정한 거리다.
  - y는 y축을 따라가며 측정한 거리다. 위의 그림에서 y는 오른쪽 방향을 따라가며 측정한 거리다.
  - z는 z축을 따라가며 측정한 거리다. 위의 그림에서 z는 위쪽 방향을 따라가며 측정한 거리다.

- **극 좌표계**(polar coordinate) 원형 구조[원, 링(고리), 원호 등]를 다루는 문제는 2차원 극좌표계를 사용하면 좀 더 쉽게 풀 수 있는 것이 보통이다.

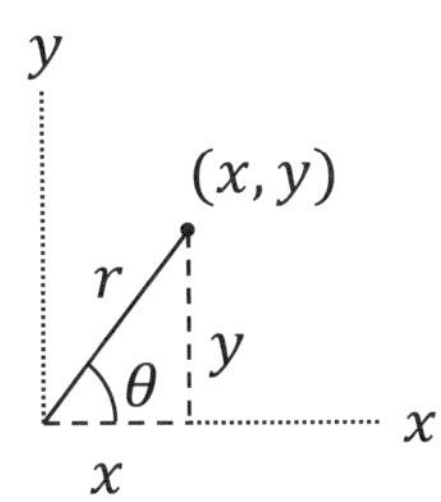

  - r은 원점에서 반지름 방향(바퀴살처럼 중심에서 곧게 밖으로 뻗어나가는 방향)을 따라가며 측정한 거리다.
  - θ는 x축을 기준으로 반시계방향으로 돌면서 측정한 각도이다.

- **원통 좌표계**(cylindrical coordinate) 중심축에 대해 대칭인 구조(원통, 원뿔, 나선 등)를 다루는 문제는 원통좌표계를 사용하면 좀 더 쉽게 풀 수 있는 것이 보통이다.

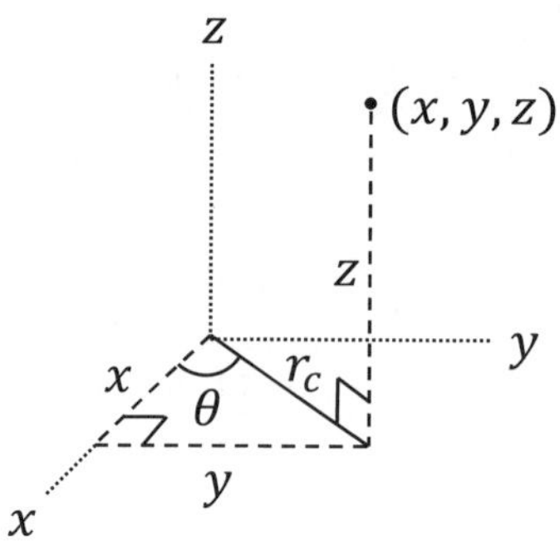

- r_c는 z축(원점이 아님)을 중심으로 하는 수평면에서 반지름 방향(바퀴살처럼 곧게 밖으로 뻗어나가는 방향)을 따라가며 측정한 거리다.
- θ는 x축을 기준으로 반시계방향으로 돌면서 측정한 각도이다.
- z는 z축을 따라가며 측정한 거리다. 위의 그림에서 z는 위쪽 방향을 따라가며 측정한 거리다.

원통 좌표계는 2차원 극좌표에 z 좌표를 결합한 것으로 볼 수도 있다.

- **구 좌표계**(spherical coordinate) 구(공) 모양 구조(공 모양의 입체, 반구 모양의 껍질 등)를 다루는 문제는 구 좌표계를 사용하면 좀 더 쉽게 풀 수 있는 것이 보통이다.

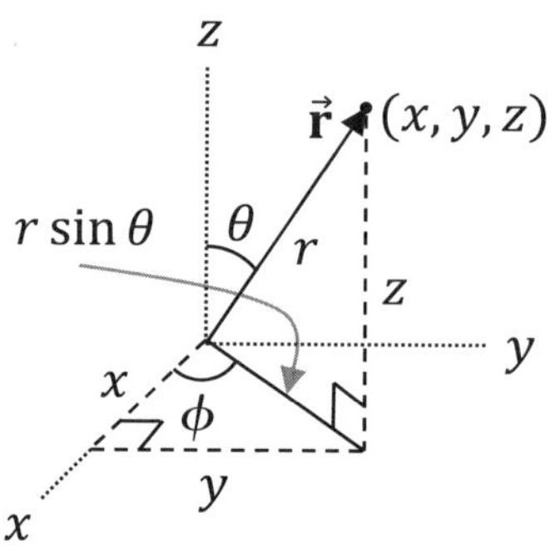

- r은 원점을 중심으로 반지름 방향(바퀴살처럼 곧게 밖으로 뻗어나가는 방향)을 따라가며 측정한 거리다.
- θ는 z축을 기준으로 아래쪽으로 돌면서 측정한 각도이다.
- ϕ는 xy 평면으로 투영한 다음에 x축을 기준으로 반시계 방향으로 돌면서 측정한 각도이다. ϕ는 그리스문자 화이(phi)이다.[5]

5 (옮긴이) 파이(pi)는 그리스문자 π를 가리킨다.

중요한 차이점

구좌표계의 r은 원통좌표계의 r_c와는 다르다는 것을 꼭 알아야 한다. r은 원점을 중심으로, 수평, 수직을 포함하여 모든 방향으로 곧게 밖으로 뻗어나가는 반면, r_c는 z축을 중심으로, 수평으로만 모든 방향으로 곧게 밖으로 뻗어나간다.

각도 θ와 ϕ는 물리학 책과 수학 책에서 서로 반대로 정의하는 경우가 종종 있다. 따라서 물리학과 벡터 미적분학을 동시에 공부하는 경우에는 이 두 각도의 정의에 항상 주의를 기울여야만 하는 어려움이 있다.

물리학에서는 ϕ가 일정한 점들로 이루어진 도형은 수직 대원(great vertical circle)이 된다. 수직 대원을 경도(longitude)라고 부른다. 반면에 θ가 일정한 점들로 이루어진 도형은 수평 원(horizontal circle)이 된다. 수평 원을 위도(latitude)라고 부른다.

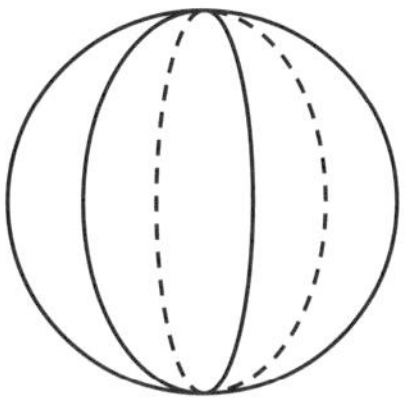

경도 s

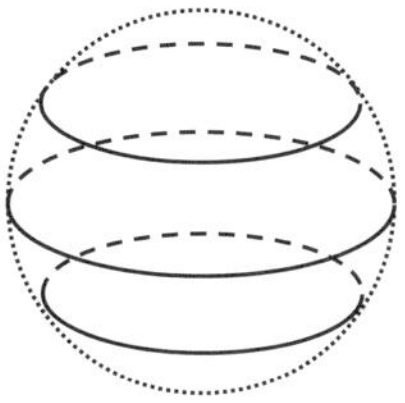

위도 s

서로 다른 좌표계 사이의 변환

2차원 극좌표의 r, θ와 직각좌표계의 x, y 사이의 관계는 다음 식으로 쓸 수 있다.

$$x = r\cos\theta \quad , \quad y = r\sin\theta$$
$$r = \sqrt{x^2 + y^2} \quad , \quad \theta = \tan^{-1}\left(\frac{y}{x}\right)$$

원통좌표계의 r_c, θ, z와 직각좌표계의 x, y, z 사이의 관계는 다음 식으로 쓸 수 있다. (z는 두 좌표계에서 서로 동일하다).

$$x = r_c\cos\theta \quad , \quad y = r_c\sin\theta$$
$$r_c = \sqrt{x^2 + y^2} \quad , \quad \theta = \tan^{-1}\left(\frac{y}{x}\right)$$

구좌표계의 r, θ, ϕ와 직각좌표계의 x, y, z 사이의 관계는 다음 식으로 쓸 수 있다.

$$x = r\sin\theta\cos\phi \quad , \quad y = r\sin\theta\sin\phi \quad , \quad z = r\cos\theta$$
$$r = \sqrt{x^2 + y^2 + z^2} \quad , \quad \theta = \cos^{-1}\left(\frac{z}{r}\right) \quad , \quad \phi = \tan^{-1}\left(\frac{y}{x}\right)$$

미소 요소

미소 호 길이(differential arc length)는 일반적으로 ds로 표시한다. ds에 대해 적분을 수행하면 호의 전체 길이 s를 구할 수 있다($s = \int ds$). 호의 전체 길이 s는 유한한 반면에 미소 호 길이 ds는 무한히 짧다.

- x축에 평행한 직선인 경우에는 $ds = dx$를 사용한다. y축에 평행한 직선인 경우에는 $ds = dy$를 사용한다. z축에 평행한 직선인 경우에는 $ds = dz$를 사용한다.
- 2차원 극좌표에서 반지름이 a인 원호인 경우에는 $ds = a d\theta$를 사용한다. **표기법**: 소문자 a는 상수(반지름)인 반면 소문자 r은 변수이다.

미소 면적 요소(differential area element)는 일반적으로 dA로 표시한다. dA에 대해 적분을 수행하면 표면적 A를 구할 수 있다($A = \int dA$). 표면적은 미소 면적 요소에 대해 이중적분을 수행하여 구한다.

- 직선으로 완전하게 둘러싸인 평평한 표면(예를 들어, 삼각형 또는 사각형)이 xy 평면에 놓여 있는 경우, 이 표면이 차지하는 영역의 미소 면적 요소로 $dA = dx\,dy$를 사용한다.
- 2차원 극좌표에서 모서리 중의 하나가 원형인 평평한 표면(예를 들어, 내부가 채워진 반원 또는 피자조각)인 경우, 이 표면이 차지하는 영역의 미소 면적 요소로 $dA = r\,dr\,d\theta$를 사용한다.
- 구좌표에서 반지름이 a인 공 모양의 표면(예를 들어 얇은 반구 껍질)인 경우, 이 표면이 차지하는 영역의 미소 면적 요소로 $dA = a^2 \sin\theta\, d\theta d\phi$를 사용한다. 여기서 a는 r과는 달리 상수이다.

미소 부피 요소(differential volume element)는 일반적으로 dV로 표시한다. dV에 대해 적분을 수행하면 부피 V를 구할 수 있다($V = \int dV$). 부피는 미소 부피 요소에 대해 삼중적분을 수행하여 구한다.

- 평평한 면과 직선 모서리로 이루어진 입체(예를 들어, 육면체)인 경우, 이 입체의 미소 부피 요소로 $dV = dx\,dy\,dz$를 사용한다.
- 원통형 입체(예를 들어, 원통 또는 원뿔)인 경우, 이 입체의 미소 면적 요소로 $dV = r_c dr_c d\theta dz$를 사용한다.
- 공 모양 입체(예를 들어, 반구)인 경우, 이 입체의 미소 면적 요소로 $dV = r^2 \sin\theta\, dr d\theta d\phi$를 사용한다.

적분으로 호 길이, 표면적, 부피를 구하는 방법

길이, 면적, 부피에 대해 적분을 수행할 때는 다음과 같은 단계를 밟는다.

1. 먼저, 적절한 좌표를 사용하여 미소 요소를 나타낸다.
   - x축에 평행한 직선인 경우에는 $ds = dx$를 사용한다.
   - y축에 평행한 직선인 경우에는 $ds = dy$를 사용한다.
   - z축에 평행한 직선인 경우에는 $ds = dz$를 사용한다.
   - 반지름이 a인 원호인 경우에는 $ds = ad\theta$를 사용한다.
   - 내부가 채워진 사각형 또는 삼각형과 같은 다각형인 경우에는 $dA = dxdy$을 사용한다.
   - 내부가 채워진 반원이나 파이조각 같은 모양의 표면인 경우에는 $dA = rdrd\theta$를 사용한다.
   - 반지름이 a인 공의 표면인 경우에는 $dA = a^2 \sin\theta\, d\theta d\phi$를 사용한다.
   - 육면체와 같은 다면체 입체인 경우에는 $dV = dxdydz$를 사용한다.
   - 원통 또는 원뿔 입체인 경우에는 $dV = r_c dr_c d\theta dz$를 사용한다.
   - 반구처럼 공 모양 입체의 일부분인 경우에는 $dV = r^2 \sin\theta\, dr\, d\theta d\phi$를 사용한다.
2. ds에 대한 적분은 단일 적분(선적분), dA에 대한 적분은 이중 적분(면적분), dV에 대한 적분은 삼중 적분(부피적분)이다.
3. 적분 영역을 모두 포함할 수 있도록 각 적분 변수의 상한과 하한을 정한다. 다음에 나오는 예제를 보면서 이 방법을 익히도록 한다.
4. 이번 장에서 배운 방법들을 사용하여 적분을 수행한다.

예제 반지름이 a인 반원을 둘러싸는 곡선경로(즉 둘레)의 길이를, 호 길이를 적분하여 구하라.

풀이 원호의 경우, 미소 길이 요소는 $ds = ad\theta$이다. 원호의 길이를 구하려면 θ에 대해 적분을 수행해야 한다. 반원(원의 절반)의 둘레는 다음과 같이 θ를 0에서 π 라디안(radian)[6]까지 변화시키면 얻을 수 있다.

$$C = \int ds = \int_{\theta=0}^{\pi} a d\theta$$

원호의 길이에 대해 적분을 할 때는 반지름 a는 상수이다. 따라서 다음과 같이 a를 적분기호 밖으로 꺼낼 수 있다. (이와 달리 면적에 대해 적분을 할 때는 미소 면적 요소가 $dA = rdrd\theta$인데, 이때는 반지름 r이 변수이다.)

6 (옮긴이) 길이와 같은 실제 물리량을 구할 때는 각도의 단위로 반드시 °(degree)가 아닌 라디안(radian) '단위를 사용해야 한다.

$$C = a\int_{\theta=0}^{\pi} d\theta = a[\theta]_{\theta=0}^{\pi} = a(\pi - 0) = \pi a$$

적분을 하지 않고도 반지름이 a인 원의 둘레를 구하는 방법도 있다. 이 원의 둘레는 $2\pi a$이므로 반원의 둘레는 절반인 πa가 된다. 이 값은 예제에서 적분 계산으로 구한 결과와 일치한다.

예제 아래 그림과 같은 삼각형의 면적을 이중적분으로 구하라.

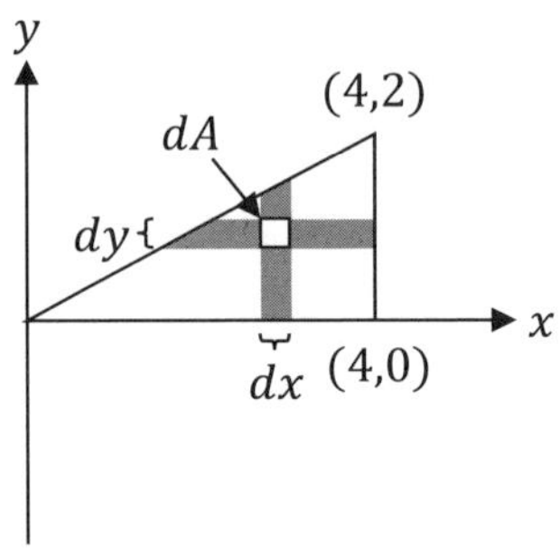

풀이 삼각형의 면적을 구하기 위해, 미소 면적 요소로 $dA = dxdy$을 사용한다. 이를 사용하여 삼각형의 면적을 구하려면 x와 y에 대해 모두 적분을 수행해야 한다. 언뜻 생각하면 x를 0에서 4까지, y를 0에서 2까지 변화시키면 될 것 같은데, 이렇게 해서는 안 된다. 만일 이렇게 하면 삼각형의 면적이 아니라 사각형의 면적이 계산된다. 그림을 잘 살펴보면 x 좌표의 값을 0에서 4까지 변화시킬 때, 이에 해당하는 y 좌표의 값은 삼각형의 빗변을 따라가며 0에서 2까지 사이에서 변한다(즉 y는 x의 종속변수이다).

y에 대한 적분의 상한을 정확하게 구하기 위해서는 삼각형의 빗변을 나타내는 직선의 방정식을 알아야 한다. 이 직선의 기울기는 $\frac{y_2 - y_1}{x_2 - x_1} = \frac{2-0}{4-0} = \frac{1}{2}$이며 y절편(y축과 만나는 점, 다시 말해 $x = 0$일 때의 y값)은 0이다. 직선의 일반식은 $y = mx + b$이므로, 빗변을 나타내는 직선의 방정식은 $y = \frac{1}{2}x + 0$이다. 따라서 x값이 $x = 0$에서 $x = 4$까지 변할 때, y값은 $y = 0$에서 $y = \frac{1}{2}x$까지 기울어진 직선을 따라 변한다. 그러므로 적분의 상한은 빗변을 나타내는 직선의 방정식이 된다. 위 그림에서 진하게 표시한 부분을 잘 살펴보라. 적분의 상한과 하한을 써서 적분 식을 나타내면

$$A = \int dA = \int_{x=0}^{4}\int_{y=0}^{\frac{x}{2}} dydx$$

이 된다. y의 상한에 x가 들어있으므로 y에 대한 적분을 먼저 수행해야 한다. y에 대한 적분과 x에 대한 적분을 차례로 수행하면

$$A = \int_{x=0}^{4}\left(\int_{y=0}^{\frac{x}{2}} dy\right)dx = \int_{x=0}^{4}\left([y]_{y=0}^{y=\frac{x}{2}}\right)dx = \int_{x=0}^{4}\left(\frac{x}{2} - 0\right)dx = \int_{x=0}^{4}\frac{x}{2}dx$$

$$A = \int_{x=0}^{4}\frac{1}{2}xdx = \frac{1}{2}\int_{x=0}^{4}xdx = \frac{1}{2}\left[\frac{x^{1+1}}{1+1}\right]_{x=0}^{x=4} = \frac{1}{2}\left[\frac{x^2}{2}\right]_{x=0}^{x=4} = \frac{1}{2}\left[\frac{4^2}{2} - \frac{0^2}{2}\right] = \frac{1}{2}\left(\frac{16}{2}\right) = \frac{16}{4} = 4$$

이 된다. 물론 삼각형의 면적을 구하는 데 적분을 사용하지 않아도 된다. "삼각형 면적 = 밑변 × 높이 ÷ 2"의 공식을 사용하면 $A = \frac{1}{2}bh = \frac{1}{2}(4)(2) = 4$를 간단히 구할 수 있다. 삼각형은 모양이 단순하므로 쉽게 면적을 구할 수 있지만 적분으로 면적을 구할 수밖에 없는 경우도 많이 있다. (면적은 단일 적분으로 계산할 수 있지만 물리학에서 사용하는 적분 중에는 이중적분이나 삼중적분이 아니면 풀 수 없는 것들도 있다. 따라서 다중적분을 풀 수 있는 능력을 반드시 갖추고 있어야 한다.)

예제 이중적분을 사용하여 내부가 채워진 반원의 면적을 구하라.

풀이 내부가 채워진 반원의 면적을 구하기 위해 미소 면적 요소로 $dA = r\,dr\,d\theta$을 사용한다. 이를 사용하여 삼각형의 면적을 구하려면 r과 θ에 대해 모두 적분을 수행해야 한다. 바로 전에 살펴본 예제와는 달리 r과 θ에 대한 상한과 하한은 모두 상수이다. 적분 범위는 다음과 같다.

- $0 \le r \le a$
- $0 \le \theta \le \pi$(반원이므로 2π가 아니다)

a는 상수(원의 지름)인 반면 r은 적분 변수임을 잘 알아야 한다. 임의의 θ값에 대해 변수 r은 0에서 a까지 변한다(즉 θ와 r은 서로 독립적으로 변한다). 이와 달리 앞의 예제에서는 y의 상한이 x값에 따라 달라진 바 있다.

$dA = r\,dr\,d\theta$를 면적 적분에 대입하면

$$A = \int dA = \int_{r=0}^{a}\int_{\theta=0}^{\pi} r\,dr\,d\theta$$

이 된다. 모든 상한, 하한이 상수이므로 이 이중적분은 어떤 순서로 적분을 수행해도 상관이 없다.

$$A = \int_{r=0}^{a} \left(\int_{\theta=0}^{\pi} r d\theta \right) dr$$

θ에 대해 적분을 할 때 독립변수 r은 상수로 취급할 수 있다. 따라서 다음과 같이 r을 θ 적분 바깥으로 꺼낼 수 있다(이때 r을 r에 대한 적분 바깥으로 꺼내지 않도록 주의해야 한다).

$$A = \int_{r=0}^{a} r \left(\int_{\theta=0}^{\pi} d\theta \right) dr = \int_{r=0}^{a} r[\theta]_{\theta=0}^{\pi}\, dr = \int_{r=0}^{a} r(\pi - 0)\, dr = \int_{r=0}^{a} \pi r\, dr$$

$$A = \int_{r=0}^{a} \pi r\, dr = \pi \int_{r=0}^{a} r\, dr = \pi \left[\frac{r^2}{2} \right]_{r=0}^{a} = \pi \left(\frac{a^2}{2} - \frac{0^2}{2} \right) = \frac{\pi a^2}{2}$$

예상한대로 반원의 면적은 $A = \frac{\pi a^2}{2}$이다.

연습문제

36. 이중적분을 사용하여 다음 삼각형의 면적을 구하라.

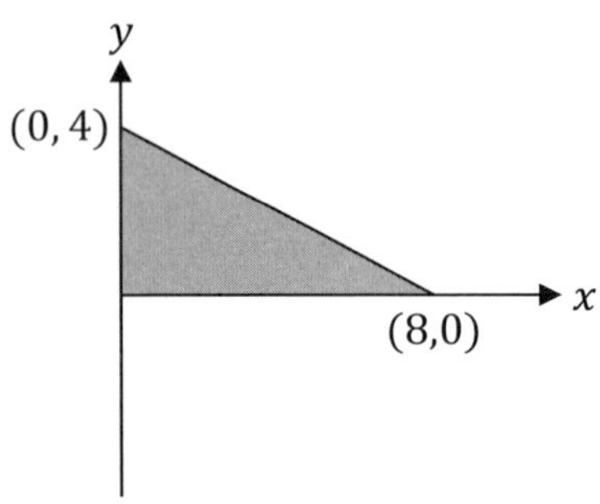

답: 16

37. 안쪽 지름이 2.0 m, 바깥쪽 지름이 4.0 m인 원형 링(고리)이 있다. 이중적분을 사용하여 이 링의 면적을 구하라.

답: 12π m^2

도움이 필요한가요? 책의 맨 뒤에 있는 "힌트"를 참고하세요.

07
전기장 적분

관련 용어

- **전하**(electric charge) 입자가 가지는 고유한 특성 중의 하나로, 전하를 가진 입자가 전기장이 있는 곳에 놓이게 되면 전기장에 의해 힘을 받게 된다. (전기적으로 중성인 입자는 전하를 가지지 않는다. 따라서 중성 입자는 전기장이 있는 곳에 놓이게 되어도 힘을 받지 않는다.)
- **전기장**(electric field) 단위 전하당 힘
- **장점**(field point) 전기장(또는 자기장)을 계산하려는 점(point). 장점은 문제에서 주어지는 것이 보통이다. 또한 장점에는 전하가 없는 것이 일반적이다.
- **원천**(source)[7] 장(전기장 또는 자기장)을 만들어내는 물체를 가리키는 용어. 전하가 바로 전기장을 만들어내는 원천이다.
- **도체**(conductor) 전자가 잘 움직일 수 있는(즉 전류가 잘 통하는) 물질. 금속은 일반적으로 양호한 전기 도체이다.
- **절연체**(insulator) 전자가 잘 움직일 수 없는(즉 전류가 통하지 않는) 물질. 양호한 절연체로는 나무와 유리가 있다.

전하 밀도

전기장을 구하기 위한 적분(앞으로 줄여서 전기장 적분이라 함)을 수행할 때, 전하를 가진 물질의 구조에 따라 다음 세 가지 종류의 전하분포를 사용한다.

---

7 (옮긴이) source의 사전적 정의는 사물, 힘, 기운 등이 나오기 시작되는(비롯되는) 원천(근원, 근본)이다. 소리 나는 대로 '소스'라고 쓰기도 하지만 이 책에서는 '원천'으로 옮기기로 한다. 순수한 우리말인 '샘'이라는 용어도 물리학에서 많이 사용된다.

- 선전하 분포 λ(람다): 직선(길고 가는 막대)이나 호(반원 모양으로 휜 전선) 구조를 따라 퍼져있는 전하에 적용
- 면전하 분포 σ(시그마): 면(금속판 또는 구(공)의 표면) 구조 전체에 퍼져있는 전하에 적용
- 부피전하 분포 ρ(로): 부피(구의 표면만이 아니라 구 내부와 표면 전체) 구조 전체에 퍼져있는 전하에 적용

정전 평형 상태에 있는 도체인 경우, 전하는 도체의 표면에만 존재한다. 전하를 가진 절연체의 경우, 전하는 절연체 부피(표면과 내부) 전체에 퍼져있을 수 있다. 이 때문에 구가 도체인 경우에 구가 가진 전하분포를 나타내는 데는 ρ를 사용하지 않는다. 그러나 구가 절연체인 경우에는 구가 가진 전하분포를 나타내는 데 ρ를 사용한다.

표기법

안타깝게도 전기와 자기를 다루는 모든 책들이 같은 표기법을 채택하고 있지는 않다. 어떤 책에서는 이 책에서 사용하는 λ, σ, ρ와 ds, dA, dV가 아닌 다른 기호를 사용한다. 따라서 다른 책을 볼 때는 표기법을 주의 깊게 살펴보면서 이 책과 비교해 보아야 한다(이 책에서는 각 장의 맨 앞에 그 장에서 사용하서 기호들을 설명하는 표를 정리해서 실어 놓았다). 예를 들어 다른 책에서는 호의 길이를 나타내는 데 이 책에서 사용하는 ds 대신 $d\ell$를, 면적을 나타내는 데 이 책의 dA 대신 dS(대문자 S임)를 사용한다.

기호와 SI 단위

기호	이름	SI 단위
dq	미소 전하 요소	C
Q	물체의 총 전하	C
$\vec{E}$	전기장	N/C 또는 V/m
k	쿨롱상수	$\frac{N \cdot m^2}{C^2}$ 또는 $\frac{kg \cdot m^3}{C^2 \cdot s^2}$
$\vec{R}$	각 dq에서 장점으로 가는 벡터	m
$\hat{R}$	각 dq에서 장점을 향하는 단위벡터	단위 없음
R	각 dq와 장점 사이의 거리	m
x, y, z	dq 위치의 직각좌표	m, m, m
$\hat{x}$, $\hat{y}$, $\hat{z}$	$+x$, $+y$, $+z$ 축 방향의 단위벡터	단위 없음

r, θ	dq 위치의 2차원 극좌표	m, rad
r_c, θ, z	dq 위치의 원통좌표	m, rad, m
r, θ, ϕ	dq 위치의 구좌표	m, rad, rad
$\hat{\mathbf{r}}$, $\hat{\boldsymbol{\theta}}$, $\hat{\boldsymbol{\phi}}$	구좌표 방향의 단위벡터	단위 없음
$\hat{\mathbf{r}}_c$	$+z$ 축에서 방사방향의 단위벡터	단위 없음
λ	선전하밀도	C/m
σ	면전하밀도	C/m^2
ρ	부피전하밀도	C/m^3
ds	미소 길이 요소	m
dA	미소 면적 요소	m^2
dV	미소 부피 요소	m^3

주의: λ, σ, ρ 기호는 각각 그리스 소문자 람다(lambda), 시그마(sigma), 로(rho)이다.

전기장 적분을 수행하는 전략

연속적인 전하분포(이를 **원천**이라고 함)가 특정한 점(이를 **장점**이라고 함)에 만들어내는 전기장을 구할 때는 다음과 같은 단계를 밟는다.

1. 전하를 가진 물체를 그림으로 그린다. 이때 물체가 가진 총 전하를 Q라고 한다. 총 전하 Q는 수많은 미소전하 dq로 구성되어 있다. 적분을 한다는 것은 물체가 가진 모든 dq가 저마다 만들어내는 전기장을 구하여 전부 합하는 것이므로 이 작업을 수행하는 과정을 머릿속으로 그려본다.
2. 물체 내부에 대표하는 미소전하를 하나 그려 넣고 dq라고 표시한다. 원점 또는 축 위에는 dq를 그리지 않도록 한다(단, 전하를 가진 물체가 막대이고 그 막대가 축을 따라 놓여 있어 막대의 모든 점이 축 위에 있는 경우에는 축 위에 그려 넣을 수밖에 없다.). dq(원천)에서 장점(문제에서 전기장을 구해야 하는 점)으로 가는 화살표 직선을 그린다. 이 직선에 변위벡터 $\vec{\mathbf{R}}$라고 표시한다. 자세한 사항은 다음에 나오는 예제의 그림을 참조하기 바란다.
3. 다음 식으로 표시되는 전기장 적분을 수행한다.

$$\vec{\mathbf{E}} = k\int \frac{\hat{\mathbf{R}}}{R^2}\,dq$$

이 적분 수식에 들어있는 각 기호는 다음을 뜻한다.

- $\vec{\mathbf{E}}$는 장점의 전기장 벡터이다.
- k는 쿨롱상수이다. $k = 9.0 \times 10^9 \ \dfrac{\mathrm{N \cdot m^2}}{\mathrm{C^2}}$
- $\hat{\mathbf{R}}$은 각 dq에서 장점을 향하는 방향의 단위벡터이다. 대부분의 문제에서 $\hat{\mathbf{R}}$은 변수이므로 적분기호 밖으로 꺼낼 수 **없다**.
- R은 각 dq에서 장점까지의 거리이다. 대부분의 문제에서 R은 변수이므로 적분기호 밖으로 꺼낼 수 **없다**.
- dq는 물체에 들어 있는 미소 전하요소 각각을 나타낸다.

4. 문제에서 다루는 구조를 잘 살펴보면서 가장 적합한 좌표계를 사용하여 R을 수식으로 나타낸다. 또한 가장 적합한 단위벡터를 사용하여 $\hat{\mathbf{R}}$을 수식으로 나타낸다.

   - 문제에서 직선 형태의 물체 또는 (정다면체처럼) 모서리가 직선인 물체를 다루는 경우에는 직각 좌표계 (x, y, z)와 단위벡터 $(\hat{\mathbf{x}}, \hat{\mathbf{y}}, \hat{\mathbf{z}})$를 사용한다. $\hat{\mathbf{x}}$는 $+x$방향을 가리키는 단위벡터, $\hat{\mathbf{y}}$는 $+y$방향을 가리키는 단위벡터, $\hat{\mathbf{z}}$는 $+z$방향을 가리키는 단위벡터이다.
   - 문제에서 원 모양의 물체를 다루는 경우에는 2차원 극 좌표계 (r, θ)와 단위벡터 $(\hat{\mathbf{r}}, \hat{\boldsymbol{\theta}})$를 사용한다. $\hat{\mathbf{r}}$은 원점에서 바깥으로 사방으로 곧게 뻗어나가는(방사하는) 방향을 가리키는 단위벡터로 다음 식으로 쓸 수 있다.

$$\hat{\mathbf{r}} = \hat{\mathbf{x}} \cos\theta + \hat{\mathbf{y}} \sin\theta$$

   - 문제에서 공(구) 모양의 물체를 다루는 경우에는 구 좌표계 (r, θ, ϕ)와 단위벡터 $(\hat{\mathbf{r}}, \hat{\boldsymbol{\theta}}, \hat{\boldsymbol{\phi}})$를 사용한다. $\hat{\mathbf{r}}$은 원점에서 바깥으로 사방으로 곧게 뻗어나가는 방향을 가리키는 단위벡터로 다음 식으로 쓸 수 있다.

$$\hat{\mathbf{r}} = \hat{\mathbf{x}} \cos\phi \sin\theta + \hat{\mathbf{y}} \sin\phi \sin\theta + \hat{\mathbf{z}} \cos\theta$$

   - 문제에서 원통이나 원뿔 모양의 물체를 다루는 경우에는 원통 좌표계 (r_c, θ, z)와 단위벡터 $(\hat{\mathbf{r}}_c, \hat{\boldsymbol{\theta}}, \hat{\mathbf{z}})$를 사용한다. $\hat{\mathbf{r}}_c$와 $\hat{\boldsymbol{\theta}}$는 2차원 극좌표의 단위벡터 $\hat{\mathbf{r}}$과 $\hat{\boldsymbol{\theta}}$와 동일하며 $\hat{\mathbf{z}}$는 $+z$축을 가리킨다. 단위벡터 $\hat{\mathbf{r}}_c$은 다음 식으로 쓸 수 있다.

$$\hat{\mathbf{r}}_c = \hat{\mathbf{x}} \cos\theta + \hat{\mathbf{y}} \sin\theta$$

5. 문제에서 단위벡터 $\hat{\mathbf{R}}$($\vec{\mathbf{R}}$의 방향)를 다른 단위벡터를 사용하여 나타내는 것이 어려운 경우에는 단위벡터를 $\hat{\mathbf{R}} = \vec{\mathbf{R}}/R$로 쓴다. 자세한 내용은 다음에 나오는 예제를 살펴보기 바란다.
6. 문제에서 다루는 구조에 따라 dq를 다음 수식 중 하나로 나타낸다.

- 막대 또는 원호와 같은 구조의 호 길이: $dq = \lambda ds$
- 삼각형, 원반(disk), 얇은 공(구) 껍질과 같은 구조의 면적: $dq = \sigma dA$

- 정육면체, 반구와 같은 구조의 3차원 입체: $dq = \rho dV$

7. 문제의 구조에 가장 적합한 좌표계를 선택하고 6장의 방법을 사용하여 위의 6번 단계에서 나타낸 ds, dA, dV를 다음 식으로 치환한다.

- x축에 평행한 직선: $ds = dx$
- y축에 평행한 직선: $ds = dy$
- z축에 평행한 직선: $ds = dz$
- 반지름이 a인 원호: $ds = a d\theta$
- 내부가 채워진 삼각형이나 사각형과 같은 다면체: $ds = dx\,dy$
- 내부가 채워진 반원(원호가 아님에 주의)이나 피자조각과 같은 다면체: $dA = r\,dr\,d\theta$
- 반지름이 a인 아주 얇은 공(구)의 껍질: $dA = a^2 \sin\theta\, d\theta\, d\phi$
- 육면체와 같은 입체: $dV = dx\,dy\,dz$
- 원통 또는 원뿔과 같은 입체: $dV = r_c\,dr_c\,d\theta\,dz$
- 반구와 같은 공 모양 입체의 일부: $dV = r^2 \sin\theta\,dr\,d\theta\,d\phi$

8. 전하의 밀도가 균일한지, 불균일한지 파악한다.

- 밀도가 균일하면 λ, σ, ρ를 적분기호 밖으로 꺼낼 수 있다.
- 밀도가 불균일하면 λ, σ, ρ는 적분기호 안에 그대로 남겨 둔다.

9. 직각 좌표계로 표현되어 있는 피적분함수를 극 좌표계나 원통 좌표계나 구 좌표계로 바꾸어 적분을 하는 경우에는 피적분함수의 모든 좌표를 다음 식을 사용하여 치환한다.

- 2차원 극 좌표계: $x = r\cos\theta$, $y = r\sin\theta$
- 원통 좌표계: $x = r_c\cos\theta$, $y = r_c\sin\theta$
- 구 좌표계: $x = r\sin\theta\cos\phi$, $y = r\sin\theta\sin\phi$, $z = r\cos\theta$

10. 적분 중에서 ds에 대한 적분은 단일 적분이고 dA에 대한 적분은 이중 적분이며 dV에 대한 적분은 삼중 적분이다. 6장에서 자세히 설명하는 바와 같이 적분 영역 전체를 모두 포함하도록 적분 변수의 상한과 하한을 정한다. 6장에서 설명하는 방법을 사용하여 적분을 수행한다.

11. 다음 적분을 수행하여 물체의 총 전하 Q를 구한다.

$$Q = \int dq$$

이때 위의 6번 단계~10번 단계에서 설명한 치환을 사용한다. 위의 10번 단계에서 사용한 것과 동일한 상한, 하한을 사용한다.

12. 위의 11번 단계가 끝나면 전기장 적분(위의 10번 단계)의 결과에 Q의 수식을 대입한다. 그 결과로 나오는 수식을 간단히 정리한다.

예제 아래 그림을 보면 막대 하나가 x축을 따라 놓여있다. 막대가 가지는 전하밀도는 $\lambda = \beta x^2$로 불균일하다(위치에 따라 전하밀도 값이 다르다). 여기서 β는 상수이다. 막대의 길이는 L이고 양쪽 끝은 각각 $(L, 0)$과 $(2L, 0)$에 맞추어져 있다. 막대의 총 전하량은 Q이며 부호는 +이다. k, Q, L과 적절한 단위벡터를 사용하여 원점(0, 0)에서의 전기장 방정식을 유도하라.

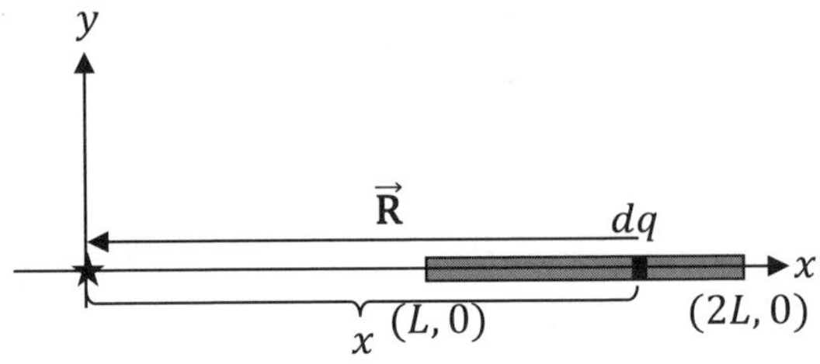

풀이 먼저 문제를 그림으로 그려보자. 대표 미소전하 dq 하나를 그림에 표시한다. 이어서 원천(source) dq에서 장점(field point) (0, 0)으로 가는 벡터 $\vec{\mathbf{R}}$을 그린다. 적분을 한다는 것은 막대 전체를 구성하는 모든 dq가 저마다 만들어내는 전기장을 구하여 전부 합하는 것이다. 전기장 적분을 수식으로 쓰면 다음과 같다.

$$\vec{\mathbf{E}} = k\int \frac{\hat{\mathbf{R}}}{R^2}dq$$

위의 그림을 자세히 살펴보자.

- 벡터 $\vec{\mathbf{R}}$은 원천(막대를 구성하고 있는 각각의 dq)에서 장점 (0, 0)으로 가는 벡터이다. 여기서 주의할 점은 막대를 구성하고 있는 dq마다 $\vec{\mathbf{R}}$의 길이가 다르다는 것이다. 따라서 $\vec{\mathbf{R}}$의 크기 R값은 dq의 변화에 대해 상수가 아니므로(dq가 달라지면 R값이 변하므로) 적분 밖으로 나올 수 없다. 그림에서 원천(각각의 dq)에서 장점(원점)까지의 거리가 x이므로 $R = x$가 된다.
- 그림을 보면 $\vec{\mathbf{R}}$는 $-x$ 방향을 가리키고 있다. 따라서 단위벡터는 $\hat{\mathbf{R}} = -\hat{\mathbf{x}}$이다.

위에서 구한 R과 $\hat{\mathbf{R}}$ 식을 전기장 적분 수식에 대입하면

$$\vec{\mathbf{E}} = k\int \frac{\hat{\mathbf{R}}}{R^2}dq = k\int \frac{-\hat{\mathbf{x}}}{x^2}dq$$

이 된다. 가는 막대의 경우, $dq = \lambda ds$이다(96쪽 6번 단계 참조). $\hat{\mathbf{x}}$는 dq가 달라져도 크기가 항상 1이고 방향도 항상 $+x$축을 가리키므로 상수로 취급하여 적분기호 밖으로 꺼낼 수 있다. 이와 달리 x 값은 dq에 따라 달라지므로(상수가 **아니므로**) 적분기호 밖으로 나올 수 **없다**.

$$\vec{\mathbf{E}} = -k\hat{\mathbf{x}}\int \frac{1}{x^2}\lambda ds$$

막대의 전하밀도 λ는 불균일하므로 λ는 적분기호 밖으로 나올 수 **없다**. 문제에서 주어진 수식 $\lambda = \beta x^2$을 대입한다.

$$\vec{\mathbf{E}} = -k\hat{\mathbf{x}}\int \frac{1}{x^2}(\beta x^2)ds$$

β는 상수이므로 적분기호 밖으로 나올 수 있다. 또한 x^2항은 $\frac{x^2}{x^2} = 1$와 같이 약분되어 사라지므로

$$\vec{\mathbf{E}} = -k\beta\hat{\mathbf{x}}\int ds$$

이 된다. 막대가 x축을 따라 놓여있으므로 직각좌표를 사용하여 계산할 수 있다. 직각좌표에서 미소 길이 요소는 $ds = dx$이다. 적분의 범위는 막대 길이의 전체 범위인 $L \le x \le 2L$이므로 적분의 하한과 상한은 각각 막대의 양쪽 끝점이 된다.

$$\vec{\mathbf{E}} = -k\beta\hat{\mathbf{x}}\int_{x=L}^{2L} dx$$

이것은 아주 간단한 적분으로 적분한 결과는 x이다.

$$\vec{\mathbf{E}} = -k\beta\hat{\mathbf{x}}[x]_{x=L}^{2L}$$

$[\mathrm{x}]_{x=L}^{2L}$을 계산하면

$$\vec{\mathbf{E}} = -k\beta\hat{\mathbf{x}}(2L - L)$$

이 된다. $2L - L = L$이므로

$$\vec{\mathbf{E}} = -k\beta L\hat{\mathbf{x}}$$

이 된다. 아직 문제 풀이가 끝나지 않았다. 위의 결과 식에서 β를 전하 Q를 사용하여 표현해야 한다. 이를 위해 dq를 적분하면 막대의 총 전하 Q가 된다는 사실을 이용한다. 이 적분에 앞에서 알아본 $dq = \lambda ds$의 관계와 하한, 상한을 그대로 적용하면

$$Q = \int dq = \int \lambda\, ds = \int (\beta x^2)\, ds = \beta\int x^2\, ds = \beta\int_{x=L}^{2L} x^2\, dx$$

$$Q = \beta\left[\frac{x^3}{3}\right]_{x=L}^{2L} = \beta\left(\frac{(2L)^3}{3} - \frac{L^3}{3}\right) = \beta\left(\frac{8L^3}{3} - \frac{L^3}{3}\right) = \beta\left(\frac{8L^3 - L^3}{3}\right) = \beta\frac{7L^3}{3}$$

이 된다. 위의 계산 과정에서 $(2L)^3 = 2^3L^3 = 8L^3$이고 $8L^3 - L^3 = 7L^3$이 되었다. β를 Q에 대해 정리해보자. 양변에 3을 곱하고 $7L^3$으로 나누면

$$\beta = \frac{3Q}{7L^3}$$

이 된다. 여기서 구한 β를 앞서 구한 $\vec{\mathbf{E}}$ 식에 대입하면

$$\vec{\mathbf{E}} = -k\beta L\hat{\mathbf{x}} = -k\left(\frac{3Q}{7L^3}\right)L\hat{\mathbf{x}} = -\frac{3kQ}{7L^2}\hat{\mathbf{x}}$$

이 된다. 위의 계산과정에서 $\frac{L}{L^3}=\frac{1}{L^2}$이 되었다. 따라서 원점에서의 전기장은 $\vec{\mathbf{E}}=-\frac{3kQ}{7L^2}\hat{\mathbf{x}}$이다. 이 전기장의 크기는 $E=\frac{3kQ}{7L^2}$이고 전기장의 방향은 $-\hat{\mathbf{x}}$이다.

도움말 다음과 같은 방식으로 최종 답이 맞는지 여부를 검사해보자. 이 방식은 실수를 찾아내는 데 도움이 된다. 전기장에 대한 수식은 반드시 쿨롱상수×전하×$\frac{1}{(거리)^2}$의 단위로 이루어져야 한다. 최종 답 $E=\frac{3kQ}{7L^2}$에서 $7L^2$은 단위가 $(거리)^2$이므로 전기장 수식의 단위조건을 모두 만족한다.

예제 아래 그림을 보면 막대가 y축을 따라 놓여있다. 막대의 길이는 무한히 길고[8] 한쪽 끝은 원점에 맞추어져 있다. 막대의 전하밀도는 λ로 균일하며 부호는 +이다. k, λ, a와 적절한 단위벡터를 사용하여 $(a, 0)$점에서의 전기장 방정식을 유도하라. 여기서 k, λ, a는 모두 상수이다.

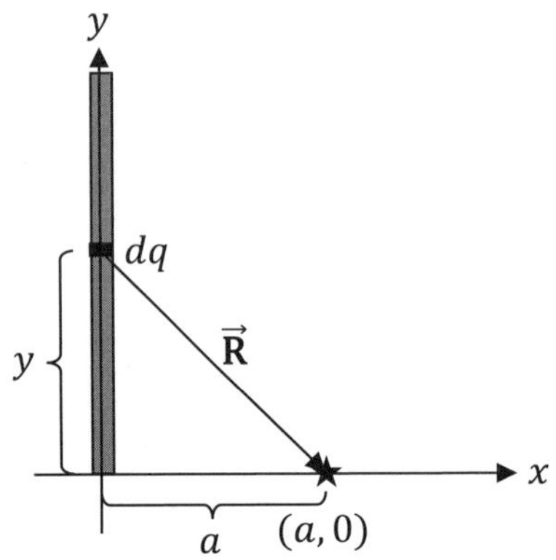

풀이 먼저 문제를 그림으로 그려보자. 대표 미소전하 dq를 그림에 표시한다. 이어서 원천 dq에서 장점 $(a, 0)$으로 가는 벡터 $\vec{\mathbf{R}}$을 그린다. 적분을 한다는 것은 막대 전체를 구성하는 모든 dq가 저마다 장점에 만들어내는 전기장을 구하여 전부 합하는 것이다. 전기장 적분을 수식으로 쓰면 다음과 같다.

---

8 길이가 무한히 긴 막대는 실제로는 존재하지 않는다. 그렇지만 막대에서 떨어진 거리 a가 막대의 길이 L보다 아주 작으면 근사적으로 무한히 긴 것으로 취급할 수 있다. 즉 $a \ll L$($\ll$는 아주 작음을 나타내는 기호)이면 무한히 긴 막대로 볼 수 있다.

$$\vec{\mathbf{E}} = k\int \frac{\hat{\mathbf{R}}}{R^2}dq$$

위의 그림을 자세히 살펴보자.

- 벡터 $\vec{\mathbf{R}}$은 막대를 구성하고 있는 각각의 dq에서 장점 $(a, 0)$으로 가는 벡터이다. 여기서 주의할 것은 막대를 구성하고 있는 dq마다 $\vec{\mathbf{R}}$의 길이가 다르다는 사실이다. 따라서 $\vec{\mathbf{R}}$의 크기 R값은 dq의 변화에 대해 상수가 아니므로 적분기호 밖으로 나올 수 없다. 그림에서 피타고라스 정리를 이용하면 거리 R을 상수 a와 변수 y를 사용하여 $R=\sqrt{a^2+y^2}$으로 쓸 수 있다.
- $\vec{\mathbf{R}}$은 막대를 구성하고 있는 dq마다 다른 방향을 가리키므로 $\vec{\mathbf{R}}$의 방향인 $\hat{\mathbf{R}}$은 적분기호 밖으로 나올 수 없다. 그림을 보면 dq에서 아래쪽을 향해 y만큼($-\hat{\mathbf{y}}$ 방향을 따라), 오른쪽으로 a만큼($\hat{\mathbf{x}}$ 방향을 따라) 이동하여 만들어지는 벡터(다시 말해 $\vec{\mathbf{R}}$는 $-\hat{\mathbf{y}}$ 방향으로 길이가 y인 벡터와, $\hat{\mathbf{x}}$ 방향으로 길이가 a인 벡터를 합한 벡터)이므로 $\vec{\mathbf{R}}=a\hat{\mathbf{x}}-y\hat{\mathbf{y}}$로 쓸 수 있다. 벡터 $\vec{\mathbf{R}}$을 크기 R로 나누면 벡터 $\vec{\mathbf{R}}$의 단위벡터 $\hat{\mathbf{R}}$를 구할 수 있다.[9]

$$\hat{\mathbf{R}} = \frac{\vec{\mathbf{R}}}{R} = \frac{a\hat{\mathbf{x}}-y\hat{\mathbf{y}}}{\sqrt{a^2+y^2}}$$

위에서 구한 R과 $\hat{\mathbf{R}}$ 식을 전기장 적분 수식에 대입하면

$$\vec{\mathbf{E}} = k\int \frac{\hat{\mathbf{R}}}{R^2}dq = k\int \hat{\mathbf{R}}\frac{1}{R^2}dq = k\int \frac{a\hat{\mathbf{x}}-y\hat{\mathbf{y}}}{\sqrt{a^2+y^2}}\frac{1}{a^2+y^2}\,dq = k\int \frac{a\hat{\mathbf{x}}-y\hat{\mathbf{y}}}{(a^2+y^2)^{3/2}}\,dq$$

이 된다. 위의 계산 과정에서 $R^2=(\sqrt{a^2+y^2})^2=a^2+y^2$이므로 $\sqrt{a^2+y^2}(a^2+y^2)=(a^2+y^2)^{3/2}$이 되었다. 여기에는 연산규칙 $\sqrt{x}x=x^{1/2}x^1=x^{1/2+1}=x^{3/2}$을 적용하였다.

$$\vec{\mathbf{E}} = k\int \frac{\hat{\mathbf{R}}}{R^2}dq = k\int \hat{\mathbf{R}}\frac{1}{R^2}dq = k\int \frac{a\hat{\mathbf{x}}-y\hat{\mathbf{y}}}{\sqrt{a^2+y^2}}\frac{1}{a^2+y^2}\,dq = k\int \frac{a\hat{\mathbf{x}}-y\hat{\mathbf{y}}}{(a^2+y^2)^{3/2}}\,dq$$

가는 막대의 경우, $dq=\lambda ds$(96쪽 6번 단계 참조)이므로

$$\vec{\mathbf{E}} = k\int \frac{a\hat{\mathbf{x}}-y\hat{\mathbf{y}}}{(a^2+y^2)^{3/2}}\lambda ds$$

가 된다. 막대의 전하밀도 λ는 균일(즉 상수)하므로 λ는 적분기호 밖으로 나올 수 있다.

$$\vec{\mathbf{E}} = k\lambda\int \frac{a\hat{\mathbf{x}}-y\hat{\mathbf{y}}}{(a^2+y^2)^{3/2}}ds$$

---

9 벡터 $\vec{\mathbf{R}}$은 크기 R에 방향 $\hat{\mathbf{R}}$을 곱한 것이다. 즉 $\vec{\mathbf{R}}=R\hat{\mathbf{R}}$이므로 $\hat{\mathbf{R}}=\dfrac{\vec{\mathbf{R}}}{R}$이 된다.

막대가 y축을 따라 놓여있으므로 직각좌표를 사용하여 계산할 수 있다. 직각좌표에서 미소 길이 요소는 $ds=dy$이다. 적분의 범위는 막대 길이의 전체 범위 $0\le y\le\infty$이므로 적분의 하한과 상한은 각각 막대의 끝점인 0과 ∞가 된다. 따라서 전기장 적분 수식은 다음과 같다.

$$\vec{\mathbf{E}} = k\lambda \int_{y=0}^{\infty} \frac{a\,\hat{\mathbf{x}} - y\,\hat{\mathbf{y}}}{(a^2+y^2)^{3/2}}\,dy$$

위의 적분을 적분 규칙 $\int(f_1+f_2)dy=\int f_1dy+f_2dy$을 사용하여 다음과 같이 두 개의 적분으로 나눈다.

$$\vec{\mathbf{E}} = k\lambda \int_{y=0}^{\infty} \frac{a\,\hat{\mathbf{x}}}{(a^2+y^2)^{3/2}}\,dy - k\lambda \int_{y=0}^{\infty} \frac{y\,\hat{\mathbf{y}}}{(a^2+y^2)^{3/2}}\,dy$$

상수 a와 단위벡터 $\hat{\mathbf{x}}$와 $\hat{\mathbf{y}}$는 적분기호 밖으로 꺼낼 수 있다.

$$\vec{\mathbf{E}} = k\lambda a\hat{\mathbf{x}} \int_{y=0}^{\infty} \frac{1}{(a^2+y^2)^{3/2}}\,dy - k\lambda\hat{\mathbf{y}} \int_{y=0}^{\infty} \frac{y}{(a^2+y^2)^{3/2}}\,dy$$

이 적분을 수행하기 위해 다음과 같이 변수를 삼각함수를 사용하여 치환한다.

$$y = a\tan\theta$$
$$dy = a\sec^2\theta\,d\theta$$

위 식을 θ에 대해 정리하면 $\theta=\tan^{-1}\left(\frac{y}{a}\right)$가 된다. 치환된 적분의 새로운 하한과 상한을 구하기 위해 이 식에 y의 하한과 상한을 대입한다.

$$y=0:\ \theta=\tan^{-1}\left(\frac{0}{a}\right)=\tan^{-1}(0)=0°$$
$$y=\infty:\ \theta=\tan^{-1}\left(\frac{\infty}{a}\right)=\tan^{-1}(\infty)=90°$$

이렇게 계산 된 것은 θ가 0°일 때 $\tan\theta$는 0이 되고 θ가 90°에 가까워지면 $\tan\theta$는 ∞에 가까워지기 때문이다. 위에서 구한 적분 식의 y, dy, $(a^2+y^2)^{3/2}$에 삼각함수 치환식을 대입한 다음, $1+\tan^2\theta=\sec^2\theta$ 관계식을 이용하면 적분기호 안에 있는 피적분함수의 분모는 다음과 같이 간단해진다.

$$(a^2+y^2)^{3/2} = [a^2+(a\tan\theta)^2]^{3/2} = [a^2(1+\tan^2\theta)]^{3/2} = (a^2\sec^2\theta)^{3/2} = a^3\sec^3\theta$$

위의 계산과정에서 맨 마지막에 연산규칙 $(a^2x^2)^{3/2}=(a^2)^{3/2}(x^2)^{3/2}=a^3x^3$을 적용하였다. 위에서 얻은 결과를 적분 식에 대입하면 다음 식을 얻을 수 있다.

$$\vec{\mathbf{E}} = k\lambda a\hat{\mathbf{x}} \int_{\theta=0°}^{90°} \frac{1}{a^3 \sec^3\theta}(a\sec^2\theta\, d\theta) - k\lambda\hat{\mathbf{y}} \int_{\theta=0°}^{90°} \frac{a\tan\theta}{a^3\sec^3\theta}(a\sec^2\theta\, d\theta)$$

$$\vec{\mathbf{E}} = k\lambda a\hat{\mathbf{x}} \int_{\theta=0°}^{90°} \frac{d\theta}{a^2\sec\theta} - k\lambda\hat{\mathbf{y}} \int_{\theta=0°}^{90°} \frac{\tan\theta\, d\theta}{a\sec\theta}$$

$\sec\theta = \frac{1}{\cos\theta}$, $\tan\theta = \frac{\sin\theta}{\cos\theta}$의 관계식을 이용하면

$$\frac{1}{\sec\theta} = \cos\theta \text{ 이고 } \quad \frac{\tan\theta}{\sec\theta} = \frac{\sin\theta}{\cos\theta} \div \frac{1}{\cos\theta} = \frac{\sin\theta}{\cos\theta} \times \frac{\cos\theta}{1} = \sin\theta$$

이 된다. 위의 계산과정에서 분수로 나누는 것은 분수의 역수를 곱하는 것과 같다는 사실을 이용하였다. 이제 전기장 적분 수식은 다음과 같이 쓸 수 있다.

$$\vec{\mathbf{E}} = k\lambda a\hat{\mathbf{x}} \int_{\theta=0°}^{90°} \frac{\cos\theta}{a^2} d\theta - k\lambda\hat{\mathbf{y}} \int_{\theta=0°}^{90°} \frac{\sin\theta}{a} d\theta$$

이 식에서 상수 a는 적분기호 밖으로 꺼낼 수 있다. $a\left(\frac{1}{a^2}\right) = \frac{1}{a}$이므로

$$\vec{\mathbf{E}} = \frac{k\lambda\hat{\mathbf{x}}}{a} \int_{\theta=0°}^{90°} \cos\theta\, d\theta - \frac{k\lambda\hat{\mathbf{y}}}{a} \int_{\theta=0°}^{90°} \sin\theta\, d\theta = \frac{k\lambda\hat{\mathbf{x}}}{a}[\sin\theta]_{\theta=0°}^{90°} - \frac{k\lambda\hat{\mathbf{y}}}{a}[-\cos\theta]_{\theta=0°}^{90°}$$

$$\vec{\mathbf{E}} = \frac{k\lambda\hat{\mathbf{x}}}{a}(\sin 90° - \sin 0°) - \frac{k\lambda\hat{\mathbf{y}}}{a}(-\cos 90° + \cos 0°) = \frac{k\lambda\hat{\mathbf{x}}}{a}(1-0) - \frac{k\lambda\hat{\mathbf{y}}}{a}(-0+1)$$

$$\vec{\mathbf{E}} = \frac{k\lambda\hat{\mathbf{x}}}{a} - \frac{k\lambda\hat{\mathbf{y}}}{a} = \frac{k\lambda}{a}(\hat{\mathbf{x}} - \hat{\mathbf{y}})$$

이 된다. 이번 문제에서는 답에 λ 항이 들어가는 것이 허용되므로 $Q = \int dq$ 적분을 할 필요가 없다. 그러나 바로 이전 문제에서는 β 대신 Q를 사용하여 나타낼 것을 요구한 바 있다. 최종 답으로, $(a,\ 0)$ 점에서의 전기장은 $\vec{\mathbf{E}} = \frac{k\lambda}{a}(\hat{\mathbf{x}} - \hat{\mathbf{y}})$이다.

예제 가는 도선을 구부려서 다음 쪽 그림과 같이 반원 형태로 만들었다. 반원의 반지름은 a이다. 이 반원 도선이 가지는 총 전하량은 $-Q$로 음전하이며, 이 전하가 도선 전체에 균일하게 분포해있다. k, Q, a와 적절한 단위벡터를 사용하여 원점에서의 전기장 방정식을 유도하라. 여기서 a는 상수이다.

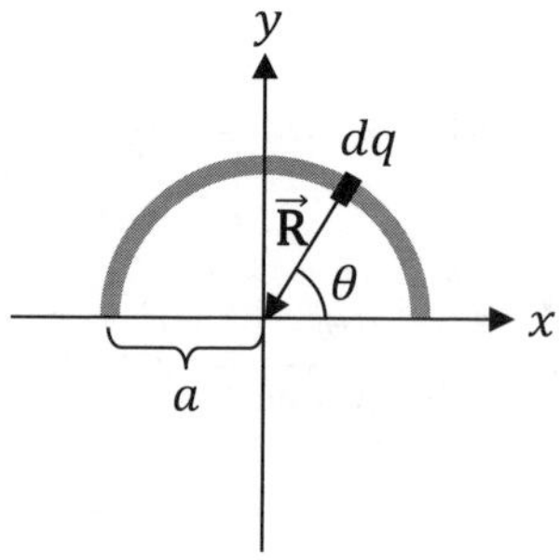

풀이 먼저 문제를 그림으로 그려보자. 그림에 대표 미소전하 dq를 표시한다. 물체는 반원 형태의 도선이기 때문에(내부가 균일하게 채워진 반원이 **아니다**. 다시 말해 내부가 채워진 원반의 절반이 **아니다**) dq는 반원의 내부가 아니라 반원의 둘레에 위치해야 한다. 원천 dq에서 장점인 원점으로 가는 벡터 $\vec{\mathbf{R}}$을 그린다. 적분을 한다는 것은 막대 전체를 구성하는 모든 dq가 저마다 만들어내는 전기장을 구하여 전부 합하는 것이다. 먼저 다음과 같이 전기장 적분 수식을 써보자.

$$\vec{\mathbf{E}} = k\int \frac{\hat{\mathbf{R}}}{R^2}\,dq$$

위의 그림을 자세히 살펴보자.

- 벡터 $\vec{\mathbf{R}}$은 원천(막대를 구성하고 있는 각각의 dq)에서 장점 (0, 0)으로 가는 벡터이다. $\vec{\mathbf{R}}$의 크기 R값은 dq가 달라져도 항상 반지름의 길이가 된다. 따라서 $R=a$로 상수이다(내부가 채워진 반원이나 두께가 있는 반원 도선의 경우에는 이것이 성립하지 않으니 주의해야 한다).
- 단위벡터 $\hat{\mathbf{R}}$은 방향은 $\vec{\mathbf{R}}$가 가리키는 방향과 같으며 길이는 1이다. 그림을 보면 $\vec{\mathbf{R}}$는 막대를 구성하고 있는 dq마다 가리키는 방향이 달라진다. 따라서 $\hat{\mathbf{R}}$는 dq가 달라지면 방향이 변하므로(상수가 아니므로) 적분기호 밖으로 나올 수 없다. 그림을 보면 $\vec{\mathbf{R}}$의 방향은 **안쪽** 방향, 즉 원점을 향한다. 2차원 극좌표에서 단위벡터 $\hat{\mathbf{r}}$은 **바깥쪽** 방향을 가리키므로 $\hat{\mathbf{R}}=-\hat{\mathbf{r}}$로 쓸 수 있다.

$R=a$와 $\hat{\mathbf{R}}=-\hat{\mathbf{r}}$을 전기장 적분 수식에 대입하면

$$\vec{\mathbf{E}} = k\int \frac{\hat{\mathbf{R}}}{R^2}\,dq = k\int \frac{-\hat{\mathbf{r}}}{a^2}\,dq$$

이 된다. 반지름 a는 상수이므로 $-\frac{1}{a^2}$은 적분기호 밖으로 꺼낼 수 있다.

$$\vec{\mathbf{E}} = k\int \frac{-\hat{\mathbf{r}}}{a^2}\,dq = -\frac{k}{a^2}\int \hat{\mathbf{r}}\,dq$$

가는 반원 도선의 경우에는 $dq = \lambda ds$(96쪽 6번 단계 참조)로 쓸 수 있으므로

$$\vec{\mathbf{E}} = -\frac{k}{a^2}\int \hat{\mathbf{r}}\, dq = -\frac{k}{a^2}\int \hat{\mathbf{r}}\,\lambda ds$$

이 된다. 반원 도선의 전하분포가 균일하므로(상수이므로) λ를 적분기호 밖으로 꺼낼 수 있다.

$$\vec{\mathbf{E}} = -\frac{k}{a^2}\int \hat{\mathbf{r}}\,\lambda ds = -\frac{k\lambda}{a^2}\int \hat{\mathbf{r}}\, ds$$

도선의 모양이 반원이므로 2차원 극좌표를 사용하면 간편하게 계산할 수 있다. 극좌표에서 미소 길이요소는 $ds = a d\theta$(호 길이 공식 $ds = r d\theta$에 반지름의 값 $r = a$를 대입한 것이다)이다. 적분 범위는 $\theta = 0$에서 $\theta = \pi$ radian(**라디안**)까지다(반원이므로). 따라서 적분 수식은

$$\vec{\mathbf{E}} = -\frac{k\lambda}{a^2}\int_{\theta=0}^{\pi} \hat{\mathbf{r}}\; ds = -\frac{k\lambda}{a^2}\int_{\theta=0}^{\pi} \hat{\mathbf{r}}\;(a\, d\theta)$$

이 된다. 여기서 반지름 a는 상수이므로 적분기호 밖으로 꺼낼 수 있다. 또 $\frac{1}{a^2}(a) = \frac{a}{a^2} = \frac{1}{a}$이므로

$$\vec{\mathbf{E}} = -\frac{k\lambda}{a^2}\int_{\theta=0}^{\pi} \hat{\mathbf{r}}\;(a\, d\theta) = -\frac{k\lambda}{a}\int_{\theta=0}^{\pi} \hat{\mathbf{r}}\, d\theta$$

이 된다. $\hat{\mathbf{r}}$은 θ가 달라지면 가리키는 방향이 달라지므로 상수가 아니다. 따라서 적분기호 밖으로 꺼낼 수 **없다**. 이제 $\hat{\mathbf{r}}$를 θ를 사용하여 수식으로 나타내야 한다. 96쪽을 보면 이 식이 나와 있다. 이 문제에서는 $\hat{\mathbf{r}}$을 2차원 극좌표에서의 수식으로 나타내야 하므로(구좌표로 나타낸 $\hat{\mathbf{r}}$가 아니니 주의해야 한다) 다음 식과 같다.[10]

$$\hat{\mathbf{r}} = \hat{\mathbf{x}}\cos\theta + \hat{\mathbf{y}}\sin\theta$$

이 식을 전기장 적분 수식에 대입한다.

$$\vec{\mathbf{E}} = -\frac{k\lambda}{a}\int_{\theta=0}^{\pi} (\hat{\mathbf{x}}\cos\theta + \hat{\mathbf{y}}\sin\theta)\, d\theta$$

10 이 방정식을 유도해보자 먼저 임의의 차원 벡터는 단위벡터를 사용하여 $\vec{\mathbf{A}} = A_x\hat{\mathbf{x}} + A_y\hat{\mathbf{y}}$와 같은 식으로 나타낼 수 있다 다음으로 위치벡터 $\hat{\mathbf{r}}$를 식으로 나타내보자. 위치벡터는 x방향 성분과 y방향 성분으로 각각 x좌표와 y좌표를 갖는 벡터로 정의된다 따라서 $\vec{\mathbf{r}} = x\hat{\mathbf{x}} + y\hat{\mathbf{y}}$이다 위치벡터는 $\vec{\mathbf{r}} = r\hat{\mathbf{r}}$로 쓸 수도 있다 다시 말해 $\hat{\mathbf{x}}$ 방향을 따라 x만큼 이동하고 $\hat{\mathbf{y}}$ 방향을 따라 y만큼 이동한 것은 $\hat{\mathbf{r}}$ 방향을 따라 r만큼 이동한 것과 동일하다. (6장의 85쪽에 있는 2차원 극좌표 그림을 참조할 것). 따라서 두 위치벡터 수식을 같게 놓는다. $x\hat{\mathbf{x}} + y\hat{\mathbf{y}} = r\hat{\mathbf{r}}$양변을 r로 나눈다. $\hat{\mathbf{r}} = \frac{x}{r}\hat{\mathbf{x}} + \frac{y}{r}\hat{\mathbf{y}}$. $x = r\cos\theta$이고 $y = \sin\theta$이므로, $\frac{x}{r} = \cos\theta$이고 $\frac{y}{r} = \sin\theta$이다 따라서 $\hat{\mathbf{r}} = \hat{\mathbf{x}}\cos\theta + \hat{\mathbf{y}}\sin\theta$가 된다.

이제 위의 적분 식을 두 개의 적분 식으로 분리한다.

$$\vec{\mathbf{E}} = -\frac{k\lambda}{a}\int_{\theta=0}^{\pi} \hat{\mathbf{x}} \cos\theta \, d\theta - \frac{k\lambda}{a}\int_{\theta=0}^{\pi} \hat{\mathbf{y}} \sin\theta \, d\theta$$

2차원 극좌표의 단위벡터 $\hat{\mathbf{r}}$과는 달리 직각좌표의 단위벡터 $\hat{\mathbf{x}}$와 $\hat{\mathbf{y}}$는 상수이다(다시 말해, 단위벡터 $\hat{\mathbf{x}}$는 θ값에 상관없이 항상 $+x$축 방향을 가리키며 단위벡터 $\hat{\mathbf{y}}$ 또한 θ값에 관계없이 $+y$ 방향을 가리킨다). 따라서 $\hat{\mathbf{x}}$와 $\hat{\mathbf{y}}$를 적분기호 밖으로 꺼낼 수 있다.

$$\vec{\mathbf{E}} = -\frac{k\lambda}{a}\hat{\mathbf{x}}\int_{\theta=0}^{\pi} \cos\theta \, d\theta - \frac{k\lambda}{a}\hat{\mathbf{y}}\int_{\theta=0}^{\pi} \sin\theta \, d\theta$$

$$\vec{\mathbf{E}} = -\frac{k\lambda}{a}\hat{\mathbf{x}}[\sin\theta]_{\theta=0}^{\pi} - \frac{k\lambda}{a}\hat{\mathbf{y}}[-\cos\theta]_{\theta=0}^{\pi}$$

$$\vec{\mathbf{E}} = -\frac{k\lambda}{a}\hat{\mathbf{x}}(\sin\pi - \sin 0) - \frac{k\lambda}{a}\hat{\mathbf{y}}(-\cos\pi + \cos 0)$$

$$\vec{\mathbf{E}} = -\frac{k\lambda}{a}\hat{\mathbf{x}}(0-0) - \frac{k\lambda}{a}\hat{\mathbf{y}}(1+1) = -\frac{k\lambda}{a}\hat{\mathbf{y}}(2) = -\frac{2k\lambda}{a}\hat{\mathbf{y}}$$

π radian = 180°임을 잘 알고 있어야 한다. 아직 문제 풀이가 끝나지 않았다. 위의 결과 식에서 λ를 전하 Q를 사용하여 표현해야 한다. 이를 위해 dq를 적분하면 막대의 총 전하 $-Q$가 된다는 사실을 이용한다. 이 적분은 앞의 예제와 같은 방식으로 풀 수 있다. 이 문제에서는 반원은 음전하를 가지고 있으며 총 전하는 $-Q$이다. 적분의 하한과 상한에 들어가는 θ값의 단위는 **반드시** radian(degree 단위가 아님)이어야 한다. 이제 적분을 수행해 보자.

$$-Q = \int dq = \int \lambda \, ds = \lambda \int ds = \lambda \int a \, d\theta = a\lambda \int_{\theta=0}^{\pi} d\theta = a\lambda[\theta]_{\theta=0}^{\pi} = a\lambda(\pi - 0) = \pi a\lambda$$

이 식을 Q에 대해 정리하기 위해 위 식의 양변에 -1을 곱한다. 이 책의 표기법에서는 기호 Q는 + 부호를 가진 양전하를 나타내므로, 음전하인 반원의 총 전하는 $-Q$로 쓸 수 있다. 또한 기호 λ는 − 부호를 가진 음전하밀도이다(따라서 아래 방정식에서 우변은 −가 두 개 연속되므로 Q는 + 부호가 되고 $-Q$는 − 부호가 된다).

$$Q = -\pi a\lambda$$

음전하를 갖는 물체의 경우에는 부호가 조금 까다롭다. 그러나 여기에 좀 더 쉬운 방법이 있다. 물체가 음전하 대신 양전하를 가진 것으로 간주해서 문제를 푼다. 물체는 원래 음전하를 가지고 있으므로 구한 답의 부호를 반대로 하면 음전하를 가진 물체의 답이 된다(예제에서 이 방법을 사용하지는 않았지만 이렇게 했어도 최종 답은 같게 나온다).

λ를 구하기 위해 양변을 $-\pi a$로 나눈다.

$$\lambda = \frac{-Q}{\pi a}$$

이 식을 앞에서 구한 $\vec{\mathbf{E}}$의 수식에 대입한다.

$$\vec{\mathbf{E}} = -\frac{2k\lambda}{a}\hat{\mathbf{y}} = -\frac{2k}{a}\left(\frac{-Q}{\pi a}\right)\hat{\mathbf{y}} = \frac{2kQ}{\pi a^2}\hat{\mathbf{y}}$$

따라서 원점에서 전기장은 $\vec{\mathbf{E}} = \frac{2kQ}{\pi a^2}\hat{\mathbf{y}}$이다 전기장 $\vec{\mathbf{E}}$의 크기는 $E = \frac{2kQ}{\pi a^2}$이고 방향은 $\hat{\mathbf{E}} = +\hat{\mathbf{y}}$이다. 문제의 그림을 잘 살펴보면 대칭성에 의해 원점에서 전기장은 $+y$축 방향, 다시 말해 똑바로 **위쪽**을 향한다. +"시험"전하를 원점에 가져다 놓으면 이 전하는 − 전하를 가진 반원에 의해 똑바로 위쪽으로 끌어당겨진다. 전기장의 수평성분은 서로 상쇄되어 사라진다.

예제 균일하게 대전된 원반이 있다. 내부가 채워진 이 원반은 아래 그림과 같이 xy 평면에 놓여있으며 원반의 중심은 원점과 일치한다. 원반의 반지름은 a이며 총 전하량은 $+Q$로 양전하이다. k, Q, a, p와 적절한 단위벡터를 사용하여 (0, 0, p)에서의 전기장 방정식을 유도하라. 여기서 a와 p는 상수이다.

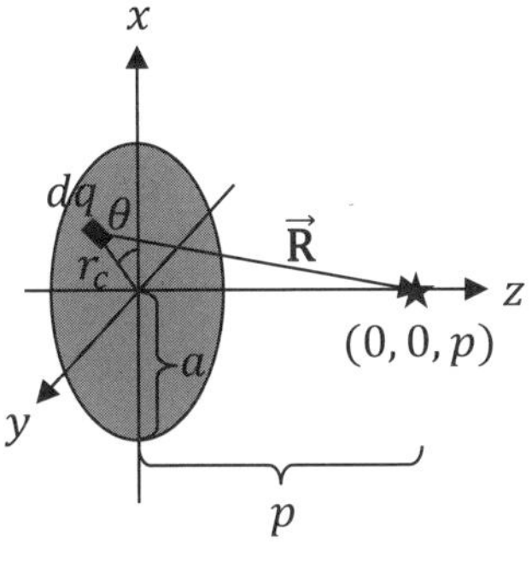

풀이 기호가 표시되어 있는 그림을 살펴보자. 먼저 원반에 대표 미소전하 dq를 표시한다. 이 원반은 속이 채워져 있으므로(바로 이전의 예제와는 다름) 원반을 구성하는 전체 dq 중에서 대부분은 원반 내부영역에 위치한다(원반의 둘레에 위치하는 dq는 아주 적은 수에 지나지 않는다). 원천 dq에서 장점 (0, 0, p)으로 가는 벡터 $\vec{\mathbf{R}}$을 그린다. 적분을 한다는 것은 내부가 채워진 원반 전체를 구성하는 모든 dq가 저마다 만들어내는 전기장을 구하여 전부 합하는 것이다. 전기장 적분을 수식으로 쓰면 다음과 같다.

$$\vec{\mathbf{E}} = k\int \frac{\hat{\mathbf{R}}}{R^2}dq$$

위의 그림을 자세히 살펴보자.

- 벡터 $\vec{\mathbf{R}}$은 원천(내부가 채워진 원반을 구성하고 있는 각각의 dq)에서 장점 (0, 0, p)으로 가는 벡터이다. $\vec{\mathbf{R}}$는 dq가 달라지면 길이(크기)가 달라진다. 따라서 $\vec{\mathbf{R}}$의 크기 R은 적분기호 밖으로 나올 수 없다. 피타고라스 정리를 사용하면 $\vec{\mathbf{R}}$의 크기 R을 변수 r_c와 상수 p를 사용하여 다음과 같이 쓸 수 있다.

$$R = \sqrt{{r_c}^2 + p^2}$$

- $\vec{\mathbf{R}}$의 크기 R과 마찬가지로 $\vec{\mathbf{R}}$가 가리키는 방향은 내부가 채워진 원반을 구성하고 있는 dq마다 다르다. 따라서 $\vec{\mathbf{R}}$의 방향 $\hat{\mathbf{R}}$은 적분기호 밖으로 나올 수 없다. $\hat{\mathbf{R}}$은 z축을 향해 안쪽 방향($-\hat{\mathbf{r}}_c$ 방향)으로 크기(길이)가 r_c인 벡터와, z축을 따라($\hat{\mathbf{z}}$방향)가며 길이가 p인 벡터를 합해서 만들어진 벡터로 생각할 수 있다. 따라서 $\hat{\mathbf{R}} = -r_c\hat{\mathbf{r}}_c + p\hat{\mathbf{z}}$이다. 단위벡터 $\hat{\mathbf{R}}$은 $\vec{\mathbf{R}}$ 벡터를 크기 R로 나누어 다음과 같이 구할 수 있다.

$$\hat{\mathbf{R}} = \frac{\vec{\mathbf{R}}}{R} = \frac{-r_c\,\hat{\mathbf{r}}_c + p\,\hat{\mathbf{z}}}{\sqrt{r_c^2 + p^2}}$$

이제 R과 $\hat{\mathbf{R}}$을 전기장 적분 식에 대입한다. 적분식에 들어있는 $\frac{\hat{\mathbf{R}}}{R^2}$을 다시 쓰면 $\hat{\mathbf{R}}\frac{1}{R^2}$이 된다. 여기서 $R^2 = (\sqrt{r_c^2+p^2})^2 = r_c^2+p^2$이고 $(r_c^2+p^2)\sqrt{r_c^2+p^2} = (r_c^2+p^2)^1(r_c^2+p^2)^{1/2} = (r_c^2+p^2)^{3/2}$이므로

$$\vec{\mathbf{E}} = k\int \frac{\hat{\mathbf{R}}}{R^2}dq = k\int \hat{\mathbf{R}}\frac{1}{R^2}dq = k\int \frac{-r_c\,\hat{\mathbf{r}}_c + p\,\hat{\mathbf{z}}}{\sqrt{r_c^2 + p^2}}\frac{1}{r_c^2 + p^2}dq = k\int \frac{-r_c\,\hat{\mathbf{r}}_c + p\,\hat{\mathbf{z}}}{(r_c^2 + p^2)^{3/2}}dq$$

가 된다. 속이 채워진 원반의 경우, $dq = \sigma dA$이다(96쪽 6번 단계 참조).

$$\vec{\mathbf{E}} = k\int \frac{-r_c\,\hat{\mathbf{r}}_c + p\,\hat{\mathbf{z}}}{(r_c^2 + p^2)^{3/2}}(\sigma dA)$$

속이 채워진 원반의 전하밀도가 균일하므로 면 전하밀도 σ는 적분기호 밖으로 나올 수 있다.

$$\vec{\mathbf{E}} = k\sigma\int \frac{-r_c\,\hat{\mathbf{r}}_c + p\,\hat{\mathbf{z}}}{(r_c^2 + p^2)^{3/2}}dA$$

속이 채워진 원반의 경우, 미소 면적요소는 $dA = r_c dr_c d\theta$(97쪽 7번 단계 참조)이다. 장점 (0, 0, p)는 xy 평면위에 놓여있지 않으므로 원통좌표계를 사용하는 것이 편리하다(원통좌표계는 2차원 극좌표에 z좌표를 추가한 것이다). 적분 범위는 $\theta = 0$에서 $\theta = 2\pi$ radian(라

디안)까지다(원 전체이므로). 따라서 전기장 적분 수식은 다음으로 쓸 수 있다.

$$\vec{\mathbf{E}} = k\sigma \int_{r_c=0}^{a} \int_{\theta=0}^{2\pi} \frac{-r_c\,\hat{\mathbf{r}}_c + p\,\hat{\mathbf{z}}}{(r_c^2+p^2)^{3/2}}(r_c dr_c d\theta)$$

위 수식에서 $\frac{-r_c\,\hat{\mathbf{r}}_c + p\,\hat{\mathbf{z}}}{(r_c^2+p^2)^{3/2}} = \frac{-r_c\,\hat{\mathbf{r}}_c}{(r_c^2+p^2)^{3/2}} + \frac{p\,\hat{\mathbf{z}}}{(r_c^2+p^2)^{3/2}}$이므로 위의 적분 수식은 두 항으로 나누어 쓸 수 있다.

$$\vec{\mathbf{E}} = k\sigma \int_{r_c=0}^{a} \int_{\theta=0}^{2\pi} \frac{-r_c\hat{\mathbf{r}}_c r_c dr_c d\theta}{(r_c^2+p^2)^{3/2}} + k\sigma \int_{r_c=0}^{a} \int_{\theta=0}^{2\pi} \frac{p\hat{\mathbf{z}} r_c dr_c d\theta}{(r_c^2+p^2)^{3/2}}$$

위의 적분 수식에서 p와 $\hat{\mathbf{z}}$는 상수이므로($\hat{\mathbf{z}}$는 위치에 관계없이 항상 $+z$축을 가리키며 크기는 1이기 때문) 이들은 다음과 같이 두 번째 적분식의 적분기호 밖으로 꺼낼 수 있다. 그러나 r_c와 $\hat{\mathbf{r}}_c$는 상수가 아니므로 적분기호 밖으로 꺼낼 수 없다. 그 까닭은 내부가 채워진 원반을 구성하는 dq마다 r_c와 $\hat{\mathbf{r}}_c$는 크기와 방향이 다르기 때문이다.

$$\vec{\mathbf{E}} = k\sigma \int_{r_c=0}^{a} \int_{\theta=0}^{2\pi} \frac{-r_c\hat{\mathbf{r}}_c r_c dr_c d\theta}{(r_c^2+p^2)^{3/2}} + k\sigma p\hat{\mathbf{z}} \int_{r_c=0}^{a} \int_{\theta=0}^{2\pi} \frac{r_c dr_c d\theta}{(r_c^2+p^2)^{3/2}}$$

문제의 그림을 잘 살펴보면 대칭성에 의해 장점 (0, 0, p)에 +"시험"전하를 가져다 놓으면 이 전하는 원반의 + 전하에 의해 z축을 따라 오른쪽으로 밀쳐진다. 첫 번째 적분 항에는 방향을 가리키는 단위벡터로 $\hat{\mathbf{z}}$가 아닌 $\hat{\mathbf{r}}_c$가 들어 있으므로 적분결과는 0이 된다(직접 계산해서 확인해보는 것도 좋은 공부 방법이다). 따라서 두 번째 적분 항만 계산하면 된다.

$$\vec{\mathbf{E}} = k\sigma p\hat{\mathbf{z}} \int_{r_c=0}^{a} \int_{\theta=0}^{2\pi} \frac{r_c dr_c d\theta}{(r_c^2+p^2)^{3/2}}$$

θ에 대해 적분을 할 때는 독립변수 r_c를 상수로 취급한다. 실제로 적분기호 안의 피적분 함수를 구성하고 있는 항들 중에서 변수 θ에 따라 달라지는 것은 전혀 없다. 따라서 다음과 같이 항 전체를 적분기호 밖으로 꺼낼 수 있다.

$$\vec{\mathbf{E}} = k\sigma p\hat{\mathbf{z}} \int_{r_c=0}^{a} \frac{r_c dr_c}{(r_c^2+p^2)^{3/2}} \int_{\theta=0}^{2\pi} d\theta = k\sigma p\hat{\mathbf{z}} \int_{r_c=0}^{a} \frac{r_c dr_c}{(r_c^2+p^2)^{3/2}} [\theta]_{\theta=0}^{2\pi}$$

$$\vec{\mathbf{E}} = k\sigma p\hat{\mathbf{z}} \int_{r_c=0}^{a} \frac{r_c dr_c}{(r_c^2+p^2)^{3/2}}(2\pi - 0) = 2\pi k\sigma p\hat{\mathbf{z}} \int_{r_c=0}^{a} \frac{r_c dr_c}{(r_c^2+p^2)^{3/2}}$$

이제 남은 적분은 다음과 같은 삼각함수 치환법을 사용하여 수행할 수 있다.

$$r_c = p \tan\psi$$
$$dr_c = p \sec^2\psi \, d\psi$$

이 수식을 ψ에 대해 풀면 $\psi = \tan^{-1}\left(\frac{r_c}{p}\right)$가 된다. 이렇게 되면 $r_c = 0$에서 $r_c = a$까지 변할 때 ψ는 $\psi = \tan^{-1}\left(\frac{0}{p}\right) = \tan^{-1}(0) = 0$에서 $\psi = \tan^{-1}\left(\frac{a}{p}\right)$까지 변한다. 여기서 $\psi = \tan^{-1}\left(\frac{a}{p}\right) = \psi_{\max}$라고 하자. 피적분함수의 분모는 $\tan^2\psi + 1 = \sec^2\psi$의 삼각함수 관계식을 이용하면 다음과 같이 간단하게 쓸 수 있다.

$$(r_c^2 + p^2)^{3/2} = [(p\tan\psi)^2 + p^2]^{3/2} = [p^2(\tan^2\psi + 1)]^{3/2} = (p^2\sec^2\psi)^{3/2} = p^3\sec^3\psi$$

위의 계산과정에서 연산규칙 $(p^2x^2)^{3/2} = (p^2)^{3/2}(x^2)^{3/2} = p^3x^3$을 사용하였다. r_c, dr_c, $(r_c^2 + p^2)^{3/2}$ 식을 앞의 전기장 수식에 대입하면

$$\vec{\mathbf{E}} = 2\pi k\sigma p\hat{\mathbf{z}} \int_{r_c=0}^{a} \frac{r_c dr_c}{(r_c^2 + p^2)^{3/2}} = 2\pi k\sigma p\hat{\mathbf{z}} \int_{\psi=0°}^{\psi_{max}} \frac{(p\tan\psi)(p\sec^2\psi\, d\psi)}{p^3\sec^3\psi}$$

이 된다.

$\frac{p^2}{p^3} = \frac{1}{p}$이고 $\frac{\sec^2\psi}{\sec^3\psi} = \frac{1}{\sec\psi}$이므로

$$\vec{\mathbf{E}} = 2\pi k\sigma p\hat{\mathbf{z}} \int_{\psi=0°}^{\psi_{max}} \frac{(p\tan\psi)(p\sec^2\psi\, d\psi)}{p^3\sec^3\psi} = 2\pi k\sigma p\hat{\mathbf{z}} \int_{\psi=0°}^{\psi_{max}} \frac{\tan\psi\, d\psi}{p\sec\psi}$$

로 쓸 수 있다. 적분기호 밖의 p와 적분기호 안의 $\frac{1}{p}$은 약분되어 사라지므로

$$\vec{\mathbf{E}} = 2\pi k\sigma\hat{\mathbf{z}} \int_{\psi=0°}^{\psi_{max}} \frac{\tan\psi\, d\psi}{\sec\psi}$$

이 된다.

$\sec\psi = \frac{1}{\cos\psi}$이고 $\tan\psi = \frac{\sin\psi}{\cos\psi}$이므로

$$\frac{\tan\psi}{\sec\psi} = \frac{\sin\psi}{\cos\psi} \div \frac{1}{\cos\psi} = \frac{\sin\psi}{\cos\psi} \times \frac{\cos\psi}{1} = \sin\psi$$

이 된다. 계산 과정에서 분수로 나누는 것은 그 분수의 역수를 곱하는 것과 마찬가지라는 성질을 이용하였다. 이 식을 앞의 전기장 식에 대입하면

$$\vec{\mathbf{E}} = 2\pi k\sigma\hat{\mathbf{z}} \int_{\psi=0°}^{\psi_{max}} \sin\psi\, d\psi = 2\pi k\sigma\hat{\mathbf{z}}[-\cos\psi]_{\psi=0°}^{\psi_{max}} = 2\pi k\sigma\hat{\mathbf{z}}(-\cos\psi_{max} + \cos 0°)$$

가 된다. $\psi_{\max} = \tan^{-1}\left(\frac{a}{p}\right)$이므로 $\cos\psi_{\max} = \cos\left[\tan^{-1}\left(\frac{a}{p}\right)\right]$가 되는데, 이 식은 꽤 복잡해 보인다. 역탄젠트(inverse tangent)의 코사인 값은, 직각삼각형을 그린 다음에 각 변에 값을 정확히 표시하고 여기에 피타고라스 정리를 사용하면 쉽게 구할 수 있다. $\psi_{\max} = \tan^{-1}\left(\frac{a}{p}\right)$이므로 $\tan\psi_{\max} = \frac{a}{p}$가 된다. 이 관계에 맞게 a와 p를 직각 삼각형에 아래와 같이 표시해보자.

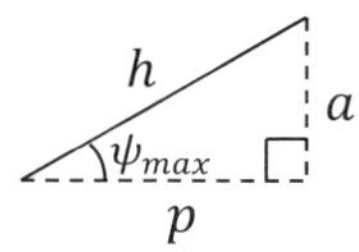

삼각형의 빗변을 h로 표시하면 피타고라스 정리를 적용하여 이 값을 구할 수 있다.

$$h = \sqrt{p^2 + a^2}$$

직각삼각형에서 $\psi_{\max}$의 코사인을 구해보면

$$\cos\psi_{max} = \frac{p}{h} = \frac{p}{\sqrt{p^2 + a^2}}$$

이 된다. 이 식을 앞에서 구한 전기장 식에 대입하면 다음과 같다.

$$\vec{\mathbf{E}} = 2\pi k\sigma\hat{\mathbf{z}}(-\cos\psi_{max} + \cos 0°) = 2\pi k\sigma\hat{\mathbf{z}}\left(-\frac{p}{\sqrt{p^2 + a^2}} + 1\right)$$

공통분모를 만들어 분수식을 계산하면

$$\vec{\mathbf{E}} = 2\pi k\sigma\hat{\mathbf{z}}\left(-\frac{p}{\sqrt{p^2 + a^2}} + \frac{\sqrt{p^2 + a^2}}{\sqrt{p^2 + a^2}}\right) = 2\pi k\sigma\hat{\mathbf{z}}\left(\frac{-p + \sqrt{p^2 + a^2}}{\sqrt{p^2 + a^2}}\right)$$

이 된다. 아직 문제 풀이가 끝나지 않았다. 위의 결과 식에서 상수 σ를 Q를 사용하여 표현해야 한다. 이를 위해 dq를 적분하면 원반의 총 전하 Q가 된다는 사실을 이용한다. 이 적분에 앞에서 알아본 관계와 하한, 상한을 그대로 적용하면

$$Q = \int dq = \int \sigma\, dA = \sigma \int dA = \sigma \int_{r_c=0}^{a} \int_{\theta=0}^{2\pi} r_c dr_c d\theta = \sigma \int_{r_c=0}^{a} r_c dr_c \int_{\theta=0}^{2\pi} d\theta$$

$$Q = \sigma\left[\frac{r_c^2}{2}\right]_{r_c=0}^{a} [\theta]_{\theta=0}^{2\pi} = \sigma\left(\frac{a^2}{2} - \frac{0^2}{2}\right)(2\pi - 0) = \sigma\left(\frac{a^2}{2}\right)(2\pi) = \pi\sigma a^2$$

이 된다. 양변을 πa^2으로 나누면

$$\sigma = \frac{Q}{\pi a^2}$$

이 된다. 여기서 구한 σ를 앞서 구한 $\vec{\mathbf{E}}$ 식에 대입하면

$$\vec{\mathbf{E}} = 2\pi k\sigma\hat{\mathbf{z}}\left(\frac{-p+\sqrt{p^2+a^2}}{\sqrt{p^2+a^2}}\right) = 2\pi k\left(\frac{Q}{\pi a^2}\right)\hat{\mathbf{z}}\left(\frac{-p+\sqrt{p^2+a^2}}{\sqrt{p^2+a^2}}\right)$$

$$\vec{\mathbf{E}} = \frac{2kQ\hat{\mathbf{z}}}{a^2}\left(\frac{-p+\sqrt{p^2+a^2}}{\sqrt{p^2+a^2}}\right)$$

이 된다. $-p+\sqrt{p^2+a^2}=\sqrt{p^2+a^2}-p$이므로 다음과 같이 쓸 수도 있다.

$$\vec{\mathbf{E}} = \frac{2kQ\hat{\mathbf{z}}}{a^2}\left(\frac{\sqrt{p^2+a^2}-p}{\sqrt{p^2+a^2}}\right)$$

$\frac{a+b}{c}=\frac{a}{c}+\frac{b}{c}$로 쓸 수 있으므로 (0, 0, p) 점에서의 전기장은 다음과 같다.

$$\vec{\mathbf{E}} = \frac{2kQ\hat{\mathbf{z}}}{a^2}\left(\frac{\sqrt{p^2+a^2}}{\sqrt{p^2+a^2}}+\frac{-p}{\sqrt{p^2+a^2}}\right) = \frac{2kQ\hat{\mathbf{z}}}{a^2}\left(1+\frac{-p}{\sqrt{p^2+a^2}}\right)$$

연습문제

38. 아래 그림을 보면 균일하게 대전된(전하밀도가 균일한) 막대가 y축을 따라 놓여있다. 막대의 길이는 L이고 한쪽 끝이 원점에 맞추어져 있다. 막대의 총 전하량은 Q이며 부호는 +이다. k, Q, a, L와 적절한 단위벡터를 사용하여 (0, $-a$)점에서의 전기장 방정식을 유도하라. 여기서 a는 상수이다.

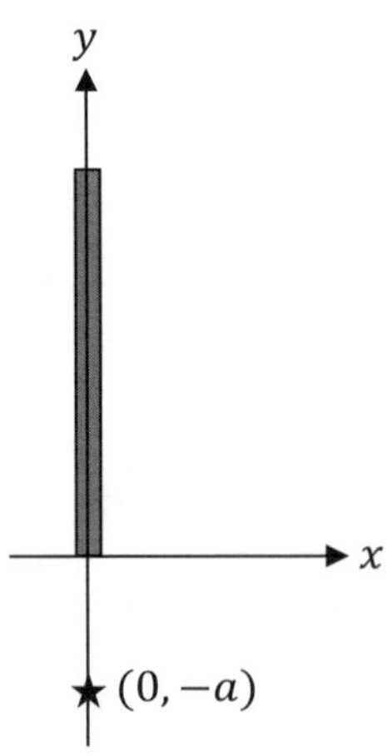

답: $\vec{\mathbf{E}} = -\frac{kQ}{a(L+a)}\hat{\mathbf{y}}$

39. 아래 그림을 보면 전하밀도가 $\lambda = \beta|x|$로 균일하지 **않은** 막대가 x축을 따라 놓여있다. 여기서 β는 양의 상수이다(x에 절댓값이 취해져 있으므로 λ는 음수는 될 수 없다). 막대의 길이는 L이고 막대의 양쪽 끝은 각각 $\left(-\frac{L}{2},\ 0\right)$와 $\left(\frac{L}{2},\ 0\right)$에 맞추어져 있다. 막대의 총 전하량은 Q이며 부호는 $+$이다. k, Q, L, p와 적절한 단위벡터를 사용하여 (0, p)점에서의 전기장 방정식을 유도하라. 여기서 p는 상수이다.

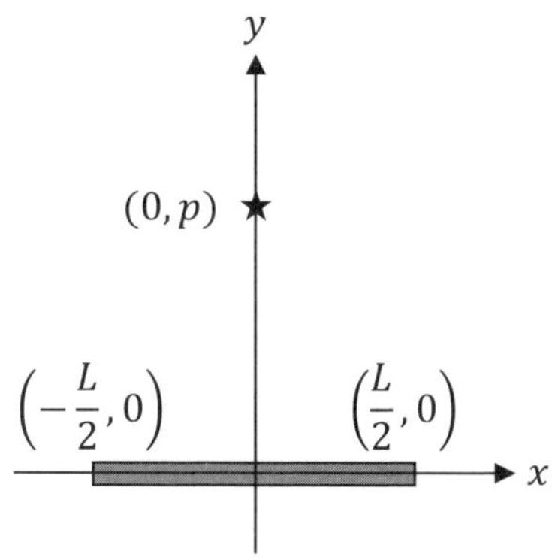

답: $\vec{\mathbf{E}} = \frac{8kQ}{L^2}\hat{\mathbf{y}}\left(1 - \frac{p}{\sqrt{\frac{L^2}{4}+p^2}}\right)$

40. 가는 도선을 두 개를 각각 구부려서 아래 그림과 같이 반원 형태로 만들어 위, 아래로 배치하였다. 각 반원의 반지름은 a로 같으며 균일하게 대전되어 있다. 위쪽 반원의 총 전하량은 $+Q$인 반면에 아래쪽 반원의 총 전하량은 $-Q$이다. k, Q, a와 적절한 단위벡터를 사용하여 원점에서의 전기장 방정식을 유도하라. 여기서 a는 상수이다.

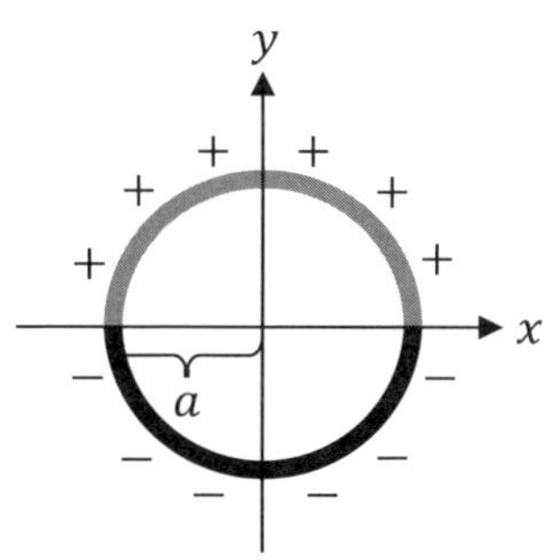

답: $\vec{\mathbf{E}} = -\frac{4kQ}{\pi a^2}\hat{\mathbf{y}}$

41. 균일하게 대전된 아주 가는 고리가 다음 쪽 그림과 같이 xy 평면에 놓여있다. 고리의 중심은 원점과 일치한다. 고리의 반지름은 a이며 총 전하량은 $+Q$로 양전하이다. k, Q, a, p와 적절한 단위벡터를 사용하여 (0, 0, p)에서의 전기장 방정식을 유도하라. 여기서 a와 p는 상수이다.

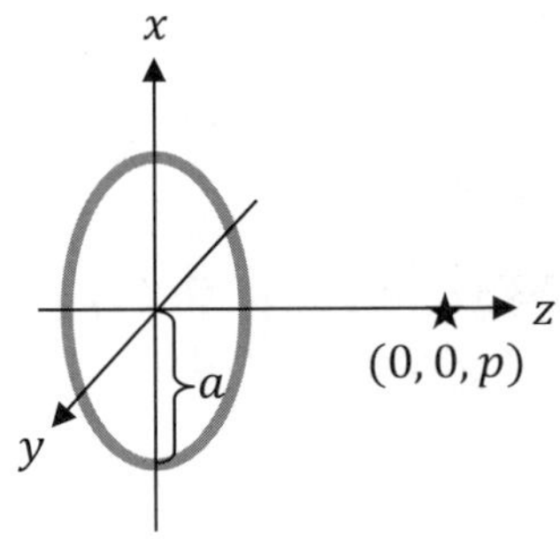

답: $\vec{\mathbf{E}} = \frac{kQp}{(p^2+a^2)^{3/2}}\hat{\mathbf{z}}$

42. 균일하지 않은 전하분포 $\sigma = \beta r_c$를 가진 원반이 있다. 여기서 β는 상수이다. 내부가 채워진 이 원반은 아래 그림과 같이 xy 평면에 놓여있으며 원반의 중심은 원점과 일치한다. 원반의 반지름은 a이며 총 전하량은 $+Q$로 양전하이다. k, Q, a, p와 적절한 단위벡터를 사용하여 (0, 0, p)에서의 전기장 방정식을 유도하라. 여기서 a와 p는 상수이다.

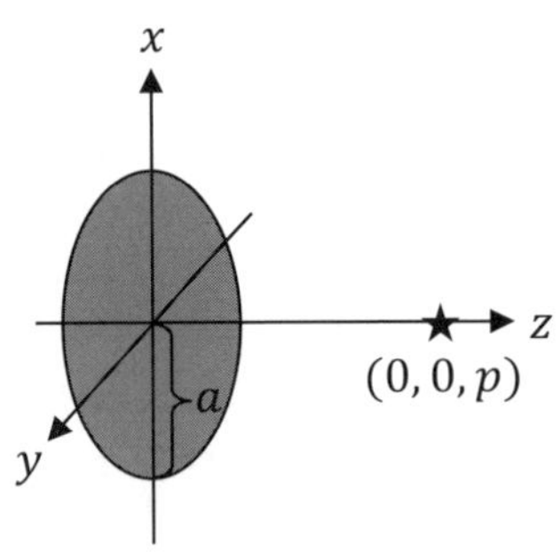

답: $\vec{\mathbf{E}} = \frac{3kQp\hat{\mathbf{z}}}{a^3}\left[\ln\left|\frac{a+\sqrt{a^2+p^2}}{p}\right| - \frac{a}{\sqrt{a^2+p^2}}\right]$

43. 균일하지 않은 전하분포 $\sigma = \beta r$을 가진 두꺼운 반원모양의 고리가 있다. 여기서 β는 상수이다. 이 고리는 다음 쪽 그림과 같이 xy 평면에 놓여있으며 고리의 중심은 원점과 일치한다. 고리의 안쪽 반지름은 $\frac{a}{2}$이고 바깥쪽 반지름은 a이다 또한 총 전하량은 $+Q$로 양전하이다. k, Q, a와 적절한 단위벡터를 사용하여 원점에서의 전기장 방정식을 유도하라. 여기서 a는 상수이다.

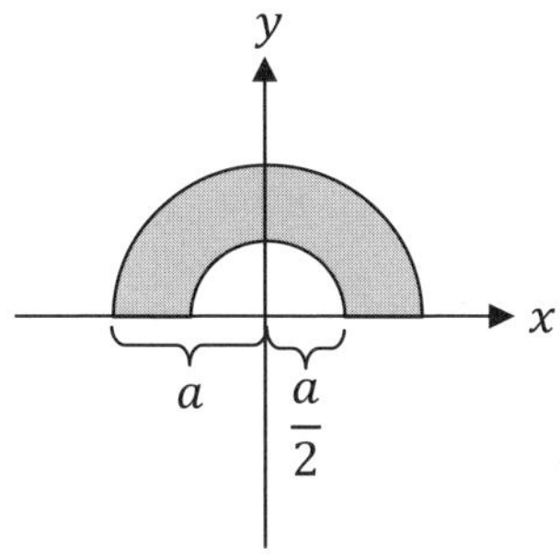

답: $\vec{\mathbf{E}} = -\frac{24kQ}{7\pi a^2}\hat{\mathbf{y}}$

도움이 필요한가요? 책의 맨 뒤에 있는 "힌트"를 참고하세요.

08

가우스 법칙

관련 용어

- **전하**(electric charge)　입자가 가지는 고유한 특성 중의 하나로, 전하를 가진 입자가 전기장이 있는 곳에 놓이게 되면 전기장에 의해 힘을 받게 된다. (전기적으로 중성인 입자는 전하를 가지지 않는다. 따라서 중성 입자는 전기장이 있는 곳에 놓이게 되어도 힘을 받지 않는다.)
- **전기장**(electric field)　단위 전하당 힘
- **전속(전기장선 다발)**(electric flux)[11]　어떤 표면(면적)을 통과하는 전기장선의 상대적인 개수를 나타내는 척도(기준)
- **알짜선속**(net flux)[12]　닫힌 표면을 통과하는 알짜 전속(전기력선 다발), 또는 알짜 자속(자기력선 다발).
- **열린 표면**(open surface)　어떤 부피를 완전히 둘러싸지 않는 표면. 열린 표면의 예로 아이스크림을 담을 때 사용하는 콘(아래가 막히지 않은 원뿔)을 들 수 있다. 콘 안에 개미가 들어있는 경우, 이 개미는 콘 밖으로 기어서 빠져나올 수 있기 때문에 열린 표면이 된다.
- **닫힌 표면**(closed surface)　어떤 부피를 완전히 둘러싸고 있는 표면. 닫힌 표면의 예로 완전히 밀봉된 상자를 들 수 있다. 상자 안에 개미가 들어있는 경우, 이 개미는 상자 속에 갇혀서 밖으로 빠져나올 수 없기 때문에 닫힌 표면이 된다.

---

11 (옮긴이) 전자기학에서는 전기장과 자기장을 장선(field line)을 사용하여 나타내는 경우가 흔하다. 특정한 표면(면적)을 통과하는 장선들을 장선의 다발(묶음)이라는 의미에서 선다발 또는 선속(線束)이라고 한다. 여기서 속(束)은 묶음을 뜻하는 한자이다. '전기장선 다발'을 줄여서 '전속(電束)', '자기장선 다발'을 줄여서 '자속(磁束)'이라고 한다.

12 (옮긴이) 플럭스(flux)라는 단어는 흐름(flow)을 뜻하는 라틴어 플럭서스(fluxus)에서 유래된 것으로, 그 의미를 그대로 옮기면 유량(流量)이 된다. 전자기학에서는 흔히 장선(field line)을 사용하여 전기장과 자기장을 나타내므로 플럭스나 유량 대신 선다발 또는 선속이라는 용어가 널리 쓰인다.

- **도체**(conductor) 전자가 잘 움직일 수 있는(즉 전류가 잘 통하는) 물질. 금속은 일반적으로 양호한 전기 도체이다.
- **절연체**(insulator) 전자가 잘 움직일 수 없는(즉 전류가 통하지 않는) 물질. 양호한 절연체로는 나무와 유리가 있다.

가우스 법칙

전속(전기장선 다발) Φ_e는 어떤 표면을 통과하는 전기장선의 개수를 상대적으로 나타내는 데 사용되는 척도이다. (전기장선에 대해서는 4장에서 다룬 바 있다.) 전속에 대한 방정식은 다음과 같이 전기장 $\vec{\mathbf{E}}$와 미소면적 요소 $d\vec{\mathbf{A}}$ 사이의 스칼라 곱 계산으로 표현된다. 여기서 $d\vec{\mathbf{A}}$의 방향은 표면에 수직인 방향이다. S 기호는 적분을 수행하는 표면(surface)의 면적을 나타낸다.

$$\Phi_e = \int_S \vec{\mathbf{E}} \cdot d\vec{\mathbf{A}}$$

제1권에서 살펴본 바와 같이 스칼라 곱은 다음과 같이 계산된다.

$$\vec{\mathbf{E}} \cdot d\vec{\mathbf{A}} = E \cos\theta \, dA$$

여기서 θ는 $\vec{\mathbf{E}}$와 $d\vec{\mathbf{A}}$ 사이의 각도이다. $\vec{\mathbf{E}} \cdot d\vec{\mathbf{A}}$ 값은 $\theta = 0°$일 때 최대가 되고 $\theta = 90°$일 때 0이 된다. 가우스 법칙에 따르면 닫힌 표면(이 닫힌 표면을 가우스 표면이라고 말함)을 통과하는 알짜(net) 전속 Φ_e^{net}는 그 표면 내부에 들어있는 전하에 비례한다. 이를 수식으로 나타내면 다음과 같다.

$$\oint_S \vec{\mathbf{E}} \cdot d\vec{\mathbf{A}} = \frac{q_{enc}}{\epsilon_0}$$

수식에서 $\oint$ 기호는 닫힌 적분을 가리킨다. 이 기호는 닫힌 표면에 대해 적분이 이루어짐을 나타낸다. 상수 ϵ_0는 자유공간의 유전율이다.

기호와 SI 단위

기호	이름	SI 단위
dq	미소 전하 요소	C
q_{enc}	가우스 면으로 둘러싸인 전하	C
Q	물체의 총 전하	C

$\vec{E}$	전기장	N/C 또는 V/m
Φ_e	전속(전기선다발)	$\frac{N \cdot m^2}{C^2}$ 또는 $\frac{kg \cdot m^3}{C \cdot s^2}$
Φ_e^{net}	닫힌 면을 뚫고 나오는 알짜전속(전기선다발)	$\frac{N \cdot m^2}{C^2}$ 또는 $\frac{kg \cdot m^3}{C \cdot s^2}$
ϵ_0	자유공간의 유전율	$\frac{C^2}{N \cdot m^2}$ 또는 $\frac{C^2 \cdot s^2}{kg \cdot m^3}$
x, y, z	dq 위치의 직각좌표	m, m, m
$\hat{\mathbf{x}}, \hat{\mathbf{y}}, \hat{\mathbf{z}}$	$+x$, $+y$, $+z$ 축 방향의 단위벡터	단위 없음
r, θ	dq 위치의 2차원 극좌표	m, rad
r_c, θ, z	dq 위치의 원통좌표	m, rad, m
r, θ, ϕ	dq 위치의 구좌표	m, rad, rad
$\hat{\mathbf{r}}, \hat{\boldsymbol{\theta}}, \hat{\boldsymbol{\phi}}$	구좌표 방향의 단위벡터	단위 없음
$\hat{\mathbf{r}}_c$	$+z$ 축에서 방사방향의 단위벡터	단위 없음
λ	선전하밀도	C/m
σ	면전하밀도	C/m^2
ρ	부피전하밀도	C/m^3
ds	미소 길이 요소	m
dA	미소 면적 요소	m^2
dV	미소 부피 요소	m^3

필수 개념

닫힌 표면을 통과하는 알짜 전속(전기장선 다발)은 그 표면을 통과하는 전기장선의 개수에 비례한다. 가우스 법칙에 따라면 이 알짜 전속은 닫힌 표면 속에 들어있는 알짜 전하에 비례한다.

- 어떤 표면에서, 표면 밖으로 빠져나오는 전기장선의 개수가 표면 속으로 들어오는 전기장선보다 많으면, 그 표면을 통과하는 알짜전속의 부호는 +가 된다. 이는 닫힌 표면 내부에 알짜 **양(+) 전하**가 존재함을 뜻한다. 다음 쪽 그림에서는 닫힌 표면(점선으로 표시된 원)의 밖으로 전기장선이 빠져 나가고 있으며 닫힌 표면 안으로 들어오는 전기장선은 없다. 가우스 법칙에 따르면 이 닫힌 표면 내부에는 반드시 알짜 **양(+) 전하**가 들어있어야 한다.

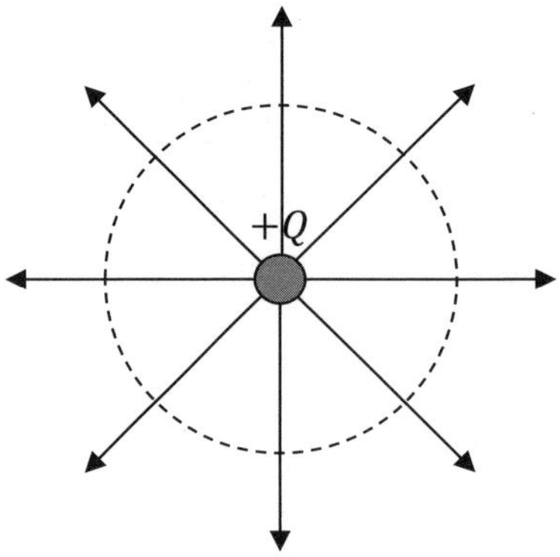

- 어떤 표면에서, 표면 밖으로 빠져나오는 전기장선의 개수가 표면 속으로 들어오는 전기장선보다 적으면, 그 표면을 통과하는 알짜전속의 부호는 −가 된다. 이는 닫힌 표면 내부에 알짜 **음(−) 전하**가 존재함을 뜻한다. 아래 그림에서는 닫힌 표면(점선으로 표시된 원)의 안으로 전기장선이 들어오고 있으며 닫힌 표면 바깥으로 나가는 전기장선은 없다. 가우스 법칙에 따르면 이 닫힌 표면 내부에는 반드시 알짜 **음(−) 전하**가 들어있어야 한다.

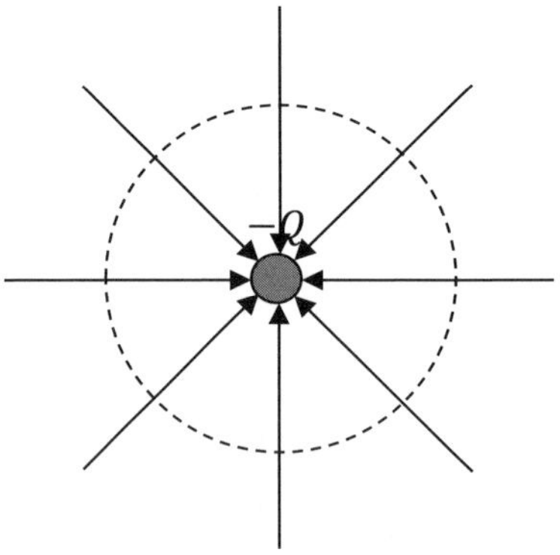

- 어떤 표면에서, 표면 밖으로 빠져나오는 전기장선의 개수와 표면 속으로 들어오는 전기장선의 개수와 같으면, 그 표면을 통과하는 알짜전속은 0이다. 이는 닫힌표면 내부에 알짜전하(량)가 0임을 뜻한다. 다음 쪽 그림에서는 타원 모양의 닫힌표면(점선으로 표시된 타원)에서 밖으로 빠져 나가는 전기장선이 되돌아가 닫힌표면 안으로 들어오고 있다. 가우스 법칙에 따라 닫힌표면 내부에 들어있는 알짜 전하는 0이다(양(+)전하와 음(−)전하는 상쇄된다).

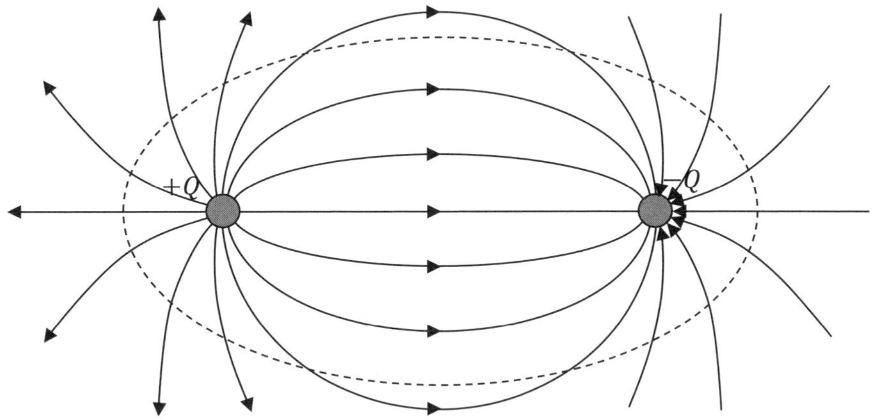

아래 그림에 표시된 네 개의 닫힌 표면을 살펴보자.

- 닫힌 표면 A를 통과하는 알짜전속은 +이다. 따라서 닫힌 표면 A의 내부(A로 둘러싸인 공간)에는 양(+) 전하가 들어있다.
- 닫힌 표면 B를 통과하는 알짜전속은 0이다. 닫힌 표면 B의 내부에는 양(+) 전하와 음(−) 전하가 함께 들어있어서 서로 상쇄된다. (즉 닫힌 표면 B로 둘러싸인 내부의 알짜 전하는 0이다.)
- 닫힌 표면 C를 통과하는 알짜전속은 0이다. 표면 속으로 들어온 전기장선들은 다시 표면 C 밖으로 빠져나가기 때문이다. 닫힌 표면 C로 둘러싸인 내부에는 전하가 없다.
- 닫힌 표면 D를 통과하는 알짜전속은 −이다. 따라서 표면 D의 내부(D로 둘러싸인 공간)에는 음(−) 전하가 들어있다.

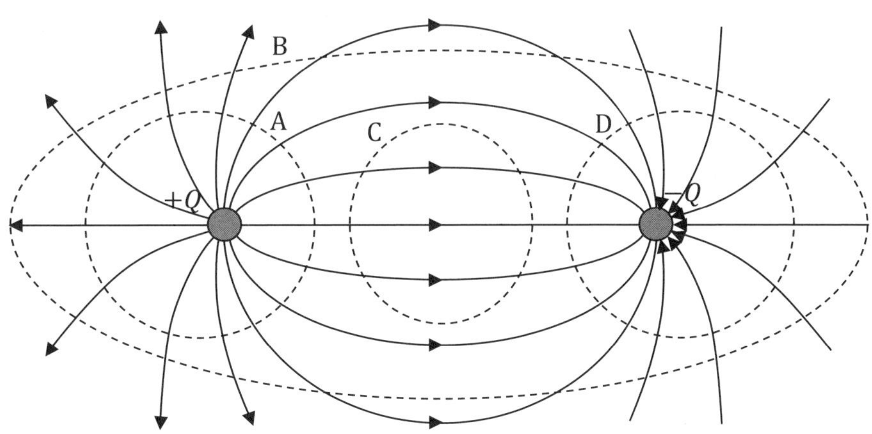

가우스 법칙 적용 방법

전기장을 구하는 문제의 구조에 **대칭성**이 존재하면 가우스 법칙을 이용하는 것이 편리하다. 가우스 법칙을 적용할 때는 다음과 같은 단계를 밟는다.

1. 4장에서 설명한 방법을 사용하여 문제의 구조에 전기장선(또는 전기력선)을 그린다.
2. 그림으로 그린 전기장선들을 잘 살펴보면서 이들을 둘러싸는 공(구), 원통, 육면체와 같은 형태의 닫힌 표면을 머릿속으로 그려본다. 이 표면을 **가우스 표면**(Gaussian surface)이라고 한다. 여기서 그리는 가우스 표면을 통과하는 전기장선은 표면과 교차하는 점에서 표면과 항상 평행 또는 반평행(두 벡터가 평행이지만 방향은 서로 반대)이거나 표면과 수직을 이루고 있어야 한다. 표면을 통과하는 전기장선들이 표면과의 교차점에서 평행 또는 반평행인 경우에는, 표면의 전체 영역 또는 표면의 일부 영역에 걸쳐서 전기장의 크기가 모두 일정(동일)해야 가우스 법칙으로 문제를 쉽게 계산할 수 있다. 여기서 그리는 닫힌 표면 내부에는 전하가 들어있어야 한다.
3. 앞으로 풀어보는 예제들을 잘 공부해야 한다. 대부분의 가우스 법칙 문제들은 이 예제들과 아주 비슷한 구조(무한히 긴 선, 무한히 넓은 면, 무한히 긴 원통, 공(구))를 다루고 있다. 이 예제들에서 그려보는 가우스 표면은 대부분의 문제에서 맞닥뜨리는 가우스 표면과 기본적으로 동일하다. 이를 이용하면 위의 1번 단계와 2번 단계가 아주 쉬워진다.
4. 가우스 법칙을 수식으로 쓴다.

$$\oint_S \vec{\mathbf{E}} \cdot d\vec{\mathbf{A}} = \frac{q_{enc}}{\epsilon_0}$$

   가우스 표면이 공(구)이면 단일 적분을 수행한다. 가우스 표면이 원통이면 전체 적분을 세 개의 열린 표면 – 원통의 옆면과 윗면과 아랫면 – 에 대한 적분으로 나누어 수행한다(예제를 참조하기 바란다).

5. 가우스 법칙의 좌변을 간단히 한다. 이때 $\vec{\mathbf{E}}$와 $d\vec{\mathbf{A}}$의 방향에 따라 다음의 관계를 이용한다. 여기서 $d\vec{\mathbf{A}}$의 방향은 표면에 수직임을 명심해야 한다.
   - $\vec{\mathbf{E}}$와 $d\vec{\mathbf{A}}$가 평행이면 $\vec{\mathbf{E}} \cdot d\vec{\mathbf{A}} = EdA$
   - $\vec{\mathbf{E}}$와 $d\vec{\mathbf{A}}$가 반평행이면 $\vec{\mathbf{E}} \cdot d\vec{\mathbf{A}} = -EdA$
   - $\vec{\mathbf{E}}$와 $d\vec{\mathbf{A}}$가 수직이면 $\vec{\mathbf{E}} \cdot d\vec{\mathbf{A}} = 0$
6. 대칭성에 의해 전기장의 크기 E가 표면의 어떤 부분(영역)에 걸쳐서 모두 동일(일정)하면 그 부분에서 $\int_S EdA = E\int_S dA = EA$이다. 위의 2번 단계에서 가우스 표면을 현명하게 선택하면 닫힌 표면을 이루고 있는 한 부분 부분마다 적분 결과가 EA가 되거나(평행일 때) 0이 되므로(수직일 때) 가우스 법칙은 다음과 같이 간단해진다.

$$E_1A_1 + E_2A_2 + \cdots + E_NA_N = \frac{q_{enc}}{\epsilon_0}$$

여기서 E_1A_1은 표면의 어떤 한 부분을 통과하는 전속이고 E_2A_2는 표면의 다른 부분을 통과하는 전속이다. 이런 식으로 표면을 이루고 있는 모든 부분의 전속을 구한다. 원통의 경우에는 세 개의 전속 항이 존재한다(이 경우에 세 개의 항 중에서 하나의 항 또는 두 개의 항이 0이 될 수 있다).

7. 각 부분의 모양에 따라 다음 중에서 알맞은 수식을 선택하고 그 부분의 면적을 구한다.

- 공(구)의 표면적: $A = 4\pi r^2$
- 원통의 윗면 또는 아랫면의 면적: $A = \pi r_c^2$
- 원통의 옆면(몸체)의 면적: $A = 2\pi r_c L$

공 또는 원통 구조를 다루는 가우스 법칙 문제에서는 일반적으로 두 개의 서로 다른 반지름을 사용한다. 가우스 구의 반지름에는 r, 가우스 원통의 반지름에는 r_c를 사용한다. 그렇지만 전하를 가지고 있는 구 또는 전하를 가지고 있는 원통에는 이와 다른 기호를 사용하여 반지름을 나타낸다(이 책에서는 기호 a를 사용하는데, 다른 책에서는 R을 사용하기도 한다. 이 책에서는 소문자 r과 대문자 R 사이의 혼동을 피하기 위해 a를 사용한다).

8. 가우스 법칙을 사용하여 전기장을 간단한 방정식으로 만든다(이 방정식은 간단한 대수 연산으로 이루어진 방정식이어야 한다).

9. 문제를 구성하고 있는 각각의 영역을 구별한다. 문제에는 적어도 두 개의 영역이 있는 것이 보통이다. 이때 한 영역은 전하를 가진 물체 내부이고 다른 영역은 전하를 가진 물체의 외부이다. 이 책에서는 각 영역에 로마문자(I, II, III, IV, V …)를 붙이기로 한다.

10. 다음 적분을 사용하여 각 영역에서 가우스 표면 속에 들어있는 알짜 전하를 구한다. 주어진 영역에서 가우스 표면이 전하를 가진 물체를 완전히 둘러싸고 있으면 내부전하 q_{enc}는 물체의 총 전하 Q와 같다. 그러나 가우스 표면이 전하를 가진 물체의 일부를 둘러싸고 있으면 7장에서 배운 방법을 적용한다(97쪽의 11번 단계).

$$q_{enc} = \int dq$$

이 적분은 주어진 영역에서 가우스 표면에 대해 수행한다.

11. 각 영역에서 위의 10번 단계에서 구한 내부전하를 8번 단계에서 간단한 형태로 구한 전기장 수식에 대입한다.

자유공간의 유전율

가우스 법칙에 들어있는 ϵ_0를 자유공간의 유전율(permittivity of free space)라고 한다. 자유공간(free space)[13]은 물질이 전혀 없는 영역인 진공(vacuum)을 가리킨다. 자유공간의 유전율 ϵ_0는

$$\epsilon_0 = \frac{1}{4\pi k}$$

로 쓸 수 있다. 이다. 여기서 k는 쿨롱상수로 $k = 9.0 \times 10^9 \ \frac{\mathrm{N \cdot m^2}}{\mathrm{C^2}}$이다. 이 식에서 알 수 있듯이 ϵ_0의 단위는 k의 단위의 역수이다. k의 SI 단위는 $\frac{\mathrm{N \cdot m^2}}{\mathrm{C^2}}$이므로 ϵ_0의 단위는 $\frac{\mathrm{C^2}}{\mathrm{N \cdot m^2}}$이다. k의 값 $9.0 \times 10^9 \ \frac{\mathrm{N \cdot m}}{\mathrm{C^2}}$을 위 식에 대입하면 $\epsilon_0 = 8.8 \times 10^{-12} \ \frac{\mathrm{C^2}}{\mathrm{N \cdot m^2}}$이다. 그러나 이 책에서는 계산기의 사용을 피하기 위해 $\epsilon_0 = \frac{10^{-9}}{36\pi} \ \frac{\mathrm{C^2}}{\mathrm{N \cdot m^2}}$을 사용한다.

예제 무한히 넓으면서[14] 아주 얇은 판이 xy 평면에 놓여 있다. 이 판은 균일한 면전하 밀도 σ를 가지고 있다. 전하 밀도의 부호는 +이다. 이 무한히 넓은 판이 판의 양쪽에 만들어내는 전기장의 수식을 구하라.

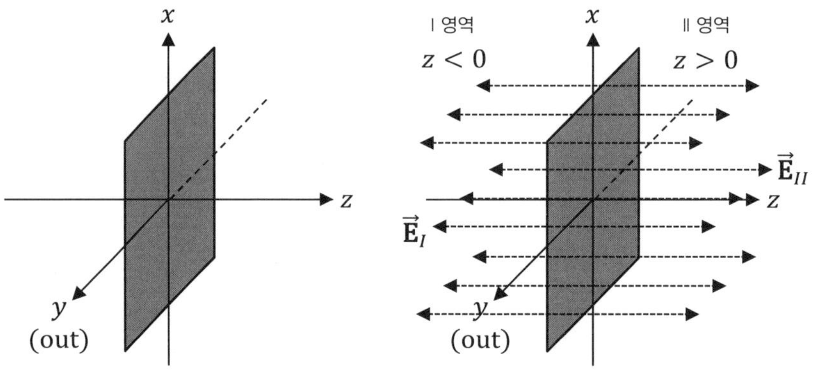

풀이 먼저 +전하를 가진 무한히 넓은 판에서 발생하는 전기장선을 그려보자. 판의 오른쪽 영역에 속해 있는 어느 한 위치에 +시험전하를 가져다 놓으면, 이 시험전하는 오른쪽(+z축)으로 밀쳐지는 힘을 받는다. +시험전하를 판의 왼쪽 영역에 가져다 놓으면 이 시

13 (옮긴이) 자유공간(free space)이란 아무런 물질도 없는 공간(space that is free of matter)을 가리키는 용어이다. 자유공간은 전자기학에서 사용하는 추상적인 개념으로, 실제로 완벽한 자유공간인 매질은 존재하지 않는다. 그렇지만 공기(air)나 진공(vacuum)은 전자기적 특성이 자유공간과 거의 같으므로 근사적으로 자유공간으로 취급한다.

14 이 예제에서 "무한히 넓은" 판에 대해 구한 결과는 유한한 넓이의 판에도 다음 조건 – 전자기장을 구하는 지점과 판 사이의 거리가 판의 치수와 비교하여 매우 작고 동시에 그 지점이 판의 모서리 근처에 위치하지 않음 – 을 만족하면 적용할 수 있다. 실제로 주위에서 쉽게 찾아볼 수 있는 예로 12장에서 다루는 평행판 커패시터를 들 수 있다. 평행판 커패시터에서 두 판 사이의 거리는 판의 사이즈와 비교하여 매우 작다.

험전하는 왼쪽($-z$축)으로 밀쳐지는 힘을 받는다. 따라서 전기장선은 이전 쪽 오른쪽에 있는 그림에서 보듯이 판으로부터 왼쪽 방향과 오른쪽 방향을 각각 향하는 직선 형태가 된다. 이 예제에서는 아래 그림과 같이 가우스 표면으로 원통 면을 선택한다. 원통 면을 선택한 까닭은 다음과 같다.

- $\vec{\mathbf{E}}$는 원통의 양끝 면(왼쪽 면과 오른쪽 면)에서 $d\vec{\mathbf{A}}$와 평행이다.
- $\vec{\mathbf{E}}$는 원통의 몸통 면 전체에서 $d\vec{\mathbf{A}}$와 수직이다($\vec{\mathbf{E}}$의 방향은 수평인 반면, $d\vec{\mathbf{A}}$의 방향은 언제나 원통의 몸통 표면에 수직이므로 $d\vec{\mathbf{A}}$와 $\vec{\mathbf{E}}$는 항상 수직을 이룬다.
- $\vec{\mathbf{E}}$의 크기는 원통의 양끝 면에서 일정하다. 그 까닭은 양끝 면 위에 있는 모든 점과 판 사이의 수평거리가 전부 동일하기 때문이다.

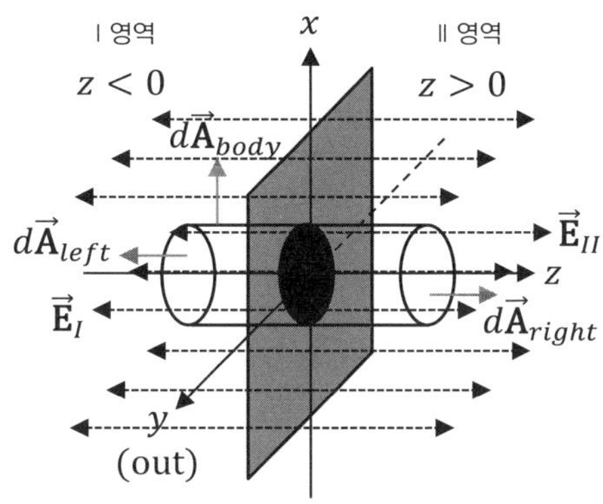

가우스 법칙을 수식으로 쓰면 다음과 같다.

$$\oint_S \vec{\mathbf{E}} \cdot d\vec{\mathbf{A}} = \frac{q_{enc}}{\epsilon_0}$$

위 방정식에서 좌변은 알짜 전속으로, 이 값은 가우스 원통 면 전체에 걸쳐 전기장을 적분해서 구한다. 원통 면은 왼쪽 면, 오른쪽 면, 몸통, 이렇게 세 개의 면으로 이루어져 있으므로 가우스 법칙은

$$\int_{left} \vec{\mathbf{E}} \cdot d\vec{\mathbf{A}} + \int_{body} \vec{\mathbf{E}} \cdot d\vec{\mathbf{A}} + \int_{right} \vec{\mathbf{E}} \cdot d\vec{\mathbf{A}} = \frac{q_{enc}}{\epsilon_0}$$

로 쓸 수 있다. 제1권에서 배운 바 있듯이 $\vec{\mathbf{E}}$와 $d\vec{\mathbf{A}}$의 스칼라 곱은 $E\cos\theta\, dA$이다. 여기서 θ는 $\vec{\mathbf{E}}$와 $d\vec{\mathbf{A}}$ 사이의 각도이다. 앞서 배웠듯이 $d\vec{\mathbf{A}}$의 방향은 표면에 수직인 방향으로 정의된다. 위 그림에 표시된, 원통의 양쪽 끝 면과 몸통 면에서 $\vec{\mathbf{E}}$와 $d\vec{\mathbf{A}}$의 방향을 자세히 살펴보자.

- 양쪽 끝 면: $\vec{\mathbf{E}}$와 $d\vec{\mathbf{A}}$는 면 위의 어느 점에서나 서로 평행이고 같은 방향을 가리키므로 $\theta = 0°$이다.

- 몸통 면: $\vec{\mathbf{E}}$와 $d\vec{\mathbf{A}}$는 면 위의 어느 점에서나 수직을 이루므로 $\theta = 90°$이다.

$$\int_{left} E\cos 0°\, dA + \int_{body} E\cos 90°\, dA + \int_{right} E\cos 0°\, dA = \frac{q_{enc}}{\epsilon_0}$$

삼각함수 공식에서 $\cos 0° = 1$, $\cos 90° = 0$이므로,

$$\int_{left} E\, dA + 0 + \int_{right} E\, dA = \frac{q_{enc}}{\epsilon_0}$$

이 된다. 전기장의 크기는 가우스 원통의 양쪽 끝 면 전체에서 일정하다. 그 까닭은 원통의 양쪽 끝 면 위에 있는 모든 점에서 무한 판까지의 수평거리는 전부 동일하기 때문이다. (가우스 표면을 선택할 때 가우스 포면인 원통의 중심이 무한 판의 중심에 위치하도록 하였으므로 가우스 원통의 양쪽 끝 면 위에 위치한 지점에서 E 값은 모두 같아야 한다.[15]) 따라서 원통의 양쪽 끝 면에서는 전기장의 크기 E는 상수로 취급할 수 있으므로 다음과 같이 적분기호 밖으로 꺼낼 수 있다.

$$E\int_{left} dA + E\int_{right} dA = \frac{q_{enc}}{\epsilon_0}$$

이제 남은 적분은 아주 간단해서 $\int dA = A$이 된다. 따라서 다음 식을 얻을 수 있다.

$$EA_{left} + EA_{right} = EA_{end} + EA_{end} = \frac{q_{enc}}{\epsilon_0}$$

원통의 양쪽 끝 면의 면적은 서로 동일하다($A_{left} = A_{right}$). 따라서 끝 면의 원의 면적을 A_{end}라고 할 때 $A_{left} = A_{right} = A_{end}$이다. 따라서

$$2EA_{end} = \frac{q_{enc}}{\epsilon_0}$$

위 식의 양변을 $2A_{end}$로 나누면

$$E = \frac{q_{enc}}{2\epsilon_0 A_{end}}$$

가 된다. 이제 가우스 원통 면이 둘러싸고 있는 전하의 양을 구해보자. 지난 장에서 Q를 계산할 때와 같은 방법을 사용하기로 한다. 다음과 같이 나타낸 적분

$$q_{enc} = \int dq$$

15 최종 결과에서 알 수 있듯이 이 조건은 별문제가 되지 않는다. 전하를 가진 무한 판에 의해 발생하는 전기장의 크기는 거리에 관계없이 일정하다.

은 가우스 표면 전체에 대해 수행하는 것이 아니다. 이 적분은 가우스 표면에 의해 둘러싸인 "판" 위의 영역에 대해 수행하는 것이다. 이 영역은 그림에 진하게 칠해져 있는 원이다. 면 전하의 경우, $dq = \sigma dA$이다(96쪽 6번 단계). 따라서

$$q_{enc} = \int \sigma\, dA$$

이다. 면 전하밀도 σ가 균일하므로 σ는 상수로 취급하여 적분기호 밖으로 꺼낼 수 있다.

$$q_{enc} = \sigma \int dA = \sigma A_{end}$$

이 면적은 무한 판 중에서 가우스 원통에 의해 둘러싸인 부분인 원의 면적으로 그림에서 진하게 칠해진 원이다. 이 면적은 원통의 끝 면의 면적과 같다. 이 q_{enc} 식을 앞에서 구한 전기장 방정식에 대입하면,

$$E = \frac{q_{enc}}{2\epsilon_0 A_{end}} = \frac{\sigma A_{end}}{2\epsilon_0 A_{end}} = \frac{\sigma}{2\epsilon_0}$$

이 된다. 따라서 전기장의 크기는 $E = \frac{\sigma}{2\epsilon_0}$인데, 잘 살펴보면 이 값은 상수이다. 따라서 무한 전하 판이 만들어내는 전기장은 균일하다. 여기에 단위벡터를 붙이면 다음과 같이 전기장을 벡터로 나타낼 수 있다.

- $\vec{\mathbf{E}} = \frac{\sigma}{2\epsilon_0}\hat{\mathbf{z}}$, $z > 0$일 때(무한 판의 오른쪽 영역).
- $\vec{\mathbf{E}} = -\frac{\sigma}{2\epsilon_0}\hat{\mathbf{z}}$, $z < 0$일 때(무한 판의 왼쪽 영역).

여기서 $\hat{\mathbf{z}}$는 $+z$축을 향하는 단위벡터이다. 위의 두 식을 하나의 방정식으로 합하는 좋은 방법이 있다. 절댓값을 사용하여 $\vec{\mathbf{E}} = \frac{\sigma}{2\epsilon_0}\frac{z}{|z|}\hat{\mathbf{z}}$로 쓰면 된다. 그러면 $z > 0$일 때는 $\frac{z}{|z|} = +1$이고 $z < 0$이면 $\frac{z}{|z|} = -1$이 된다.

예제 다음 쪽 그림을 보면 두께가 T인 무한 조각이 xy 평면에 평행하게 놓여있다. 도체가 아닌 물질로 이루어진 이 무한 조각의 중심은 $z = 0$인 평면에 맞추어져 있다. 무한 조각은 균일한 +(양) 전하밀도 ρ를 가진다. 각 영역에서 전기장의 수식을 구하라.

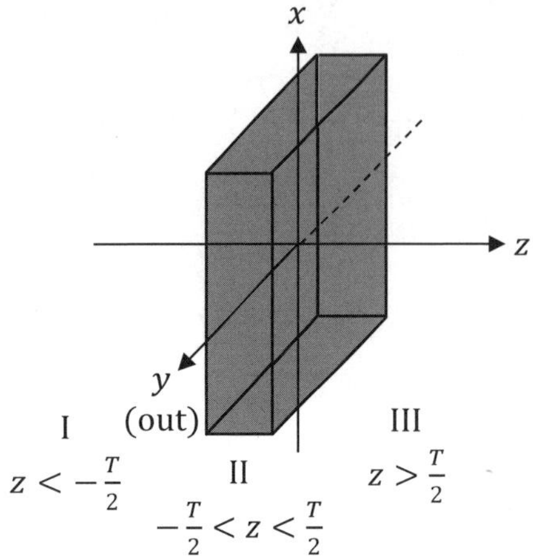

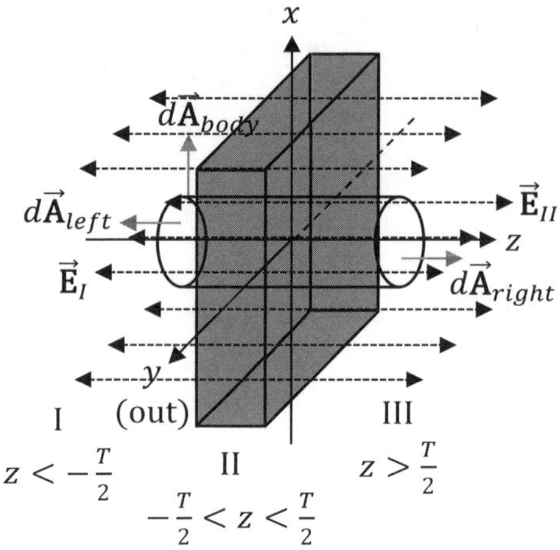

풀이 이 문제는 바로 전에 풀어본 예제와 비슷하다. 차이가 있다면 앞의 예제에서 다룬 무한 판은 아주 얇아서 두께를 무시했던 것과는 달리 이 예제의 무한 조각은 어느 정도의 두께를 가진다는 점이다. 두 예제의 전기장은 서로 비슷하므로 이번 예제에서도 가우스 표면으로 원통 면을 선택한다. 문제를 푸는 시간을 절약하기 위해 풀이 과정에서 이전 예제와 풀이가 동일한 단계들은 간단히 수식만 써서 나타내고 풀이가 달라지는 경우만 찾아내어 자세히 설명한다. 이 예제의 각 단계들을 잘 이해하면 좋은 문제풀이 연습이 될 것이다(잘 이해가 되지 않으면 이전 예제에 실려 있는 설명을 다시 읽어보기 바란다).

$$\oint_S \vec{\mathbf{E}} \cdot d\vec{\mathbf{A}} = \frac{q_{enc}}{\epsilon_0}$$

$$\int_{left} \vec{\mathbf{E}} \cdot d\vec{\mathbf{A}} + \int_{body} \vec{\mathbf{E}} \cdot d\vec{\mathbf{A}} + \int_{right} \vec{\mathbf{E}} \cdot d\vec{\mathbf{A}} = \frac{q_{enc}}{\epsilon_0}$$

$$\int_{left} E \cos 0^\circ \, dA + \int_{body} E \cos 90^\circ \, dA + \int_{right} E \cos 0^\circ \, dA = \frac{q_{enc}}{\epsilon_0}$$

$$\int_{left} E \, dA + 0 + \int_{right} E \, dA = \frac{q_{enc}}{\epsilon_0}$$

$$E \int_{left} dA + E \int_{right} dA = \frac{q_{enc}}{\epsilon_0}$$

$$2EA_{end} = \frac{q_{enc}}{\epsilon_0}$$

$$E = \frac{q_{enc}}{2\epsilon_0 A_{end}}$$

바로 전 예제와 다른 것은 가우스 원통 면이 둘러싸고 있는 전하의 양이다. 전하 조각은 두께를 가지고 있으므로 가우스 표면은 전하를 가진 부피를 둘러싸고 있다. 아래 적분에서 따라서 $dq = \sigma A$ 대신 $dq = \rho dV$(97쪽 6번 단계)를 사용해서 q_{enc}를 구한다.

$$q_{enc} = \int dq = \int \rho\, dV$$

이 조각이 가지는 전하밀도 ρ가 균일하므로 ρ는 다음과 같이 적분기호 밖으로 꺼낼 수 있다.

$$q_{enc} = \rho \int dV = \rho V_{enc}$$

여기서 V_{enc}는 전체 무한 조각 중에서 가우스 원통 면으로 둘러싸인 조각의 부피이다.

이제 다음 두 가지 경우를 생각하자.

- 가우스 표면의 길이(또는 폭)가 조각의 두께보다 길다: 이 경우에는 I 영역과 III 영역에서 전기장을 구할 수 있다(각 영역이 어디에 해당되는지 확인하려면 아래 그림을 볼 것).
- 가우스 표면의 길이가 조각의 두께보다 짧다: 이 경우에는 II 영역에서 전기장을 구할 수 있다.

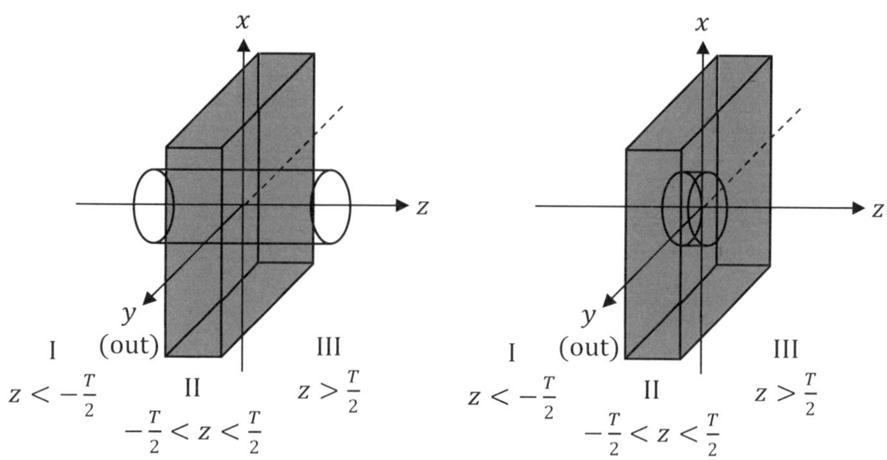

먼저 I 영역과 III 영역에서의 전기장을 구해보자.

I 영역과 III 영역: $z < -\frac{T}{2}$와 $z > \frac{T}{2}$

가우스 표면의 길이가 조각의 두께보다 길면 표면에 둘러싸인 전하의 부피는 원통과 조각이 교차하는 부분의 부피와 같다. 교차하는 부분의 부피는 몸통의 길이가 조각의 두께와 같은 원통의 부피다. 따라서 이 부피는 다음과 같이 원통의 끝 면의 원 면적에 조각의 두께를 곱한 값이다.

$$V_{enc} = TA_{end}$$

이 경우에 가우스 원통 면에 둘러싸인 전하는

$$q_{enc} = \rho V_{enc} = \rho T A_{end}$$

이다. 이 식을 앞에서 구한 전기장 방정식에 대입한다.

$$E = \frac{q_{enc}}{2\epsilon_0 A_{end}} = \frac{\rho T A_{end}}{2\epsilon_0 A_{end}} = \frac{\rho T}{2\epsilon_0}$$

바로 전 예제와 마찬가지로 무한 조각 오른쪽에 위치한 III 영역에서의 전기장의 크기는 I 영역에서의 전기장의 크기와 동일하다. 단 방향은 I 영역의 전기장과 반대이다.

이상과 같이 구한 I 영역과 III 영역에서의 전기장은 II 영역에서는 달라질 것이다. 이제 II 영역의 전기장을 구해보자.

II 영역: $-\frac{T}{2} < z < \frac{T}{2}$

가우스 표면(원통)의 길이가 조각의 두께보다 짧으면 가우스 표면에 둘러싸인 전하의 부피는 가우스 원통의 부피와 같다. 이 경우, 가우스 표면의 길이는 $2|z|$가 된다(가우스 원통 면이 $-z$에서 $+z$까지의 공간을 차지하고 있으므로). 가우스 원통의 길이가 짧을수록 이 원통 면이 감싸는 전하는 줄어든다. 가우스 원통의 부피는 다음과 같이 원통의 끝 면의 원 면적에 $2|z|$를 곱한 값이다.

$$V_{enc} = 2|z|A_{end}$$

이 경우에 가우스 원통 면으로 둘러싸인 전하는

$$q_{enc} = \rho V_{enc} = \rho 2|z|A_{end}$$

이다. 이 식을 앞에서 구한 전기장 방정식에 대입한다.

$$E = \frac{q_{enc}}{2\epsilon_0 A_{end}} = \frac{\rho 2|z|A_{end}}{2\epsilon_0 A_{end}} = \frac{\rho|z|}{\epsilon_0}$$

여기서 주의 깊게 살펴볼 점은 위에서 서로 다른 두 영역에서 구한 두 수식은 두 영역이 만나는 경계면에서 서로 일치한다는 사실이다. 실제로 II 영역에서의 전기장 E 수식에 $z = \frac{T}{2}$를 대입해서 구해보면 이 E 값은 I 영역과 III 영역에서의 전기장 E 수식에 $z = \frac{T}{2}$를 대입해서 구한 E 값과 같다. 일반적으로 **전기장은 경계면에서 연속**이다(단, 도체와 다른 물질 사이의 경계면에서는 예외이다). 이것을 기억하면 여러 개의 영역으로 이루어진 구조를 다루는 문제에서 구한 답을 검사할 때 도움이 될 수 있다.

예제 균일 전하 밀도 ρ를 가지며 반지름이 a인 절연체[16] 구가 있다. 속이 채워진 구의 총 전하량은 $+Q$이며 구의 중심은 원점에 맞춰져 있다. 구의 내부와 외부에서의 전기장 방정식을 유도하라.

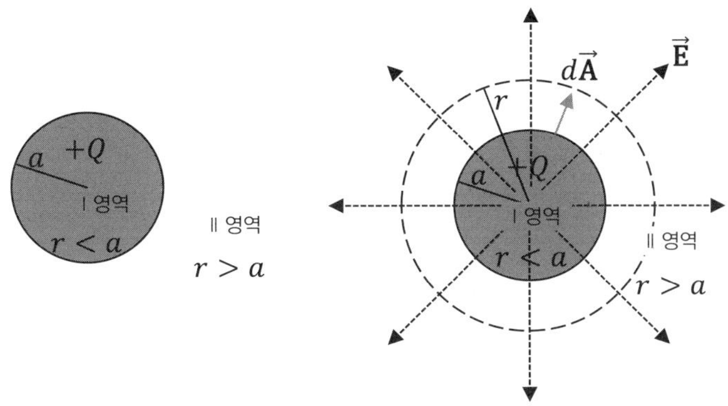

풀이 먼저, +전하를 가진 구에서 발생하는 전기장선을 그려보자. +시험전하를 구 내부나 외부의 어느 곳에 가져다 놓든, 시험전하는 구의 중심에서 바깥쪽으로 사방으로 똑바로 뻗어 나가는 방향으로 밀쳐지는 힘을 받는다. 따라서 전기장선은 오른쪽 위에 있는 그림과 같이 바깥쪽을 향해 사방으로 뻗어나가는 형태가 된다. (그림에는 전기장선이 원을 중심으로 2차원으로 그려져 있지만 실제 전하는 원이 아니고 구(공)이므로 실제 전기장선은 3차원임을 알고 있어야 한다). 이제 이 구조에 적합한 가우스 표면을 정해야 한다. 여기서는 오른쪽 위의 그림에서 점선으로 표시한 원(실제는 구)을 가우스 표면으로 정한다. 가우스 표면의 중심은 전하 구의 중심과 일치해야 한다. 그러면 $\vec{\mathbf{E}}$와 $d\vec{\mathbf{A}}$는 서로 나란하므로(방향이 같으므로) $\vec{\mathbf{E}}$의 크기 E는 가우스 표면 전체에서 일정하다(구 모양의 가우스 표면 위의 모든 점과, + 전하 구의 중심 사이의 거리는 전부 같으므로). 가우스 법칙을 수식으로 쓰면

$$\oint_S \vec{\mathbf{E}} \cdot d\vec{\mathbf{A}} = \frac{q_{enc}}{\epsilon_0}$$

이다. 제1권에서 배웠듯이 $\vec{\mathbf{E}}$와 $d\vec{\mathbf{A}}$의 스칼라 곱은 $\vec{\mathbf{E}} \cdot d\vec{\mathbf{A}} = E\cos\theta\, dA$이다. 여기서는 전기장선이 가우스 표면과 수직을 이루면서 밖으로 곧게 뻗어나가므로 $\theta = 0°$가 된다. (다시 말해 $d\vec{\mathbf{A}}$의 방향은 가우스 표면에 수직이고 $\vec{\mathbf{E}}$는 가우스 표면과 수직을 이루므로 $d\vec{\mathbf{A}}$와 $\vec{\mathbf{E}}$는 서로 평행하다). 이것을 대입하면

16 구가 절연체가 아니라 도체라면 과잉(알짜) 전하는 구의 표면으로 모두 이동한다. 이렇게 되는 까닭에 대해서는 다음 예제에서 살펴본다(도체 껍질을 다루는 예제 참조).

$$\oint_S E\cos 0^\circ\, dA = \frac{q_{enc}}{\epsilon_0}$$

이 된다. 여기서 $\cos 0^\circ = 1$이므로

$$\oint_S E\, dA = \frac{q_{enc}}{\epsilon_0}$$

을 얻는다. 가우스 표면 위의 모든 점과 + 전하 구의 중심 사이의 거리는 전부 같다. 따라서 전기장의 크기는 가우스 표면 전체에서 일정하다. 그러면 E를 상수처럼 취급하여 다음과 같이 적분기호 밖으로 꺼낼 수 있다.

$$E\oint_S dA = \frac{q_{enc}}{\epsilon_0}$$

닫힌 표면에 대해 수행하는 면(적) 적분인 $\oint_S dA$은 반지름 r인 가우스 표면에 대해 수행한다. 전기장의 크기는 전하 구와 장점 사이의 거리 r에 따라 달라지므로 r은 변수가 된다. 구(공)의 경우, 구 좌표계(6장)를 사용하는 것이 편리하다 구 좌표계에서 미소 면적 요소는 $dA = r^2 \sin\theta\, d\theta\, d\phi$이다(97쪽 참조). 구 좌표계에서 구(공) 모양의 가우스 표면에 대한 적분은 오로지 각도만을 사용하여 이루어지는 적분이다. 이 적분에서는 거리 r을 상수로 취급한다. 이렇게 하는 까닭은 가우스 표면인 구의 표면 위에 있는 모든 점은 r값이 동일하기 때문이다. 구의 표면에서 ϕ는 0에서 2π까지 변하고 θ는 0에서 π까지 변한다. 주어진 θ 값에 대해 ϕ가 0에서 2π까지 변하면 수평으로 놓인 원(공을 수평으로 자를 때 나타나는 원)의 둘레를 움직이는 것이다. 따라서 0에서 π까지의 모든 θ값 하나하나에 대해 ϕ를 0에서 2π까지 움직이면 구의 표면 전체를 포함하게 된다(이에 대해서는 제1권 32장에서 다룬 바 있다).

$$A = \oint_S dA = \int_{\theta=0}^{\pi}\int_{\phi=0}^{2\pi} r^2 \sin\theta\, d\theta\, d\phi = r^2 \int_{\theta=0}^{\pi}\int_{\phi=0}^{2\pi} \sin\theta\, d\theta\, d\phi$$

ϕ에 대해 적분을 할 때는 독립변수 θ는 상수로 취급한다. 따라서 다음과 같이 θ는 ϕ에 대한 적분기호 밖으로 꺼낼 수 있다.

$$A = r^2 \int_{\theta=0}^{\pi} \sin\theta \left(\int_{\phi=0}^{2\pi} d\phi\right) d\theta = r^2 \int_{\theta=0}^{\pi} \sin\theta\, [\phi]_{\phi=0}^{2\pi}\, d\theta = r^2 \int_{\theta=0}^{\pi} \sin\theta\, (2\pi)\, d\theta$$

$$= 2\pi r^2 \int_{\theta=0}^{\pi} \sin\theta\, d\theta = 2\pi r^2 [-\cos\theta]_{\theta=0}^{\pi} = 2\pi r^2(-\cos\pi + \cos 0)$$

$$= 2\pi r^2(1+1) = 4\pi r^2$$

이러한 방식으로 적분을 수행하여 구의 표면적을 구하는 대신, 구의 표면적 계산 공식인 $A=4\pi r^2$을 사용하여 쉽게 구할 수도 있다. 하지만 적분을 하는 방법을 알아야만 풀 수 있는 문제들도 있다. 위에서 구한 구의 표면적을 앞서 구한 전기장 수식에 대입하면

$$E\oint_S dA = EA = E4\pi r^2 = \frac{q_{enc}}{\epsilon_0}$$

이 된다. 전자기장의 크기 E를 구하기 위해 위 식의 양변을 $4\pi r^2$으로 나누면

$$E = \frac{q_{enc}}{4\pi\epsilon_0 r^2}$$

이 된다. 이제 가우스 표면이 얼마나 많은 전하를 둘러싸고 있는지 구해보자. 균일하게 대전된 속이 채워진 구의 경우에는 $dq=\rho dV$이다(97쪽 6번 단계). 구는 균일 전하 밀도 ρ를 가지므로 다음과 같이 ρ는 적분 밖으로 꺼낼 수 있다.

$$q_{enc} = \int dq = \int \rho\, dV = \rho\int dV$$

구의 경우, 구 좌표계를 사용하면 편리하다 구 좌표계에서 미소 부피 요소는 $dV=r^2\sin\theta\, dr\, d\theta\, d\phi$이다(97쪽 참조). 지금 적분하려고 하는 대상은 부피이므로(표면이 아님에 주의할 것), r은 변수이고 따라서 삼중 적분이 필요하다.

이 문제에서는 두 개의 각기 다른 영역을 고려해야 한다.

- 가우스 구면이 전하 구보다 작다: 이 경우에는 I 영역에서의 전기장을 구할 수 있다.
- 가우스 구면이 전하 구보다 크다: 이 경우에는 II 영역에서의 전기장을 구할 수 있다.

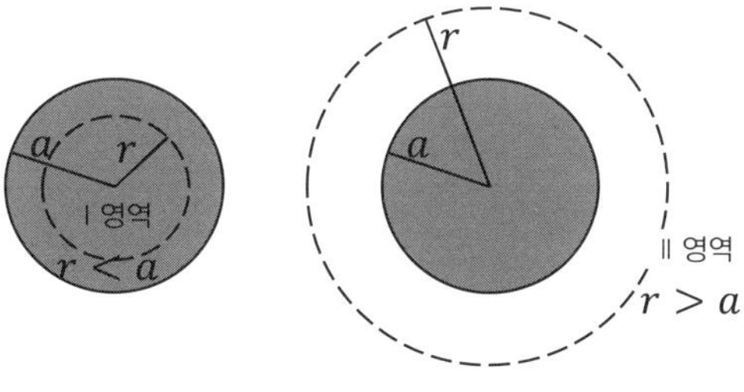

이제 I 영역에서의 전기장을 구해보자.

I 영역: $r<a$

전하 구 내부에서는, 가우스 구면은 전하 구가 가진 전하의 일부만을 둘러싼다. 이 영역에서는 아래 적분 수식에서 보듯이 r에 대한 적분의 상한이 변수 r이 된다. 가우스 구면의 반지름 r이 클수록 더 많은 전하를 둘러싼다. 가장 큰 가우스 구면은 $r=a$일 때다(가우스 구면의 반지름 r이 전하 구의 반지름 a와 같다).

$$q_{enc} = \rho \int dV = \rho \int_{r=0}^{r} \int_{\theta=0}^{\pi} \int_{\phi=0}^{2\pi} r^2 \sin\theta \, dr \, d\theta \, d\phi$$

이 적분은 변수끼리 분리가 가능하므로 다음과 같이 쓸 수 있다.

$$q_{enc} = \rho \int_{r=0}^{r} r^2 \, dr \int_{\theta=0}^{\pi} \sin\theta \, d\theta \int_{\phi=0}^{2\pi} d\phi = \rho \left[\frac{r^3}{3}\right]_{r=0}^{r} [-\cos\theta]_{\theta=0}^{\pi} [\phi]_{\phi=0}^{2\pi}$$

$$q_{enc} = \rho \left(\frac{r^3}{3}\right)(-\cos\pi + \cos 0)(2\pi) = \rho \left(\frac{r^3}{3}\right)(1+1)(2\pi) = \frac{4\pi\rho r^3}{3}$$

위에서 적분을 계산하여 얻은 결과 중에서 $\frac{4\pi r^3}{3}$은 구의 부피이다. 균일한 전하밀도를 가진 구의 경우, 전하는 부피전하밀도 ρ와 부피를 곱한 것이 된다. (전하밀도가 균일하지 **않은** 구의 경우에는 적분을 수행하여 계산해야 한다). 이 식을 앞에서 구한 전기장 식에 대입하면

$$E = \frac{q_{enc}}{4\pi\epsilon_0 r^2} = \frac{4\pi\rho r^3}{3} \times \frac{1}{4\pi\epsilon_0 r^2} = \frac{\rho r}{3\epsilon_0}$$

가 된다. 전기장은 전하 구의 중심으로부터 바깥쪽을 향해 사방으로 뻗어나가므로 전기장의 방향은 구 좌표계의 단위벡터 $\hat{\mathbf{r}}$ 방향이 된다. 따라서 전기장의 크기와 방향을 함께 고려하면 전기장 벡터는

$$\vec{\mathbf{E}} = \frac{\rho r}{3\epsilon_0}\hat{\mathbf{r}}$$

이 된다. 전하 구 바깥 영역에서의 전자기장은 이 결과와는 다르다. 지금부터 이것을 구해보자.

II 영역: $r > a$

전하 구의 외부에서는, 가우스 구면은 전하 구가 가진 전하를 모두(100%) 둘러싼다. 가우스 구면의 반지름 r가 a보다 클 때, r에 대한 적분의 범위가 $r=0$에서 $r(r>a)$까지여도 실제 적분에 기여하는 것은 $r=0$에서 $r=a$까지다(모든 전하가 반지름 a인 구의 내부에 놓여 있으므로). 따라서 가우스 표면이 둘러싸는 전하를 구하는 적분은 다음 식으로 쓸 수 있다.

$$q_{enc} = \rho \int dV = \rho \int_{r=0}^{a} \int_{\theta=0}^{\pi} \int_{\phi=0}^{2\pi} r^2 \sin\theta \, dr \, d\theta \, d\phi$$

이 삼중 적분을 앞의 삼중 적분과 비교하면 r자리에 a가 들어간 것만 다를 뿐 나머지는 동일하다. 따라서 이 삼중 적분을 직접 계산하는 대신, 앞의 결과에서 r자리에 a만 대입하면 된다.

$$q_{enc} = Q = \frac{4\pi\rho a^3}{3}$$

이 식을 앞에서 구한 전기장 식에 대입하면

$$E = \frac{q_{enc}}{4\pi\epsilon_0 r^2} = \frac{4\pi\rho a^3}{3} \times \frac{1}{4\pi\epsilon_0 r^2} = \frac{\rho a^3}{3\epsilon_0 r^2}$$

이 된다. 방향을 함께 고려하면 전기장 벡터는 다음과 같다.

$$\vec{\mathbf{E}} = \frac{\rho a^3}{3\epsilon_0 r^2}\hat{\mathbf{r}}$$

I 영역과 II 영역의 전기장을 나타내는 다른 방법

I 영역과 II 영역에서의 전기장을 나타내는 방법에는 여러 가지가 있다. 예를 들어 자유공간의 유전율 ϵ_0를 사용하는 대신 $\epsilon_0 = \frac{1}{4\pi k}$($k$는 쿨롱상수) 관계를 이용하여 다르게 나타낼 수 있다. 전하 구의 총 전하량은 $Q = \frac{4\pi\rho a^3}{3}$(앞의 II 영역에서 구한 바 있다)이므로, 전하밀도 ρ 대신에 총 전하량 Q를 사용하여 전기장을 나타내면 다음과 같다.($\rho = \frac{3Q}{4\pi a^3}$)

I 영역: $r < a$

$$\vec{\mathbf{E}} = \frac{\rho r}{3\epsilon_0}\hat{\mathbf{r}} = \frac{4\pi k\rho r}{3}\hat{\mathbf{r}} = \frac{Qr}{4\pi\epsilon_0 a^3}\hat{\mathbf{r}} = \frac{kQr}{a^3}\hat{\mathbf{r}}$$

II 영역: $r > a$

$$\vec{\mathbf{E}} = \frac{\rho a^3}{3\epsilon_0 r^2}\hat{\mathbf{r}} = \frac{4\pi k\rho a^3}{3r^2}\hat{\mathbf{r}} = \frac{Q}{4\pi\epsilon_0 r^2}\hat{\mathbf{r}} = \frac{kQ}{r^2}\hat{\mathbf{r}}$$

여기서 주목할 점은 II 영역에서의 전기장은 **"점전하"가 만들어내는 전기장(2장 참조)과 동일**하다는 사실이다. 또 한 가지 점은 두 영역의 경계($r = a$)에서 I 영역과 II 영역의 전기장이 일치한다는 사실이다. 즉 r이 a에 가까워지면 두 영역의 수식은 모두 $\frac{kQ}{a^2}\hat{\mathbf{r}}$에 점점 가까워진다.

예제 균일 전하 밀도 ρ를 가지며 반지름이 a인 절연체 구가 있다. 속이 채워진 이 구의 총 전하량은 $+5Q$이며 구의 중심은 원점에 맞춰져 있다. 중심이 역시 원점에 맞춰진 두께가 있는 도체 구 껍질이 이 전하 구를 감싸고 있다. 이 구 껍질의 안쪽 반지름은 b, 바깥쪽 반지름은 c이며 총 전하량은 $+3Q$이다. 이 구조의 각 영역에서 전기장 방정식을 유도하라.

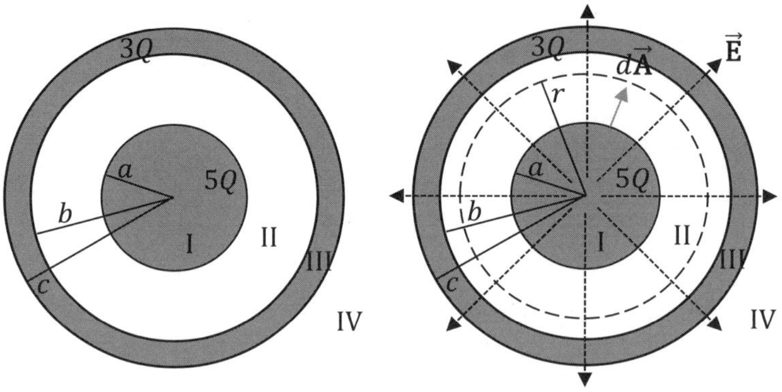

풀이 이 문제는 앞서 풀어본 예제들과 매우 유사하다. 다른 점이 있다면 이 예제는 영역이 모두 네 개이며 특히 III 영역에 해당하는 도체 껍질은 도체로 되어있다. 가우스 표면으로 선택한 구면은 이전 예제에서 사용했던 것과 동일하다. 또한 가우스 법칙도 똑같은 방식으로 적용한다. 그러나 각 영역에서 가우스 구면으로 둘러싸인 전하를 구하는 과정이 앞에서 풀어본 예제들과 분명하게 차이가 나므로 주의를 기울여야 한다.

I 영역: $r < a$

I 영역에서는 도체 껍질에 신경을 쓸 필요가 **없다**. 도체 껍질이 가진 전하 중에서 반지름 r이 $r < a$인 가우스 구면이 둘러싸고 있는 것은 전혀 없기 때문이다. 따라서 이전 예제에서 풀어본 균일 구 문제와 결과는 같다. 다른 점은, 총 전하량이 이전 예제에서는 $+Q$이었지만 여기에서는 $+5Q$(문제에서 주어짐)라는 것뿐이다. 여기서는 이전 예제에서 구한 방식 중에서 내부 구의 총 전하를 사용하는 방식을 사용하여 전기장 방정식을 나타내기로 한다. 그러면 이전 예제에서 구한 전기장 방정식 $\vec{\mathbf{E}} = \frac{kQr}{a^3}\hat{\mathbf{r}}$의 총 전하 Q를 다음과 같이 $5Q$로 바꾸어 쓰면 된다.

$$\vec{\mathbf{E}} = \frac{5kQr}{a^3}\hat{\mathbf{r}}$$

II 영역: $a < r < b$

II 영역에서도 도체 껍질은 아무런 상관이 없다. 도체 껍질이 가진 전하 중에서 반지름 r이 $r < b$인 가우스 구면이 둘러싸고 있는 것은 전혀 없기 때문이다(가우스 법칙에서는 가

우스 표면으로 둘러싸인 전하 q_{enc}만을 사용한다는 것을 잘 알아두어야 한다). 따라서 앞의 예제에서 풀어본 균일 구 문제의 전기장 방정식 $\vec{\mathbf{E}}=\frac{kQ}{r^2}\hat{\mathbf{r}}$의의 총 전하 Q를 다음과 같이 $5Q$로 바꾸어 쓰면 된다.

$$\vec{\mathbf{E}}=\frac{5kQ}{r^2}\hat{\mathbf{r}}$$

III 영역: $b<r<c$

이번 III 영역에서는 도체 껍질이 중요하다. 도체 껍질 내부가 정전 평형(electrostatic equilibrium) 상태에 도달하면(이렇게 되는 데 초 이하 단위밖에 걸리지 않음) 이 영역에서의 전기장은 0이 된다. 따라서

$$\vec{\mathbf{E}}=0$$

이다. III 영역에서 전기장이 0이 되는 까닭을 자세히 설명해보면 다음과 같다.

- 도체 껍질도 다른 거시적 물질과 마찬가지로 양성자, 중성자, 전자로 이루어져 있다.
- **도체 내부**에서는 전자가 쉽게 움직일 수 있다
- 도체 내부의 전기장이 0이 아니면 전하를 가진 입자(특히 전자)는 이 전기장에 의해 도체 내부의 공간에서 가속이 된다. 그 까닭은 전하 q를 가진 입자는 전기장 $\vec{\mathbf{E}}$에 의해 $\vec{\mathbf{F}}=q\vec{\mathbf{E}}$에 따라 힘을 받고, 힘을 받은 입자는 뉴턴의 제2법칙 $\sum\vec{\mathbf{F}}=m\vec{\mathbf{a}}$에 따라 가속이 되기 때문이다.
- 도체 내부로 전하가 들어오면 이 전하로 인해 도체 내부에서는 순식간에(초 이하 단위의 짧은 시간에) 기존의 전하들이 재분포되어 **정전 평형 상태**에 도달한다. (만일 도체에 전원공급기를 연결하면 전하는 계속해서 도체 내부를 따라 일정한 속도로 움직인다. 하지만 이 예제에서는 전원공급기는 사용되지 않는다)
- 정전 평형 상태에 도달하고 나면 전하(전자)는 더 이상 움직이지 않는다. 전하가 움직이지 않는 이 상태는 도체 껍질 내부의 전기장이 0임을 말해주는 것이다.

III 영역에서 전기장이 0이라는 사실로부터 도체 껍질이 가진 총 전하(문제에서 $3Q$로 주어짐)가 껍질 내부에 어떻게 분포되는지 생각해보자. III 영역에서 전기장은 $\vec{\mathbf{E}}_{\text{III}}=0$이므로 가우스 법칙 $\oint_S\vec{\mathbf{E}}\cdot d\vec{\mathbf{A}}=\frac{q_{enc}}{\epsilon_0}$에서 방정식의 우변은 0이 된다. 따라서 $q_{enc}=0$이 되어야 한다. 이것은 III 영역에 있는 가우스 구면에 의해 둘러싸인 총 전하 q_{enc}^{III}는 반드시 0이 되어야 함을 뜻한다($q_{enc}^{\text{III}}=0$).

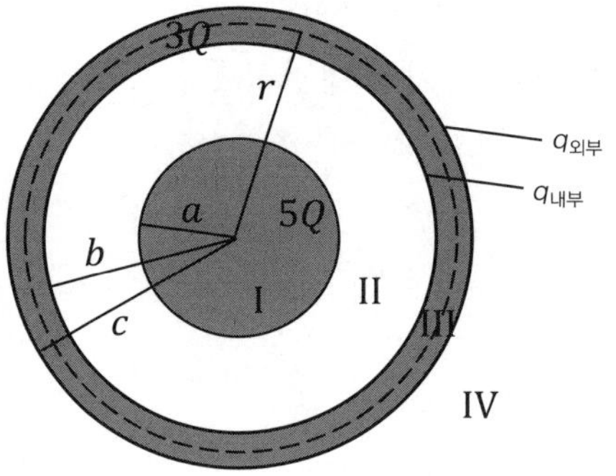

III 영역($b < r < c$)의 내부에 걸쳐져 있는 가우스 구면은 내부의 전하 구와 도체 껍질의 안쪽 영역을 둘러싸고 있다(위 그림에서 점선으로 표시한 원을 보라). 따라서 다음 식이 성립한다.

$$q_{enc}^{III} = 5Q + q_{내부} = 0$$

III 영역의 내부에 걸쳐져 있는 가우스 구면에 의해 둘러싸인 부분의 전하는 0($q_{enc}^{\text{III}} = 0$)이므로 $q_{내부} = -5Q$이다. 도체 껍질의 총 전하는 문제에서 $3Q$로 주어졌다. 따라서 내부 표면에 분포하는 전하의 양과 외부 표면에 분포하는 전하의 양을 합하면 $3Q$가 되어야 한다(도체가 알짜 전하를 가지고 있는 경우, 정전 평형 상태에서 도체 내부는 언제나 전기장이 0이므로 가우스 법칙에 따라 도체 내부에 전하는 있을 수 없다. 따라서 알짜 전하는 언제나 도체의 표면에만 분포한다). 이를 수식으로 쓰면 다음과 같다.

$$q_{내부} + q_{외부} = 3Q$$

위 식에 $q_{내부} = -5Q$를 대입하면 다음과 같다.

$$-5Q + q_{외부} = 3Q$$

위 식의 양변에 $5Q$를 더하면

$$q_{외부} = 3Q + 5Q = 8Q$$

가 된다. 따라서 도체 껍질의 아래쪽 표면에는 $-5Q$의 전하가, 바깥쪽 표면에는 $8Q$의 전하가 분포한다. 이렇게 해서 도체 껍질의 총 전하는 $3Q$가 된 것이다.

"내부 구"와 도체 껍질의 내부 안쪽 표면은 서로 다른 것이니 잘 구별해야 한다. $q_{내부}$은 도체 껍질의 안쪽 표면에 있는 전하를 나타내는 것으로, "내부 구"의 전하를 가리키는 것이 **아님**에 주의해야 한다.

Ⅳ 영역: $r < c$

IV 영역에 있는 가우스 구면이 둘러싸고 있는 전하는 총 $8Q$이다(이 가운데 $5Q$는 내부 구가 가진 전하이고 $3Q$는 도체 껍질이 가진 전하이다). 전기장 수식은 II 영역의 전기장 수식에서 $5Q$를 총 전하 $8Q$로 바꾸기만 하면 된다.

$$\vec{\mathbf{E}} = \frac{8kQ}{r^2}\hat{\mathbf{r}}$$

예제 균일하지 않은 전하 밀도 $\rho = \beta r$를 가지며 반지름이 a인 절연체 구가 있다. 속이 채워진 이 구의 총 전하량은 $+Q$이며 구의 중심은 원점에 맞춰져 있다. 구의 내부와 외부에서의 전기장 방정식을 유도하라.

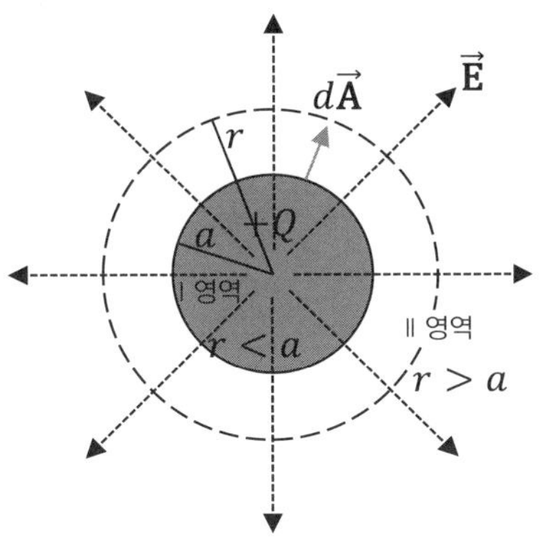

풀이 이 문제는 단 하나만 빼면 앞의 앞 예제와 똑같다. 다른 점은 이전 예제에서는 전하분포가 균일했지만 여기서는 불균일하다. 전기장선과 가우스 표면은 이전 예제와 똑같다. 문제를 푸는 시간을 절약하기 위해 이전 예제와 동일한 단계들은 간단히 수식으로만 나타내고 풀이가 달라지는 경우만 골라내서 자세히 설명한다. 아래에 나타낸 각 단계들이 잘 이해가 되는지 살펴보기 바란다(이해가 되지 않는 부분이 있으면 이전 예제의 설명을 다시 읽어보기 바란다).

$$\oint_S \vec{\mathbf{E}} \cdot d\vec{\mathbf{A}} = \frac{q_{enc}}{\epsilon_0}$$

$$\oint_S E\cos 0^\circ\, dA = \frac{q_{enc}}{\epsilon_0}$$

$$\oint_S E\, dA = \frac{q_{enc}}{\epsilon_0}$$

$$E\oint_S dA = \frac{q_{enc}}{\epsilon_0}$$

$$A = \oint_S dA = \int_{\theta=0}^{\pi}\int_{\phi=0}^{2\pi} r^2 \sin\theta\, d\theta\, d\phi = r^2 \int_{\theta=0}^{\pi}\int_{\phi=0}^{2\pi} \sin\theta\, d\theta\, d\phi$$

$$A = r^2 \int_{\theta=0}^{\pi} \sin\theta \left(\int_{\phi=0}^{2\pi} d\phi\right) d\theta = r^2 \int_{\theta=0}^{\pi} \sin\theta\, [\phi]_{\phi=0}^{2\pi}\, d\theta = r^2 \int_{\theta=0}^{\pi} \sin\theta\,(2\pi)\, d\theta$$

$$A = 2\pi r^2 \int_{\theta=0}^{\pi} \sin\theta\, d\theta = 2\pi r^2 [-\cos\theta]_{\theta=0}^{\pi} = 2\pi r^2(-\cos\pi + \cos 0) = 2\pi r^2(1+1) = 4\pi r^2$$

$$E\oint_S dA = EA = E4\pi r^2 = \frac{q_{enc}}{\epsilon_0}$$

$$E = \frac{q_{enc}}{4\pi\epsilon_0 r^2}$$

이제 균일하지 않은 전하밀도를 고려해야 하는 단계에 이르렀다. 가우스 구면으로 둘러싸인 전하를 구하기 위해서는 아래의 적분을 수행해야 한다. 이번 문제에서는 전하밀도 ρ를 적분기호 밖으로 꺼낼 수 **없다**. 그 대신에 문제에서 주어진 방정식 $\rho = \beta r$을 사용해야 한다. 단 여기서 β는 상수이므로 다음과 같이 적분기호 밖으로 꺼낼 수 있다.

$$q_{enc} = \int dq = \int \rho\, dV = \int \beta r\, dV = \beta \int r\, dV$$

| 영역: $r < a$

전하 구 내부에서는, 가우스 구면은 전하 구가 가진 전하의 일부만을 둘러싼다. 이 영역에서는 r에 대한 적분의 상한이 변수 r이 된다. 가우스 구면이 클수록 더 많은 전하를 둘러싼다. 가장 큰 가우스 구면은 $r = a$일 때다(가우스 구면의 반지름 r이 전하 구의 반지름 a와 같다).

$$q_{enc} = \beta \int r\, dV = \beta \int_{r=0}^{r}\int_{\theta=0}^{\pi}\int_{\phi=0}^{2\pi} r(r^2 \sin\theta\, dr\, d\theta\, d\phi) = \beta \int_{r=0}^{r}\int_{\theta=0}^{\pi}\int_{\phi=0}^{2\pi} r^3 \sin\theta\, dr\, d\theta\, d\phi$$

이 적분은 변수끼리 분리가 가능하므로 다음과 같이 쓸 수 있다.

$$q_{enc} = \beta \int_{r=0}^{r} r^3\, dr \int_{\theta=0}^{\pi} \sin\theta\, d\theta \int_{\phi=0}^{2\pi} d\phi = \beta \left[\frac{r^4}{4}\right]_{r=0}^{r} [-\cos\theta]_{\theta=0}^{\pi} [\phi]_{\phi=0}^{2\pi}$$

$$q_{enc} = \beta \left(\frac{r^4}{4}\right)(-\cos\pi + \cos 0)(2\pi) = \beta \left(\frac{r^4}{4}\right)(1+1)(2\pi) = \pi\beta r^4$$

균일하지 않은 전하밀도를 다루는 문제에서 항상 그렇듯이 여기서도 비례상수(이 경우에는 β)를 다르게 표현해야 한다. 이를 위해 $r=0$에서 $r=a$까지 적분하면 구의 총 전하 Q가 된다는 사실을 이용한다. 이 적분을 계산한 결과는 바로 위에서 구한 결과 수식에 있는 r대신에 a를 대입하면 된다.

$$Q = \pi \beta a^4$$

양변을 πa^4으로 나누면

$$\beta = \frac{Q}{\pi a^4}$$

이 된다. 여기서 구한 β를 앞서 구한 내부전하 q_{enc} 식에 대입하면

$$q_{enc} = \pi \beta r^4 = \pi \left(\frac{Q}{\pi a^4} \right) r^4 = \frac{Q r^4}{a^4}$$

이 된다. 이 결과를 앞서 구한 I 영역의 전기장 E의 수식에 대입하면

$$E = \frac{q_{enc}}{4\pi\epsilon_0 r^2} = \frac{Qr^4}{a^4} \times \frac{1}{4\pi\epsilon_0 r^2} = \frac{Qr^2}{4\pi\epsilon_0 a^4}$$

이 된다. $k = \frac{1}{4\pi\epsilon_0}$이므로

$$E = \frac{kQr^2}{a^4}$$

이 된다. 이제 전기장의 방향을 함께 고려하면 전기장 벡터는 다음과 같다.

$$\vec{\mathbf{E}} = \frac{kQr^2}{a^4} \hat{\mathbf{r}}$$

II 영역: $r > a$

전하 구의 외부에서, 가우스 구면은 전하 구가 가진 전하를 모두(100%) 둘러싼다. 따라서

$$q_{enc} = Q$$

이 된다. 이 결과를 앞서 구한 II 영역의 전기장 E의 수식에 대입하면

$$E = \frac{q_{enc}}{4\pi\epsilon_0 r^2} = \frac{Q}{4\pi\epsilon_0 r^2}$$

이 된다. $k = \frac{1}{4\pi\epsilon_0}$의 관계를 사용하고 전기장의 방향을 함께 고려하면 전기장 벡터는 다음과 같다.

$$\vec{\mathbf{E}} = \frac{kQ}{r^2}\hat{\mathbf{r}}$$

예제 + 전하를 가진 무한히 긴 선이 z축을 따라 놓여있다. 이 선의 선 전하밀도는 λ로 균일하다. 이 무한히 긴 선전하가 만들어내는 전기장의 수식을 구하라.

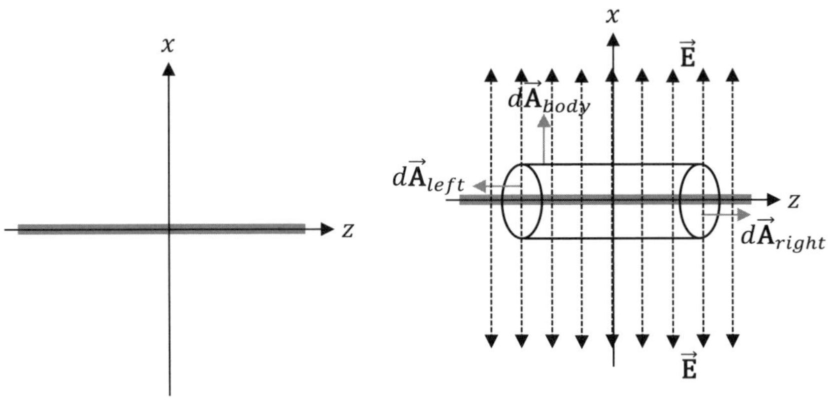

풀이 먼저 무한 길이 선전하에서 발생하는 전기장선을 그려보자. 선전하 주위의 어느 위치에 +시험전하를 가져다 놓아도 이 시험전하는 축으로부터 밀쳐지는 힘을 받는다. 따라서 전기장선은 오른쪽 위의 그림에서 보듯이 축을 중심으로 사방으로(z축과 수직을 이루면서) 곧게 뻗어나가는 형태가 된다(그림에는 2차원으로 그려져 있지만 실제는 3차원으로 뻗어나간다). 이번 예제에서는 가우스 표면으로 원통 면을 선택한다(오른쪽 그림). 여기서 원통의 축은 선전하와 일치한다. 그러면 원통의 몸통(body) 면에서는 $\vec{\mathbf{E}}$의 방향과 $d\vec{\mathbf{A}}$의 방향은 서로 나란하다(평행이다). 그리고 원통의 왼쪽 면과 오른쪽 면에서는 $\vec{\mathbf{E}}$의 방향과 $d\vec{\mathbf{A}}$의 방향은 서로 수직이다). 가우스 법칙을 수식으로 쓰면

$$\oint_S \vec{\mathbf{E}} \cdot d\vec{\mathbf{A}} = \frac{q_{enc}}{\epsilon_0}$$

이다. 여기서 $\vec{\mathbf{E}}$와 $d\vec{\mathbf{A}}$의 스칼라 곱은 $\vec{\mathbf{E}} \cdot d\vec{\mathbf{A}} = E\cos\theta\, dA$이다. 원통의 왼쪽 면과 오른쪽 면, 그리고 원통의 몸통 면에서 $\vec{\mathbf{E}}$의 방향과 $d\vec{\mathbf{A}}$의 방향을 살펴보자.

- 왼쪽 면과 오른쪽 면: $\vec{\mathbf{E}}$와 $d\vec{\mathbf{A}}$는 서로 수직을 이루고 있으므로 $\theta = 90°$이다.
- 몸통 면: $\vec{\mathbf{E}}$와 $d\vec{\mathbf{A}}$는 서로 평행이므로 $\theta = 0°$이다.

이와 같은 각도 θ를 스칼라 곱 수식에 대입하면

$$\int_{left} E\cos 90°\, dA + \int_{body} E\cos 0°\, dA + \int_{right} E\cos 90°\, dA = \frac{q_{enc}}{\epsilon_0}$$

이 된다. 삼각함수 공식에서 $\cos 0° = 1$, $\cos 90° = 0$이므로,

$$0 + \int_{body} E\, dA + 0 = \frac{q_{enc}}{\epsilon_0}$$

이 된다. 전기장의 크기 E는 가우스 원통의 몸통 면 전체에서 일정하다. 그 까닭은 원통의 몸통 면 위에 있는 모든 점에서 선 전하의 축(z축)까지의 거리는 모두 동일하기 때문이다. 따라서 몸통 면 위에서는 전기장의 크기 E는 상수로 취급할 수 있으므로 다음과 같이 적분기호 밖으로 꺼낼 수 있다.

$$E \oint_{body} dA = \frac{q_{enc}}{\epsilon_0}$$

$$EA = \frac{q_{enc}}{\epsilon_0}$$

여기서 면적 A는 반지름이 r_c인 가우스 원통 면의 표면적이다. r_c는 z축에서 축과 수직인 방향으로 떨어진 거리(원통 좌표계에서)이지, 원점에서 떨어진 거리가 아님을 명심해야 한다(이것은 구 좌표계에서 성립하는 것임). 따라서 반지름이 r_c인 원통의 몸통 면의 면적은 $A = 2\pi r_c L$이다. 여기서 L은 가우스 원통면의 길이이다(선전하의 길이는 무한하지만 가우스 원통의 길이는 유한한 길이가 되도록 선택한다).

$$E 2\pi r_c L = \frac{q_{enc}}{\epsilon_0}$$

위 식의 양변을 $2\pi r_c L$로 나누면

$$E = \frac{q_{enc}}{2\pi\epsilon_0 r_c L}$$

이 된다. 이제 가우스 원통 면이 둘러싸고 있는 전하의 양을 구해보자. 선전하의 경우 $dq = \lambda ds$(96쪽 6번 단계)이다. 선전하의 전하밀도는 λ로 균일하므로 λ는 상수로 취급하여 적분기호 밖으로 꺼낼 수 있다.

$$q_{enc} = \int dq = \int \lambda\, ds = \lambda \int ds = \lambda \int dz = \lambda L$$

따라서 가우스 원통 면이 둘러싸고 있는 전하는 $q_{enc} = \lambda L$이다. 여기서 L은 가우스 원통 면의 길이이다. 이를 위에서 구한 방정식의 전기장 수식에 대입하면

$$E = \frac{q_{enc}}{2\pi\epsilon_0 r_c L} = \frac{\lambda L}{2\pi\epsilon_0 r_c L} = \frac{\lambda}{2\pi\epsilon_0 r_c}$$

이 된다. 이 식에 단위벡터를 붙이면 전기장 벡터를 구할 수 있다.

$$\vec{\mathbf{E}} = \frac{\lambda}{2\pi\epsilon_0 r_c}\hat{\mathbf{r}}_c$$

$\hat{\mathbf{r}}_c$는 z축에서 사방으로 곧게(z축과 수직을 이루면서) 바깥으로 나가는 방향이다.

예제 + 전하를 가진 원통 도체가 z축을 따라 놓여있다. 속이 채워진 이 원통은 부피 전체가 도체로 되어 있으며 원통의 길이는 무한히 길고 원통의 반지름은 a이다. 이 원통의 면 전하밀도는 σ로 균일하다. 이 무한 길이 원통 도체의 면전하가 원통의 내부와 외부에 만들어내는 전기장의 수식을 각각 구하라.

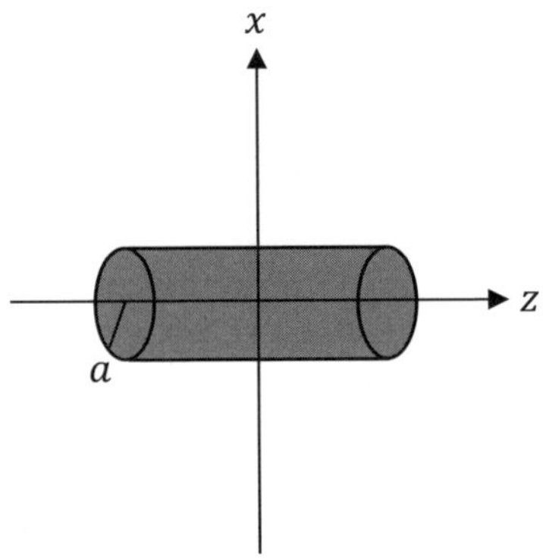

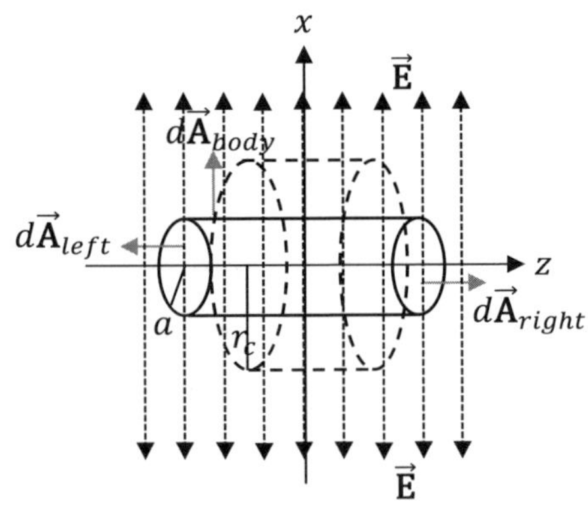

풀이 면전하를 가진 무한 길이의 원통에서 발생하는 전기장선은 오른쪽 위의 그림에서 보듯이 z축으로부터 사방으로(z축과 수직을 이루면서) 곧게 뻗어나가는 형태이다. 이는 바로 이전 예제에서 다룬 무한 길이 선전하의 전기장선의 형태와 동일하다. 여기서도 이전 예제와 마찬가지로 가우스 표면으로 z축을 중심축으로 하는 원통 면을 선택한다. 수식의 유도 과정은 이전 예제와 거의 동일하다. 차이는 두 가지인데, 하나는 이 문제에서는 두 개의 영역을 다루어야 하고 또 하나는 선 전하밀도 λ 대신 면 전하밀도 σ를 사용해야 한다.

I 영역: $r_c < a$

원통이 도체로 되어 있으므로 I 영역에서의 전기장은 0이다.

$$\vec{\mathbf{E}} = 0$$

그 이유는 앞서 도체 껍질에 대해 풀어본 몇 개의 예제에서 설명한 것과 동일하다. 도체 원통 내부의 전기장이 0이 아니면 내부에 있는 전하를 가진 입자(즉 최외각 자유전자)들이 가속되기 때문이다. 초 단위 이하의 짧은 시간 이내에 도체 원통 속에 있는 전자들은 정전 평형 상태에 도달한다. 일단 평형 상태에 도달하면 도체 원통 내부 공간에서의 전기장은 0이 된다. 도체 원통 내부에서 $\vec{\mathbf{E}}=0$이고 가우스 법칙에 따라 $\oint_S \vec{\mathbf{E}}\cdot d\vec{\mathbf{A}}=\frac{q_{enc}}{\epsilon_0}$이므로 우변도 0이 되어야 한다. 따라서 원통 내부의 알짜 전하는 $q_{enc}=0$이 되어야 한다. 따라서 도체 원통이 가지는 알짜 전하는 반드시 원통 표면위에 존재해야 한다.

II 영역: $r_c > a$

이 문제의 전기장선은 이전 예제의 전기장선과 거의 동일하므로 수식을 유도하는 과정도 같다. 시간을 절약하기 위해 이전 예제의 풀이 단계를 되풀이하고 차이가 있는 단계만 골라서 설명하기로 한다. 필요한 경우, 이전 예제를 그대로 따라가며 다시 살펴보는 것이 현명한 방법이다.

$$\oint_S \vec{\mathbf{E}}\cdot d\vec{\mathbf{A}}=\frac{q_{enc}}{\epsilon_0}$$

$$\int_{left} E\cos 90^\circ\, dA + \int_{body} E\cos 0^\circ\, dA + \int_{right} E\cos 90^\circ\, dA = \frac{q_{enc}}{\epsilon_0}$$

$$0 + \int_{body} E\, dA + 0 = \frac{q_{enc}}{\epsilon_0}$$

$$E \oint_{body} dA = \frac{q_{enc}}{\epsilon_0}$$

$$EA = \frac{q_{enc}}{\epsilon_0}$$

$$E2\pi r_c L = \frac{q_{enc}}{\epsilon_0}$$

$$E = \frac{q_{enc}}{2\pi\epsilon_0 r_c L}$$

지금부터 무한길이 도체 원통의 풀이가 이전 예제의 무한길이 절연체 원통과 달라진다. 가우스 원통 면이 둘러싸고 있는 전하의 양을 구해보자. 이를 위해 $dq=\sigma dA$를 사용한다(96쪽 6번 단계). 속이 채워진 원통인 경우에는 일반적으로 ρdV를 사용하지만 이 예제에서는 원통 전체가 속을 포함하여 모두 도체로 되어 있으므로 앞서 I 영역에서 설명한 것처럼 원통이 가진 모든 전하는 원통 내부에는 하나도 없고 원통 표면에만 존재하게 된다. (만일 속이 채워진 원통이 도체 대신 절연체로 되어 있다면 전하가 내부를 포함하여 원통 전체에 분포하므로 ρdV를 사용할 수 있다.) 원통은 균일한 면 전하밀도 σ를 가지므로 다음과 같이 σ를 적분기호 밖으로 꺼낼 수 있다.

$$q_{enc} = \int dq = \int \sigma\, dA = \sigma \int dA = \sigma A$$

원통 몸체의 표면적은 $A = 2\pi a L$이다. 여기서는 가우스 원통의 반지름 r_c가 아닌 도체 원통의 반지름 a를 사용해야 하는데, 이는 전하는 반지름이 a인 원통의 표면에 놓여있기 때문이다(여기서 구하는 것은 가우스 표면으로 둘러싸인 전하이다.) 이 식을 전하의 수식에 대입하면

$$q_{enc} = \sigma A = \sigma 2\pi a L$$

이 된다. 이 식을 앞에서 구한 전기장 방정식에 대입하면

$$E = \frac{q_{enc}}{2\pi\epsilon_0 r_c L} = \frac{\sigma 2\pi a L}{2\pi\epsilon_0 r_c L} = \frac{\sigma a}{\epsilon_0 r_c}$$

이 된다. 적절한 단위벡터를 사용하여 벡터로 나타내면 다음과 같다.

$$\vec{\mathbf{E}} = \frac{\sigma a}{\epsilon_0 r_c}\hat{\mathbf{r}}_c$$

보통은 전하밀도를 단위면적당 전하인 $\sigma = \frac{Q}{A} = \frac{Q}{2\pi a L}$ 대신에 단위길이당 전하인 $\lambda = \frac{Q}{L}$로 나타낸다. 이를 위 식에 대입하면

$$\vec{\mathbf{E}} = \frac{\lambda}{2\pi\epsilon_0 r_c}\hat{\mathbf{r}}_c$$

이 된다. 이 결과는 앞의 예제에서 구한 무한길이 선전하의 전기장 수식과 동일하다.

예제 반지름이 a이고 균일한 양(+)전하 밀도 ρ를 가진 구 절연체가 있다. 이 구는 속이 채워져 있으며 구의 중심은 원점에 맞추어져 있다. 아래 그림에서 보듯이 구의 내부에는 공 모양의 빈 공간[이를 공동(cavity)이라고 함]이 하나 들어있다. 이 공동의 반지름은 b이다. 전하를 가진 구의 중심과 공동의 중심 사이의 거리는 d이다. 따라서 $d + b < a$이다. 공동 구 내부 영역에서 전기장의 수식을 구하라.

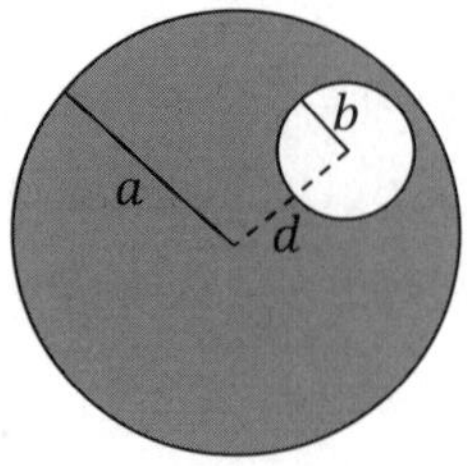

풀이 이 문제를 푸는 "비법"은 바로 3장에서 배운 중첩정리를 적용하는 것이다. 전하 구와 공동이 점처럼 작지는 않지만 각각의 전기장 벡터를 구한 다음에 이들을 더하는 중첩원리를 적용할 수 있다. 기하학적으로 속이 모두 채워진 완전한 구는 아래 그림에서 보듯이 이 예제에서 다루는 공동이 있는 큰 구와 공동 부분에서 빠져나온 작은 구를 합한 것으로 볼 수 있다.

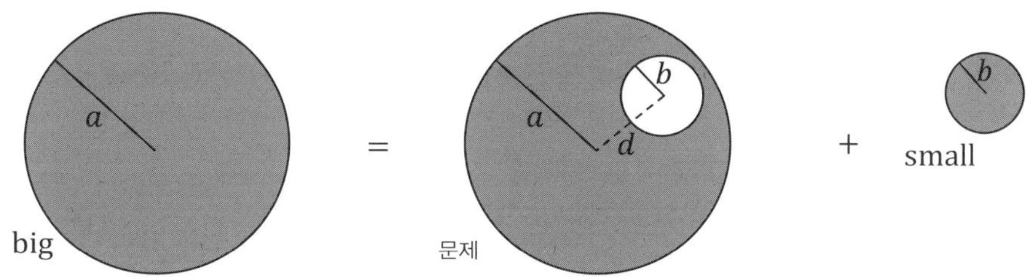

아래 그림을 보자. 여기서 목표는 문제에서 주어진 대로 구 내부에 있는 공동 속의 전기장을 계산하는 것이다. 그림에 표시되어 있듯이 공동이 있는 구가 장점(★표시)에 만들어내는 전기장과, 작은 전하 구(공동과 동일한 사이즈)가 장점(★)에 만들어내는 전기장을 **합하면** 공동이 없는 완전한 대형 구의 장점(★)에서의 전기장과 같다. 이렇게 설명한 내용을 기호를 사용하여 방정식으로 나타내면 다음과 같다.

$$\vec{\mathbf{E}}_{big} = \vec{\mathbf{E}}_{\text{문제}} + \vec{\mathbf{E}}_{small}$$

이 수식을 그림으로 나타내면 다음과 같다.

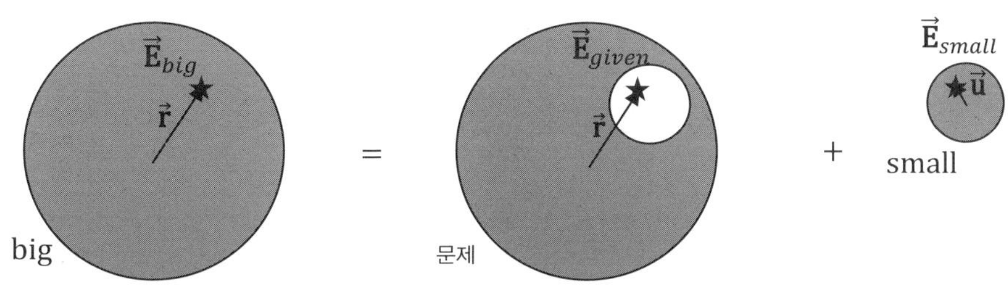

이제 다음과 같은 세 개의 벡터를 생각해보자. 아래 그림을 살펴보면

- 벡터 $\vec{\mathbf{r}}$은 **큰 구**의 중심에서 **장점(★)**을 잇는 벡터이다.
- 벡터 $\vec{\mathbf{u}}$는 **작은 구**의 중심에서 **장점(★)**을 잇는 벡터이다.
- 벡터 $\vec{\mathbf{d}}$는 **큰 구**의 중심에서 **작은 구**의 중심을 잇는 벡터이다.

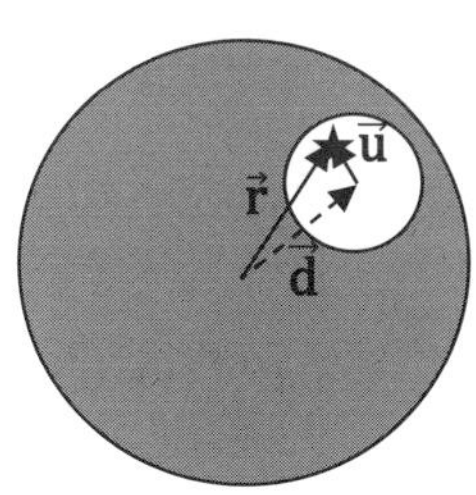

벡터 $\vec{\mathbf{d}}$와 $\vec{\mathbf{u}}$를 보면 벡터 $\vec{\mathbf{d}}$ 화살표의 머리와 벡터 $\vec{\mathbf{u}}$ 화살표 꼬리가 서로 만나서 벡터 $\vec{\mathbf{r}}$을 만들고 있다. 이렇게 되면 제1권(벡터 덧셈)에서 배운 바와 같이 $\vec{\mathbf{r}}$는 다음 식으로 쓸 수 있다.

$$\vec{\mathbf{r}} = \vec{\mathbf{d}} + \vec{\mathbf{u}}$$

이제 문제를 풀기 위한 계획을 다음과 같이 세워보자.

- 1단계: 장점(★)에서 큰 구(공동이 없는)가 만들어내는 전기장 $\vec{\mathbf{E}}_{big}$을 구한다. 여기서 장점(★)은 큰 구 내부에 있다. 아래 그림에서 보듯이 이를 구하는 데는 $\vec{\mathbf{r}}$이 사용된다.
- 2단계: 장점(★)에서 작은 구(공동과 똑같은 사이즈)가 만들어내는 전기장 $\vec{\mathbf{E}}_{small}$을 구한다. 여기서 장점(★)은 작은 구 내부에 있다. 아래 그림에서 보듯이 이를 구하는 데는 $\vec{\mathbf{u}}$가 사용된다.
- 3단계: 문제에서 주어진, 공동이 있는 구의 장점(★)에서의 전기장 $\vec{\mathbf{E}}_{문제}$을 구하기 위해 1단계에서 구한 전기장으로부터 2단계에서 구한 전기장을 뺀다. 앞에서 $\vec{\mathbf{E}}_{big} = \vec{\mathbf{E}}_{문제} + \vec{\mathbf{E}}_{small}$가 되는 것을 설명한 바 있다. 이 식의 양변에서 $\vec{\mathbf{E}}_{small}$을 각각 빼면 다음과 같이 $\vec{\mathbf{E}}_{문제}$을 구할 수 있다.

$$\vec{\mathbf{E}}_{문제} = \vec{\mathbf{E}}_{big} - \vec{\mathbf{E}}_{small}$$

지금부터 이 세 단계를 차례로 밟아가며 문제를 풀어본다.

1단계

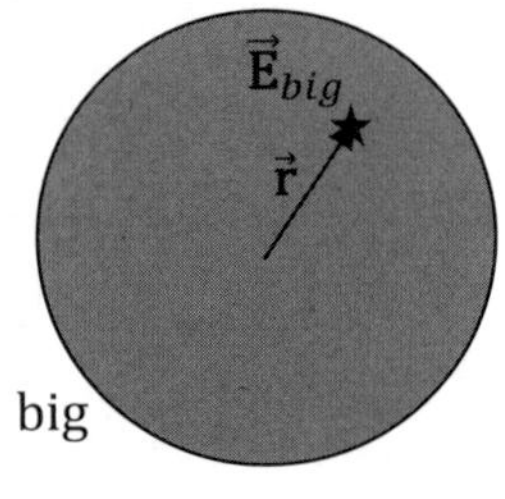

이번 단계에서 다루는 전하의 구조는 균일한 전하밀도를 가진 큰 구(공동이 없는)다. 이제 큰 구 내부에 위치한 장점(★)에서 전기장을 구한다. 앞서 살펴본 예제들 중 한 예제에서 이와 동일한 문제를 풀어보았다(134쪽). 풀이 과정을 여기서 되풀이하는 대신 앞의 예제에서 구한 I 영역($r < a$)의 전기장 수식을 그대로 사용하면 다음과 같다.

$$\vec{\mathbf{E}}_{big} = \frac{\rho r}{3\epsilon_0}\hat{\mathbf{r}}$$

2단계

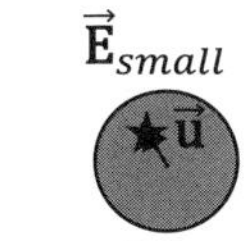

이번 단계에서 다루는 전하의 구조는 균일한 전류밀도를 가진 작은 구다. 이제 작은 구 내부에 위치한 장점(★)에서 전기장을 구한다. 구하는 과정은 위의 1단계와 동일하다. 단 여기서는 $\vec{\mathbf{r}}$ 벡터 대신 $\vec{\mathbf{u}}$ 벡터가 사용되고 있으므로 1단계에서 구한 전기장 수식의 r자리에 u를, 또 $\hat{\mathbf{r}}$ 자리에 $\hat{\mathbf{u}}$를 써넣으면 된다.

$$\vec{\mathbf{E}}_{small} = \frac{\rho u}{3\epsilon_0}\hat{\mathbf{u}}$$

3단계

앞에서 설명한 것처럼 문제에서 주어진 내부에 공동이 있는 구가 장점(★)에 만들어내는 전기장은 다음과 같이 1단계에서 구한 전기장에서 2단계에서 구한 전기장을 빼면 된다.

$$\vec{\mathbf{E}}_{\text{문제}} = \vec{\mathbf{E}}_{big} - \vec{\mathbf{E}}_{small} = \frac{\rho r}{3\epsilon_0}\hat{\mathbf{r}} - \frac{\rho u}{3\epsilon_0}\hat{\mathbf{u}}$$

이 수식에서 공통인수 $\frac{\rho}{3\epsilon_0}$를 앞으로 빼내면

$$\vec{\mathbf{E}}_{\text{문제}} = \frac{\rho}{3\epsilon_0}(r\hat{\mathbf{r}} - u\hat{\mathbf{u}})$$

이 된다. 앞에서 배웠듯이 모든 벡터는 크기와 방향으로 쓸 수 있다. 예를 들어 $\vec{\mathbf{A}} = A\hat{\mathbf{A}}$이다. 따라서 $\vec{\mathbf{r}} = r\hat{\mathbf{r}}$이고 $\vec{\mathbf{u}} = u\hat{\mathbf{u}}$이므로

$$\vec{\mathbf{E}}_{\text{문제}} = \frac{\rho}{3\epsilon_0}(\vec{\mathbf{r}} - \vec{\mathbf{u}})$$

이다. 앞에서 $\vec{\mathbf{r}} = \vec{\mathbf{d}} + \vec{\mathbf{u}}$ 관계가 성립함을 확인하였다. 이 식의 양변에서 $\vec{\mathbf{u}}$를 각각 빼면 $\vec{\mathbf{r}} - \vec{\mathbf{u}} = \vec{\mathbf{d}}$이므로

$$\vec{\mathbf{E}}_{\text{문제}} = \frac{\rho}{3\epsilon_0}(\vec{\mathbf{r}} - \vec{\mathbf{u}}) = \frac{\rho}{3\epsilon_0}\vec{\mathbf{d}}$$

이 된다. $\vec{\mathbf{d}}$는 큰 구의 중심에서 공동의 중심을 연결하는 벡터이다. 따라서 이 벡터는 상수이다. 최종 답을 정리해보면, 공동 내부 영역에서의 전기장은 $\vec{\mathbf{E}}_{\text{문제}} = \frac{\rho}{3\epsilon_0}\vec{\mathbf{d}}$이며 이 전기장은 일정(균일)하다.

연습문제

44. 균일하지 않은 전하 밀도 $\rho=\beta r^2$를 가진 절연체 구가 있다. 속이 채워진 이 구의 반지름은 a이며 총 전하량은 $+Q$이다. 구의 중심은 원점에 맞춰져 있다. 구의 내부와 외부에서의 전기장 방정식을 유도하라. 여기서 β는 상수이다.

답: $\vec{\mathbf{E}}_I = \frac{kQr^3}{a^5}\hat{\mathbf{r}}, \vec{\mathbf{E}}_{II} = \frac{kQ}{r^2}\hat{\mathbf{r}}$

45. 균일하지 않은 전하 밀도 $\rho=-\beta r$을 가진 반지름 a인 절연체 구가 있다. 속이 채워진 이 구의 총 전하량은 $-6Q$이며 구의 중심은 원점에 맞춰져 있다. 중심이 역시 원점에 맞춰진 두꺼운 도체 구 껍질이 이 전하 구를 감싸고 있다. 이 도체 구 껍질의 안쪽 반지름은 b, 바깥쪽 반지름은 c이며 총 전하량은 $+4Q$이다. 이 구조의 각 영역에서 전기장 방정식을 유도하라. 여기서 β는 상수이다.

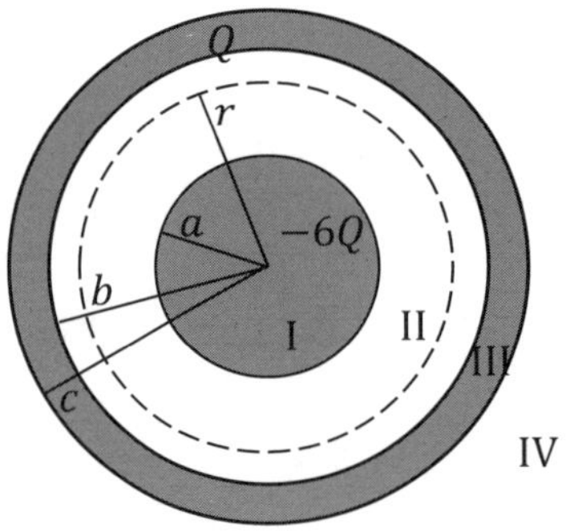

답: $\vec{\mathbf{E}}_I = -\frac{6kQr^2}{a^4}\hat{\mathbf{r}}, \vec{\mathbf{E}}_{II} = -\frac{6kQ}{r^2}\hat{\mathbf{r}}, \vec{\mathbf{E}}_{III} = 0, \vec{\mathbf{E}}_{IV} = -\frac{2kQ}{r^2}\hat{\mathbf{r}}$ 가 된다.

46. + 전하를 가진 무한히 원통 절연체가 z축을 따라 놓여있다. 속이 채워진 이 원통의 반지름은 a이며 균일 전하 밀도 ρ를 가지고 있다. 원통 절연체 내부와 외부의 전기장의 수식을 각각 구하라.

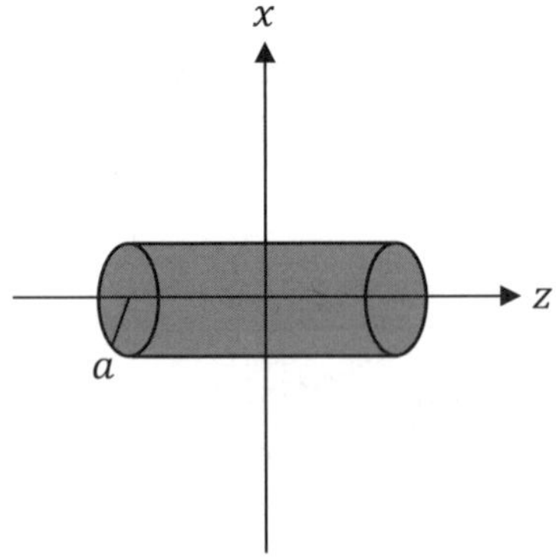

답: $\vec{\mathbf{E}}_I = \frac{\rho r_c}{2\epsilon_0}\hat{\mathbf{r}}_c, \vec{\mathbf{E}}_{II} = \frac{\rho a^2}{2\epsilon_0 r_c}\hat{\mathbf{r}}_c$

47. 무한히 넓으면서 아주 얇은 판 두 개가 xy 평면에 놓여 있다. 두 판은 각각 균일한 면 전하밀도 $+\sigma$와 $-\sigma$를 가진다. 양(+) 전하를 가진 판은 $z=0$에 놓여 있고 음(−) 전하를 가진 판은 $z=d$에 놓여 있는데 두 판은 서로 평행하다. 세 개의 영역에서 이 두 개의 판이 만들어내는 전기장의 수식을 구하라.

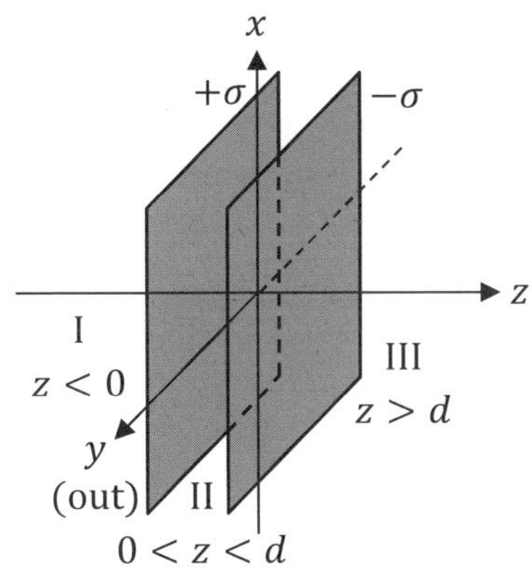

답: $\vec{\mathbf{E}}_I = 0, \vec{\mathbf{E}}_{II} = \frac{\sigma}{\epsilon_0}\hat{\mathbf{z}}, \vec{\mathbf{E}}_{III} = 0$

48. 무한히 넓으면서 아주 얇은 판 두 개가 아래 그림처럼 서로 수직을 이루며 놓여 있다. 두 판은 각각 균일한 면 전하밀도 $+\sigma$와 $-\sigma$를 가진다. 양(+) 전하를 가진 판은 xy 평면에 놓여 있고 음(−)전하를 가진 판은 yz 평면에 놓여 있다. $x>0$, $y>0$, $z>0$ 인 영역에서 이 두 개의 판이 만들어내는 전기장의 수식을 구하라.

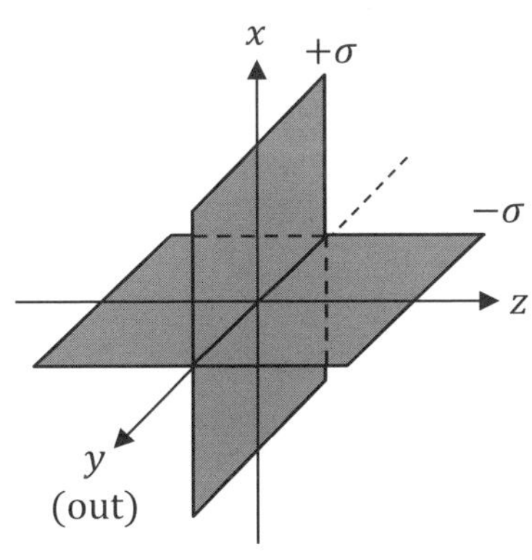

답: $\vec{\mathbf{E}} = \frac{\sigma}{2\epsilon_0}(\hat{\mathbf{z}} - \hat{\mathbf{x}})$

49. 다음 쪽 그림을 보면 두께가 T인 무한 조각이 xy 평면에 평행하게 놓여있다. 도체가 아닌 물질로 이루어진 이 무한 조각의 중심은 원점에 맞추어져 있다. 무한 조각은 균일하지 않은 전하밀도 $\rho=\beta|z|$를 가진다. 각 영역에서 전기장의 수식을 구하라. 여기서 β는 상수이다.

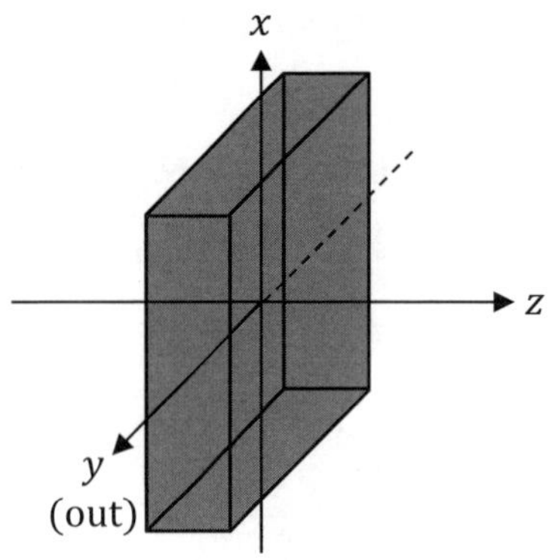

답: $\vec{\mathbf{E}}_I = -\frac{\beta T^2}{8\epsilon_0}\hat{\mathbf{z}}, \vec{\mathbf{E}}_{II} = \pm\frac{\beta z^2}{2\epsilon_0}\hat{\mathbf{z}}, \vec{\mathbf{E}}_{III} = \frac{\beta T^2}{8\epsilon_0}\hat{\mathbf{z}}$

50. 반지름이 a이고 균일한 양(+) 전하밀도 ρ를 가진 무한히 긴 원기둥 모양의 절연체가 있다. 이 원기둥 절연체는 내부가 균일하게 채워져 있으며 원기둥의 중심축은 축과 일치한다. 아래 그림에서 보듯이 이 균일한 원기둥 절연체의 내부에는 원기둥 모양의 공동, 다시 말해 빈 공간이 들어있다. 이 원기둥 공동의 반지름은 b이다. 원기둥 절연체의 중심축과 원기둥 공동의 중심축 사이의 거리는 d이다. 따라서 $d+b<a$이다. 원기둥 모양의 공동 내부 영역에서 전기장의 수식을 구하라.

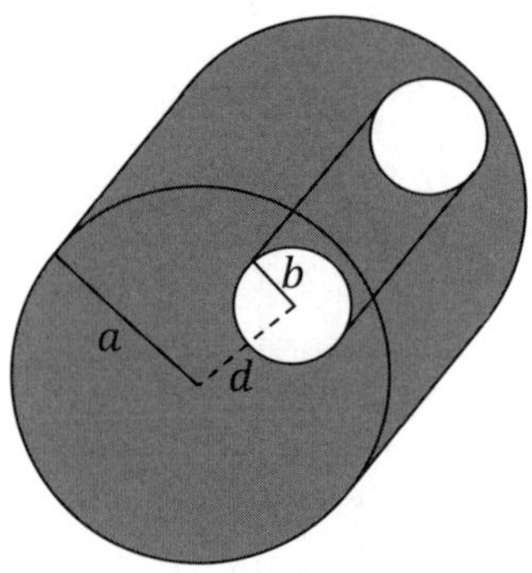

답: $\vec{\mathbf{E}} = \frac{\rho}{2\epsilon_0}\vec{\mathbf{d}}$

도움이 필요한가요? 책의 맨 뒤에 있는 "힌트"를 참고하세요.

09
전위

관련 용어

- **전하**(electric charge) 입자가 가지는 고유한 특성 중의 하나로, 전하를 가진 입자가 전기장이 있는 곳에 놓이게 되면 전기장에 의해 힘을 받게 된다. (전기적으로 중성인 입자는 전하를 가지지 않는다. 따라서 중성 입자는 전기장이 있는 곳에 놓이게 되어도 힘을 받지 않는다.)
- **전기력**(electric force) 전하를 가진 입자가 전하를 가진 다른 입자를 밀거나 끌어당기는 힘. 서로 다른 극성의 전하를 가진 두 입자(한 입자는 + 전하, 다른 입자는 − 전하)는 서로 끌어당기는 반면, 같은 극성의 전하를 가진 두 입자(두 입자 모두 +전하, 또는 모두 −전하)는 서로 밀어낸다.
- **전기장**(electric field) 단위 전하당 힘
- **전위 에너지**(electric potential energy) 전하를 가진 입자가 한 위치에서 다른 위치로 움직이는 동안에 사용되는 전기적인 일(work)(다시 말해, 전하가 움직이는 동안에 외부에서 그 전하에 수행한 전기적인 일 또는 그 전하가 외부에 수행한 전기적인 일)을 나타내는 척도. 전위 에너지를 전기 퍼텐셜 에너지라고도 함
- **전위**(electric potential) 단위 전하당 전위 에너지. 전하를 가진 입자가 한 위치에서 다른 위치로 움직이는 동안에 사용되는 단위 전하당 일은 두 위치 사이의 전위 차이와 같다. 전위를 전기 퍼텐셜이라고도 함

전위 방정식

한 개의 점전하가 어떤 위치에 만들어내는 전위를 구할 때는 아래 수식을 사용한다. 여기서 R은 점전하와 그 위치 사이의 거리이다. 앞서 살펴본 전기력 방정식이나 전기장 방정

식과는 달리 전위 방정식에서는 분모에 R^2이 아닌 R이 들어있다. 또한 전위 방정식에는 절댓값 기호가 사용되지 않으므로 전위에서는 부호가 중요하다.

$$V = \frac{kq}{R}$$

여러 개의 점전하가 어떤 위치에 만들어내는 전위를 구할 때는 다음 식과 같이 각각의 전하가 만들어내는 전위를 모두 구한 다음에 이들을 전부 더하면 된다. 전위는 벡터 양이 아니라 스칼라 양이므로 전위를 더하는 방법은 3장에서 배운 전기장을 더하는 방법보다 훨씬 쉽다.

$$V_{net} = \frac{kq_1}{R_1} + \frac{kq_2}{R_2} + \cdots + \frac{kq_N}{R_N}$$

전하 q가 가지는 전위 에너지 PE_e는 다음 식과 같이 전하 q와 전위 V의 곱셈으로 표현된다.

$$PE_e = qV$$

따라서 두 전하 q_1과 q_2가 거리 R만큼 떨어져 있는 경우, 두 전하가 가지는 전위 에너지는 다음 식으로 쓸 수 있다.

$$PE_e = k\frac{q_1 q_2}{R}$$

전위차 ΔV는 두 지점 사이의 전위 차이를 말한다.

$$\Delta V = V_f - V_i$$

전하 q가 전위차가 ΔV인 두 지점 사이를 움직이는 동안에 사용되는 전기적 일 W_e는 다음 식과 같이 전하 q와 전위차 ΔV의 곱셈으로 표현된다.

$$W_e = q\Delta V$$

기호와 SI 단위

기호	이름	SI 단위
V	전위	V
ΔV	전위차	V
PE_e	전위 에너지	J
W_e	전기적 일	J
q	전하	C

R	전하로부터의 거리	m
k	쿨롱 상수	$\frac{\mathrm{N \cdot m^2}}{\mathrm{C^2}}$ 또는 $\frac{\mathrm{kg \cdot m^3}}{\mathrm{C^2 \cdot s^2}}$

단위 관련 주의사항

전위 V의 SI 단위는 V(볼트)이다. 방정식 $PE_e = qV$을 전위 V에 대해 정리하면 다음과 같다.

$$V = \frac{PE_e}{q}$$

에너지의 SI 단위는 J(줄)이고 전하의 SI 단위는 C(쿨롱)이다. 따라서 위의 수식을 보면 V 단위는 J/C(1 V=1 $\frac{\mathrm{J}}{\mathrm{C}}$), 다시 말해, 전위는 단위 전하당 에너지임을 알 수 있다.

중요한 차이점

비슷한 용어들을 정확하게 구별하는 것은 매우 중요하다. 단위를 잘 살펴보면 다음의 용어들을 구별하는 데 도움이 된다.

- 전하 q의 SI 단위는 C(쿨롱)이다.
- 전기장 E의 SI 단위는 N/C 또는 V/m이다.
- 전기력 F_e의 SI 단위는 N(뉴턴)이다.
- 전위 V의 SI 단위는 V(볼트)이다.
- 전위 에너지 PE_e의 SI 단위는 J(줄)이다.

또한 다음에 나타낸 네 개의 방정식들은 서로 비슷하므로 이들의 차이를 잘 알아두는 것이 중요하다.

- **전기력**을 구하는 데 사용되는 쿨롱 법칙: $F_e = k\frac{|q_1||q_2|}{R^2}$
- 점전하가 만들어내는 **전기장**을 구하는 데 사용되는 방정식: $E = k\frac{|q|}{R^2}$
- 두 개의 전하가 가지는 **전위 에너지**를 구하는 데 사용되는 방정식: $PE_e = k\frac{q_1 q_2}{R}$
- 점전하가 만들어내는 **전위**를 구하는 데 사용되는 방정식: $V = \frac{kq}{R}$

위의 네 방정식을 살펴보면서 앞에 나오는 두 개의 방정식에서는 분모가 R^2으로 되어 있지만 나중에 나오는 두 개의 방정식에서는 R로 되어 있다는 사실에 주의를 기울이기 바란다.

전위를 구하는 방법

문제의 유형에 따라 전위를 구하는 방법이 달라진다.

- 한 개의 점전하가 어느 한 위치에 만들어내는 전위를 구할 때는 다음 방정식을 사용한다.

$$V = \frac{kq}{R}$$

여기서 R은 점전하와 전하를 구하는 위치 사이의 거리이다. 문제에서 점전하의 위치가 좌표 (x_1, y_1)으로, 전위를 구하는 위치가 좌표 (x_2, y_2)로 주어지는 경우에는 거리 R을 다음 식으로 구하면 된다.

$$R = \sqrt{(x_2 - x_1)^2 + (y_2 - y_1)^2}$$

- 여러 개의 점전하가 어느 한 위치에 만들어내는 전위를 구할 때는 각 전하가 만들어내는 전위를 모두 구한 다음, 이들을 전부 더한다.

$$V_{net} = \frac{kq_1}{R_1} + \frac{kq_2}{R_2} + \cdots + \frac{kq_N}{R_N}$$

전위에는 절댓값 기호가 사용되지 않으므로 전하의 부호에 주의해야 한다.

- 전위 V와 전위 에너지 PE_e 사이의 관계는 다음 식으로 주어진다.

$$PE_e = qV$$

- 움직이는 전하와 전위를 다루는 문제는 10장의 에너지 보존 법칙을 참고한다.
- 전기장과 전위차를 다루는 문제는 10장을 참고한다.
- 연속적인 전하분포(선 전하 또는 면 전하)가 만들어내는 전위를 구하는 문제는 159~168쪽을 참고한다.

예제 전하량이 6.0 μC인 원숭이 털 한 올이 ($\sqrt{3}$ m, 1.0 m)인 점에 놓여 있다. 전하량이 −36 μC인 고릴라 털 한 올은 ($-\sqrt{3}$ m, 1.0 m)인 점에 놓여 있다. ($\sqrt{3}$ m, −1.0 m)인 점에서 알짜 전위를 구하라.

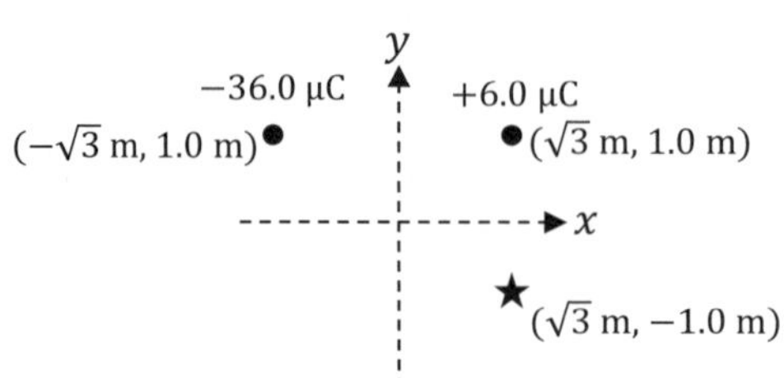

풀이 먼저, 두 귀걸이와 ★로 표시된 장점 사이의 거리를 각각 구해보자. 아래 그림에 거리 R_1과 R_2를 표시하였다.

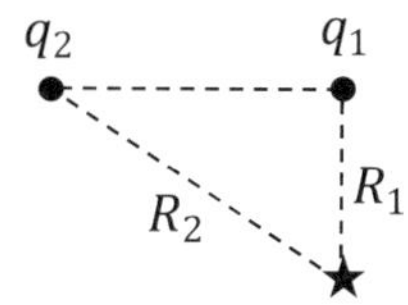

거리 공식을 사용하여 R_1과 R_2를 구해보자.

$$R_1 = \sqrt{\Delta x_1^2 + \Delta y_1^2} = \sqrt{\left(\sqrt{3} - \sqrt{3}\right)^2 + (-1-1)^2} = \sqrt{0^2 + (-2)^2} = \sqrt{4} = 2.0 \text{ m}$$

$$R_2 = \sqrt{\Delta x_2^2 + \Delta y_2^2} = \sqrt{\left[\sqrt{3} - \left(-\sqrt{3}\right)\right]^2 + (-1-1)^2} = \sqrt{\left(2\sqrt{3}\right)^2 + (-2)^2} = \sqrt{16} = 4.0 \text{ m}$$

장점에서의 알짜 전위는 두 점전하가 장점에 각각 만들어내는 전위를 더한 것과 같다.

$$V_{net} = \frac{kq_1}{R_1} + \frac{kq_2}{R_2}$$

전하의 크기를 SI 단위로 변환하면 $q_1 = 6.0\ \mu\text{C} = 6.0 \times 10^{-6}$ C이고 $q_2 = -36.0\ \mu\text{C} = -36.0 \times 10^{-6}$ C이 된다. 앞에서 배웠듯이 마이크로(μ)는 백만분의 1로 $\mu = 10^{-6}$이다. 위 식에서 공통인수 k를 밖으로 꺼낸 다음, 계산을 하면

$$V_{net} = k\left(\frac{q_1}{R_1} + \frac{q_2}{R_2}\right) = (9 \times 10^9)\left(\frac{6 \times 10^{-6}}{2} + \frac{-36 \times 10^{-6}}{4}\right)$$
$$V_{net} = (9 \times 10^9)(3 \times 10^{-6} - 9 \times 10^{-6})$$

가 된다. 여기서도 공통인수 10^{-6}을 밖으로 꺼내면

$$V_{net} = (9 \times 10^9)(10^{-6})(3 - 9) = (9 \times 10^9)(10^{-6})(-6) = -54 \times 10^3 \text{ V} = -5.4 \times 10^4 \text{ V}$$

이다. 위의 계산과정에서 연산규칙 $x^m x^{-n} = x^{m-n}$을 이용하여 $10^9 10^{-6} = 10^{9-6} = 10^3$이 되었다. 또한 $54 \times 10^3 = 5.4 \times 10^4$이다. 최종 답은 $V_{net} = -5.4 \times 10^4$ V로 이 값은 -54×10^3 V과 같으므로 $V_{net} = -54$ kV로 쓸 수도 있다. 여기서 k는 $10^3 = 1000$을 나타내는 접두어이다.

연습문제

51. 전하량이 $7\sqrt{2}\ \mu$C인 원숭이 모양을 한 귀걸이가 (0, 1.0 m)인 점에 놓여 있다. 전하량이 $-3\sqrt{2}\ \mu$C인 바나나 모양을 한 귀걸이는 (0, −1.0 m)인 점에 놓여 있다. (1.0 m, 0)인 점에서 알짜 전위를 구하라.

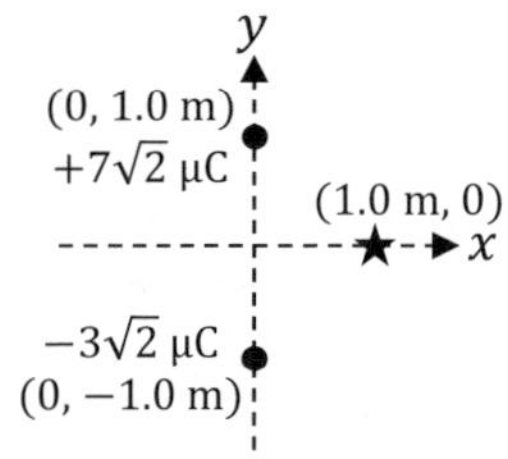

(A) 거리 공식을 사용하여 R_1과 R_2를 구하라.

(B) (1.0 m, 0)인 점에서 알짜 전위를 구하라.

답: (B) 36 kV

도움이 필요한가요? 책의 맨 뒤에 있는 "힌트"를 참고하세요.

기호와 SI 단위

기호	이름	SI 단위
dq	미소 전하 요소	C
Q	물체의 총 전하	C
V	전위	V
$\vec{\mathbf{E}}$	전기장	N/C 또는 V/m
k	쿨롱상수	$\frac{\mathrm{N \cdot m^2}}{\mathrm{C^2}}$ 또는 $\frac{\mathrm{kg \cdot m^3}}{\mathrm{C^2 \cdot s^2}}$
$\vec{\mathbf{R}}$	각 dq에서 장점으로 가는 벡터	m
R	각 dq와 장점 사이의 거리	m
$d\vec{\mathbf{s}}$	미소 변위 벡터(제1권 21장 참조)	m
x, y, z	dq 위치의 직각좌표	m, m, m
r, θ	dq 위치의 2차원 극좌표	m, rad
r_c, θ, z	dq 위치의 원통좌표	m, rad, m
r, θ, ϕ	dq 위치의 구좌표	m, rad, rad
λ	선전하밀도	C/m
σ	면전하밀도	$\mathrm{C/m^2}$
ρ	부피전하밀도	$\mathrm{C/m^3}$
ds	미소 길이 요소	m

dA	미소 면적 요소	m^2
dV	미소 부피 요소	m^3

주의: λ, σ, ρ 기호는 각각 그리스 소문자 람다(lambda), 시그마(sigma), 로(rho)이다.

전위 적분을 수행하는 방법

연속적인 전하분포[원천(source)이라고 함]가 특정한 위치[장점(field point)이라고 함]에 만들어내는 전위를 구할 때는 다음과 같은 단계를 밟는다.

1. 전하를 가진 물체를 그림으로 그린다. 이때 물체가 가진 총 전하를 Q라고 한다. 총 전하 Q는 수많은 미소전하 dq로 구성되어 있다. 적분을 한다는 물체가 가진 모든 dq가 저마다 만들어내는 전위를 구하여 전부 합하는 것이므로 이렇게 하는 과정을 머릿속으로 그려본다.
2. 물체 내부에 대표로 미소전하 dq를 그려 넣고 표시하라. 원점 또는 축 위에는 dq를 그리지 않도록 한다(단. 전하를 가진 물체가 막대이고 그 막대가 축을 따라 놓여 있어 막대의 모든 점이 축 위에 있는 경우에는 축 위에 그려 넣을 밖에 없다). dq(원천)에서 장점(문제에서 전위를 구해야 하는 점)으로 가는 화살표 직선을 그린다. 이 직선에 변위벡터 $\vec{\mathbf{R}}$라고 표시한다. 자세한 사항은 다음에 나오는 예제의 그림을 참조하기 바란다.
3. 다음 식으로 표시되는 전위 적분을 수행하기 시작한다.

$$V = k\int \frac{dq}{R}$$

이 적분 수식의 각 기호는 다음을 뜻한다.

- V는 장점의 전위이다.
- k는 쿨롱상수이다. $k = 9.0 \times 10^9 \ \frac{\mathrm{N \cdot m^2}}{\mathrm{C^2}}$
- R은 각 dq에서 장점까지의 거리이다. 대부분의 문제에서 R은 변수이므로 적분기호 밖으로 꺼낼 수 없다.
- dq는 물체에 들어 있는 미소 전하요소 각각을 나타낸다.

주의: $\vec{\mathbf{E}}$에 대한 방정식을 알고 있거나 가우스 법칙으로 $\vec{\mathbf{E}}$를 쉽게 구할 수 있는 경우에는 다음 공식을 사용하여 전위차를 계산할 수 있다. 아래 공식은 제1권의 21장에서 설명한 일(work) 적분과 비슷하다.

$$\Delta V = -\int \vec{\mathbf{E}} \cdot d\vec{\mathbf{s}}$$

4. 문제에서 다루는 구조를 잘 살펴보면서 가장 적합한 좌표계를 사용하여 R을 나타낸다.

- 문제에서 직선 형태의 물체 또는 (정다면체처럼) 모서리가 직선인 물체를 다루는 경우에는 직각 좌표계 (x, y, z)를 사용한다.
- 문제에서 원 모양의 물체를 다루는 경우에는 2차원 극 좌표계 (r, θ)를 사용한다.
- 문제에서 공(구) 모양의 물체를 다루는 경우에는 구 좌표계 (r, θ, ϕ)를 사용한다.
- 문제에서 원통이나 원뿔 모양의 물체를 다루는 경우에는 원통 좌표계 (r_c, θ, z)를 사용한다. 이때 주의할 점은, r_c는 z축으로부터의 거리이다(반면에 r은 원점으로부터의 거리이다).

5. 문제에서 다루는 구조에 따라 dq를 다음 중 하나로 나타낸다.

- 막대 또는 원호와 같은 구조의 호 길이: $dq = \lambda ds$
- 삼각형, 원반(disk), 얇은 공(구) 껍질과 같은 구조의 면적: $dq = \sigma dA$
- 정육면체, 반구와 같은 구조의 3차원 입체: $dq = \rho dV$

6. 문제의 구조에 가장 적합한 좌표계를 선택하고 6장의 방법을 사용하여 위의 5번 단계에서 나타낸 ds, dA, dV를 다음 식으로 치환한다.

- x축에 평행한 직선: $ds = dx$
- y축에 평행한 직선: $ds = dy$
- z축에 평행한 직선: $ds = dz$
- 반지름이 a인 원호: $ds = a d\theta$
- 내부가 채워진 삼각형이나 사각형과 같은 다면체: $dA = dx\,dy$
- 내부가 채워진 반원(원호가 아님)이나 피자조각과 같은 다면체: $dA = r\,dr\,d\theta$
- 반지름이 a인 아주 얇은 공(구)의 껍질: $dA = a^2 \sin\theta\, d\theta\, d\phi$
- 육면체와 같은 입체: $dV = dx\,dy\,dz$
- 원통 또는 원뿔과 같은 입체: $dV = r_c\, dr_c\, d\theta\, dz$
- 반구와 같은 공 모양 입체의 일부: $dV = r^2 \sin\theta\, dr\, d\theta\, d\phi$

7. 전하의 밀도가 균일한지, 불균일한지 파악한다.

- 밀도가 균일하면 λ, σ, ρ를 적분기호 밖으로 꺼낼 수 있다.
- 밀도가 불균일하면 λ, σ, ρ는 적분기호 안에 그대로 남겨 둔다.

8. 직각 좌표계로 표현되어 있는 피적분함수를 극 좌표계나 원통 좌표계나 구 좌표계로 바꾸어 적분을 하는 경우에는 피적분함수의 모든 좌표를 다음 식을 사용하여 치환한다.

- 2차원 극 좌표계: $x = r\cos\theta \quad , \quad y = r\sin\theta$
- 원통 좌표계: $x = r_c\cos\theta \quad , \quad y = r_c\sin\theta$
- 구 좌표계: $x = r\sin\theta\cos\phi \quad , \quad y = r\sin\theta\sin\phi \quad , \quad z = r\cos\theta$

9. 적분 중에서 ds에 대한 적분은 단일 적분이고 dA에 대한 적분은 이중 적분이며 dV에 대한 적분은 삼중 적분이다. 6장에서 자세히 설명한 바와 같이 적분 영역 전체를 모두 포함하도록 적분 변수의 상한과 하한을 정한다. 6장에서 설명하는 방법을 사용하여 적분을 수행한다.

10. 다음 적분을 수행하여 물체의 총 전하 Q를 구한다.

$$Q = \int dq$$

이때 위의 5번 단계~9번 단계에서 설명한 치환을 사용한다. 위의 9번 단계에서 사용한 것과 동일한 상한, 하한을 사용한다.

11. 위의 10번 단계가 끝나면 전위 적분(위의 9번 단계)의 결과에 Q의 수식을 대입한다. 그 결과로 나오는 수식을 간단히 정리한다.

예제 아래 그림을 보면 막대가 y축을 따라 놓여있다. 막대의 양쪽 끝은 원점과 $(0, L)$점에 각각 맞춰져 있다. 막대는 균일한 전하 밀도 λ를 가지며 총 전하량은 $+Q$이다. k, Q, L을 사용하여 $(L, 0)$점에서의 전위 방정식을 유도하다.

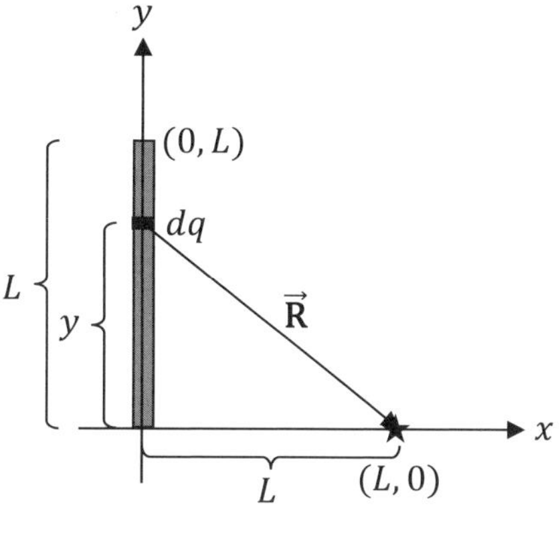

풀이 위의 그림을 살펴보자. 먼저 막대에 대표 미소전하 dq를 표시한다. 원천 dq에서 장점 $(L, 0)$으로 가는 벡터 $\vec{\mathbf{R}}$을 그린다. 적분을 한다는 것은 막대 전체를 구성하는 모든 dq가 저마다 장점에 만들어내는 전위를 구하여 전부 합하는 것이다. 전위 적분을 수식으로 쓰면 다음과 같다.

$$V = k\int \frac{dq}{R}$$

위의 그림을 자세히 살펴보자. 벡터 $\vec{\mathbf{R}}$은 막대 구성하고 있는 각각의 dq에서 장점 $(L, 0)$으로 가는 벡터로, dq마다 길이(크기) R이 다르다. 따라서 크기 R은 적분 밖으로 꺼낼 수 없다. 피타고라스 정리를 사용하여 거리 R을 상수 L과 변수 y를 사용하여 나타내면 $R=\sqrt{L^2+y^2}$이 된다. 이를 전위 적분 수식에 대입하면

$$V = k\int \frac{dq}{R} = k\int \frac{dq}{\sqrt{L^2+y^2}}$$

이다. 가는 막대인 경우, $dq=\lambda ds$(160쪽 5번 단계)이므로

$$V = k\int \frac{dq}{\sqrt{L^2+y^2}} = k\int \frac{\lambda ds}{\sqrt{L^2+y^2}}$$

이 된다. 막대는 균일한 전하밀도 λ를 가지므로 λ는 적분기호 밖으로 꺼낼 수 있다.

$$V = k\int \frac{\lambda ds}{\sqrt{L^2+y^2}} = k\lambda\int \frac{ds}{\sqrt{L^2+y^2}}$$

막대가 y축을 따라 놓여 있으므로 직각 좌표를 사용하면 편리하다. 그러면 미소 길이 요소는 $ds=dy$이다. 적분 범위는 막대의 전체 길이인 $0\le y\le L$이므로 다음 식으로 쓸 수 있다.

$$V = k\lambda\int \frac{dy}{\sqrt{L^2+y^2}} = k\lambda\int_{y=0}^{L} \frac{dy}{\sqrt{L^2+y^2}}$$

이 적분은 다음과 같은 삼각함수 치환으로 수행할 수 있다.

$$y = L\tan\theta$$
$$dy = L\sec^2\theta\, d\theta$$

이 식을 θ에 대해 정리하면 $\theta=\tan^{-1}\left(\frac{y}{L}\right)$이다. 따라서 적분의 하한과 상한은 각각 $\theta=\tan^{-1}(0)=0$과 $\theta=\tan^{-1}\left(\frac{L}{L}\right)=\tan^{-1}(1)=45°$이다. 이 치환식을 사용하면 적분식의 분모는 삼각함수 관계식 $1+\tan^2\theta=\sec^2\theta$를 이용하여 다음과 같이 간단히 쓸 수 있다.

$$\sqrt{L^2+y^2} = \sqrt{L^2+(L\tan\theta)^2} = \sqrt{L^2(1+\tan^2\theta)} = \sqrt{L^2\sec^2\theta} = L\sec\theta$$

계산과정의 맨 마지막 단계에서 연산규칙 $\sqrt{a^2x^2}=\sqrt{a^2}\sqrt{x^2}=ax$를 사용하였다. dy의 치환식과 위에서 구한 $\sqrt{L^2+y^2}$ 식을 적분 수식에 대입하면

$$V = k\lambda\int_{y=0}^{L} \frac{dy}{\sqrt{L^2+y^2}} = k\lambda\int_{\theta=0°}^{45°} \frac{L\sec^2\theta\, d\theta}{L\sec\theta} = k\lambda\int_{\theta=0°}^{45°} \sec\theta\, d\theta$$

이 된다. 이 식의 적분을 표를 이용하여 구해보면

$$V = k\lambda[\ln|\sec\theta+\tan\theta|]_{\theta=0°}^{45°}$$

이 된다. 이 식을 풀면

$$V = k\lambda(\ln|\sec 45° + \tan 45°| - \ln|\sec 0° + \tan 0°|)$$
$$V = k\lambda(\ln|\sqrt{2}+1| - \ln|1+0|) = k\lambda(\ln|\sqrt{2}+1| - \ln|1|) = k\lambda(\ln|\sqrt{2}+1|)$$

이 된다. 위의 계산과정에서 $\ln(1)=0$이다.

아직 문제 풀이가 끝나지 않았다. 위의 결과 식에서 λ를 전하 Q를 사용하여 표현해야 한다. 이를 위해 dq를 적분하면 막대의 총 전하 Q가 된다는 사실을 이용한다. 이 적분에 앞에서 알아본 $dq=\lambda ds$의 관계와 하한, 상한을 그대로 적용하면

$$Q = \int dq = \int \lambda\, ds = \lambda \int ds = \lambda \int_{y=0}^{L} dy = \lambda L$$

이 된다. 양변을 L로 나누면

$$\lambda = \frac{Q}{L}$$

가 된다. 여기서 구한 λ를 앞서 구한 V 식에 대입하면

$$V = k\lambda(\ln|\sqrt{2}+1|) = \frac{kQ}{L}(\ln|\sqrt{2}+1|)$$

이 된다. 따라서 $(L, 0)$ 점에서의 전위는 $V=\frac{kQ}{L}(\ln|\sqrt{2}+1|)$다.

예제 균일한 전하분포를 가진 원반이 있다. 속이 채워진 이 원반은 아래 그림과 같이 xy 평면에 놓여있으며 원반의 중심은 원점과 일치한다. 원반의 반지름은 a이며 총 전하량은 $+Q$로 양전하이다. k, Q, a, p와 적절한 단위벡터를 사용하여 $(0, 0, p)$에서의 전위 방정식을 유도하라. 여기서 a와 p는 상수이다.

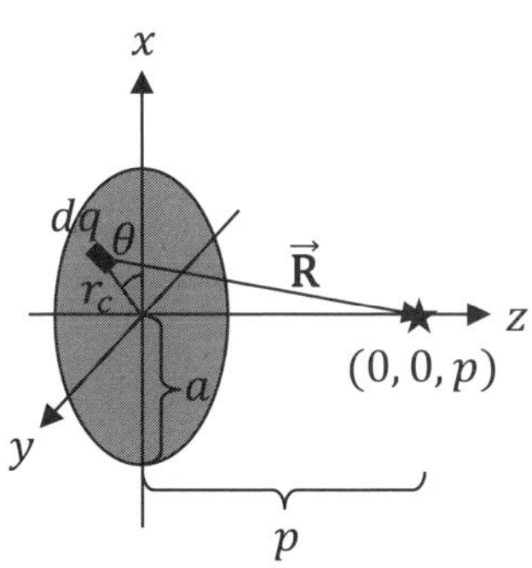

풀이 이전 쪽의 그림을 살펴보자. 먼저 원반에 대표 미소전하 dq를 표시한다. 이 원반은 속이 채워져 있으므로 원반을 구성하는 전체 dq 중에서 대부분은 원반 내부영역에 위치한다(원반의 둘레에 위치하는 dq는 아주 적은 수에 지나지 않는다). 원천 dq에서 장점 (0, 0, p)으로 가는 벡터 $\vec{\mathbf{R}}$을 그린다. 적분을 한다는 것은 내부가 채워진 원반 전체를 구성하는 모든 dq가 저마다 장점에 만들어내는 전위를 구하여 전부 합하는 것이다. 전위 적분을 수식으로 쓰면 다음과 같다.

$$V = k\int \frac{dq}{R}$$

위의 그림을 자세히 살펴보자. 벡터 $\vec{\mathbf{R}}$은 원천(막대를 구성하고 있는 각각의 dq)에서 장점 (0, 0, p)으로 가는 벡터이다. $\vec{\mathbf{R}}$는 dq가 달라지면 길이(크기)가 달라진다. 따라서 $\vec{\mathbf{R}}$의 크기 R은 적분기호 밖으로 꺼낼 수 없다. 피타고라스 정리를 사용하면 크기 R을 변수 r_c와 상수 p를 써서 $R = \sqrt{r_c{}^2 + p^2}$로 쓸 수 있다. 이 식을 전위 적분 수식에 대입하면

$$V = k\int \frac{dq}{R} = k\int \frac{dq}{\sqrt{r_c^2 + p^2}}$$

이 된다. 속의 채워진 원반의 경우, $dq = \sigma dA$이다(160쪽 5번 단계).

$$V = k\int \frac{dq}{\sqrt{r_c^2 + p^2}} = k\int \frac{\sigma dA}{\sqrt{r_c^2 + p^2}}$$

원반의 전하밀도는 균일하므로 σ는 적분기호 밖으로 나올 수 있다.

$$V = k\int \frac{\sigma dA}{\sqrt{r_c^2 + p^2}} = k\sigma\int \frac{dA}{\sqrt{r_c^2 + p^2}}$$

원반은 모양이 내부가 채워진 원이므로 2차원 극좌표를 사용하면 편리하게 계산할 수 있다. 극좌표에서 원반의 미소 면적요소는 $dA = r_c dr_c d\theta$(160쪽 6번 단계)이다. 장점 (0, 0, p)는 xy 평면위에 놓여있지 않으므로 원통 좌표계를 사용하는 것이 편리하다(원통 좌표계는 2차원 극좌표에 z좌표를 추가한 것이다). 적분 범위는 $r_c = 0$에서 $r_c = a$이고, $\theta = 0$에서 $\theta = 2\pi$ radian(라디안)까지이다.

$$V = k\sigma\int \frac{dA}{\sqrt{r_c^2 + p^2}} = k\sigma \int_{r_c=0}^{a}\int_{\theta=0}^{2\pi} \frac{r_c dr_c d\theta}{\sqrt{r_c^2 + p^2}}$$

θ에 대해 적분을 할 때는 독립변수 r_c를 상수로 취급한다. 실제로 적분기호 안의 피적분 함수를 구성하고 있는 항들 중에서 변수 θ에 따라 달라지는 것은 전혀 없다. 따라서 이들 항 전체를 적분기호 밖으로 꺼낼 수 있다.

$$V = k\sigma \int_{r_c=0}^{a} \int_{\theta=0}^{2\pi} \frac{r_c dr_c d\theta}{\sqrt{r_c^2 + p^2}}$$

$$V = k\sigma \int_{r_c=0}^{a} \frac{r_c dr_c}{\sqrt{r_c^2 + p^2}} \int_{\theta=0}^{2\pi} d\theta = k\sigma \int_{r_c=0}^{a} \frac{r_c dr_c}{\sqrt{r_c^2 + p^2}} [\theta]_{\theta=0}^{2\pi} = 2\pi k\sigma \int_{r_c=0}^{a} \frac{r_c dr_c}{\sqrt{r_c^2 + p^2}}$$

이제 남은 적분은 다음과 같은 삼각함수 치환법을 사용하여 수행할 수 있다.

$$r_c = p \tan\psi$$
$$dr_c = p \sec^2\psi \, d\psi$$

수식을 ψ에 대해 풀면 $\psi = \tan^{-1}\left(\frac{r_c}{p}\right)$가 된다. 이렇게 되면 $r_c = 0$에서 $r_c = a$까지 변할 때 ψ는 $\psi = \tan^{-1}\left(\frac{0}{p}\right) = \tan^{-1}(0) = 0$에서 $\psi = \tan^{-1}\left(\frac{a}{p}\right)$까지 변한다. 여기서 $\psi = \tan^{-1}\left(\frac{a}{p}\right) = \psi_{\max}$라고 하자. 피적분함수의 분모는 $\tan^2\psi + 1 = \sec^2\psi$의 삼각함수 관계식을 이용하면 다음과 같이 간단하게 쓸 수 있다.

$$\sqrt{r_c^2 + p^2} = \sqrt{(p\tan\psi)^2 + p^2} = \sqrt{p^2(\tan^2\psi + 1)} = \sqrt{p^2\sec^2\psi} = p\sec\psi$$

위의 계산과정에서 연산규칙 $\sqrt{a^2x^2} = \sqrt{a^2}\sqrt{x^2} = ax$를 사용하였다. r_c, dr_c, $\sqrt{r_c^2+p^2}$식을 앞의 전위 수식에 대입하면 다음과 같다.

$$V = 2\pi k\sigma \int_{r_c=0}^{a} \frac{r_c dr_c}{\sqrt{r_c^2 + p^2}} = 2\pi k\sigma \int_{\psi=0°}^{\psi_{max}} \frac{(p\tan\psi)(p\sec^2\psi \, d\psi)}{p\sec\psi}$$

$\frac{p^2}{p} = p$이고 $\frac{\sec^2\psi}{\sec\psi} = \sec\psi$이므로 위의 적분 수식은

$$V = 2\pi k\sigma \int_{\psi=0°}^{\psi_{max}} p\tan\psi\sec\psi \, d\psi = 2\pi k\sigma p \int_{\psi=0°}^{\psi_{max}} \tan\psi\sec\psi \, d\psi$$

이 된다. 삼각함수 관계식에서 $\sec\psi = \frac{1}{\cos\psi}$이고 $\tan\psi = \frac{\sin\psi}{\cos\psi}$이므로

$$\tan\psi\sec\psi = \frac{\sin\psi}{\cos\psi}\frac{1}{\cos\psi} = \frac{\sin\psi}{\cos^2\psi}$$

이 된다. 이 식을 앞의 전위 적분 수식에 대입하면

$$V = 2\pi k\sigma p \int_{\psi=0°}^{\psi_{max}} \tan\psi\sec\psi \, d\psi = 2\pi k\sigma p \int_{\psi=0°}^{\psi_{max}} \frac{\sin\psi}{\cos^2\psi} d\psi$$

가 된다. 이 적분은 다음과 같은 삼각함수 치환법을 사용하여 수행할 수 있다.

$$u = \cos\psi$$
$$du = -\sin\psi\, d\psi$$

$u = \cos\psi$이므로 적분의 하한과 상한이 $\psi = 0$에서 $\psi = \psi_{\max}$까지 변할 때 u는 $u(0) = \cos 0° = 1$에서 $u(\psi_{\max}) = \cos\psi_{\max}$까지 변한다. 여기서는 상한을 u_{new}로 놓고 나중에 처리하기로 하자. 그러면 위의 적분 수식은

$$V = 2\pi k\sigma p \int_{u=1}^{u_{new}} \frac{-du}{u^2} = -2\pi k\sigma p \int_{u=1}^{u_{new}} \frac{du}{u^2}$$

이 된다. 연산규칙 $\frac{1}{u^2} = u^{-2}$을 이용하면

$$V = -2\pi k\sigma p \int_{u=1}^{u_{new}} u^{-2}\, du = -2\pi k\sigma p \left[\frac{u^{-1}}{-1}\right]_{u=1}^{u_{new}} = 2\pi k\sigma p [u^{-1}]_{u=1}^{u_{new}}$$
$$= 2\pi k\sigma p \left(\frac{1}{u_{new}} - 1\right)$$

이다. 앞에서 $u_{new} = \cos\psi_{\max}$이고 $\psi_{\max} = \tan^{-1}\left(\frac{a}{p}\right)$이다. 따라서 $u_{new} = \cos\left[\tan^{-1}\left(\frac{a}{p}\right)\right]$로 조금 복잡한 식이 된다. 역탄젠트 함수의 코사인 값을 구할 때는 직각삼각형을 그린 다음에 피타고라스 정리를 사용하면 편리하다. $\psi_{\max} = \tan^{-1}\left(\frac{a}{p}\right)$로부터 $\tan\psi_{\max} = \frac{a}{p}$이므로 아래와 같이 직각삼각형을 그릴 수 있다.

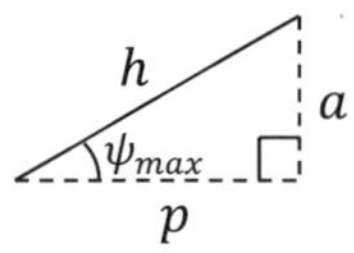

빗면의 길이를 h라고 하고 피타고라스 정리를 이용하면

$$h = \sqrt{p^2 + a^2}$$

이 된다. 그러면 직각삼각형에서

$$u_{new} = \cos\psi_{max} = \frac{p}{h} = \frac{p}{\sqrt{p^2 + a^2}}$$

이 된다. 따라서 u_{new}의 역수는

$$\frac{1}{u_{new}} = \frac{\sqrt{p^2 + a^2}}{p}$$

이다. 이 식을 앞에서 구한 전위 수식에 대입하면

$$V = 2\pi k\sigma p\left(\frac{1}{u_{new}} - 1\right) = 2\pi k\sigma p\left(\frac{\sqrt{p^2 + a^2}}{p} - 1\right)$$

이다. 분수의 덧셈을 하기 위해 공통분모를 만들어 계산하면

$$V = 2\pi k\sigma p\left(\frac{\sqrt{p^2 + a^2}}{p} - \frac{p}{p}\right) = 2\pi k\sigma p\left(\frac{\sqrt{p^2 + a^2} - p}{p}\right)$$

이 된다. 이 식에서 분모의 p를 앞에 있는 p와 약분하면 서로 사라져서

$$V = 2\pi k\sigma\left(\sqrt{p^2 + a^2} - p\right)$$

이 된다. 아직 문제 풀이가 끝나지 않았다. 위의 결과 식에서 전하밀도 σ를 Q를 사용하여 표현해야 한다. 이를 위해 dq를 적분하면 원반의 총 전하 Q가 된다는 사실을 이용한다. 이 적분에 앞에서 알아본 관계와 하한, 상한을 그대로 적용하면

$$Q = \int dq = \int \sigma\, dA = \sigma \int dA = \sigma \int_{r_c=0}^{a} \int_{\theta=0}^{2\pi} r_c dr_c d\theta = \sigma \int_{r_c=0}^{a} r_c dr_c \int_{\theta=0}^{2\pi} d\theta$$

$$Q = \sigma\left[\frac{r_c^2}{2}\right]_{r_c=0}^{a} [\theta]_{\theta=0}^{2\pi} = \sigma\left(\frac{a^2}{2} - \frac{0^2}{2}\right)(2\pi - 0) = \sigma\left(\frac{a^2}{2}\right)(2\pi) = \pi\sigma a^2$$

이 된다. 이 식을 σ에 대해 정리해보자. 양변을 πa^2로 나누면

$$\sigma = \frac{Q}{\pi a^2}$$

이 된다. 여기서 구한 σ를 앞서 구한 V 식에 대입하면 다음과 같다.

$$V = 2\pi k\sigma\left(\sqrt{p^2 + a^2} - p\right) = 2\pi k\left(\frac{Q}{\pi a^2}\right)\left(\sqrt{p^2 + a^2} - p\right)$$

$$V = \frac{2kQ}{a^2}\left(\sqrt{p^2 + a^2} - p\right)$$

연습문제

52. 가는 도선을 구부려서 다음 쪽 그림과 같이 반원 형태로 만들었다. 반원의 반지름은 a이다. 이 반원 도선이 가진 총 전하량은 $+Q$로 양전하이며 이 전하가 도선 전체에 균일하게 분포해있다. k, Q, a를 사용하여 원점에서의 전위 방정식을 유도하라. 여기서 a는 상수이다.

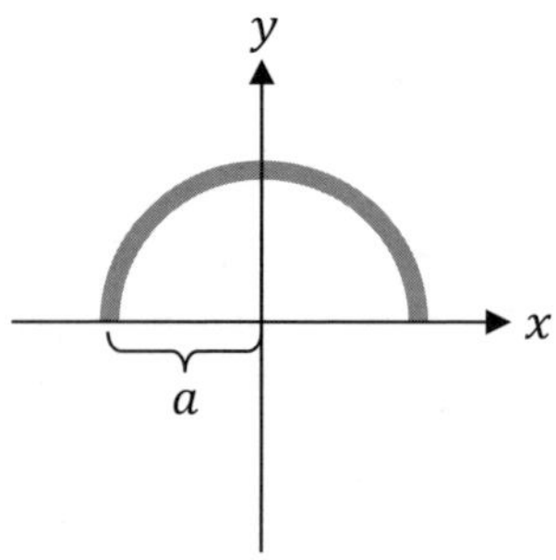

답: $V = \frac{kQ}{a}$

53. 균일하게 대전된 아주 가는 고리가 아래 그림과 같이 xy 평면에 놓여있다. 고리의 중심은 원점과 일치한다. 고리의 반지름은 a이며 고리가 가진 총 전하량은 $+Q$로 양전하이다. k, Q, a, p와 적절한 단위벡터를 사용하여 (0, 0, p)에서의 전위 방정식을 유도하라. 여기서 a와 p는 상수이다.

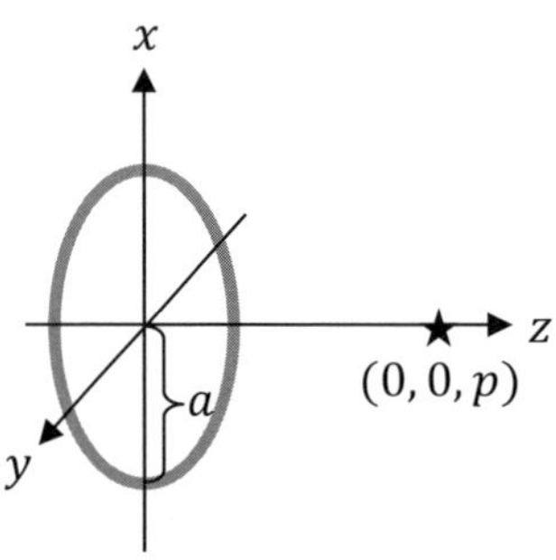

답: $V = \frac{kQ}{\sqrt{p^2+a^2}}$이다.

도움이 필요한가요? 책의 맨 뒤에 있는 "힌트"를 참고하세요.

10
전하를 가진 입자의 운동

관련 용어

- **전하**(electric charge) 입자가 가지는 고유한 특성 중의 하나로, 전하를 가진 입자가 전기장이 있는 곳에 놓이게 되면 전기장에 의해 힘을 받게 된다. (전기적으로 중성인 입자는 전하를 가지지 않는다. 따라서 중성 입자는 전기장이 있는 곳에 놓이게 되어도 힘을 받지 않는다.)
- **전기력**(electric force) 전하를 가진 입자가 전하를 가진 다른 입자를 밀거나 끌어당기는 힘. 서로 다른 극성의 전하를 가진 두 입자(한 입자는 + 전하, 다른 입자는 − 전하)는 서로 끌어당기는 반면, 같은 극성의 전하를 가진 두 입자(두 입자 모두 +전하, 또는 모두 −전하)는 서로 밀어낸다.
- **전기장**(electric field) 단위 전하당 힘
- **전위 에너지**(electric potential energy) 전하를 가진 입자가 한 위치에서 다른 위치로 움직이는 동안에 사용되는 전기적인 일(work)(다시 말해, 전하가 움직이는 동안에 외부에서 그 전하에 수행한 전기적인 일 또는 그 전하가 외부에 수행한 전기적인 일)을 나타내는 척도. 전위 에너지를 전기 퍼텐셜 에너지라고도 함
- **전위**(electric potential) 단위 전하당 전위 에너지. 전하를 가진 입자가 한 위치에서 다른 위치로 움직이는 동안에 사용되는 단위 전하당 일은 두 위치 사이의 전위 차이와 같다. 전위를 전기 퍼텐셜이라고도 함
- **전위차(퍼텐셜 차)**(potential difference) 두 위치 사이의 전위의 차이. 전위차는 시험 전하가 두 위치 사이를 이동하는 데 필요한 단위 전하당 일이다. 전위차를 퍼텐셜 차라고도 함

균일 전기장 방정식

균일(uniform) 전기장은 공간 영역 전체에서 변화가 없는 일정한 전기장을 말한다. 전기장 $\vec{\mathbf{E}}$가 존재하는 공간에 전하 q를 가진 입자가 들어오면 이 입자는 전기장 $\vec{\mathbf{E}}$로부터 다음 식으로 주어지는 전기력 $\vec{\mathbf{F}}_e$를 받는다.

$$\vec{\mathbf{F}}_e = q\vec{\mathbf{E}}$$

제1권에서 중력 $\vec{\mathbf{F}}_g$는 다음 식과 같이 질량 m과 중력 가속도 $\vec{\mathbf{g}}$의 곱셈이 된다는 것을 배웠다.

$$\vec{\mathbf{F}}_g = m\vec{\mathbf{g}}$$

뉴턴의 제2법칙에 따라 알짜 힘 $\Sigma\vec{\mathbf{F}}$는 다음 식과 같이 질량 m과 가속도 $\vec{\mathbf{a}}$의 곱셈으로 나타난다. 이 법칙에 대해서는 제1권에서 자세히 배운 바 있다.

$$\sum \vec{\mathbf{F}} = m\vec{\mathbf{a}}$$

전위차 ΔV는 다음 식과 같이 두 위치 사이의 전위의 차이이다.

$$\Delta V = V_f - V_i$$

평행한 두 판 사이에 존재하는 균일한 전기장의 크기는 다음과 같이 두 판 사이의 전위차를 두 판 사이의 간격으로 나눈 것과 같다.

$$E = \frac{\Delta V}{d}$$

전기적 일 W_e는 전하 q와 전위차 ΔV의 곱셈이다. 또한 일은 전위 에너지의 음(−)의 변화량과 같다.

$$W_e = q\Delta V = -\Delta PE_e$$

전하를 가진 입자가 균일 전기장의 방향과 평행한 방향으로 움직이면 이 입자는 균일(일정한) 가속도를 가진다. 이와 관련된 수식은 다음과 같다. 이 책의 제1권에서 살펴본 균일 가속도(등가속도) 방정식을 잘 기억하기 바란다.

$$\Delta y = v_{y0}t + \frac{1}{2}a_y t^2$$

$$v_y = v_{y0} + a_y t$$

$$v_y^2 = v_{y0}^2 + 2a_y \Delta y$$

기호와 SI 단위

기호	이름	SI 단위
E	전기장	N/C 또는 V/m
F_e	전기력	N
m	질량	kg
g	중력 가속도	m/s^2
a_y	가속도의 y 성분	m/s^2
v_{y0}	초기속도의 y 성분	m/s
v_y	최종속도의 y 성분	m/s
Δy	알짜 변위의 y 성분	m
t	시간	s
d	두 평행판 사이의 간격	m
V	전위	V
ΔV	전위차	V
PE_e	전위 에너지	J
W_e	전기적 일	J
q	전하	C

균일 전기장 관련 문제의 풀이 방법

균일 전기장과 관련한 문제의 유형에 따라 풀이 방법이 달라진다.

- 전하를 가진 두 개의 평행한 판에 의해 발생하는 균일 전기장과 관련한 문제에서는 전기장의 크기와 두 평행 판 사이의 전위차 사이에 다음 식으로 주어지는 관계가 성립한다.

$$E = \frac{\Delta V}{d}$$

- 가속도를 사용해야 하는 경우, 문제를 푸는 과정에서 뉴턴의 제2법칙을 적용해야 한다. 뉴턴의 제2법칙은 제1권에서 자세히 다루었다. 지금부터 균일 전기장과 관련하여 뉴턴의 제2법칙을 적용하는 방법을 알아본다.
  - 먼저 자유물체도를 그려 전하를 가진 물체에 작용하는 힘을 표시한다. 전기장선의

방향을 따라 전기력을 나타내는 화살표 직선을 그리고 그 위에 $q\vec{\mathbf{E}}$를 써 넣는다. 이때 전하가 양(+)이면 전기력 직선은 전기장선과 같은 방향으로, 전하가 음(−)이면 전기장선과 반대 방향으로 그린다. 중력을 무시할 수 없는 경우(일반적인 경우임)에는 지구의 중심을 향해(대부분의 경우 아래쪽 수직방향) 물체의 무게를 나타내는 화살표 직선을 그리고 그 위에 $m\vec{\mathbf{g}}$를 써 넣는다.

- 위에서 그린 자유물체도에 다음 식으로 표시되는 뉴턴의 제2법칙을 적용한다. 이 법칙은 물체에 작용하는 알짜 힘이 물체의 질량과 물체의 가속도의 곱셈과 같다는 사실을 나타낸다.

$$\sum \vec{\mathbf{F}} = m\vec{\mathbf{a}}$$

대부분의 균일 전기장 문제에서는 이 식은 $\pm|q|E \pm mg = ma_y$로 표시된다. 여기서 부호는 어떤 좌표계를 선택하고 여기에 자유물체도를 어떻게 그렸는가에 따라 정해진다(다시 말해, 어느 방향을 $+y$로 정했는가에 따라).

가속도를 사용할 때는 추가로 방정식이 필요하다.

- 물체가 전기장의 방향과 나란한 방향으로 움직이면 다음의 1차원 가속도 방정식을 사용한다.

$$\Delta y = v_{y0}t + \frac{1}{2}a_y t^2 \quad , \quad v_y = v_{y0} + a_y t \quad , \quad v_y^2 = v_{y0}^2 + 2a_y \Delta y$$

- 그렇지 않으면 궤도운동 방정식이 필요하다(제1권 참조).

- 가속도를 모르거나 가속도를 구할 필요가 없는 경우에는 일 또는 에너지를 사용해야 한다(예를 들어, 에너지 보존법칙을 사용한다).

$$W_e = q\Delta V = -\Delta PE_e$$

전하를 가진 입자가 전위차에 의해 가속되는 경우[단, 외부에서 추가로 가해지는 장(중력장 또는 다른 전기장 등)은 없다고 가정]

- 입자의 속도가 증가하는 경우: $|q|\Delta V = \frac{1}{2}m(v^2 - v_0^2)$, 절댓값에 주의할 것
- 입자의 속도가 감소하는 경우: $|q|\Delta V = \frac{1}{2}m(v_0^2 - v^2)$, 절댓값에 주의할 것

예제 전하를 가진 두 개의 큰 판이 다음 쪽 그림과 같이 서로 나란히 놓여 있다. 위에 있는 판은 +전하를 가지고 있고 아래에 놓인 판은 −전하를 가지고 있다. 두 판 사이의 거리는 25 cm이고 두 판 사이의 전위차는 110 V이다. 전하량이 +500 μC이고 질량이 10 g인 아주 작은 입자가 +전하를 가진 판 위에 정지해 있다.

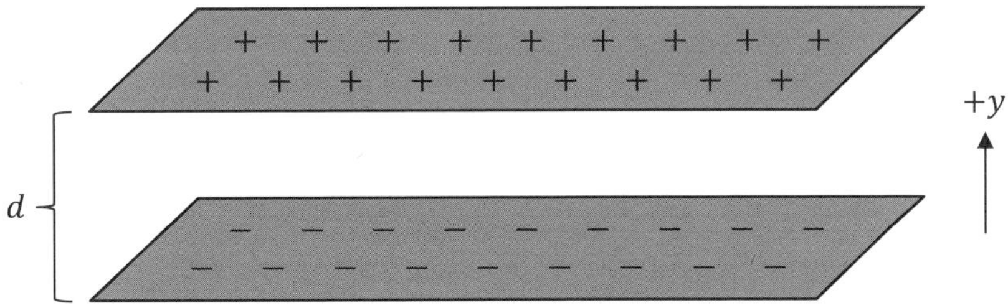

(A) 전하를 가진 아주 작은 입자의 가속도를 구하라.

풀이 이 문제를 풀려면 전기장의 크기 E를 알아야 한다. 전기장의 크기 E는 두 판 사이의 전위차 ΔV와 두 판 사이의 간격 d를 알면 다음과 같이 구할 수 있다. d의 단위를 cm에서 m로 바꾸면 $d = 25$ cm는 $d = 0.25$ m가 된다.

$$E = \frac{\Delta V}{d} = \frac{110}{0.25} = (110)(4) = 440\ \mathrm{N/C}$$

아주 작은 입자에 대해 자유물체도(FBD)를 그려보자.

- 아주 작은 입자에게 가해지는 전기력 $q\vec{\mathbf{E}}$의 방향을 구해보자. 아주 작은 입자가 가진 전하의 극성이 +이므로 전기력 $q\vec{\mathbf{E}}$는 전기장 $\vec{\mathbf{E}}$의 방향과 동일하다. 전기장선은 +전하판에서 시작해서 −전하판에서 끝나므로 전기장 $\vec{\mathbf{E}}$는 아래쪽 방향이다. 따라서 전기력 $q\vec{\mathbf{E}}$의 방향은 다음 그림과 같이 아래쪽 방향이다.
- 입자에 가해지는 중력 $m\vec{\mathbf{g}}$은 다음 그림과 같이 아래쪽 방향이다.
- 아래 그림과 같이 $+y$를 위쪽 방향으로 정한다.

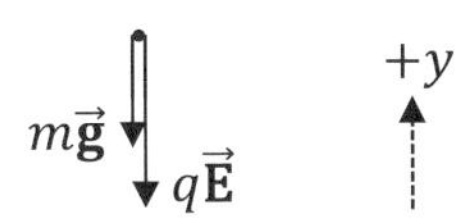

입자에 뉴턴의 제2법칙을 적용해보자. 위쪽 방향을 $+y$로 정했으므로 두 힘의 y 성분을 합성할 때 다음과 같이 $|q|E$는 −부호고 mg도 −부호다.

$$\sum F_y = ma_y$$
$$-|q|E - mg = ma_y$$

위 식의 양변을 m으로 나눈다. 이어서 전하량은 μC 단위에서 C 단위로, 질량은 g 단위에서 kg 단위로 변환하면 $q = 500\ \mu\mathrm{C} = 5.00 \times 10^{-4}$ C, $m = 10$ g $= 0.010$ kg이 된다. 이 값들을 앞의 식에 대입하면

$$a_y = \frac{-|q|E - mg}{m} = \frac{-|5 \times 10^{-4}|(440) - (0.01)(9.81)}{0.01}$$

이 된다. 이 책에서는 중력가속도 9.81 m/s^2을 10 m/s^2로 반올림하여 사용하기로 한다. 이렇게 하면 전자계산기 없이도 다음과 같이 계산을 쉽게 할 수 있다. 그 대신, 19/1000 = 0.019만큼의 오차가 생긴다.

$$a_y \approx \frac{-|5 \times 10^{-4}|(440) - (0.01)(10)}{0.01} = \frac{-0.22 - 0.1}{0.01} = \frac{-0.32}{0.01} = -32\ \mathrm{m/s^2}$$

위 수식에 들어있는 ≈ 기호는 "근사적으로 같음"을 나타낸다. 답을 말해보면, 입자의 가속도는 $a_y \approx -32\ \mathrm{m/s^2}$이다. (중력가속도를 반올림하지 않으면 $a_y \approx -31.8\ \mathrm{m/s^2}$가 된다. 이 값을 유효숫자 두 개를 써서 나타내면 반올림해서 구한 값과 같다.)

(B) 아주 작은 입자가 −전하를 가진 판에 막 도달하기 직전에 움직이는 속도를 구하라.

풀이 앞에서 입자의 가속도를 구했으므로 1차원 등가속도 방정식을 사용할 수 있다. 변수 Δy, v_{y0}, v_y, a_y, t 중에서 값이 주어진 것이나 값을 구한 것을 적어본다.

- (A)로부터 $a_y \approx -32\ \mathrm{m/s^2}$로 구했다. 입자는 아래로 가속되므로 −값이다(+y를 위쪽 방향으로 선택하였으므로).
- $\Delta y = -0.25$ m이다. 입자의 알짜 변위는 두 판 사이의 간격과 같다. 입자의 최종 위치가 시작 위치보다 y 축에서 아래에 있으므로 −값이다(+y를 위쪽 방향으로 선택하였고 Δy는 최종 위치에서 시작 위치를 뺀 값이므로).
- $v_{y0} = 0$이다. 물체는 정지해 있다가 출발하므로 초기속도는 0이다.
- 우리가 구할 것은 최종속도 v_y이다.

a_y, Δy, v_{y0} 값을 알고 있으므로 이 값들을 사용하여 v_y를 구해본다. 이 기호들을 사용한 방정식을 아래와 같이 선택하고 여기에 이 값들을 대입하면

$$v_y^2 = v_{y0}^2 + 2a_y\Delta y$$
$$v_y^2 = 0^2 + 2(-32)(-.25) = 16$$
$$v_y = \sqrt{16} = \pm 4 = -4.0\ \mathrm{m/s}$$

이다. 입자가 최종위치에서 아래쪽으로 움직이므로 −값만을 선택하였다(+y를 위쪽 방향으로 선택하였으므로). 따라서 입자는 아래쪽 판에 부딪히기 직전에 4.0 m/s의 속도로 아래쪽으로 움직인다.

주의: 이번 예제의 (B)에서는 172쪽의 맨 아랫줄에 있는 두 개의 방정식은 사용할 수 없다. 그 까닭은 이번 예제에서 다루는 구조에는 큰 중력장이 존재하기 때문이다. 중력 $mg = 0.1$ N값을 전기력 $|q|E = 0.22$ N 값과 비교해보자. 이 경우에는 중력 값이 전기력 값과 크게 차이가 나지 않으므로 무시할 수 없다. 중력 값이 전기력 값에 견주어 무시할 수 있을 정도로 작을 때, 입자가 전위를 통해 가속되는 문제를 풀게 되는 경우에는 172쪽의 맨 아랫줄에 있는 두 방정식을 적용할 수 있다.

예제 전하를 가진 입자가 전위차가 5000 V인 두 지점(시작 지점과 최종 지점) 사이에서 가속되고 있다. 이 입자의 전하량은 200 μC이고 질량은 5.0 g이다. 입자가 움직이는 동안에 중력의 영향은 전기력에 비해 무시할 수 있는 것으로 가정한다. 시작 지점에서 정지해 있던 이 입자가 움직여 최종 지점에 도달한 순간에 입자의 최종속도를 구하라.

풀이 이 예제에서는 중력을 무시하고 전기장만 고려하면 되므로 전기장 방정식을 사용한다. 이 경우에 입자는 속도가 증가한다(정지 상태에서 움직이기 시작했으므로). 전하량을 μC 단위에서 C 단위로, 질량을 g 단위에서 kg 단위로 변환하면 $q = 200\ \mu\text{C} = 2.00\times10^{-4}$ C, $m = 5$ g $= 0.0050$ kg이 된다. 이 값들을 다음 식에 대입하면

$$|q|\Delta V = \frac{1}{2}m(v^2 - v_0^2)$$

$$v = \sqrt{\frac{2|q|\Delta V}{m} + v_0^2} = \sqrt{\frac{2|2\times10^{-4}|(5000)}{0.005} + 0^2} = \sqrt{400} = 20\ \text{m/s}$$

이 된다. 따라서 입자의 최종속도는 $v = 20$ m/s이다.

연습문제

54. 전하를 가진 두 개의 큰 판이 아래 그림과 같이 서로 나란히 놓여 있다. 두 판 사이의 거리는 20 cm이다. 두 판 사이의 전위차는 120 V이다. 전하량이 +1500 μC이고 질량이 18 g인 아주 작은 입자가 +전하를 가진 판 위에 정지해 있다.

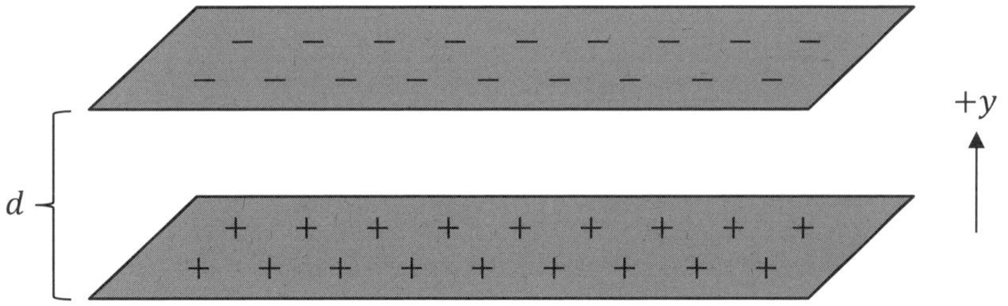

(A) 전하를 가진 아주 작은 입자의 가속도를 구하라.

(B) 입자가 − 전하를 가진 판에 도달하기 직전에 움직이는 속도를 구하라.

답: (A) 40 m/s^2, (B) 4.0 m/s

도움이 필요한가요? 책의 맨 뒤에 있는 "힌트"를 참고하세요.

11
등가 커패시턴스

관련 용어

- **도체**(conductor)　전자가 잘 움직일 수 있는(즉 전류가 잘 통하는) 물질. 금속은 일반적으로 양호한 전기 도체이다.
- **커패시터**(capacitor)　전하를 저장할 수 있는 장치로 분리된 두 개의 도체(예를 들어, 평행하게 놓인 두 개의 도체)로 이루어져 있다.
- **커패시턴스**(capacitance)　주어진 전압에 대해 커패시터가 저장할 수 있는 전하의 양을 나타내는 척도(기준)
- **등가 커패시터**(equivalent capacitor)　주어진 전압에 대해, 여러 개의 커패시터로 이루어진 커패시터 조합이 저장할 수 있는 전하의 양과 동일한 전하의 양을 저장할 수 있는 커패시터 한 개. 따라서 커패시터의 조합이 저장할 수 있는 전하의 양과 등가 커패시터가 저장할 수 있는 전하의 양은 서로 같다.
- **등가 커패시턴스**(equivalent capacitance)　등가 커패시터의 커패시턴스
- **전하량**(charge)　커패시터의 + 극판(또는 − 극판)에 저장된 전하의 양
- **전위차**(potential difference)　시험 전하가 두 위치 사이를 이동하는 데 필요한 단위 전하당 일. 전위차를 다른 말로 전압이라고 함
- **전압**(voltage)　전위차의 다른 말. "전위차"는 개념을 더 강조하는 용어이며 "전압"은 단위의 의미를 담고 있음
- **전위 에너지**(electric potential energy)　커패시터를 구성하는 도체 판에 전하를 저장하기 위해 수행해야 하는 전기적 일. 도체 판에 저장된 전하량과 두 도체 판 사이의 전위차의 곱으로 주어진다.
- **직류**(DC)　시간에 따라 방향이 변하지 않는 전류

커패시턴스 방정식

커패시터의 커패시턴스 C는 + 판(또는 − 판)에 저장된 전하 Q를 두 판 사이의 전위차 ΔV로 나눈 값이다. C, Q, ΔV, 이렇게 세 가지 양 중에서 어느 양을 구하는가에 따라 다음 방정식 중 하나를 사용한다. **도움말: Q는 분모에 들어가지 않는다.**

$$C = \frac{Q}{\Delta V} \quad , \quad Q = C\Delta V \quad , \quad \Delta V = \frac{Q}{C}$$

커패시터에 저장되는 에너지 U는 세 가지 양 중에서 어느 것을 알고 있느냐에 따라 다음 세 가지 형태로 쓸 수 있다. 첫 번째 방정식에 $Q = C\Delta V$를 대입하면 두 번째 방정식이 나오고 $\Delta V = \frac{Q}{C}$를 대입하면 세 번째 방정식이 나온다.

$$U = \frac{1}{2}Q\Delta V \quad , \quad U = \frac{1}{2}C\Delta V^2 \quad , \quad U = \frac{Q^2}{2C}$$

N개의 커패시터가 **직렬**로 연결되면 등가 커패시턴스는 다음 식으로 주어진다.

$$\frac{1}{C_s} = \frac{1}{C_1} + \frac{1}{C_2} + \cdots + \frac{1}{C_N}$$

N개의 커패시터가 **병렬**로 연결되면 등가 커패시턴스는 다음 식으로 주어진다.

$$C_p = C_1 + C_2 + \cdots + C_N$$

직렬 커패시터와 병렬 커패시터의 등가 커패시턴스를 나타내는 수식의 형태는 직렬 저항기와 병렬 저항기의 등가 저항을 나타내는 수식의 형태와 반대이다(13장 참조).

기호와 SI 단위

기호	이름	SI 단위
C	커패시턴스	F
Q	커패시터의 +극판에 저장된 전하	C
ΔV	회로 내의 두 점 사이의 전위차	V
U	커패시터에 저장된 에너지	J

단위 관련 주의사항

커패시턴스 C의 SI 단위는 F(패럿)이다. 방정식 $C = \frac{Q}{\Delta V}$를 보면 F 단위는 C/V$\left(1\ \text{F} = 1\ \frac{\text{C}}{\text{V}}\right)$이다. 에너지 U의 단위는 J(줄)이다. 방정식 $U = \frac{1}{2}Q\Delta V$를 보면 J 단위는 C · V(1 J = 1 C·V)

이다. C·V는 C 곱하기 V이고 C/V는 C 나누기 V이므로 잘 구별해야 한다.

커패시터 회로에 사용되는 회로 기호

회로 기호	이름	이름
	C	커패시터
	ΔV	배터리 또는 직류전원

많은 책에서는 커패시터를 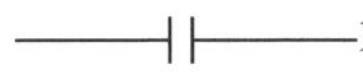기호로, 배터리를 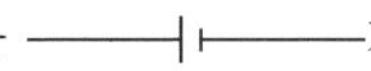기호로 그린다. 이런 회로 기호를 사용하면 손으로 대충 그릴 때 커패시터와 배터리가 서로 비슷해 보인다는 문제가 있다. 커패시터의 한 판을 알파벳 C(커패시터의 첫 글자) 모양처럼 구부리고 배터리의 짧은 선은 상자모양으로 그리면 손으로 대충 그려도 구별하기가 쉽다. 이처럼 이 책에서는 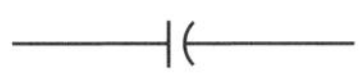 표시로 커패시터를 나타낸다(단, 극성이 있는 전해 커패시터는 이렇게 나타내지 않는다). 이때 커패시터의 두 판 가운데 어느 쪽을 C 모양으로 구부려도 상관은 없다(실제로 두 판은 둘 다 직선 형태이다).

기본 개념

아래 그림에서 왼쪽은 두 개의 커패시터가 병렬로 연결된 구조이고 오른쪽은 두 개의 커패시터가 직렬로 연결된 구조이다. 여러분들 중에는 그려진 형태만 보고도 두 병렬 구조와 직렬 구조를 쉽게 구별하는 사람도 있지만 그림만으로는 그렇게 하지 못하는 사람도 있다. 문제를 풀 때 직렬 구조와 병렬 구조를 제대로 구별하는 데 어려움을 겪고 있다면 다음에 설명하는 구별법을 잘 알아두어야 한다. 이 방법을 익히면 큰 도움이 될 것이다.

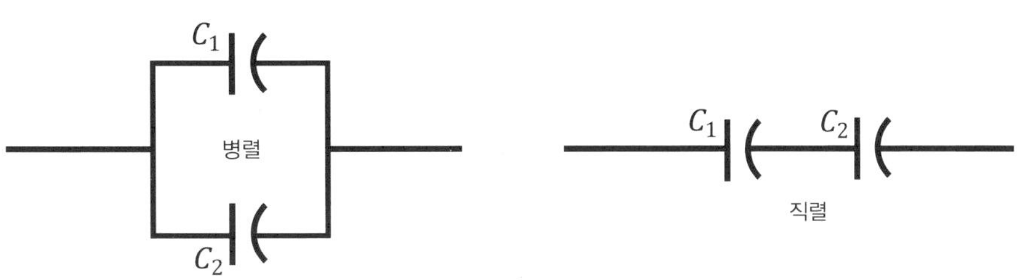

- 한 커패시터에서 다른 커패시터로 가는 도중에 **접합점을 거치지 않고** 가는 경로가 하나라도 있으면 이 두 개의 커패시터는 **직렬 연결**이다. 접합점이 무엇인지는 아래에 설명

되어 있다. 직렬 연결시, 다른 회로 소자(배터리 등)를 중간에 거치는 것은 상관이 없다. 따라서 두 커패시터가 서로 연결되어 있을 때, 이들 중 한 커패시터에서 다른 커패시터로 가는 도중에 접합점을 거치지 않고 가는 것이 가능한지 검사해보고, 이것이 가능하면 두 커패시터는 직렬 연결이고 접합점을 반드시 거쳐야 하면 직렬이 아니다. (직렬 연결이 아니라고 해서 곧바로 병렬 연결이 되는 것은 아니므로 주의해야 한다. 직렬 연결도 아니고 병렬 연결도 아닌 연결도 있을 수 있다.)

- 왼손과 오른손의 집게(두 번째) 손가락을 한 커패시터의 양쪽 단자에 하나씩 갖다 댄 다음, 다른 커패시터의 양쪽 단자로 가는 도중에 다른 **회로 소자(배터리, 저항, 커패시터)를 거치지 않고** 갈 수 있으면 이 두 커패시터는 병렬이다. 병렬 연결시, 중간에 접합점을 거치는 것은 상관이 없다. 주의할 것은, 이것을 검사해볼 때 반드시 양 손의 집게손가락을 함께 사용해야 한다(집게손가락 한 개만을 써서 검사하면 안 된다). 양 손의 집게손가락을 함께 써서 이렇게 할 수 있으면 두 커패시터는 병렬 연결이다. 그렇지 않으면 병렬이 아니다(병렬 연결이 아니라고 해서 곧바로 직렬 연결이 되는 것은 아니므로 주의해야 한다. 직렬 연결도 아니고 병렬 연결도 아닐 수 있다)

접합점(junction)은 두 개 또는 그보다 많은 개수의 서로 다른 도선이 함께 만나는 점을 말한다. 이 접합점에서는 한 개의 도선이 두 개의 도선 또는 그보다 많은 개수의 도선으로 갈라진다. 전자(electron)가 한 도선을 따라 움직인다고 가정하자. 이 전자가 어떤 점에 도달할 때 이 점이 접합점인지 아닌지 알고 싶으면, 다음과 같이 질문을 해보면 된다. 전자가 그 점에서 두 개의 경로 중에서 하나를 선택할 수 있는가(즉 경로가 나뉘어 있어서 두 개의 방향 중에서 하나를 선택할 수 있는가)? 아니면 경로가 나뉘어 있지 않아서 하나의 경로를 계속해서 따라가는가? 여러 경로 중에서 하나를 선택할 수 있다면 바로 그 점이 접합점이다. 변함없이 하나의 경로를 계속 따라가야 한다면 그 점은 접합점이 **아니다**.

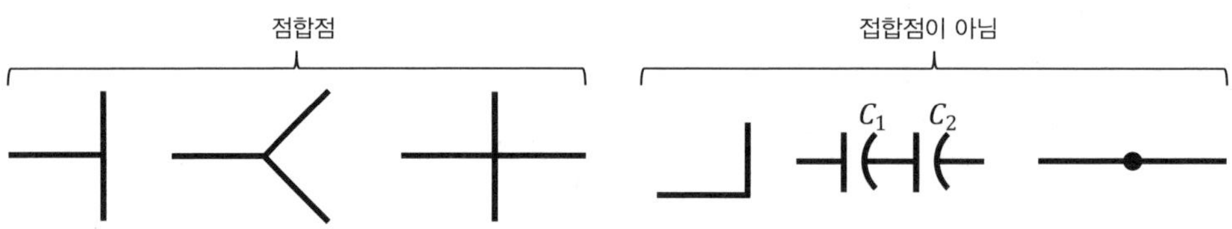

다음 예에서 이 구별법을 적용해보자. 다음 쪽 그림 중에서 왼쪽을 보면 전자가 커패시터 C_1에서 C_2로 가는 도중에 접합점을 거치지 않는다(즉 도중에 경로가 두 개 또는 그 이상으로 나뉘지 않는다). 따라서 이 연결은 직렬이다. 오른쪽 그림을 보면 전자가 한 커패시터에서 다른 커패시터로 갈 때(C_3에서 C_4로 갈 때, 또는 C_3에서 C_5로 갈 때, 또는 C_4에서 C_5로 갈 때), 어떤 경우에도 도중에 접합점을 거치지 않고서는 갈 수가 없다. 따라서 세 커패시터 중에서 어느 두 커패시터도 직렬 연결이 아니다. 오른쪽 그림에는 두 개의 접합점이 있다. C_3와 C_4는 병렬 연결인데, 왜 그런지 바로 전에 배운 구별법에서 병렬 규칙을 다시

한 번 읽어보기 바란다.

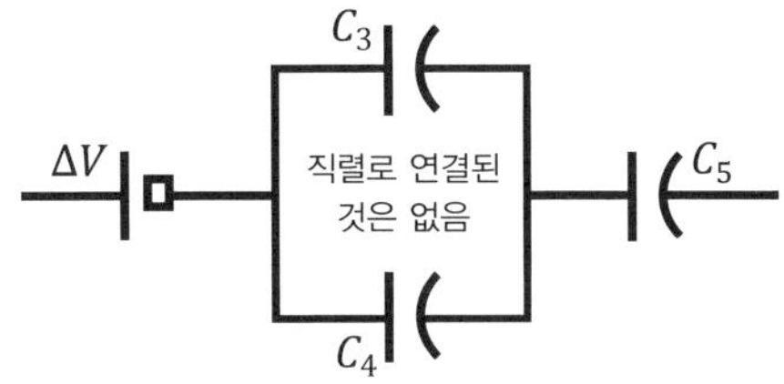

다음 예를 살펴보면서 병렬 규칙을 적용하는 방법을 익혀보자. 아래 그림 중에서 왼쪽 회로의 C_6 양쪽 단자에 왼손 집게손가락과 오른손 집게손가락을 하나씩 가져다 댄다. 이제 이 두 집게손가락을 C_7을 향해 움직여본다. 그러면 도중에 다른 커패시터나 배터리를 거치지 않고 C_7에 도달할 수 있으므로 C_6과 C_7은 병렬연결이다(도중에 접합점을 거치는 것은 상관이 없다). 오른쪽 그림을 보자. 이번에는 C_8의 양쪽 단자에 왼손과 오른손의 집게손가락을 하나씩 가져다 댄다. 이제 두 집게손가락을 C_9(또는 C_{10})을 향해 움직여본다. 그러면 두 집게손가락 중에서 오직 한 집게손가락만이 다른 커패시터를 거치지 않고 C_9(또는 C_{10})에 도달할 수 있을 뿐, 나머지 손가락은 반드시 다른 커패시터를 거쳐야 한다. 따라서 C_8과 C_9, 또는 C_8과 C_{10}은 병렬이 아니다. C_9와 C_{10}은 직렬 연결인데, 왜 그런지 바로 전에 배운 직렬 규칙을 다시 한 번 읽어보기 바란다.

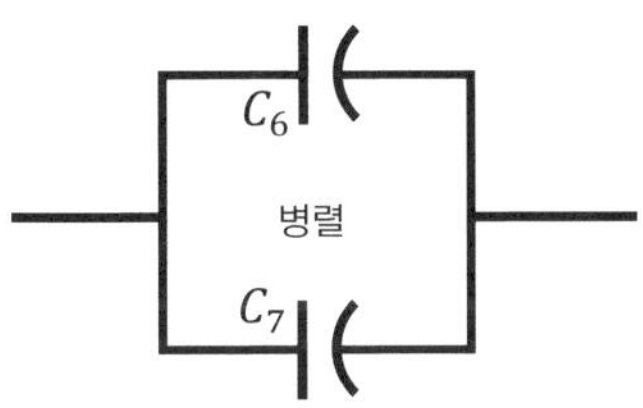

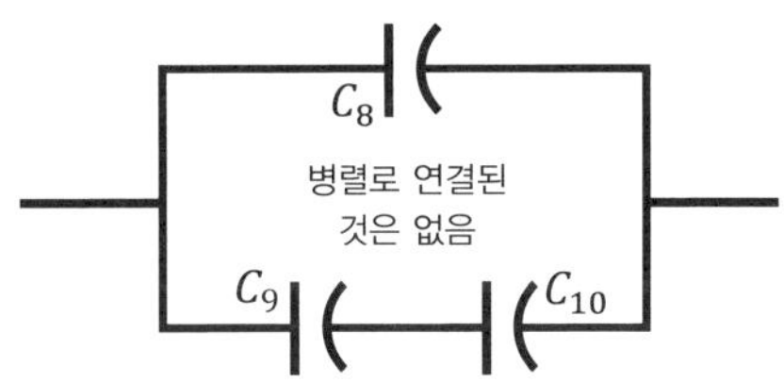

회로를 해석할 때 소자들이 병렬 연결인지 직렬 연결인지 구별하는 것은 중요하다. 이때 다음을 꼭 기억하고 있어야 한다.

- 두 커패시터가 직렬 연결이면 각 커패시터에 저장된 전하는 언제나 서로 같다($Q_1 = Q_2 = Q$).
- 두 커패시터가 병렬 연결이면 각 커패시터 양단의 전위차는 언제나 서로 같다($\Delta V_1 = \Delta V_2 = \Delta V$).

단위 접두어

접두어	이름	10의 거듭제곱
μ	마이크로(micro)	10^{-6}

n	나노(nano)	10^{-9}
p	피코(pico)	10^{-12}

커패시터 회로를 해석하는 방법

커패시터로 이루어진 회로 문제를 풀 때는 다음과 같은 단계를 밟는다.

1. 회로에서 직렬 연결과 병렬 연결을 찾아내고 한 번에 한 단계씩 회로를 간단히 만들어간다. 두 개의 커패시터를 마음대로 선택하게 되면 직렬이나 병렬 연결이 아닐 수 있다. 따라서 아무렇게나 하지 말고 확실히 직렬 연결 또는 병렬 연결인 두 개의 커패시터를 찾아내야 한다. 이때 앞에서 배운 구별법의 직렬 규칙 또는 병렬 규칙을 적용한다.

- 두 개 또는 그 이상의 커패시터가 **직렬로 연결**된 경우, 회로를 다시 그릴 때 직렬로 연결된 모든 커패시터들을 새로운 커패시터 한 개로 대체한다. 새 커패시터를 사용하여 회로를 다시 그릴 때 원래 커패시터들을 연결했던 도선들은 그대로 남겨두어야 한다. 새 커패시터의 이름으로는 C_{s1}처럼 다른 커패시터들과 구별되는 이름을 붙인다. 직렬 합성 공식을 사용하여 C_{s1}을 수학적으로 계산한다.

- 두 개 또는 그 이상의 커패시터가 **병렬로 연결**된 경우, 회로를 다시 그릴 때 병렬로 연결된 커패시터들 중에서 한 개의 커패시터와 연결 도선은 그대로 남겨두고 이것과 병렬로 연결된 나머지 커패시터(들)과 여기에 연결된 도선 모두를 제거한다. 새 커패시터(남겨둔 커패시터)의 이름으로는 C_{p1}처럼 다른 커패시터들과 구별되는 이름을 붙인다. 병렬 합성 공식을 사용하여 C_{p1}을 수학적으로 계산한다.

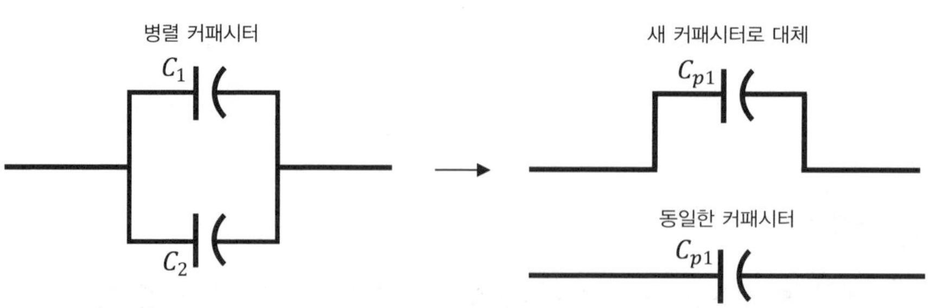

2. 직렬 연결과 병렬 연결을 찾아내고 이를 새로운 커패시터 한 개로 대체하여 회로를 다시 그린다. 한 번에 한 단계씩 이 과정을 계속 수행하여 회로에 커패시터가 단 하나만 남아 있게 한다. 마지막에 남은 이 한 개의 커패시터에 **등가 커패시턴스** C_{eq}라는 이름을 붙인다.
3. 다음 공식을 사용하여 한 단계마다 직렬 합성 커패시턴스 또는 병렬 합성 커패시턴스를 계산한다.

$$\frac{1}{C_s} = \frac{1}{C_1} + \frac{1}{C_2} + \cdots + \frac{1}{C_N}$$
$$C_p = C_1 + C_2 + \cdots + C_N$$

4. 위의 3번 단계를 계속 적용하여 회로에 마지막으로 남은 커패시턴스, 즉 등가 커패시턴스를 계산한다.
5. 문제에서 요구하는 양이 전하, 전위차 또는 저장된 에너지인 경우에는 다음 설명에 따라 한 번에 한 단계씩 회로를 간단하게 줄여 나갈 때와는 반대로 거슬러 올라가면서 문제를 풀어나간다.

   A. 맨 처음, 등가 커패시턴스 C_{eq}만 남아 있는 맨 마지막 회로에서 시작한다. 아래 공식을 사용하여 커패시터에 저장된 전하 Q_{eq}를 계산한다. 여기서 ΔV_{batt}는 배터리 또는 직류 전원 공급기의 전위차이다.

$$Q_{eq} = C_{eq}\Delta V_{batt}$$

   B. 등가회로를 만들 때와 반대 방향으로 한 단계 되돌아간다. 등가 커패시턴스는 어떤 회로로부터 나왔는가? 등가 커패시턴스가 나온 그 회로에서 커패시터들은 직렬 연결인가, 아니면 병렬 연결인가?
      - 직렬 연결인 경우, 직렬로 연결된 커패시터들이 가지는 전하는 서로 같아야 하므로 $Q_{eq} = Q_a = Q_b$(등가 커패시턴스 C_{eq}의 전하 = 직렬 연결된 커패시터 C_a의 전하 = 직렬 연결된 커패시터 C_b의 전하) 공식을 사용한다. 여기서 예로 들은 Q_a와 Q_b의 아래첨자 a와 b는 커패시터의 이름에 따라 달라질 수 있으므로 그에 맞춰 적절한 문자를 사용하여 이름을 붙이면 된다.
      - 병렬 연결인 경우, 병렬로 연결된 커패시터들이 가지는 양단의 전위차는 서로 같아야 하므로 $\Delta V_{batt} = \Delta V_a = \Delta V_b$(등가 커패시턴스 C_{eq} 양단의 전위차 = 병렬 연결된 커패시터 C_a의 전위차 = 병렬 연결된 커패시터 C_b의 전위차) 공식을 사용한다. 여기서 예로 들은 ΔV_a와 ΔV_b의 아래첨자 a와 b는 커패시터의 이름에 따라 달라질 수 있으므로 상황에 맞춰 적절한 문자를 사용하여 이름을 붙이면 된다.

   C. 위의 B 단계에서 전하와 전압 중에 어느 것을 같게 놓았는가?

- $Q_{eq} = Q_a = Q_b$처럼 전하를 같게 놓은 경우에는 값을 구해야 할 커패시터의 전위차를 $\Delta V_a = \frac{Q_a}{C_a}$ 공식을 사용하여 계산한다.
- $\Delta V_{batt} = \Delta V_a = \Delta V_b$처럼 전위차를 같게 놓은 경우에는 값을 구해야 할 커패시터의 전하를 $Q_a = C_a \Delta V_a$ 공식을 사용하여 계산한다.

D. 한 번에 한 단계씩 원래 주어진 회로 쪽으로 되돌아가면서 원하는 답을 구할 수 있을 때까지 위의 B 단계와 C 단계를 되풀이한다. 두 번째로 되돌아갈 때는 Q_{eq} 또는 ΔV_{eq}라는 이름을 쓰는 대신 해당 회로에 알맞은 문자를 아래첨자로 사용하여 전하의 이름과 전위차의 이름을 붙인다. (다음에 나오는 예제에서 이 내용을 자세히 설명한다.)

E. 문제에서 커패시터에 저장된 에너지 U를 구하라고 요구한 경우, 먼저 위의 A단계~D단계를 적용하여 특정 커패시터의 전하 Q와 전위차 ΔV를 구한다. 그러고 나서 아래 공식 중의 하나를 사용한다.

$$U = \frac{1}{2} Q \Delta V \quad , \quad U = \frac{1}{2} C \Delta V^2 \quad , \quad U = \frac{Q^2}{2C}$$

예제 아래 회로를 보고 물음에 답하라.

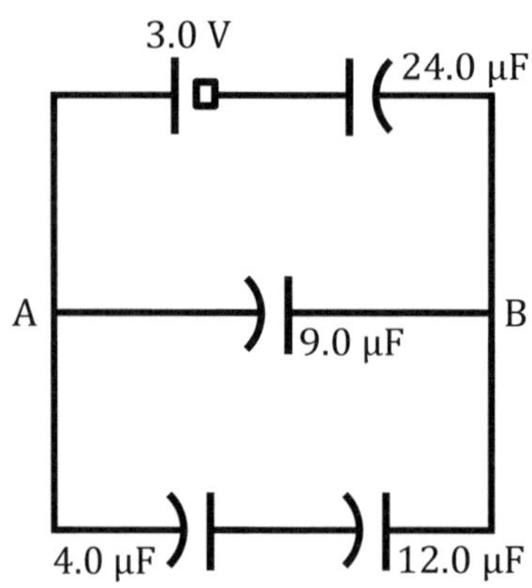

(A) 회로의 등가 커패시턴스를 구하라.[17]

풀이 위의 회로에는 모두 네 개의 커패시터가 들어 있다. 이 중에서 어느 두 개의 커패시터가 직렬 또는 병렬로 연결되어 있는지 찾아보자. 먼저, 4.0 μF 커패시터와 12.0 μF 커패시터는 직렬 연결이다. 그 까닭은 전자가 4.0 μF 커패시터에서 12.0 μF 커패시터로

17 배터리 양단에 오직 하나의 커패시터만 남을 때까지 회로를 간단히 만든다. 이렇게 마지막에 하나 남은 커패시터의 커패시턴스가 등가 커패시턴스다.

가는 도중에 접합점을 거치지 않고 갈 수 있기 때문이다. 그러면 이 두 개의 커패시터를 하나의 커패시터로 대체할 수 있는데 이를 C_{s1}이라고 하자. 이름이 없는 다른 회로 소자에도 C_{24}, C_9, ΔV_{batt}와 같이 이름을 붙인다. 직렬 커패시터 합성 공식을 사용하여 C_{s1}을 계산하면 다음과 같다. 계산 과정에서 분수끼리 더할 때는 다음과 같이 공통분모를 만든 다음 더하면 된다.

$$\frac{1}{C_{s1}} = \frac{1}{C_4} + \frac{1}{C_{12}} = \frac{1}{4} + \frac{1}{12} = \frac{3}{12} + \frac{1}{12} = \frac{3+1}{12} = \frac{4}{12} = \frac{1}{3}$$

$$C_{s1} = 3.0\ \mu\text{F}$$

(C_{s1}을 병렬 커패시터 공식을 써서 $C_4 + C_{12} = 4 + 12 = 16$로 계산하지 않도록 주의해야 한다.

도움말: 직렬 커패시터의 공식을 써서 계산할 경우, 계산 과정의 맨 마지막에서 꼭 역수를 취해야 한다.

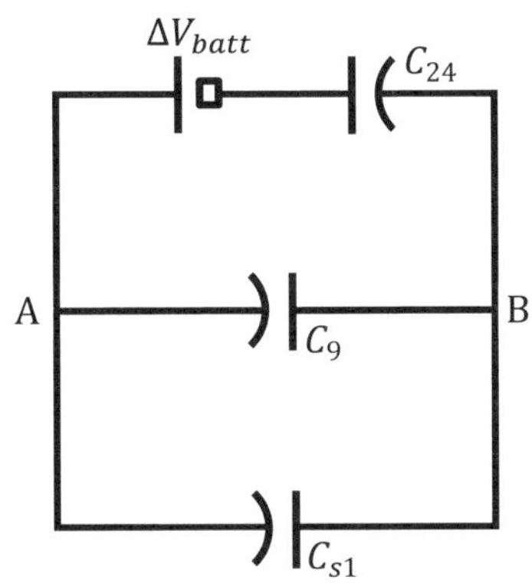

위의 회로를 보면 세 개의 커패시터가 있다. 이 중에서 어느 두 개의 커패시터가 직렬 또는 병렬로 연결되어 있는지 찾아낼 수 있는가? C_{s1}과 C_9는 병렬연결이다. 그 까닭을 알아보자. 왼손 집게손가락과 오른손 집게손가락, 이렇게 두 개의 집게손가락을 C_9 양쪽 끝에 각각 하나씩 갖다 대고 나서 선을 따라 C_{s1}로 가보자. 그러면 두 집게손가락이 다른 배터리나 커패시터를 거치지 않고 C_{s1}의 양 끝에 도달할 수 있는데, 그러면 이 두 커패시터는 병렬로 연결되어 있는 것이다. (병렬에서는 직렬과는 달리 도중에 접합점을 지나는 것은 허용된다.) 이제 커패시터 C_{s1}과 C_9를 하나의 커패시터로 대체하고 이를 C_{p1}이라고 하자. C_{p1}은 병렬 합성 공식을 사용하여 다음과 같이 계산할 수 있다.

$$C_{p1} = C_{s1} + C_9 = 3 + 9 = 12.0\ \mu\text{F}$$

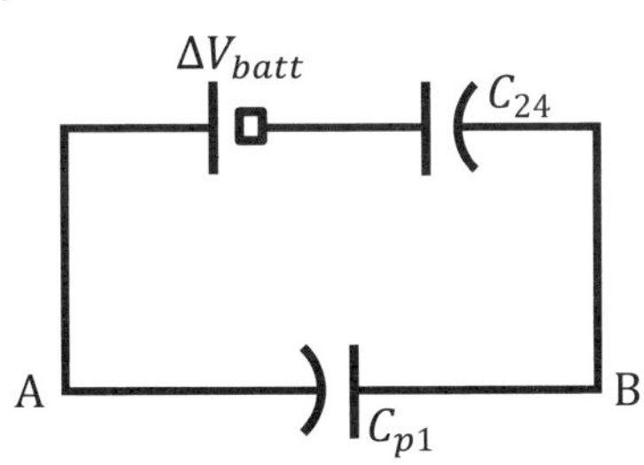

이전 쪽 그림에는 두 개의 커패시터가 있다. 이 두 개의 커패시터는 직렬연결인가, 병렬연결인가? C_{24}와 C_{p1}은 직렬연결이다. 그 까닭은 전자가 C_{24}에서 C_{p1}로 가는 도중에 접합점을 거치지 않고 갈 수 있기 때문이다. (두 커패시터는 병렬연결이 아닌데, 이는 두 집게손가락 중에서 한 집게손가락이 도중에 배터리를 가로질러야 하기 때문이다). 그러면 C_{24}와 C_{p1}를 하나의 커패시터로 대체할 수 있는데 이를 C_{eq}라고 하자(이렇게 이름을 붙인 것은 이 커패시터가 마지막 하나 남은 커패시터이기 때문이다). 직렬 커패시터 공식을 사용하여 C_{eq}를 계산하면 다음과 같다. 아래 회로를 보면 A점과 B점은 사라지고 없다. B점은 C_{24}와 C_{p1} 사이에 있으므로 아래 그림에서 B점을 찾는 것은 불가능하다(이전 쪽 그림에서 A점과 B점은 이제는 더 이상 **접합점이 아니다**. 왜 그런지 잘 생각해보기 바란다.)

$$\frac{1}{C_{eq}} = \frac{1}{C_{24}} + \frac{1}{C_{p1}} = \frac{1}{24} + \frac{1}{12} = \frac{1}{24} + \frac{2}{24} = \frac{1+2}{24} = \frac{3}{24} = \frac{1}{8}$$
$$C_{eq} = 8.0\ \mu\text{F}$$

따라서 이 회로의 등가 커패시턴스는 $C_{eq} = 8.0\ \mu\text{F}$이다.

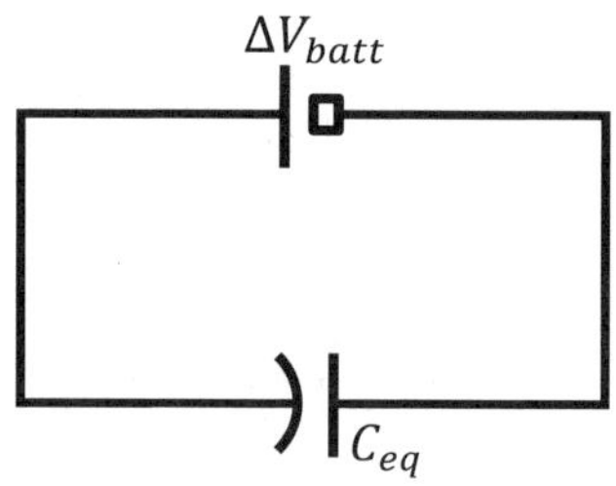

(B) A점과 B점 사이의 전위차를 구하라.

풀이 맨 나중에 얻은 등가회로를 제외한 나머지 단순하게 만든 등가회로와 처음에 주어진 회로에서는 모두 A점과 B점을 찾을 수 있다. A점과 B점 사이의 전위차 ΔV_{AB}를 구하기 위해서는 이들 회로 중에서 A점과 B점 사이에 커패시터가 단 하나만 들어있는 회로를 찾으면 된다. A점과 B점 사이에 C_{p1} 하나만이 들어 있는 회로를 찾을 수 있다. 이 회로에서 $\Delta V_{AB} = \Delta V_{p1}$이다. 따라서 C_{p1} 양단의 전위차를 구하면 문제에서 요구하는 답을 구할 수 있다. V_{p1}은 배터리의 전위차인 ΔV_{batt}보다는 크기가 작다. 처음에 주어진 회로에서 배터리가 공급하는 전위차는 $\Delta V_{batt} = 3.0$ V이다. 이 값은 "시험" 전하가 배터리의 한 단자에서 다른 단자로 움직이는 데 사용되는 단위 전하당 일이다. 시험전하가 A점에서 B점으로 이동하는 데 사용되는 일은 배터리의 한 단자에서 다른 단자로 움직이는 데 사용되는 일보다 작으므로 ΔV_{AB}(즉 ΔV_{p1})는 3.0 V보다 작다. 맨 마지막 등가회로의 바로 이전 등가회로를 보면 이것을 알 수 있다. 배터리의 + 단자에서 출발한 양(+)의 "시험" 전하는 C_{p1}을 거쳐 B점에 도달하기 위해 일을 하고 이어서 C_{24}를 거쳐 배터리의 − 단자에 도달하기 위해 추가로 일을 한다. 따라서 $\Delta V_{p1} + \Delta V_{24} = 3.0$ V이다. 문제를 풀 때 이 식을 사용할 필요는 없다. 그 대신 이 식은 V_{p1}이 3.0 V가 아닌 까닭을 설명해준다.

전위차(또는 전하 또는 저장된 에너지)를 구하기 위해서는 C_{eq} 하나만이 들어있는 맨 마지막 등가회로에서 시작해서 거슬러 올라가며 문제를 풀어야 한다. 맨 마지막 등가회로에서 C_{eq}에 저장된 전하는 다음 식으로 계산할 수 있다.

$$Q_{eq} = C_{eq}\Delta V_{batt} = (8)(3) = 24.0\ \mu\text{C}$$

단위 사이의 관계를 살펴보면 1 F × V = 1 C이므로 1 μF × V = 1 μC이다.

C_{eq}를 가진 맨 마지막 등가회로에서 한 단계 거꾸로 가서 C_{24}와 C_{p1}을 가진 등가회로를 살펴보자. (A)에서 이미 살펴봤듯이 C_{24}와 C_{p1}은 **직렬**로 연결되어 있다. 직렬로 연결된 커패시터들은 저장된 전하량 Q가 서로 같은가 아니면 전위차 ΔV가 서로 같은가? 답은 전하 Q이다. 따라서 C_{24}와 C_{p1}에 저장된 전하의 양은 서로 같다. 또한 이 전하량은 C_{24}와 C_{p1}을 합성한 C_{eq}에 저장된 전하량과도 같다. 따라서 이 관계는 다음 방정식으로 나타낼 수 있다. 이것은 앞에서 설명한 문제풀이 방법 중에서 5B 단계이다.

$$Q_{24} = Q_{p1} = Q_{eq} = 24.0\ \mu\text{C}$$

앞의 5번째 단계의 C의 방법에 따라 전하를 서로 같게 놓고 전위차를 계산해보기로 하자. 여기서 C_{24}와 C_{p1} 중에서 어느 커패시터 양단의 전위차를 구해야 하는가? $\Delta V_{AB} = \Delta V_{p1}$이므로 여기서는 C_{p1}의 전위차를 구해야 한다.

$$\Delta V_{p1} = \frac{Q_{p1}}{C_{p1}} = \frac{24\ \mu\text{C}}{12\ \mu\text{F}} = 2.0\ \text{V}$$

위 식을 잘 살펴보면 모든 기호의 아래첨자는 동일하다. 위 식에서 분자와 분모의 단위 μ끼리는 서로 약분되어 사라졌다. 회로 문제를 풀 때는 풀이과정에서 차례로 구한 답들을 잘 정리해놓아야 한다. 그래야 나중에 문제를 풀 때 이전에 구한 답으로부터 필요한 정보를 쉽게 찾을 수 있다. 위 식에서는 이전에 구한 답 $Q_{p1} = 24.0\ \mu$C과 $C_{p1} = 12.0\ \mu$F으로부터 Q_{p1}과 C_{p1}의 값을 알 수 있다. $\Delta V_{AB} = \Delta V_{p1}$이므로 A점과 B점 사이의 전위차는 $\Delta V_{AB} = 2.0$ V이다.

지금까지 풀이 과정이 상당히 긴 것처럼 보이지만 실제로는 매우 짧다. 수식 계산만 따로 놓고 보면 몇 줄에 지나지 않는다. 나머지 대부분은 풀이과정의 이해를 돕기 위해 적어놓은 설명이 차지하고 있다. 지금부터 이번 예제의 나머지 두 문제를 풀어보면서 회로를 해석하는 능력을 더욱 향상시킬 수 있다. 문제를 읽고 나서 백지에 문제에서 주어진 원래 회로를 그린다. 그러고 나서 백지를 채워가며 혼자 힘으로 문제를 풀어본다. 문제를 푸는 중간에 막히는 부분이 나오면 이 예제를 다시 읽어보고 다시 시도한다.

(C) 4.0 μF 커패시터에 저장된 전하를 구하라.

풀이 이 문제는 처음부터 다시 풀 필요가 없다. 최종 등가회로에서 거꾸로 밟아 올라가는 과정에서 위의 (B)에서 아직 사용하지 않은 회로를 사용한다. 먼저 여러 회로 중에서 어느 회로를 사용하는 것이 좋은지 찾아보자. 맨 처음에 주어진 원래 회로에서 4.0 μF 커패시터를 찾는다. 그리고 회로를 간단하게 만들어갔던 과정을 따라가 갈 때 취한 경로를 따라가 본다. 4.0 μF 커패시터는 C_{s1}으로 합성된 직렬 커패시터 부분에 속해 있다. 또한 C_{s1}은 C_{p1}으로 합성된 병렬 커패시터 부분에 속해 있다. 위 (B)에서 C_{p1}은 $C_{p1} = 12.0$ μF으로 구하였다. 또한 $Q_{p1} = 24.0$ μC이고 $\Delta V_{AB} = 2.0$ V이다. 이번 (C)에서는 이 값으로부터 시작한다.

C_{p1}은 C_9와 C_{s1}의 병렬 합성 커패시턴스이다. 병렬로 연결된 커패시터들은 저장된 전하 Q가 서로 같은가 아니면 전위차 ΔV가 서로 같은가? 답은 전위차 ΔV이다. 따라서 C_9와 C_{s1}의 전위차는 서로 같다. 또한 이 전위차는 C_9와 C_{s1}을 합성한 C_{p1}의 전위차와도 같다. 따라서 이 관계는 다음 방정식으로 나타낼 수 있다. 이것은 앞에서 배운 문제풀이 방법 중에서 5B 단계이다.

$$\Delta V_9 = \Delta V_{s1} = \Delta V_{p1} = 2.0 \text{ V}$$

앞의 5번째 단계의 C의 전략에 따라 전위차를 서로 같게 놓고 전하를 계산해보기로 하자. 여기서 C_9와 C_{s1} 중에서 어느 커패시터의 전하를 구해야 하는가? 4.0 μF 커패시터가 C_{s1}의 일부이므로 Q_{s1}을 구해야 한다.

$$Q_{s1} = C_{s1}\Delta V_{s1} = (3)(2) = 6.0 \text{ μC}$$

ΔV_{s1}을 구하기 위해서는 한 방정식만 뒤로 가면 되지만 C_{s1}의 값을 구하려면 위의 (A)까지 되돌아가야 한다.

아직 끝나지 않았다. 이제 한 단계 더 뒤로 가야 한다. C_{s1}은 C_4와 C_{12}가 합성된 직렬 부분에 속해 있다. 직렬로 연결된 커패시터들은 저장된 전하 Q가 서로 같은가 아니면 전위차 ΔV가 서로 같은가? 답은 전하 Q이다. 따라서 C_4와 C_{12}의 전하는 서로 같다. 또한 이 전하는 C_4와 C_{12}를 합성한 C_{s1}의 전하와도 같다. 따라서 이 관계는 다음 방정식으로 나타낼 수 있다.

$$Q_4 = Q_{12} = Q_{s1} = 6.0 \text{ μC}$$

따라서 4.0 μF 커패시터에 저장된 전하는 $Q_4 = 6.0$ μC이다.

(D) 4.0 μF 커패시터에 저장된 에너지를 구하라.

풀이 위의 (C)와 (D)의 문제를 비교해보자. 이 두 문제는 거의 비슷한데 차이는 (C)에서는 전하 Q를, (D)에서는 에너지 U을 구하는 것이다. (C)에서 $Q_4 = 6.0\ \mu\text{C}$이었다. 커패시터의 에너지를 구하는 데 사용하는 방정식 세 개를 살펴보자(5E 단계 방법). $C_4 = 4.0\ \mu\text{F}$이고 $Q_4 = 6.0\ \mu\text{C}$이므로 알맞은 방정식을 골라 이 값을 대입하면

$$U_4 = \frac{Q_4^2}{2C_4} = \frac{(6\ \mu\text{C})^2}{2(4\ \mu\text{F})} = \frac{36}{8} = \frac{9}{2}\ \mu\text{J} = 4.5\ \mu\text{J}$$

이 된다. 위의 풀이과정에서 $\frac{\mu^2}{\mu} = \mu$이 되었다. 따라서 4.0 μF 커패시터에 저장된 에너지는 $U_4 = 4.5\ \mu\text{J}$이다.

주의: 13장에는 직렬과 병렬로 이루어진 회로를 다루는 다른 예제가 실려 있다.

연습문제

55. 아래 회로를 보고 물음에 답하라.

(A) 직렬 연결과 병렬 연결을 확인해 가면서 한 번에 한 단계씩 간단히 하라. 아래첨자를 써서 커패시터에 이름을 붙여가며 간단히 하여라.

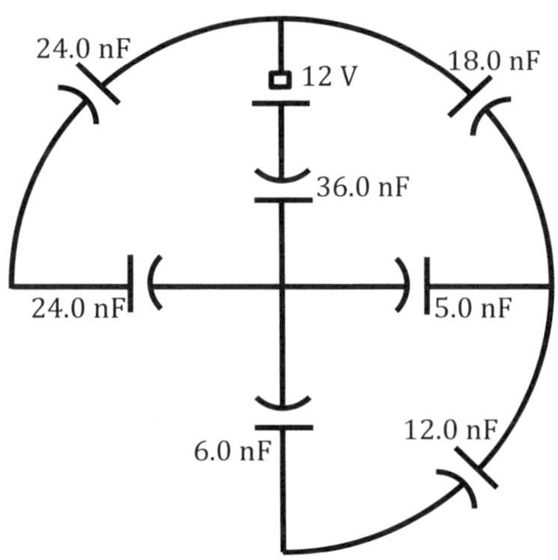

(B) 회로의 등가 커패시턴스를 구하라.

(C) 두 개의 24 nF 커패시터에 각각 저장된 전하를 구하라.

(D) 18 nF 커패시터에 저장된 에너지를 구하라.

답: (B) 12 nF, (C) 96 nC, (D) 64 nJ

56. 아래 회로를 보고 물음에 답하라.

(A) 직렬 연결과 병렬 연결을 확인해 가면서 한 번에 한 단계씩 간단히 하라. 아래첨자를 써서 커패시터에 이름을 붙여가며 간단히 하여라.

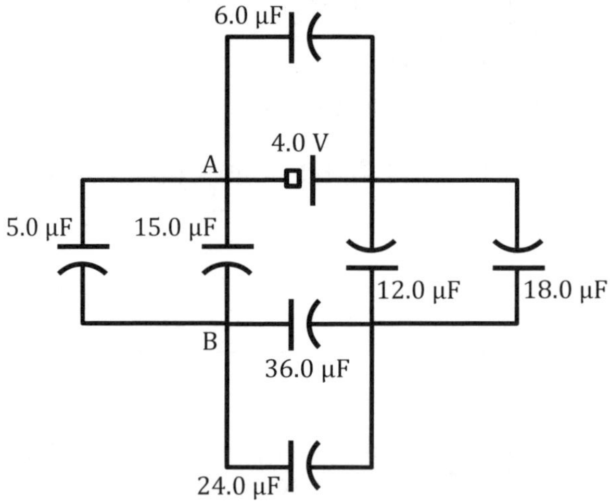

(B) 회로의 등가 커패시턴스를 구하라.

(C) A점과 B점 사이의 전위차를 구하라.

(D) 5.0 nF 커패시터에 저장된 에너지를 구하라.

답: (B) 16 μF, (C) 2.0 V, (D) 10 μJ

도움이 필요한가요? 책의 맨 뒤에 있는 "힌트"를 참고하세요.

12

평행판 커패시터와 그 밖의 커패시터

관련 용어

- **도체**(conductor) 전자가 잘 움직일 수 있는(즉 전류가 잘 통하는) 물질. 금속은 일반적으로 양호한 전기 도체이다.
- **커패시터**(capacitor) 전하를 저장할 수 있는 장치로 분리된 두 개의 도체(예를 들어, 평행하게 놓인 두 개의 도체)로 이루어져 있다.
- **커패시턴스**(capacitance) 주어진 전압에 대해 커패시터가 저장할 수 있는 전하의 양을 나타내는 척도(기준)
- **전하량**(charge) 커패시터의 + 극판(또는 − 극판)에 저장된 전하의 양
- **전위차**(potential difference) 시험 전하가 두 위치 사이를 이동하는 데 필요한 단위 전하당 일. 전위차를 다른 말로 **전압**이라고 함
- **전위 에너지**(electric potential energy) 커패시터를 구성하는 도체 판에 전하를 저장하기 위해 수행해야 하는 전기적 일. 도체 판에 저장된 전하량과 두 도체 판 사이의 전위차의 곱으로 주어진다.
- **전기장**(electric field) 단위 전하당 전기력
- **유전체**(dielectric) 전기장을 유지할 수 있는 비전도성 물질. 커패시터를 구성하는 두 판 사이에 유전체가 존재하면 커패시터가 전하를 저장하는 능력이 향상된다.
- **유전상수**(dielectric constant) 주어진 전위차에 대해, 커패시터의 두 판 사이에 들어간 유전체로 인해 커패시터가 전하를 더 많이 저장할 수 있게 된 비율
- **유전강도**(dielectric strength) 유전체가 유지할 수 있는 최대 전기장 크기. 유전강도보다 크기가 큰 전기장이 유전체에 가해지면 유전체는 파괴된다. (유전체가 파괴되면 전하가 유전체를 통해 움직일 수 있게 되며 이때 불꽃이 발생한다.
- **유전율**(permittivity) 유전체가 전기장에 미치는 영향을 나타내는 척도(기준)

커패시턴스 방정식

다음 방정식은 **평행판 커패시터**에만 적용된다. 평행판 커패시터의 커패시턴스 C는 다음 식에서 보듯이 유전상수 κ, 자유공간의 유전율 ϵ_0, 한 판의 면적(또는 두 판이 마주보는 면적) A에 비례하고 두 판 사이의 간격 d에 반비례한다.

$$C = \frac{\kappa\epsilon_0 A}{d}$$

유전강도 E_{max}는 유전체가 유지할(견딜) 수 있는 최대 전기장의 크기로 다음 식과 같다.

$$E_{max} = \frac{\Delta V_{max}}{d}$$

11장에서 사용한 다음의 방정식들은 평행판 커패시터를 포함하여 모든 유형의 커패시터에 적용된다.

$$C = \frac{Q}{\Delta V} \quad , \quad Q = C\Delta V \quad , \quad \Delta V = \frac{Q}{C}$$

$$U = \frac{1}{2}Q\Delta V \quad , \quad U = \frac{1}{2}C\Delta V^2 \quad , \quad U = \frac{Q^2}{2C}$$

$$\frac{1}{C_s} = \frac{1}{C_1} + \frac{1}{C_2} + \cdots + \frac{1}{C_N} \quad , \quad C_p = C_1 + C_2 + \cdots + C_N$$

기호와 SI 단위

기호	이름	SI 단위
C	커패시턴스	F
ϵ_0	자유공간의 유전율	$\frac{C^2}{N \cdot m^2}$ 또는 $\frac{C^2 \cdot s^2}{kg \cdot m^3}$
κ	유전상수	단위 없음
A	한 판의 면적	m^2
d	두 판 사이의 간격	m
E_{max}	유전강도	N/C 또는 V/m
ΔV_{max}	최대 전위차	V
Q	커패시터의 +극판에 저장된 전하	C
ΔV	회로 내의 두 점 사이의 전위차	V
U	커패시터에 저장된 에너지	J

주의: κ는 그리스 문자 카파(kappa)이고 ϵ은 엡실론(epsilon)이다.

숫자 값

8장에서 배웠듯이 자유공간의 유전율 ϵ_0는 쿨롱상수 k와 다음 식으로 표시되는 관계를 가진다.

$$\epsilon_0 = \frac{1}{4\pi k}$$

이 식에서 쿨롱상수는 $k = 9.0 \times 10^9 \frac{\text{N}\cdot\text{m}^2}{\text{C}^2}$이고 유전율은 $\epsilon_0 = 8.8 \times 10^{-12} \frac{\text{C}^2}{\text{N}\cdot\text{m}^2} \approx \frac{10^{-9}}{36\pi} \frac{\text{C}^2}{\text{N}\cdot\text{m}^2}$이다. 계산기를 사용하지 않을 때는 $\epsilon_0 = \frac{10^{-9}}{36\pi} \frac{\text{C}^2}{\text{N}\cdot\text{m}^2}$을 사용하는 것이 더 편리하다. 책에 있는 문제를 풀기 위해서는 표에서 유전상수 κ와 유전강도 E_{max}의 값을 찾아볼 필요가 있다. 대부분의 책에는 이 값이 정리된 표가 실려 있다.

중요한 특징

쿨롱상수 k(케이)($k = 9.0 \times 10^9 \frac{\text{N}\cdot\text{m}^2}{\text{C}^2}$와 유전상수를 나타내는 κ(카파)를 혼동하지 않도록 주의해야 한다. 어느 것이 어느 것인지 알 수 있도록 방정식에 익숙해져야 한다. 또한 유전율 ϵ과 전기장 E도 헷갈리지 않도록 주의해야 한다.

평행판 커패시터를 해석하는 전략

평행판 커패시터와 관련한 문제를 풀 때는 어떤 양을 다루는가에 따라 다음과 같은 방법을 사용한다.

1. 값을 알고 있는 기호(양)들을 나열한다(앞의 표 참조). 단위를 보면 어떤 양을 나타내는 기호인지 알아내는 데 도움이 된다. 책에 있는 문제를 풀기 위해서는 표에서 유전상수 κ와 유전강도 E_{max}의 값을 찾아볼 필요가 있을 것이다. $k = 9.0 \times 10^9 \frac{\text{N}\cdot\text{m}^2}{\text{C}^2}$와 $\epsilon_0 = 8.8 \times 10^{-12} \frac{\text{C}^2}{\text{N}\cdot\text{m}^2} \approx \frac{10^{-9}}{36\pi} \frac{\text{C}^2}{\text{N}\cdot\text{m}^2}$ 값은 잘 기억하고 있어야 한다.
2. 값을 이미 알고 있는 기호와 앞으로 값을 구해야 할 기호가 무엇인가에 따라 적합한 방정식을 선택한다.

   - 다음 방정식은 평행판 커패시터에만 적용된다.

   $$C = \frac{\kappa\epsilon_0 A}{d}$$

   평행한 판의 모양이 원이면 면적은 $A = \pi a^2$이다. 판의 모양이 정사각형이면 $A = L^2$이다. 판의 모양이 직사각형이면 $A = LW$이다.

- 다음 방정식들은 모든 종류의 커패시터에 적용된다.

$$C = \frac{Q}{\Delta V} \quad , \quad Q = C\Delta V \quad , \quad \Delta V = \frac{Q}{C}$$

- 유전강도 방정식은 다음과 같다.

$$E_{max} = \frac{\Delta V_{max}}{d}$$

- 커패시터에 저장된 에너지는 다음 세 가지 방식으로 나타낼 수 있다.

$$U = \frac{1}{2}Q\Delta V \quad , \quad U = \frac{1}{2}C\Delta V^2 \quad , \quad U = \frac{Q^2}{2C}$$

3. 수학 연산을 수행하여 미지수를 구한다.

4. 직렬 또는 병렬로 연결된 커패시터들이 있으면 11장에서 배운 방법을 적용한다.

- 아래 그림은 두 개의 유전체가 직렬로 연결된 것을 나타낸다.

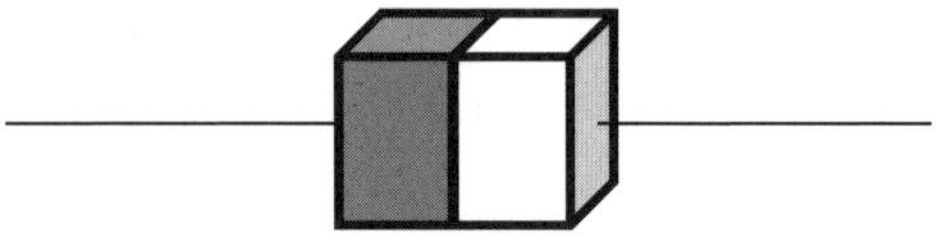

- 아래 그림은 두 개의 유전체가 병렬로 연결된 것을 나타낸다.

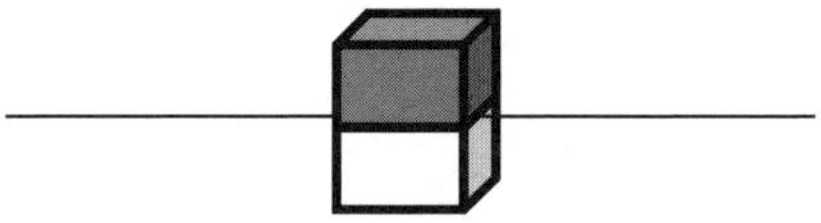

5. 두 판 사이에서 전하를 가진 입자가 움직이는 경우에는 10장을 참조한다.

예제 두 개의 직사각형 모양의 판으로 이루어진 평행판 커패시터가 있다. 직사각형 판의 길이는 25 mm이고 폭은 50 mm이다. 두 판의 간격은 5.0 mm 이다. 두 판 사이에는 유전체를 끼워 넣었다. 유전체의 유전상수는 72π이고, 유전강도는 $3.0 \times 10^6 \ \frac{\text{V}}{\text{m}}$이다.

(A) 커패시턴스를 구하라.

풀이 값을 알고 있는 양과 값을 구해야 할 양(미지수)을 적어보자.

- 커패시터 판: 길이 $L = 25$ mm, 폭 $W = 50$ mm
- 두 판 사이의 간격: $d = 5.0$ mm
- 유전상수 $\kappa = 72\pi$, 유전강도 $E_{max} = 3.0 \times 10^6 \ \frac{\text{V}}{\text{m}}$
- 자유공간의 유전율 $\epsilon_0 = 8.8 \times 10^{-12} \ \frac{\text{C}^2}{\text{N} \cdot \text{m}^2} \approx \frac{10^{-9}}{36\pi} \ \frac{\text{C}^2}{\text{N} \cdot \text{m}^2}$
- 값을 구해야 할 미지수는 커패시턴스 C

평행판 커패시터의 커패시턴스 방정식 $C = \frac{\kappa\epsilon_0 A}{d}$에는 판의 면적 A이 들어 있으므로 먼저 면적을 구한다. 계산을 하기 전에 판의 길이와 폭, 두 판 사이의 간격의 수치를 다음과 같이 SI 단위로 변환한다.

$$L = 25\ \text{mm} = 0.025\ \text{m} = \frac{1}{40}\ \text{m} \quad , \quad W = 50\ \text{mm} = 0.050\ \text{m} = \frac{1}{20}\ \text{m}$$
$$d = 5.0\ \text{mm} = 0.0050\ \text{m} = \frac{1}{200}\ \text{m}$$

위에서 소수점 값을 분수 값으로 바꿨는데 원하면 소수점 값을 그대로 사용해도 된다. 계산기를 이용할 때는 소수점 값을 사용하는 것이 편리하지만 분수 값을 사용하면 손으로 풀 때 더욱 편리하다(예를 들어, 분수 값은 약분을 하며 계산할 때 더욱 편리하다). 직사각형 판의 면적은 다음과 같다.

$$A = LW = \left(\frac{1}{40}\right)\left(\frac{1}{20}\right) = \frac{1}{800}\ \text{m}^2 = 0.00125\ \text{m}^2$$

이제 커패시턴스 방정식을 사용할 준비를 모두 마쳤다. 앞에서 정리한 값들을 대입해서 계산하면 다음과 같다.

위의 계산과정에서, 분수로 나누는 것은 그 분수의 역수를 곱하는 것과 같다는 규칙을 이용하여 1/200의 역수인 200을 곱했다.

(B) 이 커패시터가 판에 저장할 수 있는 최대 전하를 구하라.

풀이

$$C = \frac{\kappa\epsilon_0 A}{d} = \frac{(72\pi)\left(\frac{10^{-9}}{36\pi}\right)\left(\frac{1}{800}\right)}{\left(\frac{1}{200}\right)} = (72\pi)\left(\frac{10^{-9}}{36\pi}\right)\left(\frac{1}{800}\right)(200) = \left(\frac{72\pi}{36\pi}\right)(10^{-9})\left(\frac{200}{800}\right)$$
$$C = (2)(10^{-9})\left(\frac{1}{4}\right) = \frac{1}{2} \times 10^{-9}\ \text{F} = \frac{1}{2}\ \text{nF} = 0.50\ \text{nF}$$

이 문제를 풀 때 주의해야 할 것은 "최대'라는 단어이다. 먼저 판 사이의 최대 전위차를 구해보자.

$$E_{max} = \frac{\Delta V_{max}}{d} \quad \Rightarrow \quad \Delta V_{max} = E_{max} d = (3 \times 10^6)\left(\frac{1}{200}\right) = 15{,}000\ \text{V}$$

모든 커패시터에서는 $Q = C\Delta V$이 성립하므로 최대 전하는 다음과 같다.

$$Q_{max} = C\Delta V_{max} = \left(\frac{1}{2} \times 10^{-9}\right)(15{,}000) = 7.5 \times 10^{-6}\ \text{C} = 7.5\ \mu\text{C}$$

연습문제

57. 두 개의 원 모양의 판으로 이루어진 평행판 커패시터가 있다. 원 판의 반지름은 30 mm이고 두 원 판 사이의 간격은 2.0 mm이다. 두 원 판 사이에는 유전체를 끼워넣었다. 이 유전체의 유전상수는 8이고, 유전강도는 6.0×10^6 V/m이다.

    (A) 커패시턴스를 구하라.

    (B) 커패시터가 판에 저장할 수 있는 최대 전하를 구하라.

    답: (A) 0.1 nF, (B) 1.2 μC

    도움이 필요한가요? 책의 맨 뒤에 있는 "힌트"를 참고하세요.

커패시턴스 방정식을 유도하는 방법

미적분을 사용하여 커패시턴스 방정식을 유도하는 방법은 다음과 같다.

1. 먼저 도체 사이의 전기장을 나타내는 방정식을 유도한다.
    - 도체가 무한(히 넓은) 판, 구(공), 원통인 경우에는 가우스 법칙을 적용한다(8장)
    - 그 밖의 경우에는 전기장 적분을 수행한다(7장)

2. 위의 1번 단계에서 유도한 방정식을 사용하여 다음 정적분으로 두 판 사이의 전위차를 구한다.

$$\Delta V = V_f - V_i = -\int_i^f \vec{\mathbf{E}} \cdot d\vec{\mathbf{s}}$$

미소 변위벡터 $d\vec{\mathbf{s}}$는 초기(initial) 위치 i에서 최종(final) 위치 f로 가는 경로를 따라가는 벡터다. 초기 위치에서 최종 위치로 가는 전기장을 따라가는 경로를 선택한다. 여기서 $\vec{\mathbf{E}}$와 $d\vec{\mathbf{s}}$의 스칼라 곱이 $\vec{\mathbf{E}} \cdot d\vec{\mathbf{s}} = E\cos\psi ds$인 된다는 것을 잘 기억하라. 여기서 ψ는 $\vec{\mathbf{E}}$와 $d\vec{\mathbf{s}}$ 사이의 각도이다. $d\vec{\mathbf{s}}$의 크기 ds는 다음과 같다.

- 경로가 x축, y축, 또는 z축과 나란하면 $ds = dx$, dy 또는 dz이다.
- 경로가 원점에서 바깥쪽을 향해 반지름 방향으로 뻗어나가면 $ds = dr$이다.(구일 때 유용)
- 경로가 z축으로부터 바깥쪽을 향해 반지름 방향으로 뻗어나가면 $ds = dr_c$이다.(원통일 때 유용)
- 경로가 반지름이 r인 원의 둘레를 따라가면 $ds = rd\theta$이다.

3. 위의 2번 단계에서 구한 답을 다음 방정식에 대입한다.

$$C = \frac{Q}{|\Delta V|}$$

4. 필요하면 7장에서 다룬 적분인 $Q = \int dq$을 수행한다.
5. 필요하면 답을 간단한 형태로 만든다.

예제 다음과 같은 구조로 된 평행판 커패시터의 커패시턴스를 나타내는 방정식을 유도하라. 단, 두 판 사이에 있는 물질은 진공[18](또는 공기)이다.

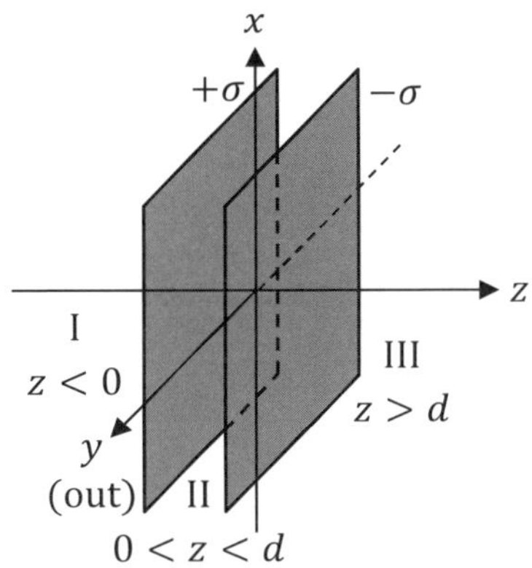

풀이 평행판 커패시터의 경우에, 두 판 사이의 간격 d는 각 판의 길이와 폭에 비해 작은 것이 일반적이다. 이러한 경우에는 평행판 커패시터를 구성하고 있는 판은 무한히 넓은 것으로 근사할 수 있다. 8장의 [문제 47]은 무한히 넓은 두 개의 평행판이 서로 반대 극성의 전하를 가질 때, 두 평행판 사이 영역에 분포하는 전기장을 구하는 문제이다. 가우스 법칙을 적용하여 구해보면 두 판 사이 영역의 전기장은 $\vec{\mathbf{E}} = \frac{\sigma}{\epsilon_0}\hat{\mathbf{z}}$이다(8장 문제 47과 이 문제의 힌트를 참조). 이 결과 값을 사용하여 양전하를 가진 판 i(초기 위치)에서 음전하를 가진 판 f(최종 위치)로 전위차 적분을 수행해보자. 이 경우에 $d\vec{\mathbf{s}}$는 오른쪽, 즉 $+\hat{\mathbf{z}}$ 방향을 향한다. 따라서 $\vec{\mathbf{E}} \cdot d\vec{\mathbf{s}} = E\cos 0° \, ds = E\,ds$이다. $d\vec{\mathbf{s}}$가 $+\hat{\mathbf{z}}$ 방향을 따라가므로 $ds = dz$이다. 적분 범위는 $z = 0$에서 $z = d$까지다. 여기서 d는 두 판 사이의 간격이다. 따라서 전위차 적분을 계산하면

$$\Delta V = V_f - V_i = -\int_i^f \vec{\mathbf{E}} \cdot d\vec{\mathbf{s}} = -\int_i^f E\,ds = -\int_{z=0}^{d} \frac{\sigma}{\epsilon_0} dz = -\frac{\sigma}{\epsilon_0}\int_{z=0}^{d} dz = -\frac{\sigma}{\epsilon_0}[z]_{z=0}^{d} = -\frac{\sigma d}{\epsilon_0}$$

18 진공의 경우 유전상수는 $\kappa = 1$이고 공기의 경우도 $\kappa \approx 1$이다(정확하게는 $\kappa = 1.00059$)(따라서 공기의 전기적 특성은 진공과 같은 것으로 취급할 수 있다). 그러므로 이 문제의 두 판 사이에 진공(공기)가 아닌 다른 유전체가 들어가 있는 경우에는 최종 수식에 유전상수 κ를 써넣기만 하면 된다. 따라서 공기의 전기적 특성은 진공과 같은 것으로 취급할 수 있다.

이 된다. 균일하게 대전된 판인 경우에는 면 전하밀도 σ가 상수이다. 따라서 σ와 ϵ_0는 적분기호 밖으로 나올 수 있다. 이 방정식을 커패시턴스를 나타내는 일반적인 방정식에 대입하면

$$C = \frac{Q}{|\Delta V|} = \frac{Q}{\left|-\frac{\sigma d}{\epsilon_0}\right|} = \frac{Q}{\frac{\sigma d}{\epsilon_0}} = Q\frac{\epsilon_0}{\sigma d} = \frac{\epsilon_0 Q}{\sigma d}$$

이 된다. 따라서 평행판 커패시터의 커패시턴스 방정식은 $C = \frac{\epsilon_0 Q}{\sigma d}$이다.

이 결과 식에서 전하밀도 σ를 없애기 위해 다음과 같이 적분을 수행한다. 판에 분포하는 전하인 경우, $dq = \sigma dA$(96쪽 6번 단계)이다. 전하분포가 균일한 경우에 σ는 상수이므로

$$Q = \int dq = \int \sigma\, dA = \sigma \int dA = \sigma A$$

이다. 이 식을 앞에서 구한 커패시턴스 방정식에 대입하면 다음과 같다.

$$C = \frac{\epsilon_0 Q}{\sigma d} = \frac{\epsilon_0(\sigma A)}{\sigma d} = \frac{\epsilon_0 A}{d}$$

예제 다음과 같이 매우 긴 원통 도체 두 개로 구성된 동축 커패시터가 있다. 한 도체는 반지름이 a인 원통으로 속이 채워져 있고 다른 하나는 반지름이 b인 얇은 원통 껍질이다. 두 원통 사이에 들어있는 물질은 진공이다. 이 커패시터의 커패시턴스를 나타내는 방정식을 유도하라.

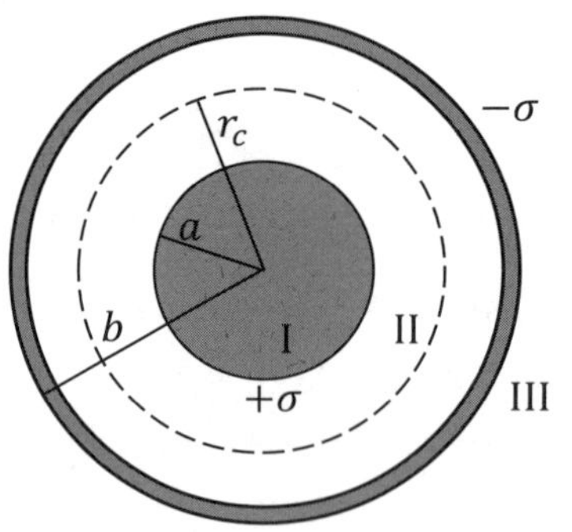

풀이 위에 나타낸 그림은 동축 원통 커패시터의 단면이다. 첫 번째로 II 영역($a < r_c < b$)에 가우스 법칙을 적용한다. 8장에서 살펴본 것처럼 정전 평형상태에서 전하는 도체의 표면에만 존재한다. 따라서 전하밀도로 부피 전하밀도 ρ가 아닌 면 전하밀도 σ를 사용한다. 8장에서 배웠듯이 도체 껍질은 II 영역에 아무런 영향을 주지 않는다(그 까닭은 II 영

역에 있는 가우스 원통은 바깥 원통에 있는 전하를 전혀 둘러싸지 않기 때문이다). 따라서 II 영역의 전기장을 구할 때는 가우스 원통 안쪽에 있는 원통 도체만 고려하면 된다. 이 문제는 8장의 예제에서 이미 풀었으므로 그 결과를 그대로 가져오면 다음과 같다.

$$\vec{\mathbf{E}} = \frac{\sigma a}{\epsilon_0 r_c}\hat{\mathbf{r}}_c$$

양전하를 가진 원통 i(초기 위치)에서 음전하를 가진 원통 껍질 f(최종 위치)로 전위차 적분을 수행해보자. 이 경우에 $d\vec{\mathbf{s}}$는 $\vec{\mathbf{E}}$와 마찬가지로 원통 축으로부터 바깥쪽으로 나가는 반지름 방향, 즉 $\hat{\mathbf{r}}_c$ 방향을 향한다. 따라서 $\vec{\mathbf{E}}\cdot d\vec{\mathbf{s}} = E\cos 0° ds = E ds$이다. 정전 평형 상태에 있는 도체는 면 전하밀도 σ가 균일하다(8장 참조). 따라서 σ는 상수로 취급하여 적분 기호 밖으로 꺼낼 수 있으므로 전위차 적분을 다음과 같이 계산할 수 있다.

$$\Delta V = V_f - V_i = -\int_i^f \vec{\mathbf{E}}\cdot d\vec{\mathbf{s}} = -\int_i^f E\,ds = -\int_{r_c=a}^{b} \frac{\sigma a}{\epsilon_0 r_c} dr_c = -\frac{\sigma a}{\epsilon_0}\int_{r_c=a}^{b}\frac{dr_c}{r_c}$$

위의 적분 수식에서 $\int \frac{dx}{x}$을 수행하면 자연로그가 나온다(17장 참조). 따라서

$$\Delta V = -\frac{\sigma a}{\epsilon_0}[\ln(r_c)]_{r_c=a}^{b} = -\frac{\sigma a}{\epsilon_0}[\ln(b) - \ln(a)] = -\frac{\sigma a}{\epsilon_0}\ln\left(\frac{b}{a}\right)$$

이 된다. 위의 계산과정에서 $\ln\left(\frac{b}{a}\right) = \ln(b) - \ln(a)$을 사용하였다. 이 결과를 커패시턴스 공식에 대입하면

$$C = \frac{Q}{|\Delta V|} = \frac{Q}{\left|-\frac{\sigma a}{\epsilon_0}\ln\left(\frac{b}{a}\right)\right|} = \frac{Q}{\frac{\sigma a}{\epsilon_0}\ln\left(\frac{b}{a}\right)} = \frac{Q\epsilon_0}{\sigma a\ln\left(\frac{b}{a}\right)}$$

이 된다. 위의 수식에 들어있는 σ를 없애기 위해 다음과 같이 적분을 수행해보자. 여기서 전하밀도 σ는 상수로 취급할 수 있다. 원통의 표면 영역에 걸쳐 적분을 수행하기 위해, z(원통의 길이를 따라)와 θ(원통의 둘레를 따라)에 대해 적분을 한다. 미소 면적요소의 크기는 $dA = a\,d\theta\,dz$이다. 이렇게 된 것은 미소 면적요소 공식 $dA = r_c d\theta \times dz$에서 $r_c = a$이기 때문이다(반지름이 a인 내부 원통 도체의 표면에 있는 전하를 적분하므로). 원통 표면에서는 모든 좌표의 값이 $r_c = a$로 일정하다는 것을 잘 알아두어야 한다(따라서 r_c에 대해서는 적분을 하지 않고 θ와 z에 대해 적분을 하여 원통의 표면적을 구한다). 이제 내부 원통 도체의 표면에 있는 총 전하 Q를 구하는 적분을 계산하면[19]

19 (옮긴이) 원통의 길이가 무한히 길므로 전체 길이에 대해 원통 표면의 총 전하를 계산하면 무한대가 된다. 따라서 여기서는 유한한 길이 L로 범위를 제한하여 총 전하가 유한한 값 Q가 나오도록 한 것이다.

$$Q = \int dq = \int \sigma\, dA = \sigma \int dA = \sigma \int_{z=0}^{L} \int_{\theta=0}^{2\pi} a\, d\theta\, dz = 2\pi a \sigma L$$

이 된다. 이 식을 앞에서 구한 커패시턴스 방정식에 대입한다. $\epsilon_0 = \frac{1}{4\pi k}$이므로

$$C = \frac{Q\epsilon_0}{\sigma a \ln\left(\frac{b}{a}\right)} = \frac{2\pi a \sigma L \epsilon_0}{\sigma a \ln\left(\frac{b}{a}\right)} = \frac{2\pi \epsilon_0 L}{\ln\left(\frac{b}{a}\right)} = \frac{2\pi\left(\frac{1}{4\pi k}\right)L}{\ln\left(\frac{b}{a}\right)} = \frac{L}{2k \ln\left(\frac{b}{a}\right)}$$

와 같이 원통 커패시터의 커패시턴스 방정식을 유도할 수 있다. 그런데 원통 커패시터의 경우에는 이 식의 양변을 L로 나누어 단위 길이당 커패시턴스로 나타내는 것이 보통이다 (원통의 길이 L이 무한대가 되면 전체 커패시턴스도 무한대가 된다. 하지만 이 경우에도 단위 길이당 커패시턴스는 유한한 값이 되기 때문이다). 따라서 무한 길이 **원통 커패시터의 단위 길이당 커패시턴스**는 다음과 같다.

$$\frac{C}{L} = \frac{1}{2k \ln\left(\frac{b}{a}\right)}$$

연습문제

58. 다음과 같이 두 개의 구(공) 도체로 구성된 구 커패시터가 있다. 한 구는 반지름이 a인 구로 속이 채워져 있고 다른 하나는 반지름이 b인 얇은 구 껍질이다. 두 구 사이에 들어 있는 물질은 진공이다. 이 구 커패시터의 커패시턴스를 나타내는 방정식을 유도하라.

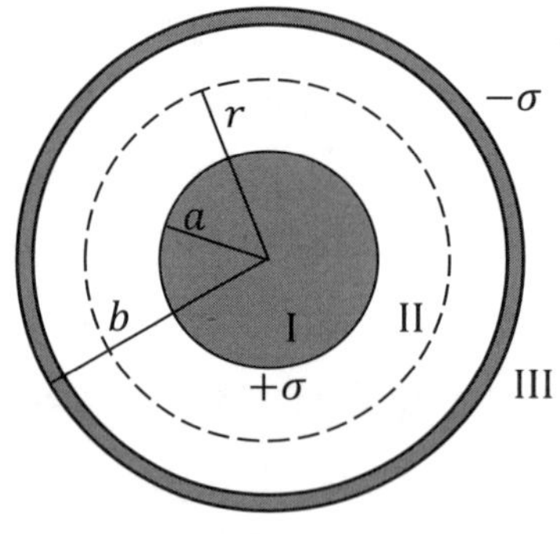

답: $C = \frac{ab}{k(b-a)}$

도움이 필요한가요? 책의 맨 뒤에 있는 "힌트"를 참고하세요.

13

등가 저항

관련 용어

- **도체**(conductor) 전자가 잘 움직일 수 있는(즉 전류가 잘 통하는) 물질. 금속은 일반적으로 양호한 전기 도체이다.
- **저항**(resistance) 회로에 있는 부품이 전류의 흐름에 저항하는 정도를 나타내는 척도(기준)
- **저항기**(resistor) 저항을 가지고 있는 부품. 줄여서 '저항'이라고 쓰기도 함
- **등가 저항**(equivalent resistance) 주어진 전압에 대해, 여러 개의 저항기로 이루어진 저항기 조합이 흐르게 하는 전류의 양과 동일한 전류를 흐르게 하는 저항기 한 개의 저항. 따라서 저항기의 조합이 흐르게 하는 전류의 양과 등가 저항이 흐르게 하는 전류의 양은 서로 같다.
- **전류**(current) 시간에 대한 전하의 변화율. 단위 시간 동안에 어떤 점 또는 단면적을 통과해 흐르는 전하의 양으로 정의함.
- **전위차**(potential difference) 시험 전하가 두 위치 사이를 이동하는 데 필요한 단위 전하당 일. 전위차를 다른 말로 전압이라고 함
- **전력**(electric power) 시간에 대한 전기적 일의 변화율. 단위 시간 동안에 수행하는 전기적 일로 정의함.
- **직류**(DC) 시간에 따라 방향이 변하지 않는 전류

등가저항 방정식

옴 법칙에 따라 저항기 양단의 **전위차** ΔV는 저항기를 통과해 흐르는 **전류** I에 비례하는데, 그 비례상수가 바로 저항기의 **저항** R이다. 이 세 가지 양 중에서 어느 양을 구하는가에 따라 다음 방정식 중 하나를 사용한다.

$$\Delta V = IR \quad , \quad I = \frac{\Delta V}{R} \quad , \quad R = \frac{\Delta V}{I}$$

저항기에서 소모되는 전력 P는 어떤 양을 알고 있느냐에 따라 다음 세 가지 형태로 쓸 수 있다. 첫 번째 방정식에 $\Delta V = IR$을 대입하면 두 번째 방정식이 나오고 $I = \frac{\Delta V}{R}$를 대입하면 세 번째 방정식이 나온다.

$$P = I\Delta V \quad , \quad P = I^2 R \quad , \quad P = \frac{\Delta V^2}{R}$$

N개의 저항기가 **직렬**로 연결되면 등가 저항은 다음 식으로 주어진다.

$$R_s = R_1 + R_2 + \cdots + R_N$$

N개의 저항기가 **병렬**로 연결되면 등가 저항은 다음 식으로 주어진다.

$$\frac{1}{R_p} = \frac{1}{R_1} + \frac{1}{R_2} + \cdots + \frac{1}{R_N}$$

직렬 저항기과 병렬 저항기의 등가 저항을 나타내는 수식의 형태는 직렬 커패시터와 병렬 커패시터의 등가 커패시턴스를 나타내는 수식의 형태와 반대이다(11장). 옴 법칙 $\Delta V = IR$과 커패시턴스 방정식 $\Delta V = \frac{Q}{C}$에서 R과 C의 위치를 서로 비교해보면 이렇게 반대가 되는 까닭을 짐작할 수 있다. 전류 I는 전하 Q의 시간 변화율이므로 저항 방정식과 커패시턴스 방정식의 형태 차이를 살펴보면 ΔV는 R에 정비례하고 C에는 반비례함을 알 수 있다.

기호와 SI 단위

기호	이름	SI 단위
R	저항	Ω
I	전류	A
ΔV	회로 내의 두 점 사이의 전위차	V
P	전력	W

단위 관련 주의사항

전류 I의 SI 단위는 A(암페어)이다. 저항 R의 SI 단위는 Ω(옴)이다. 방정식 $R=\dfrac{\Delta V}{I}$를 보면 Ω 단위는 V/A이다($1\ \Omega = 1\ \dfrac{\mathrm{V}}{\mathrm{A}}$). 전력 P의 SI 단위는 W(와트)이다. 방정식 $P=I\Delta V$를 보면 W 단위는 A·V이다(1 W = 1 A·V). (A·V는 암페어 곱하기 볼트로서, 암페어 나누기 볼트인 A/V가 아니므로 주의해야 한다.)

저항기 회로에 사용되는 회로 기호

회로 기호	이름	이름
	R	저항기
	ΔV	배터리 또는 직류전원
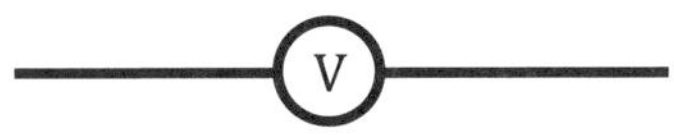	ΔV를 측정	전압계
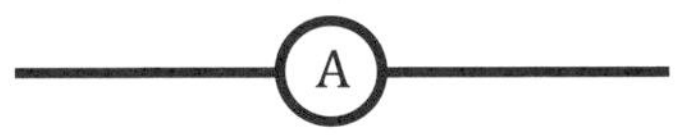	I를 측정	전류계

기본 개념

아래 그림에서 왼쪽은 두 개의 저항기가 병렬로 연결된 구조이고 오른쪽은 두 개의 저항기가 직렬로 연결된 구조이다. 회로 소자들이 직렬로 연결되었는지 병렬로 연결되었는지 구별하는 방법은 11장에서 살펴본 바 있다. 필요하면 11장을 복습하기 바란다.

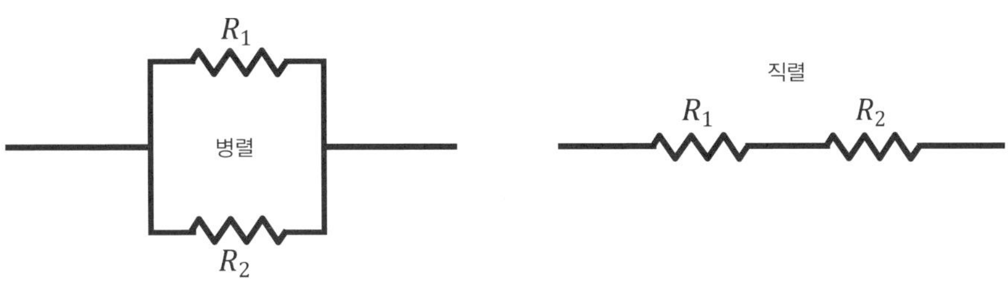

전압계(voltmeter)는 회로 소자 또는 두 점 사이의 **전위차**를 측정하는 장치이다. 전압계는 **매우 큰 내부 저항**을 가지고 있으며 전위차를 측정할 회로 소자와 **병렬로** 연결한다(다음 쪽 그림 참조). 전압계의 큰 내부저항 때문에 전압계로 흘러 들어오는 전류는 무시할 수 있을 만큼 적다. 이처럼 전압계의 내부 저항이 매우 커야 회로에 흐르는 전류 중에서 전압계로 흘러들어가는 전류는 아주 작아지는 대신에 거의 대부분이 전압을 측정하려는 회로 소자로만 흘러서 측정해야 하는 정확한 전압의 값에 영향을 거의 주지 않게 된다.

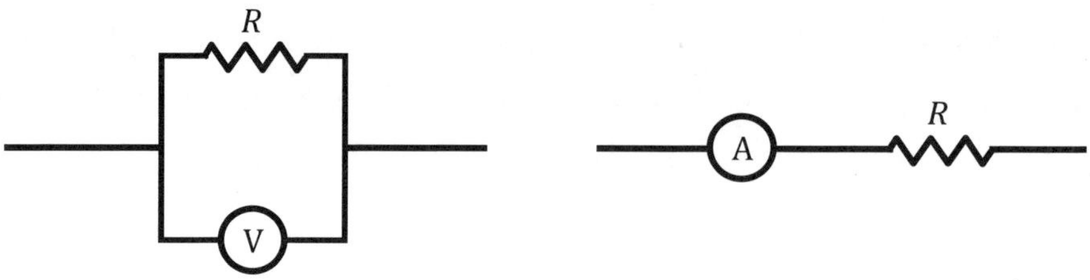

전류계(ammeter)는 **전류**를 측정하는 장치이다. 전류계는 **아주 작은 내부 저항**을 가지고 있으며 전류를 측정할 회로 소자와 **직렬**로 연결한다(위 그림 참조). 잘못해서 전류계를 저항기와 병렬로 연결하면 엄청나게 큰 전류가 전류계로 흘러들어온다(전자는 저항이 더 작은 경로를 택한다. 전류계는 저항이 아주 작으므로 저항기와 병렬로 연결되면 대부분의 전자는 저항기 대신 전류계를 통해 흐른다). 이렇게 되면 너무 큰 전류가 전류계로 흘러들어가 전류계의 **퓨즈가 끊어진다**. 따라서 전류계를 연결할 때는 회로 소자에 직렬로 연결해야 한다는 점을 명심해야 한다. 전류는 반드시 저항기를 거쳐 전류계를 통과해(또는 순서를 바꾸어 전류계를 거쳐 저항기를 통과해) 흘러야 한다. 이처럼 전류계의 내부 저항이 매우 작아야 전류계로 저항기를 통해 흐르는 전류를 측정할 때 측정해야 하는 정확한 전류의 값에 영향을 거의 주지 않게 된다.

단위 접두어

접두어	이름	10의 거듭제곱
k	킬로(kilo)	10^3

저항 회로를 해석하는 방법

저항 회로에 배터리가 **하나**만 있는 경우에, 직렬 저항 합성 또는 병렬 저항 합성을 통해 저항으로 이루어진 회로 문제를 풀 때는 다음과 같은 단계를 따른다(회로에 배터리가 두 개 또는 그 이상이 있는 경우는 15장에서 다룬다).

1. 회로에 전압계 또는 전류계가 들어 있는가? 그렇다면 회로를 다음과 같이 다시 그려라.

- 전압계를 제거한다. 또 연결 도선도 함께 제거한다.
- 전류계를 제거한 다음, 그 자리를 선으로 대체한다(아래 그림 참조).

2. 직렬 합성 또는 병렬 합성을 해 가면서 한 번에 한 단계씩 회로를 간단히 해나간다. 두 개의 저항기를 아무렇게나 선택하게 되면 직렬 연결이나 병렬 연결이 아닐 수도 있다. 이렇게 하는 대신 확실히 직렬 연결 또는 병렬 연결인 두 개의 저항기를 찾아내야 한다. 앞에서 살펴본 구별법의 직렬 규칙 또는 병렬 규칙을 적용한다.

- 두 개 또는 그 이상의 저항기가 **직렬로 연결**된 경우, 회로를 다시 그릴 때 직렬로 연결된 모든 저항기들을 새로운 저항기 한 개로 대체한다. 새 저항기를 사용하여 회로를 다시 그릴 때 원래 저항기들을 연결했던 도선들은 그대로 남겨두어야 한다. 새 저항기의 이름으로는 R_{s1}처럼 다른 저항기들과 구별되는 이름을 붙인다. 직렬 합성 공식을 사용하여 R_{s1}을 수학적으로 계산한다.

- 두 개 또는 그 이상의 저항기가 **병렬로 연결**된 경우, 회로를 다시 그릴 때 병렬로 연결된 저항기들 중에서 한 개의 저항기와 연결 도선은 그대로 남겨두고 이것과 병렬로 연결된 나머지 저항기(들)와 여기에 연결된 도선 모두를 제거한다. 새 저항기(남겨둔 저항기)의 이름으로는 R_{p1}처럼 다른 저항기들과는 구별되는 이름을 붙인다. 병렬 합성 공식을 사용하여 R_{p1}을 수학적으로 계산한다.

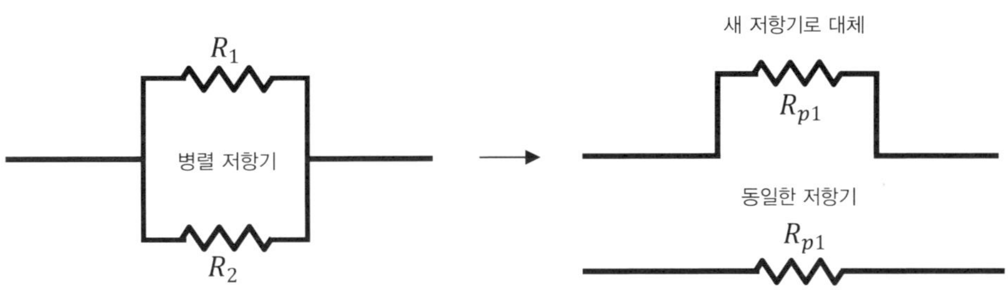

3. 직렬 연결과 병렬 연결을 찾아내고 이를 새로운 저항기 한 개로 대체하여 회로를 다시 그린다. 한 번에 한 단계씩 이 과정을 계속 수행하여 회로에 저항기가 단 하나만 남아 있게 한다. 마지막에 남은 이 한 개의 저항기에 **등가 저항** R_{eq}라는 이름을 붙인다.
4. 다음 공식을 사용하여 한 단계마다 직렬 합성 저항 또는 병렬 합성 저항을 계산한다.

$$R_s = R_1 + R_2 + \cdots + R_N$$
$$\frac{1}{R_p} = \frac{1}{R_1} + \frac{1}{R_2} + \cdots + \frac{1}{R_N}$$

5. 위의 4번 단계를 계속 적용하여 회로에 마지막으로 남은 저항 R_{eq}를 계산한다.
6. 문제에서 요구하는 양이 전류, 전위차 또는 전력인 경우, 다음 설명에 따라 한 번에 한 단계씩 회로를 간단하게 줄여 나갈 때와는 반대로 거슬러 올라가면서 문제를 풀어 나간다.

A. 맨 처음, 등가 저항 R_{eq}만 남아 있는 맨 마지막 회로에서 시작한다. 아래 공식을 사용하여 배터리와 등가 저항을 통과해 흐르는 전류 I_{batt}를 계산한다. 여기서 ΔV_{batt}는 배터리 또는 직류 전원 공급기의 전위차이다.

$$I_{batt} = \frac{\Delta V_{batt}}{R_{eq}}$$

B. 등가회로를 만들 때와 반대 방향으로 한 단계 되돌아간다. 등가 저항이 어떤 회로로부터 나왔는가? 등가 저항이 나온 그 회로에서 저항기들은 직렬 연결인가, 아니면 병렬 연결인가?

- 직렬 연결인 경우, 직렬로 연결된 저항기를 통해 흐르는 전류는 서로 같아야 하므로 $I_{batt} = I_a = I_b$(배터리의 전류 = 직렬 연결된 저항기 R_a의 전류 = 직렬로 연결된 저항기 R_b의 전류) 공식을 사용한다. 여기서 예로 들은 I_a와 I_b의 아래첨자 a와 b는 저항기의 이름에 따라 달라질 수 있으므로 그에 맞춰 적절한 문자를 사용하여 이름을 붙이면 된다.
- 병렬 연결인 경우, 병렬로 연결된 저항기들 양단의 전위차는 서로 같아야 하므로 $\Delta V_{batt} = \Delta V_a = \Delta V_b$(배터리의 전위차 = 병렬 연결된 저항기 R_a의 전위차 = 병렬로 연결된 저항기 R_b의 전위차) 공식을 사용한다. 여기서 예로 들은 ΔV_a와 ΔV_b의 아래첨자 a와 b는 저항기의 이름에 따라 달라질 수 있으므로 그에 맞춰 적절한 문자를 사용하여 이름을 붙이면 된다.

C. 위의 B 단계에서 전류 또는 전압을 같게 놓았는가?

- $I_{batt} = I_a = I_b$처럼 전류를 같게 놓은 경우에는 값을 구해야 할 저항기의 전위차를 $\Delta V_a = I_a R_a$ 공식을 사용하여 계산한다.
- $\Delta V_{batt} = \Delta V_a = \Delta V_b$처럼 전위차를 같게 놓은 경우에는 값을 구해야 할 저항기의 전류를 $I_a = \frac{\Delta V_a}{R_a}$ 공식을 사용하여 계산한다.

D. 한 번에 한 단계씩 원래 주어진 회로 쪽으로 되돌아가면서 원하는 답을 구할 수 있을 때까지 위의 B 단계와 C 단계를 되풀이하라. 두 번째로 되돌아갈 때는 I_{batt} 또는 ΔV_{batt}라는 이름을 쓰는 대신 해당 회로에 알맞은 문자를 아래첨자로 사용하여 전류의 이름과 전위차의 이름을 붙인다. (다음에 나오는 예제에서 이 내용을 자세히 설명한다.)

E. 문제에서 저항기에서 소모되는 **전력** P를 구하라고 요구한 경우, 먼저 위의 A 단계 ~ D 단계를 적용하여 특정 저항기의 전류 I 또는 전위차 ΔV를 구한다. 그러고 나서 아래 공식 중의 하나를 사용한다.

$$P = I\Delta V \quad , \quad P = I^2 R \quad , \quad P = \frac{\Delta V^2}{R}$$

예제 아래 회로를 보고 물음에 답하라.

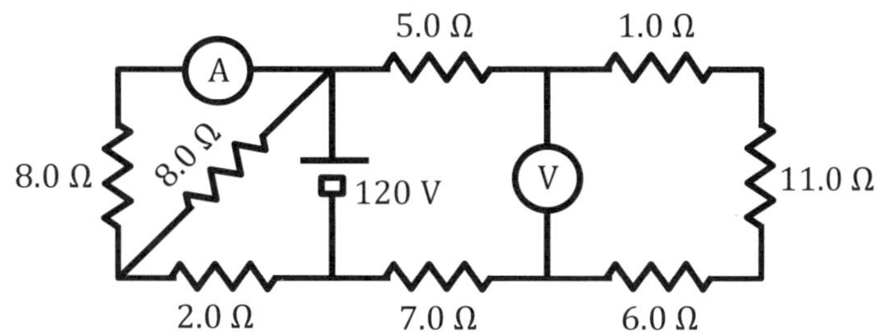

(A) 회로의 등가 저항을 구하라.[20]

풀이 먼저 회로에 들어있는 전압계와 전류계를 다음과 같은 방식을 사용하여 아래 그림과 같이 다시 그린다.

- 전압계를 제거한다. 또 연결 도선도 함께 제거한다.
- 전류계를 제거한 다음, 그 자리를 선으로 대체한다.

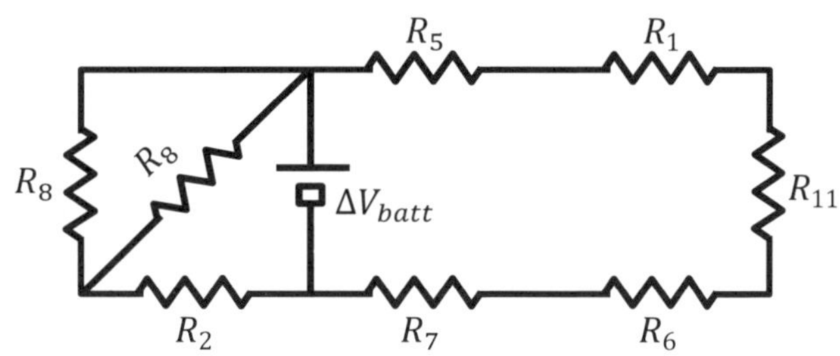

위의 회로에는 모두 여덟 개의 저항기가 들어 있다. 이 중에서 어느 두 개의 커패시터가 직렬 또는 병렬로 연결되어 있는지 찾아보자. 이 회로는 크게 두 개의 합성 부분으로 구성되어 있는데, 이를 찾을 수 있겠는가?

- 위의 회로에서 다섯 개의 저항 R_5, R_1, R_{11}, R_6, R_7은 직렬 연결이다. 그 까닭은 전자가 다섯 개의 저항기를 통과할 때 도중에 접합점을 거치지 않고 갈 수 있기 때문이다. 그러면 이들 다섯 개의 저항기를 하나의 저항기로 대체할 수 있는데 이를 R_{s1}이라고 하자. 이름이 없는 다른 회로 소자에도 R_2, R_8, ΔV_{batt}와 같이 이름을 붙인다. 다음 직렬 저항 합성 공식을 사용하여 R_{s1}을 계산한다.

$$R_{s1} = R_5 + R_1 + R_{11} + R_6 + R_7 = 5 + 1 + 11 + 6 + 7 = 30\ \Omega$$

- 두 개의 8.0 Ω 저항기는 병렬 연결이다. 11장에서 배운 "집게손가락" 규칙을 사용하면 그 까닭을 알 수 있다. 두 집게손가락을 두 개의 R_8 중에서 어느 한 R_8의 양쪽 단자

20 배터리 양단에 오직 하나의 저항기만 남을 때까지 회로를 간단히 만든다. 이렇게 마지막에 하나 남은 저항기의 저항이 등가 저항이다.

끝에 하나씩 갖다 대고 나서 선을 따라 다른 R_8로 간다. 그러면 두 집게손가락이 다른 배터리나 저항기를 거치지 않고 그 R_8의 양 끝에 도달할 수 있는데, 그러면 이 두 저항기는 병렬로 연결되어 있는 것이다. (병렬에서는 직렬과는 달리 접합점을 지나는 것은 허용된다.) 이제 커패시터 두 개의 R_8 저항기를 하나의 저항기로 대체하고 이를 R_{p1}이라고 하자. R_{p1}은 병렬 합성 공식을 사용하여 다음과 같이 계산할 수 있다.

$$\frac{1}{R_{p1}} = \frac{1}{R_8} + \frac{1}{R_8} = \frac{1}{8} + \frac{1}{8} = \frac{1+1}{8} = \frac{2}{8} = \frac{1}{4}$$
$$R_{p1} = 4.0\ \Omega$$

지금까지 구한 R_{s1}과 R_{p1}을 사용하여 위의 회로를 다시 그려 간단하게 만들어보자. 앞에서 배운 방법에 따라 **직렬로 연결된** R_5, R_1, R_{11}, R_6, R_7 모두를 한 개의 저항기 R_{s1}으로 대체하고 양쪽의 연결 도선은 남겨둔다. 또한 **병렬로 연결**된 두 개의 R_8 중에서 하나는 연결 도선과 함께 남겨두고 나머지 R_8과 연결 도선은 모두 제거한다. 이때 남겨둔 저항의 이름은 R_8이 아닌 R_{p1}로 바꿔 써야 한다. 이런 방식으로 R_{s1}과 R_{p1}을 써서 새로 그린 것이 아래 회로다.

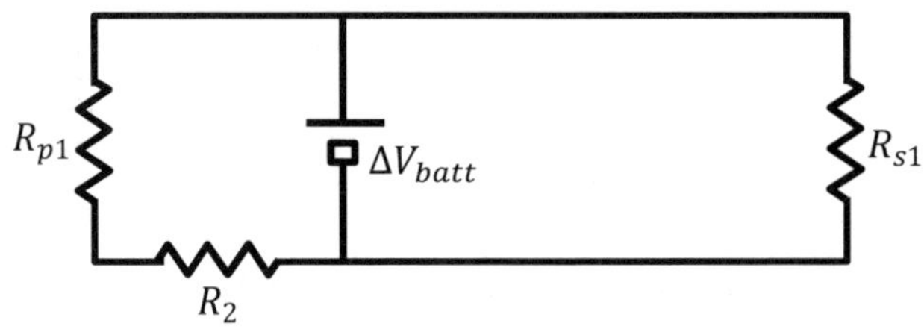

위의 회로에는 세 개의 저항기가 있다. 이 중에서 R_{p1}과 R_2는 직렬연결이다. 그 까닭은 전자가 R_{p1}에서 R_2로 가는 도중에 접합점을 거치지 않고 갈 수 있기 때문이다. 그러면 R_{p1}과 R_2를 하나의 저항기로 대체할 수 있는데 이를 R_{s2}라고 하자. 직렬 저항 합성 공식을 사용하여 R_{s2}를 계산하면 다음과 같다.

$$R_{s2} = R_{p1} + R_2 = 4 + 2 = 6.0\ \Omega$$

앞에서 배운 방법대로 R_{s2}를 써서 회로를 간단하게 새로 그리면 다음과 같다.

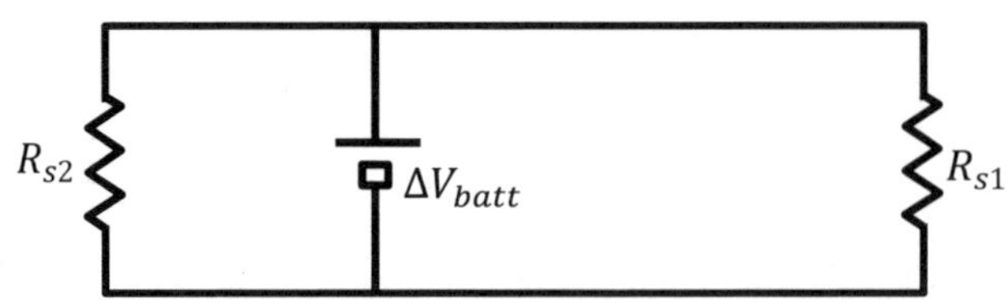

위의 회로에는 두 개의 저항기가 있다. 이 두 개의 저항기는 직렬연결인가, 병렬연결인가? R_{s2}와 R_{s1}은 병렬 연결이다(두 개의 집게손가락을 써서 확인해보라). 그러면 R_{s2}와 R_{s1}을 하나의 저항기로 대체할 수 있는데 이를 R_{eq}라고 하자(이 저항기가 마지막 하나 남은 저항기이

기 때문에 등가 저항을 나타내는 R_{eq}라고 한 것이다). 병렬 저항 합성 공식을 사용하여 R_{eq}를 계산해보자. 분수 계산을 할 때는 다음과 같이 공통분모를 만든 다음에 계산하면 된다.

$$\frac{1}{R_{eq}} = \frac{1}{R_{s2}} + \frac{1}{R_{s1}} = \frac{1}{6} + \frac{1}{30} = \frac{5}{30} + \frac{1}{30} = \frac{1+5}{30} = \frac{6}{30} = \frac{1}{5}$$

$$R_{eq} = 5.0\ \Omega$$

따라서 이 회로의 등가 저항은 $R_{eq} = 4.0\ \Omega$이다. 병렬 합성 저항을 계산할 때는 맨 마지막에 역수를 취해야 함을 꼭 기억해야 한다.

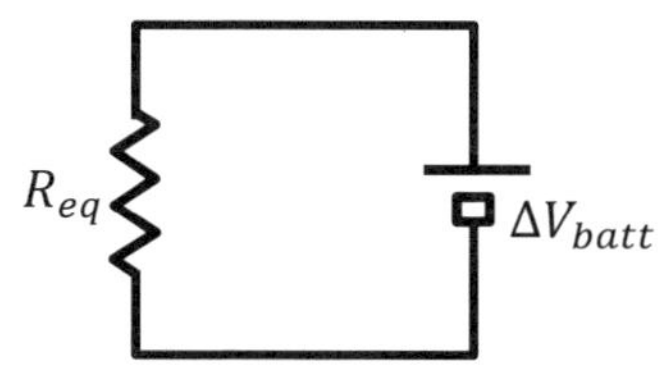

(B) 전류계로 측정되는 값을 구하라.

풀이 전류계는 전류를 측정한다. 문제에서 맨 처음에 제시한 회로에서 전류계를 찾아보면 전류계는 8.0 Ω 저항기에 직렬로 연결되어 있다. 그러면 전류계를 통과하는 전류가 8.0 Ω 저항기도 통과해서 흐르므로 8.0 Ω 저항기를 통해 흐르는 전류를 구하면 이것이 전류계로 측정되는 값이 된다. 전류(또는 전위차 또는 전력)를 구하기 위해서는 R_{eq} 하나만이 들어있는 맨 마지막 등가회로에서 시작해서 처음 주어진 회로 쪽을 향해 거꾸로 가며 문제를 풀어야 한다. 맨 마지막 등가회로에서 R_{eq}를 통해 흐르는 전류는 다음 식으로 계산할 수 있다.

$$I_{batt} = \frac{\Delta V_{batt}}{R_{eq}} = \frac{120}{5} = 24\ \text{A}$$

R_{eq}를 가진 맨 마지막 등가회로에서 한 단계 거꾸로 가서 R_{s2}와 R_{s1}을 가진 등가회로를 살펴보자. R_{s2}와 R_{s1}은 직렬연결인가, 병렬연결인가? (A)에서 이미 살펴봤듯이 R_{s2}와 R_{s1}은 **병렬**로 연결되어 있다. 병렬로 연결된 저항기들은 저장된 전류 I가 서로 같은가 아니면 전위차 ΔV가 서로 같은가? 답은 전위차이다. 따라서 R_{s2}와 R_{s1}의 전위차는 서로 같다. 이 전위차는 R_{s2}와 R_{s1}을 합성한 R_{eq}의 전위차와도 같다. 따라서 이 관계는 다음 방정식으로 쓸 수 있다. 이것은 앞에서 설명한 문제풀이 방법 중에서 6B 단계이다. R_{eq} 양단의 전위차는 ΔV_{batt}이므로

$$\Delta V_{s2} = \Delta V_{s1} = \Delta V_{batt} = 120\ \text{V}$$

이 된다. 앞의 6번째 단계의 C의 방법에 따라 전위차를 서로 같게 놓고 전류를 계산해보기로 하자. 여기서 R_{s2}와 R_{s1} 중에서 어느 저항기를 통과해 흐르는 전류를 구해야 하는

가? 전류계가 R_{s2} 쪽에 연결되어 있으므로 I_{s2}를 구한다.

$$I_{s2} = \frac{\Delta V_{s2}}{R_{s2}} = \frac{120}{6} = 20 \text{ A}$$

위의 방정식에서 모든 항의 아래첨자가 동일하다는 점에 주목하기 바란다. 여기서 R_{s2}에 흐르는 전류 I_{s2}를 구하기 위해서는 위 (A)의 풀이 과정에서 얻은 R_{s2}값을 이용했고 ΔV_{s2}는 맨 끝에서 두 번째 등가회로에서 구했다.

아직 전류계가 있는 회로까지 도달하지 못했으므로 일단 한 단계 뒤로 거슬러 올라가봐야 한다. R_{s2}는 R_{p1}과 R_2를 대체한 것인데 R_{p1}과 R_2는 직렬 연결인가 병렬 연결인가? 이 둘은 직렬연결이다. 직렬로 연결된 저항기들은 저장된 전류 I가 서로 같은가 아니면 전위차 ΔV가 서로 같은가? 답은 전류이다. 따라서 R_{p1}과 R_2의 전류는 서로 같다. 또한 이 전류는 R_{p1}과 R_2을 합성한 R_{s2}의 전류와도 같다. 따라서 이 관계는 다음 방정식으로 나타낼 수 있다. 이것은 앞에서 설명한 문제풀이 방법 중에서 6B 단계이다.

$$I_{p1} = I_2 = I_{s2} = 20 \text{ A}$$

6C 단계 방법에 따라 전류를 서로 같게 놓는 경우, 전위차를 계산해야 한다. (B)에서 요구하는 전류계 측정값을 구하려면 R_{p1}과 R_2 중에서 어느 저항기 양단의 전위차를 알아야 하는가? 전류계는 R_{p1} 속에 포함되어 있으므로 R_{p1} 양단의 전위차인 ΔV_{p1}을 구해야 한다. 이 값은 다음 식으로 구할 수 있다.

$$\Delta V_{p1} = I_{p1} R_{p1} = (20)(4) = 80 \text{ V}$$

아직도 전류계가 있는 회로까지 도달하지 못했으므로 한 단계 더 뒤로 거슬러 올라가보자. R_{p1}은 두 개의 R_8을 대체한 것인데 이 두 개의 R_8은 직렬 연결인가, 병렬 연결인가? 이 둘은 병렬 연결이다. 병렬로 연결된 저항기들은 전류 I가 서로 같은가 아니면 전위차 ΔV가 서로 같은가? 답은 전위차 ΔV이다. 따라서 두 개의 R_8의 전위차는 서로 같다. 또한 이 전위차는 두 개의 R_8을 합성한 R_{p1}의 전위차와도 같다. 따라서 이 관계는 다음 방정식으로 나타낼 수 있다. 이것은 앞에서 설명한 문제풀이 방법 중에서 6B 단계이다.

$$\Delta V_8 = \Delta V_8 = \Delta V_{p1} = 80 \text{ V}$$

앞의 6번째 단계의 C의 방법에 따라 전위차를 서로 같게 놓고 전류를 계산해보기로 하자. R_8을 통해 흐르는 전류를 계산하면

$$I_8 = \frac{\Delta V_8}{R_8} = \frac{80}{8} = 10 \text{ A}$$

이다. 두 개의 R_8을 통해 흐르는 전류는 각각 10 A로 동일하다. 따라서 전류계의 측정값은 $I_A = I_8 = 10$ A이다.

(C) 전압계로 측정되는 값을 구하라.

풀이 전압계는 전위차를 측정한다. 문제에서 맨 처음에 제시한 회로에서 전압계를 찾아보면 전압계는 1.0 Ω, 11.0 Ω, 6.0 Ω의 세 저항기 전체의 양쪽 끝에 연결되어 있다. 세 저항기 양쪽 끝 사이의 전위차를 구하기 위해서는 R_{eq} 하나만이 들어있는 맨 마지막 등가 회로에서 시작해서 처음 주어진 회로 쪽을 향해 거꾸로 가며 문제를 풀어야 한다. 여기서는 처음부터 문제를 다시 푸는 대신에 위의 (B)에서 다루지 않은 부분에서 거슬러 올라가며 풀기로 한다.

위의 (B)에서 $\Delta V_{s1} = \Delta V_{batt} = 120$ V을 구하였다. (C)에서는 여기서부터 시작하기로 한다. R_{s1} 양단의 전위차를 구했으므로 R_{s1}을 통해 흐르는 전류를 구해보면

$$I_{s1} = \frac{\Delta V_{s1}}{R_{s1}} = \frac{120}{30} = 4.0\text{ A}$$

이 된다. R_{s1}은 R_5, R_1, R_{11}, R_6, R_7을 대체한 것인데, 이들 5개의 저항기는 직렬 연결인가, 병렬 연결인가? 이들은 직렬 연결이다. 직렬로 연결된 저항기들은 전류 I가 서로 같은가 아니면 전위차 ΔV가 서로 같은가? 답은 전류이다. 따라서 이들 5개의 저항기를 통해 흐르는 전류는 서로 같다. 또한 이 전류는 5개의 저항기를 합성한 R_{s1}을 통해 흐르는 전류와도 같다. 따라서 이 관계는 다음 방정식으로 나타낼 수 있다. 이것은 앞에서 설명한 문제풀이 방법 중에서 6B 단계이다.

$$I_5 = I_1 = I_{11} = I_6 = I_7 = I_{s1} = 4.0\text{ A}$$

앞의 6번째 단계의 C의 방법에 따라 전류를 서로 같게 놓고 전위차를 계산해보기로 하자. 여기서 (C)에서 요구하는 전압계 측정값을 구하려면 어느 저항기(들) 양단의 전위차를 알아야 하는가? 전압계의 양단 사이에 R_1, R_{11}, R_6, 이렇게 세 개의 저항기가 연결되어 있으므로 ΔV_1, ΔV_{11}, ΔV_6을 구해야 한다. 이들을 계산하면

$$\Delta V_1 = I_1 R_1 = (4)(1) = 4\text{ V}$$
$$\Delta V_{11} = I_{11} R_{11} = (4)(11) = 44\text{ V}$$
$$\Delta V_6 = I_6 R_6 = (4)(6) = 24\text{ V}$$

이 된다. 이들 세 개의 저항에는 모두 동일한 전류가 흐르므로 다음과 같이 이 ΔV들을 서로 더하면 전압계로 측정되는 값을 구할 수 있다(15장에서는 이를 더 쉽게 구하는 방법을 살펴본다).

$$\Delta V_V = \Delta V_1 + \Delta V_{11} + \Delta V_6 = 4 + 44 + 24 = 72\text{ V}$$

따라서 전압계로 측정되는 값은 $\Delta V_V = 72$ V이다.

(D) 5.0 Ω 저항기에서 소모되는 전력을 구하라.

풀이 위의 (C)에서 R_5를 통해 흐르는 전류는 $I_5 = 4.0$ A로 구하였다. 다음과 같이 적합한 방정식을 선택해서 전력을 계산한다.

$$P_5 = I_5^2 R_5 = (4)^2(5) = (16)(5) = 80 \text{ W}$$

따라서 5.0 Ω 저항기에서 소모되는 전력은 $P_5 = 80$ W이다. (위 식에서 보듯이 전력을 구할 때는 전류 I_5를 제곱한다는 것을 잘 알아두기 바란다.)

연습문제

59. 아래 회로를 보고 물음에 답하라.

(A) 단 한 개의 등가 저항이 남을 때까지 직렬연결과 병렬연결을 확인해 가면서 한 번에 한 단계씩 간단히 하라. 아래 첨자를 써서 저항에 이름을 붙여가며 간단히 하여라.

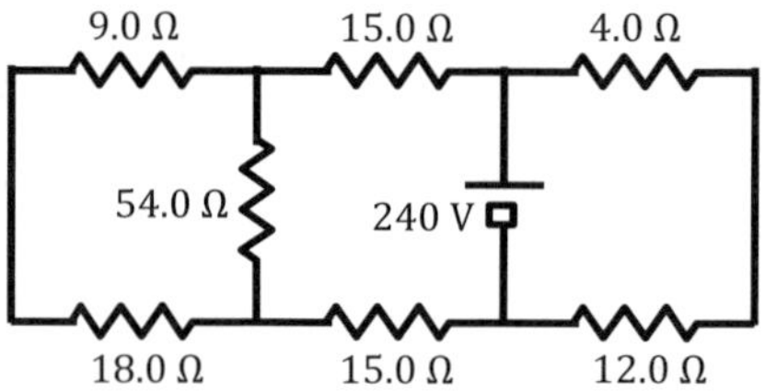

(B) 회로의 등가 저항을 구하라.

(C) 두 개의 15 Ω 저항기에서 소모되는 전력을 각각 구하라.

답: (B) 12 Ω, (C) 375 W

60. 아래 회로를 보고 물음에 답하라.

(A) 직렬연결과 병렬연결을 확인해 가면서 한 번에 한 단계씩 간단히 하라. 아래 첨자를 써서 저항에 이름을 붙여가며 간단히 하여라.

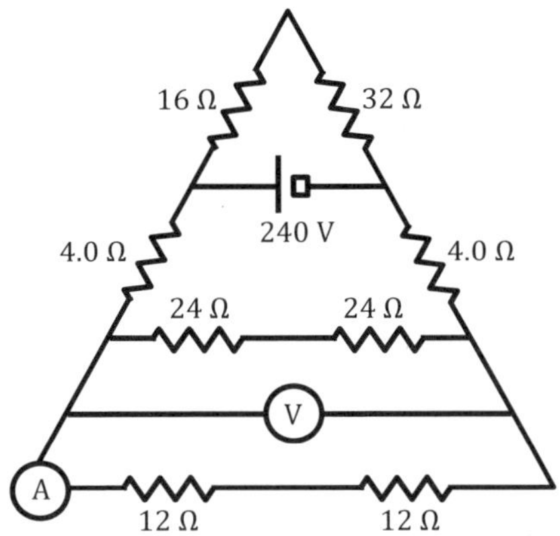

(B) 회로의 등가 저항을 구하라.

(C) 전류계로 측정되는 값을 구하라.

(D) 전류계로 측정되는 값을 구하라.

답: (B) 16 Ω, (C) $\frac{20}{3}$ A, (D) 160 V

61. 아래 회로의 등가 저항을 구하라.

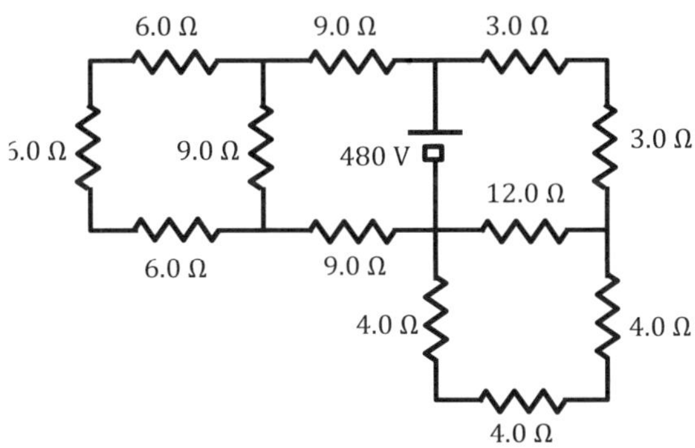

답: 8.0 Ω

도움이 필요한가요? 책의 맨 뒤에 있는 “힌트”를 참고하세요.

14
대칭성을 가지는 회로

관련 용어

- **도체**(conductor) 전자가 잘 움직일 수 있는(즉 전류가 잘 통하는) 물질. 금속은 일반적으로 양호한 전기 도체이다.
- **저항**(resistance) 회로에 있는 부품이 전류의 흐름에 저항하는 정도를 나타내는 척도(기준)
- **저항기**(resistor) 저항을 가지고 있는 부품. 줄여서 '저항'이라고 쓰기도 함
- **등가 저항**(equivalent resistance) 주어진 전압에 대해, 여러 개의 저항기로 이루어진 저항기 조합이 흐르게 하는 전류의 양과 동일한 전류를 흐르게 하는 저항기 한 개의 저항. 따라서 저항기의 조합이 흐르게 하는 전류의 양과 등가 저항이 흐르게 하는 전류의 양은 서로 같다.
- **전류**(current) 시간에 대한 전하의 변화율. 단위 시간 동안에 어떤 점 또는 단면적을 통과해 흐르는 전하의 양으로 정의함.
- **전위**(electric potential) 단위 전하당 전위 에너지
- **전위차**(potential difference) 시험 전하가 두 위치 사이를 이동하는 데 필요한 단위 전하당 일. 전위차를 다른 말로 **전압**이라고 함

기호와 SI 단위

기호	이름	SI 단위
R	저항	Ω
I	전류	A
V	전위	V
ΔV	회로 내의 두 점 사이의 전위차	V

저항기 회로에 사용되는 회로 기호

회로 기호	이름	이름
	R	저항기
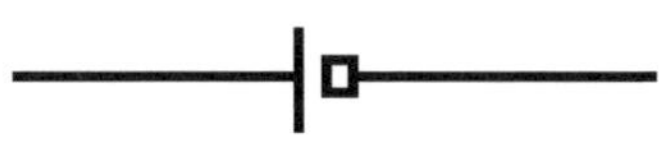	ΔV	배터리 또는 직류전원

기본 개념

회로에 있는 도선(wire)이 회로의 등가 저항에 영향을 주는 경우는 그 도선을 통해 전류가 흐르는 경우뿐이다.

- 도선을 통해 전류가 흐르지 않는 경우, 그 도선은 등가 저항에 아무런 영향을 주지 않으므로 회로에서 제거해도 된다.
- 회로에 어떤 도선을 추가해도 그 도선에 전류가 흐르지 않는 경우에는 그 도선의 존재는 등가 저항에 아무런 영향을 주지 않는다.

이와 같은 도선에 옴 법칙을 적용해보자. 어떤 길이를 가진 도선 양단의 전위차는 옴 법칙에 따라 다음 식과 같이 그 도선의 저항과 그 도선을 통과해 흐르는 전류의 곱과 같다(회로에서 도선의 저항은 회로에 들어 있는 다른 저항에 비해서 아주 작다. 그렇다 하더라도 모든 도선은 약간의 저항을 가지고 있다).

$$\Delta V_{wire} = I_{wire} R_{wire}$$

따라서 도선의 저항이 0이 아닌 이상, 도선 양단의 전위차가 0이 되려면 옴 법칙에 따라 그 도선에는 전류가 흐르지 않아야 한다.

대칭성을 가지고 있는 회로에서, 저항기들 사이에 위치한 여러 점의 전위(전압) V 값을 살펴보면서 **전위가 서로 같은 두 점**을 찾아보자. 어떤 두 점의 전위가 같으면 그 두 점 사이의 전위차는 0이다. 그러면 이 두 점 사이를 도선으로 연결하거나 두 점 사이에 있는 도선을 제거해도 회로의 등가저항은 달라지지 않는다(두 점 사이의 전위차가 0이면 그 사이 연결한 도선에 흐르는 전류가 0임을 뜻하므로).

전원 공급기(배터리)가 한 개만 있는 회로에서는 전원 공급기(배터리)의 + 단자의 전위가 가장 높고 − 단자의 전위가 가장 낮다. 지금부터 저항기들 사이의 여러 점들 중에서, 배터리 양쪽 단자 사이에서 비율이 같은 점을 두 개 찾아본다. 여기서 비율이 같다는 것은 그 점과 배터리 두 단자 사이의 '거리(길이)'의 비율이 같다는 것이 **아니라** 그 점과 배터리 두 단자 사이에 들어있는 **'저항의 비율'**이 같다는 것을 뜻한다. (그래야 두 점의 전위가 같아진다.)

아래의 회로를 예로 들어 이 말이 정확한 의미를 살펴보자. 먼저 왼쪽 회로에서 B점은 배터리의 − 단자에서 + 단자에 가는 경로에서 저항의 비율이 정확하게 1/2이 되는 지점에 있다. (경로 상의 총 저항은 3 Ω + 3 Ω = 6 Ω이고 총 저항에 대한 3 Ω의 비율은 3 Ω/6 Ω = 1/2이기 때문이다.) C점도 B점과 마찬가지로 1/2 지점이다. 가운데 회로에서, F점은 배터리의 − 단자와 + 단자로부터 가는 경로에서 1/3이 되는 지점에 있다. 그 까닭은 4 Ω이 차지하는 비율은 경로상의 총 저항 12 Ω(= 4 Ω + 8 Ω)의 1/3(= 4 Ω/12 Ω)이기 때문이다. G점도 마찬가지로 1/3 지점이다. 오른쪽 회로에서, J점은 − 단자에서 + 단자로 가는 데 있어서 1/3이 되는 지점에 있는데, 그 까닭은 2 Ω이 차지하는 비율은 경로상의 총 저항 6 Ω(= 2 Ω + 4 Ω)의 1/3(= 2 Ω/6 Ω)이기 때문이다. k점 또한 1/3 지점인데, 4 Ω은 총 저항 12 Ω(= 4 Ω + 8 Ω)의 1/3(= 4 Ω/12 Ω)이기 때문이다.

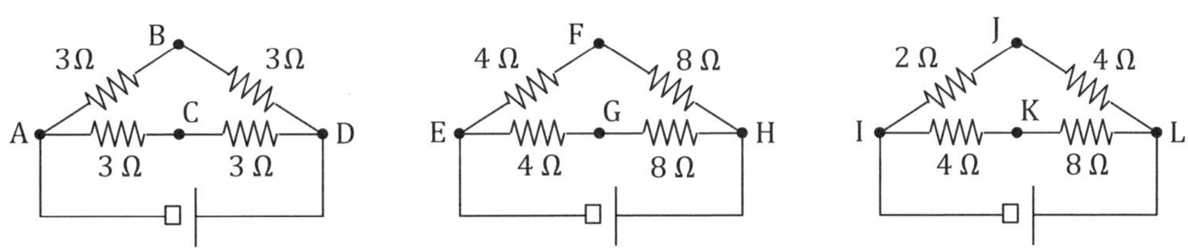

대칭성을 가진 회로를 해석하는 방법

배터리 하나에 여러 개의 저항기들(또는 커패시터들)이 연결되어 있는 회로들 중에는 저항기들(또는 커패시터들)이 직렬로 연결되어 있거나 병렬로 연결되어 있는 부분을 찾아볼 수 없는 회로도 있을 수 있다. 그러나 이런 회로라도 그 회로가 대칭성을 가지고 있으면 직렬 합성 방법이나 병렬 합성 방법을 적용할 수 있다. 대칭성을 가지 회로를 해석할 때는 다음과 같은 단계를 밟는다.

1. 저항들 사이에 있는 점들에 A, B, C, …와 같이 이름을 붙인다.
2. 다음과 같은 방법으로 원래 회로를 펼쳐서 다시 그린다(이 회로를 "펼친 회로"라고 하자).
   - 배터리의 − 단자를 '바닥'으로 생각하여 펼친 회로의 맨 아래에 이것을 그린다.
   - 배터리의 + 단자를 '천장'으로 생각하여 펼친 회로의 맨 위에 이것을 그린다.
   - 원래 회로의 모든 점들을 펼친 회로의 바닥과 천장 사이에 배치한다. 이때 원래 회로에서 그 점의 전위(전압) 값이 클수록(높을수록) 펼친 회로에서는 바닥보다 천장에 가깝게(높은 위치에) 배치한다. (원래 회로에서 어떤 점의 전위를 구할 때는 배터리의 + 단자와 − 단자 사이에서 그 점이 차지하고 저항의 비율로 구해야 하며 거리의 비율로 구해서는 안 된다.)
   - 바닥과 천장 사이에서 정확하게 같은 위치에 있는 두 점(즉 원래 회로에서 전위가 같은 두 점)을 찾는다. 원래 회로에서 두 점의 전위가 같지 않으면 이 두 점은 펼친 회로에서 바닥과 천장 사이에 놓여 있는 위치가 같지 않다. 원래 회로에서 전위가 같은 두 점을 찾았으면 펼친 회로에는 바닥과 천장 사이에 놓인 위치를 같게 그린다.
   - 다음에 나오는 예제들을 공부하면 원래 회로를 다시 그려 펼친 회로를 만드는 방법을 익힐 수 있다.
3. 두 점의 전위가 같다고 100% 확신하면 다음 두 가지 방법 중에서 하나를 사용한다.
   - 두 점이 도선으로 연결되어 있는 경우에는 이 도선을 제거한다. 두 점을 연결하고 있는 도선 양단의 전위차는 0이므로 이 도선을 통해 흐르는 전류는 없다. 따라서 도선을 제거해도 문제가 되지 않는다.(전위가 같은 두 점이 도선이 아니라 저항기 또는 다른 소자로 연결되어 있는 경우에도 도선의 경우와 마찬가지로 이 저항기나 소자를 제거한다)
   - 두 점이 도선으로 연결되어 있지 않으면 두 점을 도선으로 서로 연결한다. 이때 선의 길이를 짧게 해서 두 점이 한 점으로 합쳐질 수 있게 한다(다음에 나오는 예제들을 참조).
4. 이제 처음에는 없었던 직렬 연결과 병렬 연결을 찾을 수 있을 것이다. 그러면 13장에서 배운 전략을 사용하여 회로를 해석할 수 있다(직렬 합성 공식과 병렬 합성 공식을 사용하는 것이 불가능하면 15장에서 배우게 될 키르히호프 법칙을 적용하라. 이에 대해서는 15장에서 다룬다).

예제 아래 그림처럼 12개의 똑같은 저항기를 서로 연결하여 만든 정육면체 구조의 회로가 있다. 배터리의 − 단자를 F점에, + 단자를 C점에 연결할 때 이 정육면체 회로의 등가저항을 구하라(즉 배터리는 정육면체에서 대각선에 위치한 점 사이에 연결한다).

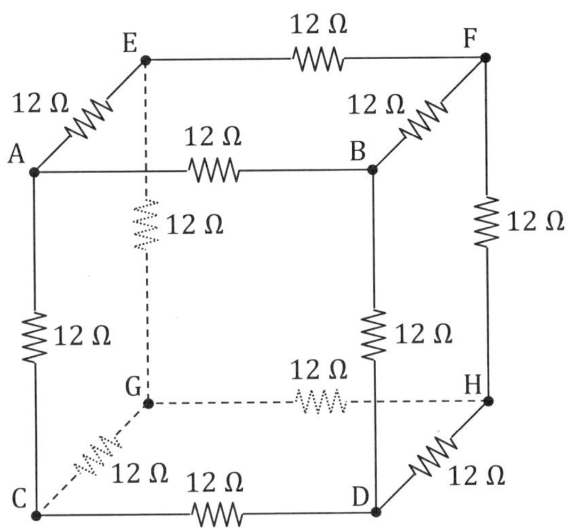

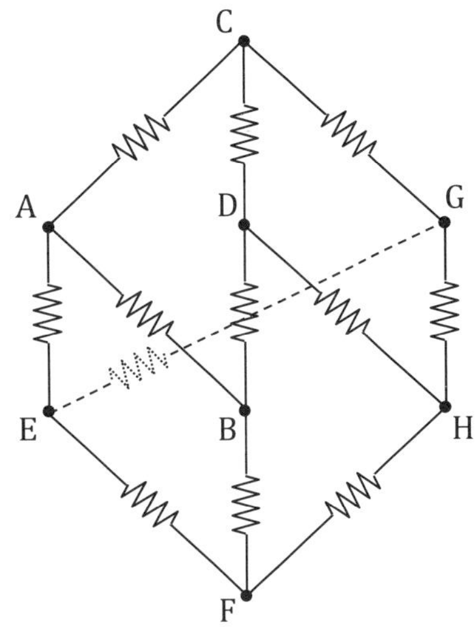

풀이 회로를 살펴보면 두 개의 저항기가 직렬이나 병렬로 연결된 부분을 찾을 수 없다. 그 까닭은 다음과 같다.

- 어느 두 저항을 골라도 두 저항 사이에는 접합점이 있으므로 직렬 연결이 될 수 없다.
- 어느 두 저항을 골라서 집게손가락 두 개를 사용하는 병렬규칙을 적용해보아도 한 저항에서 다른 저항으로 갈 때 반드시 또 다른 저항 하나를 중간에 거쳐야 한다. 따라서 병렬 연결이 될 수 없다.

다행히도 이 회로는 대칭성을 가지고 있어서 전위가 같은 점들을 찾을 수 있다.

F점을 바닥으로 하고 C점을 천장으로 하여 회로를 펼쳐 그려보자. 바닥과 지붕을 이렇게 정한 것은 이 두 점이 배터리의 − 단자와 + 단자가 각각 연결되는 점이기 때문이다.

- 위의 오른쪽 그림과 같이 바닥인 F점을 맨 아래에, 천장인 C점을 맨 위에 표시한다.
- E점, B점, H점은 바닥인 F점에서 한 단계 떨어져 있고 천장인 C점에서는 두 단계 떨어져 있다. 이 세 점 중에서 어느 한 점도 다른 점들보다 바닥에 가깝거나 천장에 가깝지 않다. 따라서 E점, B점, H점은 전위가 서로 같다.
- A점, D점, G점은 바닥인 F점에서 두 단계 떨어져 있고 천장인 C점에서는 한 단계 떨어져 있다. 이 세 점 중에서 어느 한 점도 다른 점들보다 바닥에 가깝거나 천장에 가깝지 않다. 따라서 A점, D점, G점은 전위가 서로 같다.
- E점, B점, H점은 바닥인 F점을 기준으로 위의 오른쪽 그림에 나타낸 것처럼 같은 높

이에 점을 찍어 표시한다. A점, D점, G점도 같은 높이에 점을 찍어 표시한다. 이때 E점, B점, H점은 바닥인 F점에 더 가깝게 그리고 A점, D점, G점은 천장인 C점에 더 가깝게 표시한다.

- 이렇게 표시한 점들 사이에 12개의 저항을 그려 넣는다. 이때 원래 회로의 연결 방식과 동일하도록 각 점 사이에 저항을 연결해야 한다(예를 들어, 원래 회로의 A, B 사이에는 저항이 있으므로 펼친 회로에도 저항을 연결해야 하지만 원래 회로의 A, D 사이에는 저항이 없으므로 펼친 회로에는 저항을 연결해서는 안 된다).

이제 전위가 같은 E점, B점, H점을 살펴보자.

- 이들 세 점 사이를 연결하는 도선은 없다.
- 따라서 E점, B점, H점을 도선들로 서로 연결한다. (전위가 같은 점들이므로 도선으로 서로 연결해도 회로의 동작은 달라지지 않는다.)
- 이 도선들을 짧게 해서 E점, B점, H점이 서로 가까워지게 한다. 이들 점을 한없이 가깝게 해서 아래의 왼쪽 그림과 같이 한 점으로 합친다. 하나로 합쳐진 이 점을 EBH점이라고 하자.

A점, D점, G점에 대해서도 마찬가지 과정을 수행하여 한 점 ADG로 합친다. 이렇게 하면 위 그림의 오른쪽에 있는 회로가 아래 그림의 왼쪽에 있는 회로와 같이 바뀐다. 이 두 그림을 서로 비교해가며 살펴보면서 이렇게 된 까닭을 잘 이해해기 바란다.

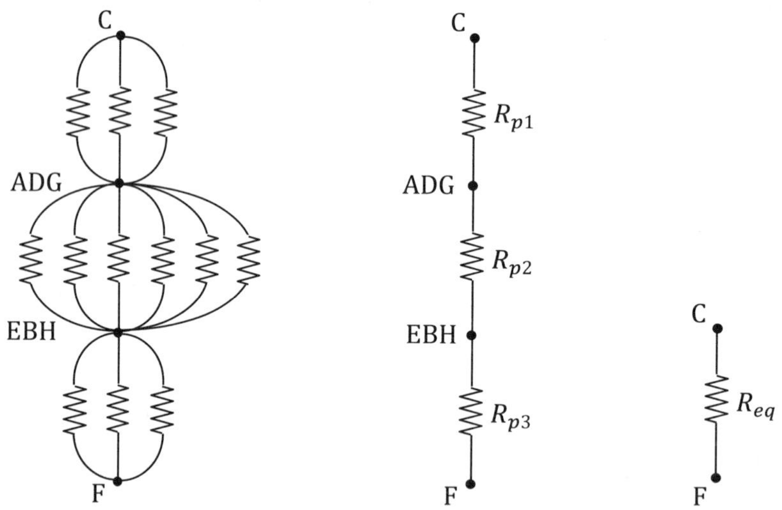

이렇게 하는 과정에서 빠진 점이나 저항은 없는지 알 수 있도록 꼭짓점의 개수와 저항의 개수를 헤아려보는 것이 좋다.

- 정육면체의 꼭짓점은 모두 8개다: A, B, C, D, E, F, G, H점
- 정육면체의 저항기는 한 모서리에 한 개씩 모두 12개다.

이전 쪽 그림의 왼쪽 회로에서 12개의 저항기를 확인할 수 있다. 왼쪽 회로에서 윗부분에 있는 세 개의 저항기는 병렬로, 중간에 있는 여섯 개의 저항기는 병렬로, 아래에 있는 세 개의 저항기는 병렬로 연결되어 있다. 이들의 등가저항을 각각 R_{p1}, R_{p2}, R_{p3}라고 하고 병렬 합성 공식을 사용하여 이를 계산하면 다음과 같다.

$$\frac{1}{R_{p1}} = \frac{1}{12} + \frac{1}{12} + \frac{1}{12} = \frac{3}{12} = \frac{1}{4} \quad \Rightarrow \quad R_{p1} = 4.0\ \Omega$$

$$\frac{1}{R_{p2}} = \frac{1}{12} + \frac{1}{12} + \frac{1}{12} + \frac{1}{12} + \frac{1}{12} + \frac{1}{12} = \frac{6}{12} = \frac{1}{2} \quad \Rightarrow \quad R_{p2} = 2.0\ \Omega$$

$$\frac{1}{R_{p3}} = \frac{1}{12} + \frac{1}{12} + \frac{1}{12} = \frac{3}{12} = \frac{1}{4} \quad \Rightarrow \quad R_{p3} = 4.0\ \Omega$$

이렇게 구한 R_{p1}, R_{p2}, R_{p3}를 사용하여 회로를 간단하게 그려보면 이전 쪽 그림의 가운데에 있는 회로가 된다. 이 회로를 살펴보면 R_{p1}, R_{p2}, R_{p3}는 직렬로 연결되어 있다. 이 회로의 등가저항 R_{eq}를 직렬 합성 공식을 사용하여 구해보면

$$R_{eq} = R_{p1} + R_{p2} + R_{p3} = 4 + 2 + 4 = 10.0\ \Omega$$

이다. 따라서 정육면체 대각선 사이의 등가저항은 $R_{eq} = 10.0\ \Omega$이다.

예제 아래 그림처럼 12개의 똑같은 저항기를 서로 연결하여 만든 정육면체 구조의 회로가 있다. 배터리의 − 단자를 H점에, + 단자를 C점에 연결할 때 이 정육면체 회로의 등가저항을 구하라(즉 배터리는 정육면체의 한 면의 대각선에 위치한 점 사이에 연결한다. 이 예제를 바로 이전 예제와 비교해보라. 완전히 다른 답이 나온다).

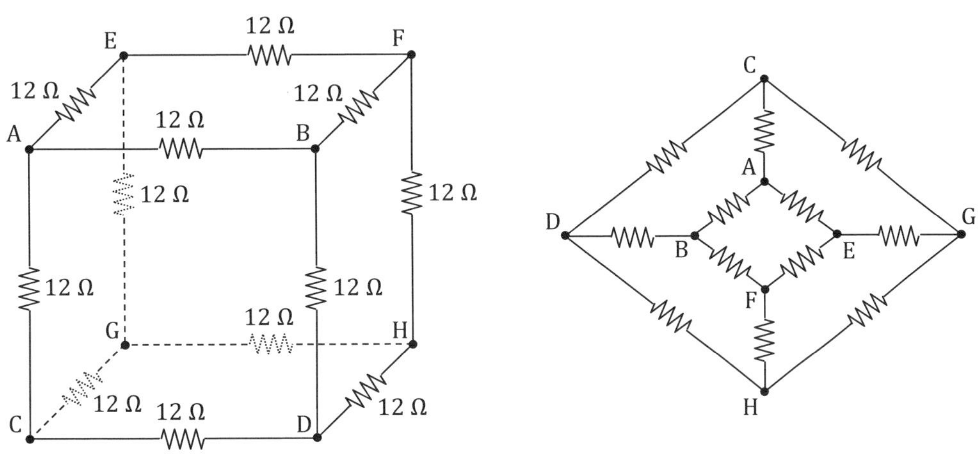

풀이 H점을 바닥으로 하고 C점을 천장으로 하여 회로를 펼쳐 그려보자. 바닥과 지붕을 이렇게 정한 것은 이 두 점이 배터리의 − 단자와 + 단자가 각각 연결되는 점이기 때문이다.

- 이전 쪽의 오른쪽 그림과 같이 바닥인 H점을 맨 아래에, 천장인 C점을 맨 위에 표시한다.
- G점, D점은 바닥인 H점에서 한 단계 떨어져 있고 천장인 C점에서도 한 단계 떨어져 있다. 이 점들은 각각 바닥과 천장 사이에서 정확히 한가운데(차지하는 저항 비율이 전체의 1/2)에 있다. 따라서 G점과 D점은 전위가 서로 같다.
- B점, E점은 바닥인 H점에서 두 단계 떨어져 있고 천장인 C점에서도 두 단계 떨어져 있다. 이 점들은 각각 바닥과 천장 사이에서 정확히 한가운데에 있다. 따라서 B점과 E점은 전위가 서로 같다.
- 또한 G점, D점, B점, E점은 모두 전위가 같다. 그 까닭을 살펴보면 이 네 점 모두는 땅과 지붕 사이에서 한가운데(차지하는 저항 비율이 전체의 1/2)에 있기 때문이다.
- G점, D점, B점, E점을 바닥인 H점을 기준으로 이전 쪽의 오른쪽 그림에 나타낸 것처럼 같은 높이에 점을 찍어 표시한다.
- F점은 바닥인 H점에 더 가깝게, A점은 천장인 C점에 더 가깝게 점을 찍어 표시한다.
- 이렇게 표시한 점들 사이에 12개의 저항을 그려 넣는다. 이때 원래 회로의 연결 방식과 동일하도록 각 점 사이에 저항을 연결해야 한다(예를 들어, 원래 회로의 A, B 사이에는 저항이 있으므로 펼친 회로에도 저항을 연결해야 하지만 원래 회로의 A, D 사이에는 저항이 없으므로 펼친 회로에는 저항을 연결해서는 안 된다).

꼭짓점의 개수와 저항의 개수를 잘 헤아려가며 빠진 것이 없는지 확인해보자.

- 펼친 회로에서 8개의 꼭짓점 A, B, C, D, E, F, G점을 모두 찾을 수 있는지 확인해본다.
- 펼친 회로에서 12개의 저항기를 모두 찾을 수 있는지 확인하라.

이제 전위가 같은 G점, D점, B점, E점을 살펴보자.

- D점과 B점 사이, 그리고 E점과 G점 사이에는 저항기가 들어 있다.
- 두 저항기를 제거한다. (저항기 양쪽에 있는 두 점의 전위가 같기 위해서는 저항기에 전류가 흐르지 않아야 한다. 저항기에 전류가 흐르지 않는다는 것은 회로에 저항기가 없다는 것과 같은 말이다)

이렇게 하면 위 그림의 오른쪽에 있는 회로가 다음 쪽 그림의 왼쪽에 있는 회로와 같이 바뀐다. 이 두 그림을 서로 비교해가며 살펴보면서 이렇게 된 까닭을 잘 이해해기 바란다.

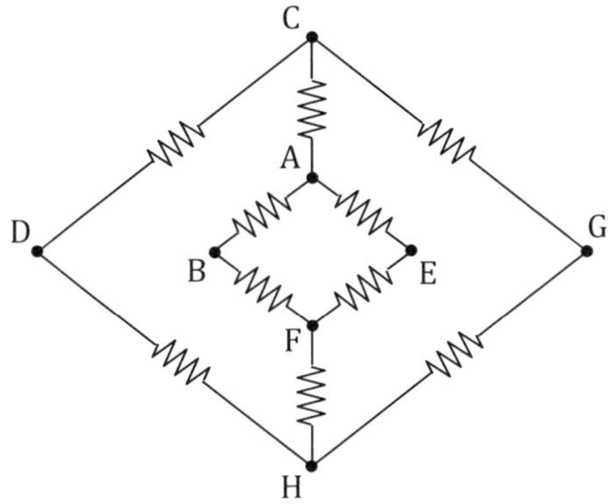

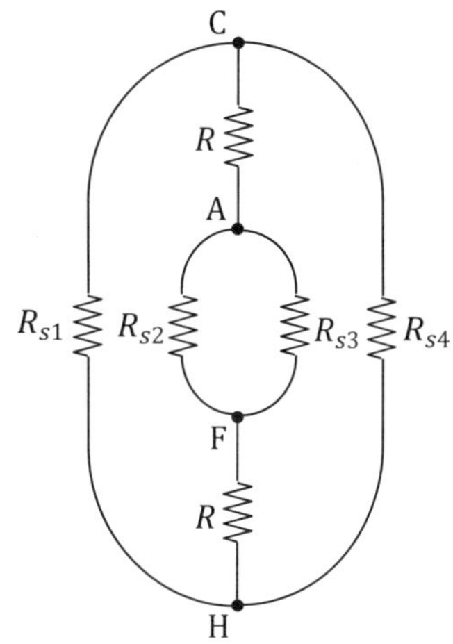

위 그림의 왼쪽 회로를 자세히 살펴보자.

- H점에서 D를 거쳐 C로 가는 경로에 존재하는 두 개의 저항은 직렬이다. 등가저항은 R_{s1}.
- F점에서 B를 거쳐 A로 가는 경로에 존재하는 두 개의 저항은 직렬이다. 등가저항은 R_{s2}.
- F점에서 E를 거쳐 A로 가는 경로에 존재하는 두 개의 저항은 직렬이다. 등가저항은 R_{s3}.
- H점에서 G를 거쳐 C로 가는 경로에 존재하는 두 개의 저항은 직렬이다. 등가저항은 R_{s4}.
- D점과 B점, 그리고 E점과 G점 사이의 저항기를 제거했으므로 D점, B점, E점, G점은 더 이상 접합점이 **아니다**.

직렬 합성 공식을 사용하여 등가저항을 구해보면 다음과 같다.

$$R_{s1} = 12 + 12 = 24.0\ \Omega$$
$$R_{s2} = 12 + 12 = 24.0\ \Omega$$
$$R_{s3} = 12 + 12 = 24.0\ \Omega$$
$$R_{s4} = 12 + 12 = 24.0\ \Omega$$

이렇게 구한 R_{s1}, R_{s2}, R_{s3}, R_{s4}를 사용하여 회로를 간단하게 그려보면 위 그림의 오른쪽에 있는 회로가 된다. 이 회로를 자세히 살펴보자.

- R_{s1}과 R_{s4}는 병렬로 연결되어 있다. 등가저항은 R_{p1}이다.
- R_{s2}과 R_{s3}는 병렬로 연결되어 있다. 등가저항은 R_{p2}이다.

병렬 합성 공식을 이 등가저항들을 구해보면 다음과 같다.

$$\frac{1}{R_{p1}} = \frac{1}{R_{s1}} + \frac{1}{R_{s4}} = \frac{1}{24} + \frac{1}{24} = \frac{2}{24} = \frac{1}{12} \quad \Rightarrow \quad R_{p1} = 12.0\ \Omega$$
$$\frac{1}{R_{p2}} = \frac{1}{R_{s2}} + \frac{1}{R_{s3}} = \frac{1}{24} + \frac{1}{24} = \frac{2}{24} = \frac{1}{12} \quad \Rightarrow \quad R_{p2} = 12.0\ \Omega$$

이렇게 구한 R_{p1}, R_{p2}를 사용하여 회로를 간단하게 그려보면 아래 그림의 왼쪽에 있는 회로가 된다.

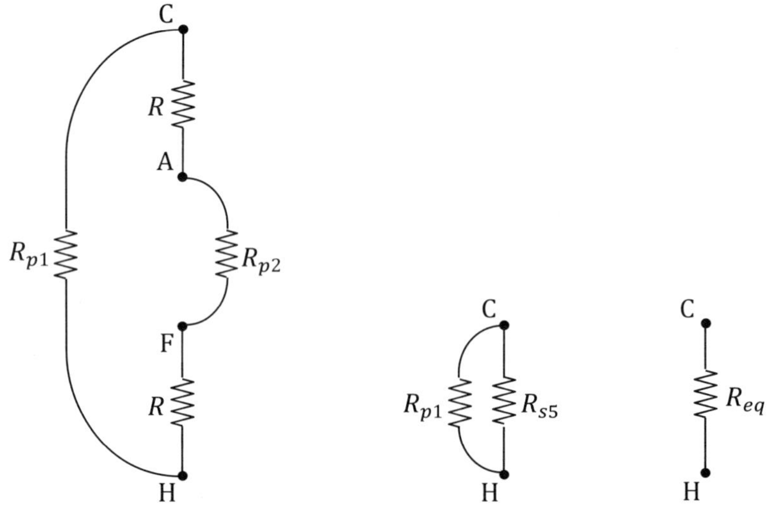

위의 왼쪽 회로에서 R, R_{p2}, R은 직렬로 연결되어 있다. 이들의 등가저항을 R_{s5}라고 하고 직렬 합성 공식을 사용하여 계산하면

$$R_{s5} = R + R_{p2} + R = 12 + 12 + 12 = 36.0\ \Omega$$

이 된다. 위의 가운데 회로에서 R_{p1}과 R_{s5}는 병렬로 연결되어 있다. 이들의 등가저항을 R_{eq}라고 하고 병렬 합성 공식을 사용하여 계산하면

$$\frac{1}{R_{eq}} = \frac{1}{R_{p1}} + \frac{1}{R_{s5}} = \frac{1}{12} + \frac{1}{36} = \frac{3}{36} + \frac{1}{36} = \frac{4}{36} = \frac{1}{9}$$
$$R_{eq} = 9.0\ \Omega$$

이 된다. 따라서 정육면체의 면의 대각선 사이의 등가저항은 $R_{eq} = 9.0\ \Omega$이다.

연습문제

62. 아래 그림처럼 12개의 똑같은 저항기를 서로 연결하여 만든 정육면체 구조의 회로가 있다. 배터리의 − 단자를 D점에, + 단자를 C점에 연결할 때 이 정육면체 회로의 등가저항을 구하라(즉 배터리는 정육면체의 한 모서리 양단에 연결한다. 이 예제를 바로 앞의 예제와 비교해보라. 완전히 다른 답이 나온다)

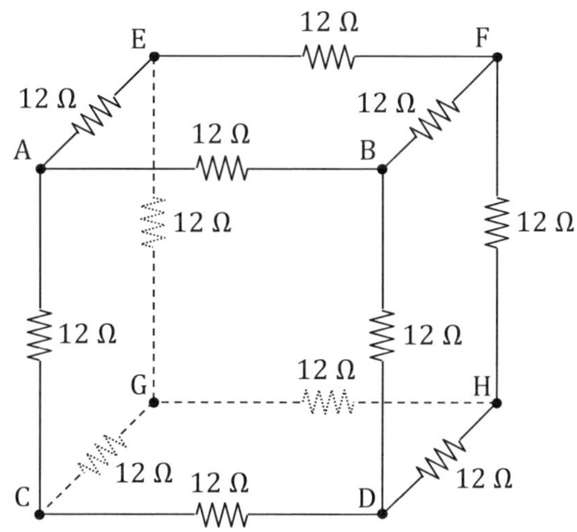

답: 7.0 Ω

63. 아래 회로의 등가 저항을 구하라.

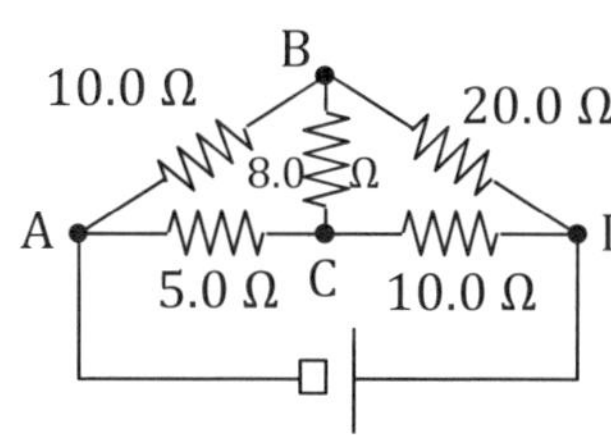

답: 10.0 Ω

도움이 필요한가요? 책의 맨 뒤에 있는 "힌트"를 참고하세요.

15

키르히호프 법칙

관련 용어

- **도체**(conductor) 전자가 잘 움직일 수 있는(즉 전류가 잘 통하는) 물질. 금속은 일반적으로 양호한 전기 도체이다.
- **저항**(resistance) 회로에 있는 부품이 전류의 흐름에 저항하는 정도를 나타내는 척도(기준)
- **저항기**(resistor) 저항을 가지고 있는 부품. 줄여서 '저항'이라고 쓰기도 함.
- **전류**(current) 시간에 대한 전하의 변화율. 단위 시간 동안에 어떤 점 또는 단면적을 통과해 흐르는 전하의 양으로 정의함.
- **전위차**(potential difference) 시험 전하가 두 위치 사이를 이동하는 데 필요한 단위 전하당 일. 전위차를 다른 말로 **전압**이라고 함.
- **전력**(electric power) 시간에 대한 전기적 일의 변화율. 단위 시간 동안에 수행하는 전기적 일로 정의함.
- **배터리**(battery) 양극(+) 단자와 음극(−) 단자 사이의 전위차를 공급하는 장치. 회로에서 전기 에너지를 공급하는 원천

기호와 SI 단위

기호	이름	SI 단위
R	저항	Ω
I	전류	A
ΔV	회로 내의 두 점 사이의 전위차	V
P	전력	W

회로 기호

회로 기호	이름	이름
	R	저항기
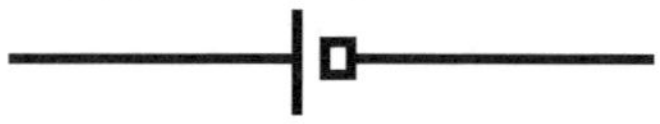	ΔV	배터리 또는 직류전원
	ΔV를 측정	전압계
	I를 측정	전류계

주의: 배터리 기호에서 긴 선은 양극(+)을 나타낸다.

기본 개념

모든 회로에는 루프(loop)와 접합점(junction)이 들어있다.

회로의 모든 접합점에서는 전하가 보존되어야 한다. 전류는 시간에 따라 전하가 흐르는 비율이다(다르게 표현하면 단위시간동안에 흐르는 전하의 양이다.) 어떤 접합점에서도 접합점으로 들어가는 전류의 합은 접합점에서 빠져 나오는 전류의 합과 같아야 한다. 이렇게 되어야 모든 순간에 접합점에서 총 전하의 양이 보존된다(접합점에 전하가 쌓이거나 접합점에서 전하가 사라지는 일이 없게 된다). 이것이 접합점에서 성립하는 키르히호프 법칙이다(미국에서는 '키르히호프' 대신에 '커코프'라고 발음한다). 이 법칙을 수식으로 나타내면 다음과 같다.

$$\sum_{\text{유입}} I_i = \sum_{\text{유출}} I_j$$

키르히호프 접합점 법칙은 전류와 관련이 있으므로 다른 말로 키르히호프 전류 법칙(Kirchhoff's current law)이라고 한다. 아래 그림에 있는 접합점에 키르히호프 전류 법칙을 적용해보자. 그림을 보면 전류 I_1과 I_2는 접합점으로 흘러 들어가고 있고 I_3는 접합점에서 빠져 나오고 있다. 따라서 키르히호프 전류 법칙에 따라 $I_1 + I_2 = I_3$가 성립한다.

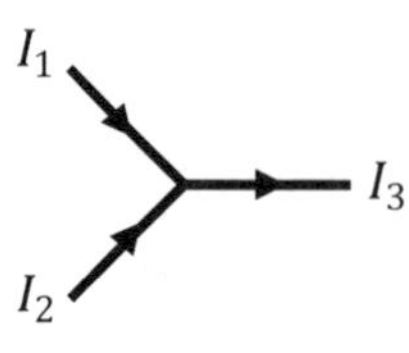

회로에 있는 모든 루프에서는 에너지가 보존되어야 한다. 에너지는 일을 수행하는 능력이다(일 = 에너지). 전기적 일은 '전하와 전위차의 곱'이므로 어떤 루프를 따라 한 바퀴 돌면서 모든 전위차 ΔV를 계산한 다음에 이들을 전부 더하면 0이 되어야 한다. 그래야 그 루프를 이루고 있는 시스템의 모든 에너지가 보존된다). 이것이 루프에서 성립하는 키르히호프 법칙이다. 이 법칙을 수식으로 나타내면 다음과 같다.

$$\sum_{\text{루프}} \Delta V_i = 0$$

키르히호프 루프 법칙은 전위차(전압)와 관련이 있으므로 다른 말로 키르히호프 전압 법칙이라고 한다. 배터리 양단(+ 단자와 − 단자) 사이의 전위차는 배터리 자체의 전압(volt)과 같다. 배터리의 − 단자에서 + 단자로 이동할 때는(상승할 때는) 전위차 값의 부호는 +이며 + 단자에서 − 단자로 이동할 때는(강하할 때는) 전위차 값의 부호는 −로 정하기로 약속한다. 저항기 양단 사이의 전위차는 옴 법칙에 따라 (전류×저항)이다. 전위차 값의 부호는 전류가 흐르는 방향과 반대방향으로 이동할 때는 +이고 전류가 흐르는 방향과 같은 방향으로 이동할 때는 −로 정하기로 약속한다. 부호를 정하는 방법에 대해서는 다음 쪽에서 설명하기로 한다.

회로에서 각각의 전류는 접합점으로 흘러 들어가고 접합점에서 빠져 나온다. 회로에 있는 접합점을 찾아내서 여기에 흘러 들어가고 빠져 나오는 전류를 화살표로 표시하고 이름을 붙이면 회로를 해석하는 데 도움이 된다("접합점"의 정의에 대해서는 앞에서 예제와 함께 살펴본 바 있다). 다음 쪽 그림에 나타낸 회로에는 접합점이 B와 D, 이렇게 두 개가 있다. 이와 함께 화살표 직선(→)으로 표시한 전류가 세 개 있다. 이 회로에서

- L_L은 B점에서 D점으로 흐른다.
- I_M은 D점에서 B점으로 흐른다.
- I_R은 B점에서 D점으로 흐른다.

L_L과 I_R은 접합점 D로 흘러 들어가는 반면에 I_M은 D에서 빠져 나오므로 키르히호프 전류 법칙에 따라 $I_L + I_R = I_M$이 된다. 접합점 D 대신에 접합점 B에 키르히호프 전류 법칙을 적용하면 $I_M = I_L + I_R$이 되는데, 이 식은 바로 앞에서 구한 식과 동일하다.

주의: 다음 쪽 회로도에서 점선 화살표(⋯→)는 시험전하가 순환하는 방향을 나타낸다. 점선 화살표는 **전류가 아니므로** 주의해야 한다. 다음 쪽의 중간 부분에 적혀있는 **'중요한 차이점'**을 잘 읽어보기 바란다.

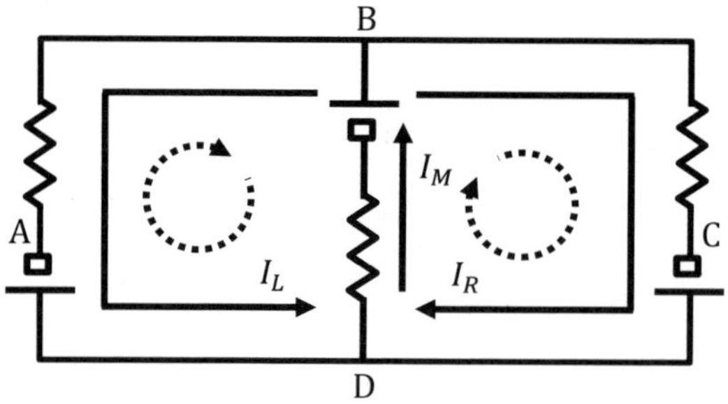

지금부터 설명하는 방법에서는 회로에서 "최소 루프"를 고려할 것이다. 이 회로에는 루프가 모두 3개 있다. 전체 회로 중에서 왼쪽 부분을 한 바퀴 도는 루프인 ABDA, 오른쪽 부분을 한 바퀴 도는 루프인 BCDB, 그리고 회로 전체를 크게 도는 루프인 ABCDA이다. 이 가운데 "최소 루프"는 왼쪽 루프와 오른쪽 루프 이렇게 두 개다. ABCDA와 같이 큰 루프는 고려하지 않는다.

중요한 차이점

키르히호프 법칙과 관련한 문제에서 사용하는 화살표의 종류는 두 가지이다.

- 실선 화살표(→)는 전류를 나타내는 데 사용된다.
- 점선 화살표(⋯›)는 "시험"전하가 순환하는 방향을 나타내는 데 사용된다. (따라서 점선 화살표를 전류로 혼동하는 일이 없도록 주의해야 한다.)

"시험"전하는 루프를 시계방향 또는 반시계방향으로 순환한다. 어느 방향을 선택할 것인가는 우리 마음이다. "시험"전하가 루프를 따라 순환하는 동안에 키르히호프 전압 법칙에 따라 ΔV들을 모두 더한다. 이때 "시험"전하가 루프를 따라 순환하는 방향은 전류의 방향과 반대방향이 되기도 하고 같은 방향이 되기도 한다. 여기서 중요한 것은 전류의 방향과 순환방향("시험"전하가 움직이는 방향)은 서로 다른 것임을 기억하는 것이다. 위의 회로에서 전류가 흐르는 방향을 나타내는 실선 화살표(→)와 "시험"전하가 순환하는 방향을 나타내는 점선 화살표(⋯›)의 차이를 잘 살펴보기 바란다.

키르히호프 법칙을 적용하는 방법

회로에 들어있는 배터리가 두 개 또는 그 이상이면 키르히호프 법칙을 적용해야 하는 것이 보통이다. 배터리가 한 개만 있고 회로를 직렬 합성 방법과 병렬 합성 방법을 사용하여 해석할 수 있을 때는 13장과 14장에서 살펴본 방법들이 더 효과적이다. 여러 개의 저항기들과 배터리들로 이루어진 회로에 키르히호프 법칙을 적용할 때는 다음과 같은 단계를 밟는다.

1. 회로에 전압계 또는 전류계가 들어 있는가? 그렇다면 회로를 다음과 같이 다시 그려라.

- 전압계를 제거한다. 또 연결 도선도 함께 제거한다.
- 전류계를 제거한 다음, 그 자리를 선으로 대체한다(아래 그림 참조).

2. 전류를 나타내도록 화살표를 그려 넣고 이름을 붙인다(전압계가 있으면 전압계를 **제거한 다음에** 이렇게 하라). 전류의 방향을 잘못 예측해서 그려넣은 전류 화살표의 방향이 실제 전류 방향과 달라도 상관이 없으니 걱정할 필요가 없다(방향을 잘못 예측한 경우에는 − 부호를 붙이기만 하면 되므로 아무런 문제가 되지 않는다). 모든 전류는 접합점에서 빠져 나오고 접합점으로 흘러 들어간다는 것을 꼭 기억하고 있어야 한다.
3. 회로에 존재하는 각각의 "최소 루프" 안에 회전 방향을 나타내는 화살표를 그려넣고 이름을 붙인다. 이 회전 방향이 "시험" 전하가 각 루프를 따라서 움직이는 방향이다. 시계방향이나 반시계방향으로 그려넣은 화살표는 전류가 아니라는 것을 꼭 알고 있어야 한다.
4. 문제를 푸는 데 필요한 접합점 방정식의 개수를 다음 방법으로 알아낸다.

   - 회로에 흐르는 개별 전류의 개수를 헤아린다. 이를 N_C라고 하자.
   - 회로에 흐르는 개별 "최소 루프"의 개수를 헤아린다. 이를 N_L이라고 하자.
   - 문제를 풀기 위해 필요한 접합점 방정식을 개수를 N_J라고 하자.

그러면 $N_J = N_C - N_L$만큼의 접합점 방정식이 필요하다. 예를 들어보자. 개별 전류의 개수가 $N_C = 3$이고 개별 최소 루프의 개수가 $N_L = 2$일 때 $N_J = N_C - N_L = 3 - 2 = 1$개의 접합점 방정식이 있으면 문제를 풀 수 있다.

5. N_J개의 접합점을 선택하고 각 접합점에 대해 키르히호프 접합점 법칙(전류 법칙)을 적용한다. 각각의 접합점에 대해 그 접합점으로 흘러 들어가는 전류들의 합은 그 접합점에서 빠져 나오는 전류들의 합과 같다고 놓는다. 예를 들어, 아래 그림과 같은 회로의 일부에서 접합점 방정식을 구해보면 $I_a + I_c = I_b$이다(I_a와 I_c는 접합점으로 흘러 들어가고 I_b는 접합점에서 빠져 나오므로)

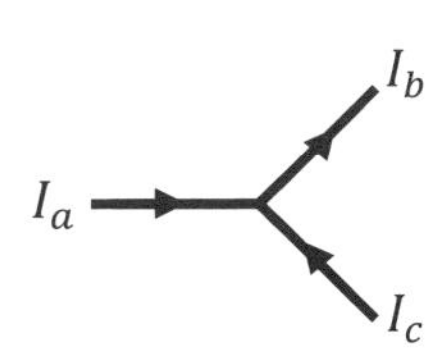

6. 각 배터리(또는 전원공급기)의 두 단자에 +와 − 기호를 표시하라. 배터리 회로 기호에서는 수직선의 길이가 긴 쪽이 + 단자라는 것을 꼭 알고 있어야 한다.

7. 회로에서 각각의 “최소 루프”에 대해서 키르히호프 루프 법칙(전압 법칙)을 적용한다. 각각의 루프에서 루프에 있는 한 점을 택하라. 루프는 바로 이 점에서 시작해서 이 점에서 끝난다. 앞의 3번 단계에서 그린 방향(“시험” 전하가 움직이는 방향)으로 루프를 따라 간다. 이때 머릿속으로 “시험” 전하가 화살표로 표시된 방향으로 루프를 따라 움직이고 있다고 상상한다. 루프를 따라 움직이는 “시험” 전하는 저항기들과 배터리들을 만나게 되는데 이때 배터리 전위차와 저항기 전위차의 부호는 다음과 같은 방식으로 정한다.

   “시험” 전하가 배터리를 만날 때,

   - “시험” 전하가 배터리의 − 단자를 먼저 만나면 전위차의 부호는 +가 된다(전하가 − 단자를 거쳐 + 단자로 움직이므로 전위가 상승하기 때문이다).
   - “시험” 전하가 배터리의 + 단자를 먼저 만나면 전위차의 부호는 −가 된다(전하가 + 단자를 거쳐 − 단자로 움직이므로 전위가 하강하기 때문이다).

   “시험” 전하가 저항기를 만날 때,

   - (전류의 화살표 방향과 “시험” 전하가 움직이는 화살표 방향을 비교하여) “시험” 전하가 움직이는 방향이 전류가 흐르는 방향과 반대이면 저항기 양단의 전위차를 $+IR$이라고 쓴다(전류가 저항기를 통해 흐르는 과정에서 에너지가 소모되므로 전류가 흐르는 방향으로 가면서 전위는 강하한다. 따라서 “시험” 전하가 움직이는 방향이 전류의 방향과 반대이면 저항기의 전위가 상승하는 방향이기 때문에 + 부호를 붙여 $+IR$이라고 쓴다).
   - (전류의 화살표 방향과 “시험” 전하가 움직이는 화살표 방향을 비교하여) “시험” 전하가 움직이는 방향이 전류가 흐르는 방향과 같으면 전위차를 $-IR$이라고 써라(앞에서와 같은 까닭으로 “시험” 전하가 움직이는 방향이 전류의 방향과 같으면 저항기의 전위가 강하하는 방향이기 때문에 − 부호를 붙여 $-IR$이라고 쓴다).

   “시험” 전하가 출발한 점으로 되돌아오면 모든 전위차 항들을 더한 다음에 그 합을 0으로 놓는다. 이제 다음 “최소 루프”에 대해 지금까지의 과정을 되풀이한다. “최소 루프”들 중에서 빠진 루프가 하나라도 있어서는 안 된다. 다음에 나오는 예제를 살펴보면서 키르히호프 법칙을 적용하는 방법을 익히도록 하라.

8. 이제 미지수(서로 다른 전류의 개수)는 N_C개이고 방정식의 개수 역시 N_C개다. 접합점의 개수는 N_J이고 루프의 개수는 N_L이다. N_C개의 방정식을 풀어 N_C개의 전류들을 구한다. 예제를 살펴보면서 방정식을 효과적으로 푸는 방법을 익히도록 하라.
9. 전력을 구해야 하는 경우에는 방정식 $P = I^2R$과 $P = I\Delta V$를 사용한다. 이때 회로를 잘 살펴보면서 이 식의 I에 대입할 전류를 신중하게 선택해야 한다.
10. 회로에서 '임의의 두 점' 사이의 전위차를 구해야 하는 경우(또는 전압계로 측정되는 값을 구해야 하는 경우)에는 위의 7번 단계의 루프 법칙(전압 법칙)을 적용한다. 이때는 루프 전체를 한 바퀴 돌 필요가 없고 첫 번째 점에서 출발해서 두 번째 점에서 멈추면 된다(합을 0으로 놓아서는 **안 된다**). 이때 얻은 수식의 미지수에 값을 대입하고 이들 값을 모두 더한다. 이렇게 해서 나온 값이 두 점 사이의 전위차가 된다.
11. 두 점 또는 여러 점의 전위를 서로 비교해야 하는 경우, 한 점에서의 전위를 0으로 놓고 위의 10번 단계를 적용하여 나머지 다른 점(들)에서의 전위를 구한다. 예제를 살펴보면서 구하는 방법을 익히도록 하라.

예제 아래 회로를 보고 물음에 답하라.

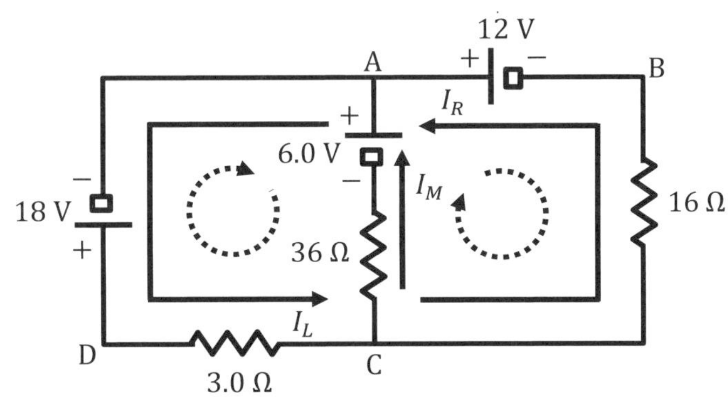

(A) 회로에 흐르는 각각의 전류를 모두 구하라.

풀이 위의 회로에는 모두 세 개의 서로 다른 전류가 흐르고 있다. 회로도에서 실선 화살표(→)로 표시된 것이 바로 이들 전류이다.

- I_L은 접합점 A에서 흘러나와 접합점 C로 흘러들어간다.
- I_M은 접합점 C에서 흘러나와 접합점 A로 흘러들어간다.
- I_R은 접합점 C에서 흘러나와 접합점 A로 흘러들어간다.

각 루프 안에 순환하는 방향을 그린다. 순환 방향은 전류가 흐르는 방향과는 다르다. 순환 방향은 "시험" 전하가 각 루프를 따라 움직이는 방향을 나타낸다(따라서 실제 전류가 흐르는 방향과 반대가 되는 경우도 있다). 위 회로도에서 점선 화살표(···▸)로 표시된 것이 바로 순환 방향이다. 이 예제에서는 순환 방향을 시계방향으로 선택하였다.

서로 다른 전류의 개수와 "최소 루프"의 개수를 헤아려보자.

- 서로 다른 전류는 I_L, I_M, I_R로, 개수는 $N_C = 3$이다. I_L, I_M, I_R은 모두 미지수다.
- "최소 루프"의 개수는 $N_L = 2$이다. 왼쪽에 있는 최소 루프는 ACDA이고 오른쪽에 있는 최소 루프는 ABCA이다.

따라서 문제를 푸는 데 필요한 접합점 방정식의 개수는 $N_J = N_C - N_L = 3 - 2 = 1$이다. 접합점들 중에서 A점을 선택하자(접합점으로 C점을 선택해도 답은 동일하게 나온다).

- A점으로 흘러 들어가는 전류를 살펴보면 I_M과 I_R이다.
- A점에서 빠져 나오는 전류를 살펴보면 I_L이다.

이 회로에 키르히호프 접합점 법칙(전류 법칙)을 적용하면 다음 식을 얻는다.

$$I_M + I_R = I_L$$

이 결과는 앞에서 풀어본 예제와는 다르다. 이 두 예제를 비교해보면 회로를 공부하는 데 도움이 된다.

다음으로 왼쪽 루프와 오른쪽 루프에 키르히호프 루프 법칙(전압 법칙)을 적용해보자.

- 두 경우 모두, "시험" 전하는 A점에서 출발한다(출발점은 마음대로 선택할 수 있다).
- 두 경우 모두, "시험" 전하는 루프를 따라 시계방향으로 움직인다. 움직이는 경로는 점선 화살표(···▸)로 표시되어 있다.
- 7번 단계에서 설명한 '부호 할당 방법'을 살펴본다. 키르히호프 법칙을 적용하는 문제를 정확하게 풀기 위해서는 부호를 맞게 붙일 수 있어야 한다.

왼쪽 루프에 키르히호프 루프 법칙(전압 법칙)을 적용하자. 여기서는 A점에서 출발하여 루프를 따라 시계방향으로 움직이기로 한다.

- A점에서 출발한 "시험" 전하는 맨 먼저 6.0 V 배터리를 만난다. "시험" 전하가 먼저 만나는 것은 배터리의 + 단자이다. 그러면 7번 단계의 부호 할당 방법에 따라 −6.0 V가 된다(시험전하가 움직이는 동안에 전위가 +에서 −로 하강하므로).

  주의: 배터리의 경우에는 전류의 방향은 전위차의 부호를 정하는 데 아무런 상관이 없다

- 배터리를 지난 "시험" 전하는 다음으로 36 Ω 저항기를 만난다. "시험" 전하는 A에서 C로 내려가는 반면에 전류 I_M은 올라가고 있다. "시험"전하의 순환방향과 전류방향이 반대이므로 앞의 7번 단계의 부호 할당 방법에 따라 전위의 부호는 + 값이 되고 전위의 크기는 옴 법칙 $\Delta V = IR$에 따라 전류 I_M과 저항 36 Ω을 곱한 $36I_M$이므로 여기에

부호를 붙이면 $+36I_M$이 된다. (시험전하가 저항기를 통과하는 방향이 전류의 방향과 반대이면 전위차의 부호는 +가 된다.)

- 다음으로 "시험" 전하는 3.0 Ω 저항기를 만난다. "시험" 전하는 왼쪽을 향해 움직이는 반면에 전류 I_L은 오른쪽으로 흐르고 있다. "시험" 전하가 움직이는 방향과 전류방향이 반대이므로 $+3I_L$이 된다.
- 마지막으로 "시험" 전하는 18 V 배터리를 만난다. "시험" 전하가 먼저 만나는 것은 배터리의 + 단자이므로 −18.0 V가 된다.

지금까지 구한 네 개의 항을 모두 더한 다음 그 합을 0으로 놓는다. 여기서도 최종 계산이 끝날 때까지 단위는 생략해서 수식이 너무 복잡해지지 않게 한다. 또한 유효숫자를 맞추는 것(6.0처럼)도 아직은 신경을 쓰지 않기로 한다. (계산기를 사용할 때는 계산이 끝날 때까지는 수치를 반올림을 하지 않고 그대로 사용하는 것이 올바른 방법이다. 이렇게 하면 반올림 오차를 줄일 수 있다. 하지만 6.0은 6으로 반올림해도 오차는 생기지 않는다.)

$$-6 + 36\,I_M + 3\,I_L - 18 = 0$$

이제 오른쪽 루프에 키르히호프 루프 법칙(전압 법칙)을 적용하자. 여기서는 A점에서 출발하여 시계방향으로 움직이기로 한다. 이번에는 자세한 설명은 하지 않기로 한다. 왼쪽 루프에 루프 법칙을 적용한 과정을 다시 한 번 잘 읽어보기 바란다. 오른쪽 루프에서

- 12.0 V 배터리에서는 "시험" 전하가 12.0 V 배터리의 + 단자를 먼저 만나므로 −12.0 V가 된다.
- 16 Ω 저항기에서는 "시험" 전하의 순환방향과 전류 I_R의 방향이 반대이므로 16 Ω 저항기의 전위는 $+16I_R$이 된다.
- 36 Ω 저항기에서는 "시험" 전하의 순환방향과 전류 I_M의 방향이 동일하므로 36 Ω 저항기의 전위는 $-36I_M$이 된다.
- 6.0 V 배터리에서는 "시험" 전하가 6.0 V 배터리의 − 단자를 먼저 만나므로 +6.0 V가 된다

지금까지 구한 네 개의 항을 모두 더하고 그 합을 0으로 놓는다.

$$-12 + 16\,I_R - 36\,I_M + 6 = 0$$

이제 미지수가 세 개인 방정식을 모두 세 개 얻었다.

$$I_M + I_R = I_L$$
$$-6 + 36\,I_M + 3\,I_L - 18 = 0$$
$$-12 + 16\,I_R - 36\,I_M + 6 = 0$$

먼저 접합점 방정식을 루프 방정식에 대입해보자. $I_L = I_M + I_R$을 첫 번째 루프 방정식의에 대입하면

$$-6 + 36\,I_M + 3\,(I_M + I_R) - 18 = 0$$

이 된다. 괄호 안의 항들에 3을 배분하면

$$-6 + 36\,I_M + 3\,I_M + 3\,I_R - 18 = 0$$

이 된다. 같은 종류의 항끼리 계산을 해보자. 먼저 -6과 -18이 서로 같은 종류이므로 $-6-18 = -24$이다. $36I_M$과 $3I_M$이 같은 종류이므로 $36I_M + 3I_M = 39I_M$이다. 따라서

$$-24 + 39\,I_M + 3\,I_R = 0$$

이 된다. 이 식의 좌변과 우변에 24를 각각 더하면

$$39\,I_M + 3\,I_R = 24$$

이 된다. 양변을 3으로 각각 나누면

$$13\,I_M + I_R = 8$$

이 된다. 이번에는 두 번째 루프 방정식

$$-12 + 16\,I_R - 36\,I_M + 6 = 0$$

을 살펴보자. 같은 종류의 항끼리 계산을 해보자. -12와 6이 서로 같은 종류이므로 $-12+6 = -6$이다. 따라서 다음 식으로 쓸 수 있다.

$$-6 + 16\,I_R - 36\,I_M = 0$$

이 식의 좌변과 우변에 각각 6을 더하면

$$16\,I_R - 36\,I_M = 6$$

이 된다. 양변을 2로 각각 나누면

$$8\,I_R - 18\,I_M = 3$$

이 된다. 이제 간단한 형태로 나온 두 개의 방정식을 함께 써보자.

$$13\,I_M + I_R = 8$$
$$8\,I_R - 18\,I_M = 3$$

미지수의 순서를 맞춰서 다시 써보면. $8I_R - 18I_M = -18I_M + 8I_R$이 된다. 따라서 두 개의 방정식을 다시 쓰면 다음과 같다.

$$13\,I_M + I_R = 8$$
$$-18\,I_M + 8\,I_R = 3$$

이 연립방정식을 풀려면 어느 한 전류의 크기를 같게 하고 부호는 반대로 해야 한다. 이를 위해 위쪽 방정식에 -8을 곱해보자. 그러면 위쪽 방정식에서는 $-8I_R$이 되어 아래쪽 방정식의 $+8I_R$과 부호만 반대가 된다.

$$-104\,I_M - 8\,I_R = -64$$
$$-18\,I_M + 8\,I_R = 3$$

두 방정식을 더해보자. 그러면 두 방정식의 좌변의 합은 우변의 합과 같다. 두 방정식을 더한 좌변에서는 I_R이 상쇄되어 없어지므로 다음 식을 얻는다.

$$-104\,I_M - 8\,I_R - 18\,I_M + 8\,I_R = -64 + 3$$
$$-104\,I_M - 18\,I_M = -61$$
$$-122\,I_M = -61$$

이 식의 양변을 -122로 나누면

$$I_M = -\frac{61}{-122} = +\frac{1}{2}\text{ A} = 0.50\text{ A}$$

이 된다. 일단 세 개의 미지수 전류 중에서 하나의 값을 수치로 구하고 나면 이 값을 앞의 방정식들에 대입하면 된다. 계산을 가장 간단히 할 수 있는 방정식을 찾아서 $I_M = \frac{1}{2}$를 대입하면 다음과 같다.

$$13\,I_M + I_R = 8$$
$$\frac{13}{2} + I_R = 8$$
$$I_R = 8 - \frac{13}{2} = \frac{16}{2} - \frac{13}{2} = \frac{16-13}{2} = \frac{3}{2}\text{ A} = 1.50\text{ A}$$

이제 두 개의 전류를 구했으므로 이 두 값을 접합점 방정식에 대입하면

$$I_L = I_M + I_R = \frac{1}{2} + \frac{3}{2} = 0.5 + 1.5 = 2.0\text{ A}$$

이 된다. 따라서 최종 답은 $I_M = 0.50$ A, $I_R = 1.50$ A, $I_L = 2.0$ A이다.

도움말: 구한 전류 값의 부호가 −가 되면

- − 부호를 그대로 두어라.
- 뒤로 가지 말고 회로도를 변경하지 마라.
- 답을 다시 구하지 말라. 방정식들도 바꾸지 마라.
- 방정식에 전류 값을 대입해야 하는 경우에도 − 부호를 그대로 두어라.
- − 부호는 전류의 실제 방향이 맨 처음 문제를 풀 때 그린 전류 화살표의 방향과 반대임을 나타내는 것이므로 별문제가 되지 않는다.

(B) 3.0 Ω 저항기에서 소모되는 전력을 구하라.

풀이 맨 처음에 주어진 원래 회로에서 3.0 Ω 저항기를 통해 흐르는 전류를 찾아보면 I_L이다. 전력 방정식 $P = I^2R$에 이 전류를 대입한다. 이 방정식을 보면 알 수 있듯이 전력을 구할 때는 전류의 제곱이 들어간다.

$$P_3 = I_L^2 R_3 = (2)^2(3) = (4)(3) = 12\text{ W}$$

(C) A점과 C점 사이의 전위차를 구하라.

풀이 A점과 C점 사이의 전위차를 구하기 위해, A점에서 출발해서 C점으로 가면서 키르히호프 루프 법칙(전압 법칙)을 적용한다(반대 방향으로 C점에서 A점으로 가도 된다. 이렇게 하면 답은 부호만 반대로 나온다). 이때 A점에서 C점까지 가는 과정에서 나온 전위차들의 합을 구한다. 여기서 이 전위차들의 합을 0으로 놓으면 안 된다(루프 전체를 한 바퀴 순환한 것이 아니므로). A점에서 C점으로 가는 데 어떤 경로를 선택하든 상관이 없다(어느 경로를 선택해도 답은 동일하다). 여기서는 회로 중간의 경로를 선택하기로 한다. A점과 C점 사이의 전위차를 구할 때 A점의 전위에서 C점의 전위를 빼도 되고(C점이 기준일 때), C점의 전위에서 A점의 전위를 빼도 된다(A점이 기준일 때). A점에서 출발해서 C점으로 가면서 키르히호프 법칙을 적용하면 최종 위치(C)의 전위 값에서 출발 위치(A)의 전위 값을 뺀 것이 되므로 A점을 기준으로 한 전위차인 $V_C - V_A$이 된다. 이것을 수식으로 나타내면 다음과 같다.

$$V_C - V_A = -6 + 36\,I_M = -6 + 36\left(\frac{1}{2}\right) = -6 + 18 = 12.0\text{ V}$$

위 수식에서 첫째 항은 −6.0 V이다. 이는 A점에서 출발한 “시험” 전하는 + 단자를 먼저 만나기 때문이다. 둘째 항은 $+36I_M$인데 이는 36 Ω 저항기에서 “시험” 전하가 움직이는 방향이 전류 I_M이 흐르는 방향과 반대이기 때문이다. “시험” 전하는 A점에서 C점을 향해 아래로 내려가는 반면에 I_M은 위쪽으로 흐른다. 답을 구해보면 A점에서 C점으로 갈 때 전위차는 $V_C - V_A = 12.0$ V이다.

(D) A점, B점, C점, D점의 전위를 서로 비교하라.

풀이

두 점 이상의 전위를 서로 비교하기 위해서는 어느 한 점의 전위를 0으로 놓고 앞서 (C)에서 수행한 방법대로 키르히호프 루프 법칙을 적용한다. 어느 점의 전위를 0으로 선택하든 상관이 없다. 상대적인 순서는 변하지 않기 때문이다. 여기서는 A점의 전위를 0으로 놓는다.

$$V_A = 0$$

A점에서 B점으로 움직이면서 전위차 $V_B - V_A$를 구해보자(최종위치 − 처음위치). A점과 B점 사이에는 12 V 배터리만 들어있다. A점에서 B점으로 갈 때 배터리의 + 단자를 먼저 만나므로 −12.0 V로 쓰면 된다(필요하면 앞의 7번 단계에 있는 부호 할당 방법을 복습하라). 따라서

$$V_B - V_A = -12$$

이다. 이 식에 V_A 값을 대입하면

$$V_B - 0 = -12$$
$$V_B = -12.0\ \text{V}$$

이 된다. 이번에는 B점에서 C점으로 움직이면서 전위차 $V_C - V_B$를 구해보자. B점과 C점 사이에는 16 Ω 저항기만 들어있다. B점에서 C점으로 갈 때 "시험" 전하가 움직이는 방향이 전류 I_R의 방향과 반대이므로 $+16I_R$로 쓰면 된다. 따라서

$$V_C - V_B = +16\ I_R$$

이 된다. 이 식에 V_B와 I_R 값을 대입하면

$$V_C - (-12) = 16(1.5)$$

이 된다. 위의 계산 과정에서 − 값의 뺄셈은 덧셈이 된다(즉 − 부호가 두 개 연속되면 +부호로 바뀐다).

$$V_C + 12 = 24$$
$$V_C = 24 - 12 = 12.0\ \text{V}$$

(V_C는 12 V이고 V_B는 −12 V로 절댓값은 같지만 부호는 반대다. 부호가 반대인 것은 아주 큰 차이이다) 이제 C점에서 D점으로 움직이면서 전위차 $V_D - V_C$를 구해보자. C점과 D점 사이에는 3.0 Ω 저항기만 들어있다. C점에서 D점으로 갈 때 "시험" 전하가 움직이는 방향이 전류 I_L의 방향과 반대이므로 $+3I_L$로 쓰면 된다. 따라서

$$V_D - V_C = +3\ I_L$$

이다. 이 식에 V_C와 I_L 값을 대입하면

$$V_D - 12 = 3(2)$$
$$V_D - 12 = 6$$
$$V_D = 6 + 12 = 18.0\ \text{V}$$

이 된다. (D점에서 A점으로 가보면 지금까지 구한 값들이 맞는지 점검할 수 있다. 만일 $V_A = 0$이 나오면 값들을 제대로 구한 것으로 볼 수 있으니 직접 해보기 바란다.) 지금까지 구한 결과를 정리해보자.

- A점의 전위는 $V_A = 0$ V
- B점의 전위는 $V_B = -12.0$ V
- C점의 전위는 $V_C = 12.0$ V
- D점의 전위는 $V_D = 18.0$ V

이제 각 점의 전위를 비교해보면 다음과 같다.

$$V_D > V_C > V_A > V_B$$

연습문제

64. 아래 회로를 살펴보고 문제에 답하라.

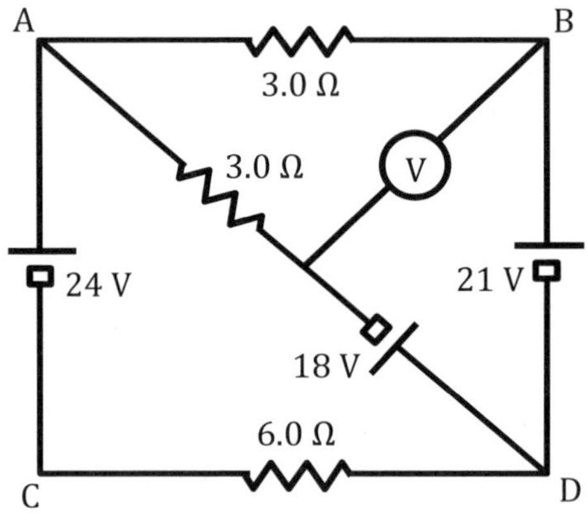

(A) 각 전류를 구하라.

(B) 전압계로 측정되는 수치와 단위를 구하라.

(C) A점, B점, C점, D점의 전위를 서로 비교하라.

답: (A) 3.0 A, 8.0 A, 5.0 A, (B) 39 V, (C) $V_B > V_A > V_D > V_C$

도움이 필요한가요? 책의 맨 뒤에 있는 "힌트"를 참고하세요.

16
추가 저항 방정식

관련 용어

- **도체**(conductor) 전자가 잘 움직일 수 있는(즉 전류가 잘 통하는) 물질. 금속은 일반적으로 양호한 전기 도체이다.
- **전도율**(conductivity) 물질이 전기를 얼마나 잘 통하게 하는 지 나타내는 척도(기준)
- **저항률**(resistivity) 물질이 전류의 흐름에 얼마나 잘 저항하는지 나타내는 척도(기준). 저항률은 전도율의 역수임
- **저항**(resistance) 회로에 있는 부품이 전류의 흐름에 저항하는 정도를 나타내는 척도(기준)
- **내부저항**(internal resistance) 배터리 또는 전원 공급기 내부에 들어있는 저항
- **저항기**(resistor) 저항을 가지고 있는 부품. 줄여서 '저항'이라고 쓰기도 함
- **저항률 온도계수**(temperature coefficient of resistivity) 물질의 저항률이 온도 변화에 따라 얼마나 변하는지 나타내는 척도(기준)
- **전류**(current) 시간에 대한 전하의 변화율. 단위 시간 동안에 어떤 점 또는 단면적을 통과해 흐르는 전하의 양으로 정의함.
- **전류밀도**(current density) 단위 길이당 전류(면 전류밀도), 단위 단면적당 전류(부피 전류밀도)
- **전위차**(potential difference) 시험 전하가 두 위치 사이를 이동하는 데 필요한 단위 전하당 일. 전위차를 다른 말로 전압이라고 함
- **기전력**(emf) 배터리 또는 직류 전원 공급기가 회로에 공급하는 전위차. 단 이 전위차는 배터리나 전원 공급기의 내부저항에 생기는 전위차를 무시할 때의 전위차이다.
- **전력**(electric power) 시간에 대한 전기적 일의 변화율. 단위 시간 동안에 수행하는 전기적 일로 정의함.

- **배터리**(battery)   + 단자와 − 단자 사이에 가지고 있는 전위차를 공급하는 장치. 배터리는 회로에서 사용되는 전기 에너지를 공급하는 원천임.
- **전기장**(electric field)   단위 전하당 힘

회로 기호

회로 기호	이름	이름
	R	저항기
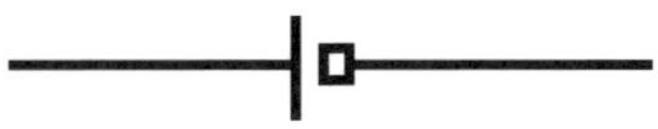	ΔV	배터리 또는 직류전원

저항 방정식

옴 법칙에 따라 저항이 R인 저항기를 통과해 전류 I가 흐르면 그 저항기 양단에는 전위차 ΔV가 다음과 같이 발생한다.

$$\Delta V = IR$$

모든 배터리와 전원 공급기는 저마다 내부저항 r을 가지고 있다. 배터리나 전원 공급기가 회로에 연결되어 있으면 그 배터리나 전원 공급기의 두 단자 사이에서 측정되는 전위차는 배터리나 전원 공급기의 실제 기전력 ε(배터리가 회로에 연결되지 않았을 때 그 배터리의 두 단자 사이의 전위차)보다 작다(그 까닭은 배터리에서 공급되는 전류 I가 내부저항 r을 거쳐 외부 저항기 R로 흐르기 때문이다). 이를 수식으로 쓰면 다음과 같다.

$$\varepsilon = \Delta V + Ir$$

위의 두 식을 결합하면 다음 식을 얻을 수 있다. 이 식에서 보듯이 외부 저항 R은 물론 내부 저항 r도 전류에 영향을 미친다.

$$\varepsilon = I(R + r)$$

전도율은 어떤 물질이 전기를 얼마나 잘 통하게 하는지 나타내는 척도인 반면에 저항률은 어떤 물질이 전류의 흐름에 얼마나 잘 저항하는지 나타내는 척도이다. 저항률 ρ는 전도율 σ의 역수이다. 이를 수식으로 쓰면 다음과 같다.

$$\rho = \frac{1}{\sigma}$$

전류밀도 $\vec{\mathbf{J}}$는 다음 식에서 보듯이 전기장 $\vec{\mathbf{E}}$와 전도율 σ에 비례한다.

$$\vec{\mathbf{J}} = \sigma\vec{\mathbf{E}}$$

원기둥 형태의 길고 곧은 도선인 경우, 이 도선의 저항 R은 도선을 구성하는 물질의 저항률 ρ와 도선의 길이 L에 비례하고 도선의 단면적 A에 반비례한다. 이를 수식으로 쓰면 다음과 같다.

$$R = \frac{\rho L}{A}$$

저항률 ρ와 저항 R은 온도에 따라 달라진다. 또한 저항률의 온도계수 α에 따라서도 달라진다. 다음 방정식에서 $\Delta T = T - T_0$는 온도 변화량이고 ρ_0와 R_0는 각각 기준 온도 T_0에서의 저항률과 저항이다.

$$\rho = \rho_0(1 + \alpha\Delta T)$$
$$R \approx R_0(1 + \alpha\Delta T)$$

전력 P의 방정식은 다음 세 가지 형태로 나타낼 수 있다.

$$P = I\Delta V = I^2 R = \frac{\Delta V^2}{R}$$

또한 직렬 저항과 병렬 저항을 합성하는 공식은 다음과 같다(13장).

$$R_s = R_1 + R_2 + \cdots + R_N$$
$$\frac{1}{R_p} = \frac{1}{R_1} + \frac{1}{R_2} + \cdots + \frac{1}{R_N}$$

전류 I와 전류밀도 J의 관계는 다음 식으로 나타낼 수 있다.

$$I = \int \vec{\mathbf{J}} \cdot d\vec{\mathbf{A}}$$

일반적으로 저항은 다음 적분 수식으로 구할 수 있다.

$$R = \frac{|\Delta V|}{I} = \frac{|\int \vec{\mathbf{E}} \cdot d\vec{\mathbf{s}}|}{\int \vec{\mathbf{J}} \cdot d\vec{\mathbf{A}}}$$

벡터 $\vec{\mathbf{E}}$, $\vec{\mathbf{J}}$, $d\vec{\mathbf{s}}$, $d\vec{\mathbf{A}}$가 서로 평행인 일반적인 경우에는 위의 적분 수식은 다음 수식으로 간단해진다.

$$R = \frac{\int E\, ds}{\int J\, dA}$$

기호와 SI 단위

기호	이름	SI 단위
R	저항	Ω
R_0	기준 온도에서의 저항	Ω
r	배터리 또는 전원공급기의 내부저항	Ω
ρ	저항률	$\Omega \cdot \mathrm{m}$
ρ_0	기준 온도에서의 저항률	$\Omega \cdot \mathrm{m}$
σ	전도율	$\frac{1}{\Omega \cdot \mathrm{m}}$
L	도선의 길이	m
A	단면적	m^2
α	저항률 온도계수	$\frac{1}{\mathrm{K}}$ 또는 $\frac{1}{^\circ\mathrm{C}}$
T	온도	K
T_0	기준 온도	K
I	전류	A
J	전류밀도	$\mathrm{A/m}^2$
ΔV	회로에서 두 점 사이의 전위차	V
ε	기전력	V
P	전력	W

주의: ρ, σ, α는 그리스 문자로 로(rho), 시그마(sigma), 알파(alpha)이고 ε은 엡실론(epsilon)이다.

단위 관련 주의사항

- 저항률 ρ의 SI 단위는 방정식 $R = \frac{\rho L}{A}$을 에 대해 정리하면 알 수 있다. $\rho = \frac{RA}{L}$이므로 R에 Ω을, A에 m^2을, L에 m를 각각 대입하면 ρ의 SI 단위는 $\Omega \cdot \mathrm{m}$가 된다(이것은 Ω 곱하기 m이다. Ω 나누기 m인 Ω/m와 혼동하지 않도록 주의하라.). 계산 과정에서 $\frac{\mathrm{m}^2}{\mathrm{m}} = \mathrm{m}$이다. 전도율 σ는 저항률 ρ의 역수이므로 $\sigma = \frac{1}{\rho}$이다. 따라서 전도율 σ의 단위는 $\frac{1}{\Omega \cdot \mathrm{m}}$이다.

- 온도의 SI 단위는 K(Kelvin, 켈빈)이다. 따라서 저항률의 온도계수 α의 SI 단위는 $\frac{1}{\text{K}}$이다. α의 값은 단위가 $\frac{1}{\text{K}}$이든지 $\frac{1}{°\text{C}}$이든지 상관없이 동일하다.[21] 이는 온도 변화 $\Delta T = T - T_0$ 값은 단위가 K이든지 °C이든지 상관없이 동일한 값이 되기 때문이다($T_K = T_C + 273.15$).
- 전류밀도 J의 SI 단위는 A/m^2이다. 이는 전류 I의 SI 단위는 A이고 전류밀도는 단위 면적당 전류를 나타내기 때문이다.

중요한 차이점

비슷한 양들 사이의 차이를 잘 구별하여 혼동하는 일이 없도록 주의를 기울여야 한다.

- 저항 R은 옴(Ω) 단위로 측정된다. 어떤 물질의 저항 R은 그 물질의 종류, 도선의 길이, 도선의 굵기에 따라 달라진다. 반면에 저항률 ρ는 $\Omega \cdot \text{m}$ 단위로 측정된다. 어떤 물질의 저항률은 바로 그 물질 자체의 특성이다. 문제에서 주어지는 어떤 값의 단위를 살펴보면 그 값이 저항인지 저항률인지 구별하는 데 도움이 된다.
- 기전력 ε과 전위차 ΔV는 둘 다 볼트(V) 단위로 측정된다. 배터리(또는 전원 공급기)의 두 단자 사이의 **기전력** ε는 내부저항을 가지고 있지 **않은** 배터리(또는 전원 공급기)가 외부 회로에 연결될 때 배터리의 두 단자 사이의 전압으로, 외부 회로는 이 전압을 공급받는다. 또는 내부 저항을 가지고 있는 배터리(또는 전원 공급기)에 외부 회로가 연결되어 있지 않을 때, 배터리의 두 단자 사이의 전압도 기전력 ε라고 말한다. 반면에, 배터리(또는 전원 공급기)의 두 단자 사이의 **전위차** ΔV는 내부저항을 가지고 있는 배터리(또는 전원 공급기)가 외부 회로에 연결될 때 그 두 단자 사이의 전압으로 배터리의 emf보다는 값이 작다. 이때 외부 회로는 배터리의 emf가 아닌 두 단자 사이의 전위차 ΔV를 공급받는다. **회로에 연결된** 배터리나 전원 공급기의 두 단자 사이에 전압계를 연결할 때 측정되는 것이 전위차 ΔV이다. (**회로에 연결되지 않는** 배터리나 전원 공급기의 두 단자 사이에 전압계를 연결할 때 측정되는 것이 기전력 ε이다.
- 기전력을 나타내는 emf(electromotive force)라는 용어에는 '힘(force)'을 뜻하는 '력(力)'이라는 단어가 들어가지만 실제로는 힘이 아니다. 따라서 기전력 emf의 단위는 힘의 단위인 N(뉴턴)이 아니라 V(볼트)이다. 배터리는 전기장 $\vec{\mathbf{E}}$을 발생시키며 이 전기장은 $\vec{\mathbf{F}} = q\vec{\mathbf{E}}$에 따라 전하 q에 힘 $\vec{\mathbf{F}}$를 가하므로 전하는 가속된다. 기전력 emf는 "전자기장(electromagnetic field)"이 아니다. 기전력 emf와 단위가 동일한 전위차는 전기장과 $\Delta V = -\int \vec{\mathbf{E}} \cdot d\vec{\mathbf{s}}$ 식으로 주어지는 관계를 가진다.

---

21 이 책에서는 섭씨(°C)와 화씨(°F)에만 도(°) 단위를 사용하고 캘빈(K)에는 사용하지 않는다. K는 절대온도를 나타내는 SI 단위이기 때문에 이를 다른 것과 구별하기 위한 것이다.

- 온도에 의존하는 상황을 다루는 문제에서는 ρ_0와 R_0는 기준 온도 T_0와 관련이 있다. 반면에 ρ와 R은 기준 온도가 아닌 다른 온도와 관련이 있다.
- 전류 I의 SI 단위는 암페어(A)이며 전류밀도 J의 단위는 A/m^2이다.

저항 회로를 해석하는 방법

저항기로 이루어진 문제를 풀 때는 문제의 유형에 따라 다음과 같은 방법을 사용한다.

1. 값을 알고 있는 기호(양)들을 나열한다(244쪽의 기호 표 참조). 단위를 살펴보면 어떤 양을 나타내는 기호인지 알아내는 데 도움이 된다. 책에 있는 문제를 풀기 위해서는 전도율 σ값, 저항률 ρ값, 저항률 온도계수 α값을 찾아볼 필요가 있을 것이다. σ나 ρ 중에서 어느 하나만 알아내면 나머지 값은 저절로 알 수 있다.
2. 문제에서 도선의 게이지가 주어지는 경우(예를 들어, 22게이지 니크롬 도선), 책에서 게이지 값을 찾아보면 된다. 게이지는 도선의 굵기를 나타내는 방법 중의 하나이다.
3. 문제에서 저항기의 색띠가 주어지면(실험실에서 실험을 할 때 사용하는 저항기에는 색띠가 그려져 있다) 저항기 색띠 차트를 찾아서 저항값을 구할 수 있다.
4. 기호들 중에서 이미 값을 알고 있는 기호와 앞으로 값을 구해야 할 기호가 무엇인가에 따라 적합한 방정식을 선택한다.

   - 일반적인 도선에서 저항 R과 저항률 ρ의 관계는 다음 식으로 주어진다.

     $$R = \frac{\rho L}{A}$$

     도선의 단면이 원모양인 도선의 경우에는 면적은 $A = \pi a^2$이다. 여기서 a는 도선의 반지름이다(면적을 나타내는 대문자 A와 혼동하지 않도록 한다). 문제에서 도선의 두께 T가 주어질 때 T는 도선의 지름 D와 같다. 따라서 $a = \frac{D}{2} = \frac{T}{2}$이다. 문제에서 ρ 대신에 σ가 주어지는 경우 $\rho = \frac{1}{\sigma}$ 식을 사용한다.
   - 문제에서 온도와 저항(저항률)을 다루는 경우, 아래에 있는 방정식을 사용하라. 여기서 $\Delta T = T - T_0$이다.

     $$\rho = \rho_0(1 + \alpha\Delta T)$$
     $$R \approx R_0(1 + \alpha\Delta T)$$

   - 배터리나 전원 공급기의 emf ε와 내부저항 r은 단자 사이에서 측정한 전위차 ΔV와 전류 I와 다음 식으로 주어지는 관계를 갖고 있다. emf 문제에는 옴의 법칙인 $\Delta V = IR$이 사용된다. 여기서 R은 배터리 외부에 연결된 저항(또는 부하 저항)이다.

     $$\varepsilon = \Delta V + Ir \quad , \quad \varepsilon = I(R + r) \quad , \quad \Delta V = IR$$

- 다음 식으로 주어지는 옴 법칙은 저항을 다루는 문제에 적용된다.

$$\Delta V = IR$$

- 전력을 나타내는 수식은 다음 세 가지 형태로 쓸 수 있다.

$$P = I\Delta V = I^2 R = \frac{\Delta V^2}{R}$$

- 전류밀도 $\vec{\mathbf{J}}$는 전기장 $\vec{\mathbf{E}}$와 전류 I와 다음 식으로 주어지는 관계를 가진다. 전류밀도가 균일한(일정한) 경우에는 $J = \frac{I}{A}$가 된다.

$$\vec{\mathbf{J}} = \sigma\vec{\mathbf{E}} \quad , \quad I = \int \vec{\mathbf{J}} \cdot d\vec{\mathbf{A}}$$

5. 미지수를 구하는 데 필요한 연산을 수행한다.
6. 저항기들이 직렬 또는 병렬로 연결되어 있으면 13장에서 살펴본 방법을 사용한다.

저항 방정식을 유도하는 방법

저항 방정식을 유도하기 위해 미적분을 사용하는 방법은 다음과 같다.

1. 먼저 저항기(도체) 내부의 전기장을 나타내는 방정식을 유도한다. 이때 배터리나 전원 공급기가 저항기 양단에 어떤 구조와 방식으로 연결되어 있는지 잘 살펴보아야 한다. 예를 들어, 배터리가 긴 원통 모양의 저항기(도체) 양단에 연결되어 있는 경우, 전기장선은 원통의 길이(축) 방향을 따라간다. 하지만 배터리가 동축 구조로 된 원통 모양의 내부 도체와 외부 도체에 연결되어 있는 경우에 전기장선은 원통의 중심축으로부터 바깥쪽을 향해 사방으로 곧게 뻗어나간다.
   - 도체의 구조가 무한히 넓은 면, 구(공), 원통의 경우에는 가우스 법칙을 적용한다(8장).
   - 그 밖의 구조에는 전기장 적분을 수행한다(7장).
2. 저항기(도체) 양단의 전위차를 구하는 다음의 정적분에 위의 1번 단계에서 유도한 방정식을 대입한다.

$$\Delta V = V_f - V_i = -\int_i^f \vec{\mathbf{E}} \cdot d\vec{\mathbf{s}}$$

미소 변위 벡터 $d\vec{\mathbf{s}}$는 초기 위치 i에서 최종 위치 f로 가는 경로를 따라가는 벡터다. 초기 위치에서 최종 위치로 가는 적분 경로로 전기장선을 따라가는 경로를 선택한다. $d\vec{\mathbf{s}}$의 크기 ds는 다음과 같다.

- 경로가 x축, y축, 또는 z축과 나란하면(평행이면) $ds = dx$, dy 또는 dz이다.
- 경로가 원점에서 바깥쪽을 향해 반지름 방향으로 뻗어나가면 $ds = dr$이다.(구일 때 유용)
- 경로가 z축에서 바깥쪽을 향해 반지름 방향으로 뻗어나가면 $ds = dr_c$이다.(원통일 때 유용)
- 경로가 반지름이 r인 원의 둘레를 따라가면 $ds = rd\theta$이다.

$\vec{\mathbf{E}} \cdot d\vec{\mathbf{s}} = E\cos\psi ds$인 것을 잘 기억하고 있어야 한다. 여기서 ψ는 $\vec{\mathbf{E}}$와 $d\vec{\mathbf{s}}$ 사이의 각도이다.

3. 저항을 통과해 흐르는 전류를 구하는 다음의 정적분에 위의 1번 단계에서 유도한 방정식을 대입한다. 여기서 전류밀도는 $\vec{\mathbf{J}} = \sigma\vec{\mathbf{E}}$이다.

$$I = \int_S \vec{\mathbf{J}} \cdot d\vec{\mathbf{A}}$$

미소 면적 벡터 $d\vec{\mathbf{A}}$는 단면적 S 전체에 걸쳐 퍼져 있다. 각각의 $d\vec{\mathbf{A}}$의 방향은 자신이 차지하고 있는 표면(단면적)에 수직인 방향이다. $d\vec{\mathbf{A}}$의 크기 dA는 다음과 같다.

- 단면적이 평평한 표면이고 모서리가 직선이면 $dA = dx\,dy$이다.
- 단면적이 파이 조각 또는 원 모양의 표면인 경우(2차원 극좌표 또는 원통좌표) $dA = rdrd\theta$ 또는 $dA = r_c dr_c d\theta$이다.
- 단면적이 반지름이 a인 구의 표면인 경우 $dA = a^2\sin\theta\, d\theta\, d\phi$이다.

$\vec{\mathbf{E}} \cdot d\vec{\mathbf{A}} = E\cos\gamma\, dA$인 것을 잘 기억하고 있어야 한다. 여기서 γ는 $\vec{\mathbf{E}}$와 $d\vec{\mathbf{A}}$ 사이의 각도이다.

4. 위의 2번 단계와 3번 단계에서 구한 결과를 다음 방정식에 대입하고 간단히 한다.

$$R = \frac{|\Delta V|}{I}$$

예제 길고 곧은 원통 구조의 도선이 있다. 도선의 길이는 8.0 m이고 도선의 두께(지름)는 0.40 mm이다. 도선의 저항률은 $\pi \times 10^{-8}\ \Omega \cdot \text{m}$이다. 이 도선의 저항을 구하라.

풀이 값을 알고 있는 양과 값을 구해야 하는 양을 나타내는 기호를 써보자.

- 도선의 길이는 $L = 8.0$ m, 도선의 두께(지름) $T = 0.40$ mm
- 도선의 저항률 $\rho = \pi \times 10^{-8}\ \Omega \cdot \text{m}$
- 값을 구해야 하는 양: 저항 R

저항률로부터 저항을 구하려면 면적을 알아야 한다. 면적을 구하기 전에 두께를 SI 단위로 변환해보자.

$$T = 0.40\ \text{mm} = 0.00040\ \text{m} = 4 \times 10^{-4}\ \text{m}$$

원의 반지름은 지름의 절반이고 반지름은 두께와 같으므로

$$a = \frac{D}{2} = \frac{T}{2} = \frac{4 \times 10^{-4}}{2} = 2 \times 10^{-4}\ \text{m}$$

이 된다. 도선의 단면적은 원의 면적과 같으므로 다음과 같이 계산할 수 있다.

$$A = \pi a^2 = \pi(2 \times 10^{-4})^2 = \pi(4 \times 10^{-8})\ \text{m}^2 = 4\pi \times 10^{-8}\ \text{m}^2$$

이제 위에서 구한 양들을 다음과 같이 저항 방정식에 대입하여 저항을 구한다.

$$R = \frac{\rho L}{A} = \frac{(\pi \times 10^{-8})(8)}{(4\pi \times 10^{-8})} = 2.0\ \Omega$$

따라서 저항은 $R = 2.0\ \Omega$이다.(위에서 π와 10^{-8}은 약분되어 사라진다.)

예제 저항률의 온도계수가 5.0×10^{-3}/°C인 물질로 만든 저항기가 있다. 이 저항기의 저항은 20°C에서 40 Ω이다. 80°C에서 이 저항기의 저항을 구하라.

풀이 값을 알고 있는 양과 값을 구해야 하는 양을 나타내는 기호를 써보자.

- 기준온도 $T_0 = 20°\text{C}$, 문제에서 지정한 온도 $T = 80°\text{C}$
- 기준저항 $R_0 = 40\ \Omega$
- 저항률의 온도계수 $\alpha = 5.0 \times 10^{-3}\ /°\text{C}$
- 값을 구해야 하는 양: 문제에서 지정한 온도 $T = 80°\text{C}$에서 저항기의 저항 R

다음과 같이 온도에 의존하는 저항 방정식에 이 값들을 대입하면

$$R \approx R_0(1 + \alpha\Delta T) = R_0[1 + \alpha(T - T_0)] = (40)[1 + (5 \times 10^{-3})(80 - 20)]$$
$$R \approx (40)[1 + (5.0 \times 10^{-3})(60)] = (40)[1 + 300 \times 10^{-3}]$$
$$R \approx (40)(1 + 0.3) = (40)(1.3) = 52\ \Omega$$

이 된다. 따라서 $T = 80°\text{C}$에서 저항기의 저항은 $R \approx 52\ \Omega$이다.[22]

---

22 저항률을 구하는 방정식에는 등호(=)가 들어있는 반면에 저항을 구하는 방정식에는 근사등호(≈)가 들어가 있다. 근사등호를 사용하는 까닭은 열로 인해 물질이 팽창하여 길이와 두께가 달라지는 결과를 무시하기 때문이다. 온도가 도선의 길이와 두께에 미치는 영향보다 온도가 저항의 변화에 미치는 영향이 더욱 큰 것이 일반적이다. 따라서 이 근사 방정식으로 계산한 저항은 매우 정확하다.

예제 어떤 배터리가 가진 기전력은 12 V이고 내부저항은 2.0 Ω이다. 이 배터리는 4.0 Ω 저항기의 양단에 연결되어 있다.

(A) 4.0 Ω 저항기를 통과해 흐르는 전류를 전류계로 측정한 값은 얼마인가?

풀이 값을 알고 있는 양과 값을 구해야 하는 양을 나타내는 기호를 써보자.

- 배터리의 기전력 $\varepsilon = 12$ V, 배터리의 내부저항 $r = 2.0$ Ω
- 부하저항(또는 외부 저항) $R = 4.0$ Ω
- 값을 구해야 할 것: 전류 I

위에 적은 기호들을 포함하고 있는 다음의 emf 방정식을 선택한다.

$$\varepsilon = I(R + r)$$

위 식의 양변을 $(R + r)$로 나누어 I에 대해 정리한 다음, 위의 값들을 대입하면

$$I = \frac{\varepsilon}{R + r} = \frac{12}{4 + 2} = \frac{12}{6} = 2.0 \text{ A}$$

이 된다. 따라서 전류계로 측정되는 값은 $I = 2.0$ A이다.(만약 배터리가 내부저항 r을 가지고 있지 않다면($r = 0$), 전류계로 측정되는 값은 $\frac{12}{4} = 3$ A이다. 이 예제에서 보듯이 내부저항은 매우 중요하다. 대부분의 양호한 배터리는 내부저항이 2.0 Ω보다 훨씬 작다. 따라서 부하저항이 내부저항에 대해 상대적으로 작지 않은 경우라면($R \gg r$) 내부저항은 회로에 공급되는 전류 I에 별 영향을 주지 않는다.)

(B) 4.0 Ω 저항 양단을 전위차를 전압계로 측정한 값은 얼마인가?

풀이 옴 법칙을 적용하여 ΔV를 구해보자.

$$\Delta V = IR = (2)(4) = 8.0 \text{ V}$$

따라서 전압계로 측정되는 값은 $\Delta V = 8.0$ V이다. (이 값은 배터리의 기전력 12 V와는 큰 차이가 난다. 이렇게 된 것은 배터리의 내부저항 값(2.0 Ω)이 부하저항 값(4.0 Ω)에 비해 상대적으로 무시할 수 없을 만큼의 크기이기 때문이다.)

예제 길이가 L인 원통이 있다. 원통의 단면은 반지름이 a인 원이며 균일한 저항률을 가진다. 이 원통의 양쪽 끝 면에는 배터리가 연결되어 있어서 원통의 길이(축) 방향을 따라 균일한 전기장이 발생하고 있다. 이 원통의 저항을 나타내는 방정식을 유도하라.

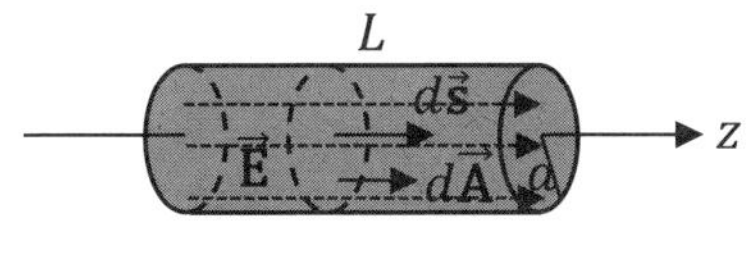

풀이 247쪽의 저항 방정식을 유도하는 방법에서 2번 단계와 3번 단계를 적용하여 아래 방정식의 분자와 분모를 차례로 구한 다음, 그 비를 구하면 된다.

$$R = \frac{|\Delta V|}{I} = \frac{\left|\int \vec{\mathbf{E}} \cdot d\vec{\mathbf{s}}\right|}{\int \vec{\mathbf{J}} \cdot d\vec{\mathbf{A}}}$$

이 예제가 다루는 구조에서는 원통의 길이방향을 따라 발생하는 전기장 $\vec{\mathbf{E}}$가 균일하므로 분자와 분모에 있는 적분 수식은 쉽게 풀 수 있다. $\vec{\mathbf{E}}$가 균일하므로(상수이므로) $\vec{\mathbf{E}}$는 적분 기호 바깥으로 꺼낼 수 있다. (이번 예제에서는 다음 예제와 저항 방정식을 유도하는 대부분의 문제들과는 달리 적분을 하거나 가우스 법칙을 사용해서 $\vec{\mathbf{E}}$를 구할 필요가 없다. 그 까닭은 이 예제에서 $\vec{\mathbf{E}}$는 상수이기 때문이다.) 이 예제에서는 전기장이 $+z$축을 따라 발생하므로 $\vec{\mathbf{E}} = E\hat{\mathbf{z}}$로 간단히 쓸 수 있다. $\vec{\mathbf{J}} = \sigma\vec{\mathbf{E}}$이므로 전류밀도 $\vec{\mathbf{J}}$도 $+z$축을 따라 흐른다. $d\vec{\mathbf{s}}$와 $d\vec{\mathbf{A}}$도 모두 $+z$축 방향이므로 $\vec{\mathbf{E}} \cdot d\vec{\mathbf{s}} = E\cos 0°\, ds = Eds$이고 $\vec{\mathbf{J}} \cdot d\vec{\mathbf{A}} = J\cos 0°\, dA = JdA$이다. (대부분의 문제에서는 E를 적분기호 바깥으로 꺼낼 수 없다. 그러나 이 예제에서는 전기장이 균일하므로 E를 적분기호 바깥으로 꺼낸다.)

$$R = \frac{\int E\, ds}{\int J\, dA} = \frac{\int E\, ds}{\int \sigma E\, dA} = \frac{E\int ds}{\sigma E \int dA} = \frac{EL}{\sigma EA} = \frac{L}{\sigma A} = \frac{\rho L}{A}$$

ds에 대한 적분을 수행하면 전위차가 나온다. 배터리의 두 단자가 원통의 양쪽 끝에 각각 연결되어 있으므로 ds에 대한 적분은 원통의 길이 L을 따라가는 경로에 대해 수행된다. 위의 계산 과정에서 맨 마지막 단계에서는 $\sigma = \frac{1}{\rho}$의 관계를 사용하였다. 물론 $\rho = \frac{1}{\sigma}$로도 쓸 수 있다(전도율과 저항률은 역수 관계이므로 어느 하나는 다른 하나의 역수이다).

예제 길이가 매우 길며 두께가 매우 얇은 두 개의 원통 껍질이 있다. 도체로 만들어진 이 두 개의 원통 껍질은 각각의 축이 서로 일치하는 동축 원통 껍질이다. 안쪽에 위치한 원통 껍질은 반지름이 a이고 바깥쪽에 위치한 원통 껍질은 반지름이 b이다. 두 원통 껍질 사이의 영역은 반도체(예를 들어 실리콘)로 채워져 있다. 배터리의 한 단자는 내부 원통 도체에 연결되고 나머지 단자는 외부 원통 도체에 연결되어 있다. 따라서 원통의 축에서 바깥쪽을 향해 사방으로 뻗어 나가는 방향을 따라 전기장이 발생하고 있다. 이 동축 원통의 저항을 나타내는 방정식을 유도하라.

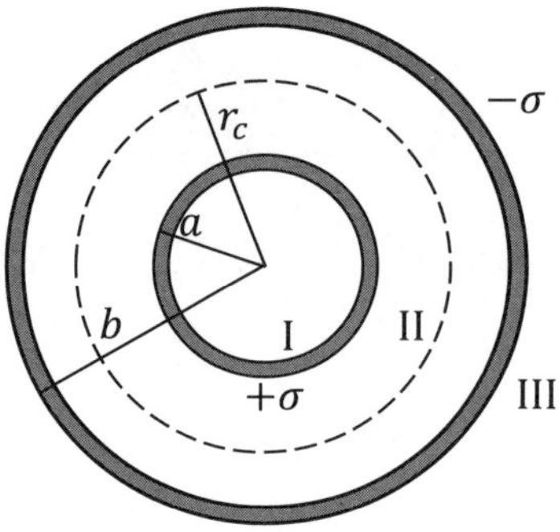

풀이 위의 그림은 동축 원통의 단면을 보여주고 있다. 먼저, II 영역($a < r_c < b$)에서 가우스 법칙을 적용해본다. 8장에서, 바깥쪽 원통 껍질은 II 영역의 전기장에 아무런 영향을 주지 않음을 배웠다(II 영역에 위치한 가우스 원통 면은 바깥 원통 껍질에 있는 전하를 감싸고 있지 않기 때문이다). 따라서 II 영역의 전기장을 구할 때는 안쪽 원통 껍질의 전하만 고려하면 된다. 따라서 이번 예제에서도 다음과 같이 8장의 긴 도체 원통을 다룬 예제와 동일한 결과를 얻는다.(146쪽)

$$\vec{\mathbf{E}} = \frac{\sigma_{cd} a}{\epsilon_0 r_c}\hat{\mathbf{r}}_c$$

σ_{cd} 기호에서 아래첨자 cd는 "charge density(전하밀도)"를 나타낸다. 전도율을 나타내는 데 σ 기호가 이미 사용되고 있으므로 혼동하지 않도록 주의해야 한다. 그렇기 때문에 전도율 σ와 구별할 수 있도록 표면전하밀도를 나타낼 때 아래첨자를 써서 σ_{cd}라고 한 것이다.

$\vec{\mathbf{E}}$, $\vec{\mathbf{J}}$, $d\vec{\mathbf{s}}$, $d\vec{\mathbf{A}}$는 모두 $\hat{\mathbf{r}}_c$ 방향을 따라 뻗어나가는 벡터이다. (일반적으로, 저항 방정식을 유도하는 문제에서 이 네 개의 벡터들은 모두 평행이다.) ΔV를 얻기 위해 $\vec{\mathbf{E}}\cdot d\vec{\mathbf{s}}$를 적분할 때는 미소 경로 dr_c를 따라 $r_c = a$에서 $r_c = b$까지 바깥쪽으로 가며 적분한다. 반지름이 r_c인 원통 면을 통과하는 전류 I를 얻기 위해서는 이 원통 면에 대해 $\vec{\mathbf{J}}\cdot d\vec{\mathbf{A}}$를 적분해야 한다. 반지름이 r_c인 원통 면을 이루고 있는 미소 면적은 $dA = r_c d\theta dz$이다(이 원통 면을 만들기 위해서는 r_c는 고정한 상태에서 θ와 z를 변화시키면 된다). 저항 방정식을 유도하는 방법의 2번 단계와 3번 단계를 적용하여 아래 방정식의 분자와 분모를 차례로 구한 다음, 그 비를 구하면 된다.

$$R = \frac{|\Delta V|}{I} = \frac{\left|\int \vec{\mathbf{E}}\cdot d\vec{\mathbf{s}}\right|}{\int \vec{\mathbf{J}}\cdot d\vec{\mathbf{A}}} = \frac{\int E\,ds}{\int J\,dA} = \frac{\int E\,ds}{\int \sigma E\,dA} = \frac{\int E\,ds}{\sigma \int E\,dA}$$

$$R = \frac{\int_{r_c=a}^{r_c=b} \frac{\sigma_{cd} a}{\epsilon_0 r_c} dr_c}{\sigma \int_{z=0}^{L}\int_{\theta=0}^{2\pi} \frac{\sigma_{cd} a}{\epsilon_0 r_c} r_c\, d\theta dz} = \frac{\frac{\sigma_{cd} a}{\epsilon_0}\int_{r_c=a}^{r_c=b} \frac{dr_c}{r_c}}{\sigma \frac{\sigma_{cd} a}{\epsilon_0}\int_{z=0}^{L}\int_{\theta=0}^{2\pi} d\theta\, dz}$$

분모에서 $dA = r_c d\theta dz$에 있는 r_c는 분자의 $\frac{\sigma_{cd}a}{\epsilon_0 r_c}$에 있는 r_c와 약분되어 사라진다. 또한 분자와 분모에 각각 들어 있는 상수 $\frac{6_{cd}a}{\epsilon_0}$는 서로 약분되어 사라지므로 다음과 같이 간단해진다. 적분 $\int \frac{dx}{x}$는 자연로그이므로(17장 참조).

$$R = \frac{\int_{r_c=a}^{r_c=b} \frac{dr_c}{r_c}}{\sigma \int_{z=0}^{L} \int_{\theta=0}^{2\pi} d\theta\, dz} = \frac{[\ln(r_c)]_{r_c=a}^{b}}{2\pi\sigma L}$$

$$R = \frac{\ln(b) - \ln(a)}{2\pi\sigma L}$$

이다. 전도율은 $\sigma = \frac{1}{\rho}$을 사용하여 저항률로 나타낼 수 있다. 이 식을 위의 식에 대입하면 다음과 같다. 여기서 $\frac{1}{1/\rho} = \rho$이다.

$$R = \frac{\rho}{2\pi L}[\ln(b) - \ln(a)]$$

로그 규칙 $\ln\left(\frac{b}{a}\right) = \ln(b) - \ln(a)$를 적용하면 다음과 같다(17장 참조).

$$R = \frac{\rho}{2\pi L}\ln\left(\frac{b}{a}\right)$$

연습문제

65. 길이가 긴 원통 구조의 직선 도선이 있다. 원통의 길이는 π m이고 두께(지름)는 0.80 mm이다. 이 도선의 저항이 5.0 Ω일 때 도선의 저항률을 구하라.
 답: 8.0×10^{-7} Ω·m

66. 저항률의 온도계수가 2.0×10^{-3}/°C인 물질로 만들어진 저항기가 있다. 이 저항기의 저항은 20°C에서 30 Ω이다. 저항기의 저항이 33 Ω이 되는 온도를 구하라.
 답: 70°C

67. emf가 36 V인 배터리가 있다. 이 배터리를 8.0 Ω 저항기 양단에 연결한 다음, 저항기 양단의 전위차를 전압계로 측정한 결과 32 V가 나왔다.
 (A) 배터리의 내부 저항을 구하라.
 (B) 8.0 Ω 저항기에서 소모되는 전력을 구하라.
 답: (A) 1.0 Ω, (B) 128 W

68. 두 개의 얇은 구 껍질로 만들어진 구 저항기가 있다. 안쪽에 위치한 구 껍질은 반지름이 a이고 바깥쪽에 위치한 구 껍질은 반지름이 b이다. 두 구 껍질 사이의 영역에는

반도체로 채워져 있다. 이 구 저항기의 저항을 나타내는 방정식을 유도하라.

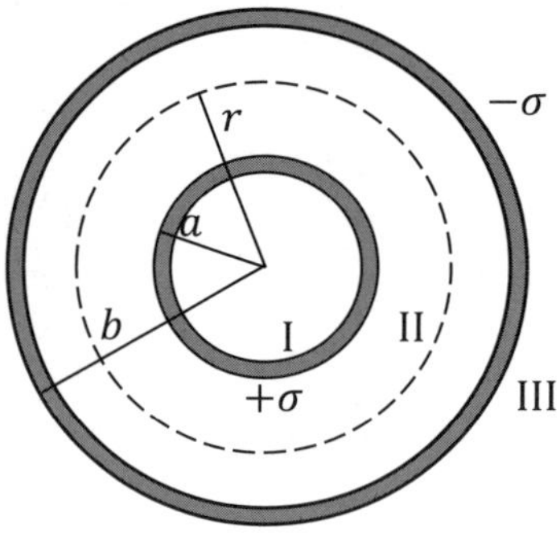

답: $R = \frac{\rho(b-a)}{4\pi ab}$

도움이 필요한가요? 책의 맨 뒤에 있는 "힌트"를 참고하세요.

17
로그와 지수

관련 용어

수식 x^n에서 n을 x의 **거듭제곱**(power) 또는 x의 **지수**(exponent)라고 하고 x를 **밑**(base)이라고 한다.

기본 개념

$y = b^x$ 형태의 수식을 살펴보자. 이 식을 y에 대해 푸는 것은 쉽다. 예를 들어 $x = 4$이면 $y = 4^3$이고 이것은 4를 3번 곱한다는 의미이므로 $y = 4^3 = (4)(4)(4) = 64$다. 또 다른 예로 $y = 9^{1.5}$을 계산기에 $9^{1.5}$로 입력하여 계산하면 답은 27이 나온다.

이번에는 $y = b^x$ 형태의 수식을 x에 대해 푸는 경우를 생각해보자. 하나하나 따져가면서 풀 수 있는 경우도 있다. 예를 들어 수식이 $81 = 3^x$로 주어진 경우에 x를 구해보자. x에 1부터 차례로 값을 대입해보면 $3^1 = 3$, $3^2 = 9$, $3^3 = 27$, $3^4 = 81$이므로 $x = 4$라고 답을 알아낼 수 있다. 답을 구하기 위해 여러분은 자신에게 "3을 몇 제곱해야 81이 될까?"라고 물어보면서 풀어볼 것이다. 그러나 문제가 $40 = 10^x$이면 답을 어떻게 구할까? 10을 몇 제곱해야 40이 되는지 머릿속으로 계산해서 알아내는 것은 쉽지 않다. 계산기를 이용하는 방법도 있는데, 그렇다면 x를 알아내기 위해 계산기에는 어떻게 입력을 해야 할까?

답은 바로 '로그(log)'이다. 로그는 $y = b^x$와 같은 형태의 방정식에서 지수를 구하는 데 도움을 주는 함수이다.

두 수식 $\log_b y = x$와 $y = b^x$는 완전히 똑같은 수식이다. 단 $\log_b y = x$는 지수인 x 값을 알려주는 수식이다. 다음 몇 가지 예제를 살펴보자.

- $\log_{10}1000 = x$은 $1000 = 10^x$와 같은 수식이다. 이 식이 뜻하는 것은 "10의 몇 제곱이 1000과 같은가"이다. $10^3 = (10)(10)(10) = 1000$이므로 이 방정식의 답은 $x = 3$이다.
- $40 = 10^x$의 답을 구해보자. 이 식과 똑같은 수식은 $\log_{10}40 = x$이다. 이 식이 뜻하는 것은 "10의 몇 제곱이 40이 되는가"이다. 암산으로는 답을 알아낼 수 없다. 계산기에는 "log" 함수와 "ln" 함수를 불러내는 버튼이 있는데 "log" 버튼은 밑이 10인 로그 함수를 가리키는 것이 일반적이다. 이 경우, 계산기에 "log" 버튼을 누르고 40을 입력하면 log(40)을 입력한 것인데 이것은 $\log_{10}40$과 같은 의미이다. 실제 계산기에 입력해서 계산해보면 답은 1.602(실제로 답은 소수점 아래로 계속되는 무한소수다)가 나온다. 이 값이 맞는지 확인해보려면 $10^{1.602}$를 계산기에 입력하면 된다. 그러면 계산기의 답은 39.99…로 40에 가까운 값이 나온다(약간의 차이가 나는 것은 1.602가 무한소수를 반올림한 값이기 때문이다).
- $\log_2 32$가 뜻하는 것은 "2의 몇 제곱이 32가 되는가"이다. $\log_2 32 = x$와 똑같은 수식은 $2^x = 32$이다. $2^5 = 2\times2\times2\times2\times2 = 32$이므로 $\log_2 32 = 5$이다. 이 문제를 계산기로 푸는 것은 쉽지 않다.[23] 그 까닭은 대부분의 계산기에는 밑이 2인 로그 함수를 나타내는 내장 함수가 없기 때문이다(log 버튼은 밑이 10인 $\log_{10}$ 함수를 나타내며, ln 버튼은 밑이 e인 $\log_e$ 함수를 나타낸다). 그렇지만 $2^5 = 32$는 쉽게 검사할 수 있다.

오일러 수(Euler's number) e는 물리학에서 종종 볼 수 있는 수다. 오일러 수 e는 실제 다음과 같은 숫자이다.

$$e = 2.718281828\ldots$$

…는 숫자가 되풀이되는 부분이 없이 무한히 이어짐을 나타낸다(숫자 π가 되풀이되는 부분 없이 무한히 이어지는 것과 마찬가지 방식이다). 따라서 오일러 수 e는 무한히 이어지는 무리수다.

지수함수 e^x는 2.718^x와 같은 수식이다. (여기서 e는 근사적으로 2.718로 쓴다. 이렇게 하는 것은 π를 근사적으로 3.14로 쓰는 것과 마찬가지이다.)

밑이 e인 로그를 자연로그라고 한다. 자연로그는 ln으로 표시한다. 예를 들어 x의 자연로그인 $\log_e x$는 $\ln x$로 쓴다.

23 다음과 같이 밑을 바꾸는 공식을 이용하면 계산기로 계산할 수 있다. $\log_2 32 = \log_{10}32/\log_{10}2$. 실제로 계산해보면 답은 5로 나온다.

로그 방정식과 지수 방정식

다음은 몇 가지 편리한 로그 항등식과 지수 항등식이다.

$$\ln(xy) = \ln(x) + \ln(y)$$
$$\ln\left(\frac{x}{y}\right) = \ln(x) - \ln(y)$$
$$\ln\left(\frac{1}{x}\right) = \ln(x^{-1}) = -\ln(x)$$
$$\ln(x^a) = a\ln(x)$$
$$\ln(1) = 0$$
$$e^{x+y} = e^x e^y$$
$$e^{x-y} = e^x e^{-y}$$
$$e^{-x} = \frac{1}{e^x}$$
$$(e^x)^a = e^{ax}$$
$$e^0 = 1 \quad , \quad \ln(e) = 1$$
$$\ln(e^x) = x \quad , \quad e^{\ln(x)} = x$$

계산기로 밑이 10이나 e가 아닌 로그 계산을 할 경우에는 다음의 밑 변환공식이 유용하다. 이 공식은 로그의 밑이 10이 아니라 b일 때 밑이 10인 로그를 사용하여 계산을 할 수 있게 해준다.

$$\log_b y = \frac{\log_{10} y}{\log_{10} b}$$

로그 함수와 지수 함수의 미분과 적분

이 책에서는 다음과 같은 로그 함수의 미분, 적분과 지수 함수의 미분, 적분을 다룬다. 이러한 미분과 적분 계산은 물리학에서 자주 나오므로 꼭 기억해두어야 한다.

$$\frac{de^x}{dx} = e^x \quad , \quad \frac{de^{ax}}{dx} = ae^{ax} \quad , \quad \int e^x\,dx = e^x \quad , \quad \int e^{ax}\,dx = \frac{e^{ax}}{a}$$

$$\frac{d}{dx}\ln(x) = \frac{1}{x} \quad , \quad \int \frac{dx}{x} = \int x^{-1}\,dx = \ln(x)$$

로그 함수와 지수 함수의 그래프

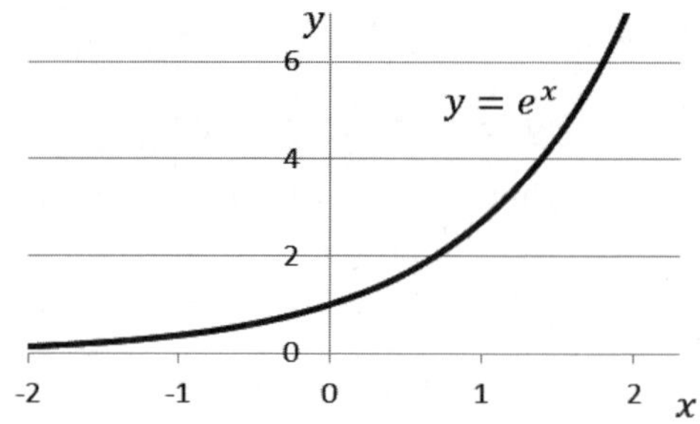

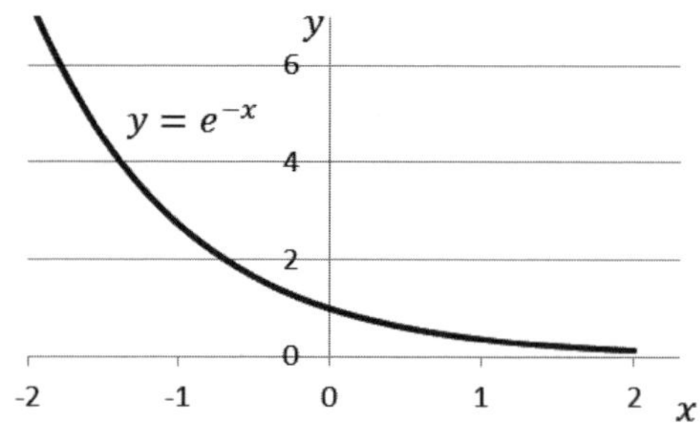

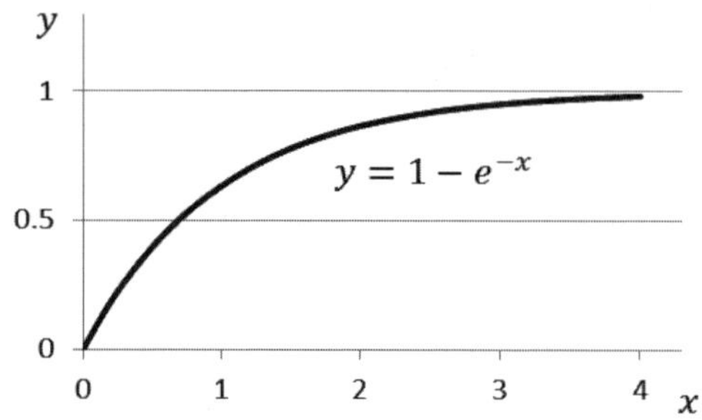

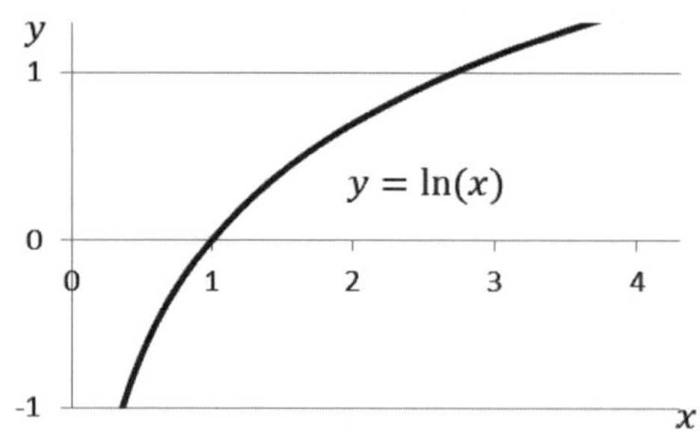

예제 $\ln\left(\frac{1}{e}\right)$를 간단히 하라.

풀이 로그 규칙 $\ln\left(\frac{x}{y}\right) = \ln(x) - \ln(y)$를 적용하면

$$\ln\left(\frac{1}{e}\right) = \ln(1) - \ln(e) = 0 - 1 = -1$$

이 된다. 여기서 $\ln(1) = 0$이고 $\ln(e) = 1$임을 잘 알아야 한다.

예제 $\ln(2) + \ln(0.5)$를 계산하라.

풀이 로그 규칙 $\ln(xy) = \ln(x) + \ln(y)$를 적용하면

$$\ln(2) + \ln(0.5) = \ln[(2)(0.5)] = \ln(1) = 0$$

이 된다. 여기서도 $\ln(1) = 0$을 사용하였다.

예제 $\log_4 64$를 계산하라.

풀이 이 식이 뜻하는 것은 "4를 몇 제곱하면 64가 되는가"이다. $4^3 = 64$이므로 답은 3이다.

예제 $2\ln(\sqrt{3})$을 간단히 하라.

풀이 로그 규칙 $\ln(x^a) = a\ln(x)$를 적용한다.

$$2\ln(\sqrt{3}) = \ln\left[(\sqrt{3})^2\right] = \ln(3)$$

예제 $\ln(8e) - \ln(4e)$를 간단히 하라.

풀이 로그 규칙 $\ln\left(\frac{x}{y}\right) = \ln(x) - \ln(y)$를 적용한다.

$$\ln(8e) - \ln(4e) = \ln\left(\frac{8e}{4e}\right) = \ln\left(\frac{8}{4}\right) = \ln(2)$$

예제 방정식 $e^x = 2$에서 x를 구하라.

풀이 방정식의 좌변과 우변에 각각 자연로그를 취하면

$$\ln(e^x) = \ln(2)$$

이 된다. 여기에 로그 규칙 $\ln(e^x) = x$를 적용하면

$$x = \ln(2)$$

이 된다.

예제 방정식 $\ln(x) = 3$에서 x를 구하라.

풀이 방정식의 좌변과 우변을 각각 e의 지수로 취하면

$$e^{\ln(x)} = e^3$$

이 된다. 로그 규칙 $e^{\ln(x)} = x$를 적용하면

$$x = e^3$$

이 된다.

예제 $x = 0.5$일 때 $\frac{d}{dx}(3e^{2x})$를 계산하라.

풀이 x 값을 대입하기 전에 먼저 x에 대한 미분을 계산한다. 상수 3은 미분기호 바깥으로 꺼낼 수 있다. 미분 규칙 $\frac{d}{dx}(e^{ax}) = ae^{ax}$를 적용하면 다음과 같다. 여기서 $a = 2$이다.

$$\frac{d}{dx}(3e^{2x}) = 3\frac{d}{dx}(e^{2x}) = 3(2)e^{2x} = 6e^{2x}$$

위의 결과에 $x = 0.5$를 대입하면

$$\left.\frac{d}{dx}(3e^{2x})\right|_{x=0.5} = 6e^{2x}|_{x=0.5} = 6e^{2(0.5)} = 6e^1 = 6e$$

이 된다. 여기서 $e^1 = e$임을 잘 알아야 한다.

예제 a가 양수일 때 a는 $\frac{d}{dx}(\ln(ax))$의 계산에 아무런 영향을 주지 않음을 증명하라.

풀이 이것을 증명하는 방법에는 여러 가지가 있다. 그 가운데 한 방법은 다음과 같이 로그 규칙 $\ln(xy) = \ln(x) + \ln(y)$을 적용하는 것이다.

$$\frac{d}{dx}\ln(ax) = \frac{d}{dx}[\ln(a) + \ln(x)] = \frac{d}{dx}\ln(a) + \frac{d}{dx}\ln(x) = 0 + \frac{d}{dx}\ln(x) = \frac{1}{x}$$

위의 계산 과정에서 $\frac{d}{dx}(\ln(a)) = 0$이다. 그 까닭은 상수 a에 로그를 취한 $\ln(a)$는 상수이고 상수를 x에 대해서 미분하면 0이 되기 때문이다. 그리고 $\frac{d}{dx}(\ln(x)) = \frac{1}{x}$이다. 위 방정식의 좌변은 $\frac{d}{dx}(\ln(ax))$이고 우변은 $\frac{1}{x}$이다. 이것이 뜻하는 것은 $\frac{d}{dx}(\ln(ax)) = \frac{1}{x}$이다. 따라서 a 값에 상관없이 답은 항상 $\frac{1}{x}$이므로 a는 $\frac{d}{dx}(\ln(ax))$의 계산에 아무런 영향을 주지 않는다.

로그함수가 갖는 이 성질은 대부분의 함수에는 적용되지 않는다. 예를 들어 $\frac{d}{dx}(\sin(ax)) = a\cos(ax)$이다. 따라서 사인함수의 미분에서는 a가 아주 중요하다.

$\frac{d}{dx}(\ln(ax)) = \frac{1}{x}$을 증명하는 또 다른 방법은 다음과 같이 $u = ax$로 치환을 하고 연쇄규칙(chain rule)을 적용하는 것이다.

$$\frac{d}{dx}\ln(ax) = \frac{d}{dx}\ln(u) = \frac{d}{du}\frac{du}{dx}\ln(u) = \frac{du}{dx}\frac{d}{du}\ln(u) = \left(\frac{d}{dx}ax\right)\left(\frac{d}{du}\ln u\right)$$
$$\frac{d}{dx}\ln(ax) = (a)\left(\frac{1}{u}\right) = \frac{a}{u} = \frac{a}{ax} = \frac{1}{x}$$

계산 과정에서 a는 약분되어 사라지므로 답에 나타나지 않는다.

예제 정적분 $\int_{x=0}^{\infty} e^{-x}dx$를 계산하라.

풀이 정적분을 계산하면

$$\int_{x=0}^{\infty} e^{-x}\,dx = [-e^{-x}]_{x=0}^{\infty} = \left[-\frac{1}{e^x}\right]_{x=0}^{\infty} = -\lim_{x\to\infty}\left[\frac{1}{e^x}\right] + \frac{1}{e^0} = 0 + \frac{1}{1} = 1$$

이 된다. 여기서 $e^{-x} = \frac{1}{e^x}$이고 $e^0 = 1$임을 잘 알아야 한다. x가 점점 커져서 무한대에 가까워지면 $\frac{1}{e^x}$는 0에 가까워진다. 즉 1을 매우 큰 수로 나눈 결과는 매우 작아지므로 1을 무한대로 나누면 0이 된다.

연습문제

69. $\log_5 625$를 계산하라.

    답: 4

70. 방정식 $6e^{-x/2} = 2$에서 x를 구하라.

    답: 2ln(3)

71. 다음 정적분을 계산하라.

$$\int_{x=0}^{2} (1 - e^{-x/2})\,dx =$$

답: $\frac{2}{e}$

72. 다음 정적분을 계산하라.

$$\int_{x=1}^{2} \frac{1}{x}\,dx =$$

답: ln(2)

도움이 필요한가요? 책의 맨 뒤에 있는 "힌트"를 참고하세요.

18
RC 회로

관련 용어

- **반감기**(half−life) 초깃값의 절반이 되는 값까지 줄어드는 데 걸리는 시간. 또는 최종값의 절반이 되는 값까지 증가하는 데 걸리는 시간
- **시정수**(time constant) 초깃값의 $\frac{1}{e}$ 또는 ≈37%가 되는 값까지 줄어드는 데 걸리는 시간. 또는 최종값의 $\left(1-\frac{1}{e}\right)$ 또는 ≈63%가 되는 값까지 증가하는 데 걸리는 시간
- **커패시터**(capacitor) 전하를 저장할 수 있는 장치로 분리된 두 개의 도체(예를 들어, 평행하게 놓인 두 개의 도체)로 이루어져 있다.
- **커패시턴스**(capacitance) 주어진 전압에 대해 커패시터가 저장할 수 있는 전하의 양을 나타내는 척도(기준)
- **전하량**(charge) 커패시터의 + 극판(또는 − 극판)에 저장된 전하의 양
- **전위차**(potential difference) 시험 전하가 두 위치 사이를 이동하는 데 필요한 단위 전하당 일. 전위차를 다른 말로 **전압**이라고 함
- **전위 에너지**(electric potential energy) 커패시터를 구성하는 도체 판에 전하를 저장하기 위해 수행해야 하는 전기적 일. 도체 판에 저장된 전하량과 두 도체 판 사이의 전위차의 곱으로 주어진다.
- **저항**(resistance) 회로에 있는 부품이 전류의 흐름에 저항하는 정도를 나타내는 척도(기준)
- **저항기**(resistor) 저항을 가지고 있는 부품. 줄여서 '저항'이라고 쓰기도 함
- **전류**(current) 시간에 대한 전하의 변화율. 단위 시간 동안에 어떤 점 또는 단면적을 통과해 흐르는 전하의 양으로 정의함.
- **전위**(electric potential) 단위 전하당 전위 에너지

- **전력**(electric power) 시간에 대한 전기적 일의 변화율. 단위 시간 동안에 수행하는 전기적 일로 정의함.

저항기 회로에 사용되는 회로 기호

회로 기호	이름	이름
	R	저항기
	ΔV	배터리 또는 직류전원
	C	커패시터

RC 회로에서 커패시터의 방전

아래 그림과 같은 간단한 RC 회로를 보자. 커패시터에 저장된 전하는 초기 전하 Q_m(아래 첨자 m은 maximum(최대)을 나타냄)으로부터 지수적으로 감소하면서 줄어든다. 두 판 사이에서 전하를 운반하는 전류도 초깃값 I_m로부터 지수적으로 감소한다. 이를 수식으로 나타내면 다음과 같다.

$$Q = Q_m e^{-t/\tau} \quad , \quad I = I_m e^{-t/\tau}$$

시정수 τ는 다음 식에서 보듯이 저항 R과 커패시턴스 C의 곱과 같다.

$$\tau = RC$$

반감기 $t_{1/2}$는 시정수 τ와 다음과 같은 관계를 갖는다.

$$t_{½} = \tau \ln(2)$$

다음의 저항 방정식과 커패시터 방정식은 RC 회로에서도 성립한다.

$$Q = C\Delta V \quad , \quad \Delta V = IR \quad , \quad Q_m = C\Delta V_m \quad , \quad \Delta V_m = I_m R$$

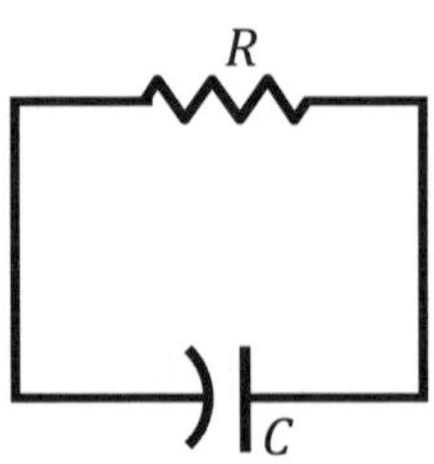

RC 회로에서 커패시터의 충전

아래 그림과 같이 저항기와 커패시터가 직렬로 연결되어 있는 회로에 배터리를 연결하면 초기에 충전되지 않은 커패시터는 $1-e^{-t/\tau}$에 따른 비율로 두 판에 전하가 충전된다. 두 판으로 전하를 운반하는 전류는 초깃값 I_m으로부터 지수적으로 감소한다. 이 내용을 수식으로 나타내면 다음과 같다.

$$Q = Q_m(1 - e^{-t/\tau}) \quad , \quad I = I_m e^{-t/\tau}$$

충전을 할 때의 시정수 τ와 반감기 $t_{1/2}$는 다음과 같이 방전을 할 때와 동일한 방정식을 따른다.

$$\tau = RC \quad , \quad t_{½} = \tau \ln(2)$$

다음의 저항 방정식과 커패시터 방정식은 충전이 이루어지고 있는 RC 회로에서도 성립한다. 충전을 하고 있는 RC 회로에서 기호 ΔV_{batt}는 배터리에서 공급하는 전위차를 나타내고, ΔV_C와 ΔV_R은 각각 커패시터와 저항기 양단의 전위차를 나타낸다.

$$Q = C\Delta V_C \quad , \quad \Delta V_R = IR \quad , \quad Q_m = C\Delta V_{batt} \quad , \quad \Delta V_{batt} = I_m R$$

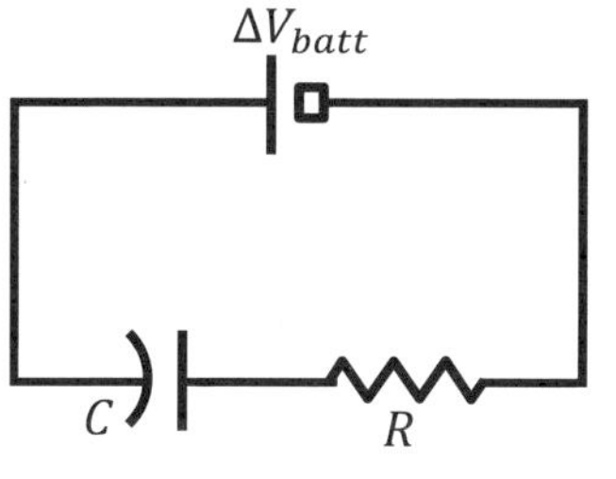

RC 회로 방정식은 어떻게 유도되는가?

RC 회로에서 커패시터 방전 방정식과 충전 방정식은 키르히호프 법칙(15장)으로부터 유도할 수 있다. 먼저 방전하는 커패시터의 경우를 살펴보자. 앞에서 다룬 회로(264쪽)에 키르히호프 루프 법칙(전압 법칙)을 적용하면 다음과 같이 커패시터 양단의 전압과 저항기 양단의 전압은 반드시 서로 같게 나온다.

$$|\Delta V_C| = |\Delta V_R|$$

여기에 $Q = C\Delta V_C$와 $\Delta V_R = IR$ 식을 사용하면 다음 관계를 얻는다.

$$\frac{Q}{C} = IR$$

이 방정식의 양변을 각각 R로 나누면

$$\frac{Q}{RC} = I$$

이 된다. 전류 I는 전하 Q의 시간에 따른 변화율이므로 전류는 시간에 대한 전하의 미분으로 쓸 수 있다. 따라서 $I = -\frac{dQ}{dt}$이다. 여기서 $-$ 부호가 붙은 것은 방전하는 커패시터에서는 전하가 시간에 따라 감소하기 때문이다(따라서 감소하는 기울기를 계산하는 미분을 하면 부호가 $-$가 된다). 이것을 위 식에 대입하면

$$\frac{Q}{RC} = -\frac{dQ}{dt}$$

이 된다. 이렇게 구한 간단한 미분 방정식은 변수의 분리가 가능하다. 다시 말해 다음과 같이 방정식의 좌변에 어느 한 변수(시간)를 배치하고, 우변에는 나머지 변수(전하)를 배치할 수 있다.

$$-\frac{dt}{RC} = \frac{dQ}{Q}$$

이 방정식의 양변을 각각 적분해보자. 이때 상수는 적분기호 바깥으로 꺼낼 수 있다. 시간이 0에서 t로 증가함에 따라 방전하는 커패시터의 판에 저장된 전하는 초기에 저장된 최댓값 Q_m에서 Q로 줄어든다.

$$-\frac{1}{RC}\int_{t=0}^{t} dt = \int_{Q=Q_m}^{Q} \frac{dQ}{Q}$$

17장에서 $\int \frac{dx}{x} = \ln(x)$이고 $\ln\left(\frac{x}{y}\right) = \ln(x) - \ln(y)$임을 배웠다. 따라서

$$-\frac{t}{RC} = [\ln(Q)]_{Q=Q_m}^{Q} = \ln(Q) - \ln(Q_m) = \ln\left(\frac{Q}{Q_m}\right)$$

이 된다. 방정식의 양변을 각각 e의 지수로 만들어보자. $e^{\ln(x)} = x$이므로

$$\frac{Q}{Q_m} = e^{-t/RC}$$

이 된다. 양변에 Q_m을 곱해보자. $\tau = RC$이므로

$$Q = Q_m e^{-t/RC} = Q_m e^{-t/\tau}$$

이 된다. 전류를 구하기 위해 전하를 시간에 대해 미분하면 다음을 얻을 수 있다. 여기서 $-$ 부호가 붙는다는 점에 주의하라.

$$I = -\frac{dQ}{dt} = \frac{Q_m}{RC}e^{-t/RC} = \frac{\Delta V_m}{R}e^{-t/RC}$$
$$I = I_m e^{-t/RC} = I_m e^{-t/\tau}$$

충전하는 커패시터의 방정식도 이와 유사한 방법으로 구할 수 있다.

기호와 SI 단위

기호	이름	SI 단위
t	시간	s
$t_{1/2}$	반감기	s
τ	시정수	s
C	커패시턴스	F
Q	커패시터의 +극판에 저장된 전하	C
ΔV	회로 내의 두 점 사이의 전위차	V
U	커패시터에 저장된 에너지	J
R	저항	Ω
I	전류	A
P	전력	W

주의: τ는 그리스 문자로 타우(tau)이다.

단위 관련 주의사항

시정수 방정식 $\tau = RC$을 보면 시정수 τ의 SI 단위는 반드시 저항의 단위 옴(Ω)에 커패시턴스의 단위 패럿(F) 단위를 곱한 것과 같아야 함을 알 수 있다. 즉 Ω·F이다. 방정식 $C = \frac{Q}{\Delta V}$로부터 전하 Q의 단위는 쿨롱(C)이므로 단위 패럿(F)은 $\frac{\mathrm{C}}{\mathrm{V}}$로 쓸 수 있다. 마찬가지로 $R = \frac{\Delta V}{I}$로부터 전류 I의 단위는 A이므로 단위 옴(Ω)은 $\frac{\mathrm{V}}{\mathrm{A}}$로 쓸 수 있다. 따라서 시정수 τ의 단위는 $\frac{\mathrm{V}}{\mathrm{A}} \cdot \frac{\mathrm{C}}{\mathrm{V}} = \frac{\mathrm{C}}{\mathrm{A}}$이다. 전류는 시간에 대한 전하의 변화율이므로 단위 암페어(A)는 단위 시간(s)당 전하량(C)이 되어 $1\ \mathrm{A} = 1\ \frac{\mathrm{C}}{\mathrm{s}}$이다. 따라서 수학적으로 $\frac{\mathrm{C}}{\mathrm{A}} = \mathrm{s}$로 쓸 수 있다. 따라서 시정수 τ의 단위 Ω·F는 결국은 초(s)와 마찬가지임을 알 수 있다.

중요한 차이점

RC 회로에서 시간을 나타내는 데 사용되는 양에는 다음 세 가지가 있다는 것을 잘 기억해두어야 한다.

- t(아래첨자가 없음)는 경과한 **시간**을 나타낸다.
- $t_{1/2}$는 **반감기**이다. 이것은 최댓값의 1/2에 도달하는 데 걸리는 시간이다.
- τ는 **시정수**로 $\tau = RC$이다. $t_{1/2} = \tau \ln(2)$이다.

RC 회로를 해석하는 방법

RC 회로를 푸는 데 사용하는 방정식은 다음과 같다.

- 방전하는 커패시터

$$Q = Q_m e^{-t/\tau} \quad , \quad I = I_m e^{-t/\tau}$$
$$Q_m = C\Delta V_m \quad , \quad \Delta V_m = I_m R$$

- 충전하는 커패시터

$$Q = Q_m(1 - e^{-t/\tau}) \quad , \quad I = I_m e^{-t/\tau}$$
$$Q_m = C\Delta V_{batt} \quad , \quad \Delta V_{batt} = I_m R$$

- 충전할 때와 방전할 때의 시정수(동일함)

$$\tau = RC$$

- 시정수로부터 반감기를 구하는 경우

$$t_{½} = \tau \ln(2)$$

- 커패시턴스 방정식과 저항 방정식

$$Q = C\Delta V_C \quad , \quad \Delta V_R = IR$$

- 에너지를 구하는 경우에는 11장을 참조할 것. 전력을 구할 때는 13장을 참조할 것.
- 필요한 경우, 로그와 지수와 관련하여 17장에서 배운 규칙을 사용한다.

예제 초기에 24 μC의 전하량을 가지고 있는 커패시터가 있다. 이 커패시터가 자신과 직렬로 연결된 4.0 Ω 저항기에 전하를 방전하고 있다.

(A) 커패시터 양단의 초기 전위차를 구하라.

풀이 커패시턴스 방정식 $Q_m = C\Delta V_m$을 사용한다. 이 식의 양변을 C로 나눈다.

$$\Delta V_m = \frac{Q_m}{C} = \frac{24 \times 10^{-6}}{3 \times 10^{-6}} = 8.0 \text{ V}$$

10^{-6}을 나타내는 접두어가 μ라는 것을 잘 알아야 한다. 계산과정에서 분자, 분모에 있는 10^{-6}이 약분되어 사라졌다. 따라서 커패시터의 전위차는 $\Delta V_m = 8.0$ V이다.

(B) 전류의 초깃값을 구하라.

풀이 전류의 초깃값은 최댓값이다. 옴 법칙 $\Delta V_m = I_m R$을 적용한다. 이 식의 양변을 R로 나누면

$$I_m = \frac{\Delta V_m}{R} = \frac{8}{4} = 2.0 \text{ A}$$

이 된다. 따라서 전류의 초깃값은 $I_m = 2.0$ A이다.

(C) 회로의 시정수를 구하라.

풀이 저항과 커패시턴스가 포함된 시정수 방정식을 사용한다.

$$\tau = RC = (4)(3 \times 10^{-6}) = 12 \times 10^{-6} \text{ s} = 12 \text{ μs}$$

(D) 커패시터의 전하가 초기 전하량의 절반이 되는 데 걸리는 시간을 구하라.

풀이 이것은 반감기를 구하는 문제이므로

$$t_{1/2} = \tau \ln(2) = 12 \ln(2) \text{ μs}$$

이 된다. 따라서 반감기는 $t_{1/2} = 12\ln(2)$ μs이다. 계산기로 계산해보면 $t_{1/2} = 8.3$ μs가 된다.

예제 방전하는 커패시터에서 반감기가 $t_{1/2} = \tau\ln(2)$가 되는 것을 증명하라.

풀이 먼저 방전하는 커패시터의 전하 방정식을 써보면 다음과 같다.

$$Q = Q_m e^{-t/\tau}$$

이 방정식은 임의의 시간 t에 대해 성립한다. 시간 $t = 0$일 때 최댓값 Q_m이었던 커패시터의 전하는 시간이 반감기하고 같아지면 최댓값의 절반인 $\frac{Q_m}{2}$이 된다(이것이 바로 반감기의 정의이다). $t = t_{1/2}$일 때 $Q = \frac{Q_m}{2}$이므로 이것을 각각 위 방정식에 대입하면

$$\frac{Q_m}{2} = Q_m e^{-t_{1/2}/\tau}$$

양변을 Q_m으로 나누면 좌변과 우변의 Q_m은 모두 사라진다.

$$\frac{1}{2} = e^{-t_{1/2}/\tau}$$

위 식의 양변에 자연로그를 취하면

$$\ln\left(\frac{1}{2}\right) = \ln(e^{-t_{1/2}/\tau})$$

이 된다. 17장에서 배운 관계식 $\ln(e^x) = x$을 이용하면 위 식은 다음과 같다.

$$\ln\left(\frac{1}{2}\right) = -t_{1/2}/\tau$$

17장에서 배운 $\ln\left(\frac{1}{x}\right) = -\ln(x)$의 관계를 적용하면 위 식은

$$-\ln(2) = -t_{1/2}/\tau$$

이 된다. 이 방정식의 양변에 $-\tau$를 곱하면 최종적으로 다음 방정식을 얻을 수 있다.

$$\tau \ln(2) = t_{1/2}$$

예제 커패시터가 자신과 직렬로 연결된 50 kΩ 저항기에 전하를 방전하고 있다. 이 과정에서 초깃값이 4.0 A인 전류가 500 ms만큼 지난 후에 2.0 A로 감소하였다. 이 커패시터의 커패시턴스를 구하라.

풀이 이 문제를 푸는 방법의 핵심은, 500 ms만큼 경과한 다음에 전류가 초깃값의 1/2로 줄어들었으므로 이 500 ms가 바로 반감기임을 알아차리는 것이다. ms 단위를 s 단위로, kΩ 단위를 Ω 단위로 변환하면

$$t_{1/2} = 500 \text{ ms} = 0.500 \text{ s} = \frac{1}{2} \text{ s}$$
$$R = 50 \text{ k}\Omega = 50{,}000\ \Omega = 5.0 \times 10^4\ \Omega$$

이 된다. 반감기로부터 시정수를 구해보자. 방정식 $\tau\ln(2) = t_{1/2}$의 양변을 $\ln(2)$로 나누면

$$\tau = \frac{t_{1/2}}{\ln(2)} = \frac{1}{2\ln(2)}$$

이 된다. 이제 시정수를 나타내는 방정식 $\tau = RC$를 사용하자. 이 식의 양변을 R로 나누면

$$C = \frac{\tau}{R} = \left[\frac{1}{2\ln(2)}\right]\left[\frac{1}{5.0 \times 10^4}\right] = \frac{1}{10 \times 10^4 \ln(2)} = \frac{1}{10^5 \ln(2)} = \frac{10^{-5}}{\ln(2)} \text{ F}$$

이 된다. 따라서 커패시턴스는 $C=\frac{10^{-5}}{\ln(2)}$이다. 계산기를 써서 이를 계산해보면 $C=14\ \mu\text{F}$이 나온다. 이 값은 14×10^{-6} F 또는 1.4×10^{-5} F로 써도 마찬가지다.

연습문제

73. 초기에 60 μC의 전하량을 가지고 있는 5.0 μF 커패시터가 있다. 이 커패시터에 20 kΩ 저항기가 직렬로 연결될 때 아래 물음에 답하라.

(A) 커패시터 양단 전압의 초깃값을 구하라.

(B) 전류의 초깃값을 구하라.

(C) 반감기를 구하라.

(D) 0.20 s 만큼 지난 후에 커패시터에 저장되어 있는 전하량을 구하라.

답: (A) 12 V, (B) 0.60 mA, (C) $\frac{\ln(2)}{10}$ s (또는 0.069 s), (D) $\frac{60}{e^2}$ μC (또는 8.1 μC)

74. 4.0 μF 커패시터가 저항기에 직렬로 연결되어 있다. 200 ms가 지난 뒤에 전류가 초깃값 6.0 A에서 3.0 A로 감소하였다. 아래 물음에 답하라.

(A) 시정수를 구하라.

(B) 저항기의 저항을 구하라.

답: (A) $\frac{1}{5\ln(2)}$ s (또는 0.29 s), (B) $\frac{50}{\ln(2)}$ kΩ (또는 72 kΩ)

도움이 필요한가요? 책의 맨 뒤에 있는 "힌트"를 참고하세요.

19
스칼라 곱셈과 벡터 곱셈

벡터 방정식

벡터는 구성 성분 (A_x, A_y, A_z)과 직각좌표계의 단위벡터 ($\hat{\mathbf{x}}$, $\hat{\mathbf{y}}$, $\hat{\mathbf{z}}$)을 사용하여 다음 수식으로 나타낼 수 있다.

$$\vec{\mathbf{A}} = A_x\hat{\mathbf{x}} + A_y\hat{\mathbf{y}} + A_z\hat{\mathbf{z}}$$

두 벡터 사이의 스칼라 곱[다른 말로 점 곱(dot product)라고도 함]을 나타내는 방법에는 다음 두 가지가 있다.

- 주어진 두 벡터 $\vec{\mathbf{A}}$와 $\vec{\mathbf{B}}$의 성분(component)들을 알고 있을 때는 다음 방정식을 사용하여 스칼라 곱을 계산한다.

$$\vec{\mathbf{A}} \cdot \vec{\mathbf{B}} = A_xB_x + A_yB_y + A_zB_z$$

- 주어진 두 벡터 $\vec{\mathbf{A}}$와 $\vec{\mathbf{B}}$의 크기와 두 벡터 사이의 각도를 알고 있을 때는 다음 방정식을 사용하여 스칼라 곱을 계산한다.

$$\vec{\mathbf{A}} \cdot \vec{\mathbf{B}} = AB\cos\theta$$

- 주어진 두 벡터 $\vec{\mathbf{A}}$와 $\vec{\mathbf{B}}$ 사이의 각도를 구하려고 할 때는 다음에 나오는 예제들에서 설명하는 방법을 사용한다.

두 벡터 사이의 벡터 곱[다른 말로 가위 곱(cross product)라고도 함]은 다음과 같은 3×3 행렬식(determinant)으로 정의된다.

$$\vec{\mathbf{A}}\times\vec{\mathbf{B}}=\begin{vmatrix}\hat{\mathbf{x}} & \hat{\mathbf{y}} & \hat{\mathbf{z}}\\ A_x & A_y & A_z\\ B_x & B_y & B_z\end{vmatrix}=\hat{\mathbf{x}}\begin{vmatrix}A_y & A_z\\ B_y & B_z\end{vmatrix}-\hat{\mathbf{y}}\begin{vmatrix}A_x & A_z\\ B_x & B_z\end{vmatrix}+\hat{\mathbf{z}}\begin{vmatrix}A_x & A_y\\ B_x & B_y\end{vmatrix}$$

$$\vec{\mathbf{A}}\times\vec{\mathbf{B}}=(A_yB_z-A_zB_y)\hat{\mathbf{x}}-(A_xB_z-A_zB_x)\hat{\mathbf{y}}+(A_xB_y-A_yB_x)\hat{\mathbf{z}}$$

$$\vec{\mathbf{A}}\times\vec{\mathbf{B}}=A_yB_z\hat{\mathbf{x}}-A_zB_y\hat{\mathbf{x}}+A_zB_x\hat{\mathbf{y}}-A_xB_z\hat{\mathbf{y}}+A_xB_y\hat{\mathbf{z}}-A_yB_x\hat{\mathbf{z}}$$

벡터 곱의 크기를 나타내는 $|\vec{\mathbf{A}}\times\vec{\mathbf{B}}|$는 스칼라 곱과 유사하지만 다음 식에서 보듯이 코사인 대신에 사인이 들어간다.

$$|\vec{\mathbf{A}}\times\vec{\mathbf{B}}| = AB\sin\theta$$

다음 관계식은 직각좌표에서 단위벡터들 사이의 스칼라 곱과 벡터 곱을 계산한 결과다.

$$\begin{aligned}&\hat{\mathbf{x}}\cdot\hat{\mathbf{x}}=1 \quad , \quad \hat{\mathbf{y}}\cdot\hat{\mathbf{y}}=1 \quad , \quad \hat{\mathbf{z}}\cdot\hat{\mathbf{z}}=1\\ &\hat{\mathbf{x}}\cdot\hat{\mathbf{y}}=0 \quad , \quad \hat{\mathbf{y}}\cdot\hat{\mathbf{z}}=0 \quad , \quad \hat{\mathbf{z}}\cdot\hat{\mathbf{x}}=0\\ &\hat{\mathbf{y}}\cdot\hat{\mathbf{x}}=0 \quad , \quad \hat{\mathbf{z}}\cdot\hat{\mathbf{y}}=0 \quad , \quad \hat{\mathbf{x}}\cdot\hat{\mathbf{z}}=0\end{aligned}$$

$$\begin{aligned}&\hat{\mathbf{x}}\times\hat{\mathbf{x}}=0 \quad , \quad \hat{\mathbf{y}}\times\hat{\mathbf{y}}=0 \quad , \quad \hat{\mathbf{z}}\times\hat{\mathbf{z}}=0\\ &\hat{\mathbf{x}}\times\hat{\mathbf{y}}=\hat{\mathbf{z}} \quad , \quad \hat{\mathbf{y}}\times\hat{\mathbf{z}}=\hat{\mathbf{x}} \quad , \quad \hat{\mathbf{z}}\times\hat{\mathbf{x}}=\hat{\mathbf{y}}\\ &\hat{\mathbf{y}}\times\hat{\mathbf{x}}=-\hat{\mathbf{z}} \quad , \quad \hat{\mathbf{z}}\times\hat{\mathbf{y}}=-\hat{\mathbf{x}} \quad , \quad \hat{\mathbf{x}}\times\hat{\mathbf{z}}=-\hat{\mathbf{y}}\end{aligned}$$

표기 방법

식 $\vec{\mathbf{A}}\times\vec{\mathbf{B}}$에서 가위(×) 표시는 벡터 곱(가위 곱)을 나타내며 곱셈 결과는 벡터가 된다. 반면에 식 $\vec{\mathbf{A}}\cdot\vec{\mathbf{B}}$에서 점(·) 표시는 스칼라 곱(점 곱)을 나타내며 곱셈 결과는 스칼라가 된다. 벡터가 아닌 보통의 수를 곱할 때는 가위(×) 표시를 사용해도 되고 점(·) 표시를 사용해도 된다. 예를 숫자 3과 2의 곱은 $3\times2=3\cdot2=(3)(2)=6$이다. 그러나 벡터와 벡터의 곱셈에서는 가위(×) 표시와 점(·) 표시를 마음대로 써서는 안 된다. 다시 말해 $\vec{\mathbf{A}}\times\vec{\mathbf{B}}$와 $\vec{\mathbf{A}}\cdot\vec{\mathbf{B}}$는 전혀 다른 곱셈이다.

스칼라 곱을 구하거나 사용하는 방법

두 벡터 사이의 스칼라 곱을 계산하거나 두 벡터 사이의 각도를 구할 때는 다음과 같은 단계를 밟는다.

- 주어진 두 벡터의 성분들을 아는 경우, 다음 식을 사용하여 스칼라 곱을 구한다.

$$\vec{\mathbf{A}}\cdot\vec{\mathbf{B}}=A_xB_x+A_yB_y+A_zB_z$$

- 주어진 두 벡터의 크기와 두 벡터 사이의 각도를 아는 경우, 다음 식을 사용하여 스칼라 곱을 구한다.

$$\vec{\mathbf{A}} \cdot \vec{\mathbf{B}} = AB\cos\theta$$

- 주어진 두 벡터의 성분들을 아는 경우, 두 벡터 사이의 각도를 구할 때는 먼저 위의 두 수식 중에서 첫 번째 수식으로 스칼라 곱을 계산한 다음, 두 번째 수식을 사용하여 θ를 계산한다. 이때 벡터의 크기는 피타고라스 정리를 사용하여 구한다. 예를 들어 벡터 $\vec{\mathbf{A}}$의 크기 A는 다음 식과 같다.

$$A = \sqrt{A_x^2 + A_y^2 + A_z^2}$$

벡터 곱을 구하는 방법

벡터 곱 $\vec{\mathbf{C}} = \vec{\mathbf{A}} \times \vec{\mathbf{B}}$을 계산할 때는 다음과 같은 단계를 밟는다.

- 주어진 두 벡터의 성분들을 아는 경우, 다음 행렬식을 구한다.

$$\vec{\mathbf{C}} = \vec{\mathbf{A}} \times \vec{\mathbf{B}} = \begin{vmatrix} \hat{\mathbf{x}} & \hat{\mathbf{y}} & \hat{\mathbf{z}} \\ A_x & A_y & A_z \\ B_x & B_y & B_z \end{vmatrix} = \hat{\mathbf{x}} \begin{vmatrix} A_y & A_z \\ B_y & B_z \end{vmatrix} - \hat{\mathbf{y}} \begin{vmatrix} A_x & A_z \\ B_x & B_z \end{vmatrix} + \hat{\mathbf{z}} \begin{vmatrix} A_x & A_y \\ B_x & B_y \end{vmatrix}$$

  벡터 곱을 구한 다음에 벡터 곱의 크기를 구하고 싶으면 다음과 같이 피타고라스 정리를 사용한다.

$$C = |\vec{\mathbf{A}} \times \vec{\mathbf{B}}| = \sqrt{C_x^2 + C_y^2 + C_z^2}$$

  (행렬식으로 구한 $\vec{\mathbf{C}}$의 수식에서 C_x는 $\hat{\mathbf{x}}$의 계수이고, C_y는 $\hat{\mathbf{y}}$의 계수이고, C_z는 $\hat{\mathbf{z}}$의 계수로 $\vec{\mathbf{C}} = C_x\hat{\mathbf{x}} + C_y\hat{\mathbf{y}} + C_z\hat{\mathbf{z}}$이다. 행렬식과 비교해보라.)

- 주어진 두 벡터 사이의 각도와 함께 두 벡터의 크기를 안다면 다음과 같이 삼각함수를 사용하여 벡터의 크기를 구할 수 있다.

$$C = |\vec{\mathbf{A}} \times \vec{\mathbf{B}}| = AB\sin\theta$$

예제 (A) 두 벡터 $\vec{\mathbf{A}} = 3\hat{\mathbf{x}} - 2\hat{\mathbf{y}} + 6\hat{\mathbf{z}}$와 $\vec{\mathbf{B}} = -6\hat{\mathbf{x}} + 4\hat{\mathbf{y}} - 12\hat{\mathbf{z}}$의 스칼라 곱을 구하라. (B) 이 두 벡터 사이의 각도를 구하라.

풀이 (A) $\vec{\mathbf{A}} = 3\hat{\mathbf{x}} - 2\hat{\mathbf{y}} + 6\hat{\mathbf{z}}$와 $\vec{\mathbf{A}} = A_x\hat{\mathbf{x}} + A_y\hat{\mathbf{y}} + A_z\hat{\mathbf{z}}$를 비교해보면 $A_x = 3$, $A_y = -2$, $A_z = 6$이다. 마찬가지로 $B_x = -6$, $B_y = 4$, $B_z = -12$이다. 두 벡터의 성분들이 모두 주어졌으므로 다음 방정식을 사용하여 계산한다.

$$\vec{\mathbf{A}} \cdot \vec{\mathbf{B}} = A_xB_x + A_yB_y + A_zB_z = (3)(-6) + (-2)(4) + (6)(-12) = -18 - 8 - 72 = -98$$

(B) 다음과 같이 피타고라스 정리를 사용하여 $\vec{\mathbf{A}}$와 $\vec{\mathbf{B}}$의 크기를 구한다.

$$A = \sqrt{A_x^2 + A_y^2 + A_z^2} = \sqrt{3^2 + (-2)^2 + 6^2} = \sqrt{9 + 4 + 36} = \sqrt{49} = 7$$

$$B = \sqrt{B_x^2 + B_y^2 + B_z^2} = \sqrt{(-6)^2 + 4^2 + (-12)^2} = \sqrt{36 + 16 + 144} = \sqrt{196} = 14$$

지금까지 구한 결과를 다음의 스칼라 곱 방정식에 대입하여 계산하면 다음과 같이 두 벡터 사이의 각도 θ를 구할 수 있다.

$$\vec{\mathbf{A}} \cdot \vec{\mathbf{B}} = AB\cos\theta$$
$$-98 = (7)(14)\cos\theta$$
$$-98 = 98\cos\theta$$
$$-1 = \cos\theta$$
$$\theta = \cos^{-1}(-1) = 180°$$

예제 두 벡터 $\vec{\mathbf{A}} = \hat{\mathbf{x}} - 2\hat{\mathbf{y}} + 3\hat{\mathbf{z}}$와 $\vec{\mathbf{B}} = 2\hat{\mathbf{x}} + 3\hat{\mathbf{y}} - \hat{\mathbf{z}}$의 벡터 곱을 구하라.

풀이 $\vec{\mathbf{A}} = \hat{\mathbf{x}} - 2\hat{\mathbf{y}} + 3\hat{\mathbf{z}}$와 $\vec{\mathbf{A}} = A_x\hat{\mathbf{x}} + A_y\hat{\mathbf{y}} + A_z\hat{\mathbf{z}}$를 비교해보면 $A_x = 1$, $A_y = -2$, $A_z = 3$이다. 마찬가지로 $B_x = 2$, $B_y = 3$, $B_z = -1$이다. 이 값들을 벡터 곱을 계산하는 행렬식 수식에 대입하면 다음과 같다.

$$\vec{\mathbf{A}} \times \vec{\mathbf{B}} = \begin{vmatrix} \hat{\mathbf{x}} & \hat{\mathbf{y}} & \hat{\mathbf{z}} \\ A_x & A_y & A_z \\ B_x & B_y & B_z \end{vmatrix} = \begin{vmatrix} \hat{\mathbf{x}} & \hat{\mathbf{y}} & \hat{\mathbf{z}} \\ 1 & -2 & 3 \\ 2 & 3 & -1 \end{vmatrix} = \hat{\mathbf{x}}\begin{vmatrix} -2 & 3 \\ 3 & -1 \end{vmatrix} - \hat{\mathbf{y}}\begin{vmatrix} 1 & 3 \\ 2 & -1 \end{vmatrix} + \hat{\mathbf{z}}\begin{vmatrix} 1 & -2 \\ 2 & 3 \end{vmatrix}$$

$$\vec{\mathbf{A}} \times \vec{\mathbf{B}} = \hat{\mathbf{x}}[(-2)(-1) - (3)(3)] - \hat{\mathbf{y}}[(1)(-1) - (3)(2)] + \hat{\mathbf{z}}[(1)(3) - (-2)(2)]$$
$$\vec{\mathbf{A}} \times \vec{\mathbf{B}} = \hat{\mathbf{x}}(2 - 9) - \hat{\mathbf{y}}(-1 - 6) + \hat{\mathbf{z}}(3 + 4)$$
$$\vec{\mathbf{A}} \times \vec{\mathbf{B}} = -7\hat{\mathbf{x}} - (-7)\hat{\mathbf{y}} + 7\hat{\mathbf{z}}$$
$$\vec{\mathbf{A}} \times \vec{\mathbf{B}} = -7\hat{\mathbf{x}} + 7\hat{\mathbf{y}} + 7\hat{\mathbf{z}}$$

예제 $\vec{\mathbf{A}}$의 크기는 7이고 $\vec{\mathbf{B}}$의 크기는 4이다. $\vec{\mathbf{A}}$와 $\vec{\mathbf{B}}$ 사이의 각도는 30°이다. $\vec{\mathbf{C}} = \vec{\mathbf{A}} \times \vec{\mathbf{B}}$일 때 $\vec{\mathbf{C}}$의 크기를 구하라.

풀이 벡터 곱을 삼각함수를 사용하여 나타낸 수식을 사용하여 계산하면 다음과 같다.

$$C = |\vec{\mathbf{A}} \times \vec{\mathbf{B}}| = AB\sin\theta$$
$$C = (7)(4)\sin 30° = 28\left(\frac{1}{2}\right) = 14$$

연습문제

75. 두 벡터 $\vec{\mathbf{A}} = 5\hat{\mathbf{x}} + 2\hat{\mathbf{y}} + 3\hat{\mathbf{z}}$와 $\vec{\mathbf{B}} = 4\hat{\mathbf{x}} - 6\hat{\mathbf{y}} - 2\hat{\mathbf{z}}$에 대해 다음 물음에 답하라.

(A) $\vec{\mathbf{A}}$와 $\vec{\mathbf{B}}$의 스칼라 곱을 구하라.

(B) $\vec{\mathbf{A}}$와 $\vec{\mathbf{B}}$의 벡터 곱을 구하라.

답: (A) 2, (B) $14\hat{\mathbf{x}} + 22\hat{\mathbf{y}} - 38\hat{\mathbf{z}}$

76. 두 벡터 $\vec{\mathbf{A}} = 3\hat{\mathbf{x}} - \hat{\mathbf{y}} - 4\hat{\mathbf{z}}$와 $\vec{\mathbf{B}} = 2\hat{\mathbf{x}} - \hat{\mathbf{z}}$에 대해 다음 물음에 답하라.

(A) $\vec{\mathbf{A}}$와 $\vec{\mathbf{B}}$의 스칼라 곱을 구하라.

(B) $\vec{\mathbf{A}}$와 $\vec{\mathbf{B}}$의 벡터 곱을 구하라.

답: (A) 10, (B) $\hat{\mathbf{x}} - 5\hat{\mathbf{y}} + 2\hat{\mathbf{z}}$

77. $\vec{\mathbf{A}}$의 크기는 8이고 $\vec{\mathbf{B}}$의 크기는 5이다. $\vec{\mathbf{A}}$와 $\vec{\mathbf{B}}$ 사이의 각도는 60°이다.

(A) $\vec{\mathbf{A}}$와 $\vec{\mathbf{B}}$의 스칼라 곱을 구하라.

(B) $\vec{\mathbf{A}}$와 $\vec{\mathbf{B}}$의 벡터 곱의 크기를 구하라.

답: (A) 20, (B) $20\sqrt{3}$

도움이 필요한가요? 책의 맨 뒤에 있는 "힌트"를 참고하세요.

20
막대자석

관련 용어

자기장(magnetic field) 움직이는 전하(즉 전류)가 만들어내는 자기 현상

기본 개념

막대자석은 자기장을 만들어낸다. 막대자석은 다음과 같은 방식으로 다른 막대자석과 상호 작용을 한다.

- 두 자석의 극이 서로 같을 때는 서로 밀어낸다. 예를 들어 한 자석의 북극은 다른 자석의 북극을 밀어낸다.
- 두 자석의 극이 서로 반대일 때는 서로 끌어당긴다. 예를 들어 한 자석의 북극은 다른 자석의 남극을 끌어당긴다.

막대자석 외부에 분포하는 자기장선을 그림으로 나타내면 다음과 같다. 이 자기장선은 전기 다이폴(4장)의 전기장선과 유사하다. (단, 막대자석 내부의 자기장선은 전혀 다르다. 32장 참조).

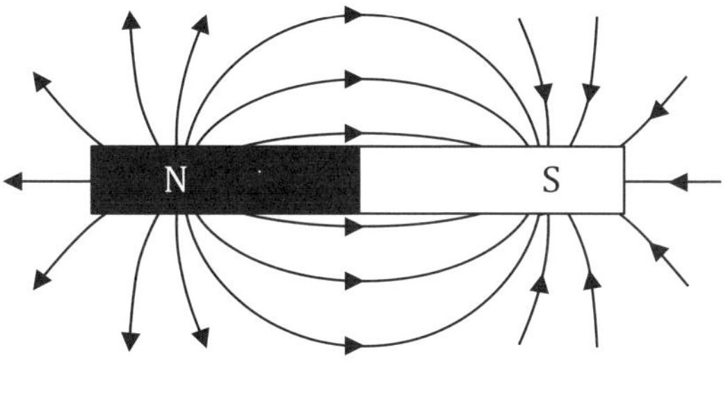

위의 그림에 나타낸 자기장선에 대해 자세히 알아보자.

- 자기장선은 도중에 끝나거나 새로 시작하지 않고 항상 닫힌 루프를 형성한다.(그림에서 자기장선을 나타내는 화살표가 중간에 끊겨 있지만 이는 책의 지면이 부족하기 때문으로 실제로는 나가는 화살표와 들어가는 화살표는 서로 연결되어 있는 것이다.)
- 막대자석이 만들어내는 자기장선은 자석의 북극에서 나와 남극으로 들어가므로 북극에서 시작해서 남극에서 끝나는 것처럼 보인다. 하지만 남극으로 들어온 자기장선은 자석 내부에서 북극으로 가므로 실제로 자기장선은 끊어짐이 없이 이어진 닫힌 루프이다.
- 막대자석이 만들어내는 자기장선의 방향은 다음과 같다.
  - 북극보다 왼쪽에 있는 영역에서 자기장선은 왼쪽을 향한다.
  - 남극보다 오른쪽에 있는 영역에서 자기장선은 왼쪽을 향한다.
  - 북극과 남극 사이에 있는 자석 외부 영역에서 자기장선은 오른쪽을 향한다.
  - 북극과 남극 사이에 있는 자석 내부 영역에서 자기장선은 왼쪽을 향한다.

중요한 차이점

자기장(magnetic field)을 만들어내는 자석에는 북극(north pole, N극)과 남극(south pole, S극)이 있다. 한편, 전기장(electric field)을 만들어내는 전하(electric charge)에는 양(+) 전하와 음(−) 전하가 있다. 그렇다고 해서 자석의 극을 가리킬 때는 "자하(magnetic charge)"라는 용어를 사용하거나 자하 앞에 '양' 또는 '음'이라는 단어를 붙이지는 않으므로 주의해야 한다.

자석의 동작 원리

움직이는 전하는 자기장을 만들어낸다. 원자는 양성자(proton), 중성자(neutron), 전자(electron)로 이루어져 있다.[24] 양성자와 전자는 전하를 가지고 있다. 전하를 가진 양성자와 전하는 원자 내부에서 움직이고 있으므로[25] 원자는 내부에 작은 자석을 가지고 있다고

---

24 중성자(neutron)는 전기적으로 중성이다(전하가 0). 중성자는 쿼크(quark)라는 전하를 가진 입자들로 이루어져 있다. 쿼크들은 전하를 가지고 있는데, 중성자를 구성하는 쿼크들의 전하가 상쇄되어 중성자 전체로는 전하를 가지지 않는다. 쿼크들은 실제로 자기장을 만들어내므로 전기적 중성인 중성자는 자기장을 만들어낸다. 하지만, 이 책에서는 양성자와 전자에 초점을 맞춘다. 쿼크를 다루지 않는 교과목에서는 중성자에 의해 만들어진 자기장은 "0"으로 취급한다. 여기서 핵심은 자기장을 만들어내는 것은 움직이는 전하라는 사실이다.

25 엄밀히 말해, 전자나 양성자는 궤도 운동을 하지 않고 정지해있다고 가정해도 본질적으로 스핀(spin, 자전) 운동을 하므로 자기장을 생성한다. 전자는 궤도 및 스핀 각운동량을 모두 가지고 있다. (지구는 태양 주위를 회전할 때 생기는 궤도 각운동량을 가지고 있으며, 지구의 자전축을 중심으로 회전할 때 생기는 각운동량을 가지고 있다. 전자의 경우도 지구와는 달리 점처럼 취급하다는 점만 제외하면 지구와 마찬가지로 이러한 두 가지 각운동량을 측정할 수 있다.) 두 가지 각운동량에 의해 전자나 양성자는 자기장을 만들어낸다. 어떤 종류의 입자가 자기장을 만들어내는지 묻는 질문을 받는다면 '움직이는 전하'라고 답하면 된다. 핵심은 움직이는 전하가 자기장을 만든다는 사실이다.

볼 수 있다. 대부분의 물질에서는 물질을 구성하고 있는 원자들이 제멋대로(마구잡이로) 정렬되어 있으므로 이들이 각각 만들어내는 자기장은 서로 상쇄되어 사라진다. 따라서 대부분의 물질들은 거시적으로는 자기적인 성질을 가지지 않는다(자기장을 만들어내지 않는다). 자석이라는 물질은 그 물질을 이루는 원자들이 만들어내는 자기장이 부분적으로 정렬되어 있어서 어느 정도 크기의 자기장을 만들어낸다.

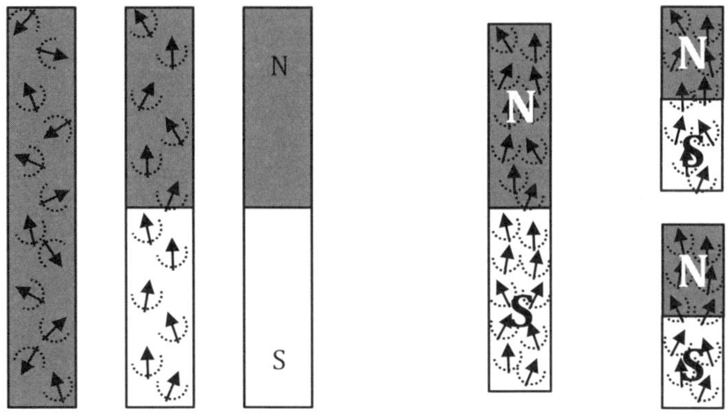

막대자석을 반으로 쪼갠다고 해도 두 조각이 각각 북극과 남극 하나만을 갖는 자석이 되지는 않는다. 그 대신 두 조각은 각각 북극과 남극을 모두 갖는 작은 자석이 된다.

기호와 SI 단위

기호	이름	SI 단위
$\vec{B}$	자기장	T

나침반의 동작 원리

나침반에 들어있는 바늘은 작은 자석이다. 지구는 거대한 자석처럼 동작하는데, 이 지구 자석의 남극은 지구의 지리상 북극(이를 '진북')이다. 나침반의 북극은 지구 자석의 남극에 끌어당겨진다(자석은 반대 극끼리 끌어당기므로).

막대자석의 자기장의 방향을 구하는 전략

막대자석이 주어질 때, 자석 주위의 특정한 지점에서 자기장의 방향을 구할 때는 다음과 같은 방법을 적용한다.

- 먼저 막대자석이 만들어내는 자기장을 스케치한다. 이때 279쪽의 그림을 보면 도움이 된다. 자기장선은 자석의 북극 끝에서 나와 남극 끝으로 들어간다는 것을 잘 알아두어야 한다.
- 그러면 자기장선 중의 하나는 그 특정 지점을 지나게 된다(자기장을 스케치할 때 자기장선의 개수를 충분히 많이 그리면 적어도 한 선은 그 특정 지점 근처를 지날 것이다). 그 특정 지점을 통과하는 자기장선의 방향이 바로 문제의 답이다.

예제 아래에 표시된 자석에 의해 발생하는 자기장선 중에서 A점, B점, C점을 지나는 자기장선을 그려라.

풀이 279쪽에 있는 그림을 90도만큼 회전시켜서 자기장선을 그린다. 그러면 자기장선은 A점에서는 위(↑), B점에서는 위(↑), C점에서는 아래(↓)를 향한다.

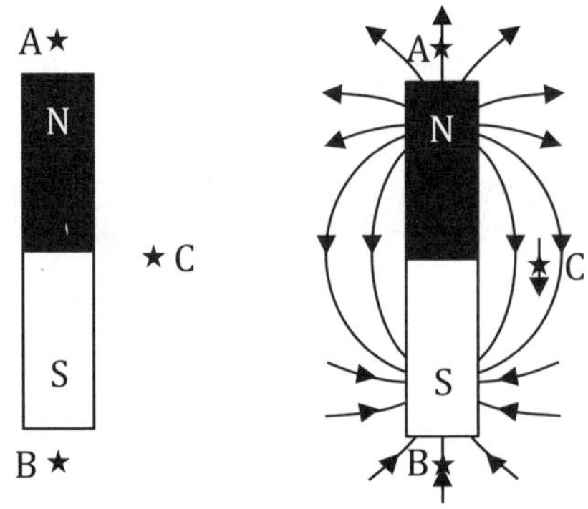

연습문제

78. 아래 그림에 표시된 각 점에서 자기장선을 그려라.

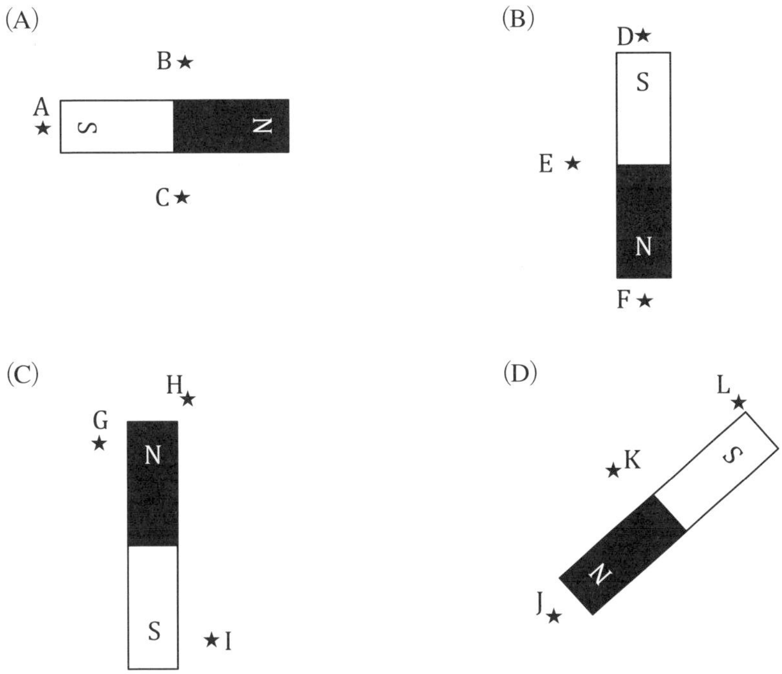

도움이 필요한가요? 책의 맨 뒤에 있는 그림을 보세요.

21

자기력용 오른손 규칙

관련 용어

- **전하**(electric charge) 입자가 가지는 고유한 특성 중의 하나로, 전하를 가진 입자가 전기장이 있는 곳에 놓이게 되면 전기장에 의해 힘을 받게 된다. (전기적으로 중성인 입자는 전하를 가지지 않는다. 따라서 중성 입자는 전기장이 있는 곳에 놓이게 되어도 힘을 받지 않는다.)
- **속도**(velocity) 속력(speed)과 방향(direction)을 함께 나타내는 양
- **전류**(current) 시간에 대한 전하의 변화율. 단위 시간 동안에 어떤 점 또는 단면적을 통과해 흐르는 전하의 양으로 정의함.
- **자기장**(magnetic field) 움직이는 전하(즉 전류)가 만들어내는 자기 현상
- **자기력**(magnetic force) 자기장이 존재하는 영역에서 움직이는 전하(즉 전류)가 받는 인력(끌어당기는 힘)이나 척력(밀어내는 힘)

기본 개념

자기장 $\vec{\mathbf{B}}$가 존재하는 영역에서 움직이는 전하(또는 전류가 흐르는 도선)은 자기력 $\vec{\mathbf{F}}$을 받는다. 자기력의 방향을 구하는 것은 약간 복잡해서 단번에 알아내기는 어렵다. 자기력의 방향은 자기장의 방향과 일치하지 **않으며** 전하(또는 전류)의 속도 방향과도 일치하지 **않는다**. 다행히도 다음에 나오는 오른손 규칙을 잘 적용하기만 하면 자기력의 방향을 정확하게 알아낼 수 있다.

자기장 $\vec{\mathbf{B}}$가 존재하는 영역에서 움직이는 전하(또는 전류가 흐르는 도선)에 가해지는 자기력 $\vec{\mathbf{F}}_m$의 방향을 구하는 방법은 다음과 같다.

- 오른손 손가락들을 전부 펼친 다음, 네 손가락이 가리키는 방향을 속도 $\vec{v}$ 또는 전류 I의 방향과 일치시킨다.
- 오른손 손바닥이 마주보는 방향을 자기장 $\vec{B}$의 방향과 일치시킨다. 다시 말해 오른손 손바닥 면이 자기장선과 수직을 이루도록 한다.
- 그러면 오른손 엄지손가락이 가리키는 방향이 자기력 $\vec{F}_m$의 방향이 된다.
- 자기력 $\vec{F}_m$을 방향을 맞게 구했는지 확인하는 방법으로, 오른손 엄지손가락이 $\vec{F}_m$을 향하고 나머지 네 손가락들이 속도 $\vec{v}$ 또는 전류 I을 향하게 한 다음, 네 손가락들을 아래 그림과 같이 구부리면 그 방향은 자기장 $\vec{B}$의 방향을 향해야 한다.

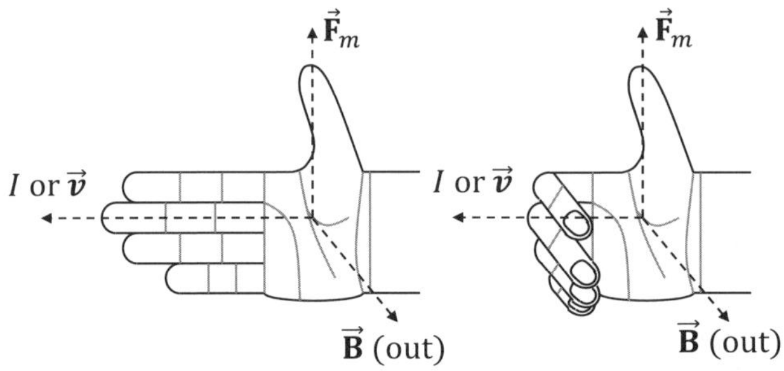

중요 사항

속도 $\vec{v}$ 또는 전류 I가 자기장 $\vec{B}$와 **평행**이거나 **반평행**(평행하면서 방향은 반대)이면 자기력 $\vec{F}_m$은 0이 된다. 24장에서 자기력 $\vec{F}_m$의 수식에 $\sin\theta$가 들어간다는 것을 배우게 되는데 평행이면 $\theta = 0°$이고 반평행이면 $\theta = 180°$이므로 $\sin\theta = 0$이 되어 이 두 가지 경우에 자기력은 0이다.

기호와 SI 단위

기호	이름	SI 단위
$\vec{B}$	자기장	T
$\vec{F}_m$	자기력	N
$\vec{v}$	속도	m/s
I	전류	A

특수 기호

기호	이름
$\otimes$	책 안으로 들어가는 방향
$\odot$	책 밖으로 나오는 방향
p	양성자
n	중성자
e^-	전자
N	북극
S	남극

양성자, 중성자, 전자

- 양성자는 + 전하를 가진다.
- 중성자는 전기적 중성으로 전하를 가지지 않는다.
- 전자는 − 전하를 가진다.

자기력용 오른손 규칙을 적용하는 방법

다음 두 가지 기호의 의미를 잘 알아야 한다.

- $\otimes$ 기호는 책 안으로 들어가는 화살표를 나타낸다.
- $\odot$ 기호는 책 밖으로 나오는 화살표를 나타낸다.

문제의 유형에 맞추어 다음과 같은 방법으로 오른손 규칙을 적용하여 자기력을 구한다.

- 문제에 자석이 있는 경우에는, 먼저 20장에서 설명한 방법대로 자석이 만들어내는 자기장 $\vec{\mathbf{B}}$를 스케치한다. 이렇게 하는 것은 $\vec{\mathbf{B}}$의 방향을 알아내는 데 도움이 된다.
- 자기장 $\vec{\mathbf{B}}$가 존재하는 영역에서 움직이는 전하(또는 전류가 흐르는 도선)에 가해지는 자기력 $\vec{\mathbf{F}}$을 구하는 방법은 다음과 같다.[26]

  주의: 속도 $\vec{v}$ 또는 전류 I가 자기장 $\vec{\mathbf{B}}$와 **평행**이거나 **반평행**이면 자기력 $\vec{\mathbf{F}}_m$은 **0이 된다**. 이 두 가지 경우에는 여기서 문제풀이를 끝낸다.

---

26 유감스럽게도, 모든 책이 이 책과 같은 방법으로 오른손 규칙을 적용하지는 않는다. 책에 따라 오른손 규칙을 다르게 설명할 수 있다는 점에 유의하기 바란다. 물론 어느 책의 방법을 적용해도 결과는 동일하다.

- ◦ 오른손 손가락들을 전부 펼친 다음, 네 손가락이 가리키는 방향을 속도 $\vec{v}$ 또는 전류 I의 방향과 일치시킨다.
- ◦ 오른손 손바닥이 마주보는 방향을 자기장 $\vec{B}$의 방향과 일치시킨다. 다시 말해 오른손 손바닥 면이 자기장선과 수직을 이루도록 한다.
- ◦ 그러면 오른손 엄지손가락이 가리키는 방향이 자기력 $\vec{F}_m$의 방향이 된다.

주의: 전하가 음(−) 전하(전자)인 경우에는 답은 앞에서 구한 것과 반대방향이다.

- $\vec{F}_m$의 방향이나 $\vec{v}$ 또는 I의 방향을 알고 있고, 자기장 $\vec{B}$의 방향을 구하는 경우에는 오른손 네 손가락들이 $\vec{v}$ 또는 I을 향하게 하고 오른손 엄지손가락으로 $\vec{F}_m$의 방향을 가리키게 하면 오른손 손바닥이 마주보는(향하는) 방향이 $\vec{B}$의 방향이다.
- $\vec{F}_m$과 $\vec{B}$의 방향을 알고 있고, $\vec{v}$ 또는 I의 방향을 구하는 경우에는 오른손 손바닥이 마주보는(향하는) 방향을 $\vec{B}$의 방향과 일치시키고 오른손 엄지손가락으로 $\vec{F}_m$의 방향을 가리키게 하면 오른손의 나머지 네 손가락들이 가리키는 방향이 $\vec{v}$ 또는 I의 방향이다.
- 자기장 $\vec{B}$가 존재하는 영역에 도선 루프가 있을 때 이 루프가 회전하는지(또는 팽창하는지 또는 수축하는지) 아닌지를 묻는 문제인 경우에는 먼저 오른손 규칙을 적용하여 루프를 구성하는 각 부분의 도선에 가해지는 자기력 $\vec{F}_m$의 방향을 구한다.
- 원형 궤도를 따라 움직이는 전하를 다루는 문제인 경우에는 원형 궤도상의 한 점에서 오른손 규칙을 적용한다. 물체가 원 운동을 하도록 만드는 것이 구심력이므로 자기력 $\vec{F}_m$는 원의 중심을 향한다.
- 자기력 $\vec{F}_m$의 방향을 모르거나 $\vec{F}_m$의 방향을 구하는 경우가 아니면 22장에서 설명하는 오른손 규칙(자기장용 오른손 규칙)을 사용한다.
- 움직이는 전하나 전류가 흐르는 도선이 만들어내는 자기장 $\vec{B}$의 방향을 구할 때는 22장에서 설명하는 오른손 규칙을 적용한다.
- 한 도선(또는 움직이는 전하)이 다른 도선(또는 움직이는 전하)에 가하는 힘을 구할 때는 23장에서 설명하는 방법을 적용한다.

예제 아래 그림과 같이 흐르는 전류에 가해지는 자기력의 방향을 구하라.

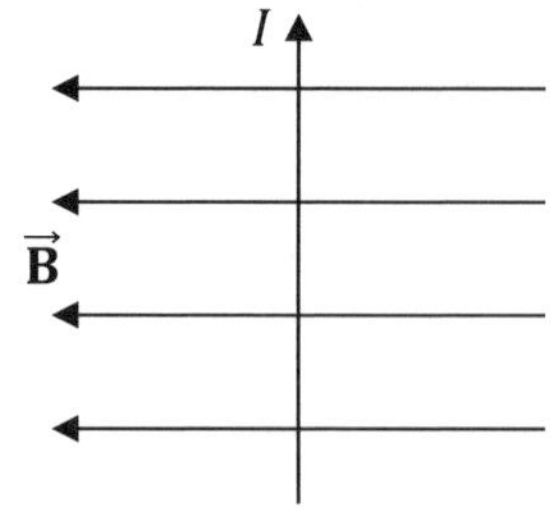

풀이 자기력용 오른손 규칙을 적용하여 자기력을 구해보자.

- 전류 I가 흐르는 방향에 맞추어 오른손 엄지손가락을 제외한 나머지 네 손가락들이 위쪽(↑)을 가리키도록 놓는다.
- 이와 동시에 오른손 손바닥이 자기장 $\vec{\mathbf{B}}$의 방향에 맞추어 왼쪽(←)을 바라보도록 놓는다.
- 네 개의 손가락은 위쪽(↑)을, 손바닥은 왼쪽(←)을 향하게 맞춘 상태에서는 엄지손가락은 책에서 바깥으로 나오는 방향(⊙)을 가리킨다.

  주의: 반드시 오른손을 사용하고 있어야 한다.[27]

- 오른손 엄지손가락이 가리키는 방향이 답이다. 따라서 자기력 $\vec{\mathbf{F}}_m$은 책 밖으로 나오는 방향(⊙)이다.

  주의: ⊙ 기호는 책 밖으로 나오는 화살표를 나타낸다.

예제 아래 그림과 같이 움직이는 양성자에 가해지는 자기력의 방향을 구하라.

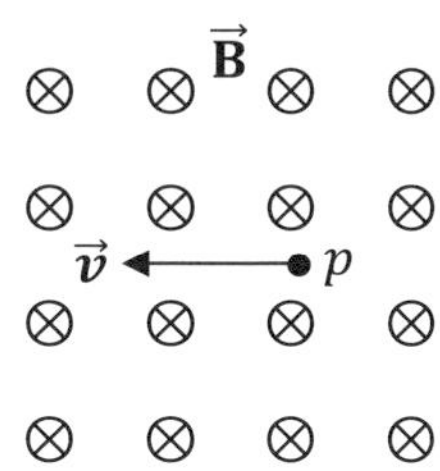

풀이 자기력용 오른손 규칙을 적용하여 자기력을 구해보자.

- 양성자 $\vec{\mathbf{B}}$의 속도 $\vec{\boldsymbol{v}}$의 방향에 맞추어 오른손 엄지손가락을 제외한 나머지 네 손가락들이 왼쪽(←)을 가리키도록 놓는다.
- 이와 동시에 오른손 손바닥이 자기장 $\vec{\mathbf{B}}$의 방향에 맞추어 책 안으로 들어가는 방향(⊗)을 향하도록 놓는다.
- 이렇게 하면 오른손 엄지손가락은 아래쪽(↓)을 가리킨다. 따라서 자기력 $\vec{\mathbf{F}}_m$의 방향은 아래쪽 방향(↓)이다.

27 잘 알고 있다고요? 그래도 신경을 써야 합니다. 오른손잡이라면 시험을 볼 때 오른손으로 글씨를 쓰느라 바쁘기 때문에 자기도 모르게 노는 손인 왼손을 사용해서 엉뚱한 답을 할 수도 있답니다.

예제 아래 그림과 같이 움직이는 전류에 가해지는 자기력의 방향을 구하라.

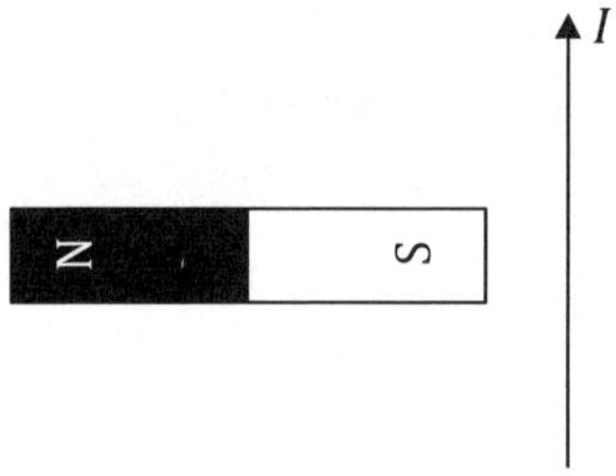

풀이 먼저 막대자석의 자기장선을 스케치한다(20장 참조).

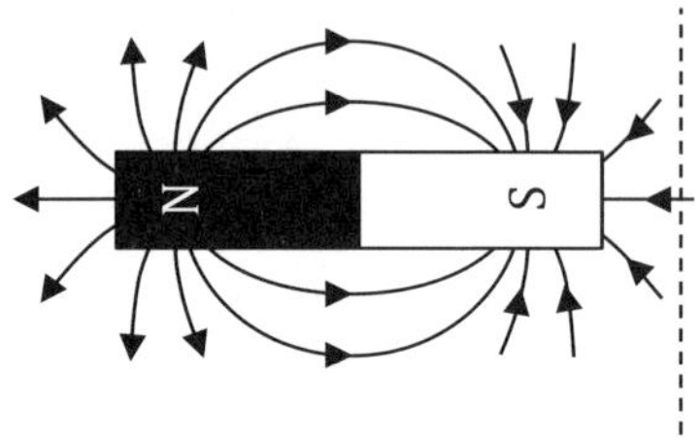

위 그림에서 점선은 전류의 위치를 나타낸다. 평균적으로 점선(즉 전류)이 위치한 곳에서 자기장 $\vec{\mathbf{B}}$를 나타내는 자기장선의 방향은 어느 쪽을 향하고 있는가? 전류가 놓여 있는 곳에서 자기장선은 평균적으로 왼쪽 방향을 향하고 있다. 이제 오른손 규칙을 사용하여 자기력을 구해보자.

- 전류 I의 방향에 맞추어 오른손 엄지손가락을 제외한 나머지 네 손가락들이 위쪽(↑)을 가리키도록 놓는다.
- 이와 동시에 오른손 손바닥이 자기장 $\vec{\mathbf{B}}$의 방향에 맞추어 왼쪽 방향(←)을 향하도록 놓는다.
- 이렇게 하면 오른손 엄지손가락은 책 밖으로 나오는 방향(⊙)을 가리킨다. 따라서 자기력 $\vec{\mathbf{F}}_m$의 방향은 책 밖으로 나오는 방향(⊙)이다.

예제 아래 그림과 같이 움직이는 전자에 가해지는 자기력의 방향을 구하라.

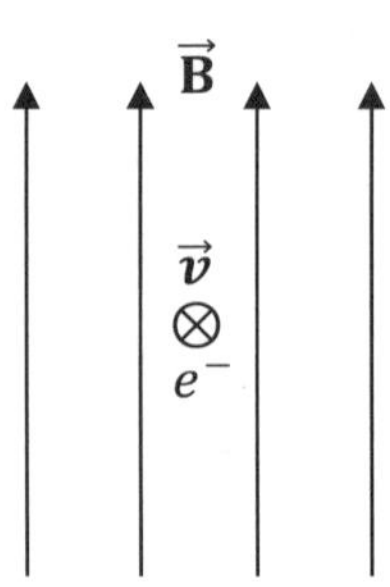

풀이 자기력용 오른손 규칙을 적용하여 자기력을 구해보자.

- 전자 e^-의 속도 $\vec{v}$의 방향에 맞추어 오른손 엄지손가락을 제외한 나머지 네 손가락들이 책 안으로 들어가는 방향(⊗)을 가리키도록 놓는다.
- 이와 동시에 오른손 손바닥이 자기장 $\vec{\mathbf{B}}$의 방향에 맞추어 위쪽(↑)을 향하도록 놓는다.
- 이렇게 하면 오른손 엄지손가락은 오른쪽(→)을 가리킨다. 그러나 전자는 − 전하를 가지고 있으므로 전자의 답을 반대방향으로 해야 한다.
- 따라서 자기력 $\vec{\mathbf{F}}_m$의 방향은 왼쪽 방향(←)이다.

예제 아래 그림과 같이 전류에 가해지는 자기력이 전류에 수직일 때 자기장의 방향을 구하라.

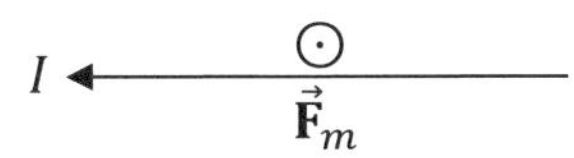

풀이 자기력을 구하기 위해 오른손 규칙을 적용하는 과정을 반대로 한다. 이 예제에서는 자기력 $\vec{\mathbf{F}}_m$의 방향을 알고 있는 상태에서 자기장 $\vec{\mathbf{B}}$의 방향을 구하는 것이다.

- 전류 I의 방향에 맞추어 오른손 엄지손가락을 제외한 나머지 네 손가락들이 왼쪽(←)을 가리키도록 놓는다.
- 이와 동시에 오른손 **엄지손가락**(손바닥이 아님에 주의)이 자기력 $\vec{\mathbf{F}}_m$의 방향(⊙)에 맞추어 책 밖으로 나오는 방향을 향하도록 놓는다.
- 이렇게 하면 오른손 손바닥은 아래쪽(↓)을 향한다. 따라서 자기장 $\vec{\mathbf{B}}$의 방향은 아래쪽이다.

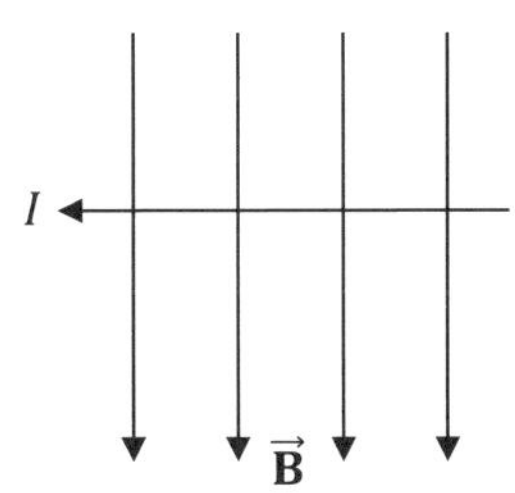

자기력용 오른손 규칙을 통상적으로 적용하는 방식으로 답을 검사해보자. 위의 그림을 보면서 전류 I의 방향에 맞추어 오른손 엄지손가락을 제외한 나머지 네 손가락들이 왼쪽(←)을 가리키도록 놓는다. 오른손 손바닥은 자기장 $\vec{\mathbf{B}}$의 방향에 맞추어 아래쪽(↓)을 향하도록 놓는다. 이렇게 하면 오른손 엄지손가락은 책 밖으로 나오는 방향(⊙)을 가리킨다. 이 방향은 문제에서 원래 주어진 자기력의 방향(⊙)과 일치하므로 맞게 풀었음을 확인할 수 있다.

예제 아래 그림과 같이 흐르는 전류에 가해지는 자기력의 방향을 구하라.

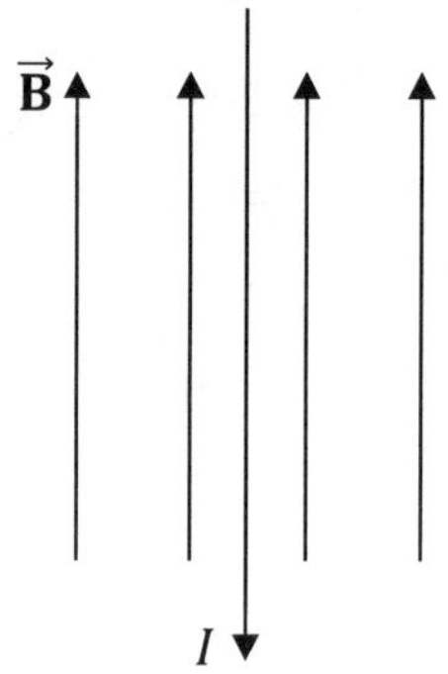

풀이 이 문제에는 '비법'이 숨어 있다. 이 비법을 잘 기억하고 있으면 아주 쉬운 문제이다. 287쪽에 있는 방법의 '주의' 사항을 살펴보라. 이 예제에서는 전류 I가 자기장 $\vec{\mathbf{B}}$와 반평행이다. 따라서 자기력 $\vec{\mathbf{F}}_m$는 0이 되므로 방향을 따질 필요가 없다.

예제 아래 그림과 같이 양성자가 원형 궤도를 따라 운동을 하기 위해서는 자기장 $\vec{\mathbf{B}}$는 어느 방향으로 가해지고 있어야 하는가?

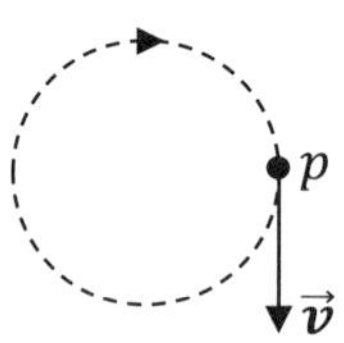

이 시리즈 책의 제1권에서는 원형 궤도를 따라 움직이는 전하를 다루는 물체에는 **구심력**이 작용하고 있다는 것을 배웠다. 이 말은 양성자에 가해지는 자기력 $\vec{\mathbf{F}}_m$의 방향이 양성자가 원의 중심을 향하는 방향이어야 함을 뜻한다. 왼쪽 아래에 있는 그림을 보자. 양성자 p가 위치한 지점에서 속도 $\vec{v}$는 원과의 접점을 지나는 접선방향인 아래쪽(↓)을 향하고 있으며 자기력 $\vec{\mathbf{F}}_m$은 왼쪽(←)으로 원의 중심을 향하고 있다. 오른손 규칙을 반대 과정으로 적용해보자.

- 속도 $\vec{v}$의 방향에 맞추어 오른손 엄지손가락을 제외한 나머지 네 손가락들이 아래쪽(↓)을 가리키도록 놓는다.
- 이와 동시에 오른손 **엄지손가락**(손바닥이 아님에 주의)이 자기력 $\vec{\mathbf{F}}_m$의 방향에 맞추어 왼쪽(←)을 향하도록 놓는다.

- 이렇게 하면 오른손 손바닥은 책에서 밖으로 나오는 방향(⊙)을 가리킨다. 따라서 자기장 $\vec{\mathbf{B}}$는 책 밖으로 나오는 방향(⊙)이다.

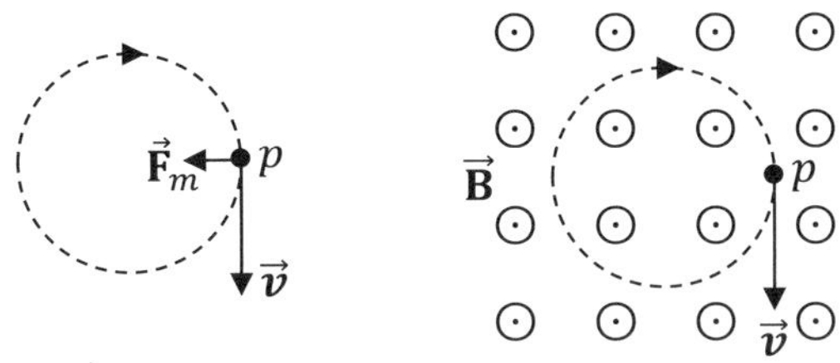

예제 아래 그림에서 직사각형 루프는 회전하는가, 수축하는가, 아니면 팽창하는가?

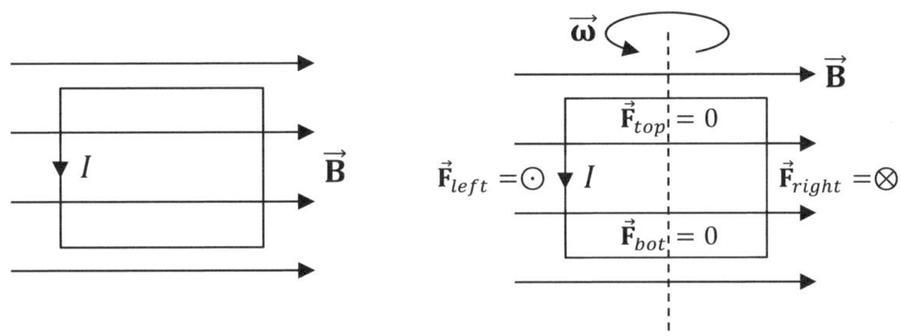

풀이 먼저 직사각형 루프를 이루고 있는 각 변에 가해지는 자기력을 오른손 규칙을 적용하여 구해보자.

- **왼쪽 변**: 전류 I의 방향에 맞추어 오른손 엄지손가락을 제외한 나머지 네 손가락들이 아래쪽(↓)을 가리키도록 놓는다. 이와 동시에 오른손 손바닥이 자기장 $\vec{\mathbf{B}}$의 방향에 맞추어 오른쪽(→)을 향하도록 놓는다. 이렇게 하면 오른손 엄지손가락이 가리키는 자기력 $\vec{\mathbf{F}}_m$의 방향은 책 밖으로 나오는 방향(⊙)이다.
- **아랫변**: 전류 I의 방향은 오른쪽(→)을 향하고 자기장 $\vec{\mathbf{B}}$의 방향도 오른쪽(→)을 향하고 있다. 이처럼 I와 $\vec{\mathbf{B}}$의 방향이 평행하므로 자기력 $\vec{\mathbf{F}}_m$는 0이다.
- **오른쪽 변**: 전류 I의 방향에 맞추어 오른손 엄지손가락을 제외한 나머지 네 손가락들이 위쪽(↑)을 가리키도록 놓는다. 이와 동시에 오른손 손바닥이 자기장 $\vec{\mathbf{B}}$의 방향에 맞추어 오른쪽(→)을 향하도록 놓는다. 이렇게 하면 오른손 엄지손가락이 가리키는 자기력 $\vec{\mathbf{F}}_m$의 방향은 책 안으로 들어가는 방향(⊗)이다.
- **윗변**: 전류 I의 방향은 왼쪽(←)을 향하고 자기장 $\vec{\mathbf{B}}$의 방향은 오른쪽(→)을 향하고 있다. 이처럼 I와 $\vec{\mathbf{B}}$의 방향이 반평행이므로 자기력 $\vec{\mathbf{F}}_m$는 0이다.

이상과 같이 구한 자기력 $\vec{\mathbf{F}}_m$을 위의 오른쪽 그림에 나타내었다. 루프의 왼쪽 변은 책 밖으로 당겨지고 오른쪽 변은 책 속으로 밀쳐지면 루프는 어떻게 될까? 루프는 오른쪽 그림에 표시된 점선을 축으로 하여 회전하게 된다.

연습문제

79. 다음의 각 문제에서 오른손 규칙을 적용하여 자기력을 구하라.

(A) 아래 그림과 같이 흐르는 전류에 가해지는 자기력의 방향을 구하라.

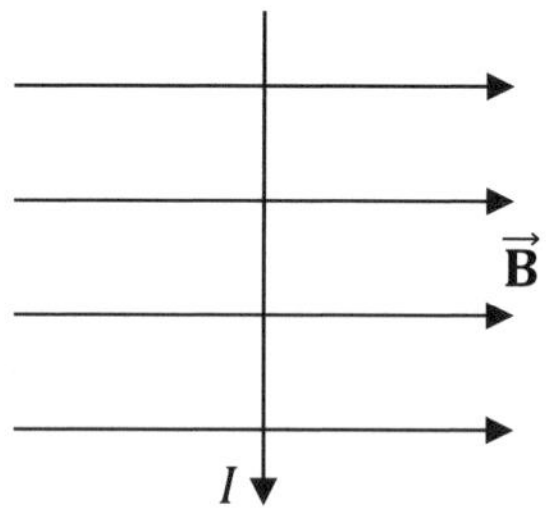

(B) 아래 그림과 같이 움직이는 양성자에 가해지는 자기력의 방향을 구하라.

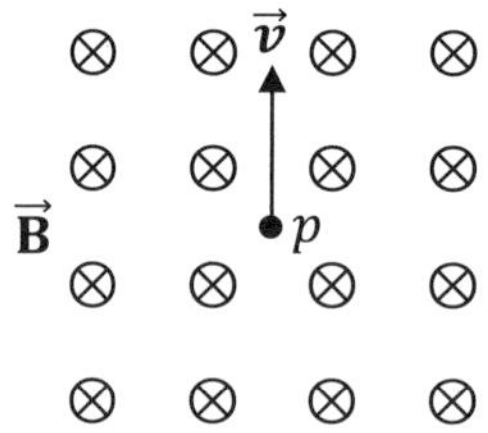

(C) 아래 그림과 같이 흐르는 전류에 가해지는 자기력의 방향을 구하라.

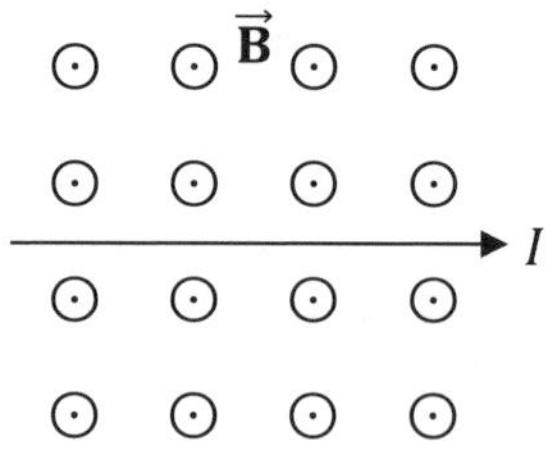

(D) 아래 그림과 같이 움직이는 전자에 가해지는 자기력의 방향을 구하라.

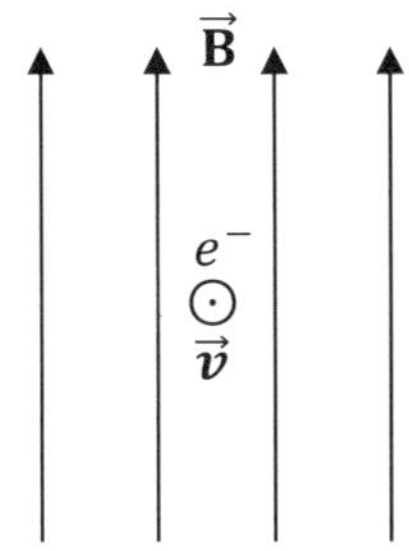

(E) 아래 그림과 같이 움직이는 양성자에 가해지는 자기력의 방향을 구하라.

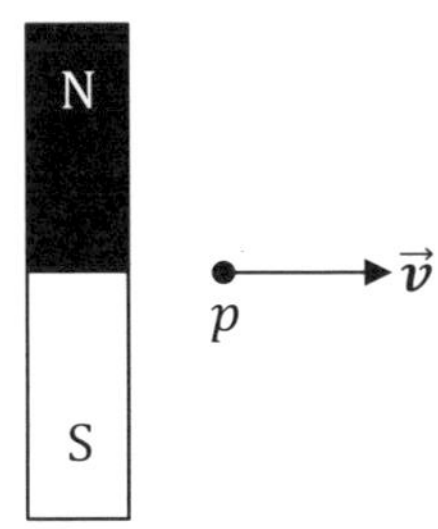

(F) 아래 그림과 같이 전류에 수직 방향으로 자기력이 가해지고 있을 때 자기장의 방향을 구하라.

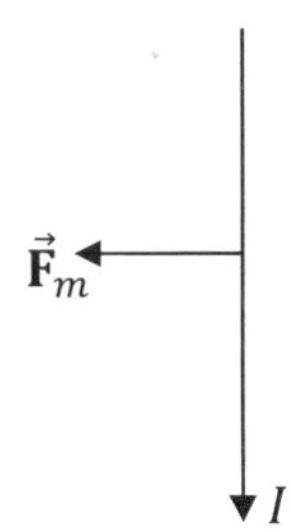

80. 다음의 각 문제에서 오른손 규칙을 적용하여 자기력을 구하라.

(A) 아래 그림과 같이 움직이는 양성자에 가해지는 자기력의 방향을 구하라.

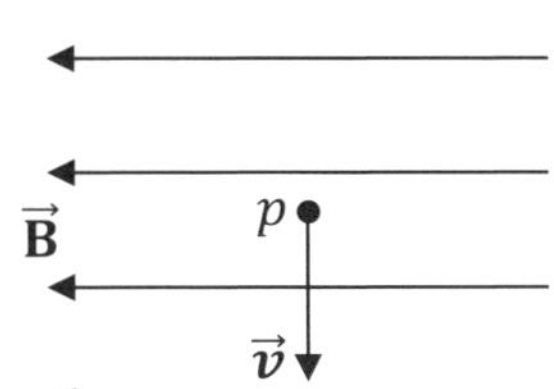

(B) 아래 그림과 같이 움직이는 전류에 가해지는 자기력의 방향을 구하라.

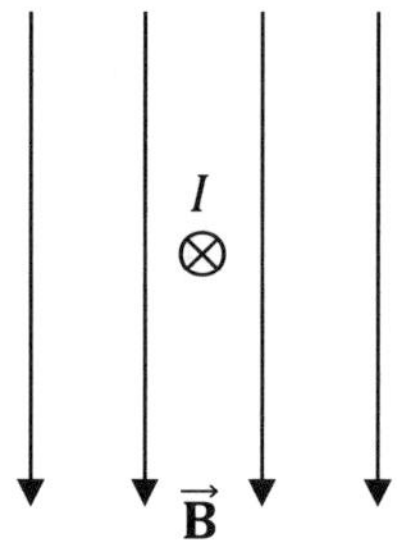

(C) 아래 그림과 같이 흐르는 전류에 가해지는 자기력의 방향을 구하라.

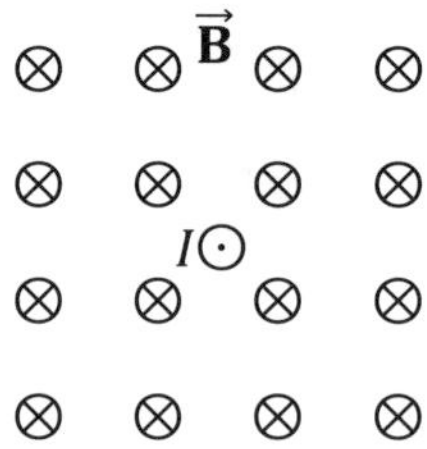

(D) 아래 그림과 같이 움직이는 양성자에 가해지는 자기력의 방향을 구하라.

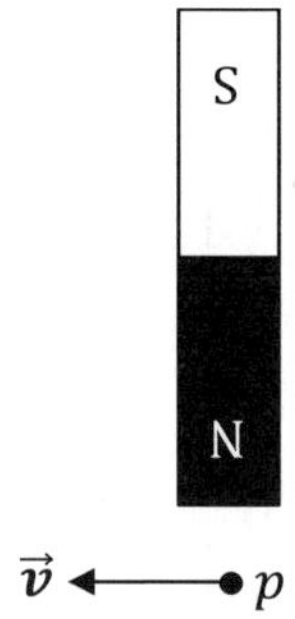

(E) 아래 그림과 같이 움직이는 전자에 가해지는 자기력의 방향을 구하라.

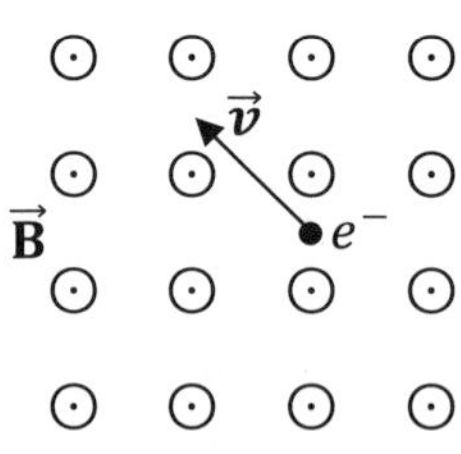

(F) 아래 그림과 같이 전류에 수직 방향으로 자기력이 가해지고 있을 때 자기장의 방향을 구하라.

81. 다음의 각 문제에서 오른손 규칙을 적용하여 자기력을 구하라.

(A) 아래 그림과 같이 흐르는 전류에 가해지는 자기력의 방향을 구하라.

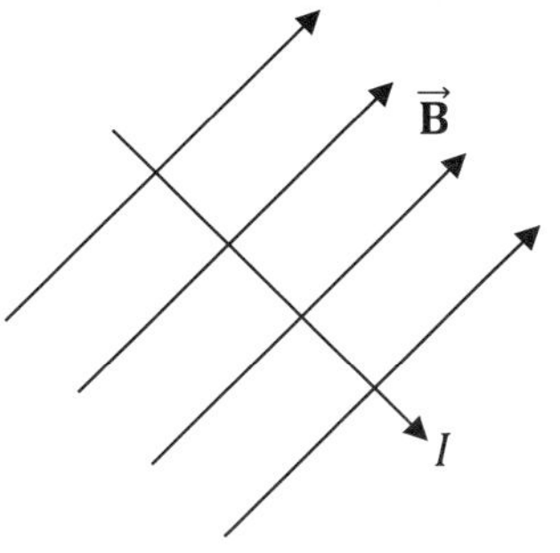

(B) 아래 그림과 같이 움직이는 전자에 가해지는 자기력의 방향을 구하라.

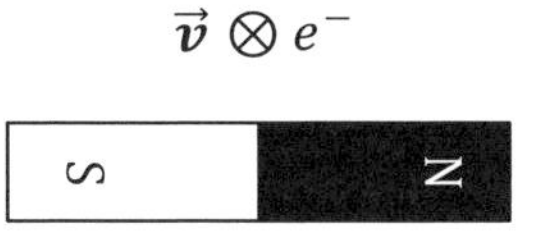

(C) 아래 그림과 같이 양성자가 원형 궤도를 따라 운동을 하기 위해서는 자기장 $\vec{\mathbf{B}}$는 어느 방향으로 가해지고 있어야 하는가?

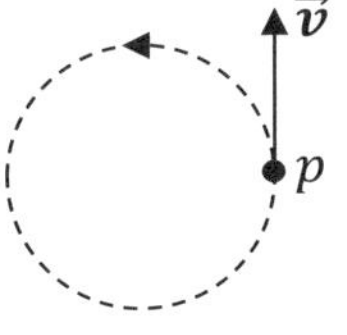

(D) 아래 그림과 같이 전자가 원형 궤도를 따라 운동을 하기 위해서는 자기장 $\vec{\mathbf{B}}$는 어느 방향으로 가해지고 있어야 하는가?

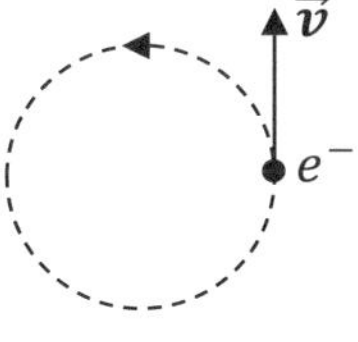

(E) 아래 그림에서 직사각형 루프는 회전하는가, 수축하는가, 아니면 팽창하는가?

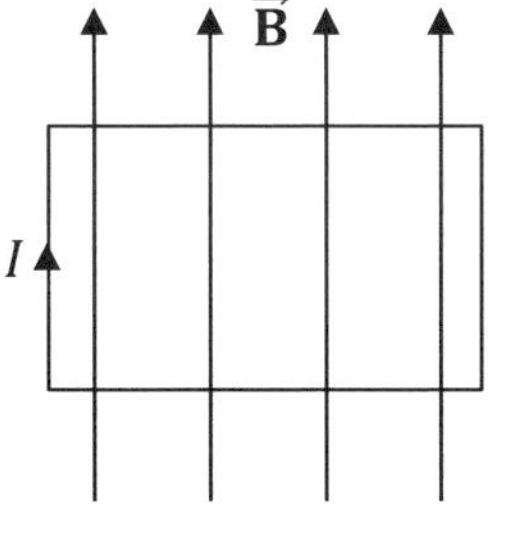

(F) 아래 그림에서 직사각형 루프는 회전하는가, 수축하는가, 아니면 팽창하는가?

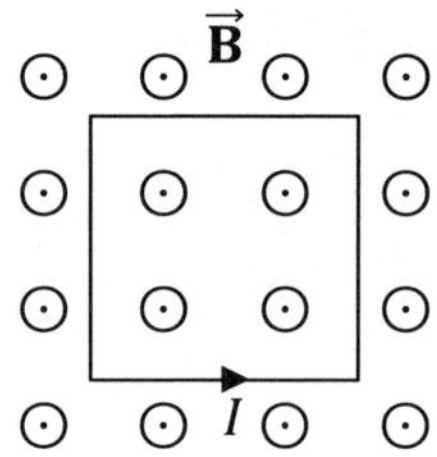

도움이 필요한가요? 책의 맨 뒤에 있는 그림을 보세요.

22
자기장용 오른손 규칙

관련 용어

- **전류**(current) 시간에 대한 전하의 변화율. 단위 시간 동안에 어떤 점 또는 단면적을 통과해 흐르는 전하의 양으로 정의함.
- **자기장**(magnetic field) 움직이는 전하(즉 전류)가 만들어내는 자기 현상
- **솔레노이드**(solenoid) 도선을 감아서 원통의 형태로 만든 것

기본 개념

아래 그림과 같이 길이가 긴 직선도선에 흐르는 전류는 전류 주위를 감싸며 회전하는 자기장선을 만들어낸다.

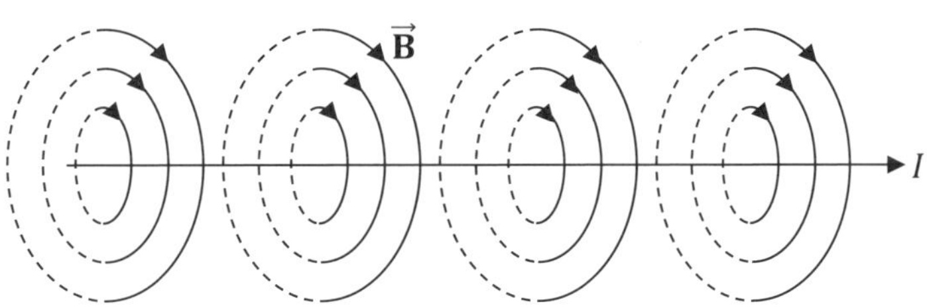

이 장에서는 21장에서 배운 자기력용 오른손 규칙과는 다른 오른손 규칙을 사용하여 자기장선이 회전하는 방향을 구해본다. 이 자기장용 오른손 규칙은 전류 I 또는 움직이는 전하가 만들어내는 자기장 $\vec{\mathbf{B}}$의 방향을 알려준다.

- 도선을 오른손으로 감싸 쥔다고 상상한다.

  도움말: 연필을 도선이라고 생각하고 실제로 연필을 감싸 쥐어본다.

- 오른손 엄지손가락을 전류 I가 흐르는 방향에 맞춘 상태로 도선을 감싸 쥔다.
- 그러면 오른손 엄지손가락을 제외한 나머지 네 손가락 끝이 가리키는 방향이 도선을 감싸는 원형 자기장선의 회전 방향이다. 어떤 주어진 점에서 자기장의 방향은 네 손가락이 만드는 원의 접선방향이다.

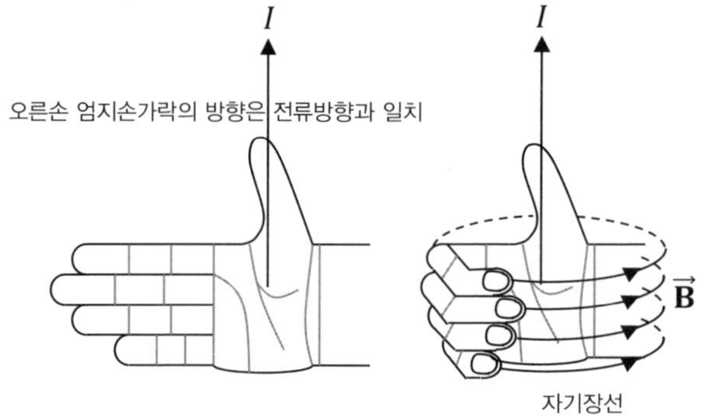

중요한 차이

자기현상과 관련한 오른손 규칙에는 두 종류가 있다.

- 자기력용 오른손 규칙: 자기장 $\vec{\mathbf{B}}$가 존재하는 영역에서 전하(또는 전류가 흐르는 도선)에 가해지는 자기력 $\vec{\mathbf{F}}_m$을 구하는 데 사용되는 오른손 규칙이다. 이에 대해서는 21장에서 살펴보았다.
- 자기장용 오른손 규칙: 나머지 하나는 전류 I 또는 움직이는 전하가 만들어내는 자기장 $\vec{\mathbf{B}}$의 방향을 구하는 데 사용하는 오른손 규칙이다. 이에 대해서는 이번 장에서 살펴본다. 이 오른손 규칙에서는 자기력 $\vec{\mathbf{F}}_m$은 사용하지 않는다.

기호와 SI 단위

기호	이름	SI 단위
$\vec{B}$	자기장	T
I	전류	A

특수 기호

기호	이름
⊗	책 안으로 들어가는 방향
⊙	책 밖으로 나오는 방향

회로기호

회로 기호	이름	이름
	R	저항기
	ΔV	배터리 또는 직류전원

앞에서 배웠듯이 배터리 기호에서 긴 수직선은 + 단자를, 작은 사각형은 − 단자를 나타낸다. 전류는 배터리의 + 단자에서 밖으로 나와 − 단자를 거쳐 다시 배터리 속으로 들어간다.

자기장용 오른손 규칙을 적용하는 방법

다음 기호가 가리키는 것을 잘 알아두어야 한다.

- ⊗ 기호는 책 안으로 들어가는 화살표를 나타낸다.
- ⊙ 기호는 책 밖으로 나오는 화살표를 나타낸다.

그림에 배터리가 있으면 배터리(또는 DC 전원 공급기)의 두 단자에 극성에 맞춰 +와 − 기호를 각각 붙인다. 아래 그림에서 보듯이 긴 수직선이 + 단자이다. 전류의 방향은 관습에 따라 양(+) 전하가 흐르는 방향으로 한다.[28] 이렇게 하면 전류 방향은 배터리의 + 단자에서 밖으로 나와 − 단자를 거쳐 다시 배터리 안으로 들어가는 방향이다.

자기장용 오른손 규칙을 적용하는 문제의 종류는 다양하다.

---

28 물론, 실제로 도선을 통해 움직이는 것은 양전하가 아니라 전자이다. 그럼에도 오래전부터 물리에서 다루는 모든 부호들은 양(+) 전하를 기준으로 하여 정해졌고 지금까지 이어져오고 있다. 따라서 양전하를 기준으로 전류가 흐르는 방향을 정하는 것은 "관습"이다. 전자는 음(−) 전하를 가지고 있으므로 물리학의 모든 법칙은 전자를 기준으로 하면 부호나 방향은 반대가 된다.

- 전류 I 또는 움직이는 전하가 어떤 특정 지점에 만들어내는 자기장 $\vec{\mathbf{B}}$를 구하는 방법은 다음과 같다.
  - 오른손 엄지손가락이 가리키는 방향을 전류 I가 흐르는 방향에 맞춘 상태로 나머지 네 손가락으로 도선을 감싸 쥔다.
  - 그러면 오른손 엄지손가락을 제외한 나머지 손가락 끝이 가리키는 방향이 도선을 감싸는 원형 자기장선의 회전 방향이다. 어떤 주어진 점에서 자기장의 방향은 네 손가락이 만드는 이 원의 접선방향이다.

주의: 전하가 음(−) 전하(예를 들어, 전자)인 경우에는 답은 반대방향이 된다.

- 자기장 $\vec{\mathbf{B}}$의 방향을 이미 알고 있고 전류 I가 흐르는 방향을 구하는 경우에는 다음과 같이 자기장용 오른손 규칙을 적용하는 과정을 반대로 수행한다.
  - 어떤 주어진 점에서, 오른손 엄지손가락을 제외한 나머지 네 손가락 끝이 가리키는 방향이 도선 주위를 감싸는 원형 자기장의 회전 방향과 일치하도록 도선을 감싸 쥔다. 여기서 네 손가락은 원형 자기장선을 나타내며 네 손가락 끝이 가리키는 방향은 원형 자기장선의 회전방향이라는 것을 잘 기억하고 있어야 한다. 주어진 점에서 자기장의 방향은 그 점에서 네 손가락이 만드는 원의 접선방향이다.
  - 그러면 오른손 엄지손가락이 가리키는 방향이 전류 I가 흐르는 방향이 된다.

주의: 전하가 음(−) 전하(예를 들어, 전자)인 경우에는 답은 반대방향이 된다.

- 문제에 자기력 $\vec{\mathbf{F}}_m$이 포함되어 있는 경우에는 21장이나 23장에서 설명하는 방법을 사용한다.
  - 자기장 $\vec{\mathbf{B}}$가 존재하는 영역에서 움직이는 전하(또는 전류가 흐르는 도선)에 가해지는 자기력 $\vec{\mathbf{F}}_m$을 구하는 경우에는 21장에서 설명하는 방법을 적용한다.
  - 한 도선(또는 움직이는 전하)이 다른 도선(또는 움직이는 전하)에 가하는 자기력 $\vec{\mathbf{F}}_m$을 구하는 경우에는 23장에서 설명하는 방법을 적용한다. 23장에서 설명하는 방법은 21장의 자기력용 오른손 규칙과 22장의 자기장용 오른손 규칙을 결합한 것이다.

예제 아래 그림과 같이 전류가 흐를 때 A점과 C점에서 자기장의 방향을 구하라.

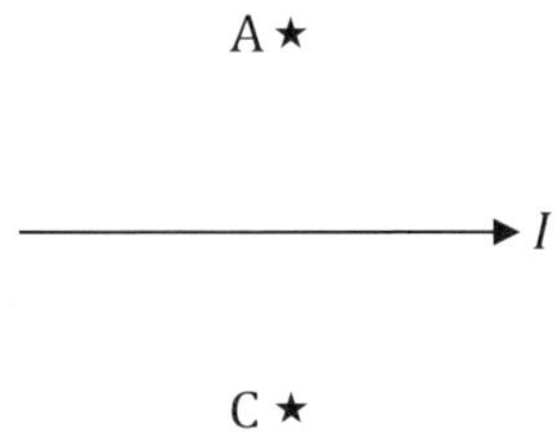

풀이 자기장용 오른손 규칙을 적용하여 자기장을 구해보자.

- 전류 I가 흐르는 방향에 맞춰 오른손 엄지손가락이 오른쪽(→)을 가리키도록 한 상태에서 오른손으로 전류를 감싸 쥔다.
- 그러면 왼쪽 아래 그림처럼 오른손 엄지손가락을 제외한 나머지 네 손가락들이 도선을 감싸는 원을 이룬다.
- 어떤 특정 지점에서 자기장 $\vec{\mathbf{B}}$의 방향은 오른쪽 아래 그림에서 보듯이 이 원의 접선방향(원의 접점에서 손가락 끝이 가리키는 방향)이다. 머릿속으로 손가락들이 만드는 원을 그려보자. 도선 위쪽 영역에서는 손가락들이 책 안에서 책 밖으로 나오는 반면에 도선 아래쪽 영역에서는 손가락들이 책 밖에서 책 안으로 들어가고 있다(책에 그려진 도선을 실제 오른손으로 움켜쥐려면 손가락이 실제로 책을 뚫고 들어갔다 책 밖으로 나와야 한다. 이때 도선 위쪽 부분에서는 손가락들이 책 안에서 책 밖으로 종이를 뚫고 나온다. 또한 도선 아래쪽 부분에서는 손가락들이 책 밖에서 책 안으로 종이를 뚫고 들어간다.) A점에서는 자기장 $\vec{\mathbf{B}}_A$가 책 안에서 밖으로 나오는 방향(⊙)이며 C점에서는 자기장 $\vec{\mathbf{B}}_C$는 책 밖에서 책 안으로 들어가는 방향(⊗)이다.
- 아래의 오른쪽에 있는 그림과 299쪽에 있는 그림을 비교해보면 내용을 이해하는 데 도움이 될 것이다. 이 두 그림은 실제로 동일한 그림이다.

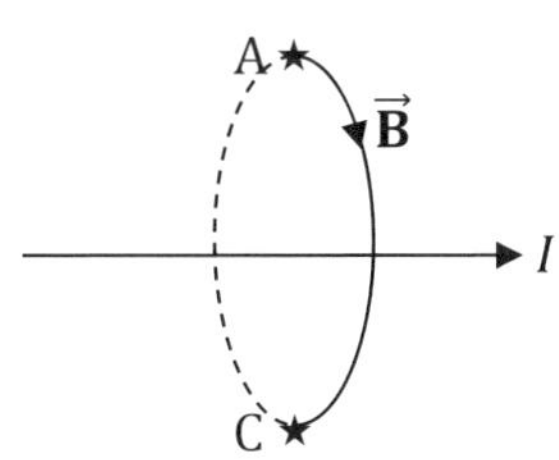

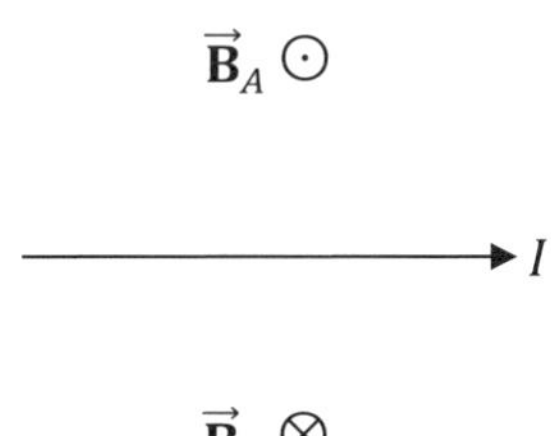

예제 아래 그림과 같이 전류가 흐를 때 D점과 E점에서 자기장의 방향을 구하라.

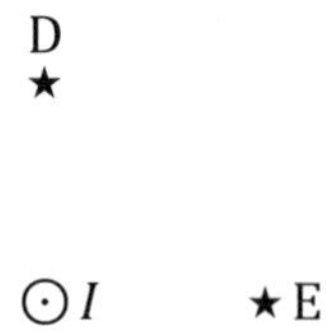

풀이 자기장용 오른손 규칙을 적용하여 자기장을 구해보자.

- 전류 I가 흐르는 방향에 맞춰 오른손 엄지손가락이 책 밖으로 나오는 방향(⊙)을 가리키도록 한 상태에서 오른손으로 전류를 감싸 쥔다.
- 그러면 왼쪽 아래 그림처럼 오른손 엄지손가락을 제외한 나머지 손가락들이 도선을 감싸는 원을 이룬다. 이때 손가락 끝이 가리키는 방향은 반시계방향이다.
- 어떤 특정 지점에서 자기장 $\vec{\mathbf{B}}$의 방향은 오른쪽 아래 그림에서 보듯이 이 원의 접선방향(원의 접점에서 손가락 끝이 가리키는 방향)이다. D점과 E점에서 반시계방향을 향하는 접선을 그리면 오른쪽 아래 그림과 같다. D점에서는 자기장 $\vec{\mathbf{B}}_D$가 왼쪽 방향(←)이며 E점에서는 자기장 $\vec{\mathbf{B}}_E$는 위쪽 방향(↑)이다.

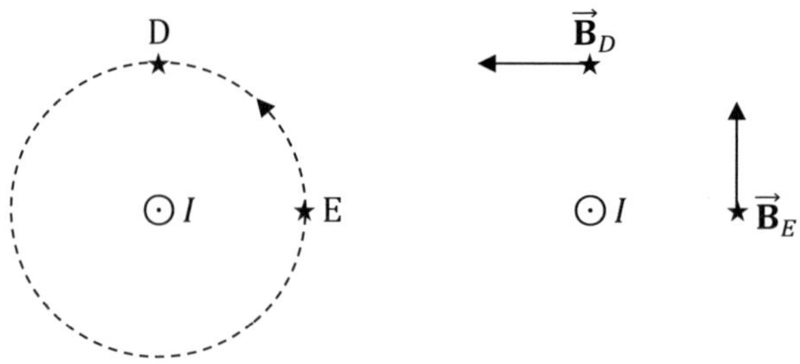

예제 아래 그림과 같이 전류가 흐를 때 F점과 G점에서 자기장의 방향을 구하라.

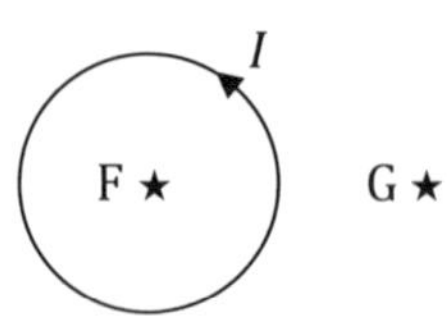

풀이 자기장용 오른손 규칙을 적용하여 자기장을 구해보자.

- 반시계방향으로 흐르는 전류 I의 방향에 맞춰 오른손 엄지손가락이 반시계방향을 가리키도록 한 상태에서 오른손으로 전류를 감싸 쥔다. 머릿속에서 오른손으로 자동차

핸들을 잡은 것을 상상하면 된다. 자동차 핸들의 어느 부분을 오른손으로 쥐든, 나머지 네 손가락들은 F점에서는 책 밖으로 나오는 방향(⊙)이다. 따라서 F점에서는 자기장 $\vec{\mathbf{B}}_F$가 책 밖으로 나오는 방향(⊙)이다.

- G점에서의 자기장을 구하기 위해 오른손으로 핸들의 맨 오른쪽을 잡는다(핸들의 맨 오른쪽이 G점에서 가장 가까우므로 핸들의 다른 부분보다 G점의 자기장에 가장 큰 영향을 준다). 그러면 나머지 오른손의 네 손가락들은 G점에서 책 안으로 들어가는 방향(⊗)이다. 따라서 G점에서는 자기장 $\vec{\mathbf{B}}_G$가 책 안으로 들어가는 방향(⊗)이다.

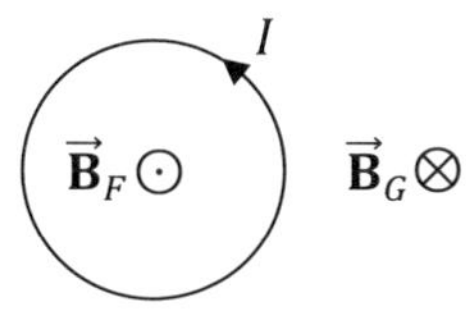

도움말: 루프 외부 영역에 분포하는 자기장의 방향은 루프 내부 영역에 분포하는 자기장의 방향과 반대이다.

예제 아래 그림과 같이 루프가 있을 때 H점에서 자기장의 방향을 구하라.

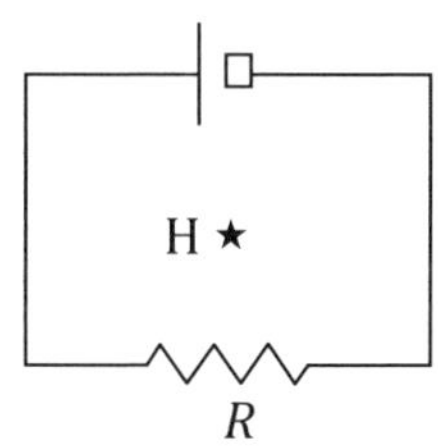

풀이 먼저 배터리의 두 단자에 + 기호와 − 기호를 각각 붙인다. 긴 수직선이 + 단자다. 또 배터리의 + 단자에서 빠져 나와 − 단자를 향해 들어가는 방향으로 전류 화살표를 그린다. 이제 자기장용 오른손 규칙을 적용하여 자기장을 구해보자. H점에서 자기장의 방향은 바로 이전 예제의 F점에서 자기장의 방향과 동일하다. 그 까닭은 루프에 흐르는 전류가 반시계방향으로 흐르기 때문이다. 자기장 $\vec{\mathbf{B}}_H$는 책 바깥으로 나오는 방향(⊙)이다.

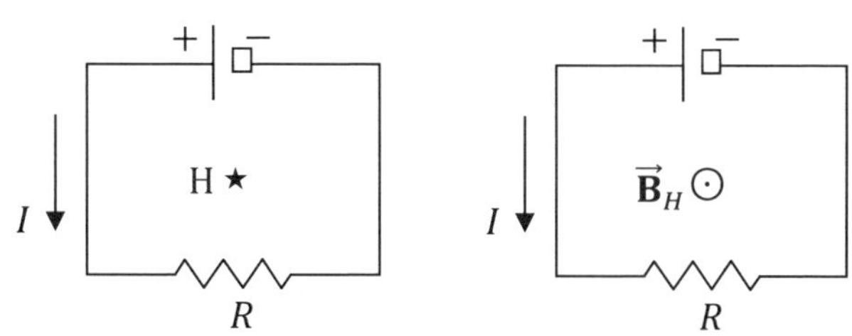

예제 아래 그림과 같이 루프가 있을 때 J점에서 자기장의 방향을 구하라.

풀이 이 문제에서 주의할 점은 지금까지 풀어본 예제들과는 달리 루프가 책과 나란한 평면에 놓여있지 않다는 것이다. 이 루프는 수평으로 놓여 있으므로 책 앞에는 실선으로 된 반원이, 책 속에는 점선으로 된 반원이 있는 것으로 볼 수 있다. 이 루프는 농구 바스켓을 구성하고 있는 '림(rim)'과 유사하다. 이제 자기장용 오른손 규칙을 적용하여 자기장을 구해보자.

- 오른손으로 책 앞에서 반시계방향으로 흐르는 전류 I의 방향에 맞춰 오른손 엄지손가락이 반시계방향을 가리키도록 한 상태로 오른손으로 전류를 감싸 쥔다. (위의 그림을 보면 루프 앞쪽, 다시 말해 책을 정면으로 바라보는 각도에서 여러분과 가장 가까운 루프 부분에 흐르는 전류의 방향이 오른쪽이므로 오른손 엄지손가락을 오른쪽 방향(→)으로 맞춘다).
- 그러면 오른손의 나머지 네 손가락들은 루프 내부에서는 위쪽 방향(↑)으로 올라간다. 따라서 J점에서는 자기장 $\vec{\mathbf{B}}_J$가 위쪽 방향(↑)이다.

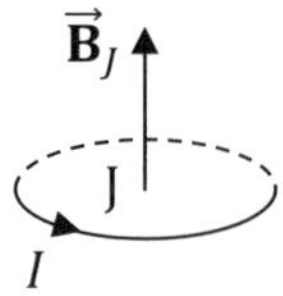

예제 아래 그림과 같이 솔레노이드가 있을 때 자기장의 방향을 구하라.

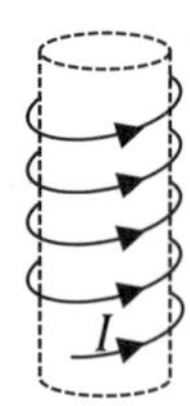

풀이 솔레노이드는 도선을 감아서 원통 모양으로 만들어 놓은 것을 말한다. 위 그림의 솔레노이드는 근사적으로 여러 개의 수평 루프를 쌓아 놓은 것으로 볼 수 있다. 각각의 수평루프는 바로 이전 예제에서 다룬 루프와 동일하다. 솔레노이드를 이루고 있는 각각의 수평루프에 흐르는 전류 I는 이전 예제와 동일한 방향(각 루프의 앞쪽에서 오른쪽 방향)

으로 흐르고 있다. 따라서 이전 예제와 마찬가지로 솔레노이드의 내부에서는 자기장 가 위쪽 방향(↑)이다.

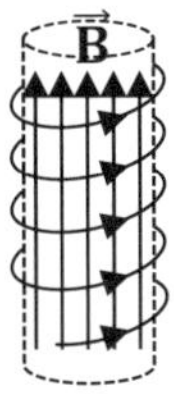

연습문제

82. 아래에 표시한 각 점에서 자기장의 방향을 구하라.

(A)

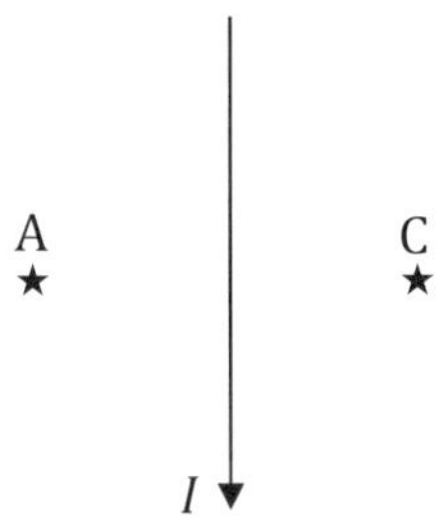

(B)

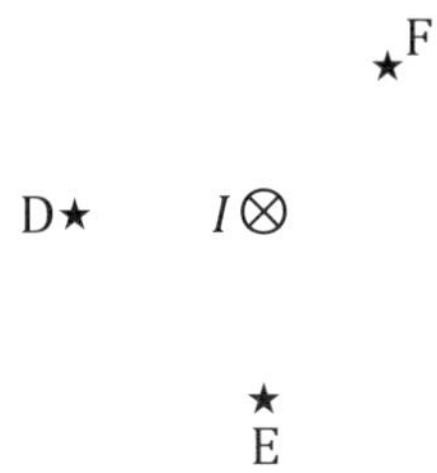

(C)

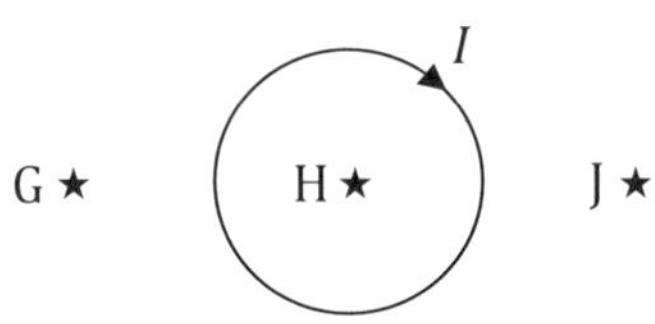

(D)

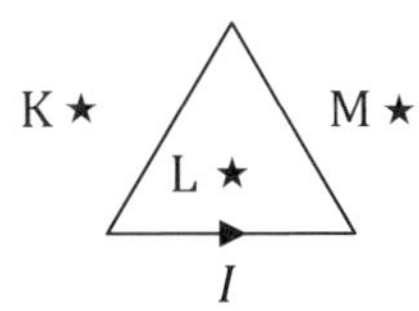

(E)

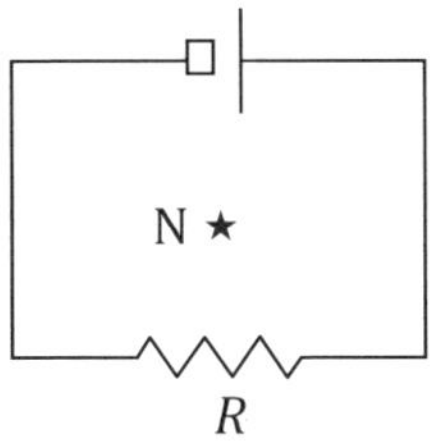

(F)

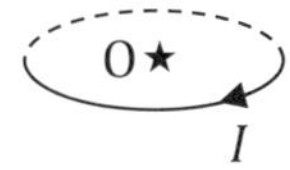

(G)

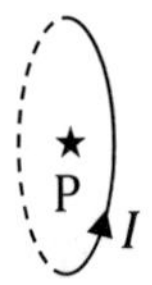

(H)

(I)

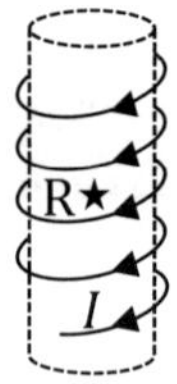

도움이 필요한가요? 책의 맨 뒤에 있는 그림을 보세요.

23
두 오른손 규칙의 결합

관련 용어

- **전하**(electric charge) 입자가 가지는 고유한 특성 중의 하나로, 전하를 가진 입자가 전기장이 있는 곳에 놓이게 되면 전기장에 의해 힘을 받게 된다. (전기적으로 중성인 입자는 전하를 가지지 않는다. 따라서 중성 입자는 전기장이 있는 곳에 놓이게 되어도 힘을 받지 않는다.)
- **속도**(velocity) 속력(speed)과 방향(direction)을 함께 나타내는 양
- **전류**(current) 시간에 대한 전하의 변화율. 단위 시간 동안에 어떤 점 또는 단면적을 통과해 흐르는 전하의 양으로 정의함.
- **자기장**(magnetic field) 움직이는 전하(즉 전류)가 만들어내는 자기 현상
- **자기력**(magnetic force) 자기장이 존재하는 영역에서 움직이는 전하(즉 전류)가 받는 인력(끌어당기는 힘)이나 척력(밀어내는 힘)
- **솔레노이드**(solenoid) 도선을 감아서 원통의 형태로 만든 것

기본 개념

전류가 흐르는 한 도선(I_a)이 전류가 흐르는 다른 도선(I_b)에 가하는 힘을 구하는 경우에는 앞에서 배운 두 가지 오른손 규칙을 결합해서 적용해야 한다. 여기서는 I_a가 I_b에 힘을 가하는 것으로 가정한다. 그러면 I_b는 I_a로부터 밀쳐지는 힘 또는 끌어 당겨지는 힘을 받는다(물론 힘은 서로서로 작용한다. 즉 I_a가 I_b에 힘을 가하면 동시에 I_b도 I_a에 힘을 가한다. 그렇지만 계산은 어느 한 경우에 대해서만 수행하기로 한다. 여기서는 I_a가 I_b에 가하는 힘을 구한다).

- 먼저 전류 I_a가 만들어내는 자기장 $\vec{\mathbf{B}}_a$의 방향을 구한다. 이 자기장 $\vec{\mathbf{B}}_a$에 의해 다른 전류 I_b는 힘을 받는다. I_b 위의 한 점에 장점(★)을 표시한 다음, ★ 위치에서 $\vec{\mathbf{B}}_a$의 방향을 구한다. 이때 22장에서 살펴본 자기장용 오른손 규칙을 적용하여 I_a가 ★ 위치에 만들어내는 자기장 $\vec{\mathbf{B}}_a$를 구한다.
- 이제 전류 I_a가 다른 전류 I_b에 가하는 자기력 $\vec{\mathbf{F}}_a$의 방향을 구한다. 21장에서 살펴본 자기력용 오른손 규칙을 적용하여 I_b와 $\vec{\mathbf{B}}_a$로부터 $\vec{\mathbf{F}}_a$를 구한다. 여기서 I_b가 받는 힘 $\vec{\mathbf{F}}_a$를 구할 때 자기장 $\vec{\mathbf{B}}_a$와 함께 전류로 I_a가 아닌 I_b를 사용하는 것은 힘을 구할 때는 그 힘을 받는 전류를 사용해야 하기 때문이다.
- 지금까지 힘을 구하는 과정에서 전류 두 개를 모두 사용했음을 잘 알아두어야 한다. 첫 번째 전류 I_a는 힘을 가하는 전류로서 자기장 $\vec{\mathbf{B}}_a$를 구하는 데 사용했고, 두 번째 전류 I_b는 힘을 받아 밀쳐지거나 당겨지는 전류로서 자기력 $\vec{\mathbf{F}}_a$를 구하는 데 사용되었다.

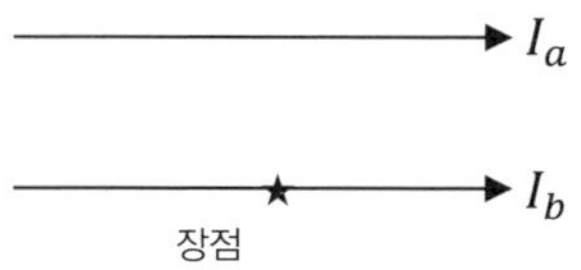

기호와 SI 단위

기호	이름	SI 단위
$\vec{B}$	자기장	T
$\vec{F}_m$	자기력	N
$\vec{v}$	속도	m/s
I	전류	A

특수 기호

기호	이름
⊗	책 안으로 들어가는 방향
⊙	책 밖으로 나오는 방향
p	양성자
n	중성자
e^-	전자

회로기호

회로 기호	이름	이름
	R	저항기
	ΔV	배터리 또는 직류전원

앞에서 배웠듯이 배터리 기호에서 긴 수직선은 + 단자를 나타낸다.

오른손 규칙을 적용하여 한 전류가 다른 전류에 가하는 자기력을 구하는 방법

다음 기호가 가리키는 것을 잘 알아두어야 한다.

- ⊗ 기호는 책 안으로 들어가는 화살표를 나타낸다.
- ⊙ 기호는 책 밖으로 나오는 화살표를 나타낸다.

그림에 배터리가 있으면 각 배터리(또는 DC 전원 공급기)의 두 단자에 극성에 맞춰 +와 −기호를 각각 붙인다. 아래 그림에서 보듯이 긴 수직선이 + 단자이다. 전류의 방향은 통상적인 방식을 따라 양전하가 흐르는 방향으로 한다. 이렇게 하면 전류 방향은 배터리의 + 단자에서 밖으로 나와 − 단자를 거쳐 배터리 안으로 들어가는 방향이다.

전류가 흐르는 한 도선이, 전류가 흐르는 다른 도선에 가하는 자기력을 구하는 방법은 다음과 같다.

1. 문제에서 두 전류 가운데 힘을 가하는 전류를 파악한다. 여기서는 이 전류를 I_a라고 한다. I_a에 의해 힘을 받아 밀쳐지거나 끌어당겨지는 전류를 파악한다. 여기서는 이 전류를 I_b라고 한다. (어떤 전류도 자기 자신에게 스스로 힘을 가할 수는 없다. 따라서 두 전류 사이에서 한 전류가 다른 전류에 가하는 힘을 구해야 한다.)
2. I_b 위의 한 점에 장점(★)을 표시한 다음, 22장에서 살펴본 자기장용 오른손 규칙을 적용하여 I_a가 ★ 위치에 만들어내는 $\vec{\mathbf{B}}_a$의 방향을 구한다.
3. 21장에서 살펴본 자기력용 오른손 규칙을 적용하여 자기장 $\vec{\mathbf{B}}_a$가 존재할 때 I_b에 가해지는 자기력 $\vec{\mathbf{F}}_a$의 방향을 구한다.

예제 아래 그림에서 위쪽에 흐르는 전류 I_1에 의해 아래쪽에 흐르는 전류 I_2가 받는 자기력의 방향을 구하라.

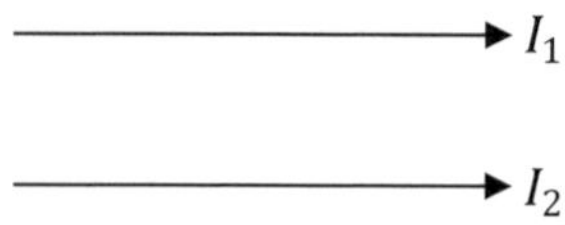

풀이 이 문제는 I_1이 I_2에 가하는 자기력에 의해 I_2가 밀쳐지는가, 아니면 끌어당겨지는가를 구하는 것이다. 그래서 아래 그림에서 보듯이 I_2 위에 장점을 그려 넣었다.

I_1에 22장에서 배운 자기장용 오른손 규칙을 적용하여 자기장의 방향을 구한다. 전류 I_1이 흐르는 방향에 맞춰 오른손 엄지손가락이 오른쪽(→)을 가리키도록 한 상태에서 오른손으로 전류를 감싸 쥔다. 그러면 장점(★) 위치에서 오른손 엄지손가락을 제외한 나머지 네 손가락들은 어느 방향을 가리키는가? 장점(★)에서 네 손가락 끝은 책 안으로 들어가는 방향(⊗)이다. 따라서 장점(★)에서 자기장 $\vec{\mathbf{B}}_1$의 방향은 책 안으로 들어가는 방향(⊗)이다.

이제 I_2에 21장에서 배운 자기력용 오른손 규칙을 적용하여 자기력을 구해보자. 전류 I_2가 흐르는 방향에 맞추어 오른손 엄지손가락을 제외한 나머지 네 손가락들이 오른쪽(→)을 가리키도록 놓는다. 이와 동시에 오른손 손바닥이 자기장 $\vec{\mathbf{B}}_1$의 방향에 맞추어 책 안쪽(⊗)을 향하도록 놓는다. 그러면 자기력 $\vec{\mathbf{F}}_1$의 방향을 알려주는 오른손 엄지손가락은 위쪽 방향(↑)을 가리킨다. 따라서 위쪽 전류 I_1은 아래쪽 전류 I_2를 위쪽(↑)으로 끌어당긴다.

예제 아래 그림에서 아래쪽에 흐르는 전류 I_2에 의해 위쪽에 흐르는 전류 I_1이 받는 자기력의 방향을 구하라.

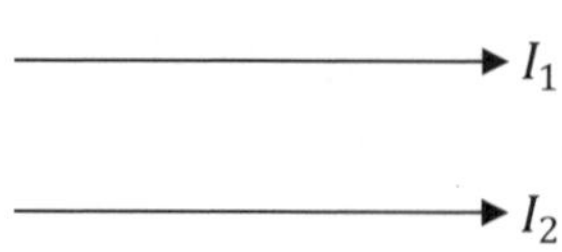

풀이 이번에는 바로 이전 예제와는 반대로 I_2가 I_1에 가하는 자기력에 의해 I_1이 밀쳐지는가, 아니면 끌어당겨지는가를 구하는 것이다. 그래서 아래 그림에서 보듯이 I_1 위에 장

점을 그려 넣었다.

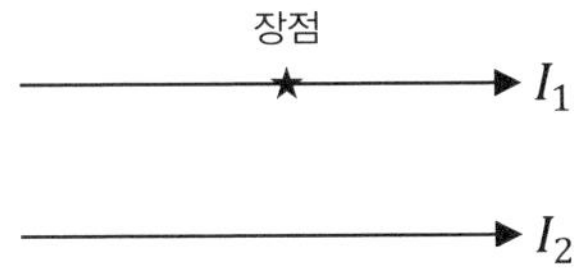

I_2에 22장에서 배운 자기장용 오른손 규칙을 적용하여 자기장의 방향을 구한다. 전류 I_2가 흐르는 방향에 맞춰 오른손 엄지손가락이 오른쪽(→)을 가리키도록 한 상태에서 오른손으로 전류를 감싸 쥔다. 그러면 장점(★) 위치에서 오른손 엄지손가락을 제외한 나머지 네 손가락들은 어느 방향을 가리키는가? 장점(★)에서 네 손가락 끝은 책 밖으로 나오는 방향(⊙)이다. 따라서 장점(★)에서 자기장 $\vec{\mathbf{B}}_2$의 방향은 책 밖으로 나오는 방향(⊙)이다.

이제 I_1에 21장에서 배운 자기력용 오른손 규칙을 적용하여 자기력을 구해보자. 전류 I_1가 흐르는 방향에 맞추어 오른손 엄지손가락을 제외한 나머지 네 손가락들이 오른쪽(→)을 가리키도록 놓는다. 이와 동시에 오른손 손바닥이 자기장 $\vec{\mathbf{B}}_2$의 방향에 맞추어 책 밖으로 나오는 방향(⊙)을 향하도록 놓는다. 그러면 자기력 $\vec{\mathbf{F}}_2$의 방향을 알려주는 오른손 엄지손가락은 책을 정면으로 바라볼 때 아래쪽 방향(↓)을 가리킨다. 따라서 아래쪽 전류 I_2는 위쪽 전류 I_1를 아래쪽(↓)으로 끌어당긴다.

지금까지 풀어본 두 예제를 서로 비교해보면 학습에 도움이 된다. 두 예제의 결과를 종합하면 나란한 두 개의 평행 전류는 서로서로를 끌어당긴다. 나란한 두 개의 전류가 반평행일 때(전류가 서로 반대 방향으로 흐를 때) 두 종류의 오른손 규칙을 적용해보면 서로서로를 밀쳐내는 결과를 얻게 될 것이다.

예제 아래 그림에서 위쪽에 흐르는 전류 I_1에 의해 아래쪽에 흐르는 전류 I_2가 받는 자기력의 방향을 구하라.

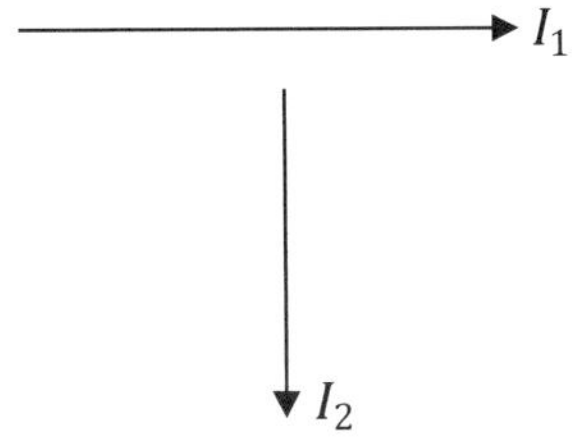

풀이 이 문제는 I_1이 I_2에 가하는 자기력에 의해 I_2가 밀쳐지는가, 아니면 끌어당겨지는가를 구하는 것이다. 그래서 아래 그림에서 보듯이 I_2 위에 장점을 그려 넣었다.

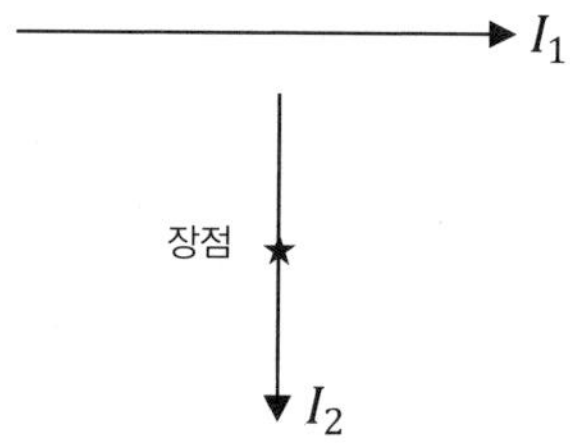

I_1에 22장에서 배운 자기장용 오른손 규칙을 적용하여 자기장의 방향을 구한다. 전류 I_1이 흐르는 방향에 맞춰 오른손 엄지손가락이 오른쪽(→)을 가리키도록 한 상태에서 오른손으로 전류 I_1을 감싸 쥔다. 그러면 장점(★) 위치에서 오른손 엄지손가락을 제외한 나머지 손가락들은 어느 방향을 가리키는가? 장점(★)에서 네 손가락 끝은 책 안으로 들어가는 방향(⊗)이다. 따라서 장점(★)에서 자기장 $\vec{\mathbf{B}}_1$의 방향은 책 안으로 들어가는 방향(⊗)이다.

이제 I_2에 21장에서 배운 자기력용 오른손 규칙을 적용하여 자기력을 구해보자. 전류 I_2가 흐르는 방향에 맞추어 오른손 엄지손가락을 제외한 나머지 네 손가락들이 아래쪽(↓)을 가리키도록 놓는다. 이와 동시에 오른손 손바닥이 자기장 $\vec{\mathbf{B}}_1$의 방향에 맞추어 책 안쪽(⊗)을 향하도록 놓는다. 그러면 자기력 $\vec{\mathbf{F}}_1$의 방향을 알려주는 오른손 엄지손가락은 오른쪽 방향(→)을 가리킨다. 따라서 위쪽 전류 I_1은 아래쪽 전류 I_2를 오른쪽(→)으로 밀어낸다.

예제 아래 그림에서 위쪽에 흐르는 전류 I_1에 의해 아래쪽에 흐르는 전류 I_2가 A점에서 받는 자기력의 방향을 구하라.

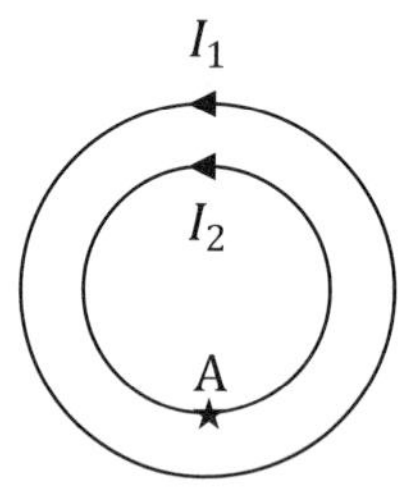

풀이 이 문제는 I_1이 I_2에 가하는 자기력에 의해 I_2가 밀쳐지는가, 아니면 끌어당겨지는가를 구하는 것이다. 이번 예제에서는 장점(★)이 이미 A점으로 표시되어 있다. I_1에 자기장용 22장에서 배운 오른손 규칙을 적용하여 자기장의 방향을 구한다. 전류 I_1이 흐르는 방향에 맞춰 오른손 엄지손가락이 왼쪽(←)을 가리키도록 한 상태에서 오른손으로 전류를 감싸 쥔다. 그러면 장점(★)인 A점 위치에서 오른손 엄지손가락을 제외한 나머지 손가락들은 어느 방향을 가리키는가? A점(★)에서 네 손가락 끝은 책 밖으로 나오는 방향(⊙)이다. 따라서 A점(★)에서 자기장 $\vec{\mathbf{B}}_1$의 방향은 책 밖으로 나오는 방향(⊙)이다.

이제 I_2에 21장에서 배운 자기력용 오른손 규칙을 적용하여 A점에서 자기력을 구해보자. A점에서 전류 I_2가 흐르는 방향에 맞추어 오른손 엄지손가락을 제외한 나머지 네 손가락들이 오른쪽(→)을 가리키도록 놓는다(전류 I_2는 A점을 오른쪽으로 통과하므로). 이와 동시에 오른손 손바닥이 자기장 $\vec{\mathbf{B}}_1$의 방향에 맞추어 책 바깥쪽(⊙)을 바라보도록 놓는다. 그러면 자기력 $\vec{\mathbf{F}}_1$의 방향을 알려주는 오른손 엄지손가락은 아래쪽 방향(↓)을 가리킨다. 따라서 위쪽 전류 I_1은 아래쪽 전류 I_2를 아래쪽(↓)으로 밀어낸다.

연습문제

83. 다음의 각 문제에서 자기력의 방향을 구하라.

(A) I_1에 의해 I_2가 받는 자기력의 방향

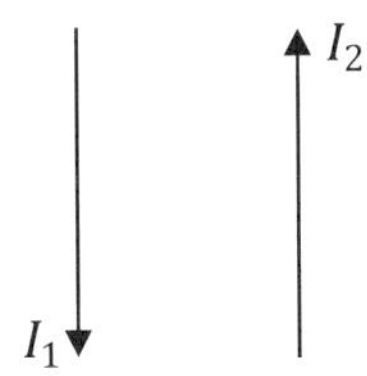

(B) I_1에 의해 I_2가 받는 자기력의 방향

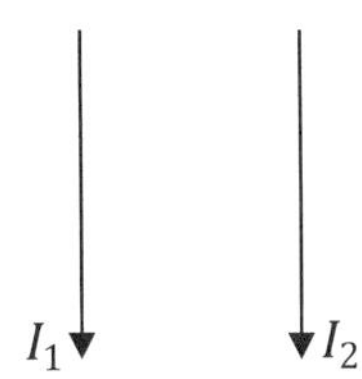

(C) I_2에 의해 I_1이 받는 자기력의 방향

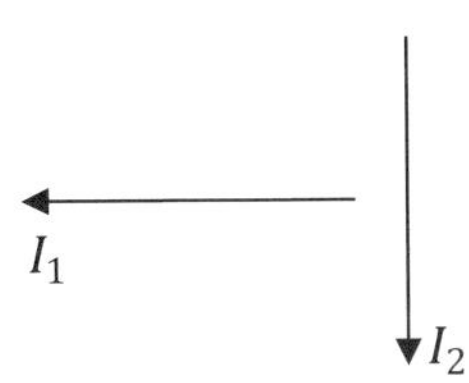

(D) I_1에 의해 A점에서 I_2가 받는 자기력의 방향

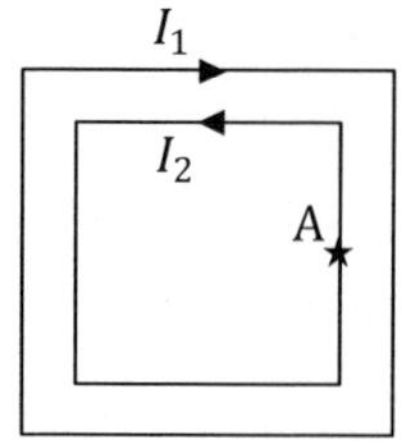

(E) I_2가 받는 자기력의 방향

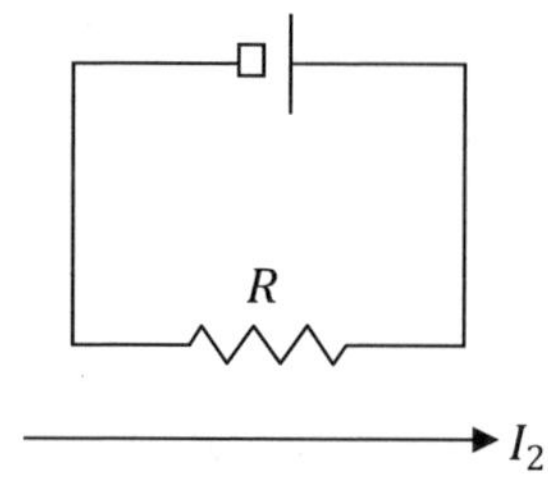

(F) I_1에 의해 I_2가 받는 자기력의 방향

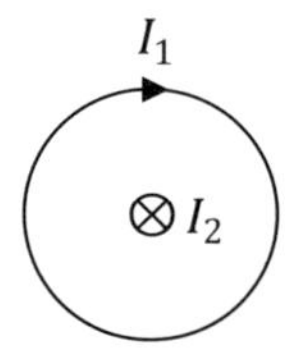

(G) I_1에 의해 양성자 p가 받는 자기력의 방향

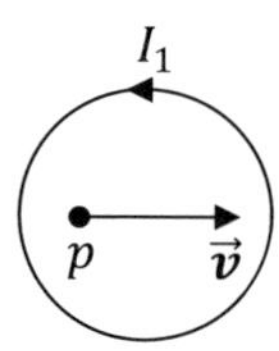

(H) I_1에 의해 I_2가 받는 자기력의 방향

(I) I_1에 의해 C점에서 I_2가 받는 자기력의 방향

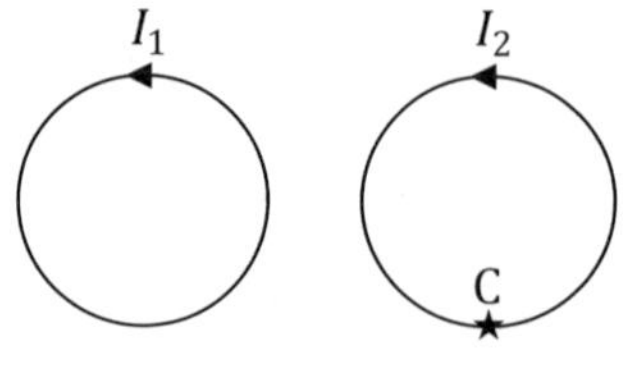

도움이 필요한가요? 책의 맨 뒤에 있는 그림을 보세요.

24
자기력

관련 용어

- **전하**(electric charge) 입자가 가지는 고유한 특성 중의 하나로, 전하를 가진 입자가 전기장이 있는 곳에 놓이게 되면 전기장에 의해 힘을 받게 된다. (전기적으로 중성인 입자는 전하를 가지지 않는다. 따라서 중성 입자는 전기장이 있는 곳에 놓이게 되어도 힘을 받지 않는다.)
- **속도**(velocity) 속력(speed)과 방향(direction)을 함께 나타내는 양
- **전류**(current) 시간에 대한 전하의 변화율. 단위 시간 동안에 어떤 점 또는 단면적을 통과해 흐르는 전하의 양으로 정의함.
- **자기장**(magnetic field) 움직이는 전하(즉 전류)가 만들어내는 자기 현상
- **자기력**(magnetic force) 자기장이 존재하는 영역에서 움직이는 전하(즉 전류)가 받는 인력(끌어당기는 힘)이나 척력(밀어내는 힘)

자기력 방정식

자기장 $\vec{\mathbf{B}}$가 존재하는 영역에서 속도 $\vec{\boldsymbol{v}}$로 움직이는 전하(또는 전류가 흐르는 도선)는 자기력 $\vec{\mathbf{F}}_m$을 받는다. 이 자기력 $\vec{\mathbf{F}}_m$은 다음 식과 같이 속도 $\vec{\boldsymbol{v}}$와 자기장 $\vec{\mathbf{B}}$의 벡터 곱으로 표시된다.

$$\vec{\mathbf{F}}_m = q\vec{\boldsymbol{v}} \times \vec{\mathbf{B}}$$

전류는 전하들이 줄지어 움직이는 것을 말한다. 따라서 자기장이 존재하는 영역에 전류가 흐르는 도체가 있으면 이 도체는 자기력을 받는다. 아래 방정식에서 $\vec{\mathbf{L}}$은 전류가 흐르는 도선을 따라가는 변위벡터이다.

$$\vec{\mathbf{F}}_m = I\vec{\mathbf{L}} \times \vec{\mathbf{B}}$$

19장에서 배운 벡터 곱 방정식을 다시 써보면 다음과 같다.

$$\vec{\mathbf{A}} \times \vec{\mathbf{B}} = \begin{vmatrix} \hat{\mathbf{x}} & \hat{\mathbf{y}} & \hat{\mathbf{z}} \\ A_x & A_y & A_z \\ B_x & B_y & B_z \end{vmatrix} = \hat{\mathbf{x}} \begin{vmatrix} A_y & A_z \\ B_y & B_z \end{vmatrix} - \hat{\mathbf{y}} \begin{vmatrix} A_x & A_z \\ B_x & B_z \end{vmatrix} + \hat{\mathbf{z}} \begin{vmatrix} A_x & A_y \\ B_x & B_y \end{vmatrix}$$

$$\vec{\mathbf{A}} \times \vec{\mathbf{B}} = (A_y B_z - A_z B_y)\hat{\mathbf{x}} - (A_x B_z - A_z B_x)\hat{\mathbf{y}} + (A_x B_y - A_y B_x)\hat{\mathbf{z}}$$

$$\vec{\mathbf{A}} \times \vec{\mathbf{B}} = A_y B_z \hat{\mathbf{x}} - A_z B_y \hat{\mathbf{x}} + A_z B_x \hat{\mathbf{y}} - A_x B_z \hat{\mathbf{y}} + A_x B_y \hat{\mathbf{z}} - A_y B_x \hat{\mathbf{z}}$$

자기력의 크기만 구해도 되는 경우에는 다음 방정식을 사용하면 된다.

$$F_m = |q|vB\sin\theta \quad \text{또는} \quad F_m = ILB\sin\theta$$

여기서 θ는 $\vec{\boldsymbol{v}}$와 $\vec{\mathbf{B}}$ 사이의 각도, 또는 I와 $\vec{\mathbf{B}}$ 사이의 각도이다.

전하를 가진 입자가 균일한(일정한) 자기장 속에서 원을 그리며 움직이고 있는 경우에는 등속 원운동으로 볼 수 있으므로 뉴턴의 제2법칙을 적용한다.

$$\sum F_{in} = ma_c \quad , \quad a_c = \frac{v^2}{R}$$

여기서 ΣF_{in}은 원의 중심을 향하는 힘의 성분들의 합을 뜻하며 a_c는 구심가속도이다(이 시리즈 책의 제1권에서 다룬 바 있음).

면적이 A인 전류 루프에 가해지는 알짜 토크를 구하는 경우에는 다음 방정식을 사용한다.

$$\tau_{net} = IAB\sin\theta$$

여기서 토크 τ는 이 시리즈 책의 제1권에서 설명한 바 있다.

기본 개념

우리는 지금까지 자기장을 포함하여 총 세 종류의 장(field)에 대해 알아보았다.

- 전류 I 또는 움직이는 전하는 자기장 $\vec{\mathbf{B}}$를 만들어낸다.
- 전하 q는 전기장 $\vec{\mathbf{E}}$를 만들어낸다.
- 질량 m은 중력장 $\vec{\mathbf{g}}$를 만들어낸다.

원천	장	힘
질량 m	중력장 $\vec{\mathbf{g}}$	$\vec{\mathbf{F}}_g = m\vec{\mathbf{g}}$
전하 q	전기장 $\vec{\mathbf{E}}$	$\vec{\mathbf{F}}_e = q\vec{\mathbf{E}}$
전류 I	자기장 $\vec{\mathbf{B}}$	$\vec{\mathbf{F}}_m = I\vec{\mathbf{L}} \times \vec{\mathbf{B}}$

방정식 $|q|vB\sin\theta$와 $F_m = ILB\sin\theta$의 몇 가지 특수한 경우를 살펴보자.

- 속도 $\vec{\mathbf{v}}$ 또는 전류 I가 자기장 $\vec{\mathbf{B}}$와 평행이면 각도 $\theta = 0°$이므로 $\sin 0° = 0$이 되어 **자기력 $\vec{\mathbf{F}}_m$은 0**이 된다.
- 속도 $\vec{\mathbf{v}}$ 또는 전류 I가 자기장 $\vec{\mathbf{B}}$와 반평행이면 각도 $\theta = 180°$이므로 $\sin 180° = 0$이 되어 **자기력 $\vec{\mathbf{F}}_m$은 0**이 된다.
- 속도 $\vec{\mathbf{v}}$ 또는 전류 I가 자기장 $\vec{\mathbf{B}}$와 수직이면 각도 $\theta = 90°$이므로 $\sin 90° = 1$이 되어 **자기력 $\vec{\mathbf{F}}_m$은 최댓값**이 된다.

자기장은 구심력을 제공한다. 자기장은 움직이는 전하로 하여금 원운동을 하게 만든다. 전하를 가진 입자가 다른 힘은 없으며 오직 균일한 자기장만 존재하는 영역에서 움직일 때 전하는 다음과 같은 유형의 운동을 하게 된다.

- $\theta = 0°$ 또는 $\theta = 180°$일 때, 다시 말해 속도 $\vec{\mathbf{v}}$가 자기장 $\vec{\mathbf{B}}$와 평행 또는 반평행일 때 전하는 **직선** 운동을 한다.
- $\theta = 90°$일 때, 다시 말해 속도 $\vec{\mathbf{v}}$가 자기장 $\vec{\mathbf{B}}$와 수직일 때 전하는 원 운동을 한다.
- 그 외의 경우에 전하는 **나선**을 그리며 운동한다.

두 방정식 $\vec{\mathbf{F}}_m = q\vec{\mathbf{v}} \times \vec{\mathbf{B}}$와 $\vec{\mathbf{F}}_m = I\vec{\mathbf{L}} \times \vec{\mathbf{B}}$는 21장에서 배운 자기력용 오른손 규칙을 나타내는 수식이다. 자기력용 오른손 규칙은 자기력 $\vec{\mathbf{F}}_m$의 방향을 알아내는 데 도움을 준다.

이 책 시리즈 제1권에서 배운 토크 τ 방정식은 다음과 같다.

$$\tau = rF\sin\theta$$

여기서 θ는 $\vec{\mathbf{r}}$과 $\vec{\mathbf{F}}$ 사이의 각도이다.

자기장이 직사각형 전류 루프에 알짜 힘을 가하는 경우, 그 힘은 $F_m = ILB\sin\theta$이다. 루프의 토크는 다음 수식에서 보듯이 τ_1, τ_2 두 개다(루프의 절반마다 하나씩). 여기서 r은 루프 폭의 절반으로 $r = \frac{W}{2}$이다. 그러면 알짜 토크 τ_{net}는 다음과 같다.

$$\tau_{net} = \tau_1 + \tau_2 = \left(\frac{W}{2}\right)(ILB\sin\theta) + \left(\frac{W}{2}\right)(ILB\sin\theta) = ILWB\sin\theta$$

$A = LW$는 루프의 면적이므로

$$\tau_{net} = IAB\sin\theta$$

가 된다. 여기서 θ는 자기장 $\vec{\mathbf{B}}$와 루프의 축 사이의 각도이다.

양성자, 중성자, 전자

- 양성자는 + 전하를 가진다.

- 중성자는 전기적 중성으로 전하를 가지지 않는다.(중성자는 쿼크라고 하는 전하를 가진 입자들로 구성되어 있지만 알짜 전하는 0이다.)
- 전자는 − 전하를 가진다.

양성자가 가진 전하의 양을 세 자리의 유효숫자로 나타내면 1.60×10^{-19} C이다. 이 값을 **기본 전하량**이라고 하며 e라는 기호로 간단히 나타낸다. 전자가 가진 전하의 양도 동일한 값이다. 다만 부호가 −인 것이 다르다. 따라서 양성자가 가진 전하량은 $+e$이고, 전자가 가진 전하의 양은 $-e$이다. 문제를 풀 때 양성자나 전자가 가진 전하량을 사용해야 하는 경우에는 아래와 같은 e의 값을 사용한다.

기본 전하량
$e=1.60\times10^{-19}$ C

특수 기호

기호	이름
$\otimes$	책 안으로 들어가는 방향
$\odot$	책 밖으로 나오는 방향
p	양성자
n	중성자
e^-	전자

기호와 SI 단위

기호	이름	SI 단위
$\vec{\mathbf{B}}$	자기장	T
B	자기장의 크기	T
$\vec{\mathbf{F}}_m$	자기력	N
F_m	자기력의 크기	N
q	전하	C
$\vec{\mathbf{v}}$	속도	m/s
v	속력	m/s

I	전류	A
$\vec{L}$	전류 방향의 변위 벡터	m
L	도선의 길이	m
θ	$\vec{v}$와 $\vec{B}$ 또는 I와 $\vec{B}$ 사이의 각도	° 또는 rad

단위 관련 중요 사항

자기장 B의 SI 단위는 테슬라(T)이다. 방정식 $F_m = ILB\sin\theta$을 B에 대해 정리하면 테슬라를 다른 SI 단위를 사용하여 나타낼 수 있다.

$$B = \frac{F_m}{IL\sin\theta}$$

자기력 F_m의 SI 단위는 뉴턴(N), 전류 I의 SI 단위는 암페어(A), 길이 L의 SI 단위는 미터(m)이다. $\sin\theta$의 단위는 없다(sin 함수는 직각 삼각형에서 두 변의 길이의 비이므로 단위가 약분되어 사라지므로 단위가 없다). 이들 단위를 위 식에 대입하면 테슬라 단위를 다음과 같이 쓸 수 있다.

$$1\ \text{T} = 1\ \frac{\text{N}}{\text{A}\cdot\text{m}}$$

A 곱하기 m은 m·A 대신 A·m로 나타내는 것이 더 좋은데, m·A가 mA(밀리암페어)로 혼동될 수 있기 때문이다. 앞서 뉴턴 단위는 다음과 같이 쓸 수 있음을 배웠다.

$$1\ \text{N} = 1\ \frac{\text{kg}\cdot\text{m}}{\text{s}^2}$$

이 관계를 $\frac{\text{N}}{\text{A}\cdot\text{m}}$에 대입하면 테슬라는 $\frac{\text{kg}}{\text{A}\cdot\text{s}^2}$으로 쓸 수 있다. 자기장을 가우스(G) 단위로 나타내기도 하는데 $1\ \text{T} = 10^4\ \text{G}$이다. 하지만 SI 단위는 가우스(G)가 아니라 테슬라(T)이다.

자기력을 구하는 방법

주의: 문제에서 자기장이 가우스(G) 단위로 주어지면 테슬라(T) 단위로 변환한다.

$$1\ \text{G} = 10^{-4}\ \text{T}$$

(이 관계식은 앞에서 설명한 $1\ \text{T} = 10^4\ \text{G}$와 동일한 것이다. 가우스를 테슬라로 변환하기 위해 $1\ \text{G} = 10^{-4}\ \text{T}$로 쓴 것이다. 테슬라를 가우스로 변환할 때는 $1\ \text{T} = 10^4\ \text{G}$를 사용하면 된다.)

자기력을 구하는 문제를 풀 때는 다음과 같이 문제의 유형에 따라 적합한 방법을 사용하면 된다.

- 자기장의 크기 B와 자기력의 크기 F_m 사이의 관계를 구할 때는 삼각함수가 들어있는 다음 방정식을 사용한다.

$$F_m = |q|vB\sin\theta \quad \text{또는} \quad F_m = ILB\sin\theta$$

여기서 θ는 $\vec{\boldsymbol{v}}$와 $\vec{\mathbf{B}}$ 사이의 각도, 또는 I와 $\vec{\mathbf{B}}$ 사이의 각도이다.

- 문제에서 자기장이 $\vec{\mathbf{B}} = B_x\hat{\mathbf{x}} + B_y\hat{\mathbf{y}} + B_z\hat{\mathbf{z}}$의 형태로 주어지면 다음의 벡터 곱 방정식을 적용한다.

$$\vec{\mathbf{F}}_m = q\vec{\boldsymbol{v}} \times \vec{\mathbf{B}} \quad \text{또는} \quad \vec{\mathbf{F}}_m = I\vec{\mathbf{L}} \times \vec{\mathbf{B}}$$

벡터 곱은 행렬식을 사용하여 다음과 같이 나타낼 수 있다.

$$\vec{\mathbf{A}} \times \vec{\mathbf{B}} = \begin{vmatrix} \hat{\mathbf{x}} & \hat{\mathbf{y}} & \hat{\mathbf{z}} \\ A_x & A_y & A_z \\ B_x & B_y & B_z \end{vmatrix} = \hat{\mathbf{x}}\begin{vmatrix} A_y & A_z \\ B_y & B_z \end{vmatrix} - \hat{\mathbf{y}}\begin{vmatrix} A_x & A_z \\ B_x & B_z \end{vmatrix} + \hat{\mathbf{z}}\begin{vmatrix} A_x & A_y \\ B_x & B_y \end{vmatrix}$$

$$\vec{\mathbf{A}} \times \vec{\mathbf{B}} = (A_yB_z - A_zB_y)\hat{\mathbf{x}} - (A_xB_z - A_zB_x)\hat{\mathbf{y}} + (A_xB_y - A_yB_x)\hat{\mathbf{z}}$$

$$\vec{\mathbf{A}} \times \vec{\mathbf{B}} = A_yB_z\hat{\mathbf{x}} - A_zB_y\hat{\mathbf{x}} + A_zB_x\hat{\mathbf{y}} - A_xB_z\hat{\mathbf{y}} + A_xB_y\hat{\mathbf{z}} - A_yB_x\hat{\mathbf{z}}$$

- 전하를 가진 입자가 균일한 자기장 속에서 원 운동을 하는 경우에는 등속 원 운동으로 볼 수 있으므로 다음 수식으로 표시되는 뉴턴의 제2법칙을 적용한다.

$$\sum F_{in} = ma_c$$

여기서 ΣF_{in}은 원의 안쪽을 향하는 힘의 성분들의 합을 뜻하며 a_c는 구심가속도이다. 기초 물리학에서 다루는 대부분의 문제에는 전하를 가진 입자에 작용하는 힘이 자기력 하나뿐이므로 다음 관계식 성립한다.

$$|q|vB\sin\theta = ma_c$$

자기장이 속도의 방향과 수직을 이루면 $\theta = 90°$이므로 $\sin\theta = 1$이다. 등속 원 운동 방정식을 나타내는 수식인 $a_c = \frac{v^2}{r}$, $v = R\omega$, $\omega = \frac{2\pi}{T}$을 잘 기억하고 있어야 한다.

- 자기장이 있는 영역에 놓여 있는 전류 루프에 가해지는 알짜 토크를 구하는 경우에는 다음 방정식을 적용한다.

$$\tau_{net} = IAB\sin\theta$$

이 방정식을 구성하는 기호들은 다음과 같다.

- I는 루프에 흐르는 전류이다.
- A는 루프의 면적이다. 예를 들어, 직사각형 루프에서는 $A = LW$이다.
- B는 자기장의 크기이다.
- θ는 자기장 $\vec{\mathbf{B}}$와 루프 축 사이의 각도이다.

- 한 루프가 다른 루프에 가하는 힘을 구하는 경우는 25장에서 다룬다.

예제 균일한 자기장이 존재하는 영역에서 200 μC의 전하를 가진 입자가 4.0 km/s의 속력으로 수직 방향으로 직선운동을 하고 있다. 자기장은 크기가 500,000 G이며 방향은 수평으로 동쪽을 향하고 있다. 이 입자에 가해지는 자기력의 크기와 방향을 구하라.

풀이 값이 주어진 양들을 적어보자.

- 전하는 $q = 200\ \mu$C이다. 이 값을 SI 단위로 바꾸면 $q = 2.00 \times 10^{-4}$ C이다. 접두어 μ가 10^{-6}을 나타내는 것을 잘 알고 있어야 한다.
- 속력은 $v = 4.0$ km/s이다. 이 값을 SI 단위로 바꾸면 $v = 4000$ m/s이다. 접두어 k가 1000을 나타내는 것을 잘 알고 있어야 한다.
- 자기장의 크기는 $B = 500{,}000$ G이다. 이 값을 1 G $= 10^{-4}$ T의 관계를 이용하여 SI 단위로 바꾼다. 그러면 $B = 50$ T이다.
- 속도는 수직방향이고 자기장은 수평방향으로 서로 수직을 이루고 있으므로 $\vec{\mathbf{v}}$와 $\vec{\mathbf{B}}$ 사이의 각도는 $\theta = 90°$이다.

자기력의 크기를 구하기 위해 아래의 방정식에 이들 값을 대입해보자.

$$F_m = |q|vB\sin\theta = (2 \times 10^{-4})(4000)(50)\sin 90° = 40\ \text{N}$$

자기력용 오른손 규칙을 적용하면 자기력의 방향을 구할 수 있다. 먼저 다음과 같이 좌표계를 만들어보자.[29]

- 책의 종이 표면에서 $+x$는 일반적으로 동쪽을 가리킨다.
- 책의 종이 표면에서 $+y$는 일반적으로 북쪽을 가리킨다.
- 그러면 $+z$는 책의 종이 표면과 수직을 이루는 "위쪽" 방향을 가리킨다. 수직으로 '위쪽' 방향이란 아래의 오른쪽 그림에서 보듯이 책 안에서 책 밖으로 나오는 방향을 뜻한다.

---

29 좌표계는 오른손 좌표계여야 한다. 오른손을 펴서 엄지손가락을 제외한 네 손가락이 $+x$쪽을 향하게 하고, 이어서 네 손가락을 $+y$쪽을 향해 오므릴 때 오른손 엄지손가락이 $+z$ 쪽을 가리키면, 오른손 좌표계다.

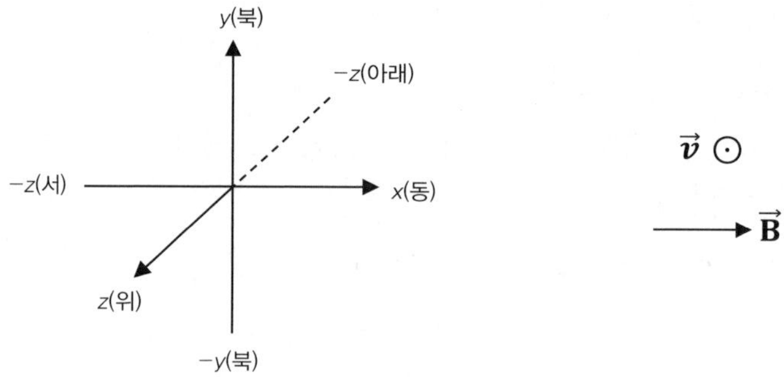

위의 그림을 보면서 자기력용 오른손 규칙을 적용하여 자기력의 방향을 구해보자.

- 오른손 손가락을 전부 펼친 다음, 손가락이 가리키는 방향을 속도 $\vec{\mathbf{v}}$에 맞춰 책 밖으로 나오는 방향(⊙)과 일치시킨다.
- 오른손 손바닥이 자기장 $\vec{\mathbf{B}}$가 가리키는 방향인 오른쪽(→)을 향하게 한다.
- 이렇게 하면 오른손 엄지손가락은 북쪽(↑)을 가리킨다. 따라서 자기력 $\vec{\mathbf{F}}_m$의 방향은 북쪽이다.

따라서 자기력 $\vec{\mathbf{F}}_m$의 방향은 북쪽이다.

이 예제를 다른 방법으로 풀어보자. 좌표계를 사용하여 속도와 자기장을 벡터 수식으로 나타낸다.

- 입자가 책의 표면에서 수직으로 위쪽(책 안에서 책 밖으로 나오는) 방향(⊙)인 z 방향으로 움직이고 있으므로 $\vec{\mathbf{v}} = 4000\ \hat{\mathbf{z}}$이다.
- 자기장은 책의 종이 표면에서 오른쪽 방향(→)인 $+x$ 방향이므로 $\vec{\mathbf{B}} = 50\ \hat{\mathbf{x}}$이다.

자기력은 다음과 같이 이들 두 벡터의 벡터 곱으로 구할 수 있다.

$$\vec{\mathbf{F}}_m = q\vec{v} \times \vec{\mathbf{B}} = q\begin{vmatrix} \hat{\mathbf{x}} & \hat{\mathbf{y}} & \hat{\mathbf{z}} \\ v_x & v_y & v_z \\ B_x & B_y & B_z \end{vmatrix} = (2 \times 10^{-4})\begin{vmatrix} \hat{\mathbf{x}} & \hat{\mathbf{y}} & \hat{\mathbf{z}} \\ 0 & 0 & 4000 \\ 50 & 0 & 0 \end{vmatrix}$$

이 행렬식은 앞선 다른 예제와 동일한 방법으로 풀면 된다. 하지만 이 예제에서는 다음과 같이 더욱 간단히 풀 수 있다.

$$\vec{\mathbf{F}}_m = q\vec{v} \times \vec{\mathbf{B}} = (2 \times 10^{-4})(4000\ \hat{\mathbf{z}}) \times (50\ \hat{\mathbf{x}}) = 40\ \hat{\mathbf{z}} \times \hat{\mathbf{x}}$$

19장에서 배웠듯이 $\hat{\mathbf{z}} \times \hat{\mathbf{x}} = \hat{\mathbf{y}}$이므로

$$\vec{\mathbf{F}}_m = 40\ \hat{\mathbf{y}}$$

이 된다. 따라서 자기력의 크기는 $F_m = 40$ N이고 자기력의 방향은 $\hat{\mathbf{y}}$이다. 책의 종이 표면에서 $\hat{\mathbf{y}}$는 북쪽을 가리킨다.

예제 크기가 5.0 T인 자기장이 존재하는 영역에 길이가 2.0 m인 도선이 놓여있다. 이 도선에는 3.0 A의 전류가 흐르고 있다. 전류가 흐르는 방향은 자기장의 방향을 기준으로 30°만큼 기울어져 있다. 도선에 가해지는 자기력의 크기를 구하라.

풀이 값이 주어진 양들을 적어보자.

- 전류는 $I = 3.0$ A
- 도선의 길이는 $L = 2.0$ m
- 자기장의 크기는 $B = 5.0$ T
- I와 $\vec{\mathbf{B}}$ 사이의 각도는 $\theta = 30°$

다음과 같이 삼각함수를 포함하고 있는 방정식에 이들 값을 대입하여 자기력의 크기를 계산하면

$$F_m = ILB\sin\theta = (3)(2)(5)\sin 30° = 30\left(\frac{1}{2}\right) = 15\ \mathrm{N}$$

이다. 따라서 도선에 가해지는 자기력은 $F_m = 15$ N이다.

예제 $\vec{\mathbf{B}} = \hat{\mathbf{x}} + 2\hat{\mathbf{y}} + 3\hat{\mathbf{z}}$인 자기장이 존재하는 영역에 변위벡터 $\vec{\mathbf{L}} = 4\hat{\mathbf{x}} + \hat{\mathbf{y}} - 5\hat{\mathbf{z}}$로 주어지는 도선이 놓여있다. 이 도선에는 3.0 A의 전류가 흐르고 있다. 도선에 가해지는 자기력 벡터를 구하라.

풀이 $\vec{\mathbf{L}} = 4\hat{\mathbf{x}} + \hat{\mathbf{y}} - 5\hat{\mathbf{z}}$과 $\vec{\mathbf{L}} = L_x\hat{\mathbf{x}} + L_y\hat{\mathbf{y}} + L_z\hat{\mathbf{z}}$을 서로 비교해보면 $L_x = 4$, $L_y = 1$, $L_z = -5$이다. 마찬가지로 $\vec{\mathbf{B}} = \hat{\mathbf{x}} + 2\hat{\mathbf{y}} + 3\hat{\mathbf{z}}$과 $\vec{\mathbf{B}} = B_x\hat{\mathbf{x}} + B_y\hat{\mathbf{y}} + B_z\hat{\mathbf{z}}$을 서로 비교해보면 $B_x = 1$, $B_y = 2$, $B_z = 3$이다. 이 값들을 벡터 곱의 행렬식 형태에 대입을 해보자.

$$\vec{\mathbf{F}}_m = I\vec{\mathbf{L}} \times \vec{\mathbf{B}} = I\begin{vmatrix} \hat{\mathbf{x}} & \hat{\mathbf{y}} & \hat{\mathbf{z}} \\ L_x & L_y & L_z \\ B_x & B_y & B_z \end{vmatrix} = (3)\begin{vmatrix} \hat{\mathbf{x}} & \hat{\mathbf{y}} & \hat{\mathbf{z}} \\ 4 & 1 & -5 \\ 1 & 2 & 3 \end{vmatrix}$$

19장에서 배운 내용을 복습하면 이 문제를 푸는 데 도움이 될 것이다. 전류의 값 $I = 3.0$ A는 행렬식 앞에 곱하면 된다. 이 수식을 다음과 같이 계산하면 자기력 벡터를 구할 수 있다.

$$\vec{\mathbf{F}}_m = 3\,\hat{\mathbf{x}}\begin{vmatrix} 1 & -5 \\ 2 & 3 \end{vmatrix} - 3\,\hat{\mathbf{y}}\begin{vmatrix} 4 & -5 \\ 1 & 3 \end{vmatrix} + 3\,\hat{\mathbf{z}}\begin{vmatrix} 4 & 1 \\ 1 & 2 \end{vmatrix}$$

$$\vec{\mathbf{F}}_m = 3\,\hat{\mathbf{x}}[(1)(3)-(-5)(2)] - 3\,\hat{\mathbf{y}}[(4)(3)-(-5)(1)] + 3\,\hat{\mathbf{z}}[(4)(2)-(1)(1)]$$

$$\vec{\mathbf{F}}_m = 3\,\hat{\mathbf{x}}(3+10) - 3\,\hat{\mathbf{y}}(12+5) + 3\,\hat{\mathbf{z}}(8-1) = 3\,\hat{\mathbf{x}}(13) - 3\,\hat{\mathbf{y}}(17) + 3\,\hat{\mathbf{z}}(7)$$

$$\vec{\mathbf{F}}_m = 39\,\hat{\mathbf{x}} - 51\,\hat{\mathbf{y}} + 21\,\hat{\mathbf{z}}$$

예제 크기가 60 T인 균일한 자기장이 존재하는 영역에서 500 μC의 전하와 4.0 g의 질량을 가진 입자가 반지름 2.0 m인 원을 그리며 운동을 하고 있다. 이 입자의 속력을 구하라.

풀이 입자에 다음 식으로 표시되는 뉴턴의 제2법칙을 적용한다. 입자가 등속 원 운동(일정한 속력의 원 운동)을 하고 있으므로 입자의 가속도는 구심가속도이다.

$$\sum F_{in} = ma_c$$

입자로 하여금 원운동을 하게 하는 구심력의 역할을 하는 것이 자기력이다. 자기력을 구하는 공식으로 $F_m = |q|vB\sin\theta$을 사용한다. 입자가 나선 운동이 아닌 원운동을 하고 있으므로 $\theta = 90°$이다. 따라서 이들을 위의 수식에 대입하면

$$|q|vB\sin 90° = ma_c$$

이 된다. 이 책 시리즈의 제1권에서 $a_c = \frac{v^2}{R}$임을 배웠다. $\sin 90° = 1$이므로

$$|q|vB = m\frac{v^2}{R}$$

이 된다. 이 방정식의 양변을 v로 나누면 $\frac{v^2}{v} = v$이므로

$$|q|B = m\frac{v}{R}$$

이 된다. 양변에 R을 곱하고 이어서 m으로 나눈다. 전하와 질량을 SI 단위로 변환하면 $q = 5.00 \times 10^{-4}$ C과 $m = 40 \times 10^{-3}$ kg이 된다. $\frac{10^{-4}}{10^{-3}} = 10^{-4} \times 10^{3} = 10^{-4+3} = 10^{-1}$이므로 입자의 속력을 계산하면 다음과 같다.

$$v = \frac{|q|BR}{m} = \frac{(5\times10^{-4})(60)(2)}{4\times10^{-3}} = \frac{(5)(60)(2)}{4}\frac{10^{-4}}{10^{-3}} = 150\times10^{-1} = 15\text{ m/s}$$

예제 아래 그림과 같은 직사각형 루프에 2.0 A의 전류가 흐르고 있다. 자기장의 크기가 30 T일 때 루프에 가해지는 토크를 구하라.

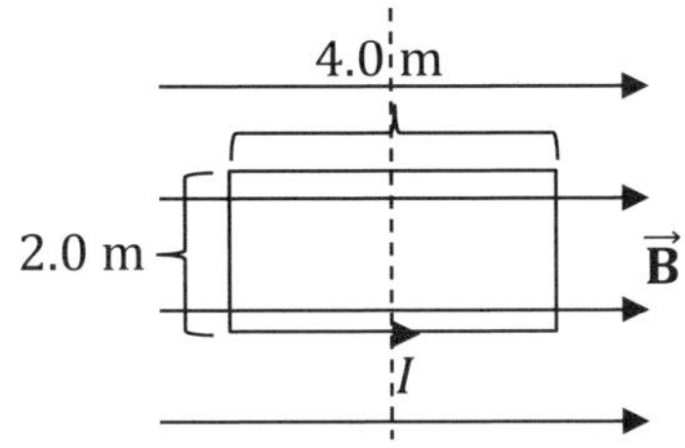

풀이 21장에서 이 예제와 동일한 문제를 개념적으로 살펴본 바 있다. 오른손 규칙을 적용하여 루프의 각 변에 가해지는 자기력을 다음과 같이 차례로 구해보면 루프가 점선을 축으로 회전한다는 결과를 얻을 수 있다.

- 루프를 구성하는 네 변의 도선 중에서 윗변 도선과 아랫변 도선의 경우, 전류 I가 자기장 $\vec{\mathbf{B}}$에 평행이고(아랫변), 반평행이므로(윗변) 각각 $\theta = 0°$, $\theta = 180°$가 되어 이 두 변에 가해지는 자기력 $\vec{\mathbf{F}}_m$은 0이 된다.
- 오른쪽 변 도선의 경우 전류 I의 방향에 맞추어 오른손 엄지손가락을 제외한 나머지 네 손가락들이 위쪽(↑)을 가리키도록 놓는다. 이와 동시에 오른손 손바닥이 자기장 $\vec{\mathbf{B}}$의 방향에 맞추어 오른쪽(→)을 향하도록 놓는다. 이렇게 하면 오른손 엄지손가락이 가리키는 자기력 $\vec{\mathbf{F}}_m$의 방향은 책 안으로 들어가는 방향(⊗)이 되므로 자기력은 오른쪽 변 도선을 책 안으로 밀어 넣는다.
- 왼쪽 변 도선의 경우 전류 I의 방향에 맞추어 오른손 엄지손가락을 제외한 나머지 네 손가락들이 아래쪽(↓)을 가리키도록 놓는다. 이와 동시에 오른손 손바닥이 자기장 $\vec{\mathbf{B}}$의 방향에 맞추어 오른쪽(→)을 향하도록 놓는다. 이렇게 하면 오른손 엄지손가락이 가리키는 자기력 $\vec{\mathbf{F}}_m$의 방향은 책 밖으로 나오는 방향(⊙)이 되므로 자기력은 왼쪽 변 도선을 책 밖으로 밀어낸다.

이제 토크 방정식을 적용하여 전류 루프에 가해지는 알짜 토크를 구해보자. 루프의 면적은 $A = LW$이다. 자기장의 방향은 루프의 축(루프 축은 루프의 회전축과는 다르다. 루프의 회전축은 위 그림에서 점선으로 표시된 것으로 루프는 루프의 회전축을 중심으로 회전한다. 반면에 루프 축은 루프 면에 수직이면서 루프의 중심을 지난다. 22장에서 살펴본 솔레노이드 축을 생각하면 이것을 이해하는 데 도움이 된다. 솔레노이드 축은 솔레노이드를 구성하고 있는 각각의 루프 축과 일치한다)에 수직이므로 토크 방정식에서 각도 $\theta = 90°$이다. 책의 표면에 루프가 놓여 있을 때 자기장은 수평인 반면에 루프 축(루프의 회전축이 아님)은 책의 표면에 수직이다. 따라서 $\theta = 90°$이므로 루프에 가해지는 토크를 계산하면 다음과 같다.

$$\tau_{net} = IAB \sin\theta = ILWB \sin\theta = (2)(4)(2)(30) \sin 90° = 480 \text{ Nm}$$

연습문제

84. 크기가 0.50 T이며 방향이 $+y$축인 균일한 자기장이 있다. 다음 물음에 답하라.

(A) 3.0 m 길이의 도선에 $-z$축을 따라 4.0 A의 전류가 흐를 때, 이 도선에 가해지는 자기력을 구하라.

(B) 200 μC의 전하가 $+x$축을 기준으로 아래쪽으로 30°의 각도를 이루면서 60 km/s의 속력으로 움직일 때, 이 전하에 가해지는 자기력을 구하라.

(C) 양성자가 어느 방향으로 움직이면 이 양성자가 받는 자기력이 0이 되는가?

답: (A) $\hat{\mathbf{x}}$ 방향으로 6.0 N, (B) $\hat{\mathbf{z}}$ 방향으로 $3\sqrt{3}$ N, (C) $\pm\hat{\mathbf{y}}$

85. $\vec{\mathbf{B}} = 5\,\hat{\mathbf{x}} + \hat{\mathbf{y}} - 4\,\hat{\mathbf{z}}$인 자기장이 존재하는 영역에 속도 $\vec{\mathbf{v}} = 3\hat{\mathbf{x}} - 2\hat{\mathbf{y}} - \hat{\mathbf{z}}$로 움직이는 200 μC 전하가 있다. 이 전하에 가해지는 자기력을 구하라.

답: $(1.8\,\hat{\mathbf{x}} + 1.4\,\hat{\mathbf{y}} + 2.6\,\hat{\mathbf{z}}) \times 10^{-3}$ N

86. 아래 그림에서 보듯이 크기가 200,000 G인 균일한 자기장이 존재하는 영역에서 -400 μC의 전하와 0.25 g의 질량을 가진 입자가 4000 m/s의 일정한 속력으로 원을 그리며 운동을 하고 있다. 중력은 무시할 수 있는 것으로 자기장의 방향이 책의 표면과 수직일 때 다음 물음에 답하라.

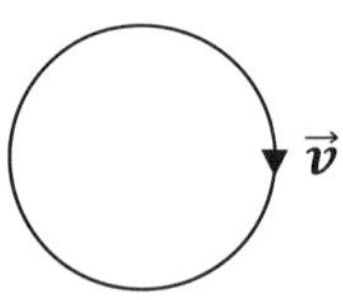

(A) 자기장의 방향을 구하라.

(B) 원의 반지름을 구하라.

답: (A) ⊗, (B) 125 m

87. 다음 쪽 그림과 같은 직사각형 루프에 30 A의 전류가 흐르고 있다. 크기가 8000 G인 자기장이 아랫방향으로 가해지고 있다. 직사각형 루프의 폭(수평방향)은 50 cm이고 높이(수직방향)는 25 cm일 때 다음 물음에 답하라.

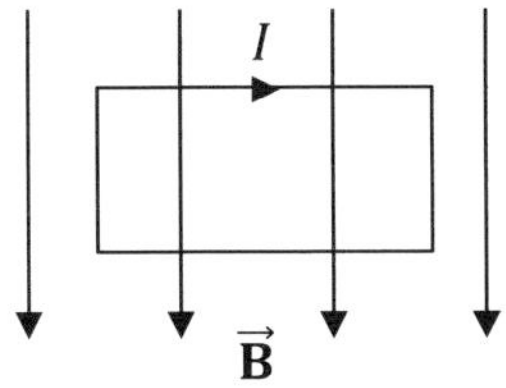

(A) 루프에 가해지는 알짜 힘의 크기를 구하라.

(B) 루프에 가해지는 알짜 토크의 크기를 구하라.

답: (A) 0, (B) 3.0 N·m

도움이 필요한가요? 책의 맨 뒤에 있는 “힌트”를 참고하세요.

25
자기장

관련 용어

- **전하**(electric charge) 입자가 가지는 고유한 특성 중의 하나로, 전하를 가진 입자가 전기장이 있는 곳에 놓이게 되면 전기장에 의해 힘을 받게 된다. (전기적으로 중성인 입자는 전하를 가지지 않는다. 따라서 중성 입자는 전기장이 있는 곳에 놓이게 되어도 힘을 받지 않는다.)
- **전류**(current) 시간에 대한 전하의 변화율. 단위 시간 동안에 어떤 점 또는 단면적을 통과해 흐르는 전하의 양으로 정의함.
- **자기장**(magnetic field) 움직이는 전하(즉 전류)가 만들어내는 자기 현상
- **자기력**(magnetic force) 자기장이 존재하는 영역에서 움직이는 전하(즉 전류)가 받는 인력(끌어당기는 힘)이나 척력(밀어내는 힘)
- **솔레노이드**(solenoid) 도선을 감아서 원통의 형태로 만든 것
- **권수**(truns) 솔레노이드를 구성하는 루프의 수(도선을 감은 횟수)
- **투자율**(permeability) 물질이 자기장에 미치는 영향을 나타내는 척도(기준)

자기력 방정식

전류 I가 흐르는 길이가 긴 도선의 축에서 거리 r_c만큼 떨어진 곳에 이 도선이 만들어내는 자기장 B의 크기는 다음 식으로 구할 수 있다. 이때 r_c는 도선의 길이에 비해 작다고 가정한다.

$$B = \frac{\mu_0 I}{2\pi r_c}$$

여기서 μ_0를 자유공간의 투자율(permeability of free space)이라고 한다.

원 모양의 루프에 전류 I가 흐르고 있을 때 이 원형 루프가 루프의 한가운데 위치에 만들어내는 자기장 B의 크기는 다음 식으로 구할 수 있다.

$$B = \frac{\mu_0 I}{2a}$$

여기서 a는 원형 루프의 반지름이다.

도선을 촘촘하게 감아서 만든 솔레노이드에 전류 I가 흐르고 있을 때, 이 솔레노이드가 솔레노이드의 한가운데 위치에 만들어내는 자기장 B의 크기는 다음 식으로 구할 수 있다.

$$B = \frac{\mu_0 NI}{L} = \mu_0 nI$$

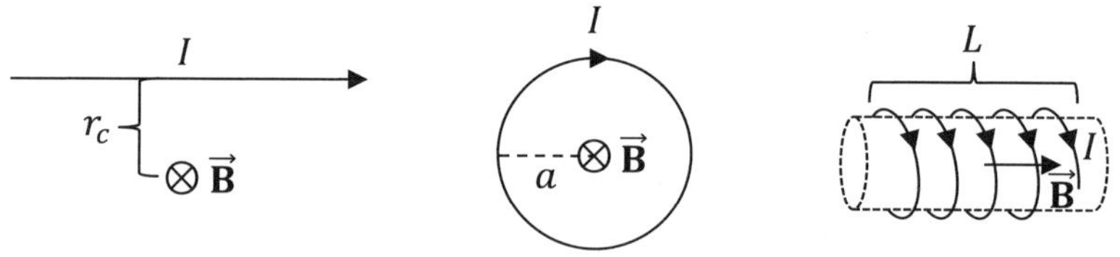

여기서 N은 루프의 수(이를 권수라고 함), L은 솔레노이드의 길이, n은 단위 길이당 권수로 $n = \frac{N}{L}$이다.

자기장 속에 놓여 있는 전류에 가해지는 힘은 다음 식으로 구할 수 있음을 기억하기 바란다(24장).

$$F_m = ILB \sin\theta$$

특수 기호

기호	이름
⊗	책 안으로 들어가는 방향
⊙	책 밖으로 나오는 방향

기호와 SI 단위

기호	이름	SI 단위
B	자기장의 크기	T
I	전류	A

μ_0	자유공간의 투자율	$\frac{T \cdot m}{A}$
r_c	긴 직선 도선에서 떨어진 거리	m
a	루프의 반지름	m
N	루프의 수(권수)	단위없음
n	단위길이당 권수	$\frac{1}{m}$
L	도선의 길이 또는 솔레노이드의 길이	m
F_m	자기력의 크기	N
θ	$\vec{v}$와 $\vec{B}$ 또는 I와 $\vec{B}$ 사이의 각도	° 또는 rad

중요한 차이점

유전율과 투자율은 서로 다른 양이다.

- 유전율 ϵ은 전기장 $\vec{E}$와 관련이 있는 전기적인 양이다.
- 투자율 μ는 자기장 $\vec{B}$와 관련이 있는 자기적인 양이다.

32장에서는 자유공간의 유전율 ϵ_0와 자유공간의 투자율 μ_0를 결합하여 진공 속을 진행하는 빛의 속도를 구할 수 있다는 것을 배운다.

자기장을 구하는 방법

주의: 문제에서 자기장이 가우스(G) 단위로 주어지면 테슬라(T) 단위로 변환한다.

$$1\ G = 10^{-4}\ T$$

자기장을 구하는 문제를 풀 때는 문제의 유형에 따라 다음과 같은 방법을 사용한다.

- 길이가 긴 직선도선이 주위에 만드는 자기장, 원형 루프가 루프의 한가운데에 만드는 자기장, 솔레노이드가 솔레노이드의 한가운데에 만드는 자기장은 다음 방정식을 사용하여 구한다.
  - 길이가 긴 도선의 축에서 r_c만큼 떨어진 위치의 자기장(332쪽 왼쪽 그림)

$$B = \frac{\mu_0 I}{2\pi r_c}$$

  - 반지름이 a인 원형 루프의 한가운데 위치의 자기장

$$B = \frac{\mu_0 I}{2a}$$

- ○ 도선을 촘촘하게 감아 만든 권수가 N이고 길이가 L인 솔레노이드의 한가운데 위치의 자기장

$$B = \frac{\mu_0 NI}{L} = \mu_0 nI$$

여기서 n은 단위 길이당 권수로 $n = \frac{N}{L}$이다.

자유공간의 투자율은 $\mu_0 = 4\pi \times 10^{-7} \frac{\mathrm{T \cdot m}}{\mathrm{A}}$이다.

- 자기장 $\vec{\mathbf{B}}$의 방향도 구해야 하는 경우에는 자기장용 오른손 규칙을 적용한다(22장)
- 전류의 개수가 두 개 이상인 경우에 어떤 특정한 점(이를 장점이라고 함)에서 알짜 자기장의 크기 B_{net}를 구하려면 먼저 위에서 살펴본 방정식들을 사용하여 각각의 전류가 장점에 만들어내는 자기장 B_1, B_2, …을 구한 다음, **중첩정리**를 사용하여 알짜 자기장을 구한다. 다시 말해 자기장용 오른손 규칙(22장)을 사용하여 $\vec{\mathbf{B}}_1$, $\vec{\mathbf{B}}_2$, …의 방향을 구하고 아래에 설명한 상황에 따라 B_{net}를 구한다.
  - ○ $\vec{\mathbf{B}}_1$과 $\vec{\mathbf{B}}_2$가 평행이면 단순히 크기를 서로 더한다. $B_{net} = B_1 + B_2$
  - ○ $\vec{\mathbf{B}}_1$과 $\vec{\mathbf{B}}_2$가 반평행이면 단순히 크기를 서로 뺀다. $B_{net} = |B_1 - B_2|$
  - ○ $\vec{\mathbf{B}}_1$과 $\vec{\mathbf{B}}_2$가 수직이면 피타고라스 정리를 사용한다. $B_{net} = \sqrt{B_1^2 + B_2^2}$
  - ○ 그 밖의 경우에는 $\vec{\mathbf{B}}_1$과 $\vec{\mathbf{B}}_2$를 벡터 덧셈 방식으로 더한다(3장 참조).
- 자기장 B가 존재하는 영역에 있는 전류 I에 가해지는 자기력의 크기 F_m을 구해야 하는 경우에는 24장에서 배운 방정식 $F = ILB\sin\theta$를 적용한다. 자기력의 방향까지 구해야 하는 경우에는 자기력용 오른손 규칙을 적용한다(21장)
- 두 개의 전류가 평행 또는 반평행일 때, 한 전류(I_a)가 다른 전류(I_b)에 가하는 자기력을 구해야 하는 경우에는 먼저 I_a가 I_b의 위치에 만들어내는 자기장을 $B_a = \frac{\mu_0 I_a}{2\pi d}$로 구한다. 여기서 d는 두 전류 사이의 거리이다. 다음으로 방정식 $F_a = I_b L_b B_a \sin\theta$을 사용하여 I_b에 가해지는 힘을 구한다. 계산 과정에서 두 개의 전류 I_a와 I_b가 모두 사용되지만 단계별로 다르게 사용되므로 주의해야 한다. L_b는 I_b의 길이이고 I_a에 의해 I_b에 가해지는 힘은 F_a로 표시한다는 것을 잘 알고 있어야 한다. θ는 I_b와 $\vec{\mathbf{B}}_a$ 사이의 각도이다. 한 전류가 다른 전류에 가하는 자기력의 방향도 구해야 하는 경우에는 23장에서 설명한 방법을 적용한다.
- 세 개 또는 그 이상의 전류가 평행 또는 반평행일 때 이 전류들 가운데 어느 한 전류에 가해지는 **알짜** 자기력의 크기 F_{net}를 구해야 하는 경우에는 먼저 바로 앞에서 설명한 방법을 사용하여 각각의 전류가 특정 전류에 가하는 자기력 F_1, F_2, …을 구한 다

음, **중첩정리**를 사용하여 알짜 자기력을 구한다. 다시 말해 오른손 규칙(23장)을 사용하여 $\vec{\mathbf{F}}_1$, $\vec{\mathbf{F}}_2$, …의 방향을 구하고 아래에 설명한 상황에 따라 F_{net}를 구한다.

- ○ $\vec{\mathbf{F}}_1$과 $\vec{\mathbf{F}}_2$가 평행이면 단순히 크기를 서로 더한다. $F_{net} = F_1 + F_2$
- ○ $\vec{\mathbf{F}}_1$과 $\vec{\mathbf{F}}_2$가 반평행이면 단순히 크기를 서로 뺀다. $F_{net} = |F_1 - F_2|$
- ○ $\vec{\mathbf{F}}_1$과 $\vec{\mathbf{F}}_2$가 수직이면 피타고라스 정리를 사용한다. $F_{net} = \sqrt{F_1^2 + F_2^2}$
- ○ 그 밖의 경우에는 $\vec{\mathbf{F}}_1$과 $\vec{\mathbf{F}}_2$를 벡터 덧셈 방식으로 더한다(3장 참조).

- 한 전류가 도선으로 된 직사각형 루프에 가하는 알짜 자기력 크기 F_{net}를 구해야 하는 경우에는 먼저 23장의 방법을 적용하여 직사각형 루프를 이루고 있는 각각의 변에 가해지는 자기력을 방향을 구한다. 긴 직선 도선이 직사각형 루프의 두 변과 수직을 이루고 있으면 이 두 변에 가해지는 자기력은 서로 상쇄된다. 그러면 바로 앞에서 설명한 방법을 나머지 두 변에 각각 한 번씩 모두 두 번을 적용하여 문제를 풀 수 있다. 이번 25장의 맨 마지막 문제에서 이러한 경우를 다룬다.
- 자기장 방정식을 유도하는 과정은 26장과 27장에서 설명한다.

자유공간의 투자율

상수 μ_0는 자유공간의 투자율(permeability of free space)이라고 한다. 자유공간(free space)은 진공(vacuum)을 뜻한다. 자유공간의 투자율 μ_0는 $\mu_0 = 4\pi \times 10^{-7}\frac{\text{T}\cdot\text{m}}{\text{A}}$이다. 투자율의 단위는 방정식 $B = \frac{\mu_0 I}{2\pi r_c}$를 μ_0에 대해 정리한 식 $\mu_0 = \frac{2\pi r_c B}{I}$로부터 알 수 있다. 자기장 B의 SI 단위는 테슬라(T), 전류 I의 SI 단위는 암페어(A), 거리 r_c의 SI 단위는 미터(m)이므로 μ_0의 SI 단위는 $\frac{\text{T}\cdot\text{m}}{\text{A}}$이다. μ_0의 단위에서 T·m 대신 m·T라고 쓰면 마이크로 테슬라를 뜻하는 mT와 혼동될 수 있으므로 T·m로 표시하는 것이 좋다. 24장에서 테슬라(T) 단위는 $1\ \text{T} = 1\ \frac{\text{N}}{\text{A}\cdot\text{m}}$가 됨을 배웠다. 이렇게 표시한 단위를 μ_0 식의 T에 대입하여 정리하면 μ_0의 단위를 $\frac{\text{N}}{\text{A}^2}$으로 나타낼 수 있다. 앞서 뉴턴(N) 단위는 $1\ \text{T} = 1\ \frac{\text{kg}\cdot\text{m}}{\text{s}^2}$로 쓸 수 있음을 배웠으므로 이로부터 μ_0는 $1\ \text{T} = 1\ \frac{\text{kg}\cdot\text{m}}{\text{A}^2\text{s}^2}$으로 쓸 수도 있다.

예제 아래 그림과 같이 길이가 긴 직선 도선에 5.0 A의 전류가 흐르고 있다. 이 도선에서 25 cm 떨어진 ★ 표시가 된 점에서 자기장의 크기와 방향을 구하라.

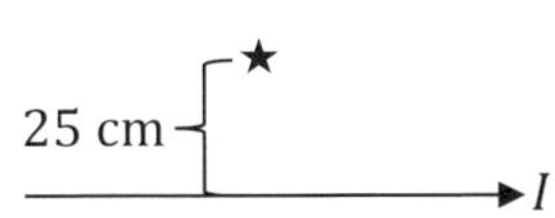

풀이 거리 r_c의 단위를 cm에서 m로 변환하면 $r_c = 25\text{ cm} = 0.25\text{ m} = \frac{1}{4}\text{ m}$이 된다. 긴 직선도선이 만들어내는 자기장 방정식을 적용하면

$$B = \frac{\mu_0 I}{2\pi r_c} = \frac{(4\pi \times 10^{-7})(5)}{2\pi\left(\frac{1}{4}\right)}$$

이 된다. 분수로 나누는 것은 분수의 역수를 곱하는 것과 동일하다. $\frac{1}{4}$의 역수는 4이다. 따라서 이 방법을 적용하여 계산하면

$$B = \frac{(4\pi \times 10^{-7})(5)}{2\pi}(4) = 40 \times 10^{-7}\text{ T} = 4.0 \times 10^{-6}\text{ T}$$

이 된다. 자기장용 오른손 규칙(22장)을 적용하여 장점에서 자기장의 방향을 구해보자.

- 전류 I가 흐르는 방향에 맞춰 오른손 엄지손가락이 오른쪽(→)을 가리키도록 한 상태에서 오른손으로 전류를 감싸 쥔다.
- 그러면 오른손 엄지손가락을 제외한 나머지 손가락들이 도선을 감싸는 원을 이룬다.
- 어떤 특정 지점에서 자기장 $\vec{\mathbf{B}}$의 방향은 이 원의 접선방향(원의 접점에서 손가락 끝이 가리키는 방향)이다. 따라서 장점(★)에서 자기장 $\vec{\mathbf{B}}$는 책 밖으로 나오는 방향(⊙)이다.

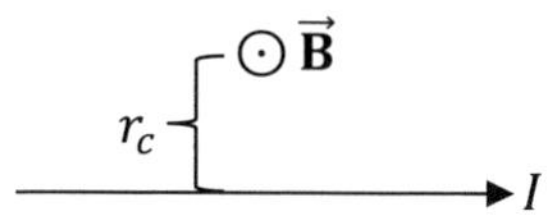

장점(★)에서 자기장의 크기는 $B = 4.0 \times 10^{-6}$ T이고 자기장의 방향은 책 밖으로 나오는 방향(⊙)이다.

예제 도선을 촘촘히 감아서 만든 솔레노이드의 길이가 50 cm, 루프의 수(권수)가 200이다. 이 솔레노이드에 3.0 A의 전류가 흐를 때 솔레노이드의 한가운데 위치에서 자기장의 크기를 구하라.

풀이 거리 L의 단위를 cm에서 m로 변환하면 $L = 50\text{ cm} = 0.50\text{ m} = \frac{1}{2}\text{ m}$가 된다. 솔레노이드의 한가운데에 만들어지는 자기장을 나타내는 방정식을 적용하면

$$B = \frac{\mu_0 N I}{L} = \frac{(4\pi \times 10^{-7})(200)(3)}{\frac{1}{2}}$$

이 된다. 분수로 나누는 것은 분수의 역수를 곱하는 것과 동일하다. $\frac{1}{2}$의 역수는 2이다. 따라서 이 방법을 적용하여 계산을 하면

$$B = (4\pi \times 10^{-7})(200)(3)(2) = 4800\pi \times 10^{-7}\ \mathrm{T} = 4.8\pi \times 10^{-4}\ \mathrm{T}$$

이 된다. 솔레노이드의 한가운데에서 자기장의 크기는 $B = 4.8\pi \times 10^{-4}$ T이다. 이 값을 밀리테슬라(mT) 단위로 나타내면 $B = 0.48\pi$ mT $= 1.5$ mT이다.

예제 아래 그림에서 위쪽 도선에는 $I_1 = 3.0$ A의 전류가 흐르고 아래쪽 도선에는 $I_2 = 4.0$ A의 전류가 흐르고 있다. 두 도선의 길이는 각각 9.0 m이고 두 도선 사이의 간격은 0.50 m이다. 두 도선 사이에 한가운데에 있는 ★로 표시된 점에서 알짜 자기장의 크기와 방향을 구하라.

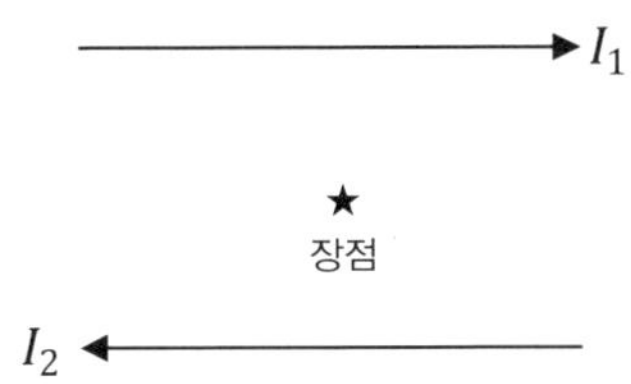

풀이 먼저 전류 I_1과 I_2가 각각 장점(★)에 만들어내는 자기장의 크기를 구한다. 장점(★)은 두 도선 사이의 한가운데에 있으므로 두 도선 모두에 대해 $r_c = \frac{d}{2} = \frac{0.5}{2} = 0.25$ m이다. 따라서 자기장의 크기는

$$B_1 = \frac{\mu_0 I_1}{2\pi r_c} = \frac{(4\pi \times 10^{-7})(3)}{2\pi(0.25)} = 24 \times 10^{-7}\ \mathrm{T} = 2.4 \times 10^{-6}\ \mathrm{T}$$
$$B_2 = \frac{\mu_0 I_2}{2\pi r_c} = \frac{(4\pi \times 10^{-7})(4)}{2\pi(0.25)} = 32 \times 10^{-7}\ \mathrm{T} = 3.2 \times 10^{-6}\ \mathrm{T}$$

이다. 이 두 자기장을 더하기에 앞서 자기장용 오른손 규칙(22장)을 적용하여 두 자기장의 방향을 각각 구해본다.

- 오른손 엄지손가락이 가리키는 방향을 전류 I가 흐르는 방향에 맞춘 상태로 도선을 감싸 쥔다. 전류 I_1의 경우에는 I_1이 흐르는 방향에 맞춰 오른손 엄지손가락이 오른쪽(→)을 가리키도록 한 상태에서 오른손으로 전류를 감싸 쥔다. 전류 I_2의 경우에는 I_2가 흐르는 방향에 맞춰 오른손 엄지손가락이 왼쪽(←)을 가리키도록 한 상태에서 오른손으로 전류를 감싸 쥔다.

- 그러면 오른손 엄지손가락을 제외한 나머지 네 손가락들이 도선을 감싸는 원을 이룬다.
- 어떤 특정 지점에서 자기장 $\vec{\mathbf{B}}$의 방향은 이 원의 접선방향(원의 접점에서 손가락 끝이 가리키는 방향)이다. 따라서 장점(★)에서 자기장 $\vec{\mathbf{B}}_1$과 $\vec{\mathbf{B}}_2$는 모두 책 안으로 들어가는 방향(⊗)이다.
- 그 까닭은 다음과 같다. 오른손 엄지손가락이 오른쪽 방향을 가리키도록 한 상태로 오른손으로 전류 I_1을 감싸 주면 오른손의 나머지 네 손가락들은 도선 아래에서는 책 속으로 들어가는 방향(⊗)이다. 오른손 엄지손가락이 왼쪽 방향을 가리키도록 한 상태로 오른손으로 전류 I_2를 감싸 주면 이번에도 오른손의 나머지 네 손가락들은 도선 위에서는 책 속으로 들어가는 방향(⊗)이다.

$\vec{\mathbf{B}}_1$과 $\vec{\mathbf{B}}_2$가 모두 책 속으로 들어가는 방향(⊗)으로 같으므로 다음과 같이 크기를 단순히 서로 더하기만 하면 알짜 자기장의 크기를 구할 수 있다.

$$B_{net} = B_1 + B_2 = 2.4 \times 10^{-6} + 3.2 \times 10^{-6} = 5.6 \times 10^{-6}\ \mathrm{T}$$

따라서 장점에서 알짜 자기장의 크기는 $B_{net} = 5.6 \times 10^{-6}$ T이고 자기장의 방향은 책 안으로 들어가는 방향(⊗)이다.

예제 아래 그림에서 위쪽 도선에는 $I_1 = 2.0$ A의 전류 I_1이 흐르고 아래쪽 도선에는 $I_2 = 3.0$ A의 전류가 흐르고 있다. 두 도선의 길이는 각각 6.0 m이고 두 도선 사이의 간격은 0.20 m이다. 위쪽 전류 I_1이 아래쪽 전류 I_2에 가하는 자기력의 크기와 방향을 구하라.

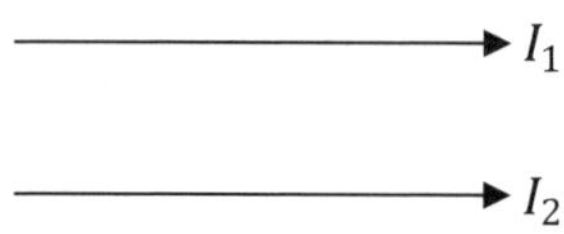

풀이 먼저 장점(★)을 전류 I_2 위에 표시한다(문제에서 요구하는 것이 전류 I_2에 가해지는 힘이므로). 전류 I_1이 장점(★)에 만들어내는 자기장을 구해보자. $I_1 = 2.0$ A이고 $r_c = d = 0.20$ m이므로(장점은 I_1에서 0.2 m 떨어져 있으므로)

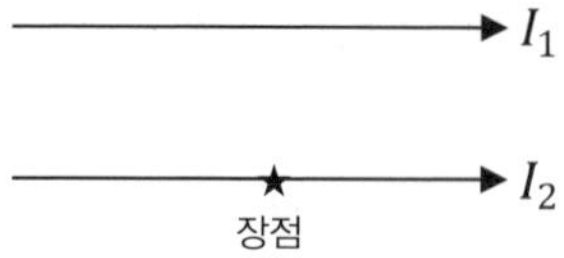

$$B_1 = \frac{\mu_0 I_1}{2\pi d} = \frac{(4\pi \times 10^{-7})(2)}{2\pi(0.2)} = 20 \times 10^{-7}\ \mathrm{T} = 2.0 \times 10^{-6}\ \mathrm{T}$$

이다. 이제 I_2에 가해지는 힘을 구해보자. 이를 위해 $I_2 = 3.0$ A(문제에서 요구하는 것이 I_2가 받는 힘이므로), $\theta = 90°$(I_2는 오른쪽을 가리키고 자기장 $\vec{\mathbf{B}}_1$은 책 속으로 들어가는 방향이므로)이다. I_1이 I_2에 가하는 힘의 크기를 F_1이라고 하면

$$F_1 = I_2 L_2 B_1 \sin\theta = (3)(6)(2 \times 10^{-6}) = 36 \times 10^{-6}\ \mathrm{N} = 3.6 \times 10^{-5}\ \mathrm{N}$$

이다. 이 자기력의 방향을 구하기 위해 23장에서 설명한 방법을 적용한다. 먼저 자기장용 오른손 규칙(22장)을 I_1에 적용한다. I_1이 흐르는 방향에 맞춰 오른손 엄지손가락이 오른쪽(→)을 가리키도록 한 상태에서 오른손으로 전류를 감싸 쥔다. 그러면 장점(★)에서 나머지 오른손의 네 손가락들은 책 안으로 들어가는 방향(⊗)이다. 따라서 이 장점(★)에 만들어내는 자기장 B_1은 책 안으로 들어가는 방향(⊗)이다.

이제 I_2에 21장에서 배운 자기력용 오른손 규칙을 적용하여 자기력을 구해보자. 전류 I_2가 흐르는 방향에 맞추어 오른손 엄지손가락을 제외한 나머지 네 손가락들이 오른쪽(→)을 가리키도록 놓는다. 이와 동시에 오른손 손바닥이 자기장 $\vec{\mathbf{B}}_1$의 방향에 맞추어 책 안쪽(⊗)을 바라보도록 놓는다. 그러면 자기력 $\vec{\mathbf{F}}_1$의 방향을 알려주는 오른손 엄지손가락은 위쪽 방향(↑)을 가리킨다. 따라서 위쪽 전류 I_1은 아래쪽 전류 I_2를 위쪽(↑)으로 끌어당긴다.

I_1이 I_2에 가하는 자기력의 크기는 $F_1 = 3.6 \times 10^{-5}$ N이고 자기장의 방향은 곧게 위쪽(↑)이다(23장에서 평행한 두 전류는 서로서로를 끌어당긴다는 것을 배운 바 있다.).

예제 아래 그림에서 왼쪽 도선에는 $I_1 = 4.0$ A의 전류 I_1이 흐르고 가운데 도선에는 $I_2 = 5.0$ A의 전류가 흐르고 오른쪽 도선에는 $I_3 = 8.0$ A의 전류가 흐르고 있다. 세 도선의 길이는 각각 3.0 m이고 인접한 두 도선 사이의 간격은 0.10 m이다. 오른쪽 전류 I_3에 가해지는 알짜 자기력의 크기와 방향을 구하라.

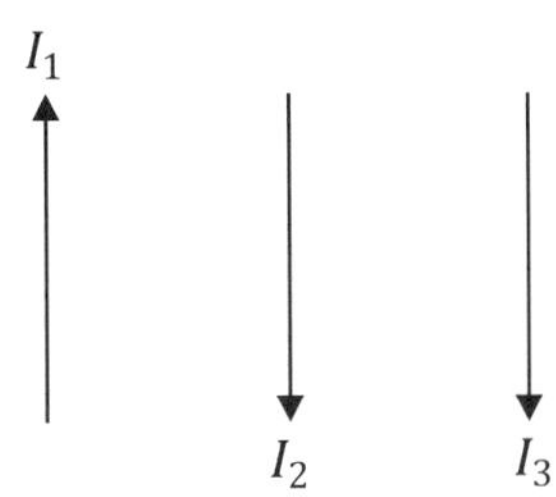

풀이 이 문제를 푸는 방법은 다음과 같다.

- 바로 전 예제를 풀 때 사용한 방법을 사용하여 I_1이 I_3에 가하는 힘을 구한다.

- 마찬가지 방법으로 I_2가 I_3에 가하는 힘을 구한다.
- 이렇게 해서 두 힘의 크기와 방향을 모두 구한 다음에는 이들을 합성한다.(335쪽의 방법을 참조한다)

먼저 장점(★)을 전류 I_3 위에 표시한다(문제에서 요구하는 것이 전류 I_3에 가해지는 힘이므로). 전류 I_1과 I_2가 장점(★)에 만들어내는 자기장을 각각 구해보자. 여기서 I_1과 장점(★) 사이의 거리는 $d_1 = 0.1 + 0.1 = 0.2$ m이고 I_2와 장점(★) 사이의 거리는 $d_2 = 0.10$ m이다.

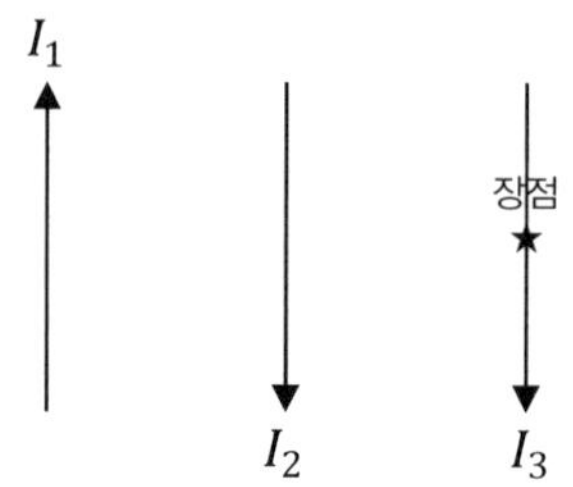

$$B_1 = \frac{\mu_0 I_1}{2\pi d_1} = \frac{(4\pi \times 10^{-7})(4)}{2\pi(0.2)} = 40 \times 10^{-7}\ \text{T} = 4.0 \times 10^{-6}\ \text{T}$$
$$B_2 = \frac{\mu_0 I_2}{2\pi d_2} = \frac{(4\pi \times 10^{-7})(5)}{2\pi(0.1)} = 100 \times 10^{-7}\ \text{T} = 1.0 \times 10^{-5}\ \text{T}$$

이제 I_1과 I_2에 의해 I_3에 가해지는 힘을 각각 구해보자. 이를 위해 $I_3 = 8.0$ A(문제에서 요구하는 것이 가 받는 힘이므로), $\theta = 90°$(I_3는 아래쪽을 가리키고 자기장 $\vec{\mathbf{B}}_1$과 $\vec{\mathbf{B}}_2$의 방향은 책과 수직을 이루므로 – 이에 대해서는 아래에서 설명한다)이다. I_1이 I_3에 가하는 힘의 크기를 F_1이라고 하고 I_2가 I_3에 가하는 힘의 크기를 F_2이라고 하면

$$F_1 = I_3 L_3 B_1 \sin\theta = (8)(3)(4 \times 10^{-6}) \sin 90° = 96 \times 10^{-6}\ \text{N} = 9.6 \times 10^{-5}\ \text{N}$$
$$F_2 = I_3 L_3 B_2 \sin\theta = (8)(3)(1 \times 10^{-5}) \sin 90° = 24 \times 10^{-5}\ \text{N} = 2.4 \times 10^{-4}\ \text{N}$$

이다. 이 두 자기력을 합성하려면 각각의 방향을 알아야 하므로 23장에서 설명한 방법을 적용하여 두 자기력의 방향을 구한다.

먼저 자기장용 오른손 규칙(22장)을 I_1과 I_2에 각각 적용한다. I_1이 흐르는 방향에 맞춰 오른손 엄지손가락이 위쪽(↑)을 가리키도록 한 상태에서 오른손으로 전류를 감싸 쥔다. 그러면 장점(★)에서 나머지 오른손의 네 손가락들은 책 안으로 들어가는 방향(⊗)이다. 따라서 I_1이 장점(★)에 만들어내는 자기장 $\vec{\mathbf{B}}_1$은 책 안으로 들어가는 방향(⊗)이다. 이번에는 I_2가 흐르는 방향에 맞춰 오른손 엄지손가락이 아래쪽(↓)을 가리키도록 한 상태에서 오른손으로 전류를 감싸 쥔다. 그러면 장점(★)에서 나머지 오른손의 네 손가락들은 책 밖으로 나오는 방향(⊙)이다. 따라서 I_2가 장점(★)에 만들어내는 자기장 $\vec{\mathbf{B}}_2$은 책 밖으로 나오는 방향(⊙)이다.

이제 I_3에 21장에서 배운 자기력용 오른손 규칙을 적용하여 자기력을 구해보자. 전류 I_3가 흐르는 방향에 맞추어 오른손 엄지손가락을 제외한 나머지 네 손가락들이 아래쪽(↓)을 가리키도록 놓는다. 이와 동시에 오른손 손바닥이 자기장 $\vec{\mathbf{B}}_1$의 방향에 맞추어 책 안쪽(⊗)을 바라보도록 놓는다. 그러면 자기력 $\vec{\mathbf{F}}_1$의 방향을 알려주는 오른손 엄지손가락은 오른쪽 방향(→)을 가리킨다. 따라서 전류 I_1은 전류 I_3를 오른쪽(→)으로 밀어낸다. 이번에는 전류 I_3가 흐르는 방향에 맞추어 오른손 엄지손가락을 제외한 나머지 네 손가락들이 아래쪽(↓)을 가리키도록 놓는다. 이와 동시에 오른손 손바닥이 자기장 $\vec{\mathbf{B}}_2$의 방향에 맞추어 책 바깥쪽(⊙)을 바라보도록 놓는다. 그러면 자기력 $\vec{\mathbf{F}}_2$의 방향을 알려주는 오른손 엄지손가락은 왼쪽 방향(←)을 가리킨다. 따라서 전류 I_1은 전류 I_3를 왼쪽(←)으로 끌어당긴다(23장에서 배운 바에 따르면 I_2와 I_3의 관계와 같이 두 개의 평행 전류는 서로서로를 끌어당기고 I_1과 I_3의 관계와 같이 두 개의 반평행 전류는 서로서로를 밀쳐낸다).

$\vec{\mathbf{F}}_1$은 오른쪽 방향(→)이고 $\vec{\mathbf{F}}_2$는 왼쪽 방향(←)으로 서로 반대방향이므로 알짜 자기력을 구하기 위해서는 두 힘의 크기를 서로 빼면 된다. 알짜 자기력의 크기는 − 값이 될 수 없으므로 다음과 같이 뺄셈에 절댓값을 취한다.

$$F_{net} = |F_1 - F_2| = |9.6 \times 10^{-5} - 2.4 \times 10^{-4}|$$

뺄셈을 할 때 10의 거듭제곱인 두 수의 지수를 맞추어주어야 한다. $2.4 \times 10^{-4} = 24 \times 10^{-5}$(필요하면 계산기로 두 수를 각각 입력한 다음 결과 값을 비교해보라)이므로

$$F_{net} = |9.6 \times 10^{-5} - 24 \times 10^{-5}| = |-14.4 \times 10^{-5}\ \mathrm{N}| = 14.4 \times 10^{-5}\ \mathrm{N} = 1.44 \times 10^{-4}\ \mathrm{N}$$

이 된다. I_1과 I_2가 I_3에 가하는 알짜 자기력의 크기는 $F_{net} = 1.4 \times 10^{-4}$ N(두 자리 유효숫자)이고 방향은 왼쪽(←)이다. 방향이 왼쪽인 까닭은 왼쪽 방향의 힘 F_2($F_2 = 2.4 \times 10^{-4} = 24 \times 10^{-5}$ N)가 오른쪽 방향의 힘 F_1($F_1 = 9.6 \times 10^{-5}$ N)보다 큰데 알짜 힘은 힘이 더 큰 쪽을 향하기 때문이다. 10의 거듭제곱의 지수를 10^{-5}로 같게 하면 24×10^{-5}이 9.6×10^{-5}보다 큰 값이라는 것을 쉽게 이해할 수 있다(두 힘이 평행이거나 반평행이 아니면 3장에서 배운 삼각함수를 사용하여 알짜 힘의 방향을 구해야 한다).

예제 다음 쪽 그림에서 보듯이, 길이가 14.0 m인 긴 직선 도선에 전류 $I_1 = 2.0$ A이 흐르고 있고 정사각형 루프에는 $I_2 = 3.0$ A의 전류가 흐르고 있다. 위쪽의 전류 I_1이 정사각형 루프(I_2)에 가하는 알짜 자기력의 크기와 방향을 구하라.

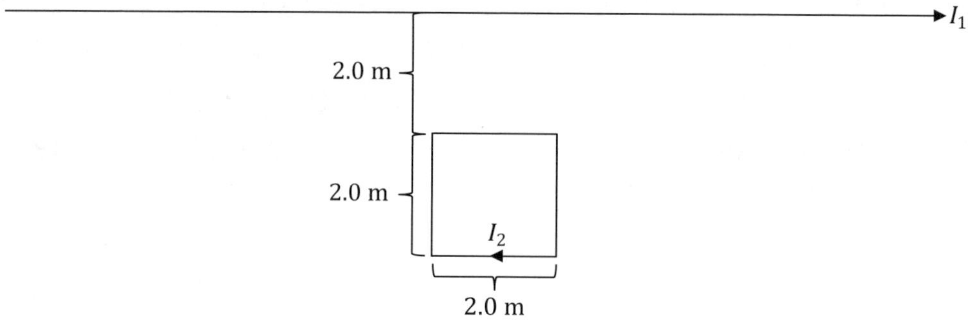

풀이 먼저 I_1이 정사각형 루프의 각 변에 가하는 자기력의 방향을 구한다. I_1에 자기장용 오른손 규칙(22장)을 적용한다. 오른손 엄지손가락을 전류 I_1의 방향에 맞춘 상태로 오른손으로 전류를 감싸 쥔다. 도선의 아래쪽에 정사각형 루프가 놓여 있는 곳에서 엄지손가락을 제외한 오른손의 나머지 네 손가락은 어디를 가리키는가? 네 손가락의 끝은 정사각형 루프가 있는 곳에서 책 안으로 들어가는 방향(⊗)을 가리킨다. 따라서 정사각형 루프에서 자기장 B는 책 안으로 들어가는 방향(⊗)이다.

이제 정사각형 루프를 이루고 있는 각 변에 가해지는 자기력을 자기력용 오른손 규칙(21장)을 적용하여 구해보자.

- **아랫변**: 전류 I_2의 방향에 맞추어 오른손 엄지손가락을 제외한 나머지 네 손가락들이 왼쪽(←)을 가리키도록 놓는다. 이와 동시에 오른손 손바닥이 자기장 $\vec{\mathbf{B}}_1$의 방향에 맞추어 책 안쪽 방향(⊗)을 향하도록 놓는다. 이렇게 하면 오른손 엄지손가락이 가리키는 자기력 $\vec{\mathbf{F}}_{bot}$의 방향은 아래쪽 방향(↓)이다.
- **왼쪽 변**: 전류 I_2의 방향에 맞추어 오른손 엄지손가락을 제외한 나머지 네 손가락들이 위쪽(↑)을 가리키도록 놓는다. 이와 동시에 오른손 손바닥이 자기장 $\vec{\mathbf{B}}_1$의 방향에 맞추어 책 안쪽 방향(⊗)을 향하도록 놓는다. 이렇게 하면 오른손 엄지손가락이 가리키는 자기력 $\vec{\mathbf{F}}_{left}$의 방향은 왼쪽 방향(←)이다.
- **윗변**: 전류 I_2의 방향에 맞추어 오른손 엄지손가락을 제외한 나머지 네 손가락들이 오른쪽(→)을 가리키도록 놓는다. 이와 동시에 오른손 손바닥이 자기장 $\vec{\mathbf{B}}_1$의 방향에 맞추어 책 안쪽 방향(⊗)을 향하도록 놓는다. 이렇게 하면 오른손 엄지손가락이 가리키는 자기력 $\vec{\mathbf{F}}_{top}$의 방향은 위쪽 방향(↑)이다.
- **오른쪽 변**: 전류 I_2의 방향에 맞추어 오른손 엄지손가락을 제외한 나머지 네 손가락들이 아래쪽(↓)을 가리키도록 놓는다. 이와 동시에 오른손 손바닥이 자기장 $\vec{\mathbf{B}}_1$의 방향에 맞추어 책 안쪽 방향(⊗)을 향하도록 놓는다. 이렇게 하면 오른손 엄지손가락이 가리키는 자기력 $\vec{\mathbf{F}}_{right}$의 방향은 오른쪽 방향(→)이다.

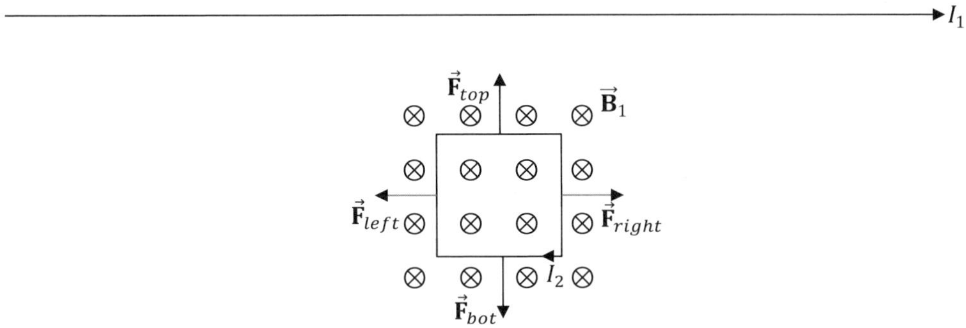

이상과 같이 구한 자기력 $\vec{\mathbf{F}}_{left}$을 위의 그림에 나타내었다. 그림에서 $\vec{\mathbf{F}}_{left}$와 $\vec{\mathbf{F}}_{right}$는 서로 상쇄된다는 것을 알 수 있다.

- $\vec{\mathbf{F}}_{left}$는 오른쪽 방향을 향하고 $\vec{\mathbf{F}}_{right}$는 왼쪽 방향을 향하므로 서로 반대 방향이다.
- 루프의 좌변과 우변은 직선 전류로부터 각각 같은 거리만큼 떨어져 있으므로 $\vec{\mathbf{F}}_{left}$의 크기와 $\vec{\mathbf{F}}_{right}$의 크기는 서로 같다.

알짜 힘을 구하는 경우, $\vec{\mathbf{F}}_{left}$와 $\vec{\mathbf{F}}_{right}$는 크기가 같고 방향이 반대여서 서로 상쇄되므로 각각의 값을 계산할 필요가 없다. (루프의 좌변과 우변은 I_1에 수직이므로 각각의 값을 계산하려면 적분을 수행해야 하므로 쉽지 않다.)

$\vec{\mathbf{F}}_{left}$, $\vec{\mathbf{F}}_{right}$와 마찬가지로 $\vec{\mathbf{F}}_{top}$와 $\vec{\mathbf{F}}_{bot}$도 방향이 반대이다(하나는 위쪽 방향, 다른 하나는 아래쪽 방향). 하지만 윗변이 아랫변보다 직선도선에 더 가깝게 놓여 있으므로 $\vec{\mathbf{F}}_{top}$와 $\vec{\mathbf{F}}_{bot}$는 상쇄되지 않는다.

$\vec{\mathbf{F}}_{top}$와 $\vec{\mathbf{F}}_{bot}$ 값을 계산하기 위해서는 먼저 I_1에 의해 루프의 윗변과 아랫변에 만들어지는 자기장을 구해야 한다. I_1과 정사각형 루프의 윗변 사이의 거리는 $d_{top} = 2.0$ m이고 I_1과 정사각형 루프의 아랫변 사이의 거리는 $d_{bot} = 2 + 2 = 4.0$ m이다. I_1이 두 변이 위치한 곳에 자기장을 모두 만들고 있으므로 $I_1 = 2.0$ A를 사용하면

$$B_{top} = \frac{\mu_0 I_1}{2\pi d_{top}} = \frac{(4\pi \times 10^{-7})(2)}{2\pi(2)} = 2.0 \times 10^{-7}\ \mathrm{T}$$
$$B_{bot} = \frac{\mu_0 I_1}{2\pi d_{bot}} = \frac{(4\pi \times 10^{-7})(2)}{2\pi(4)} = 1.0 \times 10^{-7}\ \mathrm{T}$$

이다. 이제 I_1에 의해 정사각형 루프의 윗변과 아랫변에 가해지는 힘을 각각 구해보자. 이를 위해 $I_2 = 3.0$ A(문제에서 요구하는 것이 I_2가 받는 힘이므로), $\theta = 90°$(I_2는 책의 표면에서 오른쪽과 왼쪽으로 흐르고 자기장 $\vec{\mathbf{B}}_1$의 방향은 책 안으로 들어가는 방향이므로 I_2와 $\vec{\mathbf{B}}_1$은 서로 수직이다)이다. 또한 I_2의 길이는 각각 정사각형 루프의 윗변과 아랫변의 길이이므로 $L_2 = 2.0$ m이다. 따라서

$$F_{top} = I_2 L_2 B_{top} \sin\theta = (3)(2)(2.0 \times 10^{-7}) \sin 90° = 12.0 \times 10^{-7}\ \text{N}$$
$$F_{bot} = I_2 L_2 B_{bot} \sin\theta = (3)(2)(1.0 \times 10^{-7}) \sin 90° = 6.0 \times 10^{-7}\ \text{N}$$

이 된다. $\vec{\mathbf{F}}_{top}$은 위쪽 방향(↑)이고 $\vec{\mathbf{F}}_{bot}$은 아래쪽 방향(↓)으로서 서로 반대 방향이다. 따라서 $\vec{\mathbf{F}}_{top}$의 크기와 $\vec{\mathbf{F}}_{bot}$의 크기를 서로 빼주면 알짜 자기력의 크기를 구할 수 있다. 알짜 자기력의 크기는 − 값이 될 수 없으므로 다음과 같이 뺄셈에 절댓값을 취한다.

$$F_{net} = |F_{top} - F_{bot}| = |12.0 \times 10^{-7} - 6.0 \times 10^{-7}| = 6.0 \times 10^{-7}\ \text{N}$$

따라서 이 I_2에 가하는 알짜 자기력의 크기는 $F_{net} = 6.0 \times 10^{-7}$ N이고 방향은 위쪽(↑)이다. 방향이 위쪽인 까닭은 위쪽 방향의 힘 F_{top}($F_{top} = 12 \times 10^{-7}$ N)이 아래쪽 방향의 힘 F_{bot}($F_{bot} = 6.0 \times 10^{-7}$ N)보다 큰데 알짜 힘은 힘이 더 큰 쪽을 향하기 때문이다.(두 힘이 평행이거나 반평행이 아니면 3장에서 배운 삼각함수를 사용하여 알짜 힘의 방향을 구해야 한다).

연습문제

88. 다음과 같이 세 개의 전류가 흐르고 있다. 각 전류는 기호에서 보듯이 책의 표면과 수직을 이루고 있다. 세 전류가 이루고 있는 삼각형은 밑변이 4.0 m이고 높이가 4.0 m인 이등변 삼각형이다. 밑변의 한가운데 위치에서 자기장의 크기와 방향을 구하라.

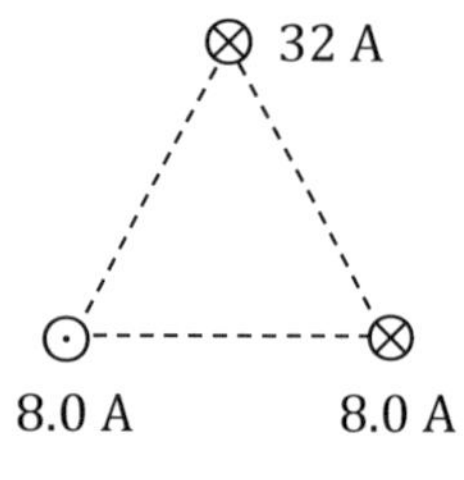

답: $16\sqrt{2} \times 10^{-7}$ T, 135°

89. 아래 그림에서 위쪽 도선에는 $I_1 = 8.0$ A의 전류가 흐르고 아래쪽 도선에는 $I_2 = 5.0$ A의 전류가 흐르고 있다. 두 도선의 길이는 각각 3.0 m이고 두 도선 사이의 간격은 0.050 m이다. 위쪽 전류 I_1이 아래쪽 전류 I_2에 가하는 자기력의 크기와 방향을 구하라.

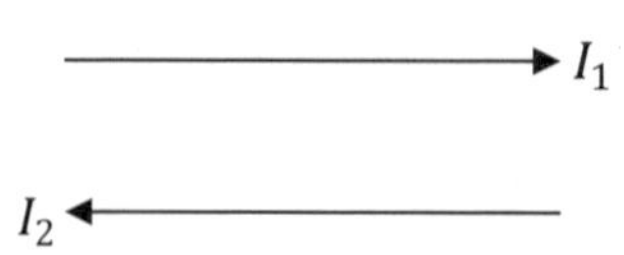

답: 4.8×10^{-4} N, 아래쪽 방향

90. 아래 그림에서 왼쪽 도선에는 $I_1 = 3.0$ A의 전류가 흐르고 가운데 도선에는 $I_2 = 4.0$ A의 전류가 흐르고 오른쪽 도선에는 $I_3 = 6.0$ A의 전류가 흐르고 있다. 세 도선의 길이는 각각 5.0 m이고 인접한 두 도선 사이의 간격은 0.25 m이다. 오른쪽 전류 I_3에 가해지는 알짜 자기력의 크기와 방향을 구하라.

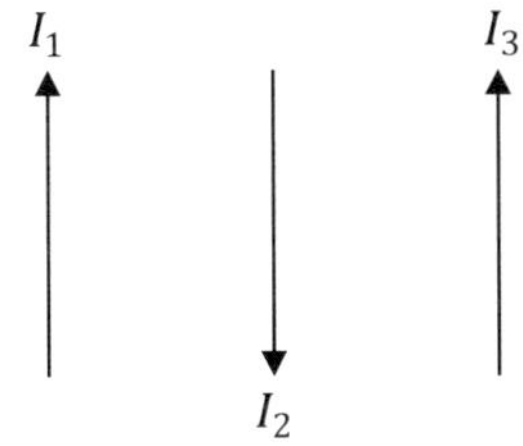

답: 6.0×10^{-5} N, 오른쪽 방향

91. 다음과 같이 정사각형의 세 꼭짓점에 각각 하나씩 모두 세 개의 전류가 흐르고 있다. 각 전류는 기호에서 보듯이 책의 표면과 수직을 이루고 있다. 세 전류가 흐르는 도선의 길이는 각각 3.0 m이고 정사각형 한 변의 길이는 25 cm이다. 2.0 A의 전류가 흐르고 있는 도선에 가해지는 알짜 자기장의 크기와 방향을 구하라.

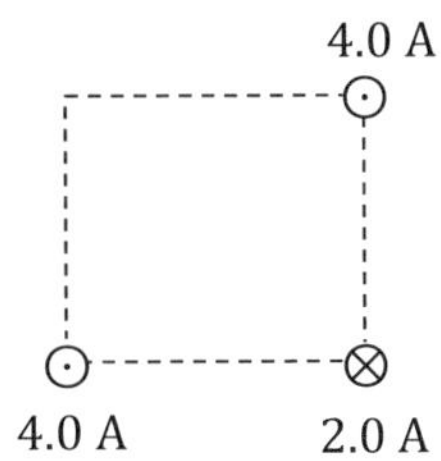

답: $192\sqrt{2} \times 10^{-7}$ N, 315°

92. 아래 그림에서 보듯이, 길이가 5.0 m인 긴 직선 도선에 전류 $I_1 = 6.0$ A이 흐르고 있고, 직사각형 루프에는 $I_2 = 8.0$ A의 전류가 흐르고 있다. 위쪽의 전류 I_1이 직사각형 루프(I_2)에 가하는 알짜 자기력의 크기와 방향을 구하라.

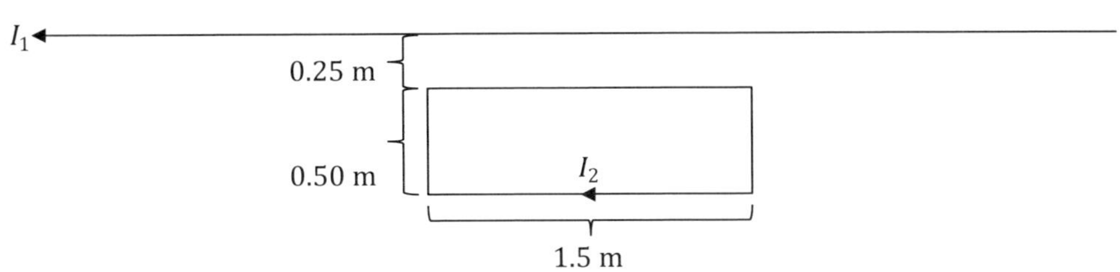

답: 3.84×10^{-5} N, 아래쪽 방향

도움이 필요한가요? 책의 맨 뒤에 있는 "힌트"를 참고하세요.

26
비오-사바르 법칙

관련 용어

- **전하**(electric charge) 입자가 가지는 고유한 특성 중의 하나로, 전하를 가진 입자가 전기장이 있는 곳에 놓이게 되면 전기장에 의해 힘을 받게 된다. (전기적으로 중성인 입자는 전하를 가지지 않는다. 따라서 중성 입자는 전기장이 있는 곳에 놓이게 되어도 힘을 받지 않는다.)
- **전류**(current) 시간에 대한 전하의 변화율. 단위 시간 동안에 어떤 점 또는 단면적을 통과해 흐르는 전하의 양으로 정의함.
- **필라멘트 전류**(filamentary current) 아주 가는 도선을 통해 흐르는 전류
- **자기장**(magnetic field) 움직이는 전하(즉 전류)가 만들어내는 자기 현상
- **자기력**(magnetic force) 자기장이 존재하는 영역에서 움직이는 전하(즉 전류)가 받는 인력(끌어당기는 힘)이나 척력(밀어내는 힘)
- **장점**(field point) 자기장(또는 전기장)을 계산하려는 점(point). 장점은 문제에서 주어지는 것이 보통이다. 장점에는 전류가 없는 것이 일반적이다.
- **원천**(source) 장(전기장 또는 자기장)을 만들어내는 물체를 가리키는 용어. 전류(또는 움직이는 전하)는 자기장을 만들어내므로 자기장의 원천은 전류(또는 움직이는 전하)이며 전하는 전기장을 만들어내므로 전기장의 원천은 전하다.

전류 밀도

자기장을 구하기 위한 적분(앞으로 줄여서 자기장 적분이라 함)을 수행할 때는 전류가 흐르는 물질의 구조에 따라 다음과 같이 여러 가지 전류밀도를 사용한다.

- 필라멘트 전류 I는 굵기를 무시할 수 있을 만큼 매우 가는 도선에 흐르는 전류를 말한다. 필라멘트 전류인 경우에는 전류 밀도를 사용하지 않고 단순히 전류 I라고만 놓고 문제를 푼다.
- 면 전류밀도(surface current density, 표면 전류밀도) $\vec{\mathbf{K}}$는 금으로 된 판, 또는 구리로 된 띠와 같이 도체 표면을 따라 퍼져 흐르는 전류에 적용한다.
- 전류밀도(부피 전류밀도, volume current density) $\vec{\mathbf{J}}$는 균일한 원통의 길이방향을 따라 흐르는 전류와 같이 어떤 부피 속 전체에 퍼져 흐르는 전류에 적용한다.
- 전하를 가진 원반이 회전하는 경우와 같이 전하가 움직이고 있을 때는 전류밀도 대신에 움직이는 속도 $\vec{\boldsymbol{v}}$로 문제를 푼다.

전류밀도 $\vec{\mathbf{K}}$와 $\vec{\mathbf{J}}$는 7장에서 배운 전하밀도 λ, σ, ρ와 비슷하다. 이번 장에서 배우게 될 비오–사바르 법칙은 여러 모로 7장에서 배운 전기장 적분과 유사하므로 7장을 다시 살펴보면 앞으로 배울 내용을 이해하는 데 도움이 될 것이다.

표기법

유감스럽게도 전기와 자기를 다루는 많은 책들이 모두 똑같은 표기법을 채택하고 있지 않다. 다른 책에서는 기호를 표시하는 방법이 이 책과 다를 수 있으니 주의해야 한다(이 책에는 편의를 위해 각 장의 앞부분에 해당 장에서 사용하는 기호와 정의를 표로 정리해 놓았다). 예를 들어 어떤 책에서는 각 길이(arc length)를 나타내는 데 dl(이 책에서는 ds)을 사용하고 표면적을 나타내는 데 dS(이 책에서는 dA)를 사용하고 부피를 나타내는 데 $d\tau$(이 책에서는 dV)를 사용한다.

비오–사바르 법칙

비오–사바르 법칙(Biot–Savart law)은 자기장을 구하는 데 사용하는 적분이다. 비오–사바르 법칙은 문제에서 다루는 전류의 유형에 따라 다음과 같이 여러 가지 형태의 수식으로 표현된다.

- 필라멘트 전류(매우 가는 도선에 흐르는 전류)인 경우,

$$\vec{\mathbf{B}} = \frac{\mu_0}{4\pi}\int \frac{I\, d\vec{\mathbf{s}} \times \vec{\mathbf{R}}}{R^2}$$

  여기서 I는 필라멘트 전류로 이 식은 도선의 전체 길이에 대해 수행하는 적분식이다.

- 표면 전류(전도성 띠와 같은 도체 표면을 따라 흐르는 전류)인 경우,

$$\vec{\mathbf{B}} = \frac{\mu_0}{4\pi}\int \frac{\vec{\mathbf{K}}\,dA \times \hat{\mathbf{R}}}{R^2}$$

여기서 $\vec{\mathbf{K}}$는 표면 전류밀도로 이 식은 띠의 표면의 전체 면적에 대해 수행하는 적분식이다. 총 전류는 $I = \int \vec{\mathbf{K}} \cdot d\vec{\boldsymbol{\ell}}$이다. 여기서 $d\vec{\boldsymbol{\ell}}$은 띠의 폭을 가로지르는 방향으로의 미소길이 벡터이다. 벡터 $d\vec{\boldsymbol{\ell}}$의 방향은 표면 전류밀도 $\vec{\mathbf{K}}$의 방향을 따라가는 방향인 것이 보통이다.[30]

- 부피전류(두꺼운 도선과 같이 도체의 부피전체를 따라 흐르는 전류)인 경우,

$$\vec{\mathbf{B}} = \frac{\mu_0}{4\pi}\int \frac{\vec{\mathbf{J}}\,dV \times \hat{\mathbf{R}}}{R^2}$$

여기서 $\vec{\mathbf{J}}$는 부피전류밀도로 이 식은 도체의 부피 전체에 대해 수행하는 적분식이다. 총 전류는 $I = \int \vec{\mathbf{J}} \cdot d\vec{\mathbf{A}}$이다. 여기서 $\vec{\mathbf{A}}$는 단면적을 나타낸다. 벡터 $d\vec{\mathbf{A}}$는 단면적에 수직인 방향으로의 미소면적벡터이다($d\vec{\mathbf{A}}$의 방향은 전류밀도 $\vec{\mathbf{J}}$의 방향을 따라가는 방향인 것이 보통이다).

- 전하를 가진 원반과 같이 움직이는 전하인 경우,

$$\vec{\mathbf{B}} = \frac{\mu_0}{4\pi}\int \frac{\vec{\boldsymbol{v}}\,dq \times \hat{\mathbf{R}}}{R^2}$$

여기서 $\vec{\boldsymbol{v}}$는 미소 전하 dq의 속도를 나타낸다. 전하가 회전을 하는 경우에는 $v = r_{rot}\omega$이다. 여기서 r_{rot}는 미소 전하 dq가 원을 그리며 회전 운동을 할 때, 이 원의 반지름이다.

주의: 위의 세 가지 자기장 적분에서 적분 기호 안에 들어 있는 $\hat{\mathbf{R}}$을 잘 이해해야 한다. 적분을 수행하기 전에 벡터 곱(19장 참조)을 계산해야 한다. 이렇게 계산한 벡터 곱의 결과가 적분을 해야 하는 대상이 된다.

특수 기호

기호	이름
⊗	책 안으로 들어가는 방향
⊙	책 밖으로 나오는 방향

30 (옮긴이) 표면 전류는 두께가 없는 층, 다시 말해 표면을 따라 흐르는 전류이다. 표면에 위치한 어떠한 점을 통과하는 표면 전류밀도는 $K = dI/d\ell_{\perp}$로 정의된다. 여기서 $d\ell_{\perp}$[m]은 전류가 흐르는 방향에 수직인 미소길이, dI[A]는 미소길이 $d\ell_{\perp}$을 통과하는 미소전류이다. 따라서 표면전류밀도의 단위는 [A/m]이다. 표면의 전체 폭을 통해 흐르는 총 전류는 $I = Kd\ell_{\perp}$가 된다. 이 책에서 사용하는 $I = \vec{K} \cdot d\vec{\ell}$에서 미소길이벡터 $d\vec{\ell}$의 크기는 표면의 미소 폭 길이이고 $d\vec{\ell}$의 방향은 폭을 가로지르는 (폭에 수직인) 방향이므로 헷갈릴 수 있다. 따라서 일반적으로 사용하는 수식 $I = Kd\ell_{\perp}$을 잘 알아두기 바란다.

기호와 SI 단위

기호	이름	SI 단위
I	전류	A
$\vec{\mathbf{B}}$	자기장	T
μ_0	자유공간의 투자율	$\frac{\text{T}\cdot\text{m}}{\text{A}}$
$\vec{\mathbf{R}}$	각 미소요소에서 장점으로 가는 벡터	m
$\hat{\mathbf{R}}$	$\vec{\mathbf{R}}$ 방향의 단위벡터	단위 없음
R	$\vec{\mathbf{R}}$의 거리(크기)	m
x, y, z	직각좌표	m, m, m
$\hat{\mathbf{x}}, \hat{\mathbf{y}}, \hat{\mathbf{z}}$	+x, +y, +z축 방향의 단위벡터	단위 없음
r, θ	2차원 극좌표	m, rad
r_c, θ, z	원통좌표	m, rad, m
r, θ, ϕ	구좌표	m, rad, rad
$\hat{\mathbf{r}}, \hat{\boldsymbol{\theta}}, \hat{\boldsymbol{\phi}}$	구좌표 방향의 단위벡터	단위 없음
$\hat{\mathbf{r}}_c$	+z축에서 방사방향의 단위벡터	단위 없음
$\vec{\mathbf{K}}$	표면전류밀도(표면 전체에 분포)	A/m
$\vec{\mathbf{J}}$	전류밀도(부피 전체에 분포)	A/m^2
ds	미소 길이 요소	m
dA	미소 면적 요소	m^2
dV	미소 부피 요소	m^3
$\vec{\mathbf{v}}$	속도	m/s
ω	각속력(각주파수)	rad/s
dq	미소 전하 요소	C
Q	물체의 총 전하	C

비오-사바르 법칙의 적분을 수행하여 자기장을 구하는 방법

전류(이를 원천이라 함)가 특정한 위치(이름 장점이라 함)에 만들어내는 자기장을 나타내는 방정식을 유도할 때는 다음과 같은 단계를 밟는다.

1. 도체를 그림으로 그린다. (간혹 전하를 가진 물체가 회전 운동을 하는 문제도 있다.) 도체는 수많은 미소요소들로 구성되어 있다. 적분을 한다는 물체가 가진 도체를 구성하는 모든 미소요소들이 저마다 만들어내는 자기장을 구하여 전부 합하는 것이므로 이 작업을 수행하는 과정을 머릿속으로 그려본다.
2. 물체 내부에 대표하는 미소요소를 하나 그려 넣고, 문제의 유형(아래 참조)에 따라 그 미소 요소에 $d\vec{\mathbf{s}}$, dA, dV, 또는 dq 기호를 표시한다. 원점 또는 축 위에는 미소요소를 그리지 않도록 한다(단. 흐르는 전류가 필라멘트 전류이고 그 필라멘트 전류가 축을 따라 놓여있는 경우에는 축 위에 그려 넣을 수밖에 없다.). 미소요소(원천)에서 장점(문제에서 자기장을 구해야 하는 점)으로 가는 화살표 직선을 그려라. 이 직선에 변위벡터 $\vec{\mathbf{R}}$라고 표시한다. 다음에 나오는 예제의 그림을 참조하기 바란다.
3. 다음 식으로 표시되는 비오-사바르 법칙으로 자기장 적분을 수행한다.

- 필라멘트 전류(매우 가는 도선에 흐르는 전류)인 경우,

$$\vec{\mathbf{B}} = \frac{\mu_0}{4\pi}\int \frac{I\, d\vec{\mathbf{s}} \times \vec{\mathbf{R}}}{R^2}$$

- 표면전류(전도성 띠처럼 표면을 따라 흐르는 전류)인 경우,

$$\vec{\mathbf{B}} = \frac{\mu_0}{4\pi}\int \frac{\vec{\mathbf{K}}\, dA \times \vec{\mathbf{R}}}{R^2}$$

- 부피 전체에 분포하는 전류(두꺼운 도선에 흐르는 전류)인 경우,

$$\vec{\mathbf{B}} = \frac{\mu_0}{4\pi}\int \frac{\vec{\mathbf{J}}\, dV \times \vec{\mathbf{R}}}{R^2}$$

- 전하를 가진 원반과 같이 움직이는 전하인 경우,

$$\vec{\mathbf{B}} = \frac{\mu_0}{4\pi}\int \frac{\vec{\boldsymbol{v}}\, dq \times \vec{\mathbf{R}}}{R^2}$$

이 적분 수식의 각 기호는 다음을 뜻한다.

- $\vec{\mathbf{B}}$는 장점에서의 자기장이다.
- μ_0는 자유공간의 투자율이다. $\mu_0 = 4\pi \times 10^{-7}\frac{\mathrm{T\cdot m}}{\mathrm{A}}$
- $\hat{\mathbf{R}}$은 각 미소요소에서 장점을 향하는 방향의 단위벡터이다.
- R은 각 미소요소에서 장점까지의 거리이다.
- I는 도체를 따라 흐르는 총 전류이다.
- $\vec{\mathbf{K}}$와 $\vec{\mathbf{J}}$는 전류밀도이다.($\vec{\mathbf{K}}$는 면 전하밀도, $\vec{\mathbf{J}}$는 부피 전하밀도)
- $d\vec{\mathbf{s}}$는 필라멘트 전류가 흐르는 경로를 따라가는 미소 변위벡터이다.

- dA는 도체 표면을 이루고 있는 미소 면적요소이다.
- dV는 3차원 균일 도체를 이루고 있는 미소 부피요소이다.
- dq는 물체에 들어 있는 미소 전하요소이다.
- $\vec{v}$는 움직이는 전하의 속도이다.

4. 문제에서 다루는 구조를 잘 살펴보면서 다음과 같은 방법으로 해당 구조에 가장 적합한 좌표계를 사용하여 R을 나타낸다. 또한 가장 적합한 단위벡터를 사용하여 $\hat{\mathbf{R}}$을 나타낸다.
   - 문제에서 직선 물체 또는 (정다면체처럼) 모서리가 직선인 물체를 다루는 경우에는 직각 좌표계 (x, y, z)와 단위벡터 $(\hat{\mathbf{x}}, \hat{\mathbf{y}}, \hat{\mathbf{z}})$를 사용한다. $\hat{\mathbf{x}}$는 $+x$방향을 가리키는 단위벡터, $\hat{\mathbf{y}}$는 $+y$방향을 가리키는 단위벡터, $\hat{\mathbf{z}}$는 $+z$방향을 가리키는 단위벡터이다.
   - 문제에서 원 모양의 물체를 다루는 경우에는 2차원 극 좌표계 (r, θ)와 단위벡터 $(\hat{\mathbf{r}}, \hat{\boldsymbol{\theta}})$를 사용한다. $\hat{\mathbf{r}}$은 원점에서 사방으로 곧게 뻗어나가는 방향을 가리키는 단위벡터이고 $\hat{\boldsymbol{\theta}}$는 원의 접선 방향을 가리키는 단위벡터로 각각 다음 식으로 쓸 수 있다.

$$\hat{\mathbf{r}} = \hat{\mathbf{x}}\cos\theta + \hat{\mathbf{y}}\sin\theta \quad , \quad \hat{\boldsymbol{\theta}} = -\hat{\mathbf{x}}\sin\theta + \hat{\mathbf{y}}\cos\theta$$

   - 문제에서 공(구) 모양의 물체를 다루는 경우에는 구 좌표계 (r, θ, ϕ)와 단위벡터 $(\hat{\mathbf{r}}, \hat{\boldsymbol{\theta}}, \hat{\boldsymbol{\phi}})$를 사용한다. $\hat{\mathbf{r}}$은 원점에서 사방으로 곧게 뻗어나가는 방향을 가리키는 단위벡터로 다음 식으로 쓸 수 있다.

$$\hat{\mathbf{r}} = \hat{\mathbf{x}}\cos\phi\sin\theta + \hat{\mathbf{y}}\sin\phi\sin\theta + \hat{\mathbf{z}}\cos\theta$$

   - 문제에서 원통이나 원뿔 모양의 물체를 다루는 경우에는 원통 좌표계 (r_c, θ, z)와 단위벡터 $(\hat{\mathbf{r}}_c, \hat{\boldsymbol{\theta}}, \hat{\mathbf{z}})$를 사용한다. $\hat{\mathbf{r}}_c$와 $\hat{\boldsymbol{\theta}}$는 2차원 극좌표의 단위벡터 $\hat{\mathbf{r}}$과 $\hat{\boldsymbol{\theta}}$와 동일하며 $\hat{\mathbf{z}}$는 $+z$축을 가리킨다. 단위벡터 $\hat{\mathbf{r}}_c$은 다음 식으로 쓸 수 있다.

$$\hat{\mathbf{r}}_c = \hat{\mathbf{x}}\cos\theta + \hat{\mathbf{y}}\sin\theta$$

5. 문제에서 단위벡터 $\hat{\mathbf{R}}$(즉 $\vec{\mathbf{R}}$의 방향)를 다른 단위벡터를 사용하여 나타내는 것이 어려운 경우에는 단위벡터를 $\hat{\mathbf{R}} = \vec{\mathbf{R}}/R$로 나타낸다. (7장에서 이렇게 한 바 있다.)
6. 전류나 전류밀도가 아니라 움직이는 전하(전하를 가진 원반이 회전하는 경우처럼)를 다루는 문제에서는 전하를 가진 물체의 구조에 따라 dq를 다음 중 하나로 나타낸다.
   - 막대 또는 원호와 같은 구조의 호 길이: $dq = \lambda ds$
   - 삼각형, 원반(disk), 얇은 공(구) 껍질과 같은 구조의 면적: $dq = \sigma dA$
   - 정육면체, 반구와 같은 구조의 3차원 입체: $dq = \rho dV$
7. 구조에 가장 적합한 좌표계를 선택하고 6장(89쪽)의 방법을 사용하여 위 6번 단계에서 나타낸 ds, dA, dV를 다음으로 치환한다.

- x축에 평행한 필라멘트 전류: $d\vec{\mathbf{s}} = \hat{\mathbf{x}}dx$
- y축에 평행한 필라멘트 전류: $d\vec{\mathbf{s}} = \hat{\mathbf{y}}dy$
- z축에 평행한 필라멘트 전류: $d\vec{\mathbf{s}} = \hat{\mathbf{z}}dz$
- xy 평면 위에 있는 중심이 원점이고 반지름이 a인 원호 형태의 필라멘트 전류: $d\vec{\mathbf{s}} = \pm\,\hat{\boldsymbol{\theta}}ad\theta$(− 부호는 시계방향일 때)
- 삼각형이나 사각형과 같은 다면체: $dA = dxdy$
- 반원(원호가 아님)이나 피자조각과 같은 다면체: $dA = rdrd\theta$
- 반지름이 a인 아주 얇은 공(구)의 껍질: $dA = a^2 \sin\theta\, d\theta d\phi$
- 육면체와 같은 입체: $dV = dxdydz$
- 원통 또는 원뿔과 같은 입체: $dV = r_c dr_c d\theta dz$
- 반구와 같은 공 모양 입체의 일부: $dV = r^2 \sin\theta\, drd\theta d\phi$

8. 전류의 밀도(또는 전하의 밀도)가 균일한지, 불균일한지 파악한다.

- 밀도가 균일하면 $\vec{\mathbf{J}}$, $\vec{\mathbf{K}}$, λ, σ, ρ를 적분기호 밖으로 꺼낼 수 있다.
- 밀도가 불균일하면 $\vec{\mathbf{J}}$, $\vec{\mathbf{K}}$, λ, σ, ρ는 적분기호 안에 그대로 남겨 둔다. 이 경우에는 문제에서 밀도를 대신하는 방정식이 주어지는 것이 보통이다.

9. 19장에서 설명한 방법대로 $d\vec{\mathbf{s}}\times\hat{\mathbf{R}}$, $\vec{\mathbf{K}}\times\hat{\mathbf{R}}$, $\vec{\mathbf{J}}\times\hat{\mathbf{R}}$ 또는 $\vec{v}\times\hat{\mathbf{R}}$로 주어지는 벡터 곱을 수행한다. (행렬식을 사용하는 벡터 곱 수식을 사용한다. 이 곱셈은 스칼라 곱이 아님에 주의해야 한다.) 벡터 곱을 수행한 결과에는 단위 벡터가 포함되어 있는데 이들 단위 벡터도 적분의 대상이다.

주의: 전하를 가진 물체가 움직이는 경우에 벡터 곱을 수행할 때는 속도 $\vec{v}$를 속력 v에 적절한 단위벡터를 곱한 수식으로 나타내야 한다. 그러고 나서 $v = r_{rot}\omega$를 사용하고 r_{rot}를 적절한 좌표계로 나타낸다(이번 26장의 맨 마지막 예제를 참조하기 바란다).

10. 직각좌표계로 표현되어 있는 피적분함수를 극 좌표계나 원통 좌표계나 구 좌표계로 바꾸어 적분을 하는 경우에는 피적분함수의 모든 좌표를 다음과 같이 치환한다.

- 2차원 극 좌표계: $x = r\cos\theta$, $y = r\sin\theta$
- 원통 좌표계: $x = r_c\cos\theta$, $y = r_c\sin\theta$
- 구 좌표계: $x = r\sin\theta\cos\phi$, $y = r\sin\theta\sin\phi$, $z = r\cos\theta$

11. 적분 중에서 ds에 대한 적분은 단일 적분이고 dA에 대한 적분은 이중 적분이며 dV에 대한 적분은 삼중 적분이다. 6장에서 자세히 설명한 바와 같이 적분 영역 전체를 모두 포함하도록 적분 변수의 상한과 하한을 정해야 한다. 6장에서 배운 방법을 사용하여 적분을 수행힌다.

12. 다음 적분을 수행하여 물체의 총 전류 I 또는 총 전하 Q를 구하라.

$$I = \int \vec{\mathbf{K}} \cdot d\vec{\boldsymbol{\ell}}$$

$$I = \int \vec{\mathbf{J}} \cdot d\vec{\mathbf{A}}$$

$$Q = \int dq$$

이때 위의 6번 단계~10번 단계에서 설명한 치환을 사용한다. 11번 단계에서 사용한 것과 동일한 상한, 하한을 사용한다. 세 개의 적분 중에서 앞에 있는 두 개는 암페어 루프와 도체 표면이 교차하는(서로 겹치는) 영역에 대해 수행한다. 표면 전류밀도 $\vec{\mathbf{K}}$의 경우에 교차하는 영역은 도체 표면을 폭 방향으로 가로지르는(전류가 흐르는 방향에 수직인) 길이 $\vec{\boldsymbol{\ell}}$이다. 3차원 전류밀도 $\vec{\mathbf{J}}$인 경우, 교차하는 영역은 단면적 $\vec{\mathbf{A}}$이다. 세 번째 적분은 7장에서 다룬 것과 동일하다.

13. 위 12번 단계가 끝나면 자기장 적분(11번 단계)의 결과에 I 또는 Q의 수식을 대입한다. 최종적으로 결과 수식을 간단히 정리한다.

예제 필라멘트 전류가 아래 그림과 같이 원형 도선을 따라 흐르고 있다. 원의 반지름은 a이다. μ_0, I, a와 적절한 단위벡터를 사용하여 원점에서의 자기장 방정식을 유도하라.

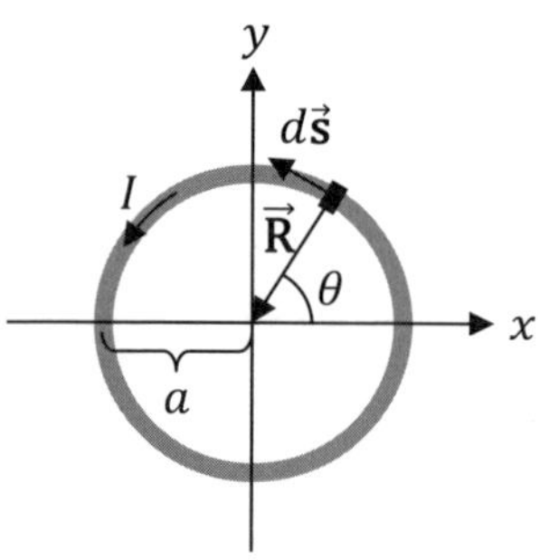

풀이 위의 그림에 대표 미소길이 요소 $d\vec{\mathbf{s}}$ 하나를 표시한다. 이때 $d\vec{\mathbf{s}}$는 반드시 원 둘레(원형 도선 위)에 있어야 한다. $d\vec{\mathbf{s}}$의 방향은 전류 I에 접하는 접선 방향이다. 원천 $d\vec{\mathbf{s}}$에서 장점인 원점으로 가는 벡터 $\vec{\mathbf{R}}$을 그린다. 적분을 한다는 것은 막대 전체를 구성하는 모든 $d\vec{\mathbf{s}}$의 전류가 저마다 만들어내는 자기장을 구하여 전부 합하는 것이다. 필라멘트 도선에 다음 수식으로 표시되는 비오-사바르 법칙을 적용해보자.

$$\vec{\mathbf{B}} = \frac{\mu_0}{4\pi} \int \frac{I\, d\vec{\mathbf{s}} \times \hat{\mathbf{R}}}{R^2}$$

위의 그림을 자세히 살펴보자.

- 벡터 $\vec{\mathbf{R}}$은 원천(막대를 구성하고 있는 각각의 $d\vec{\mathbf{s}}$)에서 장점 (0, 0)으로 가는 벡터이다. $\vec{\mathbf{R}}$의 크기 값은 $d\vec{\mathbf{s}}$가 달라져도 항상 반지름의 길이가 된다. 따라서 $R = a$로 상수이다.
- 벡터 $\vec{\mathbf{R}}$의 방향은 **안쪽** 방향, 즉 원점을 향한다. 2차원 극좌표에서 단위벡터 $\hat{\mathbf{r}}$은 **바깥쪽** 방향이므로 $\vec{\mathbf{R}}$ 방향의 단위벡터는 $\hat{\mathbf{R}} = -\hat{\mathbf{r}}$로 쓸 수 있다.

원형 필라멘트 전류의 경우 $d\vec{\mathbf{s}} = \hat{\boldsymbol{\theta}} a d\theta$($I$의 방향이 반시계방향이므로 $d\vec{\mathbf{s}}$의 부호는 +이다)이다. 이에 대해서는 앞에서 배운 7번 단계의 설명을 살펴보기 바란다. $R = a$, $\hat{\mathbf{R}} = -\hat{\mathbf{r}}$, $d\vec{\mathbf{s}} = \hat{\boldsymbol{\theta}} a d\theta$을 위의 자기장 적분 수식에 대입하면

$$\vec{\mathbf{B}} = \frac{\mu_0}{4\pi}\int \frac{I\, d\vec{\mathbf{s}} \times \hat{\mathbf{R}}}{R^2} = \frac{\mu_0}{4\pi}\int_{\theta=0}^{2\pi} \frac{I\big(\hat{\boldsymbol{\theta}}\, a d\theta\big) \times (-\hat{\mathbf{r}})}{a^2} = -\frac{\mu_0 I}{4\pi a}\int_{\theta=0}^{2\pi} \hat{\boldsymbol{\theta}} \times \hat{\mathbf{r}}\, d\theta$$

이 된다. 여기서 $\frac{a}{a^2} = \frac{1}{a}$이다. 또한 $-\hat{\mathbf{r}}$는 실제로 적분의 일부분이다. 원 전체에 대해 적분을 하려면 적분 범위는 $\theta = 0$에서 $\theta = 2\pi$ rad까지로 해주어야 한다.

이제 벡터 곱 $\hat{\boldsymbol{\theta}} \times \hat{\mathbf{r}}$을 수행한다. 이 계산을 하는 방법에는 두 가지가 있다. 이중 한 가지는 다음과 같이 벡터 곱의 행렬식(19장)에 $\hat{\mathbf{r}} = \hat{\mathbf{x}}\cos\theta + \hat{\mathbf{y}}\sin\theta$와 $\hat{\boldsymbol{\theta}} = -\hat{\mathbf{x}}\sin\theta + \hat{\mathbf{y}}\cos\theta$ (352쪽 4번 단계)을 대입하는 방법이다.

$$\hat{\boldsymbol{\theta}} \times \hat{\mathbf{r}} = \begin{vmatrix} \hat{\mathbf{x}} & \hat{\mathbf{y}} & \hat{\mathbf{z}} \\ -\sin\theta & \cos\theta & 0 \\ \cos\theta & \sin\theta & 0 \end{vmatrix} = \hat{\mathbf{z}}(-\sin^2\theta - \cos^2\theta) = -\hat{\mathbf{z}}(\sin^2\theta + \cos^2\theta) = -\hat{\mathbf{z}}$$

여기서는 $\sin^2\theta + \cos^2\theta = 1$의 삼각함수 항등식을 사용하였다.

또 한 가지 방법은 $\hat{\boldsymbol{\theta}} \times \hat{\mathbf{r}} = -\hat{\mathbf{z}}$를 구하는 것이다. 다음과 같이 오른손 규칙을 적용해보자

오른손 엄지손가락을 제외한 나머지 네 손가락을 $\hat{\boldsymbol{\theta}}$ 방향($d\vec{\mathbf{s}}$ 방향을 따라 반시계방향)을 가리키도록 놓고 오른손 손바닥이 $\hat{\mathbf{r}}$ 방향($\hat{\mathbf{r}}$은 바깥을 향하므로 $\hat{\mathbf{R}}$와 반대방향)을 향하게 한다. 그러면 오른손 엄지손가락은 책 안으로 들어가는 방향(⊗), 즉 $-\hat{\mathbf{z}}$를 가리킨다($+\hat{\mathbf{z}}$가 책 밖으로 나오는 방향이므로). $\hat{\boldsymbol{\theta}}$는 $\hat{\mathbf{r}}$과 수직이고 이 둘은 모두 단위벡터이므로 $\hat{\boldsymbol{\theta}} \times \hat{\mathbf{r}}$의 크기는 19장에서 배운 관계식인 $|\vec{\mathbf{A}} \times \vec{\mathbf{B}}| = AB\sin\theta$을 이용하면 $|\hat{\boldsymbol{\theta}} \times \hat{\mathbf{r}}| = (1)(1)\sin 90° = 1$이 된다. 따라서 $\hat{\boldsymbol{\theta}} \times \hat{\mathbf{r}} = (1)(-\hat{\mathbf{z}}) = -\hat{\mathbf{z}}$이다.

$\hat{\boldsymbol{\theta}} \times \hat{\mathbf{r}} = -\hat{\mathbf{z}}$를 위에서 나타낸 자기장 적분 수식에 대입한다. 여기서 − 부호 두 개가 연속되면 + 부호가 된다.

$$\vec{\mathbf{B}} = -\frac{\mu_0 I}{4\pi a}\int_{\theta=0}^{2\pi} \hat{\boldsymbol{\theta}} \times \hat{\mathbf{r}}\, d\theta = \frac{\mu_0 I}{4\pi a}\int_{\theta=0}^{2\pi} \hat{\mathbf{z}}\, d\theta$$

단위벡터 $\hat{\mathbf{z}}$는 원둘레에서 $d\vec{\mathbf{s}}$의 위치가 달라져도 언제나 $+z$축을 향하고 있으므로 상수이다(이와 달리 $\hat{\boldsymbol{\theta}}$와 $\hat{\mathbf{r}}$는 $d\vec{\mathbf{s}}$의 위치가 달라지면 가리키는 방향이 변하므로 상수가 아니다. 354쪽의 그림을 잘 살펴보면서 원둘레에서 서로 다른 점을 몇 개 골라 단위벡터를 실제로 그려보면 이해하는 데 도움이 될 것이다). $\hat{\mathbf{z}}$는 상수이므로 다음과 같이 적분기호 밖으로 꺼낼 수 있다. 그러면 남은 적분 계산은 매우 간단하므로

$$\vec{\mathbf{B}} = \frac{\mu_0 I}{4\pi a}\hat{\mathbf{z}}\int_{\theta=0}^{2\pi} d\theta = \frac{\mu_0 I}{4\pi a}\hat{\mathbf{z}}[\theta]_{\theta=0}^{2\pi} = \frac{\mu_0 I}{4\pi a}\hat{\mathbf{z}}(2\pi - 0) = \frac{\mu_0 I}{2a}\hat{\mathbf{z}}$$

가 된다. 따라서 원점에서 자기장은 $\vec{\mathbf{B}} = \frac{\mu_0 I}{2a}\hat{\mathbf{z}}$이다. 자기장의 크기는 $B = \frac{\mu_0 I}{2a}$이고 자기장의 방향은 $\hat{\mathbf{B}} = \hat{\mathbf{z}}$이다. 354쪽의 그림에 자기장용 오른손 규칙(22장)을 적용하면 원점에서는 오른손의 네 손가락들이 책의 밖을 향해 나오는 방향(⊙), 즉 $\hat{\mathbf{z}}$ 방향을 향함을 알 수 있다. 이 결과는 위에서 구한 결과와 일치한다.

도움말: 비오-사바르 법칙을 적용하여 구한 자기장의 방향을 자기장용 오른손 규칙으로 구한 결과와 비교하여 검사하는 것은 좋은 습관이다. 벡터 곱 계산 과정이나 적분 연산 과정에서 부호를 잘못 계산하기 쉬운데 이 방식을 사용하면 정확한 답인지 빠르게 확인하는 데 도움이 된다.

검사해야 할 것이 하나 더 있는데 바로 단위이다. 자기장을 나타내는 최종 수식은 μ_0에 전류를 곱한 것을 길이 단위로 나눈 형태가 되어야 한다. 앞에서 구한 답 $B = \frac{\mu_0 I}{2a}$은 이러한 조건을 충족한다.

예제 필라멘트 전류 I가 아래 그림과 같이 반원 형태의 도선을 따라 흐르고 있다. 원의 반지름은 a이다. μ_0, I, a와 적절한 단위벡터를 사용하여 원점에서의 자기장 방정식을 유도하라.

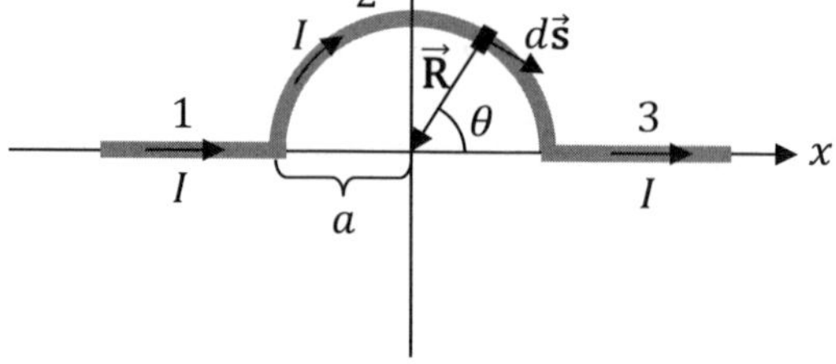

풀이 이 문제와 같이 원호 부분과 직선 부분을 포함하고 있는 문제를 풀기 위해 먼저 다음과 같이 전체 구조를 여러 부분으로 나눈다.

- 첫 번째 부분은 왼쪽 직선 전류
- 두 번째 부분은 중간에 있는 반원
- 세 번째 부분은 오른쪽 직선 전류

다음으로 첫 번째 부분과 세 번째 부분이 원점에 만들어내는 자기장 $\vec{\mathbf{B}}_1$과 $\vec{\mathbf{B}}_3$를 구해보자. 이 두 직선 부분에서는 $\hat{\mathbf{R}}$은 각각 $\hat{\mathbf{x}}$와 $-\hat{\mathbf{x}}$을 향하고 $d\vec{\mathbf{s}}$는 두 부분에서 모두 $\hat{\mathbf{x}}$ 방향을 향한다. 따라서 이 두 부분에서는 $d\vec{\mathbf{s}}\times\hat{\mathbf{R}}=0$이다. 이는 $\hat{\mathbf{x}}\times\hat{\mathbf{x}}=0$이기 때문이다(19장 참조). 두 벡터가 평행이거나 반평행이면 두 벡터의 벡터 곱은 0이다($\theta=0°$ 또는 $\theta=180°$이므로 $|\vec{\mathbf{A}}\times\vec{\mathbf{B}}|=AB\sin\theta=AB\sin 0°=AB\sin 180°=0$이 된다). 따라서 $\vec{\mathbf{B}}_1=0$, $\vec{\mathbf{B}}_3=0$이다.

따라서 중간에 있는 반원 부분이 원점에 만들어내는 자기장 $\vec{\mathbf{B}}_2$만 구하면 된다. 이것을 구하는 과정은 다음을 제외하면 바로 이전 예제와 동일하다.

- 반원의 경우에는 적분 범위는 $\theta=0$에서 $\theta=\pi$ rad까지이다(원 전체에 대해 적분을 하기 위한 적분 범위는 $\theta=0$에서 $\theta=2\pi$ rad 까지임을 참고한다).
- 이 예제에서 전류는 반시계방향이 아니라 시계방향이다. 따라서 $(-\hat{\boldsymbol{\theta}})\times\hat{\mathbf{r}}=\hat{\mathbf{z}}$ ($\hat{\boldsymbol{\theta}}\times\hat{\mathbf{r}}=-\hat{\mathbf{z}}$이 아니라)이 되어 전류 방향이 바뀐다. 전류 방향이 바뀌면 답의 부호도 바뀐다.

이 예제의 자기장 적분은 다음 적분 수식에서 보듯이 적분 범위의 상한이 바로 전 예제의 절반이고 부호가 반대인 것만 다르다. 따라서 이전 예제를 참고하여 적분을 계산하면

$$\vec{\mathbf{B}}_2=-\frac{\mu_0 I}{4\pi a}\hat{\mathbf{z}}\int_{\theta=0}^{\pi}d\theta=-\frac{\mu_0 I}{4a}\hat{\mathbf{z}}$$

이 된다. 원점에서 자기장은 $\vec{\mathbf{B}}=\vec{\mathbf{B}}_2=-\frac{\mu_0 I}{4a}\hat{\mathbf{z}}$이다. 자기장의 크기는 $B=\frac{\mu_0 I}{4a}$이고 자기장의 방향은 $\hat{\mathbf{B}}=-\hat{\mathbf{z}}$이다. 위의 그림에 자기장용 오른손 규칙(22장)을 적용하면 원점에는 오른손의 네 손가락들이 책 안을 향해 들어가는 방향(⊗), 즉 $-\hat{\mathbf{z}}$ 방향을 향함을 알 수 있다. 이 결과는 위에서 구한 결과와 일치한다.

예제 필라멘트 전류가 다음 쪽 그림과 같이 원형 도선을 따라 흐르고 있다. 원형 루프는 평면위에 놓여 있고 중심은 원점이다. 원의 반지름은 a이다. μ_0, I, a, p와 적절한 단위벡터를 사용하여 $(0, 0, p)$에서의 자기장 방정식을 유도하라.

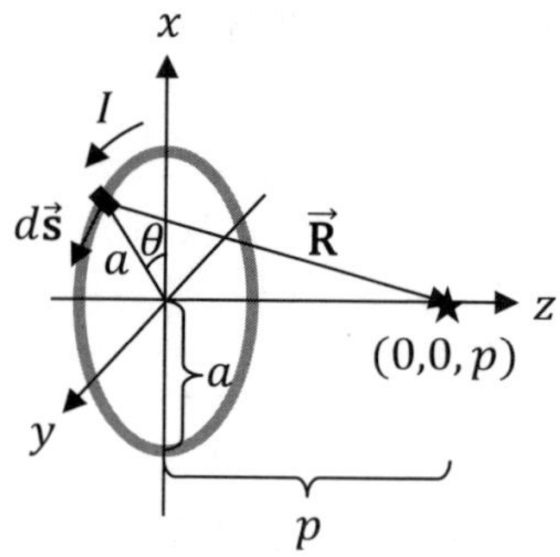

풀이 위의 그림에 대표 미소길이 요소 $d\vec{\mathbf{s}}$ 하나를 표시한다. 이때 $d\vec{\mathbf{s}}$는 반드시 원 둘레(원형 도선 위)에 있어야 한다. 또한 $d\vec{\mathbf{s}}$의 방향은 전류 I에 접한다. 원천 $d\vec{\mathbf{s}}$에서 장점인 (0, 0, p)로 가는 벡터 $\vec{\mathbf{R}}$을 그린다. 적분을 한다는 것은 막대 전체를 구성하는 모든 $d\vec{\mathbf{s}}$의 전류가 저마다 만들어내는 자기장을 구하여 전부 합하는 것이다. 필라멘트 도선에 다음 수식으로 표시되는 비오-사바르 법칙을 적용해보자.

$$\vec{\mathbf{B}} = \frac{\mu_0}{4\pi}\int \frac{I\, d\vec{\mathbf{s}} \times \hat{\mathbf{R}}}{R^2}$$

위의 그림을 자세히 살펴보자.

- 벡터 $\vec{\mathbf{R}}$는 z축을 향해 안쪽 방향($-\hat{\mathbf{r}}_c$ 방향)으로 a 만큼 가고 z축을 따라($\hat{\mathbf{z}}$ 방향) p 만큼 가서 만들어진다. 따라서 $\vec{\mathbf{R}} = -a\,\hat{\mathbf{r}}_c + p\,\hat{\mathbf{z}}$이다. $\hat{\mathbf{r}}_c$는 원통좌표계의 단위벡터이다.
- 피타고라스 정리를 사용하여 $\vec{\mathbf{R}}$의 크기를 구하면 다음과 같다.

$$R = \sqrt{a^2 + p^2}$$

- $\vec{\mathbf{R}}$ 벡터를 크기 R로 나누어 단위벡터 $\hat{\mathbf{R}}$을 구하면 다음과 같다.

$$\hat{\mathbf{R}} = \frac{\vec{\mathbf{R}}}{R} = \frac{-a\hat{\mathbf{r}}_c + p\hat{\mathbf{z}}}{\sqrt{a^2 + p^2}}$$

원형 필라멘트 전류의 경우 $d\vec{\mathbf{s}} = \hat{\boldsymbol{\theta}} a d\theta$($I$의 방향이 반시계방향이므로 $d\vec{\mathbf{s}}$의 부호는 $+$이다)이다. 이에 대해서는 앞에서 배운 352쪽 7번 단계의 설명을 살펴보기 바란다. 원 전체에 대해 적분을 하려면 적분 범위는 $\theta = 0$에서 $\theta = 2\pi$ rad까지로 해주어야 한다. 앞서 표시한 비오-사바르 법칙의 자기장 적분 수식은 다음과 같이 다시 쓸 수 있다.

$$\vec{\mathbf{B}} = \frac{\mu_0}{4\pi}\int \frac{I\, d\vec{\mathbf{s}} \times \hat{\mathbf{R}}}{R^2} = \frac{\mu_0}{4\pi}\int I\, d\vec{\mathbf{s}}\left(\frac{1}{R^2}\right) \times \hat{\mathbf{R}}$$

위의 적분 식에 R, $\hat{\mathbf{R}}$, $d\vec{\mathbf{s}}$의 수식을 대입하면

$$\vec{\mathbf{B}} = \frac{\mu_0}{4\pi}\int_{\theta=0}^{2\pi} I(\hat{\boldsymbol{\theta}}\, a d\theta)\frac{1}{a^2 + p^2} \times \frac{-a\hat{\mathbf{r}}_c + p\hat{\mathbf{z}}}{\sqrt{a^2 + p^2}}$$

이 된다. 여기서 $R^2 = (\sqrt{a^2+p^2})^2 = a^2+p^2$이다. 위에서 분모에 있는 수식은 $(a^2+p^2)\sqrt{a^2+p^2} = (a^2+p^2)^1(a^2+p^2)^{1/2} = (a^2+p^2)^{3/2}$로 쓸 수 있으므로 이를 이용하여 위의 적분 수식을 다시 쓰면 다음과 같다. 이때 상수 I와 a를 적분기호 밖으로 꺼낼 수 있다.

$$\vec{\mathbf{B}} = \frac{\mu_0 I a}{4\pi} \int_{\theta=0}^{2\pi} \frac{\hat{\boldsymbol{\theta}} \times (-a\hat{\mathbf{r}}_c + p\hat{\mathbf{z}})}{(a^2+p^2)^{3/2}} d\theta$$

(10의 거듭제곱 지수 3/2는 전기장 적분과 자기장 적분에서 매우 흔히 나타난다. 지수가 3/2가 아닌 때는 주의를 기울여 계산을 해야 한다)

19장에서 살펴본 방법을 사용하여 $\hat{\boldsymbol{\theta}} \times (-a\,\hat{\mathbf{r}}_c + p\,\hat{\mathbf{z}})$을 계산해보자. 행렬식을 계산하는 데는 원통 좌표계를 사용하는 것이 편리하다. 계산 방법은 직각 좌표계의 경우와 동일하다. 첫 번째 행에는 단위벡터를 적고, 두 번째 행과 세 번째 행에는 단위 벡터에 해당하는 벡터의 성분들을 차례로 적는다. 원통 좌표계의 벡터 성분은 단위벡터 $\hat{\mathbf{r}}_c$, $\hat{\boldsymbol{\theta}}$, $\hat{\mathbf{z}}$에 해당한다. 원통 좌표계로 첫째 벡터 $\hat{\boldsymbol{\theta}}$의 성분들을 나타내면 0, 1, 0이고($\hat{\mathbf{r}}_c$의 크기는 0, $\hat{\boldsymbol{\theta}}$의 크기는 1, $\hat{\mathbf{z}}$의 크기는 0이므로), 두 번째 벡터 $-a\,\hat{\mathbf{r}}_c + p\,\hat{\mathbf{z}}$을 나타내면 $-a$, 0, p이다. (어느 경우든, 성분들의 크기는 단위 벡터의 계수가 된다). 이제 계산을 하면

$$\hat{\boldsymbol{\theta}} \times (-a\hat{\mathbf{r}}_c + p\hat{\mathbf{z}}) = \begin{vmatrix} \hat{\mathbf{r}}_c & \hat{\boldsymbol{\theta}} & \hat{\mathbf{z}} \\ 0 & 1 & 0 \\ -a & 0 & p \end{vmatrix} = \hat{\mathbf{r}}_c \begin{vmatrix} 1 & 0 \\ 0 & p \end{vmatrix} - \hat{\boldsymbol{\theta}} \begin{vmatrix} 0 & 0 \\ -a & p \end{vmatrix} + \hat{\mathbf{z}} \begin{vmatrix} 0 & 1 \\ -a & 0 \end{vmatrix}$$

$$\hat{\boldsymbol{\theta}} \times (-a\hat{\mathbf{r}}_c + p\hat{\mathbf{z}}) = \hat{\mathbf{r}}_c(p-0) - \hat{\boldsymbol{\theta}}(0-0) + \hat{\mathbf{z}}(0+a) = p\,\hat{\mathbf{r}}_c + a\,\hat{\mathbf{z}}$$

을 얻는다. 이 결과를 자기장 적분에 대입하면

$$\vec{\mathbf{B}} = \frac{\mu_0 I a}{4\pi} \int_{\theta=0}^{2\pi} \frac{p\,\hat{\mathbf{r}}_c + a\,\hat{\mathbf{z}}}{(a^2+p^2)^{3/2}} d\theta = \frac{\mu_0 I a}{4\pi(a^2+p^2)^{3/2}} \int_{\theta=0}^{2\pi} (p\,\hat{\mathbf{r}}_c + a\,\hat{\mathbf{z}})\, d\theta$$

이 된다. 계산 과정에서 $(a^2+p^2)^{3/2}$는 상수이므로 적분기호 밖으로 꺼냈다. 위의 적분 수식은 다음과 같이 두 항으로 나누어 쓸 수 있다.

$$\vec{\mathbf{B}} = \frac{\mu_0 I a}{4\pi(a^2+p^2)^{3/2}} \int_{\theta=0}^{2\pi} p\,\hat{\mathbf{r}}_c\, d\theta + \frac{\mu_0 I a}{4\pi(a^2+p^2)^{3/2}} \int_{\theta=0}^{2\pi} a\,\hat{\mathbf{z}}\, d\theta$$

여기서 p, a, $\hat{\mathbf{z}}$는 상수이므로 적분기호 밖으로 나올 수 있다. 하지만 $\hat{\mathbf{r}}_c$는 상수가 **아니다**. $\hat{\mathbf{r}}_c$는 z축에서 바깥쪽을 향하므로 전류 루프를 구성하는 $d\vec{\mathbf{s}}$마다 방향이 달라진다. 따라서 $\hat{\mathbf{r}}_c$는 적분기호 밖으로 꺼낼 수 없다. 그 대신 $\hat{\mathbf{r}}_c$를 352쪽의 4번째 단계의 식을 사용하여 아래와 같이 나타낸다.

$$\hat{\mathbf{r}}_c = \hat{\mathbf{x}}\cos\theta + \hat{\mathbf{y}}\sin\theta$$

이 방정식을 바로 앞에서 구한 자기장 수식에 대입하면

$$\vec{\mathbf{B}} = \frac{\mu_0 I a p}{4\pi(a^2+p^2)^{3/2}} \int_{\theta=0}^{2\pi} (\hat{\mathbf{x}}\cos\theta + \hat{\mathbf{y}}\sin\theta)\, d\theta + \frac{\mu_0 I a^2}{4\pi(a^2+p^2)^{3/2}} \hat{\mathbf{z}} \int_{\theta=0}^{2\pi} d\theta$$

이 된다. 위 수식에서 첫 번째 적분은 두 개의 항으로 나누어 쓸 수 있다. 또한 두 번째 적분은 간단히 계산할 수 있으므로

$$\vec{\mathbf{B}} = \frac{\mu_0 I a p}{4\pi(a^2+p^2)^{3/2}} \int_{\theta=0}^{2\pi} \hat{\mathbf{x}}\cos\theta\, d\theta + \frac{\mu_0 I a p}{4\pi(a^2+p^2)^{3/2}} \int_{\theta=0}^{2\pi} \hat{\mathbf{y}}\sin\theta\, d\theta + \frac{\mu_0 I a^2}{4\pi(a^2+p^2)^{3/2}} \hat{\mathbf{z}}(2\pi)$$

이 된다. 위 식에서 단위 벡터 $\hat{\mathbf{x}}$와 $\hat{\mathbf{y}}$는 상수이므로 적분 기호 밖으로 꺼낸 다음, 다음과 같이 적분 계산을 수행한다.

$$\vec{\mathbf{B}} = \frac{\mu_0 I a p}{4\pi(a^2+p^2)^{3/2}} \hat{\mathbf{x}} \int_{\theta=0}^{2\pi} \cos\theta\, d\theta + \frac{\mu_0 I a p}{4\pi(a^2+p^2)^{3/2}} \hat{\mathbf{y}} \int_{\theta=0}^{2\pi} \sin\theta\, d\theta + \frac{\mu_0 I a^2}{2(a^2+p^2)^{3/2}} \hat{\mathbf{z}}$$

$$\vec{\mathbf{B}} = \frac{\mu_0 I a p}{4\pi(a^2+p^2)^{3/2}} \hat{\mathbf{x}} [\sin\theta]_{\theta=0}^{2\pi} + \frac{\mu_0 I a p}{4\pi(a^2+p^2)^{3/2}} \hat{\mathbf{y}} [-\cos\theta]_{\theta=0}^{2\pi} + \frac{\mu_0 I a^2}{2(a^2+p^2)^{3/2}} \hat{\mathbf{z}}$$

$$\vec{\mathbf{B}} = \frac{\mu_0 I a p}{4\pi(a^2+p^2)^{3/2}} \hat{\mathbf{x}} (\sin 2\pi - \sin 0) + \frac{\mu_0 I a p}{4\pi(a^2+p^2)^{3/2}} \hat{\mathbf{y}} (-\cos 2\pi + \cos 0) + \frac{\mu_0 I a^2}{2(a^2+p^2)^{3/2}} \hat{\mathbf{z}}$$

$$\vec{\mathbf{B}} = \frac{\mu_0 I a p}{4\pi(a^2+p^2)^{3/2}} \hat{\mathbf{x}} (0-0) + \frac{\mu_0 I a p}{4\pi(a^2+p^2)^{3/2}} \hat{\mathbf{y}} (-1+1) + \frac{\mu_0 I a^2}{2(a^2+p^2)^{3/2}} \hat{\mathbf{z}}$$

$$\vec{\mathbf{B}} = \frac{\mu_0 I a p}{4\pi(a^2+p^2)^{3/2}} \hat{\mathbf{x}} (0) + \frac{\mu_0 I a p}{4\pi(a^2+p^2)^{3/2}} \hat{\mathbf{y}} (0) + \frac{\mu_0 I a^2}{2(a^2+p^2)^{3/2}} \hat{\mathbf{z}}$$

$$\vec{\mathbf{B}} = \frac{\mu_0 I a^2}{2(a^2+p^2)^{3/2}} \hat{\mathbf{z}}$$

계산 과정을 자세히 살펴보면 적분 $\int_{\theta=0}^{2\pi} p\,\hat{\mathbf{r}}_c d\theta$의 계산 결과는 최종적으로 0이 되었음을 알 수 있다. 22장에서 배운 자기장선을 확실히 이해하면 계산을 해보지 않고도 이 결과를 더 일찍 유추해낼 수 있다. 결국 (0, 0, p)점에서 자기장은 $\hat{\mathbf{z}}$ 방향을 향하고 $\int_{\theta=0}^{2\pi} a\,\hat{\mathbf{z}} d\theta$에 의해 크기가 정해진다.

(0, 0, p)점에서 자기장은 $\vec{\mathbf{B}} = \frac{\mu_0 I a^2}{2(a^2+p^2)^{3/2}} \hat{\mathbf{z}}$이다. 따라서 자기장의 크기는 $B = \frac{\mu_0 I a^2}{2(a^2+p^2)^{3/2}}$이고 자기장의 방향은 $\hat{\mathbf{B}} = \hat{\mathbf{z}}$이다.

예제 아래 그림을 보면 무한히 긴 필라멘트 전류 I가 z축을 따라 흐르고 있다. a가 상수일 때 μ_0, I, a와 적절한 단위벡터를 사용하여 $(a, 0, 0)$점에서 자기장 방정식을 유도하라.

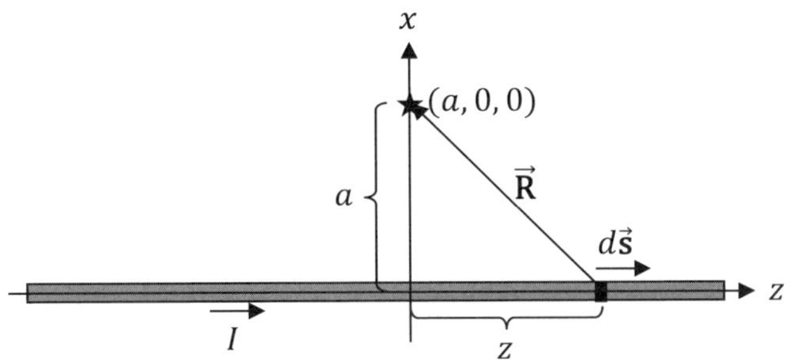

풀이 먼저 위의 그림에 전류 I의 방향으로 대표 미소길이 요소 $d\vec{\mathbf{s}}$ 하나를 표시한다. 원천 $d\vec{\mathbf{s}}$에서 장점 $(a, 0, 0)$으로 가는 벡터 $\vec{\mathbf{R}}$을 그린다. 적분을 한다는 것은 막대 전체를 구성하는 모든 $d\vec{\mathbf{s}}$의 전류가 저마다 만들어내는 자기장을 구하여 전부 합하는 것이다. 필라멘트 전류에 다음 수식으로 표시되는 비오-사바르 법칙을 적용해보자.

$$\vec{\mathbf{B}} = \frac{\mu_0}{4\pi}\int \frac{I\, d\vec{\mathbf{s}} \times \hat{\mathbf{R}}}{R^2}$$

위의 그림을 자세히 살펴보자.

- $\vec{\mathbf{R}}$는 x축을 따라 ($\hat{\mathbf{x}}$ 방향)으로 a 만큼 가고 z축을 따라($-\hat{\mathbf{z}}$방향) z 만큼 가서 만들어진다. 따라서 $\vec{\mathbf{R}} = a\,\hat{\mathbf{x}} - z\,\hat{\mathbf{z}}$이다.
- 피타고라스 정리를 사용하여 $\vec{\mathbf{R}}$의 크기를 구하면 다음과 같다.

$$R = \sqrt{a^2 + z^2}$$

- $\vec{\mathbf{R}}$ 벡터를 크기 R로 나누어 단위벡터 $\hat{\mathbf{R}}$을 구하면 다음과 같다.

$$\hat{\mathbf{R}} = \frac{\vec{\mathbf{R}}}{R} = \frac{a\hat{\mathbf{x}} - z\hat{\mathbf{z}}}{\sqrt{a^2 + z^2}}$$

직선 필라멘트 전류의 경우 $d\vec{\mathbf{s}} = \hat{\mathbf{z}}dz$이다. 이에 대해서는 앞에서 배운 352쪽 7번 단계의 설명을 살펴보기 바란다. 무한길이 직선 전체에 대해 적분을 하려면 적분 범위는 $z = -\infty$에서 $z = \infty$까지로 해주어야 한다. R, $\hat{\mathbf{R}}$, $d\vec{\mathbf{s}}$를 나타내는 수식을 위의 자기장 적분 수식에 대입하면

$$\vec{\mathbf{B}} = \frac{\mu_0}{4\pi}\int \frac{I\, d\vec{\mathbf{s}} \times \hat{\mathbf{R}}}{R^2} = \frac{\mu_0}{4\pi}\int I\, d\vec{\mathbf{s}}\left(\frac{1}{R^2}\right) \times \hat{\mathbf{R}} = \frac{\mu_0}{4\pi}\int_{z=-\infty}^{\infty} I(\hat{\mathbf{z}}\, dz)\frac{1}{a^2 + z^2} \times \frac{a\hat{\mathbf{x}} - z\hat{\mathbf{z}}}{\sqrt{a^2 + z^2}}$$

이 된다. 여기서 $R^2 = (\sqrt{a^2+z^2})^2 = a^2+z^2$이다. 다음 단계로 $(a^2+z^2)\sqrt{a^2+z^2} = (a^2+z^2)^1 (a^2+z^2)^{1/2} = (a^2+z^2)^{3/2}$의 관계식을 사용하여 위의 수식을 다시 쓰면

$$\vec{\mathbf{B}} = \frac{\mu_0}{4\pi}\int_{z=-\infty}^{\infty}\frac{I\,\hat{\mathbf{z}}\times(a\hat{\mathbf{x}}-z\hat{\mathbf{z}})}{(a^2+z^2)^{3/2}}dz = \frac{\mu_0 I}{4\pi}\int_{z=-\infty}^{\infty}\frac{\hat{\mathbf{z}}\times(a\hat{\mathbf{x}}-z\hat{\mathbf{z}})}{(a^2+z^2)^{3/2}}dz$$

이 된다. 위에서 I는 상수이므로 적분기호 바깥으로 꺼냈다.

19장에서 살펴본 방법을 사용하여 $\hat{\mathbf{z}}\times(a\hat{\mathbf{x}}-z\hat{\mathbf{z}})$을 계산해보자. 첫 번째 벡터 $\hat{\mathbf{z}}$의 성분들을 차례대로 나타내면 0, 0, 1이고($\hat{\mathbf{z}}$의 크기는 1이므로), 두 번째 벡터 $a\hat{\mathbf{x}}-z\hat{\mathbf{z}}$의 성분들을 나타내면 a, 0, $-z$이다. (어느 경우이든, 성분들의 크기는 단위벡터의 계수가 된다). 이제 계산을 하면

$$\hat{\mathbf{z}}\times(a\hat{\mathbf{x}}-z\hat{\mathbf{z}}) = \begin{vmatrix}\hat{\mathbf{x}} & \hat{\mathbf{y}} & \hat{\mathbf{z}}\\ 0 & 0 & 1\\ a & 0 & -z\end{vmatrix} = \hat{\mathbf{x}}\begin{vmatrix}0 & 1\\ 0 & -z\end{vmatrix} - \hat{\mathbf{y}}\begin{vmatrix}0 & 1\\ a & -z\end{vmatrix} + \hat{\mathbf{z}}\begin{vmatrix}0 & 0\\ a & 0\end{vmatrix}$$
$$\hat{\mathbf{z}}\times(a\hat{\mathbf{x}}-z\hat{\mathbf{z}}) = \hat{\mathbf{x}}(0-0) - \hat{\mathbf{y}}(0-a) + \hat{\mathbf{z}}(0-0) = a\,\hat{\mathbf{y}}$$

가 된다. 이 결과를 위의 자기장 적분에 대입하면

$$\vec{\mathbf{B}} = \frac{\mu_0 I}{4\pi}\int_{z=-\infty}^{\infty}\frac{a\,\hat{\mathbf{y}}}{(a^2+z^2)^{3/2}}dz$$

이 된다. 여기서 a와 $\hat{\mathbf{y}}$는 상수이므로 적분기호 밖으로 나타낼 수 있으므로

$$\vec{\mathbf{B}} = \frac{\mu_0 I a}{4\pi}\hat{\mathbf{y}}\int_{z=-\infty}^{\infty}\frac{dz}{(a^2+z^2)^{3/2}}$$

로 쓸 수 있다. 이 적분을 수행하기 위해 다음과 같이 삼각함수를 사용하여 변수를 치환한다.

$$z = a\tan\theta$$
$$dz = a\sec^2\theta\,d\theta$$

위의 첫 번째 식을 θ에 대해 정리하면 $\theta = \tan^{-1}\left(\frac{z}{a}\right)$가 된다. 치환된 적분의 새로운 하한과 상한을 구하기 위해 이 식에 z의 하한과 상한을 대입하면

$$x = -\infty\colon\ \theta = \tan^{-1}\left(\frac{-\infty}{a}\right) = \tan^{-1}(-\infty) = -90°$$
$$x = \infty\colon\ \theta = \tan^{-1}\left(\frac{\infty}{a}\right) = \tan^{-1}(\infty) = 90°$$

이다. 위에서 θ가 90°에 가까워지면 $\tan\theta$는 ∞에 가까워진다. $1+\tan^2\theta = \sec^2\theta$ 관계식을 이용하면 위의 적분 수식에서 피적분함수의 분모는 다음과 같이 간단해진다.

$$(a^2+z^2)^{3/2} = [a^2+(a\tan\theta)^2]^{3/2} = [a^2(1+\tan^2\theta)]^{3/2} = (a^2\sec^2\theta)^{3/2} = a^3\sec^3\theta$$

위의 계산과정에서 맨 마지막에 연산규칙 $(a^2x^2)^{3/2} = (a^2)^{3/2}(x^2)^{3/2} = a^3x^3$을 적용하였다. 위 적분식의 z, dz, $(a^2+z^2)^{3/2}$에 삼각함수 치환식을 대입하면 다음 결과를 얻을 수 있다.

$$\vec{\mathbf{B}} = \frac{\mu_0 I a}{4\pi}\hat{\mathbf{y}}\int_{\theta=-90°}^{90°}\frac{a\sec^2\theta\,d\theta}{a^3\sec^3\theta} = \frac{\mu_0 I a}{4\pi}\hat{\mathbf{y}}\int_{\theta=-90°}^{90°}\frac{d\theta}{a^2\sec\theta}$$

여기서 $\sec\theta = \frac{1}{\cos\theta}$임을 잘 알고 있어야 한다. 이 식에서 상수 $\frac{1}{a^2}$을 적분기호 밖으로 꺼내면 $a\left(\frac{1}{a^2}\right) = \frac{1}{a}$이 되고, 이어서 적분을 계산하면

$$\vec{\mathbf{B}} = \frac{\mu_0 I}{4\pi a}\hat{\mathbf{y}}\int_{\theta=-90°}^{90°}\cos\theta\,d\theta = \frac{\mu_0 I}{4\pi a}\hat{\mathbf{y}}[\sin\theta]_{\theta=-90°}^{90°} = \frac{\mu_0 I}{4\pi a}\hat{\mathbf{y}}[\sin(90°)-\sin(-90°)]$$

$$\vec{\mathbf{B}} = \frac{\mu_0 I}{4\pi a}\hat{\mathbf{y}}[(1)-(-1)] = \frac{\mu_0 I}{4\pi a}\hat{\mathbf{y}}(1+1) = \frac{\mu_0 I}{4\pi a}\hat{\mathbf{y}}(2) = \frac{\mu_0 I}{2\pi a}\hat{\mathbf{y}}$$

이 나온다. 따라서 $(a,\ 0,\ 0)$점에서 자기장은 $\vec{\mathbf{B}} = \frac{\mu_0 I}{2\pi a}\hat{\mathbf{y}}$이다. 자기장의 크기는 $B = \frac{\mu_0 I}{2\pi a}$이고 자기장의 방향은 $\hat{\mathbf{B}} = \hat{\mathbf{y}}$이다. 위의 그림에 자기장용 오른손 규칙(22장)을 적용하면 $(a,\ 0,\ 0)$점에서 자기장은 오른손 엄지손가락을 제외한 나머지 네 손가락들은 책 밖으로 나오는 방향(⊙), 다시 말해 $\hat{\mathbf{y}}$ 방향을 가리킨다. 이 결과는 위에서 구한 답과 일치한다.

예제 속이 채워진 원반이 아래 그림과 같이 xy 평면에 놓여있다. 원반의 중심은 원점과 일치한다. 원반의 반지름은 a이다. 이 원반은 균일한 전하밀도 σ를 가지고 있으며 총 전하량은 $+Q$로 양전하다. 원반은 z축을 중심으로 일정한 각속도 ω로 회전하고 있다. μ_0, Q, a, p, ω와 적절한 단위벡터를 사용하여 $(0,\ 0,\ p)$에서의 자기장 방정식을 유도하라.

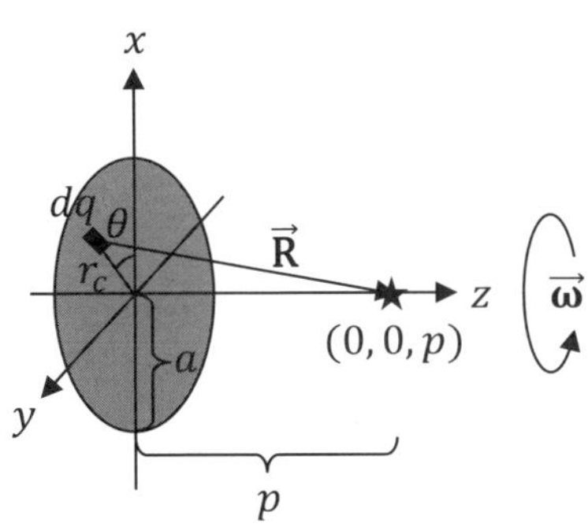

풀이 기호가 표시되어 있는 그림을 살펴보자. 먼저 원반에 대표 미소전하 dq를 표시한다. 원천 dq에서 장점 (0, 0, p)으로 가는 벡터 $\vec{\mathbf{R}}$을 그린다. 적분을 한다는 것은 막대 전체를 구성하는 모든 dq가 저마다 만들어내는 자기장을 구하여 전부 합하는 것이다. 회전하는 전하를 가진 원반에 다음 수식으로 표시되는 비오–사바르 법칙을 적용해보자(351쪽의 3번째 단계).

$$\vec{\mathbf{B}} = \frac{\mu_0}{4\pi}\int \frac{\vec{v}\,dq \times \hat{\mathbf{R}}}{R^2}$$

위의 그림을 자세히 살펴보자.

- 벡터 $\vec{\mathbf{R}}$는 z축을 향해 안쪽 방향($-\hat{\mathbf{r}}_c$ 방향)으로 r_c 만큼 가고 z축을 따라($\hat{\mathbf{z}}$방향) p 만큼 가서 만들어진다. 따라서 $\vec{\mathbf{R}} = -r_c\hat{\mathbf{r}}_c + p\hat{\mathbf{z}}$이다. $\hat{\mathbf{r}}_c$는 원통 좌표계의 단위벡터이다.
- 피타고라스 정리를 사용하면 $\vec{\mathbf{R}}$의 크기 R을 다음과 같이 쓸 수 있다.

$$R = \sqrt{r_c^2 + p^2}$$

- 단위벡터 $\hat{\mathbf{R}}$은 $\vec{\mathbf{R}}$ 벡터를 크기 R로 나누어 다음과 같이 구할 수 있다.

$$\hat{\mathbf{R}} = \frac{\vec{\mathbf{R}}}{R} = \frac{-r_c\hat{\mathbf{r}}_c + p\hat{\mathbf{z}}}{\sqrt{r_c^2 + p^2}}$$

속이 채워진 원반의 경우, $dq = \sigma dA$이고 $dA = r_c dr_c d\theta$이다(352쪽의 6번 단계, 7번 단계를 참조한다. 이 3차원 문제의 경우에는 원통 좌표계의 r_c를 사용하는 것만 다르다). 따라서 $dq = \sigma r_c dr_c d\theta$이다. 적분 범위는 $r_c = 0$에서 $r_c = a$까지, 그리고 $\theta = 0$에서 $\theta = 2\pi$ radian(라디안)까지다. 이제 위의 적분 수식에 R, $\hat{\mathbf{R}}$, dq를 대입하면

$$\vec{\mathbf{B}} = \frac{\mu_0}{4\pi}\int \frac{\vec{v}\,dq \times \hat{\mathbf{R}}}{R^2} = \frac{\mu_0}{4\pi}\int \vec{v}\,dq\left(\frac{1}{R^2}\right) \times \hat{\mathbf{R}} = \frac{\mu_0}{4\pi}\int_{r_c=0}^{a}\int_{\theta=0}^{2\pi} \vec{v}\,(\sigma r_c dr_c d\theta)\frac{1}{r_c^2 + p^2} \times \frac{-r_c\hat{\mathbf{r}}_c + p\hat{\mathbf{z}}}{\sqrt{r_c^2 + p^2}}$$

가 된다. 여기서 $R^2 = (\sqrt{r_c^2 + p^2})^2 = r_c^2 + p^2$이다. 위에서 분모에 있는 수식은 $(r_c^2 + p^2)\sqrt{r_c^2 + p^2} = (r_c^2 + p^2)^1(r_c^2 + p^2)^{1/2} = (r_c^2 + p^2)^{3/2}$로 쓸 수 있으므로 이를 이용하여 위의 적분 수식을 다시 쓰면 다음과 같다. 여기서 원반은 균일하므로 전하밀도 σ는 상수이다. 따라서 σ는 적분기호 밖으로 꺼낼 수 있다.

$$\vec{\mathbf{B}} = \frac{\mu_0\sigma}{4\pi}\int_{r_c=0}^{a}\int_{\theta=0}^{2\pi} \frac{\vec{v} \times (-r_c\hat{\mathbf{r}}_c + p\hat{\mathbf{z}})}{(r_c^2 + p^2)^{3/2}} r_c dr_c d\theta$$

각 미소전하 dq의 속도 $\vec{v}$의 방향은 원반이 회전하면서 그리는 원 궤도의 접선방향이다. 원통 좌표계의 단위벡터 $\hat{\boldsymbol{\theta}}$의 방향은 xy 평면에 놓인 원의 접선방향이므로 $\vec{v} = v\hat{\boldsymbol{\theta}}$로 쓸

수 있다. 353쪽의 9번 단계의 주의사항을 읽어보기 바란다(축에서 바라다볼 때 속이 채워진 원반이 반시계방향으로 회전하는 경우, $\vec{\mathbf{v}}$는 $+\hat{\boldsymbol{\theta}}$ 방향을 따라간다). 회전하는 물체의 경우, $v = r_{rot}\omega$로 쓸 수 있다. 여기서 r_{rot}는 각 dq의 회전 반지름이다. 속이 채워진 원반이 이 예제처럼 회전하는 경우에는 $r_{rot} = r_c$로 쓸 수 있다. (원반이, 세워진 동전이 회전하는 경우처럼 회전하는 경우에는 이렇게 쓸 수 없다). $\vec{\mathbf{v}} = v\,\hat{\boldsymbol{\theta}} = r_c\omega\hat{\boldsymbol{\theta}}$를 위의 자기장 적분식에 대입하여 정리하면 다음과 같다. 여기서 상수 ω는 적분기호 밖으로 꺼낼 수 있다.

$$\vec{\mathbf{B}} = \frac{\mu_0\sigma}{4\pi}\int_{r_c=0}^{a}\int_{\theta=0}^{2\pi}\frac{(r_c\omega\hat{\boldsymbol{\theta}})\times(-r_c\hat{\mathbf{r}}_c + p\hat{\mathbf{z}})}{(r_c^2+p^2)^{3/2}}r_c dr_c d\theta$$

$$\vec{\mathbf{B}} = \frac{\mu_0\sigma\omega}{4\pi}\int_{r_c=0}^{a}\int_{\theta=0}^{2\pi}\frac{(r_c\hat{\boldsymbol{\theta}})\times(-r_c\hat{\mathbf{r}}_c + p\hat{\mathbf{z}})}{(r_c^2+p^2)^{3/2}}r_c dr_c d\theta$$

앞선 예제에서 $r_c\hat{\boldsymbol{\theta}}\times(-r_c\hat{\mathbf{r}}_c + p\hat{\mathbf{z}})$와 비슷한 벡터 곱을 실제로 계산해 보았다. 여기서는 설명을 생략하고 곧바로 계산을 해보자.

$$(r_c\hat{\boldsymbol{\theta}})\times(-r_c\hat{\mathbf{r}}_c + p\hat{\mathbf{z}}) = \begin{vmatrix}\hat{\mathbf{r}}_c & \hat{\boldsymbol{\theta}} & \hat{\mathbf{z}}\\ 0 & r_c & 0\\ -r_c & 0 & p\end{vmatrix} = \hat{\mathbf{r}}_c\begin{vmatrix}r_c & 0\\ 0 & p\end{vmatrix} - \hat{\boldsymbol{\theta}}\begin{vmatrix}0 & 0\\ -r_c & p\end{vmatrix} + \hat{\mathbf{z}}\begin{vmatrix}0 & r_c\\ -r_c & 0\end{vmatrix}$$

$$(r_c\hat{\boldsymbol{\theta}})\times(-r_c\hat{\mathbf{r}}_c + p\hat{\mathbf{z}}) = [\hat{\mathbf{r}}_c(r_c p - 0) - \hat{\boldsymbol{\theta}}(0-0) + \hat{\mathbf{z}}(0 + r_c^2)] = r_c p\,\hat{\mathbf{r}}_c + r_c^2\,\hat{\mathbf{z}}$$

이 결과를 자기장 적분에 대입하면

$$\vec{\mathbf{B}} = \frac{\mu_0\sigma\omega}{4\pi}\int_{r_c=0}^{a}\int_{\theta=0}^{2\pi}\frac{(r_c p\,\hat{\mathbf{r}}_c + r_c^2\,\hat{\mathbf{z}})}{(r_c^2+p^2)^{3/2}}r_c dr_c d\theta$$

이 된다. 이 적분 수식을 두 항으로 나누어 쓰면

$$\vec{\mathbf{B}} = \frac{\mu_0\sigma\omega}{4\pi}\int_{r_c=0}^{a}\int_{\theta=0}^{2\pi}\frac{r_c p\,\hat{\mathbf{r}}_c}{(r_c^2+p^2)^{3/2}}r_c dr_c d\theta + \frac{\mu_0\sigma\omega}{4\pi}\int_{r_c=0}^{a}\int_{\theta=0}^{2\pi}\frac{r_c^2\,\hat{\mathbf{z}}}{(r_c^2+p^2)^{3/2}}r_c dr_c d\theta$$

이 된다. p, $\hat{\mathbf{z}}$는 상수이므로 적분기호 밖으로 나올 수 있다. 하지만 $\hat{\mathbf{r}}_c$는 상수가 **아니다.** 또한 $r_c r_c = r_c^2$이고 $r_c^2 r_c = r_c^3$이므로 위의 적분 수식은

$$\vec{\mathbf{B}} = \frac{\mu_0\sigma\omega p}{4\pi}\int_{r_c=0}^{a}\int_{\theta=0}^{2\pi}\frac{r_c^2\,\hat{\mathbf{r}}_c}{(r_c^2+p^2)^{3/2}}dr_c d\theta + \frac{\mu_0\sigma\omega}{4\pi}\hat{\mathbf{z}}\int_{r_c=0}^{a}\int_{\theta=0}^{2\pi}\frac{r_c^3}{(r_c^2+p^2)^{3/2}}dr_c d\theta$$

이 된다. 위의 적분 수식을 보면 앞선 예제들을 푸는 과정에서 맞닥뜨린 수식과 매우 비슷하다. 23장에서 배운 자기장선을 머릿속으로 그려보는 것이 익숙하다면 장점 (0, 0, p)에서 자기장은 $\hat{\mathbf{z}}$ 방향만을 가지게 되는 것을 알 수 있다. 따라서 위의 적분 수식 중에서

첫 번째 적분 항은 0이므로 두 번째 적분 항만 다음과 같이 계산하면 된다.

$$\vec{\mathbf{B}} = \frac{\mu_0 \sigma \omega}{4\pi} \hat{\mathbf{z}} \int_{r_c=0}^{a} \int_{\theta=0}^{2\pi} \frac{r_c^3}{(r_c^2 + p^2)^{3/2}} dr_c d\theta$$

이 이중적분은 변수 분리가 가능하므로 다음과 같이 나누어 쓸 수 있다. 여기서 독립변수 θ에 대해 적분을 수행할 때는 변수 r_c는 상수처럼 취급하면 된다.

$$\vec{\mathbf{B}} = \frac{\mu_0 \sigma \omega}{4\pi} \hat{\mathbf{z}} \int_{r_c=0}^{a} \frac{r_c^3}{(r_c^2 + p^2)^{3/2}} dr_c \int_{\theta=0}^{2\pi} d\theta = \frac{\mu_0 \sigma \omega}{4\pi} \hat{\mathbf{z}} \int_{r_c=0}^{a} \frac{r_c^3}{(r_c^2 + p^2)^{3/2}} dr_c \,(2\pi)$$

$$\vec{\mathbf{B}} = \frac{\mu_0 \sigma \omega}{2} \hat{\mathbf{z}} \int_{r_c=0}^{a} \frac{r_c^3}{(r_c^2 + p^2)^{3/2}} dr_c$$

이 적분은 다음과 같은 삼각함수 치환법을 사용하여 수행할 수 있다.

$$r_c = p \tan \psi$$
$$dr_c = p \sec^2 \psi \, d\psi$$

위의 첫 번째 수식을 ψ에 대해 풀면 $\psi = \tan^{-1}\left(\frac{r_c}{p}\right)$가 된다. 이렇게 되면 $r_c = 0$에서 $r_c = a$까지 변할 때 ψ는 $\psi = \tan^{-1}\left(\frac{0}{p}\right) = \tan^{-1}(0) = 0$에서 $\psi = \tan^{-1}\left(\frac{a}{p}\right)$까지 변한다. $\psi = \tan^{-1}\left(\frac{a}{p}\right) = \psi_{\max}$라고 하자. 위의 적분식에서 피적분함수의 분모는 $\tan^2\psi + 1 = \sec^2\psi$의 삼각함수 관계식을 이용하면 다음과 같이 간단하게 쓸 수 있다.

$$(r_c^2 + p^2)^{3/2} = [(p \tan \psi)^2 + p^2]^{3/2} = [p^2(\tan^2 \psi + 1)]^{3/2} = (p^2 \sec^2 \psi)^{3/2} = p^3 \sec^3 \psi$$

계산과정에서 연산규칙 $(a^2x^2)^{3/2} = (a^2)^{3/2}(x^2)^{3/2} = a^3x^3$을 사용하였다. r_c, dr_c, $(r_c^2 + p^2)^{3/2}$ 식을 앞의 자기장 적분식에 대입하면

$$\vec{\mathbf{B}} = \frac{\mu_0 \sigma \omega}{2} \hat{\mathbf{z}} \int_{r_c=0}^{a} \frac{r_c^3}{(r_c^2 + p^2)^{3/2}} dr_c = \frac{\mu_0 \sigma \omega}{2} \hat{\mathbf{z}} \int_{\psi=0}^{\psi_{max}} \frac{p^3 \tan^3 \psi}{p^3 \sec^3 \psi} p \sec^2 \psi \, d\psi$$

$$\vec{\mathbf{B}} = \frac{\mu_0 \sigma \omega}{2} \hat{\mathbf{z}} \int_{\psi=0}^{\psi_{max}} \frac{\tan^3 \psi}{\sec \psi} p \, d\psi = \frac{\mu_0 \sigma \omega p}{2} \hat{\mathbf{z}} \int_{\psi=0}^{\psi_{max}} \frac{\tan^3 \psi}{\sec \psi} d\psi$$

이 된다. 계산 과정에서 상수 p는 적분기호 밖으로 꺼냈다. $\sec\psi = \frac{1}{\cos\psi}$이고 $\tan\psi = \frac{\sin\psi}{\cos\psi}$이므로

$$\frac{\tan^3 \psi}{\sec \psi} = \frac{\sin^3 \psi}{\cos^3 \psi} \div \frac{1}{\cos \psi} = \frac{\sin^3 \psi}{\cos^3 \psi} \times \frac{\cos \psi}{1} = \frac{\sin^3 \psi}{\cos^2 \psi}$$

이 된다. 계산과정에서 분수로 나누는 것은 그 분수의 역수를 곱하는 것과 동일하다는 성질을 활용하였다. 이 식을 앞의 자기장 적분식에 대입하면

$$\vec{\mathbf{B}} = \frac{\mu_0 \sigma \omega}{2} \hat{\mathbf{z}} \int_{\psi=0}^{\psi_{max}} \frac{\tan^3 \psi}{\sec \psi} p \, d\psi = \frac{\mu_0 \sigma \omega p}{2} \hat{\mathbf{z}} \int_{\psi=0}^{\psi_{max}} \frac{\sin^3 \psi}{\cos^2 \psi} d\psi$$

가 된다. $\sin^2\psi + \cos^2\psi = 1$의 삼각함수 관계식에서 $\sin^2\psi = 1 - \cos^2\psi$이 된다. 이 식을 사용하여 분자를 다시 쓰면

$$\sin^3 \psi = \sin \psi \sin^2 \psi = \sin \psi \, (1 - \cos^2 \psi) = \sin \psi - \sin \psi \cos^2 \psi$$

이다. 이 식을 바로 이전의 적분식에 대입한 다음, 두 개의 항으로 나누어 쓰면 다음과 같다.

$$\vec{\mathbf{B}} = \frac{\mu_0 \sigma \omega p}{2} \hat{\mathbf{z}} \int_{\psi=0}^{\psi_{max}} \frac{\sin \psi - \sin \psi \cos^2 \psi}{\cos^2 \psi} d\psi$$

$$\vec{\mathbf{B}} = \frac{\mu_0 \sigma \omega p}{2} \hat{\mathbf{z}} \int_{\psi=0}^{\psi_{max}} \frac{\sin \psi}{\cos^2 \psi} d\psi - \frac{\mu_0 \sigma \omega p}{2} \hat{\mathbf{z}} \int_{\psi=0}^{\psi_{max}} \frac{\sin \psi \cos^2 \psi}{\cos^2 \psi} d\psi$$

$$\vec{\mathbf{B}} = \frac{\mu_0 \sigma \omega p}{2} \hat{\mathbf{z}} \int_{\psi=0}^{\psi_{max}} \frac{\sin \psi}{\cos^2 \psi} d\psi - \frac{\mu_0 \sigma \omega p}{2} \hat{\mathbf{z}} \int_{\psi=0}^{\psi_{max}} \sin \psi \, d\psi$$

첫째 적분 항은 다음과 같은 삼각함수 치환법을 사용하여 수행할 수 있다.

$$u = \cos \psi$$
$$du = -\sin \psi \, d\psi$$

적분의 상한과 하한은 나중에 정확히 구하기로 하고 위의 치환 식을 사용하여 자기장 수식을 다시 쓰면

$$\vec{\mathbf{B}} = \frac{\mu_0 \sigma \omega p}{2} \hat{\mathbf{z}} \int_{u=u_{lower}}^{u_{upper}} \frac{-du}{u^2} - \frac{\mu_0 \sigma \omega p}{2} \hat{\mathbf{z}} \int_{\psi=0}^{\psi_{max}} \sin \psi \, d\psi$$

$$\vec{\mathbf{B}} = \frac{\mu_0 \sigma \omega p}{2} \hat{\mathbf{z}} \left[\frac{1}{u}\right]_{u=u_{lower}}^{u_{upper}} - \frac{\mu_0 \sigma \omega p}{2} \hat{\mathbf{z}} [-\cos \psi]_{\psi=0}^{\psi_{max}}$$

가 된다. 여기서 u_{lower}는 $\psi = 0$일 때 변수 u의 값(하한)이고 u_{upper}는 $\psi = \psi_{\max}$일 때 변수 u의 값(상한)을 나타낸 것이다. 변수 u에 대한 적분 상한 u_{upper} 값과 하한 u_{lower} 값은 나중에 구하기로 하고 위의 결과에 $u = \cos\psi$를 다시 대입해서 정리해보자. 계산 과정에서 − 부호가 연달아 두 개 나오면 + 부호가 된다는 사실을 기억하라.

$$\vec{\mathbf{B}} = \frac{\mu_0\sigma\omega p}{2}\hat{\mathbf{z}}\left[\frac{1}{\cos\psi}\right]_{\psi=0}^{\psi_{max}} + \frac{\mu_0\sigma\omega p}{2}\hat{\mathbf{z}}[\cos\psi]_{\psi=0}^{\psi_{max}}$$

$$\vec{\mathbf{B}} = \frac{\mu_0\sigma\omega p}{2}\hat{\mathbf{z}}\left(\frac{1}{\cos\psi_{max}} - \frac{1}{\cos 0}\right) + \frac{\mu_0\sigma\omega p}{2}\hat{\mathbf{z}}(\cos\psi_{max} - \cos 0)$$

$$\vec{\mathbf{B}} = \frac{\mu_0\sigma\omega p}{2}\hat{\mathbf{z}}\left(\frac{1}{\cos\psi_{max}} - 1\right) + \frac{\mu_0\sigma\omega p}{2}\hat{\mathbf{z}}(\cos\psi_{max} - 1)$$

공통인수 $\frac{\mu_0\sigma\omega p}{2}$를 맨 앞에 두고 정리하면 다음과 같다.

$$\vec{\mathbf{B}} = \frac{\mu_0\sigma\omega p}{2}\hat{\mathbf{z}}\left(\frac{1}{\cos\psi_{max}} - 1 + \cos\psi_{max} - 1\right) = \frac{\mu_0\sigma\omega p}{2}\hat{\mathbf{z}}\left(\frac{1}{\cos\psi_{max}} + \cos\psi_{max} - 2\right)$$

$\psi_{\max} = \tan^{-1}\left(\frac{a}{p}\right)$이므로 $\cos\psi_{\mathrm{ma}}$는 $\cos\left(\tan^{-1}\left(\frac{a}{p}\right)\right)$가 되어 복잡한 수식이 된다. 역탄젠트에 코사인을 취하는 대신에 직각삼각형을 그린 다음에 피타고라스 정리를 적용해보자. $\tan\psi_{\max} = \frac{a}{p}$이므로 직각삼각형을 다음과 같이 그릴 수 있다. 각도 $\psi_{\max}$의 탄젠트는 밑변 분의 높이가 되므로 밑변이 p이고 높이가 a이고 밑변과 빗변 사이의 각도가 $\psi_{\max}$인 직각삼각형을 아래와 같이 그린다.

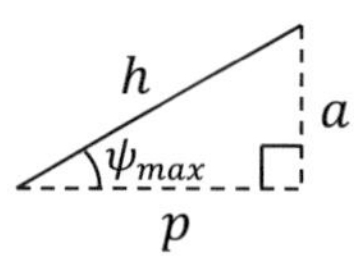

빗변 h를 피타고라스 정리를 써서 나타내면

$$h = \sqrt{p^2 + a^2}$$

이다. 이 직각삼각형에서 $\psi_{\max}$의 코사인을 구해보자. 코사인은 빗변 분의 밑변이므로

$$\cos\psi_{max} = \frac{p}{h} = \frac{p}{\sqrt{p^2 + a^2}}$$

이다. 이 식을 바로 이전의 자기장 수식에 대입하면

$$\vec{\mathbf{B}} = \frac{\mu_0\sigma\omega p}{2}\hat{\mathbf{z}}\left(\frac{1}{\cos\psi_{max}} + \cos\psi_{max} - 2\right)$$

$$\vec{\mathbf{B}} = \frac{\mu_0\sigma\omega p}{2}\hat{\mathbf{z}}\left(\frac{\sqrt{p^2 + a^2}}{p} + \frac{p}{\sqrt{p^2 + a^2}} - 2\right)$$

가 된다. 공통 분모를 사용하여 분수를 더해보자. 첫째 항에 $\frac{\sqrt{p^2+a^2}}{\sqrt{p^2+a^2}}$를 곱하고, 둘째 항에 $\frac{p}{p}$를 곱하고, 셋째 항에 $\frac{p\sqrt{p^2+a^2}}{p\sqrt{p^2+a^2}}$을 각각 곱하면 공통분모 $p\sqrt{p^2 + a^2}$을 만들 수 있다. 또한 $\sqrt{p^2 + a^2}\sqrt{p^2 + a^2} = p^2 + a^2$이다.

$$\vec{\mathbf{B}} = \frac{\mu_0 \sigma \omega p}{2} \hat{\mathbf{z}} \left(\frac{\sqrt{p^2 + a^2}\sqrt{p^2 + a^2}}{p\sqrt{p^2 + a^2}} + \frac{p^2}{p\sqrt{p^2 + a^2}} - \frac{2p\sqrt{p^2 + a^2}}{p\sqrt{p^2 + a^2}} \right)$$

$$\vec{\mathbf{B}} = \frac{\mu_0 \sigma \omega p}{2} \hat{\mathbf{z}} \left(\frac{p^2 + a^2}{p\sqrt{p^2 + a^2}} + \frac{p^2}{p\sqrt{p^2 + a^2}} - \frac{2p\sqrt{p^2 + a^2}}{p\sqrt{p^2 + a^2}} \right)$$

$$\vec{\mathbf{B}} = \frac{\mu_0 \sigma \omega p}{2} \hat{\mathbf{z}} \left(\frac{p^2 + a^2 + p^2 - 2p\sqrt{p^2 + a^2}}{p\sqrt{p^2 + a^2}} \right)$$

$p^2 + p^2 = 2p^2$이므로

$$\vec{\mathbf{B}} = \frac{\mu_0 \sigma \omega p}{2} \hat{\mathbf{z}} \left(\frac{2p^2 + a^2 - 2p\sqrt{p^2 + a^2}}{p\sqrt{p^2 + a^2}} \right)$$

이다. 앞에 있는 p와 분모에 있는 p는 서로 약분되어 사라지므로 다음을 얻는다.

$$\vec{\mathbf{B}} = \frac{\mu_0 \sigma \omega}{2} \hat{\mathbf{z}} \left(\frac{2p^2 + a^2 - 2p\sqrt{p^2 + a^2}}{\sqrt{p^2 + a^2}} \right)$$

주의: 강사 중에는 학생들로 하여금 적분 표를 사용하여 적분을 계산하도록 하는 분들이 있다. 이렇게 하는 경우에는 적분연산, 삼각함수연산, 대수연산과 같은 여러 단계를 건너뛰게 된다.

아직 문제 풀이가 끝나지 않았다. 위의 결과 식에서 전하밀도 σ를 전하 Q를 사용하여 표현해야 한다.

이를 위해 dq를 적분하면 속이 채워진 원반의 총 전하 Q가 된다는 사실을 이용한다. 이 적분에 앞에서 구한 것들을 대입하면

$$Q = \int dq = \int \sigma\, dA = \sigma \int dA = \sigma \int_{r_c=0}^{a} \int_{\theta=0}^{2\pi} r_c dr_c d\theta = \sigma \int_{r_c=0}^{a} r_c dr_c \int_{\theta=0}^{2\pi} d\theta$$

$$Q = \sigma \left[\frac{r_c^2}{2} \right]_{r_c=0}^{a} [\theta]_{\theta=0}^{2\pi} = \sigma \left(\frac{a^2}{2} - \frac{0^2}{2} \right)(2\pi - 0) = \sigma \left(\frac{a^2}{2} \right)(2\pi) = \pi\sigma a^2$$

이 된다. σ를 Q를 써서 나타내기 위해 위에서 구한 수식의 양변을 πa^2으로 나눈다.

$$\sigma = \frac{Q}{\pi a^2}$$

이 식을 앞에서 구한 $\vec{\mathbf{B}}$의 수식에 대입하면

$$\vec{\mathbf{B}} = \frac{\mu_0 \sigma \omega}{2}\hat{\mathbf{z}}\left(\frac{2p^2 + a^2 - 2p\sqrt{p^2+a^2}}{\sqrt{p^2+a^2}}\right)$$

$$\vec{\mathbf{B}} = \frac{\mu_0 \omega}{2}\left(\frac{Q}{\pi a^2}\right)\hat{\mathbf{z}}\left(\frac{2p^2 + a^2 - 2p\sqrt{p^2+a^2}}{\sqrt{p^2+a^2}}\right)$$

$$\vec{\mathbf{B}} = \frac{\mu_0 Q \omega}{2\pi a^2}\hat{\mathbf{z}}\left(\frac{2p^2 + a^2 - 2p\sqrt{p^2+a^2}}{\sqrt{p^2+a^2}}\right)$$

가 된다. 따라서 장점인 (0, 0, p)점에서 자기장은 $\vec{\mathbf{B}} = \frac{\mu_0 Q \omega}{2\pi a^2}\hat{\mathbf{z}}\left(\frac{2p^2+a^2-2p\sqrt{p^2+a^2}}{\sqrt{p^2+a^2}}\right)$이다. 자기장의 크기는 $B = \frac{\mu_0 Q \omega}{2\pi a^2}\left(\frac{2p^2+a^2-2p\sqrt{p^2+a^2}}{\sqrt{p^2+a^2}}\right)$이고 자기장의 방향은 $\hat{\mathbf{B}} = \hat{\mathbf{z}}$이다.(+$z$축에서 바라다볼 때 전하를 가진 원반은 반시계방향으로 도는 것으로 가정한다).

연습문제

93. 필라멘트 전류 I가 아래 그림과 같은 경로를 따라 흐르고 있다. 이 경로는 세 개의 직선 부분과 반지름이 각각 $2a$와 $3a$인 두 개의 원호 부분으로 이루어져 있다. 각도의 단위는 radian이며 $+x$축으로부터 반시계방향으로 측정한 값이다. μ_0, I, a와 적절한 단위벡터를 사용하여 원점에서의 자기장 방정식을 유도하라.

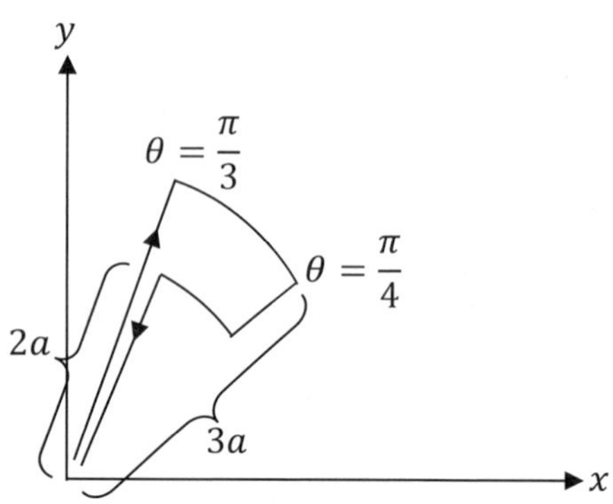

답: $\vec{\mathbf{B}} = \frac{\mu_0 I}{288a}\hat{\mathbf{z}}$

94. 다음 쪽 그림을 보면 유한한 길이의 도선을 따라 필라멘트 전류 I가 z축을 따라 흐르고 있다. 도선의 양 끝점은 각각 $\left(0,\ 0,\ -\frac{L}{2}\right)$와 $\left(0,\ 0,\ \frac{L}{2}\right)$이다. a가 상수일 때 μ_0, I, L, a와 적절한 단위벡터를 사용하여 (a, 0, 0)점에서 자기장 방정식을 유도하라.

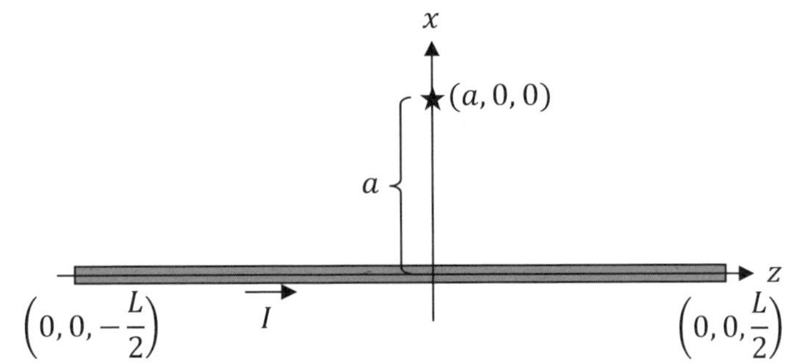

답: $\vec{\mathbf{B}} = \frac{\mu_0 IL}{4\pi a\sqrt{\frac{L^2}{4}+a^2}}\hat{\mathbf{y}}$

95. 아래 그림과 같이 헬름홀츠 코일이 놓여 있다. 두 개의 평행한 도선 루프를 따라 동일한 필라멘트 전류 I가 흐르고 있다. 원형 루프는 xy 평면위에 놓여 있는데 한 루프의 중심은 $z=-\frac{a}{2}$이고 다른 루프의 중심은 $z=\frac{a}{2}$이다(따라서 두 개의 루프 사이의 간격은 a로, 각 루프의 반지름과 같다). μ_0, I, a와 적절한 단위벡터를 사용하여 원점에서의 자기장 방정식을 유도하라.

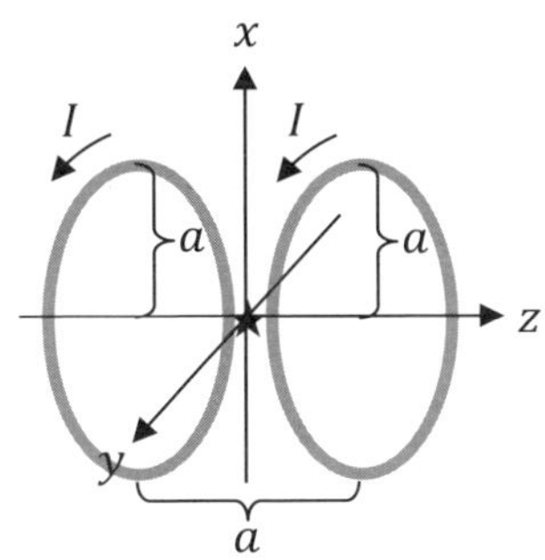

답: $\vec{\mathbf{B}} = \frac{8}{(5)^{3/2}}\left(\frac{\mu_0 I}{a}\right)\hat{\mathbf{z}}$

96. 균일한 원반이 다음 쪽 그림과 같이 xy 평면에 놓여있으며 원반의 중심은 원점과 일치한다. 원반의 반지름은 a이며 총 전하량은 $+Q$로 양전하이다. 원반은 축을 중심으로 일정한 각속도 ω로 회전하고 있다. μ_0, Q, a, ω와 적절한 단위벡터를 사용하여 원점에서의 자기장 방정식을 유도하라.(비슷한 예제의 결과에서 p를 0으로 놓고 답을 구하지 말고 직접 적분 계산을 해서 구하라).

주의: 장점은 원점이므로 비슷한 예제보다 이 문제의 계산이 훨씬 간단하다.

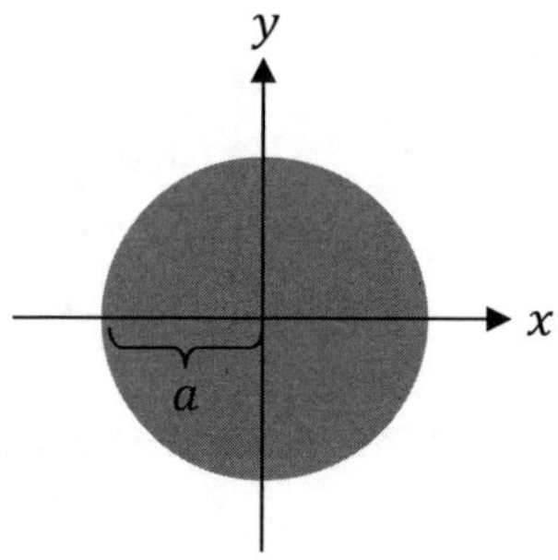

답: $\vec{\mathbf{B}} = \frac{\mu_0 Q \omega}{2\pi a} \hat{\mathbf{z}}$

도움이 필요한가요? 책의 맨 뒤에 있는 "힌트"를 참고하세요.

27
암페어 법칙

관련 용어

- **전하**(electric charge) 입자가 가지는 고유한 특성 중의 하나로, 전하를 가진 입자가 전기장이 있는 곳에 놓이게 되면 전기장에 의해 힘을 받게 된다. (전기적으로 중성인 입자는 전하를 가지지 않는다. 따라서 중성 입자는 전기장이 있는 곳에 놓이게 되어도 힘을 받지 않는다.)
- **전류**(current) 시간에 대한 전하의 변화율. 단위 시간 동안에 어떤 점 또는 단면적을 통과해 흐르는 전하의 양으로 정의함.
- **필라멘트 전류**(filamentary current) 아주 가는 도선을 통해 흐르는 전류
- **자기장**(magnetic field) 움직이는 전하(즉 전류)가 만들어내는 자기 현상
- **자기력**(magnetic force) 자기장이 존재하는 영역에서 움직이는 전하(즉 전류)가 받는 인력(끌어당기는 힘)이나 척력(밀어내는 힘)
- **장점**(field point) 자기장(또는 전기장)을 계산하려는 점(point). 장점은 문제에서 주어지는 것이 보통이다. 장점에는 전류가 없는 것이 일반적이다.
- **원천**(source) 장(전기장 또는 자기장)을 만들어내는 물체를 가리키는 용어. 전류(또는 움직이는 전하)는 자기장을 만들어내므로 자기장의 원천은 전류(또는 움직이는 전하)이며 전하는 전기장을 만들어내므로 전기장의 원천은 전하다.
- **열린 경로**(open path) 어떤 면적을 만들지 않는 곡선. 예를 들어, 유(∪) 모양의 경로는 열린 경로이다. 이 곡선 경로는 경로 내부의 영역과 경로 외부 영역을 분리시키지 않기 때문이다.
- **닫힌 경로**(closed path) 어떤 면적의 경계를 이루고 있는 곡선. 예를 들어, 삼각형(△) 모양의 경로는 닫힌 경로이다. 이 경로는 경로 내부의 영역과 경로 외부 영역을 완전히 분리하기 때문이다.

- **솔레노이드**(solenoid) 도선을 감아서 원통의 형태로 만든 것
- **토로이드 코일**(toroidal coil) 도선을 감아서 만든 도넛과 같은 고리 모양의 코일

암페어 법칙

$\vec{\mathbf{B}} \cdot d\vec{\mathbf{s}}$을 닫힌 경로(이를 암페어 루프라고 함)에 대해 적분을 한 것은 경로에 의해 둘러싸인 전류 I_{enc}에 비례한다. 이를 암페어 법칙이라고 하면 수식으로 쓰면 다음과 같다.

$$\oint_C \vec{\mathbf{B}} \cdot d\vec{\mathbf{s}} = \mu_0 I_{enc}$$

여기서 $\oint$ 기호를 닫힌 적분이라고 한다. 이 기호는 닫힌 경로에 대한 적분을 나타낸다. 상수 μ_0는 자유공간의 투자율이다.

전류 밀도

자기장 적분을 수행할 때 문제의 구조에 따라 사용하는 전류 밀도가 달라진다(7장의 전하 밀도 λ, σ, ρ와 유사).

- 구리 띠와 같은 도체의 표면을 따라 흐르는 전류에는 표면 전류밀도 $\vec{\mathbf{K}}$를 적용한다.
- 균일한 원통의 길이방향을 따라 흐르는 전류에는 부피 전체에 분포하는 전류밀도 $\vec{\mathbf{J}}$를 사용한다.

기호와 SI 단위

기호	이름	SI 단위
I_{enc}	암페어 루프에 의해 둘러싸인 전류	A
I	전류	A
$\vec{\mathbf{B}}$	자기장	T
μ_0	자유공간의 투자율	$\frac{\text{T} \cdot \text{m}}{\text{A}}$
x, y, z	직각좌표	m, m, m
$\hat{\mathbf{x}}$, $\hat{\mathbf{y}}$, $\hat{\mathbf{z}}$	+x, +y, +z축 방향의 단위벡터	단위 없음
r, θ	2차원 극좌표	m, rad

r_c, θ, z	원통좌표	m, rad, m
r, θ, ϕ	구좌표	m, rad, rad
$\hat{\mathbf{r}}$, $\hat{\boldsymbol{\theta}}$, $\hat{\boldsymbol{\phi}}$	구좌표 방향의 단위벡터	단위 없음
$\hat{\mathbf{r}}_c$	+z축에서 방사방향의 단위벡터	단위 없음
$\vec{K}$	표면전류밀도(표면 전체에 분포)	A/m
$\vec{J}$	전류밀도(부피 전체에 분포)	A/m^2
$d\vec{s}$	미소 길이 요소	m
dA	미소 면적 요소	m^2
dV	미소 부피 요소	m^3
N	루프의 수(권수)	단위 없음

특수 기호

기호	이름
$\otimes$	책 안으로 들어가는 방향
$\odot$	책 밖으로 나오는 방향

암페어 법칙을 적용하는 방법

대칭성을 가지고 있는 자기장 문제는 암페어 법칙을 이용하면 쉽게 풀 수 있다. 암페어 법칙을 적용할 때는 다음과 같은 단계를 따른다.

1. 자기장용 오른손 규칙을 적용하여 자기장선을 그려본다. 22장을 복습하면 다음 단계를 이해하는 데 도움이 된다.
2. 그린 자기장선을 잘 살펴보면서 **암페어 루프**(Amperian loop)라고 부르는 닫힌 경로를 그려본다. 이때 암페어 루프가 되려면 자기장선은 이 루프의 어느 부분을 통과하든지 루프 경로에 항상 접하거나 수직을 이루어야 한다(둘 다도 가능). 암페어 루프가 가지는 이러한 특성 때문에 암페어 법칙의 좌변을 쉽게 계산할 수 있다. 닫힌 경로는 전류의 일부를 반드시 둘러싸야 한다.
3. 앞으로 나오는 예제를 잘 공부해보자. 대부분의 암페어 법칙 문제는 이들 예제(무한히 긴 원통, 무한히 넓은 평면, 솔레노이드, 토로이드 코일)와 매우 유사한 구조를 가지고 있다. 예제에서 그리는 암페어 루프는 대부분의 문제에서 맞닥뜨리는 암페어 루프와

기본적으로 동일하다. 그러므로 위의 1번 단계와 2번 단계를 매우 수월하게 수행할 수 있다.

4. 암페어 법칙을 다음과 같이 수식으로 쓴다.

$$\oint_C \vec{\mathbf{B}} \cdot d\vec{\mathbf{s}} = \mu_0 I_{enc}$$

경로가 원형이면 적분은 하나이다. 경로가 직사각형이면 닫힌 적분을 네 개의 열린 적분으로 나눈다. 즉 한 번에 하나씩 총 네 번의 적분을 한다(예제를 참조).

5. 암페어 법칙을 나타내는 수식의 좌변을 간단하게 한다. 여기서 미소길이 벡터 $d\vec{\mathbf{s}}$의 방향은 경로에 접하는 방향임을 잘 알고 있어야 한다.

   - $\vec{\mathbf{B}}$가 $d\vec{\mathbf{s}}$에 평행이면 $\vec{\mathbf{B}} \cdot d\vec{\mathbf{s}} = Bds$이다.
   - $\vec{\mathbf{B}}$가 $d\vec{\mathbf{s}}$에 반평행이면 $\vec{\mathbf{B}} \cdot d\vec{\mathbf{s}} = -Bds$이다.
   - $\vec{\mathbf{B}}$가 $d\vec{\mathbf{s}}$에 수직이면 $\vec{\mathbf{B}} \cdot d\vec{\mathbf{s}} = 0$이다.

6. 대칭성에 의해 경로를 이루고 있는 어떤 부분에서 자기장 B의 크기가 일정하면 그 경로 부분에서는 $\int_C B\,ds = B\int_C ds = Bs$이다. 위의 2번 단계에서 암페어 루프를 현명하게 선택하면 닫힌 경로의 각 부분에서 Bs가 되거나 0이 되므로 암페어 법칙은 다음과 같이 간단해진다.

$$B_1 s_1 + B_2 s_2 + \cdots + B_N s_N = \mu_0 I_{enc}$$

원형 경로의 경우에는 항이 하나만 나온다. 직사각형인 경로인 경우에는 한 변에 하나씩 모두 네 개의 항이 나온다(이 가운데 어떤 항은 0이 될 수 있다).

7. 문제의 구조에 따라 다음 사항을 참고하여 각각의 길이를 적합한 수식으로 바꾼다.

   - 원의 원주(원둘레)는 $s = 2\pi r$이다.
   - 직사각형의 경우에는 각 변에 대해 $s = L$ 또는 $s = W$이다.

원통을 가진 암페어 법칙 문제에서는 일반적으로 두 개의 서로 다른 반지름이 들어있다. 암페어 원의 반지름은 r_c이고 도체 원통의 반지름은 다른 기호를 사용하여 나타낸다(이 책에서는 주로 a를 사용하는데 다른 책에서는 R을 사용한다. 이 책에서는 소문자 r과 대문자 R 사이의 혼동을 피하기 위해 a를 사용한다).

8. 암페어 법칙으로부터 간단한 형태로 만든 방정식을 자기장에 대해 정리한다(간단한 연산으로 가능하다).

9. 문제의 구조를 이루고 있는 각 영역을 고려한다. 최소 두 개의 영역이 있는 것이 보통이다. 예를 들어 한 영역은 도체 내부이며 다른 영역은 도체 외부이다. 또는 두 영역이 각각 도체 판의 어느 한쪽과 그 반대쪽일 수 있다. 각 영역에는 로마 문자(I, II, III,

IV 등)를 붙인다.

10. 다음의 적분식으로 각 영역에서 둘러싸인 알짜 전류를 구한다. 주어진 영역에서 암페어 루프가 전체 전류를 둘러싼다면 내부 전류 I_{enc}는 총 전류 I와 같다. 그러나 암페어 루프가 전류의 일부만을 둘러싼다면 내부전류를 구하기 위해 적분을 해야 한다. 이때는 26장에서 배운 방법을 적용한다(353쪽의 12번 단계)

$$I = \int \vec{\mathbf{K}} \cdot d\vec{\boldsymbol{\ell}}$$
$$I = \int \vec{\mathbf{J}} \cdot d\vec{\mathbf{A}}$$

이 적분은 암페어 루프와 도체 표면이 겹치는 부분에 대해 수행한다. 표면 전류밀도 $\vec{\mathbf{K}}$의 경우, 겹치는 부분은 표면을 폭 방향으로 가로지르는(전류가 흐르는 방향에 수직인) 길이 $\vec{\boldsymbol{\ell}}$이 된다. 3차원 전류밀도인 $\vec{\mathbf{J}}$인 경우 겹치는 부분은 속이 채워진 도체의 단면적 $\vec{\mathbf{A}}$이다.

11. 각 영역에 대해, 내부 전류(10번 단계)를 간단한 형태로 구한 자기장 수식(8번 단계)에 대입한다.

중요한 차이점

암페어 법칙은 가우스 법칙(8장)과 유사하지만 다음과 같은 차이가 있다.

- 암페어 법칙에는 전기장 $\vec{\mathbf{E}}$가 아닌 자기장 $\vec{\mathbf{B}}$가 사용된다.
- 암페어 법칙은 닫힌 표면 S가 아닌 닫힌 경로 C에 대한 것이다.
- 암페어 법칙에는 미소 면적 $d\vec{\mathbf{A}}$가 아닌 미소 변위 $d\vec{\mathbf{s}}$가 사용된다.
- 암페어 법칙에는 내부전하 q_{enc}가 아닌 내부전류 I_{enc}가 사용된다.
- 암페어 법칙에는 자유공간의 유전율 ϵ_0가 아닌 자유공간의 투자율 μ_0가 사용된다.

자기장에 대한 암페어 법칙	$\oint_C \vec{\mathbf{B}} \cdot d\vec{\mathbf{s}} = \mu_0 I_{enc}$
정전기장에 대한 가우스 법칙	$\oint_S \vec{\mathbf{E}} \cdot d\vec{\mathbf{A}} = \frac{q_{enc}}{\epsilon_0}$

예제 길이가 무한히 긴 도체가 z축을 따라 놓여 있다. 도체의 반지름은 a이고 $\hat{\mathbf{z}}$축을 따라 균일한 전류밀도 $\vec{\mathbf{J}}$가 흐르고 있다. 총 전류는 I이다. 원통 도체 내부와 외부의 자기장의 수식을 구하라.

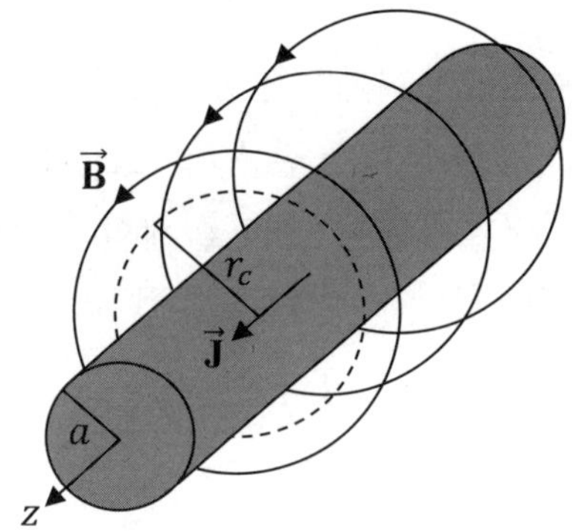

풀이 도체 원통에 분포하는 자기장선을 그려보자. 위의 그림을 보면 원통의 축은 책의 표면과 수직이다. 따라서 전류 I는 책 밖으로 나오는 방향(⊙)으로 흐른다. 자기장용 오른손 규칙(22장)을 적용해보자. 오른손 엄지손가락을 전류 I의 방향을 따라 책 밖으로 나오는 방향(⊙)에 맞춘 상태로 도선을 감싸 쥔다. 그러면 위의 그림에서 보듯이 오른손의 나머지 네 손가락은 도선을 시계방향으로 돌면서 감싸는 원을 만든다. 이들 손가락이 만드는 원이 바로 자기장선에 해당하므로 자기장선을 그리면 위의 그림에 표시한 실선 원이 된다.

암페어 루프를 도체 원통과 축이 같은 원(위의 그림에서 점선으로 된 원)으로 선택한다. 그러면 $\vec{\mathbf{B}}$와 $d\vec{\mathbf{s}}$(암페어 루프에 접선방향)는 서로 평행이 되고 $\vec{\mathbf{B}}$의 크기는 암페어 루프 전체에 걸쳐 일정하다(암페어 루프상의 모든 점은 도체 원통의 축에서 같은 거리에 있기 때문이다).

주의: 26장에서 비오-사바르 법칙을 적용할 때 사용하는 $d\vec{\mathbf{s}}$는 전류에 접하는 방향이었다. 그러나 27장에서 암페어 법칙을 적용할 때 사용하는 $d\vec{\mathbf{s}}$는 암페어 루프에 접하는 방향이지 전류에 접하는 방향이 아니다.

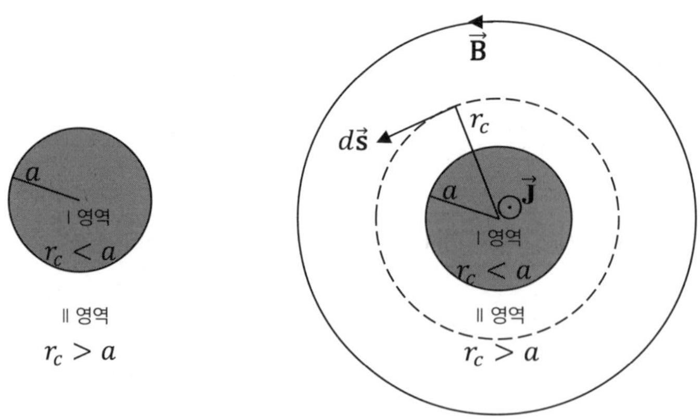

암페어 법칙을 수식으로 써보자.

$$\oint_C \vec{\mathbf{B}} \cdot d\vec{\mathbf{s}} = \mu_0 I_{enc}$$

여기서 $\vec{\mathbf{B}} \cdot d\vec{\mathbf{s}} = B\cos\theta dS$이고 자기장선이 이루는 원과 암페어 루프의 원은 서로 축이 같으므로($d\vec{\mathbf{s}}$는 암페어 루프에 접하고 $\vec{\mathbf{B}}$도 원에 접하므로 서로 평행하다) $\theta = 0°$이다. 이전 쪽의 그림을 살펴보기 바란다. 따라서 위의 적분식은

$$\oint_C B\cos 0°\, ds = \mu_0 I_{enc}$$

이 된다. 삼각함수 관계식에서 $\cos 0° = 1$이다. 자기장의 크기는 암페어 원 전체에 걸쳐 일정하다. 암페어 원을 이루고 있는 모든 점은 도체 원통의 축에서 같은 거리만큼 떨어져 있기 때문이다. 따라서 B를 적분기호 밖으로 꺼낼 수 있다. 따라서 위의 적분식은

$$B\oint_C ds = \mu_0 I_{enc}$$

가 된다. 이 적분은 반지름이 r_c인 암페어 원의 경로에 대해 수행된다. 여기서 자기장은 장점이 도체 원통에서 얼마나 가까운가, 또는 먼가에 따라 달라지므로 r_c는 변수이다. 여기서는 원통 좌표계(6장)로 문제를 풀고 있으므로 $ds = r_c d\theta$이다. 이 적분은 순전히 각도 적분(각도 θ에 대한)이다. 또한 암페어 원의 경로를 이루고 있는 모든 점은 r_c값이 모두 같으므로 이 적분에서 r_c는 상수로 취급한다. 따라서 경로 적분을 계산하면

$$\oint_C ds = \int_{\theta=0}^{2\pi} r_c\, d\theta = r_c \int_{\theta=0}^{2\pi} d\theta = 2\pi r_c$$

이 된다. 계산 결과 얻은 값은 암페어 원의 원둘레이다. 이 결과 수식을 앞서 구한 자기장 방정식에 대입하면

$$B\oint_C ds = B2\pi r_c = \mu_0 I_{enc}$$

가 된다. 이 방정식의 양변을 $2\pi r_c$로 나누면 자기장의 크기를 구할 수 있다.

$$B = \frac{\mu_0 I_{enc}}{2\pi r_c}$$

이제 암페어 원으로 둘러싸인 전류의 크기를 구해야 한다. 균일 도체 원통의 경우에는 $I = \int \vec{\mathbf{J}} \cdot d\vec{\mathbf{A}}$(377쪽의 10번 단계)로 쓸 수 있다. 원통은 균일한 전류밀도를 가지고 있으므로 $\vec{\mathbf{J}}$를 적분기호 밖으로 꺼낼 수 있다. 이 적분은 암페어 원의 면적에 대해 수행된다. $d\vec{\mathbf{A}}$가 단면적에 수직방향이므로 $\vec{\mathbf{J}}$는 $d\vec{\mathbf{A}}$에 평행이다(두 벡터 모두 원통의 축을 따라서 책 밖으로 나오는 방향이다). 따라서 스칼라 곱은 $\vec{\mathbf{J}} \cdot d\vec{\mathbf{A}} = J\cos 0°\, dA = J\, dA$이다. 따라서 둘러싸인 전류를 구하는 수식은

$$I_{enc} = \int \vec{\mathbf{J}} \cdot d\vec{\mathbf{A}} = \int J\cos 0°\, dA = \int J\, dA = J\int dA$$

가 된다. 여기서는 원통좌표계로 문제를 풀고 있으므로 미소 면적요소는 $dA = r_c dr_c d\theta$이다(6장). 이 적분은 면적에 대해(앞에서처럼 각 길이가 아니라) 수행하므로 r_c는 변수다. 따라서 적분은 이중 적분이 된다.

여기서는 두 개의 서로 다른 영역을 고려해야 한다.

- 암페어 원이 도체 원통보다 작은 경우: I 영역의 자기장을 구할 때 사용한다.
- 암페어 원이 도체 원통보다 큰 경우: II 영역의 자기장을 구할 때 사용한다.

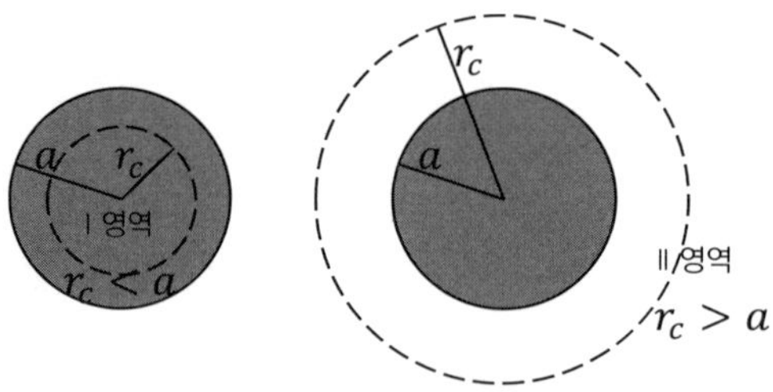

I 영역: $r_c < a$

원통도체 내부에서는 원통에 흐르는 전류의 일부만이 암페어 원에 의해 둘러싸인다. 이 영역에서는 r_c에 대한 적분의 상한이 다음과 같이 변수 r_c가 된다. 따라서 암페어 원의 크기가 클수록 암페어 원은 더 많은 전류를 둘러싸게 되는데 $r_c = a$(도체 원통의 반지름)인 경우에 암페어 원이 둘러싸는 전류의 값은 최대가 된다.

$$I_{enc} = J\int dA = J\int_{r_c=0}^{r_c}\int_{\theta=0}^{2\pi} r_c\, dr_c\, d\theta$$

이 적분은 변수 분리가 가능하므로 다음과 같이 변수에 따라 나누어 쓸 수 있다.

$$I_{enc} = J\int_{r_c=0}^{r_c} r_c\, dr_c \int_{\theta=0}^{2\pi} d\theta = J\left[\frac{r_c^2}{2}\right]_{r_c=0}^{r_c} [\theta]_{\theta=0}^{2\pi} = J\left(\frac{r_c^2}{2}\right)(2\pi) = \pi r_c^2 J$$

여기서 πr_c^2은 원의 면적임을 알 수 있다. 균일 전류 밀도를 갖는 도체 원통의 경우에 전류 I는 전류밀도 J에 단면적을 곱한 것과 같다. (불균일 전류밀도의 경우에는 적분을 수행해야 하며 그 결과는 J에 단면적을 곱한 것으로 나오지 않는다. 적분 계산과정을 건너 뛸 수도 있었지만 이 예제에서 그렇게 하지 않고 적분을 계산한 것은 이렇게 하면 불균일 전류 밀도 문제를 풀 때 좀 더 능숙해질 수 있기 때문이다.) 여기서 구한 전류 수식을 앞서 구한 자기장 방정식에 대입하면

$$B = \frac{\mu_0 I_{enc}}{2\pi r_c} = \frac{\mu_0}{2\pi r_c}(\pi r_c^2 J) = \frac{\mu_0 J r_c}{2}$$

가 된다. 자기장은 도체 원통 주위를 원모양으로 감싸므로 자기장의 크기에 다음과 같이 원통 좌표계의 단위벡터 $\hat{\boldsymbol{\theta}}$를 추가해서 자기장 벡터를 나타낼 수 있다.

$$\vec{\mathbf{B}} = \frac{\mu_0 J r_c}{2}\hat{\boldsymbol{\theta}}$$

다음으로 도체 원통 외부의 자기장을 구해볼 텐데 이 결과는 내부의 자기장과는 다르게 나올 것이다.

Ⅱ 영역: $r_c > a$

원통도체 외부에서는 원통에 흐르는 전류 100%가 암페어 원에 의해 둘러싸인다. 이 영역에서는 r_c에 대한 적분의 상한이 다음 적분 수식에서 보듯이 a로 바뀐다. (전류 전체가 반지름이 a인 원통 내부에 있기 때문이다)

$$I_{enc} = I = J\int dA = J\int_{r_c=0}^{r_c}\int_{\theta=0}^{2\pi} r_c\, dr_c\, d\theta$$

이중 적분 전체를 다시 계산할 필요는 없다. 이전에 구한 수식에서 r_c를 a로 바꾸기만 하면 되므로

$$I_{enc} = I = \pi a^2 J$$

가 된다. 식을 암페어 법칙으로 구한 자기장 방정식에 대입한다.

$$B = \frac{\mu_0 I_{enc}}{2\pi r_c} = \frac{\mu_0}{2\pi r_c}(\pi a^2 J) = \frac{\mu_0 J a^2}{2 r_c}$$

이 결과 수식을 단위벡터를 써서 벡터로 나타내면 다음과 같다.

$$\vec{\mathbf{B}} = \frac{\mu_0 J a^2}{2 r_c}\hat{\boldsymbol{\theta}}$$

I, II 영역의 자기장을 표시하는 다른 방법

총 전류는 $I = \pi a^2 J$이므로(위의 II 영역에서 이 식을 구한 바 있음) 전류밀도 J 대신에 도체 원통의 총 전류 I를 써서 자기장을 나타낼 수 있다.

I 영역: $r_c < a$

$$\vec{\mathbf{B}} = \frac{\mu_0 J r_c}{2}\hat{\boldsymbol{\theta}} = \frac{\mu_0 I r_c}{2\pi a^2}\hat{\boldsymbol{\theta}}$$

II 영역: $r_c > a$

$$\vec{\mathbf{B}} = \frac{\mu_0 J a^2}{2 r_c}\hat{\boldsymbol{\theta}} = \frac{\mu_0 I}{2\pi r_c}\hat{\boldsymbol{\theta}}$$

II 영역에서 자기장은 무한길이 필라멘트 전류가 만들어내는 자기장과 동일하다는 것에 주목하라(26장을 참조한다. 단 26장에서 a는 다른 것을 가리킨다. 25장에서 살펴본 길이가 긴 직선 도선에 대한 수식에서도 이것을 볼 수 있다). 서로 다른 두 영역의 자기장을 나타내는 각각의 자기장 수식은 두 영역의 경계면에서 서로 같은 수식이 된다. 즉 경계면에 접근할수록 r_c는 a에 가까워지므로 두 수식은 $\frac{\mu_0 I}{2\pi a}\hat{\boldsymbol{\theta}}$에 가까워진다.

예제 아래 그림과 같이 두께가 아주 얇고 크기가 무한한 도체판의 표면을 따라 전류가 흐르고 있다. 이 전류는 전류 밀도가 $\vec{\mathbf{K}}$[31]로 균일하고 책 밖으로 나오는 방향으로 흐른다. 무한한 이 전류는 $z = 0$에서 xy 평면에 놓여 있다. 무한한 도체판의 양쪽에 분포하는 자기장의 수식을 구하라.

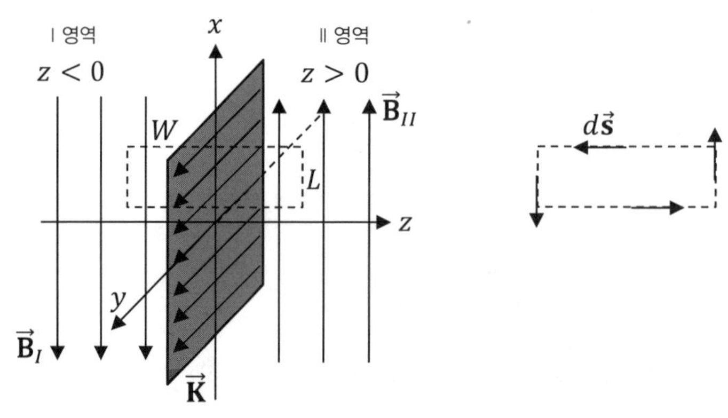

31 다른 책에서는 전류밀도로 $\vec{K}$, $\vec{J}$ 대신에 다른 기호를 사용하기도 한다.

풀이 도체판 양쪽에 분포하는 자기장선을 그려본다. 전류 I는 $\vec{\mathbf{K}}$를 따라 책 밖으로 나오는 방향(⊙)으로 흐르고 있다. 자기장용 오른손 규칙(22장)을 적용해보자. 오른손 엄지손가락을 전류 I의 방향을 따라 책 밖으로 나오는 방향(⊙)에 맞춘 상태로 도선을 감싸 쥔다. 그러면 이전 쪽의 그림에서 보듯이 오른손의 나머지 네 손가락은 도체판의 오른편에서는 똑바로 위쪽(↑)을 향하고, 도체판의 왼편에서는 똑바로 아래쪽(↓)을 향한다.

암페어 루프를 zx 평면(책 표면)에 놓인 직사각형(이전 쪽의 그림에서 점선으로 된 사각형)으로 선택한다. 그러면 $\vec{\mathbf{B}}$와 $d\vec{\mathbf{s}}$(암페어 루프에 접선방향)는 직사각형 네 변에서 서로 평행이 되거나 수직이 된다. 이전 쪽의 왼쪽 그림에서 보듯이 도체판은 암페어 사각형의 중심에 위치한다(이전 쪽의 오른쪽 그림은 $d\vec{\mathbf{s}}$를 잘 볼 수 있도록 암페어 사각형을 다시 그린 것이다). 그러면

- 암페어 직사각형의 윗변과 아랫변에서는 $\vec{\mathbf{B}}$는 수직이고 $d\vec{\mathbf{s}}$는 수평이다. 따라서 $\vec{\mathbf{B}}$와 $d\vec{\mathbf{s}}$는 서로 수직이다.
- 암페어 직사각형의 오른쪽 변과 왼쪽 변에서는 $\vec{\mathbf{B}}$와 $d\vec{\mathbf{s}}$는 서로 평행이다(두 벡터 모두 똑바로 위쪽을 향하거나 아래쪽을 향한다).

암페어 법칙을 수식으로 써보자.

$$\oint_C \vec{\mathbf{B}} \cdot d\vec{\mathbf{s}} = \mu_0 I_{enc}$$

방정식의 좌변에 있는 닫힌 적분은 암페어 직사각형 전체 경로에 대한 적분이다. 직사각형에는 우변, 윗변, 좌변, 아랫변 이렇게 네 개의 변이 있다. 따라서 직사각형 전체 경로를 네 개의 변으로 나누어서 적분을 하면

$$\int_{right} \vec{\mathbf{B}} \cdot d\vec{\mathbf{s}} + \int_{top} \vec{\mathbf{B}} \cdot d\vec{\mathbf{s}} + \int_{left} \vec{\mathbf{B}} \cdot d\vec{\mathbf{s}} + \int_{bot} \vec{\mathbf{B}} \cdot d\vec{\mathbf{s}} = \mu_0 I_{enc}$$

가 된다. 각 적분에서 스칼라 곱은 $\vec{\mathbf{B}} \cdot d\vec{\mathbf{s}} = B\cos\theta ds$이다. 여기서 θ는 $\vec{\mathbf{B}}$와 $d\vec{\mathbf{s}}$ 사이의 각도다. $d\vec{\mathbf{s}}$의 방향은 암페어 루프에 접하는 방향임을 잘 기억하기 바란다. 이전 쪽의 그림에서 사각형의 각 변에서 $\vec{\mathbf{B}}$와 $d\vec{\mathbf{s}}$ 사이의 관계를 살펴보자.

- 암페어 직사각형의 오른쪽 변과 왼쪽 변에서는 $\vec{\mathbf{B}}$와 $d\vec{\mathbf{s}}$는 모두 똑바로 위쪽을 향하거나 아래쪽을 향하므로 $\theta = 0°$이다.
- 암페어 직사각형의 윗변과 아랫변에서는 $\vec{\mathbf{B}}$와 $d\vec{\mathbf{s}}$는 서로 수직이므로 $\theta = 90°$이다.

이렇게 구한 각 변의 θ 값을 대입하면

$$\int_{right} B\cos 0°\, ds + \int_{top} B\cos 90°\, ds + \int_{left} B\cos 0°\, ds + \int_{bot} B\cos 90°\, ds = \mu_0 I_{enc}$$

가 된다.

삼각함수 관계식에서 $\cos 0° = 1$이고 $\cos 90° = 0$이므로

$$\int_{right} Bds + 0 + \int_{left} Bds + 0 = \mu_0 I_{enc}$$

가 된다. 암페어 직사각형의 오른쪽 변과 왼쪽 변에서 자기장의 크기는 일정하다. 그 까닭은 이 두 변 위의 모든 점이 도체판에서 같은 거리만큼 떨어져 있기 때문이다. 따라서 다음과 같이 B를 적분기호 밖으로 꺼낼 수 있다. (암페어 직사각형의 중심에 도체판이 있으므로 직사각형의 오른쪽 변과 왼쪽 변의 모든 점에서 B의 값이 같다.[32])

$$B\int_{right} ds + B\int_{left} ds = \mu_0 I_{enc}$$

이제 남은 적분 계산은 아주 쉽다. 직사각형의 오른쪽 변과 왼쪽 변에 대해 $\int ds = L$이다. 여기서 L은 암페어 직사각형의 높이로 도체판의 길이가 아님에 주의해야 한다. 도체판의 길이는 무한대이다. 따라서 위의 적분 수식은

$$BL + BL = 2BL = \mu_0 I_{enc}$$

가 된다. 위 방정식의 양변을 $2L$로 나누면 자기장의 크기를 구할 수 있다.

$$B = \frac{\mu_0 I_{enc}}{2L}$$

이제 암페어 직사각형으로 둘러싸인 전류의 크기를 구해야 한다. 도체판에 흐르는 표면전류의 경우에는 $I = \int \vec{\mathbf{K}} \cdot d\vec{\boldsymbol{\ell}}$(377쪽의 10번 단계)로 쓸 수 있다. 표면전류는 균일한 전류 밀도를 가지고 있으므로 $\vec{\mathbf{K}}$를 적분기호 밖으로 꺼낼 수 있다. 이 적분은 암페어 직사각형의 변의 길이 L에 대해 수행된다(변의 길이가 전류의 일부를 감싸는 방향이므로). $d\vec{\boldsymbol{\ell}}$의 방향은 길이 L과 수직이다(이것은 $\vec{\mathbf{J}} \cdot d\vec{\mathbf{A}}$를 다룰 때 $d\vec{\mathbf{A}}$가 단면적 A에 수직인 것과 마찬가지이다). 따라서 $d\vec{\boldsymbol{\ell}}$의 방향은 $\vec{\mathbf{K}}$와 평행이다. 그러므로 $\vec{\mathbf{K}} \cdot d\vec{\boldsymbol{\ell}} = K\cos\theta d\ell = K\cos 0° d\ell = kd\ell$이다. 따라서 암페어 직사각형으로 둘러싸인 전류를 계산하면

---

32 나중에 답을 구한 다음에 알게 되겠지만 전류가 흐르는 무한 도체판이 만들어내는 자기장은 거리에 상관없이 일정하다. 따라서 같은 거리만큼 떨어져 있지 않은 위치에서조차도 자기장의 크기는 모두 동일하다.

$$I_{enc} = \int \vec{\mathbf{K}} \cdot d\vec{\boldsymbol{\ell}} = \int K \cos 0° \, d\ell = \int K \, d\ell = K \int d\ell = KL$$

이 된다.[33] 이렇게 구한 암페어 직사각형으로 둘러싸인 전류의 수식을 앞에서 구한 자기장 방정식에 대입하면

$$B = \frac{\mu_0 I_{enc}}{2L} = \frac{\mu_0}{2L}(KL) = \frac{\mu_0 K}{2}$$

가 된다. 자기장의 크기는 $B = \frac{\mu_0 K}{2}$로 상수이다. 따라서 무한 전류판에 의해 만들어지는 자기장은 균일하다(어느 위치에서나 같다). 단위벡터를 사용하면 자기장의 방향까지 포함하여 자기장을 나타낼 수 있다. $\hat{\mathbf{x}}$가 $+x$축(그림에서 위쪽 방향)을 향하는 단위벡터이므로 $z > 0$(도체판의 오른쪽 영역)에서는 $\vec{\mathbf{B}} = \frac{\mu_0 K}{2}\hat{\mathbf{x}}$이고 $z < 0$(도체판의 왼쪽 영역)에서는 $\vec{\mathbf{B}} = -\frac{\mu_0 K}{2}\hat{\mathbf{x}}$이다. 이 두 결과식을 결합하여 하나의 방정식으로 나타내보자. $\frac{|z|}{z}$는 $z > 0$일 때 $\frac{|z|}{z} = +1$이고 $z < 0$일 때 $\frac{|z|}{z} = -1$이므로 $\vec{\mathbf{B}} = \frac{\mu_0 K}{2}\frac{|z|}{z}\hat{\mathbf{x}}$로 간단히 쓸 수 있다($z$와 $\hat{\mathbf{x}}$가 함께 들어가 있는 것을 주의 깊게 살펴보기 바란다. z 좌표는 도체판의 오른쪽인지 왼쪽인지를 알려주는 반면 단위벡터 $\hat{\mathbf{x}}$는 위쪽 방향을 가리킨다).

예제 아래 그림과 같이 절연된 도선이 촘촘히 감긴 무한길이 솔레노이드가 축을 따라 놓여 있다. 도선에는 필라멘트 전류 I가 흐르고 있다. 솔레노이드 내부에서 자기장의 수식을 구하라.

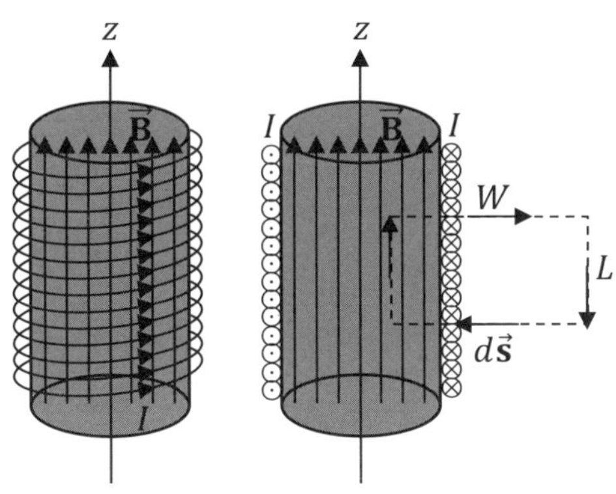

33 (옮긴이) 앞에서 표면의 전체 폭을 통해 흐르는 총 전류는 $I = \int K d\ell_{\perp}$로 쓸 수 있음을 설명하였다. 여기서 $d\ell_{\perp}$은 전류가 흐르는 방향에 수직인 미소길이다. 이 예제에서 균일한 표면 전류 K가 흐르는 방향에 수직인 미소길이를 모두 더하면 L이므로 총 전류는 $I = \int K d\ell_{\perp} = KL$이 된다.

풀이 솔레노이드에 분포하는 자기장선을 그려본다. 이것은 22장에서 이미 그려본 바 있다. 이전 쪽 그림에서 보듯이 자기장 $\vec{\mathbf{B}}$는 솔레노이드 내부에서 위쪽(↑) 방향이다.

암페어 루프를, 위의 그림에서 점선으로 표시된 직사각형과 같이 한 변이 솔로노이드의 축에 수직인 직사각형으로 선택한다. 그러면 $\vec{\mathbf{B}}$와 $d\vec{\mathbf{s}}$(암페어 루프에 접선방향)는 다음과 같이 직사각형의 각 변에서 서로 평행이 되거나 수직이 된다.

- 암페어 직사각형의 윗변과 아랫변에서는 $\vec{\mathbf{B}}$는 수직이고 $d\vec{\mathbf{s}}$는 수평이다. 따라서 $\vec{\mathbf{B}}$와 $d\vec{\mathbf{s}}$는 서로 수직이다.
- 암페어 직사각형의 오른쪽 변과 왼쪽 변에서는 $\vec{\mathbf{B}}$와 $d\vec{\mathbf{s}}$는 서로 평행이다(두 벡터 모두 똑바로 위쪽을 향하거나 아래쪽을 향한다).

암페어 법칙을 수식으로 써보자.

$$\oint_C \vec{\mathbf{B}} \cdot d\vec{\mathbf{s}} = \mu_0 I_{enc}$$

방정식의 좌변에 있는 닫힌 적분은 암페어 직사각형 전체 경로에 대한 적분이다. 직사각형에는 우변, 윗변, 좌변, 아랫변 이렇게 네 개의 변이 있다. 따라서 직사각형 전체 경로를 네 개의 변으로 나누어서 적분을 하면

$$\int_{right} \vec{\mathbf{B}} \cdot d\vec{\mathbf{s}} + \int_{top} \vec{\mathbf{B}} \cdot d\vec{\mathbf{s}} + \int_{left} \vec{\mathbf{B}} \cdot d\vec{\mathbf{s}} + \int_{bot} \vec{\mathbf{B}} \cdot d\vec{\mathbf{s}} = \mu_0 I_{enc}$$

가 된다. 각 적분에서 스칼라 곱은 $\vec{\mathbf{B}} \cdot d\vec{\mathbf{s}} = B\cos\theta ds$이다. 여기서 θ는 $\vec{\mathbf{B}}$와 $d\vec{\mathbf{s}}$ 사이의 각도이다. $d\vec{\mathbf{s}}$의 방향은 암페어 루프에 접하는 방향임을 잘 기억하기 바란다. 이전 쪽의 그림에서 사각형의 각 변에서 $\vec{\mathbf{B}}$와 $d\vec{\mathbf{s}}$ 사이의 관계를 살펴보자.

- 암페어 직사각형의 오른쪽 변과 왼쪽 변에서는 $\vec{\mathbf{B}}$와 $d\vec{\mathbf{s}}$는 모두 똑바로 위쪽을 향하거나 아래쪽을 향하므로 $\theta = 0°$이다.
- 암페어 직사각형의 윗변과 아랫변에서는 $\vec{\mathbf{B}}$와 $d\vec{\mathbf{s}}$는 서로 수직이므로 $\theta = 90°$이다.

이렇게 구한 각 변의 θ 값을 대입하면

$$\int_{right} B\cos 0°\, ds + \int_{top} B\cos 90°\, ds + \int_{left} B\cos 0°\, ds + \int_{bot} B\cos 90°\, ds = \mu_0 I_{enc}$$

가 된다. 삼각함수 관계식에서 $\cos 0° = 1$이고 $\cos 90° = 0$이므로

$$\int_{right} Bds + 0 + \int_{left} Bds + 0 = \mu_0 I_{enc}$$

가 된다. 솔레노이드 외부의 자기장은 솔레노이드 내부의 자기장에 비해 매우 약한 것으로 알려져 있다. 이 점을 고려하면 솔레노이드 외부의 자기장은 근사적으로 $B \approx 0$이 되므로 $\int_{right} Bds \approx 0$이 되어

$$\int_{left} Bds = \mu_0 I_{enc}$$

가 된다. 암페어 직사각형의 왼쪽 변에서 자기장의 크기는 일정한데, 이는 이 왼쪽 변 위의 모든 점이 도체판에서 같은 거리만큼 떨어져 있기 때문이다. 따라서 다음과 같이 B를 적분기호 밖으로 꺼낼 수 있다.

$$B \int_{left} ds = \mu_0 I_{enc}$$

이제 남은 적분 계산은 아주 쉽다. 직사각형의 왼쪽 변에 대해 $\int ds = L$이다. 따라서

$$BL = \mu_0 I_{enc}$$

가 된다. 위 방정식의 양변을 L로 나누면 다음과 같이 자기장의 크기를 구할 수 있다.

$$B = \frac{\mu_0 I_{enc}}{L}$$

이제 암페어 직사각형으로 둘러싸인 전류의 크기를 구해야 하는데 다음과 같이 간단히 구할 수 있다. 길이가 L이고 폭이 W인 암페어 직사각형 내부에 도선이 N번 감겨있다고 가정하자. 그러면 전류 I는 이 암페어 직사각형 속을 N번 통과하므로 암페어 직사각형으로 둘러싸인 전류는 $I_{enc} = NI$가 된다. 암페어 직사각형으로 둘러싸인 이 전류 수식을 앞에서 구한 자기장 방정식에 대입하면 다음과 같다.

$$B = \frac{\mu_0 I_{enc}}{L} = \frac{\mu_0 NI}{L} = \mu_0 nI$$

여기서 소문자 n은 단위길이당 도선을 감은 수(권수)로 $n = \frac{N}{L}$이다. 무한길이 솔레노이드의 경우 N과 L은 모두 무한대이지만 n은 유한하다. 솔레노이드 내부의 자기장의 크기는 $B = \mu_0 nI$이다. 따라서 촘촘하게 감긴 무한히 긴 길이의 솔레노이드 내부에서 자기장은 균일하다. 자기장의 방향을 나타내는 단위벡터를 추가하면 자기장은 $\vec{\mathbf{B}} = \mu_0 nI\,\hat{\mathbf{z}}$가 된다.

예제 아래 그림과 같이 절연 도선을 촘촘하게 감아 만든 토로이드 코일에 필라멘트 전류 I가 흐르고 있다. 그림에서 어둡게 표시된 영역의 자기장 수식을 유도하라.

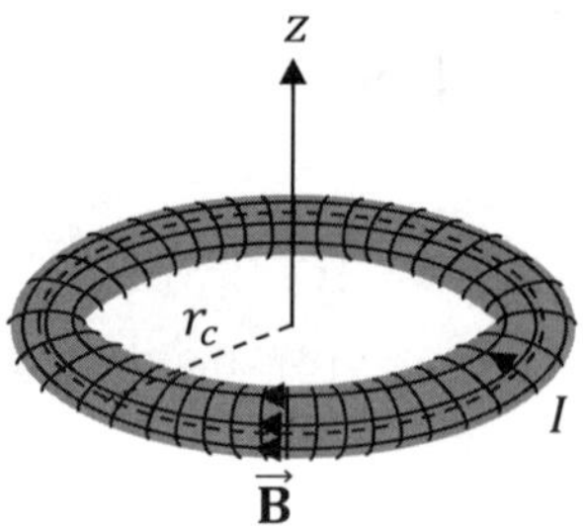

풀이 토로이드 코일을 머릿속에서 또는 실제로 그리는 것이 쉽지는 않지만 그렇다고 해서 푸는 데 필요한 수학까지 어려운 것은 아니다. 곧 알게 되겠지만 토로이드 코일에 암페어 법칙을 적용할 때 사용하는 수식은 매우 간단하다.

토로이드 코일이 만들어내는 자기장선을 그려본다. 자기장용 오른손 규칙(22장)을 적용해보자. 위의 그림에서 보듯이 자기장 $\vec{\mathbf{B}}$의 장선은 토로이드 코일의 원 모양의 축을 따라 원 모양이 된다. 암페어 루프를 토로이드 내부에 있는 원(위의 그림에서 점선으로 된 원)으로 선택한다. 그러면 $\vec{\mathbf{B}}$와 $d\vec{\mathbf{s}}$(암페어 루프에 접선방향)는 서로 평행이 된다.

암페어 법칙을 수식으로 써보자.

$$\oint_C \vec{\mathbf{B}} \cdot d\vec{\mathbf{s}} = \mu_0 I_{enc}$$

적분에 들어있는 스칼라 곱은 $\vec{\mathbf{B}} \cdot d\vec{\mathbf{s}} = B\cos\theta ds$이다. 여기서 $\theta = 0°$이다. 또 자기장의 크기 B는 암페어 원 전체에서 상수이다. 따라서 암페어 법칙은 다음과 같이 간단해진다.

$$B \oint_C ds = \mu_0 I_{enc}$$

이 적분은 암페어 원 전체 경로에 대해 수행된다. r_c는 원에 대해 상수이다. 따라서

$$B \oint_C ds = B \oint_{\theta=0}^{2\pi} r_c \, d\theta = B r_c \oint_{\theta=0}^{2\pi} d\theta = B 2\pi r_c = \mu_0 I_{enc}$$

가 된다. 양변을 $2\pi r_c$로 나누면 다음과 같이 자기장의 크기를 구할 수 있다.

$$B = \frac{\mu_0 I_{enc}}{2\pi r_c}$$

토로이드 코일을 만들기 위해 도선을 감은 횟수를 N이라고 하면 바로 전 예제에서와 비슷하게 암페어 루프로 둘러싸인 전류는 $I_{enc} = NI$가 된다. 이 전류 수식을 앞에서 구한 자기장 방정식에 대입하면

$$B = \frac{\mu_0 NI}{2\pi r_c}$$

가 된다. 토로이드 코일 내부에서 자기장의 크기는 $B = \frac{\mu_0 NI}{2\pi r_c}$이다. 자기장의 방향을 나타내는 단위벡터를 추가하면 자기장은 $\vec{\mathbf{B}} = \frac{\mu_0 NI}{2\pi r_c}\hat{\boldsymbol{\theta}}$가 된다.

연습문제

97. 길이가 무한히 긴 속이 채워진 원통 도체가 z축을 따라 놓여 있다. 도체의 반지름은 a이고 $\hat{\mathbf{z}}$축을 따라 총 전류 I가 흐르고 있다. 전류 밀도는 $\vec{\mathbf{J}} = \beta r_c \hat{\mathbf{z}}$로 불균일하다. 여기서 β는 양의 상수이다. 원통 도체 내부와 외부의 자기장의 수식을 구하라.

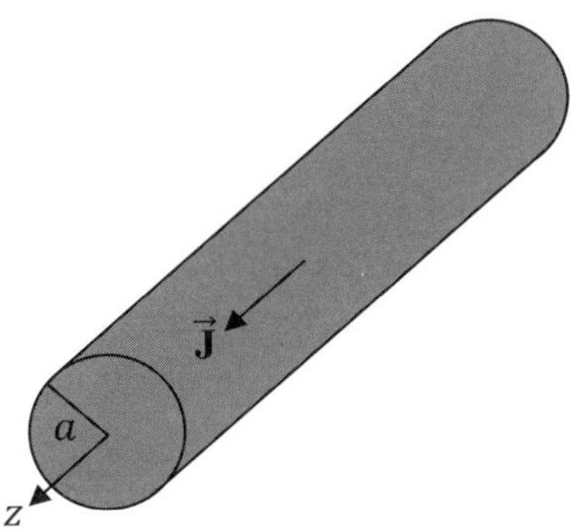

답: $\vec{\mathbf{B}}_I = \frac{\mu_0 I r_c^2}{2\pi a^3}\hat{\boldsymbol{\theta}}, \vec{\mathbf{B}}_{II} = \frac{\mu_0 I}{2\pi r_c}\hat{\boldsymbol{\theta}}$

98. 길이가 무한히 긴 속이 채워진 원통 도체가 z축을 따라 놓여 있다. 도체의 반지름은 a이고 $\hat{\mathbf{z}}$축을 따라 균일 전류 밀도 $\vec{\mathbf{J}}$를 갖는 전류가 흐르고 있다. 이 원통 도체의 외부에는 원통도체와 축이 동일한 두꺼운 원통 껍질이 놓여 있다. 내부 반지름이 b이고 외부 반지름이 c인 이 원통 껍질을 따라 균일 전류 밀도 $\vec{\mathbf{J}}$를 갖는 전류가 흐르고 있다. 내부의 원통 도체를 따라서는 책 밖으로 나오는 방향으로 총 전류 I가 흐르고 있으며 외부의 두꺼운 원통 도체 껍질을 따라서는 책 안으로 들어가는 방향으로 총 전류 I가 흐르고 있다. 각 영역의 자기장의 수식을 구하라. [이러한 구조를 동축 케이블(coaxial cable)이라고 한다.]

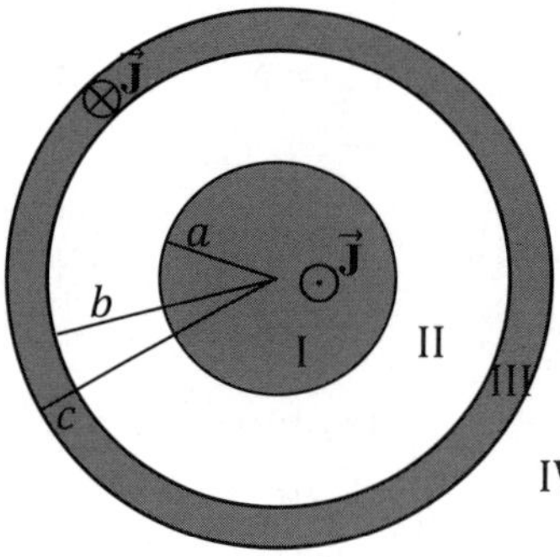

답: $\vec{\mathbf{B}}_I = \frac{\mu_0 I r_c}{2\pi a^2}\hat{\boldsymbol{\theta}}, \vec{\mathbf{B}}_{II} = \frac{\mu_0 I}{2\pi r_c}\hat{\boldsymbol{\theta}}, \vec{\mathbf{B}}_{III} = \frac{\mu_0 I(c^2 - r_c^2)}{2\pi r_c(c^2 - b^2)}\hat{\boldsymbol{\theta}}$ (힌트에 있는 주의사항 참조), $\vec{\mathbf{B}}_{IV} = 0$

99. 아래 그림과 같이 두께가 T이고 크기가 무한한 도체판이 $z = 0$인 위치에 중심이 맞추어진 채 xy 평면과 나란하게 놓여 있다. 도체판에는 균일한 전류밀도 $\vec{\mathbf{J}}$를 갖는 전류가 흐르고 있다. 전류가 흐르는 방향은 책 밖으로 나오는 방향이다. 각 영역에 분포하는 자기장의 수식을 구하라.

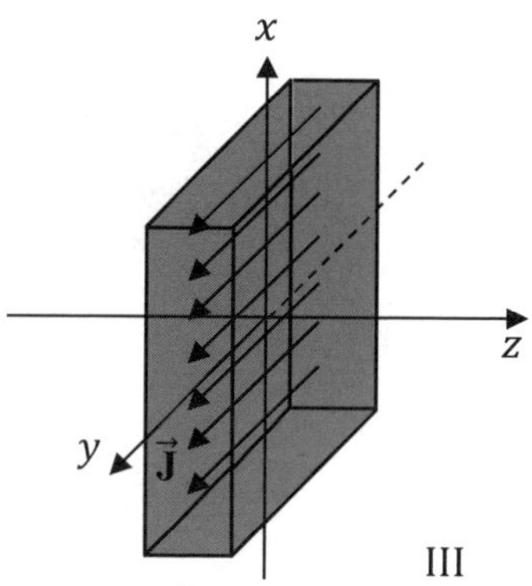

답: $\vec{\mathbf{B}}_I = -\frac{\mu_0 JT}{2}\hat{\mathbf{x}}, \vec{\mathbf{B}}_{II} = \mu_0 Jz\,\hat{\mathbf{x}}, \vec{\mathbf{B}}_{III} = \frac{\mu_0 JT}{2}\hat{\mathbf{x}}$

100. 길이가 무한히 긴 원통 도체가 z축을 따라 놓여 있다. 도체의 반지름은 a이고 $\hat{\mathbf{z}}$ 방향을 따라 균일한 전류밀도 $\vec{\mathbf{J}}$가 흐르고 있다. 총 전류는 I이다. 다음 쪽 그림에서 보듯이 원통 도체 내부에는 원통 모양의 빈 공간이 원통 도체와 나란히 축을 따라 놓여 있다. 이 원통형 빈 공간의 원형 단면의 반지름은 $\frac{a}{2}$이며 중심은 $\left(\frac{a}{2}, 0, 0\right)$이다. $\left(\frac{3a}{2}, 0, 0\right)$점에서 자기장의 크기와 방향을 구하라.

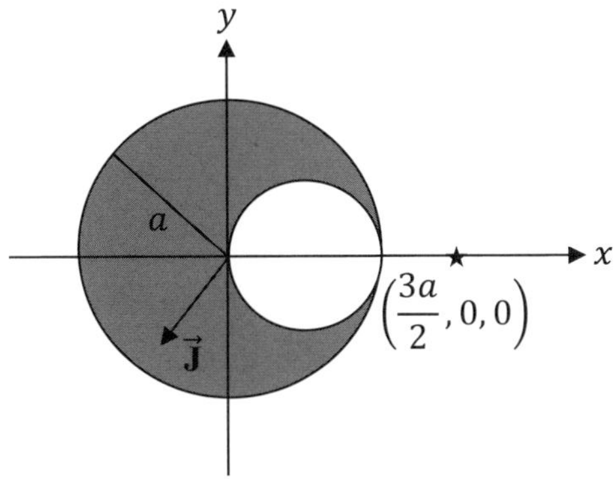

답: $\vec{\mathbf{B}} = \frac{5\mu_0 I}{18\pi a}\hat{\mathbf{y}}$

도움이 필요한가요? 책의 맨 뒤에 있는 "힌트"를 참고하세요.

28
렌츠 법칙

관련 용어

- **전류**(current) 시간에 대한 전하의 변화율. 단위 시간 동안에 어떤 점 또는 단면적을 통과해 흐르는 전하의 양으로 정의함.
- **자기장**(magnetic field) 움직이는 전하(즉 전류)가 만들어내는 자기 현상
- **자속(자기장선 다발)**(magnetic flux) 어떤 표면을 통과하는 자기장선의 상대적인 개수를 나타내는 척도(기준)
- **솔레노이드**(solenoid) 도선을 감아서 원통의 형태로 만든 것

기본 개념

패러데이 법칙에 따라 시간에 따라 변하는 자속이 도선 루프를 통과하면 그 도선 루프에는 전류 I_{ind}가 유도된다. 루프를 통과하는 자속 Φ_m은 그 루프를 통과하는 자기장선의 상대적인 개수를 나타내는 척도(기준)이다. 시간에 따라 자속 Φ_m을 변화시키는 방법에는 다음 세 가지가 있다.

- 시간에 따라 루프의 면적 내의 **자기장** $\vec{\mathbf{B}}_{ext}$를 변하게 한다. 예를 들어 자석(또는 전류가 흐르는 도선)을 루프를 향해 접근시키거나 루프로부터 멀어지게 하는 방법이 있다.
- 시간에 따라 루프의 **면적**을 변하게 한다. 예를 들어 시간에 따라 루프의 형태를 변화시키는 방법이 있다.
- 시간에 따라 루프가 향하는 **방향**을 변하게 한다. 예를 들어 루프를 회전시키거나 자석을 회전시키는 방법이 있다.

  주의: 루프를 통과하는 자속이 시간에 따라 **변하지 않으면** 루프에는 전류가 유도되지 **않는다.**

29장에서는 패러데이 법칙을 적용하여 유도 기전력 또는 유도 전류를 계산하는 방법을 배울 것이다. 28장에서는 유도 전류의 방향을 구하는 방법에 초점을 맞추기로 한다. 렌츠 법칙은 유도전류 I_{ind}의 방향을 알려준다.

렌츠 법칙에 따라 루프에 유도되는 전류의 방향은 이 유도 전류에 의해 만들어지는 자기장이 원래 자기장의 변화를 거스르는 방향이 된다. 렌츠 법칙을 설명하는 멋진 방법이 있다. 다음 설명을 살펴보자.

- 루프의 면적을 통과하는 외부의 자속 Φ_m이 증가하면 이로 인해 발생하는 유도전류 I_{ind}가 만들어내는 유도 자기장 $\vec{\mathbf{B}}_{ind}$는 원래의 외부 자기장 $\vec{\mathbf{B}}_{ext}$와 반대방향이 된다.
- 루프의 면적을 통과하는 외부의 자속 Φ_m이 감소하면 이로 인해 발생하는 유도전류 I_{ind}가 만들어내는 유도 자기장 $\vec{\mathbf{B}}_{ind}$는 원래의 외부 자기장 $\vec{\mathbf{B}}_{ext}$와 같은 방향이 된다.

이 책에서는 이러한 렌츠 법칙을 적용할 때 네 번의 단계를 밟는다.

특수 기호

기호	이름
⊗	책 안으로 들어가는 방향
⊙	책 밖으로 나오는 방향
N	북극
S	남극

기호와 SI 단위

기호	이름	SI 단위
$\vec{\mathbf{B}}_{ext}$	외부 자기장(즉 루프 외부의 자기장)	T
$\vec{\mathbf{B}}_{ind}$	유도 자기장(유도전류에 의해 만들어지는 자기장)	T
Φ_m	루프의 면적을 통과하는 자속	$T \cdot m^2$ 또는 Wb
I_{ind}	유도전류(즉 루프에 유도되는 전류)	A
$\vec{\mathbf{v}}$	속도	m/s

회로 기호

회로 기호	이름	이름
	R	저항기
	ΔV	배터리 또는 직류전원

앞서 배웠듯이 배터리 기호에서 긴 선은 양극(+) 단자를 나타내고 작은 사각형은 음극(−) 단자를 나타낸다. 전류는 배터리의 + 단자에서 흘러나와 외부 회로를 거친 다음 배터리의 − 단자로 흘러들어간다.

렌츠 법칙을 적용하기 위한 전략

다음 기호의 의미를 잘 알고 있어야 한다.

- ⊗ 기호는 책 안으로 들어가는 화살표를 나타낸다.
- ⊙ 기호는 책 밖으로 나오는 화살표를 나타낸다.

그림에 배터리가 있으면 각 배터리(또는 DC 전원 공급기)의 두 단자에 단자의 극성에 맞춰 +와 −기호를 붙인다. 아래 그림에서 보듯이 긴 수직선이 + 단자이다. 전류의 방향은 관습에 따라 양(+) 전하가 흐르는 방향으로 한다.[34] 이렇게 하면 전류 방향은 배터리의 + 단자에서 밖으로 나와 − 단자를 거쳐 다시 배터리 안으로 들어가는 방향이다.

도선 루프에서 유도전류의 방향을 구하기 위해 렌츠 법칙을 적용할 때는 다음 네 단계를 따른다.

1. 루프의 면적에 존재하는 외부 자기장 $\vec{\mathbf{B}}_{ext}$의 방향은 어디를 향하는가? 다음 방법으로 $\vec{\mathbf{B}}_{ext}$의 방향을 알아내고 이를 나타내는 화살표를 그린다.
   - 먼저 루프의 면적에 존재하는 자기장을 만들어내는 것이 무엇인지 살펴본다.
   - 이것이 막대자석이라면 막대자석이 만들어내는 자기장이 어떤 형태인지 알아야 한다(20장).

34 물론, 실제로 도선을 통해 움직이는 것은 양전하가 아니라 전자이다. 그럼에도 오래전부터 물리에서 다루는 모든 부호들은 양(+) 전하를 기준으로 하여 정해졌고 지금까지 이어져오고 있다. 따라서 양전하를 기준으로 전류가 흐르는 방향을 정하는 것은 "관습"이다. 전자는 음(−) 전하를 가지고 있으므로 물리학의 모든 법칙은 전자를 기준으로 하면 부호나 방향은 반대가 된다.

- 이를 바탕으로 특히 루프의 면적에 존재하는 $\vec{\mathbf{B}}_{ext}$의 방향을 알아낸다.
- 루프의 면적 내에서 $\vec{\mathbf{B}}_{ext}$의 방향이 여러 개이면 평균적으로 $\vec{\mathbf{B}}_{ext}$가 어느 방향을 가리키는지 구한다.

2. 루프를 통과하는 자속 Φ_m은 증가하고 있는가, 아니면 감소하고 있는가? 다음을 참고하여 '증가', '감소', '일정' 중에서 하나를 적는다.
   - 루프를 통과하는 자기장선의 상대적인 개수가 증가하고 있는가, 아니면 감소하고 있는가?
   - 자석 또는 외부 전류가 루프에 가까워지고 있는가, 아니면 멀어지고 있는가?
   - 회전하고 있는 것이 있는가? 그렇다면 회전할 때 루프를 통과하는 자기장선의 개수가 더 많아지고 있는가, 아니면 더 적어지고 있는가?

3. 유도전류가 만들어내는 유도 자기장 $\vec{\mathbf{B}}_{ind}$의 방향은 어디인가? 위의 2번 단계에서 구한 Φ_m과 1번 단계에서 구한 $\vec{\mathbf{B}}_{ext}$로부터 다음의 방법으로 $\vec{\mathbf{B}}_{ind}$의 방향을 알아내고 이를 나타내는 화살표를 그린다.
   - Φ_m이 증가하면 $\vec{\mathbf{B}}_{ind}$의 방향은 1번 단계에서 구한 $\vec{\mathbf{B}}_{ext}$의 방향과 반대이다.
   - Φ_m이 감소하면 $\vec{\mathbf{B}}_{ind}$의 방향은 1번 단계에서 구한 $\vec{\mathbf{B}}_{ext}$의 방향과 동일하다.
   - Φ_m이 일정하면 $\vec{\mathbf{B}}_{ind} = 0$이므로 유도전류는 발생하지 않는다.

4. 자기장용 오른손 규칙(22장)을 적용하여 3번 단계에서 구한 유도 자기장 $\vec{\mathbf{B}}_{ext}$의 방향으로부터 유도전류 I_{ind}의 방향을 구하고 그림에 I_{ind}을 표시한다.

- 1번 단계에서 구한 답($\vec{\mathbf{B}}_{ext}$)이 **아니라** 3번 단계에서 구한 답($\vec{\mathbf{B}}_{ind}$)을 사용해야 함을 명심해야 한다.
- 실제로 여기서는 원래 오른손 규칙을 반대 과정으로 적용하는 것이다. 22장에서는 전류의 방향을 알고 있는 상태에서 오른손 규칙을 적용하여 자기장의 방향을 구하였다. 렌츠 법칙에서는 자기장의 방향을 알고 있는 상태(3번 단계에서 구한 $\vec{\mathbf{B}}_{ind}$)에서 오른손 규칙을 적용하여 유도전류(I_{ind})의 방향을 구한다.
- 오른손으로 루프를 두 가지 방법으로 감싸 쥐면서 자기장용 오른손 규칙을 적용한다. 두 가지 방법이란 한 번은 오른손 엄지손가락을 시계방향으로 하고 또 한 번은 오른손 엄지손가락을 반시계방향으로 하여 루프를 감싸 쥐는 것을 말하는 것으로 어느 방법으로 할 때 오른손의 나머지 네 손가락들이 정확한 방향을 가리키는지 확인한다.
- 오른손의 네 손가락들이 루프 내부에서 가리키는 방향이 3번 단계에서 구한 $\vec{\mathbf{B}}_{ind}$ 방향과 일치하고 오른손 엄지손가락이 가리키는 방향이 이번 단계에서 구한 유도전류 I_{ind}의 방향과 일치하면 정확한 답을 구한 것이다.

중요한 차이점

자기장 $\vec{\mathbf{B}}$와 자속 Φ_m은 완전히 다른 양이다. 도선 루프를 통과하는 자속 Φ_m은 다음 세 가지에 따라 달라진다.

- 루프에 존재하는 자기장 $\vec{\mathbf{B}}_{ext}$
- 루프의 면적 A
- 루프의 축을 기준으로 한 자기장의 상대적인 방향 θ

렌츠 법칙에는 두 가지 다른 자기장이 들어있다.

- 루프의 면적 내에 존재하는 외부 자기장 $\vec{\mathbf{B}}_{ext}$: 이 자기장은 문제의 루프가 아닌 다른 어떤 원천에 의해 만들어진 것이다. 이 다른 원천은 자석 또는 다른 전류(가 흐르는 루프)일 수 있다.
- 유도 자기장 $\vec{\mathbf{B}}_{ind}$: 이 자기장은 자속 Φ_m의 변화에 의해 발생한 유도전류 I_{ind}가 만들어낸 것이다.

예제 아래 그림에서 자기장이 증가하고 있을 때 루프에 유도되는 전류의 방향을 구하라.

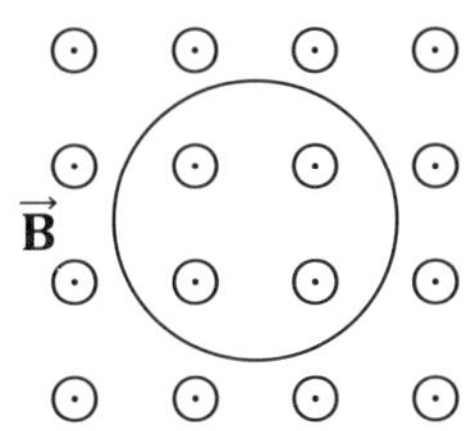

풀이 4단계 방법으로 렌츠 법칙을 적용해보자.

1. 외부 자기장 $\vec{\mathbf{B}}_{ext}$의 방향은 책 밖으로 나오는 방향(⊙)이다. 이것은 이미 위의 그림에 표시되어 있다.
2. 루프를 통과하는 자속 Φ_m은 증가하고 있다. 이것은 문제에서 주어진 것이다.
3. 유도 자기장 $\vec{\mathbf{B}}_{ind}$의 방향은 책 속으로 들어가는 방향(⊗)이다. Φ_m이 증가하고 있기 때문에 $\vec{\mathbf{B}}_{ind}$의 방향은 1번 단계의 $\vec{\mathbf{B}}_{ext}$의 방향과 반대이다.
4. 유도전류 I_{ind}의 방향은 다음 쪽 그림처럼 시계방향이다. 오른손 엄지손가락을 시계방향에 맞추면 나머지 손가락들은 도선 주위를 감싸게 된다. 이때 루프의 내부에서는 손가락들이 책 안으로 들어가는 방향(⊗)이 된다. 3번 단계에서 구한 $\vec{\mathbf{B}}_{ind}$의 방향과 일치함을 알 수 있다. 이 $\vec{\mathbf{B}}_{ind}$의 방향은 1번 단계에서 구한 방향, 즉 문제에서 맨 처음 주어진 자기장 $\vec{\mathbf{B}}_{ext}$의 방향과는 반대가 된다.

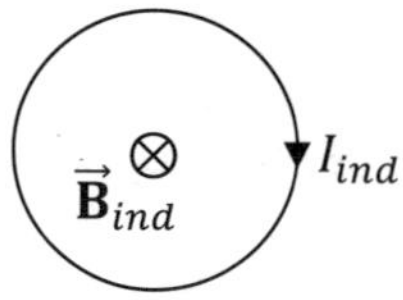

예제 아래 그림에서 자기장이 감소하고 있을 때 루프에 유도되는 전류의 방향을 구하라.

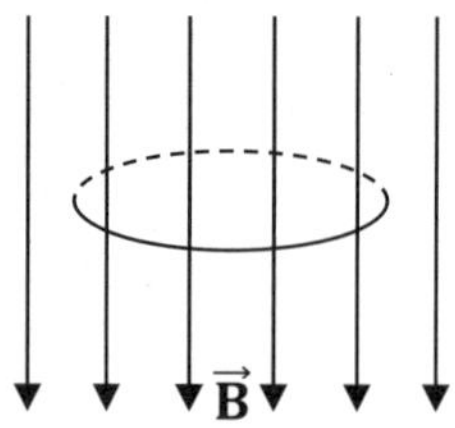

풀이 4단계 방법으로 렌츠 법칙을 적용해보자.

1. 외부 자기장 $\vec{\mathbf{B}}_{ext}$의 방향은 아래쪽 방향(↓)이다. 이것은 이미 위의 그림에 표시되어 있다.
2. 루프를 통과하는 자속 Φ_m은 감소하고 있다. 이것은 문제에서 주어진 것이다.
3. 유도 자기장 $\vec{\mathbf{B}}_{ind}$의 방향은 아래쪽 방향(↓)이다. Φ_m이 감소하고 있기 때문에 $\vec{\mathbf{B}}_{ind}$의 방향은 1번 단계의 $\vec{\mathbf{B}}_{ext}$의 방향과 같다.
4. 유도전류 I_{ind}의 방향은 아래 그림처럼 앞쪽 부분의 루프에서 왼쪽 방향(←)이다(즉 뒤쪽 부분의 루프에서는 오른쪽 방향(→)이다). 루프는 수평으로 놓여 있음을 잘 알고 있어야 한다. 오른손 엄지손가락을 왼쪽 방향으로 맞춘 상태에서 앞쪽 부분의 루프를 쥐면 나머지 손가락들은 도선 주위를 감싸게 된다. 이때 루프의 내부에서는 손가락들이 아래쪽(↓) 방향을 가리킨다.

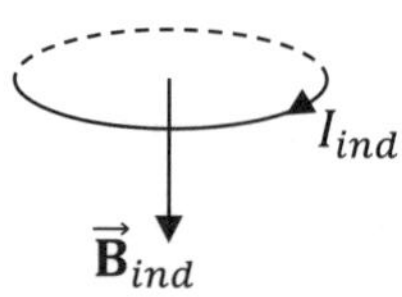

예제 아래 그림에서 자석이 루프에서 멀어지고 있을 때 루프에 유도되는 전류의 방향을 구하라.

풀이 4단계 방법으로 렌츠 법칙을 적용해보자.

1. 외부 자기장 $\vec{\mathbf{B}}_{ext}$의 방향은 오른쪽 방향(→)이다. 이것은 아래 그림에서 보듯이 자석의 북극(N)에서 나온 자석의 자기장선의 일부가 루프 쪽으로 가기 때문이다.

   도움말: 아래 그림을 보면서 자기장선을 루프가 있는 곳까지 확장해서 그리면 평균적으로 자기장선은 어느 방향을 향하게 될지 생각해보라.

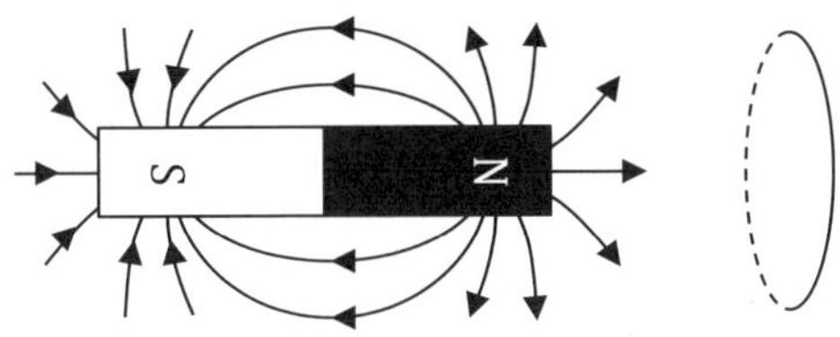

2. 루프를 통과하는 자속 Φ_m은 감소하고 있다. 이것은 자석이 루프에서 멀어지고 있기 때문이다.
3. 유도 자기장 $\vec{\mathbf{B}}_{ind}$의 방향은 오른쪽 방향(→)이다. Φ_m이 감소하고 있기 때문에 $\vec{\mathbf{B}}_{ind}$의 방향은 1번 단계의 $\vec{\mathbf{B}}_{ext}$의 방향과 같다.
4. 유도전류 I_{ind}의 방향은 아래 그림처럼 앞쪽 부분의 루프에서 아래쪽 방향(↓)이다(즉 뒤쪽 부분의 루프에서는 위쪽 방향(↑)이다). 루프는 수직으로 놓여 있음을 알고 있어야 한다. 오른손 엄지손가락을 아래쪽 방향으로 맞춘 상태에서 앞쪽 부분의 루프를 쥐면 나머지 손가락들은 도선 주위를 감싸게 된다. 이때 루프의 내부에서는 손가락들이 오른쪽(→) 방향을 가리킨다.

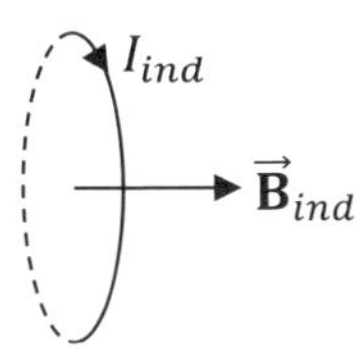

예제 아래 그림에서 오른쪽 루프가 왼쪽 루프를 향해 다가가고 있을 때 오른쪽 루프에 유도되는 전류의 방향을 구하라.

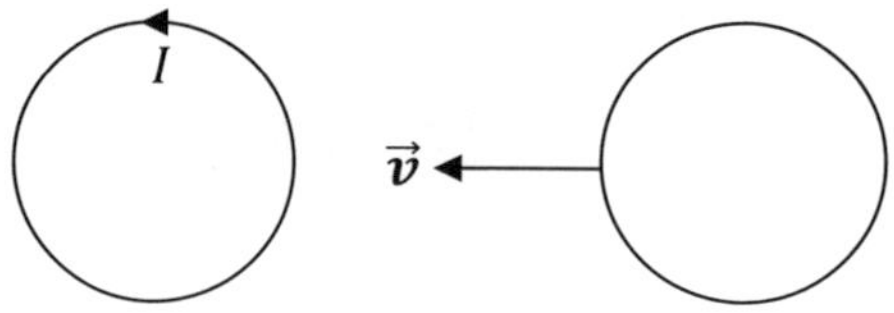

풀이 4단계 방법으로 렌츠 법칙을 적용해보자.

1. 외부 자기장 $\vec{\mathbf{B}}_{ext}$의 방향은 책 안으로 들어가는 방향(⊗)이다. 이것은 아래 그림에서 보듯이 왼쪽 루프가 만들어내는 자기장이 오른쪽 루프가 있는 영역에서 책 안으로 들어가는 방향(⊗)이기 때문이다. 오른손 엄지손가락을 왼쪽 루프에 흐르는 전류 방향에 따라 반시계방향으로 맞춘 상태에서 왼쪽 루프를 쥐면 나머지 손가락들은 도선 주위를 감싸게 된다. 이때 왼쪽 루프의 외부에서는(오른쪽 루프가 왼쪽 루프의 외부에 있으므로) 손가락들이 책 안으로 들어가는 방향(⊗)을 가리킨다.

2. 루프를 통과하는 자속 Φ_m은 증가하고 있다. 이것은 오른쪽 루프가 왼쪽 루프로 다가가고 있어서 왼쪽 루프가 만들어내는 자기장의 세기가 오른쪽 루프가 있는 곳에서 점점 강해지고 있기 때문이다.
3. 유도 자기장 $\vec{\mathbf{B}}_{ind}$의 방향은 책 밖으로 나오는 방향(⊙)이다. Φ_m이 증가하고 있기 때문에 $\vec{\mathbf{B}}_{ind}$의 방향은 1번 단계의 $\vec{\mathbf{B}}_{ext}$의 방향과 반대이다.
4. 유도전류 I_{ind}의 방향은 아래 그림처럼 반시계방향이다. 오른손 엄지손가락을 반시계방향으로 맞춘 상태에서 오른쪽 루프를 쥐면 나머지 손가락들은 도선 주위를 감싸게 된다. 이때 오른쪽 루프의 내부에서는 손가락들이 책 밖으로 나오는 방향(⊙)을 가리킨다. 이 방향은 3번 단계에서 구한 오른쪽 루프 내부에서의 $\vec{\mathbf{B}}_{ind}$의 방향과 일치함을 알 수 있다.

예제 아래 그림을 보면 일정한 자기장이 존재하는 영역에 도체로 만들어진 U자 모양의 레일이 놓여 있다. 도체 막대가 레일을 따라 오른쪽으로 움직이고 있을 때 도체 막대에 유도되는 전류의 방향을 구하라.

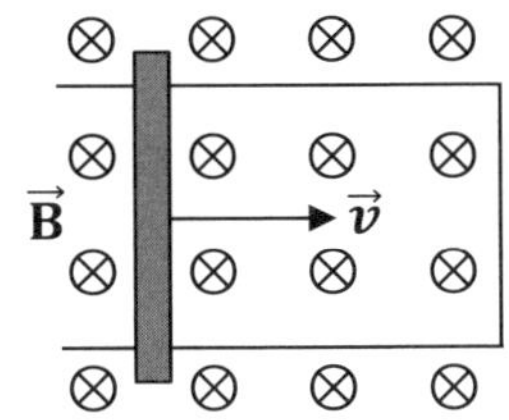

풀이 4단계 방법으로 렌츠 법칙을 적용해보자.

1. 외부 자기장 $\vec{\mathbf{B}}_{ext}$의 방향은 책 안으로 들어가는 방향(⊗)이다. 이것은 이미 위의 그림에 표시되어 있다.
2. 루프를 통과하는 자속 Φ_m은 감소하고 있다. 이것은 도체 막대가 오른쪽으로 움직임에 따라 루프의 면적이 점점 작아지기 때문이다. 도체 막대는 U자 모양 도체와 접촉하는 부분에서 전기적으로 연결됨을 잘 알고 있어야 한다. 아래 그림에서 점선(…)으로 표시된 부분을 보면 도체 막대가 오른쪽으로 움직임에 따라 루프의 면적이 작아지고 있음을 알 수 있다.

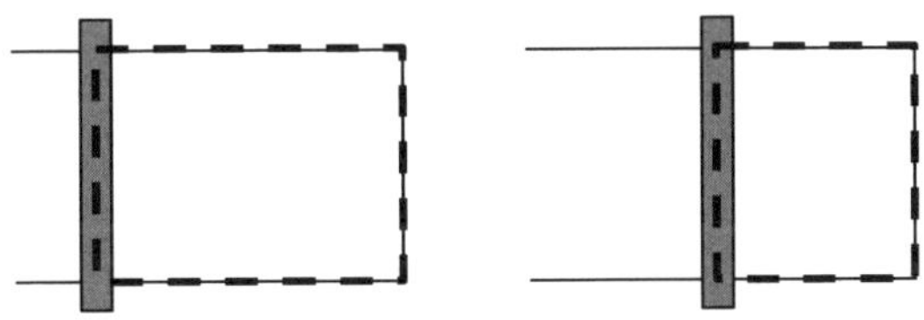

3. 유도 자기장 $\vec{\mathbf{B}}_{ext}$의 방향은 책 속으로 들어가는 방향(⊗)이다. Φ_m이 감소하고 있기 때문에 $\vec{\mathbf{B}}_{ind}$의 방향은 1번 단계의 $\vec{\mathbf{B}}_{ext}$의 방향과 동일이다.
4. 유도전류 I_{ind}의 방향은 아래 그림처럼 시계방향이다. 오른손 엄지손가락을 시계방향에 맞추면 나머지 손가락들은 도선 주위를 감싸게 된다. 이때 루프의 내부에서는 손가락들이 책 안으로 들어가는 방향(⊗)이 된다. 유도전류가 루프에서 시계방향으로 흐르므로 도체 막대에서 유도전류는 위쪽 방향(↑)으로 흐른다.

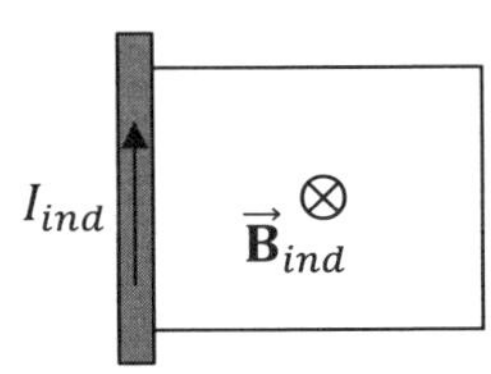

예제 아래 그림을 보면 일정한 자기장이 존재하는 영역에 루프가 놓여 있다. 아래쪽 부분 루프는 책 밖으로 나오는 방향으로, 위쪽 부분의 루프는 책 속으로 들어가는 방향으로 움직이면서 회전하고 있다. 루프가 0°에서 90°까지 회전하는 동안에 루프에 유도되는 전류의 방향을 구하라.

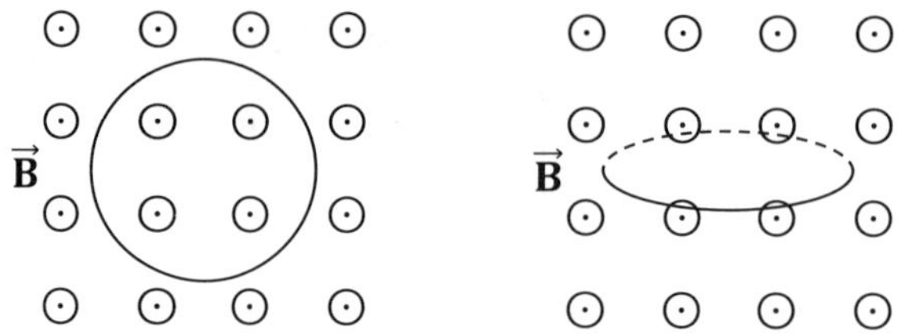

풀이 4단계 방법으로 렌츠 법칙을 적용해보자.

1. 외부 자기장 $\vec{\mathbf{B}}_{ext}$의 방향은 책 밖으로 나오는 방향(⊙)이다. 이것은 이미 위의 그림에 표시되어 있다.
2. 루프를 통과하는 자속 Φ_m은 감소하고 있다. 이것은 루프가 회전함에 따라 루프의 면적이 점점 작아지기 때문이다. 최종적으로 루프가 90°만큼 회전하면 루프는 수평으로 놓이게 되어 루프를 통과하는 자속은 0이 된다.
3. 유도 자기장 $\vec{\mathbf{B}}_{ind}$의 방향은 책 밖으로 나오는 방향(⊙)이다. Φ_m이 감소하고 있기 때문에 $\vec{\mathbf{B}}_{ind}$의 방향은 1번 단계의 $\vec{\mathbf{B}}_{ext}$의 방향과 동일이다.
4. 유도전류 I_{ind}의 방향은 아래 그림처럼 반시계방향이다. 오른손 엄지손가락을 반시계방향에 맞추면 나머지 손가락들은 도선 주위를 감싸게 된다. 이때 루프의 내부에서는 손가락들이 책 밖으로 나오는 방향(⊙)이 된다.

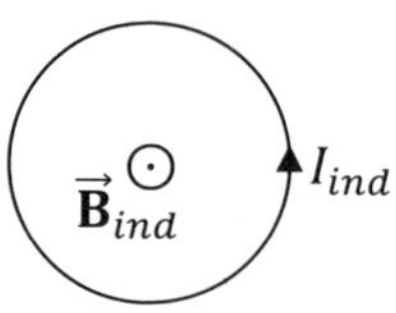

예제 아래 그림을 보면 일정한 자기장이 존재하는 영역에 루프가 놓여 있다. 루프가 오른쪽으로 90°만큼 회전하여 루프에서 점(·)이 찍혀 있는 부분이 오른쪽 그림과 같이 움직였다. 루프가 0°에서 90°까지 회전하는 동안에 루프에 유도되는 전류의 방향을 구하라.

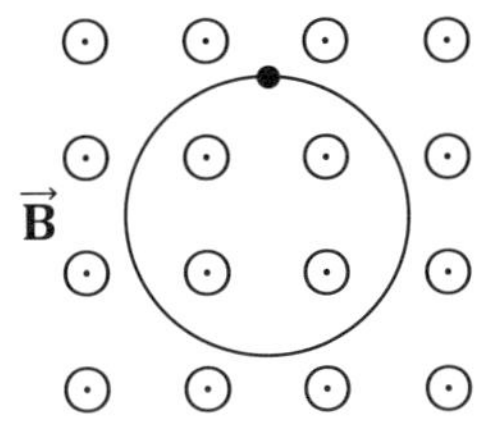

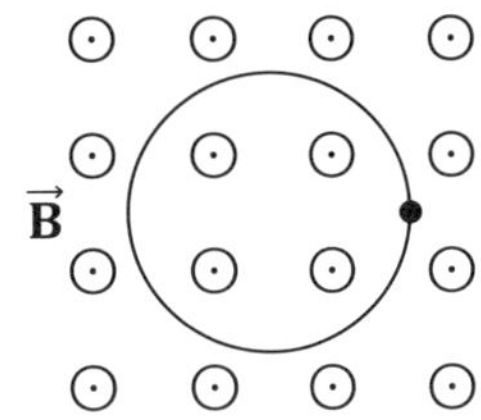

풀이 4단계 방법으로 렌츠 법칙을 적용해보자.

1. 외부 자기장 $\vec{\mathbf{B}}_{ext}$의 방향은 책 밖으로 나오는 방향(⊙)이다. 이것은 이미 위의 그림에 표시되어 있다.
2. 루프를 통과하는 자속 Φ_m은 일정하다. 이것은 루프가 회전해도 루프를 통과하는 자기장선의 수가 달라지지 않기 때문이다. 이 상황을 앞에서 살펴본 예제들과 비교해보면 공부하는 데 도움이 될 것이다.
3. 유도 자기장 $\vec{\mathbf{B}}_{ind}$은 0이다. 이는 루프를 통과하는 자속 Φ_m이 일정하기 때문이다.
4. 유도전류 I_{ind}도 0이 된다. 루프를 통과하는 자속 Φ_m이 일정하기 때문이다.

연습문제

101. 아래 그림에서 자기장이 증가하고 있을 때 루프에 유도되는 전류의 방향을 구하라.

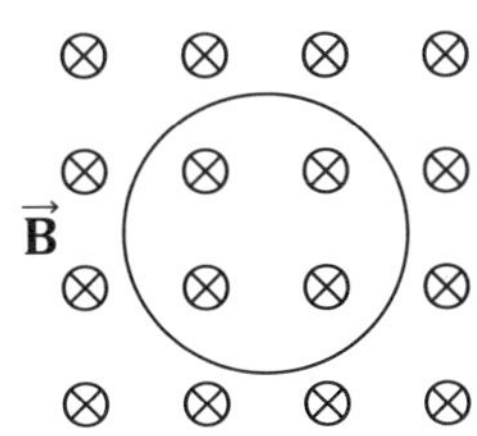

1. $\vec{\mathbf{B}}_{ext}$의 방향(화살표, 또는 ⊙, ⊗ 기호를 그리세요):
2. Φ_m은 증가 / 감소 / 일정 (맞는 것에 동그라미를 치세요)
3. $\vec{\mathbf{B}}_{ind}$의 방향(화살표, 또는 ⊙, ⊗ 기호를 그리세요):
4. I_{ind}이라고 쓰고 방향을 그려 넣으세요.

102. 아래 그림에서 자기장이 감소하고 있을 때 루프에 유도되는 전류의 방향을 구하라.

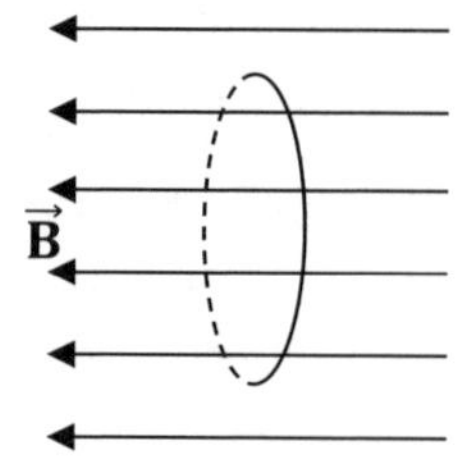

1. $\vec{\mathbf{B}}_{ext}$의 방향(화살표, 또는 ⊙, ⊗ 기호를 그리세요):
2. Φ_m은 증가 / 감소 / 일정 (맞는 것에 동그라미를 치세요)
3. $\vec{\mathbf{B}}_{ind}$의 방향(화살표, 또는 ⊙, ⊗ 기호를 그리세요):
4. I_{ind}이라고 쓰고 방향을 그려 넣으세요.

103. 아래 그림에서 자기장이 증가하고 있을 때 루프에 유도되는 전류의 방향을 구하라.

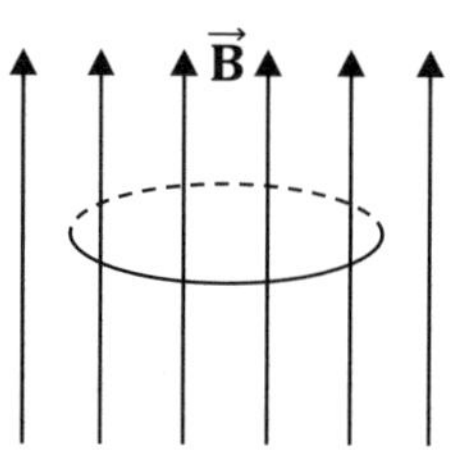

1. $\vec{\mathbf{B}}_{ext}$의 방향(화살표, 또는 ⊙, ⊗ 기호를 그리세요):
2. Φ_m은 증가 / 감소 / 일정 (맞는 것에 동그라미를 치세요)
3. $\vec{\mathbf{B}}_{ind}$의 방향(화살표, 또는 ⊙, ⊗ 기호를 그리세요):
4. I_{ind}이라고 쓰고 방향을 그려 넣으세요.

104. 아래 그림에서 자석이 루프를 향해 다가가고 있을 때 루프에 유도되는 전류의 방향을 구하라.

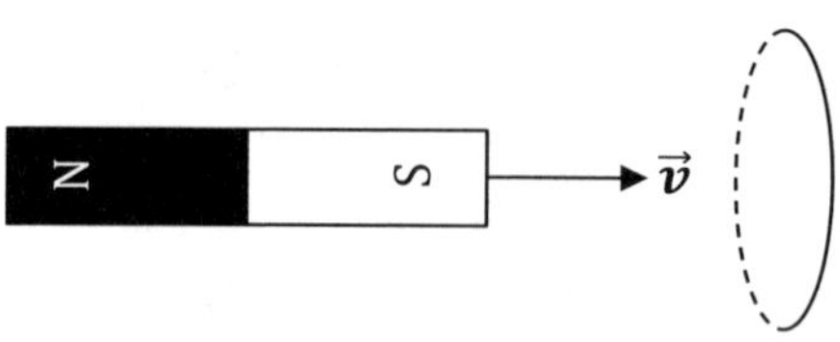

1. $\vec{\mathbf{B}}_{ext}$의 방향(화살표, 또는 ⊙, ⊗ 기호를 그리세요):
2. Φ_m은 증가 / 감소 / 일정 (맞는 것에 동그라미를 치세요)
3. $\vec{\mathbf{B}}_{ind}$의 방향(화살표, 또는 ⊙, ⊗ 기호를 그리세요):
4. I_{ind}이라고 쓰고 방향을 그려 넣으세요.

105. 아래 그림에서 자석이 루프에서 멀어지고 있을 때 루프에 유도되는 전류의 방향을 구하라.

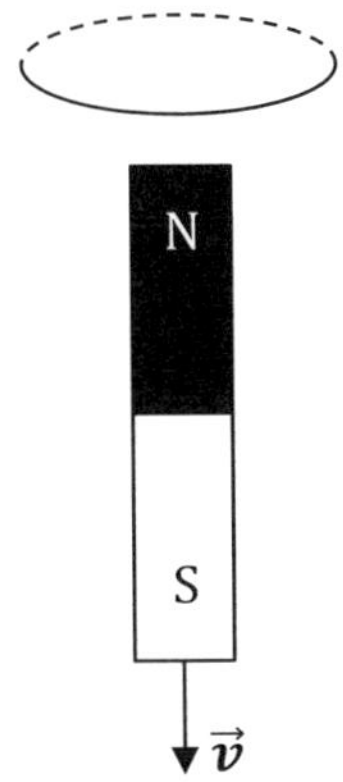

1. $\vec{\mathbf{B}}_{ext}$의 방향(화살표, 또는 ⊙, ⊗ 기호를 그리세요):
2. Φ_m은 증가 / 감소 / 일정 (맞는 것에 동그라미를 치세요)
3. $\vec{\mathbf{B}}_{ind}$의 방향(화살표, 또는 ⊙, ⊗ 기호를 그리세요):
4. I_{ind}이라고 쓰고 방향을 그려 넣으세요.

106. 아래 그림에서 자석이 루프를 향해 다가가고 있을 때 루프에 유도되는 전류의 방향을 구하라.(자석은 책 표면에 수직으로 놓여 있고 루프는 책의 표면과 나란히 놓여 있다)

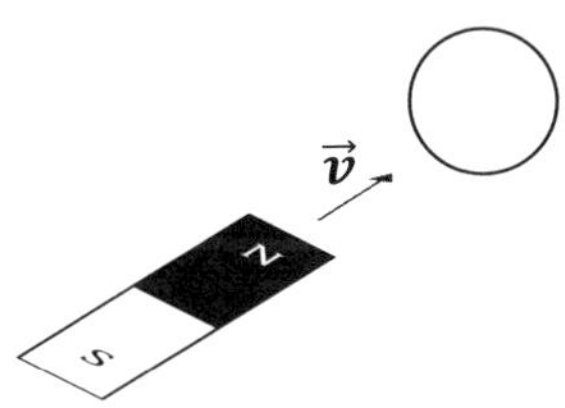

1. $\vec{\mathbf{B}}_{ext}$의 방향(화살표, 또는 ⊙, ⊗ 기호를 그리세요) :
2. Φ_m은 증가 / 감소 / 일정 (맞는 것에 동그라미를 치세요)
3. $\vec{\mathbf{B}}_{ind}$의 방향(화살표, 또는 ⊙, ⊗ 기호를 그리세요) :
4. I_{ind}이라고 쓰고 방향을 그려 넣으세요.

107. 아래 그림에서 바깥에 있는 루프에 흐르는 전류가 증가하고 있을 때 안쪽 루프에 유도되는 전류의 방향을 구하라.

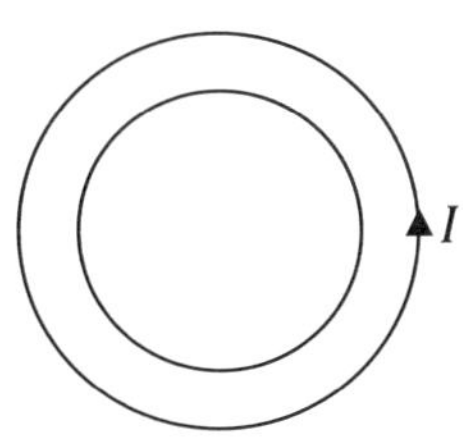

1. $\vec{\mathbf{B}}_{ext}$의 방향(화살표, 또는 ⊙, ⊗ 기호를 그리세요):
2. Φ_m은 증가 / 감소 / 일정 (맞는 것에 동그라미를 치세요)
3. $\vec{\mathbf{B}}_{ind}$의 방향(화살표, 또는 ⊙, ⊗ 기호를 그리세요):
4. I_{ind}이라고 쓰고 방향을 그려 넣으세요.

108. 아래 그림에서 직선 도체에 흐르는 전류가 감소하고 있을 때 직사각형 루프에 유도되는 전류의 방향을 구하라.

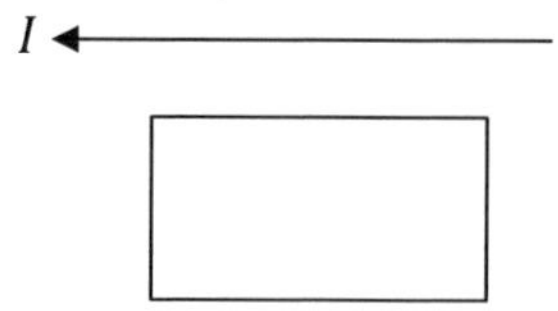

1. $\vec{\mathbf{B}}_{ext}$의 방향(화살표, 또는 ⊙, ⊗ 기호를 그리세요):
2. Φ_m은 증가 / 감소 / 일정 (맞는 것에 동그라미를 치세요)
3. $\vec{\mathbf{B}}_{ind}$의 방향(화살표, 또는 ⊙, ⊗ 기호를 그리세요):
4. I_{ind}이라고 쓰고 방향을 그려 넣으세요.

109. 아래 그림에서 회로에 있는 직류 전원 공급기의 전위차가 증가하고 있을 때 오른쪽 루프에 유도되는 전류의 방향을 구하라.

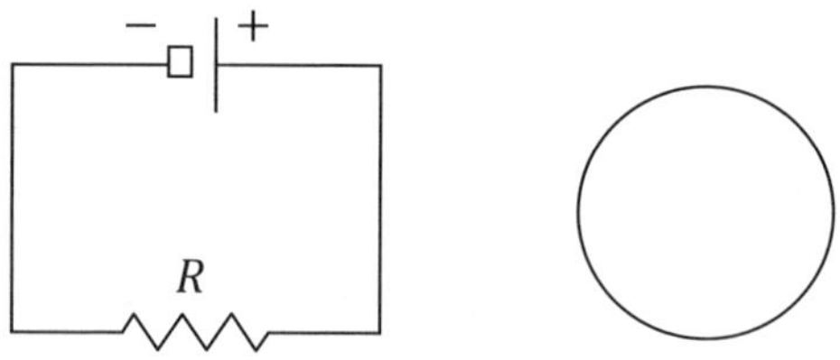

1. $\vec{\mathbf{B}}_{ext}$의 방향(화살표, 또는 ⊙, ⊗ 기호를 그리세요):
2. Φ_m은 증가 / 감소 / 일정 (맞는 것에 동그라미를 치세요)
3. $\vec{\mathbf{B}}_{ind}$의 방향(화살표, 또는 ⊙, ⊗ 기호를 그리세요):
4. I_{ind}이라고 쓰고 방향을 그려 넣으세요.

110. 아래 그림을 보면 일정한 자기장이 존재하는 영역에 도체로 만들어진 U자 모양의 레일이 놓여 있다. 도체 막대가 레일을 따라 오른쪽으로 움직이고 있을 때 도체 막대에 유도되는 전류의 방향을 구하라.

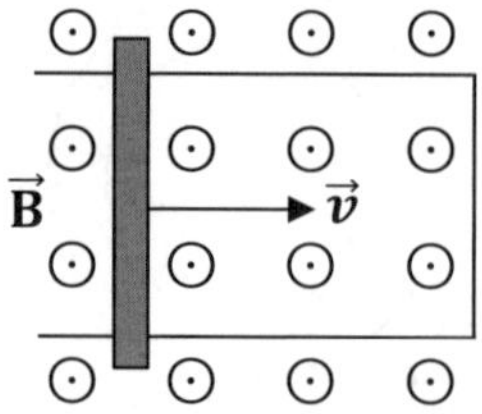

1. $\vec{\mathbf{B}}_{ext}$의 방향(화살표, 또는 ⊙, ⊗ 기호를 그리세요):
2. Φ_m은 증가 / 감소 / 일정 (맞는 것에 동그라미를 치세요)
3. $\vec{\mathbf{B}}_{ind}$의 방향(화살표, 또는 ⊙, ⊗ 기호를 그리세요):
4. I_{ind}이라고 쓰고 방향을 그려 넣으세요.

111. 아래 그림을 보면 일정한 자기장이 존재하는 영역에 도체로 만들어진 U자 모양의 레일이 놓여 있다. 도체 막대가 레일을 따라 왼쪽으로 움직이고 있을 때 도체 막대에 유도되는 전류의 방향을 구하라.

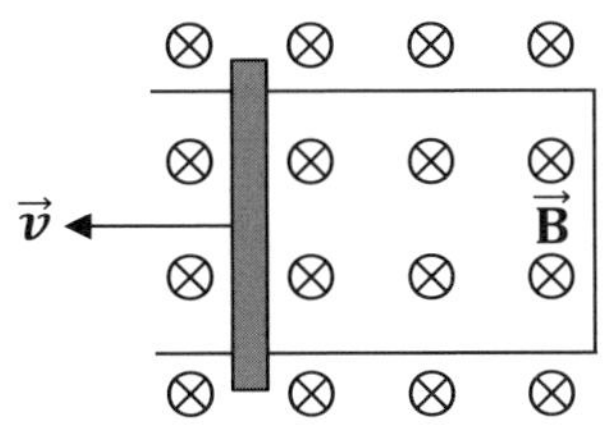

1. $\vec{\mathbf{B}}_{ext}$의 방향(화살표, 또는 ⊙, ⊗ 기호를 그리세요):
2. Φ_m은 증가 / 감소 / 일정 (맞는 것에 동그라미를 치세요)
3. $\vec{\mathbf{B}}_{ind}$의 방향(화살표, 또는 ⊙, ⊗ 기호를 그리세요):
4. I_{ind}이라고 쓰고 방향을 그려 넣으세요.

112. 아래 그림을 보면 일정한 자기장이 존재하는 영역에 삼각형 루프가 놓여 있다. 삼각형 루프의 꼭짓점을 아래로 눌러 A점이 C점으로 움직이는 동안에 도체 막대에 유도되는 전류의 방향을 구하라.

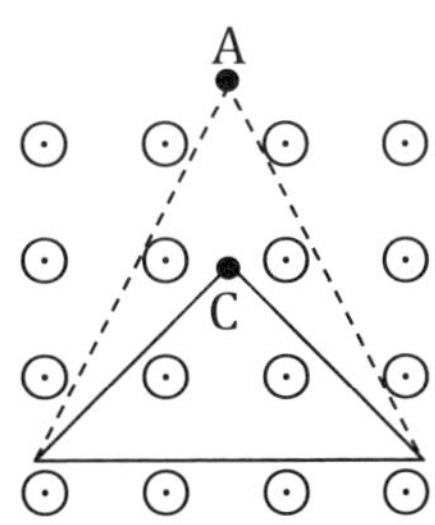

1. $\vec{\mathbf{B}}_{ext}$의 방향(화살표, 또는 ⊙, ⊗ 기호를 그리세요):
2. Φ_m은 증가 / 감소 / 일정 (맞는 것에 동그라미를 치세요)
3. $\vec{\mathbf{B}}_{ind}$의 방향(화살표, 또는 ⊙, ⊗ 기호를 그리세요):
4. I_{ind}이라고 쓰고 방향을 그려 넣으세요.

113. 다음 쪽 그림을 보면 일정한 자기장이 존재하는 영역에 루프가 놓여 있다. 오른쪽 부분 루프는 책 밖으로 나오는 방향으로, 왼쪽 부분의 루프는 책 속으로 들어가는 방향으로 움직이면서 회전하고 있다. 루프가 0°에서 90°까지 회전하는 동안에 루프

에 유도되는 전류의 방향을 구하라.

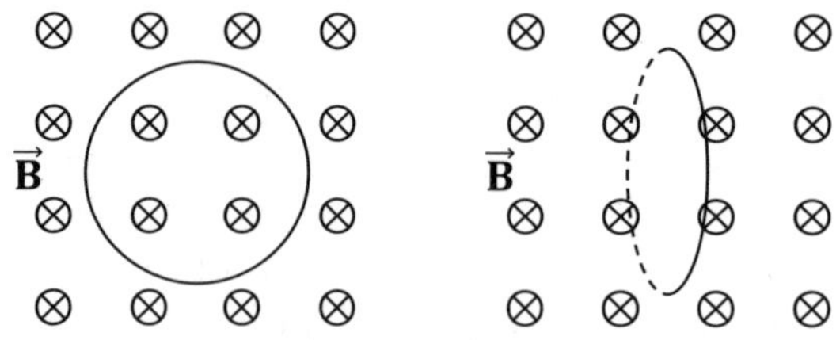

1. $\vec{\mathbf{B}}_{ext}$의 방향(화살표, 또는 ⊙, ⊗ 기호를 그리세요):
2. Φ_m은 증가 / 감소 / 일정 (맞는 것에 동그라미를 치세요)
3. $\vec{\mathbf{B}}_{ind}$의 방향(화살표, 또는 ⊙, ⊗ 기호를 그리세요):
4. I_{ind}이라고 쓰고 방향을 그려 넣으세요.

114. 아래 그림과 같이 자기장이 시계방향으로 회전하고 있다. 자기장이 0°에서 90°까지 회전하는 동안에 루프에 유도되는 전류의 방향을 구하라.

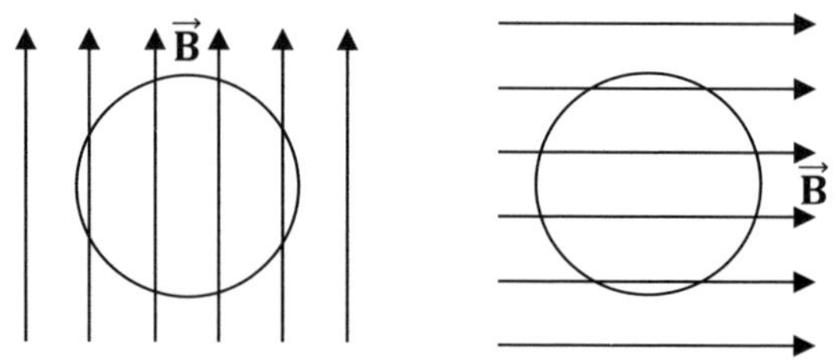

1. $\vec{\mathbf{B}}_{ext}$의 방향(화살표, 또는 ⊙, ⊗ 기호를 그리세요):
2. Φ_m은 증가 / 감소 / 일정 (맞는 것에 동그라미를 치세요)
3. $\vec{\mathbf{B}}_{ind}$의 방향(화살표, 또는 ⊙, ⊗ 기호를 그리세요):
4. I_{ind}이라고 쓰고 방향을 그려 넣으세요.

115. 아래 그림을 보면 일정한 자기장이 존재하는 영역에 루프가 놓여 있다. 위쪽 부분 루프는 책 밖으로 나오는 방향으로, 아래쪽 부분의 루프는 책 속으로 들어가는 방향으로 움직이면서 회전하고 있다. 루프가 0°에서 90°까지 회전하는 동안에 루프에 유도되는 전류의 방향을 구하라.

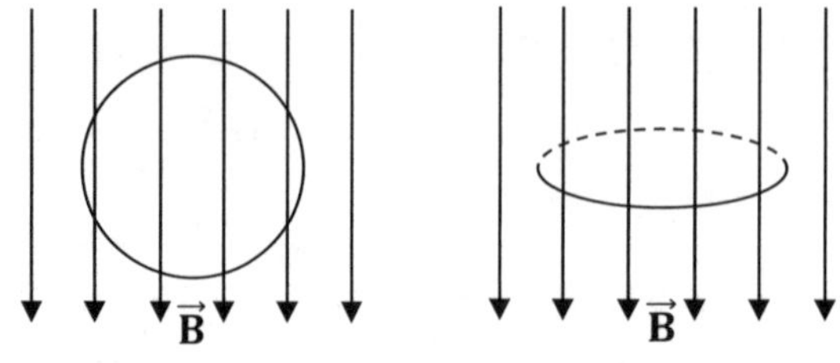

1. $\vec{\mathbf{B}}_{ext}$의 방향(화살표, 또는 ⊙, ⊗ 기호를 그리세요):
2. Φ_m은 증가 / 감소 / 일정 (맞는 것에 동그라미를 치세요)
3. $\vec{\mathbf{B}}_{ind}$의 방향(화살표, 또는 ⊙, ⊗ 기호를 그리세요):
4. I_{ind}이라고 쓰고 방향을 그려 넣으세요.

도움이 필요한가요? 28장의 문제는 책의 맨 뒤에 풀이가 있습니다.

29
패러데이 법칙

관련 용어

- **전하**(electric charge) 입자가 가지는 고유한 특성 중의 하나로, 전하를 가진 입자가 전기장이 있는 곳에 놓이게 되면 전기장에 의해 힘을 받게 된다. (전기적으로 중성인 입자는 전하를 가지지 않는다. 따라서 중성 입자는 전기장이 있는 곳에 놓이게 되어도 힘을 받지 않는다.)
- **전류**(current) 시간에 대한 전하의 변화율. 단위 시간 동안에 어떤 점 또는 단면적을 통과해 흐르는 전하의 양으로 정의함.
- **전위차(퍼텐셜 차)**(potential difference) 두 위치 사이의 전위의 차이. 전위차는 시험 전하가 두 위치 사이를 이동하는 데 필요한 단위 전하당 일로 정의함. 전위차를 다른 말로 전압(voltage)이라고 함
- **기전력**(emf) 배터리 또는 직류 전원 공급기가 회로에 공급하는 전위차. 단 이 전위차는 배터리나 전원 공급기의 내부저항에 생기는 전위차를 무시할 때의 전위차이다.
- **필라멘트 전류**(filamentary current) 아주 가는 도선을 통해 흐르는 전류
- **자기장**(magnetic field) 움직이는 전하(즉 전류)가 만들어내는 자기 현상
- **자속(자기장선 다발)**(magnetic flux) 어떤 표면을 통과하는 자기장선의 상대적인 개수를 나타내는 척도(기준)
- **솔레노이드**(solenoid) 도선을 감아서 원통의 형태로 만든 것
- **권수**(truns) 솔레노이드를 구성하는 루프의 수(도선을 감은 횟수)
- **투자율**(permeability) 물질이 자기장에 미치는 영향을 나타내는 척도(기준)

자속 방정식

자속 Φ_m은 자기장선이 어떤 표면을 얼마나 많이 통과하는 가를 나타내는 상대적인 척도(기준)다. 자속 방정식에는 자기장 $\vec{\mathbf{B}}$와 미소 면적요소 $d\vec{\mathbf{A}}$ 사이의 스칼라 곱이 들어있다. 여기서 $d\vec{\mathbf{A}}$의 방향은 표면에 수직이다. 기호 S는 면적 적분을 수행하는 표면(surface)을 나타낸다. (자속과 전속을 비교해보기 바란다. 8장의 시작 부분을 복습하라.)

$$\Phi_m = \int_S \vec{\mathbf{B}} \cdot d\vec{\mathbf{A}}$$

$\vec{\mathbf{B}}$와 $d\vec{\mathbf{A}}$ 사이의 스칼라 곱은 다음과 같다. 이 책 시리즈의 제1권에서 배웠듯이 θ는 $\vec{\mathbf{B}}$와 $d\vec{\mathbf{A}}$ 사이의 각도이다. $\vec{\mathbf{B}} \cdot d\vec{\mathbf{A}}$는 $\theta = 0°$일 때 최대이고 $\theta = 90°$일 때 0이다.

$$\vec{\mathbf{B}} \cdot d\vec{\mathbf{A}} = B \cos\theta \, dA$$

균일한 자기장 B가 존재하는 공간에 도선 루프가 놓여 있는 경우에 자속은 다음 방정식으로 쓸 수 있다.

$$\Phi_m = BA\cos\theta$$

여기서 A는 도선 루프의 면적이다. θ는 루프의 축(루프가 놓인 평면과 수직을 이루면서 루프의 중심을 통과하는 직선)과 자기장의 방향 사이의 각도이다. 자속은 자기장선이 루프에 수직일 때 최대이다.

패러데이 법칙 방정식

패러데이 법칙에 따라, 도선 루프를 통과하는 자속이 시간에 따라 변하면 도선 루프에는 전류 I_{ind}가 유도된다. 렌츠 법칙은 유도 전류의 방향을 알려주는 반면, 패러데이 법칙은 루프에 유도되는 기전력 ε_{ind}를 알려준다(기전력으로부터 유도전류를 구할 수 있다).

$$\varepsilon_{ind} = -N\frac{d\Phi_m}{dt}$$

패러데이 법칙에는 자속 Φ_m의 시간에 대한 미분이 들어있다. 계수 N은 루프의 총 개수를 나타낸다. 일반적으로 자속은 다음 적분으로 주어진다.

$$\Phi_m = \int_S \mathrm{B} \cdot d\mathrm{A}$$

패러데이 법칙과 관련이 있는 많은 물리학 문제들은 면적이 A인 루프 전체에 걸쳐 자기장이 균일한 경우를 다룬다. 이 경우에 자속 방정식은 다음 식으로 쓸 수 있다.

$$\Phi_m = BA\cos\theta$$

루프 면적 전체에 걸쳐 자기장이 균일한 경우에, 패러데이 법칙은 다음 식으로 쓸 수 있다.

$$\varepsilon_{ind} = -N\frac{d}{dt}(BA\cos\theta)$$

16장에서 살펴본 배터리나 전원공급기의 기전력과는 달리 패러데이 법칙에 따라 유도되는 기전력은 내부저항을 포함하고 있지 않다. 따라서 기전력과 유도전류의 관계는 다음과 같이 옴 법칙을 써서 나타낼 수 있다.

$$\varepsilon_{ind} = I_{ind}R_{loops}$$

여기서 R_{loop}는 N개 루프의 합성 저항이다. 문제에서 도선의 저항률이 주어진 경우에는 다음 16장으로부터 다음 방정식을 이용하여 저항을 구할 수 있다.

$$R_{loops} = \frac{\rho\ell}{A_{wire}}$$

여기서 ℓ은 도선의 총 길이이다. (솔레노이드의 경우, 이 ℓ은 솔레노이드의 길이가 아니고 솔레노이드를 구성하는 도선의 길이라는 것에 주의해야 한다.) 또한 A_{wire}는 도선의 단면적으로 도선의 반지름과 관련이 있으며 루프의 면적이 **아님**에 주의해야 한다. 자속에는 루프의 면적 A가 들어있는 반면에 저항률 방정식에는 도선의 면적 A_{wire}가 들어있다.

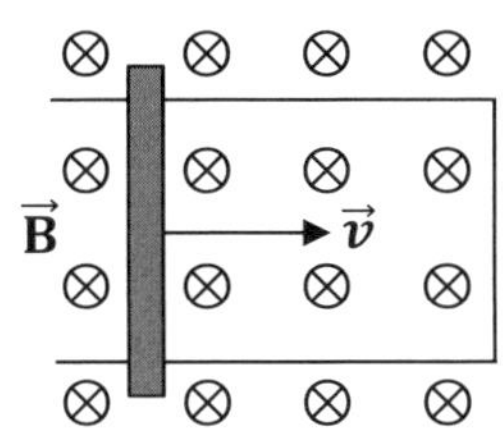

운동 기전력 ε_{ind}는 길이가 인 도체 막대가 속도 $\vec{\boldsymbol{v}}$로 균일한 자기장 $\vec{\mathbf{B}}$ 속을 운동할 때 발생한다. 이를 식으로 쓰면 다음과 같다. 운동 기전력의 예를 위의 그림에 나타내었다.

$$\varepsilon_{ind} = -B\ell v$$

자기장 방정식

25장에서 배운 자기장 방정식을 복습해보자. 문제에서 루프가 놓여 있는 영역에 존재하는 자기장이 주어지지 않으면 먼저 다음 방정식 중에서 하나를 적용하여 외부 자기장을 구하거나 26장~27장의 방법을 적용하여 자기장 방정식을 유도한 다음에 자속을 구해야 한다.

$$B = \frac{\mu_0 I}{2\pi r_c} \quad \text{(긴 직선 도선)}$$

$$B = \frac{\mu_0 NI}{L} = \mu_0 nI \quad \text{(솔레노이드의 한가운데)}$$

자유공간의 투자율은 다음과 같다.

$$\mu_0 = 4\pi \times 10^{-7}\ \frac{\mathrm{T \cdot m}}{\mathrm{A}}$$

여기서 μ_0는 자유공간의 투자율(permeability of free space)이다.

필수 개념

패러데이 법칙에 따라 도선 루프에 전류가 유도되기 위해서는 도선 루프를 통과하는 자속이 반드시 시간에 따라 변해야 한다. 시간에 따라 자속 Φ_m을 변화시키는 방법에는 다음 세 가지가 있다.

- 시간에 따라 루프의 면적 내의 **자기장** $\vec{\mathbf{B}}_{ext}$를 변하게 한다. 예를 들어 자석(또는 전류가 흐르는 도선)을 루프를 향해 접근시키거나 루프로부터 멀어지게 하는 방법이 있다.
- 시간에 따라 루프의 **면적**을 변하게 한다. 예를 들어 시간에 따라 루프의 형태를 변화시키는 방법이 있다.
- 시간에 따라 루프가 향하는 **방향**을 변하게 한다. 예를 들어 루프를 회전시키거나 자석을 회전시키는 방법이 있다.

주의: 루프를 통과하는 자속이 시간에 따라 **변하지 않으면** 루프에는 전류가 유도되지 **않는다**.

중요한 차이점

자기장 $\vec{\mathbf{B}}$와 자속 Φ_m은 완전히 다른 양이다. 도선 루프를 통과하는 자속 Φ_m은 다음 세 가지에 따라 달라진다.

- 루프에 존재하는 자기장 $\vec{\mathbf{B}}_{ext}$
- 루프의 면적 A
- 루프의 축을 기준으로 한 자기장의 상대적인 방향 θ

방정식에는 두 가지 다른 면적이 들어있다.

- A는 루프의 면적으로 루프의 반지름 a와 관련이 있다.
- A_{wire}는 도선의 단면적으로 도선의 반지름 a_{wire}와 관련이 있다.

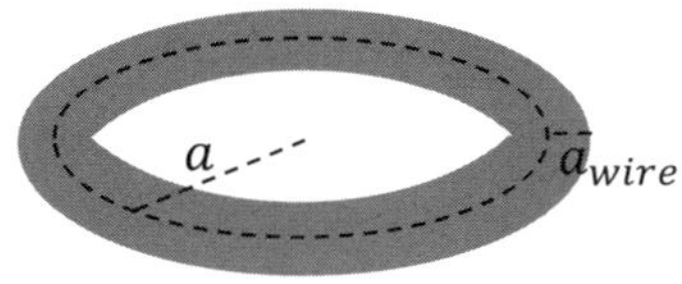

기호와 SI 단위

기호	이름	SI 단위
Φ_m	루프의 면적을 통과하는 자속	$T \cdot m^2$ 또는 Wb
B	자기장의 크기	T
A	루프의 면적	m^2
A_{wire}	도선의 단면적	m^2
θ	$\vec{B}$와 루프 축 사이, 또는 $\vec{B}$와 $d\vec{A}$ 사이의 각도	° 또는 rad
ε_{ind}	유도 기전력	V
I_{ind}	유도전류(즉 루프에 유도되는 전류)	A
R_{loops}	루프의 저항	Ω
ρ	저항률	$\Omega \cdot m$
N	루프의 수(권수)	단위 없음
n	단위길이당 권수	$\frac{1}{m}$
t	시간	s
μ_0	자유공간의 투자율	$\frac{T \cdot m}{A}$
r_c	긴 직선 도선에서 떨어진 거리	m
a	루프의 반지름	m
a_{wire}	도선의 반지름	m
ℓ	도선의 길이 또는 도체 막대의 길이	m
L	솔레노이드의 길이	m
v	속력	m/s
ω	각속력	rad/s

주의: Φ는 그리스 대문자 화이(phi)이다.

특수 기호

기호	이름
⊗	책 안으로 들어가는 방향
⊙	책 밖으로 나오는 방향

단위 관련 중요 사항

자속 Φ_m의 SI 단위는 웨버(Wb)이다. Wb 단위는 $T \cdot m^2$과 같다. 자속을 Wb 대신에 $T \cdot m^2$로 쓰는 일은 아주 흔하다. 이렇게 하면 Wb를 W(와트)와 혼동하는 일을 피하는 데 도움이 된다. Wb 단위를 쓸 때는 b자를 빼먹지 않도록 주의해야 한다.

방정식 $\Phi_m = BA\cos\theta$을 이용하면 자속 Φ_m의 단위를 알 수 있다. 자기장 B의 SI 단위는 테슬라(T), 면적 A의 SI 단위는 제곱미터(m^2)이다. $\cos\theta$의 단위는 없다(cos 함수는 직각삼각형에서 두 변의 길이의 비이므로 단위는 약분되어 사라진다. 따라서 단위가 없다). 이들 단위를 위 식에 대입하면 자속 Φ_m의 단위는 $T \cdot m^2$(B의 SI 단위 곱하기 A의 SI 단위)가 된다.

패러데이 법칙을 적용하는 방법

주의: 문제에서 자기장이 가우스(G) 단위로 주어지면 테슬라(T) 단위로 변환한다.

$$1\ \text{G} = 10^{-4}\ \text{T}$$

다음 기호가 가리키는 것을 잘 알아두어야 한다.

- ⊗ 기호는 책 안으로 들어가는 화살표를 나타낸다.
- ⊙ 기호는 책 밖으로 나오는 화살표를 나타낸다.

패러데이 법칙을 다루는 문제를 푸는 경우, 먼저 값을 알고 있는 양(기지수)의 목록을 만들고 이들 양과 값을 구해야 할 양(미지수) 사이의 관계를 나타내는 방정식을 선택한다.

- 문제를 푸는 과정에서 적절한 시점에 패러데이 법칙을 나타내는 다음 두 방정식 중에서 하나를 적용한다.
  - 패러데이 법칙 방정식은 유도 기전력 ε_{ind}와 자속 Φ_m의 시간 변화율 사이의 관계를 나타낸다.

$$\varepsilon_{ind} = -N\frac{d\Phi_m}{dt}$$

이 경우에는 일반적으로 방정식을 사용하기 전에 자속을 구해야 한다. 자속과 관련한 설명을 참조하기 바란다.

- 길이가 ℓ인 도체 막대가 균일한 자기장 속을 속력 v로 움직일 때는 운동 기전력 방정식을 적용한다. 여기서 길이 ℓ은 도체 막대의 속도의 방향과 수직으로 놓여 있다.

$$\varepsilon_{ind} = -B\ell v$$

- 문제에서 **평균** 유도 기전력을 구해야 하는 경우(문제에서 평균 유도 전류를 구해야 하는 경우에도 마찬가지임)에는 다음 방정식을 사용한다.

$$\varepsilon_{ave} = -N\frac{\Delta\Phi_m}{\Delta t}$$

위 식에서 보듯이 평균 기전력이나 평균 전류를 구할 때는 자속의 변화량 $\Delta\Phi_m = \Phi_m - \Phi_{m0}$을 경과시간 Δt로 나눈다.

- 대부분의 패러데이 법칙 문제(운동 기전력 제외)에서는 패러데이 법칙을 적용하기 전에 자속 Φ_m을 구해야 한다.
  - 자기장 $\vec{\mathbf{B}}$가 평면형 루프의 면적 전체에 걸쳐 균일한 경우에는 다음 방정식을 사용하여 자속을 구한다.

$$\Phi_m = BA\cos\theta$$

여기서 θ는 $\vec{\mathbf{B}}$와 루프의 축(루프 면적에 수직이면서 루프의 센터를 지나는 직선) 사이의 각도이다. 다음 식에서 보듯이 패러데이 법칙을 적용할 때는 결국은 자속을 시간에 대해 미분해야 한다.

$$\frac{d\Phi_m}{dt} = \frac{d}{dt}(BA\cos\theta)$$

여기서 A와 θ가 둘 다 상수이고 B가 시간에 따라 변하면 $\frac{d\Phi_m}{dt} = A\cos\theta\frac{dB}{dt}$가 된다. B와 θ가 둘 다 상수이고 A가 시간에 따라 변하면 $\frac{d\Phi_m}{dt} = B\cos\theta\frac{dA}{dt}$이 된다. A와 B가 둘 다 상수이고 θ가 시간에 따라 변하면 $\frac{d\Phi_m}{dt} = -AB\sin\theta\frac{d\theta}{dt} = -AB\omega\sin\theta$가 된다. 여기서 $\omega = \frac{d\theta}{dt}$는 각속력[35]이다.

  - 자기장 $\vec{\mathbf{B}}$가 루프의 면적 전체에 걸쳐 균일하지 않은 경우에는 다음 적분을 수행하여 자속을 구한다.

---

35 미분에서 연쇄규칙 $\frac{df}{dx} = \frac{df}{du}\frac{du}{dx}$을 적용한다. 이 식에서 $f = \cos\theta$, $u = \theta$, $x = t$로 놓으면 연쇄규칙은 $\frac{d}{dt}\cos\theta = \frac{d}{d\theta}\cos\theta\frac{d\theta}{dt}$가 된다. $\omega = \frac{d\theta}{dt}$이고 $\frac{d}{d\theta}\cos\theta = -\sin\theta$이므로 $\frac{d}{dt}\cos\theta = -\omega\sin\theta$가 된다.

$$\Phi_m = \int_S \vec{\mathbf{B}} \cdot d\vec{\mathbf{A}}$$

여기서 $\vec{\mathbf{B}} \cdot d\vec{\mathbf{A}} = B\cos\theta dA$이다. 또한 이 적분은 가우스 법칙(8장)으로 전기장을 구할 때 수행했던 닫힌 적분이 아니라 열린 면적에 대해 수행하는 열린 적분이다(루프의 면적은 열린 표면이다).

- 몇 가지 대표적인 물체의 면적을 구하는 수식을 잘 기억해야 한다. 원의 면적은 $A = \pi a^2$이고 직사각형의 면적은 $A = LW$이다. 정사각형의 면적은 $A = L^2$이고 삼각형의 면적은 $A = \frac{1}{2}bh$이다.
- 유도전류 I_{ind}를 구할 때는 다음과 같이 옴 법칙을 적용한다.

$$\varepsilon_{ind} = I_{ind} R_{loops}$$

저항률 ρ값을 알거나 이 값을 찾아낼 수 있은 경우에는 다음 식을 사용하여 저항을 구한다.

$$R_{loops} = \frac{\rho \ell}{A_{wire}}$$

주의: 루프의 면적이 있는 곳에서 자기장 값이 주어지지 않은 경우에는 414쪽의 위에 있는 방정식을 사용한다(또는 26장~27장을 적용한다).

예제 직사각형 루프가 xy 평면에 놓여 있다. 루프의 중심은 원점에 맞추어져 있다. 루프의 길이는 3.0 m이고 폭은 2.0 m이다. 루프가 있는 영역에는 크기가 40,000 G이고 방향이 z축을 기준으로 30°만큼 기울어진 자기장이 균일하게 분포해있다. 루프의 면적을 통과하는 자속을 구하라.

풀이 자기장의 단위를 가우스(G)에서 테슬라(T)로 변환해보자. $1\ \text{G} = 10^{-4}\ \text{T}$이므로 $B = 40{,}000\ \text{G} = 4.0\ \text{T}$이다. 자속을 구하기 전에 직사각형의 면적을 구해보자.

$$A = LW = (3)(2) = 6.0\ \text{m}^2$$

다음과 같이 평면 형태의 표면을 통과하는 균일한 자기장의 자속을 구하는 방정식을 사용하자. θ는 자기장과 루프의 축 사이의 각도로 이 예제에서는 $\theta = 30°$이다. 루프의 축은 루프에 수직이면서 루프의 중심을 지나는 직선으로 정의되므로 직사각형 루프의 축은 z축이다. 자속을 계산하면

$$\Phi_m = BA\cos\theta = (4)(6)\cos 30° = 24\left(\frac{\sqrt{3}}{2}\right) = 12\sqrt{3}\ \text{T}\cdot\text{m}^2$$

가 된다. 따라서 루프를 통과하는 자속은 $\Phi_m = 12\sqrt{3}\ \text{T}\cdot\text{m}^2$이다.

예제 도선으로 만든 원형 루프가 yz 평면에 놓여 있다. 원형 루프의 반지름은 25 cm이고 저항은 6.0 Ω이다. 어느 주어진 순간에 자기장의 방향은 $+x$ 방향을 따라가고 크기는 루프 전체에 걸쳐 균일하다. 자기장이 250 ms 동안에 4.0 T에서 16.0 T로 증가하고 있다.

(A) 이 시간 동안에 루프에 유도되는 기전력의 평균값을 구하라.

풀이 루프의 반지름과 시간을 SI 단위로 변환해보자. $a = 25\ \text{cm} = 0.25\ \text{m} = \frac{1}{4}\ \text{m}$이고 $\Delta t = 250\ \text{ms} = 0.250\ \text{s} = \frac{1}{4}\ \text{s}$이다. 자속을 구하기 전에 원의 면적을 구해보자.

$$A = \pi a^2 = \pi\left(\frac{1}{4}\right)^2 = \frac{\pi}{16}\ \text{m}^2$$

(루프의 반지름을 가리키는 데 r이나 R 대신 기호 a를 사용하면 저항 R과 혼동하는 일을 피할 수 있다. 하지만 이 경우에는 a와, 면적을 가리키는 대문자 A를 잘 구별해야 한다). 다음으로 자속의 초깃값과 최종값을 구해보자. 평면형 표면을 통과하는 균일한 자기장의 자속을 구하는 방정식을 사용하자. 루프의 축은 루프에 수직이면서 루프의 중심을 지나는 직선으로 정의된다. 루프의 축은 x축이고 자기장선은 x축과 평행이므로 $\theta = \theta_0 = 0°$이다. 삼각함수 관계식에서 $\cos 0° = 1$이므로 자속의 초깃값 Φ_{m0}와 최종값 Φ_m을 계산하면

$$\Phi_{m0} = B_0 A_0 \cos\theta_0 = (4)\left(\frac{\pi}{16}\right)\cos 0° = \frac{\pi}{4}\ \text{T}\cdot\text{m}^2$$
$$\Phi_m = BA\cos\theta = (16)\left(\frac{\pi}{16}\right)\cos 0° = \pi\ \text{T}\cdot\text{m}^2$$

가 된다. 이 두 값의 차이를 계산하여 자속의 변화량을 구해보자.

$$\Delta\Phi_m = \Phi_m - \Phi_m = \pi - \frac{\pi}{4} = \frac{4\pi}{4} - \frac{\pi}{4} = \frac{3\pi}{4}\ \text{T}\cdot\text{m}^2$$

이 문제는 유도 기전력의 평균값을 구하는 것이다(유도 기전력의 순시값을 구하는 것이 아니다). 평균 기전력을 구하는 공식은 시간이 경과하는 동안 생기는 자속의 변화량과 관련이 있는 반면에 순간 기전력을 구하는 공식은 미분과 관련이 있다. 이 예제에서 다루는 루프는 도선이 한 번만 감겨 있으므로 $N = 1$이다. $\Delta t = 250\ \text{ms} = \frac{1}{4}\ \text{s}$이므로 평균 유도 기전력은

$$\varepsilon_{ave} = -N\frac{\Delta\Phi_m}{\Delta t} = -(1)\frac{\frac{3\pi}{4}}{\frac{1}{4}} = -\frac{3\pi}{4}(4) = -3\pi\ \text{V}$$

가 된다. 계산 과정에서 분수로 나누는 것은 그 분수의 역수를 곱하는 것과 같다. $\frac{1}{4}$의 역수는 4이다. 루프에 유도되는 평균 기전력은 $\varepsilon_{ave} = -3\pi$ V이다. 계산기로 이 값을 계산해보면 $\varepsilon_{ave} = -9.4$ V이다.

(B) 이 시간 동안에 루프에 유도되는 전류의 평균값을 구하라.

풀이 다음과 같이 옴 법칙을 사용하여 계산하면

$$\varepsilon_{ave} = I_{ave}R_{loop}$$
$$I_{ave} = \frac{\varepsilon_{ave}}{R_{loop}} = -\frac{3\pi}{6} = -\frac{\pi}{2}\ \text{A}$$

가 된다. 따라서 루프에 유도되는 평균 전류는 $I_{ave} = -\frac{\pi}{2}$ A이다. 계산기로 이 값을 계산해보면 $I_{ave} = -1.6$ A이다.

예제 아래 그림을 보면 직사각형 루프가 일정한 비율로 넓어지고 있다. 루프의 오른쪽 변은 2.0 m/s의 일정한 속력으로 움직이는 반면에 왼쪽 변은 고정되어 있다. 직사각형의 높이는 25 cm이다. 자기장은 균일하며 크기는 5000 G이다. 루프에 유도되는 기전력을 구하라.

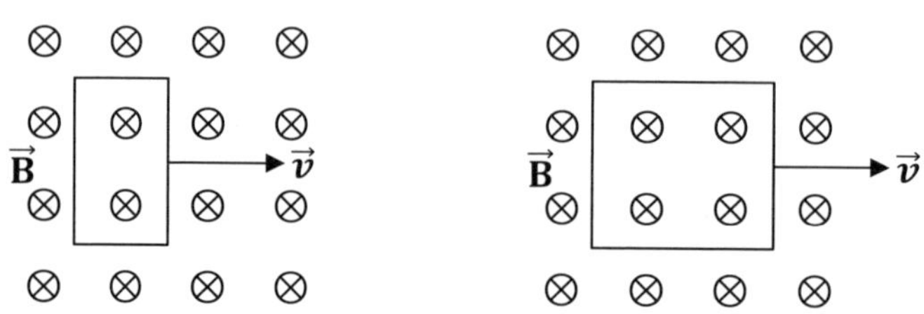

풀이 먼저 높이와 자기장의 단위를 SI 단위로 변환해보자. 1 G = 10^{-4} T이므로

$$h = 25\ \text{cm} = 0.25\ \text{m} = \frac{1}{4}\ \text{m}$$
$$B = 5000\ \text{G} = 0.50\ \text{T} = \frac{1}{2}\ \text{T}$$

이다. 직사각형의 길이가 변하고 있으므로 면적을 일정한 수치로 구해 나타낼 수 없다. 그렇다고 해도 별 문제는 없다. 다음과 같이 기호를 사용하여 면적을 나타내면 된다(직사각형의 길이를 변수 x로 놓고, 다음과 같이 면적을 길이 곱하기 높이로 쓴다).

$$A = hx$$

이 수식을 평면형 표면을 통과하는 균일한 자기장의 자속을 구하는 방정식에 대입해보자.

$$\Phi_m = BA\cos\theta = Bhx\cos\theta$$

이 식을 패러데이 법칙에 대입하면

$$\varepsilon_{ind} = -N\frac{d\Phi_m}{dt} = -N\frac{d}{dt}(Bhx\cos\theta)$$

가 된다. 자기장, 높이, 각도는 모두 상수이다. 이 문제에서는 x만 변하고 있다. 상수는 미분 기호 밖으로 꺼낼 수 있으므로

$$\varepsilon_{ind} = -NBh\cos\theta\frac{dx}{dt}$$

가 된다. 여기서 $\frac{dx}{dt}$는 x축을 따라 움직이는 물체의 속도이므로 $v = \frac{dx}{dt}$이다. 따라서

$$\varepsilon_{ind} = -NBhv\cos\theta$$

로 쓸 수 있다. 도선으로 한 번만 감은 루프이므로 $N = 1$이다. 루프의 축은 루프에 수직이면서 루프의 중심을 지나는 직선으로 정의된다. 따라서 그림에서 보듯이 이 예제에서는 $\theta = 0°$이다. 이 값들을 대입하면

$$\varepsilon_{ind} = -(1)\left(\frac{1}{2}\right)\left(\frac{1}{4}\right)(2)\cos 0° = -\frac{1}{4}\text{ V} = -0.25\text{ V}$$

가 된다. 따라서 루프에 유도되는 기전력은 $\varepsilon_{ind} = -\frac{1}{4}$ V $= -0.25$ V이다. 높이가 $h = 0.25$ m인 루프의 오른쪽 변(움직이는 변)을 운동 기전력 방정식 $\varepsilon_{ind} = -B\ell v$의 ℓ에 대입해도 같은 결과를 얻을 수 있다. 실제로 확인해보기 바란다.

예제 아래 그림을 보면 길이가 5.0 cm인 도체 막대가 크기가 3000 G인 균일한 자기장 속을 40 m/s의 일정한 속력으로 움직이고 있다. 도체 막대의 양 끝 사이에 유도되는 기전력을 구하라.

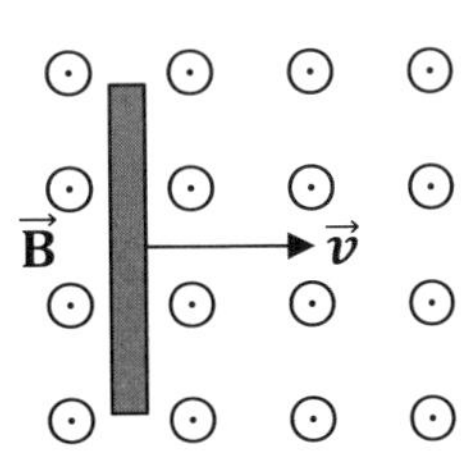

풀이 먼저 높이와 자기장의 단위를 SI 단위로 변환해보자. $1\ \text{G} = 10^{-4}$ T이므로

$$\ell = 5.0\ \text{cm} = 0.050\ \text{m} = \frac{1}{20}\ \text{m}$$
$$B = 3000\ \text{G} = 0.30\ \text{T} = \frac{3}{10}\ \text{T}$$

이다. 다음과 같이 운동 기전력 방정식을 사용하여 계산을 하면

$$\varepsilon_{ind} = -B\ell v = -\left(\frac{3}{10}\right)\left(\frac{1}{20}\right)(40) = -\frac{6}{10} = -\frac{3}{5}\ \text{V} = -0.60\ \text{V}$$

가 된다. 따라서 도체 막대 양끝 사이의 유도 기전력은 $\varepsilon_{ind} = -\frac{3}{5}\ \text{V} = -0.60\ \text{V}$이다.

연습문제

116. 도선으로 만든 원형 루프가 zx 평면에 놓여 있다. 원형 루프의 지름은 8.0 cm이다. 자기장의 방향은 $+y$ 방향이고 자기장의 크기는 2,500 G로 균일하다. 루프의 면적을 통과하는 자속을 구하라.

답: $4\pi \times 10^{-4}\ \text{T}\cdot\text{m}^2$

117. 아래 그림을 보면 한 변의 길이가 2.0 m인 정사각형 루프가 수직으로 놓여 있다. 크기가 7.0 T이고 방향이 루프 면을 기준으로 30°만큼 기울어진 자기장이 균일하게 분포해있다. 루프의 면적을 통과하는 자속을 구하라.

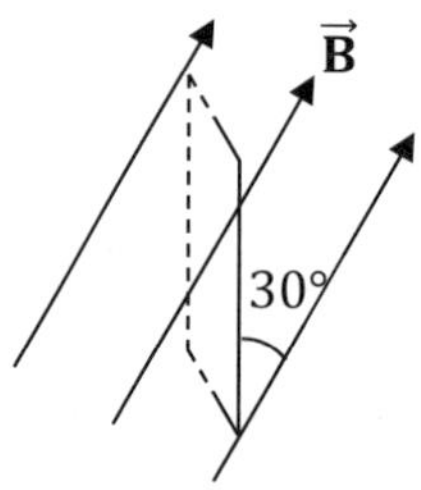

답: $14\ \text{T}\cdot\text{m}^2$

118. 도선으로 만든 직사각형 루프가 xy 평면에 놓여 있다. 루프의 길이는 50 cm이고 폭은 30 cm이며 저항은 4.0 Ω이다. 임의의 순간에 자기장의 방향은 $+z$ 방향을 따라가고 크기는 루프 전체에 걸쳐 균일하다. 자기장이 500 ms 동안에 6,000 G에서 8,000 G로 증가하고 있다.

(A) 루프를 통과하는 자속의 초깃값을 구하라.

(B) 루프를 통과하는 자속의 최종값을 구하라.

(C) 이 시간 동안에 루프에 유도되는 기전력의 평균값을 구하라.

(D) 이 시간 동안에 루프에 유도되는 전류 평균값을 구하라.

답: (A) 0.090 $T \cdot m^2$, (B) 0.120 $T \cdot m^2$, (C) -60 mV, (D) -15 mA

119. 아래 그림에 있는 삼각형은 도선이 삼각형 모양으로 총 200번이 감겨있는 것이다. 따라서 200개의 삼각형 루프가 쌓여 있는 것으로 볼 수 있다. 이 삼각형의 꼭짓점이 250 ms 동안 밀려 올라가고 있다. 삼각형의 밑변의 길이는 50 cm이고 초기 높이는 25 cm이며 최종 높이는 50 cm이다. 자기장의 크기는 4000 G이다.

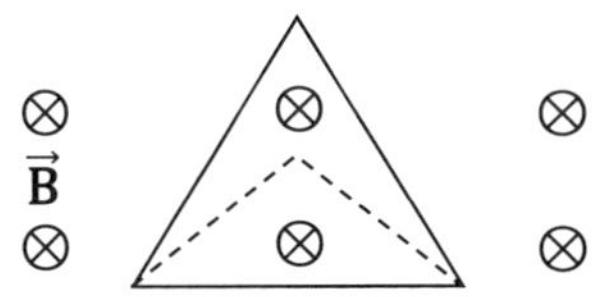

(A) 각각의 루프를 통과하는 자속의 초깃값을 구하라.

(B) 각각의 루프를 통과하는 자속의 최종값을 구하라.

(C) 이 시간 동안에 루프에 유도되는 기전력의 평균값을 구하라.

(D) 유도전류의 방향을 구하라.

답: (A) $\frac{1}{40}$ $T \cdot m^2$, (B) $\frac{1}{20}$ $T \cdot m^2$, (C) -20 V, (D) 반시계방향

120. 아래 그림에서 보듯이 루프의 초기 모양은 정사각형이다. 정사각형의 각 변은 길이가 2.0 m이고 저항은 5.0 Ω이다. 루프를 통과하는 자기장은 크기가 $5000\sqrt{3}$ G로 균일하며 방향은 책 안으로 들어간다. 원숭이가 K점과 M점을 잡아당겨서 L과 N사이의 거리가 2.0 m인 마름모꼴로 모양이 바뀌었다. 이렇게 되는 데 걸린 시간은 $(2-\sqrt{3})$ s이다.

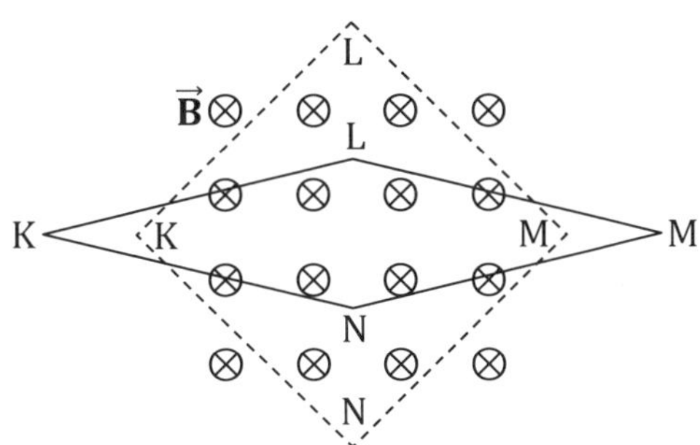

(A) 루프를 통과하는 자속의 초깃값을 구하라.

(B) 루프를 통과하는 자속의 최종값을 구하라.

(C) 이 시간 동안에 루프에 유도되는 전류의 평균값을 구하라.

(D) 유도전류의 방향을 구하라.

답: (A) $2\sqrt{3}\ \mathrm{T\cdot m^2}$, (B) $3.0\ \mathrm{T\cdot m^2}$, (C) $\dfrac{\sqrt{3}}{20}$ A, (D) 시계방향

121. 어떤 솔레노이드의 권수가 300이고 길이는 18 cm이며 반지름은 4.0 cm이다. 이 솔레노이드에는 전원 공급기가 연결되어 있지 않다. 초기에 솔레노이드의 축을 따라 크기가 500,000 G인 균일한 자기장이 가해지고 있다. 이제 솔레노이드의 축이 20 rad/s의 일정한 각속도로 회전하면서 자기장의 축을 기준으로 30°의 각도만큼 기울어졌다.

(A) 각도가 30°에 도달한 순간에 솔레노이드 양단에 유도된 순간 기전력을 구하라.

(B) 30°만큼 회전하는 동안에 유도된 기전력은 평균값을 구하라.

(C) 위의 (B)에서 구한 "평균" 기전력이 (A)에서 구한 "순간" 기전력의 1/2이 되는 까닭은 무엇인가?

답: (A) 240π V $\approx$ 754 V, (B) $1440(2-\sqrt{3})$ V $\approx$ 386 V

122. 아래 그림을 보면 크기가 25 T로 일정한 자기장이 존재하는 영역에 도체로 만들어진 U자 모양의 레일이 놓여 있다. 길이가 12 cm인 도체 막대가 레일을 따라 3.0 m/s의 일정한 속력으로 오른쪽으로 움직이고 있다. 도체 막대의 저항은 3.0 Ω이고 U자 레일의 저항은 무시할 수 있을 정도로 작다.

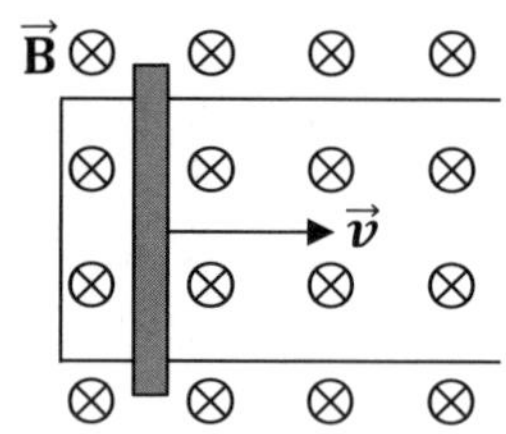

(A) 도체 막대의 양끝 사이에 유도된 기전력을 구하라.

(B) 루프에 흐르는 유도전류를 구하라.

(C) 유도전류의 방향을 구하라.

답: (A) −9.0 V, (B) −3.0 A, (C) 반시계방향

123. 크기가 40,000 T로 일정한 자기장이 존재하는 영역에 길이가 8 cm인 도체 막대가 25 m/s의 일정한 속력으로 아래쪽으로 움직이고 있다. 도체 막대 양끝 사이에 유도된 기전력을 구하라.

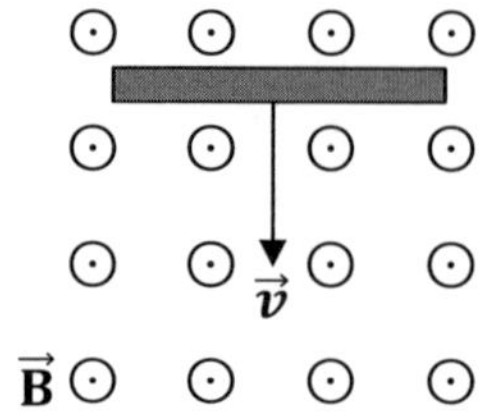

답: -8.0 V

124. 어떤 솔레노이드의 권수가 3000이고 길이는 50 cm이며 반지름은 5.0 mm이다. 이 솔레노이드에 흐르는 전류가 16 ms 동안에 3.0 A에서 7.0 A로 증가하였다. 이 솔레노이드와 축이 일치한 상태로 두 번째 솔레노이드가 놓여 있는데, 두 번째 솔레노이드는 권수가 2000이고 길이는 20 cm이며 반지름은 5.0 mm이다. 두 번째 솔레노이드의 저항은 5.0 Ω이다. 두 번째 솔레노이드는 첫 번째 솔레노이드나 전원 공급기와 연결되어 있지 않다.

(A) 첫 번째 솔레노이드가 자신의 코일 내부에 만들어내는 자기장의 초깃값을 구하라.

(B) 두 번째 솔레노이드의 각 루프를 통과하는 자속의 초깃값을 구하라.

(C) 두 번째 솔레노이드의 각 루프를 통과하는 자속의 최종값을 구하라.

(D) 이 시간동안에 두 번째 솔레노이드에 유도되는 전류의 평균값을 구하라.

답: (A) $72\pi \times 10^{-4}$ T≈ 0.023 T, (B) $18\pi^2 \times 10^{-8}$ T$\cdot$m$^2 \approx 1.8 \times 10^{-6}$ T$\cdot$m^2

(C) $42\pi^2 \times 10^{-8}$ T$\cdot$m$^2 \approx 4.1 \times 10^{-6}$ T$\cdot$m^2, (D) $-6\pi^2 \times 10^{-3}$ A≈ -0.059 A

125. 길이가 150 cm이고 폭이 80 cm인 도선으로 만든 직사각형 루프가 xy 평면에 놓아 있다. 루프가 있는 영역에는 방향은 $+z$이며 크기는 다음 식으로 주어지는 자기장이 분포해있다.

$$B = 15e^{-t/3}$$

(A) $t = 3.0$ s일 때 루프에 유도되는 순간 기전력을 구하라.

(B) $t = 0$ s에서 $t = 3.0$ s 사이에 루프에 유도되는 평균 기전력을 구하라.

(C) 위의 (A)와 (B)의 값을 비교하고 그 차이에 대해 설명하라.

답: (A) $\frac{6}{e}$ V≈ 2.2 V, (B) $\left(6 - \frac{6}{e}\right)$ V≈ 3.8 V

도움이 필요한가요? 책의 맨 뒤에 있는 "힌트"를 참고하세요.

30
인덕턴스

관련 용어

- **인덕터**(inductor) 모든 형태의 코일을 일컬음. 한 번 감은 도선 루프도 인덕터로 동작한다.
- **인덕턴스**(inductance) 인덕터가 가지는 성질. 인덕턴스로 인해 인덕터에 흐르는 전류(또는 근처에 있는 다른 인덕터에 흐르는 전류)가 시간에 따라 변하면 인덕터에는 기전력이 유도된다.
- **솔레노이드**(solenoid) 도선을 감아서 원통의 형태로 만든 것
- **토로이드 코일**(toroidal coil) 도선을 감아서 만든 도넛과 같은 고리 모양의 코일
- **권수**(truns) 솔레노이드를 구성하는 루프의 수(도선을 감은 횟수)
- **반감기**(half−life) 초깃값의 절반이 되는 값까지 줄어드는 데 걸리는 시간. 또는 최종값의 절반이 되는 값까지 증가하는 데 걸리는 시간
- **시정수**(time constant) 초깃값의 $\frac{1}{e}$ 또는 ≈37%가 되는 값까지 줄어드는 데 걸리는 시간. 또는 최종값의 $\left(1-\frac{1}{e}\right)$ 또는 ≈63%가 되는 값까지 증가하는 데 걸리는 시간
- **전하**(electric charge) 입자가 가지는 고유한 특성 중의 하나로, 전하를 가진 입자가 전기장이 있는 곳에 놓이게 되면 전기장에 의해 힘을 받게 된다. (전기적으로 중성인 입자는 전하를 가지지 않는다. 따라서 중성 입자는 전기장이 있는 곳에 놓이게 되어도 힘을 받지 않는다.)
- **전류**(current) 시간에 대한 전하의 변화율. 단위 시간 동안에 어떤 점 또는 단면적을 통과해 흐르는 전하의 양으로 정의함.
- **직류**(direct current, DC) 시간에 따라 흐르는 방향이 바뀌지 않는 전류
- **전위차(퍼텐셜 차)**(potential difference) 전위차는 시험 전하가 두 위치 사이를 이동하는 데 필요한 단위 전하당 일. 전위차를 다른 말로 **전압**(voltage)이라고 함

- **기전력**(emf) 배터리 또는 직류 전원 공급기가 회로에 공급하는 전위차. 단 이 전위차는 배터리나 전원 공급기의 내부저항에 생기는 전위차를 무시할 때의 전위차이다.
- **역기전력**(back emf) 패러데이 법칙에 따라 인덕터에 유도되는 기전력. 역기전력은 인가되는 전위차를 거스르는 작용을 한다.
- **자기장**(magnetic field) 움직이는 전하(즉 전류)가 만들어내는 자기 현상
- **자속(자기장선 다발)**(magnetic flux) 어떤 표면을 통과하는 자기장선의 상대적인 개수를 나타내는 척도(기준)
- **투자율**(permeability) 물질이 자기장에 미치는 영향을 나타내는 척도(기준)
- **저항**(resistance) 회로에 있는 부품이 전류의 흐름에 저항하는 정도를 나타내는 척도(기준)
- **저항기**(resistor) 저항을 가지고 있는 부품. 줄여서 '저항'이라고 쓰기도 함
- **커패시터**(capacitor) 전하를 저장할 수 있는 장치로 분리된 두 개의 도체(예를 들어, 평행하게 놓인 두 개의 도체)로 이루어져 있다.
- **커패시턴스**(capacitance) 주어진 전압에 대해 커패시터가 저장할 수 있는 전하의 양을 나타내는 척도(기준)
- **자기에너지**(magnetic energy) 인덕터에 흐르는 전류를 바탕으로 인덕터가 얼마나 많은 자기적인 일을 하는지 나타내는 척도(기준)
- **전위 에너지**(electric potential energy) 커패시터를 구성하는 도체 판에 전하를 저장하기 위해 수행해야 하는 전기적 일. 도체 판에 저장된 전하량과 두 도체 판 사이의 전위차의 곱으로 주어진다.

인덕턴스 방정식

인덕터를 통과해 흐르는 전류가 시간에 따라 변하면 패러데이 법칙에 따라 인덕터에는 자체 유도 기전력이 발생한다. 자체 유도 기전력 ε_L은 다음 식에서 보듯이 인덕턴스 L과 전류 I의 순간 변화율에 비례한다.[36]

$$\varepsilon_L = L\frac{dI}{dt}$$

패러데이 법칙에 의해 $\varepsilon_{ind} = -N\frac{d\Phi_m}{dt}$이므로 $\varepsilon_L = -\varepsilon_{ind} = N\frac{d\Phi_m}{dt}$이다. 이를 위 식에 대입하면 $L\frac{dI}{dt} = N\frac{d\Phi_m}{dt}$이다. 이 방정식의 양변을 적분하면 다음의 유용한 공식을 얻을 수 있다.

36 (옮긴이) 여기서는 인덕터를 통과하는 전류 I의 방향을, 인덕터로 흘러들어오는 방향을 기준으로 할 때 인덕터에서 발생하는 전압 강하를 ε_L로 하였다(전류 I가 흘러들어오는 인덕터 단자의 전압 극성이 +). 만일 인덕터에서 발생하는 전압 강하의 기준을 이러한 전류 I의 방향과 반대로 하면 ε_L의 부호는 반대가 되어 $\varepsilon_L = -L\frac{dI}{dt}$가 된다. 패레데이 법칙의 유도 기전력 ε_{ind}은 기준을 반대로 한 것이므로 $\varepsilon_L = -\varepsilon_{ind}$이다.

$$L = \frac{N\Phi_m}{I}$$

서로 가까이 놓여 있는 두 개의 인덕터는 상호 인덕턴스(자체 인덕턴스 외에)를 가진다. 인덕턴스 L과 마찬가지로 상호 인덕턴스 M에 의해서도 다음과 같이 유도 기전력 ε가 발생한다. 상호 인덕턴스 M의 방정식은 앞서 살펴본 자체 인덕턴스 L의 방정식과 유사하다. Φ_{12}는 인덕터 2가 만들어내는 자속 중에서 인덕터 1을 통과하는 자속을 나타낸다.

$$\varepsilon_1 = M_{12}\frac{dI_2}{dt} \quad , \quad \varepsilon_2 = M_{21}\frac{dI_1}{dt} \quad , \quad M_{12} = \frac{N_1\Phi_{12}}{I_2} \quad , \quad M_{21} = \frac{N_2\Phi_{21}}{I_1}$$

앞서 배운 자속 Φ_m의 정의를 다시 써보면

$$\Phi_m = \int_S \vec{\mathbf{B}} \cdot d\vec{\mathbf{A}}$$

이다. 인덕터에 저장되는 자기 에너지는 다음과 같다.

$$U_L = \frac{1}{2}LI^2$$

회로에 사용되는 회로 기호

회로 기호	이름	이름
	R	저항기
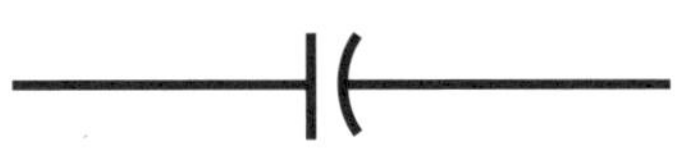	C	커패시터
	L	인덕터
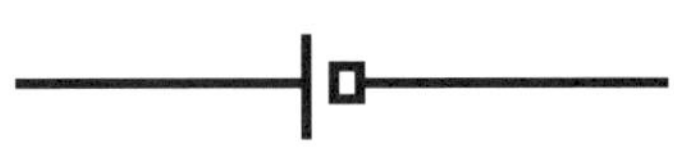	ΔV	배터리 또는 직류전원

기호와 SI 단위

기호	이름	SI 단위
L	인덕턴스(또는 자체 인덕턴스)	H

M	상호 인덕턴스	H
ε_L	자체 유도 기전력	V
ε_{ind}	유도 기전력	V
I	전류	A
t	시간	s
Φ_m	자속	$\mathrm{T \cdot m^2}$ 또는 Wb
N	루프의 수(권수)	단위 없음
n	단위길이당 권수	$\frac{1}{\mathrm{m}}$
B	자기장의 크기	T
A	루프의 면적	m^2
θ	$\vec{\mathbf{B}}$와 루프 축 사이, 또는 $\vec{\mathbf{B}}$와 $d\vec{\mathbf{A}}$ 사이의 각도	° 또는 rad
R	저항	Ω
C	커패시턴스	F
U_L	인덕터에 저장되는 자기 에너지	J
Q	커패시터의 +극판에 저장된 전하	C
ΔV	회로 내의 두 점 사이의 전위차	V
$t_{1/2}$	반감기	s
τ	시정수	s
ω	각속력	rad/s
ϕ	위상각	rad

주의: Φ와 ϕ는 그리스 대문자와 소문자 화이(phi)이다.

RL 회로에서 인덕터의 방전

다음 쪽 그림과 같은 간단한 RL 회로를 보자. 왼쪽 회로에서 인덕터에 저장된 전류는 최댓값 I_m[아래첨자 m은 maximum(최대)을 나타냄]으로부터 $e^{-t/\tau}$의 비율로 지수적으로 감소하면서 줄어든다. 아래 가운데 그림처럼 직류 전원공급기가 연결되면 전류는 $1-e^{-t/\tau}$의 비율로 최댓값 I_m까지 증가한다. 이들을 수식으로 나타내면 다음과 같다.

주의: AC 전원공급기가 연결된 경우에는 이 방정식 대신 31장에서 다루는 방정식들을 사용한다.

$$I = I_m e^{-t/\tau} \text{ (왼쪽 회로)}$$

$$I = I_m(1 - e^{-t/\tau}) \text{ (가운데 회로)}$$

시정수 τ는 다음과 같이 인덕턴스 L을 저항 R로 나눈 것과 같다.

$$\tau = \frac{L}{R}$$

반감기 $t_{1/2}$는 시정수 τ와 다음과 같은 관계를 갖는다.

$$t_{½} = \tau \ln(2)$$

다음에 나타낸 저항 방정식과 인덕터 방정식은 여기에서도 성립한다. 여기서 ΔV_R은 저항기 양단의 전위차이다.

$$\Delta V_R = IR \ , \qquad \varepsilon_L = L\frac{dI}{dt}$$

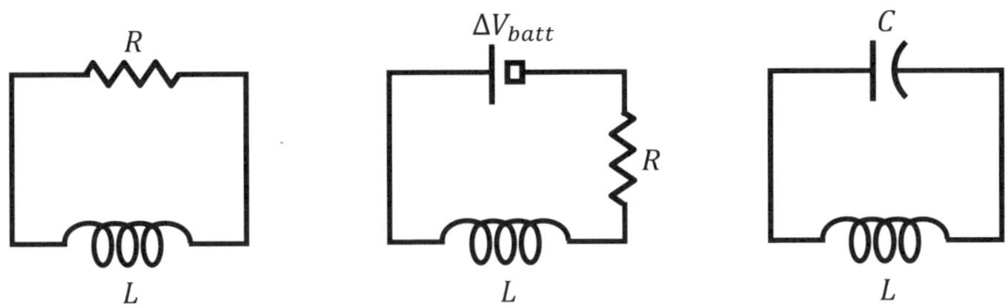

LC 회로에서 인덕터

위의 오른쪽 회로와 같은 간단한 LC 회로에서 전류 I와 전하 Q는 시간에 따라 진동한다. 이들을 수식으로 나타내면 다음과 같다. (일단 회로에는 먼저 약간의 전류가 흐르거나 전하가 있어야 한다) **주의**: AC 전원공급기가 연결된 경우에는 이 방정식 대신 31장에서 다루는 방정식들을 사용한다.

$$I = -I_m \sin(\omega t + \phi) \text{ (위의 오른쪽 회로)}$$

$$Q = Q_m \cos(\omega t + \phi) \text{ (위의 오른쪽 회로)}$$

ϕ 기호는 위상각을 나타내며 ω는 각주파수를 나타낸다. 위상각은 $t = 0$일 때의 각도이다. 위상각은 사인(또는 코사인) 함수를 수평으로 이동시킨다. ω를 수식으로 쓰면 다음과 같다.

$$\omega = \frac{1}{\sqrt{LC}}$$

각주파수 ω는 주파수 f와 $\omega = 2\pi f$로 표시되는 관계를 갖는다. 커패시터에 저장되는 최대전하는 인덕터를 통해 흐르는 최대전류와 다음 식으로 표시되는 관계를 갖는다.

$$I_m = \omega Q_m$$

RLC 회로에서의 인덕터

아래 회로와 같은 간단한 RLC 회로에서 저항 R의 값이 작은 경우에 전류 I와 전하 Q는 시간에 따라 진동한다(마찰이 존재하는 경우에 진동하는 스프링과 유사). 이들을 수식으로 나타내면 다음과 같다.

주의: AC 전원공급기가 연결된 경우에는 이 방정식 대신 31장에서 다루는 방정식들을 사용한다.

$$Q = Q_m e^{-Rt/2L} \cos(\omega_d t + \phi)$$
$$I = \frac{dQ}{dt}$$

RLC 회로에서 각주파수 ω_d는 [d는 감쇄되는(damped)의 약자]

$$\omega_d = \sqrt{\frac{1}{LC} - \left(\frac{R}{2L}\right)^2}$$

로 나타낼 수 있다. 감쇄가 발생하지 않는 저항의 값을 임계저항 R_C라고 한다. ω_d 값은를 0으로 놓을 때 나오는 방정식 $\frac{1}{LC} = \left(\frac{R_c}{2L}\right)^2$로부터 구할 수 있다. 이 방정식의 양변에 제곱근을 취하면 $\frac{1}{\sqrt{LC}} = \frac{R_c}{2L}$이 된다. 양변에 $2L$을 곱하면 $\frac{2L}{\sqrt{LC}} = R_c$을 얻을 수 있다. $2L = \sqrt{4L^2}$ 이므로 $\sqrt{\frac{4L^2}{LC}} = R_c$로 쓸 수 있으므로 다음 방정식으로 간단히 쓸 수 있다.

$$R_c = \sqrt{\frac{4L}{C}}$$

감쇄조화운동은 임계 저항의 값에 따라 다음과 같이 달라진다.

- $R > R_C$이면 과다감쇄 운동이 된다.
- $R = R_C$이면 임계감쇄 운동이 된다.
- $R < R_C$이면 부족감쇄 운동이 된다.
- $R \ll R_C$($\ll$는 훨씬 작다는 의미임)이면 간단한 LC 회로와 같은 동작을 한다.

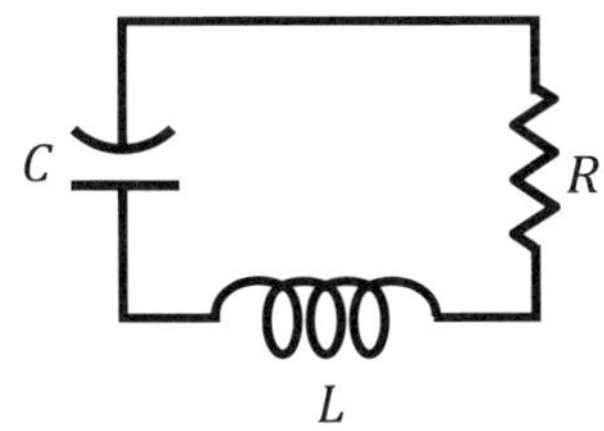

다음 식으로 표시되는 저항, 커패시터, 인덕터 방정식은 RLC 회로에 여전히 적용된다(이번에도 AC 전원공급기가 연결된 경우에는 이 방정식 대신 31장에서 다루는 방정식들을 사용한다.)

$$Q = C\Delta V_C\,, \qquad \Delta V_R = IR\,, \qquad \varepsilon_L = L\frac{dI}{dt}$$

필수 개념

자체 인덕턴스와 상호 인덕턴스는 렌츠 법칙(28장)과 패러데이 법칙(29장)과 관련이 있다. 인덕터를 통과해 흐르는 전류가 시간에 따라 변하면 이 전류가 만들어내는 자기장이 변하고 이 자기장의 변화는 그 인덕터(또는 그 인덕터 근처에 있는 다른 인덕터)를 통과하는 자속을 변하게 한다. 이 변하는 자속은 인덕터에 기전력을 유도한다. 동일한 인덕터에 기전력이 유도될 때(상호 인덕턴스의 경우와는 달리) 이를 자체 유도 기전력이라고 한다.

유도되는 기전력의 크기는 전류가 얼마나 빠르게 변하는가에 따라 정해진다.

렌츠 법칙과 패러데이 법칙은 모터에 역기전력이 유도되게 만든다.

단위 관련 중요 사항

인덕턴스 L의 SI 단위는 헨리(H)이다. 방정식 $L = N\frac{\Phi_m}{I}$을 이용하면 H 단위를 다른 SI 단위로 나타낼 수 있다. 루프의 수 N은 단위가 없고 자속 Φ_m의 SI 단위는 $\mathrm{T \cdot m^2}$, 전류 I의 SI 단위는 암페어(A)이다. 따라서 H 단위는 다음과 같다.

$$1\ \mathrm{H} = 1\frac{\mathrm{T \cdot m^2}}{\mathrm{A}}$$

방정식 $\tau = \frac{L}{R}$에서 시정수 τ의 SI 단위는 반드시 인덕턴스의 단위 헨리(H)를 저항의 단위 옴(Ω)을 나눈 것과 같아야 한다. 즉 $1\ \mathrm{s} = 1\ \frac{\mathrm{H}}{\Omega}$ 이다. 방정식 $\varepsilon_L = L\frac{di}{dt}$로부터 전압의 단위 볼트(V)는 헨리(H)와 다음과 같은 관계를 구할 수 있다. $1\ \mathrm{V} = 1\ \mathrm{H} \cdot \frac{\mathrm{A}}{\mathrm{s}}$. 이 방정식으로부

터 1 s = 1 H$\cdot\frac{\mathrm{A}}{\mathrm{V}}$를 얻을 수 있다. 방정식 $R=\frac{\Delta V}{I}$로부터 단위 옴(Ω)은 $\frac{\mathrm{V}}{\mathrm{A}}$로 쓸 수 있다. 따라서 $\frac{\mathrm{A}}{\mathrm{V}}=\frac{1}{\Omega}$이고 1 s = 1 $\frac{\mathrm{H}}{\Omega}$이다. 다른 형태로 나타내면 1 H = 1 Ω·s가 된다(이것은 Ω 곱하기 s이지 Ω 나누기 s가 아니다).

18장에서 배운 바에 따르면 RC 회로의 시정수는 $\tau = RC$이다. 18장에서 커패시턴스 C의 SI 단위는 패럿(F)으로 1 F = 1 $\frac{\mathrm{s}}{\Omega}$임을 배웠다. 인덕턴스와 커패시턴스를 곱하면 그 결과 단위는 $\mathrm{H}\cdot\mathrm{F}=(\Omega\cdot\mathrm{s})\left(\frac{\mathrm{s}}{\Omega}\right)=\mathrm{s}^2$이다. 따라서 $\sqrt{LC}$의 SI 단위는 초(s)이므로 $\frac{1}{\sqrt{LC}}$의 단위는 초(s)의 역수인 $\frac{1}{\mathrm{s}}=\mathrm{s}^{-1}$이 된다.

인덕터 문제를 푸는 방법

인덕터를 다루는 문제의 유형에 따라 다음과 같이 푸는 방법이 달라진다.

- 인덕턴스 L과 자속 Φ_m 사이의 관계는 다음과 같다.

$$L = \frac{N\Phi_m}{I}$$

  자속 Φ_m은 다음 식과 같이 자기장 $\vec{\mathbf{B}}$를 적분하여 구할 수 있다(29장).

$$\Phi_m = \int_S \vec{\mathbf{B}}\cdot d\vec{\mathbf{A}}$$

  문제에서 인덕턴스 방정식을 유도할 것을 요구하는 경우에는 이번 장의 맨 마지막 방법을 참조한다.

- 자체 유도 기전력은 다음 식과 같이 인덕턴스 L과 변화하는 전류에 따라 달라진다.

$$\varepsilon_L = L\frac{dI}{dt}$$

- 상호인덕턴스의 경우에는 다음 방정식을 사용한다. 여기서 Φ_{12}는 인덕터 2가 만들어 내는 자속 중에서 인덕터 1을 통과하는 자속을 나타낸다.

$$\varepsilon_1 = M_{12}\frac{dI_2}{dt} \quad , \quad \varepsilon_2 = M_{21}\frac{dI_1}{dt} \quad , \quad M_{12} = \frac{N_1\Phi_{12}}{I_2} \quad , \quad M_{21} = \frac{N_2\Phi_{21}}{I_1}$$

- 인덕터에 저장되는 자기 에너지는 다음과 같다.

$$U_L = \frac{1}{2}LI^2$$

- 회로를 다루는 문제인 경우, 다음 방법을 참조한다(AC 전원공급기가 연결된 경우가 아니면 이 방정식 대신 31장을 참조한다.)

인덕터 회로를 해석하는 방법

주의: 회로에 AC 전원공급기가 연결된 경우, 31장을 참조한다.

RL, LC, 또는 RLC 회로에 AC 전원공급기가 연결되지 않은 경우에는 다음에 나오는 방정식들을 사용한다.

- 배터리가 연결되어있지 않고 초기 전류가 I_m인 RL 회로:

$$I = I_m e^{-t/\tau}$$

$$\tau = \frac{L}{R} \quad , \quad t_{1/2} = \tau \ln(2)$$

$$\Delta V_R = IR \quad , \quad \varepsilon_L = L\frac{dI}{dt}$$

- 배터리가 연결되어 있고 초기 전류가 0인 RL 회로:

$$I = I_m(1 - e^{-t/\tau})$$

$$\tau = \frac{L}{R} \quad , \quad t_{1/2} = \tau \ln(2)$$

$$\Delta V_R = IR \quad , \quad \varepsilon_L = L\frac{dI}{dt}$$

- 배터리가 연결되어있지 않고 초기 전하가 Q_m인 LC 회로:

$$I = -I_m \sin(\omega t + \phi) \quad , \quad Q = Q_m \cos(\omega t + \phi)$$

$$\omega = \frac{1}{\sqrt{LC}} = 2\pi f$$

$$I_m = \omega Q_m$$

- 배터리가 연결되어있지 않고 초기 전하가 Q_m인 RLC 회로:

$$Q = Q_m e^{-Rt/2L} \cos(\omega_d t + \phi)$$

$$I = \frac{dQ}{dt}$$

$$\omega_d = \sqrt{\frac{1}{LC} - \left(\frac{R}{2L}\right)^2}$$

임계저항 R_C에 따라 시스템이 부족감쇄($R < R_C$), 임계감쇄($R = R_C$), 과다감쇄($R > R_C$)인지가 결정된다. R_C는 다음 식으로 주어진다.

$$R_c = \sqrt{\frac{4L}{C}}$$

- 어느 회로이든지 에너지 또는 전력을 구할 때는 다음 방정식을 사용한다.

$$U_C = \frac{Q^2}{2C} \quad , \quad P_R = I\Delta V_R \quad , \quad U_L = \frac{LI^2}{2}$$

- 일반적인 회로의 경우, 전하와 전류를 구하기 위해 필요한 방정식들은 키르히호프 법칙을 적용하여 유도할 수 있다. 키르히호프 루프 법칙(전압 법칙)의 경우, $\Delta V_R = IR$, $\Delta V_C = \frac{Q}{C}$, $\Delta V_L = L\frac{dI}{dt}$이다. 필요한 경우, 루프 법칙을 적용하여 얻은 방정식에 $I = \frac{dQ}{dt}$와 $\frac{dI}{dt} = \frac{d^2Q}{dt^2}$을 대입하여 미분 방정식으로 나타낸다. 그러고 나서 이 미분 방정식을 푼다. 18장의 예제에서 RC 회로에 대해 이 방법을 적용한 바 있다.
- 필요한 경우, 17장에서 다룬 로그와 지수와 관련한 규칙들을 적용하라.

인덕턴스 방정식을 유도하는 방법

인덕턴스를 나타내는 방정식을 유도할 때는 다음과 같은 단계를 따라가며 적분을 적용한다.

1. 먼저 인덕터 내부의 자기장 $\vec{\mathbf{B}}$를 나타내는 방정식을 유도한다.
   - 긴 솔레노이드, 토로이드 코일의 경우에는 암페어 법칙을 적용한다(27장)
   - 나머지 경우에는 비오-사바르 법칙을 적용한다(26장)
2. 위의 1단계에서 유도한 자기장 $\vec{\mathbf{B}}$의 방정식을 자속 Φ_m을 구하는 다음의 적분 수식에 대입한다.

$$\Phi_m = \int_S \vec{\mathbf{B}} \cdot d\vec{\mathbf{A}}$$

여기서 미소면적 벡터 $d\vec{\mathbf{A}}$의 방향은 표면에 수직으로, 일반적으로 루프의 축 방향과 일치한다. $d\vec{\mathbf{A}}$의 크기는 문제에서 다루는 표면의 구조에 따라 다음과 같다.

- xy 평면에 놓여 있으며 모든 변이 직선인 평평한 표면: $dA = dxdy$
- 파이 조각 또는 원(2차원 극좌표 또는 원통좌표계): $dA = rdrd\theta$ 또는 $dA = r_c dr_c d\theta$
- 반지름이 a인 구의 표면: $dA = a^2 \sin\theta d\theta d\phi$

적분식에 들어있는 스칼라 곱 $\vec{\mathbf{B}} \cdot d\vec{\mathbf{A}} = B\cos\psi dA$을 잘 알아 두어야 한다. 여기서 ψ는 $\vec{\mathbf{B}}$와 $d\vec{\mathbf{A}}$ 사이의 각도이다.

3. 위의 1번 단계와 2번 단계에서 구한 방정식을 다음의 인덕턴스 방정식에 대입한다.

$$L = \frac{N\Phi_m}{I}$$

4. 상호 인덕턴스의 경우, 위 1번 단계의 방법을 적용하여 인덕터 2가 인덕터 1의 내부에 만들어내는 자기장을 구한 다음, 이어서 인덕터 2가 만들어내는 자속 중에서 인덕터 1을 통과하는 자속 Φ_{12}를 구한다(인덕터 1과 2를 바꾸어 Φ_{21}을 구해도 된다). 다음 식으로부터 상호 인덕턴스를 구한다.

$$M_{12} = \frac{N_1\Phi_{12}}{I_2} \quad , \quad M_{21} = \frac{N_2\Phi_{21}}{I_1}$$

중요한 차이점

인덕턴스를 나타내는 데는 기호 L을 사용한다. 따라서 문제에서 인덕터를 다루는 경우에 길이를 나타낼 때는 L이 아닌 다른 기호, 예를 들어 소문자 ℓ을 사용해야 한다.

DC는 직류를 나타내는 반면, AC는 교류를 나타낸다. 이번 장에서는 DC 전원 공급기만 연결된 회로, 또는 전원 공급기가 아예 없는 회로를 다룬다. 문제에서 AC 전원 공급기를 다루는 경우에는 31장을 참조한다.

RL, LC, RLC 회로에서는 다음과 같이 세 가지 종류의 시간을 다룬다.

- t(아래첨자가 없음)는 경과한 시간을 나타낸다.
- $t_{1/2}$는 반감기이다. 이것은 최댓값의 1/2에 도달하는 데 걸리는 시간이다.
- τ는 시정수로 $\tau = \frac{L}{R}$이다. $t_{1/2} = \tau\ln(2)$이다.

인덕터(inductor)와 절연체(부도체, insulator)를 혼동하지 않도록 주의해야 한다.

- 인덕터는 코일을 감아 만든 것으로 패러데이 법칙과 관련이 있다.
- 절연체는 내부에서 전자가 쉽게 움직일 수 없는 물질이다.

도체(conductor)의 반대가 절연체(insulator)이다. 인덕터는 도체의 반대가 아니다. 사실 인덕터는 도체를 코일 모양으로 감아서 만든 것이다.

코일 형태로 된 모든 구조를 인덕터라고 한다. 솔레노이드도 인덕터의 일종으로, 코일을 나선형태로 촘촘히 감아서 원통 구조로 만든 것이다. 모든 솔레노이드는 인덕터지만 모든 인덕터가 솔레노이드는 아니다. 솔레노이드가 아닌 인덕터의 예가 토로이드 코일이다 (27장 참조).

예제 어떤 인덕터를 통해 흐르는 전류가 3.0 A/s의 비율로 증가할 때 이 인덕터에 6.0 mV의 기전력이 유도되었다. 이 인덕터의 인덕턴스를 구하라.

풀이 자체 유도 기전력을 mV 단위에서 V 단위로 변환하면 $\varepsilon_L = 0.0060$ V가 된다. $\frac{dI}{dt} = 3.0$ A/s는 전류가 증가하는 비율이다. 자체 유도 기전력과 인덕턴스 사이의 관계를 나타내는 방정식을 사용하여 계산을 하면

$$\varepsilon_L = L\frac{dI}{dt}$$
$$0.006 = L(3)$$

가 된다. 양변을 3으로 나눈다. 그런 다음에 인덕턴스를 계산하면

$$L = \frac{0.006}{3} = 0.0020 \text{ H} = 2.0 \times 10^{-3} \text{ H} = 2.0 \text{ mH}$$

이다. 따라서 인덕턴스는 $L = 2.0$ mH이다. 여기서 m은 10^{-3}을 나타내는 접두어이다.

예제 어떤 인덕터가 12 mH의 인덕턴스를 가지고 있다.
(A) 이 인덕터에 3.0 Ω의 저항기가 직렬로 연결될 때 시정수를 구하라.

풀이 먼저 인덕턴스를 mH 단위에서 H 단위로 변환하면 $L = 0.012$ H가 된다. RL 회로의 시정수 방정식을 사용하여 계산을 하면

$$\tau = \frac{L}{R} = \frac{0.012}{3} = 0.0040 \text{ s} = 4.0 \text{ ms}$$

가 된다. 따라서 시정수는 $\tau = 4.0$ ms이다(즉 4.0밀리초이다).
(B) 이 인덕터에 30 μF의 커패시터가 직렬로 연결될 때 전류의 진동 각주파수를 구하라.

풀이 먼저 커패시턴스를 μF 단위에서 F 단위로 변환하면 $C = 3.0 \times 10^{-5}$이 된다. LC 회로의 각주파수 방정식을 사용하여 계산을 하면

$$\omega = \frac{1}{\sqrt{LC}} = \frac{1}{\sqrt{(0.012)(3.0 \times 10^{-5})}} = \frac{1}{\sqrt{0.036 \times 10^{-5}}} = \frac{1}{\sqrt{36 \times 10^{-8}}}$$

가 된다. 여기서 $3.6 \times 10^{-7} = 36 \times 10^{-8}$이다. 제곱근을 구할 때는 10의 지수가 짝수이면 더욱 간단히 계산할 수 있으므로 10^{-7} 대신 10^{-8}으로 만든 것이다. 연산규칙 $\sqrt{ax} = \sqrt{a}\sqrt{x}$를 적용하여 다시 계산을 하면

$$\omega = \frac{1}{\sqrt{36}}\frac{1}{\sqrt{10^{-8}}} = \frac{1}{6}\frac{1}{10^{-4}} = \frac{1}{6}\times 10^{4}\ \text{rad/s}$$

가 나온다. 따라서 각주파수는 $\omega = \frac{1}{6}\times 10^4$ rad/s이다. 계산기를 사용하면 $\omega = 1.7\times 10^3$ rad/s가 나온다.

예제 아래 그림을 보면 도선을 촘촘하게 감은 긴 길이의 솔레노이드가 z축을 따라 놓여 있다. 솔레노이드에는 필라멘트 전류 I가 흐르고 있다. 솔레노이드의 자체 인덕턴스를 나타내는 방정식을 유도하라.

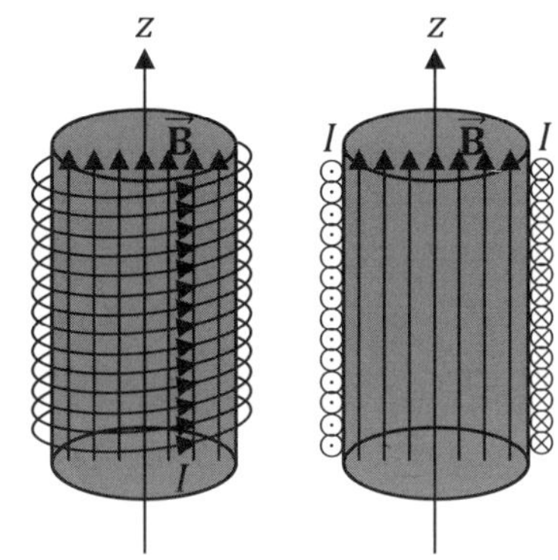

풀이 27장에서는 암페어 법칙을 적용하여 이 예제와 유사한 솔레노이드 내부의 자기장을 나타내는 방정식을 다음으로 유도하였다. 여기서 n은 단위길이당 권수, N은 권수, ℓ은 솔레노이드의 길이이다.

$$\vec{\mathbf{B}} = \mu_0 nI\hat{\mathbf{z}} = \frac{\mu_0 NI\hat{\mathbf{z}}}{\ell}$$

이 자기장 방정식을 다음의 자속 적분 수식에 대입한다.

$$\Phi_m = \int_S \vec{\mathbf{B}}\cdot d\vec{\mathbf{A}} = \int_S \frac{\mu_0 NI\hat{\mathbf{z}}}{\ell}\cdot d\vec{\mathbf{A}} = \frac{\mu_0 NI}{\ell}\int_S \hat{\mathbf{z}}\cdot d\vec{\mathbf{A}}$$

여기서 적분을 수행하는 표면은 루프의 면적이다. 이 예제에 해당되는 미소면적 요소의 크기는 $dA = r_c dr_c d\theta$이다. $d\vec{\mathbf{A}}$의 방향은 z축과 평행인데 이는 $d\vec{\mathbf{A}}$는 일반적으로 표면에 수직이고 z축은 루프에 수직이기 때문이다. 이 둘을 하나로 합하면 $d\vec{\mathbf{A}} = \hat{\mathbf{z}}dA = \hat{\mathbf{z}}r_c dr_c d\theta$가 된다. 이 적분 범위는 $r_c = 0$에서 $r_c = a$(솔레노이드의 반지름)까지, 그리고 $\theta = 0$에서 $\theta = 2\pi$까지이다. 따라서 위의 자속을 구하는 적분은

$$\Phi_m = \frac{\mu_0 NI}{\ell} \int_{r_c=0}^{a} \int_{\theta=0}^{2\pi} \hat{\mathbf{z}} \cdot \hat{\mathbf{z}}\, r_c\, dr_c\, d\theta$$

로 쓸 수 있다. 스칼라 곱셈 $\hat{\mathbf{z}} \cdot \hat{\mathbf{z}} = 1$(19장 참조)이므로

$$\Phi_m = \frac{\mu_0 NI}{\ell} \int_{r_c=0}^{a} \int_{\theta=0}^{2\pi} r_c dr_c d\theta = \frac{\mu_0 NI}{\ell} \int_{r_c=0}^{a} r_c\, dr_c \int_{\theta=0}^{2\pi} d\theta$$

$$\Phi_m = \frac{\mu_0 NI}{\ell} \left[\frac{r_c^2}{2}\right]_{r_c=0}^{a} [\theta]_{\theta=0}^{2\pi} = \frac{\pi \mu_0 NIa^2}{\ell}$$

가 된다. 이 수식을 자체 인덕턴스 방정식에 대입하자.

$$L = \frac{N\Phi_m}{I} = \frac{N}{I}\left(\frac{\pi \mu_0 NIa^2}{\ell}\right) = \frac{\pi \mu_0 N^2 a^2}{\ell}$$

이 결과는 $L = \frac{\mu_0 N^2 A}{\ell}$에서 $A = \pi a^2$인 경우와 동일하다.

예제 도선을 촘촘하게 감은 긴 길이의 솔레노이드 두 개가 z축을 따라 놓여 있다. 두 솔레노이드는 반지름이 a로 같다. 두 솔레노이드에는 각각 필라멘트 전류 I_1과 I_2가 흐르고 있다. 솔레노이드 1에 의해 솔레노이드 2가 갖는 상호 인덕턴스 M_{21}를 나타내는 방정식을 유도하다.

풀이 이 예제는 바로 전 예제와 아주 유사하다. 여기서는 상호 인덕턴스들을 제대로 구별할 수 있도록 아래첨자를 추가로 사용한다. 먼저 솔레노이드 1이 솔레노이드 2의 내부에 만들어내는 자기장을 구해본다(문제에서 요구하는 M_{21}과 관련이 있는 것이 Φ_{21}으로, 이것은 솔레노이드 1이 만들어내는 자속 중에서 솔레노이드 2을 통과하는 자속으로 정의된다. 이것을 솔레노이드 2를 통과하는 자속 중에서 솔레노이드 1이 만들어낸 것이라고 표현할 수도 있다). 바로 전 예제에서 사용한 자기장 식에 아래첨자만 추가해서 써보면

$$\vec{\mathbf{B}}_1 = \frac{\mu_0 N_1 I_1 \hat{\mathbf{z}}}{\ell_1}$$

가 된다. 이제 다음의 적분으로 솔레노이드 1이 만들어내는 자속 중에서 솔레노이드 2를 통과하는 자속을 구해보자.

$$\Phi_{21} = \int_{S_2} \vec{\mathbf{B}}_1 \cdot d\vec{\mathbf{A}}$$

여기서는 솔레노이드 1이 만들어내는 자기장 $\vec{\mathbf{B}}_1$을 사용하지만 적분은 솔레노이드 2의 표면 S_2(솔레노이드 2 루프의 면적)에 대해 수행한다. 이 문제에서는 두 솔레노이드의 반지름이 a로 서로 같으므로 솔레노이드 1의 표면을 사용해도 된다. 바로 전 예제에서와 같이 $d\vec{\mathbf{A}} = \hat{\mathbf{z}}dA = \hat{\mathbf{z}}r_c dr_c d\theta$이고 $\hat{\mathbf{z}} \cdot \hat{\mathbf{z}} = 1$이다. 적분 범위는 $r_c = 0$에서 $r_c = a$(솔레노이드 2를 통과하는 자속이므로 솔레노이드 2의 반지름이다. 하지만 이 문제에서는 솔레노이드 1과 2의 반지름이 서로 같으므로 어느 솔레노이드의 반지름인지는 중요하지 않다)까지, 그리고 $\theta = 0$에서 $\theta = 2\pi$까지이다. 따라서 적분을 계산하면

$$\Phi_{21} = \int_{S_2} \vec{\mathbf{B}}_1 \cdot d\vec{\mathbf{A}} = \int_{S_2} \frac{\mu_0 N_1 I_1 \hat{\mathbf{z}}}{\ell_1} \cdot d\vec{\mathbf{A}} = \frac{\mu_0 N_1 I_1}{\ell_1} \int_{r_c=0}^{a} \int_{\theta=0}^{2\pi} \hat{\mathbf{z}} \cdot \hat{\mathbf{z}}\, r_c\, dr_c\, d\theta$$

$$\Phi_{21} = \frac{\mu_0 N_1 I_1}{\ell_1} \int_{r_c=0}^{a} r_c\, dr_c \int_{\theta=0}^{2\pi} d\theta = \frac{\mu_0 N_1 I_1}{\ell_1} \left[\frac{r_c^2}{2}\right]_{r_c=0}^{a} [\theta]_{\theta=0}^{2\pi} = \frac{\pi \mu_0 N_1 I_1 a^2}{\ell_1}$$

가 된다. 이 수식을 상호 인덕턴스 방정식에 대입하자.

$$M = \frac{N_2 \Phi_{21}}{I_1} = \frac{N_2}{I_1}\left(\frac{\pi \mu_0 N_1 I_1 a^2}{\ell_1}\right) = \frac{\pi \mu_0 N_1 N_2 a^2}{\ell_1}$$

이 결과는 $M = \frac{\mu_0 N_1 N_2 A_2}{\ell}$와 같다. 여기서 $A_2 = \pi a_2^2 = \pi a^2$는 솔레노이드 2를 이루고 있는 각 루프의 면적이다.

연습문제

126. 80 mH 인덕터를 통해 흐르는 전류가 일정한 비율로 증가할 때 이 인덕터에 0.72 V의 기전력이 유도되었다. 전류의 증가율을 구하라.

 답: 9.0 A/s

127. 20 mH 인덕터에 50.0 Ω 저항기가 직렬로 연결되어 있다. 시정수를 구하라.

 답: 0.40 ms

128. 16.0 mH 인덕터와 직렬로 40.0 μF 커패시터가 연결되어 있다. 커패시터는 초기에 충전되어 있었다. 이 LC 회로의 진동 각주파수를 구하라.

 답: 1250 rad/s

129. 다음 쪽 그림과 같이 촘촘히 감긴 토로이드 코일이 있다. 토로이드 코일의 단면은 정사각형이며 코일을 따라 필라멘트 전류 I가 흐르고 있다. 토로이드 코일의 자체

인덕턴스를 나타내는 수식을 유도하라.

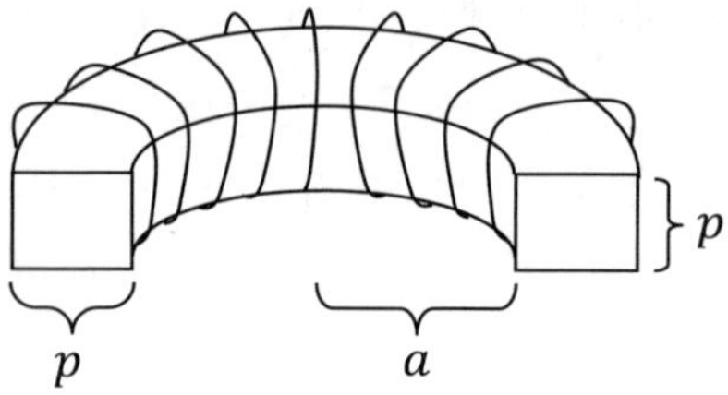

답: $L = \frac{\mu_0 N^2 p}{2\pi} \ln\left(\frac{a+p}{a}\right)$

도움이 필요한가요? 책의 맨 뒤에 있는 “힌트”를 참고하세요.

31
AC 회로

관련 용어

- **AC**(alternating current) 교류, 시간에 따라 흐르는 방향이 바뀌는 전류
- **DC**(direct current) 직류, 시간에 따라 흐르는 방향이 바뀌지 않는 전류
- **실횻값**(root-mean square(rms) value) 어떤 값을 제곱한 다음에 평균값을 구하고 마지막에 제곱근(루트)을 취할 때 나오는 값. AC 멀티미터는 전류 또는 전위차의 실횻값을 측정한다.
- **주파수**(frequency) 단위 시간(1초) 동안 전류의 방향이 바뀌는 횟수(진동하는 횟수)
- **각주파수**(angular frequency) 단위 시간 동안 움직이는(변하는) 각도
- **주기**(period) 되풀이 되는 현상이 한 번 완료되는 데 걸리는 시간
- **전하**(electric charge) 입자가 가지는 고유한 특성 중의 하나로, 전하를 가진 입자가 전기장이 있는 곳에 놓이게 되면 전기장에 의해 힘을 받게 된다. (전기적으로 중성인 입자는 전하를 가지지 않는다. 따라서 중성 입자는 전기장이 있는 곳에 놓이게 되어도 힘을 받지 않는다.)
- **전류**(current) 시간에 대한 전하의 변화율. 단위 시간 동안에 어떤 점 또는 단면적을 통과해 흐르는 전하의 양으로 정의함.
- **전위차(퍼텐셜 차)**(potential difference) 두 위치 사이의 전위의 차이. 전위차는 시험 전하가 두 위치 사이를 이동하는 데 필요한 단위 전하당 일이다. 전위차를 퍼텐셜 차라고도 함
- **기전력**(emf) 배터리 또는 직류 전원 공급기가 회로에 공급하는 전위차. 단 이 전위차는 배터리나 전원 공급기의 내부저항에 생기는 전위차를 무시할 때의 전위차이다.
- **자기장**(magnetic field) 움직이는 전하(즉 전류)가 만들어내는 자기 현상

- **저항**(resistance) 회로에 있는 부품이 전류의 흐름에 저항하는 정도를 나타내는 척도(기준)
- **저항기**(resistor) 저항을 가지고 있는 부품. 줄여서 '저항'이라고 쓰기도 함
- **커패시터**(capacitor) 전하를 저장할 수 있는 장치로 분리된 두 개의 도체(예를 들어, 평행하게 놓인 두 개의 도체)로 이루어져 있다.
- **커패시턴스**(capacitance) 주어진 전압에 대해 커패시터가 저장할 수 있는 전하의 양을 나타내는 척도(기준)
- **인덕터**(inductor) 모든 형태의 코일을 일컬음. 한 번 감은 도선 루프도 인덕터로 동작한다.
- **인덕턴스**(inductance) 인덕터가 가지는 성질. 인덕턴스로 인해 인덕터에 흐르는 전류(또는 근처에 있는 다른 인덕터에 흐르는 전류)가 시간에 따라 변하면 인덕터에는 기전력이 유도된다.
- **임피던스**(impedance) 교류회로에서 전위차(전압)와 전류의 비. 저항과 리액턴스의 영향을 합성한 것이다.
- **리액턴스**(reactance) 교류회로에서 커패시터와 인덕터가 전류에 미치는 영향. 이로 인해 전류는 전위차(전압)와 위상이 어긋나게 된다.
- **유도성 리액턴스**(inductive reactance) 교류회로에서 인덕터가 전류에 미치는 영향. 이로 인해 전류는 전위차보다 90°만큼 뒤지게 된다.
- **용량성 리액턴스**(inductive reactance) 교류회로에서 커패시터가 전류에 미치는 영향. 이로 인해 전류는 전위차보다 90°만큼 앞서게 된다.
- **전력**(electric power) 시간에 대한 전기적 일의 변화율. 단위 시간 동안에 수행하는 전기적 일로 정의함.
- **변압기**(transformer) 전위차(전압)를 높이거나 낮추는 장치
- **1차**(primary) 변압기에서 입력 쪽의 인덕터를 일컫는 용어. 교류 전원공급기는 이 인덕터에 연결되어 변압기로 교류 전압을 공급한다.
- **2차**(secondary) 변압기에서 출력 쪽의 인덕터를 일컫는 용어. 변압기의 1차로 공급된 전압은 변압기에서 조정되어 이 인덕터에서 출력된다.

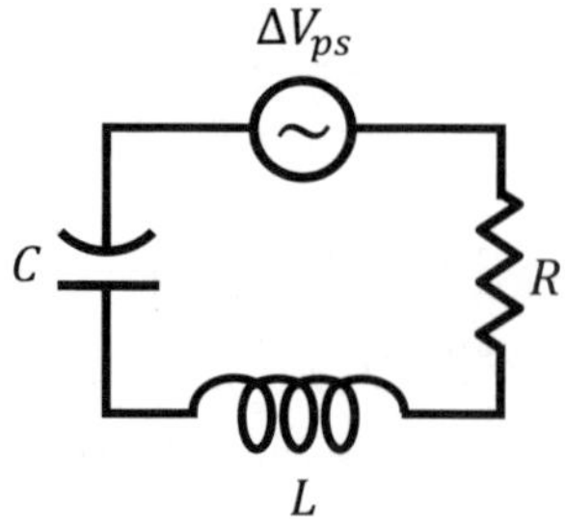

AC 전원 공급기가 연결된 직렬 RLC 회로의 방정식

이전 쪽에 표시된 직렬 RLC 회로를 보면 AC 전원 공급기가 연결되어 있다. 이 회로에는 다음 방정식들이 적용된다.

- 각 회로 부품 양단의 전위차는 다음 식으로 표시된다. 여기서 아래첨자 ps는 power supply(전원 공급기)를 나타낸다.

$$\Delta V_{ps} = \Delta V_m \sin(\omega t) \quad , \quad \Delta V_R = \Delta V_{Rm} \sin(\omega t)$$
$$\Delta V_L = \Delta V_{Lm} \cos(\omega t) \quad , \quad \Delta V_C = -\Delta V_{Cm} \cos(\omega t)$$

  이 방정식들의 좌변의 값들은 시간에 따라 변하는 순시값이다. 아래첨자 m[maximum(최대)를 나타냄]은 그 값이 최댓값임을 뜻한다. 최댓값은 최대 전류와 다음과 같은 관계를 갖는다.

$$\Delta V_m = I_m Z \quad , \quad \Delta V_{Rm} = I_m R \quad , \quad \Delta V_{Lm} = I_m X_L \quad , \quad \Delta V_{Cm} = I_m X_C$$

  Z 기호는 임피던스라고 하고 X 기호는 리액턴스라고 한다. 다음에 나오는 내용을 참조하라.

- 회로의 전류는 다음 수식으로 나타낸다.

$$I = I_m \sin(\omega t - \phi)$$

  여기서 ϕ는 위상각이라고 한다. 다음에 나오는 내용을 참조하라.

- 다음과 같이 옴 법칙을 사용하여 임피던스 Z를 정의할 수 있다.

$$\Delta V_m = I_m Z \quad , \quad Z = \sqrt{R^2 + (X_L - X_C)^2}$$

임피던스 Z는 저항 R과 리액턴스 X_L, X_C를 모두 포함하는 양이다.

- 리액턴스에는 다음과 같이 두 종류가 있다.
  - 유도성 리액턴스 X_L은 교류회로에서 인덕터 양단의 전압과 인덕터를 통해 흐르는 전류의 비이다. 유도성 리액턴스의 SI 단위는 Ω이다. 유도성 리액턴스 X_L은 다음 식에서 보듯이 각주파수 ω와 인덕턴스 L에 정비례한다.

$$X_L = \omega L \quad , \quad \Delta V_{Lm} = I_m X_L$$

  - 용량성 리액턴스 X_C는 교류회로에서 커패시터 양단의 전압과 커패시터를 통해 흐르는 전류의 비이다. 용량성 리액턴스의 SI 단위는 Ω이다. 용량성 리액턴스 X_C는 다음 식에서 보듯이 각주파수 ω와 커패시턴스 C에 반비례한다.

$$X_C = \frac{1}{\omega C} \quad , \quad \Delta V_{Cm} = I_m X_C$$

- 실횻값(rms)은 최댓값과 다음과 같은 관계를 갖는다.

$$\Delta V_{rms} = \frac{\Delta V_m}{\sqrt{2}} \quad , \quad I_{rms} = \frac{I_m}{\sqrt{2}}$$

- 위상각 ϕ는 전위차(전압)의 그래프와 비교하여 전류의 그래프가 수평(시간)으로 얼마나 어긋나 있는지(앞서 있는지 뒤져 있는지) 나타낸다.

$$\phi = \tan^{-1}\left(\frac{X_L - X_C}{R}\right)$$

위상각의 부호는 다음과 같은 의미를 갖는다.

  - $X_L > X_C$인 경우, 위상각의 부호는 +이다. 이것은 전류가 전원 공급기의 전위차보다 뒤짐을 뜻한다.
  - $X_L < X_C$인 경우, 위상각의 부호는 −이다. 이것은 전류가 전원 공급기의 전위차보다 앞섬을 뜻한다.
  - $X_L = X_C$인 경우, 위상각은 0이다. 이것은 전류가 전원 공급기의 전위차와 위상(각)이 같음을 뜻한다. 이것은 공진주파수에 해당한다(아래 참조).

- 각주파수 ω, 주파수 f, 주기 T 사이의 관계는 다음 식으로 표시된다.

$$\omega = 2\pi f = \frac{2\pi}{T} \quad , \quad f = \frac{1}{T}$$

공진주파수는 RLC 직렬회로에서 전류를 최대로 흐르게 하는 주파수이다. (AC 회로에서 I_{rms}의 값은 주파수의 함수가 된다) 공진은 $X_L = X_C$일 때 발생한다(임피던스 값이 최소가 되므로 실효 전류는 최대가 되는 것이다). 공진이 발생하는 각주파수는 다음 식으로 주어진다.

$$\omega_0 = \frac{1}{\sqrt{LC}} = 2\pi f_0$$

다른 책에서는 공진주파수를 가리키는 기호로 f_0가 아니라 ω_0를 사용하기도 한다.

- AC 전원 공급기가 전달하는 순시 전력 P는 다음과 같다.

$$P = I\Delta V_{ps} = I_m \Delta V_m \sin(\omega t)\sin(\omega t - \phi)$$

평균 전력 P_{av}는 다음과 같다.

$$P_{av} = I_{rms}\Delta V_{rms}\cos\phi = I_{rms}^2 R$$

여기서 $\cos\phi$를 역률(power factor)이라고 한다.

- 양호도(quality factor) Q_0는 ω의 함수로 그린 P_{av}의 그래프에서 P_{av} 곡선이 얼마만큼 뾰족한지 나타내는 척도(기준)이다. 여기서 Q_0는 전하를 가리키는 것이 **아니니** 주의해야 한다. 양호도 Q_0를 수식으로 나타내면 다음과 같다.

$$Q_0 = \frac{\omega_0}{\Delta\omega} = \frac{\omega_0 L}{R}$$

여기서 ω_0는 공진주파수(위의 내용 참조)이고 $\Delta\omega$는 ω의 함수로서 P_{av} 곡선을 그릴 때 P_{av}값이 최댓값의 1/2과 같아지는 두 ω 값 사이의 폭이다. 이 대문에 $\Delta\omega$를 반전력 각주파수 폭이라고 한다.

- 전류 I와 커패시터에 저장된 전하 Q의 관계는 다음과 같다.

$$I = \frac{dQ}{dt}$$

기호와 SI 단위

기호	이름	SI 단위
ΔV_{ps}	전원 공급기 양단의 순시 전위차	V
ΔV_R	저항 양단의 순시 전위차	V
ΔV_L	인덕터 양단의 순시 전위차	V
ΔV_C	커패시터 양단의 순시 전위차	V
ΔV_m	전원 공급기 양단의 최대 전위차	V
ΔV_{rms}	전위차의 실횻값	V
ΔV_{Rm}	저항 양단의 최대 전위차	V
ΔV_{Lm}	인덕터 양단의 최대 전위차	V
ΔV_{Cm}	커패시터 양단의 최대 전위차	V
ΔV_{in}	입력 전압	V
ΔV_{out}	출력 전압	V
N_p	1차권선의 권수	단위 없음
N_s	2차권선의 권수	단위 없음

I	전류	A
I_m	전류의 최댓값(진폭)	A
I_{rms}	전류의 실횻값	A
R	저항	Ω
L	인덕턴스	H
C	커패시턴스	F
Z	임피던스	Ω
X_L	유도성 리액턴스	Ω
X_C	용량성 리액턴스	Ω
P	순시 전력	W
P_{av}	평균 전력	W
t	시간	s
ω	각주파수	rad/s
ω_0	공진 각주파수	rad/s
$\Delta\omega$	반전력 각주파수	rad/s
f	주파수	Hz
f_0	공진 주파수	Hz
T	주기	s
ϕ	위상각	rad
Q_0	양호도(전하가 아님)	단위 없음
Q	커패시터에 저장된 순시 전하	C

교류 회로에 사용되는 회로 기호

회로 기호	이름	이름
	R	저항기
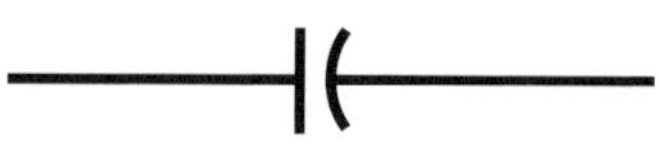	C	커패시터
	L	인덕터

	ΔV	AC 전원 공급기
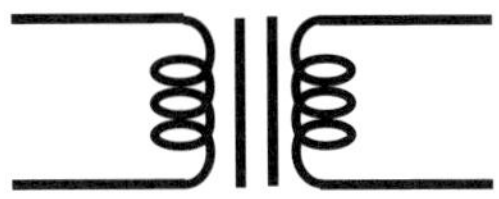		변압기

페이저(phasor, 위상자)

AC 회로에서 전류는 일반적으로 전위차(전압)와 위상이 같지 않다. 이 말은 시간 t(또는 각도 θ)의 함수로 그린 전류의 그래프는 시간 t(또는 각도 θ) 함수로 그린 전원 공급기 전위차의 그래프와 비교할 때 수평으로(시간 축에서) 어긋나 있다($\theta = \omega t$). 전류와 전위차는 모두 사인파이다. 전류의 수식 $I = I_m \sin(\omega t - \phi)$에서 위상각 ϕ는 전류의 그래프를 전위차 $\Delta V_{ps} = \Delta V_m \sin(\omega t)$의 그래프와 비교하여 수평으로(시간 축에서) 앞이나 뒤로 이동시킨다.

- ϕ가 +이면 전류는 전원공급기(전위차)보다 위상이 뒤진다.
- ϕ가 −이면 전류는 전원공급기(전위차)보다 위상이 앞선다.
- ϕ가 0이면 전류는 전원공급기(전위차)와 위상이 같다.

인덕터와 커패시터는 AC 회로에서 다음과 같이 위상 이동을 일으킨다.

- $\Delta V_L = L\frac{dI}{dt}$로 표시되는 패러데이 법칙에 따라 인덕터를 통과하는 전류는 인덕터 양단의 전위차보다 90°만큼 뒤진다.
- $I = \frac{dQ}{dt}$에서 알 수 있듯이 전류는 전하의 순간변화율이므로 커패시터를 통과하는 전류는 커패시터 양단의 전위차보다 90°만큼 앞선다.

다음 설명에서 알 수 있듯이 수학적으로 미분과 적분은 위상 이동을 일으킨다.

- $\frac{d}{d\theta}\sin\theta = \cos\theta$이다. 사인 함수의 미분은 사인 함수를 90°만큼 왼쪽으로 이동시켜 코사인이 되도록 만드는데 이것이 바로 인덕터에서 발생하는 현상이다. 인덕터에서는 $\Delta V_L = L\frac{dI}{dt}$이므로 전류 I가 $\sin\theta$일 때 전압 ΔV_L은 $\cos\theta$가 된다. (인덕터에서는 전류를 미분하면 전압이 된다.)
- $\int \sin\theta d\theta = -\cos\theta$이다. 사인 함수의 적분은 사인 함수를 90°만큼 오른쪽으로 이동시켜 마이너스 코사인이 되도록 만드는데 이것이 바로 커패시터에서 발생하는 현상이다. 커패시터에서는 $I = \frac{dQ}{dt}$와 $Q = C\Delta V_C$이므로 $I = \frac{dQ}{dt} = \frac{dQ}{dt}(C\Delta V_C) = C\frac{d\Delta V_C}{dt}$이다. 따라서 $\Delta V_C = \frac{1}{C}\int I dt$이므로 전류 I가 $\sin\theta$일 때 전압 ΔV_C는 $-\cos\theta$가 된다. (커패시터에서는 전류를 적분하면 전압이 된다.)

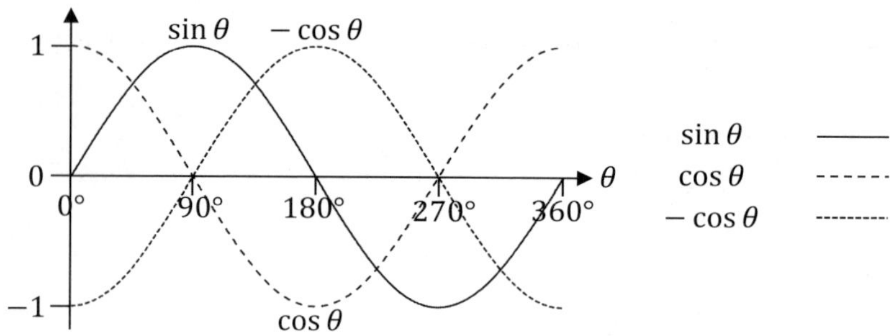

위 그림을 보면 다음 사항을 알 수 있다.

- 사인파(sinθ)를 90°만큼 왼쪽으로 이동시키면 코사인 함수(cosθ)가 된다.
- 사인파(sinθ)를 90°만큼 오른쪽으로 이동시키면 마이너스 코사인 함수(−cosθ)가 된다.

AC 전원 공급기가 연결된 직렬 RLC 회로에서 위상각 ϕ는 −90°와 90° 사이에서 어떤 값을 갖게 된다. 전류는 전원 공급기 전압보다 0°와 90° 사이의 어떤 각도만큼 앞서거나 뒤진다. 극단적인 경우로서, 회로에 커패시터만 있거나 인덕터만 있는 경우에는 전류는 전압보다 90°만큼 앞서거나 뒤진다(실제 회로에서는 이런 현상이 발생하는 것은 불가능한데, 이는 도선과 연결부분(부품의 단자)은 반드시 약간의 저항을 가지고 있기 때문이다).

페이저를 그림으로 그리면(이를 페이저도라고 함) AC 회로에서 위상각을 쉽게 구할 수 있다. 페이저는 다음과 같이 크기와 각도(방향)을 가지므로 벡터로 취급할 수 있다.

- 전위차의 크기 ΔV_m[37]은 페이저의 크기이다.
- 위상각은 페이저의 방향과 같은 역할을 한다.

위상각 ϕ는 인덕터의 경우에는 90°, 저항의 경우에는 0°, 커패시터의 경우에는 −90°이다. 따라서 AC 전원공급기가 연결된 직렬 RLC 회로의 페이저도를 그려보면 아래의 왼쪽 그림과 같이 된다.

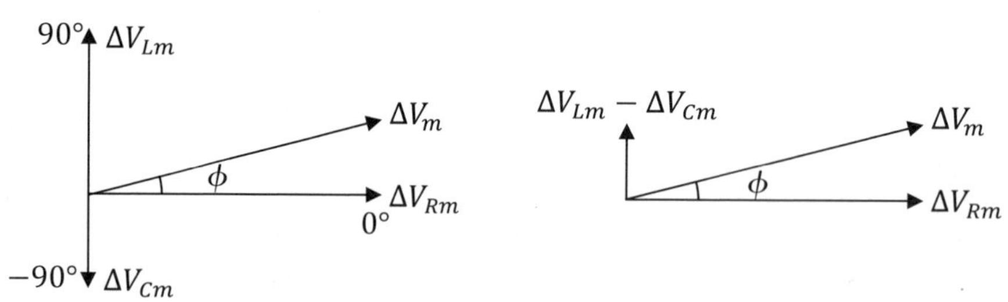

위의 오른쪽 그림은 인덕터와 커패시터의 페이저를 합성한 것이다. 인덕터의 페이저와 커패시터의 페이저는 서로 방향이 반대이므로 이들 두 페이저의 벡터 덧셈(페이저 덧셈)

37 최댓값 ΔV_m 대신 이를 $\sqrt{2}$로 나눈 실횻값 ΔV_{rms}를 사용해도 된다.

을 수행할 때는 서로 크기를 뺀다. 위의 오른쪽 그림에서 ΔV_{Rm}은 $\Delta V_{Lm} - \Delta V_{Cm}$과 수직을 이루고 있으므로 전원공급기에서 공급하는 전위차의 크기 ΔV_m은 다음과 같이 피타고라스 정리를 사용하여 구할 수 있다.

$$\Delta V_m = \sqrt{\Delta V_{Rm}^2 + (\Delta V_{Lm} - \Delta V_{Cm})^2}$$

각 전위차의 크기는 전류의 진폭에 비례하므로($\Delta V_m = I_m Z$, $\Delta V_{Rm} = I_m R$, $\Delta V_{Lm} = I_m X_L$, $\Delta V_{Cm} = I_m X_C$) 위의 방정식을 I_m으로 나누면 임피던스 Z의 방정식을 얻을 수 있다.

$$Z = \sqrt{R^2 + (X_L - X_C)^2}$$

따라서 아래 그림처럼 임피던스 삼각형(impedance triangle)을 그리는 것도 효과적인 방법이다.

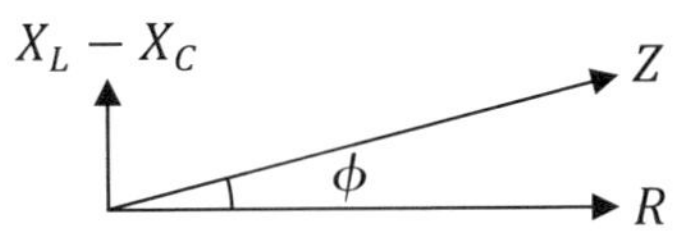

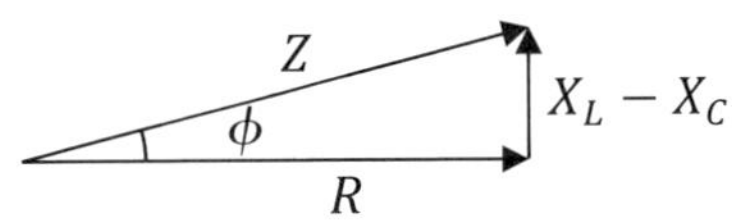

임피던스 삼각형에서 삼각함수 관계식을 이용하면 위상각을 다음과 같이 구할 수 있다.

$$\tan \phi = \frac{X_L - X_C}{R}$$

RL 회로에서 인덕터의 방전

AC 회로에서 유도성 리액턴스와 용량성 리액턴스는 주파수에 따라 크기가 달라진다.

- 유도성 리액턴스 X_L은 $X_L = \omega L$이므로 주파수에 정비례한다. 그 까닭은 다음과 같다. 주파수가 높아질수록 시간에 따른 전류의 변화는 빨라진다. 전류 변화가 빨라지면 패러데이 법칙 $\varepsilon_L = L\frac{dI}{dt}$에 따라 유도 기전력의 크기가 증가하기 때문이다.
- 용량성 리액턴스 X_C는 $X_C = \frac{1}{\omega C}$이므로 주파수에 반비례한다. 그 까닭은 다음과 같다. ω가 0인 극단적인 경우에 $I = \frac{\Delta V_C}{X_C}$로 주어지는 전류 I는 0이 되어야 한다(ω가 0이면 이는 곧 직류 회로라는 것을 의미하는데 정상상태인 직류 회로에서는 커패시터를 통해 전류가 흐르지 않기 때문이다). 이렇게 되려면 ω가 0일 때 용량성 리액턴스 X_C 값은 매우 커야 하기 때문이다.

유도성 리액턴스와 용량성 리액턴스 모두 주파수에 따라 크기가 달라지므로 다음 수식에서 알 수 있듯이 전류의 진폭 역시 주파수에 따라 달라진다.

$$I_m = \frac{\Delta V_m}{Z} = \frac{\Delta V_m}{\sqrt{R^2 + (X_L - X_C)^2}} = \frac{\Delta V_m}{\sqrt{R^2 + \left(\omega L - \frac{1}{\omega C}\right)^2}}$$

ΔV_m, R, L, C 값이 주어진 경우, 전류의 진폭은 $X_L = X_C$일 때 최대가 된다(분모가 작을수록 전류는 커진다. 분모는 $X_L - X_C = 0$일 때 최솟값 R이 된다). $X_L = X_C$일로 놓으면 다음 식을 얻는다.

$$\omega_0 L = \frac{1}{\omega_0 C}$$

양변에 ω_0를 곱하고 이어서 L로 나누면

$$\omega_0^2 = \frac{1}{LC}$$

가 된다. 양변에 제곱근을 취하면

$$\omega_0 = \frac{1}{\sqrt{LC}}$$

가 된다. $X_L = X_C$일 때의 주파수인 공진주파수 ω_0는 I_m을 최대로 만드는 ω 값이다. 직렬 RLC 회로에 흐르는 전류 I_m은 주파수가 변하면 달라지는데, 주파수 변화에 따라 나올 수 있는 모든 I_m 값들 중에서 가장 큰 값인 **최대 가능 전류** $I_{\max}$(이것은 전류의 진폭 I_m과는 다른 것이다)는 다음과 같다.

$$I_{max} = \frac{\Delta V_m}{R}$$

여기서 $I_m = \frac{\Delta V_m}{Z}$이고, $I_{\max} = \frac{\Delta V_m}{R}$이다. I_m은 전류의 **진폭**이고 $I_{\max}$는 **최대 가능 전류**이다. 전류는 사인파 형태로 변하고 I_m은 사인파의 피크로 주파수에 따라 값이 달라진다. 최대 가능 전류 $I_{\max}$은 공진주파수에서 얻을 수 있다. 즉 $I_{\max}$는 가능한 모든 I_m 값 중에서 가장 큰 값이다. 이 값은 주파수 변화에 따라 나올 수 있는 모든 Z 값 중에서 가장 작은 값인 **최소 가능 임피던스** $Z_{\min} = R$일 때 나온다. 임피던스가 작을수록 전류는 커진다.

양호도(quality factor)

AC 전원공급기가 연결된 직렬 RLC 회로에서 평균전력 P_{av}를 각주파수 ω의 함수로 그래프로 그려보면 다음 쪽 그림과 같다. 평균전력은 공진주파수 ω_0에서 최대가 된다. 다음 쪽

그림에서 $\Delta\omega$는 반전력 주파수 대역폭이다. $\Delta\omega$를 구하려면, 그래프에서 전력의 최댓값 $P_{av,\max}$을 표시한 다음, 이 값을 2로 나누어 $\frac{P_{av,\max}}{2}$를 구한다. 그래프에서 높이(전력 P_{av})의 값이 이 값이 되는 두 개의 ω 값을 구하고 이 두 ω 값을 빼서 $\Delta\omega = \omega_2 - \omega_1$을 계산한다.

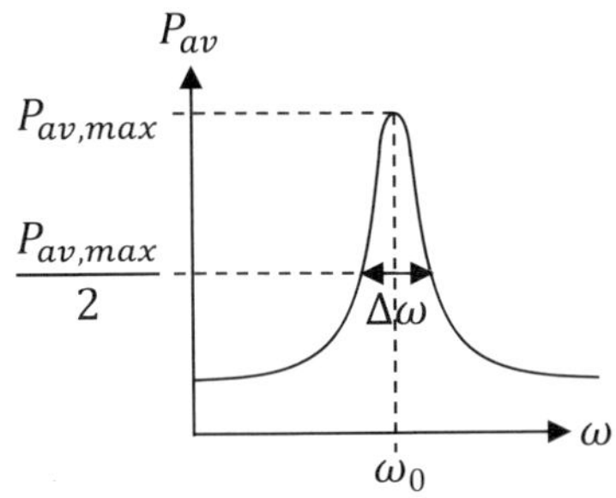

양호도 Q_0를 구하는 방법에는 두 가지가 있다. 위의 그림과 같이 평균전력을 각주파수의 함수로 그래프로 그린다. 그래프에서 ω_0와 $\Delta\omega$를 구한 다음 식에 대입한다.

$$Q_0 = \frac{\omega_0}{\Delta\omega}$$

L값과 R값이 주어진 경우에는 ω_0와 $\Delta\omega$ 값을 이용하는 대신 다음 식으로 양호도를 구할 수 있다.

$$Q_0 = \frac{\omega_0 L}{R}$$

양호도는 평균전력 곡선이 얼마나 뾰족한지 그 정도를 나타내는 척도(기준)이다. Q_0 값이 클수록 그래프는 뾰족해진다.

실횻값

AC 전류계와 AC 전압계로 사용되는 AC 멀티미터는 실횻값을 측정한다. AC 멀티미터가 평균값을 측정하지 않는 까닭은 다음과 같다. 사인파는 한 주기의 절반에 해당하는 시간동안 수평축(0) 위에 있고 나머지 절반에 해당하는 시간동안에는 수평축 아래에 있다. 따라서 모든 사인파는 진폭(크기)에 관계없이 전부 평균값이 0이 되어버리므로 평균값을 측정해봐야 아무런 의미가 없다. 실횻값을 구하는 과정은 다음과 같다.(실횻값을 계산 차례에 맞춰 '제곱평균제곱근'이라고 부르기도 한다.)

- 모든 값을 제곱한다.
- 제곱한 값들의 평균값을 구한다.

- 구한 결과 값에 제곱근을 취한다.

한 주기의 시간 동안에 사인파의 평균값은 0이지만 실횻값은 0이 아니다. 그 까닭은 실횻값을 구하는 과정에서 제곱 계산을 하면 어떤 값이든 + 값이 되기 때문이다. (이처럼 사인파의 크기(진폭)에 따라 실횻값은 달라지므로 실횻값을 측정하는 것이다.)

사인파의 실횻값

전류와 전위차는 모두 사인파이다. 순시값은 끊임없이 변한다. 피크값 I_m과 ΔV_m은 사인파의 진폭이다. 실횻값을 측정할 때 측정값은 사인파의 피크값과 평균값과 다음과 같은 관계가 있다.

$$\Delta V_{rms} = \Delta V_m \sqrt{\overline{\sin^2(\theta)}} \quad , \quad I_{rms} = I_m \sqrt{\overline{\sin^2(\theta)}}$$

$\sqrt{\overline{\sin^2(\theta)}}$는 $\sin(\theta)$의 실횻값을 나타낸다. 먼저 함수를 제곱하고, 그 결과의 평균값을 구한 것에 제곱근을 취한다. 적분을 이용하면 다음 수식으로 함수의 제곱의 평균값을 구할 수 있다.

$$\overline{\sin^2(\theta)} = \frac{\int_{\theta=0}^{2\pi} \sin^2\theta\, d\theta}{2\pi - 0}$$

이 적분을 풀기 위해 다음 삼각함수 관계식을 이용한다.

$$\sin^2\theta = \frac{1-\cos 2\theta}{2}$$

이 방정식을 앞의 제곱 평균 수식에 대입한다.

$$\overline{\sin^2(\theta)} = \frac{\int_{\theta=0}^{2\pi} \frac{1-\cos 2\theta}{2} d\theta}{2\pi} = \frac{\int_{\theta=0}^{2\pi} \frac{1}{2} d\theta - \int_{\theta=0}^{2\pi} \frac{\cos 2\theta}{2} d\theta}{2\pi}$$

여기서 $\cos 2\theta$를 적분하면 $\frac{\sin 2\theta}{2}$가 되고 $\int \frac{\cos 2\theta}{2} d\theta = \frac{\sin 2\theta}{4}$가 되므로 위의 적분식을 계산하면

$$\overline{\sin^2(\theta)} = \frac{\left[\frac{\theta}{2}\right]_{\theta=0}^{2\pi} - \left(\frac{\sin 2\theta}{4}\right)_{\theta=0}^{2\pi}}{2\pi} = \frac{\left(\frac{2\pi}{2} - 0\right) - \left(\frac{\sin 4\pi}{4} - \frac{\sin 0}{4}\right)}{2\pi} = \frac{\frac{2\pi}{2} - 0 - 0 + 0}{2\pi} = \frac{1}{2}$$

가 된다. 따라서 한 주기에 대한 $\sin^2\theta$의 평균값은 1/2이다. 실횻값을 구하기 위해 양변에 제곱근을 취한다.

$$\sin\theta\text{의 실횻값} = \sqrt{\overline{\sin^2(\theta)}} = \frac{1}{\sqrt{2}} = \frac{1}{\sqrt{2}}\frac{\sqrt{2}}{\sqrt{2}} = \frac{\sqrt{2}}{2}$$

위의 계산 과정에서 마지막 단계로 분자와 분모에 각각 $\sqrt{2}$를 곱해 유리화를 하였다. 계산기로 직접 $\frac{1}{\sqrt{2}}$와 $\frac{\sqrt{2}}{2}$을 각각 계산해보면 모두 근사적으로 0.7071가 나오는 것을 확인할 수 있다.

$\sqrt{\sin^2(\theta)} = \frac{1}{\sqrt{2}}$ $\left(\sqrt{\sin^2(\theta)} = \frac{\sqrt{2}}{2}\text{와 같음}\right)$를 맨 처음에 주어진 방정식에 대입하면 다음 식을 얻을 수 있다.

$$\Delta V_{rms} = \frac{\Delta V_m}{\sqrt{2}} \quad , \quad I_{rms} = \frac{I_m}{\sqrt{2}}$$

따라서 AC 멀티미터는 AC 전류 또는 AC 전위차(전압)의 진폭의 $\frac{1}{\sqrt{2}}$(약 70.71%)를 측정한다.

변압기

변압기는 두 개의 인덕터로 이루어진 장치이다. 이 장치는 패러데이 법칙을 이용하여 AC 전압을 높이거나 낮춘다. 아래 그림은 대표적인 변압기이다.

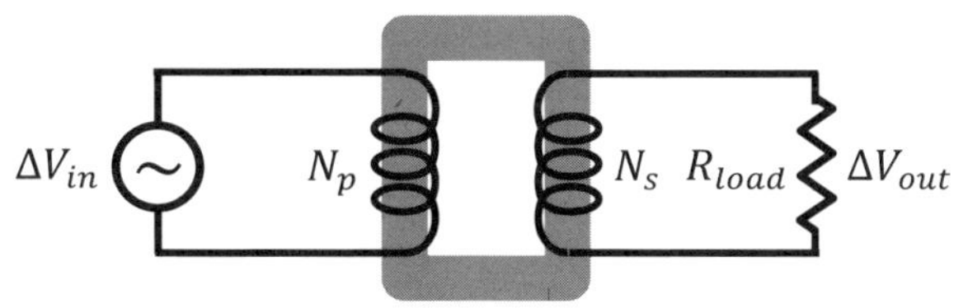

위의 변압기를 보면 두 개의 인덕터로 이루어져 있는데 하나는 **1차**(primary) 권선, 나머지 하나는 **2차**(secondary) 권선이라고 한다. AC 전원공급기는 입력전압을 1차 권선에 공급한다. 그러면 1차 권선을 통해 흐르는 교류전류는 2차 권선의 내부 공간에 시간에 따라 변하는 자속을 만들어낸다. 이 시변 자속은 패러데이 법칙에 따라 2차 권선에 전위차(전압)를 유도한다. 1차 권선과 2차 권선의 내부 공간에 자성체(그림에서 어둡게 칠해진 부분)를 끼워 넣으면 손실(loss)을 줄이는 데 도움이 된다.

2차 권선의 전위차 ΔV_{out}과 1차 권선의 전위차 ΔV_{in}의 비는 다음 식에서 보듯이 2차 권선의 권수(루프 수)와 1차 권선의 권수와의 비와 같다.

$$\frac{\Delta V_{out}}{\Delta V_{in}} = \frac{N_s}{N_p}$$

변압기에서 발생하는 손실이 없다고 가정하면 1차 권선에 공급되는 전력은 2차 권선에 전달되는 전력과 같다. 전력 P는 전류 I와 전위차 V의 곱과 같으므로 이를 수식으로 쓰면 다음과 같다.

$$I_{in}\Delta V_{in} = I_{out}\Delta V_{out}$$

옴 법칙에 따라 $I_{in} = \frac{\Delta V_{in}}{R_{eq}}$과 $I_{out} = \frac{\Delta V_{out}}{R_{load}}$이므로 위 식은

$$\frac{\Delta V_{in}}{R_{eq}}\Delta V_{in} = \frac{\Delta V_{out}}{R_{load}}\Delta V_{out}$$

$$\frac{\Delta V_{in}^2}{R_{eq}} = \frac{\Delta V_{out}^2}{R_{load}}$$

가 된다. $V_{out} = \Delta V_{in}\frac{N_s}{N_p}$이므로 위 식은

$$\frac{\Delta V_{in}^2}{R_{eq}} = \frac{1}{R_{load}}\left(\Delta V_{in}\frac{N_s}{N_p}\right)^2 = \frac{\Delta V_{in}^2}{R_{load}}\left(\frac{N_s}{N_p}\right)^2$$

$$\frac{1}{R_{eq}} = \frac{1}{R_{load}}\left(\frac{N_s}{N_p}\right)^2$$

가 된다. 이 방정식 양변에 각각 역수를 취하면

$$R_{eq} = R_{load}\left(\frac{N_p}{N_s}\right)^2$$

가 된다. 이 저항이 변압기의 외부에서 변압기의 1차 측에서 바라볼 때, 변압기 등가저항이다.

고역통과 필터와 저역통과 필터

용량성 리액턴스가 주파수에 따라 크기가 변하는 성질을 이용하면 고역통과 필터와 저역통과 필터를 만들 수 있다.

- 고역통과 필터(high–pass filter): 낮은 주파수들을 효과적으로 차단(또는 감쇄)시키고 높은 주파수들은 통과시킨다. 아래 왼쪽에 있는 그림이 고역통과 필터 회로이다.
- 저역통과 필터(low–pass filter): 높은 주파수들을 효과적으로 차단(또는 감쇄)시키고 낮은 주파수들은 통과시킨다. 아래 오른쪽에 있는 그림이 저역통과 필터 회로이다.

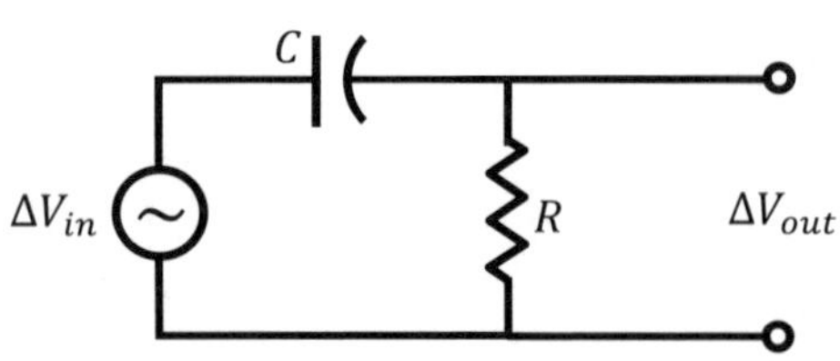

고역통과 필터

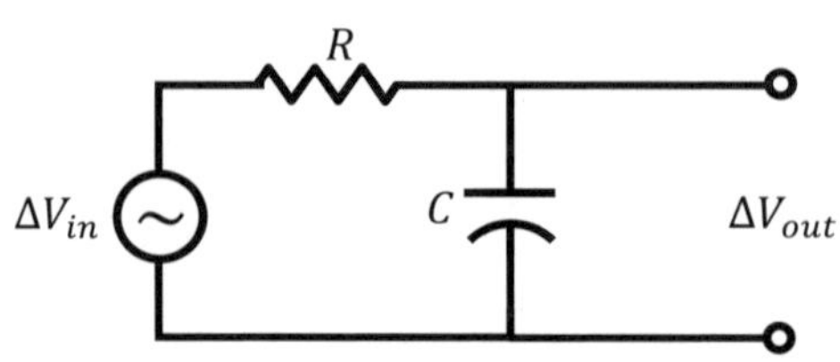

저역통과 필터

두 필터 회로에는 모두 인덕터가 없으므로 RLC 회로에서 유도성 리액턴스가 $0(X_L = 0)$인 경우이다. 따라서 두 회로의 입력 전압은 AC 전원공급기의 전위차와 같다. 용량성 리액턴스는 $X_C = \frac{1}{\omega C}$이므로 AC 전원공급기의 전위차(전압)는

$$\Delta V_{in} = I_m Z = I_m\sqrt{R^2 + (0 - X_C)^2} = I_m\sqrt{R^2 + X_C^2} = I_m\sqrt{R^2 + \left(\frac{1}{\omega C}\right)^2}$$

가 된다. 고역통과 필터에서 출력 전압(전위차)은 저항 양단의 전위차와 같으므로

$$\Delta V_{out} = I_m R$$

$$\frac{\Delta V_{out}}{\Delta V_{in}} = \frac{I_m R}{I_m\sqrt{R^2 + \left(\frac{1}{\omega C}\right)^2}} = \frac{R}{\sqrt{R^2 + \left(\frac{1}{\omega C}\right)^2}}$$

가 된다. 위 식을 살펴보면, 각주파수 ω가 높을 때는 $\frac{\Delta V_{out}}{\Delta V_{in}}$ 비는 100%에 접근한다(ω가 클수록 $\frac{1}{\omega}$은 작아진다). 각주파수 ω가 낮을 때는 $\frac{\Delta V_{out}}{\Delta V_{in}}$ 비는 0%에 접근한다(ω가 작을수록 $\frac{1}{\omega}$은 커지므로 $\frac{\Delta V_{out}}{\Delta V_{in}}$의 분모가 커진다. 이렇게 되면 분수는 값이 작아진다).

저역통과 필터에서 출력 전압은 커패시터 양단의 전위차와 같으므로

$$\Delta V_{out} = I_m X_C$$

$$\frac{\Delta V_{out}}{\Delta V_{in}} = \frac{I_m X_C}{I_m\sqrt{R^2 + \left(\frac{1}{\omega C}\right)^2}} = \frac{\frac{1}{\omega C}}{\sqrt{R^2 + \left(\frac{1}{\omega C}\right)^2}}$$

가 된다. 위 식을 살펴보면 각주파수 ω가 낮을 때는 $\frac{\Delta V_{out}}{\Delta V_{in}}$ 비는 100%에 접근한다. 각주파수 ω가 높을 때는 $\frac{\Delta V_{out}}{\Delta V_{in}}$ 비는 0%에 접근한다.

중요한 차이점

DC는 직류(direct current)를 나타내는 반면, AC는 교류(alternating current)를 나타낸다. 이번 장에서는 AC 전원공급기가 연결된 회로를 다룬다. DC 전원공급기(또는 배터리)가 연결되어 있거나 전원공급기가 연결되어 있지 않은 회로를 다루는 문제인 경우에는 30장을 참조한다(또는 18장의 RC 회로를 참조한다).

전위차 ΔV_m이나 ΔV_{Rm}, 또는 전류 I_m에서 아래첨자 m은 해당 사인파의 진폭(피크 또는 최댓값)을 나타낸다. (다른 책에서는 다른 표기법을 사용하여 어떤 양이 진폭이고 어떤 양이 진폭이 아닌지 구별한다) 이와 마찬가지로 I_{rms}에서 아래첨자 rms는 사인파의 실횻값을 나타낸다. 전위차 ΔV_{ps}나 ΔV_R, 또는 전류 I를 보면 아래첨자 m이나 rms가 없는데 이것은

순시값을 나타낸다. 전위차나 전류가 실횻값인지 아닌지 구별하는 것은 매우 중요하다. 그 까닭은 어떤 방정식은 최댓값이나 실횻값에만 적용되고 순시값에는 쓸 수 없기 때문이다. 예를 들어 아래첨자 m이 있는 방정식에 순시값을 대입하는 것은 잘못이다.

$I = I_m \sin(\omega t - \phi)$으로 표시되는 전류 I의 값은 최댓값(이를 진폭이라고 함) I_m과 최솟값 $-I_m$ 사이에서 시간에 따라 주어진 각주파수 ω로 진동한다. I_m과 $I_{\max}$는 둘 다 어떤 최댓값을 표시하기는 하지만 서로 다른 값을 나타내므로 이 두 최대 전류를 구별하는 것이 중요하다. (다른 책에서는 이 책과는 다른 표기법을 사용하여 이 두 최대 전류를 구별한다.) 전류 $I_{\max}$는 나올 수 있는 모든 I_m 값들 중에서 최대인 값을 뜻하는데 이 값은 공진주파수 ω_0에서 발생한다.

- $\Delta V_m = I_m Z$는 전류의 진폭과 임피던스가 들어있는 식이다. 이 식은 모든 ω에 대해 성립한다.
- $\Delta V_m = I_{\max} R$는 최대 가능 전류와 저항이 들어있는 식이다. 이 식은 각주파수 ω가 ω_0(공진 각주파수)와 같을 때만 성립한다.

앞에서 교류회로의 양호도를 나타내는 데 기호 Q_0를 사용한다는 것을 배웠다. 양호도 Q_0와 커패시터에 저장되는 전하 Q를 혼동하지 않도록 주의해야 한다.

엄밀하게 말하자면 ω 기호는 rad/s 단위를 갖는 각주파수이며 f 기호는 Hz 단위를 갖는 주파수이다. 각주파수와 주파수의 관계는 $\omega = 2\pi f$이다. 유감스럽게도 책들 중에서는 "주파수"라는 용어가 f 대신 ω를 가리키기도 하고, "공진주파수"라는 용어가 f_0가 아니라 ω_0를 뜻하기도 한다(이 책에서는 각 장에서 각각의 기호를 사용하는 방식을 분명하게 나타내는 표가 실려 있다.)

AC 회로를 해석하는 방법

주의: DC 전원공급기(또는 배터리)가 연결된 회로 또는 전원공급기가 없는 회로는 30장을 참조한다.

AC 전원공급기가 연결된 RL, RC, LC, RLC 회로인 경우에는 다음 방정식들을 적용한다. 문제에서 주어진 양이 무엇인가, 어떤 양을 구해야 하는가에 따라 적합한 방정식을 선택한다.

- 수치 다음에 나오는 단위를 보면 주어진 정보를 알아내는 데 도움이 된다.
  - Hz 단위로 표시된 값은 주파수 f이다. 공진이라는 말이 붙으면 f_0이다.
  - rad/s 단위로 표시된 값은 각주파수 ω이다. 공진이라는 말이 붙으면 ω_0이다. rad/s 단위로 측정되는 또 다른 양으로 반전력 대역폭 $\Delta\omega$가 있다.
  - s 단위로 표시된 값은 시간 t이다. 주기 T일 수도 있다.

- H 단위로 표시된 값은 인덕턴스 L이다. 1 mH = 0.001 H이다.
- F 단위로 표시된 값은 커패시턴스 C이다. $\mu = 10^{-6}$이고 $n = 10^{-9}$이다.
- Ω 단위로 표시된 값은 저항 R이다. 임피던스 Z, 유도성 리액턴스 X_L, 용량성 리액턴스 X_C일 수도 있다.
- A 단위로 표시된 값은 전류이다. 주의할 것은 I_m(진폭 또는 최댓값 또는 피크값), I_{rms}(실횻값), I(순시값), $I_{\max}$(I_m의 최대 가능 값으로 공진일 때 발생)을 구별하는 것이다.
- V 단위로 표시된 값은 전위차(또는 전압)이다. 전위차에는 여러 종류가 있다. 전원 공급기 전압의 진폭을 나타내는 ΔV_m, 특정 소자 양단의 전압의 진폭을 나타내는 ΔV_{Rm}, ΔV_{Lm}, ΔV_{Cm}, rms 값을 나타내는 ΔV_{rms}, ΔV_{Rrms}, ΔV_{Lrms}, ΔV_{Crms}, 순시값을 나타내는 ΔV_{ps}, ΔV_R, ΔV_L, ΔV_C. 다른 책에서는 다른 표기법을 채택하고 있다. 예를 들어 순시값의 경우에는 소문자를 써서 v_R을, 진폭을 나타낼 때는 대문자를 써서 V_R을 쓴다. 다른 책을 사용할 때는 표기법을 주의 깊게 비교해봐야 한다. 이번 장에서는 이러한 기호의 차이를 편리하게 비교해 볼 수 있도록 표로 정리해 놓았다.
- W 단위로 표시된 값은 순시전력 P 또는 평균전력 P_{av}이다.
- rad 단위로 표시된 값은 위상각 ϕ이다. deg(°) 단위로 주어지면 $180° = \pi$ rad을 이용하여 rad 단위로 변환한다. 계산기를 rad 모드(deg 모드가 아님)로 놓고 검산을 한다. 이렇게 하는 까닭은 ω의 단위가 rad/s이기 때문이다.

- 방정식에는 각주파수 ω가 들어있다. 단위가 Hz인 주파수 또는 단위가 초(s)인 주기가 주어진 경우에는 $\omega = 2\pi f = \frac{2\pi}{T}$를 사용하여 각주파수를 먼저 계산한다.
- 어떤 방정식에서는 리액턴스를 먼저 구해야 한다.
  - 유도성 리액턴스: $X_L = \omega L$
  - 용량성 리액턴스: $X_L = \frac{1}{\omega C}$
- 임피던스 방정식은 다음과 같다.

$$Z = \sqrt{R^2 + (X_L - X_C)^2}$$

- 위상각 방정식은 다음과 같다.

$$\phi = \tan^{-1}\left(\frac{X_L - X_C}{R}\right)$$

- 공진 각주파수 ω_0와 공진주파수 f_0 식은 다음과 같다.

$$\omega_0 = \frac{1}{\sqrt{LC}} = 2\pi f_0$$

- "전력"이라는 단어를 보게 되면 다음 방정식 중 하나를 사용한다.
  - 순시전력 P: $P = I\Delta V_{ps} = I_m \Delta V_m \sin(\omega \mathrm{t})\sin(\omega t - \phi)$

- 평균전력 P_{av}: $P_{av} = I_{rms}\Delta V_{rms}\cos\phi = I_{rms}^2 R$
- $\cos\phi$는 역률(power factor)이라고 한다.

- 양호도를 구하는 방법은 다음 두 가지이다.
  - L값과 R값이 주어진 경우에는 다음 식으로 구할 수 있다.

$$Q_0 = \frac{\omega_0 L}{R}$$

  - 평균전력을 각주파수의 함수로 그린 그래프가 주어진 경우에는 ω_0와 $\Delta\omega$를 구한 다음(453쪽에 설명한 내용 참조)에 아래 식으로 구할 수 있다.

$$Q_0 = \frac{\omega_0}{\Delta\omega}$$

- 전원공급기의 최대(피크) 전압(전위차)은 $\Delta V_m = \sqrt{\Delta V_{Rm}^2 + (\Delta V_{Lm} - \Delta V_{Cm})^2}$ 로 쓸 수 있다. 여기서 각 최대 전압과 최대 전류와의 관계는 $\Delta V_m = I_m Z$, $\Delta V_{Rm} = I_m R$, $\Delta V_{Lm} = I_m X_L$, $\Delta V_{Cm} = I_m X_C$으로 쓸 수 있다. 이 다섯 개의 방정식은 최댓값 대신 실횻값으로 표시할 수도 있다.
- 일반적으로 $\Delta V_m = I_m Z$이다. 그렇지만 공진이 일어나면 이 식은 $\Delta V_m = I_{\max} R$이 된다. 여기서 I_m은 주어진 ω에서 최대 전류이고 $I_{\max}$는 I_m의 최대 가능 값으로 공진주파수 ω_0에서 발생한다.
- 실횻값과 최댓값을 서로 변환할 때는 다음 식을 사용한다.

$$\Delta V_{rms} = \frac{\Delta V_m}{\sqrt{2}} \quad , \quad I_{rms} = \frac{I_m}{\sqrt{2}}$$

- 순시 전압과 순시 전류는 다음 수식으로 나타낼 수 있다.

$$\Delta V_{ps} = \Delta V_m \sin(\omega t) \quad , \quad \Delta V_R = \Delta V_{Rm} \sin(\omega t)$$
$$\Delta V_L = \Delta V_{Lm} \cos(\omega t) \quad , \quad \Delta V_C = -\Delta V_{Cm} \cos(\omega t)$$
$$I = I_m \sin(\omega t - \phi)$$

  순시값이란 시간 t에 의존하는 값으로 매 순간순간 갖는 값을 말한다.

- 페이저를 그림으로 그리거나 페이저를 사용할 때는 벡터로 취급하면 된다.
  - 전위차의 진폭 ΔV_m은 페이저의 크기이다.(피크값 대신에 실횻값을 사용해도 된다)
  - 위상각은 페이저의 방향과 같은 역할을 한다. $+x$축을 기준으로 반시계방향으로 측정한 각도이다.
  - 위상각 ϕ는 인덕터의 경우에는 90°, 저항의 경우에는 0°, 커패시터의 경우에는 −90°이다.

  3장에서 배운 것처럼 벡터 덧셈 방법을 사용하여 페이저끼리 서로 더한다.

- 문제에서 변압기를 다루는 경우에는 다음에 나오는 방법을 참조한다.
- 문제에서 고역통과 필터 또는 저역통과 필터를 다루는 경우에는 다음에 나오는 마지막 방법을 참조한다.
- 일반적인 회로의 경우, 전하와 전류를 구하기 위해 필요한 방정식들은 키르히호프 법칙들을 적용하여 유도할 수 있다. 키르히호프 루프 법칙(전압 법칙)의 경우, $\Delta V_R = IR$, $\Delta V_R = \frac{Q}{C}$, $\Delta V_L = L\frac{dI}{dt}$이다. 필요한 경우, 루프 법칙을 적용하여 얻은 방정식에 $I = \frac{dQ}{dt}$와 $\frac{dI}{dt} = \frac{d^2Q}{dt^2}$을 대입하여 미분 방정식으로 나타낸다. 그러고 나서 이 미분 방정식을 푼다. 18장의 예제에서 RC 회로에 대해 이 방법을 적용한 바 있다.

변압기 해석 방법

변압기를 다루는 문제를 풀 때는 다음 방정식을 적용한다.

- 2차권선의 전위차 ΔV_{out}과 1차권선의 전위차 ΔV_{in}의 비는 2차권선의 권수(루프 수) N_s와 1차권선의 권수 N_p와의 비와 같다.

$$\frac{\Delta V_{out}}{\Delta V_{in}} = \frac{N_s}{N_p}$$

- 변압기의 외부에서 변압기의 1차 측에서 바라볼 때, 변압기 등가저항은 다음과 같다.

$$R_{eq} = R_{load}\left(\frac{N_p}{N_s}\right)^2$$

고역통과 필터 또는 저역통과 필터 해석 방법

고역통과 필터 또는 저역통과 필터를 풀 때는 다음 방정식을 적용한다.

- 456쪽 왼쪽에 있는 고역통과 필터:

$$\frac{\Delta V_{out}}{\Delta V_{in}} = \frac{R}{\sqrt{R^2 + \left(\frac{1}{\omega C}\right)^2}}$$

- 456쪽 오른쪽에 있는 저역통과 필터:

$$\frac{\Delta V_{out}}{\Delta V_{in}} = \frac{\frac{1}{\omega C}}{\sqrt{R^2 + \left(\frac{1}{\omega C}\right)^2}}$$

예제 실효 전압 20 V를 공급하고 각주파수 40 rad/s로 동작하는 교류 전원공급기가 있다. 교류 전원공급기는 1.5 kΩ 저항기, 40 H 인덕터, 250 μF 커패시터로 이루어진 직렬 RLC 회로에 연결되어 있다.

(A) AC 전원공급기 전압의 진폭을 구하라.

풀이 먼저 문제에서 값이 주어진 양들의 목록을 정리해보자. 단위는 SI 단위를 사용한다.

- 실효전압은 $\Delta V_{rms} = 20$ V이다. 이 값은 전원공급기와 관련이 있다.
- 각주파수는 $\omega = 40$ rad/s이다. 이것은 공진과 관련이 있는 각주파수인 ω_0와는 다른 것임에 주의해야 한다.
- 저항 값은 $R = 1500\ \Omega$. 접두어 k는 숫자 1000을 나타낸다.
- 인덕턴스 값은 $L = 40$ H이다.
- 커패시턴스 값은 $C = 250\ \mu\text{F} = 2.5 \times 10^{-4}$ F이다. 접두어 μ는 숫자 10^{-6}을 나타낸다.

이 문제에서는 ΔV_m을 구하는 것이다. ΔV_{rms}를 ΔV_m로 변환하는 식을 써보자.

$$\Delta V_{rms} = \frac{\Delta V_m}{\sqrt{2}}$$

이 방정식의 양변에 $\sqrt{2}$를 곱한다.

$$\Delta V_m = \Delta V_{rms}\sqrt{2} = (20)(\sqrt{2}) = 20\sqrt{2}\ \text{V}$$

따라서 AC 전원공급기의 진폭은 $\Delta V_m = 20\sqrt{2}$ V이다. 계산기로 계산한 결과를 유효숫자 두 자리로 표시하면 $\Delta V_m = 28$ V이다.

(B) AC 전원공급기의 주파수를 구하라.

풀이 각주파수를 주파수로 변환하는 방정식을 사용하자.

$$\omega = 2\pi f$$

방정식의 양변을 2π로 나눈다.

$$f = \frac{\omega}{2\pi} = \frac{40}{2\pi} = \frac{20}{\pi}\ \text{Hz}$$

따라서 주파수는 $f = \frac{20}{\pi}$이다. 계산기를 사용하면 $f = 6.4$ Hz가 된다.

(C) 유도성 리액턴스를 구하라.

풀이 인덕턴스와 유도성 리액턴스 사이의 관계를 나타내는 방정식을 사용한다.

$$X_L = \omega L = (40)(40) = 1600\ \Omega$$

따라서 유도성 리액턴스는 $X_L = 1600\ \Omega$이다.

(D) 용량성 리액턴스를 구하라.

풀이 커패시턴스와 용량성 리액턴스 사이의 관계를 나타내는 방정식을 사용한다.

$$X_C = \frac{1}{\omega C} = \frac{1}{(40)(2.5 \times 10^{-4})} = \frac{1}{100 \times 10^{-4}} = \frac{1}{10^{-2}} = 10^2 = 100\ \Omega$$

따라서 용량성 리액턴스는 $100\ \Omega$이다.

(E) RLC 회로의 임피던스를 구하라.

풀이 임피던스와 저항 및 리액턴스 사이의 관계를 나타내는 방정식을 사용한다.

$$Z = \sqrt{R^2 + (X_L - X_C)^2} = \sqrt{1500^2 + (1600 - 100)^2} = \sqrt{1500^2 + 1500^2} = 1500\sqrt{2}\ \Omega$$

따라서 임피던스는 $Z = 1500\sqrt{2}\ \Omega$이다. 계산기를 사용하면 $Z = 2.1\ \mathrm{k}\Omega$이 된다. 접두어 k는 숫자 1000을 나타낸다.

(F) 전원공급 전압을 기준으로 전류의 위상각을 구하라.

풀이 위상각과 저항 및 리액턴스 사이의 관계를 나타내는 방정식을 사용한다.

$$\phi = \tan^{-1}\left(\frac{X_L - X_C}{R}\right) = \tan^{-1}\left(\frac{1600 - 100}{1500}\right) = \tan^{-1}\left(\frac{1500}{1500}\right) = \tan^{-1}(1) = 45°$$

따라서 위상각은 45°이다. 위상각이 양수이므로 전류는 전원공급기의 전위차보다 45°만큼 뒤진다. (360°가 한 주기이므로 45°는 1/8 주기이다.)

(G) RLC 회로에 흐르는 전류의 실횻값을 구하라.

풀이 먼저 전원공급기가 공급하는 전위차의 진폭 ΔV_m과 임피던스 Z로부터 전류의 진폭 I_m을 구하기 위해 다음 방정식을 이용하자.

$$\Delta V_m = I_m Z$$

방정식의 양변을 Z로 나눈 다음, 위의 (A)에서 구한 $\Delta V_m = 20\sqrt{2}$ V과 (E)에서 구한 $Z = 1500\sqrt{2}\ \Omega$을 대입하면

$$I_m = \frac{\Delta V_m}{Z} = \frac{20\sqrt{2}}{1500\sqrt{2}} = \frac{1}{75}\ \mathrm{A}$$

가 된다. I_{rms}와 I_m 사이의 관계를 나타내는 방정식으로부터

$$I_{rms} = \frac{I_m}{\sqrt{2}} = \frac{1}{75\sqrt{2}} = \frac{1}{75\sqrt{2}}\frac{\sqrt{2}}{\sqrt{2}} = \frac{\sqrt{2}}{150}\ \mathrm{A}$$

를 얻을 수 있다. 위의 계산 과정에서 분모를 유리화하기 위해 $\frac{\sqrt{2}}{\sqrt{2}}$를 곱하였다. 또한 $\sqrt{2}\sqrt{2}=2$이다. 따라서 전류의 실횻값은 $I_{rms}=\frac{\sqrt{2}}{150}$ A이다. 계산기를 사용하면 $I_{rms}=0.0094$ A가 나온다. 숫자 10^{-3}을 나타내는 접두어 m을 사용하면($\mathrm{m}=10^{-3}$) $I_{rms}=9.4$ mA가 된다. $\Delta V_m=I_mZ$ 대신 $\Delta V_{rms}=I_{rms}Z$ 방정식을 사용해서 이 문제를 풀 수도 있다. 어느 방정식을 사용하든 계산만 정확하게 하면 결과는 같게 나온다.

(H) 최대 가능 전류를 흐르게 하는 전원공급기의 주파수(단위 Hz)를 구하라.

풀이 이런 현상이 일어나게 만드는 주파수를 공진주파수 f_0라고 한다. 인덕턴스와 커패시턴스로부터 ω_0를 구해보자.

$$\omega_0=\frac{1}{\sqrt{LC}}=\frac{1}{\sqrt{(40)(2.5\times10^{-4})}}=\frac{1}{\sqrt{100\times10^{-4}}}=\frac{1}{\sqrt{10^{-2}}}=\frac{1}{10^{-1}}=10\ \mathrm{rad/s}$$

엄밀하게 말하자면 ω 기호는 각주파수이다(많은 책들과 과학자들이 "공진주파수"라고 할 때는 실제로 f_0를 의미한다. 하지만 이 문제에서는 Hz 단위로 구하라고 명시했고 ω_0의 단위는 rad/s이므로 f_0를 구해야 한다). f_0를 구하기 위해 다음 방정식을 사용하자.

$$\omega_0=2\pi f_0$$

양변을 2π로 나누면

$$f_0=\frac{\omega_0}{2\pi}=\frac{10}{2\pi}=\frac{5}{\pi}\ \mathrm{Hz}$$

따라서 공진주파수를 Hz 단위로 구해보면 $f_0=\frac{5}{\pi}$ Hz이다. 계산기를 사용하면 $f_0=1.6$ Hz가 나온다.

(I) 전원공급기의 주파수를 조정하여 얻을 수 있는 최대가능 전류의 진폭을 구하라.

풀이 이 문제의 답은 위의 (G)에서 구한 $I_m=\frac{1}{75}$A($\approx$0.013 A)가 아니다. I_m은 주어진 주파수에서 순시 전류의 최댓값이다(전류는I_m 에서 $-I_m$ 사이에서 진동한다). 그러나 전원공급기의 각주파수가 40 rad/s에서 달라지면 이 I_m 값보다 훨씬 큰 값을 얻을 수 있다. 가장 큰 전류를 흐르게 하는 주파수는 무엇일까? 바로 공진주파수이다. (H)에서 공진주파수를 $\omega_0=10$ rad/s로 구하였다. 하지만 이 값이 실제로 필요하지는 않다. 공진주파수는 $X_L=X_C$가 되게 만드는 주파수를 말한다. $X_L=X_C$일 때 임피던스는 저항 값과 같아지므로 다음 식으로 쓸 수 있다.

$$\Delta V_m=I_{max}R$$

모든 주파수에서 $\Delta V_m=I_mZ$이 성립하지만 특별히 공진주파수에서는 이 식이 $\Delta V_m=I_{\max}R$로 간단해진다(공진시 Z이 R과 같아지므로). $I_{\max}$는 I_m의 최대 가능 값을 나타낸다.

방정식의 양변을 R로 나누면

$$I_{max} = \frac{\Delta V_m}{R}$$

이다. 위의 (A)에서 구한 $\Delta V_m = 20\sqrt{2}$을 대입하면

$$I_{max} = \frac{20\sqrt{2}}{1500} = \frac{\sqrt{2}}{75}\ \text{A}$$

가 된다. 주파수를 조정하여 얻을 수 있는 최대 가능 전류는 $I_{\max} = \frac{\sqrt{2}}{75}$ A이다. 이 값은 주파수가 $f_0 = \frac{5}{\pi} = 1.6$ Hz(또는 각주파수가 $\omega_0 = 10$ rad/s)일 때 흐른다. 계산기를 사용하면 답은 $I_{\max} = 0.019$ A = 19 mA가 된다. 이 값은 (G)에서 구한 $I_m = \frac{1}{75}$ A = 13 mA보다 크다. 이 문제의 최종 답은 $I_{\max} = \frac{\sqrt{2}}{75}$ A = 0.019 A = 19 mA이다.

(J) 전원공급기의 주파수를 조정하여 얻을 수 있는 최소 가능 임피던스를 구하라.

풀이 최대 가능 전류와 최소 가능 임피던스는 밀접하게 연관되어 있다. 이 두 값은 RLC 회로에서 공진이 일어날 때 나온다. 이렇게 되는 까닭은 다음과 같다. 임피던스가 작을수록 전류는 더 많이 흐른다(전위차가 일정할 때). 위의 (I)에서 설명한 것처럼 공진시에 임피던스는 저항값과 같다. 따라서 계산할 필요 없이 다음과 같이 쓰기만 하면 된다(하지만 시험에 이 문제가 나오면 왜 이렇게 해도 되는지 설명을 함께 써주는 것이 현명하다).

$$Z_{min} = R = 1500\ \Omega$$

전원공급기의 주파수를 조정하여 얻을 수 있는 최소 가능 임피던스는 $Z_{min} = 1500\ \Omega$이다. 이 값은 주파수가 $f_0 = \frac{5}{\pi} = 1.6$ Hz(또는 각주파수가 $\omega_0 = 10$ rad/s)일 때 나온다.

도움말: 최소 가능 임피던스는 항상 저항값과 같다. 따라서 문제에서 Z값을 계산한 결과가 R보다 작게 나오면 계산이 잘못된 것임을 알아야 한다.

(K) AC 전원공급기가 전달하는 평균전력을 구하라.

풀이 평균전력 방정식 중의 하나를 사용한다.

$$P_{av} = I_{rms}\Delta V_{rms}\cos\phi = I_{rms}^2 R$$

이 방정식 말고 다른 방정식을 사용해도 된다. 위의 (G)에서 구한 $I_{rms} = \frac{\sqrt{2}}{150}$, (F)에서 구한 $\phi = 45°$, 그리고 문제에서 주어진 $\Delta V_{rms} = 20$ V을 대입하면

$$P_{av} = I_{rms}\Delta V_{rms}\cos\phi = \left(\frac{\sqrt{2}}{150}\right)(20)\cos 45° = \left(\frac{\sqrt{2}}{150}\right)(20)\left(\frac{\sqrt{2}}{2}\right) = \frac{(2)(20)}{300} = \frac{40}{300} = \frac{2}{15}\ \text{W}$$

가 된다. 계산 과정에서 $\sqrt{2}\sqrt{2} = 2$이다. 따라서 AC 전원공급기가 회로에 전달하는 평균전력은 $P_{av} = \frac{2}{15}$ W이다. 계산기를 사용하면 $P_{av} = 0.13$ W가 나온다. 숫자 10^{-3}을 나타

내는 접두어 m을 사용하면($\mathrm{m}=10^{-3}$) $P_{av}=130$ mW가 된다. 다른 방정식을 사용하여 다음과 같이 계산해도 같은 결과가 나온다.

$$P_{av} = I_{rms}^2 R = \left(\frac{\sqrt{2}}{150}\right)^2 (1500) = \frac{2}{15}\ \mathrm{W}$$

(L) 이 문제에서 다루는 RLC 회로의 양호도를 구하라.

풀이 공진 각주파수 ω_0, 저항 R, 인덕턴스 L로 이루어진 양호도 Q_0 방정식을 사용한다.

$$Q_0 = \frac{\omega_0 L}{R} = \frac{(10)(40)}{1500} = \frac{400}{1500} = \frac{4}{15}$$

따라서 이 RLC 회로의 양호도는 $Q_0=\frac{4}{15}$이다. (이 문제에서 구한 이 값은 대부분의 RLC가 갖는 일반적인 값은 아니다. 문제를 푸는 방법을 익히는 데 초점을 맞춰 계산을 쉽게 할 수 있도록 R값과 L값을 정하다보니 이 값이 나온 것이다. 일반적인 회로는 여기서 구한 값보다 훨씬 큰 양호도, 예를 들어 10을 넘어 100 정도까지의 값을 갖는다. 이 문제에서 양호도가 일반적인 경우에서 벗어난 것은 1500 Ω이라는 저항 값이 매우 큰 편이기 때문이다.

(M) 저항 양단의 전압을 AC 전압계로 측정한 결과를 구하라.

풀이 AC 전압계는 저항 양단의 전압을 실횻값인 ΔV_{Rrms}로 측정한다. 방정식 $\Delta V_{Rm}=I_m R$을 최댓값 대신 실횻값을 사용하여 다시 쓰면 다음과 같다.[38]

$$\Delta V_{Rrms} = I_{rms} R = \left(\frac{\sqrt{2}}{150}\right)(1500) = 10\sqrt{2}\ \mathrm{V}$$

위의 (G)에서 $I_{rms}=\frac{\sqrt{2}}{150}$ A로 구하였다. 따라서 AC 전압계로 저항 양단의 전압을 측정하면 $\Delta V_{Rrms}=10\sqrt{2}$ V가 된다. 계산기를 사용하면 $\Delta V_{Rrms}=14$ V이다.

(N) 인덕터 양단의 전압을 AC 전압계로 측정한 결과를 구하라.

풀이 AC 전압계는 인덕터 양단의 전압을 실횻값인 ΔV_{Lrms}로 측정한다. 방정식 $\Delta V_{Lm}= I_m X_L$을 최댓값 대신 실횻값을 사용하여 다시 쓰면 다음과 같다.

$$\Delta V_{Lrms} = I_{rms} X_L = \left(\frac{\sqrt{2}}{150}\right)(1600) = \frac{32\sqrt{2}}{3}\ \mathrm{V}$$

따라서 AC 전압계로 인덕터 양단의 전압을 측정하면 $\Delta V_{Lrms}=\frac{32\sqrt{2}}{3}$ V가 된다. 계산기를 사용하면 $\Delta V_{Lrms}=15$ V이다.

(O) 커패시터 양단의 전압을 AC 전압계로 측정한 결과를 구하라.

38 이렇게 쓸 수 있는 까닭은 $\Delta V_{rms}=\frac{\Delta V_m}{\sqrt{2}}$이고 $I_{rms}=\frac{I_m}{\sqrt{2}}$이기 때문이다. 이 두 방정식을 $\Delta V_{rms}=I_m R$에 대입하면 $\sqrt{2}$는 상쇄되어 $\Delta V_{Rrms}=I_{Rms}R$이 된다.

풀이 AC 전압계는 커패시터 양단의 전압을 실횻값인 ΔV_{Crms}로 측정한다. 방정식 $\Delta V_{Cm} = I_m X_C$을 최댓값 대신 실횻값을 사용하여 다시 쓰면 다음과 같다.

$$\Delta V_{Crms} = I_{rms} X_C = \frac{\sqrt{2}}{150}(100) = \frac{2\sqrt{2}}{3}\text{ V}$$

따라서 AC 전압계로 커패시터 양단의 전압을 측정하면 $\Delta V_{Crms} = \frac{2\sqrt{2}}{3}$ V가 된다. 계산기를 사용하면 $\Delta V_{Crms} = 0.94$ V이다.

(P) 두 개의 프로브를 사용하여 AC 전압계를 인덕터-커패시터 전체의 양단에 연결할 때 측정값을 구하라.

풀이 이 값을 구하려면 페이저 덧셈을 해야 한다. 449쪽~451쪽의 페이저에 대한 설명을 참조하기 바란다. 인덕터의 페이저 각도는 90°이므로 인덕터 페이저는 똑바로 위쪽을 향한다. 커패시터의 페이저 각도는 −90°이므로 커패시터 페이저는 똑바로 아래쪽을 향한다. 두 페이저의 방향이 반대이므로 인덕터와 커패시터 양단의 실횻값 전위차를 서로 빼면 되므로

$$\Delta V_{LCrms} = |\Delta V_{Lrms} - \Delta V_{Crms}| = \left|\frac{32\sqrt{2}}{3} - \frac{2\sqrt{2}}{3}\right| = \frac{30\sqrt{2}}{3} = 10\sqrt{2}\text{ V}$$

가 된다. 따라서 AC 전압계로 인덕터-커패시터 전체의 양단 전압을 측정하면 $\Delta V_{LCrms} = 10\sqrt{2}$ V이다. 계산기를 사용하면 $\Delta V_{LCrms} = 14$ V가 나온다.

(Q) 위의 (M)에서 (O)까지 구한 답이 AC 전원 공급기가 공급하는 실효값 20 V와 일치하는지 보여라.

풀이 다음 방정식을 사용하여 AC 전원공급기의 실횻값을 검사해보자.

$$\Delta V_{rms} = \sqrt{\Delta V_{Rrms}^2 + (\Delta V_{Lrms} - \Delta V_{Crms})^2} = \sqrt{(10\sqrt{2})^2 + \left(\frac{32\sqrt{2}}{3} - \frac{2\sqrt{2}}{3}\right)^2}$$

$$\Delta V_{rms} = \sqrt{(10\sqrt{2})^2 + \left(\frac{30\sqrt{2}}{3}\right)^2} = \sqrt{(10\sqrt{2})^2 + (10\sqrt{2})^2} = \sqrt{200 + 200} = \sqrt{400} = 20\text{ V}$$

따라서 이 결과는 문제에서 주어진 $\Delta V_{rms} = 20$ V와 일치한다.

위에서 구한 ΔV_{Rrms}, ΔV_{Lrms}, ΔV_{Crms}를 그냥 더하면 틀린 답이 나오는 것을 알아두기 바란다. 실제로 더해보면 답은 30 V로 틀린 답이 된다. 옳은 방법은 이 세 개의 전압 값을 페이저 덧셈 방법으로 더하는 것이다. 다시 말해, 각 페이저의 각도(위상각)을 고려해야 한다. 449쪽~451쪽에 설명되어 있는 것처럼 방정식 $\Delta V_{rms} = \sqrt{\Delta V_{Rrms}^2 + (\Delta V_{Lrms} - \Delta V_{Crms})^2}$을 사용하면 이들 값을 위상각을 고려하여 제대로 더한 것이 된다.

예제 아래와 같은 평균 전력 그래프에 대해 양호도를 구하라.

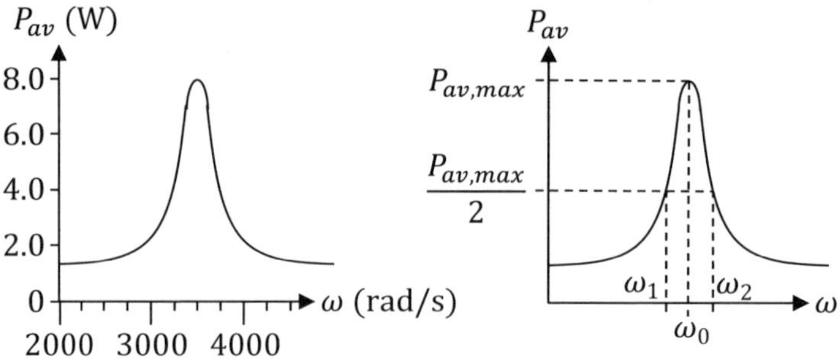

풀이 그래프에서 읽어야 할 값들은 다음과 같다.

- 공진 각주파수는 $\omega_0 = 3500$ rad/s이다. 이 값은 곡선에서 피크가 되는 점의 각주파수이다.
- 최대 평균전력은 $P_{av,\max} = 8.0$ W이다. 이 값은 곡선에서 피크가 되는 점의 전력이다.
- 최대 평균전력의 절반은 $\frac{P_{av,\max}}{2} = \frac{8}{2} = 4$ W이다.
- 그래프에서 수직 좌표의 값이 $\frac{P_{av,\max}}{2}$에 해당하는 4.0 W인 수평선을 그린다.
- 위에서 그은 수평선과 곡선이 만나는 점(두 개)을 지나는 수직선 두 개를 그린다. 위의 오른쪽 그림을 참조하라. 이 두 수직선의 수평 좌표의 값이 ω_1과 ω_2에 해당한다.
- ω_1과 ω_2를 그래프에서 읽는다. 그러면 $\omega_1 = 3250$ rad/s와 $\omega_2 = 3750$ rad/s이다.
- ω_1과 ω_2의 차이를 구한다. $\Delta\omega = \omega_2 - \omega_1 = 3750 - 3250 = 500$ rad/s가 된다. 이 값이 반전력 대역폭이다.

$\Delta\omega$와 ω_0가 포함된 양호도 방정식을 사용하여 계산을 하면

$$Q_0 = \frac{\omega_0}{\Delta\omega} = \frac{3500}{500} = 7.0$$

이다.

예제 실효 전압이 120 V인 AC 전원공급기가 변압기의 1차코일 양단에 연결되어 있다. 변압기의 1차권선의 권수는 300이고 2차권선의 권수는 60이다. 출력전압의 실횻값을 구하라.

풀이 변압기에서 전압비와 권수비 사이의 관계를 나타내는 다음 방정식을 사용한다.

$$\frac{\Delta V_{out}}{\Delta V_{in}} = \frac{N_s}{N_p}$$

방정식의 양변을 X자 형태로 곱하면

$$\Delta V_{out} N_p = \Delta V_{in} N_s$$

$$\Delta V_{out} = \frac{\Delta V_{in} N_s}{N_p} = \frac{(120)(60)}{300} = 24 \text{ V}$$

가 된다.

연습문제

130. 어떤 AC 회로에서 전류가 진폭이 2.0 A인 사인파의 형태로 변하고 있다. 전류의 실횻값을 구하라.

답: $\sqrt{2}$ A

132. 30 mH 인덕터가 들어있는 AC 회로에 주파수가 50 Hz인 전원공급기가 연결되어 있다. 유도성 리액턴스를 구하라.

답: 3π Ω

132. 2.0 μF 커패시터가 들어있는 AC 회로에 주파수가 100 Hz인 전원공급기가 연결되어 있다. 용량성 리액턴스를 구하라.

답: $\frac{2500}{\pi}$ Ω

133. 각주파수가 25 rad/s인 AC 전원공급기가 $100\sqrt{3}$ Ω 저항, 6.0 H 인덕터, 800 μF 커패시터와 직렬로 연결되어 있다.

(A) 이 RLC 회로의 임피던스를 구하라.

(B) 전원공급기를 기준으로 전류의 위상각을 구하라.

답: (A) 200 Ω, (B) 30°

134. 실효 전압이 200 V이고 각주파수가 50 rad/s인 AC 전원공급기가 $50\sqrt{3}$ Ω 저항, 3.0 H 인덕터, 100 μF 커패시터와 직렬로 연결되어 있다.

(A) 이 RLC 회로에 흐르는 전류를 AC 전류계로 측정한 값을 구하라.

(B) 저항 양단의 전압을 AC 전압계로 측정한 값을 구하라.

(C) 인덕터 양단의 전압을 AC 전압계로 측정한 값을 구하라.

(D) 커패시터 양단의 전압을 AC 전압계로 측정한 값을 구하라.

(E) 인덕터 – 커패시터 전체의 양단 전압을 두 개의 프로브를 사용하여 AC 전압계로 측정한 값을 구하라.

(F) 위의 (B)에서 (D)까지 구한 결과가 AC 전원공급기가 공급하는 200 V 실효 전압과 일치하는지 보여라.

답: (A) 2.0 A, (B) $100\sqrt{3}$ V, (C) 300 V, (D) 400 V, (E) 100 V

135. AC 전원공급기가 $100\sqrt{3}\ \Omega$ 저항, 80 mH 인덕터, 50 μF 커패시터와 직렬로 연결되어 있다.

(A) 이 RLC 회로의 공진 각주파수를 구하라.

(B) 공진 주파수를 Hz 단위로 구하라.

답: (A) 500 rad/s, (B) $\frac{250}{\pi}$ Hz

136. 실효 전압이 120 V인 AC 전원공급기가 30 Ω 저항, 60 H 인덕터, 90 μF 커패시터와 직렬로 연결되어 있다.

(A) 이 RLC 회로에서 AC 전원공급기가 공급할 수 있는 최대가능 실효 전류를 구하라.

(B) 이 RLC 회로의 최소 가능 임피던스를 구하라.

답: (A) 4.0 A, (B) 30 Ω

137. 실효 전압이 3.0 kV이고 각주파수가 25 rad/s인 AC 전원공급기가 $500\sqrt{3}\ \Omega$ 저항, 80 H 인덕터, 80 μF 커패시터와 직렬로 연결되어 있다.

(A) 이 RLC 회로에 흐르는 실효 전류를 구하라.

(B) AC 전원공급기가 전달하는 평균전력을 구하라.

(C) 이 RLC 회로의 공진 각주파수를 구하라.

(D) 전원공급기의 주파수를 조정하여 얻을 수 있는 최대 가능 실효 전류를 구하라.

답: (A) $\sqrt{3}$ A, (B) $1500\sqrt{3}$ W, (C) 12.5 rad/s, (D) $2\sqrt{3}$ A

138. AC 전원공급기가 2.0 Ω 저항, 30 mH 인덕터, 12 μF 커패시터와 직렬로 연결되어 있다. 이 RLC 회로의 양호도를 구하라.

답: 25

139. 아래에 표시한 평균전력 그래프를 보고 양호도를 구하라.

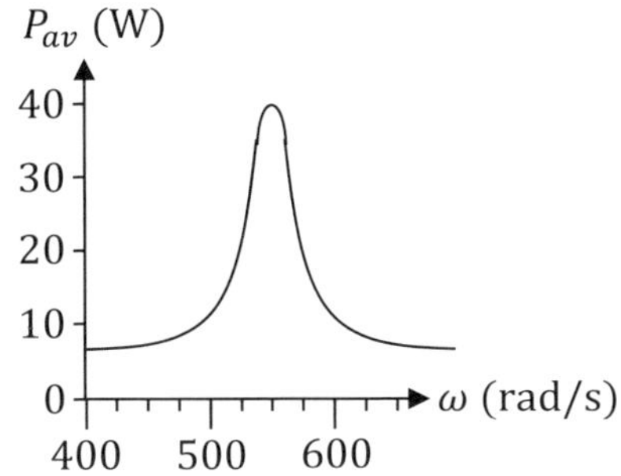

답: 11

140. 실효 전압이 240 V인 AC 전원공급기가 변압기의 1차 코일 양단에 연결되어 있다. 변압기의 1차 권선의 권수는 400이고 2차 권선의 권수는 100이다. 출력전압의 실횻값을 구하라.

답: 60 V

141. 실효 전압이 40 V인 AC 전원공급기가 변압기의 1차 코일 양단에 연결되어 있다. 변압기의 1차 권선의 권수는 200이다. 변압기 출력전압의 실횻값이 120 V일 때 2차 권선의 권수를 구하라.

답: 600

도움이 필요한가요? 책의 맨 뒤에 있는 "힌트"를 참고하세요.

32
맥스웰 방정식

관련 용어

- **전하**(electric charge) 입자가 가지는 고유한 특성 중의 하나로, 전하를 가진 입자가 전기장이 있는 곳에 놓이게 되면 전기장에 의해 힘을 받게 된다. (전기적으로 중성인 입자는 전하를 가지지 않는다. 따라서 중성 입자는 전기장이 있는 곳에 놓이게 되어도 힘을 받지 않는다.)
- **속도**(velocity) 속력(speed)와 방향을 함께 나타내는 양
- **전류**(current) 시간에 대한 전하의 변화율. 단위 시간 동안에 어떤 점 또는 단면적을 통과해 흐르는 전하의 양으로 정의함.
- **전위차(퍼텐셜 차)**(potential difference) 두 위치 사이의 전위의 차이. 전위차는 시험 전하가 두 위치 사이를 이동하는 데 필요한 단위 전하당 일로 정의함. 전위차를 다른 말로 전압(voltage)이라고 함
- **기전력**(emf) 배터리 또는 직류 전원 공급기가 회로에 공급하는 전위차. 단 이 전위차는 배터리나 전원 공급기의 내부저항에 생기는 전위차를 무시할 때의 전위차이다.
- **전기장**(electric field) 단위 전하당 힘
- **자기장**(magnetic field) 움직이는 전하(즉 전류)가 만들어내는 자기 현상
- **자기력**(magnetic force) 자기장이 존재하는 영역에서 움직이는 전하(즉 전류)가 받는 인력(끌어당기는 힘)이나 척력(밀어내는 힘)
- **전속(전기장선 다발)**(electric flux) 어떤 표면(면적)을 통과하는 전기장선의 상대적인 개수를 나타내는 척도(기준)
- **자속(자기장선 다발)**(magnetic flux) 어떤 표면을 통과하는 자기장선의 상대적인 개수를 나타내는 척도(기준)

- **유전체**(dielectric)　전기장을 유지할 수 있는 비전도성 물질. 커패시터를 구성하는 두 판 사이에 유전체가 존재하면 커패시터가 전하를 저장하는 능력이 향상된다.
- **유전율**(permittivity)　유전체가 전기장에 미치는 영향을 나타내는 척도(기준)
- **투자율**(permeability)　물질이 자기장에 미치는 영향을 나타내는 척도(기준)
- **자기모노폴**(magnetic monopole)　전기장을 발생시키는 정전하와 같은 방식으로 자기장을 발생시키는 가상의 입자.
- **변위전류**(displacement current)　회로에 전기적인 불연속이 존재하는 영역(커패시터의 두 판 사이처럼)에서 변화하는 전속은 마치 전류처럼 자기장선을 발생시킨다. 이러한 불연속 영역에서 변화하는 자속을 "변위전류"라고 한다.
- **포인팅 벡터**(Poynting vector)　전자파가 운반하는 단위 면적당 전력
- **전위 에너지**(electric potential energy)　전하를 가진 입자의 위치가 변할 때 수행되는 전기적 일을 나타내는 척도(기준)
- **자기 에너지**(magnetic energy)　인덕터 루프를 통해 전류가 흐를 때 얼마나 수행되는 자기적인 일을 나타내는 척도(기준)
- **전위**(electric potential)　단위 전하당 전위 에너지. 전하를 가진 입자가 한 점에서 다른 점으로 이동할 수행되는 단위 전하당 일은 이 두 점 사이의 전위차와 같다.

적분형 맥스웰 방정식(진공에서)

다음 수식으로 표시되는 전기장용 가우스 법칙(8장)에 따르면 알짜 전속($\Phi_{e,net} = \oint_S \vec{\mathbf{E}} \cdot d\vec{\mathbf{A}}$)은 닫힌 가우스 표면으로 둘러싸인 전하에 비례한다.

$$\oint_S \vec{\mathbf{E}} \cdot d\vec{\mathbf{A}} = \frac{q_{enc}}{\epsilon_0}$$

다음 수식으로 표시되는 자기장용 가우스 법칙에 따르면 알짜 자속($\Phi_{m,net} = \oint_S \vec{\mathbf{B}} \cdot d\vec{\mathbf{A}}$)은 **언제나** 0이 된다. 그 까닭은 움직이는 전하만이 자기장을 만들어내기 때문이다. 아직까지 자기 모노폴 – 전하와 같은 역할을 하는 가상의 입자 – 은 발견되지 않았다.

$$\oint_S \vec{\mathbf{B}} \cdot d\vec{\mathbf{A}} = 0$$

다음 수식으로 표시되는 패러데이 법칙(29장)에 따르면 도선 루프를 통과하는 변화하는 자속$\left(\frac{d\Phi_m}{dt}\right)$은 도선 루프에 기전력($\varepsilon_{ind} = \oint_S \vec{\mathbf{E}} \cdot d\vec{\mathbf{s}}$)을 유도한다.

$$\oint_C \vec{\mathbf{E}} \cdot d\vec{\mathbf{s}} = -\frac{d\Phi_m}{dt}$$

다음 수식으로 표시되는 암페어 법칙(29장)에 따르면 자기장의 선적분($\oint_C \vec{\mathbf{B}} \cdot d\vec{\mathbf{s}}$)은 암페어 루프로 둘러싸인 전류 I_{enc}에 비례한다. 맥스웰은 이 식에 변위전류(I_d)를 추가하여 일반적인 식을 만들었다. 변위전류는 $I_d = \epsilon_0 \frac{d\Phi_e}{dt}$으로 나타내며 변화하는 전속$\left(\frac{d\Phi_e}{dt}\right)$과 관련이 있다.

$$\oint_C \vec{\mathbf{B}} \cdot d\vec{\mathbf{s}} = \mu_0 I_{enc} + \epsilon_0 \mu_0 \frac{d\Phi_e}{dt}$$

위에서 적분 행태로 나타낸 네 개의 방정식을 통틀어 맥스웰 방정식이라고 한다. 맥스웰 방정식을 구성하는 네 개 방정식은 전자기 현상을 각각 설명한다. 패러데이 법칙에 따르면 **변화하는 자속은 전기장을 유도**한다(이 유도 전기장은 도선 루프에 기전력과 전류를 유도한다). 이와 마찬가지로 변위전류를 추가하여 만든 일반형 암페어 법칙에 따르면 **변화하는 전속은 자기장을 유도**한다. 맥스웰 방정식은 전자파(또는 빛)을 설명하는 데 적용된다.

로렌츠 힘

2장에서 배운 바에 따르면 전기장 $\vec{\mathbf{E}}$가 존재하는 영역에 전하를 가진 입자 q가 있으면 그 입자는 $\vec{\mathbf{F}}_e = q\vec{\mathbf{E}}$로 주어지는 전기력 $\vec{\mathbf{F}}_e$을 받는다. 또한 24장에서 배운 바에 따르면 자기장 $\vec{\mathbf{B}}$가 존재하는 영역에 속도 $\vec{\boldsymbol{v}}$로 움직이는 전하 q가 있으면 그 전하는 $\vec{\mathbf{F}}_e = q\vec{\boldsymbol{v}} \times \vec{\mathbf{B}}$로 주어지는 자기력 $\vec{\mathbf{F}}_m$을 받는다. 전기장 $\vec{\mathbf{E}}$와 자기장 $\vec{\mathbf{B}}$가 함께 존재하는 영역에 속도 $\vec{\boldsymbol{v}}$로 움직이는 전하 q가 있으면 그 전하는 다음과 같이 이들 두 식을 더한 힘을 받는데, 이 힘을 로렌츠 힘(Lorentz force)이라고 한다.

$$\vec{\mathbf{F}}_{net} = q\vec{\mathbf{E}} + q\vec{\boldsymbol{v}} \times \vec{\mathbf{B}}$$

기호와 SI 단위

기호	이름	SI 단위
q	전하	C
I	전류	A
$\vec{\mathbf{E}}$	전기장	N/C 또는 V/m

$\vec{\mathbf{B}}$	자기장	T
$\vec{\mathbf{S}}$	포인팅 벡터	W/m^2
ϵ_0	자유공간의 유전율	$\frac{C^2}{N \cdot m^2}$ 또는 $\frac{C^2 s^2}{kg \cdot m^3}$
μ_0	자유공간의 투자율	$\frac{T \cdot m}{A}$
$d\vec{\mathbf{s}}$	미소 변위(벡터)	m
$d\vec{\mathbf{A}}$	미소 면적 요소(벡터)	m^2
t	시간	s
$\vec{\mathbf{F}}_e$	전기력	N
$\vec{\mathbf{F}}_m$	자기력	N
Φ_e	전속	$\frac{N \cdot m^2}{C}$ 또는 $\frac{kg \cdot m^3}{C \cdot s^2}$
Φ_m	자속	$T \cdot m^2$ 또는 Wb
ε_{ind}	유도 기전력	V
ρ	부피 전하밀도	C/m^3
$\vec{\mathbf{J}}$	전류밀도(부피 전체에 분포)	A/m^2
$\vec{\mathbf{v}}$	속도	m/s
c	진공에서 빛의 속력	m/s
U	에너지	J
u	에너지 밀도	J/m^3

자기장에 대한 가우스 법칙

가우스 법칙은 전기장과 자기장에 대해 모두 적용된다. 이를 수식으로 쓰면 다음과 같다. 자기장의 경우에는 가우스 법칙의 우변이 0이 된다.

$$\oint_S \vec{\mathbf{E}} \cdot d\vec{\mathbf{A}} = \frac{q_{enc}}{\epsilon_0}$$

$$\oint_S \vec{\mathbf{B}} \cdot d\vec{\mathbf{A}} = 0$$

자기장에 대한 가우스 법칙의 우변이 0이 되는 까닭은 **자기 모노폴** — 전기장을 발생시키는 전하와 마찬가지로 자기장을 발생시키는 자하와 같은 역할을 하는 가상의 입자 — 이 없기 때문이다. 자석을 거시적으로 살펴보면 겉으로는 두 개의 별도의 극(즉 북극 N과 남극 S)이 존재하는 것처럼 보인다. 하지만 북극과 남극은 항상 쌍으로만 존재한다. 자석을 반으로 쪼갠다고 해서 각각이 별도의 극으로 나뉘지 않는다. 그 대신 반으로 나뉜 두 조각은 각각이 북극과 남극을 가진 작은 자석이 된다. (자석을 계속해서 반으로 쪼개면 최종적으로는 단일 원자가 반으로 쪼개질 것이다) 20장에서 설명한 바와 같이 자석이 만들어내는 자기장을 비롯하여 모든 자기장은 움직이는 전하가 발생시킨 것이다. 자석 내부를 보면 실제로 북극과 남극이 없다. 오히려 자석 내부에 있는 각 원자가 자석 역할을 하며 자기장을 만들어내다. 원자가 만들어내는 자기장이 모두 합쳐져 자석 전체의 자기장이 만들어진다.

막대자석이 만들어내는 자기장선(20장)과 전기 다이폴이 만들어내는 전기장선(4장)을 비교해보면 공부에 도움이 된다. 막대자석의 외부에서 자기장선은 전기 다이폴의 전기장선과 유사하다. 그렇지만 막대자석 내부의 자기장선은 다이폴의 전기장선과 아주 다르다. 자기장에 대한 가우스 법칙에 따라 임의의 닫힌 표면을 통과하는 자속은 언제나 0이다. 임의의 닫힌 표면 속으로 들어가는 자기장선 수와 닫힌 표면 밖으로 나오는 자기장선 수는 언제나 같다.

다음 쪽 그림의 왼쪽에 있는 전기 다이폴의 전기장 지도와 오른쪽에 있는 막대자석의 자기장 지도를 서로 비교해보자.

- 전기장 지도에서 닫힌 표면이 음전하를 둘러싸고 있는 경우(왼쪽 그림에서 X 표시한 표면)에는 그 표면을 통과하는 알짜 전속이 있다. 그러나 닫힌 표면에 둘러싸인 전하가 없거나 둘러싸인 전하들이 있더라도 그 알짜 전하가 0인 경우에는 그 표면을 통과하는 알짜 전속은 0이다(왼쪽 그림에서 W 표시를 한 표면).

- 자기장 지도에서 임의의 닫힌 표면을 통과하는 알짜 자속은 0이다. (아래 그림에서 Y, Z 표시한 표면 참조)
- X 표시한 표면과 Z 표시한 표면 사이의 차이에 주의를 기울여보자. 표면 X를 통과하는 알짜 전속은 −인 반면에 표면 Z를 통과하는 자속은 0이다. (표면 W와 표면 Y를 통과하는 알짜 전속과 자속도 0이다)

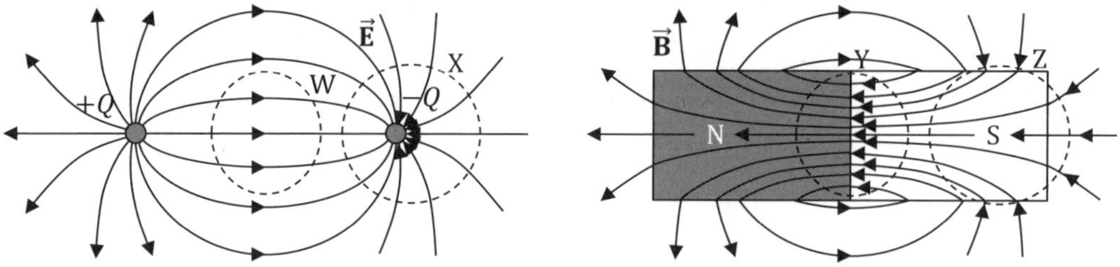

자기장에 대해서 가우스 법칙의 우변은 0이므로 자기장용 가우스 법칙은 전기장 방정식을 유도하는 데 사용되는 전기장용 가우스 법칙(8장에서 해본 것처럼)만큼 자기장을 유도하는 데 유용하지 않다. 그러나 자기장 방정식을 유도할 때는 그 대신에 암페어 법칙(27장)이나 비오−사바르 법칙(26)장을 사용하면 된다.

스토크스 정리

다음 식으로 표시되는 적분형 패러데이 법칙과 암페어 법칙은 스토크스 정리를 응용한 것이다.

$$\oint_C \vec{\mathbf{E}} \cdot d\vec{\mathbf{s}} = -\frac{d\Phi_m}{dt}$$

$$\oint_C \vec{\mathbf{B}} \cdot d\vec{\mathbf{s}} = \mu_0 I_{enc} + \epsilon_0 \mu_0 \frac{d\Phi_e}{dt}$$

스토크스 정리는 가우스 법칙(8장)만큼 강력한 공식으로 둘 사이의 차이점은 다음과 같다.

- 스토크스 정리는 $\oint_C \vec{\mathbf{E}} \cdot d\vec{\mathbf{s}}$ 또는 $\oint_C \vec{\mathbf{B}} \cdot d\vec{\mathbf{s}}$처럼 닫힌 경로에 대해 수행되는 선적분을 사용하는 반면에 가우스 정리는 $\oint_S \vec{\mathbf{E}} \cdot d\vec{\mathbf{A}}$ 또는 $\oint_S \vec{\mathbf{B}} \cdot d\vec{\mathbf{A}}$처럼 닫힌 면적(표면)에 대해 수행되는 면적분을 사용한다.
- 스토크스 정리의 우변에는 회전하는 장선(예를 들어 22장에서 배운 것처럼 전류 주위를 회전하는 자기장선)을 만들어내는 원천이 들어있는 반면에 전기장용 가우스 법칙의 우변은 방사하는 장선(예를 들어 점전하에서 방사되는 전기장선)을 만들어내는 원천이 들어있다.

일반형 암페어 법칙

일반형 암페어 법칙은 커패시터의 두 극판 사이처럼 회로에서 전기적 불연속이 존재하는 부분에 적용된다. 예를 들어, 아래 그림처럼 아주 긴 직선(수평) 도선을 살펴보자. 이 도선은 가까운 간격으로 놓여 있는 두 개의 넓은 판으로 인해 중간이 끊겨 있다. 두 판에는 균일한 전하밀도로 전하가 분포해있고 도선에는 전류 I가 흐르고 있다. 27장에서는 $\oint_C \vec{\mathbf{B}} \cdot d\vec{\mathbf{s}} = \mu_0 I_{enc}$로 주어지는 암페어 법칙을 아주 긴 직선도선에 적용해보았다. 이때 전류와 축이 같은 암페어 원에 대해 좌변은 $2\pi r_c B$가 되었다.

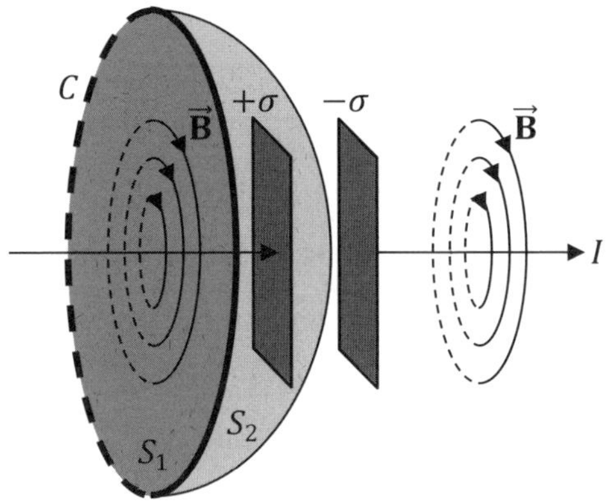

암페어 법칙의 우변에는 $\mu_0 I_{enc}$가 들어있다. 암페어 루프로 둘러싸인 전류 I_{enc}는 적분 $\oint_C \vec{\mathbf{B}} \cdot d\vec{\mathbf{s}}$에서 경로 C로 둘러싸인 표면을 통과하는 전류와 같다. 위의 그림에서 경로 C는 암페어 원이다. 맥스웰의 변위전류 I_d는 암페어 원에 의해 둘러싸인 다음 표면을 고려하면 이해할 수 있다.

- 표면 S_1은 경로 C로 둘러싸인 평평하고 속이 채워진 원반이다. 전류 I가 S_1을 통과하고 있으므로 이 경우에 경로로 둘러싸인 전류는 $I_{enc} = I$이다.
- 표면 S_2는 경로 C로 둘러싸인 반원이다. 이 반원은 잠자리채처럼 커패시터의 두 극판 사이에 놓여 있다. 전류 I는 S_2을 통과하고 있지 않다. $I_{enc} = 0$

그러나 닫힌 표면으로 S_1을 선택하든 S_2를 선택하든 상관없이 암페어 법칙을 적용하면 같은 자기장(S_1과 S_2의 경로는 C로 동일하므로 경로상에 존재하는 자기장은 동일하다)에 대해서는 같은 결과가 나와야 한다.[39] 즉 경로 C로 둘러싸인(경로 C가 경계를 이루고 있는) 표면이라면 어떤 표면에 대해서도 결과는 같다. 일반형 암페어 법칙은 $\oint_C \vec{\mathbf{B}} \cdot d\vec{\mathbf{s}} = \mu_0 I_{enc} +$

39 (옮긴이) S_1에 대해 적분을 하여 $I_{enc} = I$가 나왔으면 S_2에 대해 적분을 해도 $I_{enc} = I$가 나와야 한다. 그런데 그림을 보면 도선(도체)이 S_1 표면을 통과하고 있으므로 도선에 흐르는 전류 I가 S_1 표면을 통과하고 있지만 S_2 표면은 도체(판) 사이의 절연체 영역에 놓여 있어서 전류 I가 S_2 표면을 통과하는 것은 불가능하다($I_{enc} = 0$). 하지만 S_2 표면에 대해서도 S_1과 같은 결과가 나와야 하므로 전류 I는 아니지만 전류 I와 크기가 같은 무언가가 S_2 표면을 통과하고 있는 것이 분명하다. 이렇게 도선(도체)을 통과하는 전류와 동일한 역할을 하면서 절연체 속을 통과하는 양에 '변위전류'라는 이름을 붙인 것이다. 따라서 일반형 암페어 법칙은 $\oint_C \vec{\mathbf{B}} \cdot d\vec{\mathbf{s}} = \mu_0 I_{enc} + \varepsilon_0 \mu_0 \frac{d\Phi_m}{dt} = \mu_0 I_{enc} + \mu_0 I_d$이 되고 이에 따라 $I_{enc} = 0$인 절연체 영역에서도 I_d가 자기장 $\vec{\mathbf{B}}$을 만들어낸다.

$\epsilon_0\mu_0\frac{d\Phi_e}{dt}$로, S_2를 통과하는 전류는 실제로 변위전류 I_d이다. 이 변위전류는 $I_d = \epsilon_0\frac{d\Phi_e}{dt}$이다.

변위전류 $I_d = \epsilon_0\frac{d\Phi_e}{dt}$에 '전류'라는 이름을 붙인 까닭은 무엇일까? 가우스 법칙에 따라 평행판 사이에 존재하는 자속은 $\Phi_e = \oint_S \vec{\mathbf{E}}\cdot d\vec{\mathbf{A}} = \frac{q_{enc}}{\epsilon_0}$이고 $I_d = \epsilon_0\frac{d\Phi_e}{dt} = \epsilon_0\frac{d}{dt}\left(\frac{q_{enc}}{\epsilon_0}\right) = \frac{dq_{enc}}{dt}$이다. 전류는 시간에 대한 전하의 변화율로 정의되므로 $I_d = \frac{dq_{enc}}{dt}$은 전류로 취급할 수 있기 때문이다.

선적분으로 표시되는 패러데이 법칙

29장에서는 패러데이 법칙을 $\epsilon_{ind} = -N\frac{d\Phi_m}{dt}$와 같이 미분 형태로 표시하였다. 이 식은 도선 루프를 통과하는 자속 Φ_m이 시간에 따라 변하면 도선 루프에는 기전력 ε_{ind}이 유도되는 현상을 나타낸다. 맥스웰 방정식에서는 패러데이 법칙을 $\oint_C \vec{\mathbf{E}}\cdot d\vec{\mathbf{s}} = -\frac{d\Phi_m}{dt}$와 같이 선적분으로 나타낸다. 미분 형태로 표시한 방정식과 선적분으로 표시한 방정식은 실제로 동일한 방정식이다. 9장에서는 $\Delta V = -\int_C \vec{\mathbf{E}}\cdot d\vec{\mathbf{s}}$임을 살펴보았다. 또한 16장에서는 기전력 ε과 전위차 ΔV는 전원공급기의 내부저항 r로 인해 구별됨을 알아보았는데 페러데이 법칙에서는 이 기전력이 유도되는 것이다. 따라서 기전력 ε_{ind} 대신에 $\oint_C \vec{\mathbf{E}}\cdot d\vec{\mathbf{s}}$로 쓸 수 있다. 맥스웰 방정식에서 패러데이 법칙을 이렇게 쓰는 데는 다음 두 가지 이유가 있다(패러데이 법칙을 다루는 문제를 푸는 데는 $\varepsilon_{ind} = -N\frac{d\Phi_m}{dt}$이 더 실용적이다).

- 패러데이 법칙의 좌변을 $\oint_C \vec{\mathbf{E}}\cdot d\vec{\mathbf{s}}$로 나타내면 암페어 법칙의 좌변 $\oint_C \vec{\mathbf{B}}\cdot d\vec{\mathbf{s}}$과 형태가 유사하므로 두 방정식 사이의 대칭성을 나타내는 데 더 적합하다.
- 전기장 $\vec{\mathbf{E}}$는 도선 루프가 실제로 존재하든 존재하지 않든 유도된다. 유도 기전력 ε_{ind}는 도선 루프가 존재할 때만 비로서 의미를 가지지만 $\oint_C \vec{\mathbf{E}}\cdot d\vec{\mathbf{s}}$는 도선 루프에 존재하지 않는 경우에도 의미가 있는 것이 일반적이다(도선 루프가 존재하는 경우라면, 시간에 따라 변화하는 자속에 의해 발생하는 회전하는 전기장은 $\vec{\mathbf{F}}_e = q\vec{\mathbf{E}}$에 따라 도선 내부에 있는 전하들에 힘을 가하므로 도선에는 유도전류가 흐르게 된다).

전기장과 자기장 사이의 대칭성

맥스웰 방정식에 가상의 자기 모노폴인 "자하(magnetic charge)" q_m(보통의 전하 q_e와 구별하기 위해 아래첨자 m을 붙임)이 있다고 가정하면 다음과 같이 전기장 $\vec{\mathbf{E}}$에 대한 방정식과 자기장 $\vec{\mathbf{B}}$에 대한 방정식 사이에 대칭성을 완성할 수 있다. 여기서, 자하의 SI 단위는 A·m이다.

$$\oint_S \vec{\mathbf{E}} \cdot d\vec{\mathbf{A}} = \frac{q_{enc}}{\epsilon_0} \quad , \quad \oint_S \vec{\mathbf{B}} \cdot d\vec{\mathbf{A}} = \mu_0 q_m$$

$$\oint_C \vec{\mathbf{E}} \cdot d\vec{\mathbf{s}} = -\mu_0 \frac{dq_m}{dt} - \frac{d}{dt}\oint_S \vec{\mathbf{B}} \cdot d\vec{\mathbf{A}} \quad , \quad \oint_C \vec{\mathbf{B}} \cdot d\vec{\mathbf{s}} = \mu_0 \frac{dq_e}{dt} + \epsilon_0\mu_0 \frac{d}{dt}\oint_S \vec{\mathbf{E}} \cdot d\vec{\mathbf{A}}$$

전기장과 자기장 사이의 대칭성을 더욱 강조하기 위해 $I_{enc} = \frac{dq_e}{dt}$, $\Phi_e = \int_S \vec{\mathbf{E}} \cdot d\vec{\mathbf{A}}$, $\Phi_m = \int_S \vec{\mathbf{B}} \cdot d\vec{\mathbf{A}}$로 대체하였다. 그러나 이것은 가상이다. 자기 다이폴은 아직까지 발견되지 않았다. 게다가 과학의 다른 분야에서도 자연은 **깨진** 대칭성을 보여주고 있다. 입자 물리학에서 대칭성이 깨진 사례의 하나로 힉스 메커니즘(Higgs mechanism)을 들 수 있다. 따라서 자기 다이폴과 같은 것은 있을 수도 있지만 없을 수도 있다. 모노폴이 발견될 때까지 q_m은 방정식에서 제외한다.

기울기, 발산, 회전(gradient, divergence, curl)

다음과 같은 수학 연산자를 정의하여 맥스웰 방정식을 다른 형태로 나타낼 수 있다. 먼저 편도함수(partial derivative)를 살펴보자. f가 두 개의 독립 변수 x와 y의 함수라면 x에 대해 함수 f의 편미분을 취할 때는 y를 상수로 취급한다. y에 대해 함수 f의 편미분을 취할 때는 x를 상수로 취급한다. ∂ 기호는 전미분을 나타내는 d와 구별하기 위해 사용한 것이다.

예제 $f = 5x^3y^2$일 때 x에 대한 f의 편미분과 y에 대한 f의 편미분을 각각 구하라.

풀이

- x에 대한 f의 편미분을 할 때는 y를 상수로 취급한다.

$$\frac{\partial f}{\partial x} = \frac{\partial}{\partial x}(5x^3y^2) = 5y^2\frac{\partial}{\partial x}(x^3) = 5y^2(3x^2) = 15x^2y^2$$

- y에 대한 f의 편미분을 할 때는 x를 상수로 취급한다.

$$\frac{\partial f}{\partial y} = \frac{\partial}{\partial y}(5x^3y^2) = 5x^3\frac{\partial}{\partial y}(y^2) = 5x^3(2y) = 10x^3y$$

기울기 $\vec{\nabla}$은 미분 연산자로 편미분을 하여 스칼라 함수를 벡터 함수로 변환한다. $\vec{\nabla}$ 기호(델 연산자라고 함)를 사용하여 기울기 연산자임을 나타낸다. ∇ 기호는 대문자 델타(Δ)의 위, 아래를 뒤집은 것과 같은 모양이다. 기울기 연산자의 정의는 다음과 같다.

$$\vec{\nabla} = \hat{\mathbf{x}}\frac{\partial}{\partial x} + \hat{\mathbf{y}}\frac{\partial}{\partial y} + \hat{\mathbf{z}}\frac{\partial}{\partial z}$$

단위벡터 $\hat{\mathbf{x}}$, $\hat{\mathbf{y}}$, $\hat{\mathbf{z}}$는 크기는 모두 1이며 각각 $+x$, $+y$, $+z$ 방향을 가리킨다. 기울기 연산자 $\vec{\nabla}$를 스칼라 함수 f에 작용시키면

$$\vec{\nabla}f = \hat{\mathbf{x}}\frac{\partial f}{\partial x} + \hat{\mathbf{y}}\frac{\partial f}{\partial y} + \hat{\mathbf{z}}\frac{\partial f}{\partial z}$$

가 된다. 기울기 연산은 일종의 2차원 다변수 미분이다. 상미분과 마찬가지로 기울기 연산도 탄젠트의 기울기를 나타낸다. 어떤 점에서 함수의 기울기의 방향은 그 함수가 그 점에서 가장 크게 증가하는 방향(최대 증가 방향)을 가리킨다.

발산 연산자 $\vec{\nabla}\cdot$은 스칼라 곱셈에서 델 연산자 $\vec{\nabla}$를 사용하는 미분 연산자이다(이에 대해서는 19장에서 스칼라 곱셈을 다루었다). 벡터 함수에 발산을 적용하면 다음과 같이 스칼라 함수를 얻는다.

$$\vec{\nabla}\cdot\vec{\mathbf{F}} = \left(\hat{\mathbf{x}}\frac{\partial}{\partial x} + \hat{\mathbf{y}}\frac{\partial}{\partial y} + \hat{\mathbf{z}}\frac{\partial}{\partial z}\right)\cdot(F_x\hat{\mathbf{x}} + F_y\hat{\mathbf{y}} + F_z\hat{\mathbf{z}}) = \frac{\partial F_x}{\partial x} + \frac{\partial F_y}{\partial y} + \frac{\partial F_z}{\partial z}$$

벡터 장의 발산은 그 벡터의 장선이 주어진 점에서 얼마나 발산(퍼져 나가는가)를 나타내는 척도(기준)를 제공한다.

회전 연산자 $\vec{\nabla}\times$는 벡터 곱셈에서 델 연산자 $\vec{\nabla}$를 사용하는 미분 연산자이다(이에 대해서는 19장에서 벡터 곱셈을 다루었다). 벡터 함수에 회전을 적용하면 다음과 같이 벡터 함수를 얻는다.

주의: $\frac{\partial}{\partial x}$와 같은 미분 연산자를 포함하는 행렬식을 구할 때는 위에서 아래로 각 대각 요소들을 따라 계산하는 것이 중요하다.

$$\vec{\nabla}\times\vec{\mathbf{F}} = \begin{vmatrix} \hat{\mathbf{x}} & \hat{\mathbf{y}} & \hat{\mathbf{z}} \\ \frac{\partial}{\partial x} & \frac{\partial}{\partial y} & \frac{\partial}{\partial z} \\ F_x & F_y & F_z \end{vmatrix} = \hat{\mathbf{x}}\begin{vmatrix} \frac{\partial}{\partial y} & \frac{\partial}{\partial z} \\ F_y & F_z \end{vmatrix} - \hat{\mathbf{y}}\begin{vmatrix} \frac{\partial}{\partial x} & \frac{\partial}{\partial z} \\ F_x & F_z \end{vmatrix} + \hat{\mathbf{z}}\begin{vmatrix} \frac{\partial}{\partial x} & \frac{\partial}{\partial y} \\ F_x & F_y \end{vmatrix}$$

$$\vec{\nabla}\times\vec{\mathbf{F}} = \left(\frac{\partial}{\partial y}F_z - \frac{\partial}{\partial z}F_y\right)\hat{\mathbf{x}} - \left(\frac{\partial}{\partial x}F_z - \frac{\partial}{\partial z}F_x\right)\hat{\mathbf{y}} + \left(\frac{\partial}{\partial x}F_y - \frac{\partial}{\partial y}F_x\right)\hat{\mathbf{z}}$$

벡터 장의 회전은 그 벡터의 장선이 주어진 점에서 얼마나 회전하는지를 나타낸다.

미분형 맥스웰 방정식(진공에서)

발산과 회전 연산자를 사용하면 다음과 같이 맥스웰 방정식을 미분형으로 쓸 수 있다(474쪽에서는 맥스웰 방정식을 적분형으로 쓴 바 있다).

$\vec{\nabla} \cdot \vec{\mathbf{E}} = \dfrac{\rho}{\epsilon_0}$ (전기장에 대한 가우스 법칙)

$\vec{\nabla} \cdot \vec{\mathbf{B}} = 0$ (자기장에 대한 가우스 법칙)

$\vec{\nabla} \times \vec{\mathbf{E}} = -\dfrac{\partial \vec{\mathbf{B}}}{\partial t}$ (패러데이 법칙)

$\vec{\nabla} \times \vec{\mathbf{B}} = \mu_0 \vec{\mathbf{J}} + \epsilon_0 \mu_0 \dfrac{\partial \vec{\mathbf{E}}}{\partial t}$ (일반형 암페어 법칙)

발산 연산자 $\vec{\nabla} \cdot$ 와 회전 연산자 $\vec{\nabla} \times$ 는 이들 방정식을 해석하는 데 도움을 준다.

- 전기장에 대한 가우스 법칙 $\vec{\nabla} \cdot \vec{\mathbf{E}} = -\dfrac{\rho}{\epsilon_0}$은 전기장은 점전하로부터 바깥쪽으로(또는 안쪽으로) 뻗어 나가는 형태임을 말해준다. 이는 벡터 장의 발산은 장선이 발산할 때 0이 아닌 값이 되기 때문이다.
- 자기장에 대한 가우스 법칙 $\vec{\nabla} \cdot \vec{\mathbf{B}} = 0$은 자기장은 절대로 발산하지 않음을 말해준다. 그 대신 자기장은 회전한다(암페어 법칙에서 회전에 의해 표시되는 것처럼)
- 패러데이 법칙 $\vec{\nabla} \times \vec{\mathbf{E}} = -\dfrac{\partial \vec{\mathbf{B}}}{\partial t}$은 변화하는 자기장은 회전하는 전기장선을 만들어냄을 말해준다(이 전기장선은 도선 루프의 전하를 가속시켜 루프에 전류를 흐르게 할 수 있다).
- 암페어 법칙 $\vec{\nabla} \times \vec{\mathbf{B}} = \mu_0 \vec{\mathbf{J}}$은 자기장선은 전류 주위를 회전함을 말해준다. 이는 벡터 장의 회전은 장선이 회전할 때 0이 아닌 값이 되기 때문이다. 일반형 암페어 법칙 $\vec{\nabla} \times \vec{\mathbf{B}} = \mu_0 \vec{\mathbf{J}} + \epsilon_0 \mu_0 \dfrac{\partial \vec{\mathbf{E}}}{\partial t}$은 변위전류와 관계있는 변화하는 전속($I_d = \epsilon_0 \dfrac{d\phi_e}{dt}$)도 전류와 마찬가지로 회전하는 자기장선을 만들어냄을 말해준다.

빛은 전자파의 한 종류이다

빛은 전자파의 한 종류이다. 아래 그림을 보면서 이것이 뜻하는 바를 알아보자. 아래 그래프는 $+z$축을 따라 오른쪽으로 전파하는 빛의 파동(광파)을 보여주고 있다. 이 빛이 오른쪽으로 진행을 하면서 전기장 $\vec{\mathbf{E}}$는 위, 아래로 진동을 하고 자기장 $\vec{\mathbf{B}}$은 책 표면에 대해 앞, 뒤로 진동을 한다.

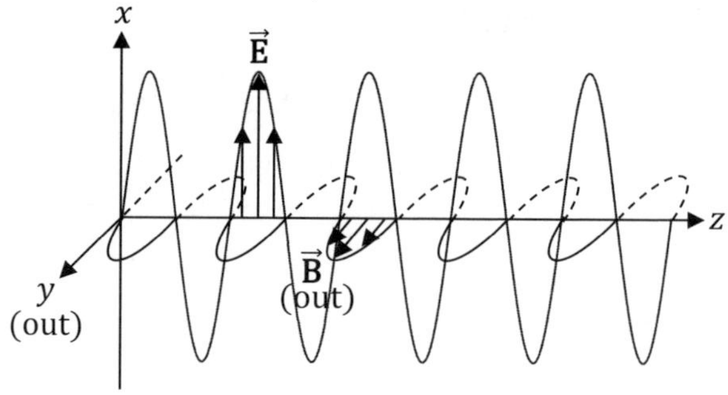

자유공간의 유전율 ϵ_0 — 8장에서 가우스 법칙으로 전기장을 다룰 때 배운 것 — 과 자유공간의 투자율 μ_0 — 26장~27장에서 비오–사바르 법칙과 가우스 법칙으로 자기장을 다룰 때 배운 것 — 을 결합하면 다음과 같이 진공에서의 빛의 속력 c를 구할 수 있다.

$$c = \frac{1}{\sqrt{\epsilon_0 \mu_0}}$$

이 식이 맞는지 증명해보기 위해 값을 직접 대입해보자. 자유공간의 유전율 ϵ_0는 쿨롱 상수 k와 $\epsilon_0 = \frac{1}{4\pi k}$의 관계를 갖는다. 쿨롱상수는 $k = 9.0 \times 10^9\ \frac{\text{N}\cdot\text{m}^2}{\text{C}^2}$이고 자유공간의 투자율 μ_0는 $\mu_0 = 4\pi \times 10^{-7}\ \frac{\text{T}\cdot\text{m}}{\text{A}}$이다.

$$c = \frac{1}{\sqrt{\epsilon_0\mu_0}} = \frac{1}{\sqrt{\frac{1}{4\pi k}\mu_0}} = \frac{1}{\sqrt{\frac{1}{4\pi(9\times10^9)}(4\pi\times10^{-7})}} = \frac{1}{\sqrt{\frac{10^{-7}}{9\times10^9}}} = \frac{1}{\sqrt{\frac{10^{-7-9}}{9}}}$$

$$c = \frac{1}{\sqrt{\frac{10^{-16}}{9}}} = \sqrt{\frac{9}{10^{-16}}} = \sqrt{9\times10^{16}} = \sqrt{9}\sqrt{10^{16}} = 3.0\times10^8\ \text{m/s}$$

진공 속에서 빛의 속력은 유효숫자 두 개로 표시하면 $c = 3.0 \times 10^8$ m/s이다. 단위는 다음과 같이 구할 수 있다. ϵ_0의 단위는 $\frac{\text{C}^2}{\text{N}\cdot\text{m}^2}$($k$의 단위의 역수)이고 μ_0의 단위는 $\frac{\text{T}\cdot\text{m}}{\text{A}}$이다. 따라서 $\epsilon_0\mu_0$의 단위는 $\frac{\text{C}^2\cdot\text{T}}{\text{N}\cdot\text{m}\cdot\text{A}}$이다. 24장에서 테슬라 단위는 $1\ \text{T} = 1\ \frac{\text{N}}{\text{A}\cdot\text{m}}$임을 배웠으므로 $\epsilon_0\mu_0$의 단위는 $\frac{\text{C}^2}{\text{m}^2\cdot\text{A}^2}$이다. $I = \frac{dq}{dt}$이므로 암페어 단위는 $1\ \text{A} = 1\ \frac{\text{C}}{\text{s}}$이다. 따라서 $\epsilon_0\mu_0$의 단위는 $\frac{\text{s}^2}{\text{m}^2}$이므로 $\frac{1}{\sqrt{\epsilon_0\mu_0}}$의 단위는 m/s가 된다.

전자기 스펙트럼

전자기 스펙트럼의 구성을 살펴보면 아래 그림에서 보듯이 전파(radio wave), 마이크로파(microwave), 적외선(infrared), 가시광선(visible light), 자외선(ultraviolet), 엑스선(x–ray), 감마선(gamma ray)이 있다. 가시광선은 전체 전자기 스펙트럼에서 아주 좁은 부분을 차지한다(아래 그림은 실제 치수대로 그린 것이 아니다. 그래서 실제로 가시광선이 차지하는 부분은 그림에서보다 훨씬 좁다), 파장 λ와 주파수 f는 역수 관계로 $\lambda f = c$이므로 $\lambda = \frac{c}{f}$이고 $f = \frac{c}{\lambda}$이다. 따라서 주파수가 높을수록 파장은 짧아지고 주파수가 낮을수록 파장은 길어진다.

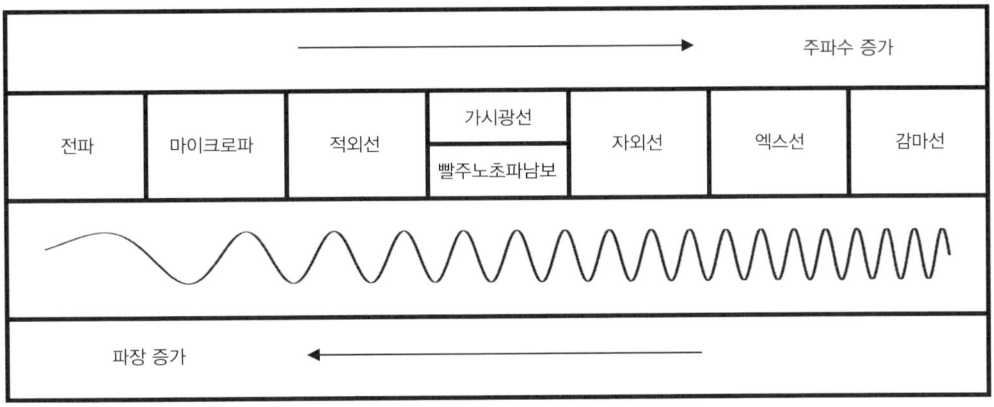

포인팅 벡터(Poynting vector)

포인팅 벡터 $\vec{\mathbf{S}}$는 전자파가 가지는 단위 면적당 전력이다. 전력은 단위 시간당 에너지이므로 포인팅 벡터는 단위 면적당 단위 시간당 에너지를 나타낸다고 할 수 있다. 전기장 $\vec{\mathbf{E}}$와 자기장 $\vec{\mathbf{B}}$로 이루어진 전자파의 포인팅 벡터 $\vec{\mathbf{S}}$를 수식으로 나타내면 다음과 같다.

$$\vec{\mathbf{S}} = \frac{1}{\mu_0}\vec{\mathbf{E}} \times \vec{\mathbf{B}}$$

파의 세기 I는 한 주기 동안 포인팅 벡터의 평균값을 말한다.

$$I = S_{av} = \frac{E_m B_m}{2\mu_0}$$

여기서 E_m과 B_m은 전기장과 자기장의 진폭(최댓값)이다.

단위 관련 중요 사항

포인팅 벡터 $\vec{\mathbf{S}}$의 SI 단위는 $\frac{\mathrm{W}}{\mathrm{m}^2}$이다. 이것은 방정식 $\vec{\mathbf{S}} = \frac{1}{\mu_0}\vec{\mathbf{E}} \times \vec{\mathbf{B}}$로부터 알 수 있다. 자유 공간의 투자율 μ_0의 SI 단위는 $\frac{\mathrm{T \cdot m}}{\mathrm{A}}$이다(25장 참조). 전기장 $\vec{\mathbf{E}}$의 SI 단위는 $\frac{\mathrm{N}}{\mathrm{C}}$이다(2장 참조). 자기장 $\vec{\mathbf{B}}$의 SI 단위는 T이다. $\frac{1}{\mu_0}$의 단위는 $\frac{\mathrm{A}}{\mathrm{T \cdot m}}$이다. 따라서 방정식 $\vec{\mathbf{S}} = \frac{1}{\mu_0}\vec{\mathbf{E}} \times \vec{\mathbf{B}}$로부터 포인팅 벡터 $\vec{\mathbf{S}}$의 SI 단위는 $\left(\frac{\mathrm{A}}{\mathrm{T \cdot m}}\right)\left(\frac{\mathrm{N}}{\mathrm{C}}\right)(\mathrm{T}) = \frac{\mathrm{N \cdot A}}{\mathrm{C \cdot m}}$이다. 전류 I는 시간에 대한 전

하의 변화율로 $I=\frac{dq}{dt}$로 쓸 수 있므로 암페어 단위는 $1\ \mathrm{A}=1\ \frac{\mathrm{C}}{\mathrm{s}}$이다. 지금까지의 결과를 바탕으로 포인팅 벡터 $\vec{\mathbf{S}}$의 SI 단위를 구해보면 $\frac{\mathrm{N}}{\mathrm{m}\cdot\mathrm{s}}$이다. 일에 대한 방정식 $W=\int_S \vec{\mathbf{F}}\cdot d\vec{\mathbf{s}}$로부터 뉴턴(N) 곱하기 미터(m)는 줄(J)이므로 $1\ \mathrm{N}=1\ \frac{\mathrm{J}}{\mathrm{m}}$이다. 따라서 포인팅 벡터 $\vec{\mathbf{S}}$의 SI 단위는 $\frac{\mathrm{J}}{\mathrm{m}^2\cdot\mathrm{s}}$로 변환된다. 끝으로 전력에 대한 방정식 $P=\frac{dW}{dt}$에서 줄(J) 나누기 초(s)는 와트(W)이므로 $1\ \mathrm{W}=1\ \frac{\mathrm{J}}{\mathrm{s}}$이다. 따라서 포인팅 벡터 $\vec{\mathbf{S}}$의 SI 단위는 $\frac{\mathrm{W}}{\mathrm{m}^2}$이다. 이 단위로부터 포인팅 벡터는 단위 면적당 전력을 나타냄을 알 수 있다.

이 책은 SI 단위를 사용한다. 특히 기본단위로 미터(m), 킬로그램(k), 초(s), 쿨롱(또는 암페어)와 같은 MKS 단위계를 사용한다. MKS 단위계는 전하 q의 단위로 쿨롱(C)을 사용한다. 전기와 자기에 대한 책들 중(특히 수준이 높은 책)에는 다른 단위계를 사용하므로 맥스웰 방정식과 관련 방정식에 들어있는 상수들이 다른 형태로 표시된다.

예를 들어, 가우스 단위계는 기본 단위로 센티미터(cm), 그램(g), 초(s)를 사용한다. 특히 전하는 정전단위(electrostatic unit)인 esu로 표시한다는 점에서 아주 큰 차이가 있다. esu 단위 속에는 쿨롱 상수가 들어가 있다(따라서 가우스 단위계에서 전기력은 비례상수 k 없이 $\frac{q_1q_2}{R^2}$가 된다. 따라서 전하의 단위는 쿨롱상수가 1이 되도록 조정되어 있다)

이번 장에 문제 풀이가 없는 까닭

이번 장의 목표는 1~31장에서 배운 내용들을 종합적으로 이해할 수 있게 돕는 것이다. 따라서 이번 장에는 문제를 풀지 않는다.

힌트, 중간 해답, 설명

효과적인 이용 방법

힌트와 중간 해답을, 자전거를 처음 배울 때 사용하는 보조 바퀴로 생각하라. 이들은 문제를 풀어나가는 데 도움을 준다. 옳은 방향에서 벗어나면 힌트가 다시 제 자리로 돌아오는 데 도움을 준다. 해답은 자신감을 얻는 데 도움이 된다.

그렇지만 물리학 공부를 성공적으로 하려면 힌트와 중간 해답에 되도록이면 덜 의지해야 한다. 힌트, 중간 해답, 설명을 살펴보기 전에 자신의 힘으로 문제를 풀도록 최선의 노력을 다해야 한다. 힌트가 필요하면 현재 막힌 부분을 해결하는 데 필요한 힌트만을 찾도록 해야 한다. 추가 힌트를 읽지 말고 최종 답을 향해 더 나아가야 한다.

실수를 했을 때는 어디서 틀렸는지 틀린 부분을 어떻게 다시 풀어야 하는지 생각하라. 실수를 거울삼아 다른 문제를 풀 때 똑같은 실수를 되풀이 하지 않도록 해야 한다.

학생들이 앞에서 배운 장들에서 힌트와 중간 해답을 계속해서 찾아보는 것은 당연하다. 그렇지만 어떤 단계가 되면 이러한 행동을 덜 하고 싶어 할 것이다. 도움 없이 더 많은 문제를 풀 수 있을 때 비로서 물리학을 마스터하는 길의 첫걸음을 걷는 것이다.

완전 해답이 더 좋은가?

완전 해답은 일종의 '부적'이라 할 수 있다. 완전 해답이 있으면 학생들은 안심을 한다. 하지만 완전 해답은 위험도 가진다. 너무나 많은 학생들이 지나치게 완전 해답에 의존을 하거나 자신의 힘으로 애써서 해답을 구하는 대신에 단순히 해답을 읽기만 한다. 문제를 풀려고 노력을 하고 필요한 만큼만 힌트와 해답의 도움을 받는 학생들은 물리학에서 좋은 학점을 받는 경향이 있다(문제를 푼 다음에 풀이를 해답과 비교하는 것 또한 도움이 된다.)

딱 필요한 만큼의 도움을 받는 것은 쉬운 일은 아니다. 이상적인 경우, 자신의 힘으로 자신의 방식으로 모든 해답을 생각하고 자신의 답을 향해 나가기 위해 필요한 도움을 찾고 완전 해답이나 모든 설명에 의지하기 전에 자신이 할 수 있는 최선을 다해 문제를 풀 때까지 기다려야 한다.

이상의 사항을 명심해야 한다. 모든 문제에 대한 완전 해답은 별도의 책으로 나와 있다. 이 워크북은 힌트, 중간 해답, 그리고 문제를 해결하는 데 필요한 각 단계들을 학생들이 밟도록 안내하는 몇 가지 방향들을 담고 있다. 이것들은 대부분의 학생들이 모든 문제들을 푸는 방법을 이해하는 데 도움이 되기에 충분하다. 모든 문제에 대한 완벽 해답을 보고 싶으면 다음 책 "100 Instructive Calculus-based Physics Examples"(ISBN 978-1-941691-13-7)을 찾아보면 된다. 이 워크북에 있는 모든 문제의 해답은 그 책에 있다.

미리 힌트를 보고 싶지 않을 때 힌트를 가리는 방법

미리 힌트를 보고 싶지 않은 경우에 힌트를 가리는 간단하면서도 효과적인 방법이 있다.

- 백지를 반으로 접어 힌트와 해답 절에 놓는다. 이렇게 하면 이 책에서 이 부분을 간편하게 찾는 데 도움이 된다.
- 접은 종이를 현재 읽고 있는 위치 지점의 바로 아래에 놓는다. 접은 종이는 아래쪽에 적혀있는 내용을 가릴 것이다.
- 다음 힌트나 해답을 보고 싶으면 접은 종이를 아래로 천천히 내려가면서 다음 줄을 읽는다.
- 이런 방식으로 하면 꼭 필요한 힌트나 해답만을 볼 수 있다.

혼자 힘으로 문제를 풀려고 노력할 때 더 많은 것을 배운다. 힌트와 해답은 꼭 필요할 때만 참고해야 한다. 처음에는 자신의 힘으로 해보아야 한다. 힌트를 읽고 나면 다음 힌트를 보기 전에 읽은 힌트를 바탕으로 할 수 있는 데까지 해봐야 한다. 마찬가지로 자신감을 얻기 위해 중간 해답을 살펴볼 때는 다음 답을 살펴보지 말고 자신의 힘으로 그 답을 구하려는 시도를 해야 한다.

1장: 쿨롱 법칙

1. 먼저 문제에서 값이 주어진 양의 목록을 만든다.
   - 값을 알고 있는 양: $q_1 = -8.0\ \mu\text{C}$, $q_2 = -3.0\ \mu\text{C}$, $R = 2.0$ m, $k = 9.0 \times 10^9\ \frac{\text{N}\cdot\text{m}^2}{\text{C}^2}$
   - 전하의 단위를 마이크로쿨롱(μC)에서 쿨롱(C)으로 변환한다. 마이크로(μ)는 미터법 접두사로 $\mu = 10^{-6}$을 나타낸다. 따라서 $1\ \mu\text{C} = 10^{-6}$ C이다. 전하량은 $q_1 =$

-8.0×10^{-6} C, $q_2=-3.0\times10^{-6}$ C이다.

- 이들 값을 다음의 쿨롱 법칙 수식에 대입한다. $F_e=k\frac{|q_1||q_2|}{R^2}$
- 연산 규칙 $x^m x^n=x^{m+n}$을 적용한다. 따라서 $10^9 10^{-6} 10^{-6}=10^{9-12}=10^{-3}$이다.
- $R^2=2^2=4.0$ m^{2}이다. 또한 $54\times10^{-3}=5.4\times10^{-2}=0.054$이다.
- 정답은 $F_e=0.054$ N이다. 54×10^{-3} N, 5.4×10^{-2} N, 54 mN으로 써도 된다. 여기서 밀리(m)는 미터법 접두사로 m $=10^{-3}$을 나타낸다.
- 두 동전이 가진 전하가 모두 음(−) 전하이므로 두 동전 사이의 전기력은 척력(밀어내는 힘)이다.

---

2. 먼저 문제에서 값이 주어진 양의 목록을 만든다.

- 값을 알고 있는 양: $q_1=800$ nC, $q_2=-800$ nC, $R=20$ cm, $k=9.0\times10^9\ \frac{\text{N}\cdot\text{m}^2}{\text{C}^2}$
- 전하의 단위를 나노쿨롱(nC)에서 쿨롱(C)으로 변환한다. 나노(n)는 미터법 접두사로 n $=10^{-9}$을 나타낸다. 따라서 1 nC $=10^{-9}$ C이다. 전하량은 $q_1=800\times10^{-9}$ C $=8.0\times10^{-7}$ C, $q_2=-800\times10^{-9}$ C $=-8.0\times10^{-7}$ C이다.
- 거리 R의 단위를 cm에서 m로 변환한다. $R=20$ cm $=0.20$ m이다.
- 이들 값을 다음의 쿨롱 법칙 수식에 대입한다. $F_e=k\frac{|q_1||q_2|}{R^2}$
- 연산 규칙 $x^m x^n=x^{m+n}$을 적용한다. 따라서 $10^9 10^{-9} 10^{-9}=10^{9-18}=10^{-9}$이다.
- $R^2=0.2^2=0.04$ m^{2}이다. 또한 $144\times10^{-3}=1.44\times10^{-1}=0.144$이다.
- 정답은 $F_e=0.144$ N이다. 144×10^{-3} N, 1.44×10^{-1} N, 144 mN으로 써도 된다. 여기서 밀리(m)는 미터법 접두사로 m $=10^{-3}$을 나타낸다.
- 두 물체가 가진 전하의 극성이 반대이므로 두 동전 사이의 전기력은 인력(끌어당기는 힘)이다. 중성인 두 물체를 서로 문지르는 동안에 한 물체의 전하는 다른 물체로 이동한다. 그러면서 한 물체가 전하를 잃은 만큼 다른 물체는 전하를 얻으므로 한 물체가 가진 전하량의 극성은 음(−)이 되고 다른 물체가 가진 전하량은 양(+)이 된다. 따라서 두 물체가 가진 전하의 극성은 서로 반대다.

---

3. 먼저 문제에서 값이 주어진 양의 목록을 만든다.

(A)

- 값을 알고 있는 양: $q_1=-2.0\ \mu$C, $q_2=8.0\ \mu$C, $R=3.0$ m, $k=9.0\times10^9\ \frac{\text{N}\cdot\text{m}^2}{\text{C}^2}$
- 전하의 단위를 마이크로쿨롱(μC)에서 쿨롱(C)으로 변환한다. 마이크로(μ)는 미터법 접두사로 $\mu=10^{-6}$을 나타낸다. 따라서 1 μC $=10^{-6}$ C이다. 전하량은 $q_1=-2.0\times10^{-6}$ C, $q_2=8.0\times10^{-6}$ C이다.
- 이들 값을 다음의 쿨롱 법칙 수식에 대입한다. $F_e=k\frac{|q_1||q_2|}{R^2}$
- 연산 규칙 $x^m x^n=x^{m+n}$을 적용한다. 따라서 $10^9 10^{-6} 10^{-6}=10^{9-12}=10^{-3}$이다.

- $R^2 = 3^2 = 9.0\ \mathrm{m}^2$이다. 또한 $16 \times 10^{-3} = 1.6 \times 10^{-2} = 0.016$이다.
- 정답은 $F_e = 0.016$ N이다. 16×10^{-3} N, 1.6×10^{-2} N, 16 mN으로 써도 된다. 여기서 밀리(m)는 미터법 접두사로 $\mathrm{m} = 10^{-3}$을 나타낸다.
- 두 물체가 가진 전하가 서로 반대이므로 두 동전 사이의 전기력은 인력(끌어당기는 힘)이다.

(B)

- 전하를 가진 두 귀걸이가 접촉하면 두 귀걸이는 하나의 물체가 되므로 + 전하와 − 전하들은 서로 결합하여 가능한 한 중성이 되려고 한다. $-2\ \mu$C의 전하는 $+8.0\ \mu$C를 중성으로 만들기에는 부족하다. 따라서 $-2.0\ \mu$C의 전하는 $+8.0\ \mu$C 중에서 +2.0 의 전하와 결합하여 중성(0 C)이 되므로 $+8.0\ \mu$C 중 $+6.0\ \mu$C의 전하가 남게 된다. 남은 $+6.0\ \mu$C의 전하는 두 귀걸이로 절반인 $+3.0\ \mu$C씩 나누어진다. 따라서 접촉 후 두 귀걸이를 떼어내면 두 귀걸이는 각각 $+3.0\ \mu$C의 전하량을 가진다. 이것이 두 귀걸이가 접촉했다가 떨어졌을 때 일어나는 현상을 개념적으로 설명한 것이다. 수학적으로는 간단히 다음 수식으로 두 귀걸이가 각각 가지는 전하량 를 구할 수 있다.

$$q = \frac{q_1 + q_2}{2}$$

- 값을 알고 있는 양: $q_1 = 3.0\ \mu$C, $q_2 = 3.0 \times 10^{-6}$ C, $R = 3.0$ m, $k = 9.0 \times 10^9\ \frac{\mathrm{N \cdot m^2}}{\mathrm{C^2}}$
- 이들 값을 다음의 쿨롱 법칙 수식에 대입한다. $F_e = k\frac{|q_1||q_2|}{R^2}$
- 정답은 $F_e = 0.0090$ N이다. 9.0×10^{-3} N, 9.0 mN으로 써도 된다. 여기서 밀리(m)는 미터법 접두사로 $\mathrm{m} = 10^{-3}$을 나타낸다.
- 두 귀걸이가 가진 전하의 극성이 +로 서로 같으므로 두 귀걸이 사이의 전기력은 척력(밀어내는 힘)이다. (두 귀걸이가 접촉했다가 떨어지면 두 귀걸이는 + 전하를 가지게 된다.)

2장: 전기장

4. 먼저 값을 알고 있는 양과 구해야 하는 양의 목록을 만든다.

- 값을 알고 있는 양: $q = -300\ \mu$C, $E = 80{,}000$ N/C, 값을 구해야 하는 양: 전기력의 크기 F_e
- 전하의 단위를 마이크로쿨롱(μC)에서 쿨롱(C)으로 변환한다. 마이크로(μ)는 미터법 접두사로 $\mu = 10^{-6}$을 나타낸다. 따라서 $1\ \mu\mathrm{C} = 10^{-6}$ C이다. 전하량은 $q = -3.0 \times 10^{-4}$ C이다.

- 이들 값을 다음 수식에 대입한다. $F_e = |q|E$
- 정답은 $F_e = 24$ N이다.

---

5. 먼저 값을 알고 있는 양과 구해야 하는 양의 목록을 만든다.

- 값을 알고 있는 양: $q = 800\ \mu\text{C}$, $R = 2.0$ m, $k = 9.0 \times 10^9\ \frac{\text{N} \cdot \text{m}^2}{\text{C}^2}$, 값을 구해야 하는 양: 전기장 E
- 전하의 단위를 마이크로쿨롱(μC)에서 쿨롱(C)으로 변환한다. 마이크로(μ)는 미터법 접두사로 $\mu = 10^{-6}$을 나타낸다. 따라서 $1\ \mu\text{C} = 10^{-6}$ C이다. 전하량은 $q = 8.0 \times 10^{-4}$ C이다.
- 이들 값을 다음 수식에 대입한다. $E = \frac{k|q|}{R^2}$
- 연산 규칙 $x^m x^n = x^{m+n}$을 적용한다. 따라서 $10^9 10^{-4} = 10^{9-4} = 10^5$이다.
- $R^2 = 2^2 = 4.0\ \text{m}^2$이다. 또한 $18 \times 10^5 = 1.8 \times 10^6$이다.
- 정답은 $E = 1.8 \times 10^6$ N/C이다. 18×10^5 N/C으로 써도 된다.

---

6. 먼저 값을 알고 있는 양과 구해야 하는 양의 목록을 만든다.

- 값을 알고 있는 양: $F_e = 12$ N, $E = 30{,}000$ N/C, 값을 구해야 하는 양: 전하량의 절댓값 $|q|$
- 이들 값을 다음 수식에 대입한다. $F_e = |q|E$
- 전하량의 절댓값은 $|q| = 4.0 \times 10^{-4}$ C이다.
- 전기력 $\vec{\mathbf{F}}_e$의 방향이 전기장 $\vec{\mathbf{E}}$의 방향과 반대이므로 전하의 극성은 **음**(−)이다.
- 정답은 $q = -4.0 \times 10^{-4}$ C이다. $q = -400\ \mu$C으로 써도 된다.

---

7. 먼저 값을 알고 있는 양과 구해야 하는 양의 목록을 만든다.

- 값을 알고 있는 양: $q = 80\ \mu\text{C}$, $E = 20{,}000$ N/C, $k = 9.0 \times 10^9\ \frac{\text{N} \cdot \text{m}^2}{\text{C}^2}$, 값을 구해야 하는 양: 거리 R
- 전하의 단위를 마이크로쿨롱(μC)에서 쿨롱(C)으로 변환한다. 마이크로(μ)는 미터법 접두사로 $\mu = 10^{-6}$을 나타낸다. 따라서 $1\ \mu\text{C} = 10^{-6}$ C이다. 전하량은 $q = 8.0 \times 10^{-5}$ C이다.
- 이들 값을 다음 수식에 대입한다. $E = \frac{k|q|}{R^2}$
- R에 대해 푼다. 방정식의 양변에 R^2을 각각 곱한다. 이어서 양변을 E로 각각 나눈다. 마지막으로 양변에 각각 제곱근을 취한다. 그러면 다음 수식을 얻는다.

$$R = \sqrt{\frac{k|q|}{E}}$$

- 연산 규칙 $x^m x^n = x^{m+n}$을 적용한다. 따라서 $10^9 10^{-5} = 10^{9-5} = 10^4$이다.
- 연산 규칙 $\frac{x^m}{x^n} = x^{m-n}$을 적용한다. 따라서 $\frac{10^4}{10^3} = 10^{4-3} = 10^1 = 10$이다.
- 제곱근을 계산하면 $\sqrt{3.6 \times 10} = \sqrt{36} = 6$이다.
- 정답은 $R = 6.0$ m이다.

---

8. 먼저 거리 공식 $R = \sqrt{(x_2 - x_1)^2 + (y_2 - y_1)^2}$을 사용하여 (x, y) 좌표가 $(-5.0$ m, 12.0 m$)$인 점과 $(3.0$ m, 6.0 m$)$인 점 사이의 거리를 구해보면 $R = \sqrt{(-8)^2 + 6^2} = 10$ m 이다.

(A) 값을 알고 있는 양과 구해야 하는 양의 목록을 만든다.

- 값을 알고 있는 양: $q = 30\ \mu$C, $R = 10$ m, $k = 9.0 \times 10^9\ \frac{\text{N} \cdot \text{m}^2}{\text{C}^2}$, 값을 구해야 하는 양: 전기장 E
- 전하의 단위를 마이크로쿨롱(μC)에서 쿨롱(C)으로 변환한다. 마이크로(μ)는 미터법 접두사로 $\mu = 10^{-6}$을 나타낸다. 따라서 1 μC $= 10^{-6}$ C이다. 전하량은 $q = 3.0 \times 10^{-5}$ C이다.
- 이들 값을 다음 수식에 대입한다. $E = \frac{k|q|}{R^2}$
- 연산 규칙 $x^m x^n = x^{m+n}$을 적용한다. 따라서 $10^9 10^{-5} = 10^{9-5} = 10^4$이다.
- 정답은 $E = 2.7 \times 10^3$ N/C이다. 2700 N/C으로 써도 된다.

(B) 값을 알고 있는 양과 구해야 하는 양의 목록을 만든다.

- 값을 알고 있는 양: $q = 500\ \mu$C, $E = 2700$ N/C 값을 구해야 하는 양: 전기력 F_e
- 전하의 단위를 마이크로쿨롱(μC)에서 쿨롱(C)으로 변환한다. 마이크로(μ)는 미터법 접두사로 $\mu = 10^{-6}$을 나타낸다. 따라서 1 μC $= 10^{-6}$ C이다. 전하량은 $q = 5.0 \times 10^{-4}$ C이다.
- 이들 값을 다음 수식에 대입한다. $F_e = |q|E$
- 정답은 $F_e = 1.35$ N이다.

3장: 전기장의 중첩

9. 먼저 전하들이 각각 만들어내는 전기장을 그려본다. 양전하를 $q_1 = 6.0\ \mu$C이라 하고 음전하를 $q_2 = -6.0\ \mu$C이라 하자.

(A) +"시험"전하가 (2.0 m, 0)인 점(★)에 놓여있다고 가정한다.

- (2.0 m, 0)에 있는 +"시험"전하는 $q_1 = 6.0\ \mu$C에 의해 밀쳐진다. 따라서 ★점에 $\vec{\mathbf{E}}_1$을 그릴 때 $q_1 = 6.0\ \mu$C에서 정반대로 멀어지는 방향으로 그린다.(★점에서 오른

쪽 아래 대각선 방향으로 내려가는 화살표로 그린다.)

- (2.0 m, 0)에 있는 +"시험"전하는 $q_2 = -6.0\ \mu$C에 의해 끌어당겨진다. 따라서 ★점에 $\vec{\mathbf{E}}_2$를 그릴 때 $q_2 = -6.0\ \mu$C를 향하는 방향으로 그린다.(★점에서 왼쪽 아래 대각선 방향으로 내려가는 화살표로 그린다.)

(다음 그림들을 보면서 각 기호들이 나타내는 양들을 잘 파악하기 바란다.)

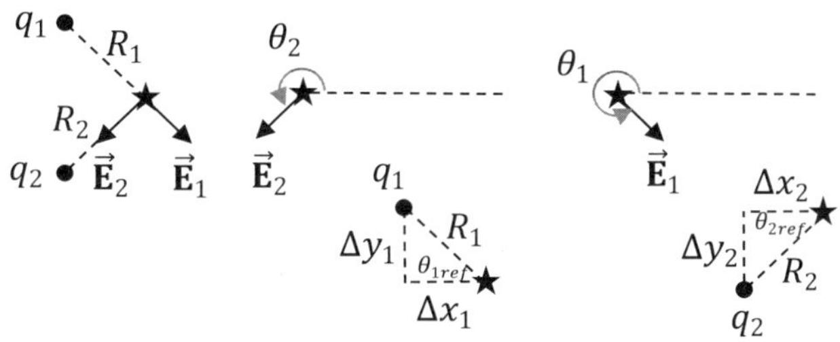

(B) 다음의 거리계산 공식을 사용한다.

$$R_1 = \sqrt{\Delta x_1^2 + \Delta y_1^2} \quad , \quad R_2 = \sqrt{\Delta x_2^2 + \Delta y_2^2}$$

- 좌표로 주어진 거리를 구해보면 $|\Delta x_1| = |\Delta x_2| = 2.0$ m, $|\Delta y_1| = |\Delta y_2| = 2.0$ m이다.
- 이들 값을 거리계산 공식에 대입하면 $R_1 = R_2 = 2\sqrt{2}$ m이다.

(C) 다음 공식을 사용하여 두 전기장 벡터 $\vec{\mathbf{E}}_1$과 $\vec{\mathbf{E}}_2$의 기준각도를 각각 구한다.

$$\theta_{1ref} = \tan^{-1}\left|\frac{\Delta y_1}{\Delta x_1}\right| \quad , \quad \theta_{2ref} = \tan^{-1}\left|\frac{\Delta y_2}{\Delta x_2}\right|$$

- 벡터의 기준각도란 수평축과 벡터 사이의 각도 중에서 가장 작은 각도를 말한다.
- 두 전기장 벡터 $\vec{\mathbf{E}}_1$과 $\vec{\mathbf{E}}_2$의 기준각도를 계산하면 $\theta_{1ref} = \theta_{2ref} = 45°$이다.

(D) 위의 (C)에서 구한 기준각도를 사용하여 두 전기장 벡터 $\vec{\mathbf{E}}_1$과 $\vec{\mathbf{E}}_2$에 대해 $+x$축을 기준으로 반시계 방향으로 측정한 각도를 구한다. 어떤 벡터가 $+x$축을 향하면 0°, $+y$축을 향하면 90°, $-x$축을 향하면 180°, $-y$축을 향하면 270°이다.

- 전기장 벡터 $\vec{\mathbf{E}}_1$은 4사분면에 위치해 있으므로 $\theta_1 = 360° - \theta_{1ref}$이다.
- 전기장 벡터 $\vec{\mathbf{E}}_2$은 3사분면에 위치해 있으므로 $\theta_2 = 180° + \theta_{2ref}$이다.
- 따라서 $\theta_1 = 315°$, $\theta_2 = 225°$이다.

(E) 전하의 단위를 마이크로쿨롱(μC)에서 쿨롱(C)으로 변환한다. 전하량은 $q_1 = 6.0 \times 10^{-6}$ C, $q_2 = -6.0 \times 10^{-6}$ C이다.

- 이들 값을 다음 수식에 대입한다. 전하의 절댓값을 사용한다는 점에 주의해야 한다.

$$E_1 = \frac{k|q_1|}{R_1^2} \quad , \quad E_2 = \frac{k|q_2|}{R_2^2}$$

- $\frac{27}{4} = 6.75$이고 $10^9 10^{-6} = 10^3$이다. 또한 $(2\sqrt{2})^2 = (4)(2) = 8$이다.
- 전기장의 크기는 $E_1 = 6,750$ N/C, $E_2 = 6,750$ N/C이다.

(F) 다음 공식을 사용하여 전기장 벡터의 성분들을 구한다.

$$E_{1x} = E_1 \cos\theta_1,\ E_{1y} = E_1 \sin\theta_1,\ E_{2x} = E_2 \cos\theta_2,\ E_{2y} = E_2 \sin\theta_2$$

- $E_{1x} = 3375\sqrt{2}$ N/C이다. $\vec{\mathbf{E}}_1$은 왼쪽이 아닌 오른쪽 방향을 가리키므로 + 부호이다.
- $E_{1y} = -3375\sqrt{2}$ N/C이다. $\vec{\mathbf{E}}_1$은 위쪽이 아닌 아래쪽 방향을 가리키므로 − 부호이다.
- $E_{1x} = -3375\sqrt{2}$ N/C이다. $\vec{\mathbf{E}}_2$은 오른쪽이 아닌 왼쪽 방향을 가리키므로 − 부호이다.
- $E_{1x} = -3375\sqrt{2}$ N/C이다. $\vec{\mathbf{E}}_1$은 위쪽이 아닌 아래쪽 방향을 가리키므로 − 부호이다.

(G) 다음 수식에서 보듯이 두 전기장 벡터 $\vec{\mathbf{E}}_1$과 $\vec{\mathbf{E}}_2$에서 같은 방향 성분들끼리 더한다.

$$E_x = E_{1x} + E_{2x} \quad , \quad E_y = E_{1y} + E_{2y}$$

- $E_x = 0$, $E_y = -6750\sqrt{2}$ N/C이다.
- 위의 (A)에서 그린 그림을 살펴보면 $E_x = 0$이 되는 까닭을 알 수 있을 것이다.

(H) 피타고라스 정리를 적용한다.

$$E = \sqrt{E_x^2 + E_y^2}$$

알짜 전기장의 크기는 $E_y = 6750\sqrt{2}$ N/C이다. 크기는 음수가 될 수 없다.

(I) 다음의 역탄젠트 공식을 사용한다.

$$\theta_E = \tan^{-1}\left(\frac{E_y}{E_x}\right)$$

- 역탄젠트 함수의 인수는 $E_x = 0$, $E_y < 0$이므로 정의되지 않아서 계산기로는 계산할 수 없다. 하지만 $\vec{\mathbf{E}}$가 $-y$축에 놓여 있으므로 각도는 $\theta_E = 270°$이다.

---

10. 먼저 q_1과 q_2가 각각 q_3에 가하는 힘을 그려본다.

(A) 극성이 같은 전하들은 서로 밀쳐내고 극성이 다른 전하들은 서로 끌어당긴다.

- q_1과 q_3의 극성은 서로 반대이므로 q_1은 q_3를 끌어당긴다. 따라서 q_3의 위치에 $\vec{\mathbf{F}}_1$을 그릴 때는 q_1을 향하는 왼쪽 방향 화살표로 그린다.
- q_2과 q_3의 극성은 둘 다 +이므로 q_2는 q_3를 밀쳐낸다. 따라서 q_3의 위치에 $\vec{\mathbf{F}}_2$을 그릴 때는 q_2에서 멀어지는 방향인 오른쪽 아래로 가는 화살표로 그린다.

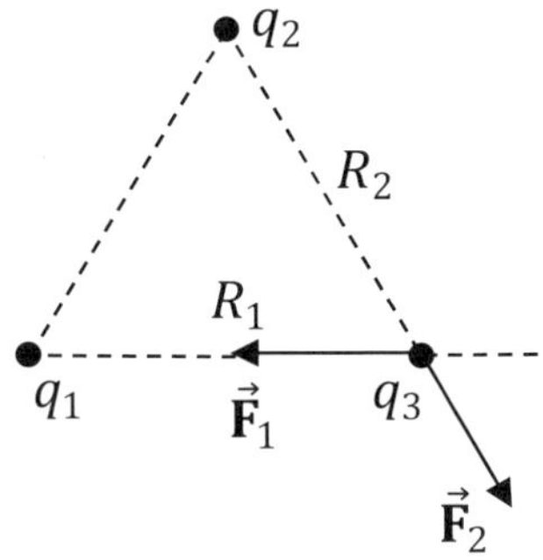

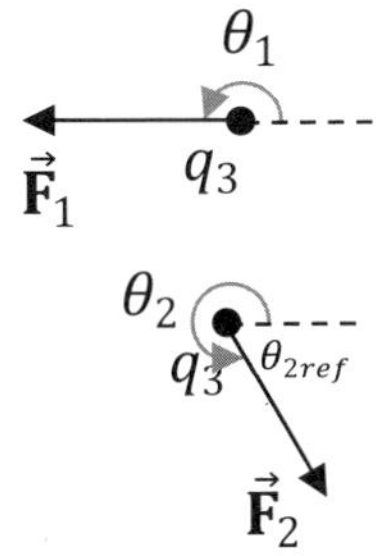

(B) 세 전하 q_1, q_2, q_3가 정삼각형의 세 꼭지점에 각각 위치해 있으므로 R은 한 변의 길이와 같다. 따라서 $R_1 = R_2 = 2.0$ m이다.

(C) 벡터의 기준각도란 수평축과 벡터 사이의 각도 중에서 가장 작은 각도를 말한다. $\vec{\mathbf{F}}_1$은 수평축에 놓여 있으므로 $\vec{\mathbf{F}}_1$의 기준각도는 $\theta_{1ref} = 0°$이다. $\vec{\mathbf{F}}_2$의 기준각도를 수평축에 대해 구해보면 $\theta_{2ref} = 60°$이다. (정삼각형의 내각은 60°이므로)

(D) 위의 (C)에서 구한 기준각도를 사용하여 두 벡터 $\vec{\mathbf{F}}_1$과 $\vec{\mathbf{F}}_2$에 대해 $+x$축을 기준으로 반시계 방향으로 측정한 각도를 구한다. 어떤 벡터가 $+x$축을 향하면 0°, $+y$축을 향하면 90°, $-x$축을 향하면 180°, $-y$축을 향하면 270°이다.

- 전기력 벡터 $\vec{\mathbf{F}}_1$은 $-x$축에 위치해 있으므로 $\theta_1 = 180° - \theta_{1ref}$이다.
- 전기력 벡터 $\vec{\mathbf{F}}_2$는 4사분면에 위치해 있으므로 $\theta_2 = 360° - \theta_{2ref}$이다.
- 따라서 $\theta_1 = 180°$, $\theta_2 = 300°$이다.

(E) 전하의 단위를 마이크로쿨롱(μC)에서 쿨롱(C)으로 변환한다. 전하량은 $q_1 = -3.0 \times 10^{-6}$ C, $q_2 = 3.0 \times 10^{-6}$ C, $q_3 = 4.0 \times 10^{-6}$ C이다.

- 이들 값을 다음 수식에 대입한다.

$$F_1 = \frac{k|q_1||q_3|}{R_1^2} \quad , \quad F_2 = \frac{k|q_2||q_3|}{R_2^2}$$

- $10^9 10^{-6} 10^{-6} = 10^{-3}$이고 $27 \times 10^{-3} = 0.027$이다.
- 전기력의 크기는 $F_1 = 0.027$ N $= 27$ mN, $F_2 = 0.027$ N $= 27$ mN이다.

(F) 다음 공식을 사용하여 전기력 벡터의 성분들을 구한다.

$$F_{1x} = F_1 \cos\theta_1,\ F_{1y} = F_1 \sin\theta_1,\ F_{2x} = F_2 \cos\theta_2,\ F_{2y} = F_2 \sin\theta_2$$

- $F_{1x} = -27$ mN이다. $\vec{\mathbf{F}}_1$은 오른쪽이 아닌 왼쪽 방향을 가리키므로 − 부호이다.
- $F_{1y} = 0$이다. $\vec{\mathbf{F}}_1$은 수평방향으로 놓여 있기 때문이다.
- $F_{2x} = \frac{27}{2}$ mN이다. $\vec{\mathbf{F}}_2$는 왼쪽이 아닌 오른쪽 방향을 가리키므로 + 부호이다.
- $F_{2y} = -\frac{27}{2}\sqrt{3}$ mN이다. $\vec{\mathbf{F}}_2$는 위쪽이 아닌 아래쪽 방향을 가리키므로 − 부호이다.

(G) 다음 수식에서 보듯이 두 전기력 벡터 $\vec{\mathbf{F}}_1$과 $\vec{\mathbf{F}}_2$에서 같은 방향 성분들끼리 더한다.

$$F_x = F_{1x} + F_{2x},\ F_y = F_{1y} + F_{2y}$$

- $F_x = -\frac{27}{2}$ mN, $F_y = -\frac{27}{2}\sqrt{3}$ mN이다.
- 위의 (A)에서 그린 그림을 살펴보면 $F_x < 0$, $F_y < 0$이 되는 까닭을 알 수 있을 것이다.

(H) 피타고라스 정리를 적용한다.

$$F = \sqrt{F_x^2 + F_y^2}$$

알짜 전기장의 크기는 $F = 0.027$ N $= 27$ mN이다. 여기서 밀리(m)는 미터법 접두사로 $\text{m} = 10^{-3}$을 나타낸다.

$$\theta_F = \tan^{-1}\left(\frac{F_y}{F_x}\right)$$

(I) 다음의 역탄젠트 공식을 사용한다.

- 알짜 전기력 $\vec{\mathbf{F}}$의 기준각도는 60°이고, $F_x < 0$, $F_y < 0$이므로 알짜 전기력 $\vec{\mathbf{F}}$는 3사분면에 놓여 있다. 3사분면에서 $\theta_F = 180° + \theta_{ref}$이므로 알짜 전기력의 방향은 $\theta_F = 240°$이다.

---

11. 먼저 각 영역에서 전기장을 그려본다.

- 머릿속으로 각 영역의 어떤 한 점(★)에 +"시험"전하를 가져다 놓는다. q_1과 q_2의 극성이 모두 +이므로 +"시험"전하는 q_1에 의해서 밀쳐지고 q_2에 의해서도 밀쳐진다. 따라서 +"시험"전하를 가져다 놓은 점(★)에 전기장 $\vec{\mathbf{E}}$를 그릴 때는 q_1에서 멀어지는 방향으로 화살표를 그리고 q_2에서 멀어지는 방향으로 화살표를 그린다.
  - I 영역: q_1의 왼쪽에 있는 영역이 I 영역이다. I 영역에 있는 점(★)에 왼쪽을 향하는 화살표 두 개를 그려 $\vec{\mathbf{E}}_1$, $\vec{\mathbf{E}}_2$를 각각 나타낸다. 따라서 I 영역에서 $\vec{\mathbf{E}}_1$과 $\vec{\mathbf{E}}_2$는 상쇄되지 않는다.
  - II 영역: q_1과 q_2의 사이에 있는 영역이 II 영역이다. II 영역에 있는 점(★)에 오른쪽을 향하는 화살표를 그려 $\vec{\mathbf{E}}_1$을 나타내고 왼쪽을 향하는 화살표를 그려 $\vec{\mathbf{E}}_2$를 나타낸다. 따라서 II 영역에서 $\vec{\mathbf{E}}_1$과 $\vec{\mathbf{E}}_2$는 상쇄된다.
  - III 영역: q_2의 오른쪽에 있는 영역이 III 영역이다. III 영역에 있는 점(★)에 오른쪽을 향하는 화살표 두 개를 그려 $\vec{\mathbf{E}}_1$, $\vec{\mathbf{E}}_2$를 각각 나타낸다. 따라서 III 영역에서 $\vec{\mathbf{E}}_1$과 $\vec{\mathbf{E}}_2$는 상쇄되지 않는다.

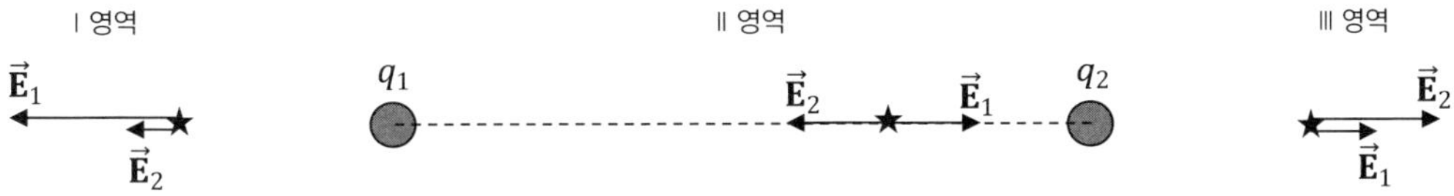

- $\vec{\mathbf{E}}_1$과 $\vec{\mathbf{E}}_2$의 크기가 같아져서 상쇄되어 알짜 전기장이 0이 될 수 있는 영역은 II 영역뿐이다.
- II 영역에서 $\vec{\mathbf{E}}_1$과 $\vec{\mathbf{E}}_2$를 같게 놓으면 다음과 같다.

$$E_1 = E_2$$
$$\frac{k|q_1|}{R_1^2} = \frac{k|q_2|}{R_2^2}$$

- 양변을 k로 각각 나누고 서로 대각선으로 곱하면 다음 식을 얻는다.

$$|q_1|R_2^2 = |q_2|R_1^2$$

- 위 식에 전하의 값을 대입한다.

$$25R_2^2 = 16R_1^2$$

- 아래 그림을 보면서 전하 q_1과 q_2 사이의 거리 d와 R_1, R_2 사이의 관계를 살펴본다.

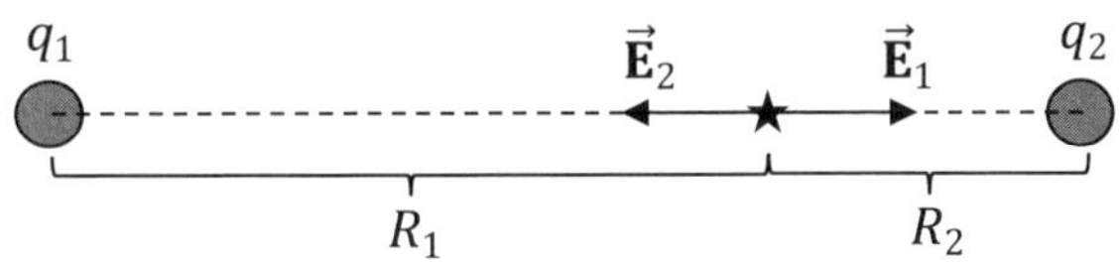

$$R_1 + R_2 = d$$

- 위 식을 R_2에 대해 정리하면 $R_2 = d - R_1$이 된다. 이 식을 위에서 구한 방정식 $25R_2^2 = 16R_1^2$에 대입하면 다음 관계식이 나온다.

$$25(d - R_1)^2 = 16R_1^2$$

- 위 방정식의 양변에 제곱근을 취하고 간단히 한다. 연산규칙 $\sqrt{xy} = \sqrt{x}\sqrt{y}$와 $\sqrt{x^2} = x$를 적용하면 $\sqrt{25(d - R_1)^2} = \sqrt{25}\sqrt{(d - R_1)^2} = 5(d - R_1)$ 가 되므로 다음 관계식을 얻을 수 있다.

$$5(d - R_1) = 4R_1$$

- 괄호 안의 항에 5를 분배하고 같은 종류의 항끼리 모은다. $5R_1 + 4R_1 = 9R_1$이므로 다음 관계식을 얻는다.

$$5d = 9R_1$$

- 위 식의 양변을 9로 나누면 다음 식을 얻는다.

$$R_1 = \frac{5d}{9}$$

- II 영역에서 알짜 전기장이 0이 되는 위치는 왼쪽 전하 q_1에서 $R_1 = 5.0$ m 거리만큼 떨어진 지점이다($R_1 + R_2 = d = 9$ m이므로 이 지점은 오른쪽 전하 q_2에서는 $R_2 = 4.0$ m 거리만큼 떨어져 있다).

---

12. 먼저 각 영역에서 전기장을 그려본다.

- 머릿속으로 각 영역의 어떤 한 점(★)에 +"시험"전하를 가져다 놓는다. q_1의 극성이 +이므로 ★점에 놓인 +"시험"전하는 q_1에 의해서 q_1에서 멀어지는 방향으로 밀쳐진다. 따라서 ★점에 q_1의 반대쪽을 향하는 화살표로 $\vec{\mathbf{E}}_1$을 그린다. q_2의 극성은 −이므로 ★점에 놓인 +"시험"전하는 q_2에 의해 q_2쪽을 향해 끌어당겨진다. 따라서 ★점에 q_2쪽을 향하는 화살표로 $\vec{\mathbf{E}}_2$를 그린다.
  - I 영역: q_1의 왼쪽에 있는 영역이 I 영역이다. I 영역에 있는 점(★)에 왼쪽을 향하는 화살표를 그려 $\vec{\mathbf{E}}_1$을 나타내고 오른쪽을 향하는 화살표를 그려 $\vec{\mathbf{E}}_2$를 나타낸다. 따라서 I 영역에서 $\vec{\mathbf{E}}_1$과 $\vec{\mathbf{E}}_2$는 상쇄된다.
  - II 영역: q_1과 q_2의 사이에 있는 영역이 II 영역이다. II 영역에 있는 점(★)에 오른쪽을 향하는 화살표 두 개를 그려 $\vec{\mathbf{E}}_1$, $\vec{\mathbf{E}}_2$를 각각 나타낸다. 따라서 II 영역에서 $\vec{\mathbf{E}}_1$과 $\vec{\mathbf{E}}_2$는 상쇄되지 않는다.
  - III 영역: q_2의 오른쪽에 있는 영역이 Ⅲ영역이다. III 영역에 있는 점(★)에 오른쪽을 향하는 화살표를 그려 $\vec{\mathbf{E}}_1$을 나타내고 왼쪽을 향하는 화살표를 그려 $\vec{\mathbf{E}}_2$를 나타낸다. III 영역에서 $\vec{\mathbf{E}}_1$과 $\vec{\mathbf{E}}_2$의 방향이 서로 반대이지만 III 영역에 있는 점은 어느 점이든 q_1보다 q_2에 더 가깝고 $|q_2| > |q_1|$이므로 항상 $|E_2| > |E_1|$이다. 따라서 III 영역에서 $\vec{\mathbf{E}}_1$과 $\vec{\mathbf{E}}_2$는 상쇄되지 않는다.

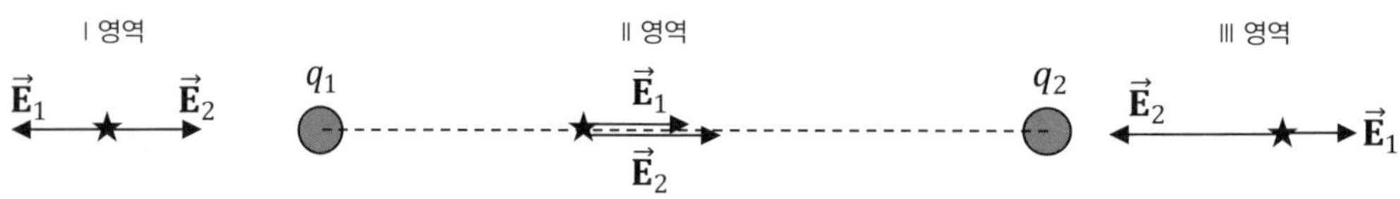

- $\vec{\mathbf{E}}_1$과 $\vec{\mathbf{E}}_2$의 크기가 같아져서 상쇄되어 알짜 전기장이 0이 될 수 있는 영역은 I 영역뿐이다.
- I 영역에서 E_1과 E_2를 같게 놓으면 다음과 같다.

$$E_1 = E_2$$
$$\frac{k|q_1|}{R_1^2} = \frac{k|q_2|}{R_2^2}$$

- 양변을 k로 각각 나누고 서로 대각선으로 곱하면 다음 식을 얻는다.

$$|q_1|R_2^2 = |q_2|R_1^2$$

- 위 식에 전하의 값을 대입한다.

$$2R_2^2 = 8R_1^2$$

- 양변을 2로 각각 나누면 다음 식을 얻는다.

$$R_2^2 = 4R_1^2$$

- 아래 그림을 보면서 전하 q_1과 q_2 사이의 거리 d와 R_1, R_2 사이의 관계를 살펴본다.

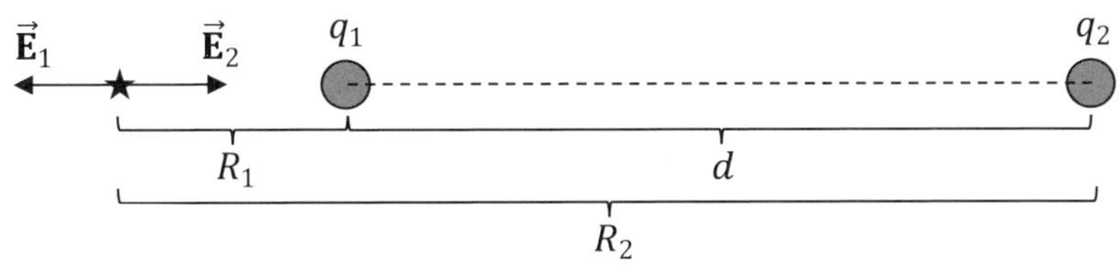

$$R_1 + d = R_2$$

- 위 식을 앞에서 구한 방정식 $R_2^2 = 4R_1^2$에 대입하면 다음 관계식이 나온다.

$$(d + R_1)^2 = 4R_1^2$$

- 위 방정식의 양변에 제곱근을 취하고 간단히 한다. 연산규칙 $\sqrt{x^2} = x$를 적용하면 $\sqrt{(d+R_1)^2} = d + R_1$가 되므로 다음 관계식을 얻을 수 있다. 계산 과정에서 $\sqrt{4} = 2$이다.

$$d + R_1 = 2R_1$$

- 같은 종류의 항끼리 모은다. $2R_1 - R_1 = R_1$이므로 다음 관계식을 얻는다.

$$d = R_1$$

- I 영역에서 알짜 전기장이 0이 되는 위치는 왼쪽 전하 q_1에서 $R_1 = 4.0$ m 거리만큼 떨어진 지점이다($R_1 + d = R_2$이고 $d = 4.0$ m이므로 이 지점은 오른쪽 전하 q_1에서는 $R_2 = 8.0$ m 거리만큼 떨어져 있다).

4장: 전기장 분포 시각화하기

13. A점, B점, C점에 +"시험"전하를 가져다 놓으면 각 점에 놓인 +"시험"전하는 +전하

를 가진 공(+)에 의해서 $+Q$에서 멀어지는 방향으로 밀쳐진다. 따라서 아래 그림처럼 A점, B점, C점에서 각각 +의 반대쪽을 향하는 화살표를 그려 각 점에서의 전기장 $\vec{\mathbf{E}}_A$, $\vec{\mathbf{E}}_B$, $\vec{\mathbf{E}}_C$를 나타낸다. 이때 $+Q$에서 멀리 떨어진 점일수록 화살표의 길이를 짧게 그려야 한다. B점이 C점보다 $+Q$에서 멀리 떨어져 있으므로 $\vec{\mathbf{E}}_B$를 나타내는 화살표의 길이는 $\vec{\mathbf{E}}_C$를 나타내는 화살표의 길이보다 짧게 그려야 한다. A점은 B점보다는 가깝고 C점보다는 멀리 떨어져 있으므로 $\vec{\mathbf{E}}_A$ 화살표의 길이는 $\vec{\mathbf{E}}_B$ 화살표보다는 길고 $\vec{\mathbf{E}}_C$ 화살표보다는 짧게 그려야 한다.

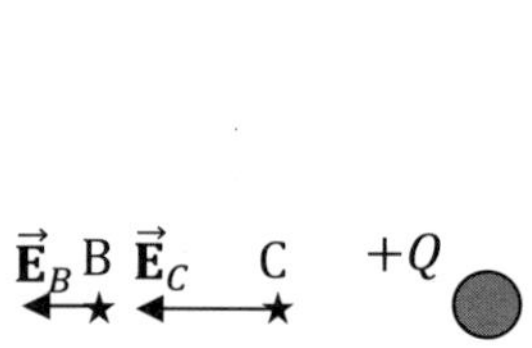

---

14. D점, E점, F점에 +"시험"전하를 가져다 놓으면 각 점에 놓인 +"시험"전하는 −전하를 가진 공($-Q$)에 의해서 $-Q$쪽을 향해 끌어당겨진다. 따라서 아래 그림처럼 D점, E점, F점에서 각각 $-Q$쪽을 향하는 화살표를 그려 각 점에서의 전기장 $\vec{\mathbf{E}}_D$, $\vec{\mathbf{E}}_E$, $\vec{\mathbf{E}}_F$를 나타낸다. 이때 $+Q$에서 가까운 점일수록 화살표의 길이를 길게 그려야 한다. E점이 D점과 F점보다 $-Q$에 가까우므로 $\vec{\mathbf{E}}_E$ 화살표를 가장 길게 그린다.

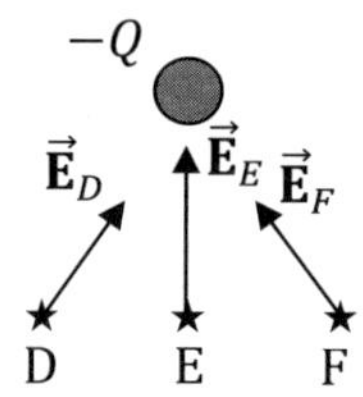

---

15. G점, H점, I점, J점, K점, M점 중의 어느 점에 +"시험"전하를 가져다 놓아도 해당 점에 놓인 +"시험"전하는 +전하를 가진 공($+Q$)에 의해서 $+Q$에서 멀어지는 방향으로 밀쳐지고 −전하를 가진 공($-Q$)에 의해서 $-Q$쪽을 향해 끌어당겨진다. 먼저 6개의 점 중에서 한 점을 정한다(예를 들어 H점). 이 점에 왼쪽(left)에 있는 공($-Q$)에 의한 전기장 $\vec{\mathbf{E}}_L$과 오른쪽(right)에 있는 공($+Q$)에 의한 전기장 $\vec{\mathbf{E}}_R$을 나타내는 화살표를 그린다. **이때 이 점과 공 사이의 거리가 멀수록 화살표의 길이를 짧게 그려야 한다.** 그 다음, $\vec{\mathbf{E}}_L$과 $\vec{\mathbf{E}}_R$ 화살표 벡터를 "머리−꼬리 접합" 방법으로 더하는데 그 방법은 다음과 같다. 먼저, 두 화살표 중에서 어느 하나(여기서는 $\vec{\mathbf{E}}_R$ 화살표로 정한다)를 움직여서 이 화살표($\vec{\mathbf{E}}_R$)의 꼬리를 나머지 화살표($\vec{\mathbf{E}}_L$)의 머리에 붙인 다음, 서로 붙지 않고 남은 꼬리($\vec{\mathbf{E}}_L$의 꼬리)와 머리($\vec{\mathbf{E}}_R$의 머리)를 화살표로 잇는다(그러면 $\vec{\mathbf{E}}_L$ 꼬리에서 $\vec{\mathbf{E}}_R$ 머리로 가는 화살표가 만

들어진다). 이 화살표가 이 점에서의 알짜 전기장 벡터 $\vec{\mathbf{E}}_{net}$이다. 나머지 점들에 대해서도 같은 과정을 되풀이 하여 모든 점에서 $\vec{\mathbf{E}}_{net}$를 나타내는 화살표를 구한다.

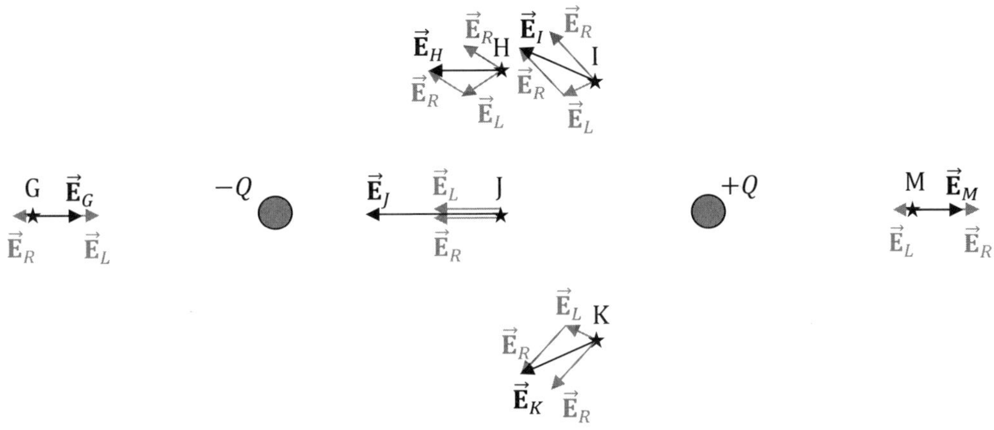

---

16. N점, O점, P점, S점, T점, U점 중의 어느 점에 +"시험"전하를 가져다 놓아도 해당 점에 놓인 +"시험"전하는 −전하를 가진 공(−Q)에 의해서 −Q쪽을 향해 끌어당겨지고 역시 −전하를 가진 또 하나의 공(−Q)에 의해서 −Q쪽을 향해 끌어당겨진다. 먼저 6개의 점 중에서 한 점을 정한다(예를 들어 P점). 이 점에 왼쪽(left)에 있는 공(−Q)에 의한 전기장 E과 오른쪽(right)에 있는 공(−Q)에 의한 전기장 $\vec{\mathbf{E}}_R$을 나타내는 화살표를 그린다. **이때 이 점과 공 사이의 거리가 멀수록 화살표의 길이를 짧게 그려야 한다.** 그 다음, $\vec{\mathbf{E}}_L$과 $\vec{\mathbf{E}}_R$화살표 벡터를 "머리−꼬리 접합" 방법으로 더하는데 그 방법은 다음과 같다. 먼저, 두 화살표 중에서 어느 하나(여기서는 $\vec{\mathbf{E}}_R$ 화살표로 정한다)를 움직여서 이 화살표($\vec{\mathbf{E}}_R$)의 꼬리를 나머지 화살표($\vec{\mathbf{E}}_L$)의 머리에 붙인 다음, 서로 붙지 않고 남은 꼬리($\vec{\mathbf{E}}_L$의 꼬리)와 머리($\vec{\mathbf{E}}_R$의 머리)를 화살표로 잇는다(그러면 $\vec{\mathbf{E}}_L$ 꼬리에서 $\vec{\mathbf{E}}_R$ 머리로 가는 화살표가 만들어진다). 이 화살표가 이 점에서의 알짜 전기장 벡터 $\vec{\mathbf{E}}_{net}$이다. 나머지 점들에 대해서도 같은 과정을 되풀이 하여 모든 점에서 $\vec{\mathbf{E}}_{net}$를 나타내는 화살표를 구한다.

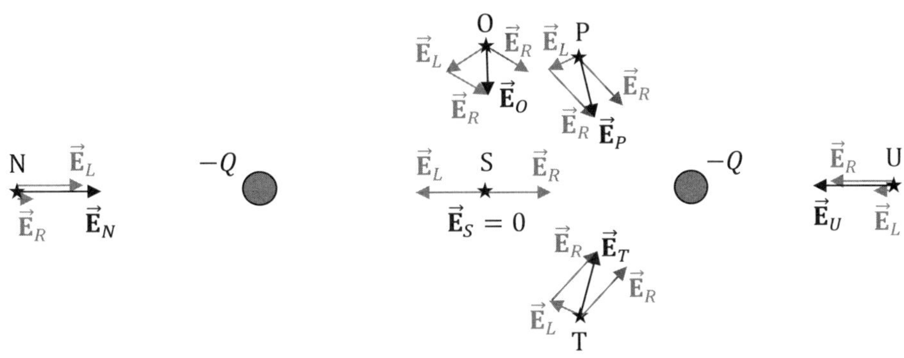

---

17. V점에 +"시험"전하를 가져다 놓으면 이 점에 놓인 +"시험"전하는 +전하를 가진 공($+Q$)에 의해서 $+Q$에서 멀어지는 방향으로 밀쳐지고 −전하를 가진 공($-Q$)에 의해서 $-Q$쪽을 향해 끌어당겨진다. 먼저 이 점에 위(top)에 있는 공($-Q$)에 의한 전기장 $\vec{\mathbf{E}}_{top}$, 아래 왼쪽(bottom left)에 있는 공($+Q$)에 의한 전기장 $\vec{\mathbf{E}}_{bot,L}$, 아래 오른쪽(bottom right)에 있는 공($-Q$)에 의한 전기장 $\vec{\mathbf{E}}_{bot,R}$을 나타내는 화살표를 차례로 그린다. **이때 V점은 정삼각형의 중점이어서 세 전하와의 거리가 모두 같으므로 세 전기장을 나타내는 화살표의 길이는 같게 그린다.** 그 다음, $\vec{\mathbf{E}}_{top}$, $\vec{\mathbf{E}}_{bot,L}$, $\vec{\mathbf{E}}_{bot,R}$의 세 화살표 벡터를 "머리−꼬리 접합" 방법으로 더한다. 먼저, $\vec{\mathbf{E}}_{bot,L}$ 화살표를 움직여서 $\vec{\mathbf{E}}_{bot,L}$의 꼬리를 $\vec{\mathbf{E}}_{bot,R}$의 머리에 붙인다. 다음으로 $\vec{\mathbf{E}}_{top}$ 화살표를 움직여서 $\vec{\mathbf{E}}_{top}$의 꼬리를 $\vec{\mathbf{E}}_{bot,L}$의 머리에 붙인다. 그러면 서로 붙지 않고 남은 것은 $\vec{\mathbf{E}}_{bot,R}$의 꼬리와 $\vec{\mathbf{E}}_{top}$의 머리이므로, $\vec{\mathbf{E}}_{bot,R}$의 꼬리에서 $\vec{\mathbf{E}}_{top}$의 머리로 가는 화살표를 그리면 이것이 V점에서의 알짜 전기장 벡터 $\vec{\mathbf{E}}_{net}$이다.

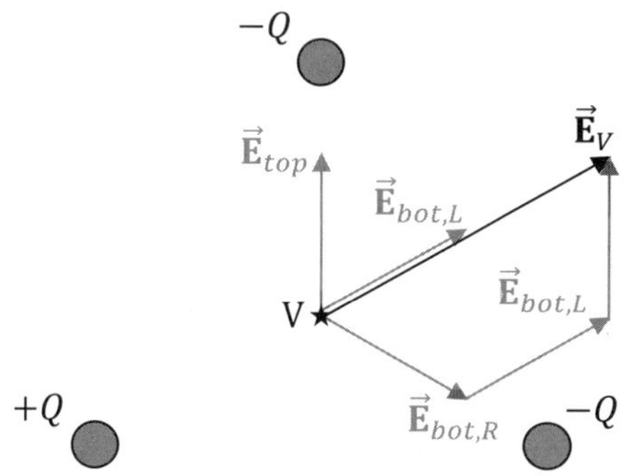

---

18. 다음 차례대로 전기장 지도를 그려보자.

- 먼저 지금까지 문제들과 예제들을 푸는 과정에서 적용했던 중첩정리를 사용하여 여러 위치에서 알짜 전기장을 그려본다.
    - 알짜 전기장은 그림의 **한가운데 위치**에서는 0이다. (+"시험"전하를 이 위치에 가져다 놓으면 이 "시험"전하에 가해지는 왼쪽 전하($+Q$)에 의한 밀쳐지는 힘과 오른쪽 전하($+Q$)에 의한 밀쳐지는 힘이 서로 같아서 상쇄된다.) 이 그림에 있는 이 점을 **안장점**(saddle point)이라고 한다.
    - 알짜 전기장은 그림의 수평선을 따라서는, 왼쪽 전하($+Q$)의 왼쪽에 위치한 영역에서는 왼편을 가리키고 오른쪽 전하($+Q$)의 오른쪽에 위치한 영역에서는 오른쪽을 가리킨다.
    - 알짜 전기장의 모습은 왼쪽 전하($+Q$)의 근처와 오른쪽 전하($+Q$)의 근처에서는 자전거 바큇살처럼 방사하는 형태와 비슷하다. 이는 어떤 한 전하에 가까운 위치일수록 그 위치에서는 다른 전하보다 그 전하에 의한 영향이 더욱 강하기 때문이다.

- 위에서 설명한 내용을 바탕으로 왼쪽 전하($+Q$)와 오른쪽 전하($+Q$)에서 나오는 직선과 곡선을 몇 개 그려본다. 이 선들은 전하 부근에서는 사방으로 곧게 뻗어 나가는 완벽한 방사 형태가 되지 않고 약간 구부러진 곡선이 되는데 이는 상대편 전하의 영향을 받기 때문이다.
- 다양한 영역에서 여러 개의 점을 고른 다음, 각 점에서 전기장선이 제대로 그려졌는지 검사해본다. 이때 어느 점이든 그 점에서의 접선은 중첩원리로 구한 알짜 전기장의 방향과 일치해야 한다.
- 등전위면을 나타내는 매끈한 곡선을 그린다. 등전위면이 전기력선과 교차하는 점에서는, 등전위면과 전기력선이 서로 수직을 이루어야 한다.

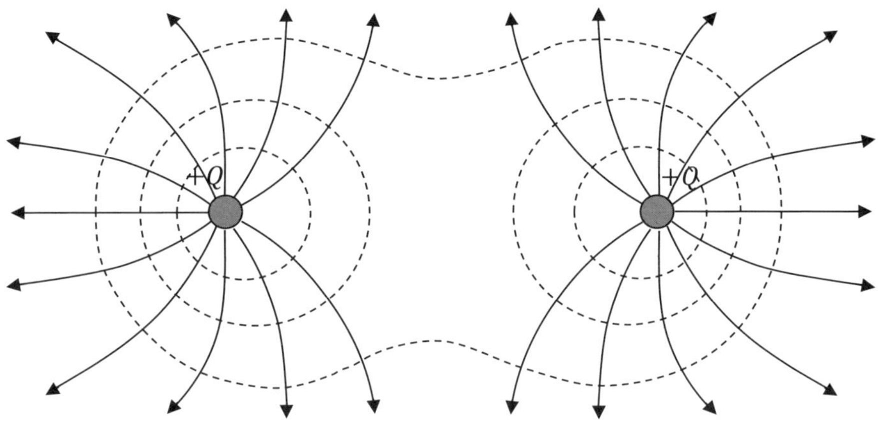

19. (A) 전기력선(또는 전기장선)은 반드시 등전위선(또는 등전위면)과 수직을 이루면서 교차해야 한다. 따라서 여러 개의 등전위선을 통과하는 전기력선을 그릴 때는 이들 등전위선과 모두 수직으로 교차하며 통과하는 매끈한 곡선으로 그려야 한다. 또한 전기장의 방향을 알 수 있도록 곡선에는 전위(V 단위)가 높은 곳에서 전위가 낮은 곳을 향하는 화살표를 그려 넣어야 한다.

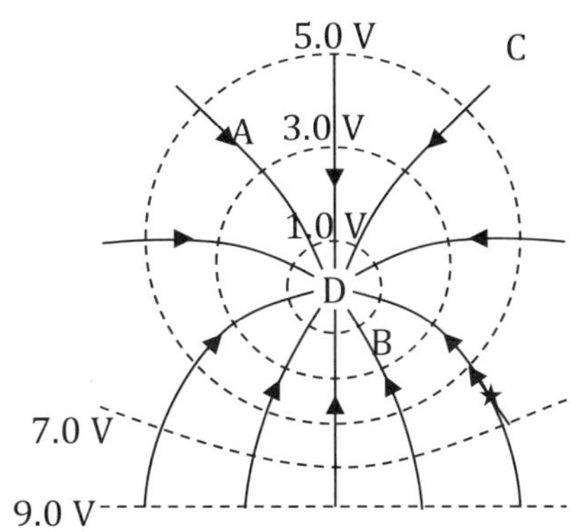

(B) 여러 전기력선들이 한 점으로 모이고 있는(수렴하고 있는) D점에 음(−) 전하가 있다.

(C) 전기력선의 밀도를 높은 차례대로 써보면 B점, A점, C점이다. 따라서 전기장의 크기는 $E_B > E_A > E_C$이다.

(D) ★ 표시가 된 점을 지나는 직선을 긋는다(이 직선이 바로 전기력선이다). 이때 직선 끝에는 전압(전위)이 큰 등전위선에서 전압이 작은 등전위선으로 가는 화살표를 붙인다. 또한 직선을 그을 때는, 직선이 두 등전위선과 만나는(교차하는) 각 점에서 가능한 한 서로 수직을 이루도록 해주어야 한다. 전기장을 나타내는 화살표 머리 위치와 꼬리 위치(즉 두 등전위선) 사이의 전위차는 $\Delta V = 7 - 5 = 2.0$ V이다. 실제로 자를 사용하여 화살표의 길이를 측정해보면 약 $\Delta R = 0.8$ cm $= 0.008$ m가 될 것이다. 이제 다음과 같이 공식을 사용하여 전기장의 크기를 계산한다.

$$E \approx \left|\frac{\Delta V}{\Delta R}\right| = \frac{2}{0.008} = 250\,\frac{\text{V}}{\text{m}} \text{ or } 250\,\frac{\text{N}}{\text{C}}$$

(E) −"시험"전하는 위의 (D)에서 그린 ★점을 지나는 직선, 즉 전기력선을 따라 화살표 반대 방향으로 밀려나간다(화살표는 +"시험"전하가 힘을 받는 방향을 나타내는데 이 문제에서는 −"시험"전하를 사용하므로). 그림에서 맨 아래에는 + 전위를 갖는 수평선이 놓여 있는데, 이 선의 영향으로 D점으로 모이는 전기력선들은 완벽한 직선이 아니다. 따라서 ★점을 지나는 화살표도 약간 구부러지므로 −"시험"전하는 이 곡선을 따라 화살표 반대 방향으로 움직인다.

5장: 정전 평형

20. (A) 각 바나나에 대해 자유물체도를 그린 다음, 각 화살표에 기호를 써 넣는다. 각각의 줄이 수직축과 이루는 각도는 30°이다(두 줄이 삼각형의 꼭지각 60°를 이루고 있고 각 줄은 수직축에 대해 60°의 절반인 30씩을 나누어 가지므로)

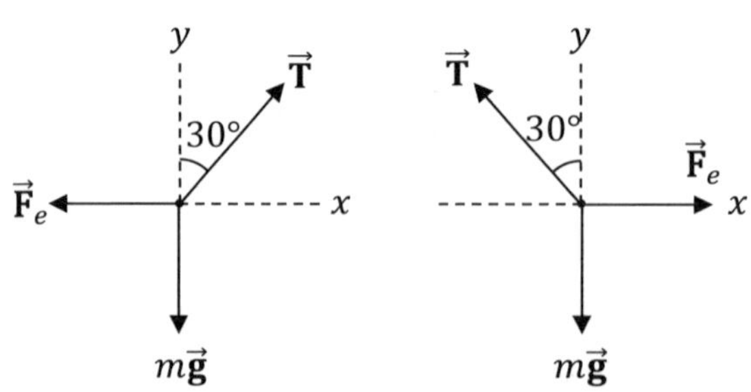

- 각 바나나에는 중력 mg가 가해지고 있다. 중력은 각 바나나를 정확하게 아래쪽 수직방향으로 당긴다.
- 각 바나나에는 실에 의한 장력 T가 가해진다. 장력은 각 바나나를 줄을 따라 비스듬히 위쪽 방향으로 당긴다.
- 쿨롱법칙에 따라 두 바나나는 서로 상대편 바나나에 전기력 F_e를 가하고 있다. 두 바나나가 가진 전하의 부호가 같으므로 전기력은 서로 바나나를 밀쳐낸다.
- 뉴턴의 제2법칙을 적용한다. 정전 평형상태에서는 $a_x = 0$, $a_y = 0$이다.
- 장력의 방향이 x축이나 y축을 따라가는 방향이 아니므로 T는 x 성분과 y 성분을 모두 가진다. 자유물체도를 보면 T와 y축 사이의 각도가 30°이므로, T에 이 각도의 코사인을 취하면 y 성분(T와 각도를 이루고 있는 축이 y축이므로)이 된다(사인을 취하면 x축 성분이 된다).
- 전기력의 방향은 수평방향이므로 F_e는 x 성분만을 가진다(사인 또는 코사인 함수를 취할 필요가 없다).
- 중력은 수직방향이므로 mg는 y 성분만을 가진다(역시 사인 또는 코사인 함수를 취할 필요가 없다).

(B) 뉴턴의 제2법칙 수식에 이렇게 구한 값들을 대입하여 정리하면 다음과 같다.

$$\sum F_{1x} = ma_x \quad , \quad \sum F_{1y} = ma_y \quad , \quad \sum F_{2x} = ma_x \quad , \quad \sum F_{2y} = ma_y$$
$$T\sin 30° - F_e = 0 \quad , \quad T\cos 30° - mg = 0 \quad , \quad F_e - T\sin 30° = 0 \quad , \quad T\cos 30° - mg = 0$$

(C) 장력을 구하기 위해 위의 방정식 중에서 y 성분에 대한 방정식을 이용한다.

$$T\cos 30° - mg = 0$$
$$T = \frac{mg}{\cos 30°}$$

- 중력가속도로 반올림한 값 $g \approx 10\ \mathrm{m/s^2}$을 사용하여 계산하면 장력은 $T \approx 180$ N이다. (중력가속도로 $g = 9.81\ \mathrm{m/s^2}$을 사용하면 $T \approx 177$ N이 나온다.)

(D) 먼저, 전기력을 구하기 위해 앞에서 얻은 x 성분 방정식을 이용한다.

$$F_e - T\sin 30° = 0$$
$$F_e = T\sin 30°$$

- 위 방정식의 T에 위 (A)에서 구한 답을 대입하면 $F_e \approx 90$ N이 된다.
- 다음의 쿨롱 법칙을 적용한다.

$$F_e = k\frac{|q_1||q_2|}{R^2}$$

- 두 전하를 서로 같게 놓으면 $|q||q| = q^2$이므로

$$F_e = k\frac{q^2}{R^2}$$

이다.

- 위 방정식을 q에 대해 정리해보자. 이를 위해 위 방정식의 양변에 R^2을 각각 곱하고, 이어서 k로 나누고 마지막에 제곱근을 취한다.

$$q = \sqrt{\frac{F_e R^2}{k}} = R\sqrt{\frac{F_e}{k}}$$

- 계산과정에서 $\sqrt{R^2} = R$이다. 쿨롱상수는 $k = 9.0 \times 10^9 \frac{\text{N}\cdot\text{m}^2}{\text{C}^2}$이다.
- 위 방정식에 값들을 대입한다. 계산과정에서 $\frac{90}{9} = 10$이고 $\sqrt{\frac{10}{10^9}} = \sqrt{10^{-8}} = 10^{-4}$이다.
- 각 바나나가 가지고 있는 전하는 $q = 2.0 \times 10^{-4}$ C이다. 이 값은 미터법 접두어 마이크로($\mu = 10^{-6}$)를 사용하여 $q = 200\ \mu$C으로 쓸 수도 있다. 따라서 두 전하는 둘 다 $+200\ \mu$C이거나 둘 다 $-200\ \mu$C이다. (정보가 더 주어지지 않았으므로 두 답 중에서 어느 것이 맞는지 알아낼 방법은 없다.)

---

21. (A) 귀걸이에 대해 자유물체도를 그린 다음, 각 화살표에 기호를 써 넣는다.

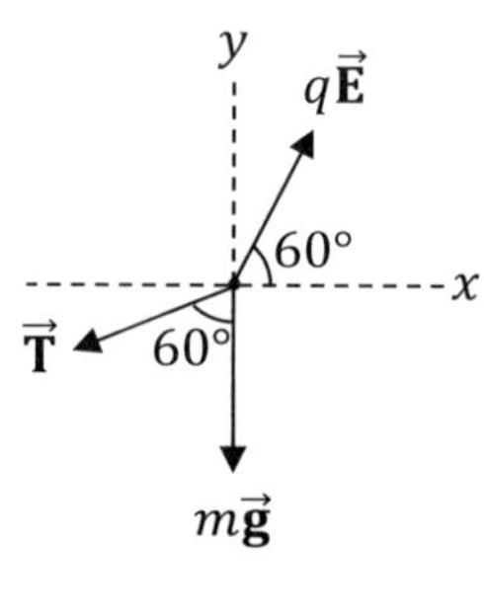

- 각 귀걸이에는 중력 mg가 가해지고 있다. 중력은 귀걸이를 정확하게 아래쪽 수직 방향으로 당긴다.
- 귀걸이에는 실에 의한 장력 T가 가해진다. 장력은 실을 따라 비스듬히 아래쪽 방향으로 귀걸이를 당긴다.
- 오른쪽 위로 비스듬히 가해지는 전기장 $\vec{\mathbf{E}}$에 의해 귀걸이에는 전기력 $\vec{\mathbf{F}}_e = q\vec{\mathbf{E}}$이 가해진다. 전하 q의 부호가 + 이므로 전기력 $\vec{\mathbf{F}}_e$의 방향은 전기장 $\vec{\mathbf{E}}$의 방향과 동일하다.
- 뉴턴의 제2법칙을 적용한다. 정전 평형상태에서는 $a_x = 0$, $a_y = 0$이다.
- 장력의 방향은 x축이나 y축을 따라가는 방향이 아니므로 T는 x 성분과 y 성분을

모두 가진다. 자유물체도를 보면 T와 y축 사이의 각도가 60°이므로, T에 이 각도의 코사인을 취하면 y 성분이 된다.

- 외부 전기장 E에 의해 전하 q에 가해지는 전기력의 크기는 $F_e = q|E|$이다. 이 전기력의 방향은 x축이나 y축을 따라가는 방향이 아니므로 $|q|E$는 x 성분과 y 성분을 모두 가진다. 자유물체도를 보면 $q\vec{\mathbf{E}}$와 x축 사이의 각도가 60°이므로, $|q|E$에 이 각도의 코사인을 취하면 x 성분이 된다.
- 중력은 수직방향이므로 mg는 y 성분만을 가진다(역시 사인 또는 코사인 함수를 취할 필요가 없다).

(B)

- 뉴턴의 제2법칙 수식에 이렇게 구한 값들을 대입하여 정리하면 다음과 같다.

$$\sum F_x = ma_x \quad , \quad \sum F_y = ma_y$$
$$|q|E\cos 60° - T\sin 60° = 0 \quad , \quad |q|E\sin 60° - T\cos 60° - mg = 0$$

- 위의 각 방정식을 간단히 한다. $\cos 60° = \frac{1}{2}$, $\sin 60° = \frac{3}{2}$이므로

$$\frac{|q|E}{2} = \frac{T\sqrt{3}}{2} \quad , \quad \frac{|q|E\sqrt{3}}{2} - \frac{T}{2} = mg$$

가 된다.

(C) 각 방정식에는 미지수가 E와 T, 이렇게 두 개다. 첫 번째 방정식을 T에 대해 정리해보자. 이를 위해 첫 번째 방정식의 양변에 2를 곱하고 이어서 $\sqrt{3}$으로 나누면

$$T = \frac{|q|E}{\sqrt{3}}$$

이 된다.

- 위 식을 두 번째 방정식의 T에 대입한다.

$$\frac{|q|E\sqrt{3}}{2} - \frac{T}{2} = mg$$
$$\frac{|q|E\sqrt{3}}{2} - \frac{|q|E}{2\sqrt{3}} = mg$$

- 위 식의 양변에 $\sqrt{3}$을 곱한다.

$$\frac{3|q|E}{2} - \frac{|q|E}{2} = mg\sqrt{3}$$

- 계산 과정에서 $\sqrt{3}\sqrt{3}=3$이고 $\frac{\sqrt{3}}{\sqrt{3}}=1$이다. 좌변에 있는 같은 종류의 항끼리 더하면 좌변은 다음과 같이 계산된다.

$$\frac{3|q|E}{2} - \frac{|q|E}{2} = \left(\frac{3}{2} - \frac{1}{2}\right)|q|E = |q|E$$

- 따라서 위 방정식은 다음과 같이 간단해진다.

$$|q|E = mg\sqrt{3}$$

- 위 방정식을 전기장에 대해 정리해보자. 이를 위해 양변을 $|q|$로 나누면 다음과 같다.

$$E = \frac{mg\sqrt{3}}{|q|}$$

- 질량의 단위를 g에서 kg으로 변환하면 $m = 60\text{ g} = 0.060\text{ kg} = \frac{3}{50}\text{ kg}$이 된다. 전하의 단위를 μC에서 C으로 변환하면 $q = 300\ \mu\text{C} = 3.00 \times 10^{-4}\text{ C}$이 된다. $(10)(10^3) = 10^4$이므로 $\frac{\sqrt{3}}{5}10^4 = \frac{\sqrt{3}}{5}(10)(10^3)$이다. 또한 $\frac{\sqrt{3}}{5}(10)(10^3) = 2\sqrt{3} \times 10^3 = 2000\sqrt{3}$이다.
- 전기장의 크기는 $E = 2000\sqrt{3}\ \frac{\text{N}}{\text{C}}$이다.

(D) $E = 2000\sqrt{3}\ \frac{\text{N}}{\text{C}}$을 $T = \frac{q|E|}{\sqrt{3}}$에 대입한다. 그러면 $T \approx \frac{3}{5}\text{ N} = 0.60\text{ N}$이다. (중력가속도로 반올림한 값 $g \approx 10$ m/s을 사용)

6장: 전자기학 학습을 위한 필수 미적분

22. 먼저 다음 적분 공식을 사용한다.

$$\int ax^b\, dx = \frac{ax^{b+1}}{b+1}$$

- $6x^2$을 일반형인 ax^b과 비교해보자.
- 그러면 $a = 6,\ b = 2$이다.
- 적분결과는 $2x^3$이 된다. 이 결과에 상한과 하한을 대입하여 계산한다.
- $[2x^3]_{x=2}^{3} = 2(3)^3 - 2(2)^3 = 54 - 16 = 38$이 된다.
- 답은 38이다.

---

23. 연산규칙 $\frac{1}{x^m} = x^{-m}$을 적용하면 $\frac{8}{x^3} = 8x^{-3}$이다.

- 다음 적분 공식을 사용한다.

$$\int ax^b\,dx = \frac{ax^{b+1}}{b+1}$$

- $8x^{-3}$을 일반형인 ax^b과 비교해보자.
- 그러면 $a = 8$, $b = -3$이다.
- $b + 1 = -3 + 1 = -2$이다.
- 적분결과는 $-4x^{-2}$이 된다. 이 결과에 상한과 하한을 대입하여 계산한다.
- $[-4x^{-2}]_{x=1}^{2} = -4(2)^{-2} - [-4(1)^{-2}]$이 된다.
- $2^{-2} = \frac{1}{2^2} = \frac{1}{4}$이고 $1^{-2} = \frac{1}{1^2} = \frac{1}{1} = 1$이다. 따라서 $-4\left(\frac{1}{4}\right) + 4(1) = -1 + 4 = 3$이다.
- 답은 3이다.

---

24. 연산규칙 $\sqrt{x} = x^{1/2}$을 적용하면 $3\sqrt{x} = 3x^{1/2}$이다.

- 다음 적분 공식을 사용한다.

$$\int ax^b\,dx = \frac{ax^{b+1}}{b+1}$$

- $3x^{1/2}$을 일반형인 ax^b과 비교해보자.
- 그러면 $a = 3$, $b = \frac{1}{2}$이다.
- $b + 1 = \frac{1}{2} + 1 = \frac{1}{2} + \frac{1}{2} = \frac{1+2}{2} = \frac{3}{2}$이다.
- $\frac{a}{b+1} = \frac{3}{3/2} = 3\left(\frac{2}{3}\right) = 2$이다. (분수로 나누는 것은 분수의 역수를 곱하는 것과 같다.)
- 적분결과는 $2x^{3/2}$이 된다. 이 결과에 상한과 하한을 대입하여 계산한다.
- $[2x^{3/2}]_{x=9}^{16} = 2(16)^{3/2} - 2(9)^{3/2}$이 된다.
- $(16)^{3/2} = (\sqrt{16})^3 = (4)^3 = 64$이고 $(9)^{3/2} = (\sqrt{9})^3 = (3)^3 = 27$이다. ($\frac{3}{2} = 1.5$이므로 계산기를 사용하여 $16^{1.5}$를 직접 계산해보기 바란다.)
- $2(64) - 2(27) = 128 - 54$이다.
- 답은 74이다.

---

25. 연산규칙 $\int(y_1 - y_2)dx = \int y_1 dx - \int y_1 dx$를 적용한다.

- 다음 적분 공식을 사용한다.

$$\int ax^b\,dx = \frac{ax^{b+1}}{b+1}$$

- 위 적분 공식을 두 개의 적분 항에 각각 적용하여 계산하면 다음과 같다.

$$\int 8x^3\,dx = 2x^4 \quad , \quad \int 6x\,dx = 3x^2$$

- 위의 적분 결과를 합하면 $2x^4 - 3x^2$이다.

- $2x^4 - 3x^2$에 상한과 하한을 대입하여 계산한다.
- $[2x^4 - 3x^2]_{x=1}^{3} = [2(3)^4 - 3(3)^2] - [2(1)^4 - 3(1)^2]$이 된다.
- 계산과정에서 −부호가 연달아 두 번 나오면 +부호로 바뀐다.
- 따라서 $2(3)^4 - 3(3)^2 - 2(1)^4 + 3(1)^2$가 된다.
- 답은 136이다.

---

26. 먼저 적분을 구해보자.

- 적분 결과는 $\sin\theta$가 된다.
- $\sin\theta$에 상한과 하한을 대입하여 계산한다.
- $[\sin\theta]_{\theta=30°}^{90°} = \sin(90°) - \sin(30°)$이 된다.
- 답은 $\frac{1}{2}$이다. 계산 과정에서 $1 - \frac{1}{2} = \frac{1}{2}$이다.

---

27. 먼저 적분을 구해보자.

- 적분 결과는 $-\cos\theta$가 된다.
- $-\cos\theta$에 상한과 하한을 대입하여 계산한다.
- $[-\cos\theta]_{\theta=45°}^{135°} = -\cos(135°) - [-\cos(45°)] = -\cos(135°) + \cos(45°)$이 된다.
- 답은 $\sqrt{2}$이다. 계산 과정에서 $-\left(-\frac{\sqrt{2}}{2}\right) + \frac{\sqrt{2}}{2} = \frac{\sqrt{2}}{2} + \frac{\sqrt{2}}{2} = \frac{2\sqrt{2}}{2} = \sqrt{2}$이다.

---

28. $u = \frac{x}{4} + 1$의 치환식을 사용한다.

- 치환식의 양변을 미분하면 다음과 같다.

$$du = \frac{dx}{4}$$

- 위 식을 dx에 대해 정리한다.

$$dx = 4du$$

- 치환식 $u = \frac{x}{4} + 1$에 x의 상한과 하한을 대입하여 u의 상한과 하한을 구한다.
- 그러면 u의 하한과 상한은 $u = 1$과 $u = 3$이 된다.
- 지금까지의 치환을 사용하면 원래 적분은 $\int_{u=1}^{3} 4u^3\,du$이 된다.
- 적분 결과는 u^4가 된다.
- u^4에 상한과 하한을 대입하여 계산한다.
- $[u^4]_{u=1}^{3} = (3)^4 - (1)^4$이 된다.
- 답은 80이다.

---

29. $u = 2x - 1$의 치환식을 사용한다.

- 치환식의 양변을 미분하면 다음과 같다.

$$du = 2dx$$

- 위 식을 dx에 대해 정리한다.

$$dx = \frac{1}{2}du$$

- 치환식 $u = 2x - 1$에 x의 상한과 하한을 대입하여 u의 상한과 하한을 구한다.
- 그러면 u의 하한과 상한은 $u = 1$과 $u = 9$이 된다.
- 지금까지의 치환을 사용하면 원래 적분은 $\int_{u=1}^{9} \frac{3}{2}u^{1/2}\,du$이 된다.
- $u^{1/2} = \sqrt{u}$이다(문제 24의 힌트 참조). 적분 결과는 $u^{3/2}$가 된다.
- $u^{3/2}$에 상한과 하한을 대입하여 계산한다.
- $[u^{3/2}]_{u=1}^{9} = (9)^{3/2} - (1)^{3/2}$이 된다. 여기서$(9)^{3/2} = (\sqrt{9})^3 = (3)^3 = 27$이다.
- 답은 26이다.

---

30. $x = 3\sin u$의 치환식을 사용한다.

- 치환식의 양변을 미분하면 다음과 같다.

$$dx = 3\cos u du$$

- $x = 3\sin u$을 u에 대해 정리한 식 $u = \sin^{-1}\left(\frac{x}{3}\right)$에 x의 상한과 하한을 대입하여 u의 상한과 하한을 구한다.
- 그러면 u의 하한과 상한은 $u = 0°$과 $u = 90°$가 된다. 이 적분에서는 각도의 단위가 radian이어야 하므로 ° 단위를 rad 단위로 변환한다. $360° = 2\pi$ rad이므로 하한과 상한은 $u = 0$ rad과 $u = \frac{\pi}{2}$ rad이 된다.
- 지금까지의 치환을 사용하면 원래 적분은 $\int_{u=0}^{\pi/2} 4\sqrt{9 - 9\sin^2 u}\; 3\cos u\, du$이 된다.
- 삼각함수 관계식 $1 - \sin^2 u = \cos^2 u$를 적용하여 피적분함수를 간단히 한다.
- 그러면 $36 \int_{u=0}^{\pi/2} \cos^2 u\, du$이 된다.
- 삼각함수 관계식 $\cos^2 u = \frac{1 + \cos 2u}{2}$을 이용한다.
- 그러면 다음의 적분 수식을 얻는다.

$$36\int_{u=0}^{\pi/2} \frac{1}{2}du + 36\int_{u=0}^{\pi/2} \frac{\cos 2u}{2}du = 18\int_{u=0}^{\pi/2} du + 18\int_{u=0}^{\pi/2} \cos 2u\, du$$

- 적분 결과는 $18u + 9\sin 2u$가 된다.
- $18u + 9\sin 2u$에 상한과 하한을 대입하여 계산한다.
- 답은 9π이다.

---

31. $x = 4\tan u$의 치환식을 사용한다.

- 치환식의 양변을 미분하면 다음과 같다.

$$dx = 4\sec^2 u\, dx$$

- $x = 4\tan u$을 u에 대해 정리한 식 $u = \tan^{-1}\left(\frac{x}{4}\right)$에 x의 상한과 하한을 대입하여 u의 상한과 하한을 구한다.
- 그러면 u의 하한과 상한은 $u = 0°$과 $u = 45°$가 된다.
- 지금까지의 치환을 사용하면 원래 적분은 $\int_{u=0°}^{45°} \frac{\sec^2 u}{\sqrt{1+\tan^2 u}} du$이 된다.
- 삼각함수 관계식 $1+\tan^2 u = \sec^2 u$를 적용하여 피적분함수를 간단히 한다.
- 그러면 $\int_{u=0°}^{45°} \sec u\, du$이 된다.
- 72쪽에 있는 sec 함수의 적분 공식을 사용한다.
- 적분 결과는 $\ln|\sec u + \tan u|$이다.
- $\ln|\sec u + \tan u|$에 상한과 하한을 대입하여 계산한다.
- $[\ln|\sec u + \tan u|]_{u=0}^{45°} = \ln|\sec 45° + \tan 45°| - \ln|\sec 0° + \tan 0°|$이 된다.
- 맨 마지막 항은 $\ln|1| = 0$이 되어 사라진다.
- 답은 $\ln|\sqrt{2} + 1|$이다.

---

32. 먼저 y에 대해 적분한다(y의 상한이 x이므로).

- y에 대한 적분 밖으로 $10x$를 꺼낸다.

$$\int_{x=0}^{3} 10x\left(\int_{y=0}^{x} y^2 dy\right)dx$$

- y에 대한 적분을 계산한 결과는 $\frac{y^3}{3}$이다. $\frac{y^3}{3}$에 y의 상한과 하한을 대입하여 계산한다.
- 그러면 y에 대한 정적분을 계산한 결과는 $\frac{x^3}{3}$이다.
- 이제 원래 적분 식은 $\int_{x=0}^{3} \frac{10}{3}x^4 dx$이 된다.
- x에 대한 적분 결과는 $\frac{2x^5}{3}$이다. $\frac{2x^5}{3}$에 x에 대한 상한과 하한을 대입하여 계산한다.
- 이중 적분의 최종 답은 162이다.

---

33. 먼저 x에 대해 적분한다(x의 상한이 y이므로)

- x에 대한 적분 밖으로 $10y^2$를 꺼낸다.

$$\int_{y=0}^{3} 10y^2\left(\int_{x=0}^{y} x\, dx\right)dy$$

- x에 대한 적분을 계산한 결과는 $\frac{x^2}{2}$이다. $\frac{x^2}{2}$에 x의 상한과 하한을 대입하여 계산한다.
- 그러면 x에 대한 정적분을 계산한 결과는 $\frac{y^2}{2}$이다.
- 이제 원래 적분 식은 $\int_{y=0}^{3} 5y^4 dy$이 된다.
- y에 대한 적분 결과는 y^5이다. y^5에 y에 대한 상한과 하한을 대입하여 계산한다.

- 이중 적분의 최종 답은 243이다.

---

34. 이 이중 적분은 x와 y 중에서 어느 것에 대해 먼저 적분을 해도 된다. 여기서는 y에 대한 적분을 먼저 하기로 한다.

- y에 대한 적분 밖으로 x^3을 꺼낸다.

$$\int_{x=0}^{2} x^3\left(\int_{y=0}^{3} y^2\,dy\right)dx$$

- y에 대한 적분을 계산한 결과는 $\frac{y^3}{3}$이다. $\frac{y^3}{3}$에 y의 상한과 하한을 대입하여 계산한다.
- 그러면 y에 대한 정적분을 계산한 결과는 9이다.
- 이제 원래 적분 식은 $\int_{x=0}^{2} 9x^3\,dx$이 된다.
- x에 대한 적분 결과는 $\frac{9x^4}{4}$이다. $\frac{9x^4}{4}$에 x에 대한 상한과 하한을 대입하여 계산한다.
- 이중 적분의 최종 답은 36이다.

---

35. 먼저 z에 대해 적분한다(z의 상한이 y이므로)

$$\int_{x=0}^{4}\int_{y=0}^{x} 6\left(\int_{z=0}^{y} z\,dz\right)dy\,dx$$

- z에 대한 적분을 계산한 결과는 $\frac{z^2}{2}$이다. $\frac{z^2}{2}$에 z의 상한과 하한을 대입하여 계산한다.
- 그러면 z에 대한 정적분을 계산한 결과는 $\frac{y^2}{2}$이다.
- 이제 원래 적분 식은 $\int_{x=0}^{4}\left(\int_{y=0}^{x} 3y^2dy\right)dx$이 된다. 이 적분 식을 y에 대해 적분한다.
- y에 대한 적분을 계산한 결과는 y^3이다. y^3에 y의 상한과 하한을 대입하여 계산한다.
- 그러면 y에 대한 정적분을 계산한 결과는 x^3이다.
- 이제 원래 적분 식은 $\int_{x=0}^{4} x^3dx$이 된다. 이 적분 식을 x에 대해 적분한다.
- x에 대한 적분을 계산한 결과는 $\frac{x^4}{4}$이다. $\frac{x^4}{4}$에 x의 상한과 하한을 대입하여 계산한다.
- 삼중 적분의 최종 답은 64이다.

---

36. 면적에 대한 적분 $A = \int dA$를 수행한다. 90쪽의 예제를 공부하기 바란다.

- 직각좌표계를 사용하여 미소 면적 요소를 $dA = dxdy$로 나타낸다.
- 삼각형의 빗변을 나타내는 직선의 방정식을 구해보자.
- 빗변을 나타내는 직선의 기울기는 $-\frac{1}{2}$이고 y축과 만나는 점은 4이다.
- 따라서 직선의 방정식은 $y = -\frac{x}{2} + 4$가 된다.

- x 값이 0에서 8까지 변하는 동안 y 값은 0에서 $-\frac{x}{2}+4$까지 변한다.
- 따라서 삼각형 면적을 구하는 이중 적분은 다음 식으로 쓸 수 있다.

$$A = \int_{x=0}^{8} \int_{y=0}^{-\frac{x}{2}+4} dydx$$

- 위 적분을 먼저 y에 대해 적분한다(y의 상한이 $-\frac{x}{2}+4$이므로)
- y에 대한 적분을 계산한 결과는 y이다. y에 y의 상한과 하한을 대입하여 계산한다.
- 그러면 y에 대한 정적분을 계산한 결과는 $-\frac{x}{2}+4$이다.
- 이제 원래 적분 식은 $\int_{x=0}^{8}\left(-\frac{x}{2}+4\right)dx$이 된다. 이 적분 식을 x에 대해 적분한다.
- x에 대한 적분을 계산한 결과는 $-\frac{x^2}{4}+4x$이다. 이 결과에 x의 상한과 하한을 대입하여 계산한다.
- 이중 적분의 최종 답은 $A=16$이다.

---

37. 면적에 대한 적분 $A=\int dA$를 수행한다. 91쪽의 예제를 공부하기 바란다.

- 2차원 극좌표계를 사용하여 미소 면적 요소를 $dA=rdrd\theta$로 나타낸다.
- 그러면 링의 면적을 구하는 이중 적분은 다음 식으로 쓸 수 있다.

$$A = \int_{r=2}^{4} \int_{\theta=0}^{2\pi} rdrd\theta$$

- 위 적분은 r과 θ 중에 어느 것에 대해 먼저 적분해도 상관이 없다. 여기서는 θ에 대해 먼저 적분한다.
- 위 적분 수식에서 r은 θ에 대한 적분 밖으로 꺼낼 수 있으므로 다음과 같이 쓸 수 있다.

$$\int_{r=2}^{4} r\left(\int_{\theta=0}^{2\pi} d\theta\right)dr$$

- θ에 대한 적분을 계산한 결과는 θ이다. θ에 θ의 상한과 하한을 대입하여 계산한다.
- 그러면 θ에 대한 정적분을 계산한 결과는 2π이다.
- 이제 원래 적분 식은 $\int_{r=2}^{4} 2\pi r dr$이 된다. 이 적분 식을 r에 대해 적분한다.
- r에 대한 적분을 계산한 결과는 πr^2이다. 이 결과에 r의 상한과 하한을 대입하여 계산한다.
- 이중 적분의 최종 답은 $A=12\pi\ \mathrm{m}^2$이다. 계산 과정에서 $4^2-2^2=12$이다.

7장: 전기장 적분

38. 이 문제는 전하를 가진 막대를 다루는 예제들과 비슷하다. 이러한 예제들을 공부하면 이 문제를 푸는 데 도움이 되므로 필요할 때마다 참고하기 바란다.

- 먼저 문제를 그림으로 그려보자. 대표 미소전하 dq 하나를 그림에 표시한다. 이어서 원천 dq에서 장점 $(0, -a)$으로 가는 벡터 $\vec{\mathbf{R}}$을 그린다. 다음 그림을 참조한다.

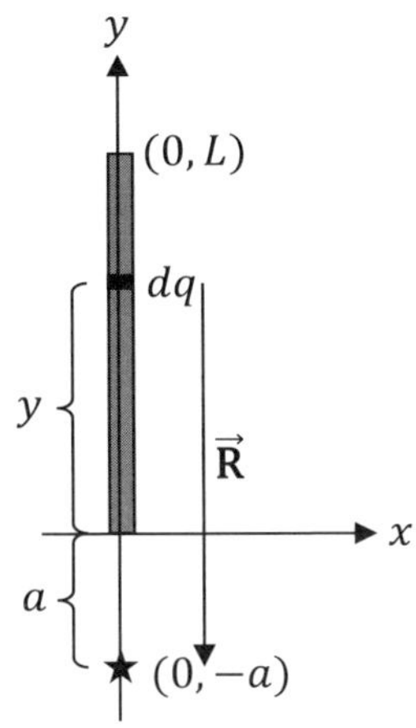

- 그림을 자세히 살펴보면 $R = y + a$임을 알 수 있다(dq에서 원점까지의 y만큼 움직인 다음, 거기서 a만큼 더 움직이면 장점에 도달하므로). 또한 $\hat{\mathbf{R}} = -\hat{\mathbf{y}}$이다($\vec{\mathbf{R}}$은 아래쪽 방향을 가리키므로).
- 가는 막대의 경우, $dq = \lambda ds$이다(96쪽 6번 단계). y축을 따라 놓여있는 막대인 경우에는 $ds = dy$이다.
- 다음 전기장 적분 수식을 사용한다.

$$\vec{\mathbf{E}} = k \int \frac{\hat{\mathbf{R}}}{R^2} dq$$

- y는 0에서 L까지 변한다(막대의 양쪽 끝 점).
- 앞에서 구한 수식과 하한과 상한을 전기장 적분 수식에 대입한 다음, 간단히 하면 다음 식을 얻는다. 막대의 전하밀도가 균일하므로 λ를 적분기호 바깥으로 꺼낼 수 있다.

$$\vec{\mathbf{E}} = -k\lambda\hat{\mathbf{y}} \int_{y=0}^{L} \frac{dy}{(y+a)^2}$$

- 위 적분을 풀기 위해 다음의 치환을 사용한다.

$$u = y + a$$
$$du = dy$$

- 위 치환식 $u = y + a$에 y의 하한 0과 상한 L을 대입하여 u의 하한과 상한을 구한다. 그러면 하한은 $u(0) = a$이고 상한은 $u(L) = L + a$이다.
- 지금까지의 치환을 사용하면 원래 적분은 다음 식이 된다.

$$\vec{\mathbf{E}} = -k\lambda\hat{\mathbf{y}} \int_{u=a}^{L+a} \frac{du}{u^2}$$

- 연산규칙 $\frac{1}{u^2} = u^{-2}$을 적용하여 적분 식을 다시 쓴다.

$$\vec{\mathbf{E}} = -k\lambda\hat{\mathbf{y}} \int_{u=a}^{L+a} u^{-2}\, du$$

- 적분 결과는 $-u^{-1}$이다. 이것은 $-\frac{1}{u}$와 같다. $-\frac{1}{u}$에 상한과 하한을 대입하여 계산한다.
- 계산결과는 $\left[-\frac{1}{u}\right]_{u=a}^{u=L+a} = -\frac{1}{L+a} + \frac{1}{a}$이 된다. 두 항의 공통 분모를 구해보면 $a(L+a)$이다.
- 계산결과는 $-\frac{1}{L+a} + \frac{1}{a} = -\frac{a}{a(L+a)} + \frac{L+a}{a(L+a)} = \frac{-a+L+a}{a(L+a)} = \frac{L}{a(L+a)}$이 된다.
- 따라서 전기장 방정식은 다음 식으로 쓸 수 있다.

$$\vec{\mathbf{E}} = -\frac{k\lambda L}{a(L+a)}\hat{\mathbf{y}}$$

- 전기장 방정식에서 λ를 전하 Q를 사용하여 표현한다. 이를 위해 $Q = \int dq$ 적분을 이용한다.
- 이 적분에 앞에서 구한 $dq = \lambda\, ds = \lambda\, dy$의 관계와 하한, 상한을 그대로 적용한다.

$$Q = \int \lambda\, ds = \lambda \int_{y=0}^{L} dy = \lambda L$$

- λ에 대해 정리하면 $\lambda = \frac{Q}{L}$이다.
- λ를 앞에서 구한 전기장 방정식에 대입하면 최종 답은 다음과 같다.

$$\vec{\mathbf{E}} = -\frac{kQ}{a(L+a)}\hat{\mathbf{y}}$$

---

39. 이 문제는 전하를 가진 막대를 다루는 예제들과 비슷하다. 이러한 예제들을 공부하면 이 문제를 푸는 데 도움이 되므로 필요할 때마다 참고하기 바란다.

- 먼저 문제를 그림으로 그려보자. 대표 미소전하 dq 하나를 그림에 표시한다. 이어서 원천 dq에서 장점 (0, p)으로 가는 벡터 $\vec{\mathbf{R}}$을 그린다. 다음 그림을 참조한다.

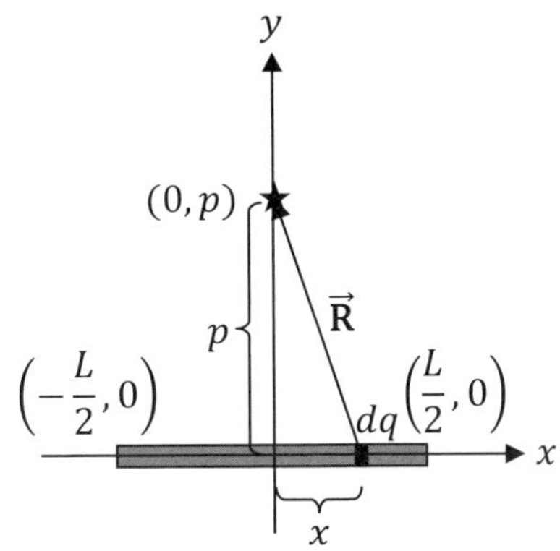

- 위의 그림을 자세히 살펴보면 벡터 $\vec{\mathbf{R}}$은 dq에서 왼쪽을 향해 x만큼($-\hat{\mathbf{x}}$ 방향을 따라), 위쪽으로 p만큼($\hat{\mathbf{y}}$ 방향을 따라) 이동하여 만들어지는 벡터(다시 말해 $\vec{\mathbf{R}}$는 $-\hat{\mathbf{x}}$방향으로 길이가 x인 벡터와, $\hat{\mathbf{y}}$ 방향으로 길이가 p인 벡터를 합한 벡터)이므로 $\vec{\mathbf{R}} = -x\hat{\mathbf{x}} + p\hat{\mathbf{y}}$로 쓸 수 있다.
- 벡터 $\vec{\mathbf{R}}$의 크기 R은 피타고라스 정리를 사용하여 구할 수 있다. 벡터 $\vec{\mathbf{R}}$을 크기 R로 나누면 벡터 $\vec{\mathbf{R}}$의 방향인 단위벡터 $\hat{\mathbf{R}}$를 구할 수 있다.
- 이렇게 구한 벡터 $\vec{\mathbf{R}}$의 크기 R과 단위벡터 $\hat{\mathbf{R}}$은 다음과 같다.

$$R = \sqrt{x^2 + p^2}$$

$$\hat{\mathbf{R}} = \frac{-x\hat{\mathbf{x}}+p\hat{\mathbf{y}}}{\sqrt{x^2+p^2}}$$

- 가는 막대의 경우, $dq = \lambda ds$이다(96쪽 6번 단계). x축을 따라 놓여있는 막대인 경우에는 $ds = dx$이다.
- 전하밀도가 불균일하므로 λ는 적분기호 밖으로 꺼낼 수 없다. 그 대신, 문제에서 주어진 $\lambda = \beta|x|$을 대입한다. 여기서 β는 상수이므로 적분기호 밖으로 꺼낼 수 있다.
- 다음 전기장 적분 수식을 사용한다.

$$\vec{\mathbf{E}} = k\int \frac{\hat{\mathbf{R}}}{R^2}dq$$

- x는 $-\frac{L}{2}$에서 $\frac{L}{2}$까지 변한다(막대의 양쪽 끝 점)
- 앞에서 구한 수식과 하한과 상한을 전기장 적분 수식에 대입한 다음, 간단히 하면 다음 식을 얻는다.

$$\vec{\mathbf{E}} = k\beta \int_{x=-L/2}^{L/2} \frac{(-x\hat{\mathbf{x}} + p\hat{\mathbf{y}})|x|dx}{(x^2 + p^2)^{3/2}}$$

- 계산과정에서 $(x^2+p^2)\sqrt{x^2+p^2} = (x^2+p^2)^1(x^2+p^2)^{1/2} = (x^2+p^2)^{3/2}$이다.
- $\frac{-x\hat{\mathbf{x}}+p\hat{\mathbf{y}}}{(x^2+p^2)^{3/2}} = \frac{-x\hat{\mathbf{x}}}{(x^2+p^2)^{3/2}} + \frac{p\hat{\mathbf{y}}}{(x^2+p^2)^{3/2}}$ 이므로 위의 적분을 다음과 같이 두 개의 적분으로 나눈다.

$$\vec{\mathbf{E}} = -k\beta \int_{x=-L/2}^{L/2} \frac{-x\hat{\mathbf{x}}|x|dx}{(x^2 + p^2)^{3/2}} + k\beta \int_{x=-L/2}^{L/2} \frac{p\hat{\mathbf{y}}|x|dx}{(x^2 + p^2)^{3/2}}$$

- 위 적분에서 첫 번째 적분 항은 0이다. 그림을 자세히 살펴보면 직접 계산을 하지 않고도 이렇게 되는 까닭을 알 수 있다. 대칭성에 의해 전기장의 수평성분은 사라진다. 따라서 $\hat{\mathbf{x}}$ 성분의 적분은 0이 되고 $\vec{\mathbf{E}}$는 $\hat{\mathbf{y}}$ 방향(위쪽) 성분만을 갖는다.
- 두 번째 적분 항에서 $p\hat{\mathbf{y}}$는 상수이므로 다음과 같이 적분 기호 밖으로 꺼낼 수 있다.

$$\vec{\mathbf{E}} = k\beta p\hat{\mathbf{y}} \int_{x=-L/2}^{L/2} \frac{|x|dx}{(x^2 + p^2)^{3/2}}$$

- 위 적분에서 피적분함수 $\frac{|x|}{(x^2+p^2)^{3/2}}$ 은 x에 대해 우함수(even function)이다. 그 까닭은 이 함수의 x에 $-x$를 대입하면 $|-x| = |x|$이고 $(-x)^2 = x^2$이 되어 x에 $+x$를 대입한 결과와 같아지기 때문이다. 따라서 $x = 0$에서 $x = -\frac{L}{2}$까지 이 함수를 적분을 한 결과는 $x = 0$에서 $x = \frac{L}{2}$까지 적분을 한 결과와 같다. 따라서 적분 범위를 $x = 0$에서 $x = \frac{L}{2}$까지로 하고 적분 기호 앞에 2를 곱해주어도 된다. $x = 0$에서 $x = \frac{L}{2}$까지 적분을 할 때는 x는 음수가 아니므로 $|x|$에서 절댓값 기호를 떼어내 x로 쓸 수 있다. 따라서 적분 수식은 다음과 같다.

$$\vec{\mathbf{E}} = 2k\beta p\hat{\mathbf{y}} \int_{x=0}^{L/2} \frac{xdx}{(x^2 + p^2)^{3/2}}$$

- 이 적분을 수행하기 위해 다음과 같이 변수를 삼각함수를 사용하여 치환한다.

$$x = p \tan\theta$$
$$dx = p \sec^2\theta \, d\theta$$

- 편의상 적분의 하한과 상한은 나중에 처리하기로 한다. 치환식을 써서 위 적분 수식을 간단히 하면 다음 식을 얻는다.

$$\vec{\mathbf{E}} = 2k\beta\hat{\mathbf{y}}\int \sin\theta\, d\theta$$

- 적분 결과는 $-\cos\theta$이다. 코사인 값을 x를 사용하여 나타내기 위해 직각삼각형을 그린다. 치환식에서 $x = p\tan\theta$이므로 $\tan\theta = \frac{x}{p}$이다. 따라서 이 관계에 맞게 p는 직각삼각형의 밑변이 되고 x는 직각삼각형의 높이가 되므로 아래와 같이 직각삼각형에 표시한다.

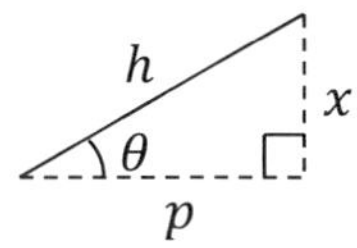

- 삼각형의 빗변을 h로 표시하면 피타고라스 정리를 적용하여 이 값을 구할 수 있다.

$$h = \sqrt{p^2 + x^2}$$

- 직각삼각형에서 $\cos\theta = \frac{p}{\sqrt{x^2+p^2}}$ 이다. 따라서 적분 결과는 $-\cos\theta = -\frac{p}{\sqrt{x^2+p^2}}$ 이다. 이 결과에 하한 $x = 0$과 상한 $x = \frac{L}{2}$를 대입하여 계산한다.
- 계산결과는 $-\frac{p}{\sqrt{\frac{L^2}{4}+p^2}} + 1$이다. 이 결과를 앞에서 구한 전기장 수식에 대입하면 다음과 같다.

$$\vec{\mathbf{E}} = 2k\beta\hat{\mathbf{y}}\left(1 - \frac{p}{\sqrt{\frac{L^2}{4} + p^2}}\right)$$

- 계산 과정에서 $-\frac{p}{\sqrt{\frac{L^2}{4}+p^2}} + 1 = 1 - \frac{p}{\sqrt{\frac{L^2}{4}+p^2}}$이다.
- 전기장 방정식에서 β를 전하 Q를 사용하여 표현한다. 이를 위해 $Q = \int dq$ 적분을 이용한다.
- 이 적분에 앞에서 구한 $dq = \lambda ds = \lambda dx$의 관계와 하한, 상한을 그대로 적용하여 계산하면 다음과 같다.

$$Q = \beta\int_{x=-L/2}^{L/2} |x|\, dx = 2\beta\int_{x=0}^{L/2} x\, dx = \frac{\beta L^2}{4}$$

- β에 대해 정리하면 $\beta = \frac{4Q}{L^2}$이다.
- β를 앞에서 구한 전기장 방정식에 대입하면 최종 답은 다음과 같다.

$$\vec{\mathbf{E}} = \frac{8kQ}{L^2}\hat{\mathbf{y}}\left(1 - \frac{p}{\sqrt{\frac{L^2}{4} + p^2}}\right)$$

40. 이 문제를 푸는 "비법"은 중첩원리(3장)를 적용하는 것이다.

- 아래 그림에서 오른쪽에 있는 − 전하를 가진 반원은 무시하고 왼쪽에 있는 + 전하를 가진 반원이 원점에 만들어내는 전기장을 구한다. 이 전기장을 $\vec{\mathbf{E}}_1$이라고 하자. 이 구조에서 전기장을 구하는 문제는 103쪽에 있는 예제와 동일하다. 단 예제에서는 반원이 가진 전하의 극성이 −이므로 전기장의 방향만 반대가 된다. 따라서 $\vec{\mathbf{E}}_1 = -\frac{2kQ}{\pi a^2}\hat{\mathbf{y}}$이다.

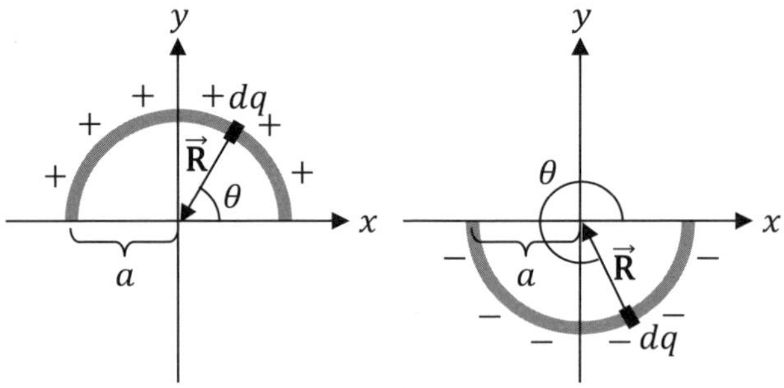

- 이번에는 위의 그림에서 왼쪽에 있는 + 전하를 가진 반원은 무시하고 오른쪽에 있는 − 전하를 가진 반원이 원점에 만들어내는 전기장을 구한다. 이 전기장을 $\vec{\mathbf{E}}_2$라고 하자. 이 전기장을 위와 같은 방법을 적용하여 구하면 $\vec{\mathbf{E}}_2 = -\frac{2kQ}{\pi a^2}\hat{\mathbf{y}}$이다.
- $\vec{\mathbf{E}}_1$과 $\vec{\mathbf{E}}_2$는 크기는 서로 같고 방향도 똑같이 아래쪽을 향하고 있다. +"시험"전하를 원점에 놓으면 이 전하는 위에 있는 + 반원에 의해 아래쪽으로 밀쳐지고 아래에 있는 − 반원에 의해 끌어당겨지기 때문에 $\vec{\mathbf{E}}_1$과 $\vec{\mathbf{E}}_2$ 모두 아래쪽을 향하는 것이다.
- 벡터 $\vec{\mathbf{E}}_1$과 벡터 $\vec{\mathbf{E}}_2$를 더하면 원점에서 알짜 전기장 $\vec{\mathbf{E}}_{net}$를 구할 수 있다. $\vec{\mathbf{E}}_1$과 $\vec{\mathbf{E}}_2$는 크기와 방향이 서로 같으므로 두 벡터를 더한 결과는 $\vec{\mathbf{E}}_1$을 2배한 것과 같다. 따라서 최종 답은 다음과 같다.

$$\vec{\mathbf{E}}_{net} = -\frac{4kQ}{\pi a^2}\hat{\mathbf{y}}$$

---

41. 이 문제는 전하를 가진 원반을 다루는 예제와 비슷하다. 이러한 예제들을 공부하면 이 문제를 푸는 데 도움이 되므로 필요할 때마다 참고하기 바란다.

- 먼저 문제를 그림으로 그려보자. 대표 미소전하 dq 하나를 그림에 표시한다. 이어서 원천 dq에서 장점 $(0, 0, p)$으로 가는 벡터 $\vec{\mathbf{R}}$을 그린다. 다음 쪽 그림을 참조한다.

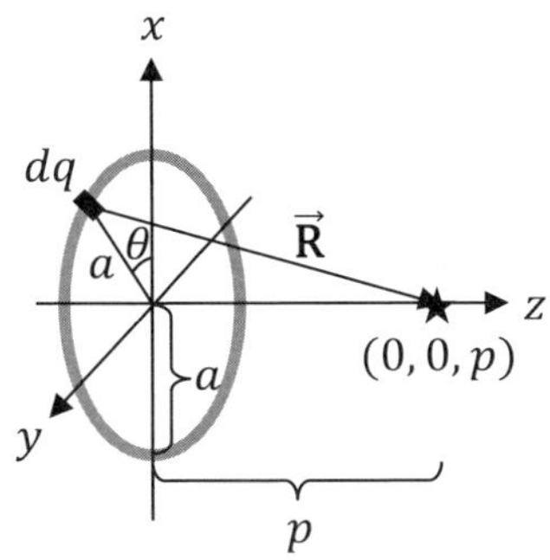

- 위의 그림을 자세히 살펴보면 벡터 $\vec{\mathbf{R}}$은 dq에서 z축을 향해($-\hat{\mathbf{r}}_c$ 방향을 따라) a만큼, z축을 따라($\hat{\mathbf{z}}$ 방향을 따라) p만큼 이동하여 만들어지는 벡터(다시 말해 $\vec{\mathbf{R}}$는 $-\hat{\mathbf{r}}_c$ 방향으로 길이가 a인 벡터와, $\hat{\mathbf{z}}$ 방향으로 길이가 p인 벡터를 합한 벡터)이므로 $\vec{\mathbf{R}} = -a\,\hat{\mathbf{r}}_c + p\,\hat{\mathbf{z}}$로 쓸 수 있다. 여기서 $\hat{\mathbf{r}}_c$는 원통 좌표계의 단위벡터다.
- 벡터 $\vec{\mathbf{R}}$의 크기 R은 피타고라스 정리를 사용하여 구할 수 있다. 벡터 $\vec{\mathbf{R}}$을 크기 R로 나누면 벡터 $\vec{\mathbf{R}}$의 방향인 단위벡터 $\hat{\mathbf{R}}$를 구할 수 있다.
- 이렇게 구한 벡터 $\vec{\mathbf{R}}$의 크기 R과 단위벡터 $\hat{\mathbf{R}}$은 다음과 같다.

$$R = \sqrt{a^2 + p^2}$$

$$\hat{\mathbf{R}} = \frac{-a\hat{\mathbf{r}}_c + p\hat{\mathbf{z}}}{\sqrt{a^2+p^2}}$$

- 아주 가는 고리의 경우 $dq = \lambda ds$이다(96쪽 6번 단계)이다. 고리의 모양이 원이므로 $ds = a d\theta$이다. ($ds = r d\theta$에서 고리의 반지름 $r = a$인 경우다).
- 고리의 전하밀도가 균일하므로 λ는 적분기호 밖으로 꺼낼 수 있다.
- 다음 전기장 적분 수식을 사용한다.

$$\vec{\mathbf{E}} = k \int \frac{\hat{\mathbf{R}}}{R^2} dq$$

- θ는 0에서 2π까지 변한다(원 한 바퀴 전체).
- 앞에서 구한 수식과 하한과 상한을 전기장 적분 수식에 대입한 다음, 간단히 하면 다음 식을 얻는다.

$$\vec{\mathbf{E}} = k\lambda \int_{\theta=0}^{2\pi} \frac{(-a\hat{\mathbf{r}}_c + p\hat{\mathbf{z}})a}{(a^2 + p^2)^{3/2}} d\theta$$

- 계산과정에서 $(a^2+p^2)\sqrt{a^2+p^2} = (a^2+p^2)^1(a^2+p^2)^{1/2} = (a^2+p^2)^{3/2}$이다.
- $\frac{-a\hat{\mathbf{r}}_c+p\hat{\mathbf{z}}}{(a^2+p^2)^{3/2}} = \frac{-a\hat{\mathbf{r}}_c}{(a^2+p^2)^{3/2}} + \frac{p\hat{\mathbf{z}}}{(a^2+p^2)^{3/2}}$이므로 위의 적분을 다음과 같이 두 개의 적분으로 나눈다.

$$\vec{\mathbf{E}} = k\lambda \int_{\theta=0}^{2\pi} \frac{-a^2\hat{\mathbf{r}}_c}{(a^2+p^2)^{3/2}} d\theta + k\lambda \int_{\theta=0}^{2\pi} \frac{pa\hat{\mathbf{z}}}{(a^2+p^2)^{3/2}} d\theta$$

- 위 적분에서 첫 번째 적분 항은 0이다. 그림을 자세히 살펴보면 직접 계산을 하지 않고도 이렇게 되는 까닭을 알 수 있다. 대칭성에 의해 전기장의 반지름 방향(z축으로부터 바깥쪽으로 곧게 뻗어나가는 방향) 성분은 사라진다. 따라서 $\hat{\mathbf{r}}_c$ 성분의 적분은 0이 되고 $\vec{\mathbf{E}}$는 $\hat{\mathbf{z}}$ 방향(z축을 따라 오른쪽 수평 방향) 성분만을 갖는다.
- 두 번째 적분 항에 들어있는 모든 기호들은 상수이므로 다음과 같이 적분 기호 밖으로 꺼낼 수 있다. ($\hat{\mathbf{r}}_c$는 θ에 따라 값이 달라지지만 첫 번째 적분 항은 0이고 두 번째 적분 항에는 $\hat{\mathbf{r}}_c$가 들어있지 않다.)

$$\vec{\mathbf{E}} = \frac{k\lambda pa}{(a^2+p^2)^{3/2}} \hat{\mathbf{z}} \int_{\theta=0}^{2\pi} d\theta$$

- 위 적분은 아주 간단해서 θ가 된다. θ에 하한 $\theta = 0$과 상한 $\theta = 2\pi$를 대입하여 계산하면 이 정적분은 2π가 된다. 따라서 전기장은 다음과 같다.

$$\vec{\mathbf{E}} = \frac{2\pi k\lambda pa}{(a^2+p^2)^{3/2}} \hat{\mathbf{z}}$$

- 전기장 방정식에서 λ를 전하 Q를 사용하여 표현한다. 이를 위해 $Q = \int dq$ 적분을 이용한다.
- 이 적분에 앞에서 구한 $dq = \lambda ds = \lambda a d\theta$의 관계와 하한, 상한을 그대로 적용하여 계산하면 다음과 같다.

$$Q = \lambda \int_{\theta=0}^{2\pi} a\, d\theta = 2\pi\lambda a$$

- λ에 대해 정리하면 $\lambda = \frac{Q}{2\pi a}$이다.
- λ를 앞에서 구한 전기장 방정식에 대입하면 최종 답은 다음과 같다.

$$\vec{\mathbf{E}} = \frac{kQp}{(a^2+p^2)^{3/2}} \hat{\mathbf{z}}$$

---

42. 이 문제는 전하를 가진 원반을 다루는 예제와 비슷하다. 이러한 예제들을 공부하면 이 문제를 푸는 데 도움이 되므로 필요할 때마다 참고하기 바란다.

- 먼저 문제를 그림으로 그려보자. 대표 미소전하 dq 하나를 그림에 표시한다. 이어서 원천 dq에서 장점 $(0, 0, p)$으로 가는 벡터 $\vec{\mathbf{R}}$을 그린다. 다음 그림을 참조한다.

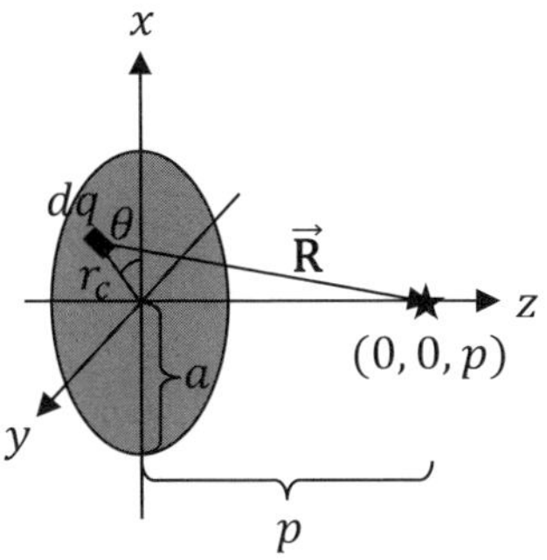

- 위의 그림을 자세히 살펴보면 벡터 $\vec{\mathbf{R}}$은 dq에서 z축을 향해($-\hat{\mathbf{r}}_c$ 방향을 따라) r_c만큼, z축을 따라($\hat{\mathbf{z}}$ 방향을 따라) p만큼 이동하여 만들어지는 벡터(다시 말해 $\vec{\mathbf{R}}$는 $-\hat{\mathbf{r}}_c$ 방향으로 길이가 r_c인 벡터와, $\hat{\mathbf{z}}$ 방향으로 길이가 p인 벡터를 합한 벡터)이므로 $\vec{\mathbf{R}} = -r_c\hat{\mathbf{r}}_c + p\hat{\mathbf{z}}$로 쓸 수 있다. 여기서 $\hat{\mathbf{r}}_c$는 원통 좌표계의 단위벡터다.
- 벡터 $\vec{\mathbf{R}}$의 크기 R은 피타고라스 정리를 사용하여 구할 수 있다. 벡터 $\vec{\mathbf{R}}$을 크기 R로 나누면 벡터 $\vec{\mathbf{R}}$의 방향인 단위벡터 를 구할 수 있다.
- 이렇게 구한 벡터 $\vec{\mathbf{R}}$의 크기 R과 단위벡터 $\hat{\mathbf{R}}$은 다음과 같다.

$$R = \sqrt{r_c^2 + p^2}$$
$$\hat{\mathbf{R}} = \frac{-r_c\hat{\mathbf{r}}_c + p\hat{\mathbf{z}}}{\sqrt{r_c^2 + p^2}}$$

- 속이 채워진 원반의 경우 $dq = \sigma dA$이다(96쪽 6번 단계)이다. 원반인 경우에는 $dA = r_c dr_c d\theta$이다.
- 속이 채워진 원반의 전하밀도가 균일하지 않으므로 σ는 적분기호 밖으로 꺼낼 수 없다. 그 대신, 문제에서 주어진 수식 $\sigma = \beta r_c$를 대입한다. 여기서 상수 β는 적분기호 밖으로 꺼낼 수 있다.
- 다음 전기장 적분 수식을 사용한다.

$$\vec{\mathbf{E}} = k\int \frac{\hat{\mathbf{R}}}{R^2}dq$$

- r_c는 0에서 a까지 변하고 θ는 0에서 2π까지 변한다(원 한 바퀴 전체).
- 앞에서 구한 수식과 하한과 상한을 전기장 적분 수식에 대입한 다음, 간단히 하면 다음 식을 얻는다.

$$\vec{\mathbf{E}} = k\beta\int_{r_c=0}^{a}\int_{\theta=0}^{2\pi}\frac{(-r_c\hat{\mathbf{r}}_c + p\hat{\mathbf{z}})}{(r_c^2 + p^2)^{3/2}}r_c^2 dr_c d\theta$$

- 위 식에 들어있는 r_c^2은 $dA=r_c dr_c d\theta$에 들어있는 r_c와 $\sigma=\beta r_c$에 들어있는 r_c가 곱해져서 나온 것이다. 또 $(r_c^2+p^2)\sqrt{r_c^2+p^2}=(r_c^2+p^2)^1(r_c^2+p^2)^{1/2}=(r_c^2+p^2)^{3/2}$이다.
- $\frac{-r_c\hat{\mathbf{r}}_c+p\hat{\mathbf{z}}}{(r_c^2+p^2)^{3/2}}=\frac{-r_c\hat{\mathbf{r}}_c}{(r_c^2+p^2)^{3/2}}+\frac{p\hat{\mathbf{z}}}{(r_c^2+p^2)^{3/2}}$이므로 위의 적분을 다음과 같이 두 개의 적분으로 나눈다.

$$\vec{\mathbf{E}}=k\beta\int_{r_c=0}^{a}\int_{\theta=0}^{2\pi}\frac{-r_c\hat{\mathbf{r}}_c}{(r_c^2+p^2)^{3/2}}r_c^2 dr_c d\theta+k\beta\int_{r_c=0}^{a}\int_{\theta=0}^{2\pi}\frac{p\hat{\mathbf{z}}}{(r_c^2+p^2)^{3/2}}r_c^2 dr_c d\theta$$

- 위 적분에서 첫 번째 적분 항은 0이다. 그림을 자세히 살펴보면 직접 계산을 하지 않고도 이렇게 되는 까닭을 알 수 있다. 대칭성에 의해 전기장의 반지름 방향(z축으로부터 바깥쪽으로 곧게 뻗어나가는 방향) 성분은 사라진다. 따라서 $\hat{\mathbf{r}}_c$ 성분의 적분은 0이 되고 $\vec{\mathbf{E}}$는 $\hat{\mathbf{z}}$ 방향(축을 따라 오른쪽 수평 방향) 성분만을 갖는다.
- 두 번째 적분 항에 들어있는 $p\hat{\mathbf{z}}$는 상수이므로 다음과 같이 적분 기호 밖으로 꺼낼 수 있다.

$$\vec{\mathbf{E}}=k\beta p\hat{\mathbf{z}}\int_{r_c=0}^{a}\int_{\theta=0}^{2\pi}\frac{r_c^2 dr_c d\theta}{(r_c^2+p^2)^{3/2}}=k\beta p\hat{\mathbf{z}}\int_{r_c=0}^{a}\frac{r_c^2 dr_c}{(r_c^2+p^2)^{3/2}}\int_{\theta=0}^{2\pi}d\theta=2\pi k\beta p\hat{\mathbf{z}}\int_{r_c=0}^{a}\frac{r_c^2 dr_c}{(r_c^2+p^2)^{3/2}}$$

- 이 적분을 수행하기 위해 다음과 같이 변수를 삼각함수를 사용하여 치환한다.

$$r_c=p\tan\psi$$
$$dr_c=p\sec^2\psi\,d\psi$$

- 편의상 적분의 하한과 상한은 나중에 처리하기로 한다. 치환식을 써서 위 적분 수식을 간단히 하면 다음 식을 얻는다.

$$\vec{\mathbf{E}}=2\pi k\beta p\hat{\mathbf{z}}\int\frac{\tan^2\psi\,d\psi}{\sec\psi}$$

- 계산과정에서 분자와 분모에 나타난 $\sec^2\psi$는 상쇄되어 사라졌다.
- 삼각함수 관계식에서 $\tan\psi=\frac{\sin\psi}{\cos\psi}$이고 $\sec\psi=\frac{1}{\cos\psi}$이므로 피적분 함수는 다음으로 쓸 수 있다.

$$\frac{\tan^2\psi}{\sec\psi}=\frac{\sin^2\psi}{\cos\psi}$$

- 삼각함수 관계식 $\sin^2\psi+\cos^2\psi=1$에서 $\sin^2\psi=1-\cos^2\psi$이므로 전기장 적분 수식은 다음으로 쓸 수 있다.

$$\frac{\sin^2\psi}{\cos\psi} = \sec\psi - \cos\psi$$

$$\vec{\mathbf{E}} = 2\pi k\beta p\hat{\mathbf{z}}\int \sec\psi\, d\psi - 2\pi k\beta p\hat{\mathbf{z}}\int \cos\psi\, d\psi$$

- 72쪽의 적분 공식을 참고하면 적분 결과는 다음과 같다.

$$\vec{\mathbf{E}} = 2\pi k\beta p\hat{\mathbf{z}}(\ln|\sec\psi + \tan\psi| - \sin\psi)$$

- 위 전기장 방정식에 들어있는 삼각함수 값을 r_c를 사용하여 나타내기 위해 직각삼각형을 그린다. 치환식에서 $r_c = p\tan\psi$이므로 $\tan\psi = \frac{r_c}{p}$이다. 따라서 이 관계에 맞게 p는 직각삼각형의 밑변이 되고 r_c는 직각삼각형의 높이가 되므로 아래와 같이 직각삼각형에 표시한다.

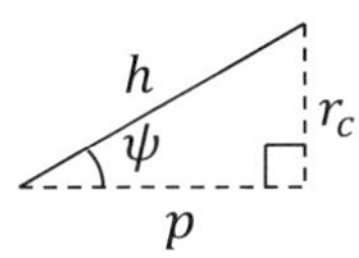

- 삼각형의 빗변을 h로 표시하면 피타고라스 정리를 적용하여 이 값을 구할 수 있다.

$$h = \sqrt{r_c^2 + p^2}$$

- 직각삼각형에서 $\sin\psi = \frac{r_c}{\sqrt{r_c^2+p^2}}$, $\sec\psi = \frac{\sqrt{r_c^2+p^2}}{p}$, $\tan\psi = \frac{r_c}{p}$ 이다.
- 이 결과를 위 전기장 방정식에 대입한 다음, 하한 $r_c = 0$과 상한 $r_c = a$를 대입하여 계산하면 다음을 얻는다.

$$\vec{\mathbf{E}} = 2\pi k\beta p\hat{\mathbf{z}}\left(\ln\left|\frac{\sqrt{a^2+p^2}}{p} + \frac{a}{p}\right| - \frac{a}{\sqrt{a^2+p^2}}\right)$$

- 전기장 방정식에서 β를 전하 Q를 사용하여 표현한다. 이를 위해 $Q = \int dq$ 적분을 이용한다.
- 이 적분에 앞에서 구한 $dq = \sigma dA$, $\sigma = \beta r$, $dA = r_c dr_c d\theta$의 관계와 하한, 상한을 그대로 적용하여 계산하면 다음과 같다.

$$Q = \beta\int_{r_c=0}^{a}\int_{\theta=0}^{2\pi} r_c^2\, dr_c d\theta = \frac{2\pi\beta a^3}{3}$$

- β에 대해 정리하면 $\beta = \frac{3Q}{2\pi a^3}$이다.
- β를 앞에서 구한 전기장 방정식에 대입하면 최종 답은 다음과 같다.

$$\vec{\mathbf{E}} = \frac{3kQp}{a^3}\hat{\mathbf{z}}\left(\ln\left|\frac{\sqrt{a^2+p^2}}{p}+\frac{a}{p}\right| - \frac{a}{\sqrt{a^2+p^2}}\right)$$

---

43. 이 문제를 풀기 전에 예제들과 풀이 방법을 공부하면 도움이 될 것이다.

- 먼저 문제를 그림으로 그려보자. 대표 미소전하 dq 하나를 그림에 표시한다. 이어서 원천 dq에서 장점인 원점으로 가는 벡터 $\vec{\mathbf{R}}$을 그린다. 다음 그림을 참조한다.

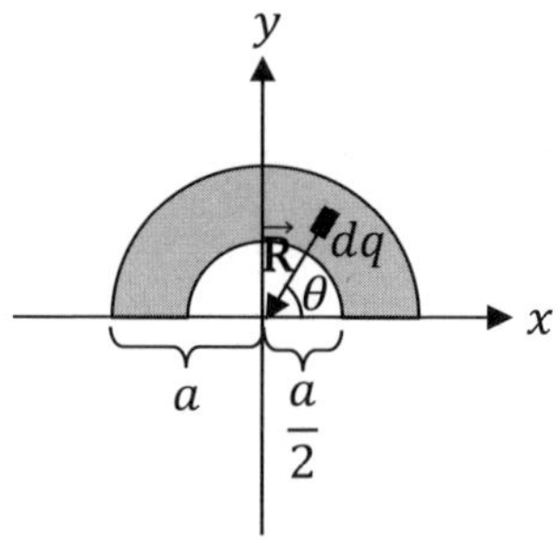

- 위의 그림을 자세히 살펴보면 벡터 $\vec{\mathbf{R}}$은 dq에서 원점을 향해($-\hat{\mathbf{r}}$ 방향을 따라) r만큼 이동하여 만들어지는 벡터(다시 말해 $\vec{\mathbf{R}}$는 $-\hat{\mathbf{r}}$ 방향으로 길이가 r인 벡터)이므로 $\vec{\mathbf{R}} = -r\,\hat{\mathbf{r}}$로 쓸 수 있다(2차원 극좌표계). 따라서 $R = r$이고 $\hat{\mathbf{R}} = -\hat{\mathbf{r}}$이다.
- 속이 채워진 두꺼운 고리의 경우 $dq = \sigma\, dA$(96쪽 6번 단계)이다. 여기서 $dA = r\,dr\,d\theta$
- 두께가 있는 고리의 전하밀도가 균일하지 않으므로 σ는 적분기호 밖으로 꺼낼 수 없다. 그 대신, 문제에서 주어진 수식 $\sigma = \beta r$를 대입한다. 여기서 상수 β는 적분기호 밖으로 꺼낼 수 있다.
- 다음 전기장 적분 수식을 사용한다.

$$\vec{\mathbf{E}} = k\int \frac{\hat{\mathbf{R}}}{R^2}\,dq$$

- r_c는 $\frac{a}{2}$에서 a까지 변하고 θ는 0에서 π까지 변한다(원, 반 바퀴).
- 앞에서 구한 수식과 하한과 상한을 전기장 적분 수식에 대입한 다음, 간단히 하면 다음 식을 얻는다.

$$\vec{\mathbf{E}} = -k\beta \int_{r=a/2}^{a}\int_{\theta=0}^{\pi} \hat{\mathbf{r}}\,dr\,d\theta$$

- 계산과정에서 $dA = rdrd\theta$에 들어있는 r과 $\sigma = \beta r$에 들어있는 r은 $\frac{1}{R^2} = \frac{1}{r^2}$의 분모에 있는 r^2과 약분되어 사라졌다.

- dq가 달라지면 $\hat{\mathbf{r}}$의 방향도 달라지므로 $\hat{\mathbf{r}}$은 θ의 함수이다. 따라서 $\hat{\mathbf{r}}$은 θ에 대한 적분 밖으로 꺼낼 수 없다. 하지만 r에 대한 적분에서는 $\hat{\mathbf{r}}$은 적분기호 밖으로 꺼낼 수 있다. 그 까닭은 $\hat{\mathbf{r}}$의 크기는 1로 일정하기 때문이다($\hat{\mathbf{r}}$은 r의 함수가 아니다). 그러면 위의 전기장 적분은 다음 적분 식으로 쓸 수 있다.

$$\vec{\mathbf{E}} = -k\beta \int_{r=a/2}^{a} dr \int_{\theta=0}^{\pi} \hat{\mathbf{r}}\, d\theta = -\frac{k\beta a}{2} \int_{\theta=0}^{\pi} \hat{\mathbf{r}}\, d\theta$$

- 위의 계산과정에서 $\int_{r=a/2}^{a} dr = a - \frac{a}{2} = \frac{2a}{2} - \frac{a}{2} = \frac{2a-a}{2} = \frac{a}{2}$ 이다.
- 96쪽에 있는 방정식 $\hat{\mathbf{r}} = \hat{\mathbf{x}}\cos\theta + \hat{\mathbf{y}}\sin\theta$을 위 적분 식에 대입한다.

$$\vec{\mathbf{E}} = -\frac{k\beta a}{2} \int_{\theta=0}^{\pi} (\hat{\mathbf{x}}\cos\theta + \hat{\mathbf{y}}\sin\theta)\, d\theta$$

- 위의 적분을 다음과 같이 두 개의 적분으로 나눈다.

$$\vec{\mathbf{E}} = -\frac{k\beta a}{2} \int_{\theta=0}^{\pi} \hat{\mathbf{x}}\cos\theta\, d\theta - \frac{k\beta a}{2} \int_{\theta=0}^{\pi} \hat{\mathbf{y}}\sin\theta\, d\theta$$

- 위 적분에서 $\hat{\mathbf{x}}$와 $\hat{\mathbf{y}}$는 상수이므로 적분기호 밖으로 꺼낼 수 있다. 그 까닭은 $\hat{\mathbf{r}}$과는 달리 $\hat{\mathbf{x}}$와 $\hat{\mathbf{y}}$는 크기가 1이고 언제나 같은 방향을 가리키기 때문이다($\hat{\mathbf{r}}$은 가리키는 방향이 달라질 수 있다).

$$\vec{\mathbf{E}} = -\frac{k\beta a}{2}\hat{\mathbf{x}} \int_{\theta=0}^{\pi} \cos\theta\, d\theta - \frac{k\beta a}{2}\hat{\mathbf{y}} \int_{\theta=0}^{\pi} \sin\theta\, d\theta$$

- 각 적분 항의 계산 결과는 $\sin\theta$와 $-\cos\theta$이다.
- $\sin\theta$와 $-\cos\theta$에 각각 하한과 상한을 대입하여 계산하면 다음과 같다.

$$\vec{\mathbf{E}} = -k\beta a\hat{\mathbf{y}}$$

- 전기장 방정식에서 β를 전하 Q를 사용하여 표현한다. 이를 위해 $Q = \int dq$ 적분을 이용한다.
- 이 적분에 앞에서 구한 $dq = \sigma dA$, $\sigma = \beta r$, $dA = r dr d\theta$의 관계와 하한, 상한을 그대로 적용하여 계산하면 다음과 같다. 계산 과정에서 $\frac{1}{3} - \frac{1}{24} = \frac{8}{24} - \frac{1}{24} = \frac{7}{24}$이다.

$$Q = \beta \int_{r=a/2}^{a} \int_{\theta=0}^{\pi} r^2\, dr d\theta = 2\pi\beta\left(\frac{a^3}{3} - \frac{a^3}{24}\right) = \frac{7\pi\beta a^3}{24}$$

- β에 대해 정리하면 $\beta = \frac{24Q}{7\pi a^3}$이다.

- β를 앞에서 구한 전기장 방정식에 대입하면 최종 답은 다음과 같다.

$$\vec{\mathbf{E}} = -\frac{24kQ}{7\pi a^2}\hat{\mathbf{y}}$$

8장: 가우스 법칙

44. 이 문제는 전하를 가진 절연체 구를 다루는 예제들과 비슷하다. 이러한 예제들을 공부하면 이 문제를 푸는 데 도움이 되므로 필요할 때마다 참고하기 바란다.

- 먼저 전하를 가진 구에서 발생하는 전기장선을 그려보면 다음 그림과 같다.

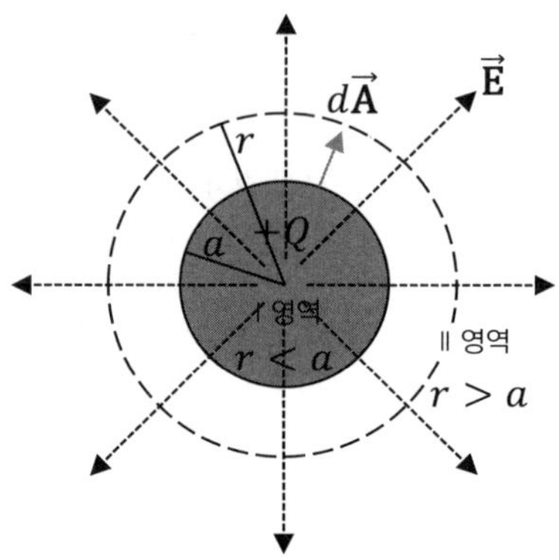

- 가우스 법칙을 수식으로 쓰면 다음과 같다.

$$\oint_S \vec{\mathbf{E}} \cdot d\vec{\mathbf{A}} = \frac{q_{enc}}{\epsilon_0}$$

- 구 대칭 구조를 다루는 예제의 결과를 이용하면 위의 가우스 법칙 수식은 다음과 같이 쓸 수 있다.

$$E4\pi r^2 = \frac{q_{enc}}{\epsilon_0}$$

이 식을 E에 대해 정리한 다음 $\epsilon_0 = \frac{1}{4\pi k}$을 대입하면 E는 다음과 같다.

$$E = \frac{kq_{enc}}{r^2}$$

- 각 영역에서 가우스 표면이 둘러싸고 있는 전하를 구하기 위해 다음 적분 수식을 사용한다.

$$q_{enc} = \int dq$$

- 속이 채워진 구(공)의 경우 $dq = \rho dV$이고 $dV = r^2 \sin\theta\, dr d\theta d\phi$이다(97쪽).

- 전하밀도가 불균일하므로 ρ는 적분기호 밖으로 꺼낼 수 없다. 그 대신, 문제에서 주어진 수식 $\rho = \beta r^2$을 대입한다. 여기서 상수 β는 적분기호 밖으로 꺼낼 수 있다.
- 위 적분 수식에 앞에서 구한 $dq = \rho dV$, $dV = r^2 \sin\theta\, dr d\theta d\phi$의 관계를 대입하면 다음 식을 얻는다.

$$q_{enc} = \beta \int_{r=0}^{r \text{ 또는 } a} r^4\, dr \int_{\theta=0}^{\pi} \sin\theta\, d\theta \int_{\varphi=0}^{2\pi} d\phi$$

- 위 적분에서 r에 대한 적분의 상한은 I 영역($r < a$)에서는 r이고, II 영역($r > a$)에서는 a이다.
- 위 적분에서 세 적분 항의 계산 결과는 차례대로 $\frac{r^5}{5}$, $-\cos\theta$, ϕ이다. 이들 결과에 하한과 상한을 각각 대입하여 계산한다.
- 그러면 I 영역에서는 $q_{enc}^{I} = \frac{4\pi\beta r^5}{5}$, II 영역에서는 $q_{enc}^{II} = Q = \frac{4\pi\beta a^5}{5}$이 된다.
- 이 두 방정식을 서로 나누면 $\frac{q_{enc}^{I}}{Q} = \frac{r^5}{a^5}$이 된다.
- 위 식의 양변에 Q를 곱하면 $q_{enc}^{I} = Q\frac{r^5}{a^5}$이 된다.
- $q_{enc}^{I} = Q\frac{r^5}{a^5}$와 $q_{enc}^{II} = Q$을 전기장 방정식 $E = \frac{kq_{enc}}{r^2}$에 대입한다.
- 그 결과에 $\hat{\mathbf{r}}$을 붙이면 최종 답은 $\vec{\mathbf{E}}_I = \frac{kQr^3}{a^5}\hat{\mathbf{r}}$, $\vec{\mathbf{E}}_{II} = \frac{kQ}{r^2}\hat{\mathbf{r}}$가 된다.

---

45. 이 문제의 각 부분은 본문에 있는 예제들에서 이미 다룬 바 있다.

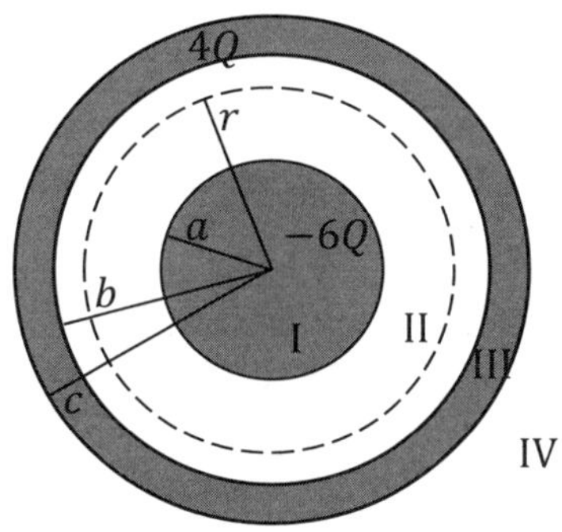

I 영역: $r < a$

- I 영역에서는 도체 껍질에 신경을 쓸 필요가 **없다**. 본문의 예제에서는 불균일한 전하밀도 $\rho = \beta r$을 가진 구와 관련한 문제를 풀었다. 이 예제에서는 구의 총 전하량이 Q일 때 구 내부 영역의 전기장을 $\vec{\mathbf{E}} = \frac{kQr^2}{a^4}\hat{\mathbf{r}}$로 구하였다.
- 이 예제와의 차이점은 이 문제에서는 전하밀도의 극성이 $-$이고($\rho = -\beta r$), 구의 총 전하량이 $-6Q$이다. 따라서 예제에서 구한 전기장 방정식의 Q를 $-6Q$로 바꾸기만 하면 되므로 I 영역의 전기장은 $\vec{\mathbf{E}}_I = -\frac{6kQr^2}{a^4}\hat{\mathbf{r}}$이다.

II 영역: $a < r < b$

- II 영역에서도 도체 껍질은 아무런 상관이 **없다**. 본문의 예제에서는 불균일한 전하 밀도 $\rho = \beta r$을 가진 구와 관련한 문제를 풀었다. 이 예제에서는 구의 총 전하량이 Q일 때 구 외부 영역의 전기장을 $\vec{\mathbf{E}} = \frac{kQ}{r^2}\hat{\mathbf{r}}$로 구하였다.
- 이 예제와의 차이점은 이 문제에서는 전하밀도의 극성이 −이고($\rho = -\beta r$), 구의 총 전하량이 $-6Q$이다. 따라서 예제에서 구한 전기장 방정식의 Q를 $-6Q$로 바꾸기만 하면 되므로 II 영역의 전기장은 $\vec{\mathbf{E}}_{II} = -\frac{6kQ}{r^2}\hat{\mathbf{r}}$이다.

III 영역: $b < r < c$

- 두께를 가진 도체 껍질을 다루는 예제에서 설명한 바와 같이 도체 껍질 내부 영역에서의 전기장은 0이므로 III 영역의 전기장은 $\vec{\mathbf{E}}_{III} = 0$이다. 137쪽에 있는 설명을 참조하기 바란다.

IV 영역: $r > c$

- 모든 도체 구의 외부에 있는 영역에서 전기장은 점전하의 전기장과 동일하다. 전하량이 Q인 점전하의 전기장은 $\frac{kQ}{r^2}\hat{\mathbf{r}}$이다. 이 문제에서는 가우스 구면이 둘러싸고 있는 총 전하량은 $-6Q + 4Q = -2Q$이다. 따라서 점전하 전기장의 Q를 $-2Q$로 바꾸기만 하면 되므로 IV 영역의 전기장은 $\vec{\mathbf{E}}_{IV} = -\frac{2kQ}{r^2}\hat{\mathbf{r}}$이다.

---

46. 이 문제는 선전하 또는 전하를 가진 원통을 다루는 예제와 비슷하다. 이러한 예제들을 공부하면 이 문제를 푸는 데 도움이 되므로 필요할 때마다 참고하기 바란다.

- 먼저 전하를 가진 원통에서 발생하는 전기장선을 그려보면 다음과 같다.

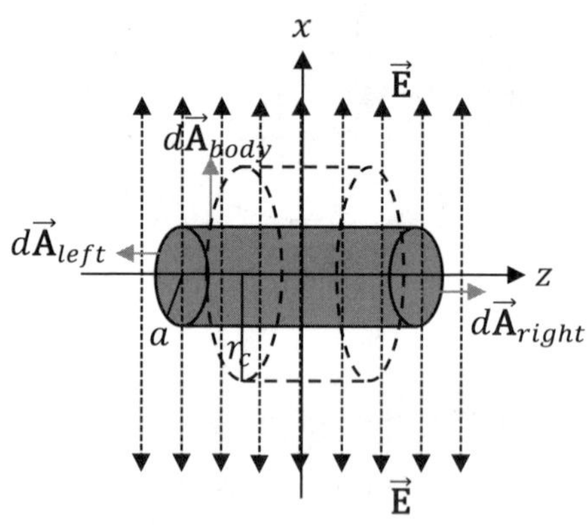

- 가우스 법칙을 수식으로 쓰면 다음과 같다.

$$\oint_S \vec{\mathbf{E}} \cdot d\vec{\mathbf{A}} = \frac{q_{enc}}{\epsilon_0}$$

- 원통 대칭 구조를 다루는 예제의 결과를 이용하면 위의 가우스 법칙 수식은 다음과 같이 쓸 수 있다.

$$E2\pi r_c L = \frac{q_{enc}}{\epsilon_0}$$

이 식을 E에 대해 정리하면 다음과 같다.

$$E = \frac{q_{enc}}{2\pi\epsilon_2 r_c L}$$

- 각 영역에서 가우스 표면이 둘러싸고 있는 전하를 구하기 위해 다음 적분 수식을 사용한다.

$$q_{enc} = \int dq$$

- 속이 채워진 원통의 경우 $dq = \rho dV$이고 $dV = r_c dr_c d\theta dz$이다(97쪽). 주의할 점으로, 여기서는 속이 채워진 원통 절연체이므로 ρdV를 사용했다(원통 도체와는 달리).
- 전하밀도가 균일하므로 ρ는 적분기호 밖으로 꺼낼 수 있다.
- 위 적분 수식에 앞에서 구한 $dq = \rho dV$, $dV = r_c dr_c d\theta dz$의 관계를 대입하면 다음 식을 얻는다.

$$q_{enc} = \rho \int_{r_c=0}^{r_c \text{ 또는 } a} r_c \, dr_c \int_{\theta=0}^{2\pi} d\theta \int_{z=0}^{L} dz$$

- 위 적분에서 r_c에 대한 적분의 상한은 I 영역($r < a$)에서는 r_c이고, II 영역($r_c > a$)에서는 a이다. 가우스 원통의 길이는 L이다.
- 위 적분에서 세 적분 항의 계산 결과는 차례대로 $\frac{r_c^2}{2}$, θ, z이다. 이들 결과에 하한과 상한을 각각 대입하여 계산한다.
- 그러면 I 영역에서는 $q_{enc}^{I} = \rho\pi r_c^2 L$, II 영역에서는 $q_{enc}^{II} = \rho\pi a^2 L$이 된다.
- $q_{enc}^{I} = \rho\pi r_c^2 L$와 $q_{enc}^{II} = \rho\pi a^2 L$을 전기장 방정식 $E = \frac{q_{enc}}{2\pi\epsilon_0 r_c L}$에 대입한다.
- 그 결과에 $\hat{\mathbf{r}}_c$을 붙이면 최종 답은 $\vec{\mathbf{E}}_I = \frac{\rho r_c}{2\epsilon_0}\hat{\mathbf{r}}_c$, $\vec{\mathbf{E}}_{II} = \frac{\rho a^2}{2\epsilon_0 r_c}\hat{\mathbf{r}}_c$가 된다.

---

47. 이 문제를 푸는 "비법"은 중첩원리(3장)를 적용하는 것이다.

- 다음 쪽 그림에서 오른쪽에 놓여 있는 − 전하를 가진 판은 무시하고 왼쪽에 있는 + 전하를 가진 판이 각 영역에 만들어내는 전기장을 구한다. 이 전기장을 $\vec{\mathbf{E}}_1$이라고 하자. 이 구조에서 전기장을 구하는 문제는 124쪽에 있는 예제와 동일하다. 필요하면 이 예제를 참조하기 바란다. 예제의 결과를 이용하면 $E_1 = \frac{\sigma}{2\epsilon_0}$이 됨을 알

수 있다. + 전하 판의 왼쪽 영역에서 $\vec{\mathbf{E}}_1$의 방향은 왼쪽을 가리키고, + 전하 판의 오른쪽 영역에서 $\vec{\mathbf{E}}_1$의 방향은 오른쪽을 가리킨다(각 영역에 +"시험"전하를 놓으면 이 "시험"전하는 + 전하 판에 의해 밀쳐지는 힘을 받기 때문이다). 각 영역에서 $\vec{\mathbf{E}}_1$의 방향을 실선 화살표(→)로 표시하였다.

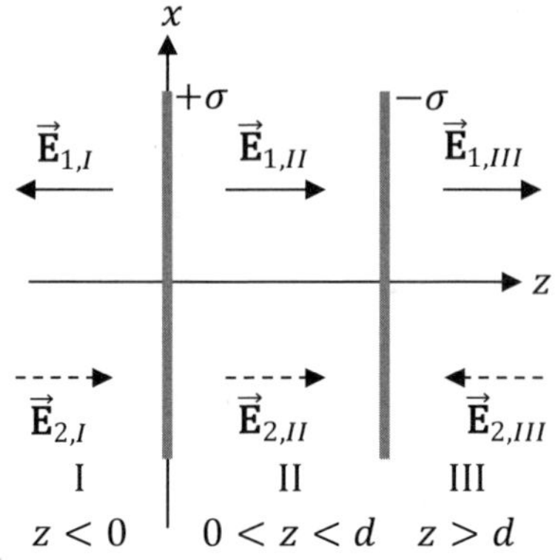

- 이번에는 위의 그림에서 왼쪽에 있는 + 전하를 가진 판은 무시하고 오른쪽에 있는 − 전하를 가진 판이 각 영역에 만들어내는 전기장을 구한다. 이 전기장을 $\vec{\mathbf{E}}_2$라고 하자. 이 전기장을 구해보면 $E_2 = \frac{\sigma}{2\epsilon_0}$이다. − 전하 판의 왼쪽 영역에서 $\vec{\mathbf{E}}_2$의 방향은 오른쪽을 가리키고, − 전하 판의 오른쪽 영역에서 $\vec{\mathbf{E}}_2$의 방향은 왼쪽을 가리킨다(각 영역에 +"시험"전하를 놓으면 이 "시험"전하는 − 전하 판에 의해 끌어당겨지는 힘을 받기 때문이다). 각 영역에서 $\vec{\mathbf{E}}_2$의 방향을 점선 화살표(⋯›)로 표시하였다.
  - $\vec{\mathbf{E}}_1$과 $\vec{\mathbf{E}}_2$는 크기가 서로 같다. $\vec{\mathbf{E}}_1$과 $\vec{\mathbf{E}}_2$의 방향은 II 영역에서는 서로 같고 I 영역과 III 영역에서는 서로 반대다.
  - 각 영역에서 벡터 $\vec{\mathbf{E}}_1$과 벡터 $\vec{\mathbf{E}}_2$를 더하면 알짜 전기장 $\vec{\mathbf{E}}_{net}$를 구할 수 있다. I 영역과 III 영역에서 $\vec{\mathbf{E}}_1$과 $\vec{\mathbf{E}}_2$는 크기는 서로 같고 방향은 서로 반대이므로 상쇄되어 알짜 전기장 $\vec{\mathbf{E}}_{net}$는 0이다. 반면에 II 영역에서 $\vec{\mathbf{E}}_1$과 $\vec{\mathbf{E}}_2$는 크기와 방향 모두 서로 같으므로 알짜 전기장 $\vec{\mathbf{E}}_{net}$는 $\vec{\mathbf{E}}_1$의 2배가 된다. 따라서 $\vec{\mathbf{E}}_{II} = 2\vec{\mathbf{E}}_{1,II} = 2\frac{\sigma}{2\epsilon_0}\hat{\mathbf{z}} = \frac{\sigma}{\epsilon_0}\hat{\mathbf{z}}$이다. 최종 답을 정리하면 다음과 같다.

$$\vec{\mathbf{E}}_I = 0, \quad \vec{\mathbf{E}}_{II} = \frac{\sigma}{\epsilon_0}\hat{\mathbf{z}}, \quad \vec{\mathbf{E}}_{III} = 0$$

---

48. 위 47번 문제와 같은 방법을 적용하여 이 문제를 풀어본다. 문제 47의 힌트를 복습하기 바란다.

  - 아래 그림에서 수평으로 놓여 있는 − 전하를 가진 판은 무시하고 수직으로 놓여 있는 + 전하를 가진 판이 제1 팔분공간(octant)에 해당하는 영역에 만들어내는 전

기장을 구한다. 이 전기장을 $\vec{\mathbf{E}}_1$이라고 하자. 이 구조에서 전기장을 구하는 문제는 124쪽에 있는 예제와 동일하다. 필요하면 이 예제를 참조하기 바란다. 예제의 결과를 이용하면 $\vec{\mathbf{E}}_1 = \frac{\sigma}{2\epsilon_0}\hat{\mathbf{z}}$이 됨을 알 수 있다. 제1 팔분공간 영역에서 $\vec{\mathbf{E}}_1$의 방향은 오른쪽을 가리킨다. 그 까닭은 이 영역에 +"시험"전하를 놓으면 이 "시험"전하는 + 전하 판에 의해 밀쳐지는 힘을 받기 때문이다. 이 영역에서 $\vec{\mathbf{E}}_1$의 방향을 실선 화살표(→)로 표시하였다.

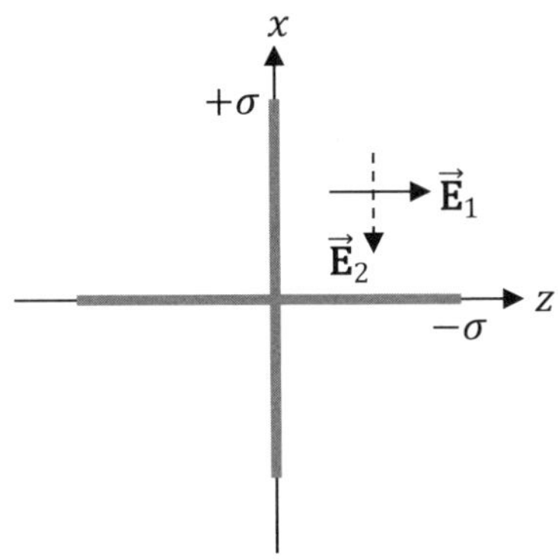

- 이번에는 위의 그림에서 수직으로 놓여 있는 + 전하를 가진 판은 무시하고 수평으로 놓여 있는 − 전하를 가진 판이 제1 팔분공간에 만들어내는 전기장을 구한다. 이 전기장을 $\vec{\mathbf{E}}_2$라고 하자. 이 전기장을 구해보면 $\vec{\mathbf{E}}_2 = -\frac{\sigma}{2\epsilon_0}\hat{\mathbf{x}}$이다. 제1 팔분공간에서 $\vec{\mathbf{E}}_2$의 방향은 아래쪽을 가리킨다. 그 까닭은 이 영역에 +"시험"전하를 놓으면 이 "시험"전하는 − 전하 판에 의해 끌어당겨지는 힘을 받기 때문이다. 이 영역에서 $\vec{\mathbf{E}}_2$의 방향을 점선 화살표(⋯›)로 표시하였다.
- 위의 그림에 나타낸 것은 xz평면으로 $+z$축은 오른쪽을 향하고 $+x$축은 위쪽을 향하고 있다. $+y$축은 책 밖으로 나오는 방향이다. 이러한 3차원 좌표계는 3차원 오른손 좌표계로 이 책에서는 이 방식을 따르고 있다.
- $\vec{\mathbf{E}}_1$과 $\vec{\mathbf{E}}_2$는 크기가 서로 같다. 하지만 $\vec{\mathbf{E}}_1$과 $\vec{\mathbf{E}}_2$의 방향은 서로 수직이다. 벡터 $\vec{\mathbf{E}}_1$과 벡터 $\vec{\mathbf{E}}_2$를 더해 알짜 전기장 $\vec{\mathbf{E}}_{net}$를 구해보면 $\vec{\mathbf{E}}_{net} = \frac{\sigma}{2\epsilon_0}(\hat{\mathbf{z}} - \hat{\mathbf{x}})$이 된다. 알짜 전기장 $\vec{\mathbf{E}}_{net}$의 크기는 $E_{net} = \frac{\sigma}{2\epsilon_0}\sqrt{2}$이고 방향은 $\vec{\mathbf{E}}_1$과 $\vec{\mathbf{E}}_2$ 사이의 대각선 방향이다.

---

49. 이 문제는 두께를 가진 무한 조각을 다루는 예제와 비슷하다. 이 예제를 공부하면 이 문제를 푸는 데 도움이 되므로 필요할 때마다 참고하기 바란다.

- 먼저 전하를 가진 조각에서 발생하는 전기장선을 그려보면 다음과 같다.

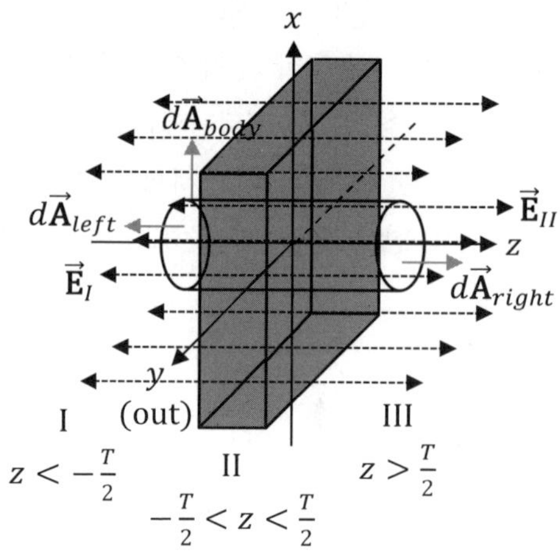

- 가우스 법칙을 수식으로 쓰면 다음과 같다.

$$\oint_S \vec{E} \cdot d\vec{A} = \frac{q_{enc}}{\epsilon_0}$$

- 무한 판 또는 무한 조각을 다루는 예제의 결과를 이용하면 위의 가우스 법칙 수식은 다음과 같이 쓸 수 있다. 여기서 A_{end}는 가우스 원통의 끝면의 면적이다.

$$E2A_{end} = \frac{q_{enc}}{\epsilon_0}$$

이 식을 E에 대해 정리하면 다음과 같다.

$$E = \frac{q_{enc}}{2\epsilon_0 A_{end}}$$

- 각 영역에서 가우스 표면이 둘러싸고 있는 전하를 구하기 위해 다음 적분 수식을 사용한다.

$$q_{enc} = \int dq$$

- 속이 채워진 조각의 경우 $dq = \rho dV$이다. 가우스 원통의 경우 $dV = r_c dr_c d\theta dz$이다(97쪽).
- 전하밀도가 균일하지 않으므로 ρ는 적분기호 밖으로 꺼낼 수 없다. 그 대신, 문제에서 주어진 수식 $\rho = \beta|z|$를 대입한다. 여기서 β는 상수이므로 적분기호 밖으로 꺼낼 수 있다.
- 위 적분 수식에 앞에서 구한 $dq = \rho dV$, $dV = r_c dr_c d\theta dz$의 관계를 대입한다. 절댓값을 처리하기 위해 z에 대한 적분의 하한을 0으로 놓는 대신에 2배를 해준다. 이렇게 하면 다음 적분 수식을 얻는다.

$$q_{enc} = 2\beta \int_{r_c=0}^{a} r_c\, dr_c \int_{\theta=0}^{2\pi} d\theta \int_{z=0}^{z \text{ 또는 } T/2} z\, dz$$

- 위 적분에서 z에 대한 적분의 상한은 II 영역($-\frac{T}{2} < z < \frac{T}{2}$)에서는 z이고, I 영역과 III 영역($|z| > \frac{T}{2}$)에서는 $\frac{T}{2}$이다. 가우스 원통의 반지름은 a이다.
- 위 적분에서 r와 θ에 대한 이중 적분을 계산하면 원통 끝면의 면적이 나온다. 앞서 이 면적을 A_{end}라고 놓은 바 있다. 이 값은 πa^2이다(반지름이 a인 원의 면적). 하지만 이것은 나중에 A_{end}와 상쇄되므로 πa^2로 쓴다고 해서 결과가 달라지지는 않는다.
- 위 적분에서 z에 대한 적분 결과는 $\frac{z^2}{2}$이다. $\frac{z^2}{2}$에 하한과 상한을 각각 대입하여 계산한다.
- 계산과정에서 $\frac{1}{2}\left(\frac{T}{2}\right)^2 = \frac{1}{2}\left(\frac{T^2}{4}\right)^2 = \frac{T^2}{8}$이다. 적분 식 맨 앞에서 2가 곱해지므로 $\frac{1}{8}$은 $\frac{1}{4}$로 바뀐다.
- 그러면 I 영역과 III 영역에서는 $q_{enc}^{I \text{ or } III} = \frac{\beta A_{end} T^2}{4}$, II 영역에서는 $q_{enc}^{II} = \beta A_{end} z^2$이 된다.
- $q_{enc}^{I \text{ or } III} = \frac{\beta A_{end} T^2}{4}$와 $q_{enc}^{II} = \beta A_{end} z^2$을 전기장 방정식 $E = \frac{q_{enc}}{2\epsilon_0 A_{end}}$에 대입한다.
- 그 결과에 $\pm\,\hat{\mathbf{z}}$을 붙이면 최종 답은 $\vec{\mathbf{E}}_I = -\frac{\beta T^2}{8\epsilon_0}\,\hat{\mathbf{z}}$, $\vec{\mathbf{E}}_{II} = \pm\frac{\beta z^2}{2\epsilon_0}\,\hat{\mathbf{z}}$($z > 0$일 때 +, $z < 0$일 때 −), $\vec{\mathbf{E}}_{III} = \frac{\beta T^2}{8\epsilon_0}\,\hat{\mathbf{z}}$가 된다.

---

50. 이 문제는 8장의 맨 마지막 예제와 매우 비슷하다. 차이는 예제에서 다루는 구조는 구(공)이지만 이 문제에서는 원통이다.

- 먼저 큰 원통(공동이 없는)이 원통의 축에서 r_c만큼 떨어진 위치에 만들어내는 전기장을 구한다. 앞서 46번 문제에서 이를 구해보았다. 46번 문제의 결과를 참고하면 다음과 같다.

$$\vec{\mathbf{E}}_{big} = \frac{\rho r_c}{2\epsilon_0}\hat{\mathbf{r}}_c (\text{I 영역})$$

- 다음으로, 작은 원통(공동과 크기가 같은)이 이 원통의 축에서 u_c만큼 떨어진 위치에 만들어내는 전기장을 구한다. 이 전기장은 위에서 구한 것과 동일하다. 단, 다음과 같이 큰 원통 축을 기준으로 한 거리 r_c 대신 작은 원통 축을 기준으로 한 거리 u_c를 써야한다.

$$\vec{\mathbf{E}}_{small} = \frac{\rho u_c}{2\epsilon_0}\hat{\mathbf{u}}_c$$

- 8장의 맨 마지막 예제에서와 같이 중첩원리를 사용하여 문제에서 주어진 구조의 전기장을 구한다. 예제에서 설명한 것처럼 문제에서 주어진 내부에 공동이 있는 원통이 만들어내는 전기장은 다음과 같이 1단계에서 구한 전기장에서 2단계에서 구한 전기장을 빼면 된다.

$$\vec{\mathbf{E}}_{\text{문제}} = \vec{\mathbf{E}}_{big} - \vec{\mathbf{E}}_{small}$$

- 그러면 $\vec{\mathbf{E}}_{\text{문제}} = \frac{\rho}{2\epsilon_0}(r_c\,\hat{\mathbf{r}}_c - u_c\,\hat{\mathbf{u}}_c)$이다.
- 앞에서 배웠듯이 모든 벡터는 크기와 방향으로 쓸 수 있다. 예를 들어 $\vec{\mathbf{A}} = A\hat{\mathbf{A}}$이다. 따라서 $\vec{\mathbf{r}}_c = r_c\,\hat{\mathbf{r}}_c$이고 $\vec{\mathbf{u}}_c = u_c\,\hat{\mathbf{u}}_c$이므로 다음과 같다.

$$\vec{\mathbf{E}}_{\text{문제}} = \frac{\rho}{2\epsilon_0}(\vec{\mathbf{r}}_c - \vec{\mathbf{u}}_c)$$

- 예제에서 설명했듯이 $\vec{\mathbf{r}}_c - \vec{\mathbf{u}}_c = \vec{\mathbf{d}}$이다.
- 따라서 최종 답은 $\vec{\mathbf{E}}_{\text{문제}} = \frac{\rho}{2\epsilon_0}\vec{\mathbf{d}}$이다.

9장: 전위

51. 두 전하를 각각 $q_1 = 7\sqrt{2}\ \mu\text{C}$, $q_2 = -3\sqrt{2}\ \mu\text{C}$이라고 하자.

(A) 다음의 거리 공식을 사용한다.

$$R_1 = \sqrt{\Delta x_1^2 + \Delta y_1^2} \quad , \quad R_2 = \sqrt{\Delta x_2^2 + \Delta y_2^2}$$

- 문제에서 주어진 거리를 확인한다.

$$|\Delta x_1| = |\Delta x_2| = 1.0\text{ m}$$
$$|\Delta y_1| = |\Delta y_2| = 1.0\text{ m}$$

- 위의 값을 거리 공식에 대입하여 계산한다.

$$R_1 = R_2 = \sqrt{2}\text{ m}$$

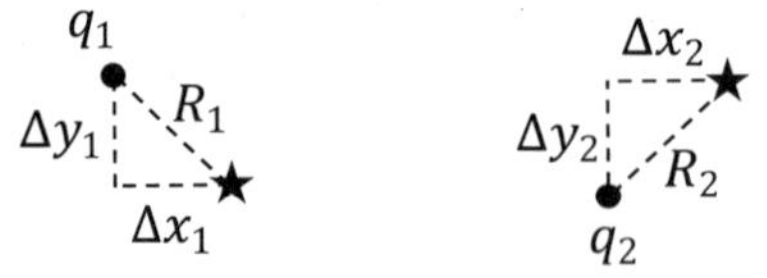

(B) 먼저 전하의 단위를 μC에서 C로 변환하면 $q_1 = 7\sqrt{2} \times 10^{-6}$ C이고 $q_2 = -3\sqrt{2} \times 10^{-6}$ C이 된다.

- 장점에서의 알짜 전위는 두 점전하가 장점에 각각 만들어내는 전위를 더한 것과 같으므로 다음 방정식을 사용한다.

$$V_{net} = \frac{kq_1}{R_1} + \frac{kq_2}{R_2}$$

- 계산과정에서 $\frac{\sqrt{2}}{\sqrt{2}} = 1$, $10^9 10^{-6} = 10^3$이다. 두 번째 항의 부호는 −이다.
- (1.0 m, 0)인 점에서 알짜 전위는 $V_{net} = 36$ kV이다. 여기서 k는 $10^3 = 1000$을 나타내는 접두어이다. 이 값은 36,000 V, 36×10^3 V, 3.6×10^4 V로 써도 된다.

---

52. 이 문제는 7장에 있는 예제와 비슷하다. 차이는 7장 예제에서는 전기장을 구하지만 여기서는 전위를 구한다. 이 예제를 공부하면 이 문제를 푸는 데 도움이 되므로 필요할 때마다 참고하기 바란다.

- 먼저 문제를 그림으로 그려보자. 대표 미소전하 dq 하나를 그림에 표시한다. 이어서 원천 dq에서 장점인 원점으로 가는 벡터 $\vec{\mathbf{R}}$을 그린다. 다음 그림을 참조한다.

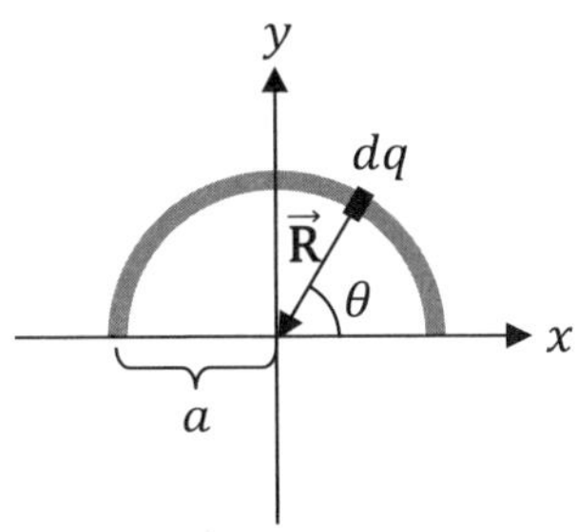

- 위의 그림을 자세히 살펴보면 반원의 가장자리를 구성하고 있는 모든 dq에 대해 벡터 $\vec{\mathbf{R}}$의 길이(크기)는 전부 같다. $\vec{\mathbf{R}}$의 크기 R은 반원의 반지름과 같으므로 $R = a$이다. (단, 두께가 있는 고리나 내부가 채워진 반원의 경우에는 이 식이 성립하지 않으므로 주의해야 한다.)
- 아주 가는 고리의 경우 $dq = \lambda ds$이다(160쪽의 5번 단계)이다. 고리의 모양이 원이므로 $ds = ad\theta$이다. ($ds = rd\theta$에서 고리의 반지름 $r = a$인 경우다).
- 반원 고리의 전하밀도가 균일하므로 λ는 적분기호 밖으로 꺼낼 수 있다.
- 다음 전위 적분 수식을 사용한다.

$$V = k\int \frac{dq}{R}$$

- θ는 0에서 π까지 변한다(원, 반 바퀴)
- 앞에서 구한 수식과 하한과 상한을 전위 적분 수식에 대입한 다음, 간단히 하면 다음 식을 얻는다.

$$V = k\lambda \int_{\theta=0}^{\pi} d\theta$$

- 적분 식에 들어있는 모든 기호들은 상수이므로(θ에 따라 값이 달라지지 않으므로) 전부 적분 기호 밖으로 꺼낼 수 있다. 또한 $\frac{1}{R} = \frac{1}{a}$에 있는 $\frac{1}{a}$와 $ds = ad\theta$에 들어있는 a는 약분되어 사라진다. θ에 대한 적분 결과는 π이므로 전위를 구한 결과는 다음과 같다.

$$V = \pi k\lambda$$

- 전위 방정식에서 λ를 전하 Q를 사용하여 표현한다. 이를 위해 $Q = \int dq$ 적분을 이용한다.
- 이 적분에 앞에서 구한 $dq = \lambda ds$, $ds = ad\theta$의 관계와 하한, 상한을 그대로 적용하여 계산하면 다음과 같다.

$$Q = \lambda \int_{\theta=0}^{\pi} a\, d\theta = \pi\lambda a$$

- λ에 대해 정리하면 $\lambda = \frac{Q}{\pi a}$이다.
- λ를 앞에서 구한 전위 방정식에 대입하면 최종 답은 다음과 같다.

$$V = \frac{kQ}{a}$$

---

53. 이 문제는 전하를 가진 원반을 다루는 예제와 비슷하다. 이러한 예제들을 공부하면 이 문제를 푸는 데 도움이 되므로 필요할 때마다 참고하기 바란다.

- 먼저 문제를 그림으로 그려보자. 대표 미소전하 dq 하나를 그림에 표시한다. 이어서 원천 dq에서 장점 $(0, 0, p)$으로 가는 벡터 $\vec{\mathbf{R}}$을 그린다. 다음 그림을 참조한다.

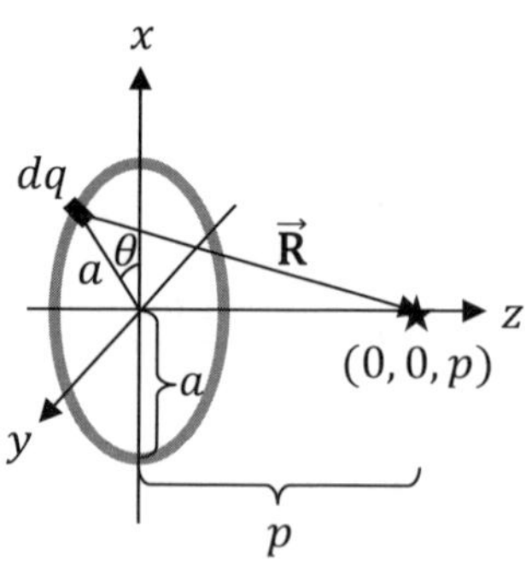

- 위의 그림을 자세히 살펴보면 벡터 $\vec{\mathbf{R}}$은 dq에서 z축을 향해($-\hat{\mathbf{r}}_c$ 방향을 따라) a만큼, z축을 따라($\hat{\mathbf{z}}$ 방향을 따라) p만큼 이동하여 만들어지는 벡터이다. 피타고라스

정리를 사용하여 벡터 $\vec{\mathbf{R}}$의 크기 R을 구해보면 $R=\sqrt{a^2+p^2}$이다.

- 아주 가는 고리의 경우 $dq=\lambda ds$이다(160쪽의 5번 단계)이다. 고리의 모양이 원이므로 $ds=ad\theta$이다. ($ds=rd\theta$에서 고리의 반지름 $r=a$인 경우다).
- 고리의 전하밀도가 균일하므로 λ는 적분기호 밖으로 꺼낼 수 있다.
- 다음 전위 적분 수식을 사용한다.

$$V = k\int \frac{dq}{R}$$

- θ는 0에서 2π까지 변한다(원 한 바퀴 전체).
- 앞에서 구한 수식과 하한과 상한을 전위 적분 수식에 대입한 다음, 간단히 하면 다음 식을 얻는다.

$$V = \frac{k\lambda a}{\sqrt{a^2+p^2}}\int_{\theta=0}^{2\pi} d\theta$$

- 적분 식에 들어있는 모든 기호들은 상수이므로(θ에 따라 값이 달라지지 않으므로) 전부 적분 기호 밖으로 꺼낼 수 있다. θ에 대한 적분 결과는 2π이므로 전위를 구한 결과는 다음과 같다.

$$V = \frac{2\pi k\lambda a}{\sqrt{a^2+p^2}}$$

- 전위 방정식에서 λ를 전하 Q를 사용하여 표현한다. 이를 위해 $Q=\int dq$ 적분을 이용한다.
- 이 적분에 앞에서 구한 $dq=\lambda ds$, $ds=ad\theta$의 관계와 하한, 상한을 그대로 적용하여 계산하면 다음과 같다.

$$Q = \lambda\int_{\theta=0}^{2\pi} a\,d\theta = 2\pi\lambda a$$

- λ에 대해 정리하면 $\lambda=\frac{Q}{2\pi a}$이다.
- λ를 앞에서 구한 전위 방정식에 대입하면 최종 답은 다음과 같다.

$$V = \frac{kQ}{\sqrt{a^2+p^2}}$$

10장: 전하를 가진 입자의 운동

54. 이 문제는 10장의 첫 번째 예제와 비슷하다.

(A) 먼저 방정식 $E=\frac{\Delta V}{d}$를 사용하여 두 판 사이의 전기장을 계산한다.

- $d = 20$ cm $= 0.20$ m이므로

$$E=\frac{\Delta V}{d}=\frac{120}{0.20}=(120)(5)=600 \text{ N/C}$$

  이다($1 \text{ N/C} = 1 \text{ V/m}$).

- 아주 작은 입자에 대해 자유물체도를 그려본다.
  - 전기력 $q\vec{\mathbf{E}}$의 방향은 위쪽이다. 입자가 가진 전하의 극성이 +이므로 전기력 $q\vec{\mathbf{E}}$는 전기장 $\vec{\mathbf{E}}$의 방향과 동일하다. 전기장선은 +전하판에서 시작해서 −전하판에서 끝나므로 전기장 $\vec{\mathbf{E}}$는 위쪽 방향이다. 따라서 전기력 $q\vec{\mathbf{E}}$의 방향은 다음 그림과 같이 위쪽 방향이다.
  - 입자에 가해지는 중력 $m\vec{\mathbf{g}}$은 다음 그림과 같이 아래쪽 방향이다.
  - 아래 그림과 같이 $+y$를 위쪽 방향으로 정한다.

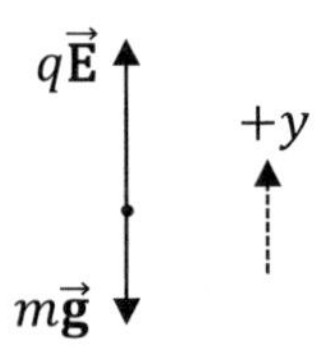

- 입자에 다음의 뉴턴의 제2법칙 수식을 적용한다.

$$\sum F_y = m_a y$$

- 위에서 구한 힘들을 뉴턴의 제2법칙 수식에 대입한다. 여기서 $q\vec{\mathbf{E}}$는 위쪽이므로 + 부호이고 $m\vec{\mathbf{g}}$는 아래쪽이므로 − 부호이다.

$$|q|E - mg = ma_y$$

- 위 식의 양변을 m으로 나누면 다음 수식을 얻는다.

$$a_y = \frac{|q|E - mg}{m}$$

- 전하량은 μC 단위에서 C 단위로, 질량은 g 단위에서 kg 단위로 변환한다.
- 그러면 $q = 1.5 \times 10^{-3}$ C, $m = 0.018$ kg이 된다.
- 이 값들을 앞의 식에 대입하면

$$a_y = \frac{|q|E - mg}{m} = \frac{|1.5 \times 10^{-3}|(600) - (0.018)(10)}{0.018} = 40 \text{ m/s}^2$$

이 된다. 입자는 $a_y = 40 \text{ m/s}^2$의 가속도로 위쪽으로 가속된다.

(B) 1차원 등가속도 운동 방정식을 사용한다. 먼저 값이 주어진 양이나 값을 구한 양을 적어본다.

- (A)로부터 $a_y = 40 \text{ m/s}^2$로 구했다. 입자는 위로 가속되므로 +값이다(+y를 위쪽 방향으로 선택하였으므로).
- $\Delta y = 0.20$ m이다. 입자의 알짜 변위는 두 판 사이의 간격과 같다. 입자의 최종 위치가 시작 위치보다 y 축에서 위에 있으므로 +값이다(+y를 위쪽 방향으로 선택하였고 Δy는 최종 위치에서 시작 위치를 뺀 값이므로).
- $v_{y0} = 0$이다. 물체는 정지해 있다가 출발하므로 초기속도는 0이다.
- 우리가 구할 것은 최종속도 v_y이다.
- a_y, Δy, v_{y0} 값을 알고 있으므로 이 값들을 사용하여 v_y를 구해본다. 이 기호들을 사용한 방정식을 아래와 같이 선택하고 여기에 이 값들을 대입한다.

$$v_y^2 = v_{y0}^2 + 2a_y\Delta y$$
$$v_y^2 = 0^2 + 2(40)(0.20) = 16$$
$$v_y = \sqrt{16} = \pm 4 = 4 \text{ m/s}$$

이다. 입자가 최종위치에서 위로 움직이므로 +값만을 선택하였다(+y를 위쪽 방향으로 선택하였으므로). 따라서 입자는 위쪽 판에 부딪히기 직전에 4.0 m/s의 속도로 위쪽으로 움직인다.

11장: 등가 커패시턴스

55. (A) 회로에서 직렬 연결과 병렬 연결을 찾아내고 한 번에 한 단계씩 회로를 간단히 만들어간다. 먼저 스스로 이렇게 한 다음에 아래 회로도와 비교하여 제대로 했는지 검사하라.

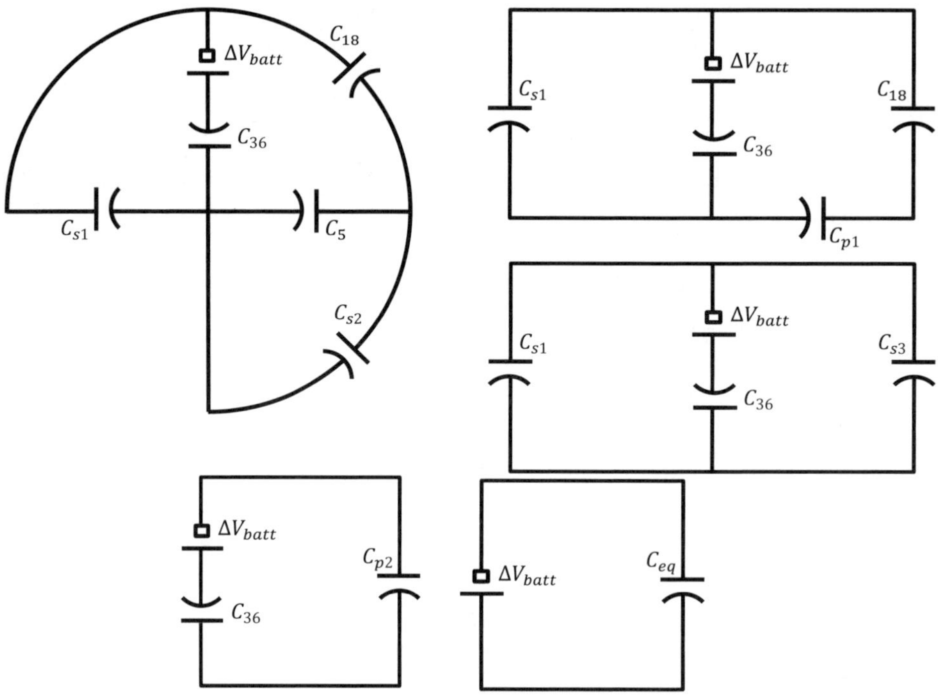

(B) 직렬 연결된 커패시터에는 직렬 합성 공식을 사용하고 병렬 연결된 커패시터에는 병렬 합성 공식을 사용한다.

- 두 개의 24.0 nF 커패시터는 **직렬 연결**이다. 이 두 개의 커패시터를 하나의 커패시터로 대체할 수 있는데 이를 C_{s1}이라고 한다. 6 nF 커패시터와 12 nF 커패시터는 직렬 연결이다. 이 두 개의 커패시터를 하나의 커패시터 C_{s2}로 대체한다. 두 경우 모두 전자가 한 커패시터에서 다른 커패시터로 가는 도중에 접합점을 거치지 않고 갈 수 있기 때문에 직렬 연결이다. 위의 그림에서 왼쪽 위에 있는 회로도에 C_{s1}과 C_{s2}가 나타나있다.
- $\frac{1}{C_{s1}}=\frac{1}{C_{24}}+\frac{1}{C_{24}}$과 $\frac{1}{C_{s2}}=\frac{1}{C_6}+\frac{1}{C_{12}}$를 사용하여 C_{s1}과 C_{s2}를 각각 계산한다. 계산 과정에서 $\frac{1}{6}+\frac{1}{12}=\frac{2}{12}+\frac{1}{12}=\frac{3}{12}=\frac{1}{4}$이다. 그러면 $C_{s1}=12$ nF, $C_{s2}=4.0$ nF이다.
- 왼쪽 위에 있는 회로의 c_5와 C_{s2}는 병렬 연결이다. 이 둘을 대체한 것을 C_{p1}이라고 한다.
- $C_{p1}=C_5+C_{s2}$를 사용하여 C_{p1}을 계산하면 $C_{p1}=9.0$ nF이다.
- 오른쪽 위에 있는 회로의 c_{p1}과 C_{18}은 직렬 연결이다. 이 둘을 대체한 것을 C_{s3}이라고 한다.
- $\frac{1}{C_{s3}}=\frac{1}{C_{p1}}+\frac{1}{C_{18}}$를 사용하여 C_{s3}을 계산하면 $C_{s3}=6.0$ nF이다.
- 다음으로, C_{s1}과 C_{s3}는 병렬 연결이다. 이 둘을 대체한 것을 C_{p2}라고 한다.
- $C_{p2}=C_{s1}+C_{s3}$를 사용하여 C_{p2}을 계산하면 $C_{p2}=18.0$ nF이다.

- 끝으로 C_{36}과 C_{p2}는 직렬 연결이다. 이 둘을 대체한 것을 C_{eq}이라고 한다.
- $\frac{1}{C_{eq}} = \frac{1}{C_{36}} + \frac{1}{C_{p2}}$를 사용하여 C_{eq}을 계산하면 $C_{eq} = 12$ nF이다.

(C) 위 (B)에서 등가회로를 만들 때와 반대 방향으로 한 번에 한 단계씩 되돌아간다. 11장에서 반대 방향으로 가며 풀었던 예제 부분들을 다시 살펴보면서 이 문제를 푸는 방법을 생각해보기 바란다.

- 맨 마지막 등가회로에서 방정식 $Q_{eq} = C_{eq}\Delta V_{batt}$을 사용하면 $Q_{eq} = 144$ nC이다.
- 여기서 한 단계 뒤로 가면 C_{36}과 C_{p2}는 직렬 연결이다(이 둘을 대체한 것이 C_{eq}이다).
  - 직렬로 연결된 커패시터들이 가지는 전하는 서로 같아야 하므로 $Q_{36} = Q_{p2} = Q_{eq} = 144$ nC이다.
  - 전위차 공식 $V_{p2} = \frac{Q_{p2}}{C_{p2}}$을 사용하면 $\Delta V_{p2} = 8.0$ V이다.
- 여기서 한 단계 뒤로 가면 C_{s1}과 C_{s3}는 병렬 연결이다(이 둘을 대체한 것을 C_{p2}이다).
  - 병렬로 연결된 커패시터들이 가지는 양단의 전위차는 서로 같아야 하므로 $\Delta V_{s1} = \Delta V_{s3} = \Delta V_{p2} = 8.0$ V이다.
  - 전하 공식 $Q_{s1} = C_{s1}\Delta V_{s1}$을 사용하면 $Q_{s1} = 96$ nC이다.
- 여기서 한 단계 뒤로 가면 C_{24}와 C_{24}는 직렬 연결이다(이 둘을 대체한 것이 C_{s1}이다).
  - 직렬로 연결된 커패시터들이 가지는 전하는 서로 같아야 하므로 $Q_{24} = Q_{24} = Q_{s1} = 96$ nC이다.
  - 답은 $Q_{24} = 96$ nC이다.

(D) 위 (C)에서 $\Delta V_{s3} = 8.0$ V로 구하였다. 여기에서 한 단계 뒤로 간다.

- C_{s3}에 저장된 전하를 방정식 $Q_{s3} = C_{s3}\Delta V_{s3}$을 사용하여 계산하면 $Q_{s3} = 48$ nC이다.
- 여기서 한 단계 뒤로 가면 C_{18}과 C_{p1}은 직렬 연결이다(이 둘을 대체한 것이 C_{s3}이다).
  - 직렬로 연결된 커패시터들이 가지는 전하는 서로 같아야 하므로 $Q_{18} = Q_{p1} = Q_{s3} = 48$ nC이다.
  - 에너지 방정식 $U_{18} = \frac{Q_{18}^2}{2C_{18}}$을 사용하여 에너지를 계산하면 $U_{18} = 64$ nJ이다. 방정식에서 Q_{18}의 제곱임을 잘 알아두어야 한다.

---

56. (A) 회로에서 직렬 연결과 병렬 연결을 찾아내고 한 번에 한 단계씩 회로를 간단히 만들어간다. 먼저 스스로 이렇게 한 다음에 아래 회로도와 비교하여 제대로 했는지 검사하라.

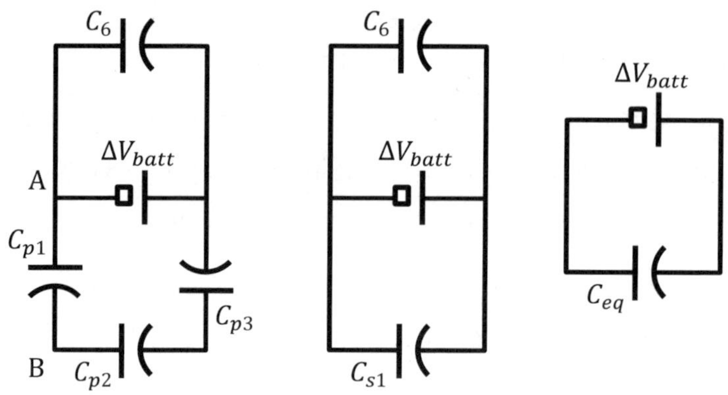

(B) 직렬 연결된 커패시터에는 직렬 합성 공식을 사용하고 병렬 연결된 커패시터에는 병렬 합성 공식을 사용한다.

- **병렬 연결**인 커패시터는 C_5와 C_{15}, C_{24}와 C_{36}, C_{12}와 C_{18} 이렇게 세 쌍이다. 세 쌍은 각각 하나의 커패시터로 대체할 수 있는데 이를 C_{p1}, C_{p2}, C_{p3}라고 한다. 이들 세 커패시터를 사용하여 나타낸 것이 위의 왼쪽 회로도이다.
- C_{p1}, C_{p2}, C_{p3}를 계산한다. $C_{p1} = C_5 + C_{15}$를 사용하여 C_{p1}을 계산하면 $C_{p1} = 20.0\ \mu\text{F}$이다. 마찬가지 방법으로 C_{p2}, C_{p3}를 계산하면 $C_{p2} = 60.0\ \mu\text{F}$, $C_{p3} = 30.0\ \mu\text{F}$이다.
- 위의 왼쪽 회로도에서 C_{p1}, C_{p2}, C_{p3}는 직렬 연결이다. 이 세 개의 커패시터로 대체할 수 있는데 이를 C_{s1}이라고 한다.
- $\frac{1}{C_{s1}} = \frac{1}{C_{p1}} + \frac{1}{C_{p2}} + \frac{1}{C_{p3}}$를 사용하여 C_{s1}을 계산하면 $C_{s1} = 10.0\ \mu\text{F}$이다. 계산 과정에서 $\frac{1}{20} + \frac{1}{60} + \frac{1}{30} = \frac{3}{60} + \frac{1}{60} + \frac{2}{60} = \frac{6}{60} = \frac{1}{10}$이다.
- 다음으로, C_{s1}과 C_6는 병렬 연결이다. 이 둘을 대체한 것을 C_{eq}이라고 한다.
- $C_{eq} = C_{s1} + C_6$를 사용하여 C_{eq}을 계산하면 $C_{eq} = 16.0\ \mu\text{F}$이다.

(C) 위 (B)에서 등가회로를 만들 때와 반대 방향으로 한 번에 한 단계씩 되돌아간다. 11장에서 반대 방향으로 가며 풀었던 예제 부분들을 다시 살펴보면서 이 문제를 푸는 방법을 생각해보기 바란다.

- 맨 마지막 등가회로에서 방정식 $Q_{eq} = C_{eq}\Delta V_{batt}$을 사용하면 $Q_{eq} = 64\ \mu\text{C}$이다.
- 여기서 한 단계 뒤로 가면 C_{s1}과 C_6는 병렬 연결이다(이 둘을 대체한 것이 C_{eq}이다).
  - 병렬로 연결된 커패시터들이 가지는 양단의 전위차는 서로 같아야 하므로 $\Delta V_{s1} = \Delta V_6 = \Delta V_{batt} = 4.0\ \text{V}$이다.
  - 전하 공식 $Q_{s1} = C_{s1}\Delta V_{s1}$을 사용하면 $Q_{s1} = 40\ \mu\text{C}$이다.
- 여기서 한 단계 뒤로 가면 C_{p1}과 C_{p2}와 C_{p3}는 직렬 연결이다(이 셋을 대체한 것이 C_{s1} 이다.

- 직렬로 연결된 커패시터들이 가지는 전하는 서로 같아야 하므로 $Q_{p1} = Q_{p2} = Q_{p3} = Q_{s1} = 40\ \mu\text{C}$이다.
- 전위차 공식 $\Delta V_{p1} = \frac{Q_{p1}}{C_{p1}}$을 사용하면 $\Delta V_{p1} = 2.0\ \text{V}$이다.

- $\Delta V_{AB} = \Delta V_{p1}$이므로 답은 $\Delta V_{AB} = 2.0\ \text{V}$이다($A$점과 B점 사이에는 커패시터 C_{p1} 하나만 있기 때문이다).

(D) 위 (C)에서 $\Delta V_{p1} = 2.0\ \text{V}$로 구하였다. 여기에서 한 단계 뒤로 간다.

- 한 단계 뒤로 가면 C_5와 C_{15}는 병렬 연결이다(이 둘을 대체한 것이 C_{p1}이다).
  - 병렬로 연결된 커패시터들이 가지는 양단의 전위차는 서로 같아야 하므로 $\Delta V_5 = \Delta V_{15} = \Delta V_{p1} = 2.0\ \text{V}$이다.
  - 에너지 방정식 $U_5 = \frac{1}{2}C_5 \Delta V_5^2$을 사용하여 에너지를 계산하면 $U_5 = 10\ \mu\text{J}$이다. 방정식에서 ΔV_5의 제곱임을 잘 알아두어야 한다.

12장: 평행판 커패시터와 그 밖의 커패시터

57. 값을 알고 있는 양과 값을 구해야 할 양(미지수)을 적어보자.

- 커패시터 판: 반지름 $a = 30\ \text{mm}$
- 두 판 사이의 간격: $d = 2.0\ \text{mm}$
- 유전상수 $\kappa = 8.0$, 유전강도 $E_{max} = 6.0 \times 10^6\ \frac{\text{V}}{\text{m}}$
- 자유공간의 유전율 $\epsilon_0 = 8.8 \times 10^{-12}\ \frac{\text{C}^2}{\text{N}\cdot\text{m}^2}$, $\epsilon_0 \approx \frac{10^{-9}}{36\pi}\ \frac{\text{C}^2}{\text{N}\cdot\text{m}^2}$
- 값을 구해야 할 미지수는 커패시턴스 C
- 커패시터 판의 반지름과 두 판 사이의 간격의 수치를 다음과 같이 SI 단위로 변환한다.

$$a = 30\ \text{mm} = 0.030\ \text{m} = \frac{3}{100}\ \text{m} \quad , \quad d = 2.0\ \text{mm} = 0.0020\ \text{m} = \frac{1}{500}\ \text{m}$$

- 원형 판의 면적은 $A = \pi a^2$이다. a의 제곱임을 잘 알아야 한다. $\left(\frac{1}{100}\right)^2 = \frac{1}{10{,}000}$이므로 $A = \frac{9\pi}{10{,}000}\ \text{m}^2$이다. 소수점을 써서 나타내면 $A = 0.00283\ \text{m}^2$이다.

(A) 커패시턴스 방정식 $C = \frac{\kappa\epsilon_0 A}{d}$에 앞에서 정리한 값들을 대입한다. 여기서 $\frac{1}{\left(\frac{1}{500}\right)} = 500$이다.

- 커패시턴스 값을 계산하면 $C = 0.10\ \text{nF}$이다. 이 값은 $C = 1.0 \times 10^{-10}$과 같다.

(B) 먼저 판 사이의 최대 전위차 ΔV_{max}를 구해보자.

- 방정식 $E_{max} = \frac{\Delta V_{max}}{d}$을 사용한다. 이 식의 양변에 d를 곱해 ΔV_{max}를 구하면 $\Delta V_{max} = 12{,}000\ \text{V}$이다.

- 방정식 $Q_{max} = C\Delta V_{max}$을 사용하여 계산하면 $Q = 1.2\ \mu C$이다. 이 값은 $Q = 1.2 \times 10^{-6}$ C과 같다.

---

58. 첫째 단계는 II 영역($a < r < b$)에 가우스 법칙을 적용하는 것이다.

- 8장에서는 이 문제와 비슷한 예제를 풀어보았다. 이 예제에서는 II 영역의 전기장을 다음과 같이 구하였다.

$$\vec{\mathbf{E}} = \frac{kQ}{r^2}\hat{\mathbf{r}}$$

- 스칼라 곱은 다음과 같다. $\vec{\mathbf{E}} \cdot d\vec{\mathbf{s}} = E\cos 0° ds = Eds$
- 도체 구 사이의 전위차를 구하기 위해 적분을 계산한다.

$$\Delta V = V_f - V_i = -\int_i^f \vec{\mathbf{E}} \cdot d\vec{\mathbf{s}} = -\int_i^f E\, ds$$

- 여기서 $ds = dr$이다. 위 적분 수식에 $E = \frac{kQ}{r^2}$을 대입한 다음, 간단히 한다.

$$\Delta V = -kQ \int_{r_c=a}^{b} \frac{dr}{r^2}$$

- 적분 항의 계산결과는 $-\frac{1}{r}$이다.
- 전체 적분 계산결과에 하한과 상한을 대입하면 다음을 얻는다.

$$\Delta V = -kQ\left(-\frac{1}{b} + \frac{1}{a}\right)$$

- 공통분모를 구하여 분수 계산을 하면 다음을 얻는다.

$$\Delta V = -kQ\left(\frac{-a+b}{ab}\right) = -kQ\left(\frac{b-a}{ab}\right)$$

- $-a + b = b - a$이다.
- 위에서 구한 ΔV를 커패시턴스 공식 $C = \frac{Q}{|\Delta V|}$에 대입한다.
- Q는 약분되어 사라진다. 절댓값 계산에 주의한다. 답은 $C = \frac{ab}{k(b-a)}$이다.

13장: 등가 저항

59. (A) 회로에서 직렬 연결과 병렬 연결을 찾아내고 한 번에 한 단계씩 회로를 간단히 만들어간다. 먼저 스스로 이렇게 한 다음에 아래 회로도와 비교하여 제대로 했는지 검사하라.

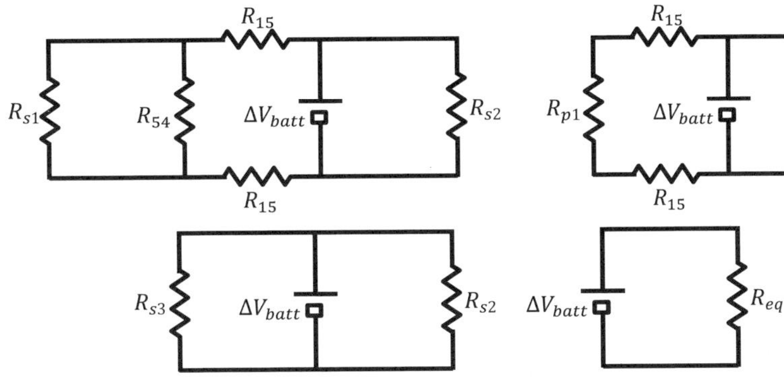

(B) 직렬 연결된 저항기에는 직렬 합성 공식을 사용하고 병렬 연결된 저항기에는 병렬 합성 공식을 사용한다.

- 9.0 Ω 저항기와 18.0 Ω 저항기는 **직렬 연결**이다. 이 두 개의 저항기를 하나의 저항기로 대체할 수 있는데 이를 R_{s1}이라고 한다. 4.0 Ω 저항기와 12.0 Ω 저항기는 **직렬 연결**이다. 이 두 개의 저항기를 하나의 저항기 R_{s2}로 대체한다. 두 경우 모두 전자가 한 저항기에서 다른 저항기로 가는 도중에 접합점을 거치지 않고 갈 수 있기 때문에 직렬 연결이다. 위의 그림에서 왼쪽 위에 있는 회로도에 R_{s1}과 R_{s2}를 나타나있다.
- $R_{s1} = R_9 + R_{18}$과 $R_{s2} = R_4 + R_{12}$를 사용하여 R_{s1}과 R_{s2}를 각각 계산한다. 그러면 $R_{s1} = 27\ \Omega$, $R_{s2} = 16\ \Omega$이다.
- 왼쪽 위에 있는 회로의 R_{s1}과 R_{54}는 병렬 연결이다. 이 둘을 대체한 것을 R_{p1}이라고 한다.
- $\frac{1}{R_{p1}} = \frac{1}{R_{s1}} + \frac{1}{R_{54}}$를 사용하여 R_{p1}을 계산하면 $R_{p1} = 18\ \Omega$이다. 계산 과정에서 $\frac{1}{27} + \frac{1}{54} = \frac{2}{54} + \frac{1}{54} = \frac{3}{54} = \frac{1}{18}$이다.
- 오른쪽 위에 있는 회로의 R_{p1}과 두 개의 R_{15}은 직렬 연결이다. 이 셋을 대체한 것을 R_{s3}이라고 한다.
- $R_{s3} = R_{15} + R_{p1} + R_{15}$를 사용하여 R_{s3}을 계산하면 $R_{s3} = 48\ \Omega$이다.
- 끝으로, R_{s2}과 R_{s3}는 병렬 연결이다. 이 둘을 대체한 것을 R_{eq}라고 한다.
- $\frac{1}{R_{eq}} = \frac{1}{R_{s2}} + \frac{1}{R_{s3}}$를 사용하여 R_{eq}을 계산하면 $R_{wq} = 12\ \Omega$이다.

(C) 위 (B)에서 등가회로를 만들 때와 반대 방향으로 한 번에 한 단계씩 되돌아간다. 13장에서 반대 방향으로 가며 풀었던 예제 부분들을 다시 살펴보면서 이 문제를 푸는 방법을 생각해보기 바란다.

- 맨 마지막 등가회로에서 방정식 $I_{batt} = \frac{\Delta V_{batt}}{R_{eq}}$을 사용하면 $I_{batt} = 20$ A이다.
- 여기서 한 단계 뒤로 가면 R_{s2}와 R_{s3}는 병렬 연결이다(이 둘을 대체한 것이 R_{eq}이다).
  - 병렬 연결된 저항기들 양단의 전위차 ΔV는 서로 같아야 하므로 $\Delta V_{s2} = \Delta V_{s3} = \Delta V_{batt} = 240$ V이다. (ΔV_{batt}는 R_{eq} 양단의 전위차이다.)
  - $I_{s3} = \frac{\Delta V_{s3}}{R_{s3}}$로 전류를 계산하면 $I_{s3} = 5.0$ A이다.
  - 여기서 한 단계 뒤로 가면 R_{p1}과 두 개의 R_{15}는 직렬 연결이다(이 셋을 대체한 것이 R_{s3}이다).
  - 직렬로 연결된 저항기를 통해 흐르는 전류는 서로 같아야 하므로 $I_{15} = I_{p1} = I_{15} = I_{s3} = 5.0$ A이다.
  - 전력 방정식 $P_{15} = I_{15}^2 R_{15}$을 사용하여 전력을 계산한다. 방정식에서 I_{15}의 제곱임을 잘 알아두어야 한다.
- 답은 $P_{15} = 375$ W이다.

---

60. (A) 먼저 회로에 들어있는 전압계와 전류계를 다음과 같은 방식을 사용하여 아래 그림의 왼쪽 회로도와 같이 다시 그린다.

- 전압계를 제거한다. 또 연결 도선도 함께 제거한다.
- 전류계를 제거한 다음, 그 자리를 선으로 대체한다.

회로에서 직렬 연결과 병렬 연결을 찾아내고 한 번에 한 단계씩 회로를 간단히 만들어간다. 먼저 스스로 이렇게 한 다음에 아래 회로도와 비교하여 제대로 했는지 검사하라.

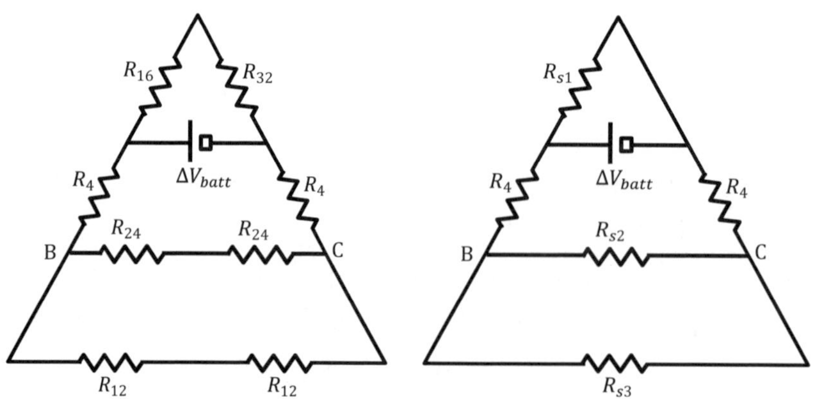

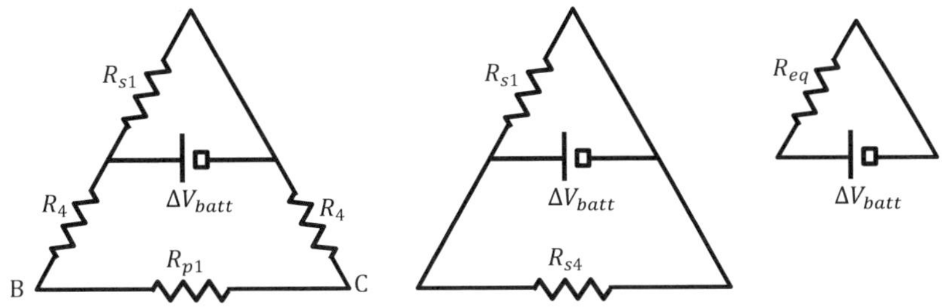

(B) 직렬 연결된 저항기에는 직렬 합성 공식을 사용하고 병렬 연결된 저항기에는 병렬 합성 공식을 사용한다.

- 16.0 Ω 저항기와 32.0 Ω 저항기는 **직렬 연결**이다. 이 두 개의 저항기를 하나의 저항기로 대체할 수 있는데 이를 R_{s1}이라고 한다. 두 개의 24.0 Ω 저항기는 **직렬 연결**이다. 이 두 개의 저항기를 하나의 저항기 R_{s2}로 대체한다. 두 개의 12.0 Ω 저항기는 **직렬 연결**이다. 이 두 개의 저항기를 하나의 저항기 R_{s3}로 대체한다. 세 경우 모두 전자가 한 저항기에서 다른 저항기로 가는 도중에 접합점을 거치지 않고 갈 수 있기 때문에 직렬 연결이다. 이전 쪽의 그림에서 오른쪽에 있는 회로도에 R_{s1}과 R_{s2}와 R_{s3}를 나타나있다.
- $R_{s1} = R_{16} + R_{32}$과 $R_{s2} = R_{24} + R_{24}$와 $R_{s3} = R_{12} + R_{12}$를 사용하여 R_{s1}과 R_{s2}와 R_{s3}를 각각 계산한다. 그러면 $R_{s1} = 48\ \Omega$, $R_{s2} = 48\ \Omega$, $R_{s3} = 24\ \Omega$이다.
- 이전 쪽의 오른쪽에 있는 회로의 R_{s2}과 R_{s3}는 병렬 연결이다. 이 둘을 대체한 것을 R_{p1}이라고 한다.
- $\frac{1}{R_{p1}} = \frac{1}{R_{s2}} + \frac{1}{R_{s3}}$를 사용하여 R_{p1}을 계산하면 $R_{p1} = 16\ \Omega$이다. 계산 과정에서 $\frac{1}{48} + \frac{1}{24} = \frac{1}{48} + \frac{2}{48} = \frac{3}{48} = \frac{1}{16}$이다.
- 위의 왼쪽에 있는 회로의 R_{p1}과 두 개의 R_4는 직렬 연결이다. 이 셋을 대체한 것을 R_{s4}라고 한다.
- $R_{s4} = R_4 + R_{p1} + R_4$를 사용하여 R_{s4}을 계산하면 $R_{s4} = 24\ \Omega$이다.
- 끝으로, R_{s1}과 R_{s4}는 병렬 연결이다. 이 둘을 대체한 것을 R_{eq}라고 한다.
- $\frac{1}{R_{eq}} = \frac{1}{R_{s1}} + \frac{1}{R_{s4}}$를 사용하여 R_{eq}을 계산하면 $R_{eq} = 16\ \Omega$이다.

(C) 위 (B)에서 등가회로를 만들 때와 반대 방향으로 한 번에 한 단계씩 되돌아간다. 13장에서 반대 방향으로 가며 풀었던 예제 부분들을 다시 살펴보면서 이 문제를 푸는 방법을 생각해보기 바란다.

- 전류계는 전류를 측정한다. 전류계는 12.0 Ω 저항기에 직렬로 연결되어 있다. 그러면 전류계를 통과하는 전류가 12.0 Ω 저항기도 통과해서 흐르므로 12.0 Ω 저항기를 통해 흐르는 전류를 구하면 이것이 전류계로 측정되는 값이 된다.

- 맨 마지막 등가회로에서 방정식 $I_{batt} = \frac{\Delta V_{batt}}{R_{eq}}$을 사용하여 R_{eq}를 통해 흐르는 전류를 계산하면 $I_{batt} = 15$ A가 된다.
- 여기서 한 단계 뒤로 가면 R_{s1}과 R_{s4}는 병렬 연결이다(이 둘을 대체한 것이 R_{eq}이다).
  - 병렬 연결된 저항기들 양단의 전위차 ΔV는 서로 같아야 하므로 $\Delta V_{s1} = \Delta V_{s4} = \Delta V_{batt} = 240$ V이다. (ΔV_{batt}는 R_{eq} 양단의 전위차이다.)
  - $I_{s4} = \frac{\Delta V_{s4}}{R_{s4}}$로 전류를 계산하면 $I_{s4} = 10$ A이다.
- 여기서 한 단계 뒤로 가면 R_{p1}과 두 개의 R_4는 직렬 연결이다(이 셋을 대체한 것이 R_{s4}이다).
  - 직렬로 연결된 저항기를 통해 흐르는 전류는 서로 같아야 하므로 $I_4 = I_{p1} = I_4 = I_{s4} = 10$ A이다.
  - $\Delta V_{p1} = I_{p1}R_{p1}$을 사용하여 전위차를 계산하면 $\Delta V_{p1} = 160$ V이다.
- 여기서 한 단계 뒤로 가면 R_{s2}과 R_{s3}는 병렬 연결이다(이 둘을 대체한 것이 R_{p1}이다).
  - 병렬 연결된 저항기들 양단의 전위차 ΔV는 서로 같아야 하므로 $\Delta V_{s2} = \Delta V_{s3} = \Delta V_{p1} = 160$ V이다.
  - $I_{s3} = \frac{\Delta V_{s3}}{R_{s3}}$로 전류를 계산하면 $I_{s3} = \frac{20}{3}$ A이다. 계산과정에서 $\frac{160}{24} = \frac{20}{3}$이다.
- 여기서 한 단계 뒤로 가면 두 개의 R_{12}는 직렬 연결이다(이 둘을 대체한 것이 R_{s3}이다).
  - 직렬로 연결된 저항기를 통해 흐르는 전류는 서로 같아야 하므로 $I_{12} = I_{12} = I_{s3} = \frac{20}{3}$ A이다.
  - 전류계는 두 개의 R_{12}와 직렬로 연결되어 있으므로 전류 I_{12}가 전류계로 측정된다.
- 전류계로 측정되는 전류의 값은 $I_{12} = \frac{20}{3}$ A이다. 소수점을 사용하여 나타내면 $I_{12} = 6.7$ A이다.

(D) 위 (B)에서 등가회로를 만들 때와 반대 방향으로 한 번에 한 단계씩 되돌아간다.

- 전압계는 전위를 측정한다. 여기서는 B점과 C점 사이의 전위차를 구해야 한다. 다시 말해 ΔV_{p1}을 구해야 한다.
- 위의 (C)에서 $\Delta V_{p1} = 160$ V을 구하였다. (C)의 힌트를 살펴보기 바란다.
- 전압계로 측정되는 값은 $\Delta V_{p1} = 160$ V이다.

---

61. 회로에서 직렬 연결과 병렬 연결을 찾아내고 한 번에 한 단계씩 회로를 간단히 만들어간다. 먼저 스스로 이렇게 한 다음에 다음 쪽의 회로도와 비교하여 제대로 했는지 검사하라.

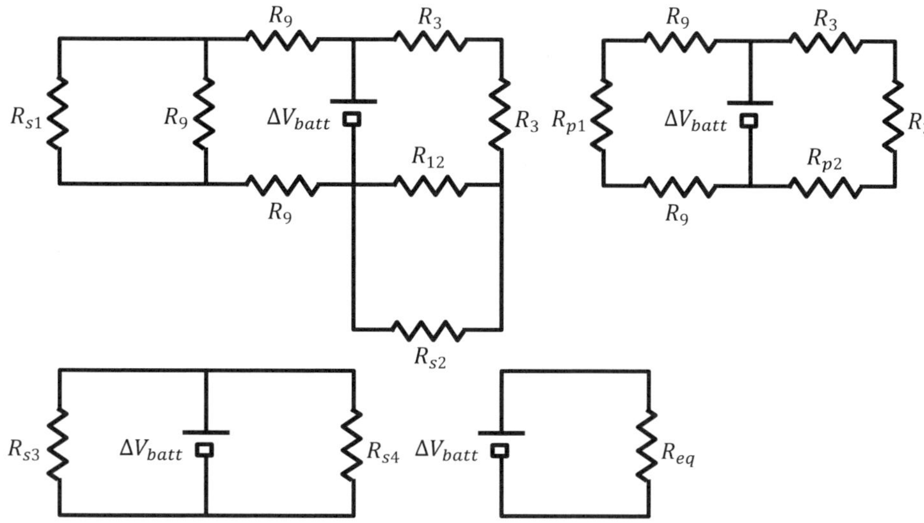

직렬 연결된 저항기에는 직렬 합성 공식을 사용하고 병렬 연결된 저항기에는 병렬 합성 공식을 사용한다.

- 세 개의 6.0 Ω 저항기는 **직렬 연결**이다. 이 세 개의 저항기커패시터를 하나의 저항기로 대체할 수 있는데 이를 R_{s1}이라고 한다. 세 개의 4.0 Ω 저항기는 **직렬 연결**이다. 이 세 개의 저항기를 하나의 저항기 R_{s2}로 대체한다. (두 개의 3.0 Ω 저항기도 **직렬 연결**이다. 이 두 개의 저항기를 하나의 저항기로 대체해도 되지만 나중에 하는 것이 더 편리하므로 지금은 그냥 두기로 한다.)
- $R_{s1} = R_6 + R_6 + R_6$과 $R_{s2} = R_4 + R_4 + R_4$를 사용하여 R_{s1}과 R_{s2}를 각각 계산한다. 그러면 $R_{s1} = 18\ \Omega$, $R_{s2} = 12\ \Omega$이다.
- 왼쪽 위에 있는 회로의 R_{s1}과 R_9는 **병렬 연결**이다. 이 둘을 대체한 것을 R_{p1}이라고 한다. 또 R_{12}와 R_{s2}는 **병렬 연결**이다. 이 둘을 대체한 것을 R_{p2}라고 한다.
- $\frac{1}{R_{p1}} = \frac{1}{R_{s2}} + \frac{1}{R_9}$과 $\frac{1}{R_{p2}} = \frac{1}{R_{12}} + \frac{1}{R_{s2}}$를 사용하여 R_{p1}과 R_{p2}를 각각 계산한다. 그러면 $R_{p1} = 6\ \Omega$이고 $R_{p2} = 6\ \Omega$이다.
- 오른쪽 위에 있는 회로의 R_{p1}과 두 개의 R_9는 **직렬 연결**이다. 이 셋을 대체한 것을 R_{s3}라고 한다. 또 R_{p2}과 두 개의 R_3는 **직렬 연결**이다. 이 셋을 대체한 것을 R_{s4}라고 한다
- $R_{s3} = R_9 + R_{p1} + R_9$과 $R_{s4} = R_3 + R_{p2} + R_3$를 사용하여 R_{s3}과 R_{s4}를 각각 계산한다. 그러면 $R_{s3} = 24\ \Omega$, $R_{s4} = 12\ \Omega$이다.
- 끝으로, R_{s3}과 R_{s4}는 **병렬 연결**이다. 이 둘을 대체한 것을 R_{eq}라고 한다.
- $\frac{1}{R_{eq}} = \frac{1}{R_{s3}} + \frac{1}{R_{s4}}$를 사용하여 R_{eq}을 계산하면 $R_{eq} = 8\ \Omega$이다.

14장: 대칭성을 가지는 회로

62. 14장에서 풀어본 예제를 다시 공부하면서 회로에서 전위가 같은 점들을 찾아내고 이를 이용하여 펼친 회로를 만드는 방법을 익히도록 한다.

- D점을 바닥으로 하고 C점을 천장으로 하여 회로를 펼쳐 그려보자. 바닥과 지붕을 이렇게 정한 것은 이 두 점이 배터리의 − 단자와 + 단자가 각각 연결되는 점이기 때문이다.
- 펼친 회로에서, 바닥인 D점을 맨 아래에, 천장인 C점을 맨 위에 표시한다.
- B점과 H점은 바닥인 D점에서 한 단계 떨어져 있고 천장인 C점에서는 두 단계 떨어져 있다. 따라서 B점과 H점은 전위가 서로 같다.
- A점과 G점은 바닥인 D점에서 두 단계 떨어져 있고 천장인 C점에서는 한 단계 떨어져 있다. 따라서 A점과 G점은 전위가 서로 같다.
- 펼친 회로에서, B점과 H점의 높이를 같게 그린다.
- 펼친 회로에서, A점과 G점의 높이를 같게 그린다.
- 펼친 회로에서, B점과 H점은 바닥인 D점에 가깝게 그리고 A점과 G점은 천장인 C점에 가깝게 그린다.
- 펼친 회로에서, (B점, H점) 쌍과 (A점, G점) 쌍 사이에 F점과 E점을 그린다. 이때 F점은 바닥인 D점에 가깝게 그리고 E점은 천장인 C점에 가깝게 그린다.
- 지금까지 그린 펼친 회로가 아래의 왼쪽에 있는 회로와 같은지 비교해보라.

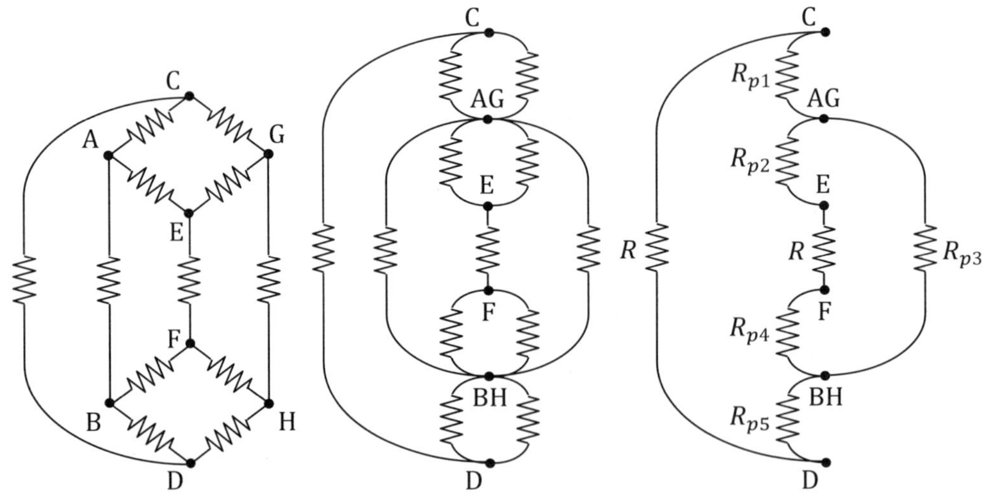

- B점과 H점은 전위가 서로 같다. 현재 B점과 H점은 도선으로 연결되어 있지 않다. 따라서 B점, H점을 도선으로 서로 연결한다. 이때 이 도선들을 짧게 해서 B점과 H점이 서로 가까워지게 한다. 이들 점을 한없이 가깝게 해서 위의 가운데 회로와 같이 한 점으로 합친다. 하나로 합쳐진 이 점을 BH점이라고 하자.

- A점과 G점에 대해서도 마찬가지 과정을 수행하여 한 점 AG로 합친다.
- 이렇게 하면 이전 쪽 그림의 왼쪽에 있는 회로가 이전 쪽 그림의 가운데에 있는 회로와 같이 바뀐다. 가운데 회로에서 직렬로 연결된 저항들과 병렬로 연결된 저항들을 찾을 수 있어야 한다.
- 가운데 회로에는 총 5쌍의 병렬 저항기가 있다.
  - C점과 AG점 사이에 있는 두 저항기를 하나로 대체한 것을 R_{p1}이라고 한다.
  - AG점과 E점 사이에 있는 두 저항기를 하나로 대체한 것을 R_{p2}이라고 한다.
  - AG점과 BH점 사이에 있는 두 저항기를 하나로 대체한 것을 R_{p3}이라고 한다.
  - F점과 BH점 사이에 있는 두 저항기를 하나로 대체한 것을 R_{p4}이라고 한다.
  - BH점과 D점 사이에 있는 두 저항기를 하나로 대체한 것을 R_{p5}이라고 한다.
- 병렬로 연결된 두 개의 저항기들을 하나의 저항기로 대체할 때는 저항기 하나를 제거하고 남은 저항기의 이름을 대체하는 저항기의 이름으로 바꾸어 써주면 된다. 이전 쪽의 그림에서 가운데 회로와 오른쪽 회로를 서로 비교해보라.
- $\frac{1}{R_{p1}} = \frac{1}{12} + \frac{1}{12}$와 같이 병렬 합성 공식을 사용하여 R_{p1}에서 R_{p5}까지 차례로 구한다.
- 그러면 $R_{p1} = R_{p2} = R_{p3} = R_{p4} = R_{p5} = 6.0\ \Omega$이 된다.
- 이전 쪽의 오른쪽 회로를 살펴보면 R_{p2}, R, R_{p4}는 직렬로 연결되어 있다.
- $R_{s1} = R_{p2} + R + R_{p4}$을 사용하여 R_{s1}을 계산하면 $R_{s1} = 24.0\ \Omega$이다.

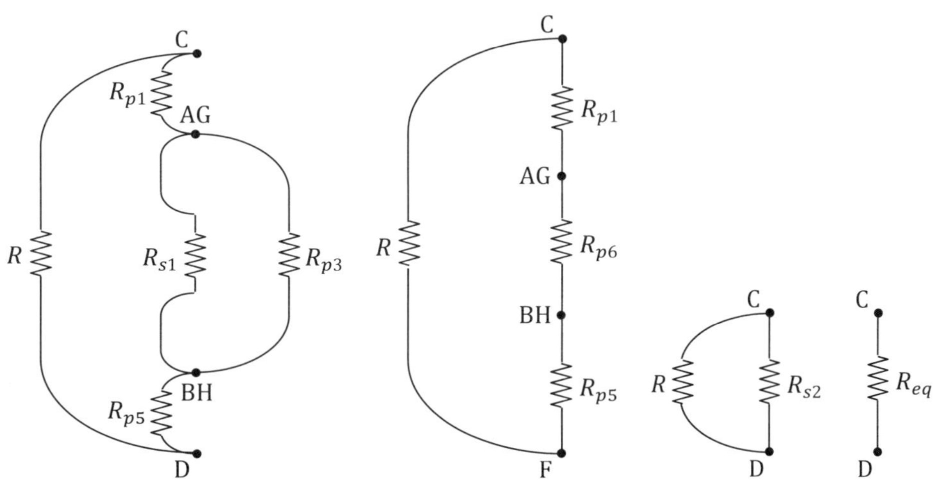

- 위의 왼쪽 회로를 살펴보면 R_{s1}과 R_{p3}는 병렬로 연결되어 있다. 이 두 저항기를 하나로 대체한 것을 R_{p6}라고 한다.
- $\frac{1}{R_{p6}} = \frac{1}{R_{s1}} + \frac{1}{R_{p3}}$을 사용하여 R_{p6}를 계산하면 $R_{p6} = \frac{24}{5}\ \Omega$(또는 4.8 Ω)이다. 계산 과정을 살펴보면 $\frac{1}{24} + \frac{1}{6} = \frac{1}{24} + \frac{4}{24} = \frac{5}{24}$이므로 $\frac{1}{R_{p6}} = \frac{5}{24}$이 되고 이 식의 위, 아래를 뒤집으면 $R_{p6} = \frac{24}{5}$가 된다.

- 이전 쪽 왼쪽에서 두 번째 회로를 살펴보면 R_{p1}과 R_{p6}와 R_{p5}는 직렬로 연결되어 있다. 이 세 저항기를 하나로 대체한 것을 R_{s2}라고 한다.
- $R_{s2} = R_{p1} + R_{p6} + R_{p5}$을 사용하여 R_{s2}을 계산하면 $R_{s2} = \frac{84}{5}$ Ω이다. 계산 과정에서 $6 + \frac{24}{5} + 6 = \frac{30}{5} + \frac{24}{5} + \frac{30}{5} = \frac{84}{5}$(직렬 연결이므로 식을 뒤집을 필요가 없다.)
- 이전 쪽 왼쪽에서 세 번째 회로를 살펴보면 R과 R_{s2}는 병렬로 연결되어 있다. 이 두 저항기를 하나로 대체한 것을 R_{eq}라고 한다.
- $\frac{1}{R_{eq}} = \frac{1}{R} + \frac{1}{R_{s2}}$을 사용하여 R_{eq}를 계산하면 $R_{eq} = 7.0$ Ω. 계산 과정을 살펴보면 $\frac{30}{84/5} + \frac{1}{12} = \frac{5}{84} + \frac{1}{12} = \frac{5}{84} + \frac{7}{84} = \frac{12}{84} = \frac{1}{7}$이고 병렬 연결이므로 이 식의 위, 아래를 뒤집으면 된다.

---

63. 14장의 쪽에 있는 "기본 개념" 절을 다시 공부하기 바란다.

- 전위가 같은 점들을 찾아보자.
- A점은 배터리의 − 단자가 연결되는 점이므로 "바닥"이고 D점은 배터리의 + 단자가 연결되는 점이므로 "천장"으로 정한다.
- B점은 A점에서 D점으로 가는 경로에서 1/3이 되는 지점에 있다. 그 까닭은 10 Ω이 차지하는 비율은 경로상의 총 저항 30 Ω(=10 Ω + 20 Ω)의 1/3(=10 Ω/30 Ω)이기 때문이다.
- C점도 마찬가지로 A점에서 D점으로 가는 경로에서 1/3이 되는 지점에 있다. 그 까닭은 5.0 Ω이 차지하는 비율은 경로상의 총 저항 15.0 Ω(=5.0 Ω + 10.0 Ω)의 1/3(=5.0 Ω/15.0 Ω)이기 때문이다.
- 따라서 B점과 C점은 같은 전위에 있으므로 $V_B = V_C$이다.
- B점과 C점 사이의 전위차는 0이다. 즉 $\Delta V_{BC} = V_C - V_B = 0$이다.
- 옴 법칙에 따라 $\Delta V_{BC} = I_{BC}R_{BC}$이다. $\Delta V_{BC} = 0$이므로 B점에서 C점으로 흐르는 전류는 0이므로 $I_{BC} = 0$이다.
- 8.0 Ω 저항기에 전류가 흐르지 않으므로 이 저항기를 회로에서 제거해도 회로에는 아무런 영향을 주지 않는다. 따라서 아래 그림과 같이 회로를 간단히 하면서 회로의 등가 저항을 구할 수 있다.

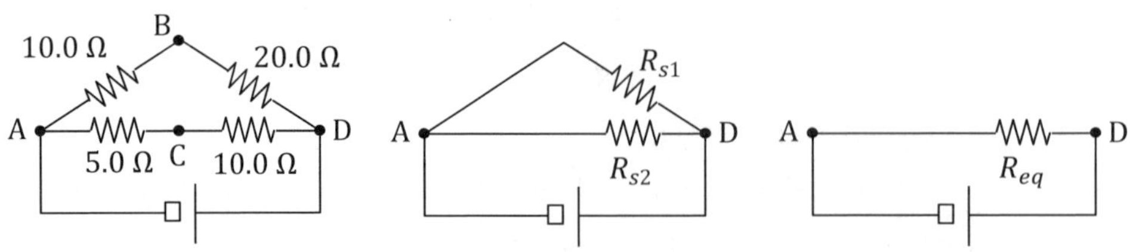

- 위 회로에서 등가저항 R_{eq}는 쉽게 구할 수 있다. 이 값을 구해보자.

- 10.0 Ω 저항기와 20.0 Ω 저항기는 직렬 연결이다. 따라서 $R_{s1}=30.0\ \Omega$이다.
- 5.0 Ω 저항기와 10.0 Ω 저항기는 직렬 연결이다. 따라서 $R_{s2}=15.0\ \Omega$이다.
- R_{s1}과 R_{s2}는 병렬 연결이다. 따라서 $R_{eq}=10.0\ \Omega$이다.

15장: 키르히호프 법칙

64. 전압계를 제거한다. 또 연결 도선도 함께 제거한다. 아래 그림과 같이 전류를 나타내는 화살표를 그려 넣고 I_L, I_M, I_R와 같이 이름을 붙인다. 각 루프 안에 회전 방향을 나타내는 점선 화살표(⋯▸)를 그려 넣는다.

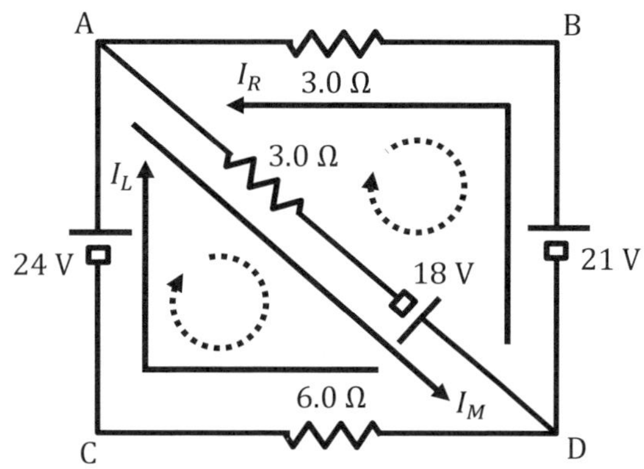

(A) 위 그림과 같이 회로에 흐르는 전류들을 그리고 이름을 붙인다. 이렇게 하면 앞으로 나오는 힌트가 여러분의 답과 일치하게 되므로 더욱 도움이 될 것이다. (여러분이 이미 문제를 다른 방법으로 풀었다면 여러분이 푼 결과를 제쳐놓고 새 종이를 꺼내서 여기에서 설명한 방법대로 풀 필요는 없다.)

- 접합점들 중에서 A점을 선택하고 여기에 키르히호프 접합점 법칙을 적용해보자. A점으로 흘러 들어가는 전류는 I_L과 I_R이고 A점에서 빠져 나오는 전류는 I_M이다. 따라서 $I_L+I_R=I_M$이다. (위 그림과는 다르게 전류의 방향과 이름을 표시했다면 접합점 방정식은 이 식과는 다르다.)
- 왼쪽 루프에 키르히호프 루프 법칙(전압 법칙)을 적용해보자. “시험” 전하는 A점에서 출발하여 루프를 따라 시계방향으로 움직인다. (위 그림과는 다르게 전류가 움직이는 방향과 이름을 표시했다면 루프 방정식은 이 식과는 다르다.)

$$-3\,I_M+18-6\,I_L+24=0$$

- 오른 루프에 키르히호프 루프 법칙(전압 법칙)을 적용해보자. “시험” 전하는 A점에서 출발하여 루프를 따라 시계방향으로 움직인다. (위 그림과는 다르게 전류가

움직이는 방향과 이름을 표시했다면 루프 방정식은 이 식과는 다르다.)

$$+3\,I_R - 21 - 18 + 3\,I_M = 0$$

도움말: 힌트에 있는 것과 같은 방법으로 연산을 하면 답은 힌트와 일치하므로 이해하는 데 더욱 도움이 될 것이다.

- 위의 접합점 방정식을 I_R에 대해 정리하면 $I_R = I_M - I_L$이 된다. I_M이 아니라 I_R에 대해 정리하는 까닭은 I_M은 루프 방정식에 두 번 대입해야 하지만 I_R은 한 번만 대입하면 되어 더 간단하기 때문이다.
- 오른쪽 루프 방정식에서 I_R 자리에 $I_M - I_L$을 대입한다. 이어서 같은 종류의 항끼리 묶어 계산한다. 상수 항은 우변으로 옮긴다. 그러면 $6I_M - 3I_L = 39$을 얻는다.
- 왼쪽 루프 방정식을 간단히 해보자. 같은 종류의 항끼리 묶어 계산한다. 방정식의 양변에 -1을 곱한다. 이렇게 하면 모든 $-$ 부호가 $+$ 부호로 바뀐다. 그러면 $3I_M + 6I_L = 42$을 얻는다.
- 방정식 $6I_M - 3I_L = 39$의 양변에 2를 곱하여 $12I_M - 6I_L = 78$을 얻는다. 이렇게 되면 이 방정식에는 $-6I_L$이 나타나서 위에서 구한 방정식에 들어있는 $+6I_L$과 부호만 반대가 되는 항이 생긴다.
- 두 방정식 $3I_M + 6I_L = 42$과 $12I_M - 6I_L = 78$을 서로 더하면 $-6I_L$과 $+6I_L$이 상쇄되어 $15I_M = 120$이 된다.
- $15I_M = 120$의 양변을 15로 나누면 $I_M = 8.0$ A를 얻는다.
- $I_M = 8.0$ A를 $3I_M + 6I_L = 42$에 대입하고 I_L에 대해 푼다.
- 그러면 $I_L = 3.0$ A를 얻는다. I_L 값과 I_M 값을 접합점 방정식 $I_L + I_R = I_M$에 대입하여 I_R에 대해 풀면 $I_R = 5.0$ A를 얻는다.

(B) 원래 회로에서 전압계가 연결된 두 점 사이의 전위차를 구한다. 15장의 예제를 다시 공부하면서 키르히호프 루프 법칙을 적용하여 두 점 사이의 전위차를 구하는 방법을 익히도록 한다.

- A점에서 두 배터리를 차례로 거쳐 B점으로 가는 경로를 선택한다. 이 경로를 선택하면 계산이 더 간단하다.
- 그러면 $+18 + 21 = 39$ V를 얻는다. 부호가 +가 된 것은 A점에서 B점으로 갈 때 각 배터리에서 + 단자를 − 단자보다 먼저 만나기 때문이다.

(C) 15장 예제의 맨 마지막 부분을 다시 공부하여 전위의 크기를 서로 비교하는 방법을 익히기 바란다.

- 어느 한 점의 전위를 0으로 놓는데, 여기서는 A점의 전위를 0으로 놓는다. 즉 $V_A = 0$이다.

- A점에서 B점으로 움직이면서 루프 법칙을 적용하여 전위차 $V_B - V_A$를 구해보면 $V_B - V_A = +3I_R$이 된다. 이 식에 V_A 값과 I_R 값을 대입하면 $V_B = 15$ V를 얻는다.
- B점에서 D점으로 움직이면서 루프 법칙을 적용하여 전위차 $V_D - V_B$를 구해보면 $V_D - V_B = -21$이 된다. 이 식에 V_B 값을 대입하면 $V_D = V_B - 21 = -6.0$ V를 얻는다.
- D점에서 C점으로 움직이면서 루프 법칙을 적용하여 전위차 $V_C - V_D$를 구해보면 $V_C - V_D = -6I_L$이 된다. 이 식에 V_D 값과 I_L 값을 대입하면 $V_C = -24.0$ V를 얻는다. (계산 과정에서 $V_C + 6 = -18$이 되고 이 식의 양변에서 6을 빼면 $V_C = -24$가 된다.)
- 지금까지 구한 답이 맞는지 점검해보자. C점에서 A점으로 움직이면서 루프 법칙을 적용하여 전위차 $V_A - V_C$를 구해보면 $V_A - V_C = 24$가 나온다. 이 식에 V_C 값을 대입하면 $V_A + 24 = 24$가 된다(−24를 빼는 것은 24를 더하는 것과 같으므로). 이 식의 양변에서 24를 빼면 $V_A = 0$이 되어 처음에 정한 값이 나온다. 따라서 모든 답이 정확함을 확인할 수 있다.
- 지금까지 구한 결과를 정리해보면 $V_A = 0$ V, $V_B = 15.0$ V, $V_D = -6.0$ V, $V_C = -24.0$ V이다. 이제 각 점의 전위를 비교해보면 다음과 같다.

$$V_B > V_A > V_D > V_C$$

주의: 책에 따라서는 키르히호프 법칙 문제를 다른 방법으로 풀 수도 있다. 따라서 강사와 교재에 따라서 다른 방법을 적용할 수 있지만 결과는 같다.

16장: 추가 저항 방정식

65. 값을 알고 있는 양을 나타내는 기호들을 써보자.

- 값이 주어진 기호: $R = 5.0\ \Omega$, $L = \pi$ m, $T = 0.80$ mm
- 두께 T의 단위를 mm에서 m로 변환하면 $T = 8.0 \times 10^{-4}$ m이다.
- 두께는 도선의 지름과 같으므로 도선의 반지름을 구한다.
- 도선의 반지름은 $a = \frac{D}{2} = \frac{T}{2}$이므로 $a = 4.0 \times 10^{-4}$ m이다.
- 도선의 단면적을 구하기 위해 반지름 a 값을 $A = \pi a^2$에 대입한다. 계산 과정에서 $a^2 = (4 \times 10^{-4})^2 = (4)^2(10^{-4})^2 = 16 \times 10^{-8}$ m^{2}이므로 $A = 16\pi \times 10^{-8}$ m^{2}이다.
- 공식 $R = \frac{\rho L}{A}$을 사용한다. 이 식을 ρ에 대해 정리하면 $\rho = \frac{RA}{L}$를 얻는다.
- 저항률은 $\rho = 8.0 \times 10^{-7}\ \Omega\cdot$m이다. $\rho = 80 \times 10^{-8}\ \Omega\cdot$m와 같이 써도 된다.

---

66. 값을 알고 있는 양을 나타내는 기호들을 써보자.

- 값이 주어진 기호: $\alpha=2.0\times10^{-3}$ /°C, $R_0=30\ \Omega$, $R=33\ \Omega$, $T_0=20$ °C
- 이 값들을 공식 $R\approx R_0(1+\alpha\Delta T)$에 대입한다. 계산 과정에서 $\frac{33}{30}=1.1$이고 $1.1-1=0.1$이다.
- 그러면 $0.1\approx0.002(T-20)$을 얻는다. 이 식의 양변을 0.002로 나눈 다음에 20을 각각 더한다.
- 답은 $T=70$ °C이다.

---

67. 값을 알고 있는 양을 나타내는 기호들을 써보자. 문제를 푸는 데 적합한 방정식을 선택한다.

(A) 값이 주어진 기호: $\varepsilon=36$ V, $\Delta V=32$ V, $R=8.0\ \Omega$

- 옴 법칙 $\Delta V=IR$을 사용한다. 이 식을 전류 I에 대해 풀면 $I=\frac{\Delta V}{R}$이 된다.
- 그러면 전류는 $I=4.0$가 된다.
- 방정식 $\varepsilon=I(R+r)$을 사용한다. 이 식을 내부저항 r에 대해 푼다.
- 계산 과정에서 $\frac{36}{4}=9$이고 $9-8=1$이다.
- 그러면 내부저항은 $R=1.0\ \Omega$이다.

(B) 공식 $P=I\Delta V$를 사용한다.

- 저항에서 소모되는 전력은 $P=128$ W이다.

---

68. 16장에 있는 마지막 예제를 다시 공부하여 R 방정식을 유도하는 방법을 익히도록 한다.

- 먼저, II 영역($a<r<b$)에서 가우스 법칙을 적용한다.
- 8장의 예제에서 II 영역의 전기장을 다음과 같이 구하였다.

$$\vec{\mathbf{E}}=\frac{kQ}{r^2}\hat{\mathbf{r}}$$

- 전위차를 구하기 위해 바깥쪽 방향을 따라 전기장을 적분한다. 여기서 $\vec{\mathbf{E}}\cdot d\vec{\mathbf{s}}=E\cos0°\ ds=Eds$이고 $ds=dr$이다.

$$\Delta V=V_f-V_i=-\int_i^f\vec{\mathbf{E}}\cdot d\vec{\mathbf{s}}=-\int_i^f E\,ds$$

- 위 식에 $E=\frac{kQ}{r^2}$을 대입한 다음, 간단히 하면 다음 식을 얻는다.

$$\Delta V = -kQ \int_{r=a}^{b} \frac{dr}{r^2}$$

- 위 식에서 적분 항을 계산하면 $-\frac{1}{r}$이다.
- 적분 결과에 상한과 하한을 대입하여 계산하면 다음 식을 얻는다.

$$\Delta V = -kQ\left(-\frac{1}{b} + \frac{1}{a}\right)$$

- 공통분모를 구하여 위 식의 분수 계산을 하면 다음 식을 얻는다.

$$\Delta V = -kQ\left(\frac{-a+b}{ab}\right) = -kQ\left(\frac{b-a}{ab}\right)$$

- 계산 과정에서 $-a+b=b-a$이다.
- $\vec{\mathbf{J}} = \sigma\vec{\mathbf{E}}$이므로 전류 I는 $\vec{\mathbf{J}}$를 적분하여 $I = \int \vec{\mathbf{J}} \cdot d\vec{\mathbf{A}} = \sigma \int \vec{\mathbf{E}} \cdot d\vec{\mathbf{A}}$가 된다.

구의 표면에 대해 면 적분을 수행할 때 $\vec{\mathbf{E}} \cdot d\vec{\mathbf{A}} = E\cos 0° dA = EdA$이고 $dA = r^2 \sin\theta d\theta d\phi$이다. 구 표면 전체에 대해 적분하기 위한 적분 범위를 구 좌표계의 θ와 ϕ로 표시하는 방법을 다시 살펴보기 바란다. 위 식에 $E = \frac{kQ}{r^2}$을 대입한 다음, 간단히 하면 다음 식을 얻는다.

$$I = \int \vec{\mathbf{J}} \cdot d\vec{\mathbf{A}} = \sigma \int \vec{\mathbf{E}} \cdot d\vec{\mathbf{A}} = kQ\sigma \int_{\theta=0}^{\pi} \int_{\phi=0}^{2\pi} \sin\theta \, d\theta d\phi$$

- $dA = r^2 \sin\theta d\theta d\phi$에 들어 있는 r^2과 $E = \frac{kQ}{r^2}$에 들어 있는 r^2은 약분되어 사라진다.
- $\sin\theta$의 정적분을 계산하면 2가 된다.
- 따라서 적분을 수행하면 다음 식을 얻는다. 여기서 $\sigma = \frac{1}{\rho}$이다.

$$I = 4\pi kQ\sigma = \frac{4\pi kQ}{\rho}$$

- ΔV와 I를 저항 공식 $R = \frac{|\Delta V|}{I}$에 대입한다.
- k와 Q는 약분되어 사라진다. 절댓값을 계산해야 하는 것에 주의한다. 최종 답은 $R = \frac{\rho(b-a)}{4\pi ab}$이다.

17장: 로그와 지수

69. 5를 몇 제곱해야 625가 될까? $5^4 = 625$이므로 답은 4이다.

---

70. 방정식의 양변을 6으로 나누면 $e^{-x/2} = \frac{1}{3}$이 된다.

- 방정식의 좌변과 우변에 각각 자연로그를 취하면 $-\frac{x}{2} = \ln\left(\frac{1}{3}\right)$이 된다.
- 이는 연산규칙 $\ln(e^y) = y$에 $y = -\frac{x}{2}$를 대입하면 위 식의 좌변이 되기 때문이다.
- 위 식의 양변에 -2를 곱하면 $x = -2\ln\left(\frac{1}{3}\right)$이 되기 때문이다.
- 위 식에 연산규칙 $\ln\left(\frac{1}{y}\right) = -\ln(y)$을 적용하면 $x = 2\ln(3)$이 된다.
- 답은 $x = 2\ln(3)$이다. 계산기를 사용하면 $x \approx 2.197$이다.

---

71. 적분 식을 두 개의 항으로 나누면 $\int_{x=0}^{2} dx - \int_{x=0}^{2} e^{-x/2}dx$이 된다.

- 첫 번째 적분 항의 정적분은 2가 된다.
- 연산규칙 $\int e^{ax}dx = \frac{e^{ax}}{a}$을 적용한다. $e^{-x/2}$와 e^{ax}를 비교해보면 $a = -\frac{1}{2}$이다.
- $\int e^{-x/2}dx = -2e^{-x/2}$이다. 계산 과정에서 $\frac{1}{-1/2} = -2$이다.
- 위의 적분 결과에 상한과 하한을 대입하여 계산한다. 계산 과정에서 $e^0 = 1$이고 $e^{-2/2} = e^{-1} = \frac{1}{e}$이다.
- 두 번째 적분 항의 정적분은 $\int_{x=0}^{2} e^{-x/2}dx = -\frac{2}{e}+2$이다.
- 두 번째 적분 항의 앞에 있는 − 부호를 고려하면 $-\int_{x=0}^{2} e^{-x/2}dx = -\left(-\frac{2}{e}+2\right) = \frac{2}{e} - 2$가 된다.
- 최종 답은 $\frac{2}{e}$이다. 계산 과정에서 첫 번째 적분 항과 두 번째 적분 항의 결과를 합하면 다음과 같이 2가 상쇄된다. $2 - \left(-\frac{2}{e}+2\right) = 2 + \frac{2}{e} - 2 = \frac{2}{e}$

---

72. 적분 $\int \frac{dx}{x}$을 수행하면 $\ln(x)$이다.

- $\ln(x)$에 하한과 상한을 대입하여 계산하면 $\ln(2) - \ln(1)$이다. $\ln(1) = 0$이므로 답은 $\ln(2)$이다.

18장: RC 회로

73. 값이 주어진 양의 목록을 만든다. 문제를 푸는 데 적합한 방정식을 선택한다.

- 값을 알고 있는 양: $C = 5.0\ \mu\text{F}$, $Q_m = 60\ \mu\text{C}$, $R = 20\ \text{k}\Omega$
- 미터법 접두사에서 $\mu = 10^{-6}$, $\text{k} = 10^3$을 나타낸다.
- 값을 알고 있는 양을 다시 쓴다: $C = 5.0 \times 10^{-6}$ F, $Q_m = 6.0 \times 10^{-5}$ C, $R = 2.0 \times 10^4\ \Omega$

(A) 커패시턴스 방정식 $Q_m = C\Delta V_m$을 사용한다.

- 이 식의 양변을 C로 나누어 ΔV_m을 구하면 $\Delta V_m = \frac{Q_m}{C}$이다.

- 위 식에 값을 대입하면 커패시터 양단의 초기 전위차는 $\Delta V_m = 12.0$ V이다.

(B) 옴 법칙 $\Delta V_m = I_m R$을 적용한다. 이 식의 양변을 R로 나누어 I_m을 구하면 $I_m = \frac{\Delta V_m}{R}$이다.

- 이 식에 값을 대입하면 전류의 초깃값은 $I_m = 0.60$ mA이다. 이 값은 0.00060 A 또는 6.0×10^{-4} A로 써도 된다.

(C) 시정수 방정식 $\tau = RC$를 사용한다.

- 시정수 $\tau = \frac{1}{10}$ s 또는 $\tau = 0.10$ s이다.
- 방정식 $t_{1/2} = \tau \ln(2)$를 사용한다.
- 반감기는 $t_{1/2} = \frac{\ln(2)}{10}$ s이다. 계산기를 사용하면 $t_{1/2} = 0.069$ s이다.

(D) 방정식 $Q = Q_m e^{-t/\tau}$을 사용한다. 이 식에 $t = 0.20$ s를 대입한다.

- $-\frac{0.20}{0.10} = -2$이고 $e^{-2} = \frac{1}{e^2}$이다.
- 커패시터에 저장된 전하는 $Q = \frac{60}{e^2}$ μC이다. 계산기를 사용하면 $Q = 8.1$ μC이다.

---

74. 값이 주어진 양의 목록을 만든다. 문제를 푸는 데 적합한 방정식을 선택한다.

- 값을 알고 있는 양: $C = 4.0$ μF, $I_m = 6.0$ A, $I = 3.0$ A, $t_{1/2} = 200$ ms
- 미터법 접두사에서 $\mu = 10^{-6}$, $\mathrm{m} = 10^{-3}$을 나타낸다.
- 값을 알고 있는 양을 다시 쓴다: $C = 4.0 \times 10^{-6}$ F, $t_{1/2} = 0.200\ \mathrm{s} = \frac{1}{5}$ s

(A) 방정식 $t_{1/2} = \tau \ln(2)$를 사용한다. τ에 대해 풀면 $\tau = \frac{t_{1/2}}{\ln(2)}$이 된다.

- 이 식에 값을 대입하면 시정수는 $\tau = \frac{1}{5\ln(2)}$ s이다. 계산기를 사용하면 $\tau = 0.29$ s이다.

(B) 방정식 $\tau = RC$를 사용한다. 이 식을 R에 대해 풀면 $R = \frac{\tau}{C}$이다.

- 이 식에 값을 대입하면 시정수는 $R = \frac{50}{\ln(2)}$ kΩ이다. 계산기를 사용하면 72 kΩ = 72,000 Ω이다.

19장: 스칼라 곱셈과 벡터 곱셈

75. 주어진 벡터의 성분들을 알아낸다.

- 벡터 성분들: $A_x = 5$, $A_y = 2$, $A_z = 3$, $B_x = 4$, $B_y = -6$, $B_z = -2$
- 스칼라 곱셈 방정식 $\vec{\mathbf{A}} \cdot \vec{\mathbf{B}} = A_x B_x + A_y B_y + A_z B_z$을 사용한다.
- 위 식에 성분들의 값을 대입하면 $20 - 12 - 6$이 된다.
- 스칼라 곱은 $\vec{\mathbf{A}} \cdot \vec{\mathbf{B}} = 2$이다.
- 벡터 곱을 계산하는 다음의 행렬식 수식을 사용한다.

$$\vec{\mathbf{A}} \times \vec{\mathbf{B}} = \begin{vmatrix} \hat{\mathbf{x}} & \hat{\mathbf{y}} & \hat{\mathbf{z}} \\ A_x & A_y & A_z \\ B_x & B_y & B_z \end{vmatrix} = \hat{\mathbf{x}} \begin{vmatrix} A_y & A_z \\ B_y & B_z \end{vmatrix} - \hat{\mathbf{y}} \begin{vmatrix} A_x & A_z \\ B_x & B_z \end{vmatrix} + \hat{\mathbf{z}} \begin{vmatrix} A_x & A_y \\ B_x & B_y \end{vmatrix}$$

- 2×2 행렬식을 계산하면 $-4 + 18 = 14$, $-10 - 12 = -22$, $-30 - 8 = -38$가 된다.
- 두 번째 항의 앞에 있는 − 부호를 고려하면 $-(-22)\hat{\mathbf{y}} = +22\hat{\mathbf{y}}$이다.
- 벡터 곱은 $\vec{\mathbf{A}} \times \vec{\mathbf{B}} = 14\hat{\mathbf{x}} + 22\hat{\mathbf{y}} - 38\hat{\mathbf{z}}$이다.

---

76. 주어진 벡터의 성분들을 알아낸다.

- 벡터 성분들: $A_x = 3$, $A_y = -1$, $A_z = -4$, $B_x = 2$, $B_y = 0$, $B_z = -1$
- $\vec{\mathbf{B}}$는 $\hat{\mathbf{y}}$ 성분을 가지고 있지 않으므로 $B_y = 0$이 되었다.
- 스칼라 곱셈 방정식 $\vec{\mathbf{A}} \cdot \vec{\mathbf{B}} = A_xB_x + A_yB_y + A_zB_z$을 사용한다.
- 위 식에 성분들의 값을 대입하면 $6 - 0 + 4$가 된다.
- 스칼라 곱은 $\vec{\mathbf{A}} \cdot \vec{\mathbf{B}} = 10$이다.
- 벡터 곱을 계산하는 다음의 행렬식 수식을 사용한다.

$$\vec{\mathbf{A}} \times \vec{\mathbf{B}} = \begin{vmatrix} \hat{\mathbf{x}} & \hat{\mathbf{y}} & \hat{\mathbf{z}} \\ A_x & A_y & A_z \\ B_x & B_y & B_z \end{vmatrix} = \hat{\mathbf{x}} \begin{vmatrix} A_y & A_z \\ B_y & B_z \end{vmatrix} - \hat{\mathbf{y}} \begin{vmatrix} A_x & A_z \\ B_x & B_z \end{vmatrix} + \hat{\mathbf{z}} \begin{vmatrix} A_x & A_y \\ B_x & B_y \end{vmatrix}$$

- 2×2 행렬식을 계산하면 $1 - 0 = 1$, $-3 + 8 = 5$, $0 + 2 = 2$가 된다.
- 두 번째 항의 앞에 있는 − 부호를 고려하면 $-(5)\hat{\mathbf{y}} = -5\hat{\mathbf{y}}$이다.
- 벡터 곱은 $\vec{\mathbf{A}} \times \vec{\mathbf{B}} = \hat{\mathbf{x}} - 5\hat{\mathbf{y}} + 2\hat{\mathbf{z}}$이다.

---

77. $A = 8$, $B = 5$, $\theta = 60°$이다.

(A) 방정식 $\vec{\mathbf{A}} \cdot \vec{\mathbf{B}} = AB\cos\theta$을 사용한다.

- 스칼라 곱은 $\vec{\mathbf{A}} \cdot \vec{\mathbf{B}} = 20$이다.

(B) 방정식 $|\vec{\mathbf{A}} \times \vec{\mathbf{B}}| = AB\sin\theta$을 사용한다.

- 벡터 곱의 크기는 $|\vec{\mathbf{A}} \times \vec{\mathbf{B}}| = 20\sqrt{3}$이다.

20장: 막대자석

78. 279쪽에 있는 그림을 90도만큼 회전시켜서 자기장선을 그린다.

(A)

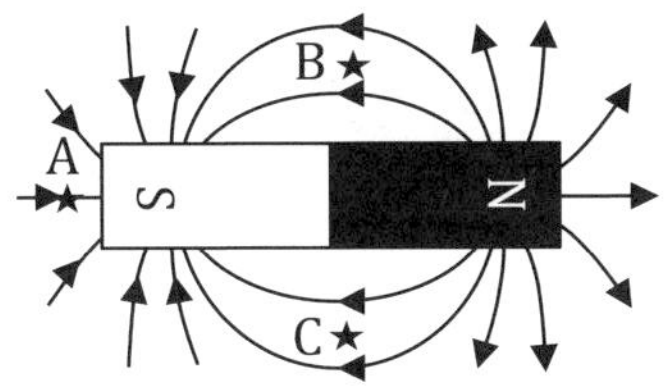

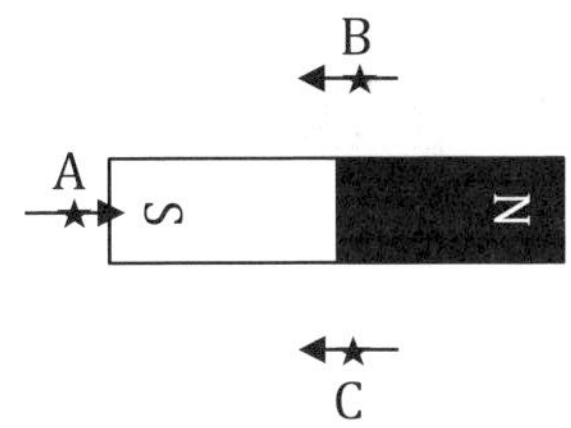

(B)

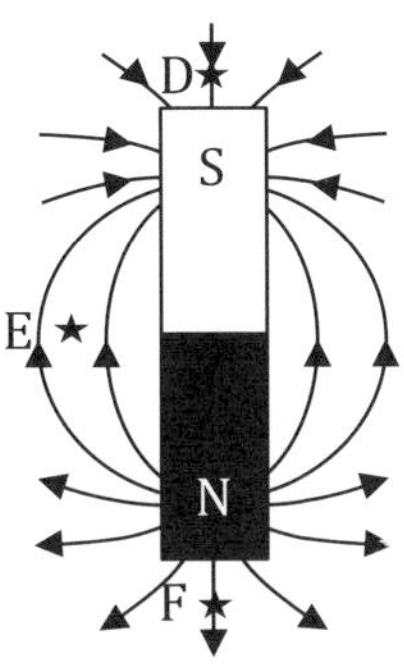

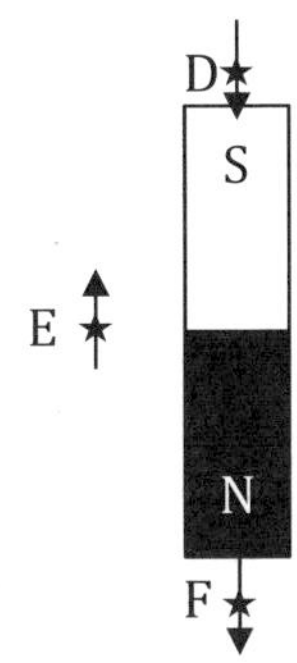

(C)

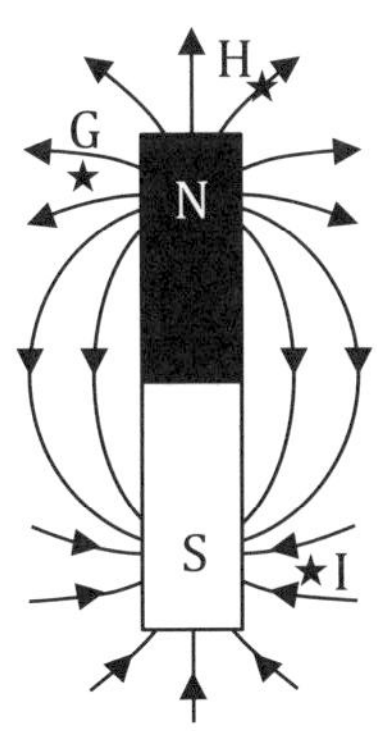

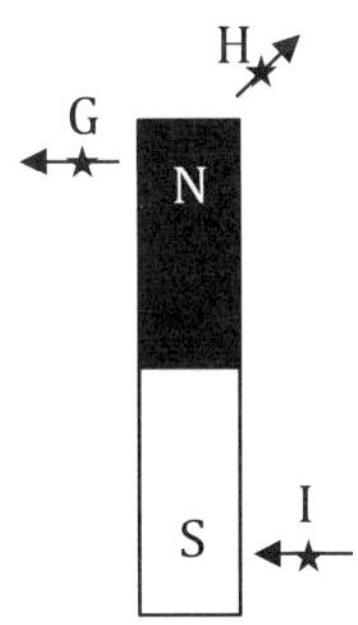

(D)

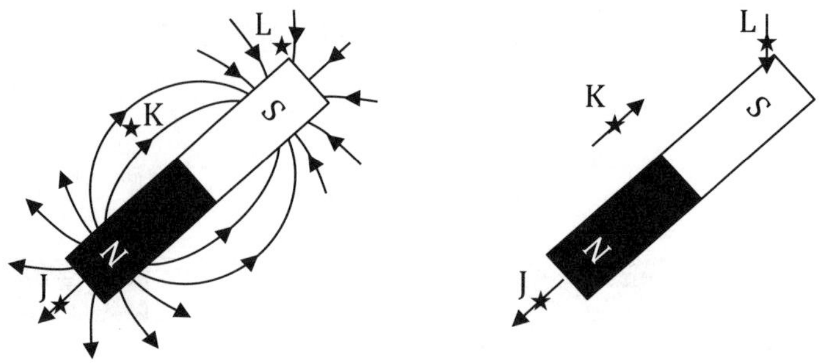

21장: 자기력용 오른손 규칙

79. 21장의 285쪽에 있는 오른손 규칙을 다시 공부하고 예제를 살펴보면서 이 문제를 푸는 방법을 생각해보기 바란다.

도움말: 주어진 문제의 구조에 오른손 규칙을 적용할 때 손이 꼬여서 손의 위치를 제대로 잡기가 어려운 경우가 있다. 이때는 손을 꼬는 대신 책을 돌려서 손이 편안한 상태가 되게 만든다.

(A) 전류 I가 흐르는 방향에 맞추어 오른손 엄지손가락을 제외한 나머지 네 손가락들이 아래쪽(↓)을 가리키도록 놓는다.

- 이와 동시에 오른손 손바닥이 자기장 B의 방향에 맞추어 오른쪽(→)을 바라보도록 놓는다.
- 네 개의 손가락은 아래쪽(↓)을, 손바닥은 오른쪽(→)을 향하게 맞춘 상태에서는 엄지손가락은 책 밖으로 나오는 방향(⊙)을 가리킨다. 따라서 자기력 $\vec{\mathbf{F}}_m$은 책 밖으로 나오는 방향(⊙)이다.

(B) 속도 $\vec{\mathbf{v}}$의 방향에 맞추어 오른손 엄지손가락을 제외한 나머지 네 손가락들이 위쪽(↑)을 가리키도록 놓는다.

- 이와 동시에 오른손 손바닥이 자기장 $\vec{\mathbf{B}}$의 방향에 맞추어 책 안으로 들어가는 방향(⊗)을 바라보도록 놓는다.
- 네 개의 손가락은 위쪽(↑)을, 손바닥은 책 안으로 들어가는 방향(⊗)을 향하게 맞춘 상태에서는 엄지손가락은 왼쪽(←)을 가리킨다. 따라서 자기력 $\vec{\mathbf{F}}_m$은 왼쪽 방향(←)이다.

(C) **도움말**: 오른손의 위치가 편안한 상태가 되도록 책을 돌려놓는다.

- 전류 I가 흐르는 방향에 맞추어 오른손 엄지손가락을 제외한 나머지 네 손가락들

이 오른쪽(→)을 가리키도록 놓는다.

- 이와 동시에 오른손 손바닥이 자기장 $\vec{\mathbf{B}}$의 방향에 맞추어 책 밖으로 나오는 방향(⊙)을 바라보도록 놓는다.
- 네 개의 손가락은 오른쪽(→)을, 손바닥은 책 밖으로 나오는 방향(⊙)을 향하게 맞춘 상태에서는 엄지손가락은 아래쪽(↓)을 가리킨다. 따라서 자기력 $\vec{\mathbf{F}}_m$은 아래쪽 방향(↓)이다.

(D) 속도 $\vec{\mathbf{v}}$의 방향에 맞추어 오른손 엄지손가락을 제외한 나머지 네 손가락들이 책 밖으로 나오는 방향(⊙)을 가리키도록 놓는다.

- 이와 동시에 오른손 손바닥이 자기장 $\vec{\mathbf{B}}$의 방향에 맞추어 위쪽(↑)을 바라보도록 놓는다.
- 네 개의 손가락은 책 밖으로 나오는 방향(⊙)을, 손바닥은 위쪽(↑)을 향하게 맞춘 상태에서는 엄지손가락은 왼쪽(←)을 가리킨다. 하지만 여기서 왼쪽은 답이 **아니다**. 전자는 음(−) 전하를 가지므로 답은 반대가 된다. 따라서 자기력 $\vec{\mathbf{F}}_m$은 오른쪽 방향(→)이다.

(E) 먼저 막대자석의 자기장선을 스케치한다.(20장 참조) 평균적으로 양성자가 위치한 곳인 A점에서 자기장 $\vec{\mathbf{B}}$를 나타내는 자기장선의 방향은 어느 쪽을 향하고 있는가? A점에서 자기장 $\vec{\mathbf{B}}$는 아래쪽(↓) 방향이다.

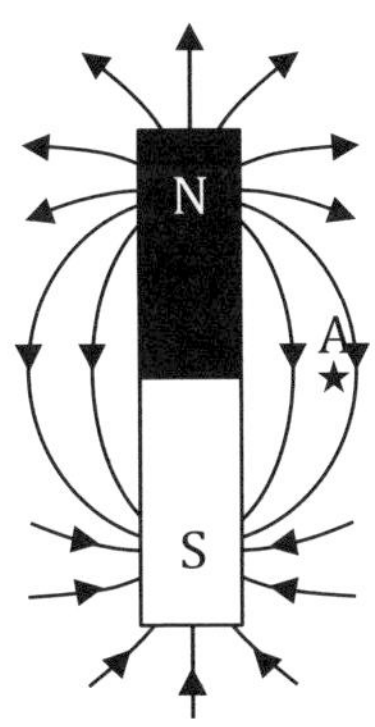

- 속도 $\vec{\mathbf{v}}$의 방향에 맞추어 오른손 엄지손가락을 제외한 나머지 네 손가락들이 오른쪽(→)을 가리키도록 놓는다.
- 이와 동시에 오른손 손바닥이 자기장 $\vec{\mathbf{B}}$의 방향에 맞추어 아래쪽(↓)을 바라보도록 놓는다.
- 네 개의 손가락은 오른쪽(→)을, 손바닥은 아래쪽(↓)을 향하게 맞춘 상태에서는 엄지손가락은 책 안으로 들어가는 방향(⊗)을 가리킨다. 따라서 자기력 $\vec{\mathbf{F}}_m$은 책 안으로 들어가는 방향(⊗)이다.

(F) 자기력을 구하기 위해 오른손 규칙을 적용하는 과정을 반대로 한다. 이 문제에서는 자기력 $\vec{\mathbf{F}}_m$의 방향을 알고 있는 상태에서 자기장 $\vec{\mathbf{B}}$의 방향을 구하는 것이다.

- 전류 I의 방향에 맞추어 오른손 엄지손가락을 제외한 나머지 네 손가락들이 아래쪽(↓)을 가리키도록 놓는다.
- 이와 동시에 오른손 **엄지손가락**(손바닥이 아님에 주의)이 자기력 $\vec{\mathbf{F}}_m$의 방향(←)에 맞추어 왼쪽을 향하도록 놓는다.
- 이렇게 하면 오른손 손바닥은 책 밖으로 나오는 방향(⊙)을 향한다. 따라서 자기장의 방향은 책 밖으로 나오는 방향(⊙)이다.

---

80. 21장의 286쪽에 있는 오른손 규칙을 다시 공부하고 예제를 살펴보면서 이 문제를 푸는 방법을 생각해보기 바란다.

(A) 속도 $\vec{\mathbf{v}}$의 방향에 맞추어 오른손 엄지손가락을 제외한 나머지 네 손가락들이 위쪽(↑)을 가리키도록 놓는다.

- 이와 동시에 오른손 손바닥이 자기장 $\vec{\mathbf{B}}$의 방향에 맞추어 왼쪽(←)을 바라보도록 놓는다.
- 네 개의 손가락은 위쪽(↑)을, 손바닥은 왼쪽(←)을 향하게 맞춘 상태에서는 엄지손가락은 책 안으로 들어가는 방향(⊗)을 가리킨다. 따라서 자기력 $\vec{\mathbf{F}}_m$은 책 안으로 들어가는 방향(⊗)이다.

(B) 전류 I가 흐르는 방향에 맞추어 오른손 엄지손가락을 제외한 나머지 네 손가락들이 책 안으로 들어가는 방향(⊗)을 가리키도록 놓는다.

- 이와 동시에 오른손 손바닥이 자기장 $\vec{\mathbf{B}}$의 방향에 맞추어 아래쪽(↓)을 바라보도록 놓는다.
- 네 개의 손가락은 책 안으로 들어가는 방향(⊗)을, 손바닥은 아래쪽(↓)을 향하게 맞춘 상태에서는 엄지손가락은 왼쪽(←)을 가리킨다. 따라서 자기력 $\vec{\mathbf{F}}_m$은 왼쪽 방향(←)이다.

(C) 이 문제에는 '비법'이 숨어 있다. 이 문제에서는 전류 I가 자기장 $\vec{\mathbf{B}}$와 반평행이다. 21장의 286쪽에 있는 방법에 따라 자기력 $\vec{\mathbf{F}}_m$는 0이 되므로 방향을 따질 필요가 없다. 24장에서 풀 때는 반평행인 경우에 $\theta = 180°$이므로 $F_m = ILB\sin\theta$에 대입하여 $F_m = ILB\sin 180° = 0$이 되므로 같은 결과를 얻는다.

(D) 먼저 막대자석의 자기장선을 스케치한다(20장 참조). 평균적으로 양성자가 위치한 곳인 A점에서 자기장 $\vec{\mathbf{B}}$를 나타내는 자기장선의 방향은 어느 쪽을 향하고 있는가? A점에서 자기장 $\vec{\mathbf{B}}$는 아래쪽(↓) 방향이다. (아래 그림에서 북극은 아래쪽에 있다. 막대자석의 위, 아래가 뒤집혀 있다.)

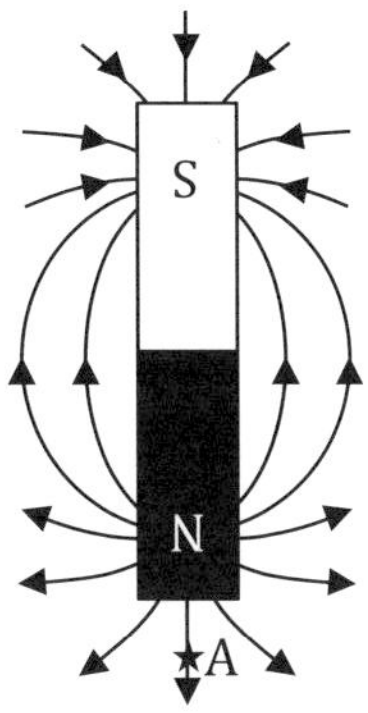

- 속도 $\vec{\mathbf{v}}$의 방향에 맞추어 오른손 엄지손가락을 제외한 나머지 네 손가락들이 왼쪽(←)을 가리키도록 놓는다.
- 이와 동시에 오른손 손바닥이 자기장 $\vec{\mathbf{B}}$의 방향에 맞추어 아래쪽(↓)을 바라보도록 놓는다.
- 네 개의 손가락은 왼쪽(←)을, 손바닥은 아래쪽(↓)을 향하게 맞춘 상태에서는 엄지손가락은 책 밖으로 나오는 방향(⊙)을 가리킨다. 따라서 자기력 $\vec{\mathbf{F}}_m$은 책 밖으로 나오는 방향(⊙)이다.

(E) 속도 $\vec{\mathbf{v}}$의 방향에 맞추어 오른손 엄지손가락을 제외한 나머지 네 손가락들이 왼쪽 위 대각선 방향(↖)을 가리키도록 놓는다.

- 이와 동시에 오른손 손바닥이 자기장 $\vec{\mathbf{B}}$의 방향에 맞추어 책 밖으로 나가는 방향(⊙)을 바라보도록 놓는다.
- 네 개의 손가락은 왼쪽 위 대각선 방향(↖)을, 손바닥은 책 밖으로 나가는 방향(⊙)을 향하게 맞춘 상태에서는 엄지손가락은 오른쪽 위 대각선 방향(↗)을 가리킨다. 하지만 이 방향은 답이 **아니다**. 전자는 음(−) 전하를 가지므로 답은 반대가 된다. 따라서 자기력 $\vec{\mathbf{F}}_m$은 왼쪽 아래 대각선 방향(↙)이다.

(F) 자기력을 구하기 위해 오른손 규칙을 적용하는 과정을 반대로 한다. 이 문제에서는 자기력 $\vec{\mathbf{F}}_m$의 방향을 알고 있는 상태에서 자기장 $\vec{\mathbf{B}}$의 방향을 구하는 것이다.

- 전류 I의 방향에 맞추어 오른손 엄지손가락을 제외한 나머지 네 손가락들이 책 밖으로 나오는 방향(⊙)을 가리키도록 놓는다.
- 이와 동시에 오른손 **엄지손가락**(손바닥이 아님에 주의)이 자기력 $\vec{\mathbf{F}}_m$의 방향(←)에 맞추어 왼쪽을 향하도록 놓는다.
- 이렇게 하면 오른손 손바닥은 위쪽(↑)을 향한다. 따라서 자기장 $\vec{\mathbf{B}}$의 방향은 위쪽 방향(↑)이다.

81. 21장의 286쪽에 있는 오른손 규칙을 다시 공부하고 예제를 살펴보면서 이 문제를 푸는 방법을 생각해보기 바란다.

(A) 전류 I의 방향에 맞추어 오른손 엄지손가락을 제외한 나머지 네 손가락들이 오른쪽 아래 대각선 방향(↘)을 가리키도록 놓는다.

- 이와 동시에 오른손 손바닥이 자기장 $\vec{\mathbf{B}}$의 방향에 맞추어 오른쪽 위 대각선 방향(↗)을 바라보도록 놓는다.
- 네 개의 손가락은 오른쪽 아래 대각선 방향(↘)을, 손바닥은 오른쪽 위 대각선 방향(↗)을 향하게 맞춘 상태에서는 엄지손가락은 책 밖으로 나오는 방향(⊙)을 가리킨다. 따라서 자기력 $\vec{\mathbf{F}}_m$은 책 밖으로 나오는 방향(⊙)이다.

(B) 먼저 막대자석의 자기장선을 스케치한다.(20장 참조) 전자가 위치한 곳인 A점에서 자기장 $\vec{\mathbf{B}}$를 나타내는 자기장선의 방향은 평균적으로 어느 쪽을 향하고 있는가? A점에서 자기장 $\vec{\mathbf{B}}$는 왼쪽(←) 방향이다.

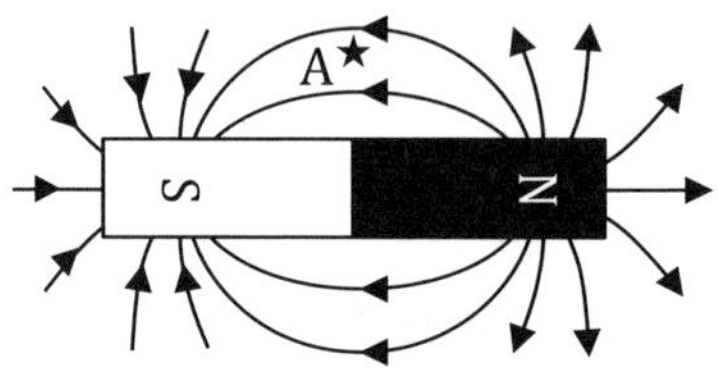

- 속도 $\vec{\mathbf{v}}$의 방향에 맞추어 오른손 엄지손가락을 제외한 나머지 네 손가락들이 책 안으로 들어가는 방향(⊗)을 가리키도록 놓는다.
- 이와 동시에 오른손 손바닥이 자기장 $\vec{\mathbf{B}}$의 방향에 맞추어 왼쪽(←)을 바라보도록 놓는다.
- 네 개의 손가락은 책 안으로 들어가는 방향(⊗)을, 손바닥은 왼쪽(←)을 향하게 맞춘 상태에서는 엄지손가락은 위쪽 방향(↑)을 가리킨다. 하지만 이 방향은 답이 아니다. 전자는 음(−) 전하를 가지므로 답은 반대가 된다. 따라서 자기력 $\vec{\mathbf{F}}_m$은 아래쪽 방향(↓)이다.

(C) 자기력 $\vec{\mathbf{F}}_m$는 구심력으로, 원의 중심을 향한다. 표시된 지점에서 속도 $\vec{\mathbf{v}}$는 접선을 따라 위쪽을 향하고 자기력 $\vec{\mathbf{F}}_m$은 왼쪽(원의 중심)을 향한다. 자기력을 구하기 위해 오른손 규칙을 적용하는 과정을 반대로 한다.

- 속도 $\vec{\mathbf{v}}$의 방향에 맞추어 오른손 엄지손가락을 제외한 나머지 네 손가락들이 위쪽(↑)을 가리키도록 놓는다.
- 이와 동시에 오른손 **엄지손가락**(손바닥이 아님에 주의)이 자기력 $\vec{\mathbf{F}}_m$의 방향(←)에 맞추어 왼쪽을 향하도록 놓는다.

- 이렇게 하면 오른손 손바닥은 책 안으로 들어가는 방향(⊗)을 가리킨다. 따라서 자기장 $\vec{\mathbf{B}}$의 방향은 책 안으로 들어가는 방향(⊗)이다.

(D) 전자는 음(−) 전하를 가지므로 위 (C)에서 구한 것에서 방향만 반대이다. 따라서 자기장 $\vec{\mathbf{B}}$의 방향은 책 밖으로 나오는 방향(⊙)이다.

(E) 먼저 직사각형 루프를 이루고 있는 각 변에 가해지는 자기력을 오른손 규칙을 적용하여 구해보자.

- **왼쪽 변**: 전류 I의 방향에 맞추어 오른손 엄지손가락을 제외한 나머지 네 손가락들이 위쪽(↑)을 가리키도록 놓는다. 이와 동시에 오른손 손바닥이 자기장 $\vec{\mathbf{B}}$의 방향에 맞추어 위쪽(↑)을 향하도록 놓는다. 그러면 I와 $\vec{\mathbf{B}}$의 방향이 평행하므로 자기력 $\vec{\mathbf{F}}_m$는 0이다.
- **윗변**: 전류 I의 방향에 맞추어 오른손 엄지손가락을 제외한 나머지 네 손가락들이 오른쪽(→)을 가리키도록 놓는다. 이와 동시에 오른손 손바닥이 자기장 $\vec{\mathbf{B}}$의 방향에 맞추어 위쪽(↑)을 향하도록 놓는다. 이렇게 하면 오른손 엄지손가락이 가리키는 자기력 $\vec{\mathbf{F}}_m$의 방향은 책 밖으로 나오는 방향(⊙)이다.
- **오른쪽 변**: 전류 I의 방향은 아래쪽(↓)을 향하고 자기장 $\vec{\mathbf{B}}$의 방향은 위쪽(↑)을 향하고 있다. 이처럼 I와 $\vec{\mathbf{B}}$의 방향이 반평행이므로 자기력 $\vec{\mathbf{F}}_m$는 0이다.
- **아랫변**: 전류 I의 방향에 맞추어 오른손 엄지손가락을 제외한 나머지 네 손가락들이 왼쪽(←)을 가리키도록 놓는다. 이와 동시에 오른손 손바닥이 자기장 의 방향에 맞추어 위쪽(↑)을 향하도록 놓는다. 이렇게 하면 오른손 엄지손가락이 가리키는 자기력 $\vec{\mathbf{F}}_m$의 방향은 책 안으로 들어가는 방향(⊗)이다.

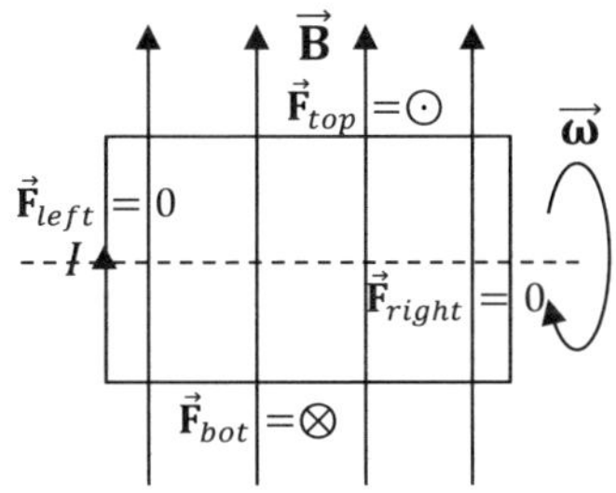

이상과 같이 구한 자기력 $\vec{\mathbf{F}}_m$을 위의 그림에 나타내었다. 루프의 윗변은 책 밖으로 당겨지고 아랫변은 책 속으로 밀쳐지면 루프는 어떻게 될까? 루프는 위의 그림에 표시된 점선을 축으로 하여 회전하게 된다.

(E) 먼저 직사각형 루프를 이루고 있는 각 변에 가해지는 자기력을 오른손 규칙을 적용하여 구해보자.

- **아랫변**: 전류 I의 방향에 맞추어 오른손 엄지손가락을 제외한 나머지 네 손가락들이 오른쪽(→)을 가리키도록 놓는다. 이와 동시에 오른손 손바닥이 자기장 $\vec{\mathbf{B}}$의 방향에 맞추어 책 밖으로 나오는 방향(⊙)을 향하도록 놓는다. 이렇게 하면 오른손 엄지손가락이 가리키는 자기력 $\vec{\mathbf{F}}_m$의 방향은 아래쪽 방향(↓)이다.
- **오른쪽 변**: 전류 I의 방향에 맞추어 오른손 엄지손가락을 제외한 나머지 네 손가락들이 위쪽(↑)을 가리키도록 놓는다. 이와 동시에 오른손 손바닥이 자기장 $\vec{\mathbf{B}}$의 방향에 맞추어 책 밖으로 나오는 방향(⊙)을 향하도록 놓는다. 이렇게 하면 오른손 엄지손가락이 가리키는 자기력 $\vec{\mathbf{F}}_m$의 방향은 오른쪽 방향(→)이다.
- **윗변**: 전류 I의 방향에 맞추어 오른손 엄지손가락을 제외한 나머지 네 손가락들이 왼쪽(←)을 가리키도록 놓는다. 이와 동시에 오른손 손바닥이 자기장 $\vec{\mathbf{B}}$의 방향에 맞추어 책 밖으로 나오는 방향(⊙)을 향하도록 놓는다. 이렇게 하면 오른손 엄지손가락이 가리키는 자기력 $\vec{\mathbf{F}}_m$의 방향은 위쪽 방향(↑)이다.
- **왼쪽 변**: 전류 I의 방향에 맞추어 오른손 엄지손가락을 제외한 나머지 네 손가락들이 아래쪽(↓)을 가리키도록 놓는다. 이와 동시에 오른손 손바닥이 자기장 $\vec{\mathbf{B}}$의 방향에 맞추어 책 밖으로 나오는 방향(⊙)을 향하도록 놓는다. 이렇게 하면 오른손 엄지손가락이 가리키는 자기력 $\vec{\mathbf{F}}_m$의 방향은 왼쪽 방향(←)이다.

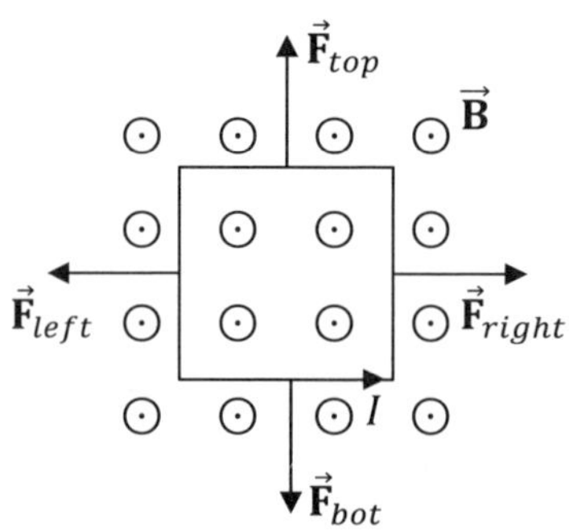

이상과 같이 구한 자기력 $\vec{\mathbf{F}}_m$을 위의 그림에 나타내었다. 루프의 네 변은 각각 바깥쪽으로 당겨지는 힘을 받는다. (실제로 루프가 팽창할지 아닐지는 루프에 작용하는 힘과 루프를 구성하는 물질의 강도의 상대적인 크기에 따라 결정된다.)

22장: 자기장용 오른손 규칙

82. 22장의 299쪽에 있는 오른손 규칙을 다시 공부하고 예제를 살펴보면서 이 문제를 푸는 방법을 생각해보기 바란다.

(A) 자기장용 오른손 규칙을 적용하여 자기장을 구해보자.

- 전류 I가 흐르는 방향에 맞춰 오른손 엄지손가락이 아래쪽(↓)을 가리키도록 한 상태에서 오른손으로 전류를 감싸 쥔다.
- 그러면 아래의 왼쪽 그림처럼 오른손 엄지손가락을 제외한 나머지 네 손가락들이 도선을 감싸는 원을 이룬다.
- 어떤 특정 지점에서 자기장 B의 방향은 아래의 오른쪽 그림에서 보듯이 이 원의 접선방향(원의 접점에서 손가락 끝이 가리키는 방향)이다. A점에서는 자기장 $\vec{\mathbf{B}}_A$가 책 밖에서 안으로 들어가는 방향(⊗)이며 C점에서는 자기장 $\vec{\mathbf{B}}_C$는 책 안에서 책 밖으로 나오는 방향(⊙)이다.

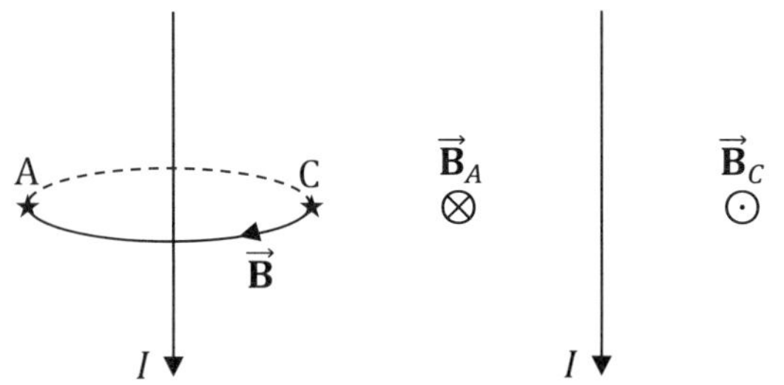

(B) 자기장용 오른손 규칙을 적용하여 자기장을 구해보자.

- 전류 I가 흐르는 방향에 맞춰 오른손 엄지손가락이 책 안으로 들어가는 방향(⊗)을 가리키도록 한 상태에서 오른손으로 전류를 감싸 쥔다.
- 그러면 아래의 왼쪽 그림처럼 오른손 엄지손가락을 제외한 나머지 손가락들이 도선을 감싸는 원을 이룬다. 이때 손가락 끝이 가리키는 방향은 시계방향이다.
- 어떤 특정 지점에서 자기장 $\vec{\mathbf{B}}$의 방향은 아래의 오른쪽 그림에서 보듯이 이 원의 접선방향(원의 접점에서 손가락 끝이 가리키는 방향)이다. D점과 E점과 F점에서 시계방향을 향하는 접선을 그리면 아래의 오른쪽 그림과 같다. D점에서는 자기장 $\vec{\mathbf{B}}_D$가 위쪽 방향(↑)이며 E점에서는 자기장 $\vec{\mathbf{B}}_E$는 왼쪽 방향(←)이고 F점에서는 자기장 $\vec{\mathbf{B}}_F$는 오른쪽 아래 대각선 방향(↘)이다.
- 주의: 이 문제에서 자기장의 회전 방향은 시계방향이지만 22장의 비슷한 예제에서는 반시계방향이었다. 그 까닭은 이 문제에서는 전류가 책 안으로 들어가는 방향으로 흐르지만 예제에서는 책 밖으로 나오는 방향으로 흐르기 때문이다.

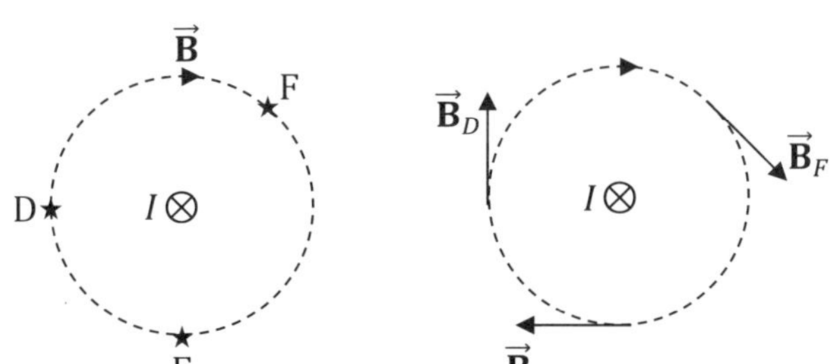

(C) 자기장용 오른손 규칙을 적용하여 자기장을 구해보자.

- 시계방향으로 흐르는 전류 루프 I의 방향에 맞춰 오른손 엄지손가락이 시계방향을 가리키도록 한 상태에서 오른손으로 전류를 감싸 쥔다. 루프의 어느 부분을 오른손으로 쥐든, 나머지 네 손가락들은 H점에서는 책 안으로 들어가는 방향(⊗)이다. 따라서 H점에서는 자기장 $\vec{\mathbf{B}}_H$가 책 안으로 들어가는 방향(⊗)이다.
- G점에서의 자기장을 구하기 위해 오른손으로 전류 루프의 맨 왼쪽을 잡는다(핸들의 맨 왼쪽이 G점에서 가장 가까우므로 핸들의 다른 부분보다 G점의 자기장에 가장 큰 영향을 준다). 또 J점에서의 자기장을 구하기 위해 오른손으로 전류 루프의 맨 오른쪽을 잡는다(핸들의 맨 오른쪽이 J점에서 가장 가까우므로 핸들의 다른 부분보다 J점의 자기장에 가장 큰 영향을 준다) 그러면 나머지 오른손의 네 손가락들은 J점에서 책 밖으로 나오는 방향(⊙)이다. 따라서 G점과 J점에서는 자기장 $\vec{\mathbf{B}}_G$와 $\vec{\mathbf{B}}_J$가 책 밖으로 나오는 방향(⊙)이다.

(D) 전류의 방향이 반시계방향이므로 위 (C)에서 구한 것에서 방향만 반대이다. 따라서 K점, L점, M점에서 자기장 $\vec{\mathbf{B}}$의 방향은 다음과 같다.

- L점에서는 자기장 $\vec{\mathbf{B}}_L$가 책 바깥으로 나오는 방향(⊙)이다.
- K점과 M점에서는 자기장 $\vec{\mathbf{B}}_K$와 $\vec{\mathbf{B}}_M$가 책 안으로 들어가는 방향(⊗)이다.

(E) 먼저 배터리의 두 단자에 + 기호와 − 기호를 각각 붙인다. 긴 수직선이 + 단자다. 또 배터리의 + 단자에서 빠져 나와 − 단자를 향해 들어가는 방향으로 전류 화살표를 그린다. 그러면 아래의 왼쪽에 있는 그림과 같다.

이제 자기장용 오른손 규칙을 적용하여 자기장을 구해보자.

- N점에서 자기장의 방향은 바로 위 (C)의 H점에서 자기장의 방향과 동일하다. 그 까닭은 루프에 흐르는 전류가 시계방향으로 흐르기 때문이다.
- N점에서 자기장 $\vec{\mathbf{B}}_N$는 책 안으로 들어가는 방향(⊗)이다.

(F) 이 문제에서 주의할 점은 지금까지 풀어본 문제들과는 달리 루프가 책과 나란한 평면에 놓여있지 않다는 것이다. 이 원형 루프는 수평으로 놓여 있으므로 책 앞에는 실선(—)으로 된 반원이, 책 속에는 점선(……)으로 된 반원이 있는 것으로 볼 수 있다. 이 루프는 농구 바스켓을 구성하고 있는 '림(rim)'과 유사하다. 이제 자기장용 오른손 규칙을 적용하여 자기장을 구해보자.

- 책 앞에서 왼쪽으로 흐르는 전류 I의 방향에 맞춰 오른손 엄지손가락이 왼쪽 방향을 가리키도록 한 상태로 오른손으로 전류를 감싸 쥔다. (그림을 보면 루프 앞쪽, 다시 말해 책을 정면으로 바라보는 각도에서 여러분과 가장 가까운 루프 부분에 흐르는 전류의 방향이 왼쪽이므로 오른손 엄지손가락을 왼쪽 방향(←)으로 맞춘다).

- 그러면 오른손의 나머지 네 손가락들은 루프 내부에서는 아래쪽 방향(↓)으로 올라간다. 따라서 O점에서는 자기장 $\vec{\mathbf{B}}_O$가 아래쪽 방향(↓)이다.

도움말: 위의 답은 22장의 비슷한 예제와 방향이 반대이다. 그 까닭은 이 문제에서 전류가 흐르는 방향이 예제와 반대이기 때문이다.

(G) 이 문제는 루프가 수평이 아니라 수직으로 놓여 있는 것을 제외하면 위 (F)와 동일하다. 이제 자기장용 오른손 규칙을 적용하여 자기장을 구해보자.

- 책 앞에서 왼쪽으로 흐르는 전류 I의 방향에 맞춰 오른손 엄지손가락이 위쪽 방향을 가리키도록 한 상태로 오른손으로 전류를 감싸 쥔다. (그림을 보면 루프 앞쪽, 다시 말해 책을 정면으로 바라보는 각도에서 여러분과 가장 가까운 루프 부분에 흐르는 전류의 방향이 위쪽이므로 오른손 엄지손가락을 위쪽 방향(↑)으로 맞춘다).
- 그러면 오른손의 나머지 네 손가락들은 루프 내부에서는 왼쪽 방향(←)으로 올라간다. 따라서 P점에서는 자기장 $\vec{\mathbf{B}}_P$가 왼쪽 방향(←)이다.

(H) 이 문제는 위 (G)와 루프에 흐르는 전류의 방향만 반대이다. 따라서 답은 위 (G)와 반대 방향이므로 Q점에서는 자기장 $\vec{\mathbf{B}}_Q$가 오른쪽 방향(→)이다.

(I) 솔레노이드는 근사적으로 여러 개의 수평 루프를 쌓아 놓은 것으로 볼 수 있다. 각각의 수평루프는 위 (F)에서 다룬 루프와 동일하다. 솔레노이드를 이루고 있는 각각의 수평루프에 흐르는 전류 I는 (F)와 동일한 방향으로 흐르고 있다. 따라서 (F)와 마찬가지로 솔레노이드 내부의 R점에서는 자기장 $\vec{\mathbf{B}}_R$이 아래쪽 방향(↓)이다.

23장: 두 오른손 규칙의 결합

83. 먼저 I_1에 22장에서 배운 자기장용 오른손 규칙을 적용하여 자기장의 방향을 구한다. 그 다음, I_2에 21장에서 배운 자기력용 오른손 규칙을 적용하여 자기력을 구한다.

(A) 전류 I_2가 받는 자기력의 방향을 구해야 하므로 아래 그림에서 보듯이 I_2 위에 장점을 그려 넣는다.

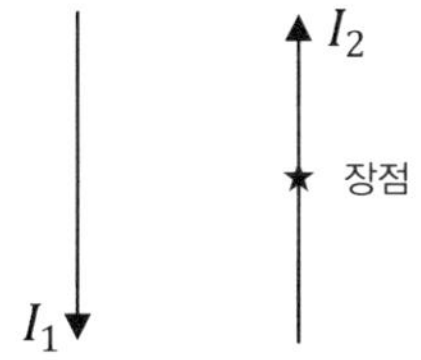

- I_2에 22장에서 배운 자기장용 오른손 규칙을 적용한다. I_1이 흐르는 방향에 맞춰 오른손 엄지손가락이 아래쪽(↓)을 가리키도록 한 상태에서 오른손으로 전류를 감싸 쥔다. 그러면 장점(★) 위치에서 오른손 엄지손가락을 제외한 나머지 네 손가락들의 끝은 책 밖으로 나오는 방향(⊙)이다. 따라서 I_1이 장점(★)에 만들어내는 자기장 $\vec{\mathbf{B}}_1$의 방향은 책 밖으로 나오는 방향(⊙)이다.
- 이제 I_2에 21장에서 배운 자기력용 오른손 규칙을 적용하여 자기력을 구해보자. 전류 I_2가 흐르는 방향에 맞추어 오른손 엄지손가락을 제외한 나머지 네 손가락들이 위쪽(↑)을 가리키도록 놓는다. 이와 동시에 오른손 손바닥이 자기장 $\vec{\mathbf{B}}_1$의 방향에 맞추어 책 밖(⊙)을 향하도록 놓는다. 그러면 자기력 $\vec{\mathbf{F}}_1$의 방향을 알려주는 오른손 엄지손가락은 오른쪽 방향(→)을 가리킨다.
- 따라서 왼쪽 전류 I_1은 오른쪽 전류 I_2를 오른쪽(→)으로 밀쳐낸다. (두 전류는 서로를 밀쳐낸다.)

(B) 전류 I_2가 받는 자기력의 방향을 구해야 하므로 아래 그림에서 보듯이 I_2 위에 장점을 그려 넣는다.

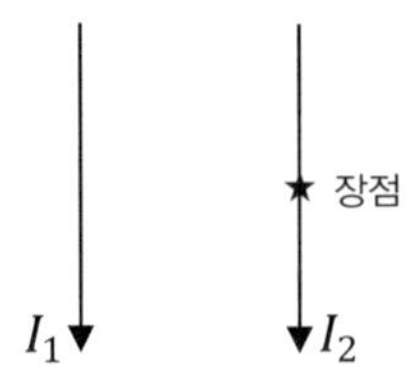

- I_1에 22장에서 배운 자기장용 오른손 규칙을 적용한다. I_1이 흐르는 방향에 맞춰 오른손 엄지손가락이 아래쪽(↓)을 가리키도록 한 상태에서 오른손으로 전류를 감싸 쥔다. 그러면 장점(★) 위치에서 오른손 엄지손가락을 제외한 나머지 네 손가락들의 끝은 책 밖으로 나오는 방향(⊙)이다. 따라서 I_1이 장점(★)에 만들어내는 자기장 $\vec{\mathbf{B}}_1$의 방향은 책 밖으로 나오는 방향(⊙)이다.
- 이제 I_2에 21장에서 배운 자기력용 오른손 규칙을 적용하여 자기력을 구해보자. 전류 I_2가 흐르는 방향에 맞추어 오른손 엄지손가락을 제외한 나머지 네 손가락들이 아래쪽(↓)을 가리키도록 놓는다. 이와 동시에 오른손 손바닥이 자기장 $\vec{\mathbf{B}}_1$의 방향에 맞추어 책 밖(⊙)을 향하도록 놓는다. 그러면 자기력 $\vec{\mathbf{F}}_1$의 방향을 알려주는 오른손 엄지손가락은 왼쪽 방향(←)을 가리킨다.
- 따라서 왼쪽 전류 I_1은 오른쪽 전류 I_2를 왼쪽(←)으로 끌어당긴다. (두 전류는 서로를 끌어당긴다.)

(C) 전류의 첨자에 주의해서 잘 살펴보면 이 문제에서는 이전 문제들과 반대로 I_2에 의해 I_1이 받는 자기력의 방향을 구한다.

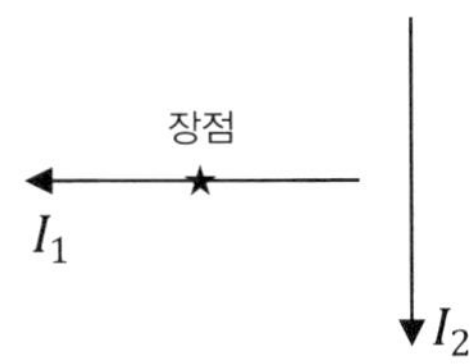

- 전류 I_1이 받는 자기력의 방향을 구해야 하므로 위의 그림에서 보듯이 I_1 위에 장점을 그려 넣는다.
- I_2(I_1이 **아님**)에 22장에서 배운 자기장용 오른손 규칙을 적용한다. I_2가 흐르는 방향에 맞춰 오른손 엄지손가락이 아래쪽(↓)을 가리키도록 한 상태에서 오른손으로 전류 I_2를 감싸 쥔다. 그러면 장점(★) 위치에서 오른손 엄지손가락을 제외한 나머지 네 손가락들의 끝은 책 안으로 들어가는 방향(⊗)이다. 따라서 I_2(I_1이 **아님**)가 장점(★)에 만들어내는 자기장 $\vec{\mathbf{B}}_2$의 방향은 책 안으로 들어가는 방향(⊗)이다.
- 이제 I_1에 21장에서 배운 자기력용 오른손 규칙을 적용하여 자기력을 구해보자. 전류 I_1이 흐르는 방향에 맞추어 오른손 엄지손가락을 제외한 나머지 네 손가락들이 왼쪽(←)을 가리키도록 놓는다. 이와 동시에 오른손 손바닥이 자기장 $\vec{\mathbf{B}}_2$의 방향에 맞추어 책 안(⊗)을 향하도록 놓는다. 그러면 자기력 $\vec{\mathbf{F}}_2$의 방향을 알려주는 오른손 엄지손가락은 아래쪽 방향(↓)을 가리킨다.
- 따라서 오른쪽 전류 I_2는 왼쪽 전류 I_1을 아래쪽(↓)으로 밀친다.
- 이 문제에서는 $\vec{\mathbf{B}}_2$와 $\vec{\mathbf{F}}_2$를 구하였다. 그 까닭은 이 문제에서 구하는 것이 I_2에 의해 I_1이 받는 자기력의 방향이기 때문이다.

(D) A점에 있는 I_2가 받는 자기력의 방향을 구해야 하므로 장점은 A점이다.

- I_1에 22장에서 배운 자기장용 오른손 규칙을 적용한다. 오른손 엄지손가락이 가리키는 방향을 I_1이 흐르는 방향에 맞춘 상태에서 나머지 오른손 손가락들로 전류를 감싸 쥔다. 그러면 장점인 A점에서 오른손 엄지손가락을 제외한 나머지 네 손가락들의 끝은 책 안으로 들어가는 방향(⊗)이다. 따라서 이 장점인 A점에 만들어내는 자기장 $\vec{\mathbf{B}}_1$의 방향은 책 안으로 들어가는 방향(⊗)이다.
- 이제 A점에 있는 I_2에 21장에서 배운 자기력용 오른손 규칙을 적용하여 자기력을 구해보자. 전류 I_2가 흐르는 방향에 맞추어 오른손 엄지손가락을 제외한 나머지 네 손가락들이 위쪽(↑)을 가리키도록 놓는다. 이와 동시에 오른손 손바닥이 자기장 $\vec{\mathbf{B}}_1$의 방향에 맞추어 책 안(⊗)을 향하도록 놓는다. 그러면 자기력 $\vec{\mathbf{F}}_1$의 방향을 알려주는 오른손 엄지손가락은 왼쪽 방향(←)을 가리킨다.
- 따라서 바깥쪽 전류 I_1은 안쪽 전류 I_2를 왼쪽(←)으로 밀쳐낸다. 좀 더 일반적으로 말해 바깥쪽 전류는 안쪽 전류를 안쪽으로 밀쳐낸다. (두 전류는 서로를 밀쳐낸다.)

(E) 전류 I_2가 받는 자기력의 방향을 구해야 하므로 아래 그림에서 보듯이 I_2 위에 장점을 그려 넣는다.

- 배터리의 두 단자에 + 기호와 − 기호를 각각 붙인다. 긴 수직선이 + 단자다. 또 배터리의 + 단자에서 빠져 나와 − 단자를 향해 들어가는 방향으로 전류 화살표를 그린다. 이 문제에서는 아래 그림과 같이 전류 I_1이 시계방향으로 흐른다.

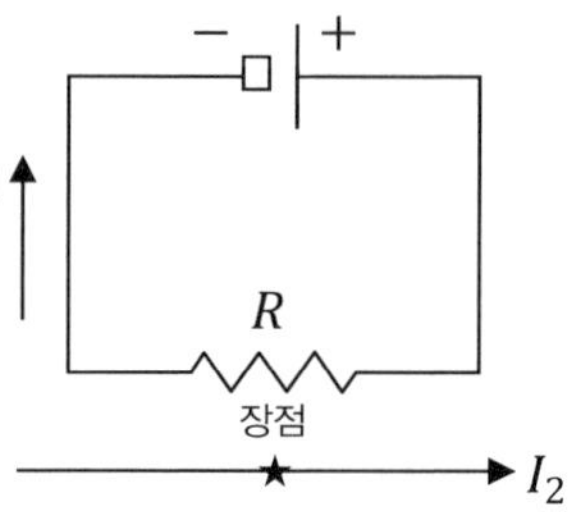

- I_2에 22장에서 배운 자기장용 오른손 규칙을 적용한다. 루프의 아래쪽 부분에서 I_1이 흐르는 방향이 왼쪽(←)이므로 이에 맞춰 오른손 엄지손가락이 왼쪽(←)을 가리키도록 한 상태에서 오른손으로 전류를 감싸 쥔다. 그러면 장점(★) 위치에서 오른손 엄지손가락을 제외한 나머지 네 손가락들의 끝은 책 밖으로 나오는 방향(⊙)이다. 따라서 I_1이 장점(★)에 만들어내는 자기장 $\vec{\mathbf{B}}_1$의 방향은 책 밖으로 나오는 방향(⊙)이다.
- 이제 I_2에 21장에서 배운 자기력용 오른손 규칙을 적용하여 자기력을 구해보자. 전류 I_2가 흐르는 방향에 맞추어 오른손 엄지손가락을 제외한 나머지 네 손가락들이 오른쪽(→)을 가리키도록 놓는다. 이와 동시에 오른손 손바닥이 자기장 $\vec{\mathbf{B}}_1$의 방향에 맞추어 책 밖(⊙)을 향하도록 놓는다. 그러면 자기력 $\vec{\mathbf{F}}_1$의 방향을 알려주는 오른손 엄지손가락은 아래쪽 방향(↓)을 가리킨다.
- 따라서 위쪽 전류 I_1은 오른쪽 아래에 있는 전류 I_2를 아래쪽(↓)으로 밀쳐낸다. (두 전류는 서로를 밀쳐낸다.)

(F) 전류 I_2가 받는 자기력의 방향을 구해야 하므로 아래 그림에서 보듯이 루프의 중심에 장점을 그려 넣는다.

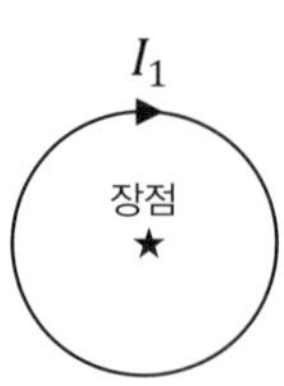

- I_1에 22장에서 배운 자기장용 오른손 규칙을 적용한다. 오른손 엄지손가락이 가리키는 방향을 I_1이 흐르는 방향에 맞춘 상태에서 나머지 오른손 손가락들로 전류를 감싸 쥔다. 그러면 장점(★) 위치에서 오른손 엄지손가락을 제외한 나머지 네 손가락들의 끝은 책 안으로 들어가는 방향(⊗)이다. 따라서 I_1이 장점(★)에 만들어내는 자기장 $\vec{\mathbf{B}}_1$의 방향은 책 안으로 들어가는 방향(⊗)이다.
- 이제 I_2에 21장에서 배운 자기력용 오른손 규칙을 적용하여 자기력을 구해보자. 전류 는 책 안으로 들어가는 방향(⊗)으로 흐르고 자기장 $\vec{\mathbf{B}}_1$의 방향도 책 안(⊗)을 향한다. 따라서 전류 I_2와 자기장 $\vec{\mathbf{B}}_1$이 **평행**이므로 21장에서 배운 것처럼 자기력 $\vec{\mathbf{F}}_1$은 **0이 된다.**
- $\vec{\mathbf{F}}_1 = 0$이므로 바깥쪽 전류 I_1은 안쪽 전류 I_2에 아무런 힘을 가하지 않는다.

(G) 양성자가 받는 자기력의 방향을 구해야 하므로 아래 그림에서 보듯이 루프의 내부에 장점을 그려 넣는다.

- I_1에 22장에서 배운 자기장용 오른손 규칙을 적용한다. 오른손 엄지손가락이 가리키는 방향을 I_1이 흐르는 방향에 맞춘 상태에서 나머지 오른손 손가락들로 전류를 감싸 쥔다. 그러면 장점(★) 위치에서 오른손 엄지손가락을 제외한 나머지 네 손가락들의 끝은 책 바깥으로 나오는 방향(⊙)이다. 따라서 I_1이 장점(★)에 만들어내는 자기장 $\vec{\mathbf{B}}_1$의 방향은 책 밖으로 나오는 방향(⊙)이다.
- 기호 p는 양성자를 나타내고 $\vec{\mathbf{v}}$는 양성자의 속도를 나타낸다.
- 이제 양성자 p에 21장에서 배운 자기력용 오른손 규칙을 적용하여 자기력을 구해보자. 양성자의 속도 $\vec{\mathbf{v}}$의 방향에 맞추어 오른손 엄지손가락을 제외한 나머지 네 손가락들이 오른쪽(→)을 가리키도록 놓는다. 이와 동시에 오른손 손바닥이 자기장 $\vec{\mathbf{B}}_1$의 방향에 맞추어 책 밖(⊙)을 향하도록 놓는다. **도움말**: 손의 위치를 잡기가 불편하면 책을 돌려서 편안한 상태가 되게 한다. 그러면 자기력 $\vec{\mathbf{F}}_1$의 방향을 알려주는 오른손 엄지손가락은 아래쪽 방향(↓)을 가리킨다.
- 따라서 전류 I_1은 양성자를 아래쪽(↓)으로 밀쳐낸다.

(H) 전류 I_2가 받는 자기력의 방향을 구해야 하므로 다음 쪽 그림에서 보듯이 I_2 위에 장점을 그려 넣는다.

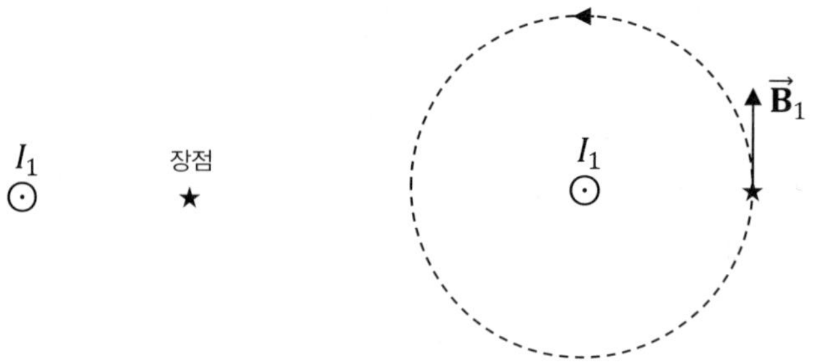

- I_1에 22장에서 배운 자기장용 오른손 규칙을 적용한다. I_1이 흐르는 방향에 맞춰 오른손 엄지손가락이 아래쪽(↓)을 가리키도록 한 상태에서 오른손으로 전류를 감싸 쥔다. 그러면 장점(★) 위치에서 오른손 엄지손가락을 제외한 나머지 네 손가락들의 끝은 위쪽 방향(↑)이다. 따라서 I_1이 장점(★)에 만들어내는 자기장 $\vec{\mathbf{B}}_1$의 방향은 위쪽 방향(↑)이다.

주의: 위의 오른쪽 그림을 보면 I_1이 만들어내는 원 모양의 자기장선이 나타나 있다. 22장에서 배웠듯이 I_1이 장점(★)에 만들어내는 자기장 $\vec{\mathbf{B}}_1$의 방향은 이 원형 자기장선의 접선 방향이다.

- 이제 I_2에 21장에서 배운 자기력용 오른손 규칙을 적용하여 자기력을 구해보자. 전류 I_2가 흐르는 방향에 맞추어 오른손 엄지손가락을 제외한 나머지 네 손가락들이 책 안으로 들어가는 방향(⊗)을 가리키도록 놓는다. 이와 동시에 오른손 손바닥이 자기장 $\vec{\mathbf{B}}_1$의 방향에 맞추어 위쪽(↑)을 향하도록 놓는다. 그러면 자기력 $\vec{\mathbf{F}}_1$의 방향을 알려주는 오른손 엄지손가락은 오른쪽 방향(→)을 가리킨다.
- 따라서 왼쪽 전류 I_1은 오른쪽 전류 I_2를 오른쪽(→)으로 밀쳐낸다. (두 전류는 서로를 밀쳐낸다.)

(I) C점에 있는 전류 I_2가 받는 자기력의 방향을 구해야 하므로 장점은 C점이다.

- I_1에 22장에서 배운 자기장용 오른손 규칙을 적용한다. 장점(★)인 C점에서의 자기장을 구하기 위해 오른손으로 왼쪽 전류 루프의 맨 오른쪽을 잡는다(루프의 맨 오른쪽이 C점에서 가장 가까우므로 루프의 다른 부분보다 C점의 자기장에 가장 큰 영향을 준다). 그러면 나머지 오른손의 네 손가락들은 J점에서 책 안으로 들어가는 방향(⊗)이다. 따라서 장점(★)에서 는 자기장 $\vec{\mathbf{B}}_1$이 책 안으로 들어가는 방향(⊗)이다.
- 이제 C점에 있는 I_2에 21장에서 배운 자기력용 오른손 규칙을 적용하여 자기력을 구해보자. C점에서 전류 I_2가 흐르는 방향에 맞추어 오른손 엄지손가락을 제외한 나머지 네 손가락들이 책 안으로 들어가는 방향(⊗)을 가리키도록 놓는다. 이와 동시에 오른손 손바닥이 자기장 $\vec{\mathbf{B}}_1$의 방향에 맞추어 책 안으로 들어가는 방향(⊗)을 향하도록 놓는다. 그러면 자기력 $\vec{\mathbf{F}}_1$의 방향을 알려주는 오른손 엄지손가락은 위쪽 방향(↑)을 가리킨다.

- 따라서 왼쪽 전류 I_1은 오른쪽 전류 I_2를 위쪽(↑)으로 밀쳐낸다. (두 전류는 서로를 밀쳐낸다.) 좀 더 일반적으로 말해 왼쪽 전류루프는 오른쪽 전류루프를 안쪽으로 밀쳐낸다. (다시 말해 I_1에 의해 I_2에 가해지는 자기력으로 인해 오른쪽 루프상의 모든 점은 루프의 중심을 향하는 안쪽 방향으로 힘을 받는다.)

24장: 자기력

84. 이 문제 전체에 주어진 자기장은 $B = \frac{1}{2}$ T(벡터로 쓰면 $\vec{\mathbf{B}} = \frac{1}{2}\hat{\mathbf{y}}$)이다.

(A) 방정식 $F_m = ILB\sin\theta$를 적용한다.

- 전류 I가 자기장과 서로 수직을 이루고 있으므로 I와 $\vec{\mathbf{B}}$ 사이의 각도는 $\theta = 90°$이다.
- 자기력의 크기는 $F_m = 6.0$ N이다.
- 자기력 $\vec{\mathbf{F}}_m$의 방향은 21장에서 배운 자기력용 오른손 규칙을 적용하여 구해보자. x, y, z를 사용하여 3차원 오른손 좌표계를 그린다. 예를 들어 324쪽의 그림처럼 $+x$축은 오른쪽을, $+y$축은 위쪽을, z축은 책 바깥쪽을 향하게 한다. 그러고 나서 오른손 손가락을 전부 펼친 다음, 손가락 끝이 가리키는 방향을 전류 I가 흐르는 방향에 맞춰 책 안으로 들어가는 방향(⊗)과 일치시킨다. 이와 동시에 오른손 손바닥이 자기장 $\vec{\mathbf{B}}$가 가리키는 방향인 위쪽(↑)을 향하게 한다. 이렇게 하면 오른손 엄지손가락은 오른쪽(→)을 가리킨다. 따라서 자기력 $\vec{\mathbf{F}}_m$의 방향은 $+x$축이다.
- 이번에는 다른 방법으로 자기력 $\vec{\mathbf{F}}_m$의 크기와 방향을 구해보자. 길이가 3.0 m이고 전류가 흐르는 방향이 $-z$축이므로 $\vec{\mathbf{L}} = -3\hat{\mathbf{z}}$로 쓸 수 있다. $\vec{\mathbf{F}}_m = I\vec{\mathbf{L}} \times \vec{\mathbf{B}}$에 대입하면 $\vec{\mathbf{F}}_m = 6\hat{\mathbf{x}}$이다.

(B) 방정식 $F_m = |q|vB\sin\theta$를 적용한다.

- $\mu = 10^{-6}$을 사용하여 전하의 단위를 μC에서 C 단위로 바꾸면 $q = 2.00 \times 10^{-4}$ C이다.
- $\text{k} = 1000$을 사용하여 속력을 km/s에서 m/s 단위로 바꾸면 $v = 60{,}000$ m/s이다.
- 속도 $\vec{\mathbf{v}}$가 x축을 기준으로 아래쪽으로 30°를 이루고 있고 자기장 $\vec{\mathbf{B}}$는 y축을 향하고 있으므로 $\vec{\mathbf{v}}$와 $\vec{\mathbf{B}}$ 사이의 각도는 $\theta = 30° + 90° = 120°$이다.

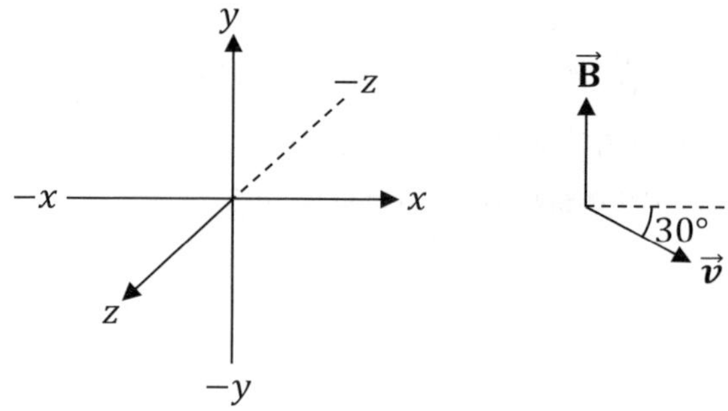

- $10^{-4} \times 10^3 = 10^{-1} = \frac{1}{10}$이다.
- 자기력의 크기는 $F_m = 3\sqrt{3}$ N이다.
- 자기력 $\vec{\mathbf{F}}_m$의 방향은 21장에서 배운 자기력용 오른손 규칙을 적용하여 구해보자. 오른손 손가락을 전부 펼친 다음, 손가락 끝이 가리키는 방향을 속도 $\vec{\mathbf{v}}$에 맞춰 오른쪽 아래 대각선 방향(↘)과 일치시킨다. 이와 동시에 오른손 손바닥이 자기장 $\vec{\mathbf{B}}$가 가리키는 방향인 위쪽(↑)을 향하게 한다. 이렇게 하면 오른손 엄지손가락은 책 밖으로 나오는 방향(⊙)을 가리킨다. 따라서 자기력 $\vec{\mathbf{F}}_m$의 방향은 $+z$축이다.
- 이번에는 다른 방법으로 자기력 $\vec{\mathbf{F}}_m$의 크기와 방향을 구해보자. $\vec{\mathbf{v}} = v_x\hat{\mathbf{x}} + v_y\hat{\mathbf{y}}$에서 $v_x = v\cos 330°$, $v_y = v\sin 330°$이므로 $v_x = 30,000\ 3\hat{\mathbf{x}} - 30,000\hat{\mathbf{y}}$이다. 각도 330°는 −30°($x$축을 기준으로 아래쪽으로 30°)와 같다. $+x$축을 기준으로 반시계방향으로 330°를 회전한 위치는 시계방향으로 30°를 회전한 위치와 동일하다. $\vec{\mathbf{F}}_m = q\vec{\mathbf{v}} \times \vec{\mathbf{B}}$에 대입하면 $\vec{\mathbf{F}}_m = 3\sqrt{3}\hat{\mathbf{z}}$이다. 계산을 할 때 19장에서 배운 벡터 곱 공식을 참고하기 바란다.

(C) 방정식 $F_m = |q|vB\sin\theta$를 적용한다.

- $\sin\theta = 0$이 되는 θ 값은 얼마인가?
- $\sin 0° = 0$이고 $\sin 180° = 0$이므로 답은 $\theta = 0°$ 또는 180°이다.
- 이렇게 되려면 속도 $\vec{\mathbf{v}}$가 자기장 $\vec{\mathbf{B}}$와 평행하거나 반평행해야 한다. 자기장의 방향 $+\hat{\mathbf{y}}$이므로 속도의 방향은 $+\hat{\mathbf{y}}$ 또는 $-\hat{\mathbf{y}}$이다.

---

85. 방정식 $\vec{\mathbf{F}}_m = q\vec{\mathbf{v}} \times \vec{\mathbf{B}}$를 사용한다.

- 행렬식 형태로 된 벡터 곱을 사용한다.
- $v_x = 3$, $v_y = -2$, $v_z = -1$이고 $B_x = 5$, $B_y = 1$, $B_z = -4$이다. 이 값들을 행렬식 형태의 벡터 곱에 대입을 한다.

$$\vec{\mathbf{F}}_m = q\vec{v} \times \vec{\mathbf{B}} = q\begin{vmatrix} \hat{\mathbf{x}} & \hat{\mathbf{y}} & \hat{\mathbf{z}} \\ v_x & v_y & v_z \\ B_x & B_y & B_z \end{vmatrix} = q\ \hat{\mathbf{x}}\begin{vmatrix} v_y & v_z \\ B_y & B_z \end{vmatrix} - \hat{\mathbf{y}}\begin{pmatrix} v_x & v_z \\ B_x & B_z \end{pmatrix} + \hat{\mathbf{z}}\begin{pmatrix} v_x & v_y \\ B_x & B_y \end{pmatrix}$$

- 2×2 행렬식은 $8+1=9$, $-12+5=-7$, $3+10=13$이다.
- 두 번째 항에서 − 부호 두 개가 연달아 나오면 + 부호로 바뀌므로 $-(-7)\,\hat{\mathbf{y}}=+7\,\hat{\mathbf{y}}$이다.
- 각각의 항에 전하 $q=2.00\times10^{-4}$ C를 곱해주는 것을 잊어서는 안 된다.
- 자기력은 $\vec{\mathbf{F}}_m=1.8\times10^{-3}\,\hat{\mathbf{x}}+1.4\times10^{-3}\,\hat{\mathbf{y}}+2.6\times10^{-3}\,\hat{\mathbf{z}}$이다.
- 계산 과정에서 $2\times10^{-4}\times9\,\hat{\mathbf{x}}=18\times10^{-4}\,\hat{\mathbf{x}}=1.8\times10^{-3}\,\hat{\mathbf{x}}$이다.

---

86. (A) 이 문제는 쪽에 있는 21장의 (D)와 유사하다. 두 문제 모두 − 전하를 가지고 있다. 차이점은 이 문제에서는 전하가 시계방향으로 운동을 하고 21장 문제에서는 반시계 방향으로 운동을 한다. 따라서 이 문제의 답은 책 안으로 들어가는 방향(⊗)이다.

(B) 입자에 뉴턴의 제2법칙을 적용한다. 입자가 등속 원 운동(일정한 속력의 원 운동)을 하고 있으므로 입자의 가속도는 구심가속도이다.

- 뉴턴 제2 법칙 $\sum F_{in}=ma_c$에 방정식 $F_m=|q|vB\sin\theta$과 $a_c=\frac{v^2}{R}$을 사용한다.
- 그러면 $|q|vB\sin\theta=\frac{mv^2}{R}$을 얻는다. 이 식의 양변을 v로 나눈다.
- 그러면 $|q|B\sin\theta=\frac{mv}{R}$을 얻는다. 계산 과정에서 $\frac{v^2}{v}=v$이다. 여기서 $\theta=90°$이다.
- 방정식의 양변에 R을 곱하고 이어서 $|q|B$로 나눈다.
- 그러면 $R=\frac{mv}{|q|B}$을 얻는다. 모든 값을 SI 단위로 변환한다.
- 그러면 $|q|=4.00\times10^{-4}$ C, $m=0.00025\text{ kg}=\frac{1}{4000}$ kg, $B=20$ T이다.
- 반지름은 $R=125$ m이다. (입자가 매우 큰 원을 그리며 운동을 하는 것처럼 보인다. 그러나 대형강입자충돌기(Large Hadron Collider, LHC)와 같은 입자 충돌기에서는 입자들이 이보다 훨씬 큰 원을 그리며 운동을 한다.)

---

87. 직사각형 루프를 이루고 있는 각 변에 가해지는 자기력을 오른손 규칙을 적용하여 구해보자.

- **윗변**: 전류 I의 방향에 맞추어 오른손 엄지손가락을 제외한 나머지 네 손가락들이 오른쪽(→)을 가리키도록 놓는다. 이와 동시에 오른손 손바닥이 자기장 $\vec{\mathbf{B}}$의 방향에 맞추어 아래쪽(↓)을 향하도록 놓는다. 이렇게 하면 오른손 엄지손가락이 가리키는 자기력 $\vec{\mathbf{F}}_{top}$의 방향은 책 안으로 들어가는 방향(⊗)이다.
- **오른쪽 변**: 전류 I의 방향은 아래쪽(↓)을 향하고 자기장 $\vec{\mathbf{B}}$의 방향은 아래쪽(↓)을 향하고 있다. 이처럼 I와 $\vec{\mathbf{B}}$의 방향이 평행이므로 자기력 $\vec{\mathbf{F}}_{right}$는 0이다.
- **아랫변**: 전류 I의 방향에 맞추어 오른손 엄지손가락을 제외한 나머지 네 손가락들이 왼쪽(←)을 가리키도록 놓는다. 이와 동시에 오른손 손바닥이 자기장 $\vec{\mathbf{B}}$의 방향에 맞추어 아래쪽(↓)을 향하도록 놓는다. 이렇게 하면 오른손 엄지손가락이 가리

키는 자기력 $\vec{\mathbf{F}}_{bot}$의 방향은 책 밖으로 나오는 방향(⊙)이다.

- **왼쪽 변**: 전류 I의 방향은 아래쪽(↓)을 향하고 자기장 $\vec{\mathbf{B}}$의 방향은 위쪽(↑)을 향하고 있다. 이처럼 I와 $\vec{\mathbf{B}}$의 방향이 반평행이므로 자기력 $\vec{\mathbf{F}}_{left}$는 0이다.

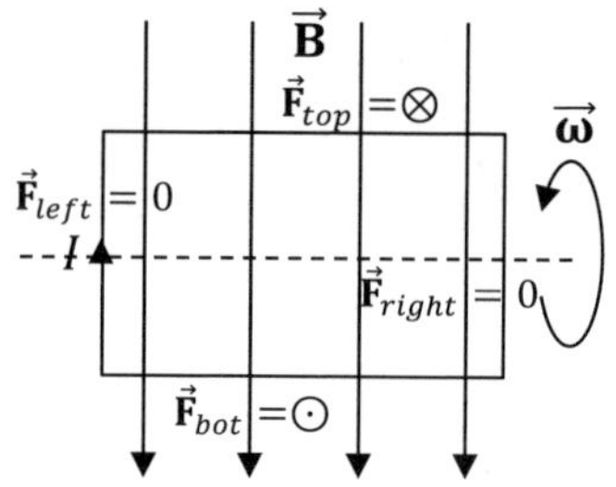

이상과 같이 구한 자기력 $\vec{\mathbf{F}}_m$을 위의 그림에 나타내었다. 루프의 윗변은 책 속으로 밀쳐지고 아랫변은 책 밖으로 당겨지면 루프는 어떻게 될까? 루프는 위의 그림에 표시된 점선을 축으로 하여 회전하게 된다.

(A) 루프의 각 변에 가해지는 자기력을 차례로 구해본다.

- 방정식 $F_m = ILB\sin\theta$를 사용하여 힘의 크기가 0이 아닌 윗변과 아랫변에 가해지는 자기력인 $\vec{\mathbf{F}}_{top}$과 $\vec{\mathbf{F}}_{bot}$를 계산한다. 변의 길이(폭)는 $L = 50$ cm $= \frac{1}{2}$ m이고 $B = 8000$ G $= 0.80$ T $= \frac{4}{5}$ T, $\theta = 90°$이다. (1 G $= 10^{-4}$ T이다.)
- 위에 주어진 값을 방정식에 대입하여 계산하면 $F_{top} = F_{bot} = 12$ N이다.
- $\vec{\mathbf{F}}_{top}$은 책 안으로 들어가는 방향(⊗)이고 $\vec{\mathbf{F}}_{bot}$는 책 바깥으로 나오는 방향 (⊙)이다. 두 힘이 크기는 서로 같고 방향은 서로 반대이므로 상쇄되어 알짜 힘은 $F_{net} = 0$이다.

(B) 방정식 $\tau = rF\sin\theta$을 사용한다. 이 방정식의 F에 알짜 힘 F_{net}을 대입하면 안 된다. 알짜 힘은 0이지만 알짜 토크는 0이 아니다. 이 문제를 푸는 방법에는 두 가지가 있다.

- 첫 번째 방법에서는 $\tau_{net} = IAB\sin\theta$을 사용한다. 여기서 $\theta = 90°$이다.
- $A = WH$(폭×높이)이다. 여기서 $W = 50$ cm $= \frac{1}{2}$ m이고 $H = 25$ cm $= \frac{1}{4}$ m이다.
- 위에 주어진 값을 방정식에 대입하여 계산하면 $\tau_{net} = 3.0$ Nm이다.
- 두 번째 방법에서는 $\tau = rF\sin\theta$을 사용하여 F_{top}과 F_{bot}를 각각 계산한다. 여기서 $r = \frac{H}{2}$이다. (위 그림에서 루프의 중심을 지나는 점선을 축으로 회전하기 때문이다.)
- 이제 $\tau_{net} = \tau_1 + \tau_2$로 알짜 토크를 구한다. 두 힘이 크기는 서로 같고 방향은 서로 반대이므로 상쇄되어 알짜 힘은 0이지만 두 토크는 루프를 같은 방향으로 회전하게 만들므로 두 토크의 방향은 같은 방향이다. 따라서 $\tau_{net} = 3.0$ Nm이다.

25장: 자기장

88. 아래 그림과 같이 아래에 놓인 두 도선 사이의 한가운데 지점에 장점을 표시한다. 그림에 각각의 거리를 표시하고 값을 써넣는다.

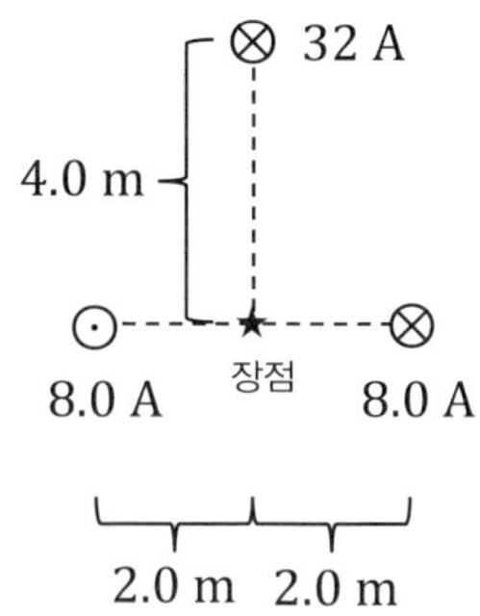

- 세 개의 전류가 저마다 장점에 만들어내는 자기장을 구해야 한다. 다음 방정식을 사용하여 총 세 개의 자기장을 구한다.

$$B_{left} = \frac{\mu_0 I_{left}}{2\pi r_{left}} \quad , \quad B_{top} = \frac{\mu_0 I_{top}}{2\pi r_{top}} \quad , \quad B_{right} = \frac{\mu_0 I_{right}}{2\pi r_{right}}$$

- 여기서 $r_{left} = 2.0$ m, $r_{top} = 4.0$ m, $r_{right} = 2.0$ m이다. (위 그림을 살펴보기 바란다.)
- 자유공간의 투자율은 $\mu_0 = 4\pi \times 10^{-7} \frac{\text{T·m}}{\text{A}}$이다.
- 위에 주어진 값을 방정식에 대입하여 계산하면 $B_{left} = 8.0 \times 10^{-7}$ T, $B_{top} = 16.0 \times 10^{-7}$ T, $B_{right} = 8.0 \times 10^{-7}$ T이다.
- 자기장용 오른손 규칙(22장)을 적용하여 장점에서 세 자기장의 방향을 각각 구해본다.
  - 오른손 엄지손가락이 가리키는 방향을 전류 I_{left}가 흐르는 방향인 책 바깥으로 나오는 방향(⊙)에 맞춘 상태로 도선을 감싸 쥔다. 그러면 오른손 엄지손가락을 제외한 나머지 네 손가락들은 장점(★)에서 위쪽(↑)을 향한다. 따라서 장점(★)에서 자기장 $\vec{\mathbf{B}}_{left}$는 위쪽 방향(↑)이다.
  - 오른손 엄지손가락이 가리키는 방향을 전류 I_{top}가 흐르는 방향인 책 안으로 들어가는 방향(⊗)에 맞춘 상태로 도선을 감싸 쥔다. 그러면 오른손 엄지손가락을 제외한 나머지 네 손가락들은 장점(★)에서 왼쪽(←)을 향한다. 따라서 장점(★)에서 자기장 $\vec{\mathbf{B}}_{top}$은 왼쪽 방향(←)이다.
  - 오른손 엄지손가락이 가리키는 방향을 전류 I_{right}가 흐르는 방향인 책 안으로 들어가는 방향(⊗)에 맞춘 상태로 도선을 감싸 쥔다. 그러면 오른손 엄지손가락을 제외한 나머지 네 손가락들은 장점(★)에서 위쪽(↑)을 향한다. 따라서 장점(★)에서 자기장 $\vec{\mathbf{B}}_{right}$은 위쪽 방향(↑)이다.

- $\vec{\mathbf{B}}_{left}$와 $\vec{\mathbf{B}}_{right}$는 둘 다 위쪽 방향(↑)이므로 다음과 같이 서로 더한다.

$$B_y = B_{left} + B_{right}$$

- 자기장의 크기는 $B_y = 16.0 \times 10^{-7}$ T로 계산된다. 아직 풀이가 끝난 것은 아니다.
- $\vec{\mathbf{B}}_{top}$은 $\vec{\mathbf{B}}_{left}$와 $\vec{\mathbf{B}}_{right}$에 모두 수직이다($\vec{\mathbf{B}}_{top}$은 왼쪽 방향이고 $\vec{\mathbf{B}}_{left}$와 $\vec{\mathbf{B}}_{right}$는 둘 다 위쪽 방향이기 때문이다). 따라서 피타고라스 정리를 사용하면 알짜 자기장은 다음과 같다.

$$B_{net} = \sqrt{B_{top}^2 + B_y^2}$$

- 장점에서 알짜 자기장의 크기는 $B_{net} = 16\sqrt{2} \times 10^{-7}$ T로 계산된다. 계산기를 사용하면 $B_{net} = 23 \times 10^{-7}\ \text{T} = 2.3 \times 10^{-6}$ T이 된다.
- 알짜 자기장의 방향은 역탄젠트 함수를 사용하여 다음과 같이 구할 수 있다.

$$\theta_B = \tan^{-1}\left(\frac{B_y}{B_x}\right)$$

- $B_x = -B_{top}$이다($\vec{\mathbf{B}}_{top}$의 방향이 왼쪽이므로).
- $+x$를 오른쪽 방향으로, $+y$를 위쪽 방향으로 선택하면 답은 제2사분면에 위치한다($\vec{\mathbf{B}}_{top}$는 왼쪽 방향이고 $\vec{\mathbf{B}}_{left}$와 $\vec{\mathbf{B}}_{right}$는 둘 다 위쪽 방향이므로). 기준 각도는 45°이고 제2사분면 각도는 $\theta_B = 180° - \theta_{ref} = 135°$이다.
- 따라서 장점에서 알짜 자기장의 방향은 $\theta = 135°$이다.

---

89. 장점(★)을 전류 I_2 위에 표시한다(문제에서 요구하는 것이 전류 I_2에 가해지는 힘이므로). 전류 I_1이 장점(★)에 만들어내는 자기장을 구해보자.

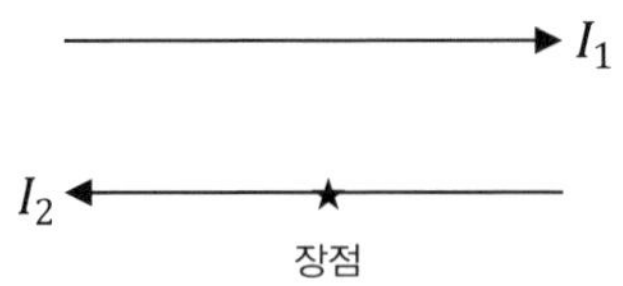

- 먼저, 긴 직선 도선이 만들어내는 자기장 방정식을 사용한다. 두 도선사이의 거리는 $r_c = d = 0.050\ \text{m} = \frac{1}{20}$ m이다.

$$B_1 = \frac{\mu_0 I_1}{2\pi d}$$

- 방정식에 값을 대입하여 계산하면 $B_1 = 320 \times 10^{-7}\ \text{T} = 3.2 \times 10^{-5}$ T이다.

- 다음으로 자기력 방정식 $F_1 = I_2 L_2 B_1 \sin\theta$을 사용한다.
- I_2는 왼쪽을 가리키고 자기장 $\vec{\mathbf{B}}_1$은 책 안으로 들어가는 방향이므로 $\theta = 90°$이다.
- I_1이 I_2에 가하는 힘의 크기 F_1을 계산하면 $F_1 = 4.8 \times 10^{-4}$ N이다. 이 값은 $F_1 = 48 \times 10^{-5}$ N, $F_1 = 0.00048$ N 또는 $F_1 = 0.48$ mN로 써도 된다.
- 자기력 $\vec{\mathbf{F}}_1$의 방향을 구하기 위해 23장에서 설명한 방법을 적용한다.
  - 자기장용 오른손 규칙(22장)을 I_1에 적용한다. I_1이 흐르는 방향에 맞춰 오른손 엄지손가락이 오른쪽(→)을 가리키도록 한 상태에서 오른손으로 전류를 감싸 쥔다. 그러면 장점(★)에서 나머지 오른손의 네 손가락들은 책 안으로 들어가는 방향(⊗)이다. 따라서 I_1이 장점(★)에 만들어내는 자기장 $\vec{\mathbf{B}}_1$은 책 안으로 들어가는 방향(⊗)이다.
  - 이제 I_2에 자기력용 오른손 규칙(21장)을 적용하여 자기력을 구해보자. 전류 I_2가 흐르는 방향에 맞추어 오른손 엄지손가락을 제외한 나머지 네 손가락들이 왼쪽(←)을 가리키도록 놓는다. 이와 동시에 오른손 손바닥이 자기장 $\vec{\mathbf{B}}_1$의 방향에 맞추어 책 안쪽(⊗)을 바라보도록 놓는다. 그러면 자기력 $\vec{\mathbf{F}}_1$의 방향을 알려주는 오른손 엄지손가락은 아래쪽 방향(↓)을 가리킨다.
- 따라서 위쪽 전류 I_1은 아래쪽 전류 I_2를 아래쪽(↓)으로 밀쳐낸다. (두 전류는 서로를 밀쳐낸다.)

---

90. 장점(★)을 전류 I_3 위에 표시한다(문제에서 요구하는 것이 전류 I_3에 가해지는 힘이므로). 전류 I_1과 I_2가 장점(★)에 만들어내는 자기장을 각각 구해보자.

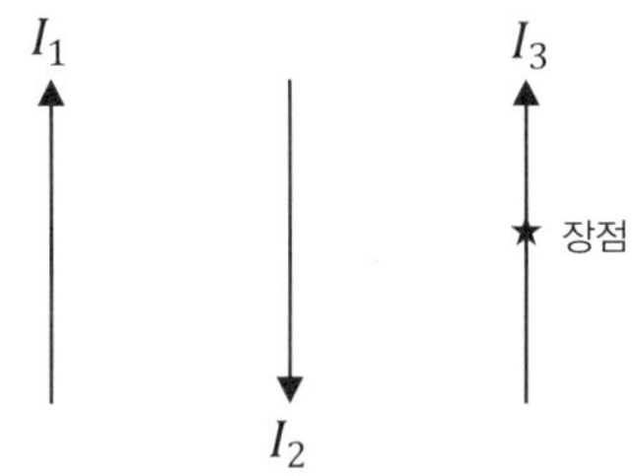

- 먼저, 긴 직선 도선이 만들어내는 자기장 방정식을 사용한다.

$$B_1 = \frac{\mu_0 I_1}{2\pi d_1} \quad , \quad B_2 = \frac{\mu_0 I_2}{2\pi d_2}$$

- 여기서 각 도선사이의 거리는 $d_1 = 0.25 + 0.25 = 0.50$ m, $d_2 = 0.25$ m이다.
- 방정식에 값을 대입하여 계산하면 $B_1 = 12 \times 10^{-7}$ T과 $B_2 = 32 \times 10^{-7}$ T이다.
- 다음으로 자기력 방정식 $F_1 = I_3 L_3 B_1 \sin\theta$과 $F_2 = I_3 L_3 B_2 \sin\theta$를 사용한다.
- I_3는 자기장 $\vec{\mathbf{B}}_1$과 $\vec{\mathbf{B}}_2$와 모두 수직을 이루고 있으므로 $\theta = 90°$이다.

- I_1과 I_2가 I_3에 가하는 힘의 크기 F_1과 F_2를 각각 계산하면 $F_1 = 360 \times 10^{-7}$ T과 $F_2 = 960 \times 10^{-7}$ T이다.
- 자기력 $\vec{\mathbf{F}}_1$과 $\vec{\mathbf{F}}_2$를 합성하려면 $\vec{\mathbf{F}}_1$과 $\vec{\mathbf{F}}_2$의 방향을 알아야 한다. 바로 앞 문제에서 한 것처럼 23장에서 설명한 방법을 적용한 다음, 아래 답과 비교해보라.
    - I_1과 I_3는 서로 평행이다. 평행인 전류는 서로 끌어당기므로 $\vec{\mathbf{F}}_1$의 방향은 왼쪽(←)이다.
    - I_2와 I_3는 서로 반평행이다. 반평행인 전류는 서로 밀쳐내므로 $\vec{\mathbf{F}}_2$의 방향은 오른쪽(→)이다.
- $\vec{\mathbf{F}}_1$과 $\vec{\mathbf{F}}_2$는 서로 반대방향이므로 알짜 자기력을 구하기 위해서는 두 힘의 크기를 서로 빼면 된다. 알짜 자기력의 크기는 − 값이 될 수 없으므로 다음과 같이 뺄셈에 절댓값을 취한다.

$$F_{net} = |F_1 - F_2|$$

- I_1과 I_2가 I_3에 가하는 힘의 크기는 $F_{net} = 600 \times 10^{-7}$ N이다. 이 값은 $F_{net} = 6.0 \times 10^{-5}$ N으로 써도 된다.
- $\vec{\mathbf{F}}_2$가 $\vec{\mathbf{F}}_1$보다 크고 $\vec{\mathbf{F}}_2$의 방향은 오른쪽(→)이므로 I_1과 I_2가 I_3에 가하는 힘의 방향은 오른쪽(→)이다.

---

91. 장점(★)을 2.0 A의 전류 위에 표시한다(문제에서 요구하는 것이 2.0 A 전류에 가해지는 힘이므로). 두 개의 4.0 A 전류가 장점(★)에 만들어내는 자기장을 각각 구해보자.

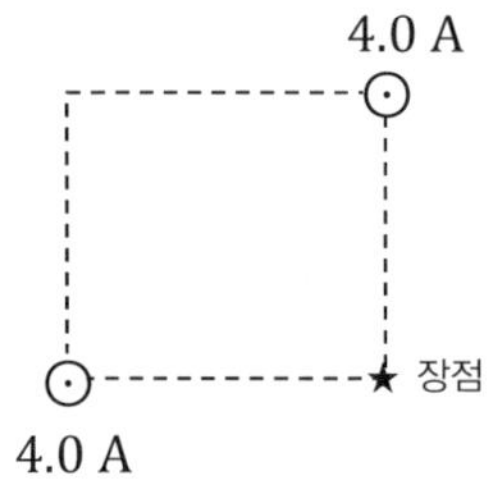

- 먼저, 긴 직선 도선이 만들어내는 자기장 방정식을 사용한다.

$$B_{left} = \frac{\mu_0 I_{left}}{2\pi d_{left}} \quad , \quad B_{top} = \frac{\mu_0 I_{top}}{2\pi d_{top}}$$

- 여기서 각 전류 사이의 거리는 $d_{left} = 0.25$ m, $d_{right} = 0.25$ m이다.
- 방정식에 값을 대입하여 계산하면 $B_{left} = 32 \times 10^{-7}$ T과 $B_{top} = 32 \times 10^{-7}$ T이다.
- 다음으로 자기력 방정식 $F_{left} = I_{br} L_{br} B_{left} \sin\theta$과 $F_{top} = I_{br} L_{br} B_{top} \sin\theta$를 사용한다.

- 주의: 아래첨자 br은 "bottom right(오른쪽 아래)"를 나타낸다(2.0 A 전류).
- I_{br}은 자기장 $\vec{\mathbf{B}}_{left}$와 $\vec{\mathbf{B}}_{top}$와 모두 수직을 이루고 있으므로 $\theta = 90°$이다.
- 왼쪽 4.0 A 전류 I_{left}와 위쪽 4.0 A 전류 I_{top}가 2.0 A 전류 I_{br}에 가하는 힘의 크기 F_{left}과 F_{top}를 각각 계산하면 $F_{left} = 192 \times 10^{-7}$ N과 $F_{top} = 192 \times 10^{-7}$ N이다.
- 자기력 $\vec{\mathbf{F}}_{left}$과 $\vec{\mathbf{F}}_{top}$를 합성하려면 $\vec{\mathbf{F}}_{left}$과 $\vec{\mathbf{F}}_{top}$의 방향을 알아야 한다. 앞서 풀어본 89번 문제에서 한 것처럼 23장에서 설명한 방법을 적용한 다음, 아래 답과 비교해 보라.
  - I_{left}과 I_{br}는 서로 반평행이다. 반평행인 전류는 서로 밀쳐내므로 $\vec{\mathbf{F}}_{left}$의 방향은 오른쪽(→)이다.
  - I_{top}와 I_{br}는 서로 평행이다. 평행인 전류는 서로 끌어당기므로 $\vec{\mathbf{F}}_{top}$의 방향은 아래쪽(↓)이다.
- $\vec{\mathbf{F}}_{left}$과 $\vec{\mathbf{F}}_{top}$는 서로 수직이므로 다음과 같이 피타고라스 정리를 사용한다.

$$F_{net} = \sqrt{F_{left}^2 + F_{top}^2}$$

- 장점에서 알짜 자기장의 크기는 $F_{net} = 192\sqrt{2} \times 10^{-7}$ N이다. 계산기를 사용하면 $F_{net} = 272 \times 10^{-7}$ N $= 2.72 \times 10^{-5}$ N이 된다.
- 알짜 자기력의 방향은 역탄젠트 함수를 사용하여 다음과 같이 구할 수 있다.

$$\theta_F = \tan^{-1}\left(\frac{F_y}{F_x}\right) = \tan^{-1}\left(\frac{-F_{top}}{F_{left}}\right)$$

- $+x$를 오른쪽 방향으로, $+y$를 위쪽 방향으로 선택하면 답은 제4사분면에 위치한다($\vec{\mathbf{F}}_{left}$는 오른쪽 방향이고 $\vec{\mathbf{F}}_{top}$는 아래쪽 방향이므로). 기준 각도는 45°이고 제4사분면 각도는 $\theta_F = 360° - \theta_{ref} = 315°$이다.
- 따라서 장점에서 알짜 자기력의 방향은 $\theta = 315°$이다.

---

92. 이 문제는 25장의 맨 끝에 나오는 예제와 비슷하므로 이 예제를 다시 공부하기 바란다. 먼저 23장에서 배운 방법을 적용하여 I_1이 직사각형 루프의 각 변에 가하는 자기력의 방향을 구한다.

- I_1에 자기장용 오른손 규칙(22장)을 적용한다. 오른손 엄지손가락을 전류 I_1의 방향에 맞춘 상태로 오른손으로 전류를 감싸 쥔다. 그러면 엄지손가락을 제외한 오른손의 나머지 네 손가락은 직사각형 루프가 있는 곳에서 책 밖으로 나오는 방향(⊙)을 가리킨다. 따라서 직사각형 루프에서 자기장 $\vec{\mathbf{B}}_1$은 책 밖으로 나오는 방향(⊙)이다.

이제 정사각형 루프를 이루고 있는 각 변에 가해지는 자기력을 자기력용 오른손 규칙(21장)을 적용하여 구해보자.

- **아랫변**: 전류 I_2의 방향에 맞추어 오른손 엄지손가락을 제외한 나머지 네 손가락들이 왼쪽(←)을 가리키도록 놓는다. 이와 동시에 오른손 손바닥이 자기장 $\vec{\mathbf{B}}_1$의 방향에 맞추어 책 밖으로 나오는 방향(⊙)을 향하도록 놓는다. 이렇게 하면 오른손 엄지손가락이 가리키는 자기력 $\vec{\mathbf{F}}_{bot}$의 방향은 위쪽 방향(↑)이다.
- **왼쪽 변**: 전류 I_2의 방향에 맞추어 오른손 엄지손가락을 제외한 나머지 네 손가락들이 위쪽(↑)을 가리키도록 놓는다. 이와 동시에 오른손 손바닥이 자기장 $\vec{\mathbf{B}}_1$의 방향에 맞추어 책 밖으로 나오는 방향(⊙)을 향하도록 놓는다. 이렇게 하면 오른손 엄지손가락이 가리키는 자기력 $\vec{\mathbf{F}}_{left}$의 방향은 오른쪽 방향(→)이다.
- **윗변**: 전류 I_2의 방향에 맞추어 오른손 엄지손가락을 제외한 나머지 네 손가락들이 오른쪽(→)을 가리키도록 놓는다. 이와 동시에 오른손 손바닥이 자기장 $\vec{\mathbf{B}}_1$의 방향에 맞추어 책 밖으로 나오는 방향(⊙)을 향하도록 놓는다. 이렇게 하면 오른손 엄지손가락이 가리키는 자기력 $\vec{\mathbf{F}}_{top}$의 방향은 아래쪽 방향(↓)이다.
- **오른쪽 변**: 전류 I_2의 방향에 맞추어 오른손 엄지손가락을 제외한 나머지 네 손가락들이 아래쪽(↓)을 가리키도록 놓는다. 이와 동시에 오른손 손바닥이 자기장 $\vec{\mathbf{B}}_1$의 방향에 맞추어 책 밖으로 나오는 방향(⊙)을 향하도록 놓는다. 이렇게 하면 오른손 엄지손가락이 가리키는 자기력 $\vec{\mathbf{F}}_{right}$의 방향은 왼쪽 방향(←)이다.

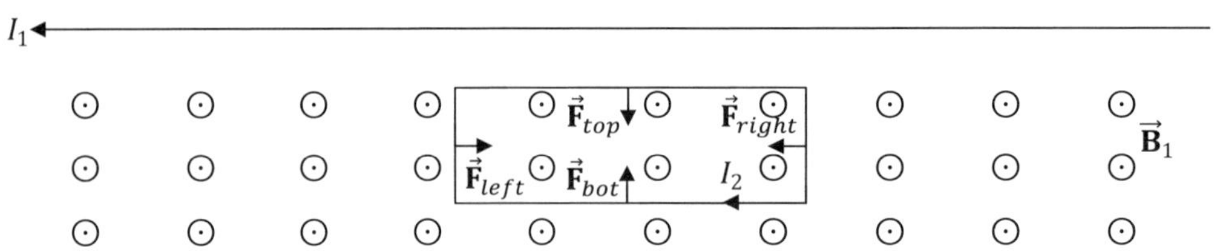

- 이상과 같이 구한 자기력을 위의 그림에 나타내었다. 그림에서 $\vec{\mathbf{F}}_{left}$와 $\vec{\mathbf{F}}_{right}$는 크기가 서로 같고(왼쪽 변과 오른쪽 변은 I_1에서 각각 같은 거리만큼 떨어져 있으므로) 방향이 반대이므로 서로 상쇄된다.
- $\vec{\mathbf{F}}_{left}$, $\vec{\mathbf{F}}_{right}$와 마찬가지로 $\vec{\mathbf{F}}_{top}$와 $\vec{\mathbf{F}}_{bot}$도 방향이 반대이지만 윗변이 아랫변보다 직선도선에 더 가깝게 놓여 있으므로 $\vec{\mathbf{F}}_{top}$와 $\vec{\mathbf{F}}_{bot}$는 상쇄되지 않는다.
- 다음 방정식을 사용하여 자기장을 계산한다.

$$B_{top} = \frac{\mu_0 I_1}{2\pi d_{top}} \quad , \quad B_{bot} = \frac{\mu_0 I_1}{2\pi d_{bot}}$$

- 여기서 거리는 $d_{top} = 0.25\ \text{m}$, $d_{bot} = 0.25 + 0.50 = 0.75\ \text{m}$이다.

- 자기장의 크기를 계산하면 $\vec{\mathbf{B}}_{top} = 48 \times 10^{-7}$ T, $\vec{\mathbf{B}}_{bot} = 16 \times 10^{-7}$ T이다.
- 다음으로 자기력 방정식 $F_{top} = I_2 L_2 B_{top} \sin\theta$과 $F_{bot} = I_2 L_2 B_{bot} \sin\theta$를 사용한다.
- I_2는 자기장 $\vec{\mathbf{B}}_{top}$과 $\vec{\mathbf{B}}_{bot}$와 모두 수직을 이루고 있으므로 $\theta = 90°$이다.
- I_2의 길이는 각각 직사각형 루프의 윗변과 아랫변의 길이(폭)이므로 $L_2 = 1.5$ m이다.
- 이 윗변과 아랫변에 가하는 힘의 크기 F_{top}와 F_{bot}를 각각 계산하면 $F_{top} = 576 \times 10^{-7}$ N과 $F_{bot} = 192 \times 10^{-7}$ N이다.
- $\vec{\mathbf{F}}_{top}$과 $\vec{\mathbf{F}}_{bot}$는 서로 반대방향이므로 알짜 자기력을 구하기 위해서는 두 힘의 크기를 서로 빼면 된다. 알짜 자기력의 크기는 − 값이 될 수 없으므로 다음과 같이 뺄셈에 절댓값을 취한다.

$$F_{net} = |F_{top} - F_{bot}|$$

- I_1이 I_2에 가하는 힘의 크기는 $F_{net} = 384 \times 10^{-7}$ N이다. 이 값은 $F_{net} = 3.84 \times 10^{-5}$ N으로 써도 된다.
- $\vec{\mathbf{F}}_{top}$가 $\vec{\mathbf{F}}_{bot}$보다 크고 $\vec{\mathbf{F}}_{top}$의 방향은 아래쪽(↓)이므로 I_1이 I_2에 가하는 힘의 방향은 아래쪽(↓)이다.

26장: 비오-사바르 법칙

93. 이 문제는 26장에서 앞에 나오는 두 개의 예제와 비슷하다.

- 문제에서 주어진 전체 구조를 다음 쪽 그림과 같이 5개의 부분으로 나눈다.
- 5개의 부분 중에서 직선 부분(1번, 3번, 5번 부분)이 원점에 만들어내는 자기장은 0이다. 그 까닭은 이들 직선 부분에 대한 $\hat{\mathbf{R}}$과 $d\vec{\mathbf{s}}$는 서로 평행이거나 반평행이므로 $d\vec{\mathbf{s}} \times \hat{\mathbf{R}} = 0$이 되기 때문이다.
- 곡선 부분(2번, 4번 부분)에만 비오-사바르 법칙을 적용하면 된다.
- 전류 I에 접하는 접선이 되도록 $d\vec{\mathbf{s}}$를 그린다. 원천인 $d\vec{\mathbf{s}}$에서 장점인 원점으로 가는 벡터 $\vec{\mathbf{R}}$을 그린다. 다음 쪽의 오른쪽에 나타낸 2번 부분에 대한 그림을 살펴보기 바란다.

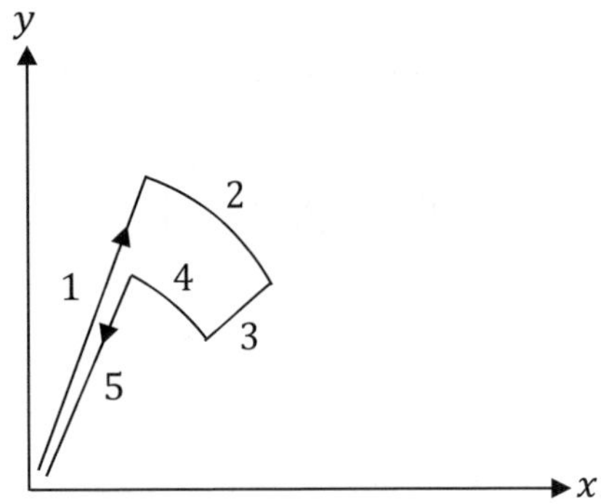

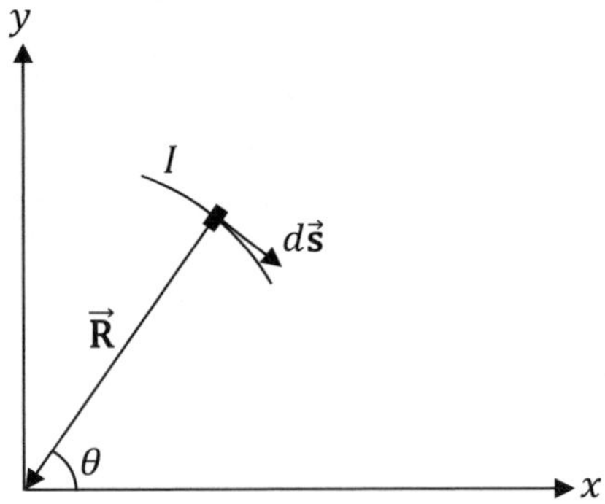

- 위 그림에서 보듯이 벡터 $\vec{\mathbf{R}}$의 방향은 **안쪽** 방향, 즉 원점을 향한다. $\vec{\mathbf{R}}$ 방향의 단위 벡터는 $\hat{\mathbf{R}} = -\hat{\mathbf{r}}$로 쓸 수 있다.
- 2번 부분의 경우에는 $R_2 = 3a$이고 4번 부분의 경우에는 $R_4 = 2a$이다.
- 2번 원호와 4번 원호의 반지름이 각각 $3a$와 $2a$이므로 2번 부분의 경우에는 $d\vec{\mathbf{s}} = -\hat{\boldsymbol{\theta}}3ad\theta$($I$의 방향이 시계방향이므로 $d\vec{\mathbf{s}}$의 부호는 $-$이다)이고 4번 부분의 경우에는 $d\vec{\mathbf{s}} = \hat{\boldsymbol{\theta}}2ad\theta$($I$의 방향이 반시계방향이므로)이다.
- 다음 수식으로 표시되는 비오-사바르 법칙을 적용한다.

$$\vec{\mathbf{B}} = \frac{\mu_0}{4\pi}\int\frac{I\,d\vec{\mathbf{s}}\times\hat{\mathbf{R}}}{R^2}$$

- 앞에서 구한 $\hat{\mathbf{R}}$, R, $d\vec{\mathbf{s}}$을 위의 자기장 적분 수식에 대입한다. 여기서 적분 범위는 $\theta = \frac{\pi}{4}$에서 $\theta = \frac{\pi}{3}$까지이다.
- 그러면 적분은 $\vec{\mathbf{B}}_2 = \frac{\mu_0 I}{12\pi a}\int_{\theta=\pi/4}^{\pi/3}\hat{\boldsymbol{\theta}}\times\hat{\mathbf{r}}d\theta$과 $\vec{\mathbf{B}}_4 = -\frac{\mu_0 I}{8\pi a}\int_{\theta=\pi/4}^{\pi/3}\hat{\boldsymbol{\theta}}\times\hat{\mathbf{r}}d\theta$가 된다.
- 여기서 $R_2^2 = (3a)^2 = 9a^2$, $R_4^2 = (2a)^2 = 4a^2$이다.
- 벡터 곱 $\hat{\boldsymbol{\theta}}\times\hat{\mathbf{r}}$을 수행한다. 그러면 $\hat{\boldsymbol{\theta}}\times\hat{\mathbf{r}} = -\hat{\mathbf{z}}$를 얻는다.
- 그러면 $\vec{\mathbf{B}}_2 = -\frac{\mu_0 I}{12\pi a}\hat{\mathbf{z}}\int_{\theta=\pi/4}^{\pi/3}d\theta$과 $\vec{\mathbf{B}}_4 = \frac{\mu_0 I}{8\pi a}\hat{\mathbf{z}}\int_{\theta=\pi/4}^{\pi/3}d\theta$를 얻는다.
- 적분 $\int_{\theta=\pi/4}^{\pi/3}d\theta$을 계산하면 $\frac{\pi}{3} - \frac{\pi}{4} = \frac{\pi}{12}$이 된다.
- 그러면 자기장은 $\vec{\mathbf{B}}_2 = -\frac{\mu_0 I}{144a}\hat{\mathbf{z}}$과 $\vec{\mathbf{B}}_4 = \frac{\mu_0 I}{96a}\hat{\mathbf{z}}$이 된다.
- 자기장 $\vec{\mathbf{B}}_2$와 $\vec{\mathbf{B}}_4$를 합성하여 알짜 자기장 $\vec{\mathbf{B}}_{net}$를 구한다.
- 계산 과정에서 공통분모를 구하여 분수끼리 뺄셈을 하면 $-\frac{1}{144} + \frac{1}{96} = -\frac{2}{288} + \frac{3}{288} = \frac{1}{288}$이 된다.
- 원점에서 알짜 자기장은 $\vec{\mathbf{B}}_{net} = \frac{\mu_0 I}{288a}\hat{\mathbf{z}}$이다.

---

94. 이 문제는 26장에서 무한히 긴 직선 도선을 다룬 예제와 매우 비슷하다. 이 예제를 다시 공부하면 이 문제를 푸는 데 도움이 된다. 따라서 필요할 때마다 언제든지 예제를 살펴보기 바란다.

- 아래 그림과 같이 먼저 I의 방향으로 대표 미소길이 요소 $d\vec{\mathbf{s}}$ 하나를 표시한 다음, 원천 $d\vec{\mathbf{s}}$에서 장점 $(a,\ 0,\ 0)$으로 가는 벡터 $\vec{\mathbf{R}}$을 그린다.

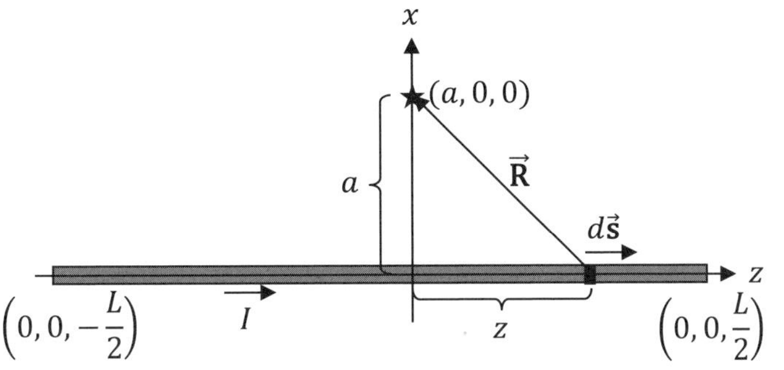

- 위 그림을 보면 $\vec{\mathbf{R}}$는 x축을 따라 ($\hat{\mathbf{x}}$ 방향)으로 a 만큼 가고 z축을 따라($-\,\hat{\mathbf{z}}$방향) z 만큼 가서 만들어진다. 따라서 $\vec{\mathbf{R}} = a\,\hat{\mathbf{x}} - z\,\hat{\mathbf{z}}$이다.
- 피타고라스 정리를 사용하여 $\vec{\mathbf{R}}$의 크기를 구하면 다음과 같다.

$$R = \sqrt{a + z^2}$$

- $\vec{\mathbf{R}}$ 벡터를 크기 R로 나누어 단위벡터 $\hat{\mathbf{R}}$을 구하면 다음과 같다.

$$\hat{\mathbf{R}} = \frac{\vec{\mathbf{R}}}{R} = \frac{a\hat{\mathbf{x}} - z\,\hat{\mathbf{z}}}{\sqrt{a^2 + z^2}}$$

- z축을 따라 흐르는 직선 필라멘트 전류의 경우 $d\vec{\mathbf{s}} = \hat{\mathbf{z}}dz$이다.
- 다음 수식으로 표시되는 비오-사바르 법칙을 적용한다.

$$\vec{\mathbf{B}} = \frac{\mu_0}{4\pi}\int \frac{I\,d\vec{\mathbf{s}} \times \hat{\mathbf{R}}}{R^2}$$

- 적분 범위는 $z = -\frac{L}{2}$에서 $z = \frac{L}{2}$까지이다.
- 앞에서 구한 R, $\hat{\mathbf{R}}$, $d\vec{\mathbf{s}}$을 위의 자기장 적분 수식에 대입한다.

$$\vec{\mathbf{B}} = \frac{\mu_0 I}{4\pi}\int_{z=-L/2}^{L/2} \frac{\hat{\mathbf{z}} \times (a\hat{\mathbf{x}} - z\hat{\mathbf{z}})}{(a^2 + z^2)^{3/2}}dz$$

- 계산 과정에서 $(a^2 + z^2)\sqrt{a^2 + z^2} = (a^2 + z^2)^1(a^2 + z^2)^{1/2} = (a^2 + z^2)^{3/2}$이다.
- 19장에서 살펴본 방법을 사용하여 $\hat{\mathbf{z}} \times (a\,\hat{\mathbf{x}} - z\,\hat{\mathbf{z}})$을 계산하면 다음과 같다.

$$\hat{\mathbf{z}} \times (a\hat{\mathbf{x}} - z\hat{\mathbf{z}}) = \begin{vmatrix} \hat{\mathbf{x}} & \hat{\mathbf{y}} & \hat{\mathbf{z}} \\ 0 & 0 & 1 \\ a & 0 & -z \end{vmatrix} = \hat{\mathbf{x}}\begin{vmatrix} 0 & 1 \\ 0 & -z \end{vmatrix} - \hat{\mathbf{y}}\begin{vmatrix} 0 & 1 \\ a & -z \end{vmatrix} + \hat{\mathbf{z}}\begin{vmatrix} 0 & 0 \\ a & 0 \end{vmatrix}$$

- 그러면 $\hat{\mathbf{z}} \times (a\,\hat{\mathbf{x}} - z\,\hat{\mathbf{z}}) = a\,\hat{\mathbf{y}}$가 된다. 이 결과를 위의 자기장 적분에 대입한다.

$$\vec{\mathbf{B}} = \frac{\mu_0 I a}{4\pi} \int_{z=-L/2}^{L/2} \frac{\hat{\mathbf{y}}\, dz}{(a^2 + z^2)^{3/2}}$$

- 위 적분을 수행하기 위해 다음과 같이 삼각함수를 사용하여 변수를 치환한다.

$$z = a \tan\theta$$
$$dz = a \sec^2\theta\, d\theta$$

- 위 적분 수식에서 피적분함수의 분모는 다음과 같이 간단해진다.

$$(a^2 + z^2)^{3/2} = [a^2 + (a\tan\theta)^2]^{3/2} = [a^2(1 + \tan^2\theta)]^{3/2} = (a^2\sec^2\theta)^{3/2} = a^3\sec^3\theta$$

- 편의상 치환된 적분의 새로운 하한과 상한은 나중에 구하기로 한다. 위 적분식의 z, dz, $(a^2+z^2)^{3/2}$에 삼각함수 치환식을 대입하면 다음 결과를 얻을 수 있다.

$$\vec{\mathbf{B}} = \frac{\mu_0 I a}{4\pi}\hat{\mathbf{y}} \int \frac{d\theta}{a^2 \sec\theta}$$

- 여기서 $\sec\theta = \frac{1}{\cos\theta}$임을 잘 알고 있어야 한다. 또한 $a\left(\frac{1}{a^2}\right) = \frac{1}{a}$이므로 적분 식은 다음과 같이 쓸 수 있다.

$$\vec{\mathbf{B}} = \frac{\mu_0 I}{4\pi a}\hat{\mathbf{y}} \int \cos\theta\, d\theta$$

- 적분 항을 계산하면 $\sin\theta$이다. 직각삼각형을 그려서 $\sin\theta$를 z를 써서 나타낸다. 이어서 치환된 적분의 새로운 하한과 상한을 구한다. $z = a\tan\theta$이므로 $\tan\theta = \frac{z}{a}$이다. 이 식으로부터 직각삼각형은 아래 그림과 같이 밑변이 a이고 높이가 z임을 알 수 있다. 여기서 θ는 a에 인접하면서 z를 마주보는 각이다.

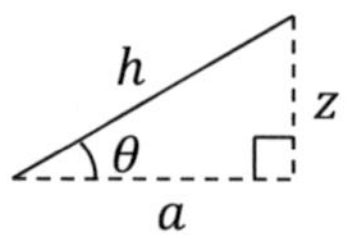

- 피타고라스 정리를 써서 빗변을 구하면 $h = \sqrt{z^2 + a^2}$ 이다.
- 직각삼각형에서 $\sin\theta = \frac{z}{\sqrt{z^2+a^2}}$ 을 구할 수 있다. $z = -\frac{L}{2}$에서 $z = \frac{L}{2}$까지의 적분 범위에 대해 이 식을 계산한다.
- 그러면 $\frac{L/2}{\sqrt{\frac{L^2}{4}+a^2}} - \frac{-L/2}{\sqrt{\frac{L^2}{4}+a^2}} = \frac{L/2}{\sqrt{\frac{L^2}{4}+a^2}} + \frac{L/2}{\sqrt{\frac{L^2}{4}+a^2}} = \frac{L}{\sqrt{\frac{L^2}{4}+a^2}}$.을 얻는다.
- 이 결과를 적분 수식에 대입하면 다음과 같이 자기장을 구할 수 있다.

$$\vec{\mathbf{B}} = \frac{\mu_0 IL}{4\pi a\sqrt{\frac{L^2}{4} + a^2}}\hat{\mathbf{y}}$$

---

95. 이 문제에서는 26장에서 세 번째 나오는 예제의 결과를 적용하면 된다. 따라서 새로 적분을 할 필요는 없다. 예제에서는 원형 루프를 따라 흐르는 전류가 (0, 0, p)에 위치한 장점에 만들어내는 자기장을 구하였다.

- 반지름이 a인 원형 루프의 축을 따라 p만큼 떨어진 위치에서 자기장은 다음 식으로 구하였다(360쪽 참조).

$$\vec{\mathbf{B}}_{one\ loop} = \frac{\mu_0 I a^2}{2(a^2 + p^2)^{3/2}}\hat{\mathbf{z}}$$

- 장점 (0, 0, p)은 두 루프 사이의 한가운데 지점이므로 $p = \frac{a}{2}$이다(이 문제에서는 두 루프가 거리 a만큼 떨어져 있으므로).
- 위 자기장 수식에 $p = \frac{a}{2}$를 대입하면 다음과 같다. 여기서 $\left(\frac{a}{2}\right)^2 = \frac{a^2}{4}$이다.

$$\vec{\mathbf{B}}_{one\ loop} = \frac{\mu_0 I a^2}{2\left(a^2 + \frac{a^2}{4}\right)^{3/2}}\hat{\mathbf{z}}$$

- 공통분모를 사용하여 분모를 계산하면 $a^2 + \frac{a^2}{4} = \frac{4a^2}{4} + \frac{a^2}{4} = \frac{5a^2}{4}$이 된다. 따라서 자기장 수식은 다음과 같다.

$$\vec{\mathbf{B}}_{one\ loop} = \frac{\mu_0 I a^2}{2\left(\frac{5a^2}{4}\right)^{3/2}}\hat{\mathbf{z}}$$

- 연산규칙 $\left(\frac{5a^2}{4}\right)^{3/2} = \frac{(5)^{3/2}(a^2)^{3/2}}{(4)^{3/2}}$을 적용한다.
- 연산규칙 $(x^m)^n = x^{mn}$을 적용하면 $(a^2)^{3/2} = a^3$이다.
- 또한 $(4)^{3/2} = (\sqrt{4})^3 = 2^3 = 8$이다(계산기로 4^1.5를 직접 계산해도 된다).
- 지금까지 결과를 적용하면 자기장 수식은 다음과 같다.

$$\vec{\mathbf{B}}_{one\ loop} = \frac{\mu_0 I a^2}{2\frac{(5)^{3/2}a^3}{8}}\hat{\mathbf{z}}$$

- 분수로 나누는 것은 분수의 역수를 곱하는 것과 같다. 또한 $\frac{a^2}{a^3} = \frac{1}{a}$이므로 자기장 수식은 다음과 같다.

$$\vec{\mathbf{B}}_{one\ loop} = \frac{\mu_0 I a^2}{2}\hat{\mathbf{z}}\frac{8}{(5)^{3/2}a^3} = \frac{4\mu_0 I}{(5)^{3/2}a}\hat{\mathbf{z}}$$

- 두 개의 루프는 장점으로부터 같은 거리만큼 떨어져 있으므로 각 루프가 장점에 만드는 자기장의 크기는 서로 같다.
- 자기장용 오른손 규칙(22장)을 적용하면 각각의 루프가 장점에 만드는 자기장의 방향도 서로 같음을 확인할 수 있다.
- 장점에서 두 자기장의 크기와 방향이 서로 같으므로 장점에서의 자기장은 한 루프가 만들어내는 자기장의 2배가 된다.
- 따라서 최종 답은 다음과 같다.

$$\vec{\mathbf{B}}_{net} = \frac{8\mu_0 I}{(5)^{3/2}a}\hat{\mathbf{z}}$$

---

96. 이 문제는 26장에 있는 맨 마지막 예제와 매우 비슷하다. 이 예제를 다시 공부하면 이 문제를 푸는 데 도움이 된다. 따라서 필요할 때마다 언제든지 예제를 살펴보기 바란다. 이 문제에서는 장점의 위치가 원점이므로 예제보다 수식 풀이가 훨씬 간단하다.

- 아래 그림과 같이 원반에 대표 미소전하 dq를 표시한다. 원천 dq에서 장점(원점)으로 가는 벡터 $\vec{\mathbf{R}}$을 그린다.

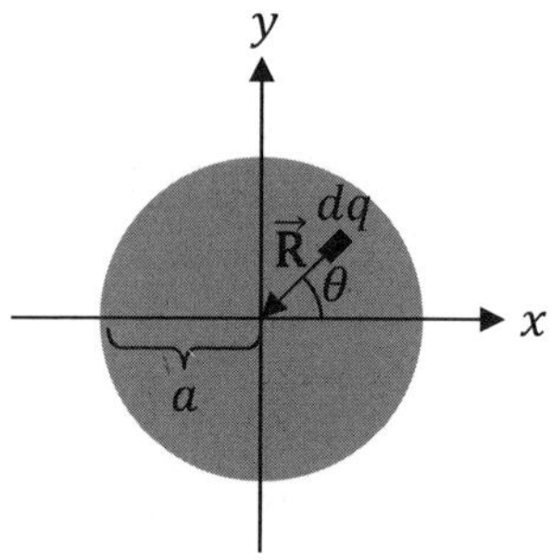

- 위의 그림을 보면 dq에서 원점으로 가는 벡터 $\vec{\mathbf{R}}$는 안쪽 방향($-\hat{\mathbf{r}}$ 방향)으로 r 만큼 간다. 따라서 $R = r$, $\hat{\mathbf{R}} = -\hat{\mathbf{r}}$이다(2차원 극 좌표계)
- 속이 채워진 원반의 경우, $dq = \sigma dA$이고 $dA = r dr d\theta$이다(352쪽의 6번 단계, 7번 단계를 참조한다).
- 다음 수식으로 표시되는 비오–사바르 법칙을 적용한다.

$$\vec{\mathbf{B}} = \frac{\mu_0}{4\pi}\int\frac{\vec{\boldsymbol{v}}\,dq\times\hat{\mathbf{R}}}{R^2}$$

- 여기서 r은 0에서 a까지 변하고 θ는 0에서 2π까지 변한다(적분 범위는 원 전체)
- 앞에서 구한 R, $\hat{\mathbf{R}}$, dq을 위의 자기장 적분 수식에 대입한다. 여기서 $\frac{r}{r^2}=\frac{1}{r}$이므로 다음 수식을 얻는다.

$$\vec{\mathbf{B}} = -\frac{\mu_0 \sigma}{4\pi} \int_{r=0}^{a} \int_{\theta=0}^{2\pi} \frac{\vec{\boldsymbol{v}} \times \hat{\mathbf{r}}}{r^2} r dr d\theta$$

- 각 미소전하 dq의 속도 $\vec{\mathbf{v}}$의 방향은 원반이 회전하면서 그리는 원 궤도의 접선방향이다. 원통 좌표계의 단위벡터 θ의 방향은 xy 평면에 놓인 원의 접선방향이므로 $\vec{\mathbf{v}} = v\hat{\boldsymbol{\theta}}$로 쓸 수 있다.
- 회전하는 물체의 경우, $v = r_{rot}\omega$로 쓸 수 있다. 여기서 r_{rot}는 각 dq의 회전 반지름이다. 속이 채워진 원반이 이 문제처럼 회전하는 경우에는 $r_{rot} = r$로 쓸 수 있다.
- $\vec{\mathbf{v}} = v\hat{\boldsymbol{\theta}} = r\omega\hat{\boldsymbol{\theta}}$를 위의 자기장 적분식에 대입하여 정리하면 다음과 같다. 여기서 r은 상쇄된다.

$$\vec{\mathbf{B}} = -\frac{\mu_0 \sigma \omega}{4\pi} \int_{r=0}^{a} \int_{\theta=0}^{2\pi} \hat{\boldsymbol{\theta}} \times \hat{\mathbf{r}} \, dr d\theta$$

- 벡터 곱 $\hat{\boldsymbol{\theta}} \times \hat{\mathbf{r}}$을 계산하면 $\hat{\boldsymbol{\theta}} \times \hat{\mathbf{r}} = -\hat{\mathbf{z}}$가 되므로 적분 수식은 다음과 같다.

$$\vec{\mathbf{B}} = \frac{\mu_0 \sigma \omega}{4\pi} \hat{\mathbf{z}} \int_{r=0}^{a} \int_{\theta=0}^{2\pi} dr \, d\theta$$

- 위 적분 계산은 아주 간단하다. 적분 결과는 다음과 같다.

$$\vec{\mathbf{B}} = \frac{\mu_0 \sigma a \omega}{2} \hat{\mathbf{z}}$$

- 적분 $Q = \int dq$에 위에서 구한 dq를 대입한다.
- 그러면 $Q = \sigma \int_{r=0}^{a} \int_{\theta=0}^{2} r dr d\theta = \sigma\pi a^2$이 된다.
- σ에 대해 풀면 $\sigma = \frac{Q}{\pi a^2}$이 된다.
- σ 값을 위에서 구한 자기장 식에 대입한다. 최종 답은 다음과 같다.

$$\vec{\mathbf{B}} = \frac{\mu_0 Q \omega}{2\pi a} \hat{\mathbf{z}}$$

27장: 암페어 법칙

97. 이 문제는 27장에서 길이가 무한히 길며 속이 채워진 원통 도체를 다룬 예제와 비슷하다. 예제에서는 전류밀도가 균일했지만 이 문제에서는 전류밀도가 불균일하다는 것이 유일한 차이이다.

- 아래 그림과 같이 원통 도체에 분포하는 자기장선을 그린다.

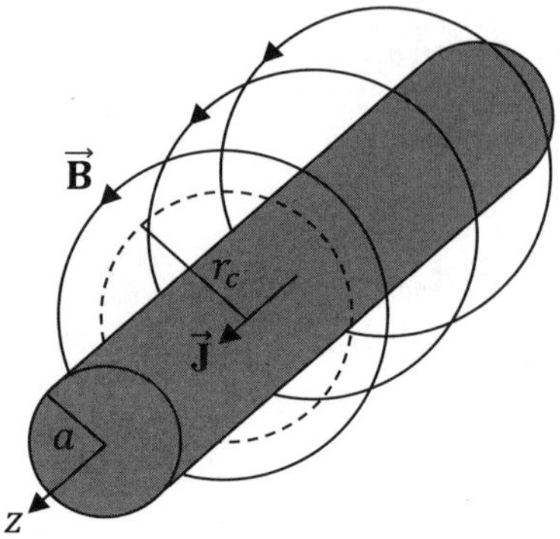

- 암페어 법칙을 수식으로 쓴다.

$$\oint_C \vec{\mathbf{B}} \cdot d\vec{\mathbf{s}} = \mu_0 I_{enc}$$

- 무한 길이 원통을 다룬 예제와 마찬가지로 위의 암페어 법칙은 $B2\pi r_c = \mu_0 I_{enc}$로 간단해진다. 이 결과를 B에 대해 정리하면 $B = \frac{\mu_0 I_{enc}}{2\pi r_c}$가 된다. 379쪽을 참조하기 바란다.
- 적분 식 $I_{enc} = \int \vec{\mathbf{J}} \cdot d\vec{\mathbf{A}}$적용하여 각 영역에서 암페어 원으로 둘러싸인 전류의 크기를 구한다.
- 무한 길이 원통을 다룬 예제와 마찬가지로 적분 식은 $I_{enc} = \int J dA$로 간단해진다.
- 원통 도체는 **불균일한** 전류밀도를 가지고 있으므로 $\vec{\mathbf{J}}$를 적분기호 밖으로 꺼낼 수 **없다**. 적분 수식에 $J = \beta r_c$를 대입한다. 이때 β는 적분기호 밖으로 꺼낼 수 있다.
- 여기서는 원통좌표계로 문제를 풀고 있으므로 미소 면적요소는 $dA = r_c dr_c d\theta$이다 (6장).
- 지금까지 구한 값들을 적분 식에 대입한 다음 간단히 하면 다음 식을 얻는다.

$$I_{enc} = \beta \int_{r_c=0}^{r_c} \int_{\theta=0}^{2\pi} r_c^2 \, dr_c \, d\theta$$

- I 영역($r_c < a$)에서는 r_c에 대한 적분의 상한이 다음과 같이 변수 r_c가 된다. II 영역 ($r_c > a$)에서는 r_c에 대한 적분의 상한이 상수 a가 된다. 두 적분 항을 각각 적분하

면 $\frac{r_c^3}{3}$과 θ가 된다. 이 결과에 하한과 상한을 대입하여 계산한다.

- 그러면 I 영역에서는 $I_{enc} = \frac{2\pi\beta r_c^3}{3}$이고 II 영역에서는 $I_{enc} = I = \frac{2\pi\beta a^3}{3}$이 된다.
- 이렇게 구한 두 방정식을 서로 나누면 $\frac{I_{enc}}{I} = \frac{r_c^3}{a^3}$이 된다(나머지 항들은 모두 약분되어 사라졌다).
- 양변에 I를 곱하면 $I_{enc} = I\frac{r_c^3}{a^3}$이 된다.
- 이렇게 구한 I 영역의 $I_{enc} = I\frac{r_c^3}{a^3}$와 II 영역의 $I_{enc} = I$을 위에서 구한 자기장 $B = \frac{\mu_0 I_{enc}}{2\pi r_c}$에 대입한다. 또 방향 $\hat{\boldsymbol{\theta}}$를 추가한다.
- 그러면 최종 답은 $\vec{\mathbf{B}}_I = \frac{\mu_0 I r_c^2}{2\pi a^3}\hat{\boldsymbol{\theta}}$과 $\vec{\mathbf{B}}_{II} = \frac{\mu_0 I}{2\pi r_c}\hat{\boldsymbol{\theta}}$이다.

---

98. 이 문제는 27장에서 길이가 무한히 길며 속이 채워진 원통 도체를 다룬 예제와 비슷하다.

주의: 가우스 법칙(8장)을 적용하여 도체 껍질을 해석한 결과를 기억해보면 암페어 법칙을 적용하여 도체 껍질을 해석한 결과와 상당히 다르다. 그 까닭은 전류는 전하의 흐름이므로 전하가 정지해있는 정전기 상태가 **아니기** 때문이다. 특히 두드러진 차이는 III 영역에서 자기장은 0이 아니라는 점인데, 정전기 상태의 가우스 법칙 문제에서는 III 영역에서 전기장은 0이었다. (그러나 나중에 알 수 있듯이 이 문제에서 IV 영역에서 자기장은 0이다.)

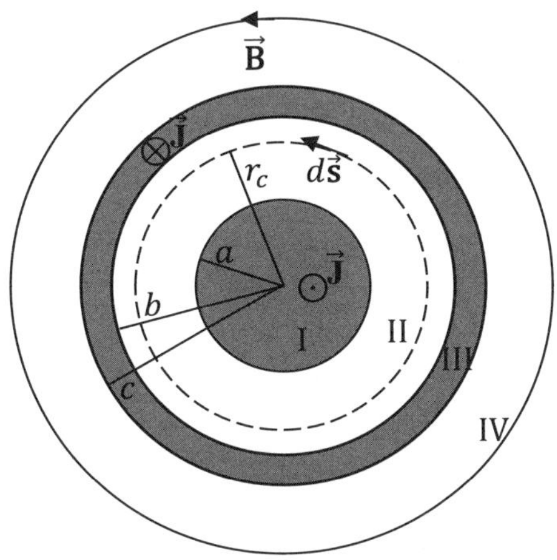

I 영역: $r_c < a$

- I 영역에서는 도체 껍질이 답에 아무런 영향을 주지 않으므로 신경을 쓸 필요가 없다. 답은 무한 길이 원통 도체를 다룬 예제와 똑같이 $\vec{\mathbf{B}}_I = \frac{\mu_0 I r_c}{2\pi a^2}\hat{\boldsymbol{\theta}}$이다. 이 답은 382쪽에 있는 방정식과 형태만 다를 뿐 동일하다.

II 영역: $a < r_c < b$

- II 영역에서도 도체 껍질은 아무런 상관이 없다. 답은 무한 길이 원통 도체를 다룬 예제와 똑같이 $\vec{\mathbf{B}}_{II} = \frac{\mu_0 I}{2\pi r_c}\hat{\boldsymbol{\theta}}$이다. 이 답은 382쪽에 있는 방정식과 표시하는 방법만

다를 뿐 결국은 동일하다.

III 영역: $b < r_c < c$

- III 영역에서 암페어 원으로 둘러싸인 전류를 구하는 데는 "비법"이 있다. 이 영역에서는 두 개의 도체를 모두 고려해야 하며 이때 각 도체에 흐르는 전류의 방향이 서로 반대라는 점을 함께 고려해야 한다.
- III 영역에서 둘러싸인 전류는 속이 채워진 원통 도체의 전류인 $+I$ 전부(100%)와 원통 도체 껍질의 전류인 $-I$의 일부를 합한 것이다. 여기서 $+I$는 책 밖으로 나오는 방향이고 는 책 안으로 들어가는 방향이다. 따라서 $I_{enc} = I - I_{shell}$이다.
- I_{shell}은 III 영역에 있는 원통 도체 껍질 내부에서 암페어 원으로 둘러싸인 전류를 가리키는 것으로 원통 도체 껍질의 총 전류 I의 일부이다.
- 적분 식 $I_{shell} = \int \vec{\mathbf{J}} \cdot d\vec{\mathbf{A}}$을 적용하여 III 영역에 있는 도체 껍질 내부에서 암페어 원으로 둘러싸인 전류의 크기를 구한다.
- 무한 길이 원통을 다룬 예제와 마찬가지로 적분 식은 $I_{enc} = \int J dA$로 간단해진다.
- 여기서는 원통좌표계로 문제를 풀고 있으므로 미소 면적요소는 $dA = r_c dr_c d\theta$이다(6장).
- III 영역($b < r_c < c$)에서는 r_c에 대한 적분 범위가 $r_c = b$(하한)에서 $r_c = r_c$(상한)까지이다.
- 지금까지 구한 값들을 적분 식에 대입한 다음 간단히 하면 다음 식을 얻는다.

$$I_{shell} = J \int_{r_c=b}^{r_c} \int_{\theta=0}^{2\pi} r_c \, dr_c \, d\theta$$

- 두 적분 항을 각각 적분하면 $\frac{r_c^2}{2}$과 θ가 된다. 이 결과에 하한과 상한을 대입하여 계산한다.
- 그러면 $I_{shell} = \pi J [r_c^2]_{r_c=b}^{r_c} = \pi J (r_c^2 - b^2)$이 된다.
- 이제 구해야 할 것은 총 전류 I의 수식이다. 총 전류를 얻기 위해 다음과 같이 r_c에 대한 적분 범위를 $r_c = b$에서 $r_c = c$까지로 바꾸고 위의 적분을 수행한다.

$$I = J \int_{r_c=b}^{c} \int_{\theta=0}^{2\pi} r_c \, dr_c \, d\theta$$

- 그러면 $I = \pi J [r_c^2]_{r_c=b}^{c} = \pi J (c^2 - b^2)$을 얻는다.
- 지금까지 구한 두 전류 수식을 서로 나누면 다음을 얻는다. 계산 과정에서 πJ는 약분되어 사라진다.

$$\frac{I_{shell}}{I} = \frac{r_c^2 - b^2}{c^2 - b^2}$$

- 양변에 I를 곱하면 다음과 같다.

$$I_{shell} = I\left(\frac{r_c^2 - b^2}{c^2 - b^2}\right)$$

- 이렇게 구한 I_{shell} 식을 $I_{enc} = I - I_{shell}$에 대입한다. 이 식에서 − 부호는 도체 껍질에 흐르는 전류의 방향이 속이 채워진 도체에 흐르는 전류의 방향과 반대임을 나타낸다.

$$I_{enc} = I - I\left(\frac{r_c^2 - b^2}{c^2 - b^2}\right) = I\left(1 - \frac{r_c^2 - b^2}{c^2 - b^2}\right)$$

- 공통분모를 사용하여 위 분수식을 계산한다.

$$I_{enc} = I\left(\frac{c^2 - b^2}{c^2 - b^2} - \frac{r_c^2 - b^2}{c^2 - b^2}\right) = I\left(\frac{c^2 - b^2 - r_c^2 + b^2}{c^2 - b^2}\right) = I\left(\frac{c^2 - r_c^2}{c^2 - b^2}\right)$$

- 위 식의 계산 과정에서 둘째 항의 앞에 있는 − 부호를 둘째 항에 분배하면 $-(-b^2)$이 되는데 − 부호가 연달아 두 개 나오면 + 부호로 바뀌므로 $+b^2$이 된다. 다시 말해 $-(r_c^2 - b^2) = -r_c^2 + b^2$이 된다. 이 $+b^2$은 앞에 있는 $-b^2$과 상쇄되어 사라진다.
- 이렇게 구한 I_{enc}을 위에서 암페어 법칙을 적용하여 구한 자기장 $B = \frac{\mu_0 I_{enc}}{2\pi r_c}$에 대입한다.

$$B_{III} = \frac{\mu_0 I_{enc}}{2\pi r_c} = \frac{\mu_0 I(c^2 - r_c^2)}{2\pi r_c(c^2 - b^2)}$$

- 맞는 답인지 검산을 해본다. 위에서 구한 III 영역 자기장 답이 III 영역과 II 영역의 경계면에서 II 영역의 답과 일치하는지 확인한다. 또 III 영역과 IV 영역의 경계면에서 IV 영역의 답과 일치하는지 확인한다. 자기장 답에서 분자의 r_c가 b에 가까워지면 분모의 $c^2 - b^2$과 약분되어 사라지므로 자기장은 $B = \frac{\mu_0 I}{2\pi b}$에 가까워진다. r_c가 c에 가까워지면 III 영역의 자기장 $B = 0$에 가까워지므로 III 영역과 IV 영역의 경계면 $r_c = c$에서 두 영역의 자기장이 서로 일치한다. 따라서 위에서 구한 III 영역의 자기장 답이 맞음을 알 수 있다.

주의: 다른 방법을 사용하여 둘러싸인 전류를 구하는 경우에 나온 답이 정답과 아주 달라 보이지만 결국은 정답과 완전히 똑같은 답인 것으로 판명되는 일이 있을 수 있다. (물론 틀리게 풀어서 답이 정답과 다른 경우도 있다.) 그래서 답이 다른 형태로 나오더라도 이 답이 정답인지 아닌지 확인해보도록 한다.

- 이 문제를 풀 때 도체 껍질 대신에 속이 채워진 도체에 대해 총 전류를 구하면 답이 다른 형태로 나온다. 이를 확인해보자. 다음 적분을 수행하면 속이 채워진 도체에 대해 총 전류를 구할 수 있다.

$$I = J\int_{r_c=0}^{a}\int_{\theta=0}^{2\pi} r_c\,dr_c\,d\theta = J\pi a^2$$

- 이 경우에 도체 껍질의 전류는 $I_{shell} = \pi J(r_c^2 - b^2)$을 $I = \pi Ja^2$으로 나누어 다음과 같이 구할 수 있다.

$$I_{shell} = I\left(\frac{r_c^2 - b^2}{a^2}\right)$$

- 둘러싸인 전류는 $I_{enc} = I - I_{shell}$에 대입하여 다음과 같이 구할 수 있다.

$$I_{enc} = I - I\left(\frac{r_c^2 - b^2}{a^2}\right) = I\left(1 - \frac{r_c^2 - b^2}{a^2}\right) = I\left(\frac{a^2}{a^2} - \frac{r_c^2 - b^2}{a^2}\right) = I\left(\frac{a^2 - r_c^2 + b^2}{a^2}\right)$$

- 이 경우에, III 영역의 자기장은 다음과 같다.

$$B_{III} = \frac{\mu_0 I_{enc}}{2\pi r_c} = \frac{\mu_0 I(a^2 + b^2 - r_c^2)}{2\pi r_c a^2}$$

- 위에서 구한 III 영역의 자기장 수식에 들어있는 r_c를 b에 가까워지게 하여 II 영역의 자기장과 서로 일치하는 것을 확인할 수 있다. III 영역의 자기장 수식에 있는 r_c를 c에 가까워지게 하여 IV 영역의 자기장과 일치하는 것을 확인할 수도 있지만 훨씬 어렵다. 이 사항을 머릿속에 넣어 두고 위에서 구한 답 대신에 앞에서 구했던 다음 답을 사용하기로 한다.

$$B_{III} = \frac{\mu_0 I(c^2 - r_c^2)}{2\pi r_c(c^2 - b^2)}$$

- 위 자기장 식에 방향 $\hat{\boldsymbol{\theta}}$를 추가하면 다음과 같이 벡터 형태로 답을 쓸 수 있다.

$$\vec{\mathbf{B}}_{III} = \frac{\mu_0 I(c^2 - r_c^2)}{2\pi r_c(c^2 - b^2)}\hat{\boldsymbol{\theta}}$$

- 총 전류 I 대신에 전류밀도 J를 사용하여 답을 나타낼 수도 있다. 이 경우에는 위에서 구한 답과 형태는 다르지만 맞는 답이다. 예를 들어 $B_{III} = \frac{\mu_0 J(c^2 - r_c^2)}{2r_c}$와 $B_{III} = \frac{\mu_0 J(c^2 - r_c^2 + b^2)}{2r_c}$는 형태는 다르지만 둘 다 맞는 답이다(이것 말고도 다른 방법으로 형태는 다르지만 맞는 답을 구할 수 있다. 예를 들어 I_{shell}과 I를 위에서와 반대로 치환하면 다른 형태의 답이 나온다).

- 이 문제를 풀 때 I_{shell}을 구하는 적분 식에서 적분 범위를 $r_c = 0$(하한)에서 $r_c = r_c$(상한)까지로 하거나(이 경우에는 하한을 $r_c = b$로 하는 것이 맞다) 속이 채워진 원통 도체에 흐르는 전류를 $I_{enc} = I - I_{shell}$ 식에 포함시키는 것을 깜빡하게 되면 틀린 답이 나온다.

Ⅳ 영역: $r_c > c$

- 두 원통 도체의 외부 영역에서는 둘러싸인 전류가 $I_{enc} = I - I = 0$로 0이 된다. 이렇게 되는 까닭은 속이 채워진 원통에 흐르는 전류는 $+I$로 책 밖으로 나오는 방향으로 흐르고 원통 껍질에 흐르는 전류는 $-I$로 책 안으로 들어가는 방향으로 흐르기 때문이다. 따라서 IV 영역에서 알짜 자기장은 $\vec{\mathbf{B}}_{IV} = 0$이다.

---

99. 이 문제는 27장에서 두께가 아주 얇고 크기가 무한한 도체판의 표면을 따라 흐르는 전류를 다룬 예제와 비슷하다. 이 예제를 다시 공부하면 이 문제를 푸는 데 도움이 된다. 따라서 필요할 때마다 언제든지 예제를 살펴보기 바란다.

- 아래 그림과 같이 원통 도체에 분포하는 자기장선을 그린다.

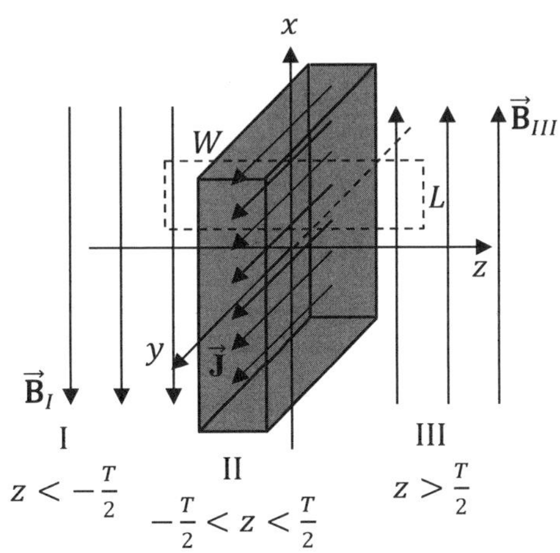

- 암페어 법칙을 수식으로 쓴다.

$$\oint_C \vec{\mathbf{B}} \cdot d\vec{\mathbf{s}} = \mu_0 I_{enc}$$

- 크기가 무한한 전류 판을 다룬 예제와 마찬가지로 위의 암페어 법칙은 $2BL = \mu_0 I_{enc}$로 간단해진다. 이 결과를 B에 대해 정리하면 $B = \frac{\mu_0 I_{enc}}{2L}$가 된다. 384쪽을 참조하기 바란다.
- 적분 식 $I_{enc} = \int \vec{\mathbf{J}} \cdot d\vec{\mathbf{A}}$을 적용하여 각 영역에서 암페어 원으로 둘러싸인 전류의 크기를 구한다.

- 적분 식은 $I_{enc} = \int J dA$로 간단해진다. 이 적분은 암페어 사각형(이전 쪽 그림 참조)과 무한 전류 판이 서로 겹치는 부분의 면적에 대해 수행한다.
- 직사각형이 zx 평면에 놓여 있으므로 미소 면적요소는 $dA = dxdz$이다.
- 지금까지 구한 값들을 적분 식에 대입한 다음 간단히 하면 다음 식을 얻는다.

$$I_{enc} = J \int_{x=-L/2}^{L/2} dx \int_{z=-z \text{ or } -T/2}^{z \text{ or } T/2} dz$$

- II 영역($-\frac{r}{2} < z < \frac{T}{2}$)에서는 z에 대한 적분 범위가 $-z$에서 z까지이고 I 영역과 III 영역($|z| > \frac{T}{2}$)에서는 z에 대한 적분 범위가 $-\frac{T}{2}$에서 $\frac{T}{2}$까지다.
- 그러면 I 영역과 III 영역에서는 $I_{enc} = JLT$이고 II 영역에서는 $I_{enc} = 2JLz$이 된다.
- 이렇게 각각의 영역에서 구한 둘러싸인 전류 식을 앞에서 구한 자기장 수식 $B = \frac{\mu_0 I_{enc}}{2L}$에 각각 대입한다. 그러고 나서 방향에 맞추어 $+\hat{\mathbf{x}}$ 또는 $-\hat{\mathbf{x}}$를 붙인다.
- 그러면 답은 $\vec{\mathbf{B}}_I = -\frac{\mu_0 IT}{2}\hat{\mathbf{x}}$, $\vec{\mathbf{B}}_{II} = \mu_0 Jz\,\hat{\mathbf{x}}$과 $\vec{\mathbf{B}}_{III} = \frac{\mu_0 IT}{2}\hat{\mathbf{x}}$이 된다.
- 주의할 것은 II 영역에서 $z > 0$인 경우에 $\vec{\mathbf{B}}_{II}$는 $+\hat{\mathbf{x}}$ 방향이고 $z < 0$인 경우에 $\vec{\mathbf{B}}_{II}$는 $-\hat{\mathbf{x}}$방향이다.

---

100. 이 문제를 푸는 데는 두 가지 "비법"이 사용된다. 첫째 "비법"은 3장에서 배운 중첩 원리(벡터 덧셈)를 적용하는 것이다. 둘째 "비법"은 각 물체에 흐르는 전류를 올바르게 나타내는 것이다(문제를 푸는 과정에서 이 "비법"을 사용하게 될 때 자세히 설명하기로 한다).

- 아래 그림과 같이 문제에서 주어진 내부에 공동이 있는 원통(이를 "문제"에서 주어진 원통이라고 함)에, 속이 채워져 있으면서 크기는 내부 공동과 동일한 원통(이를 "작은" 원통이라고 함)을 더해 속이 채워져 있으면서 크기는 문제에서 주어진 원통과 동일한 원통("이를 "큰" 원통이라고 함)을 기하학적으로 만들어 본다.

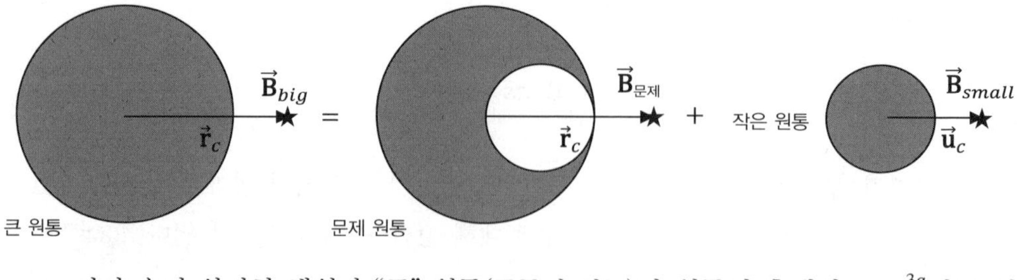

- 먼저 속이 완전히 채워진 "큰" 원통(공동이 없는)이 원통의 축에서 $r_c = \frac{3a}{2}$만큼 떨어진 위치에 만들어내는 자기장을 구한다. 장점 $\left(\frac{3a}{2}, 0, 0\right)$이 원통 외부에 있으므로 무한 길이 원통을 다룬 예제에서 구한 II 영역의 자기장 방정식을 사용하면 된

다. 여기서는 382쪽의 아래에 있는 형태의 자기장 수식인 $\vec{\mathbf{B}}_{big} = \frac{\mu_0 I_{big}}{2\pi r_c}\hat{\mathbf{y}} = \frac{\mu_0 I_{big}}{3\pi a}\hat{\mathbf{y}}$(II 영역 자기장에 $r_c = \frac{3a}{2}$ 대입)을 사용한다.

- 여기서, 자기장용 오른손 규칙(22장)을 적용하면 장점 $\left(\frac{3a}{2}, 0, 0\right)$에서 자기장의 방향은 $\hat{\mathbf{y}}$를 따라 위쪽(↑)임을 알 수 있다.
- 다음으로, "작은" 원통(공동과 크기가 같은)이 이 "작은" 원통의 축에서 $u_c = a$만큼 떨어진 위치에 만들어내는 자기장을 구한다. 주의할 것은 장점은 "큰" 원통의 축보다는 "작은" 원통(공동에 딱맞게 들어가는)의 축에서 더 가깝다. 따라서 큰 원통 축을 기준으로 한 거리인 $r_c = \frac{3a}{2}$ 대신에 작은 원통 축을 기준으로 한 거리 $u_c = a$를 써야하므로 자기장은 $\vec{\mathbf{B}}_{small} = \frac{\mu_0 I_{small}}{2\pi u_c}\hat{\mathbf{y}} = \frac{\mu_0 I_{small}}{2\pi a}\hat{\mathbf{y}}$(II 영역 자기장에 $u_c = a$ 대입)이다.
- 두 전류는 서로 다르다. "큰" 원통을 통해 흐르는 전류는 "작은" 원통을 통해 흐르는 전류보다 크므로 $I_{big} > I_{small}$이다.
- **중첩원리**를 사용하여 문제에서 주어진 원통(내부에 공동을 가진)이 만들어내는 자기장을 구한다. 다음과 같이 "큰" 원통이 만드는 자기장에서 "작은" 원통이 만드는 자기장을 빼면 된다.

$$\vec{\mathbf{B}}_{문제} = \vec{\mathbf{B}}_{big} - \vec{\mathbf{B}}_{small}$$

- 그러면 $\vec{\mathbf{B}}_{문제} = \frac{\mu_0}{\pi a}\hat{\mathbf{y}}\left(\frac{I_{big}}{3} - \frac{I_{small}}{2}\right)$이다. 여기서 공통인수 $\frac{\mu_0}{\pi a}\hat{\mathbf{y}}$를 앞으로 빼내었다.
- 적분 식 $I_{enc} = \int \vec{\mathbf{J}} \cdot d\vec{\mathbf{A}}$을 적용하여 각각의 원통에 해당하는 전류의 크기를 구한다. 전류밀도는 균일하므로 적분 식은 $I = JA$로 간단해진다. 여기서 A는 단면적(원 모양)이다. 각 전류의 크기는 다음과 같다.
  - $I_{big} = J\pi a^2$: 반지름이 a인 "큰" 원통
  - $I_{small} = \frac{J\pi a^2}{4}$: 반지름이 $\frac{a}{2}$인 "작은" 원통. 원의 면적 공식 πr^2에는 r^2이 들어 있으므로 $r = \frac{a}{2}$을 제곱하면 $\frac{a^2}{4}$이다.
  - $I_{문제} = \frac{3J\pi a^2}{4}$: $I_{big} - I_{small}$을 계산하면 된다. 계산 과정에서 $1 - \frac{1}{4} = \frac{3}{4}$이다.
- I_{big}과 I_{small}을 각각 $I_{문제}$로 나누면 다음 관계식을 얻는다.

$$I_{big} = \frac{4}{3} I_{문제}$$

$$I_{small} = \frac{1}{3} I_{문제}$$

- 문제를 푸는 데 사용하는 둘째 "비법"은 문제에서 총 전류 I라고 부르는 것이 "문제"에서 주어진 원통(내부에 공통을 가진 원통)을 통해 흐르는 전류를 가리킨다는 점을 이해하는 것이다.
- 위에서 구한 방정식에서 $I_{문제} = I$로 놓으면 다음을 얻는다.

$$I_{big} = \frac{4}{3} I$$

$$I_{small} = \frac{1}{3} I$$

- 위의 두 방정식을 앞서 구한 $\vec{\mathbf{B}}_{문제}$ 수식에 대입한다.
- 계산 과정에서 $\frac{1}{3}\frac{4}{3} - \frac{1}{2}\frac{1}{3} = \frac{4}{9} - \frac{1}{6} = \frac{8}{18} - \frac{3}{18} = \frac{5}{18}$이다.
- 최종 답은 $\vec{\mathbf{B}}_{given} = \frac{5\mu_0 I}{18\pi a}\hat{\mathbf{y}}$이다.

주의: 계산 과정에서 $\frac{5}{18}$이 아니라 $\frac{5}{24}$가 나온다면 잘못된 것이다. 이는 $I_{문제} = I$로 하는 대신에 $I_{big} = I$로 놓아 생긴 잘못이다.

28장: 렌츠 법칙

101. 4단계 방법으로 렌츠 법칙을 적용해보자.

1. 외부 자기장 $\vec{\mathbf{B}}_{ext}$의 방향은 책 안으로 들어가는 방향(⊗)이다. 이것은 이미 문제의 그림에 표시되어 있다.
2. 루프를 통과하는 자속 Φ_m은 증가하고 있다. 이것은 문제에서 주어진 것이다.
3. 유도 자기장 $\vec{\mathbf{B}}_{ind}$의 방향은 책 밖으로 나오는 방향(⊙)이다. Φ_m이 증가하고 있기 때문에 $\vec{\mathbf{B}}_{ind}$의 방향은 1번 단계의 $\vec{\mathbf{B}}_{ext}$의 방향과 반대이다.
4. 유도전류 I_{ind}의 방향은 아래 그림처럼 반시계방향이다. 오른손 엄지손가락을 반시계방향에 맞추면 나머지 손가락들은 도선 주위를 감싸게 된다. 이때 루프의 내부에서는 손가락들이 책 밖으로 나오는 방향(⊙)이 된다. 3번 단계에서 구한 $\vec{\mathbf{B}}_{ind}$의 방향과 일치함을 알 수 있다. 이 $\vec{\mathbf{B}}_{ind}$의 방향은 1번 단계에서 구한 방향, 즉 문제에서 맨 처음 주어진 자기장 $\vec{\mathbf{B}}_{ext}$의 방향과는 반대가 된다. 만일 같은 방향이 되면 잘못된 것이다.

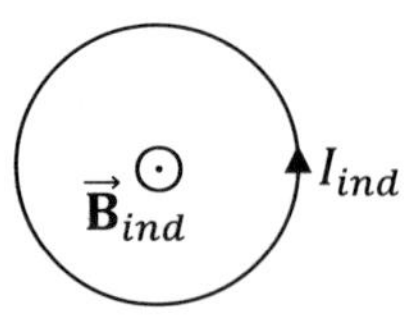

---

102. 4단계 방법으로 렌츠 법칙을 적용해보자.

1. 외부 자기장 $\vec{\mathbf{B}}_{ext}$의 방향은 왼쪽 방향(←)이다. 이것은 이미 문제의 그림에 표시되어 있다.
2. 루프를 통과하는 자속 Φ_m은 감소하고 있다. 이것은 문제에서 주어진 것이다.

3. 유도 자기장 $\vec{\mathbf{B}}_{ind}$의 방향은 왼쪽 방향(←)이다. Φ_m이 감소하고 있기 때문에 $\vec{\mathbf{B}}_{ind}$의 방향은 1번 단계의 $\vec{\mathbf{B}}_{ext}$의 방향과 같다.
4. 유도전류 I_{ind}의 방향은 아래 그림처럼 앞쪽 부분의 루프에서 위쪽 방향(↑)이다(즉 뒤쪽 부분의 루프에서는 아래쪽 방향(↓)이다). 루프는 수직으로 놓여 있음을 잘 알고 있어야 한다. 오른손 엄지손가락을 왼쪽 방향으로 맞춘 상태에서 앞쪽 부분의 루프를 쥐면 나머지 손가락들은 도선 주위를 감싸게 된다. 이때 루프의 내부에서는 손가락들이 왼쪽(←) 방향을 가리킨다.

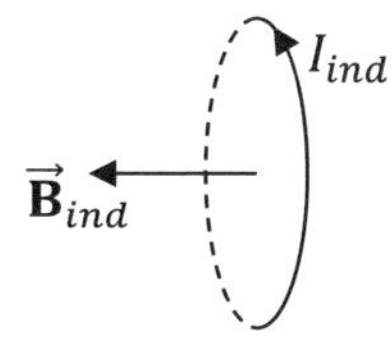

---

103. 4단계 방법으로 렌츠 법칙을 적용해보자.

1. 외부 자기장 $\vec{\mathbf{B}}_{ext}$의 방향은 위쪽 방향(↑)이다. 이것은 이미 문제의 그림에 표시되어 있다.
2. 루프를 통과하는 자속 Φ_m은 증가하고 있다. 이것은 문제에서 주어진 것이다.
3. 유도 자기장 $\vec{\mathbf{B}}_{ind}$의 방향은 아래쪽 방향(↓)이다. Φ_m이 증가하고 있기 때문에 $\vec{\mathbf{B}}_{ind}$의 방향은 1번 단계의 $\vec{\mathbf{B}}_{ext}$의 방향과 반대이다.
4. 유도전류 I_{ind}의 방향은 아래 그림처럼 앞쪽 부분의 루프에서 왼쪽 방향(←)이다(즉 뒤쪽 부분의 루프에서는 오른쪽 방향(→)이다). 루프는 수평으로 놓여 있음을 잘 알고 있어야 한다. 오른손 엄지손가락을 왼쪽 방향으로 맞춘 상태에서 앞쪽 부분의 루프를 쥐면 나머지 손가락들은 도선 주위를 감싸게 된다. 이때 루프의 내부에서는 손가락들이 아래쪽(↓) 방향을 가리킨다. 이 $\vec{\mathbf{B}}_{ind}$의 방향은 1번 단계에서 구한 방향, 즉 문제에서 맨 처음 주어진 자기장 $\vec{\mathbf{B}}_{ext}$의 방향과는 반대가 된다. 만일 같은 방향이 되면 잘못된 것이다.

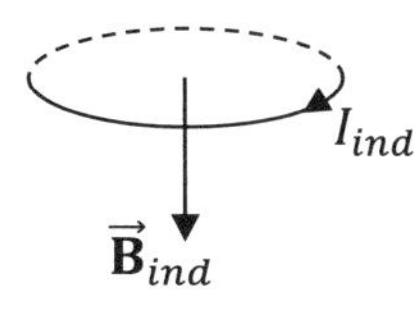

---

104. 4단계 방법으로 렌츠 법칙을 적용해보자.

1. 외부 자기장 $\vec{\mathbf{B}}_{ext}$의 방향은 왼쪽 방향(←)이다. 이것은 아래 그림에서 보듯이 자석의 북극(N)에서 나온 자석의 자기장선의 일부가 남극(S)을 향해 들어가기 때문이다. **도움말**: 아래 그림을 보면서 자기장선을 루프가 있는 곳까지 확장해서 그리면 평균적으로 자기장선은 어느 방향을 향하게 될지 생각해보라. (1단계에서 속도를 사용하면 안 된다.)

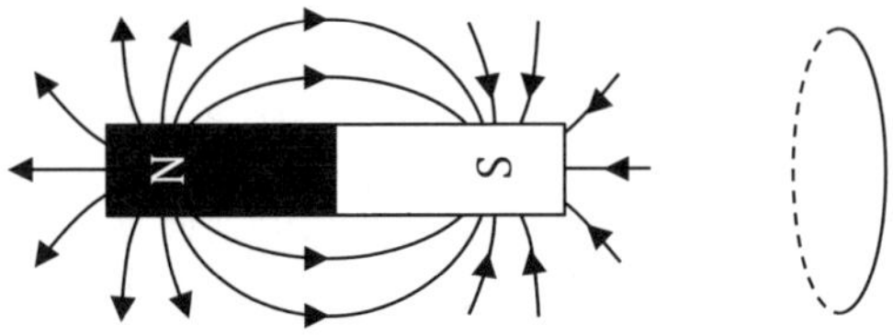

2. 루프를 통과하는 자속 Φ_m은 증가하고 있다. 이것은 자석이 루프에 가까워지고 있기 때문이다.
3. 유도 자기장 $\vec{\mathbf{B}}_{ind}$의 방향은 오른쪽 방향(→)이다. Φ_m이 증가하고 있기 때문에 $\vec{\mathbf{B}}_{ind}$의 방향은 1번 단계의 $\vec{\mathbf{B}}_{ext}$의 방향과 반대이다.
4. 유도전류 I_{ind}의 방향은 아래 그림처럼 앞쪽 부분의 루프에서 아래쪽 방향(↓)이다(즉 뒤쪽 부분의 루프에서는 위쪽 방향(↑)이다). 루프는 수직으로 놓여 있음을 알고 있어야 한다. 오른손 엄지손가락을 아래쪽 방향으로 맞춘 상태에서 앞쪽 부분의 루프를 쥐면 나머지 손가락들은 도선 주위를 감싸게 된다. 이때 루프의 내부에서는 손가락들이 오른쪽(→) 방향을 가리킨다. 이 $\vec{\mathbf{B}}_{ind}$의 방향은 1번 단계에서 구한 방향, 즉 문제에서 맨 처음 주어진 자기장 $\vec{\mathbf{B}}_{ext}$의 방향과는 반대가 된다. 만일 같은 방향이 되면 잘못된 것이다.

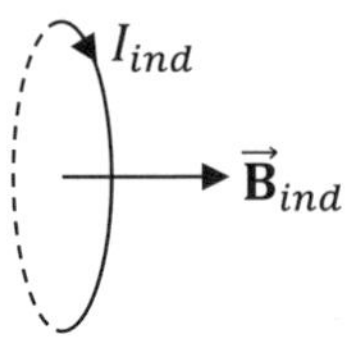

---

105. 4단계 방법으로 렌츠 법칙을 적용해보자.

1. 외부 자기장 $\vec{\mathbf{B}}_{ext}$의 방향은 위쪽 방향(↑)이다. 이것은 다음 쪽 그림에서 보듯이 자석의 북극(N)에서 나온 자석의 자기장선의 일부가 루프 쪽을 향해 위쪽으로 가기 때문이다. 머릿속으로 생각해보자. 자기장선을 루프가 있는 곳까지 확장해서 그리면 평균적으로 자기장선은 어느 방향을 향하게 될지 생각해보라.

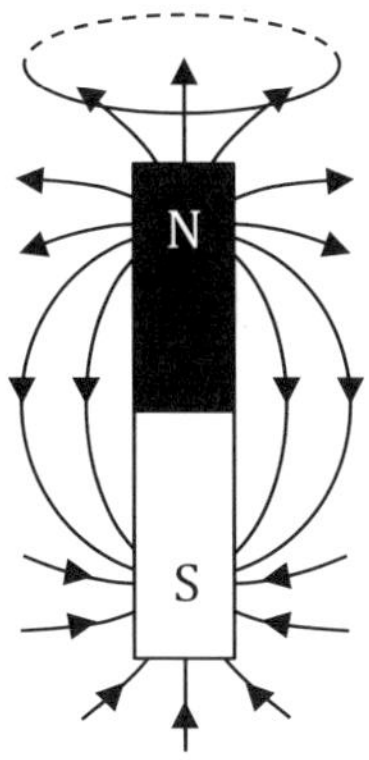

2. 루프를 통과하는 자속 Φ_m은 감소하고 있다. 이것은 자석이 루프에서 멀어지고 있기 때문이다. 이번 단계에서는 속도 $\vec{\mathbf{v}}$의 방향이 중요하다.
3. 유도 자기장 $\vec{\mathbf{B}}_{ind}$의 방향은 위쪽 방향(↑)이다. Φ_m이 감소하고 있기 때문에 $\vec{\mathbf{B}}_{ind}$의 방향은 1번 단계의 $\vec{\mathbf{B}}_{ext}$의 방향과 동일하다.
4. 유도전류 I_{ind}의 방향은 아래 그림처럼 앞쪽 부분의 루프에서 오른쪽 방향(→)이다(즉 뒤쪽 부분의 루프에서는 왼쪽 방향(←)이다). 루프는 수평으로 놓여 있음을 알고 있어야 한다. 오른손 엄지손가락을 오른쪽 방향으로 맞춘 상태에서 앞쪽 부분의 루프를 쥐면 나머지 손가락들은 도선 주위를 감싸게 된다. 이때 루프의 내부에서는 손가락들이 위쪽(↑) 방향을 가리킨다.

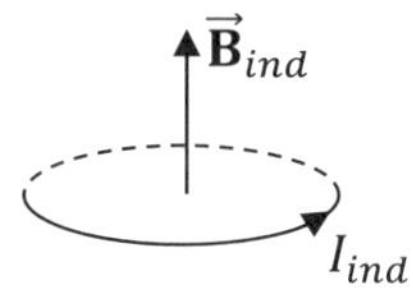

---

106. 4단계 방법으로 렌츠 법칙을 적용해보자.

1. 외부 자기장 $\vec{\mathbf{B}}_{ext}$의 방향은 책 안으로 들어가는 방향(⊗)이다. 이것은 다음 쪽 그림에서 보듯이 왼쪽 자석의 북극(N)에서 밖으로 나오는 자기장의 방향이 오른쪽 루프를 향해 책 안으로 들어가는 방향(⊗)이기 때문이다. 다음 쪽 그림을 보면서 자기장선을 루프가 있는 곳까지 확장해서 그리면 평균적으로 자기장선은 어느 방향을 향하게 될지 생각해보라.

2. 루프를 통과하는 자속 Φ_m은 증가하고 있다. 이것은 왼쪽 자석이 오른쪽 루프로 다가가고 있어서 왼쪽 자석이 만들어내는 자기장의 세기가 오른쪽 루프가 있는 곳에서 점점 강해지고 있기 때문이다. 이번 단계에서는 속도 $\vec{\mathbf{v}}$의 방향이 중요하다.
3. 유도 자기장 $\vec{\mathbf{B}}_{ind}$의 방향은 책 밖으로 나오는 방향(⊙)이다. Φ_m이 증가하고 있기 때문에 $\vec{\mathbf{B}}_{ind}$의 방향은 1번 단계의 $\vec{\mathbf{B}}_{ext}$의 방향과 반대이다.
4. 유도전류 I_{ind}의 방향은 아래 그림처럼 반시계방향이다. 오른손 엄지손가락을 반시계방향으로 맞춘 상태에서 오른쪽 루프를 쥐면 나머지 손가락들은 도선 주위를 감싸게 된다. 이때 오른쪽 루프의 내부에서는 손가락들이 책 밖으로 나오는 방향(⊙)을 가리킨다. 이 방향은 3번 단계에서 구한 오른쪽 루프 내부에서의 $\vec{\mathbf{B}}_{ind}$의 방향과 일치함을 알 수 있다. (1번 단계에서 구한 자기장의 방향이 아님에 주의해야 한다.)

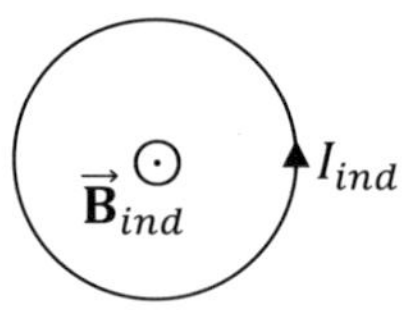

---

107. 4단계 방법으로 렌츠 법칙을 적용해보자.

1. 외부 자기장 $\vec{\mathbf{B}}_{ext}$의 방향은 책 밖으로 나오는 방향(⊙)이다. 이것은 바깥쪽 루프가 만들어내는 자기장의 방향이 안쪽 루프가 놓여 있는 영역에서는 책 밖으로 나오는 방향(⊙)이기 때문이다. 이것을 자기장용 오른손 규칙(22장)을 적용하면 확인할 수 있다. 오른손 엄지손가락을 전류가 흐르는 방향에 따라 반시계방향으로 맞춘 상태에서 바깥쪽 루프를 쥐면 나머지 손가락들은 도선 주위를 감싸게 된다. 이때 바깥쪽 루프의 내부에서는(안쪽 루프는 바깥쪽 루프의 내부에 있으므로) 손가락들이 책 밖으로 나오는 방향(⊙)을 가리킨다.

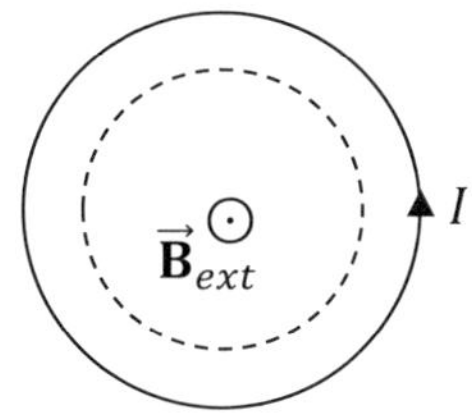

2. 루프를 통과하는 자속 Φ_m은 증가하고 있다. 이것은 문제에서 전류가 증가하고 있다고 말하고 있기 때문이다.
3. 유도 자기장 $\vec{\mathbf{B}}_{ind}$의 방향은 책 안으로 들어가는 방향(⊗)이다. Φ_m이 증가하고 있기 때문에 $\vec{\mathbf{B}}_{ind}$의 방향은 1번 단계의 $\vec{\mathbf{B}}_{ext}$의 방향과 반대이다.
4. 유도전류 I_{ind}의 방향은 아래 그림처럼 시계방향이다. 오른손 엄지손가락을 시계방향에 맞추면 나머지 손가락들은 도선 주위를 감싸게 된다. 이때 루프의 내부에서는 손가락들이 책 안으로 들어가는 방향(⊗)이 된다. 이 방향은 3번 단계에서 구한 오른쪽 루프 내부에서의 $\vec{\mathbf{B}}_{ind}$의 방향과 일치함을 알 수 있다. (1번 단계에서 구한 자기장의 방향이 아님에 주의해야 한다.)

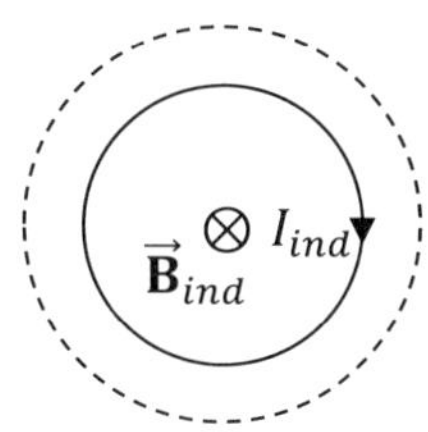

---

108. 4단계 방법으로 렌츠 법칙을 적용해보자.

1. 외부 자기장 $\vec{\mathbf{B}}_{ext}$의 방향은 책 밖으로 나오는 방향(⊙)이다. 이것은 주어진 전류가 만들어내는 자기장의 방향이 루프가 놓여 있는 영역에서는 책 밖으로 나오는 방향(⊙)이기 때문이다. 이것을 자기장용 오른손 규칙(22장)을 적용하면 확인할 수 있다. 오른손 엄지손가락을 주어진 전류가 흐르는 방향에 따라 왼쪽(←) 방향으로 맞춘 상태에서 도선을 쥐면 나머지 손가락들은 도선 주위를 감싸게 된다. 이때 도선 아래쪽(루프는 직선 도선의 아래쪽에 있으므로) 손가락들이 책 밖으로 나오는 방향(⊙)을 가리킨다.

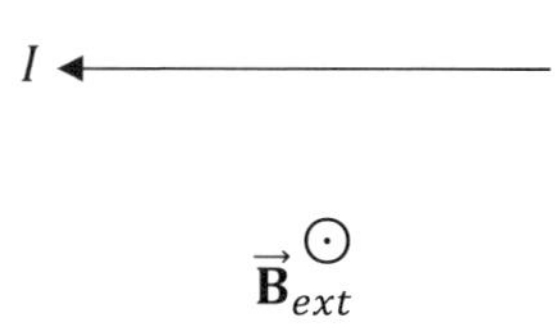

2. 루프를 통과하는 자속 Φ_m은 감소하고 있다. 이것은 문제에서 전류가 감소하고 있다고 말하고 있기 때문이다.
3. 유도 자기장 $\vec{\mathbf{B}}_{ind}$의 방향은 책 밖으로 나오는 방향(⊙)이다. 이 감소하고 있기 때문에 $\vec{\mathbf{B}}_{ind}$의 방향은 1번 단계의 $\vec{\mathbf{B}}_{ext}$의 방향과 동일하다.
4. 유도전류 $\vec{\mathbf{B}}_{ind}$의 방향은 아래 그림처럼 반시계방향이다. 오른손 엄지손가락을 반시계방향에 맞추면 나머지 손가락들은 도선 주위를 감싸게 된다. 이때 루프의 내부에서는 손가락들이 책 밖으로 나오는 방향(⊙)이 된다.

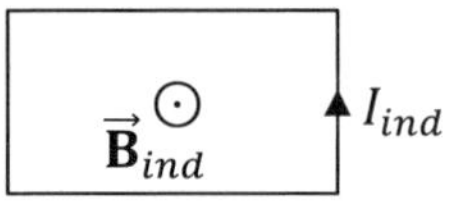

---

109. 4단계 방법으로 렌츠 법칙을 적용해보자.

1. 외부 자기장 $\vec{\mathbf{B}}_{ext}$의 방향은 책 밖으로 나오는 방향(⊙)이다. 먼저, 아래 그림에서 보듯이 배터리의 (+) 단자에서 나와 루프를 따라 시계방향으로 흐르다가 배터리의 (−) 단자로 들어간다. 다음으로, 왼쪽 루프가 만들어내는 자기장은 오른쪽 루프가 있는 영역에서 책 밖으로 나오는 방향(⊙)이다. 이것을 자기장용 오른손 규칙(22장)을 적용하면 확인할 수 있다. 오른손 엄지손가락을 왼쪽 루프의 오른쪽 변에 흐르는 전류를 따라 아래쪽(↓) 방향으로 맞춘 상태에서 왼쪽 루프의 오른쪽 변(이 변이 오른쪽 루프에 가장 가까우므로)을 쥐면 나머지 손가락들은 도선 주위를 감싸게 된다. 이때 왼쪽 루프의 외부에서는(오른쪽 루프는 왼쪽 루프의 외부에 있으므로) 손가락들이 책 밖으로 나오는 방향(⊙)을 가리킨다.

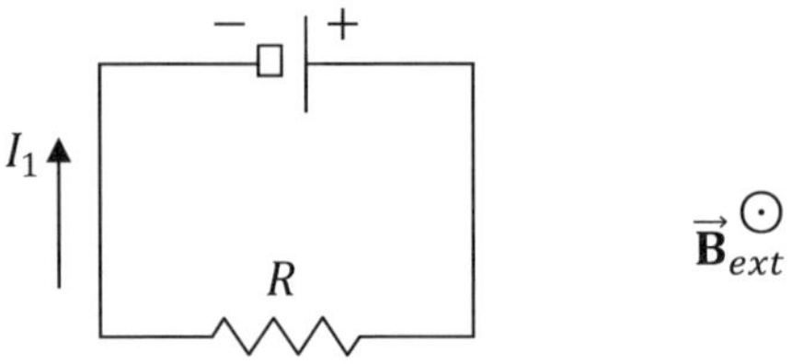

2. 루프를 통과하는 자속 Φ_m은 증가하고 있다. 이것은 문제에서 배터리의 전위차가 증가하고 있다고 말하고 있기 때문이다. 전위차가 증가하면 외부 전류도 증가한다.
3. 유도 자기장 $\vec{\mathbf{B}}_{ind}$의 방향은 책 안으로 들어가는 방향(⊗)이다. Φ_m이 증가하고 있기 때문에 $\vec{\mathbf{B}}_{ind}$의 방향은 1번 단계의 $\vec{\mathbf{B}}_{ext}$의 방향과 반대이다.
4. 유도전류 I_{ind}의 방향은 아래 그림처럼 시계방향이다. 오른손 엄지손가락을 시계방향에 맞추면 나머지 손가락들은 도선 주위를 감싸게 된다. 이때 루프의 내부에서는 손가락들이 책 안으로 들어가는 방향(⊗)이 된다. 이 방향은 3번 단계에서 구한 오른쪽 루프 내부에서의 $\vec{\mathbf{B}}_{ind}$의 방향과 일치함을 알 수 있다. (1번 단계에서

구한 자기장의 방향이 아님에 주의해야 한다.)

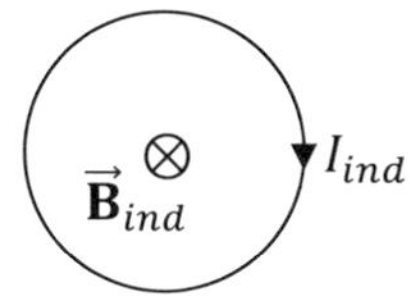

110. 4단계 방법으로 렌츠 법칙을 적용해보자.

1. 외부 자기장 $\vec{\mathbf{B}}_{ext}$의 방향은 책 밖으로 나오는 방향(⊙)이다. 이것은 문제의 그림에 표시되어 있다.
2. 루프를 통과하는 자속 Φ_m은 감소하고 있다. 이것은 도체 막대가 오른쪽으로 움직임에 따라 루프의 면적이 점점 작아지기 때문이다. 도체 막대는 U자 모양 도체와 접촉하는 부분에서 전기적으로 연결됨을 잘 알고 있어야 한다. 아래 그림에서 점선(⋯)으로 표시된 부분을 보면 도체 막대가 오른쪽으로 움직임에 따라 루프의 면적이 작아지고 있음을 알 수 있다.

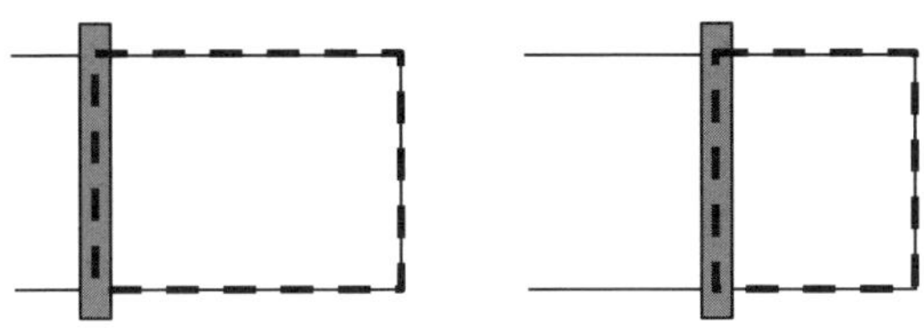

3. 유도 자기장 $\vec{\mathbf{B}}_{ind}$의 방향은 책 밖으로 나오는 방향(⊙)이다. Φ_m이 감소하고 있기 때문에 $\vec{\mathbf{B}}_{ind}$의 방향은 1번 단계의 $\vec{\mathbf{B}}_{ext}$의 방향과 동일이다.
4. 유도전류 I_{ind}의 방향은 아래 그림처럼 반시계방향이다. 오른손 엄지손가락을 반시계방향에 맞추면 나머지 손가락들은 도선 주위를 감싸게 된다. 이때 루프의 내부에서는 손가락들이 책 밖으로 나오는 방향(⊙)이 된다. 유도전류가 루프에서 반시계방향으로 흐르므로 도체 막대에서 유도전류는 아래쪽 방향(↓)으로 흐른다.

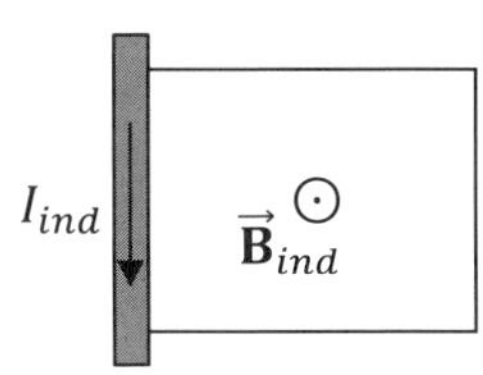

111. 4단계 방법으로 렌츠 법칙을 적용해보자.

1. 외부 자기장 $\vec{\mathbf{B}}_{ext}$의 방향은 책 안으로 들어가는 방향(⊗)이다. 이것은 문제의 그림에 표시되어 있다.

2. 루프를 통과하는 자속 Φ_m은 증가하고 있다. 이것은 도체 막대가 왼쪽으로 움직임에 따라 루프의 면적이 점점 커지기 때문이다. 도체 막대는 U자 모양 도체와 접촉하는 부분에서 전기적으로 연결됨을 잘 알고 있어야 한다. 아래 그림에서 점선(…)으로 표시된 부분을 보면 도체 막대가 오른쪽으로 움직임에 따라 루프의 면적이 커지고 있음을 알 수 있다.

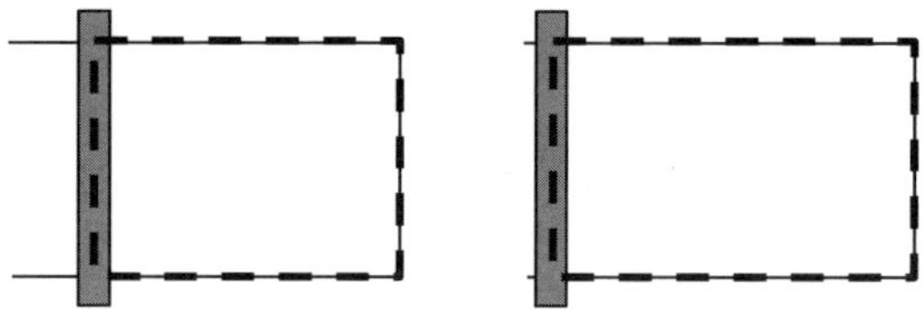

3. 유도 자기장 $\vec{\mathbf{B}}_{ind}$의 방향은 책 밖으로 나오는 방향(⊙)이다. Φ_m이 증가하고 있기 때문에 $\vec{\mathbf{B}}_{ind}$의 방향은 1번 단계의 $\vec{\mathbf{B}}_{ext}$의 방향과 반대이다.
4. 유도전류 I_{ind}의 방향은 아래 그림처럼 반시계방향이다. 오른손 엄지손가락을 반시계방향에 맞추면 나머지 손가락들은 도선 주위를 감싸게 된다. 이때 루프의 내부에서는 손가락들이 책 밖으로 나오는 방향(⊙)이 된다. 유도전류가 루프에서 반시계방향으로 흐르므로 도체 막대에서 유도전류는 아래쪽 방향(↓)으로 흐른다. 이 방향은 3번 단계에서 구한 오른쪽 루프 내부에서의 $\vec{\mathbf{B}}_{ind}$의 방향과 일치함을 알 수 있다. (1번 단계에서 구한 자기장의 방향이 아님에 주의해야 한다.)

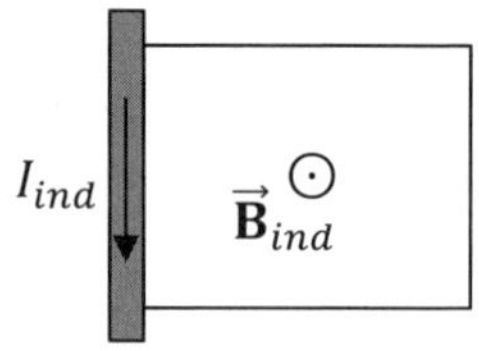

---

112. 4단계 방법으로 렌츠 법칙을 적용해보자.

1. 외부 자기장 $\vec{\mathbf{B}}_{ext}$의 방향은 책 밖으로 나오는 방향(⊙)이다. 이것은 문제의 그림에 표시되어 있다.
2. 루프를 통과하는 자속 Φ_m은 감소하고 있다. 이것은 삼각형의 꼭짓점이 A점에서 C점으로 눌려 내려가기 때문이다. 삼각형의 면적 공식은 $A = \frac{1}{2}bh$인데 여기서 높이 h가 점점 짧아지고 있다.
3. 유도 자기장 $\vec{\mathbf{B}}_{ind}$의 방향은 책 밖으로 나오는 방향(⊙)이다. Φ_m이 감소하고 있기 때문에 $\vec{\mathbf{B}}_{ind}$의 방향은 1번 단계의 $\vec{\mathbf{B}}_{ext}$의 방향과 동일이다.
4. 유도전류 I_{ind}의 방향은 아래 그림처럼 반시계방향이다. 오른손 엄지손가락을 반시계방향에 맞추면 나머지 손가락들은 도선 주위를 감싸게 된다. 이때 루프의 내부에서는 손가락들이 책 밖으로 나오는 방향(⊙)이 된다.

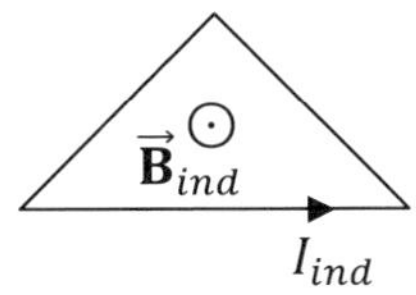

113. 4단계 방법으로 렌츠 법칙을 적용해보자.

1. 외부 자기장 $\vec{\mathbf{B}}_{ext}$의 방향은 책 안으로 들어가는 방향(⊗)이다. 이것은 문제의 그림에 표시되어 있다.
2. 루프를 통과하는 자속 Φ_m은 감소하고 있다. 이것은 루프가 회전함에 따라 루프 내부를 통과하는 자기장선 수가 감소하기 때문이다. 최종적으로 루프가 90°만큼 회전하면 루프는 수직으로 놓이게 되어 루프를 통과하는 자속은 0이 된다.
3. 유도 자기장 $\vec{\mathbf{B}}_{ind}$의 방향은 책 안으로 들어가는 방향(⊗)이다. Φ_m이 감소하고 있기 때문에 $\vec{\mathbf{B}}_{ind}$의 방향은 1번 단계의 $\vec{\mathbf{B}}_{ext}$의 방향과 동일이다.
4. 유도전류 $\vec{\mathbf{B}}_{ind}$의 방향은 아래 그림처럼 시계방향이다. 오른손 엄지손가락을 시계방향에 맞추면 나머지 손가락들은 도선 주위를 감싸게 된다. 이때 루프의 내부에서는 손가락들이 책 안으로 들어가는 방향(⊙)이 된다.

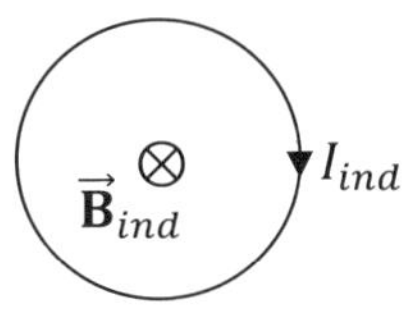

114. 4단계 방법으로 렌츠 법칙을 적용해보자.

1. 외부 자기장 $\vec{\mathbf{B}}_{ext}$의 방향은 처음에는 위쪽 방향(↑)이다. 이것은 이미 위의 그림에 표시되어 있다.
2. 루프를 통과하는 자속 Φ_m은 일정하다. 이것은 루프를 통과하는 자기장선의 수가 달라지지 않기 때문이다. 루프를 통과하는 자속은 언제나 0이다. 29장에서 패러데이 법칙을 공부하고 나면 이것을 쉽게 이해할 수 있다. 루프의 축(책과 수직인 방향)과 자기장(회전하는 동안 루프는 내내 책 표면과 나란한 방향) 사이의 각도는 90°이므로 $\Phi_m = BA\cos\theta = BA\cos 90° = 0$이다($\cos 90° = 0$이므로).
3. 유도 자기장 $\vec{\mathbf{B}}_{ind}$은 0이다. 이는 루프를 통과하는 자속 Φ_m이 일정하기 때문이다.
4. 유도전류 I_{ind}도 0이 된다. 루프를 통과하는 자속 Φ_m이 일정하기 때문이다.

115. 4단계 방법으로 렌츠 법칙을 적용해보자.

1. 외부 자기장 $\vec{\mathbf{B}}_{ext}$의 방향은 아래쪽 방향(↓)이다. 이것은 문제의 그림에 표시되어 있다.
2. 루프를 통과하는 자속 Φ_m은 증가하고 있다. 이것은 이것은 루프가 회전함에 따라 루프 내부를 통과하는 자기장선 수가 증가하기 때문이다. 29장에서 패러데이 법칙을 공부하고 나면 이것을 쉽게 이해할 수 있다. 맨 처음에 루프의 축과 자기장 사이의 각도는 90°이므로 $\Phi_m = BA\cos\theta = BA\cos 90° = 0$이다($\cos 90° = 0$이므로). 루프가 회전을 함에 따라 θ는 90°에서 0°로 감소하므로 $\cos\theta$는 0에서 1로 증가한다. 따라서 문제에서 주어진 대로 루프가 90°에서 0°까지 총 90°만큼 회전하는 동안에 자속은 증가한다.
3. 유도 자기장 $\vec{\mathbf{B}}_{ind}$의 방향은 위쪽 방향(↑)이다. Φ_m이 증가하고 있기 때문에 $\vec{\mathbf{B}}_{ind}$의 방향은 1번 단계의 $\vec{\mathbf{B}}_{ext}$의 방향과 반대이다.
4. 유도전류 I_{ind}의 방향은 아래 그림처럼 앞쪽 부분의 루프에서 오른쪽 방향(→)이다(즉 뒤쪽 부분의 루프에서는 왼쪽 방향(←)이다). 문제에서 주어진 대로 루프가 총 90°의 회전을 마치면 루프는 수평으로 놓여 있음을 알고 있어야 한다. 오른손 엄지손가락을 오른쪽 방향으로 맞춘 상태에서 앞쪽 부분의 루프를 쥐면 나머지 손가락들은 도선 주위를 감싸게 된다. 이때 루프의 내부에서는 손가락들이 위쪽(↑) 방향을 가리킨다.

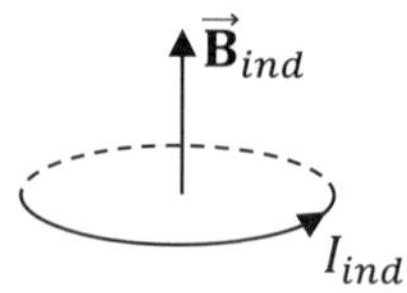

29장: 패러데이 법칙

116. 먼저 지름과 자기장의 단위를 SI 단위로 변환한다. 이때 $1\ \text{G} = 10^{-4}\ \text{T}$을 잘 기억하고 있어야 한다.

- 그러면 $D = 8.0\ \text{cm} = 0.080\ \text{m}$, $B = 2500\ \text{G} = 0.25\ \text{T} = \frac{1}{2}\ \text{T}$이다.
- 지름 D로부터 반지름 a를 구한다. $a = \frac{D}{2}$이므로 $a = 0.040\ \text{m}$이다. (여기서는 반지름을 나타내는 기호로 r대신 a를 사용하여 저항과 헷갈리지 않게 한다.)
- 루프의 면적을 구해보자. $A = \pi a^2$이므로 $A = 0.0016\pi\ \text{m}^2$이다. 계산기를 사용하면 $A = 0.0050\ \text{m}^2$이 나온다.

- 방정식 $\Phi_m = BA\cos\theta$을 사용한다. 루프의 축이 y축이므로(루프의 y축은 루프에 수직이면서 루프의 중심을 지나는 직선으로 정의되므로) $\theta = 0°$이다.
- 루프 면적을 통과하는 자속은 $\Phi_m = 0.0004\pi \text{ T}\cdot\text{m}^2 = 4\pi \times 10^{-4} \text{ T}\cdot\text{m}^2$이다. 계산기를 사용하면 $\Phi_m = 0.0013 \text{ T}\cdot\text{m}^2 = 1.3 \times 10^{-3} \text{ T}\cdot\text{m}^2$가 된다.

---

117. 루프의 면적을 구한다. $A = L^2$이므로 $A = 4.0 \text{ m}^2$이다.

- 방정식 $\Phi_m = BA\cos\theta$을 사용한다. 루프의 축은 루프에 수직이면서 루프의 중심을 지나는 직선으로 정의되므로 $\theta = 60°$($\theta = 30°$가 **아님**)이다. 아래 그림을 살펴보기 바란다.

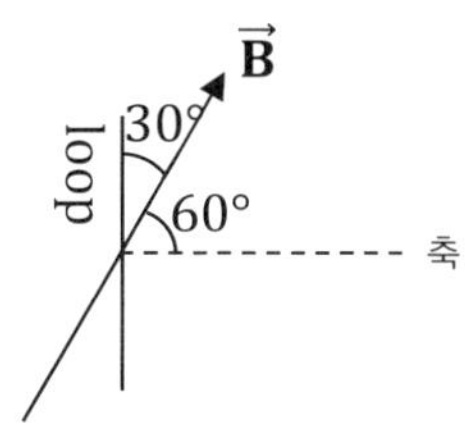

- 루프의 축은 루프에 수직이고 루프는 수직으로 놓여 있으므로 위의 그림에서 보듯이 루프의 축은 수평축이다. θ는 자기장 $\vec{\mathbf{B}}$가 루프의 축과 이루는 각도이므로 $\theta = 60°$이다.
- 루프 면적을 통과하는 자속은 $\Phi_m = 14 \text{ T}\cdot\text{m}^2$이다.

---

118. 먼저 주어진 양들의 단위를 SI 단위로 변환한다. 이때 $1 \text{ G} = 10^{-4} \text{ T}$을 잘 기억하고 있어야 한다.

- 그러면 $L = 0.50$ m, $W = 0.30$ m, $B_0 = 0.60$ T, $B = 0.80$ T, $\Delta t = 0.500$ s이다.
- 루프의 면적을 구해보자. $A = LW$이므로 $A = 0.15 \text{ m}^2$이다.

(A) 방정식 $\Phi_{m0} = B_0A\cos\theta$을 사용한다. 여기서 $\theta = 0°$이다.

- 루프 면적을 통과하는 자속의 초깃값은 $\Phi_{m0} = 0.090 \text{ T}\cdot\text{m}^2$이다.

(B) 방정식 $\Phi_m = BA\cos\theta$을 사용한다.

- 루프 면적을 통과하는 자속의 최종값은 $\Phi_m = 0.12 \text{ T}\cdot\text{m}^2$이다.

(C) 다음 식과 같이 자속의 최종값과 초깃값의 차이를 계산하여 자속의 변화량을 구한다. $\Delta\Phi_m = \Phi_m - \Phi_{m0}$

- 방정식 $\varepsilon_{ave} = -N\frac{\Delta\Phi_m}{\Delta t}$을 사용한다. 여기서 $N = 1$이다.
- 루프에 유도되는 평균 기전력은 $\varepsilon_{ave} = -0.060$ V이다. 이 값은 $\varepsilon_{ave} = -60$ mV로 쓸 수도 있다. 여기서 미터법 접두어 m은 10^{-3}을 나타낸다.

(D) 방정식 $I_{ave} = \frac{\varepsilon_{ave}}{R_{loop}}$을 사용한다.

- 루프에 유도되는 평균 전류는 $I_{ave} = -0.015$ A이다. 이 값은 $I_{ave} = -15$ mA로 쓸 수도 있다. 여기서 미터법 접두어 m은 10^{-3}을 나타낸다.

---

119. 먼저 주어진 양들의 단위를 SI 단위로 변환한다. 이때 1 G $= 10^{-4}$ T을 잘 기억하고 있어야 한다.

- 그러면 $b = 0.50\ \text{m} = \frac{1}{2}\ \text{m}$(여기서 b는 삼각형의 밑변이다), $h_0 = 0.25\ \text{m} = \frac{1}{4}\ \text{m}$, $h = 0.50\ \text{m} = \frac{1}{2}\ \text{m}$, $B = 0.40\ \text{T} = \frac{2}{5}\ \text{T}$, $\Delta t = 0.250\ \text{s} = \frac{1}{4}\ \text{s}$이다.
- 루프의 초기 면적을 구한다. $A_0 = \frac{1}{2}bh_0$이므로 $A_0 = 0.0625\ \text{m}^2 = \frac{1}{16}\ \text{m}^2$이다.
- 루프의 최종 면적을 구해보자. $A = \frac{1}{2}bh$이므로 $A = 0.125\ \text{m}^2 = \frac{1}{8}\ \text{m}^2$이다.

(A) 방정식 $\Phi_{m0} = BA_0\cos\theta$을 사용한다. 여기서 $\theta = 0°$이다.

- 루프 면적을 통과하는 자속의 초깃값은 $\Phi_{m0} = 0.025\ \text{T}\cdot\text{m}^2 = \frac{1}{40}\ \text{T}\cdot\text{m}^2$이다.

(B) 방정식 $\Phi_m = BA\cos\theta$을 사용한다.

- 루프 면적을 통과하는 자속의 최종값은 $\Phi_m = 0.050\ \text{T}\cdot\text{m}^2 = \frac{1}{20}\ \text{T}\cdot\text{m}^2$이다.

(C) 다음 식과 같이 자속의 최종값과 초깃값의 차이를 계산하여 자속의 변화량을 구한다. $\Delta\Phi_m = \Phi_m - \Phi_{m0}$

- 방정식 $\varepsilon_{ave} = -N\frac{\Delta\Phi_m}{\Delta t}$을 사용한다. 여기서 $N = 200$이다.
- 루프에 유도되는 평균 기전력은 $\varepsilon_{ave} = -20$ V이다.

(D) 4단계 방법으로 렌츠 법칙(28장)을 적용해보자.

1. 외부 자기장 $\vec{\mathbf{B}}_{ext}$의 방향은 책 안으로 들어가는 방향(⊗)이다. 이것은 이미 문제의 그림에 표시되어 있다.
2. 루프를 통과하는 자속 Φ_m은 증가하고 있다. 이것은 삼각형의 꼭짓점이 A점에서 C점으로 밀려 올라가기 때문이다. 삼각형의 면적 공식은 $A = \frac{1}{2}bh$인데 여기서 높이 h가 점점 높아지고 있다.
3. 유도 자기장 $\vec{\mathbf{B}}_{ind}$의 방향은 책 밖으로 나오는 방향(⊙)이다. Φ_m이 증가하고 있기 때문에 $\vec{\mathbf{B}}_{ind}$의 방향은 1번 단계의 $\vec{\mathbf{B}}_{ext}$의 방향과 반대이다.
4. 유도전류 I_{ind}의 방향은 다음 쪽 그림처럼 반시계방향이다. 오른손 엄지손가락을 반시계방향에 맞추면 나머지 손가락들은 도선 주위를 감싸게 된다. 이때 루프의 내부에서는 손가락들이 책 밖으로 나오는 방향(⊙)이 된다. 3번 단계에서 구한 $\vec{\mathbf{B}}_{ind}$의 방향과 일치함을 알 수 있다. (1번 단계에서 구한 자기장의 방향이 아님에 주의해야 한다.)

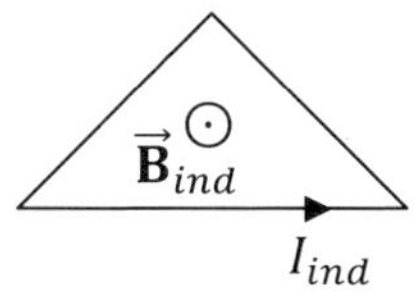

---

120. 먼저 자기장의 단위를 테슬라로 변환한다. 이때 $1\ \text{G} = 10^{-4}\ \text{T}$을 잘 기억하고 있어야 한다.

- 그러면 $B = \frac{\sqrt{3}}{2}\ \text{T}$이다. 계산기를 사용하면 $B = 0.87\ \text{T}$이 나온다.
- 루프의 초기 면적을 구한다. $A_0 = L^2$이므로 $A_0 = 4.0\ \text{m}^2$이다.
- 루프의 최종 면적을 구해보자. 루프는 마름모 모양인데 마름모 면적을 구하는 공식을 찾아볼 필요는 없다. 마름모는 아래 그림과 같이 네 개의 직각삼각형으로 나눌 수 있다. 네 직각삼각형의 빗변은 정사각형의 변의 길이와 같으므로 $c = 2.0\ \text{m}$이다. 각각의 직각삼각형의 높이는 L점과 N점 사이의 최종 길이의 절반이므로 $h = \frac{2}{2} = 1.0\ \text{m}$이다.

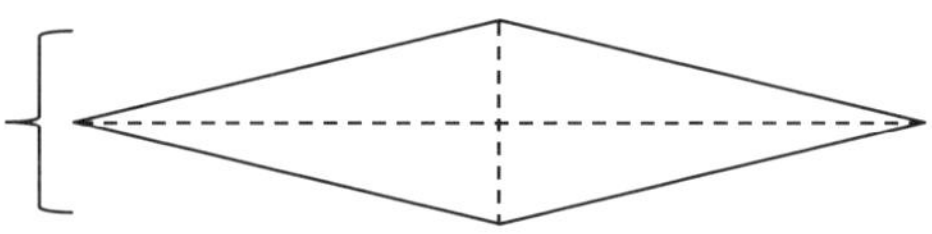

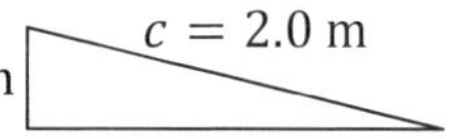

- 피타고라스 정리를 적용하여 각 직각삼각형의 밑변을 구한다.
- $b^2 + h^2 = c^2$이므로 $b = \sqrt{c^2 - h^2}$이 된다.
- 따라서 각 직각삼각형의 밑변은 $b = \sqrt{3}\ \text{m}$가 된다.
- 각 직각삼각형의 면적을 구해본다. $A_{tri} = \frac{1}{2}bh$이므로 $A_{tri} = \frac{\sqrt{3}}{2}\ \text{m}^2$이다.
- 마름모의 면적은 직각삼각형 한 개 면적의 4배이므로 $A = 4A_{tri}$이다.
- 최종 면적, 다시 말해 마름모의 면적은 $A = 2\sqrt{3}\ \text{m}^2$이다. 계산기를 사용하면 $A = 3.5\ \text{m}^2$이 나온다.

(A) 방정식 $\Phi_{m0} = BA_0\cos\theta$을 사용한다. 여기서 $\theta = 0°$이다.

- 루프 면적을 통과하는 자속의 초깃값은 $\Phi_{m0} = 2\sqrt{3}\ \text{T}\cdot\text{m}^2$이다. 계산기를 사용하면 $\Phi_{m0} = 3.5\ \text{T}\cdot\text{m}^2$이 나온다.

(B) 방정식 $\Phi_m = BA\cos\theta$을 사용한다.

- 루프 면적을 통과하는 자속의 최종값은 $\Phi_m = 3.0\ \text{T}\cdot\text{m}^2$이다.

(C) 다음 식과 같이 자속의 최종값과 초깃값의 차이를 계산하여 자속의 변화량을 구한다. $\Delta\Phi_m = \Phi_m - \Phi_{m0}$

- 방정식 $\varepsilon_{ave} = -N\frac{\Delta\Phi_m}{\Delta t}$을 사용한다. 여기서 $N = 1$이다.
- 루프에 유도되는 평균 기전력은 $\varepsilon_{ave} = \sqrt{3}\ \text{V}$이다. 계산기를 사용하면 $\varepsilon_{ave} = 1.7\ \text{V}$

가 나온다.

주의: 계산기를 사용하지 않는 경우에 아래와 같은 "비법"을 써서 계산을 할 수 있다.

$$\varepsilon_{ave} = -N\frac{\Delta\Phi_m}{\Delta t} = -(1)\frac{3-2\sqrt{3}}{2-\sqrt{3}} = \frac{2\sqrt{3}-3}{2-\sqrt{3}}\left(\frac{\sqrt{3}}{\sqrt{3}}\right) = \frac{(2\sqrt{3}-3)(\sqrt{3})}{2\sqrt{3}-3} = \sqrt{3}\text{ V}$$

- 위 계산 과정에서 먼저 − 부호를 분자의 각 항에 분배하면 $-(1)(3-2\sqrt{3}) = -3 + 2\sqrt{3} = 2\sqrt{3}-3$이다. 그러고 나서 $\frac{\sqrt{3}}{\sqrt{3}}$을 곱한다. 이때 분모에 있는 $\sqrt{3}$을 분배하면 $(2-\sqrt{3})\sqrt{3} = 2\sqrt{3}-3$($\sqrt{3}\sqrt{3}=3$이므로)이 된다. 그러면 마지막에 $(2\sqrt{3}-3)$이 약분되어 사라진다.
- 방정식 $I_{ave} = \frac{\varepsilon_{ave}}{R_{loop}}$을 사용한다. 여기서 $R_{loop} = 5+5+5+5 = 20\ \Omega$이다. (루프는 네 변으로 이루어져 있고 각 변은 저항 5.0 Ω을 가지므로)
- 루프에 유도되는 평균 전류는 $I_{ave} = \frac{\sqrt{3}}{20}$ A이다. 계산기를 사용하면 $I_{ave} = 0.087$ A가 나온다. 이 값은 $I_{ave} = 87$ mA로 쓸 수도 있다. 여기서 미터법 접두어 m은 10^{-3}을 나타낸다.

(D) 4단계 방법으로 렌츠 법칙(28장)을 적용해보자.

1. 외부 자기장 $\vec{\mathbf{B}}_{ext}$의 방향은 책 안으로 들어가는 방향(⊗)이다. 이것은 이미 문제의 그림에 표시되어 있다.
2. 루프를 통과하는 자속 Φ_m은 감소하고 있다. 이것은 루프의 면적이 점점 작아지기 때문이다. 그 까닭은 최종 루프 면적 $A = 2\sqrt{3}\text{ m}^2 = 3.5\text{ m}^2$와 초기 루프 면적 $A_0 = 4.0\text{ m}^2$을 비교해보면 알 수 있다. 다른 방식으로 살펴보면 L점과 N점이 서로 만나는 극단적인 경우에 루프 면적은 0이 되기 때문이다. 어떤 방식으로 살펴보든지 루프 면적은 점점 작아진다.
3. 유도 자기장 $\vec{\mathbf{B}}_{ind}$의 방향은 책 안으로 들어가는 방향(⊗)이다. Φ_m이 감소하고 있기 때문에 $\vec{\mathbf{B}}_{ind}$의 방향은 1번 단계의 $\vec{\mathbf{B}}_{ext}$의 방향과 동일하다.
4. 유도전류 I_{ind}의 방향은 아래 그림처럼 시계방향이다. 오른손 엄지손가락을 시계방향에 맞추면 나머지 손가락들은 도선 주위를 감싸게 된다. 이때 루프의 내부에서는 손가락들이 책 안으로 들어가는 방향(⊗)이 된다.

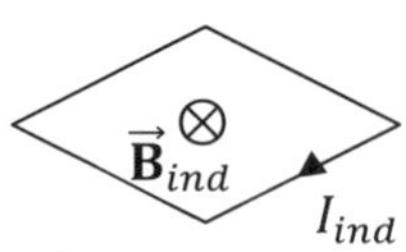

---

121. 먼저 반지름과 자기장의 단위를 SI 단위로 변환한다. 이때 1 G = 10^{-4} T을 잘 기억하고 있어야 한다.

- 그러면 $a=0.040$ m, $B=50$ T이다. (여기서는 반지름을 나타내는 기호로 R 대신 a를 사용하여 저항과 헷갈리지 않게 한다.)
- 주의할 점으로 솔레노이드의 길이 18 cm는 풀이에 영향을 주지 않으므로 무시한다. (실험실에서는 온도 등 원하는 양들이 있으면 거의 전부 측정이 가능하다. 따라서 문제를 푸는 데 필요한 양들은 어떤 것이고 필요 없는 양들은 어떤 것인지 구별해 내는 실력은 중요하다.)
- 각 루프의 면적을 구해보자. $A=\pi a^2$이므로 $A=0.0016\pi\ \text{m}^2$이다. 계산기를 사용하면 $A=0.0050\ \text{m}^2$이 나온다.
- 30°의 각도 $\Delta\theta$를 rad 단위로 변환한다. $180°=\pi$ rad이므로 $\Delta\theta=\frac{\pi}{6}$ rad이 된다.

(A) 방정식 $\varepsilon_{ind}=-N\frac{\Delta\Phi_m}{\Delta t}$을 사용한다. 순간 기전력을 구하기 위해서는 미분을 사용해야 한다.

- 방정식 $\Phi_m=BA\cos\theta$을 사용한다. 여기서 A와 B는 상수이다.
- 따라서 $\varepsilon_{ind}=-NBA\frac{d\cos\theta}{dt}$을 얻는다. 이제 연쇄법칙 $\frac{df}{dx}=\frac{df}{du}\frac{du}{dx}$을 적용한다. 이 공식에서 $f=\cos\theta$, $u=\theta$, $x=t$이다. 그러면 $\varepsilon_{ind}=-NBA\frac{d\cos\theta}{d\theta}\frac{d\theta}{dt}$을 얻는다. $\omega=\frac{d\theta}{dt}$이므로 이를 대입하면 $\varepsilon_{ind}=-NBA\omega\frac{d\cos\theta}{d\theta}$이다. 미분 항을 계산하면 $\frac{d\cos\theta}{d\theta}=-\sin\theta$이 되므로 $\varepsilon_{ind}=NBA\omega\sin\theta$이 된다. − 부호가 연달아 두 개 나오면 + 부호로 바뀐다.
- 방정식 $\varepsilon_{ind}=NBA\omega\sin\theta$에 $N=300$, $B=50$ T, $\omega=20$ rad/s과 앞서 구한 $A=0.0016\pi\ \text{m}^2=0.0050\ \text{m}^2$을 대입한다.
- 따라서 θ가 30°가 도달할 때 순간 기전력은 $\varepsilon_{ind}=240\pi$ V가 된다. 계산기를 사용하면 $\varepsilon_{ind}=754$ V가 나온다.

(B) 방정식 $\varepsilon_{ave}=-N\frac{\Delta\Phi_m}{\Delta t}$을 사용한다. 평균 기전력을 구하기 위해서는 비율을 사용해야 한다.

- 방정식 $\Phi_{m0}=BA\cos\theta_0$을 사용한다. 여기서 $\theta=0°$이다.
- 루프 면적을 통과하는 자속의 초깃값은 $\Phi_{m0}=0.08\pi\ \text{T}\cdot\text{m}^2$이다. 계산기를 사용하면 $\Phi_{m0}=0.251\ \text{T}\cdot\text{m}^2$이 된다.
- 방정식 $\Phi_m=BA\cos\theta$을 사용한다. 여기서 $\theta=30°$이다.
- 루프 면적을 통과하는 자속의 최종값은 $\Phi_m=0.04\pi\sqrt{3}\ \text{T}\cdot\text{m}^2$이다. 계산기를 사용하면 $\Phi_m=0.218\ \text{T}\cdot\text{m}^2$이 된다.
- 자속의 최종값과 초깃값의 차이를 $\Delta\Phi_{m0}=\Phi_m-\Phi_{m0}$로 계산하여 자속의 변화량을 구하면 $\Delta\Phi_m=0.04\pi(\sqrt{3}-2)\ \text{T}\cdot\text{m}^2=-0.04\pi(2-\sqrt{3})\ \text{T}\cdot\text{m}^2$이 된다. 계산기를 사용하면 $\Delta\Phi_m=-0.034\ \text{T}\cdot\text{m}^2$가 나온다(반올림 오차가 약간 생긴다).
- 각속도는 $\omega=20$ rad/s이다. 각속도가 일정하므로 $\omega=\frac{\Delta\theta}{\Delta t}$이다. 양변에 Δt를 곱하면 $\omega\Delta t=\Delta\theta$이다. 양변을 ω로 나누면 $\Delta t=\frac{\Delta\theta}{\omega}$이다.

- $\Delta\theta = \frac{\pi}{6}$ rad와 $\omega = 20$ rad/s를 $\Delta t = \frac{\Delta\theta}{\omega}$에 대입하면 $\Delta t = \frac{\pi}{120}$ s이다. 계산기를 사용하면 $\Delta t = 0.026$ s가 나온다.
- $N = 300$, $\Delta\Phi_m = -0.04\pi(2-\sqrt{3})\ \text{T}\cdot\text{m}^2 = -0.034\ \text{T}\cdot\text{m}^2$, $\Delta t = \frac{\pi}{120}\ \text{s} = 0.026$ s을 $\varepsilon_{ave} = -N\frac{\Delta\Phi_m}{\Delta t}$에 대입한다.
- 0°에서 30°까지 회전하는 동안 루프에 유도되는 평균 기전력은 $\varepsilon_{ave} = 1440(2-\sqrt{3})$ V이다. 계산기를 사용하면 $\varepsilon_{ave} = 386$ V가 나온다. 계산 과정에서 $\frac{1}{\Delta t} = \frac{120}{\pi}\frac{1}{\text{s}}$이다.

(C) 위 (A)에서 구한 순간 기전력 $\varepsilon_{ind} = NBA\omega\ \sin\theta$을 살펴보자.

- 위 (A)에서 θ가 30°가 도달할 때 순간 기전력은 $\varepsilon_{ind} = 754$ V로 구하였다.
- 순간 기전력의 초깃값을 구하기 위해 방정식 $\varepsilon_{ind} = NBA\omega\ \sin\theta$에 $\theta = 0°$을 대입하면 $\varepsilon_{ind} = 0$이 된다($\sin 0° = 0$이므로)
- 다음을 생각해보자. θ가 0°에서 30°까지 변함에 따라 순간 기전력은 0 V에서 754 V까지 변한다. 따라서 평균값을 추정해보면 대략 $\frac{0+754}{2} = \frac{754}{2} = 357$ V 근처가 될 것이다.
- 실제로 위 (B)에서 구한 평균 기전력은 $\varepsilon_{ave} = 386$ V이다.
- 평균 기전력의 추정값 357 V와 실제값 386 V가 약간 차이가 나는 것은 기전력이 θ에 대해 선형이 아닌 비선형 함수이기 때문이다.

---

122. 먼저 길이를 m 단위로 변환하면 $\ell = 0.12$ m가 된다.

(A) 이 문제를 푸는 가장 쉬운 방법은 운동 기전력 방정식 $\varepsilon_{ind} = -B\ell v$를 사용하는 것이다.

- 문제를 푸는 데 좀 더 오래 걸리는 방법은 29장의 세 번째 예제에서 사용한 방법을 따르는 것이다. 420~421쪽을 살펴보면 비슷한 문제를 긴 과정을 통해 푼 것을 볼 수 있다.
- $B = 25$ T, $\ell = 0.12$ m, $v = 3.0$ m/s을 방정식 $\varepsilon_{ind} = -B\ell v$에 대입한다.
- 그러면 도체 막대 양 끝 사이에 유도되는 기전력은 $\varepsilon_{ind} = -9.0$ V이다.

(B) 방정식 $I_{ind} = \frac{\varepsilon_{ind}}{R_{loop}}$을 사용한다. 여기서 $R_{loop} = 3.0\ \Omega$이다.

- 루프에 유도되는 전류는 $I_{ind} = -3.0$ A이다.

(C) 4단계 방법으로 렌츠 법칙(28장)을 적용해보자.

1. 외부 자기장 $\vec{\mathbf{B}}_{ext}$의 방향은 책 안으로 들어가는 방향(⊗)이다. 이것은 이미 문제의 그림에 표시되어 있다.
2. 루프를 통과하는 자속 Φ_m은 증가하고 있다. 이것은 도체 막대가 왼쪽으로 움직임에 따라 루프의 면적이 점점 커지기 때문이다. 도체 막대는 U자 모양 도체와

접촉하는 부분에서 전기적으로 연결됨을 잘 알고 있어야 한다. 아래 그림에서 점선(⋯)으로 표시된 부분을 보면 도체 막대가 오른쪽으로 움직임에 따라 루프의 면적이 커지고 있음을 알 수 있다.

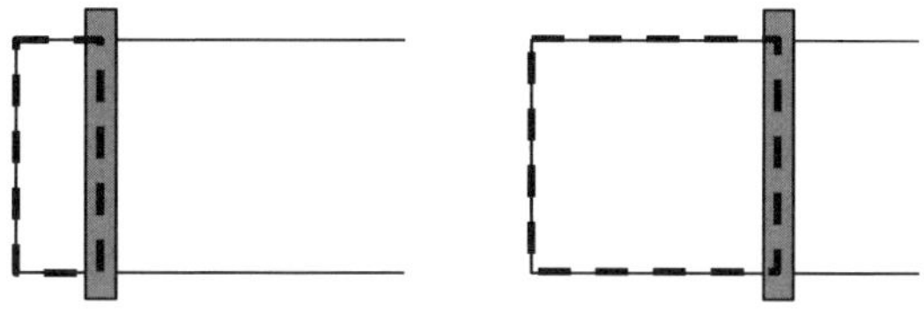

3. 유도 자기장 $\vec{\mathbf{B}}_{ind}$의 방향은 책 밖으로 나오는 방향(⊙)이다. Φ_m이 증가하고 있기 때문에 $\vec{\mathbf{B}}_{ind}$의 방향은 1번 단계의 $\vec{\mathbf{B}}_{ext}$의 방향과 반대이다.
4. 유도전류 I_{ind}의 방향은 아래 그림처럼 반시계방향이다. 오른손 엄지손가락을 반시계방향에 맞추면 나머지 손가락들은 도선 주위를 감싸게 된다. 이때 루프의 내부에서는 손가락들이 책 밖으로 나오는 방향(⊙)이 된다. 유도전류가 루프에서 반시계방향으로 흐르므로 도체 막대에서 유도전류는 아래쪽 위쪽방향(↑)으로 흐른다. 이 방향은 3번 단계에서 구한 오른쪽 루프 내부에서의 $\vec{\mathbf{B}}_{ind}$의 방향과 일치함을 알 수 있다. (1번 단계에서 구한 자기장의 방향이 아님에 주의해야 한다.)

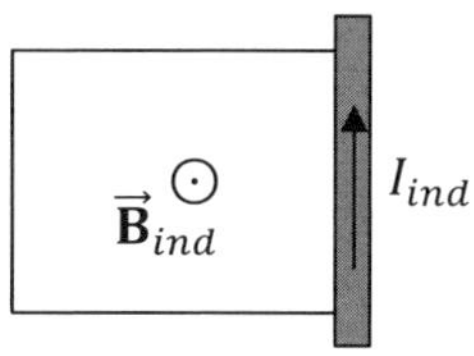

---

123. 먼저 길이와 자기장의 단위를 SI 단위로 변환한다. 이때 1 G $= 10^{-4}$ T을 잘 기억하고 있어야 한다.

- 그러면 $\ell = 0.080$ m, $B = 4.0$ T이다.
- 운동 방정식 $\varepsilon_{ind} = -B\ell v$을 사용한다.
- 그러면 도체 막대 양 끝 사이에 유도되는 기전력은 $\varepsilon_{ind} = -8.0$ V이다.

---

124. 두 개의 서로 다른 솔레노이드를 구분하기 위해 아래첨자 1, 2를 사용하기로 한다.

- 첫째 솔레노이드의 경우, $N_1 = 3000$, $L_1 = 0.50$ m, $a_1 = 0.0050$ m이다.
- 둘째 솔레노이드의 경우, $N_2 = 2000$, $L_2 = 0.20$ m, $a_2 = 0.0050$ m이다.
- 첫째 솔레노이드에 흐르는 전류의 초깃값과 최종값은 $I_{10} = 3.0$ A, $I_1 = 7.0$ A이다.
- 둘째 솔레노이드의 저항은 $R_2 = 5.0\ \Omega$이다.
- 미터법 접두어 m은 10^{-3}을 나타내므로 $\Delta t = 0.016$ s이다.

(A) 문제에서 요구하는 것은 자기장 B이므로 자속은 나중에 구한다.

- 방정식 $B_{10} = \frac{\mu_0 N_1 I_{10}}{L_1}$을 사용하여 첫째 솔레노이드가 만들어내는 자기장의 초깃값을 구한다(이 방정식은 414쪽의 윗부분에 있다. 25장에도 실려 있다).
- 진공의 투자율은 $\mu_0 = 4\pi \times 10^{-7}\ \frac{\text{T·m}}{\text{A}}$이다.
- 첫째 솔레노이드가 만들어내는 자기장의 초깃값은 $B_{10} = 72\pi \times 10^{-4}$ T이다. 계산기를 사용하면 $B_{10} = 0.023$ T가 나온다.

(B) 방정식 $\Phi_{2m0} = B_{10} A_2 \cos\theta$을 사용한다. 여기서 $\theta = 0°$이고 A_2는 둘째 솔레노이드의 면적이다.

- 루프 면적을 통과하는 자속의 초깃값은 $\Phi_{2m0} = 18\pi^2 \times 10^{-8}$ T·m^{2}이다. 계산기를 사용하면 $\Phi_{2m0} = 1.8 \times 10^{-6}$ T·m^{2}이다. 계산 과정에서 둘째 솔레노이드의 면적은 $A_2 = 25\pi \times 10^{-6}$ m$^2 \approx 7.85 \times 10^{-5}$ m^{2}이다. $A_2 = \pi a_2^2$식에서 보듯이 $a_2 = 0.0050$ m를 제곱해야 한다.

(C) 방정식 $\Phi_{2m} = B_1 A_2 \cos\theta$을 사용한다. 여기서 $\theta = 0°$이고 A_2는 둘째 솔레노이드의 면적이다.

- 먼저 $B_1 = \frac{\mu_0 N_1 I_1}{L_1}$을 구한다. 여기서 $I_1 = 7.0$ A이다. 그러면 $B_1 = 168\pi \times 10^{-4}$ T $=$ 0.053 T이 나온다.
- 루프 면적을 통과하는 자속의 최종값은 $\Phi_{2m} = 42\pi^2 \times 10^{-8}$ T·m^{2}이다. 계산기를 사용하면 $\Phi_{2m} = 4.1 \times 10^{-6}$ T·m^{2}이 나온다.

(D) 다음 식과 같이 자속의 최종값과 초깃값의 차이를 계산하여 자속의 변화량을 구한다. $\Delta\Phi_m = \Phi_m - \Phi_{m0}$

- 방정식 $\varepsilon_{ave} = -N_2 \frac{\Delta\Phi_{2m}}{\Delta t}$을 사용한다. 여기서 $N_2 = 2000$을 사용해야 한다($N_1 = 3000$을 사용해서는 안 된다). 그 까닭은 여기서 구하는 것이 둘째 솔레노이드에 유도되는 기전력이기 때문이다.
- 루프에 유도되는 평균 기전력은 $\varepsilon_{ave} = -0.03\pi^2$ V이다. 계산기를 사용하면 $\varepsilon_{ave} = -0.296$ V이 나온다. ($\pi^2 \approx 10$이므로 소숫점이 한 칸 움직인 이유를 짐작할 수 있다.)
- 방정식 $I_{ind} = \frac{\varepsilon_{ind}}{R_{loop}}$을 사용한다. 루프에 유도되는 평균 전류는 $I_{ave} = -6\pi^2 \times 10^{-3}$ A $= -6\pi^2$ mA이다. 계산기를 사용하면 $I_{ave} = -0.059$ A가 나온다.

---

125. 먼저 거리의 단위를 m 단위로 변환한다.

- 그러면 $L = 1.50$ m, $W = 0.80$ m가 된다.
- $A = LW$를 사용하여 루프 면적 구하면 $A = 1.2$ m^{2}이다.

(A) 방정식 $\varepsilon_{ind} = -N\frac{d\Phi_m}{dt}$을 사용한다. 순간 기전력을 구하기 위해서는 미분을 사용해야 한다.

- 방정식 $\Phi_m = BA\cos\theta$을 사용한다. 여기서 B는 시간(x 또는 y가 아니라)에 따라서만 달라지므로 $\Phi_m = \int_s \vec{\mathbf{B}} \cdot d\vec{\mathbf{A}}$ 대신에 방정식 $\Phi_m = BA\cos\theta$을 사용할 수 있다.
- 따라서 $\varepsilon_{ind} = -NA\cos\theta\frac{dB}{dt}$을 얻는다. 여기서 A와 θ는 상수이다.
- 미분 항을 계산하면 $\frac{dB}{dt} = \frac{d}{dt}(15e^{-t/3}) = -5e^{-t/3}$이 된다(17장).
- $\frac{dB}{dt} = -5e^{-t/3}$을 패러데이 법칙 방정식에 대입한다.
- 그러면 $\varepsilon_{ind} = 5NA\cos\theta e^{-t/3}$이 된다. − 부호가 연달아 두 개 나오면 + 부호로 바뀐다.
- 이 방정식에 $N = 1$, $t = 3.0$ s, $\theta = 0°$와 앞에서 구한 $A = 1.2$ m^{2}을 대입한다.
- 따라서 $t = 3.0$ s일 때 순간 기전력은 $\varepsilon_{ind} = \frac{6}{e}$ V가 된다. 계산기를 사용하면 $\varepsilon_{ind} = 2.2$ V가 나온다. 계산 과정에서 $(5)(1.2) = 6$이다.

(B) 방정식 $\varepsilon_{ave} = -N\frac{d\Phi_m}{dt}$을 사용한다. 평균 기전력을 구하기 위해서는 비율을 사용해야 한다.

- 방정식 $\Phi_{m0} = B_0A\cos\theta$을 사용한다. 여기서 $\theta = 0°$이다.
- $B = 15e^{-t/3}$에 $t = 0$을 대입하여 자기장의 초깃값 B_0를 구한다.
- 그러면 $B_0 = 15$ T가 나온다. 여기서 $e^0 = 1$이다(17장)
- 자속의 초깃값은 $\Phi_{m0} = 18$ T·m^{2}이다. 여기서 $(15)(1.2) = 18$이다.
- 방정식 $\Phi_m = BA\cos\theta$을 사용한다. 여기서 $\theta = 0°$이다.
- $B = 15e^{-t/3}$에 $t = 3.0$ s를 대입하여 자기장의 최종값 B를 구한다.
- 그러면 $B = \frac{15}{e}$ T가 나온다. $e \approx 2.718$로 하고 계산기를 사용하면 $B = 5.52$ T가 나온다.
- 자속의 최종값은 $\Phi_m = \frac{18}{e}$ T·m^{2}이다. 계산기를 사용하면 $\Phi_m = 6.6$ T·m^{2}가 나온다.
- 자속의 최종값과 초깃값의 차이를 $\Delta\Phi_m = \Phi_m - \Phi_{m0}$로 계산하여 자속의 변화량을 구하면 $\Delta\Phi_m = -\left(18 - \frac{18}{e}\right)$ T·m^{2}이 된다. 계산기를 사용하면 $\Delta\Phi_m = -11.4$ T·m^{2}가 나온다(반올림 오차가 약간 생긴다).
- $\varepsilon_{ave} = -N\frac{\Delta\Phi_m}{\Delta t}$에 값을 대입한다.
- $t = 0$에서 $t = 3.0$ s까지 변하는 동안에 유도되는 평균 기전력은 $\varepsilon_{ave} = \left(6 - \frac{6}{e}\right)$ T·m^{2}이다. 계산기를 사용하면 $\varepsilon_{ave} = 3.8$ V가 나온다.

(C) 위 (A)에서 구한 순간 기전력 $\varepsilon_{ind} = 5NA\cos\theta e^{-t/3}$을 살펴보자.

- 위 (A)에서 $t = 3.0$ s일 때 $\varepsilon_{ind} = 2.2$ V로 구하였다.
- 순간 기전력의 초깃값을 구하기 위해 방정식 $\varepsilon_{ind} = 5NA\cos\theta e^{-t/3}$에 $t = 0$을 대입하면 $\varepsilon_0 = 6.0$ V가 된다.

- 다음을 생각해보자. $t=0$에서 $t=3.0$ s까지 변함에 따라 순간 기전력은 6.0 V에서 2.2 V까지 변한다. 따라서 평균값을 추정해보면 대략 $\frac{6+2.2}{2}=\frac{8.2}{2}=4.1$ V 근처가 될 것이다.
- 실제로 위 (B)에서 구한 평균 기전력은 $\varepsilon_{ave}=3.8$ V이다. 이 값은 추정값보다 7% 만큼 작다.
- 평균 기전력의 추정값 4.1 V와 실제값 3.8 V가 약간 차이가 나는 것은 기전력이 t에 대해 선형이 아닌 비선형 함수이기 때문이다.

30장: 인덕턴스

126. 먼저 $\text{m}=10^{-3}$를 사용하여 인덕턴스를 mH 단위에서 H 단위로 변환하면 $L=0.080$ H가 된다.

- 방정식 $\varepsilon_L=L\frac{dI}{dt}$을 사용한다. 이 식을 $\frac{dI}{dt}$에 대해 푼다(미분을 할 필요는 없다).
- 시간에 따른 전류의 변화율은 $\frac{dI}{dt}=9.0$ A/s이다.

---

127. 먼저 $\text{m}=10^{-3}$를 사용하여 인덕턴스를 mH 단위에서 H 단위로 변환하면 $L=0.020$ H가 된다.

- 시정수 방정식 $\tau=\frac{L}{R}$을 사용하여 계산을 하면 시정수는 $\tau=0.00040$ s $=0.40$ ms가 된다.

---

128. SI 단위로 변환하면 $L=0.0160$ H과 $C=4.0\times10^{-5}$ F가 된다.

- 방정식 $\omega=\frac{1}{\sqrt{LC}}$를 사용하여 각속도를 계산하면 한다. $\omega=1250$ rad/s이다.
- LC를 계산하면 $LC=64\times10^{-8}$이므로 $\sqrt{LC}=\sqrt{64\times10^{-8}}$가 된다. 계산 과정에서 연산규칙 $\sqrt{ax}=\sqrt{a}\sqrt{x}$을 적용하면 $\sqrt{64}\times\sqrt{10^{-8}}=8.0\times10^{-4}$이 된다.
- 계산 과정에서 $\frac{1}{8\times10^{-4}}=\frac{10^4}{8}=\frac{10{,}000}{8}=1250$이다.

---

129. 단면이 정사각형(단면이 원인 토로이드와 비교)이면 자속 적분이 더 간단한다.

- 토로이드의 내부에 존재하는 자기장을 구해본다. 여기서 구하는 자기장은 단면이 원인 토로이드 코일의 경우와 동일하다. 27장에서 암페어 법칙을 사용하여 $\vec{\mathbf{B}}=\frac{\mu_0 NI}{2\pi r_c}\hat{\boldsymbol{\theta}}$로 구하였다. 389쪽을 살펴보기 바란다.
- 이 자기장을 자속 적분 식 $\Phi_m=\int_S\vec{\mathbf{B}}\cdot d\vec{\mathbf{A}}$에 대입한다.
- $\hat{\boldsymbol{\theta}}$ 방향(각 정사각형 루프에 수직인 방향)를 따라 미소 면적요소는 $d\vec{\mathbf{A}}=\hat{\boldsymbol{\theta}}dA$이다.
- 적분은 정사각형 루프의 면적에 걸쳐 수행한다.

- r_cz 평면에 놓여 있는 정사각형의 경우, $dA = dr_c dz$이고 $d\vec{\mathbf{A}} = \hat{\boldsymbol{\theta}} dr_c dz$로 쓴다. 여기서 r_c는 $r_c = a$에서 $r_c = a + p$까지 바깥쪽으로 변하는 반면, z는 $z = 0$에서 $z = p$까지 위쪽으로 변한다(토로이드의 맨 밑이 xy 평면에 놓여 있는 경우).
- 일반적으로 원통 형태의 물체에 대해서는 dA를 $r_c dr_c d\theta$로 쓰지만 이 문제에 대해서는 이렇게 쓰면 틀린다. 그 까닭은 바깥쪽으로 r_c만큼 뻗어있고 위쪽으로 z만큼 올라가 있는 정사각형 루프에 대해 적분을 할 때 $r_c dr_c d\theta$로 쓰면 원의 면적에 대해 적분하는 것이 되기 때문이다.
- 이렇게 대입을 하고 나서 간단히 하면 다음 식을 얻는다.

$$\Phi_m = \frac{\mu_0 NI}{2\pi} \int_{r_c=a}^{a+p} \int_{z=0}^{p} \frac{\hat{\boldsymbol{\theta}}}{r_c} \cdot \hat{\boldsymbol{\theta}}\, dr_c\, dz$$

- 여기서 $\hat{\boldsymbol{\theta}} \cdot \hat{\boldsymbol{\theta}} = 1$이다. 단위 벡터 자신끼리의 점곱은 언제나 1이 된다.
- 그러면 다음 식을 얻는다.

$$\Phi_m = \frac{\mu_0 NI}{2\pi} \int_{r_c=a}^{a+p} \frac{dr_c}{r_c} \int_{z=0}^{p} dz$$

- 17장에서 $\int \frac{dx}{x} = \ln(x)$임을 배웠다.
- $\ln(r_c)$을 적분의 하한 $r_c = a$와 상한 $r_c = a + p$에 대해 계산하면 $\ln(a + p) - \text{in}(a)$이 된다.
- 로그 관계식 $\ln(x) - \ln(y) = \ln\left(\frac{x}{y}\right)$을 사용하면 $\ln\left(\frac{a+p}{a}\right)$이 된다.
- 그러면 자속은 다음과 같다.

$$\Phi_m = \frac{\mu_0 NIp}{2\pi} \ln\left(\frac{a+p}{a}\right)$$

- 이 식을 인덕턴스 방정식 $L = \frac{N\Phi_m}{I}$에 대입한다.
- 그러면 최종적으로 자체 인덕턴스를 다음 식으로 구할 수 있다.

$$L = \frac{\mu_0 N^2 p}{2\pi} \ln\left(\frac{a+p}{a}\right)$$

31장: AC 회로

130. 먼저 문제에서 값이 주어진 양들을 살펴보면서 전류의 진폭을 나타내는 양을 찾는다.

- $I_m = 2.0$ A가 주어졌다. 방정식 $I_{rms} = \frac{I_m}{\sqrt{2}}$을 이용한다.

- 실효전류는 $I_{rms} = \sqrt{2}$ A이다. 이 값은 $I_{rms} = \frac{2}{\sqrt{2}}$ A와 같다. 분자와 분모에 각각 $\sqrt{2}$를 곱하여 분모를 유리화하면 $\frac{2}{\sqrt{2}} = \frac{2}{\sqrt{2}}\frac{\sqrt{2}}{\sqrt{2}} = \frac{2\sqrt{2}}{2} = \sqrt{2}$이 된다. 계산기를 사용하면 $I_{rms} = 1.4$ A가 나온다.

---

131. 주어진 양은 $f = 50$ Hz와 $L = 30$ mH이다.

- 인덕턴스의 단위를 H 단위로 변환하면 $L = 0.030$ H가 된다.
- 방정식 $\omega = 2\pi f$를 사용하면 $\omega = 100\pi$ rad/s가 된다.
- 방정식 $X_L = \omega L$를 사용하면 $X_L = 3\pi\ \Omega$이 된다. 계산기를 사용하면 $X_L = 9.4\ \Omega$이 나온다.

---

132. 주어진 양은 $f = 100$ Hz와 $C = 2.0\ \mu$F이다.

- 커패시턴스의 단위를 F 단위로 변환하면 $C = 2.0 \times 10^{-6}$ F가 된다.
- 방정식 $\omega = 2\pi f$를 사용하면 $\omega = 200\pi$ rad/s가 된다.
- 방정식 $X_C = \frac{1}{\omega C}$를 사용하면 $X_C = \frac{2500}{\pi}\ \Omega$이 된다. 계산기를 사용하면 $X_C = 796\ \Omega$이 나온다. 이 값을 유효숫자 두 개를 써서 나타내면 800 Ω 또는 0.80 kΩ이다.

---

133. 커패시턴스의 단위를 F 단위로 변환하면 $C = 8.0 \times 10^{-4}$ F가 된다.

- 방정식 $X_L = \omega L$과 $X_C = \frac{1}{\omega C}$를 사용한다.
- 그러면 $X_L = 150\ \Omega$과 $X_C = 50\ \Omega$이 된다.

(A) 방정식 $Z = \sqrt{R^2 + (X_L - X_C)^2}$을 사용한다.

- 임피던스는 $Z = 200\ \Omega$이 된다. 계산과정에서 $(100\sqrt{3})^2 = 30{,}000$이고 $\sqrt{40{,}000} = 200$이다.

(B) 방정식 $\phi = \tan^{-1}\left(\frac{X_L - X_C}{R}\right)$을 사용한다.

- 위상각은 $\phi = 30°$이다. 계산과정에서 $\frac{100}{100\sqrt{3}} = \frac{1}{\sqrt{3}} = \frac{1}{\sqrt{3}}\frac{\sqrt{3}}{\sqrt{3}} = \frac{\sqrt{3}}{3}$이고 $\tan^{-1}\left(\frac{\sqrt{3}}{3}\right) = 30°$이다.

---

134. 커패시턴스의 단위를 F 단위로 변환하면 $C = 1.0 \times 10^{-4}$ F가 된다.

- 방정식 $X_L = \omega L$과 $X_C = \frac{1}{\omega C}$를 사용한다.
- 그러면 $X_L = 150\ \Omega$과 $X_C = 200\ \Omega$이 된다.
- 방정식 $Z = \sqrt{R^2 + (X_L - X_C)^2}$을 사용한다.
- 임피던스는 $Z = 100\ \Omega$이 된다. 계산과정에서 $(50\sqrt{3})^2 = 7500$이고 $\sqrt{10{,}000} = 100$이다.

(A) 방정식 $\Delta V_{rms} = I_{rms}Z$을 사용한다. 양변을 Z로 나누면 $I_{rms} = \frac{\Delta V_{rms}}{Z}$이 된다.

- 다른 방법으로, 먼저 방정식 $I_m = \frac{\Delta V_m}{Z}$을 사용하고 이어서 $I_{rms} = \frac{I_m}{\sqrt{2}}$과 $\Delta V_{rms} = \frac{\Delta V_m}{\sqrt{2}}$을 사용한다.
- AC 전류계로 측정되는 값은 $I_{rms} = 2.0$ A이다.

(B) 방정식 $\Delta V_{Rrms} = I_{rms}R$을 사용한다.

- 저항 양단의 전압을 AC 전압계로 측정한 값은 $\Delta V_{Rrms} = 100\sqrt{3}$ V이다. 계산기를 사용하면 $\Delta V_{Rrms} = 173$ V $= 0.17$ kV가 나온다.

(C) 방정식 $\Delta V_{Lrms} = I_{rms}X_L$을 사용한다.

- 인덕터 양단의 전압을 AC 전압계로 측정한 값은 $\Delta V_{Lrms} = 300$ V이다.

(D) 방정식 $\Delta V_{Crms} = I_{rms}X_C$을 사용한다.

- 커패시터 양단의 전압을 AC 전압계로 측정한 값은 $\Delta V_{Crms} = 400$ V이다.

(E) $\Delta V_{LCrms} = |\Delta V_{Lrms} - \Delta V_{Crms}|$와 같이 위 (C)와 (D)의 결과를 서로 뺀다.

- 이처럼 인덕터 양단의 전압과 커패시터 양단의 전압을 서로 빼는 이유는 인덕터의 페이저와 커패시터의 페이저가 서로 반대 방향이기 때문이다. 인덕터의 페이저 각도는 90°인 반면에 커패시터의 페이저 각도는 −90°이다.
- 인덕터와 커패시터 전체의 양단의 전압을 AC 전압계로 측정한 값은 $\Delta V_{LCrms} = 100$ V이다.

(F) 방정식 $\Delta V_{rms} = \sqrt{\Delta V_{Rrms}^2 + (\Delta V_{Lrms} - \Delta V_{Crms})^2}$ 을 사용한다.

- 그러면 $\Delta V_{rms} = 200$ V이 된다. 이 값은 문제에서 주어진 값과 일치한다.
- 계산 과정에서 $(100\sqrt{3})^2 = 30{,}000$이고 $\sqrt{40{,}000} = 200$이다.

---

135. 인덕턴스와 커패시턴스의 단위를 SI 단위로 변환한다.

- 그러면 $L = 0.080$ H, $C = 5.0 \times 10^{-5}$ F가 된다.

(A) 방정식 $\omega_0 = \frac{1}{\sqrt{LC}}$를 사용한다.

- 공진 각주파수는 $\omega_0 = 500$ rad/s가 된다.
- 계산 과정에서 $\sqrt{0.4 \times 10^{-5}} = \sqrt{4 \times 10^{-6}} = \sqrt{4}\sqrt{10^{-6}} = 2 \times 10^{-3}$이다.
- 또한 $\frac{1}{2 \times 10^{-3}} = \frac{10^3}{2} = \frac{1000}{2} = 500$이다.

(B) 방정식 $\omega_0 = 2\pi f_0$를 사용한다.

- 양변을 2π로 나누면 $f_0 = \frac{\omega_0}{2\pi}$가 된다.
- 공진 주파수를 Hz 단위로 구하면 $f_0 = \frac{250}{\pi}$ Hz가 된다. 계산기를 사용하면 $f_0 = 80$ Hz가 나온다.

---

136. 31장의 첫 번째 예제에서 (I) 부분에 설명되어 있듯이 이 문제의 답은 I_m이 아니다. 이 책에서 I_m 기호는 주어진 주파수에서 순시 전류의 최댓값이다. 전류는 I_m에서 $-I_m$ 사이에서 진동한다. 464쪽을 살펴보기 바란다.

(A) 이 책에서 사용하는 기호 I_{max}는 전류 주파수 변화에 따라 나올 수 있는 모든 I_m 값들 중에서 가장 큰 값인 **최대 가능 전류**이다. I_{max}는 공진주파수에서 나온다.

- I_{max}는 주파수가 공진주파수와 같을 때 전류의 진폭이다. 이것은 문제에서 요구하는 것이 아니다.
- 이 문제에서 요구하는 것은 실효전류의 최댓값이다. 따라서 이것은 $I_{rms,max}$로 $I_{rms,max} = \frac{I_{max}}{\sqrt{2}}$이다.
- 공진주파수에서는 $X_L = X_C$이므로 Z는 R로 간단해진다. 따라서 공진주파수에서는 방정식 $\Delta V_m = I_m Z$가 $\Delta V_m = I_{max} R$로 간단해진다.
- 방정식 $\Delta V_m = I_{max} R$의 양변을 $\sqrt{2}$로 나누면 $\Delta V_{rms} = I_{rms,max} R$와 같이 실횻값을 써서 방정식을 나타낼 수 있다. 이 방정식의 양변을 R로 나누면 $I_{rms,max} = \frac{\Delta V_{rms}}{R}$이 된다. 이 식에 값들을 대입하면 $\Delta V_{rms} = 120$ V가 된다.
- AC 전원공급기가 이 RLC 회로에 공급할 수 있는 최대가능 실효전류는 $I_{rms,max} = 4.0$ A이다.

(B) 최대 전류와 최소 임피던스는 모두 공진일 때 발생한다.

- 임피던스가 작을수록 전류는 커진다(실효 전원공급 전압이 일정한 경우).
- 위 (A)에서 설명했듯이 공진일 때 임피던스는 저항과 같다.
- 일일이 계산할 필요가 없다(하지만 숙제에 이 문제가 있으면 왜 답을 이렇게 구했는지 설명을 써주어야 한다).
- 주파수를 조정하여 얻을 수 있는 최소 가능 임피던스는 $Z_{min} = R = 30\ \Omega$이다.

---

137. 전위차와 커패시턴스의 단위를 SI 단위로 변환한다.

- 그러면 $\Delta V_{rms} = 3000$ V이고 $C = 8.0 \times 10^{-5}$ F가 된다.
- 방정식 $X_L = \omega L$과 $X_C = \frac{1}{\omega C}$를 사용한다.
- 그러면 $X_L = 2000\ \Omega$과 $X_C = 500\ \Omega$이 된다.
- 방정식 $Z = \sqrt{R^2 + (X_L - X_C)^2}$을 사용한다.
- 임피던스는 $Z = 1000\sqrt{3}\ \Omega$이 된다.
- 계산과정에서 $(500\sqrt{3})^2 = 750{,}000$과 $\sqrt{3{,}000{,}000} = \sqrt{3}\sqrt{1{,}000{,}000} = 1000\sqrt{3}$이다.

(A) 방정식 $\Delta V_{rms} = I_{rms} Z$을 사용한다. 양변을 Z로 나누면 $I_{rms} = \frac{\Delta V_{rms}}{Z}$이 된다.

- 다른 방법으로, 먼저 방정식 $I_m = \frac{\Delta V_m}{Z}$을 사용하고 이어서 $I_{rms} = \frac{I_m}{\sqrt{2}}$과 $\Delta V_{rms} = \frac{\Delta V_m}{\sqrt{2}}$을 사용한다.
- 이 RLC 회로에 흐르는 실효 전류는 $I_{rms} = \sqrt{3}$ A이 된다. 계산기를 사용하면 $I_{rms} = 1.7$ A이 나온다.
- 계산 과정에서 $\frac{3000}{1000\sqrt{3}} = \frac{3}{\sqrt{3}} = \frac{3}{\sqrt{3}}\frac{\sqrt{3}}{\sqrt{3}} = \frac{3\sqrt{3}}{3} = \sqrt{3}$이다. 분자와 분모에 각각 $\sqrt{3}$을 곱하여 분모를 유리화하면 된다. $\sqrt{3}\sqrt{3} = 3$이다.

(B) 방정식 $P_{av} = I_{rms}^2 R$을 사용한다.

- AC 전원공급기가 회로에 공급하는 평균 전력은 $P_{av} = 1500\sqrt{3}$ W이다. 계산기를 사용하면 $P_{av} = 2.6$ kW가 나온다. 여기서 미터법 접두어 k는 1000을 나타낸다.
- 계산 과정에서 $(\sqrt{3}\sqrt{3})(500\sqrt{3}) = (3)(500\sqrt{3}) = 1500\sqrt{3}$과 $\sqrt{3}\sqrt{3} = 3$이다.
- 방정식 $P_{av} = I_{rms} \Delta V_{rms} \cos\phi$을 사용해도 같은 결과를 얻을 수 있다(단 계산을 정확히 해야 한다).

(C) 방정식 $\omega_0 = \frac{1}{\sqrt{LC}}$를 사용한다.

- 공진 각주파수는 $\omega_0 = \frac{25}{2}$rad/s $= 12.5$ rad/s가 된다(반올림을 하여 유효숫자 두 개를 써서 나타내면 13 rad/s가 된다. 이 문제에서는 이렇게 한다).
- 계산 과정에서 $\sqrt{640 \times 10^{-5}} = \sqrt{64 \times 10^{-4}} = \sqrt{64}\sqrt{10^{-4}} = 8.0 \times 10^{-2}$이다.
- 또한 $\frac{1}{8 \times 10^{-2}} = \frac{10^2}{8} = \frac{100}{8} = \frac{25}{2} = 12.5$이다.

(D) 앞의 136번 문제의 (A)에서 사용했던 방정식과 방법을 사용한다.

- 필요한 방정식은 $I_{rms,max} = \frac{\Delta V_{rms}}{R}$이다.
- AC 전원공급기가 회로에 공급할 수 있는 최대 가능 실효 전류는 $I_{rms,max} = 2\sqrt{3}$ A이다. 계산기를 사용하면 $I_{rms,max} = 3.5$ A이 나온다.
- 계산 과정에서 $\frac{3000}{500\sqrt{3}} = \frac{6}{\sqrt{3}} = \frac{6}{\sqrt{3}}\frac{\sqrt{3}}{\sqrt{3}} = \frac{6\sqrt{3}}{3} = 2\sqrt{3}$이다. 분자와 분모에 각각 $\sqrt{3}$을 곱하여 분모를 유리화하면 된다. $\sqrt{3}\sqrt{3} = 3$이다.

---

138. 인덕턴스와 커패시턴스의 단위를 SI 단위로 변환한다.

- 그러면 $L = 0.030$ H, $C = 1.2 \times 10^{-5}$ F가 된다.
- 방정식 $\omega_0 = \frac{1}{\sqrt{LC}}$를 사용한다.
- 공진 각주파수는 $\omega_0 = \frac{5000}{3}$ rad/s가 된다.
- 방정식 $Q_0 = \frac{\omega_0 L}{R}$을 사용한다.
- 이 RLC 회로의 양호도는 $Q_0 = 25$이다.

---

139. 그래프에서 필요한 값들을 읽는다.

- 공진 각주파수는 $\omega_0 = 550$ rad/s이다. 이 값은 곡선에서 피크가 되는 점의 각주파수이다.
- 최대 평균전력은 $P_{av,\max} = 40$ W이다. 이 값은 곡선에서 피크가 되는 점의 전력이다.
- 최대 평균전력의 절반은 $\frac{P_{av,\max}}{2} = \frac{40}{2} = 20$ W이다.
- 453쪽과 468쪽의 그래프를 공부하기 바란다.
- 그래프에서 수직 좌표의 값이 $\frac{P_{av,\max}}{2}$에 해당하는 20 W인 수평선을 그린다.
- 위에서 그은 수평선과 곡선이 만나는 점(두 개)을 지나는 수직선 두 개를 그린다. 468쪽의 오른쪽 그림을 참조하라. 이 두 수직선의 수평 좌표의 값이 ω_1과 ω_2에 해당한다.
- ω_1과 ω_2를 그래프에서 읽는다. 그러면 $\omega_1 = 525$ rad/s와 $\omega_2 = 575$ rad/s이다.
- ω_1과 ω_2의 차이를 구한다. $\Delta\omega = \omega_2 - \omega_1 = 575 - 525 = 50$ rad/s가 된다. 이 값이 반전력 대역폭이다. 공진주파수가 $\omega_0 = 550$ rad/s라는 것에 주목하기 바란다.
- 방정식 $Q_0 = \frac{\omega_0}{\Delta\omega}$을 사용하여 계산을 하면 $Q_0 = 11$이 된다.

---

140. 주어진 양들은 $\Delta V_{in} = 240$ V, $N_p = 400$, $N_s = 100$이다.

- 방정식 $\frac{\Delta V_{out}}{\Delta V_{in}} = \frac{N_s}{N_p}$을 사용한다. 대각선으로 서로 곱하면 $\Delta V_{out} N_p = \Delta V_{in} N_s$이 된다.
- 양변을 N_p로 나누면 $\Delta V_{out} = \frac{\Delta V_{in} N_s}{N_p}$식을 얻는다.
- 출력전압은 $\Delta V_{out} = 600$ V이다.

---

141. 주어진 양들은 $\Delta V_{in} = 40$ V, $N_p = 200$, $\Delta V_{out} = 120$ V이다.

- 방정식 $\frac{\Delta V_{out}}{\Delta V_{in}} = \frac{N_s}{N_p}$을 사용한다. 대각선으로 서로 곱하면 $\Delta V_{out} N_p = \Delta V_{in} N_s$이 된다.
- 양변을 V_{in}으로 나누면 $N_s = \frac{\Delta V_{out} N_p}{\Delta V_{in}}$식을 얻는다.
- 2차권선의 권수는 $N_s = 600$번이다.

이 책이 도움이 되었나요?

많은 고려와 노력을 바탕으로 만들어진 이 책의 특징은 다음과 같습니다.

- 내용을 이해하기 쉽도록 전체 풀이 과정이 단계별로 나뉘어 정리되어 있습니다.
- 교육적으로 가치가 있는 예제들과 문제들을 신중하게 선택하여 수록하였습니다.
- 교정, 편집, 구성 작업을 여러 번 거쳐 완성도를 높였습니다.
- 두 명의 물리학 강사가 모든 문제를 직접 풀어보고 최종 답을 점검하는 데 도움을 주었습니다.
- 실제로 수십 명의 물리학과 학생들이 귀중한 피드백을 제공하였습니다.

이 책으로 공부하는 여러분이 이 책에 고마움을 느낀다면 이를 표현하는 간단한 방법이 있습니다.

잠시 시간을 내어 솔직한 리뷰를 작성해서 올려주세요.

예를 들어, 아마존(Amazon.com) 또는 반스앤노블(BN.com)의 인터넷 사이트에서 이 책의 리뷰를 작성할 수 있습니다.

짧은 리뷰도 도움이 될 수 있으므로 환영합니다. 리뷰에 무엇을 써야 할지 잘 모르겠다면, 다음 몇 가지 사항을 참고해보세요. 물론 여러분이 중요하다고 생각하는 점을 쓰는 것이 가장 좋습니다.

- 여러분은 이 책의 설명을 이해할 수 있었나요?
- 기호와 단위 목록들이 도움이 되었나요?
- 필요한 방정식들을 쉽게 찾을 수 있었나요?
- 예제를 읽으면서 얼마만큼 배웠나요?
- 힌트와 중간 해답이 문제를 푸는 데 도움이 되었나요?
- 이 책을 다른 사람들에게 추천할 의향이 있나요? 그렇다면 그 까닭은 무엇인가요?

찾아보기

ㅈ

문제풀이로 배우는 전기자기학
: 미적분으로 이해하는 물리학 학습 가이드 II

발행일 ㅣ 2022년 9월 26일
저 자 ㅣ Chris McMullen
역 자 ㅣ 유태훈
발행인 ㅣ 문정임
발행처 ㅣ 학산미디어
기 획 ㅣ 이덕선
표 지 ㅣ 김연아
편 집 ㅣ 장진희
주 소 ㅣ 서울특별시 노원구 동일로245가길 41
전 화 ㅣ 02-935-0670 / 010-3223-7340
팩 스 ㅣ 02-932-0670
이메일 ㅣ sorgento2000@hanmail.net
등록번호 ㅣ 제 25100-2011-000001호
ISBN ㅣ 979-11-85294-39-1 (93420)
정 가 ㅣ 40,000원